# Chemie der Zuckerindustrie

# Chemie der Zuckerindustrie

Ein Handbuch für Wissenschaft und Praxis

von

## Dr. techn. O. Wohryzek

Ingenieur-Chemiker

Zweite
verbesserte und vermehrte Auflage

Mit 17 Textabbildungen

Berlin
Verlag von Julius Springer
1928

ISBN-13:978-3-642-90590-2      e-ISBN-13:978-3-642-92447-7
DOI: 10.1007/978-3-642-92447-7

# Vorwort zur ersten Auflage.

So reich sonst die Literatur auf dem Gebiete des Zuckers und seiner Fabrikation ist, so fehlt es bis heute auffallenderweise an einem Buche, das sämtliche chemischen Vorgänge im Verlaufe der Fabrikation des Zuckers erschöpfend darstellt. Ein solches ist um so notwendiger, als die Zuckerindustrie eine chemische Industrie ist und die bestehenden technologischen Werke der chemischen Seite der Zuckerfabrikation nur geringes Augenmerk schenken. Es liegt aber auch nicht in der Natur eines technologischen Werkes, theoretische und chemische Fragen eingehender abzuhandeln.

Wohl besitzen wir in Rümplers „Die Nichtzuckerstoffe der Rüben" und in v. Lippmanns „Chemie der Zuckerarten" zwei ausgezeichnete Werke, die die Chemie des Rohmaterials unseres Industriezweiges und die Chemie des Zuckers in erschöpfender Weise darlegen. Über die chemischen Vorgänge bei der Fabrikation des Zuckers sagen sie aber nichts oder doch nur sehr wenig.

Bei meinem weiteren Suchen nach einem Buche dieser Richtung fand ich, daß ein solches bis heute nicht geschrieben wurde. So entschloß ich mich, getreu Boltzmanns Ausspruch: „Es gibt nichts Praktischeres als die Theorie", ein solches selbst zu schreiben, nachdem ich reichlich Gelegenheit hatte festzustellen, daß in den Kreisen der Zuckerindustrie das Bedürfnis nach einem derartigen Werke besteht.

Über die Schwierigkeit meines Beginnens war ich mir von Anfang an klar, und es ist gewiß überflüssig, diese hier hervorzuheben.

Wenn nur bedacht wird, was für weite Wissenschaftsgebiete für eine Erklärung der chemischen Vorgänge bei der Fabrikation des Zuckers in Betracht kommen, so gibt mir das den Mut, an ein nachsichtiges Urteil aller Leser zu appellieren.

Manche Fragen hätten eine ausführlichere Besprechung erfahren können — wenn ich bei der ganzen Arbeit nicht allein auf mich angewiesen gewesen wäre. Es ist aber Einem allein kaum möglich, bei der wenigen freien Zeit, die der Fabrikdienst übrigläßt, eine so große, heterogene Materie zu bewältigen. Dazu kam die Schwierigkeit, manche wichtigen Arbeiten im Originale zu erlangen.

Um so mehr fühle ich mich angenehm verpflichtet, auch an dieser Stelle meinem verehrten Lehrer, Herrn Hofrat Eduard Donath, Professor an der Technischen Hochschule zu Brünn, für viele schätzenswerte Winke und Ratschläge sowie für die Beschaffung von Literaturmaterial meinen ergebensten Dank auszusprechen.

Im November 1913.        **Oskar Wohryzek.**

# Vorwort zur zweiten Auflage.

Bei der Neubearbeitung des vorliegenden Buches hatte sich der Verfasser im Interesse der Wohlfeilheit desselben vor allem das Ziel gesteckt, den früheren Umfang nicht zu überschreiten, obwohl seit dem Erscheinen der ersten Auflage sehr viele Abhandlungen, Untersuchungen usw. auf dem Gebiete der Zuckerindustrie veröffentlicht wurden, die natürlich in der Neuauflage Unterkunft finden mußten. So sei nur daran erinnert, daß die Einführung der Druckverdampfung das Problem der Saftverfärbung und der Saftfarbe in den Vordergrund des Interesses rückte, was noch mehr von der steigenden Verwendung der verschiedenen Entfärbungskohlen gilt. Diese wieder veranlaßten so manche Untersuchungen über die Spodiumfiltration und über die Erzeugung von Weißware überhaupt. In der Rohzuckerfabrikation wurde besonders das Auskochen der Säfte vor der Verdampfstation eingehend studiert und dem Nachproduktenverfahren größere Aufmerksamkeit geschenkt, weil die Erzielung einer niedrigeren Melasse schon aus kaufmännischen Erwägungen heraus angestrebt werden muß. Viele trübe Erfahrungen, die bei der Verarbeitung ganz minderwertiger Rüben, wie sie die Kriegsverhältnisse mit sich brachten, gemacht wurden, zwangen dazu, die Verarbeitung minderwertiger Rüben (im Gegensatze zur ersten Auflage) eingehender zu besprechen. Das Bestreben, die Arbeit zu verbessern und zu verbilligen, erhöhte die Bedeutung der Betriebskontrolle, so daß die Ermittlung des Zuckergehaltes der Rüben und ihre Wertbestimmung näher erforscht wurden. Hand in Hand damit wurde dem Geheimnisse der unbekannten Verluste nachgespürt und es auch näher ergründet. Die Einführung der Bestimmung der Wasserstoffionen-Konzentration, der elektrischen Asche, die Vertiefung der Colorimetrie und anderer physikalischen Messungen (Fluorescenz, Oberflächenspannung) brachten neue Untersuchungen zu Tage, die je nach ihrer Wichtigkeit mehr oder weniger ausführlich dargelegt werden mußten. Die aufgezählten Fragen und Probleme fanden ihre Bearbeitung in den Forschungsinstituten der Zuckerindustrie und in den Zuckerfabriklaboratorien und ihren Niederschlag in den zahlreichen in- und ausländischen Fachschriften.

Wie eingangs erwähnt, mußten sie alle Aufnahme in der vorliegenden Neuauflage finden. Sollte ihre Darstellung nicht an Gründlichkeit verlieren und doch der Umfang der ersten Auflage nicht überschritten werden, so mußte Entbehrliches und Veraltetes entweder ganz entfallen oder wesentlich gekürzt werden. Vor allem schien mir der „Anhang, chemische Erläuterungen“ überflüssig. Notfalls kann jedes Kompendium der organischen Chemie zur Hand genommen werden. Die neueren Saftgewinnungsverfahren, die es über eine örtliche Bedeutung nie brachten, sowie die geschichtlich-chemischen Ausführungen über die Diffusion und Saftreinigung wurden gerne geopfert, um dem Neuen und Wichtigen Platz zu machen. Durch verschiedene drucktechnische Maßnahmen (Petitsatz u. a.) wurde auch an Raum gespart, so daß mehr als 120 Textseiten der ersten Auflage hier ganz neu erscheinen. Es kann also tatsächlich von einer verbesserten und vermehrten Neuauflage die Rede sein.

Was die Art der Darstellung anlangt, wurde mehr auf die Betriebspraxis Rücksicht genommen. Ich habe mich bemüht, das gesamte chemische Wissen, das wir heute von der Chemie der Zuckerindustrie besitzen — von dem aufgehenden Rübensamen über die wachsende und gereifte Rübe, sowie von ihrem Verhalten im Betriebe, im gesunden und alterierten Zustande, von der Chemie des Rohzuckers und seiner Veredelung, sowie von der Chemie der Nachproduktenverfahren und der Melasse — unter Dach zu bringen und zwar in einer Art, daß sowohl der Praktiker im Betriebe als auch der Forscher im Laboratorium Belehrung, Aufklärung, Rat und Hilfe finden werden. Es wurden aber auch die Grenzen unseres heutigen Wissens abgesteckt und schwankender Besitz vom sicheren geschieden. Die während der Drucklegung noch erschienenen Abhandlungen konnten in einem „Nachtrage“ aufgenommen werden, so daß das vorliegende Buch selbst die in den letzten Wochen erschienenen Untersuchungen u. dgl. noch berücksichtigt.

Bei der Abfassung des Buches war ich wieder allein auf mich angewiesen. Ungeheuere Schwierigkeiten bereitete mir die Beschaffung der einschlägigen Literatur. Es war mir daher eine große Hilfe, daß mir die Direktion des Institutes der deutschen Zuckerindustrie in Berlin in nachahmenswerter Weise alle erbetenen Sonderabdrücke der in der „Zeitschrift" erschienenen Abhandlungen bereitwilligst und kostenlos zur Verfügung stellte. Es ist mir eine angenehme Pflicht, ihr auch von dieser Stelle aus zu danken. Ähnlich gebührt mein besonderer Dank Herrn Vl. Staněk, Direktor des Forschungsinstitutes der tschsl. Zuckerindustrie in Prag, der mir die Anstaltsbibliothek nach meinen Erfordernissen zugänglich machte und darüber hinaus durch das Mitlesen der Korrekturen für das ganze Buch und durch manchen Ratschlag wertvollen Beistand leistete. Das Kapitel der Pektinchemie las Herr Prof. Dr. Felix Ehrlich-Breslau und brachte manche Ergänzungen und Verbesserungen an, für welche Mühewaltung ich ihm auch von hier aus nochmals bestens danke. Als Zeichen der Anerkennung für meine literarische Tätigkeit im Interesse der Zuckerindustrie buche ich die materielle Förderung, die mir der „Zentralverein der tschsl. Zuckerindustrie" aus Anlaß des Erscheinens dieser Neuauflage gewährte. Meinem Verleger besten Dank für die gute Ausstattung, die er der „Chemie" angedeihen ließ.

Dioseg, im Juli 1928.                    Oskar Wohryzek.

# Inhaltsverzeichnis.


Seite

Einleitung . . . . . . . . . . . . . . . . . . . . . . . . . . . . . XIV

### Erster Teil.
#### Chemie der Rübe.

1. Kapitel. Anatomie der Rübe und Chemie der Zelle . . . . . . 1
    a) Anatomie der Zellen und der Gewebe . . . . . . . . . . . . 1
    b) Anatomie der Rübenwurzel und des Rübenblattes . . . . . . 3
    c) Chemie der Zellbestandteile . . . . . . . . . . . . . . . . 10
2. Kapitel. Physiologie und Biochemie der Rübe . . . . . . . 13
    a) Assimilation des Kohlenstoffes und Bildung des Zuckers in der
       Rübe . . . . . . . . . . . . . . . . . . . . . . . . 13
    b) Assimilation des Stickstoffes . . . . . . . . . . . . . . . 18
    c) Assimilation der Mineralbestandteile . . . . . . . . . . . . 20
    d) Chemie und Mechanik der Wurzelabsorption . . . . . . . . 22
    e) Bedeutung der Aschenbestandteile . . . . . . . . . . . . . 24
    f) Atmung der Rübe . . . . . . . . . . . . . . . . . . . . 28
    g) Die Entwicklung der Rübe (Reifeprozeß) . . . . . . . . . . 31
3. Kapitel. Zusammensetzung der Rüben . . . . . . . . . . . 35
    a) Mark und Saft . . . . . . . . . . . . . . . . . . . . . 35
    b) Markgehalt der Rüben . . . . . . . . . . . . . . . . . . 38
4. Kapitel. Chemie des Rübenmarkes . . . . . . . . . . . . . 42
    a) Zellulose . . . . . . . . . . . . . . . . . . . . . . . . 42
    b) Die Pektinstoffe der Rübe . . . . . . . . . . . . . . . . 43
    c) Glucoside . . . . . . . . . . . . . . . . . . . . . . . 58
    d) Eiweißkörper . . . . . . . . . . . . . . . . . . . . . . 59
    e) Aschenbestandteile . . . . . . . . . . . . . . . . . . . 60
5. Kapitel. Chemie des Rübensaftes . . . . . . . . . . . . . . 61
  A. Stickstofffreie Saftbestandteile . . . . . . . . . . . . . . . 61
    a) Physik und Chemie des Rohrzuckers . . . . . . . . . . . 61
    b) Invertzucker . . . . . . . . . . . . . . . . . . . . . . 99
    c) Raffinose . . . . . . . . . . . . . . . . . . . . . . . . 106
    d) Andere Kohlenhydrate . . . . . . . . . . . . . . . . . . 112
    e) Rübenfarbstoffe . . . . . . . . . . . . . . . . . . . . . 114
    f) Riechstoffe . . . . . . . . . . . . . . . . . . . . . . . 120
    g) Organische Säuren . . . . . . . . . . . . . . . . . . . . 121
    h) Rübenfett . . . . . . . . . . . . . . . . . . . . . . . . 130
    i) Saponine . . . . . . . . . . . . . . . . . . . . . . . . 133
  B. Stickstoffhaltige Saftbestandteile . . . . . . . . . . . . . . 138
    a) Aminosäuren . . . . . . . . . . . . . . . . . . . . . . 138
    b) Amide . . . . . . . . . . . . . . . . . . . . . . . . . 144
    c) Pflanzenbasen . . . . . . . . . . . . . . . . . . . . . . 149
    d) Eiweißkörper . . . . . . . . . . . . . . . . . . . . . . 154
    e) Cyklische Harnstoffderivate . . . . . . . . . . . . . . . . 163
    f) Enzyme und ihre Wirkungen . . . . . . . . . . . . . . . 167
    g) Vitamine . . . . . . . . . . . . . . . . . . . . . . . . 173
    h) Übersicht der Stickstoffsubstanzen . . . . . . . . . . . . 177

nach Pšenicka, Fraktionierte Saturation nach Staněk, Stetige Saturation, Verfahren ohne Schlammpressen.)
  l) Die beste Arbeitsweise (Saftreinigung) . . . . . . . . . . . . . 378
15. Kapitel. Chemie des Saturationsschlammes . . . . . . . . . 380
  a) Arbeit auf den Schlammpressen und Zusammensetzung des Schlammes . . . . . . . . . . . . . . . . . . . . . . . . . . 380
  b) Anormaler Schlamm und schlechte Filtrierbarkeit . . . . . . . 394
16. Kapitel. Hilfsmittel der Saftreinigung (Kalk, Kohlensäure, schweflige Säure) . . . . . . . . . . . . . . . . . . . . . . . 397
  a) Kalkstein, Kalk und das Löschen des gebrannten Kalkes, Kalkmilch . . . . . . . . . . . . . . . . . . . . . . . . . . . 397
  b) Saturationsgas . . . . . . . . . . . . . . . . . . . . . . . 404
  c) Schweflige Säure . . . . . . . . . . . . . . . . . . . . . . 406
17. Kapitel. Chemische Zusammensetzung und Eigenschaften des Dünnsaftes . . . . . . . . . . . . . . . . . . . . . . . 408
  a) Auskochen . . . . . . . . . . . . . . . . . . . . . . . . . 408
  b) Zusammensetzung des Dünnsaftes . . . . . . . . . . . . . . 411
  c) Entfärbung des Dünnsaftes durch Aktivkohlen . . . . . . . . 414
18. Kapitel. Chemische Vorgänge in der Verdampfstation . . . 415
  a) Rückgang der Alkalität . . . . . . . . . . . . . . . . . . . 415
  b) Alkalitätssteigerung . . . . . . . . . . . . . . . . . . . . 422
  c) Schäumen der Säfte . . . . . . . . . . . . . . . . . . . . . 423
  d) Ausscheidungen in der Verdampfstation . . . . . . . . . . . 423
  e) Verfärbung der Säfte . . . . . . . . . . . . . . . . . . . . 435
  f) Chemie der Reinigung der Verdampfapparate . . . . . . . . 439
  g) Die Gewinnung des Ammoniaks . . . . . . . . . . . . . . . 441
19. Kapitel. Chemische Zusammensetzung und Eigenschaften des Dicksaftes . . . . . . . . . . . . . . . . . . . . . . . 446
  a) Mechanische Filtration und Filterrückstände . . . . . . . . . 446
  b) Chemische Zusammensetzung . . . . . . . . . . . . . . . . 449
  c) Chemie und Physik der Saftfarbe . . . . . . . . . . . . . . 452
  d) Entfärbung des Dicksaftes . . . . . . . . . . . . . . . . . 458
  e) Die Arbeit auf Weißzucker . . . . . . . . . . . . . . . . . 459
20. Kapitel. Chemische Vorgänge beim Verkochen des Dicksaftes 460
  a) Der Krystallisationsprozeß . . . . . . . . . . . . . . . . . 460
  b) Organischsaure Kalksalze, deren Ursachen und Wirkungen . . . 462
  c) Farbzunahme während des Verkochens . . . . . . . . . . . 468
21. Kapitel. Die Füllmasse und ihre Verarbeitung . . . . . . . 471
  a) Zusammensetzung und Eigenschaften der Füllmasse . . . . . 471
  b) Verarbeitung der Füllmasse . . . . . . . . . . . . . . . . . 478
  c) Die Arbeitsweise in Beziehung zur Ausbeute . . . . . . . . 479
22. Kapitel. Chemie des Rohzuckers . . . . . . . . . . . . . . 482
  a) Zusammensetzung und Eigenschaften des Rohzuckers . . . . . 482
  b) Nichtzucker des Rohzuckers . . . . . . . . . . . . . . . . 485
  c) Bewertung des Rohzuckers (Rendement, Waschverfahren) . . . 493
23. Kapitel. Chemie der Nachproduktenarbeit . . . . . . . . . 503
  a) Verarbeitung der Nachprodukte: Filtration, Verkochen, Krystallisation in Bewegung . . . . . . . . . . . . . . . . . . . . 503
  b) Die Viscosität und ihre Beziehungen zur Nachproduktenarbeit . 509
  c) Gärungs- und gärungsartige Erscheinungen bei der Nachproduktenarbeit . . . . . . . . . . . . . . . . . . . . . . . . 516
24. Kapitel. Chemie der Melasse . . . . . . . . . . . . . . . . 521
  a) Zusammensetzung der Melassen . . . . . . . . . . . . . . . 521
  b) Wirkliche Melassen . . . . . . . . . . . . . . . . . . . . 523
  c) Melasse-Analysen . . . . . . . . . . . . . . . . . . . . . 526
  d) Der Zucker der Melasse . . . . . . . . . . . . . . . . . . 530

Seite
e) Der Nichtzucker der Melasse . . . . . . . . . . . . . . . 531
('Aschenbestandteile, Stickstofffreie Bestandteile, Stickstoffhaltige
Bestandteile, Kolloidstoffe.)
f) Farbstoffe der Melasse . . . . . . . . . . . . . . . . . . 543
g) Melassebildungs-Theorien . . . . . . . . . . . . . . . . 546
h) Das quantitative Verhalten des Nichtzuckers bei der Melassebildung im Betrieb . . . . . . . . . . . . . . . . . . . 555
25. Kapitel. Bewegung einiger Substanzen in der Rohzuckerfabrikation . . . . . . . . . . . . . . . . . . . . . . . . 557
a) Bewegung der stickstoffhaltigen Nichtzucker . . . . . . . . 557
b) Bewegung der stickstofffreien Nichtzucker . . . . . . . . . 563
26. Kapitel. Quellen der chemischen Zuckerverluste in den
Rohzuckerfabriken . . . . . . . . . . . . . . . . . . . . 564
a) Bestimmbare und unbestimmbare Verluste (Allgemein) . . . . 564
b) Verluste bei der Diffusion und Vorwärmung . . . . . . . . 567
c) Verluste bei der Scheidung und Saturation . . . . . . . . . 568
d) Verluste beim Verdampfen, Verkochen und bei der Nachproduktenarbeit . . . . . . . . . . . . . . . . . . . . . . . . 571

### Dritter Teil.

### Chemie der Raffination des Rohzuckers.

27. Kapitel. Das Lagern des Rohzuckers . . . . . . . . . . . . 574
a) Lagerfestigkeit. . . . . . . . . . . . . . . . . . . . . . 574
b) Lagerungsversuche . . . . . . . . . . . . . . . . . . . . 575
28. Kapitel. Affination . . . . . . . . . . . . . . . . . . . . 579
29. Kapitel. Chemie der Klären . . . . . . . . . . . . . . . . 585
a) Kalkung der Klären . . . . . . . . . . . . . . . . . . . 585
b) Zusammensetzung der Klären. . . . . . . . . . . . . . . . 585
30. Kapitel. Chemie des Spodiums und der Spodiumfiltration . 588
a) Spodium und seine Zusammensetzung . . . . . . . . . . . 588
b) Chemische Wirkungen der Knochenkohle. . . . . . . . . . . 589
(Aufnahme von Kalk, Salzen und von organischem Nichtzucker.)
c) Theorie der Spodiumwirkung . . . . . . . . . . . . . . . 592
(Ursachen des Entfärbungsvermögens, Einfluß der Korngröße,
der Temperatur und der Menge)
d) Das Spodium im Betriebe . . . . . . . . . . . . . . . . . 593
e) Der Wiederbelebungsprozeß . . . . . . . . . . . . . . . . 599
f) Vor- und Nachteile der Spodiumarbeit . . . . . . . . . . . 603
31. Kapitel. Chemie der Entfärbungskohlen . . . . . . . . . . 603
a) Geschichte, Definition und Einteilung der Aktivkohlen . . . . 603
b) Der Aktivierungsprozeß . . . . . . . . . . . . . . . . . . 606
c) Vorteile der Arbeit mit Entfärbungskohlen gegenüber der Spodiumarbeit . . . . . . . . . . . . . . . . . . . . . . . . 608
d) Chemische Zusammensetzung und Struktur der Entfärbungskohlen . . . . . . . . . . . . . . . . . . . . . . . . . . 609
e) Adsorptionswirkung der Aktivkohlen . . . . . . . . . . . . 611
(Chemismus und Mechanismus.)
f) Wirkung der Aktivkohlen im Betriebe. . . . . . . . . . . . 615
g) Chemische Technologie der Aktivkohlen . . . . . . . . . . . 625
(Die Aktivkohlen in der Praxis.)
h) Bewertung der verschiedenen Aktivkohlen . . . . . . . . . . 629
32. Kapitel. Chemie der Bleich- und Farbstoffe im Raffineriebetriebe. . . . . . . . . . . . . . . . . . . . . . . . . . 634
a) Blankit. . . . . . . . . . . . . . . . . . . . . . . . . . 634
b) Ultramarin . . . . . . . . . . . . . . . . . . . . . . . . 636
c) Indanthren . . . . . . . . . . . . . . . . . . . . . . . . 638
33. Kapitel. Nichtzuckerbewegung und Quellen der chemischen
Zuckerverluste in den Raffinerien. . . . . . . . . . . . . 639

Seite
a) Nichtzuckerbewegung . . . . . . . . . . . . . . . . . . . 639
b) Unbestimmte und unbestimmbare Zuckerverluste im Raffineriebetriebe. . . . . . . . . . . . . . . . . . . . . . . . . 640
c) Die Beurteilung der weißen Ware . . . . . . . . . . . . . 644

Nachtrag: Die wichtigsten während der Drucklegung erschienenen Ab-
   handlungen . . . . . . . . . . . . . . . . . . . . . . . . 647
Namenverzeichnis. . . . . . . . . . . . . . . . . . . . . . 654
Sachverzeichnis . . . . . . . . . . . . . . . . . . . . . . 661

## Verzeichnis der Abkürzungen.

Abkürzungen der Literaturangaben wurden nur bei den am häufigsten gebrauchten Quellen vorgenommen.

Z. V. D. Zuckerind. = Zeitschrift des Vereins der Deutschen Zuckerindustrie.

„Organ" = „Organ des Vereins für Rübenzuckerindustrie in der Österreichisch-Ungarischen Monarchie". Dieses bestand bis zum Jahre 1888 und ging dann in die „Österreichisch-Ungarische Zeitschrift für Zuckerindustrie und Landwirtschaft", Wien, über.

Ö. U. Z. f. Zuckerind. = Österreichisch-Ungarische Zeitschrift für Zuckerindustrie und Landwirtschaft, Wien.

D. Z. = „Deutsche Zuckerindustrie", Berlin.

C. f. Zuckerind. = Centralblatt f. d. Zuckerindustrie, Magdeburg.

B. D. ch. G. = „Berichte der Deutschen chemischen Gesellschaft".

Z. f. Zuckerind. i. B. = Zeitschrift f. Zuckerindustrie in Böhmen.

Z. d. tschsl. Zuckerind. = Zeitschrift f. d. Zuckerindustrie d. tschechoslowakischen Republik.

Rundschau = Beilage zur obigen Zeitschrift.

Ch. Zbl. = Chemisches Zentralblatt.

Ch. Z. = Chemiker-Zeitung, Cöthen.

Biochem. Ztschr. = Biochemische Zeitschrift, Berlin.

Z. f. physiolog. Ch. = Zeitschrift f. physiologische Chemie (Hoppe-Seyler).

Z. f. physik. Ch. = Zeitschrift f. physikalische Chemie.

Compt. rend. = Comptes rendus.

Diss. = Dissertation.

Jedem Kapitel folgt ein Verzeichnis empfehlenswerter oder benützter Spezialliteratur für den Stoff des betreffenden Kapitels.

# Einleitung.

Schon im Jahre 1866 sagte Scheibler, einleitend zu seiner ersten Arbeit über die organischen Bestandteile des Rübensaftes, Worte, die noch heute Geltung haben: „Bei dem aufmerksamen Studium der Entwicklungsgeschichte der Rübenzuckerfabrikation wird man sich nicht der Wahrnehmung entziehen können, daß die Fortschritte dieses Industriezweiges ... mehr oder weniger bedingt werden von dem jeweiligen Stande unserer chemischen Kenntnisse auf dem Gebiete dieser Industrie, daß in erster Linie die Chemie berufen erscheint, fortdauernd dazu beizutragen, dem praktischen Betriebe der Zuckerfabrikation eine einfachere Gestaltung, zweckentsprechende Arbeitsmethoden und höhere Nutzeffekte erringen zu helfen." Im weiteren Verlaufe seiner Ausführungen beklagt Scheibler, daß die Zuckerindustrie „ihr Heil vornehmlich in der mechanischen Richtung gesucht ...."; „daher kann man fast ohne Übertreibung behaupten, ... eigentlich doch nur eine auf zufällige Erfahrungen gegründete und danach in empirische Regeln gefaßte Gewinnungsmethode des Zuckers kennt; weshalb man in dem einen oder dem anderen Falle so oder so verfährt, dafür weiß man weder die Ursachen noch die zugrundeliegenden Gesetze; die Vorgänge bei der Scheidung des Rübensaftes sind heute ebenso dunkel und unerklärt, wie die Wirkungsweise der Knochenkohle bei der Entfärbung der Säfte es ist. Solange dergleichen Vorgänge aber in Nacht gehüllt bleiben, solange wird auch jeglicher Fortschritt ... lediglich dem Zufalle überlassen sein, während mit jeder neu errungenen chemischen Tatsache in der Erkenntnis der Natur des Rübensaftes ... dem Fabrikanten ein neuer Sinn erwächst für das Verständnis seiner Fabrikation überhaupt ....; aber es gehört dazu die Kunst, die Erscheinungen richtig interpretieren zu können, die Kunst, der Natur sowohl Fragen zu stellen, als ihre Antworten zu verstehen ....."

In demselben Jahre erkannte Bodenbender, die Unmöglichkeit, die Prozesse, die sich bei der Fabrikation des Zuckers abspielen, erklären zu können, liege in der Unkenntnis der Zusammensetzung der Rüben. Damals handelte es sich darum, die Überlegenheit der neuerfundenen Diffusion und Scheidesaturation gegenüber den älteren Arbeitsweisen auf Grund exakter Untersuchungen zu prüfen. Die Unkenntnis der Rübenbestandteile und der Prozesse im Betriebe machte sich unangenehm fühlbar; von jener Zeit stammen die Bestrebungen, Licht in diese verwickelte Materie zu bringen.

X Inhaltsverzeichnis.


Seite

    i) Ursachen für Menge und Art der Stickstoffsubstanzen und deren
Zusammenhänge . . . . . . . . . . . . . . . . . . . . . . . 184
  C. Anorganischer Nichtzucker (Aschenbestandteile und Korrelationen) 190
6. Kapitel. Wertbestimmung der Rüben . . . . . . . . . . . . 197
    a) Der Zuckergehalt der Rüben und seine Bestimmung . . . . . 197
    b) Der optisch aktive Nichtzucker . . . . . . . . . . . . . . . 200
    c) Die Nichtzuckerstoffe der Rüben in technologischer Hinsicht . 203
    d) Der Zuckergehalt der Rüben und seine Beziehungen zum Nicht-
zucker . . . . . . . . . . . . . . . . . . . . . . . . . . . 206
    e) Analytische und fabrikative Wertbestimmung der Zuckerrüben. 216
7. Kapitel. Kopf und Schwanz der Rüben . . . . . . . . . . . 222
    a) Verteilung des Zuckers und des Nichtzuckers in der Rübe . . 222
    b) Minderwertigkeit der Rübenköpfe . . . . . . . . . . . . . . 225
8. Kapitel. Chemische Vorgänge in den Rübenmieten . . . . . 227
    a) Die Ernte der Rüben . . . . . . . . . . . . . . . . . . . . 227
    b) Die Atmung als Ursache des Zuckerverlustes der Rüben . . . 228
    c) Veränderungen der Rüben in den Mieten . . . . . . . . . . 235
    d) Über das Gefrieren und Erfrieren der Rüben . . . . . . . . 239
      (Wiederaufgetaute Rüben, Schleimfäule der Rüben.)
    e) Verarbeitung verdorbener Rüben . . . . . . . . . . . . . . 244
    f) Gewichtsverluste auf dem Transporte und Zuckerverluste auf den
Rübenschwemmen . . . . . . . . . . . . . . . . . . . . . . 246

Zweiter Teil.

**Chemie der Rohzuckerfabrikation.**

9. Kapitel. Chemie der Diffusion . . . . . . . . . . . . . . . . 248
    a) Theorie der Diffusion . . . . . . . . . . . . . . . . . . . . 248
    b) Theorie der Diffusion im Betriebe . . . . . . . . . . . . . . 254
    c) Substanzbewegung in der Diffusion . . . . . . . . . . . . . 267
    d) Gefahren der Diffusion (Mikroorganismen, Gasbildung, Inversion) 271
    e) Die neueren Saftgewinnungsverfahren . . . . . . . . . . . . 277
10. Kapitel. Ausgelaugte Schnitte und Chemie der Schnittegruben . . . . . . . . . . . . . . . . . . . . . . . . . . . . 278
    Zusammensetzung der ausgelaugten Schnitte . . . . . . . . . 278
11. Kapitel. Schnittepressung und Schnittetrocknung . . . . . 282
12. Kapitel. Chemische Zusammensetzung und Eigenschaften des
Rohsaftes . . . . . . . . . . . . . . . . . . . . . . . . . . . 285
13. Kapitel. Chemie der Rohsaftvorwärmung . . . . . . . . . . 291
    a) Schnitte- und Pülpefänger . . . . . . . . . . . . . . . . . 291
    b) Anwärmung und ihre Wirkungen . . . . . . . . . . . . . . 292
    c) Vorreinigung des Rohsaftes . . . . . . . . . . . . . . . . . 293
    d) Kalkzugabe zum Rohsaft . . . . . . . . . . . . . . . . . . 296
14. Kapitel. Chemie der Saftreinigung (Scheidung und Saturation) . . . . . . . . . . . . . . . . . . . . . . . . . . . . 299
    a) Scheidung. . . . . . . . . . . . . . . . . . . . . . . . . . 300
    b) Saturation . . . . . . . . . . . . . . . . . . . . . . . . . 313
    c) Nachsaturationen, Schwefelung . . . . . . . . . . . . . . . 322
    d) Die einzelnen Faktoren im Betriebe . . . . . . . . . . . . . 332
      (Kalkmenge, Temperatur, Geschwindigkeit, Aufenthaltsdauer des
Saftes im Saturateur, Saturation verdorbener Rüben.)
    e) Alkalität . . . . . . . . . . . . . . . . . . . . . . . . . . 345
    f) Die Wasserstoffionenkonzentration . . . . . . . . . . . . . 351
    g) Der Reinigungseffekt . . . . . . . . . . . . . . . . . . . . 360
    h) Trockenscheidung . . . . . . . . . . . . . . . . . . . . . . 368
    i) Kalkhydratscheidung . . . . . . . . . . . . . . . . . . . . 371
    k) Abänderungen der Scheidesaturation . . . . . . . . . . . . 371
      (Kuthe-Anders, Kowalski-Kozakowski, Sparsame Saftreinigung

Wohl wurden inzwischen große Fortschritte gemacht: die Rübensaftbestandteile wurden eingehend studiert, ihr Verhalten im Betriebe zum Teile erkannt, die analytischen Methoden ausgebaut, manche Prozesse des Betriebes erfuhren ihre Deutung, neue Arbeitsweisen wurden auf Grund theoretischer Erkenntnisse eingeführt usw. Wieviel aber noch zu tun ist, um von einem vollen Erfolge sprechen zu können, lehren die Worte Strohmers bei der Tagung der österreichisch-ungarischen Zuckerindustrie in Salzburg im Jahre 1911: „Sind uns doch heute noch nicht einmal alle Bestandteile unseres Rohmaterials, d. i. der Rübe, bekannt und der Wechsel ihrer Mengenverhältnisse in der Abhängigkeit von Witterungsverlauf und Kulturmaßnahmen. Ebenso haben die Vorgänge der Saftreinigung nicht ihre vollständige Klarlegung gefunden, wie auch die chemischen Prozesse bei der Verdampfung noch der Aufklärung bedürfen. Die Abhängigkeit der Krystallisationserscheinungen von den Nichtzuckerverhältnissen ist ebenfalls noch nicht genau erkannt, wie auch die Frage der Melassebildung noch nicht ihre definitive Lösung gefunden hat. Ich bin überhaupt der Meinung, daß die Zuckerfabrikation so lange nicht ihre vollständige technische Ausbildung erreicht hat, solange sie noch ein Abfallsprodukt wie die Melasse erzeugt, das nahezu zur Hälfte noch aus jenem Stoffe besteht, der eigentlich gewonnen werden soll" — was auch heute noch gilt.

Trotz dieser pessimistischen Worte sind wir in unseren Kenntnissen doch viel weiter fortgeschritten und wir wissen heute von der Chemie der Zuckerindustrie mehr, als man zu Scheiblers Zeiten wußte. Männer der Forschung und Praxis aller Nationen haben sich erfolgreich bemüht, die eingangs zitierten Worte Scheiblers zum großen Teile außer Kraft zu setzen. Heute ist die Zuckerindustrie nicht mehr auf „zufällige Erfahrungen gegründet"; „empirische Regeln" gelten wohl in der Industrie, aber sie sind wissenschaftlich begründet und erklärt, und man weiß heute ganz gut — wenigstens in vielen Fällen —, warum man „so oder so verfährt".

Obwohl noch sehr vieles zu erforschen und zu begründen wäre, um das angestrebte Ziel: Erkennung des Rohmaterials und aller im Zuckerfabrikbetriebe verlaufenden Prozesse zu erreichen, so ist es doch vorteilhaft, einmal zu überblicken, was man heute bestimmt weiß, was man heute nur vermutet und was heute noch unbekannt ist.

Das zu zeigen ist der Zweck des vorliegenden Buches. Es galt, hunderte von Arbeiten, Abhandlungen, Versuchsanstellungen, Fabrikmitteilungen, auf Studienreisen Gesehenes und Gehörtes usw. eingehend zu studieren und darzulegen, viele weit zerstreut sich vorfindende Abhandlungen gleichen Gegenstandes zu sammeln, einen Blick in die Vergangenheit der Chemie der Zuckerindustrie zu werfen und die oft grundlegenden Arbeiten älterer Forscher in den Dienst dieses neuartigen Buches zu stellen. Oft mußte der Spreu vom Weizen gesondert und vielfach mußten die langjährigen Erfahrungen in den verschiedensten Betrieben zur Fällung eines Urteils und zur Stützung abweichender Ansichten oder Erklärungen herangezogen werden. So konnte ein getreues Bild von dem gegenwärtigen Stande der Chemie der Zuckerindustrie entworfen werden. Dabei wurde besonders gezeigt, wo Wissenschaft und Theorie die Praxis befruchteten und so selbst Zweiflern der Nutzen der Theorie für die Praxis bewiesen. Mit Genugtuung fand der Verfasser oft die Bewahrheitung seines Mottos: „Ohne Chemie keine Zuckerindustrie.‟

Wissenschaft und Praxis müssen sich ergänzen, weil die Wissenschaft die Grundlage und der Wegweiser für ihr Handeln ist. Das Wissen ist die Saat, das Können (die Praxis) die Frucht. In Erkenntnis dieser Tatsache hat besonders seit dem Ende des Krieges auch in der Zuckerindustrie eine erhöhte wissenschaftliche Durchforschung so vieler, vieler Fragen des Betriebes und des Rübenbaues stattgefunden und zweifelslos viele Erkenntnisse und Verbesserungen gebracht. Doch gibt es auf diesem Wege kein Rasten. Ein Hilfsmittel, eine Stütze auf dieser oft beschwerlichen Wanderung soll dieses Buch für alle wissenschaftlich und praktisch Tätigen sein: ihnen ist es gewidmet zum Nutzen der Rübenzuckerindustrie.

### Erster Teil

# Chemie der Rübe.

## Erstes Kapitel.

# Anatomie der Rübe und Chemie der Zelle.

### a) Anatomie der Zellen und der Gewebe.

Das in der Rübenzuckerindustrie verwendete Rohmaterial zur Gewinnung des Zuckers ist die Wurzel der Beta vulgaris, Rüben-Mangold, auch Runkelrübe genannt. Durch Kultur ist sie zu der heute allgemein bekannten dicken, langwalzigen und zuckerreichen Form veredelt worden.

Spätere Betrachtungen nötigen dazu, den anatomischen Bau dieser Wurzel und ihrer Blätter in Kürze darzulegen.

Das Grundelement jeder Pflanzensubstanz bildet die vegetabilische Zelle. Alle höher entwickelten Pflanzen bestehen aus unzählig vielen, dicht zusammengelagerten und festverbundenen Zellen, welche die Zellengewebe bilden. Die einzelne Zelle ist ein Organ, das aus einer äußeren festen Haut und einem von dieser umgebenen, stofflich davon verschiedenen Inhalte besteht. Erstere ist die Zellhaut, Zellmembrane oder Zellwand. Das von dieser umschlossene Innere heißt räumlich das Lumen der Zelle oder die Zellhöhle und stofflich der Zellinhalt. Die Zellwand besteht bei jungen Zellen vornehmlich aus Cellulose, gemengt mit Aschenbestandteilen (Kieselsäure, Kalk) und durchtränkt (imbibiert) mit Wasser. Sie bildet ein zartes, dünnes, durchsichtiges, elastisches Häutchen, welches aber mit fortschreitender Entwicklung der Pflanze teilweise verändert wird; das gleiche gilt für seine chemische Zusammensetzung. Die Zellhaut zeigt Längen- und Dickenwachstum. Ist die Zelle noch jung, so hat sie die oben angegebene chemische Zusammensetzung und dieselben Eigenschaften.

Mit fortschreitender Ausbildung können zwei chemische Prozesse auftreten, welche die chemische und physikalische Beschaffenheit der Zellmembrane ändern: die Verholzung und die Verkorkung. Bei der ersteren tritt neben der Cellulose der Holzstoff oder das Lignin, bei der letzteren Korkstoff oder Suberin in der Zellwand auf. Die beiden Namen „verholzte Zellen" oder „Holzzellen" sowie „verkorkte Zellen" oder „Korkzellen" deuten schon an, was für physikalische Veränderung das junge Cellulosehäutchen erfahren haben mag. Die Korkzellen bieten größeren Widerstand dem Durchdringen des Wassers, kommen also als Schutzorgane an der Oberfläche von Pflanzenteilen vor.

Der wichtigste Inhaltsstoff der lebenden Zellen ist das Protoplasma. An diesem spielen sich alle Lebenserscheinungen ab. Die Grundmasse heißt das Cytoplasma oder Zellplasma. Dieses ist von Wasser durchtränkt; verliert es das Wasser aus irgendeinem Grunde, so büßt es seine Funktionsfähigkeit ein. Über seinen Bau ist nichts Sicheres bekannt. Hier interessiert aber seine räumliche Lage in den einzelnen Zellen mehr, aus Gründen, die später besprochen werden. Im Zellinnern herrschen osmotische Druckkräfte. Durch diese wird das Protoplasma an die Wand gedrückt. Die Zellwand stärkt das Protoplasma in seinem Widerstande gegen den osmotischen Druck. Die so entstehende Spannung heißt der Turgor. Die Zellwand widersteht diesem Drucke. Bei hohem prozentischen Zuckergehalte kann er auch 21 Atmosphären übersteigen[1].

Das Plasma hat an der der Zellwand zugekehrten Außenseite eine helle, zarte, dünne Haut, die Hautschichte (Pringsheim) oder den Primordialschlauch, wie Mohl sie nannte. Die Hautschichte wird besonders erst dann sichtbar, wenn man die Zelle zur Plasmolyse bringt. Dies geschieht durch wasserentziehende Mittel oder durch Erwärmen, wodurch Kontraktion der Hautschichte eintritt, und sie sich von der Zellwand ablöst. Der Primordialschlauch spielt eine wichtige Rolle bei der Aufnahme und Abgabe von Substanzen in der Zelle. Dem Durchtritte von Wasser z. B. setzt er mehr Widerstand entgegen als der übrige Protoplasmakörper, ist für Wasser aber immer noch weniger durchlässig als die Zellwände.

Der obengenannten Hautschichte, welche die äußere Begrenzung des Plasmas bildet, steht gegenüber die Vakuolenhaut oder Vakuolenwand Pfeffers, welche die Abgrenzung des Plasmas gegen das Zellinnere ist. Ein Körper, der von außen in den Zellsaft gelangen will, hat demnach folgenden Weg zu nehmen: 1. durch die Zellwand; 2. durch die Hautschichte oder den Primordialschlauch; 3. durch das Plasma; 4. durch die Vakuolenwand; erst dann ist er im Zellinnern. Will er aus der Zelle heraus, so muß er diese vier Medien in entgegengesetzter Reihenfolge durchwandern.

Nicht überall und nicht immer hat die Zellhaut gleiche osmotische Eigenschaften; diese werden durch das Protoplasma reguliert. Jede Zelle hat ein quantitatives Wahlvermögen. Weil diese Erscheinungen bei der Ernährung der Pflanzen und bei der Gewinnung des Zuckers eine wichtige Rolle spielen, sind sie später noch ausführlicher behandelt.

Zum näheren Studium dieses Fragenkomplexes sei auf das vierte Kapitel des ersten Bandes von Pfeffers Pflanzenphysiologie: „Die Mechanik des Stoffaustausches", hingewiesen.

Durch Wasserverdunstung werden Rüben welk, weil sie ihren Turgor verlieren. Solche Rüben können durch Wasseraufnahme ihren Turgor wieder zurückgewinnen. Diesen physikalischen Prozeß studierte Rosenkranz an Rüben-

---

[1] Z. d. tschsl. Zuckerindustrie VIII, S. 249, 1927.

scheiben, Simmich[1] an Rübenstreifen, die sowohl senkrecht als auch parallel zur Längsachse aus den Rüben herausgeschnitten wurden. Er fand:

1. Die Quellung war in der Längsrichtung stärker als in der Querrichtung.

2. Sie war in den ersten Stunden sehr stark, später langsamer, und erreichte erst nach 3 Tagen nahezu ihr Maximum.

3. Sie erreichte bei frischen Rüben im Mittel 3,6% resp. 4,4%, bei welken Rüben 4,0% resp. 6,4%. Die letzteren gebrauchten also nur 1—2% mehr, um denselben Turgor zu erreichen, wie frische Rüben.

Zur Beurteilung dieser Ergebnisse muß aber darauf aufmerksam gemacht werden, daß sie nicht auf ganze Rüben bedingungslos übertragen werden dürfen; hier handelte es sich um geschälte Rübenstreifen, in der Praxis um ganze Rüben in ihrer Rinde.

Das Protoplasma erfüllt entweder die ganze Zelle oder ist nur als Hautbelag vorhanden. Davon hängt die Verteilung des Zellsaftes in der Zelle ab.

Das Protoplasma ist keine homogene Masse; neben verschiedenen körnigen Gebilden enthält es Lücken (Hohlräume), die mit Flüssigkeit gefüllt sind. Diese heißen Vakuolen und können häufig an Volumen das des Plasmas überragen.

Das Plasma ist bei jungen Zellen weich und flüssig. Es gibt auch Zellen, worin dieses fehlt; sie sind aber nicht lebende Zellen und trotzdem für die Pflanze von Bedeutung. Das Protoplasma ist chemisch eine sehr komplizierte Substanz und hat je nach seinem Wassergehalte verschiedenen Aggregatzustand, weich, schleimartig, nie flüssig. In sehr vielen Zellen, besonders in den jungen, ist der Zellkern vorhanden, der im wesentlichen nur ein geformter Teil des Protoplasmas ist und bei der Zellbildung eine hervorragende Rolle spielt. Neben dem Plasma ist in der Zellhöhle noch der Zellsaft vorhanden, der eine wässerige Lösung von organischen und unorganischen Substanzen darstellt. Je nach dem physiologischen Zwecke der Zellen variiert die Zusammensetzung des Zellsaftes. Neben Saft und Plasma kommen noch viele andere Bestandteile vor: so die Chlorophyllkörner (Blattgrün) und andere Pigmentkörper, Krystalloide (z. B. oxalsaurer Kalk), Stärke, fette Öle u. a. Auf den Zellsaft muß hier nicht Rücksicht genommen werden, da seine Zusammensetzung mit besonderer Rücksicht auf die Zuckerrübe noch sehr eingehend zu betrachten sein wird. Hier interessiert besonders die Zusammensetzung der genannten Pflanzenorgane. Vorher muß aber noch die Frage nach dem anatomischen Bau der Rübenwurzel ihre kurze Beantwortung finden.

## b) Anatomie der Rübenwurzel und des Blattes.

Die einzelne Zelle ist nur bei den einfachsten Pflanzen, z. B. bei Bacterien, Pflanze für sich. Alle höher organisierten Pflanzen bestehen aus miteinander verbundenen Zellen. Die Verbindung geschieht in Zellreihen, Zellschichten und in Zellkörpern je nach der räumlichen Dimension dieser Verbindung. Dadurch entstehen die Röhren, Pflanzenräume, Gefäße, Gewebe und alle anderen Pflanzenteile. Obwohl zum Aufbau der höheren Pflanzen unzählig viele Zellen oder Protoplasten

---

[1] Z. V. D. Zuckerind. 1925, S. 493.

zusammentreten, so bildet das Ganze doch eine einheitliche, zusammenhängende Plasmamasse, die aber, gegen die niederen Formen betrachtet, gekammert ist, wodurch Arbeitsteilung eintritt.

Man kann je nach der Gestalt und Ausbildung verschiedene Zelltypen unterscheiden. Folgende Einteilung ist eine morphologische: 1. Parenchymzellen: Diese bilden das Grundgewebe der Blätter und der Wurzeln. Sie sind dünnwandig. 2. Prosenchymzellen: Sie finden sich gewöhnlich in den Leitgeweben, sind langgestreckt und sehr häufig dickwandig.

Bei den höheren Pflanzen treten die Zellen zu einem Verbande zusammen. Zwischen den einzelnen Zellen der Gewebe entstehen Lücken, die man Intercellularräume nennt. Sie sind mit Luft erfüllt, und da alle diese Intercellularräume miteinander kommunizieren, ist die Durchlüftung der ganzen Pflanze gewährleistet.

Die Gewebe kann man nach den sie bildenden Zellen einteilen in Parenchym(gewebe), Prosenchym(gewebe) usw. Wichtiger ist hier die Einteilung vom physiologischen Standpunkte. Betrachtet seien nur die sogenannten Dauergewebe, die einen unveränderlichen, ausgebildeten Zustand besitzen. Von diesen kennt man:

1. das Hautgewebe. Dieses wird von der Epidermis gebildet. Es schließt die Pflanze gegen außen ab und bewahrt sie vor schädlichen Einflüssen (Austrocknung, Insektenangriffe). Die Zellen schließen sich ohne Intercellularräume aneinander; sie bilden eine Lage flacher Zellen. Die Außenwand ist gewöhnlich verdickt und mit Cutinsubstanzen imprägniert. Sie trägt die sehr wichtigen Spaltöffnungen (s. daselbst) mit den Atemhöhlen. Da sich diese Organe meistens an den Blättern vorfinden, kommen sie auch beim Abschnitte „Rübenblatt" zur Sprache. Die Epidermis der Wurzel trägt die Wurzelhaare, die in das Erdreich hineinwachsen.

Nach Untersuchungen von C. Kraus (1888) bildet das Wurzelsystem speziell der Rübe — die Haarwurzeln — drei Zonen, die sich in folgendem voneinander unterscheiden:

I. Zone: diese breitet sich in einer Tiefe von 12—14 cm um die Hauptwurzel aus und bildet ein ganzes Netz zumeist ganz dünner Fäden, die zu beiden Seiten von der Hauptwurzel auslaufen.

II. Zone: sie beginnt unter der ersten und reicht bis zu einer Tiefe von 25 cm; hier ist der Boden schon härter, es bilden sich stärkere Würzelchen, die sich reich verzweigen.

III. Zone: diese beginnt schon unter der zweiten im Untergrund; um die Hauptwurzel herum bilden sich vereinzelte, wenig zahlreiche stärkere Würzelchen und nur wenig Faserwurzeln.

Sie haben alle die Aufgabe, den Rübenorganismus mit Nährstoffen und Wasser zu versehen; dies tun besonders die ersten zwei Zonen, weniger die dritte. Die dritte führt der Pflanze nicht nur Feuchtigkeit zu, sondern im Notfalle auch Nährstoffe, wenn von diesen aus irgendeinem Grunde in den oberen Schichten nicht genügend vorhanden wären.

Das Aussehen des ganzen Haarwurzelsystems ist von mancherlei Umständen abhängig, insbesondere von Witterungsverhältnissen; selbstverständlich, weil ja z. B. von der vorhandenen Bodenfeuchte oder Dürre ihre Funktion abhängt.

K. Andrlík untersuchte solche Haarwurzeln auf ihre chemische Beschaffenheit. Hier genüge nur so viel davon, daß die Substanz der Haarwurzeln zum größten Teile aus wasserunlöslicher Cellulose, aus Eiweißkörpern und aus Aschenbestandteilen (Alkalien, alkal. Erden (Fe, Al)$_2$O$_3$, P$_2$O$_5$, SO$_3$, Cl) besteht. Rohrzucker oder reduzierende Zucker fanden sich nicht in nennenswerter Menge[1].

2. **Das Leitgewebesystem** dient dem Stofftransporte; es besteht aus langgestreckten Zellen, die sich zu sogenannten Gefäßbündeln (Fibrovasalbündeln) vereinigen und die ganze Pflanze durchziehen.

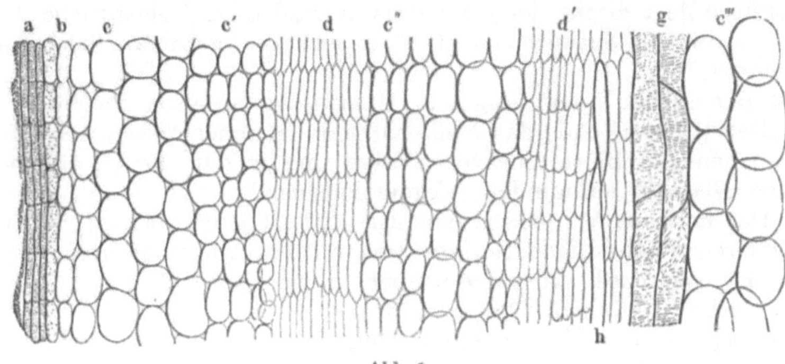

Abb. 1.

Der stoffleitende Teil heißt **Phloem** (Siebteil), der wasserleitende Teil **Xylem** (Holzteil, Gefäßteil). Dieses System tritt in den Blättern als Nervatur auf (s. daselbst) und geht aus ihnen als Blattspurstrang in die Wurzel.

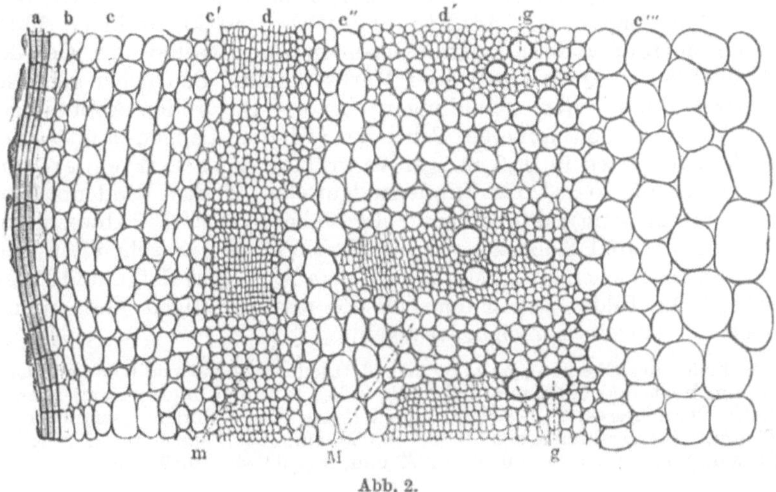

Abb. 2.

3. **Das mechanische Gewebesystem** verleiht der Pflanze eine gewisse Festigkeit. Diesem Zwecke dienen das Kollenchym und das Sklerenchym mit ihren verdickten Zellwandungen.

---

[1] Z. f. Zuckerind. i. B. XXIX, S. 430, 1904/05.

4. Das Grundgewebesystem besteht aus parenchymatischen Zellen. Im peripheren Teil ist es Assimilationsgewebe (es trägt das Chlorophyll), der darunter liegende Teil ist Speichergewebe für Reservestoffe u. a. Besonders in den Blättern findet es sich zwischen der Epidermis. In diesem speziellen Falle heißt es Mesophyll. Hier lassen sich zwei Lagen unterscheiden: das Pallisaden- und das Schwammparenchym. Das erstere liegt direkt der Epidermis an und ist das eigentliche Assimilationsgewebe, darunter liegt das lockerer gebaute Schwammparenchym.

An der „Rübe" sind folgende Hauptteile zu unterscheiden:

1. Der Rübenkopf (das Epikotil): das ist jener oberirdische Teil, aus welchem die Blätter hervorwachsen und in den die Gefäßbündel aus den Blättern einmünden (Vegetationskegel).

2. Der Rübenhals (das Hypokotil): das ist jener oberirdische oder an der Grenze befindliche Teil, der weder Blätter, noch Wurzeln trägt.

3. Die „Wurzel" kurzwegs: jener unterirdische Teil, der Seitenwurzeln oder Rudimente davon trägt.

Das Fleisch der Zuckerrübe besteht im wesentlichen aus einem Zellgewebe mit dem farblosen, zuckerhaltigen Safte. Bei einem Querschnitte durch die Rübe fallen verschiedene konzentrische Kreise auf. Von außen beginnend, sieht man zunächst das Periderm oder die Oberhaut. Diese bildet die äußere Umhüllung der Rübe und besteht aus verkorkten Zellen. An die Oberhaut schließt sich das Rindenzellgewebe; an seinem äußeren Umfange sieht es den korkigen Oberhautzellen ähnlich, nach innen bestehen seine Zellen aus reinem Zellstoffe. Nun folgt das Rindenfasergewebe mit kleinzelligen Markstrahlen, hierauf andere Zellgewebezonen, abwechselnd mit Gefäßen und Holzfasern. Dazwischen sind Markstrahlen. Deutlicher geht der Bau der Rübe aus den Abbildungen hervor. Die beiden Abbildungen 1 und 2 stellen den äußeren Teil eines radialen Längenschnittes und eines Querschnittes in 120 maliger Vergrößerung nach Wiesner dar[1].

$a$ Oberhaut; $b$ $c$ $c'$ das Rindenzellgewebe; $d$ das Rindenfasergewebe (cambiumartig); dann folgen Zellgewebezonen $c''$ $c'''$ abwechselnd mit Gefäßen $g$ und Holzfasern $h$; die Verbindungen zwischen den Zellgewebsringen erscheinen als Markstrahlen $m$ $M$; $d'g$ ist Gefäß und Fasergewebe. Die Bilder zeigen deutlich die mannigfaltigen Formen und Größen der einzelnen Zellengattungen.

Die Zellen der Oberhaut ($a$) z. B. sind plattgedrückt. Sie sind 0,054 mm lang, 0,039 mm breit und 0,009 mm dick. Die Zellen von $b$ (Korkcambium) haben r (radialer Durchmesser) 0,012—0,021 mm, t (tangentialer Durchmesser) 0,036 bis 0,073 mm, l (Längsdurchmesser) 0,036—0,080 mm. Die Zellen von $c$: r, t, l = 0,051 mm, von $c'$: r = t = 0,14—0,022 mm, l = 0,054 — 0,89 mm.

Die hervorragende physiologische Bedeutung des Blattapparates der Rübe rechtfertigt ein etwas näheres Eingehen auf seine anatomische Beschaffenheit, da ohne deren Kenntnis seine physiologischen Funktionen nur schwer verständlich wären. Abbildung 3 zeigt ein stark

---

[1] Z. V. D. Zuckerind. 1865, S. 157.

verkleinertes Bild einer zu Lehrzwecken ausgeführten Wandtafel der untengenannten Verfasser[1].

Auf der Ober- und der Unterseite des Blattes sind langgestreckte, hellgefärbte Zellen (*ee*, *e'e'*) zu bemerken, die Haut- oder Epidermiszellen. Sie enthalten fast nur Wasser, sind chlorophyllfrei und verdanken diesen beiden Umständen ihre hellere Färbung gegenüber den Zellen des Blattparenchymgewebes (*M*). Sie werden daher auch leicht von Lichtstrahlen durchdrungen, die dann im Inneren des Blattes eine bedeutende Rolle zu spielen haben. Der Wassergehalt dieser Zellen bildet auch gleichzeitig einen gewissen Wasservorrat für die Rübenpflanze.

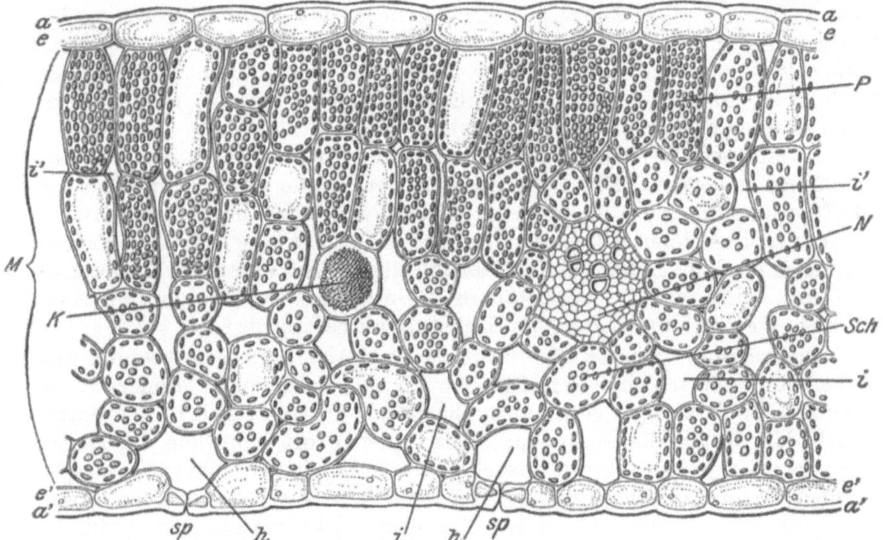


Abb. 3. Querschnitt durch das Rübenblatt, nach Frank und Tschirch.

*a a*, *a' a'*: Cuticula; *e e*, *e' e'*: Epidermis oder Hautzellen; *M*: Mesophyll oder Blattparenchymgewebe; *P*: Palisadengewebe; *Sch*: Schwammgewebe; *i*: Intercellularräume; *sp*: Spaltöffnungen; *h*: Atemhöhlen; *N*: Nervenstrang.

Die Außenwände der Epidermiszellen sind stark verdickt (verkorkt) und bilden ein zusammenhängendes Häutchen, die Cuticula (*aa*, *a' a'*). Dieselbe trägt Spaltöffnungen, Stomata genannt (*sp*), die mit den Atemhöhlen (*h*) in unmittelbarer Verbindung stehen; an diese schließen sich die Intercellularräume (*i*). Die drei letztgenannten Blattelemente dienen der Wasser- und Gasregulierung der Pflanze. Speziell die Spaltöffnungen, welche an der Unterseite des Blattes weit häufiger vorkommen als an der oberen, besorgen den Austausch der Außen- und Innenluft, welch letztere sich in *h* und *i* befindet.

Die Spaltöffnungen haben eine Größe von 20—30 $\mu$; auf 1 mm² der Blattoberseite kommen ungef. 100, der Unterseite ungef. 150 Spalt-

---

[1] Die Erläuterungen entstammen größtenteils Aufsätzen Briems in der Ö. U. Z. f. Zuckerind. XXIV, S. 973, 1895.

öffnungen. Sie können sich infolge Vorhandenseins sogenannter Schließ-zellen (nicht in der Abbildung gezeichnet) je nach Bedarf mehr oder weniger öffnen, bzw. schließen. Ist genügende Boden- und Luftfeuch-tigkeit vorhanden, so sind die Spaltöffnungen geöffnet, und je nach wechselndem Feuchtigkeitsgehalte ändert sich auch ihre Öffnungs-weite. Wird das Blatt welk, so tritt Schließung der Spaltöffnungen ein, wodurch die Wasserverdunstung des Blattes vermindert wird. Auch die Blattstiele haben Spaltöffnungen.

Im Mesophyll oder Blattparenchymgewebe gehen Lebens-prozesse vor sich, die an das Chlorophyll gebunden sind. Alle Zellen enthalten dasselbe in verschiedenem Grade, am meisten jener Zellver-band, der der Blattoberseite zunächst liegt, das Palisadengewebe ($P$). Daran schließt sich — der Unterseite zugekehrt — das Schwammge-webe ($Sch$). Die Zellen des ersteren sind länglich und dicht aneinander gelagert; auch enthält das Palisadengewebe im Gegensatz zum Schwammgewebe wenig Intercellularräume.

In letzterem sind auch die Zellen anders geformt und lockerer an-einander gelagert. Die Intercellularräume dienen gewissermaßen als Luftkanäle für die Pflanze. Im Mesophyllgewebe liegen die Blatt-nerven; die vielen schwarzen Punkte der Abbildung 3 in den Paren-chymzellen deuten das grüne Chlorophyll an. Außerdem ist in der Ab-bildung ein mit $K$ bezeichnetes Gebilde zu sehen: oxalsaurer Kalk, der in den Zellen als Krystall aufgespeichert ist.

Die schon erwähnte Nervatur des Rübenblattes besteht aus stärkeren und schwächeren Blattrippen mit zahlreichen immer feiner werdenden Verzweigungen. Vom Blattstiele aus setzt sich in der Blatt-mitte ein dicker Blattspurstrang (Mittelnerv) fort, von dem die Blatt-rippen nach beiden Seiten ausgehen. Mit den feineren Verzweigungen bilden sie ein zusammenhängendes System, das die ganze Fläche des Rübenblattes einnimmt. Diese Nervatur wirkt mechanisch dadurch, daß sie die Blätter flach ausbreitet und gespannt hält, das Blatt vor dem Zerreißen bewahrt und ihm stets die zweckdienlichste Stellung zum Lichte gibt. Der physiologische Zweck derselben besteht darin, daß sie das Wasser samt seinen gelösten Nährstoffen aus der Rüben-wurzel dem Blatte überall hinzuführt und dasselbe lebensfähig erhält. Auf entgegengesetztem Wege wandern die im Blatte gebildeten orga-nischen Substanzen (Zucker, Stärke, Eiweiß, Betain u. a.) in die Rüben-wurzel ein.

„Über das Leben und die Bedeutung des Rübenblattes" berichtete ausführlich H. Briem[1] mit zahlreichen Literaturangaben.

In seinen Studien über die Rübenentwicklung vor der Kam-pagne konnte J. Urban feststellen, daß die neuere Rübe verhält-nismäßig mehr Blattwerk hat als die frühere. Auf 100 Teile Wurzeln entfielen im Dezennium 1896/1905 118 Teile Kraut, 1906/1915 aber 144[2].

---

[1] Ö. U. Z. f. Zuckerind. XL, S. 1, 1911.
[2] Z. d. tschsl. Zuckerind. I, S. 223, 1920.

Nach den Forschungen J. Stoklasas ist „die Entwicklung des Gesamtorganismus der Zuckerrübe und überhaupt die Akkumulation des Zuckers in der Wurzel nicht von dem Gewichte der Blätter, sondern von dem Chlorophyllgehalte des Chlorenchyms abhängig". So fand er bei mangelhafter Ernährung der Zuckerrübe, daß die Blatttrockensubstanz bloß 0,6—0,9 % Chlorophyll enthielt, während sie bei Vorhandensein aller Nährstoffe 1,0—1,5 % Chlorophyll aufwies[1].

### Chemische Zusammensetzung des Rübenkrautes.

Die Frage nach der chemischen Zusammensetzung des Rübenkrautes kann eine kürzere Beantwortung finden, da ihr hier keine große Bedeutung zukommt.

Die Analysen der Tabelle Nr. 1 entstammen den erst bei den Aschenanalysen der Rübe angeführten Untersuchungen von Andrlík und Urban[2].

Tabelle 1.

| Nr. | % Zucker | $K_2O$ | $Na_2O$ | CaO | MgO | $Fe_2 + Al_2O_3$ | $P_2O_5$ | $SO_3$ | Cl | Zucker der Rübe |
|---|---|---|---|---|---|---|---|---|---|---|
| 1 | 18,8 | 35,2 | 18,6 | 14,0 | 4,9 | 4,5 | 5,1 | 12,9 | 4,2 | Blattsubstanz der Rübenblätter. 100 |
| 2 | 18,0 | 33,7 | 19,2 | 13,2 | 5,3 | 5,6 | 5,0 | 12,7 | 4,8 | Teile ihrer Rein- |
| 3 | 17,0 | 31,1 | 22,8 | 12,8 | 5,0 | 3,9 | 4,8 | 14,9 | 4,0 | asche enthalten: |
| 4 | 18,8 | 29,0 | 23,0 | 15,9 | 5,6 | 4,8 | 5,4 | 5,1 | 10,9 | Reinasche der Blatt- |
| 5 | 18,0 | 29,7 | 20,9 | 15,2 | 4,7 | 4,9 | 5,6 | 5,0 | 13,7 | stiele derselb. Rüben |
| 6 | 17,0 | 25,0 | 26,2 | 16,8 | 4,8 | 4,5 | 5,4 | 4,9 | 12,1 | wie oben. |
| 7 | 19,7 | 34,1 | 19,3 | 9,8 | 2,9 | 11,7 | 6,9 | 8,5 | 5,4 | |
| 8 | 14,1 | 22,7 | 27,6 | 11,1 | 15,2 | 10,2 | 6,8 | 7,4 | 8,8 | |
| 9 | 7,8 | 25,3 | 36,0 | 10,4 | 6,4 | 6,6 | 6,6 | 5,1 | — | 21. Juni. |
| 10 | 11,6 | 25,2 | 34,4 | 12,2 | 4,6 | 5,9 | 5,9 | 6,5 | — | 5. Juli. |
| 11 | 18,4 | 25,7 | 31,8 | 12,3 | 6,0 | — | 3,5 | 8,3 | — | 31. Juli. |
| 12 | 17,7 | 21,8 | 23,6 | 16,8 | 7,9 | — | 3,5 | 9,8 | — | 21. August. |
| 13 | 15,3 | 20,7 | 17,7 | 16,4 | 7,2 | — | 4,6 | 9,2 | — | 3. Oktober. |
| 14 | — | 17,5 | 28,4 | 14,6 | 14,9 | 0,98 | 6,9 | 5,1 | 11,4 | Durchschnittszusammensetzung nach |
| 15 | — | 24,7 | 13,1 | 23,9 | 8,9 | 0,25 | 3,3 | 5,0 | 6,4 | Wolff 1871, 1880. |
| 16 | 18,7 | 30,8 | 20,1 | 11,8 | 4,6 | 10,0 | 7,4 | 8,0 | 7,6 | Andrlík-Urban 1903/05/06 mit ver- |
| 17 | 17,2 | 28,5 | 19,3 | 13,3 | 6,4 | 9,1 | 7,5 | 8,0 | 6,9 | schieden. Zuckergeh. |

Nr. 15 sind Zahlen, die Rümpler aus Wolffs Analysen berechnete. Urban und Andrlík führen dieselben nicht an.

Die Analysen 1—3 und 4—6 zeigen den Zusammenhang zwischen Zuckergehalt der Rübe und Reinasche des Rübenblattwerkes bzw. der Blattstiele. Wie in den Wurzeln (s. d.) steigt mit dem Zuckergehalte der Kali- und Phosphorsäuregehalt der Reinasche der Rübenblätter (und Stiele); der Natrongehalt fällt.

Die Analysen 7, 8 stammen von Rüben mit hohem und geringem Zuckergehalt und zeigen die Veränderung der Reinaschenzusammensetzung.

Auf die Zusammensetzung der Reinasche hat auch die Größe, Farbe und Lage der Blätter Einfluß.

Die Analysen 9—13 zeigen diese Verhältnisse in den einzelnen Entwicklungsstadien.

---

[1] Ö. U. Z. f. Zuckerind. XLIV, S. 525, 1916.
[2] Z. f. Zuckerind. i. B. XXXIV, S. 75, 1909/10.

Wichtiger sind die Analysen 14—17, die den Einfluß der Veredelung der Rübe auf die Zusammensetzung der Blattaschen zeigen.

In dem Maße, als die Rübe zuckerreicher wurde, stieg der Gehalt an Kali, Phosphorsäure und fiel der Natrongehalt der Blattaschen. Aber auch der Aschengehalt der Blätter sank im allgemeinen.

Von Kohlenhydraten sind in den Blättern vorhanden: Glucose und Fructose, Saccharose und Stärke; von Enzymen fanden Spengler und Weidenhagen Invertase[1] und Amylase während der ganzen Wachstumsperiode[2].

In den Blättern dürften auch die Saponine entstehen und von hier in die Wurzel gelangen. Ähnlich wie bei der Stärke, müssen sie zunächst in lösliche Form übergeführt und dann wieder rückgebildet werden[3].

### c) Chemie der Zellbestandteile.

Da die Rübe in Form von Schnitten in den Betrieb eingeführt wird und ihre Zellbestandteile sich irgendwie chemisch betätigen könnten, ist es notwendig, deren Chemie etwas eingehender zu betrachten.

### 1. Chemie des Zellinhaltes.

Obwohl das Protoplasma als Träger der pflanzlichen Lebenserscheinungen physiologisch von größter Bedeutung ist, interessieren doch an dieser Stelle mehr seine chemischen und physikalischen Eigenschaften. Vom chemisch-physikalischen Standpunkte ist es als kolloidal zu bezeichnen. Die der Zellwand zugekehrte Seite des Protoplasmas nennt Pfeffer „Hyaloplasma" oder Hautschicht, die dem Zellinnern zugewandte Seite heißt nach Nägeli „Polioplasma"; nach Bütschli besitzt es Wabenstruktur.

Es ist kein chemisches, sondern ein physiologisches Individuum. Man wird sonach nicht von einer chemischen Zusammensetzung sprechen können.

Strohmer zählte gelegentlich von den stickstoffhaltigen Bestandteilen „nach der gegenwärtigen, noch immer oberflächlichen Kenntnis der chemischen Zusammensetzung des Protoplasmas" auf: Nucleine, Globuline, Vitelline, Albumosen, Peptone, Nucleoproteine usw.

Hier genügt aber die Tatsache, daß in diesem Stoffe mehr als die Hälfte Eiweißkörper und größere Mengen Kohlenhydrate und Fette vorhanden sind. Diese, sowie das Asparagin, Lecithin und Harz kommen daher mit der Rübe zur Diffusion, gehen größtenteils in den Saft und damit auch in den weiteren Betrieb über.

Die Chloroplasten des Protoplasmas sind die Träger des Chlorophylls oder Blattgrüns. Die Chemie des Chlorophylls wurde in

---

[1] Schon früher wies A. Traegel das Vorhandensein von Invertase in den Blättern der Zuckerrübe nach, worüber bei der Wanderung des Zuckers (Assimilationsprozeß) näher berichtet werden wird. (Z. V. D. Zuckerind. Bd. 73, 1923, S. 158.)

[2] Z. V. D. Zuckerind. Bd. 76, S. 767, 1926.

[3] ebd. Bd. 70, S. 454, 1920.

letzterer Zeit besonders von Schunk und Marchlewski und Willstätter bedeutend gefördert.

Das Chlorophyll wird durch Licht zerstört; seine Lösung fluoresziert. Die Chlorophyllkörner besitzen schwammige Struktur und tragen eingebettet das Rohchlorophyll, d. i. ein Gemenge des grünen Chlorophylls und des gelben Xanthophylls (Berzelius).

Das Reinchlorophyll wurde durch Abbau mit Säuren in zwei Derivate zerlegt, in Phylloxanthin und Phyllocyanin. Das erstere, ein gelbbrauner Farbstoff. dürfte lecithinhaltig und mit dem obengenannten Xanthophyll identisch sein. Das Phyllocyanin ist ein blaugrüner Farbstoff. Nach Schunck käme ihm die Formel $C_8H_{71}N_5O_{17}Cu$ (das Kupfersalz) zu.

Das natürliche Chlorophyll absorbiert sehr energisch die roten Sonnenstrahlen; diese üben daher auch die größte Wirkung aus.

Das Rohchlorophyll der Pflanzen enthält Kohlenstoff, Wasserstoff, Sauerstoff, Stickstoff und Magnesium, auffallenderweise kein Eisen, obwohl dieses für die Entstehung des Chlorophylls in der Pflanze unentbehrlich ist. Das Magnesium macht ungef. 1,7 % des Rohchlorophylls aus und dürfte bei der Assimilation eine wichtige Rolle spielen.

Das reine Chlorophyll hat die Zusammensetzung $C_{55}H_{72}O_6N_4Mg$; es ist ein Ester. Sein Alkohol ist das Phytol $(C_{20}H_{40}O)$, die Säure heißt Chlorophyllin, hat die Formel $(C_{31}H_{29}N_4Mg)$ $(COOH)_3$, ist also eine Tricarbonsäure. Chlorophyll ist demnach Phytylchlorophillid.

Der Chlorophyllgehalt der Blätter schwankt gewöhnlich zwischen 0,6—1,2 % der Trockensubstanz. Der Phytolgehalt macht ungefähr ein Drittel des Chlorophyllgehaltes der lebenden Pflanze aus. Dieser (ungesättigte, aliphatische, primäre) Alkohol ist als Ester gebunden und wird bei der Spaltung des Chlorophylls durch Chlorophylase (Enzym) oder durch heiße Alkalien frei.

Chlorophyll ist eine amorphe, wachsartige Masse, die in organischen Lösungsmitteln mit blaugrüner Farbe und roter Fluorescenz löslich ist. Chemisch ist es indifferent, zeigt weder saure noch basische Eigenschaften. Einerseits ist es ein Wachs (Lipoid), andererseits ein Säureamid, insofern man saure und basische (stickstoffhaltige) Gruppen in innerer Bindung (Lactam) auszunehmen hat.

Seine Konstitution wurde von Willstätter und seinen Schülern aufgeklärt in einer Reihe von Untersuchungen[1] in den Jahren 1906 bis 1914.

Chlorophyll kommt nur in den grünen Zellen vor, gelangt also nur bei schlecht geköpften Rüben in den Betrieb. Diese sind aber heute nicht mehr die Ausnahme — wie einstens —, da vielfach absichtlich schlecht geköpfte (nur „gespitzte") Rüben zur Verarbeitung gelangen. Dies ist eine Folge der Verteuerung des Rohmaterials, die dazu zwingt, mit der Rübensubstanz zu „sparen". Doch ist nicht der Mehrertrag an Rüben in seiner Gänze erspart, weil mit dem Blattansatz der schlecht geköpften oder gar nur gespitzten Rübe viel holzige Bestandteile in

---

[1] Ann. d. Ch. Bd. 350—404.

die Schneidemaschine gelangen, dort oft Schwierigkeiten machen, so
daß schlechte Schnitte entstehen, die mindere Auslaugung zur Folge
haben.

Als weiterer Zellinhaltsstoff wurde die Stärke genannt. Sie ist in
den Zellen in charakteristisch geschichteten, mikroskopisch kleinen
Körnern vorhanden. In der Zuckerrübe wurde dieser pflanzliche Reservestoff einigemal gefunden und ist deshalb unter den Nichtzuckern
beschrieben.

Der Zellsaft kann hier ganz übergangen werden, weil seine Chemie
den Inhalt des fünften Kapitels ausmacht.

## 2. Chemie der Zellwand. (Zellhautchemie.)

Hauptbestandteil der Zellwand ist die Cellulose (s. Kap. 4a).
Neben der schwer hydrolisierbaren Cellulose fand E. Schulze leichter
hydrolysierbare Kohlenhydrate, die er „Hemicellulosen" nannte (Galaktan, Araban, Xylan). Hierher gehören demnach die Pentosane;
ferner die Pektinsubstanzen.

Sie sind (neben der Cellulose) die Hauptgerüstsubstanzen von Wurzel-
gewächsen überhaupt. Durch ihr kolloidales Gefüge geben sie dem
Rübenfleisch die Quellfähigkeit. Ihre chemische Zusammensetzung
und ihre Eigenschaften werden beim Mark ausführlich besprochen
werden.

Die (unlösliche) Zellsubstanz der Rüben ist noch nicht genügend
in ihrer chemischen Zusammensetzung erkannt; höchstwahrscheinlich
ist sie eine Veresterung von stickstoffhaltigen (Nucleineiweiß?) Körpern
mit Pektinsubstanzen. Die letzteren wieder sind als lactonartige Anhydride vorhanden und je nach dem Reifezustand oder nach dem Grade
der Verholzung des Markes, mehr oder minder hydratisiert[1].

Neben dem Pektin kommen noch Korksubstanz, Lignin, Saponine,
Wachsarten und andere „Stütz- und Kittsubstanzen" in den Zellwänden vor.

Lignin ist nach den neuesten Forschungen Ehrlichs[2] und unabhängig
von ihm nach W. Fuchs[3] als Umwandlungsprodukt von Bausteinen der Pektinkörper, gebildet im Verlaufe des Wachstums der Pflanzen, anzusehen. Ausgangspunkt für diese Annahme war der Befund Fellenbergs[4], daß Pektin
hauptsächlich in frischen grünen Pflanzen vorkommt, in denen nur wenig oder
gar kein Lignin zu finden ist, daß dagegen in verholzten Pflanzenteilen das
Pektin gegenüber dem überwiegend vorhandenen Lignin an Menge fast ganz
zurücktritt. Nach Fuchs entstünden die Lignine durch oxydative Vorgänge
in den Pflanzen aus dem Pektin.

Von den sicher nachgewiesenen Ascheninkrustationen älterer Zellwände seien genannt: Calciumoxalat, Calciumcarbonat und
Calciumpektat; auch Kieselsäureverbindungen und diese Säure selbst
wurden darin gefunden.

---

[1] Z. V. D. Zuckerind. 1915, S. 312.
[2] Z. f. ang. Ch. 1927, S. 1305.
[3] Fuchs, W.: Die Chemie des Lignins. Berlin 1926.
[4] Biochem. Z. Bd. 85, S. 45, 118, 1918.

Literatur.

Haberlandt, G.: Physiologische Pflanzenanatomie. Leipzig 1896. — Wiesner, J.: Die Rohstoffe d. Pflanzenreiches. Leipzig 1900 u. 1903. — Molisch, H.: Mikrochemie d. Pflanze. Jena 1921; Anatomie d. Pflanze. Jena 1921. — Lepeschkin, W.: Kolloidchemie d. Protoplasmas. Berlin 1924. — Grafe, V.: Chemie der Pflanzenzelle. Berlin. — Höber, R.: Physikalische Chemie der Zelle und der Gewebe. 2. Aufl. Leipzig 1907. — Hofmeister: Die chemische Organisation der Zelle. 1901. — Stahl, E.: Zur Biologie des Chlorophylls. Jena 1909.

Zweites Kapitel.

# Physiologie und Biochemie der Rübe.

Dieses Kapitel hat nicht den Zweck, die physiologischen Vorgänge während des Wachstums der Rübe darzulegen; es hat nur gewisse Lebensäußerungen dieser Pflanze zu betrachten, um manche Erscheinungen beim Aufbewahren der Rüben in den Mieten zu erklären. Ferner sollen jene Lebensprozesse gezeigt werden, durch welche sich die Rübe ernährt und die organischen Substanzen produziert, die eine so große Rolle im Betriebe der Zuckerindustrie spielen. Bei dieser Gelegenheit werden auch manche chemischen Stoffe, aus denen der Rübenkörper besteht, betrachtet werden können.

## a) Assimilation des Kohlenstoffes und Bildung des Zuckers in der Rübe.

Den ersten Rang unter den Lebensprozessen aller höheren Pflanzen überhaupt nimmt die Assimilation der chlorophyllhaltigen Pflanzen ein. Das ist jener Vorgang, der die grüne Pflanze befähigt, aus anorganischen Baustoffen organisches Material zu erzeugen. Aus dem Kohlendioxyde der Luft und dem Wasser entstehen unter der Einwirkung des Sonnenlichtes (s. S. 17) in der chlorophyllhaltigen Zelle alle organischen Substanzen. Das Rübenblatt nimmt das Kohlendioxyd auf und gibt dafür Sauerstoff ab. Das Chlorophyll spielt bei dem Assimilationsprozesse die Rolle eines Sensibilators, Lichtfilters, das jene Lichtstrahlen absorbiert, die das Maximum an Arbeit leisten können. Der Assimilationsprozeß ist ein Reduktionsprozeß. Die Kohlensäure wird zunächst zu Kohlenoxyd reduziert, und dieses vereinigt sich nach der Bayerschen Hypothese mit dem Wasserstoff des Wassers zu Formaldehyd, welcher durch Kondensation Kohlenhydrate liefert. Für diese Hypothese spricht, daß Gentil in der Rübe und in den Blättern während der ganzen Vegetationszeit Formaldehyd in zwar geringen, aber doch bestimmbaren Mengen gefunden hat.

Auch in anderen Pflanzen wurde Formaldehyd nachgewiesen. Die Aldehyde der Pflanzen geben aber dieselben Fällungs- und Farbenreaktionen, so daß diese Reaktionen nie einwandfrei das Vorhandensein speziell des Formaldehyds sicherstellen. Deshalb arbeiteten Theodor Curting und Hartwig Franzen eine eigene Methode aus, um das Formaldehyd durch ihre Versuche nachzuweisen. Im Prinzip ist ihre Methode eine Oxydation der Aldehyde mit Silberoxyd zu Säuren und der Nachweis der Ameisensäure in dem Säuregemisch. Diese Säure kann nur aus dem anwesenden Formaldehyd entstehen. Ihr Nachweis schließt somit den des Formaldehydes ein.

Curting und Franzen fanden es nach dieser Methode in den Blättern der Hainbuche. Vorher werden natürlich die flüchtigen Säuren (darunter die Ameisensäure) entfernt[1].

Der Nachweis des Formaldehydes in verschiedenen Pflanzen ist die erste Stütze für die Bayersche Hypothese. Eine zweite Stütze für diese wäre es, wenn nachgewiesen werden könnte, daß der Formaldehyd solcher Umsetzungen fähig ist, die zu Kohlenhydraten oder doch zu kohlenhydratenähnlichen Produkten führen. Dies ist nun tatsächlich der Fall, wie weiter unten gezeigt wird.

Die Assimilation bedingt Bindung von Energie; sie ist ein endothermer Prozeß. Die dazu notwendige Energie stellen die Sonnenstrahlen bei. Daher kann die Assimilation der Kohlensäure nur bei Tag vor sich gehen. Schematisch kann dieser Prozeß durch folgende Gleichung ausgedrückt werden: $6\,CO_2 + H_2O = C_6H_{12}O_6 + 6\,O_2$. Er verläuft also unter Entwicklung von Sauerstoff.

Von den äußeren Bedingungen für den Verlauf der Assimilation sind von besonderer Wichtigkeit das Wasser, die Temperaturen und die Belichtung.

Die Kohlensäure wird ausschließlich der Atmosphäre entnommen und dringt durch die Spaltöffnungen der Blätter in die grünen Zellen ein. Wassermangel, also Trockenheit, wirkt hemmend. Verschiedene Pflanzen haben verschiedene Temperaturoptima. Bei $45^0$ hört die Assimilation fast vollständig auf. Der Assimilationsprozeß ist eine photochemische Synthese.

Von allen biologischen und physiologischen Momenten absehend, soll der Chemismus des Assimilationsprozesses kurz gezeigt werden, und zwar nach der derzeit allgemein anerkannten Bayerschen Hypothese.

Wie bereits erwähnt, wäre nach derselben Formaldehyd das erste Assimilationsprodukt der Pflanzen, und der Zucker daraus durch Kondensationsvorgänge entstanden. Diese Annahme fand manche Stützen. So z. B. stellte W. Löb fest, daß unter dem Einflusse stiller Entladungen, bei welchen u. a. ultraviolette Strahlen entstehen, sich aus feuchtem Kohlendioxyd und Luft Formaldehyd ($H \cdot COH$) bildet und dieser unter dem gleichen Einfluß in Glykolaldehyd übergeht ($CH_2 \cdot$ OHCHO). Dasselbe fanden R. Pribram und A. Franke. Gleichzeitig entstand Ameisensäure und trat auch Zerstörung ein. Der Glykolaldehyd, ein schwach süß schmeckender Sirup, ist das einfachste Glied der Monosen. Den Chemismus der Bildung von Formaldehyd stellte Löb folgendermaßen dar: 1. $2\,CO_2 = 2\,CO + O_2$; 2. $CO + H_2O = CO_2 + H_2$; 3. $CO + H_2 = H \cdot COH$. Doch dürfte der Prozeß in der lebenden Zelle nicht in dieser Weise vor sich gehen, vielmehr ist anzunehmen, daß die Kohlensäure zuerst vom Chlorophyll gebunden und dann erst zu einer Aldehydgruppe reduziert wird.

Nach Untersuchungen von Spoehr und Gee soll die Kohlensäure durch die Pflanzenblätter in der ersten Stufe der Photosynthese durch Adsorption auf-

---

[1] B. d. D. ch. G. XLV, S. 1715, 1912.

genommen werden. Bei diesem Prozesse dürften die Proteinsubstanzen den größten Teil der $CO_2$ auf Grund der Carbaminreaktion (s. d.) absorbieren[1].

Die Bayersche Hypothese hat auch durch Arbeiten von O. Löw und Emil Fischer und Francis Passmore[2] an Wahrscheinlichkeit gewonnen.

Löw gewann durch Einwirkung von Kalkmilch auf Formaldehyd ein Gemenge von Zuckern, das er Formose nannte. Fischer und Passmore wiesen nach, daß die Formose ein Gemenge verschiedener Aldehyd- und Ketonalkohole sei, darunter $\alpha$-Akrose. Sie hat die Formel $C_6H_{12}O_6$; ihre Entstehung ist durch Kondensation von sechs Molekülen Formaldehyd zu erklären: $6\,HCHO = C_6H_{12}O_6$. Sie gehört zu den Monosen, die dann in die Polyosen übergehen können. Bei diesen komplizierten Prozessen spielen auch Enzyme eine wichtige Rolle.

Das erste sichtbare Assimilationsprodukt ist die Stärke, entstanden aus löslichen einfacheren Kohlenhydraten durch Kondensation. Glucose, Fructose, aber auch Biosen sind das Material für die Stärkesynthese. Die Stärke hat die Eigenschaft, durch pflanzliche Enzyme in Form von Zucker aufgelöst zu werden; sie wird dadurch diffussionsfähig und kann so nach den Orten ihres Verbrauches wandern. Dieser Prozeß ist aber umkehrbar, und so kann auch Zucker zu stärkeartigen Körpern, ja sogar zu Stärke rückgebildet werden (E. Schulze).

Die komplizierten und unbekannten Prozesse, die im Blattapparate zur Bildung und Aufspeicherung von Saccharose in der Wurzel führen, beschäftigten Physiologen und Chemiker seit langen Jahrzehnten, ohne daß Übereinstimmung der Anschauungen erzielt worden wäre. Ihre Resultate waren ungemein differierend. Dies, sowie der Umstand, daß eine nähere Besprechung dieser Frage hier nicht am Platze wäre — der Zuckerfabrikant muß die Rübe so übernehmen und verarbeiten, wie er sie bekommt — erübrigt es, die Resultate der einzelnen Forscher anzuführen.

So sollen nur die Ergebnisse der neueren Literatur berücksichtigt und ohne Reproduktion von Versuchsanstellungen und analytischen Daten die jetzt herrschende Anschauungsweise über die Zuckerbildung in der Rübe wiedergegeben werden. Handelt es sich doch nur darum, eine sehr interessante Frage anzuschneiden, anzuregen und durch Angabe der Literatur ein eingehenderes Studium dieses Problems zu ermöglichen. Die vollständige Angabe über alle diesbezüglichen Veröffentlichungen macht S. Strakosch in seiner Arbeit: Der Werdegang des Rohrzuckers in der Zuckerrübe[3].

Die Bildung des Zuckers ginge nach diesem folgendermaßen vor sich: Voraussetzung sind Chlorophyll, Sonne, Kohlensäure und Wasser. Das erste nachweisbare Assimilationsprodukt des Rübenblattes ist die Dextrose im Grundgewebe der gesamten Blattfläche; die Dextrose wandert sodann in die Blattnerven, worauf Lävulose sekundär — wahrscheinlich aus der ersteren durch Umlagerung gebildet — folgt. Nun erst tritt die Saccharose auf, und zwar in den Nerven. Das Zusammentreten der beiden erstgenannten Zuckerarten zu Rohrzucker geht nur bei Licht vor sich; bei Verdunkelung des Blattes hört dieser Prozeß auf. Die Bildung der autochthonen Stärke, d. i. Stärke im Chlorophyll, setzt später ein als die Bildung des Rohrzuckers aus seinen beiden Komponenten. Sie ist als ein Überschuß an assimi-

---

[1] Ch. Zentralbl. 1924, S. 993.　　[2] B. d. D. ch. G. XX, S. 359, 1899.
[3] Ö. U. Z. f. Zuckerind. XXXVII, S. 1, 1908.

liertem Materiale anzusehen; dieses wird nämlich in Stärkeform aufgespeichert, bis genügende Ableitung von Assimilaten die Konzentration verringert. Früher sah man in der Stärke das erste sichtbare Assimilationsprodukt; nun wäre sie weder Anfangsprodukt dieses Lebensprozesses noch eine reguläre Zwischenphase im Bildungsgange des Rohrzuckers. Der Rohrzucker wird im Rübenblatte gebildet und wandert als solcher in die Wurzel ein.

Die letzt angeführte Tatsache wurde auch unabhängig von Strakosch durch F. Strohmer und Briem konstatiert, wird aber von Ruhland verneint[1].

Die erstgenannten und andere Forscher sind Vertreter der Saccharosetheorie, d. h., nach ihnen wandert Saccharose ohne vorherige Spaltung direkt nach der Wurzel. Ruhland (loc. cit), Collin u. a. vertreten die Invertzuckertheorie. Nach dieser wandern dieser Zucker oder doch reduzierende Zucker[2] — nur das Vorhandensein aufbauender Enzyme war noch nicht erwiesen. In neuester Zeit studierten O. Spengler und R. Weidenhagen „die Entstehung und Wanderung verschiedener Zuckerarten in der Zuckerrübe". Nach ihnen ist es „wahrscheinlich", daß die Wanderung des Zuckers vom Blatt zur Wurzel der Rübenpflanze in Form von Monosacchariden erfolgt[3].

Eine Stütze findet die Invertzuckertheorie u. a. darin, daß A. Traegel in den Blättern der Zuckerrübe mehr Invertase fand als in denen des Mangolds, einer Abart der Zuckerrübe, die als Gemüse Verwendung findet[4].

Bei der Aufspeicherung des Zuckers in der Zelle scheint den Pektinkörpern und den Saponinen eine wichtige Rolle zuzukommen.

Hierfür spricht nach Neuberg[5] beim Pektin das außerordentliche Anpassungsvermögen nach den verschiedensten Seiten hin. Es tritt bald als Säure, bald als gelatinöses Kolloid auf, es kommt in der Pflanze teils frei, teils als schwer lösliches Erdalkalisalz vor und verleiht als solches den Zellwandungen die nötige Härte und Stabilität. In physiologischer Beziehung wirken die Pektine geradezu als Regulatoren. Nimmt die Pflanze eine saure Flüssigkeit auf, so setzt sich diese mit dem Calcium des Pektins um, und die freiwerdende Pektinsäure wird bei Eintritt einer alkalischen Flüssigkeit an das Alkali gebunden. Dieser Vorgang kann als natürliches Hindernis für die hydrolytische Spaltung der vorhandenen Saccharose angesehen werden, indem er ihr einen Schutz nach innen gewährt.

Während den Pektinstoffen in physikalischer, chemischer und physiologischer Beziehung eine gleich große Bedeutung zufällt, scheinen die Saponine in der Zuckerrübe hauptsächlich eine physiologische Aufgabe zu erfüllen, die ebenfalls von großer Wichtigkeit für die Pflanze ist. Infolge ihrer Unfähigkeit zu diffundieren, sollen sie nach Kobert eine Schutzhülle für den gebildeten Zucker nach außen hin darstellen. Auch die Tatsache, daß der Saponingehalt in der Zuckerrübe den in der Futterrübe übertrifft, spricht hierfür, ebenso die, daß bei besonders nasser Witterung die Zuckerrüben größere Mengen davon enthalten sollen[6].

Das Rübenblatt ist das stoff- und zuckerbildende Organ der Rübe. In diesem geht der Assimilationsprozeß vor sich. Die produzierten

---

[1] Z. V. D. Zuckerind. Bd. 62, S. 1, 1912.

[2] Die Saccharose der Blätter wird demnach durch Invertase gespalten und die Spaltprodukte wandern nach der Wurzel.

[3] Z. V. D. Zuckerind. Bd. 76, S. 767, 1926.      [4] ebd. Bd. 73, S. 158, 1923.

[5] ebd. Bd. 67, S. 480, 1917.      [6] ebd. Bd. 70, S. 449, 1920.

Kohlenhydrate dienen zur Erzeugung von Fetten und Proteinsubstanzen. Das erzeugte organische Material wandert in die Rübenwurzel ein. Die Produktion desselben hängt von der Beleuchtung, Temperatur usw., also von der Tages- und Jahreszeit ab.

„Über die Beziehungen des Lichtes zur Zuckerbildung in der Rübe", oder über den „Einfluß der Belichtung auf die Zusammensetzung der Zuckerrübe" liegen viel Beobachtungen, Versuche und eine große Literatur vor; sie finden sich in den obengenannten Aufsätzen von Strohmer (Briem und Fallada) angegeben[1].

Nicht das direkte Sonnenlicht, sondern das diffuse Tageslicht ist der Rübe erwünscht. Schattenrüben sind aber für die Verarbeitung nicht so günstig wie Lichtrüben: erstere enthalten weniger Zucker (nicht das einzelne Individuum, sondern im Zuckerertrag) und mehr Nichtzuckerstoffe (Amidoverbindungen, Asche). Direktes Sonnenlicht ist für manche Zwecke aber förderlich, z. B. dem Transporte und der Umwandlung von Assimilaten in den Blättern. Mangel verspätet die Reife.

Den Einfluß, den eine zu verschiedenen Tageszeiten erfolgende Abhaltung des direkten Sonnenlichtes auf die Entwicklung der Zuckerrübe ausübt, studierte K. Greisenegger[2]. Allzu große und allzulange Beschattung verhindern den Ertrag an Masse und dürften auch sowohl den Zuckergehalt als die Reinheit herabsetzen.

Die Zuckerbildungsfähigkeit des Rübenkrautes erreicht ihr Maximum um die Mitte Juli, hierauf nimmt sie bis zur Ernte allmählich ab. Junge Blätter zeigen eine größere zuckerbildende Kraft als alte. Nach K. Andrlík und J. Urban (Z. f. Zuckerind. i. B. XXXIV, 1909/10, S. 335) bringen 100 g Krauttrockensubstanz in einem Tage 4,3—4,8 g Zucker hervor. Dies gilt für den Monat Juli. Für die einzelnen Vegetationsphasen erhält man verschiedene Werte, die von vielen Faktoren (Witterung, Größe und Trockensubstanz des Blattes, Boden usw.) abhängen. Die genannten Autoren fanden Werte von 2,5—3,0 g als Durchschnittserzeugung an Zucker für einen Tag während ihrer 83 tägigen Versuchsperiode. Nach Strohmers Angaben, in Übereinstimmung mit Girard, ist das Maximum der Zuckerbildung bei der normal wachsenden Zuckerrübe in der Zeit von Ende Juli bis Mitte September zu konstatieren.

Jedoch noch im Oktober steigt der Zuckergehalt der Rüben, besonders wenn sonniges Wetter herrscht. Die Zuckerproduktion wird erst bei einer durchschnittlichen Lufttemperatur von 6⁰ C eingestellt — die Zeit der Ernte ist gekommen (Kap. 8).

Die Wichtigkeit des Blattapparates für die Produktion des Zuckers ersieht man am deutlichsten an den Wirkungen eines frühzeitigen Abblattens.

In Übereinstimmung mit den Resultaten früherer Forscher ergab eine Untersuchung Strohmers, daß durch vollständiges Entblatten der Zuckerrüben sowohl die Gesamternte als auch der Zuckerertrag herabgesetzt werden. Das gleiche gilt auch nur für ein teilweises Entblättern. Die Schädigung ist am größten, wenn das Abblatten Ende Juli, Anfang August geschieht; das ist nämlich die Zeit vor dem Ein-

---

[1] Ö. U. Z. f. Zuckerind. XL, S. 11, 1911, u. XLII, S. 232, 1913.
[2] Ö. U. Z. f. Zuckerind. XLVII, S. 256, 1918.

tritt jener Wachstumsperiode, in welcher die größte Zuckerbildung in den Blättern stattfindet. Das gleiche ist der Fall mit dem Zuckergehalte der Rüben; je nach dem Zeitpunkte der Entblätterung wird der prozentische Zuckergehalt verschieden beeinflußt. Ferner steigt der Aschengehalt sowie die Menge der Rohfaser; die Qualität der Rübe erfährt überhaupt eine Verminderung. Diese Untersuchungsergebnisse beziehen sich auf vollständig entblätterte Rüben. Strohmer und seine Mitarbeiter wiederholten ähnliche Untersuchungen mit nur teilweiser Entblätterung und erhielten dieselben Resultate, so daß sie empfehlen, von jeder auch nur teilweisen Entblätterung abzusehen[1].

Die Kohlenhydrate sind das Ausgangsmaterial für andere stickstofffreie Substanzen, z. B. für Fette; aber auch umgekehrt kann Zucker aus Fett gebildet werden.

Die Bildung von Fett aus Kohlenhydraten verläuft nach Hanriot, vorausgesetzt, daß das Fett ein Oleostearopalmitin ist, nach folgender Gleichung:

$$13\,C_6H_{12}O_6 = C_{55}H_{104}O_6 + 23\,CO_2 + 26\,H_2O.$$

Es liefert also der Traubenzucker das Material zur Fettsynthese, die in Pflanzen tatsächlich beobachtet wurde. Wie aber aus dem Zucker einerseits die Fettsäuren, andererseits Glycerin gebildet werden, läßt sich chemisch wohl erklären, aber der Verlauf dieser verwickelten biologisch-chemischen Vorgänge nicht erweisen. Dies gilt noch mehr für die Synthese von Zucker aus Fetten, die ebenfalls im Pflanzenleben erwiesen ist.

Eine sehr wichtige Gruppe bilden die stickstofffreien Pflanzensäuren. Sie sind jedoch mit dem Assimilationsprozesse ohne Zusammenhang, verdanken vielmehr der Atmung der Pflanzen ihre Entstehung und sollen bei dieser besprochen werden. Nur um die Bedeutung der Kohlenhydrate zu würdigen, sei gleich hier betont, daß sie die Quelle für die genannten Pflanzensäuren bilden. Ebenso sind Kohlenhydrate unter Heranziehung von stickstoffhaltigem Materiale auch für die Bildung der Eiweiß- und anderer Stickstoffkörper unentbehrlich oder doch von Nutzen (s. den nächsten Abschnitt).

## b) Assimilation des Stickstoffes.

Zunächst sei untersucht, auf welche Weise die Pflanzen ihren Stickstoffbedarf decken. Sie bedienen sich nur des Nitrat- und Ammoniakstickstoffes. Die Stickstoffassimilation ist im Gegensatz zur Kohlenstoffassimilation kein photochemischer Prozeß. Die Nitrate können auch bei Dunkelheit assimiliert werden und zum Aufbaue der Eiweißsubstanzen dienen — wenn genügende Mengen von Kohlenhydraten zugegen sind. Allerdings beschleunigt Belichtung den Aufbau der Eiweißkörper. Die Nitratassimilation ist als Reduktionsprozeß aufzufassen; zunächst dürfte Nitrit intermediär gebildet werden, aus diesem Ammoniak, das dann weiter zum Aufbau der Eiweißsubstanzen verwendet wird. Diese Assimilation spielt sich zum größten Teile in den grünen Blättern ab.

---

[1] Ö. U. Z. f. Zuckerind. XLI, S. 228, 1912.

## Eiweißsynthese der Pflanzen.

Ist unsere Kenntnis von den Eiweißkörpern nur eine sehr mangelhafte, um wieviel schwerer ist dann eine genaue Erkenntnis ihres Werdens in der lebenden Pflanze! Doch soll es versucht werden, in ganz kurzen Zügen diesen Prozeß zu schildern, weil dadurch der entgegengesetzt verlaufende Abbau der Eiweißkörper, der für die Zuckerindustrie von Bedeutung ist, klarer erkennbar wird[1].

Das Material der Eiweißsynthese sind Aminosäuren und Kohlenhydrate. Woher die letzteren stammen, ist bereits gesagt worden. Von den Aminosäuren weiß man das jedoch noch nicht sicher und ist nur auf Hypothesen angewiesen. Der Stickstoff für die Aminosäuren wird vom freien Ammoniak des Stickstoffassimilationsprozesses geliefert. Die verschiedenen Pflanzensäuren (Oxy-, Aldehyd- oder Ketonsäuren) werden in die entsprechenden Aminosäuren verwandelt. Die Aminosäuren können auch als „primäre Stickstoffassimilationsprodukte“ betrachtet werden.

Wie entsteht nun aus diesen zwei Baumaterialien die Eiweißsubstanz? Ohne die vielfach gegebenen Beweise anzuführen, sei einfach die Tatsache gesagt: Ohne Kohlenhydrate kein Eiweiß. Mit dem Aufbau von Eiweiß verschwinden die Reservekohlenhydrate (Zucker). Die Zufuhr von Kohlenhydraten zur Ermöglichung der Eiweißkondensation ist sowohl im Dunkeln als auch im Lichte notwendig. Die Aminosäuren kondensieren zu Polypeptiden, diese gehen in die schon höheren Peptone über und diese in die Albumosen, welche die letzte Vorstufe der Eiweißkörper (Proteine) bilden. Die Eiweißbildung ist also mit einem Verschwinden der Aminosäuren verbunden; diese werden verkettet und diesem Komplexe dürften sich dann Kohlenhydratkomponenten anfügen. Der Mechanismus des ganzen Prozesses ist aber noch unerkannt. Er verläuft stets in den Pflanzen nach beiden Richtungen, denn das Eiweiß erfährt gleichzeitig auch Abbau. Es sind also die Amide und Aminosäuren sowohl Vorstufen zum Eiweißaufbaue, als auch Zersetzungsprodukte eines teilweisen Abbaues. Sie sind in allen grünen Pflanzenteilen zu finden. Keimpflanzen der Rüben enthalten reichliche Mengen davon; diese Amidoverbindungen sammeln sich besonders an, wenn die Pflanzen im Dunkeln wachsen. Mit dem Reifeprozeß der Rübe verschwinden sie immer mehr. Doch ist nach F. Ehrlich anzunehmen, daß in der Zeit nach der Ernte der Rübe bis zu ihrer Verarbeitung Amide und Aminosäuren wieder mehr auftreten, weil da ein Abbau des Eiweißes vor sich geht (s. d.).

Von den äußeren Faktoren, welche die Eiweißbildung in der Pflanze beeinflussen, seien genannt: das Licht, die Pflanzenatmung und die Temperatur. Es ist sichergestellt, daß die ultravioletten Strahlen des Lichtes die Eiweißbildung unterstützen; die Energie zur Eiweißsynthese entnimmt die Pflanze aber auch der durch die Atmung entstandenen Energie; gesteigerte Atmungsintensität geht mit gesteigerter Eiweißbildung Hand in Hand.

---

[1] Ausführlich in Stoklasa und Matoušek (s. o.), Abschnitt V.

Die quantitativen Verhältnisse bei der Eiweißsynthese studierte
u. a. K. Andrlík[1]. Auf 1 Teil Eiweiß entfielen ungef. 4,1—13,2 Teile
Zucker, also in sehr schwankenden Grenzen.

Die in den Blättern gebildeten Eiweißkörper dürften bei Nacht
ihre Entstehungsstätte verlassen und in die Rübenwurzel einwandern.
Über diesen Transport ist nichts Näheres bekannt. Nach Strohmer
sind so wie im Tierkörper auch im pflanzlichen zwei verschiedene
Formen von Eiweiß vorhanden. Das Zirkulationseiweiß, das in
den Säften gelöst ist, und an welchem sich der Stoffwechsel abspielt,
und das Organ- oder Reserveeiweiß, welches die Gewebe aufbaut,
als Reservestoff dient und nur dann zum Stoffwechsel herangezogen
wird, wenn vom Zirkulationseiweiß zu wenig vorhanden ist. Doch lassen
sich diese physiologischen Eiweißformen nicht analytisch nachweisen,
bzw. trennen.

### c) Assimilation der Mineralbestandteile.

Bekanntlich bestehen manche Eiweißkörper aus Phosphor und
Schwefel. Diese beiden Elemente müssen also auf eine andere als bisher beschriebene Weise in die Rübenpflanze gelangen, da bis nun von
einem phosphor- oder schwefelhaltigen Baumateriale nicht die Rede
war. Gleich dem Stickstoffe werden diese zwei und andere anorganischen Nährstoffe dem Erdboden entnommen und so gelangt man zur
Assimilation der Mineralstoffe, die eine sehr wichtige Rolle im
Haushalte der Pflanze spielen. Zu den Salzen tritt das Wasser als
wichtiger Bestandteil hinzu. Dieses dient nicht nur dem Aufbau aller
Pflanzenorgane, sondern es ist auch Lösungs- und Transportmittel
für alle Nährstoffe. Es löst die Bodennährstoffe und transportiert sie
durch die ganze Pflanze. Bei Wassermangel verkümmert daher die
Rübe wie jede andere Pflanze; der Wasserverbrauch aller Pflanzen ist
ein sehr großer. Alle Organe bestehen zum größten Teile aus Wasser;
die Rübenblätter z. B. zu 88%, die Rübenwurzel enthält auch über
80 % ihres Gewichtes an Wasser. Die mineralischen Bestandteile
werden, falls löslich, durch Wasser allein, falls unlöslich, im Verein mit
der Kohlensäure des Bodens und auf noch gleich zu schildernde Weise
in Lösung gebracht, von der Wurzel aufgenommen und in dieser nach
osmotischen Gesetzen bis hinauf in die Blätter, dem Orte ihres Verbrauches, befördert. Gerade die Zuckerrübe gehört zu den wasserbe-
dürftigsten Kulturpflanzen. Ernte und Zusammensetzung der Rüben
werden wesentlich durch die während der Vegetationsperiode zur Verfügung stehenden Wassermengen bedingt.

Der Wasserbedarf der Zuckerrübe während ihrer Entwicklung
wurde schon früher ermittelt. Von neueren Untersuchungen über diese
Frage wären anzuführen: Houllier gibt an, daß 1 kg Rübe bis zur
völligen Reife etwa 106 g, nach Seelhorsts Untersuchung sehr übereinstimmend 104,1 g Wasser transpiriere. 1 kg Trockensubstanz braucht

---

[1] Wieviel Eiweißstoffe erzeugt die Rübe im ersten Vegetationsjahre? Z. f.
Zuckerind. i. B. XXXII, S. 255, 1907/08.

ungef. 460 g Wasser zu seiner Erzeugung. Hoffmann gibt diese Zahl mit 280—300 g an.

Herke fand für einen Boden 123,6—150,7 und für einen anderen Boden 88,6—117,5 g Wasserverbrauch für 1 kg Rübe[1].

Der Wasserverbrauch der Rüben ist also ein sehr großer.

Das Wasser führt die Bodensalze in sehr verdünnter Lösung in die Organe ein; durch die Transpiration, d. i. die Abgabe des Wassers, verdunstet dieses, und die Lösung (Saftstrom) erhält ihre richtige Konzentration.

So gelangen die Salze in die Rübe und finden sich in der Trockensubstanz der Blätter zu 20 % und in der Wurzeltrockensubstanz zu ungef. 3,5 %. —

Die mineralische Nahrung wird bei allen Pflanzen durch die Wurzel zugeführt. Dies ist neben der Verankerung der Pflanzen in der Erde die Haupttätigkeit der Wurzel. Die Spitze der Wurzel wird von der Wurzelhaube eingehüllt, die als Schutzorgan dient. Über dem Wurzelende breiten sich die Wurzelhaare aus (s. d.).

Wie die Nahrungsaufnahme erfolgt und was die Haarwurzeln aufnehmen, hat u. a. Andrlík studiert[2]. Diese beiden Fragen sind wichtig genug, um hier wenigstens eine kurze Beantwortung zu finden[3].

Eine Beobachtung Andrlíks beim Reinigen der Haarwurzeln durch Waschen mit Wasser läßt die erste Frage sicher beantworten: „Der Einfluß des Waschens der Haarwurzeln mit Wasser . . . äußerte sich . . . im Aufquellen der Wurzelfasern, was dafür spricht, daß auch in die Zellen Wasser eindrang und umgekehrt wohl auch ein Teil des diffundierbaren Zelleninhaltes in das Wasser überging . . ."

Die Nährsalzlösungen und das Wasser werden daher sicher durch Diffusion von den Würzelchen aufgenommen.

Was die Haarwurzeln aufnehmen, läßt sich wenigstens angenähert durch die Analyse ihres Zelleninhaltes ermitteln. Dies tat Andrlík, indem er den Preßsaft gewaschener Haarwurzeln untersuchte. Der dünne Saft (3,3° Bg) enthielt reichlich Asche (0,673%); in der Asche überwogen Kali mit 26,37% und Natron mit 17,07%; von Chlor waren 11,1% zugegen, Phosphor- und Schwefelsäure in geringerer Menge, Eisen- und Aluminiumoxyd (in organischen Verbindungen?) 5,49%. Zucker war keiner vorhanden. Die Acidität des Saftes betrug für 100 cm³ 0,2 cm³ $\frac{1}{n}$ KOH. Um volle Klarheit über den Mechanismus der Nährstoffaufnahme durch die Wurzelhaare zu bekommen, wird man wohl auch folgenden Umstand berücksichtigen müssen.

Es ist selbstverständlich, daß die Wurzelhaare und -härchen um so leichter und vollständiger ihre Funktion werden erfüllen können, je inniger sie mit dem Boden verwachsen, verfilzt und verbunden sind. Infolgedessen ist es außerordentlich schwierig (und Andrlík berichtet auch darüber), die Haare von den anhängenden (?) Bodenteilchen ganz zu befreien — ja eine völlige Befreiung gelang Andrlík überhaupt (trotz mechanischer Reinigung und Waschens) nicht; immer noch rührte ein Sechstel der Asche vom anhängenden Boden (feinem Lehm) her.

Wenn auch die angeführten Analysenzahlen durch den Einfluß des Waschwassers von der Wirklichkeit abweichen, so zeigen die Untersuchungen jedenfalls das Überwiegen des Kalis, was mit den Ausführungen auf S. 26 in Einklang steht.

---

[1] Ö. U. Z. f. Zuckerind. XLI, S. 1, 1912.

[2] Z. f. Zuckerind. i. B. 1906.

[3] Ganz ausführlich behandeln die „Mechanik der Nährstoffaufnahme und den Nährstoffverbrauch der Zuckerrübe" J. Stoklasa und A. Matousek in dem Buche „Beiträge zur Kenntnis der Ernährung der Zuckerrübe". Jena 1916.

### d) Chemie und Mechanik der Wurzelabsorption.

Nach obigen Darlegungen reagieren die Sekrete der Wurzelhaare sauer; sie bringen die unlöslichen Verbindungen des Eisens, Mangans, des Aluminiums und des Kalks, sowie die der Phosphorsäure u. a. in Lösung. Die Natur der Wurzelsekrete ist noch nicht genau erkannt: sicher wirkt Kohlensäure, wahrscheinlich auch Ameisen- und andere organische Säuren (Essigsäure, Oxalsäure) mit; übrigens wird die Zusammensetzung der Wurzelsekrete nach den gegebenen Bodenverhältnissen wechselnd sein. Nach Dyer[1] ist die Wurzelsaftacidität von 100 verschiedenen Pflanzenklassen gleich der einer 1 proz. Citronensäurelösung. Die Acidität der Rübenwurzel hängt von den Witterungsverhältnissen (bei der Rübenanfuhr?) ab, wie Kryž zeigte. Bei nassem Herbstwetter war sie etwa 0,030—0,035 g CaO für 100 cm³ Saft, bei heiterem Herbstwetter 0,040—0,055 und stieg bei Frostwetter bis auf 0,090 g CaO/100 cm³ Saft an[2].

Wie schon erwähnt, werden die Salze durch osmotische Vorgänge in die Zellen der Blätter gebracht. Bis zu diesen müssen die Nährsalzlösungen diffundieren. In den Wurzeln sind eigene Leitbahnen für das Wasser und die Lösungen vorhanden. Der Wurzeldruck, Turgor, ist jene Kraft, die diesen Transport entgegen der Schwerkraft von unten nach oben ermöglicht.

Die osmotischen Erscheinungen, die hierbei auftreten, sind für den vorliegenden Zweck von großer Bedeutung, weil die Gewinnung des Zuckers auf gleichen Gesetzen beruht. Gaben doch die osmotischen Erscheinungen im Pflanzenleben Julius Robert die Anregung zur Erfindung seines Diffusionsverfahrens. Die Zellwand ist ohne weiteres durchlässig. Um zum Protoplasma zu gelangen, muß das Nährsalz in Lösung die früher genannte Hautschichte, welche eine sogenannte halbdurchlässige Wand bildet, passieren. Legt man Wurzelhaare oder Blatteile z. B. in eine 10 proz. Rohrzuckerlösung, so sieht man bei genügender Vergrößerung, wie sich das Protoplasma von der Zellwand loslöst, sich kontrahiert; es tritt Plasmolyse ein. Unter dieser versteht man die Ablösung des Protoplasmas von der Zellwand; das ist ein Absterbeprozeß, durch welchen die halbdurchlässige (semipermeable) Plasmahaut durchlässig gemacht wird. Zellsaft kann heraus, Lösungen hinein. Im lebenden Zustande ist eine Diffusion nicht möglich. Die Durchlässigkeit dieser Plasmahaut, bzw. ihre Undurchlässigkeit, spielt im pflanzlichen Leben und in der Zuckerfabrikation eine große Rolle. Nach der Definition müßte eine semipermeable Wand für die gelösten Stoffe undurchlässig sein; es zeigt sich aber, daß dies nicht für alle gelösten Stoffe gilt. Es gibt Substanzen, die in die lebenden pflanzlichen Zellen eindringen und diese wieder verlassen können, andere wieder werden mehr oder weniger zurückgehalten.

So sind z. B. die lebenden Protoplasten physikalisch für Rohrzucker in beiden Richtungen undurchlässig (erst nach der Abtötung werden sie für ihn durchlässig),

---

[1] Centralbl. f. Agr.chemie 1894, S. 799.
[2] Z. d. tschsl. Zuckerind. V, S. 158, 1924.

weiter auch für Kaliumnitrat, Tannin, Kochsalz, Glycerin u. a. Dagegen sind sie durchlässig für Wasser, Methylblau und bis zum gewissen Grade für Neutralrot (vitales Färben).

Auf Grund der Semipermeabilität läßt sich die sog. Plasmo- und Deplasmolyse der Zellen, die unter dem Mikroskop genau beobachtet werden kann, hervorrufen und so feststellen, ob man es mit lebenden oder abgestorbenen Zellen zu tun hat. Stellt man sich die Lösung einer Substanz her, die das lebende Protoplast bei einem höheren als in der Zelle herrschenden osmotischen Drucke nicht durchdringen kann — am besten eine 10 proz. Kaliumnitratlösung — und bringt man in dieselbe pflanzliches Gewebe, so nimmt diese Lösung den Zellen Wasser ab.

Unter dem Mikroskop sieht man dann schon bei einer kleinen Vergrößerung, wie sich die Protoplasten unter dem Einflusse des erwähnten Entwässerungsmittels von den Zellwänden abheben, zusammenschrumpfen und sich in jeder Zelle zu einem Kügelchen zusammenballen (Plasmolyse).

Wird das pflanzliche Gewebe rechtzeitig aus der hypertonischen Lösung (noch bevor sich die Protoplasten von den Wänden vollkommen abgehoben haben) herausgenommen und in reines Wasser gebracht, so nehmen die Zellen das entzogene Wasser wieder auf und die unbeschädigten Protoplasten breiten sich aus und nehmen ihre ursprüngliche Lage ein — es beginnt die Deplasmolyse. Das abgetötete Protoplast ist für das Nitrat durchlässig, weshalb keine Plasmolyse entsteht.

Zwei gute Abbildungen, die diese Vorgänge veranschaulichen, finden sich in der Untersuchung F. Neuwirths über „elektrometrische Feststellung der Vitalität des pflanzlichen Gewebes"[1].

Beim pflanzlichen Gewebe kann das Absterben auch elektrometrisch festgestellt werden, da sein Widerstand gegen den elektrischen Strom nach der Abtötung sinkt und dadurch die Leitfähigkeit des Gewebes erhöht wird. Neuwirth konstruierte einen Apparat zur Messung dieser Größe und konnte so genau abgestorbene Rüben von frischen, gesunden z. B. in Rübenmieten unterscheiden. Er gibt am Schlusse seiner schönen Untersuchung der Hoffnung Ausdruck, daß mit dieser Methode die Indizierung der erhitzten Nester in ganzen Haufen gelingen könnte.

Die oben geschilderten Vorgänge bei der Aufnahme von Nährsalzlösungen zeigen, daß jedenfalls chemische Einflüsse hier im Spiele sind. Nach Overtons Arbeiten führt man die Durchlässigkeit der lebenden Zellhäute auf Erscheinungen der auswählenden Löslichkeit zurück. Nach diesem Forscher hat die durchlässige Schichte des Protoplasmas annähernd dasselbe Lösungsvermögen wie Cholesterine und Lecithine. Diese haben ein den Fetten ähnliches Lösungsvermögen und deshalb nennt sie Overton Lipoide. Sie haben eine ziemliche Löslichkeit für die meisten Stoffe, so daß die lipoide Schichte für sehr viele Substanzen durchlässig ist.

Zu diesen gehören die Triglyceride (neutrale Fette), Phosphatide und die Phyto- und Cholesterine[2].

Die Undurchlässigkeit der Plasmahaut in der lebenden Zelle läßt sich durch einen Versuch sehr leicht nachweisen.

Legt man ein sehr gut gewaschenes Stückchen einer Zuckerrübe in reines Wasser, so kann man auch nach längerer Zeit mit $\alpha$-Naphthol keinen Zucker im Wasser nachweisen. Der Protoplasmaschlauch läßt eben keinen Zucker heraustreten, er ist für diesen nicht permeabel (durchlässig).

---

[1] Z. d. tschsl. Zuckerind. VIII, S. 249, 1927.

[2] Über die Kolloidchemie der Lipoide s. in Lepeschkin: Kolloidchemie des Protoplasmas. Berlin 1924.

Die Zelle ist nach Pfeffers Untersuchungen ein sehr komplizierter Diffusionsapparat, in welchem die Zellwand, die Hautschichte (Primordialschlauch) und die innere Hautschichte für den Durchtritt von Substanzen entscheidend sind. Diesen physiologisch-pysikalischen Erscheinungen muß auch die Zuckerindustrie Rechnung tragen und in erster Linie bei der Gewinnung des Zuckers in der Diffusionsbatterie auf ein Durchlässigwerden dieser Schichten für den Zucker sehen.

### e) Bedeutung der Aschenbestandteile.

Der erste, der die Bedeutung der Aschenbestandteile richtig erkannte und allgemein zur Anerkennung brachte, war Liebig, der Begründer der sogenannten Mineraltheorie (1840), wenn auch schon andere vor ihm diese Wichtigkeit ahnten und aussprachen. So bezeichnete Sprengel im Jahre 1839, gestützt auf zahlreiche Aschenanalysen, Kali, Natron, Magnesia, Eisen, Mangan, Chlor, Phosphor- und Schwefelsäure als notwendige Bestandteile eines fruchtbaren Bodens. 1840 stellte dann Liebig das bekannte Gesetz vom Minimum auf, nach welchem die Fruchtbarkeit eines Bodens, wenn auch sonst alle Bedingungen vorhanden sind, von der Menge des in geringster Menge vorhandenen Nährstoffes abhängig ist.

Die Aschenbestandteile lassen sich nach ihrer physiologischen Bedeutung für die Pflanzenwelt in folgende drei Gruppen teilen: 1. vollständig entbehrlich sind u. a. Mangan und Kieselsäure; 2. unentbehrlich sind Kali, Calcium, Eisen, Magnesium, Schwefel, Phosphor und Stickstoff; 3. nicht unentbehrlich, aber von Nutzen sind Natron, Chlor und Silicium.

Nach neueren Zusammenstellungen (Andrlík und Urban) betragen die Mengen an Nährstoffverbrauch für 400 dz Rübe (Wurzeln)

|  | $P_2O_5$ | N | $K_2O$ |  |
|---|---|---|---|---|
| nach Hoffmann . . . . . | 71,4 | 156,9 | 145,7 | in kg für das |
| „ Wilfahrt . . . . . . | 62,0 | 160,0 | 133,0 | erste Vegeta- |
| „ Andrílk u. Urban . | 65,1 | 139,8 | 168,6 | tionsjahr[1]. |

Wenn auch Remy und Geller (1909) den Wert solcher Zahlen anzweifeln, weil die Ernährung der Pflanzen von vielen Faktoren abhängig sei — so geben diese Zahlen immerhin eine Vorstellung über den Nährstoffverbrauch und Bedarf der Rübe. Die genannten Autoren geben im Mittel zweier ziemlich auseinandergehenden Versuchsergebnisse des Jahres 1907 und 1908 folgenden Nährstoffverbrauch für 400 dz Rüben in kg an[2]:

| Stickstoff | Kali | Phosphorsäure | Kalk | Magnesia |
|---|---|---|---|---|
| 205,6 | 288,4 | 85,4 | 132,6 | 102 |

Den „Nährstoffverbrauch der Zuckerrübe im ersten Vegetationsjahre" erforschten u. a. K. Andrlík und J. Urban[3]. Sie fanden ihn

---

[1] Z. f. Zuckerind. i. B. XXXII, S. 559, 1907/08.
[2] Jahresbericht 1908—1909 d. landw. Akademie in Bonn-Poppelsdorf.
[3] Z. f. Zuckerind. i. B. XXXI, S. 149, 1906/07; XXXII, S. 559, 1907/08.

zu 1 Teil Stickstoff auf 20,4—22,3 Teile Zucker und für 100 Teile Zucker zu 2,1—5,8 Teilen Kali.

Da die mineralischen Nahrungsstoffe als Aschenbestandteile der Rübe in den Betrieb gelangen, seien dieselben in ihrer Aufnahme und Funktionsfähigkeit etwas näher betrachtet.

Vom Stickstoffe wurde schon gezeigt, daß er als Nitrat und Ammonuimstickstoff aufgenommen wird. Die Rübe ist eine ausgesprochene Nitratpflanze, daher ist Salpeterdüngung die geeignetste. Zur Eiweißsynthese sind auch Phosphor und Schwefel notwendig.

Der erstere wird als Phosphat aufgenommen; im Organismus tritt die Phosphorsäure mit verschiedenen organischen Resten zu komplexen Phosphorsäuren zusammen (Lecithin, Nucleine, Glycerinphosphorsäure). Die Phosphorassimilation ist so wie die Eiweißbildung in jeder lebenden Zelle durchführbar. Das ist der organisch gebundene Teil der Phosphorsäure; nur ein sehr geringer Teil derselben ist anorganisch gebunden.

Die wasserlöslichen Phosphate (Ammon-, Kali-, Natronphosphat) stehen der Rübe ohne weiteres zur Verfügung; die Phosphate des Kalkes, des Eisens und der Magnesia erst durch die lösende Kraft der Saug- und Haarwurzeln der Rübe. Besonders in der Jugend bedarf die Rübe größerer Phosphormengen[1].

Eine gleichwichtige Rolle spielt der Schwefel. Er wird als Sulfat aufgenommen (Calcium-, Magnesium- und Alkalisulfate) und im Pflanzenkörper reduziert — wie der Stickstoff. Auch der Schwefel wird organisch gebunden und ist nur zum geringen Teil als Sulfat vorhanden.

Calcium. Die Rolle des Calciums für das Pflanzenleben ist noch nicht sichergestellt. Vorwiegend finden sich die Kalkverbindungen in den Blatt- und Stengelorganen; Wurzeln und Samen enthalten weniger davon. Blattreiche Pflanzen haben ein großes Kalkbedürfnis. Kalk spielt beim Assimilationsprozeß eine große Rolle.

Die Bedeutung des Kalkes für die Zuckerrübe speziell wurde von Stoklasa ermittelt. Bei Kalkmangel stirbt die Pflanze ab, früher noch, als wenn Mangel an Kali, Phosphorsäure oder Stickstoff besteht. Ferner wandelt er die Oxalsäure oder das lösliche Kaliumoxalat, welche beide toxische Wirkung im Caryoplasma und Chlorophyllkern äußern, in unlösliches Calciumoxalat um. Nach Böhm findet bei Kalkmangel keine physiologische Transformation der Kohlenhydrate in der Pflanze statt. Nach Moraczewski wird bei Kalkmangel die Wirksamkeit der Enzyme aufgehoben, welche eine bedeutende Rolle bei der chemischen Metamorphose der Kohlenhydrate spielen.

Mit dem Bedürfnisse nach dem Kalk steht die Notwendigkeit (bei sauren Böden) des Kalkens im Zusammenhange. Für dieses tritt A. Gregoire in einer Untersuchung über „Bodenacidität und Zuckerrübenbau"[2] und verschiedene Autoren des „Kalkverlages" ein[3].

---

[1] Näheres s. Stoklasa: Biochemischer Kreislauf des Phosphat-Ions im Boden. Jena 1911.

[2] Z. V. D. Zuckerind. 1925, S. 504.

[3] Schimpf u. Niggl. Berlin 1923, 1925.

Magnesium. Dieses begleitet stets die Proteinstoffe, vielleicht in loser Verbindung mit Phosphorsäure, die aber zur Zeit der Auswanderung der Proteinsubstanzen aus den absterbenden Teilen der Pflanze wieder gelöst wird; denn der Phosphor wandert mit den Eiweißkörpern aus, während das Magnesium auch in den absterbenden Teilen zurückbleibt. Da das Chlorophyll Magnesium enthält, ist die Bedeutung dieses Elementes verständlich. Die Aufnahme geschieht in denselben Formen wie die des Kalkes. In der Rübe kommt es in fast gleichen Mengen wie der Kalk vor. Seine Funktion im Rübenkörper ist noch nicht ganz aufgeklärt: als Magnesiumphosphat ist es bei der Bildung von Nuclein, Lecithin und Casein beteiligt und nach Loeb unentbehrlich. Wo die größte Eiweiß- und Phosphorsäuremenge vorhanden sind, dort findet sich auch das Magnesium. Ebenso steht es mit dem Kalke in physiologischer Beziehung. Nach Löw wirkt es auf die Pflanzen bei Kalkabwesenheit giftig.

Magnesiumsalze wurden schon mit Erfolg als Düngemittel angewendet[1].

Das Eisen ist zur Ausbildung des Chlorophyllorgans unentbehrlich. Dabei ist seine physiologische Funktion unbekannt. Bei Mangel an Eisen tritt die Bleichsucht, Chlorose, der Rübe ein. Die Blätter sind nicht wie gewöhnlich saftig grün, sondern gelblich gefärbt; die Pflanze kann sich nicht normal entwickeln und kränkelt. — Ein Beweis für seine Unentbehrlichkeit ist darin zu erblicken, daß es gelungen ist, die Chlorose durch äußere Zufuhr von Eisenlösung zu heilen. Auch das Eisen geht wie das Magnesium komplexe Bindungen mit den Eiweißkörpern ein. Gewöhnlich wird es als Ferrocarbonat aufgenommen, das durch die Wurzelsäuren löslich gemacht wird.

Die folgenden Elemente spielen beim Aufbaue der Kohlenhydrate eine wichtige Rolle.

Kalium. Für die Entstehung der Kohlenhydrate ist es von größter Wichtigkeit. Ohne Kali entstehen nur ganz minimale Mengen von Kohlenhydraten. Rüben und Kartoffeln brauchen demnach große Mengen an Kali. Dieses findet sich vorzugsweise in den lebenskräftigen Organen, in denen die Bildung der Kohlenhydrate vor sich geht und wandert aus absterbenden Teilen gewöhnlich aus.

Meistens ist es an die organischen Säuren der Pflanze (Oxal-, Wein-, Äpfel-, Citronensäure), aber auch an die anorganischen gebunden. In einer sehr lesenswerten Abhandlung: „Das Kali in seinen Beziehungen zur Zuckerrübe[2]“, welche diese Frage erschöpfend behandelte, führt Strohmer die Tatsache an, daß die „wildwachsende Zuckerrübe, welche wegen ihres niedrigen Gehalts an Zucker (6—8%) bekanntlich zur Fabrikation nicht geeignet ist, einen viel geringeren Gehalt an Kali aufweist als die hochkultivierte Rübe, welche jetzt in den Fabriken Verarbeitung findet". Erstere hat in ihrer Asche ungef. 30% Kali,

---

[1] Strohmer u. Fallada: „Über Magnesiadüngung bei Zuckerrüben."
Ö. U. Z. f. Zuckerind. XLII, S. 222, 1913.
[2] Organ XVI, S. 77, 1878.

34% Natron und 18% Chlor, letztere aber 49% Kali, 7,6% Natron und 6,5% Chlor.

Nach Märcker vermindern genügende Kalimengen die Menge der organischen Säuren in der Rübe; desgleichen soll Verminderung des Kalkgehaltes eintreten. Das Kalium wird als Sulfat, Nitrat, Phosphat und Chlorid aufgenommen. Es wird später einigemal bewiesen werden können, daß das Kali in ursächlichem Zusammenhange mit dem Zuckergehalte der Rüben steht.

In einer Untersuchung J. Stoklasas über den Einfluß des Kalium-Ions auf die Entwicklung der Zuckerrübenpflanze wird dessen Bedeutung vom keimenden Samen bis zur geernteten Rübe ausführlich gewürdigt. Ohne Kalium-Ion könnte sich der Organismus der Zuckerrübe gar nicht entwickeln, es kann durch kein anderes Ion (z. B. Natrium) ersetzt werden und in den Prozessen der Photosynthese kommt ihm eine „hervorragende" Rolle zu[1]. Ihre (und anderer) Forschungsergebnisse über die **physiologische Bedeutung des Kalium-Ions im Organismus der Zuckerrübe** z. B. den Verbrauch, den Einfluß auf die Entwicklung der Rübenpflanze, den Einfluß des Kalium-Ions auf die Bildung von Zucker, Eiweiß u. v. a. legten J. Stoklasa und A. Matoušek in ihrem schon auf Seite 21 genannten Buche nieder.

**Zur dritten Nährstoffklasse** übergehend, sei das **Natrium** zuerst betrachtet. Dieses Element kommt stets in Rübenaschen vor, aber in viel geringerer Menge als das Kalium. Hellriegel zeigte, daß Rüben ohne jedes Natrium sich ganz gut ernähren konnten. Das Natron kann die Kaliwirkung etwas unterstützen, nie aber ersetzen. Nach Saillard haben die zuckerreichsten Rüben die natronärmste Asche. Ähnliches fanden Andrlík und Urban. Stoklasa wies darauf hin, daß das Natrium namentlich in den Assimilationsorganen der Rübe zu finden sei.

In diese Gruppe der Nährstoffe gehört noch das **Chlor**. Es findet sich regelmäßig in der Pflanzenasche, aber nicht in größeren Mengen. Für manche Pflanzen galt es früher als unentbehrlich (Mais), für andere Pflanzen als entbehrlich. Nach Nobbe spielt es bei der Wanderung der Kohlenhydrate (so wie das Calcium) eine wichtige Rolle.

**Natrium und Chlor** sind stets zusammen im Pflanzenkörper anzutreffen und für die Rübe, als **Halophyten**, charakteristisch. Sie verleihen ihr, wie allen anderen daran reichen Pflanzen, die **fleischige Struktur**.

Aus diesem Grunde wurde häufig die Wirkung von Kochsalz als Düngemittel auf die Rüben studiert. Schon Liebig tat dies (1857) und seither eine ganze Reihe von Forschern. Ihre Ergebnisse faßt einleitend P. Markwort in seiner Untersuchung: „Der Einfluß des Kochsalzes auf das Wachstum, die Beschaffenheit der Zuckerrübe . . ."[2]. Danach hat dieses Salz (und andere Natronsalze) fördernd auf die Menge und die Güte der Zuckerrübe gewirkt, „wenn der Zuckerrübe nicht allzu große Mengen Kali und reichlich Natron durch die Düngung zur Verfügung standen". Wahrscheinlich ist dieses Ergebnis dem Natron und nicht

---

[1] Ö. U. Z. f. Zuckerind. XLIV, S. 504, 1915.
[2] Diss. Z. V. D. Zuckerind. Bd. 71, S. 167, 1921.

dem Chlor zuzuschreiben. Die günstige Wirkung des Natrons beruht zum Teil auf seiner Fähigkeit, die Verdunstung herabzusetzen und so die wasserhaltende Kraft des Bodens zu steigern, zum Teil auf Basenaustausch, indem das Natron im Boden mehr oder weniger festgebundene Salze löslich macht, die dann von der Pflanze aufgenommen werden.

Der Kiesel, das Silicium, gibt in Form von Kieselsäure manchen Pflanzen, z. B. den Gräsern, eine größere Widerstandsfähigkeit gegen Atmosphärilien und Parasiten. Diese Säure findet sich vorzugsweise in den Ablagerungen der Zellmembranen und vorherrschend in den älteren, der Verholzung zuneigenden Zellhäuten, d. s. Gewebe, die in ihrer Lebenstätigkeit zum Stillstande gekommen sind. Das Kieselsäuregerüst macht eben die Pflanzen widerstandsfähiger. Nicht zu verwechseln ist diese Kieselsäure mit dem „Sand", welcher besonders bei Blattaschen oft ein unvermeidlicher zufälliger Aschenbestandteil (Rohasche) ist.

Daß sich in Pflanzenaschen auch zuweilen Zink, Kupfer, Mangan, Jod[1], Brom, Fluor vorfinden, sei nur erwähnt. Ihr Vorkommen hängt von lokalen Verhältnissen ab. So zeichnen sich die Strandpflanzen durch einen Gehalt an Jod und Brom aus und sind daher das Ausgangsmaterial für die Darstellung dieser beiden Halogene.

Noch mindere Bedeutung kommt hier der Tatsache zu, daß auch schon Rubidium, Cäsium und Vanadin in Rübenaschen nachgewiesen wurden (Grandeau, Lippmann)[2].

So wäre einer der wichtigsten Lebensprozesse der Pflanzen mit besonderer Berücksichtigung der Rüben: die Ernährung, besprochen worden. Durch sie erhält nicht nur die Pflanze ihr eigenes Leben, sondern sorgt auch schon für das ihrer Art. All die genannten Erzeugnisse (Zucker, Stärke, Eiweiß, Fett) speichert die Rübe in ihrem ersten Lebensjahre als Reservestoffe in der Wurzel auf, um sie im zweiten Jahre zur Produktion des Samens zu verbrauchen. Die genannten Reservestoffe werden bei Beginn der neuen Vegetationsperiode als erstes Material zur Neubildung verwertet. Der keimende Samen lebt auf deren Kosten, bis sein erstes chlorophyllhaltiges Blättchen zu assimilieren vermag.

### f) Atmung der Rübe.

Wurzeln, Blüten, Früchte atmen sowohl im verdunkelten als auch im belichteten Zustande. Alle lebenden Pflanzen und Pflanzenteile atmen sonach. Ein Erlöschen der Atmung hat den Tod der Pflanze zur Folge und umgekehrt.

Die Atmung ist jener Prozeß, der das Vorhandensein von Kohlendioxyd in den Rübenzellen erklärt, eine Tatsache, die man vor Kenntnis dieses physiologischen Prozesses nicht richtig deutete (Bodenbender z. B.). Dies blieb Heintz vorbehalten. Für die Binnenluft der Rüben gab er u. a. folgende Zahlen an[3]:

---

[1] S. Stoklasa, J.: Über die Verbreitung des Jods in der Natur u. seine physiologische Bedeutung im pflanzlichen u. tierischen Organismus. Z. f. ang. Ch. 1927, S. 20.

[2] Z. V. D. Zuckerind. Bd. 22, S. 783, 1872.

[3] ebd. Bd. 23. 1873, S. 206.

$$CO_2 \quad 30{,}52; \quad 35{,}10 \text{ Vol.-Proz.}$$
$$O \quad\;\; 0{,}15; \quad\; 0{,}56 \quad\quad\text{„}$$
$$N \quad 69{,}34; \quad 64{,}32 \quad\quad\text{„}$$

Natürlich kann diese keine konstante Zusammensetzung zeigen, da der Atmungsprozeß von den verschiedensten Faktoren beeinflußt wird. Auch erkannte Heintz, daß die Bildung der Kohlensäure auf Kosten des Zuckers vor sich geht, und stellte nach experimentellen Ermittlungen folgende Gleichung auf, nach welcher der Atmungsprozeß, bzw. der Zuckerverlust verläuft.

$$C_{12}H_{22}O_{11} + 12\,O_2 = 11\,H_2O + 12\,CO_2 \text{ (Atmungsgleichung).}$$

Gewisse Unvollkommenheiten bei diesen Versuchen veranlaßten F. Strohmer, die Atmung der Rübenwurzel neuerdings zu studieren. Da es sich diesem Forscher aber hauptsächlich darum handelte, die Größe der Zuckerverluste in Zusammenhang mit der Atmung und der chemischen Zusammensetzung der Rübe zu bringen, und er diese Prozesse unter jenen Bedingungen studierte, wie sie die Praxis beim Einmieten der Rüben bietet, soll erst an späterer, geeigneterer Stelle auf seine Ergebnisse zurückgekommen werden.

Hervorzuheben ist, daß so wie alle Gase — mit Ausnahme der in den Vakuolen — auch der Atmungssauerstoff nur in Form von Lösung in das Zellinnere gelangen kann. Die Lösung desselben geschieht in der an der Oberfläche der Zellwand angesammelten Wasserschicht.

Atmung und Assimilation sind zwei entgegengesetzte Vorgänge. Erstere geht Tag und Nacht, letztere nur bei Sonnenlicht vor sich. Die Atmung ist als Oxydationsprozeß von Wärmeentwicklung begleitet, welche Wärme als Energiequelle für die Lebenserscheinungen der Pflanzen dient. Die Atmung hängt von der Temperatur ab. Bei niederer Temperatur ist sie nicht so intensiv wie bei höherer; sie ist von einer Zerstörung organischer Substanz (Stärke, Zucker) begleitet. Auch darin zeigt sich der Unterschied gegen den Assimilationsprozeß, bei dem Neubildung organischer Substanz auftritt. Aus diesem Grunde nennt man die Atmung auch Dissimilation im Gegensatz zur Assimilation. Wenn auch die Pflanzen den ganzen Tag atmen und so fortwährend Substanzverlust erleiden, so überwiegt die Assimilation bei Tageslicht so bedeutend die Atmung, daß bei Tag die Bildung organischer Substanz vorherrscht. Nicht grüne Zellen können nur atmen. Die Atmung geht wohl hauptsächlich auf Kosten des Zuckers vor sich, aber auch andere Substanzen, wie Fette und Pflanzensäuren bilden Atmungsmaterial. Die Intensität der Atmung steht zum Stoffwechsel der Pflanzen in enger Beziehung. Verletzte Pflanzenteile atmen intensiver als unverwundete.

Der bisher geschilderte Atmungsprozeß der Pflanzen gleicht dem des menschlichen oder tierischen Organismus. Während aber die beiden letztgenannten des Sauerstoffes zur Lebenserhaltung unbedingt bedürfen, können die Pflanzen längere Zeit ohne Sauerstoff leben. Bei ersteren tritt mit Entzug des freien Sauerstoffes binnen wenigen Minuten der Tod ein, bei den Pflanzen erst nach verschieden langen Zeiten. Innerhalb dieser lebt die Pflanze auf Kosten ihrer organischen Substanz. Diese Atmung heißt·deshalb **intermolekulare Atmung**. Auch sie ist mit der Abgabe von Kohlendioxyd verknüpft, was als erster Saussure (1834) fand. Nur hielt er wie viele folgende Forscher diesen Prozeß für eine pathologische Erscheinung. Erst später wurde erkannt (Pfeffer· und Wilson, 1885), daß diese Atmung ein normaler, natürlicher Vorgang ist, der sich in der lebenden Zelle abspielt. Die intermolekulare Atmung tritt bei den Pflanzen sofort nach der Sauerstoffentziehung ein. Bei längerem Mangel an diesem Gase tritt aber auch der Tod der Pflanze ein. Bei Versuchen Strohmers blieb eine Rübe noch nach drei Tagen trotz Sauerstoffmangels am Leben. Eine andere zeigte nach sechs Tagen infolge Zersetzung Verfärbung.

Individualität, Alter, Temperatur u. a. bedingen die Intensität der intermolekularen Atmung. Je höher die Temperatur, desto intensiver die Atmung; sie geht auf Kosten des Zuckers vor sich, wobei dieser einer alkoholischen Gärung unterliegt. Strohmer bearbeitete auch diese Frage im Zusammenhange seiner später zu schildernden Versuche über die Zuckerverluste durch die Atmung der Rüben (1902). Trotz manch gegenteiliger Meinung sieht man in diesem Prozesse der höheren Pflanzen eine Spaltung der Kohlenhydrate in Alkohol und Kohlensäure; dieser Prozeß wäre also eine Zymasegärung. Er spielt gewöhnlich bei den höheren Pflanzen keine große Rolle und ist nur die letzte Maßregel zur Verhütung des Erstickungstodes bei Sauerstoffmangel.

Eine sehr interessante Studie über normale und intermolekulare Atmung der Zuckerrübe stammt von Stoklasa, Jelínek und Vítek[1]. Bei letzterer nahm das Gewicht der Rübe, das anfangs 462g betrug, auf 459g ab. Der Einfluß der Temperatur auf die Atmungsintensität wurde schon früher gezeigt. Die Atmungsintensität der einzelnen Teile der Zuckerrübe ist verschieden. Die größte Intensität herrscht im obersten Teile (Kopf und Hals). Die Gleichung, nach welcher die intermolekulare Atmung vor sich geht, ist folgende:

$$1.\ C_{12}H_{22}O_{11} + H_2O = 2C_6H_{12}O_6\,.$$

Diese Inversion wird hervorgerufen durch die Invertase der Rüben.

$$2.\ 2C_6H_{12}O_6 = 4CO_2 + 4C_2H_5 \cdot OH\,.$$

Der gebildete Invertzucker erleidet darauf alkoholische Gärung ohne Bildung merklicher Mengen von Nebenprodukten. Die intermolekulare Atmung ist ein anaerober Prozeß, der durch ein Enzym hervorgerufen wird (so wie die aerobe Atmung), welches von den genannten Autoren isoliert wurde.

**Material der intermolekularen Atmung** sind neben dem Zucker Fett und auch Pflanzensäuren. Bei der Oxydation des Zuckers tritt oft nur teilweise Kohlendioxyd auf; der organische Rest bleibt in einem Zwischenstadium stehen, wobei Pflanzensäuren gebildet werden („unterbrochene Atmung"). Es kann behauptet werden: „So

---

[1] Z. f. Zuckerind. i. B. 1902/03, S. 633.

oft die aerobe Veratmung von Zucker durch schwierige Sauerstofferneuerung genügend verlangsamt ist, treten zwei- bis mehrbasische Pflanzensäuren als Zwischenprodukte der physiologischen Zuckerverbrennung auf"[1]. Ja, diese sollen sogar bei jeder normalen Atmung entstehen. Euler legt in seinem des öfteren genannten Buche sehr schön dar, wie Glykol-, Mesoxal-, Glyoxyl-, Oxal- und Ameisensäure „durch einfache Bildungsreaktionen miteinander verknüpft und zweifellos auch innerhalb des Pflanzenorganismus genetisch zusammengehören". Sie alle entstammen dem Zucker. Dabei dürften katalytische Wirkungen mitspielen. Auch wird an gleicher Stelle schön die Entstehung von Citronen-, Aconit- und Tricarballylsäure — hypothetisch allerdings — zu erklären versucht. Alle diese Säuren werden später als Bestandteile des Rübennichtzuckers zu schildern sein; es muß künftigen Forschungen vorbehalten bleiben, mehr Licht über deren Entstehung im Rübenkörper zu verbreiten.

### g) Die Entwicklung der Rübe.

Näher auf die mit dem Wachstume verknüpften, veränderlichen Zusammensetzungsverhältnisse einzugehen, ist an dieser Stelle nicht notwendig, hingegen ist es hier von größter Bedeutung, die Zusammensetzung der Rübe in ihrem Reifezustand genau zu kennen.

Auf die älteren diesbezüglichen Arbeiten von Hoffmann aus dem Jahre 1862, Méhay 1869, Sostmann 1872, Corenwinder und Contamine sei nur hingewiesen. Mit demselben Gegenstande beschäftigten sich 1894 Herzfeld, 1898/99 Wendeler, Stoklasa u. a.

Eine groß angelegte Untersuchung über die Veränderungen in der Zusammensetzung der Rübe während ihres Reifeprozesses führten Andrlík, Staněk und Urban aus[2]. Auf die Abhandlung sei hiermit hingewiesen und hier nur das Wichtigste herausgegriffen. Die Versuche dauerten vom 1. August bis 1. Oktober, das Wetter war klar, warm, trocken und ohne erheblichere Niederschläge während dieser ganzen Zeit. Zur Analyse gelangten neben der Wurzel nur die grünen Blätter, und zwar getrennt vom Blattstiele. Die vergilbten Blätter wurden für sich untersucht.

Die Resultate sind von den Autoren in folgender Tabelle zusammengestellt worden. Die Zahlen beziehen sich auf frische Rübenbestandteile. Nur die Veränderungen der Wurzel seien hervorgehoben. In der Zeit vom 1. August bis 1. Oktober nahmen zu: die Trockensubstanz um 13%, die Saccharose um 21%, CaO um 24%, MgO um 4%. Es nahmen ab: reduzierender Zucker um 57%, Stickstoff um 19%, Eiweiß um 7%, Oxalsäure um 38%, Fett um 75% usw.

Die Rübe nahm also während ihrer Entwicklung an Qualität bedeutend zu, woraus die fabrikative Minderwertigkeit unreifer Rüben gegenüber reifen Rüben hervorgeht.

---

[1] Euler, Pflanzenchemie II, S. 181.
[2] Z. f. Zuckerind. i. B. 1901/02, S. 343.

Tabelle 2.

**Veränderungen in Prozenten der Menge Rübenbestandteile während der Reife. (Auszugsweise dargestellt.)**

| | | Muster vom 1. August | Muster vom 1. Oktober | Zunahme % | Abnahme % |
|---|---|---|---|---|---|
| Trockensubstanz der frischen Rübe | Blattsubstanz | 17,22 | 17,30 | 0,08 | — |
| | Blattstiel | 13,33 | 13,15 | — | 0,18 |
| | Wurzel | 20,05 | 22,68 | 2,63 | — |
| Saccharose | Blattsubstanz | 0,10 | 0,40 | 0,30 | — |
| | Blattstiel | 0,90 | 0,70 | — | 0,20 |
| | Wurzel | 12,10 | 14,70 | 2,60 | — |
| Reduzier. Zucker | Blattsubstanz | 0,80 | 0,40 | — | 0,40 |
| | Blattstiel | 3,30 | 2,60 | — | 0,70 |
| | Wurzel | 0,14 | 0,06 | — | 0,08 |
| Acidität cm³ Norm.-KOH des Dig.-Saftes aus 100 g Brei | Blattsubstanz | 46,3 | 29,6 | — | 16,7 |
| | Blattstiel | 24,1 | 13,3 | — | 10,8 |
| | Wurzel | 31,0 | 19,2 | — | 11,8 |
| Gesamtstickstoff (Jodlbauer) | Blattsubstanz | 0,75 | 0,69 | — | 0,06 |
| | Blattstiel | 0,36 | 0,34 | — | 0,02 |
| | Wurzel | 0,33 | 0,27 | — | 0,06 |
| Eiweißstoffstick (Rümpler) | Blattsubstanz | 0,57 | 0,56 | — | 0,01 |
| | Blattstiel | 0,16 | 0,18 | 0,02 | — |
| | Wurzel | 0,14 | 0,13 | — | 0,01 |
| Peptonstickstoff (Rümpler) | Blattsubstanz | 0,016 | 0,015 | — | 0,001 |
| | Blattstiel | 0,020 | 0,010 | — | 0,010 |
| | Wurzel | 0,011 | 0,010 | — | 0,001 |
| Ammoniakstickstoff (Baumann) | Blattsubstanz | 0,013 | 0,014 | — | — |
| | Blattstiel | 0,013 | 0,010 | — | 0,003 |
| | Wurzel | 0,019 | 0,018 | — | 0,001 |
| Betainstickstoff (Baumann) | Blattsubstanz | 0,060 | 0,040 | — | 0,020 |
| | Blattstiel | 0,027 | 0,015 | — | 0,012 |
| | Wurzel | 0,009 | 0,008 | — | 0,001 |
| Nitratstickstoff (Schulze-Tiemann) | Blattsubstanz | 0,021 | 0,012 | — | 0,009 |
| | Blattstiel | 0,100 | 0,051 | — | 0,049 |
| | Wurzel | 0,009 | 0,008 | — | 0,001 |
| Acidität d. m. Äther auslaugb. Säuren cm³ $\frac{1}{n}$ KOH | Blattsubstanz | 45,2 | 47,4 | 2,2 | — |
| | Blattstiel | 20,00 | 23,8 | 3,8 | — |
| | Wurzel | 12,6 | 11,5 | — | 1,1 |
| Flüchtige Säuren | Blattsubstanz | 2,4 | 1,4 | — | 1,0 |
| | Blattstiel | 3,6 | 2,2 | — | 1,4 |
| | Wurzel | 1,6 | 0,7 | — | 0,9 |
| Oxalsäure | Blattsubstanz | 2,18 | 2,32 | 0,14 | — |
| | Blattstiel | 0,85 | 1,03 | 0,18 | — |
| | Wurzel | 0,21 | 0,13 | — | 0,08 |
| Fett, mit Petroleumäther extrahiert | Blattsubstanz | 1,08 | 1,05 | — | 0,03 |
| | Blattstiel | 0,20 | 0,27 | 0,07 | — |
| | Wurzel | 0,20 | 0,05 | — | 0,15 |
| Reinasche | Blattsubstanz | 3,30 | 2,92 | — | 0,15 |
| | Blattstiel | 1,84 | 1,79 | — | 0,38 |
| | Wurzel | 0,81 | 0,74 | — | 0,07 |

|  |  | Muster vom 1. August | Muster vom 1. Oktober | Zunahme % | Abnahme % |
|---|---|---|---|---|---|
| $K_2O$ | Blattsubstanz | 0,933 | 0,454 | — | 0,479 |
|  | Blattstiel | 0,886 | 0,231 | — | 0,635 |
|  | Wurzel | 0,377 | 0,307 | — | 0,070 |
| $Na_2O$ | Blattsubstanz | 0,700 | 0,723 | 0,023 | — |
|  | Blattstiel | 0,242 | 0,464 | 0,222 | — |
|  | Wurzel | 0,050 | 0,049 | — | 0,001 |
| CaO | Blattsubstanz | 0,470 | 0,549 | 0,079 | — |
|  | Blattstiel | 0,173 | 0,354 | 0,181 | — |
|  | Wurzel | 0,062 | 0,077 | 0,015 | — |
| MgO | Blattsubstanz | 0,417 | 0,365 | — | 0,052 |
|  | Blattstiel | 0,132 | 0,215 | 0,083 | — |
|  | Wurzel | 0,081 | 0,084 | 0,093 | — |
| $P_2O_5$ | Blattsubstanz | 0,236 | 0,203 | — | 0,033 |
|  | Blattstiel | 0,150 | 0,100 | — | 0,050 |
|  | Wurzel | 0,146 | 0,132 | — | 0,014 |
| $SO_3$ | Blattsubstanz | 0,428 | 0,514 | 0,086 | — |
|  | Blattstiel | 0,068 | 0,078 | 0,010 | — |
|  | Wurzel | 0,057 | 0,043 | — | 0,014 |
| Cl | Blattsubstanz | 0,040 | 0,059 | 0,019 | — |
|  | Blattstiel | 0,162 | 0,263 | 0,101 | — |
|  | Wurzel | 0,017 | 0,015 | — | 0,002 |

Die Entwicklung der Rüben hängt naturgemäß sehr von der Witterung und insbesondere von den Wasserniederschlägen ab, die die Bodenfeuchte als wichtigsten Vegetationsfaktor bestimmen.

Besonders die Witterungsverhältnisse während der Monate August und September bestimmen die Intensität der Zuckerbildung und den Gehalt der Rüben an Zucker. J. Urban studierte diese Fragen auf Grund eines Analysenmaterials von fünf Jahren und den hierzugehörigen ombrometrischen Angaben. Für die tschechoslowakischen Verhältnisse von 1920—1925 fand er, daß die größte Assimilationstätigkeit und Zuckeranhäufung in der Wurzel in der Woche von trockenem Witterungscharakter stattfindet, wenn der Boden vordem eine starke Anfeuchtung erhalten hat. Vorangehende ausgiebige Anfeuchtung und nachfolgendes sonniges Wetter bewirken optimale Zuckerbildung. Unter diesen Bedingungen betrug die Zuckerbildung im Durchschnitt der fünf Jahre 7,62 g für eine Rübe.

In regenreicher Woche sinkt die Zuckerbildung mit der Niederschlagsmenge und betrug bei sehr starkem Regen von 35 mm nur 4,89 g, d. i. 64 % des Maximalwertes in sonniger Woche.

Unter sonst gleichen Witterungsverhältnissen ist die Zuckerbildung um so geringer, je kleiner die Assimilationsfläche des Blattwerks ist.

In keinem der beobachteten Fälle der fünf Jahre ist eine Abnahme des bereits in der Wurzel eingelagerten Zuckers beobachtet worden, denn die Assimilationstätigkeit kommt selbst bei sehr regnerischer Witterung nicht zum Stillstande und der Zucker wird auch bei solchem Wetter, wenngleich bedeutend langsamer, gebildet.

Am meisten stieg der Zuckergehalt im fünfjährigen Durchschnitt in trockener Woche, welcher eine Woche mit genügender Bodenanfeuchtung (etwa 20 mm) voranging; hierbei betrug die Erhöhung der Digestion 0,80 % und erreichte bis 1,19 % im Jahre, wo das Blattwerk gut entwickelt und frisch war.

In trockener Woche, welcher ebenfalls trockenes Wetter voranging, wurde der Zuckergehalt im 0,75 % erhöht; die Erhöhung war also in diesem Falle keine maximale, weil die Assimilationsfläche bei längerer Trockenperiode durch das schnellere Welken der Blätter merklich abnimmt.

Mit steigender Niederschlagsmenge geht die wöchentliche Erhöhung der Digestion mit gewisser Regelmäßigkeit zurück, so daß bei Niederschlägen von etwa 27 mm der Zuckergehalt in der zweiten Woche gleich jenem der Vorwoche bleibt und bei noch stärkeren Niederschlägen dann allmählich sinkt. Niederschläge, welche die Abnahme des Zuckergehalts in einer Woche hervorrufen, können auch niedriger sein als der hier angeführte Durchschnitt von 27 mm, und zwar in trockenen Jahren, wenn die Rübe wenig belaubt und die Wurzel weniger saftreich ist.

Der durch starke Niederschläge bewirkte Rückgang des Zuckergehaltes beträgt hier im Gesamtdurchschnitt der fünf Jahre für 35 mm Niederschläge 0,11, erreichte aber in trockenem Jahre bis 0,58 % und in einer kleineren Anzahl der Fälle sogar 1,12 %. Je gesunder und besser entwickelt das Blattwerk und je größer der Saftreichtum der Wurzel ist, desto beständiger ist der in der Regenzeit einmal erreichte Zuckergehalt. Und umgekehrt, je mehr verwelkt die Rübe ist, ein desto größerer Rückgang ist im Zuckergehalt nach den Regen zu beobachten infolge der stärkeren Aufnahme des Vegetationswassers bis zur Grenze des normalen Saftgehaltes[1].

Das Gelben der Rübenblätter ist nicht nur das äußerliche Zeichen für die Reife der Rübe, sondern auch der Augenblick, in dem Blattsubstanzen in die Rübe einwandern und auch diese verschlechtern können.

Daß z. B. die Phosphorsäure, sowie andere Nährstoffe dies tun, wiesen neuerlich J. Urban und J. Souček nach[2]. Während der Entwicklung steigt der Gehalt an Phosphorsäure, sinkt dann und vermindert sich in der letzten Vegetationsperiode durch Abwandern der Phosphorsäure.

Das Rübenwachstum (im ersten Vegetationsjahre) mit Rücksicht auf die Verteilung von Zucker und Nichtzucker studierte gründlich V. Stehlík und führte in seiner Veröffentlichung die bezügliche Literatur an[3].

Wie der Zucker im Blatte gebildet wird und wie er in die Rübe einwandert, wurde schon früher angedeutet. Hier interessiert die Verteilung (Lokalisation) des Zuckers in der Rübe in bezug auf ihre Anatomie und Morphologie. Die gleiche Frage nach technischen Gesichtspunkten findet später ihre Beantwortung.

---

[1] Z. d. tschsl. Zuckerind. VI, S. 299, 307, 1925.
[2] ebd. IV, S. 53, 1922.     [3] ebd. VI, S. 1ff., 1924.

Da hier die Rübe nur zur Zeit ihrer Verarbeitung besprochen wird, so soll nur „die Verteilung des Zuckers in der Rübe zur Zeit der Ernte" nach V. Stehlík betrachtet werden[1].

Dessen eingehende Studie enthält die wichtigsten Arbeiten seiner Vorgänger, die zum Teil im Abschnitte 7a noch zu besprechen sein werden.

Unter Berücksichtigung dieser sowie der eigenen Studien entwarf Stehlík folgende Verteilung des Zuckers in einer normalen Rübe zur Zeit ihrer Reife, die ungefähr mit den Befunden Mareks und denen von Floderer und Herke (s. d.) bedeutende Übereinstimmung zeigen. Im Gegensatz zu deren absoluten Werten nimmt Stehlík die Stelle des höchsten Zuckergehaltes mit 100 an und drückt den Gehalt der anderen Stellen in Prozenten davon aus. Dadurch erhält sein Schema einen Allgemeinwert. Die Lokalisation des Zuckers in der Rübe kann aus dem nebenstehenden Schema leicht ersehen werden.

Der geringste Gehalt findet sich unter dem Vegetationskegel, der höchste im Schwerpunkte der Wurzel, weil hier die Rübe bei ausreichender Belieferung mit Zucker aus den Blättern weder in die Dicke noch in die Länge allzu stark wächst.

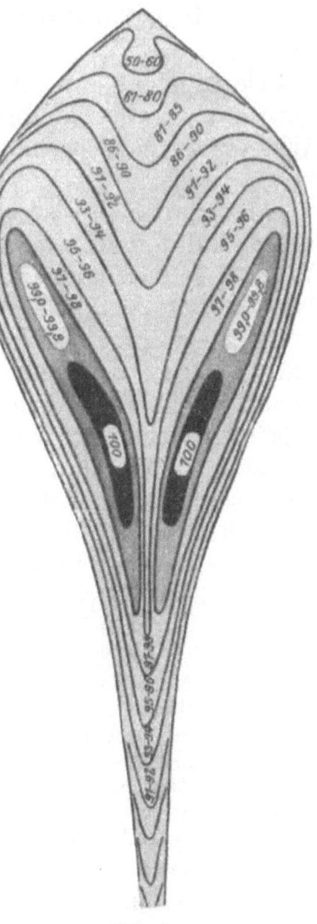

Abb. 4.

Literatur.

Jost, L.: Vorlesungen über Pflanzenphysiologie. III. Jena 1913. — Grafe, V.: Einführung in die Biochemie. Leipzig-Wien 1913. — Pfeffer: Pflanzenphysiologie. 2 Bde. 2. Aufl., Leipzig 1897, 1904. — Wiesner, J.: Anatomie und Physiologie der Pflanzen. Wien 1898. — Hansen, A.: Pflanzenphysiologie. Gießen 1898. — Czapek, F.: Biochemie der Pflanzen. 2 Bde. II. Jena 1913—21. — Euler, H.: Grundlagen und Ergebnisse der Pflanzenchemie. 3 Bde. Braunschweig 1908. — Palladin, W.: Pflanzenphysiologie. Berlin 1911. — Roemer, Th.: Handbuch d. Zuckerrübenbaues. Kap. V: Anatomie und Physiologie der Rübe. Berlin 1927.

Drittes Kapitel.

# Zusammensetzung der Rüben.

## a) Mark und Saft.

Wird eine Rübe zerkleinert und, in einem Tuche eingeschlagen, hohem Drucke ausgesetzt, so läuft eine schäumende, dunkelgefärbte Flüssigkeit — der Saft — ab, und es bleibt ein fester Rübenkuchen

---

[1] Z. d. tschsl. Zuckerind. IV, S. 449ff., 1923.

3*

zurück, jene Substanz, die den Rübenkörper (Wurzel) ausmachte, das Mark.

Doch ist es unmöglich, durch bloßes Pressen sämtlichen Saft zu gewinnen. Stets bleibt das Mark mehr oder weniger feucht; es hält Wasser zurück, welches Kolloid- oder Imbibitionswasser genannt wird.

Man darf sich also eine Rübe nicht aus (trockenem) Mark und Saft bestehend denken, sondern es ist dieses Mark mit Wasser in irgendeiner Weise miteinander vereinigt; der Rest in der Rübe ist Saft. Die Rübe besteht demnach aus Mark, Wasser und Rübensaft.

Der Begriff „Mark" stellte jedoch nicht zu allen Zeiten dasselbe dar. Grouven verstand darunter „den nach Entfernung alles Löslichen und alles Wassers aus der Rübe hinterbleibenden Rest"[1]. Der „Saft" war daher für diesen die Summe der in der Rübe enthaltenen löslichen Stoffe und des Wassergehaltes der Rübe. Sein „Mark" war identisch mit dem Markanhydrid Scheiblers.

Scheibler stellte auf Grund seiner Analysen fest, daß sich in den von ihm untersuchten Rüben befanden[2]:

> 90,3 % Saft („zuckerführendes Wasser"),
> 4,71% (trockenes) Mark, Rohmark,
> 4,99% (als Rest auf 100) „Kolloidwasser".

Diesen Namen wählte er als Gegensatz zu Krystallwasser. So wie es Krystalle mit Krystallwasser gibt, so hätte das Mark (als Kolloid) Kolloidwasser gebunden. Er ging in seiner Analogie so weit, daß er annahm, Markanhydrid (Mark) vereinige sich mit Kolloidwasser zu Markhydrat. Er übersah aber dabei, daß das „Mark" kein einheitliches chemisches Individuum, sondern aus verschiedenen Stoffen zusammengesetzt ist. Möglich aber ist es immerhin, daß einer oder mehrere dieser Stoffe sich mit Wasser zu Hydraten vereinigen.

Rümpler weist auch auf den wechselnden Wassergehalt des Scheiblerschen Hydrats hin und sieht darin ein Argument gegen Scheiblers Theorie.

Diese Fragen studierte Scheibler anläßlich der Einführung seiner Methode der Zuckerbestimmung in der Rübe mittels der alkoholischen Extraktion[3].

Durch die Scheiblersche Alkoholextraktion wurde der Zucker direkt in der Rübe bestimmt, und da die heutigen Untersuchungsmethoden ebenfalls von der Rübe ausgehen, hat die Frage nach dem Saftgehalte an Bedeutung gegen früher verloren.

Das nach der Extraktion mit Alkohol durchtränkte Mark trocknete Scheibler und bestimmte es zu 4,5—5% vom Rübengewichte; es müßte demnach ein Saftgehalt von 95,5—95% vorhanden sein. Der Zucker der Rübe, durch Extraktion und im Rübenpreßsafte bestimmt, ergibt den Saftgehalt der Rübe. So gerechnet, fand ihn jedoch Scheibler bloß zu 88—92%. „Es folgt hieraus, daß außer zuckerhaltigem Safte noch gebundenes zuckerfreies Wasser in den Rüben vorhanden sein muß . . ., daß das Rohmark, welches seiner Menge nach im trockenen Zustande, also als Anhydrid, bestimmt wird, als ein sein Wasser durch

---

[1] Z. V. D. Zuckerind. 1861, S. 232.      [2] ebd. 1879, S. 261.
[3] ebd. 1879, S. 176.

Trocknen leicht verlierendes Hydrat in den Rüben vorhanden ist; ... es kann als bewiesen angesehen werden, daß die bisher in der Technik gemachte Voraussetzung, wonach die Rüben durchschnittlich 94—95 % Saft enthalten sollen, falsch ist, und daß die Rüben vielmehr durchschnittlich nur etwa 90 % Saft besitzen."

Für Scheibler war sonach die Rübe zusammengesetzt aus 1. Mark, 2. zuckerfreiem, gebundenem und 3. zuckerhaltigem, freiem Wasser (Saft); 2 stellt das Kolloidwasser der Rübe dar.

Diese Theorie blieb jedoch nicht unangefochten. In der Formel, die Scheibler für den Saftgehalt aufstellte, $M = 100 \frac{z}{Z} S$, bedeuten $z$ Zucker durch Extraktion des Breies, $Z$ Zucker im Rübenpreßsaft und $S$ Saftmenge in Prozenten. $Z$ ist aber eine Zahl, die sehr abhängig von der Gewinnungsart des Saftes (Zerkleinerung der Rübe, Druck), und der Saftgehalt daher von dieser Schwankung betroffen. „Somit ist das Vorhandensein des von Scheibler angenommenen Hydrat- oder Kolloidwassers der Cellulose abhängig von der Größe ... $Z$, und diese Zahl ist niemals konstant, sondern bedingt durch die obigen Zufälligkeiten" (Bodenbender) (s. 6, Kap. a). Scheibler nahm dieses Wasser als „halbgebunden" an; Bodenbender und Sickel sind daher der Meinung, „daß dieses Wasser ruhig in den Saft eingehen und somit als Saft angesehen werden müsse"[1]. Bodenbender fand in seinen Untersuchungen 4,5—5,7 % Rohmark.

Um über die physiologischen Eigenschaften des Markes Klarheit zu bekommen, studierte Heintz das Verhalten desselben gegen Zuckerlösungen[2].

Zu diesem Zwecke stellte er nach der direkten Markbestimmungsmethode „Mark" dar und ließ es an der Luft trocknen. So enthielt es noch 12,5 % Feuchtigkeit. Dieses übergoß er mit Raffinadelösungen von bestimmter Polarisation und ließ das Ganze 16 Stunden stehen; nach raschem Filtrieren konstatierte er in der frei ablaufenden Zuckerlösung sehr merkliche Polarisationszunahme und zwar stets, wie auch diese Versuchsanordnung abgeändert wurde. Dieser Vorgang, der analog mit trockener tierischer Membrane und Kochsalzlösungen verläuft, ist so zu erklären, daß das Rübenmark aus der Zuckerlösung in gleicher Zeit mehr Wasser als Zucker aufnimmt, daher die Lösung konzentrierter wird. Das Markwasser nannte Heintz „Imbibitionswasser"; es wurde vom kolloiden Marke gebunden[3]. Die Imbibition ist eine allgemeine Eigenschaft der Zellhaut; man versteht darunter ihre Fähigkeit, Wasser in die Membranen einzusaugen, wodurch diese aufquellen; daher nennt es Rümpler auch Quellungswasser. Ähnliche Versuche Kroekers[4] ergaben wenigstens die Tatsache, daß bei 110° getrocknetes Mark seine Imbibitionskraft einbüßte. Das spricht gegen Scheiblers Markanhydrid, denn ein Anhydrid im chemischen Sinne würde gerne ein Anhydrid bilden.

---

[1] Z. V. D. Zuckerind. 1879, S. 710.     [2] ebd. 1873, S. 200.
[3] Das „Imbibitionswasser" ist identisch mit Scheiblers „Kolloidwasser".
[4] Z. V. D. Zuckerind. 1894, S. 958.

Im Jahre 1910 stellte Skärblom folgende Definition für den Markbegriff auf, um darauf eine analytische Bestimmungsmethode zu
gründen: „Mark sind diejenigen Bestandteile der Rübe, die zurückbleiben, wenn die Probe mit möglichst wenig und 90° C nicht über-
steigendem, destilliertem Wasser bis zur vollständigen Entzuckerung
ausgewaschen wird"[1]. Also ist auch heute der Markbegriff noch nicht
feststehend.

Eine „technologische Definition" gab Claassen (S. 40).

## b) Markgehalt der Rüben.

Der Markgehalt wurde von Scheibler zu 4,71% vom Rübengewichte befunden; nach Stohmann beträgt „trotz der großen Festigkeit und der Härte des Fleisches der Rübe die Menge der festen Bestandteile, des Marks", nur ausnahmsweise mehr als 5%, im geringsten
Falle etwa 3% der Rübe. Durchschnittlich bestände diese aus 4%
Mark und 96% „Saft". Diese Angaben stimmen mit den Bestimmungen
Lippmanns auch für abnormale Rüben überein[2].

| | | | |
|---|---|---|---|
| Verwelkte Rüben | 4,16% | bis 4,83% | Mark, |
| Stark verwelkte Rüben | 3,66% | „ 4,66% | „ |
| Rüben mit fünfwöchentl. Wassermangel | 3,92% | „ 5,02% | „ |
| Schoßrüben | 4,03% | „ 5,31% | „ |
| Sehr holzige Rüben | 4,17% | „ 5,06% | „ |
| Unreife Rüben | 4,25 | und 4,70% | „ |

Aus diesen Zahlen geht hervor, daß die Ergänzung auf 100 nicht
„Saft" sein kann, sonst müßten alle Rüben fast gleich viel Saft enthalten. Trotzdem kannte der alte Praktiker „saftarme" und saftige
Rüben, eine Bezeichnung, die wohl zur Zeit des alten Preßverfahrens
üblich war.

Pagnoul untersuchte schon 1880 zwei „saftarme" Proben und fand
trotzdem 96,5 und 96,7% Saft der Rübe. „Man sieht demnach, daß
dieses Verhältnis (96% Saft) ziemlich dasselbe auch bei den Wurzeln
bleibt, welche beim Auspressen weniger Saft als gewöhnlich liefern.
Dieser Unterschied liegt also nicht an einer größern Menge der unlöslichen Stoffe, sondern an einem andern Bau der Rübe. Die Gewebe
sind dichter, widerstandsfähiger, der Saft ist schwerer auszuscheiden,
aber er bildet denselben Bruchteil der ganzen Wurzel." Nach demselben Autor „besteht der ‚Saft' aus Wasser und allen darin löslichen
Stoffen, so daß, wenn es durch irgendein Mittel möglich wäre, die Gesamtheit des Saftes abzuscheiden, nichts mehr zurückbleiben würde als
die Cellulose und die ganzen unlöslichen Stoffe"[3].

Außer den schon gemachten Angaben dienen noch die folgenden
zur Orientierung über den Markgehalt in Rüben. Aus Heintz' Versuchen wäre anzunehmen, daß das Mark in den Rüben ungefähr 12%
Wasser enthält; um diesen Betrag wären die Zahlenangaben prozentig
zu vermehren, wenn man das natürliche Mark haben will.

---

[1] Z. V. D. Zuckerind. 1910, S. 943.       [2] ebd. 1887, S. 312.
[3] ebd. 1880, S. 132.

Aus einer später noch öfters genannten Veröffentlichung Herzfelds über Rübenanalysen[1] geht hervor, daß das Mark in den einzelnen Entwicklungsstufen der Rübe bis zur Reife in ziemlich verschiedenen Mengen auftritt. Die Zahlen für den Markgehalt schwanken für die einzelnen Rübenreihen 3,73—4,95 %, 3,00—4,37 %, 3,64—5,15 %, 6,03 bis 5,23 %, 4,71—4,84 % und schließlich 4,70—4,71 %. Die ersten drei angeführten Reihen zeigen ein deutliches Anwachsen des Markgehaltes mit steigender Entwicklung der bezüglichen Rüben, die vierte Reihe ist fallend, die beiden letzten haben steigende Tendenz, doch die letzte innerhalb der Versuchsfehler. Ob hier eine gewisse Gesetzmäßigkeit waltet, möchte Verfasser auf Grund des geringen Zahlenmaterials nicht zu entscheiden wagen. Für den Reifezustand gelten die Zahlen: 4,95 %, 4,37 %, 5,15 %, 5,23 %, 4,84 %, 4,71 % Mark, im Durchschnitt: 4,87 %.

Wenn man Skärbloms Analysenresultate über Trockensubstanz- und Markbestimung der Rüben betrachtet[2], wäre man versucht, folgende Beziehung aufzustellen: Je kleiner der Markgehalt, desto kleiner die Trockensubstanz und der Zuckergehalt der Rüben. Aus der Tabelle von 21 Analysen sei das Minimum und Maximum hervorgehoben:

| Markgehalt | 3,75% | Trockensubstanz | 21,23% | Zucker | 15,5% |
|---|---|---|---|---|---|
| der Rüben | 5,00% | der Rüben | 25,84% | der Rüben | 18,2% |
| eine mittlere Zahl | 4,57% | | 23,08% | | 16,6%. |

Eine Wiederholung dieser Versuche[3] ergab das gleiche Resultat: Mit zunehmendem Markgehalte steigt der Zuckergehalt — natürlich nicht etwa gesetzmäßig

bei 3,80% Mark war der Zuckergehalt etwa 14,3%<br>
„ 4,88% „ „ „ „ „ 18,3%;

in einer anderen Versuchsreihe:

bei 4,65% Mark war der Zuckergehalt etwa 15,0%<br>
„ 5,61% „ „ „ „ „ 18,3%.

Für normale Rüben der Kampagne 1919/20 fand Vl. Škola 5,4 bis 5,75 % Mark, für angefaulte Rüben 7,76 % Mark. Diese Zunahme erklärt sich durch Mikrobentätigkeit und Atmung, durch welche Trockensubstanz verflüssigt und Saft vergast werden[4]. Die gefundenen Werte für die normalen Rüben gehen hinaus über den meist festgestellten Durchschnitt, dürften mit der angewendeten Methode (?) zusammenhängen — aber die Zunahme des Markgehaltes wurde jedenfalls erwiesen.

Entgegen den obengenannten Werten Lippmanns für verholzte Rüben fanden Spengler und Brendel in solchen durchschnittlich 9,3 % Markhydrat, bzw. 3,5 % Mark, den sie selbst als „auffallend niedrig" bezeichnen[5].

Holzige Rüben zeigen nach Smolenski und Teraszkiewiczówna einen höheren Gehalt an Rohfaser und höheren Zuckergehalt des Saftes als normale Rüben[6].

---

[1] Z. V. D. Zuckerind. 1898, S. 827.    [2] Z. V. D. Zuckerind. 1910, S. 949.
[3] C. f. Z. 1922, S. 907; 1923, S. 647.
[4] Z. d. tschsl. Zuckerind. II, S. 140, 1921.
[5] Z. V. D. Zuckerind. 1926, S. 880.
[6] Gaz. Cukrow. durch Rundschau, Juni 1927, N. 10, S. 39.

Lippmann hebt hervor, daß die Gewinnungsweise des Markes die Menge desselben bei der Analyse beeinflußt. „Die in der Praxis so wohlbekannten unliebsamen Eigenschaften der sogenannten saftarmen Rüben können also nicht ihre Ursache in der Quantität, sondern nur in der Qualität des vorhandenen Markes haben . . . Die sogenannte Saftarmut der Rüben ist also nicht auf die Menge, sondern auf die Eigenschaften, bzw. Verteilung und den Quellungszustand des vorhandenen Markes zurückzuführen." Er akzeptiert Scheiblers Theorie: „. . . Es kommt vielmehr nur darauf an, sich klarzumachen, daß eine gegebene Menge Marksubstanz je nach dem Zustande ihrer Quellung und Turgeszens eine sehr verschiedene Struktur des Rübenzellgewebes bedingen kann[1]". Rümpler sieht auch im Quellungsgrade des Markes den Faktor, der die Saftarmut bedingt. „Daß dabei aber auch bisher nicht erforschte physiologische und chemische Verhältnisse mitsprechen, ist sehr wahrscheinlich und geht schon daraus hervor, daß die holzigen Rüben, trotz ihres normalen Markgehaltes, besonders saftarm sind. In nicht holzigen und trotzdem saftarmen Rüben enthält vielleicht das Mark einen der in ihm vorkommenden Körper, der imstande ist, das Quellungswasser reichlicher aufzunehmen und hartnäckiger festzuhalten, in besonders hervorragender Menge . . .[2]". Darüber fehlen jedoch noch Untersuchungen.

Scheibler bestimmte den Markgehalt, indem er den Rückstand von der alkoholischen Extraktion zur Zuckerbestimmung trocknete. Stammer wusch Rübenbrei mit warmem Wasser auf einem feinmaschigen Drahtnetze als Filter und trocknete den Rückstand bei 105—110°. Im Prinzip ist diese Methode noch heute im Gebrauche. In der Holdefleiß-Stiftbirne wird Rübenbrei mit kochendem Wasser so lange ausgewaschen, bis das ablaufende Wasser keine Zuckerreaktion mehr gibt. Der Rückstand wird bei 100° getrocknet. Skärblom geht bei seiner Methode nicht über 90° C. Diese angeführten Methoden zeigen schon, daß Lösungsmittel, Lösungsdauer und besonders Temperatur, sodann die Trocknungstemperatur die Markbestimmung beeinflussen werden.

Claassen schlug eine Einheitsmethode vor, nach der gehackter Rübenbrei mit siedendem Wasser viermal hintereinander behandelt, rasch abfiltriert und schließlich bei 105—108° C getrocknet wird[3].

W. Bartoš will die Bestimmung des Markgehaltes der Rüben durch die Bestimmung des „unauslaugbaren Anteiles" ersetzt wissen. Während man in normalen Rüben 4—5% Mark findet, beträgt der unauslaugbare Anteil 5—6%; die Differenz zwischen beiden Werten ist aber auch geringer (0,5%) und besteht aus dem in Alkohol und Äther Löslichen sowie aus der Asche des unauslaugbaren Anteiles.

Seine Methode ist also im Wesen gleich der von Claassen vorgeschlagenen Markbestimmung, nur entfällt das Waschen mit Alkohol (den Abzug für die Asche macht auch Claassen nicht).

---

[1] D. Z. 1886, N. 46; Z. V. D. Zuckerind. 1887, S. 312.
[2] Die Nichtzuckerstoffe d. Rüben S. 12.
[3] Z. V. D. Zuckerind. 1916, S. 359.

Der unauslaugbare Anteil ist nach den Untersuchungen von Bartoš
für bestimmte Verhältnisse und für bestimmte Jahrgänge fast konstant. Bei normal entwickelten Rüben schwankte deren Gehalt im
Durchschnitte einer Kampagne von 4,97—5,71 % der Rübe (8 Kampagnen). Im Laufe der Kampagne steigt der unauslaugbare Anteil vom
Anfange bis zum Ende um 0,2—0,4 %. Die Ursache wird wahrscheinlich in dem längeren Liegen der Rübe an der Luft zu suchen sein, wobei
die Wurzel einerseits dem Austrocknen, andererseits der direkten Einwirkung der Sonnenstrahlen ausgesetzt ist. Die prozentische Menge
des unauslaugbaren Anteiles muß durch das Austrocknen steigen. Ihre
absolute Menge hängt ab vom Alter der Rübe, von ihrer Größe, von den
Witterungsverhältnissen (Temperatur) u. a.[1]

Nach Angaben F. Knors schwankte der unauslaugbare Anteil der
Rüben innerhalb eines Jahrzehntes (1911—1920) von min. 4,97 bis
max. 6,15 %, im Mittel war er 5,43 % in böhmischen Rüben[2].

Ausgehend von den in Betrieben gemachten Erfahrungen, daß man
beim Trocknen von Rüben (behufs Erzeugung von Mehl, wie es die
Kriegsnotwendigkeit erforderte) nicht die analytisch ermittelte Trockensubstanz der Rüben wieder erhielt oder mehr als diese, studierte A. Herzfeld das Verhalten des Rübenmarkes beim Trocknen im Laboratorium
und beim Trocknen im Betriebe bei verschiedenen Temperaturen, bei
Ab- und Anwesenheit von Zucker.

Hier ist — wegen der analytischen Ermittlung des Markgehaltes —
nur jenes Ergebnis von Interesse, daß eine Veränderung des Markes
schon bei seiner Trocknung bei 108° im Vakuumtrockenschrank eintritt, indem es teilweise, sogar in kaltem Wasser, löslich wird. Für vergleichbare Markbestimmungen müsse daher eine sowohl die Menge der
Auslaugeflüssigkeit als auch die Trockentemperatur „bis in die kleinsten
Einzelheiten festgelegte Methode in Anwendung kommen". Bei höheren
Temperaturen werden die Gewichtsverluste größer, bei 140° C tritt
schon durchgreifende Zersetzung ein, besonders bei Anwesenheit von
Zucker — also bei Trocknung von Rüben —, weil gegenseitige Einwirkung von Zucker und Marksubstanz stattfindet[3].

Herzfeld betont — wie soeben gezeigt — die Wichtigkeit, die Menge
der Auslaugeflüssigkeit und die Höhe der Trocknungstemperatur für
eine Einheitsmethode festzulegen. Ebenso wichtig ist aber auch die
Temperatur der Auslaugeflüssigkeit. Dies wurde schon oben erwähnt,
und dies zeigt der Umstand, daß verschiedene Autoren mit verschieden
heißem Wasser behufs Markbestimmung auslaugten (s. oben).

Aus dem experimentellen Teile der noch ausführlicher zu besprechenden Untersuchung F. Ehrlichs und R. Sommerfelds über die Zusammensetzung der Pektinstoffe der Zuckerrübe[4] läßt sich leicht der
Einfluß der Temperatur der Auslaugeflüssigkeit auf den „Markgehalt"
ersehen.

---

[1] Z. d. tschsl. Zuckerind. II, S. 129, 1921.
[2] ebd. IV, S. 97, 1922.
[3] Z. V. D. Zuckerind. 1915, S. 311.
[4] Biochem. Z. 168, Heft 4/6, S. 285, 1926.

Das Rübenmark war durch Zerreiben der gewaschenen Rüben zu feinem Brei, Entfernung des Saftes durch wiederholtes Auspressen und durch mehrfaches Auslaugen des Preßrückstandes mit kaltem Wasser, Alkohol und Äther hergestellt und an der Luft getrocknet worden. Aus 23 Rüben im Gesamtgewicht von 11,45 kg ergaben sich nach diesem Verfahren 730 g lufttrockenes Rübenmark — d. h. 6,4% auf Rüben gerechnet — in Form einer spezifisch sehr leichten, hellgrauen, lockeren und faserigen Masse.

Das lufttrockene Mark zeigte 10,5% Wasser (bei 110° C bis zur Gewichtskonstanz), auf Rüben ergaben sich somit 5,73% Mark, besser unauslaugbarer Anteil. Wurde nun dieses lufttrockene Mark mit Wasser von 55° C gut ausgelaugt, so gingen meist nur anorganische Bestandteile, Zucker und organische Nichtzucker in Lösung. Wurde nun das zuckerfreie Rübenmark mit wärmerem Wasser ausgelaugt, so waren schon Verluste an Pektinkörpern zu beobachten, und zwar bei 80° C schon recht beträchtliche. Bei 90—100° ging schon der Hauptanteil des Hydratopektins in Lösung und noch mehr bei Temperaturen über 100° C (1—2 Atm. Überdruck). Da traten schon Zersetzungserscheinungen auf. Natürlich hat auch die Auslaugedauer ihren Einfluß auf die Ergebnisse.

Die Menge des Markgehaltes in den Rüben hat auch eine große analytische Bedeutung, weil bei den Digestionsmethoden zur Bestimmung des Zuckergehaltes das Markvolumen der abgewogenen Rüben-(Schnitzel-) Menge berücksichtigt werden muß. Da man nur mit einem mittleren Markgehalt rechnen kann, die Rüben also jeweils mehr oder weniger Mark enthalten können, so ist es hiermit schon eine Unsicherheit der Zuckerbestimmung angedeutet (s. d.).

Viertes Kapitel.

# Chemie des Rübenmarkes.

Wenn auch das Mark in der Rübe in einem „hydratischen" Zustande vorhanden ist, so verliert es diesen bei seiner Isolierung aus dem Rübenkörper. Es gibt keine Methode, die das Mark in seiner natürlichen Gestalt bloßzulegen ermöglicht. Über die geschichtliche Entwicklung der Markbestimmung in Rüben schrieb Skärblom[1].

Das so isolierte Mark ist von fast weißer Farbe, trocken und hat keine Quellungsfähigkeit mehr; es zeigt also auch keine Adsorptionserscheinungen.

Das „Mark" stellt eigentlich die Zellwände der die Rübenwurzel bildenden Zellverbände dar, und so wird seine chemische Zusammensetzung dieselbe sein, wie im Abschnitte „Zellhautchemie" angegeben wurde.

### a) Cellulose.

Den Hauptbestandteil stellt die Cellulose oder der Zellstoff dar. Heute versteht man unter Cellulose keine chemische Verbindung. Dieser Namen ist ein Sammelbegriff für mehrere Stoffe mit ähnlichen

---

[1] Z. V. D. Zuckerind. S. 931, 1910.

Eigenschaften, aber etwas wechselnder Zusammensetzung. Die Cellulosegruppe gehört zu den kompliziertesten Kohlenhydraten, zu den hohen Polyosen. Ihre Formel ist $(C_6H_{10}O_5)_x$.

Die echten Cellulosen bilden die Zellwände aller grünen Pflanzen. In jungen Pflanzenorganen ist die Cellulose in fast chemisch reinem Zustande vorhanden, in älteren kommt sie mit den bereits genannten Inkrustationen vor. Sie zeigt organisierte Struktur und besitzt eine weiße Farbe. Die Cellulose ist ein sehr widerstandsfähiger Körper, auch in heißem Wasser ist sie unlöslich; verdünnte Alkalien und Säuren greifen sie nicht merklich an. Bei energischer Einwirkung geht sie in „Hydrocellulose" über, die viel reaktionsfähiger als die gewöhnliche Cellulose ist.

Konzentrierte Alkalien werden unter Quellung und Spaltung absorbiert. In Kupferoxydammoniak ist sie ohne Zersetzung löslich und wird aus dieser Lösung durch Säuren, Salze u. a. als weißes, amorphes Pulver ausgefällt. Gilson gibt eine Vorschrift an, nach welcher man kristallisierte Cellulose aus Rübenschnitzeln erhalten kann[1].

Zahlenmäßige Angaben für die verschiedenen Cellulosearten (Hemi-Ligno-Cellulose) finden sich in der Untersuchung Stoklasas über die Furfuroide (s. d.).

Die Cellulose der Rübe wurde zuerst von A. Ernest studiert, mit dem Ergebnisse, daß er Glucose als einzige Komponente fand. Das gleiche Resultat erhielt H. Gaertner. In der Rübe handelt es sich also um eine echte Cellulose (Glucosecellulose), die das eigentliche Zellhautmaterial bildet. Das wasserfreie Mark enthält etwas über ein Viertel (26—27 %) davon[2].

Es ist anzunehmen, daß in holzigen Rüben (Schoßrüben) die Cellulose vom Lignin (Holzstoff) begleitet wird; dann ist dieses auch im Marke zu finden. Es ist ein kompliziertes Oxyderivat der Cellulose. Über das Coniferin siehe S. 58.

### b) Die Pektinstoffe der Rübe.

Im Gegensatze zu den widerstandsfähigen, schwer hydrolysierbaren echten Cellulosen gibt es noch verhältnismäßig leicht spaltbare, der Stärke näherstehende Cellulosen, die E. Schulze Hemicellulosen (siehe S. 12) nannte. Sie kommen als Reservekohlenhydrate und Gerüstsubstanzen im Pflanzenreiche sehr häufig vor. Sie geben durch Hydrolyse Mannose, Galaktose, Fruktose. Sie sind also Mannane und Galaktane, andere auch Pentosane. Sonst haben sie ähnliche Eigenschaften wie die echten Cellulosen.

Mit den Hemicellulosen kommt man sehr in die Nähe der schon früher genannten Pektinkörper.

Die Darstellung der Chemie der Pektinstoffe auf gedrängtem Raume stößt noch auf größere Schwierigkeiten als die gleiche Aufgabe in den größeren Spezialwerken. Es liegen so viele sich zum Teile widersprechende Angaben vor, die Pektinforschung ist so umfangreich, daß schon die Sichtung der feststehenden Tatsachen sehr schwierig ist.

---

[1] Euler, Pflanzenchemie, I, S. 71.

[2] Z. f. Zuckerind. i. B. XXX, S. 279, 1905/06; Z. V. D. Zuckerind. Bd. 69, S. 233, 1919.

In den letzten Jahren hat aber die Pektinchemie dank der Arbeiten
F. Ehrlichs und seiner Mitarbeiter solche Fortschritte gemacht, daß
eine große Zahl von früher beschriebenen Pektinkörpern und Spaltprodukten heute „wohl kaum als chemische Individuen, sondern als
Gemische differenter Körper anzusehen sind"[1]. Diese können daher
in dieser Neuauflage viel kürzer behandelt werden als es in der ersten
geschah, die aufschlußreichen Untersuchungen Ehrlichs u. a. aber um
so ausführlicher.

Eine kritische Übersicht der älteren Forschungsergebnisse der
Pektinchemie seit der Entdeckung des Pektins durch Braconnot im
Jahre 1833 bis zu den eigenen Forschungen im Jahre 1924 gab F. Ehrlich in seinem Aufsatze „Über die Pektinstoffe und ihre Bedeutung für
die Zuckerindustrie"[2]. Den Stand der Pektinforschung bis zum Jahre
1917 kann man aus der Veröffentlichung des gleichen Forschers „Die
Pektinstoffe, ihre Konstitution und Bedeutung"[3] entnehmen.

Im Jahre 1868 lenkte Scheibler „die Aufmerksamkeit der Zuckertechniker auf einen Bestandteil des Zellgewebes der Zuckerrüben, der
unter Umständen in den Saft derselben mit übergeht und alsdann, die
Rolle eines sogenannten Nichtzuckers ausübend, die Qualität des Saftes
ganz außergewöhnlich verschlechtert und die Verarbeitung desselben so
erschwert, wie dies von keinem andern Körper aus der Gruppe der
Nichtzuckerklasse geschieht". Dieser Körper ist eine Säure und zwar
Arabinsäure, Arabin oder Rübengummi. Dem aus dem Arabin
abspaltbaren Zucker gab er den Namen Gummizucker, Arabinzucker
oder Arabinose statt des älteren Namens Pektinzucker oder Pektinose[4].

Das Prinzip der Gewinnung der Arabinsäure ist folgendes: Rübenpreßrück-
stand (Brei) wird mit Alkohol von den Resten seines Zucker- und Nichtzucker-
gehalts befreit, abgepreßt und mit Wasser aufgekocht; setzt man Kalkmilch zu,
so geht das aufgequollene Metaarabin als arabinsaurer Kalk in Lösung über. Der
überschüssige Ätzkalk wird mit Kohlensäure ausgefällt, abfiltriert und das Filtrat
konzentriert. Nun wird Essigsäure zur stark sauren Reaktion zugesetzt und die
Arabinsäure mittels Alkohols gefällt. Zunächst erhält man ein unreineres Produkt, das durch wiederholtes Lösen in Wasser und Ausfällen mit Alkohol immer
reiner — nie aber absolut aschenfrei wird.

Scheibler gebrauchte den Ausdruck „normales Rübengummi",
um es vom „Gärungsgummi" zu unterscheiden — das durch einen Gärprozeß von sich selbst überlassenem Rübensafte entsteht (Mannit).

Arabinsäure, Arabin oder Rübengummi (die alte Metapektinsäure Frémys) kommt als Hauptbestandteil im arabischen Gummi
vor. Im Rübenmarke kommt sie in der unlöslichen Modifikation als
Metaarabinsäure vor. Ihre Formel ist $C_{12}H_{22}O_{11}$; im trockenen Zustande ist sie glasig, durchsichtig und nicht kristallisierbar. Sie ist in
Wasser löslich und von saurer Reaktion; konzentrierte Lösungen sind
schleimig. Bei 120—130° erhitzt, geht sie in ihre unlösliche Modifikation, in die Metaarabinsäure über. Es existieren optisch isomere
Arabine. Mit verdünnten Säuren hydrolysiert, gibt sie Arabinose,

---

[1] Ehrlich: Biochem. Z. Bd. 168, Heft 4/6, S. 264, 1926.
[2] D. Z. 1924, Nr. 36, Festschrift für A. Herzfeld.
[3] Ch. Z. 1917, S. 197 ff.          [4] Z. V. D. Zuckerind. 1873, S. 288.

$C_5H_{10}O_5$, also eine Pentose. Dabei entstehen auch kleine Mengen Galaktose, $C_6H_{12}O_6$.

Die Existenz dieser Säure als chemisches Individuum verneinten u. a. Votoček und Šebor in ihrer Untersuchung über „Arabinsäure aus der Zuckerrübe"; als Endpunkt der Einwirkung der Alkalien auf die Pektinkörper weisen Votoček und Šebor nach, „daß die Arabinsäure ein bloßes Gemisch verschiedener mehr oder weniger komplizierter Polysaccharide sei" — also keine einheitliche chemische Verbindung. Sie zerlegten die „Arabinsäure" in Arabinose, Galaktose und Glucose, bzw. Araban, Galaktan und Glucosan[1].

### Metaarabin, Metaarabinsäure $(C_{12}H_{20}O_{10})_n$.

Außer im ausfließenden Gummi mancher Bäume findet sich diese Verbindung im Rübenmarke vor. Sie ist in Wasser unlöslich und quillt beim Kochen gallertartig auf. Durch Kochen mit Alkalien verflüssigt sich diese Gallerte unter Bildung von Arabinsäure, ein Prozeß, der sich folgendermaßen ausdrücken läßt:

$$\underset{\text{Metaarabinsäure}}{C_{12}H_{20}O_{10}} + H_2O = \underset{\text{Arabinsäure}}{C_{12}H_{22}O_{11}}.$$

Doch ist ihr Molekulargewicht unbekannt. Umgekehrt entsteht das Metaarabin durch Entzug von Wasser aus der Arabinsäure:

$$C_{12}H_{22}O_{11} - H_2O = C_{12}H_{20}O_{10}.$$

Ihre Aufquellbarkeit durch Wasser und Löslichmachung durch Alkalien ist die Ursache, daß die Metaarabinsäure bei einer zu langsam betriebenen Saftgewinnung in den Saft übergeht oder daß ein pülpehaltiger Saft bei der Scheidung Schwierigkeiten macht (Scheibler).

Aus ihren Untersuchungen schließen F. Ehrlich und R. Sommerfeld, daß die Metapektinsäure Fremys und auch die Arabinsäure Scheiblers, die später auch von anderen Forschern angenommen wurden, tatsächlich nicht existieren, sondern als Gemische des in den noch zu besprechenden Untersuchungen isolierten Arabans mit Essigsäure und Resten von Pektinsäure anzusehen sind[2].

Über die beiden neu aufgefundenen Bestandteile s. S. 52.

### Arabinose (l-Arabinose, Arabose, Pektinzucker) $C_5H_{10}O_5$.

Diese findet sich im arabischen Gummi vor. Scheibler stellte sie zuerst rein dar. Durch Hydrolyse von Rübenmark, Rübenschnitten, Rübenpektin entsteht Arabinose ebenfalls. Nach Herzfeld ist Rübenpektin wahrscheinlich ein Gemenge von Arabinose- und Galaktose liefernden Bestandteilen in wechselnden Verhältnissen.

Die Muttersubstanz der Arabinose ist eine zu den Pentosanen gehörende Gummiart, Araban.

Rübenschnitte enthalten 34,0% Arabinose bzw. 29,4% Pentosan,
Rübenmark      „      24,9%      „      „   21,9%      „

Arabinose ist eine Aldopentose von der Konstitutionsformel:

$$CH_2 \cdot OH \cdot CHOH \cdot CHOH \cdot CHOH \cdot COH.$$

Sie ist ein krystallisationsfähiger Körper, schmilzt bei 160°, schmeckt süß und ist in kaltem Wasser wenig, in heißem Wasser leicht löslich. $[\alpha]_D = + 105,1°$ (Kiliani), zeigt aber Multirotation.

---

[1] Z. f. Zuckerind. i. B. XXIV., S. 1., 1899.
[2] Bioch. Z. Bd. 168, S. 274, 1926.

Der zur Arabinose gehörende Alkohol ist der **Arabit** $C_5H_{12}O_5$. Durch gemäßigte Oxydation erhält man die **Arabonsäure** $C_5H_{10}O_6$.

Beim Kochen mit verdünnter Salz- oder Schwefelsäure liefert Arabinose (und ihre Polyose) eine flüchtige Verbindung, das **Furfurol** $C_5H_4O_2$, nach der Gleichung

$$C_5H_{10}O_5 = 3\,H_2O + C_5H_4O_2.$$

Arabinose ist nicht gärungsfähig und reduziert **Fehling**sche Lösung.

Die **Arabinose** sowie die **Xylose** und **Ribose** gehören zu den **Pentosen**, welche in Form ihrer Polyosen, den **Pentosanen**, im Pflanzenreiche vorkommen. Die Pentosane sind anhydridartige Kondensationsprodukte der Pentosen mit hohem, unbekanntem Molekulargewichte, z. B. Araban, Xylan; sie sind wichtige Zellwandbestandteile. Charakteristisch für diese Kohlenhydrate ist die obengenannte **Furfurolreaktion**, die auch zur quantitativen Bestimmung dient. Hexosen geben diese Reaktion nicht.

Durch Destillation mit Salzsäure vom spez. Gewicht 1,06 geht das flüchtige Furfurol über und wird im Destillat nach **Councler** mit Phlorogluzin ausgefällt. Dieses setzt sich nach der Gleichung

$$\underset{\text{Phlorogluzin}}{C_6H_6O_3} + \underset{\text{Furfurol}}{C_5H_4O_2} = \underset{\text{Phlorogluzid}}{C_{11}H_6O_3} + 2\,H_2O$$

zu Phlorogluzid = Furfurol-Phlorogluzin um. Der Niederschlag wird gewogen und mittels Faktoren von **Tollens** die Pentosane im allgemeinen oder speziell Xylan, Araban oder die Pentosen Xylose und Arabinose berechnet. Nach dieser Methode gefundene Werte werden später häufiger angegeben, verdienen aber nicht viel Vertrauen, weil nach **Cross** Oxycellulosen auch Furfurol liefern können, indem sie **Furfuroide** enthalten, d. s. Furfurol ergebende Derivate der Hexosen und Hexosane. Furfurol ist demnach nicht ausschließlich für Pentosen und Pentosane charakteristisch. **Stoklasa** führt noch folgende Nichtpentosane an, die auch geringe Mengen Furfurol liefern können: Saccharose, Glucose, Galaktose, Nucleine; „... daß in der Rübe eine ganze Reihe von Stoffen enthalten ist, welche unter den für die Bestimmung der Pentosane und Pentosen von **Tollens** und seinen Schülern vorgeschlagenen Kautelen das Furfurol in kleinen Mengen ergeben"[1]. Aber auch die Anwesenheit des Rohrzuckers beeinflußt die oben angeführte Bestimmungsmethode für das Furfurol[2].

So wie die Bildung des Furfurols charakteristisch ist für die Pentosen, so die Bildung des **ω-Oxymethylfurfurols** für Hexosen, wenn diese mit Säuren behandelt oder höheren Temperaturen ausgesetzt werden. Diese Verbindung zeigt in ihrem chemischen Verhalten große Ähnlichkeit mit dem Furfurol (Farbenreaktionen, Fällung mit Phlorogluzin usw.), wie eingehend in einer Untersuchung **Middendorps**[3] und in einer ausführlichen Dissertation **Trojes**[4] dargelegt wird.

Für die Zuckerindustrie hat es deshalb Bedeutung, weil es (in geringen Mengen) in den Betriebssäften, als Zersetzungsprodukt des Zuckers, wahrscheinlich vorhanden ist.

Das der Arabinose entsprechende **Araban** wurde auch in der Zuckerrübe nachgewiesen. **Ullik** stellte es aus dem Marke der Zuckerrübe durch mehrstündiges Kochen mit dünner Kalkmilch und Ausfällung durch Alkohol dar. Im reinen Zustande ist es eine weiße, amorphe Masse, die in Wasser leicht und in Alkohol unlöslich ist. Die wäßrige

---

[1] Stoklasa, J.: Über die physiologische Bedeutung der Furfuroide im Organismus der Zuckerrübe. Z. f. Zuckerind. i. B. XXIII, S. 291, 387, 1898/99.
[2] Andrlík, K.: Ebenda S. 314.    [3] Z. V. D. Zuckerind. 1924, H. 338.
[4] Z. V. D. Zuckerind. 1925, S. 635.

Lösung ist von neutraler Reaktion. Fehlingsche Lösung wird nicht reduziert. Seine Formel ist $C_5H_8O_4$ entsprechend $C_5H_{10}O_5 - H_2O = C_5H_8O_4$. Es ist optisch aktiv, $[\alpha]_D = -83,9^0$. Durch Hydrolyse mit Schwefelsäure geht es glatt in Arabinose über. Ullik nimmt an, daß das Arabin durch Einwirkung alkalischer Substanzen aus den Pektinkörpern gebildet wird[1].

F. Ehrlich und R. Sommerfeld konnten durch alkalische Hydrolyse ihres Hydratopektins (s. S. 52) kein solches Araban erhalten; durch Hydrolyse mit verdünnter Schwefelsäure bekamen sie aus dem von ihnen mittels 70proz. Alkohols aus Hydratopektin direkt isolierten Araban bis zu 90 % krystallisierter l-Arabinose, auf Roharaban gerechnet. Aus ihren Untersuchungen geht hervor, daß es sich bei dem Araban um ein Gemisch von verschiedenen Anhydriden der Arabinose handelt. Verbrennungsanalysen einzelner Arabane liefern Werte, die ungefähr einer Zusammensetzung $2\,C_5H_{10}O_5 - H_2O$ und $3\,C_5H_{10}O_5 - 2\,H_2O$ entsprechen. Molekulargewichtsbestimmungen durch Gefrierpunktserniedrigung ergaben mit der Molekulargröße dieser Formel annähernde Übereinstimmung.

Hervorgehoben sei, daß sie die Arabinose als Bestandteil der Araban- wie der Pektinsäurekomponente des Pektins nachweisen konnten.

Während aber das Araban schon durch heißes Wasser aus dem Pektin abgespalten ist, wird hierbei die offenbar ebenfalls als Anhydrid vorliegende Arabinose der Pektinsäure nicht losgetrennt. Sie scheint also in einer anderen Bindung wie das Araban in dem Pektinsäuremolekül verkettet zu sein.

Andere Kohlenhydrate, z. B. Galaktose, fanden sie im Araban nicht.

Galaktose (Galaktane)

a) $\gamma$-Galaktan.

Lippmann wurde auf diesen Körper durch abnorm hohe Polarisation in Aussüßwässern von Schlammpressen geführt und isolierte ihn auch aus diesem Schlamme. Den Namen $\gamma$-Galaktan gab er ihm mit Rücksicht auf ein $\alpha$- und $\beta$-Galaktan, das schon von Müntz und Steiger (in Gummisorten) gefunden wurde.

Aus 300 l Aussüßwasser erhielt Lippmann 30 g reine Substanz. Da im Alkohol unlöslich, verbleibt es bei der Rübenextraktion nach Scheibler im Marke. Bei einer wässerigen Zuckerbestimmungsmethode würde es als ein „Pluszucker" sich darbieten, weil es vom Bleiessig nur aus konzentrierten Lösungen gefällt wird. Seine Anwesenheit kann auch die Creydtsche Schleimsäuremethode zur Bestimmung der Raffinose in Frage stellen[2].

Seine Formel wurde zu $C_6H_{10}O_5$ befunden. Es steht zur Galaktose $C_6H_{12}O_6$ im gleichen Verhältnisse wie z. B. das Araban zur Arabinose. Es ist eine weiße amorphe Substanz, die im wasserhaltigen Zustande durch Ausfällung seiner Lösung mit Alkohol in kaltem und heißem Wasser sehr leicht löslich ist; im wasserfreien Zustande löst es sich nur schwer. Bei der Oxydation mit Salpetersäure liefert es Schleimsäure. Es ist stark rechtsdrehend, $[\alpha]_D = +238^0$ für eine 10proz. Lösung.

---

[1] Ö. U. Z. f. Zuckerind. 1894, S. 268.     [2] Z. V. D. Zuckerind. S. 468, 1887.

Die Galaktane, Kondensationsprodukte der Galaktose, kommen im Pflanzenreiche häufig in Reservecellulose vor.

Bemerkenswert ist die Anschauung Wohls und Niessens über die „Pektinkörper". Nach beiden Autoren gehen diese Substanzen durch Kochen mit Wasser vollständig aus dem Marke in Lösung. Wohl und Niessen nehmen an, daß die unlöslichen Pektinkörper des Markes Entwässerungsprodukte der Arabinose und der Galaktose sind, also Metarabin[1]. Durch Hydrolisierung geben nach den Genannten die Pektine Arabinose und Galaktose (nicht Metapektin, wie Fremy annahm).

Das Rübenmark lieferte bei der Oxydation mit Salpetersäure bis zu 13,0% Schleimsäure; da diese Säure bisher nur aus solchen Kohlenhydraten erhalten worden ist, die Galaktosegruppen enthalten, so ist der Schluß gerechtfertigt, daß in der Pektinsubstanz auch Entwässerungsprodukte dieser Zuckerart, also Galaktane, vorhanden sind. d-Galaktose in Substanz als Spaltprodukt des Pektins (Pektinsäure) erhielten zum ersten Male Ehrlich und Sommerfeld (loc. cit.) und wiesen es damit als normalen Bestandteil dieser nach.

Pektinsäure (s. S. 52) wurde durch 15stündiges Kochen mit 2%iger Schwefelsäure am Rückflußkühler vollkommen hydrolysiert. Die saure Lösung wurde mit Bariumcarbonat neutralisiert, mit Tierkohle entfärbt und nach dem Filtrieren im Vakuum zur Trockne verdampft. Durch Auskochen des braunen, sirupösen Rückstandes mit 88%igem Alkohol und Eindampfen der alkoholischen Lösung zum Sirup gelang es, nach Impfen des Sirups mit Spuren krystallisierter d-Galaktose einen Zucker in krystallinischer Form abzuscheiden, der sich als d-Galaktose neben kleineren oder größeren Mengen l-Arabinose erwies.

Ihre Lösung zeigte Mutarotation, $[\alpha]_D^{20} + 80{,}8$, ihre Oxydation mit Salpetersäure ergab Schleimsäure u. a.[2]

In den Jahren 1890 und 1891 bearbeitete Herzfeld das Gebiet der Pektinkörper. In der ersten Arbeit versuchte er festzustellen, welche Quantitäten dieser Substanzen durch Auslaugen mit Wasser aus völlig entzuckerten Rübenschnitzeln in Lösung gehen. Die Bleiessigniederschläge der wäßrigen Extrakte enthielten dann die Pektinkörper und wurden statt mit Schwefelwasserstoff mit Oxalsäure zersetzt. Unter den Verhältnissen der Clergetpolarisation fiel aus der salzsauren Lösung eine weiße Trübung aus, die, wie festgestellt werden konnte, durch das Erwärmen mit dieser Säure erst gebildet wurde. Dieser Niederschlag erwies sich als Parapektinsäure Frémys. Die folgende ausführliche Arbeit über „Die Pektinsubstanzen der Rübe[3] ergab folgende Resultate: Die Parapektinsäure ist keine einheitliche Substanz, sondern ein Gemenge aus wechselnden Mengen der Arabinose und Galaktose gebenden Körpern, welche beide Säurenatur besitzen dürften. Das Pektin Frémys ist, wie dieser schon fand, optisch inaktiv. (Versuch mit Pektin aus Apfelsinen.) Sodann wurde Parapektinsäure aus ausgelaugten Schnitzeln durch Erhitzung mit Salzsäure und Ausfällung mit Alkohol dargestellt. Diese ergab 29,6% Schleimsäure und verbrauchte 18% NaOH zur Neutralisation. Aus den vorerwähnten Bleiniederschlägen (Fällung mit Bleiessig) und ihrer

---

[1] Z. V. D. Zuckerind. 1889, S. 924.    [2] Biochem. Z. Bd. 168, S. 313, 1926.
[3] ebd. 1891, S. 667.

Zerlegung mit Oxalsäure und Alkoholausfällung wurde Parapektin
wenn es nicht schon durch die heiße Oxalsäure in Parapektinsäure
übergeführt war) erhalten. Herzfeld war sonach im Zweifel, ob Parapektin oder Parapektinsäure vorlag. Die Substanz gab 13,25 % Schleimsäure und hatte eine Acidität von 16,1 % NaOH; sie war rechtsdrehend.
Wilhelmj[1] hält die Parapektinsäure (?) Herzfelds für eine Oxysäure
und läßt man Tollens Ansicht über die Pektinkörper gelten — der sie
als Lactone auffaßt —, so sind diese durch Behandlung mit Kalk auf-
gespalten worden, und zwar zu einer Oxysäure, eben zur Parapektinsäure. Letztere wäre nach Wilhelmj die Ursubstanz aller gefundenen Pektinabbauprodukte.

J. Weisberg konnte in gefrorenen und wieder aufgetauten mehr
oder weniger angefaulten Rüben eine linksdrehende Säure, welche
durch Bleiessig fällbar ist, konstatieren[2]. Aus seinen angestellten Versuchen kam er zu dem Schlusse, daß diese Säure zur Pektingruppe
gehöre und aus der ursprünglich rechtsdrehenden Rübenpektinsub-
stanz beim Gefrieren und Auftauen gebildet werde. Er nennt sie Linksparapektinsäure im Gegensatze zu der von Frémy und Herzfeld
studierten Parapektinsäure, die Rechtsparapektinsäure zu nennen wäre.

An diese Arbeit schließt sich die schon zitierte Veröffentlichung
Wilhelmjs „Beiträge zur Kennntnis der Pektinsubstanzen"[3] gut an.

Wilhelmj hält Weisbergs „Linksparapektinsäure" für ein Über-
gangsprodukt der Hydrolyse zur Arabinose und kommt auf Grund
experimenteller Versuche und theoretischer Erwägungen zum Schlusse,
daß die Weisbergsche Säure „keine durch Kalk fällbare linksdrehende
Substanz ist, sondern nur einen Teil eines durch Kalk fällbaren Pektin-
körpers, der bereits der Spaltung anheimgefallen war, darstellt".

Nach allem Gesagten enthalten die Pektinstoffe der Rübe zwei
Körpergruppen: a) ein Araban (Pentosan) und b) ein Galaktan.
Ersteres gibt mit Salz- oder Schwefelsäure Furfurol und bei der Oxy-
dation mit Salpetersäure Oxalsäure. Letzteres gibt mit Salpetersäure
Schleimsäure. Durch Hydrolyse gibt das Araban Arabinose und das
Galaktan Galaktose.

Elementaranalysen, die Tromp de Haas und Tollens[4] an Pektinen verschiedener Früchte ausführten (H : O), ergaben zum mindesten
eine sehr nahe Verwandtschaft der Pektinsubstanzen mit
den Kohlenhydraten. Diese ergibt sich auch aus den Produkten,
die man erhält, wenn man Pektinstoffe mittels Säuren hydrolysiert.
In einer anderen Arbeit kommt Tollens zu dem Ergebnisse, daß die
Pektinkörper eine Kombination von Kohlenhydraten mit einer
nahestehenden Säure[5] sind. Manche derselben wären als Oxy-
Pflanzenschleime zu betrachten.

---

[1] Z. V. D. Zuckerind. 1909, S. 913.     [2] ebd. 1908, S. 505.
[3] ebd. 1909, S. 895.
[4] Liebig: Ann. Chem. Bd. 286, S. 278, 1895.
[5] In den Pflanzen können sie daher an Kali, vorwiegend aber an Calcium und
Magnesium gebunden sein. Die Pektine enthalten also Carboxylgruppen, die
natürlichen Pektine sind Salze dieser Carbonsäuren, soweit sie frei auftreten,
Lactone oder Anhydride dieser Säuren.

Stoklasa schreibt gelegentlich folgendes über die Pektinkörper: ... können nicht individuell genau definiert werden, sondern dürften ein veränderliches Gemisch von Hexanen (Galaktanen) mit Pentanen (namentlich Araban) darstellen, welche durch Hydrolyse Hexosen (Galaktose), Pentosen (Arabinose) und der Glykonsäure sehr nahe Säuren liefern[1].

C. F. Cross zählt die Pektinstoffe zu den Oxycellulosen, Hemicellulosen und zur Cellulose der natürlichen Produkte. Bei den Pektinverbindungen und den Pflanzenschleimen zeigen sich keine Unterschiede in Konstitution oder in physikalischen Eigenschaften von denen der Cellulosereihe[2].

„Ein Wendepunkt in der Pektinforschung datiert mit dem Jahre 1913[3] mit einer Reihe von Untersuchungen, die man Th. v. Fellenberg verdankt"[4]. Angeregt durch den Befund Wolffs, daß in manchen vergorenen Fruchtsäften Methylalkohol vorkommt, forschte Fellenberg dessen Quelle nach und fand, daß er aus den Trestern stamme und diese ihn wieder aus ihren Pektinstoffen abgeben dürften. Deshalb stellte er Pektine aus den verschiedensten Pflanzen dar und fand darin bis zu $10\%$ Methylalkohol; dieser ist nur lose gebunden und kann bei Einwirkung von Alkalien sogar in der Kälte in wenigen Minuten quantitativ abgespalten werden: dadurch wird das neutrale Pektin sauer, es geht in Pektinsäure über. Das Pektin entpuppte sich also als ein Methylester der Pektinsäure[5]. Nach diesen und anderen Untersuchungen bestehen die Pektine ungefähr aus:

$$36\% \text{ Araban,}$$
$$5\text{—}6\% \text{ Methylpentosan,}$$
$$49\% \text{ Galaktan und}$$
$$10\text{—}11\% \text{ Methylalkohol.}$$

Der Gehalt an letzterem, der allen Forschungen verborgen blieb, erklärt zum Teil die Unsicherheit der älteren analytischen Befunde.

Einen gwissen Fortschritt für die Pektinchemie bedeutet die Untersuchung M. L. Suarez[6], der aus der an Pektinen reichen Schale von Citronen eine allerdings nur unvollkommen definierte Kohlenhydratsäure darstellte, die „in sich die Eigenschaften eines Zuckers (der Galaktosereihe) und die einer Säure vereint und gewissermaßen somit ein Abbild der Pektine darbietet, wie etwa das Glykokoll als einfachste Aminosäure in mancher Hinsicht schon als Prototyp der Eiweißkörper gelten kann"[7].

---

[1] Z. f. Zuckerind. i. B. XXIII, S. 291, 1898/99.

[2] B. d. D. ch. G. XXVIII, S. 2609, 1895.

[3] Gerade bis zu diesem Jahre reichte die Darstellung der Pektinchemie in der ersten Auflage dieses Buches.

[4] Neuberg, C.: Z. V. D. Zuckerind. 1917, S. 473 (zahlreiche Literaturangaben).

[5] Mittg. vom Schweizer Gesundheitsamt 1914, 1916 u. a.; Z. V. D. Zuckerind. 1917, S. 473.

[6] Chem. Z. 1917, S. 87.

[7] Neuberg: Z. V. D. Zuckerind. 1917, S. 476.

Diese Säure ist vermutlich identisch mit der Galakturonsäure, die fast zur gleichen Zeit auch Ehrlich im Rübenmark fand. „Wichtige Vorarbeit auf dem Wege zur Auffindung der Galakturonsäure"[1] leistete H. Gaertner[2].

Zunächst einiges über diese neue Säure, um das Verständnis für die genug komplizierte Chemie der Pektinkörper zu erleichtern.

So wie die Galaktose durch Oxydation Schleimsäure liefert, so gibt die Glucose d-Zuckersäure. Als Zwischenprodukt tritt im letzteren Falle d-Glycuronsäure auf, die tierphysiologisch eine wichtige Rolle spielt[3]. Die Galakturonsäure nun nimmt die gleiche Stellung in den Oxydationsprodukten der Galaktose ein, so daß man schreiben kann

$$C_6H_{12}O_6 \longrightarrow C_6H_{10}O_7 \longrightarrow C_6H_{10}O_8,$$

welche Gleichung sowohl die Oxydation der Glucose wie die der Galaktose darstellt, weil es sich um isomere Verbindungen handelt. Durch halbseitige Reduktion der Schleimsäure erhielt schon früher E. Fischer die Aldehydschleimsäure; diese ist ein Racemkörper der von Ehrlich gefundenen, dargestellten und benannten d-Galakturonsäure. Sie kommt im Pflanzenreiche häufig vor (in Drogen, Pflanzenschleimen u. a.). Ihre Darstellung beschreibt Ehrlich am vorgenannten Orte im wesentlichen durch Hydrolyse der Pektinkörper. Während er aber noch 1917[4] die freie d-Galakturonsäure nur als wasser- und alkohollöslichen, sauer reagierenden und schwach rechtsdrehenden Sirup kennt, gelang es ihm später, die Säure in krystallisierter Form abzuscheiden[5]. Sie hat die Formel $C_6H_{10}O_7$, ist rechtsdrehend und zeigt Mutarotation ähnlich der d-Glykuronsäure[6].

Neuere Untersuchungen von F. Ehrlich (mit Mitarbeitern) förderten so sehr die Erkenntnis der Pektinkörper, daß letzterer sogar „das Rätsel der Pektinstoffe im wesentlichen gelöst" erklärte, weshalb der chemischen Forschung jedoch noch immer genug Fragen gestellt bleiben, die nicht so leicht zu beantworten sein werden.

Ehrlich stellte sich die große und schwere Aufgabe „den Grundkörper der Pektinstoffe aufzufinden, mit dem die Quellbarkeit dieser Substanzen zusammenhängt und der ihren Spaltprodukten den eigenartigen Säurecharakter verleiht". Er kam zu dem Resultate, daß sich in diesen Substanzen neben Arabinose, Galaktose und Methylalkohol[7] als Hauptbaustein eine komplexe Polygalakturonsäure findet, welche bei ihrer Spaltung die d-Galakturonsäure liefert, die Ehrlich auch in krystallisierter Form erhielt. Diese Säure der Kohlenhydratreihe war bis dahin in der Natur nicht beobachtet worden.

An dieser Stelle sollen die wichtigen Resultate ausführlicher, die dahin führenden Wege, die Ehrlich einschlug, nur andeutungsweise wiedergegeben werden.

Seine Vorgänger auf diesem Gebiete der Forschung fällten aus den wäßrigen Aufkochungen oder Auszügen von Rübenbrei oder Rübenschnitten u. dgl. auf geeignete Weise die in Lösung gegangenen Pektinkörper und studierten die so gefällten Substanzen, wodurch ihnen jene „beträchtlichen" Anteile entgingen, die in Lösung blieben oder nicht fällbar waren.

---

[1] Ehrlich, F.: Chem. Z. 41, S. 197, 1917; D. Z. Bd. 49, S. 1550, 1924.
[2] Gaertner, H.: Diss. 1919, Z. V. D. Zuckerind. Bd. 69, S. 233, 1919.
[3] Neuberg, C.: Der Harn, Berlin 1911.　　　[4] Ch. Z. 1917, S. 197.
[5] D. Z. 1924, S. 1046.　　　[6] F. Ehrlich und K. Rehorst: B. d. D. ch. G. Bd. 58, S. 1989, 1925.　　　[7] Fellenberg 1914.

Ehrlich überzeugte sich nun, daß das im Rübenkörper in kaltem Wasser unlöslich vorhandene Pektin (Frémys Pektose) durch kochendes Wasser nicht nur in lösliche Form übergeführt wird, sondern daß auch gleichzeitig eine Wasserhydrolyse verläuft, die zur Aufspaltung des ursprünglichen Pektins in zwei in Wasser leicht lösliche Substanzen führt. Er nennt die lösliche Form Hydratopektin; dieses aber ist kein einheitlicher Körper, sondern besteht aus zwei chemisch und physikalisch weit voneinander verschiedenen Substanzen — Spaltprodukten des Pflanzenpektins —, nämlich aus einem linksdrehenden Araban und aus einem rechtsdrehenden Calcium-Magnesiumsalz der Pektinsäure (dem alten Pektin).

Das Araban wird aus reinen verdünnten wäßrigen Lösungen weder durch Alkohol noch durch Bleiessig gefällt; es ist ein integrierender Bestandteil des ursprünglichen Pektins, der erst bei seiner Hydrolyse auftritt. Das zuerst erhaltene Roharaban besteht im wesentlichen aus Anhydriden der l-Arabinose; es ist nicht mit Kalkwasser fällbar und muß daher beim Kochen von Rübenmark mit Kalk in die wäßrige Lösung übergehen, wobei sich seine Linksdrehung entsprechend geltend machen wird.

Die (freie) Pektinsäure stellt den Hauptanteil des Hydratopektins dar. Sie, bzw. ihr Salz, wird in wäßriger Lösung durch Alkohol und Bleiessig gefällt, ebenso durch Kalkwasser (im Gegensatze zum Araban).

Aus ihrem Calcium-Magnesiumsalz in wäßriger Lösung gewinnt man sie durch Fällung mit Alkohol und Salzsäure in Form einer dicken, farblosen Gallerte, die beim Behandeln mit Alkohol und Äther zu einem schneeweißen, lockeren Pulver zusammentrocknet; dieses ist in Wasser leicht löslich und stark rechtsdrehend. Ehrlich nennt diese Substanz (das alte Pektin) deshalb Pektinsäure, um ihre nahe Stellung zum Pektin, von dem sie ein Spaltprodukt ist, einerseits und ihren Säurecharakter andererseits zum Ausdruck zu bringen.

Sie ist eine Estersäure, enthält Carboxylgruppen die teils frei, teils esterartig an Methylalkohol gebunden sind. Dieser ist bei Verseifung mit Alkalien oder Säuren leicht abzuspalten. Die Pektinsäure gibt alle typischen Reaktionen der Pentosen, durch Oxydation mit Salpetersäure Schleimsäure. Sie macht also den Eindruck einer hochmolekularen Verbindung, die aus Anhydriden der Arabinose und Galaktose besteht.

Es gelang Ehrlich, aus der Pektinsäure die d-Galakturonsäure zu isolieren; diese ist eine Aldehydcarbonsäure, die alle Pentosenreaktionen und bei der Salzsäuredestillation Furfurol gibt und auch in Schleimsäure durch Oxydation mit Salpetersäure, aber auch schon durch Brom in der Kälte übergeführt werden kann. Ihr Vorhandensein kann unter Umständen einen Gehalt an Arabinose und Galaktose vortäuschen.

Diese Säure ließ sich aus der Pektinsäure zunächst in Form einer Polygalakturonsäure abscheiden, welch letztere das Gelatinierungsvermögen der Pektine bedingt.

Den Galakturonsäure enthaltenden Komplex kann man sowohl aus der Pektinsäure, wie aus dem Hydratopektin abscheiden; schließlich erhält man reine Polygalakturonsäure als schneeweißes, lockeres Pulver. Sie löst sich schwer in kaltem Wasser, mehr in warmem. Daraus wird sie durch Mineralsäuren gefällt. Wäßrige Lösungen reagieren gegen Lackmus ziemlich stark sauer, sie entspricht einer mittelstarken Pflanzensäure.

Ihre Zusammensetzung ist etwa $(C_6H_8O_6)_x$; sie ist stark rechtsdrehend und löst sich in Alkalien. Ihre Alkalisalze sind in Wasser leicht löslich, die Metallsalze und Erdalkalisalze sind unlöslich. Gibt man schon zu verdünnten wäßrigen Lösungen der Polygalakturonsäure Kalkwasser, so erhält man sofort eine wasserklare, durchsichtige Gallerte, die unter Umständen dick und steif wird; ebenso verhalten sich Lösungen von Kalksalzen. Das polygalakturonsaure Calcium scheint die Hauptsubstanz der Gelees aus Pektin zu sein[1].

Später ergänzte Fellenberg seine Untersuchungen und entwarf — auf Ehrlichs Forschungen fußend — Konstitutionsformeln von Pektin und Pektinsäure. Im wesentlichen handelt es sich um Verkupplung von Arabinose, Methylpentose, Galaktose und Galakturonsäuremethylester unter Austritt von Wasser. Charakteristisch für die einzelnen Pektine im Pflanzenreiche ist ihr Methoxylgehalt. Das vollständig entmethoxylierte Pektin (mit 8 Carboxylgruppen) ist die Pektinsäure $C_{62}H_{96}O_{52}(COOH)_8$. Als allgemeine Pektinformel betrachtet Fellenberg $C_{62}H_{96}O_{52}(COOCH_3)_n \cdot (COOH)_{8-n}$ ($n = 0$ bis 8). Der genannte Forscher arbeitete mit Obstpektinen. Interessant ist, daß er in frischem Obst andere Pektinkörper annimmt als in faulem. Frisches Obst enthält neben viel Protopektin[2] etwas Pektin und keine Pektinsäure, daher auch keinen freien Methylalkohol; faules Obst dagegen kein Protopektin, reichlich Pektinsäure und Methylalkohol, daneben noch Pektin. Etwas Ähnliches könnte auch für frische, gesunde und für faule Rüben gelten, wenn es auch bestimmt Unterschiede zwischen Obst- und Rübenpektinen gibt. So ist die Pektinsäure, die sich vom Rübenpektin ableitet, etwas leichter löslich als jene des Fruchtpektins.

Weitere Untersuchungen von F. Ehrlich und seinen Mitarbeitern[3] ergaben, daß die Polygalakturonsäure von einfacherer Konstitution ist, als früher angenommen wurde.

Durch längeres Kochen mit verdünnten Säuren oder schneller unter Druck ließen sich aus der Polygalakturonsäure, ohne daß eine Zunahme der Gesamtacidität erfolgte, stark reduzierende Lösungen von schwacher Rechtsdrehung erhalten, die nur Galakturonsäure und nebenher keine Spur von irgendwelchen Kohlenhydraten enthielten. Durch Reinigung über das Bariumsalz war daraus zum erstenmal krystallisierte d-Galakturonsäure zu gewinnen. Ele-

---

[1] D. Z. 1924, S. 1046.

[2] Nach Fellenberg die unlösliche Muttersubstanz der übrigen Pektinverbindungen (in unreifen Früchten), Pektin ist das in reifen Früchten vorherrschende lösliche Produkt des hydrolytischen Abbaues des Protopektins. Es ist eine zusammengesetzte Estersäure, die leicht unter Abspaltung von Methylalkohol in die unlösliche Pektinsäure übergeht.　　　[3] Biochem. Z. 85, S. 45, 1918.

mentaranalysen, Molekulargewichts- und Aciditätsbestimmungen gaben übereinstimmend das wichtige Resultat, daß die Polygalakturonsäure aus Pektin als polymeres Anhydrid der d-Galakturonsäure zu betrachten ist, das einem Zusammenschluß von 4 Molekülen d-Galakturonsäure unter Austritt von 4 Molekülen $H_2O$ seine Entstehung verdankt, indem die Aldehydgruppen der Moleküle mit Hydroxylgruppen wechselseitig in Bindung getreten sind, analog den ähnlichen Verhältnissen im Komplex der Polysaccharide, während die vier Carboxylgruppen frei auftreten. Die Verbindung wurde daher als Tetragalakturonsäure bezeichnet und ihr die Formel $C_{24}H_{32}O_{24}$ oder $C_{20}H_{28}O_{16}(COOH)_4$ zuerteilt, die mit ihrem ganzen chemischen Verhalten durchaus übereinstimmt, was auch durch Analyse von Salzen dieser vierbasischen Säure zu beweisen war. Es handelt sich hier offenbar um einen ganz neuen, bisher nicht bekanntgewordenen Typus von Kohlenhydratverbindungen, die als carboxylierte Pentosane oder Polysaccharidsäuren aufzufassen sind[1].

In den Mutterlaugen der mittels Salzsäure aus Hydratopektin abzuscheidenden Tetragalakturonsäure a fand Ehrlich noch eine isomere Verbindung, die Tetragalakturonsäure b, die als ein Monolakton mit 3 freien Carboxylgruppen anzusehen ist.

Bei Hydrolyse der Pektinsäure oder des Hydratopektins mittels Alkalien ergab sich noch eine dritte Polygalakturonsäure, die Tetragalakturonsäure c von der Formel $C_{24}H_{32}O_{24} + H_2O$, die in ihren Eigenschaften der Tetragalakturonsäure a sehr ähnlich ist. Sie läßt sich auch aus Lösungen der letzteren Säure in Alkalilaugen oder Ammoniak durch Fällen mit Salzsäure erhalten und ist ebenfalls zu Tetragalakturonsäure b und weiterhin zu krystallisierter d-Galakturonsäure abzubauen.

Neben dieser Säure war bei der Behandlung der Pektinsäure mit Natronlauge, Kalk- oder Barytwasser noch ein, in Wasser leicht, in Alkohol schwer lösliches Disaccharid zu gewinnen, das Galakto-Araban, das beim Erhitzen mit Säuren in l-Arabinose und d-Galaktose überging.

Schließlich wurde als regelmäßiger wichtiger, bis dahin unbekannter Bestandteil der Pektinstoffe, die Essigsäure[2] nachgewiesen und isoliert. Sie ist im Molekül der Pektinsäure in Form von Acetylgruppen verankert, die durch Säuren und Alkalien in der Hitze, teilweise aber auch schon durch heißes Wasser abspaltbar sind. Die abgespaltene Essigsäure kann mit Wasserdampf abdestilliert und titrimetrisch bestimmt werden[3].

Die folgende Übersicht gibt auf Grund der neuesten Forschungsergebnisse von F. Ehrlich[4] und seinen Mitarbeitern ein Bild des genetischen Zusammenhangs der einzelnen Spaltprodukte des Pektins der Zuckerrübe:

---

[1] F. Ehrlich, Z. angew. Chem. 1927, Nr. 45, S. 1305.

[2] Ehrlich, F., u. v. Sommerfeld: Biochem. Z. Bd. 168, S. 276, 1926.

[3] Die von Fellenberg vermuteten Methylpentosen sind nach genauen Untersuchungen F. Ehrlichs im Pektin nicht vorhanden (Privatmitteilung).

[4] Z. angew. Chem. Nr. 45, S. 1305, 1927.

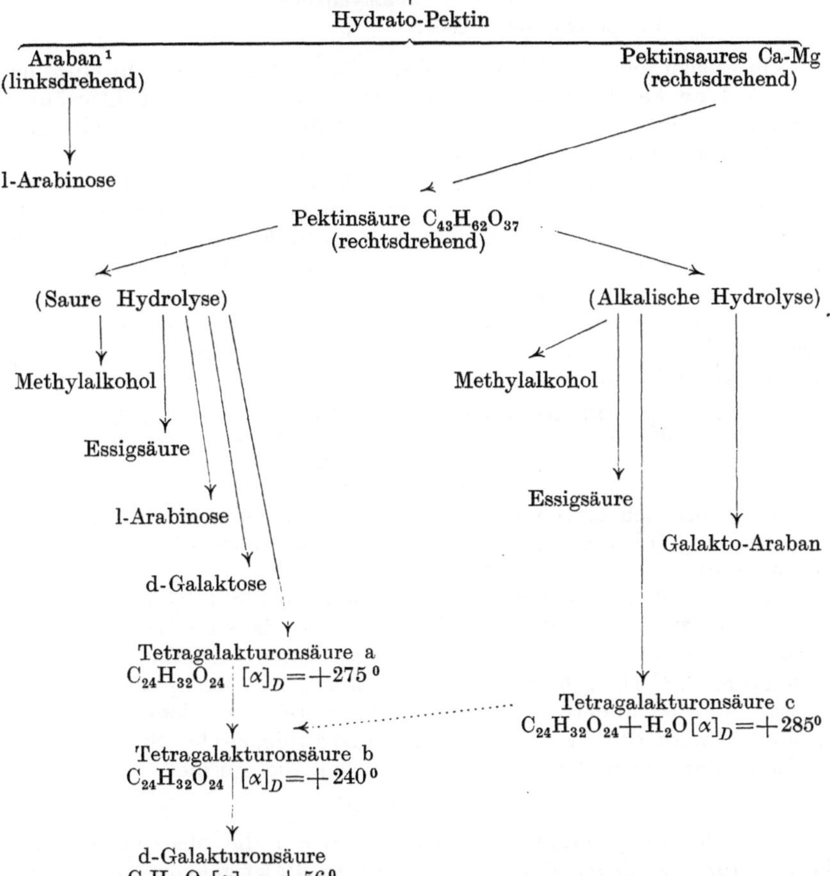


[1] Es ist anzunehmen, daß in dem ursprünglichen Pektin, das sich wasserunlöslich im Zellgerüst der Rübenwurzel befindet, Araban mit dem pektinsauren Salz vereinigt in einer lockeren, bereits durch heißes Wasser sprengbaren Bindung vorliegt. Ein weiterer wichtiger Beweis für diese Anschauung ergibt sich daraus, daß im Hydropektin die beiden Komponenten immer annähernd in denselben Mengenverhältnissen vorhanden sind. Bei verschieden durchgeführten Auslaugungen wurden regelmäßig im Hydropektin etwa 25—35% Araban und 65—75% Calcium-Magnesiumsalz der Pektinsäure gefunden.

100 Teile der völlig getrockneten Pektinsäure lieferten bei vollkommener Aufspaltung folgende Substanzmengen:

$$
\begin{array}{rl}
64{,}8 \text{ Teile} & \text{Galakturonsäure} \\
12{,}8 \;\;\text{,,} & \text{Essigsäure} \\
13{,}1 \;\;\text{,,} & \text{Galaktose} \\
11{,}7 \;\;\text{,,} & \text{Arabinose} \\
6{,}7 \;\;\text{,,} & \text{Methylalkohol} \\
\hline
\text{Im ganzen } 109{,}1 \text{ Teile.} &
\end{array}
$$

„Ob es sich hier um definitive Werte handelt und ob nicht einzelne dieser Zahlen bei Untersuchung weiterer Präparate von Pektinsäure, besonders solcher, die direkt aus frischen Rüben hergestellt sind[1], eine gewisse Korrektur erfahren werden, bleibt noch festzustellen."

„Mit aller Reserve" geben F. Ehrlich und v. Sommerfeld folgendes ungefähre Bild von dem chemischen Aufbau des Pektinsäuremoleküls. Nimmt man danach an, daß dieser Komplex sich aufbaut aus 4 mol. Galakturonsäure, 2 mol. Methylalkohol, 3 mol. Essigsäure, 1 mol. Arabinose und 1 mol. Galaktose unter Austritt von 10 mol. $H_2O$, so würde der wasserfreien Rüben-Pektinsäure die Bruttoformel $C_{43}H_{62}O_{37}$ zukommen. Bei der totalen Hydrolyse würde ihr Zerfall nach folgender Gleichung stattfinden:

$$
\underset{\text{Rüben-Pektinsäure}}{C_{43}H_{62}O_{37}} + 10\,H_2O = \underset{\text{Galakturonsäure}}{4\,C_6H_{10}O_7} + \underset{\text{Methylalkohol}}{2\,CH_3OH} + \underset{\text{Essigsäure}}{3\,CH_3CO_2H}
$$

$$
+ \underset{\text{Arabinose}}{C_5H_{10}O_5} + \underset{\text{Galaktose}}{C_6H_{12}O_6} .
$$

Die theoretisch errechneten und analytisch gefundenen Werte für die oben angeführten Bestandteile der Pektinsäure stimmten genug gut überein.

Für die Rüben-Pektinsäure kommt man zu der folgenden Formel $C_{37}H_{54}O_{29}(COOCH_3)_2(COOH)_2$. Danach wäre sie eine Estersäure, in deren Komplex von den 4 Molekülen der darin enthaltenen Galakturonsäure 2 Carboxylgruppen mit 2 Molekülen Methylalkohol verestert sind, die anderen beiden sich aber frei als solche vorfinden. Demnach wäre die freie Pektinsäure eine zweibasische Säure.

Molekulargewichtsbestimmungen ergaben die Formel

$$
C_{43}H_{62}O_{37} \cdot 10\,H_2O .
$$

Fast alle Analysendaten stimmten also auf die oben entwickelte Formel für die Pektinsäure. Die Rüben-Pektinsäure wäre also eine Triacetyl-Arabino-Galakto-Dimethoxy-Tetragalakturonsäure.

Ehrlich[2] benutzt die ausgelaugten Rübenschnitzel zur Herstellung von Klebestoffen. Die Klebefähigkeit dieser Leime beruht in erster Linie auf ihrem Gehalt an Polygalakturonsäure. C. Kleefeld fand die Klebekraft des Rübengummis fast gleichwertig der des handelsüblichen Gummis[3].

---

[1] Die Pektinverbindungen wurden aus Rübentrockenschnitzeln hergestellt, die gewiß bei ihrer Fabrikation hydrolytische Prozesse erfuhren (Abspaltung von Essigsäure und vielleicht auch von Methylalkohol).

[2] F. Ehrlich-Kutzner, D.R.P. Nr. 384772.

[3] Z. V. D. Zuckerind. Bd. 73, S. 421, 1923.

Die hier mitgeteilten Befunde über die Zusammensetzung der Pektinstoffe erfuhren eine weitgehende Bestätigung durch neuere Untersuchungen von F. Ehrlich[1] und seinen Mitarbeitern F. Schubert und A. Kosmahly über die Pektine des Flachses und der Obstfrüchte, die einen sehr ähnlichen Aufbau zeigen.

Die Frage nach den Mengen der Pektinstoffe in den Rüben ist natürlich schwer zu beantworten; zunächst ist der Begriff der „Pektinstoffe" nicht genau umgrenzt, weiter wählte jeder Autor eine andere Methode und schließlich werden ja die Wachstumsbedingungen der Rübe auch von maßgebendem Einflusse sein.

So sei darauf verzichtet, hypothetische Angaben zu machen (die älteren Werte siehe 1. Auflage).

Es sei noch bemerkt, daß F. Ehrlich und v. Sommerfeld mit heißem Wasser etwa die Hälfte der Trockensubstanz des Rübenmarks in Form von Hydratopektin in Lösung bringen konnten.

Aus Andrlíks „Untersuchungen und Beobachtungen über Rübenpektin"[2] seien folgende, für den Betrieb wichtigsten hervorgehoben.

Der Diffusionssaft aus gesunden Rüben enthält nur einige hundertstel Prozent Pektin, reicher daran sind Säfte aus alterierten Rüben. Mit fortschreitender Kampagne nimmt der Pektingehalt der Diffusionssäfte zu.

In Pektinlösungen erzeugen freies Alkali, überschüssiges Ammoniak, Ätzkalk sowie Magnesia in der Kälte voluminöse Gallerten; mit Kalk ist die Ausscheidung schwer filtrierbar, mit Magnesia mehr gallertig. Anders sind diese Verhältnisse in der Wärme. Wird eine Pektinlösung mit Ätzkali gekocht, so wird die in der Kälte entstandene Gallerte wieder gelöst bis auf eine kaum merkliche Trübung, welch letztere wieder beim Erkalten auftritt. Kalk gibt eine voluminöse, sich rasch absetzende, leicht filtrierbare Ausscheidung. Vollkommen ist das Pektin nie durch diese Reagenzien fällbar. Die Löslichkeit hängt ab von der Konzentration und Temperatur. Auch Magnesiumhydroxyd fällt Pektin nur unvollständig.

Die chemische Verbindung des Pektins mit Kalk wird durch Saturation mit Kohlensäure nicht zerlegt (wohl durch Salzsäure).

In der Zuckerfabrikation kommt der Fall vor, wo auf das Pektin des Saftes Kalk und freies Alkali, eventuell auch Magnesia gleichzeitig einwirken. Wenn also, wie oben gesagt, Kalk allein nicht schwer filtrierbare Niederschläge gibt, so ist es immer noch möglich, daß bei zersetzten Rüben organische Kalisalze entstehen, welche durch freien Kalk in Kalksalz und freies Alkali übergehen, welch letzteres — falls in größerer Menge vorhanden — gallertartige, schwer filtrierbare Niederschläge gibt.

Für Diffusionssäfte fand Weisberg 0,10—0,12% Pektin als Zucker gerechnet. Der überwiegende Teil dieser Substanzen bleibt demnach in den ausgelaugten Schnitten zurück. Mit Kalk fallen die Pektinkörper aus.

Analyse Nr. 9 der Tabelle 73[3] rührt von Versuchen her, die Kopetzki über Substanzbewegung in der Fabrikation anstellte, und bezieht sich auf russische Rüben, bzw. Rohsäfte. Zu den Zahlen der Tabelle, die sich auf 100 Teile Zucker beziehen, gehören noch folgende Angaben über die Pektinkörper im

---

[1] Biochem. Zeitschr. Bd. 169, S. 13, 1926; Z. angew. Chem. Nr. 45, S. 1311, 1927.

[2] Z. f. Zuckerind. i. B. 1894, S. 101.     [3] 1. Auflage.

|  | Rohsaft | Rübenpreßsaft |
|---|---|---|
| Furfurol . . . . . | 0,7278 | 6,296 |
| Pentosane . . . . . | 1,1935 | 11,717 |
| Pentosen . . . . . | 1,3521 | 13,275 |
| Araban . . . . . . | 1,3140 | 12,902 |
| Arabinose . . . . . | 1,4914 | 14,634 |

Wenn auch diesen Zahlen aus den auf S. 57 angeführten Gründen keine allzu große Bedeutung beizulegen ist, so sind sie doch zum mindesten ein zahlenmäßiger Beweis für das Vorhandensein von Pektinkörpern im Rohsafte.

Koydl bestimmte den Gehalt von Melassen an Pektinsubstanzen, indem er einerseits ihre Galaktose komponente mit der Schleimsäuremethode und andererseits ihre Arabinosekomponente mit der Phloroglucidmethode ermittelte. Der Einfluß gleichzeitig vorhandener Körper (Saccharose, Raffinose) wurde dabei in Betracht gezogen[1]. Seine gefundenen Werte siehe Kap. 24b.

### c) Glucoside.

Glucoside sind sehr wichtige, weitverbreitete Pflanzenstoffe, die man — bei Fassung in den weitesten Grenzen — als Verbindungen von Zuckern (Glucose in erster Linie, selten Galaktose, Arabinose, Fructose u. a.) mit Nichtzuckerstoffen (Aglykone) bezeichnen kann. Ihre Hydrolyse läßt die Komponenten erkennen. Es gibt natürliche Glucoside, deren Aglykone bekannt sind: Phenole, Alkohole, Aldehyde, Säuren u. a., und solche mit noch weniger erkanntem Aglykon, wie z. B. die Saponine (s. d.).

Bei der großen Mannigfaltigkeit dieser Körperklasse (Komponenten, Bindungsart) und ihrer Übergangsstufen lassen sich nur schwer gemeinsame, charakteristische Eigenschaften angeben. Die folgenden gelten daher nur als ungefähr orientierend.

Die Glucoside sind neutrale oder schwach saure, meist krystallisierende, selten amorphe oder harzartige Stoffe; sie sind meist optisch aktiv, oft von bitterem Geschmack, löslich in heißem Wasser, meist auch in Alkohol, unlöslich in Äther. Sie spielen im Leben der Pflanze eine wichtige Rolle, z. B. können sie Stoffe, die für den Stoffwechsel von großer Bedeutung sind, in einer Art Ruhezustand bis zu dem Augenblicke erhalten, wo die Pflanze ihrer bedarf. Eine bestimmte Funktion für sie wird bei der Besprechung der Saponine gezeigt werden. In vielen Fällen werden die Glucoside von den geeigneten Enzymen (s. d.) begleitet, die die ersteren zu spalten vermögen — doch kommen beide nicht in der gleichen Zelle gemeinsam vor; erst bei Verletzung dieser oder bei der Keimung kommen sie zusammen.

Von dieser Körperklasse ist das Coniferin im Zellgewebe verholzter Rüben gefunden worden. Seine Zuckerkomponente ist d-Glucose, die aromatische Komponente Coniferylalkohol. Dieser Alkohol leitet sich vom Zimtalkohol (Styron) ab: $C_6H_5 \cdot CH : CH \cdot CH_2 \cdot OH$. Der

---

[1] Ö. U. Z. f. Zuckerind. XLIII, S. 208, 1914.

Coniferylalkohol ist ein Methyläther des Dioxystyrons. Er wurde in Form des Coniferins von **Lippmann** in verholzten Teilen der Zuckerrüben gefunden[1]. In der Holzsubstanz der Pflanzen ist es allgemein verbreitet. Es hat die Zusammensetzung $C_{16}H_{22}O_8 + 2H_2O$, ist linksdrehend, zerfällt bei der Hydrolyse in d-Glucose und Coniferylalkohol und gibt eine charakteristische Farbenreaktion; mit Phenol und konz. Salzsäure befeuchtet, gibt es eine intensive blaue Färbung. Mit dieser Reaktion wurde seine Anwesenheit im verholzten Zellgewebe der Zuckerrübe schon 1867 von **Wiesner** nachgewiesen.

Durch Oxydation gibt es **Vanillin**. Da diese aromatische Substanz mehrfach im Rohzucker gefunden wurde, wird sie erst dort zur Sprache gelangen (Kap. 22 b).

Das Coniferin ist die Muttersubstanz des Vanillins; durch Spaltung (in der Scheidung) wird Coniferylalkohol frei und oxydiert im Laufe des Betriebes.

Hierher gehört auch das **Brenzcatechin. Lippmann** fand es in den Mutterlaugen, welche er von der Darstellung des Vanillins (eines Rohzuckers) durch Ausschütteln mit Äther erhielt[2].

Da es bei dem Zustandekommen der Rübensaftfärbung eine Rolle spielt, so sei es erst in Kap. 5 e näher besprochen.

Im Rindenzellengewebe fand **Drenckmann** ein **Gerbsäureglucosid**[3].


## d) Eiweißkörper.

Diese Körperklasse ist im Mark ebenfalls vertreten. Ihre Natur ist aber heute noch unbekannt. „Da es eine ganze Reihe von Albuminaten gibt, welche in Wasser ganz oder fast ganz unlöslich sind (Pflanzenfibrine, Globuline), kann man wohl die Vermutung aussprechen, daß solche sich im Mark befinden; mit einiger Sicherheit aber sind bis jetzt nur sogenannte **Nucleine** nachgewiesen, diese aber auch nicht in Substanz, sondern nur in ihren charakteristischen Zersetzungsprodukten[4]." Diesen Worten **Rümplers** aus dem Jahre 1898 ist heute, nach Jahren, nichts hinzuzufügen. Trotz des großen Fortschrittes der Eiweißchemie in den letzten Jahren ist auch heute die Natur der Markeiweißkörper ebenso unbekannt wie früher. Ob solche im Marke überhaupt vorhanden sind, kann nicht sicher gesagt werden. Durch Stickstoffbestimmung im Rübenmarke fanden **Bodenbender** und **Ihlée** 0,0209—0,0810 % Stickstoff auf Rübe gerechnet (s. S. 178). Mit dem Mittel aus diesen beiden Angaben stimmt die **Gaertners** überein; dieser fand in lufttrockenem Rübenmark (12,4 % Wasser) 1,05 % Stickstoff oder 6,5 % Rohprotein, auf wasserfreies Mark 7,4 % [5].

---

[1] Z. V. D. Zuckerind. 1883, S. 317.  [2] ebd. 1888, S. 76 u. 455.
[3] ebd. 1896, S. 478.
[4] Die Nichtzuckerstoffe der Rüben, S. 532.
[5] Z. V. D. Zuckerind. Bd. 69., S. 239, 1919. S. auch „Chemie der Zellwand". Kap. 1.

### e) Aschenbestandteile.

Eine und dieselbe Rübe enthält mehr Asche als ihr Saft, ein Beweis dafür, daß sich in ihrem Marke auch Aschenbestandteile (Salze) vorfinden müssen. K. Stammer fand in zwei Fällen Asche in der Rübe, 0,813 und 0,558%, in den zugehörenden Säften aber nur 0,700 und 0,460.%.

Herzfeld bestimmte in verschiedenen deutschen Rüben den Aschengehalt des Markes und fand für die entwickelten Rüben im Minimum 0,12%, im Maximum 0,55% Carbonatasche. Später wird gezeigt werden, daß der Aschengehalt der Rübe mit steigendem Zuckergehalte sinkt. Übersieht man die Zahlen Herzfelds — der Analysen der Rüben in verschiedenen Entwicklungsstadien ausführte — in bezug auf Aschebestandteile des Markes, so wäre man geneigt, auch dieselbe Behauptung aufzustellen: Mit steigendem Zuckergehalte der Rübe sinkt der Aschengehalt des Markes. Doch ist zu bemerken, daß Herzfeld einleitend schreibt, „die Zahlen mit Vorsicht aufzunehmen, da die analytische Markbestimmung vielleicht gerade bezüglich der zurückgehaltenen Asche inkonstante Werte geben kann".

Von den aus sechs Bezirken Deutschlands stammenden Rüben zeigen vier Reihen die oben aufgestellte Beziehung mehr oder weniger deutlich.

| | | | | |
|---|---|---|---|---|
| Zucker in der Rübe . . . . . | 7,7 % | 12,6 % | 13,6 % | 12,4 % |
| „ „ „ „ (reif) . . | 12,9 % | 16,6 % | 14,9 % | 16,7 % |
| Markasche zu Beginn . . . . | 0,34% | 0,91% | 0,28% | 0,29% |
| „ „ Schluß. . . . . | 0,12% | 0,19% | 0,22% | 0,27% |

In zwei Fällen blieb der Markaschengehalt konstant[1].

Die Kenntnis der Asche des Markes der zur Verarbeitung gelangenden Rübe ist insofern von Bedeutung, da sie bei Bestimmung der Asche der Rübe auch den des Rübensaftes und damit auch den Aschengehalt des Diffusionssaftes aussagt. Denn Asche der Rübe, vermindert um die Asche des Markes, ergibt den Aschengehalt des Rübensaftes. Die lösliche Asche des Rübensaftes, aus der Differenz berechnet, ergab für die genannten Rüben ein Minimum von 0,45 und ein Maximum von 0,83%.

Aus Analysen Herzfelds des Jahres 1899[2] sind folgende Zahlen für Rüben zu entnehmen. Zuckergehalt 13,9, Asche im Mark 0,37, Mark 4,42%. — Ferner ist zu bemerken, daß sich zwischen Zuckergehalt der Rübe und Aschengehalt des Markes aus diesen Zahlen kein Zusammenhang erkennen läßt. Anfangs hatten die Rüben bei 10,0% Zucker 0,23% Asche im Mark, am Ende die oben angeführten Zahlen; also gerade das Gegenteil der oben ausgesprochenen Vermutung.

Die Analysen beziehen sich auf Rüben aus den Monaten Juli und August aus verschiedenen Bezirken Deutschlands.

Wesentlich mehr Carbonatasche fand Gaertner im Rübenmark, und zwar im lufttrockenen Zustande 3,9%, in der Trockensubstanz 4,5%[3].

---

[1] Z. V. D. Zuckerind. 1898, S. 827.      [2] ebd. 1900, S. 341.
[3] ebd. 1919, S. 239.

Literatur.

Suchárípa, R.: Die Pektinstoffe. Braunschweig 1925. — Czapek, F.: Biochemie der Pflanzen. I. Bd, Jena 1913. — Abderhalden, E.: Biochemisches Handlexikon. II. Bd., 1911; X. Bd., 1923 (Ergänzungsbd.). — Frankland, E.: Die einfachen Zuckerarten und die Glucoside (190) 1913. — Abderhalden: Biochemisches Handlexikon Bd. II, 1911. — Rijn, L. v.: Die Glykoside. Berlin.

Fünftes Kapitel.

# Chemie des Rübensaftes.

## A. Stickstofffreie Saftbestandteile.

Parallel mit den Wandlungen des „Mark"-Begriffes mußte sich auch jener für den „Saft" ändern. Entsprechend dem oben Gesagten war für Grouven Saft „die Summe aus den in der Rübe enthaltenen löslichen Stoffen und dem Wassergehalte desselben". Für Scheibler war der Saft das „zuckerführende Wasser" (s. d.).

Die ersten zwei Kapitel lehrten, daß neben dem Zucker im Zellsafte noch viele andere Stoffe zu finden sein werden. Ventzke benannte alle den Zucker begleitenden fremden Körper „Nichtzuckerstoffe"[1]. Die Wichtigkeit der genauen Kenntnis der Nichtzuckerstoffe in der Rübe war sowohl Praktikern als auch Forschern von Beginn an klar.

Die Nichtzuckerstoffe kann man ihrer chemischen Natur nach einteilen in organische und anorganische. Letztere sind die Aschenbestandteile, doch darf man die Asche nicht ohne weiteres mit den anorganischen Nichtzuckerstoffen identifizieren (S. 190).

Ein größeres Gebiet umfassen die organischen Nichtzuckerstoffe.

Zuerst sind jene Verbindungen zu nennen, die zu dem Rohrzucker in verwandtschaftlichen Beziehungen stehen: Raffinose, Invertzucker, Stärke und Pentosen, weil sie alle zu den Kohlenhydraten gehören.

Hierauf folgt eine große Gruppe von Verbindungen, die Pflanzensäuren, so genannt, weil sie im Pflanzenreiche häufig vorkommen. Chemisch aber gehören sie verschiedenen Gruppen an.

An die Säuren schließen sich kleinere Gruppen, wie Farbstoffe, Fette, aromatische Verbindungen u. a. Alle bisher genannten Verbindungen enthalten keinen Stickstoff im Gegensatze zu der folgenden Hauptgruppe von Nichtzuckerstoffen.

Hierher gehören die Stickstoffsäuren und ihre Amide, organische Pflanzenbasen und diesen nahestehende kompliziert gebaute Körper und schließlich die wichtigen Eiweißstoffe.

Der Hauptbestandteil des Rübensaftes ist der Rohrzucker, und so sei mit diesem begonnen.

### a) Physik und Chemie des Rohrzuckers.

#### 1. Physikalische Eigenschaften der Saccharose.

Der Rohrzucker (Saccharose, Saccharobiose) findet sich im Pflanzenreiche vielfach vor, und zwar hauptsächlich in solchen Teilen von Pflanzen, die frei von Chlorophyll sind. In Lösung befindet er sich

---

[1] Z. V. D. Zuckerind. 1855, S. 185.

im Safte, in den Blättern, Wurzeln und anderen Pflanzenteilen. Von der sehr großen Anzahl Pflanzen, die ihn teils in größerer, teils in kleinerer oder gar nebensächlicher Menge enthalten, seien im nachstehenden nur jene angeführt, die zu seiner Gewinnung benutzt werden.

In erster Linie die Zuckerrübe (s. d.); ferner das Zuckerrohr (Saccharum officinarum) mit 14—26% Zucker; ebenso in der Zuckerhirse (Sorghum saccharatum) mit 10—18%, im Safte der Kokospalme mit 3—6% und im Safte des Zuckerahorns mit 2—3,5%.

Chemisch reine Saccharose, wie man sie z. B. zur Festlegung ihrer physikalischen Konstanten braucht, wird stets aus reinster Raffinade durch dreimaliges Ausfällen mit Alkohol dargestellt, wie u. a. Kraisy angab[1].

Die anderen Methoden, und zwar die von Bates-Jackson, die der englischen Chemiker und die von Herzfeld sowie die von Staněk finden sich, kritisch beleuchtet, in der Untersuchung Staněks „Über die Polarisation einer normalen Saccharoselösung"[2]. Aus 100 Teilen Raffinade gewann er 60—70 Teile gereinigten Zucker mit 0,001% Asche.

„Über die Krystallisation des Zuckers" heißt eine Studie L. Wulffs, auf die für jene hingewiesen sei, die der Krystallographie des Zuckers näheres Interesse entgegenbringen[3]. Wichtig sind die Folgerungen, die Wulff zieht; nur jene seien hervorgehoben, die für die Theorie der Zuckerfabrikation von Bedeutung sind.

1. Die Temperaturen, bei denen sich die Zuckerkrystalle aus reinen Lösungen bilden, üben keinen wesentlichen Einfluß aus auf die Form der Krystalle; auch zeigt sich beim Kochen auf Korn und bei der Abkühlungskrystallisation kein hervortretender Unterschied.

2. Bei unreinen Zuckerlösungen wurden keine distinkte Flächen konstatiert, die nicht auch bei reinen Zuckerlösungen beobachtet worden wären.

3. Rohzucker und Nachprodukte differieren nicht sehr, dagegen weichen Melassezucker von der normalen Krystallausbildung beträchtlich ab.

4. Bei unreinen Lösungen hat die Krystallisationstemperatur Einfluß auf die Krystallform (Melassezucker).

Wulff spricht in diesem Aufsatze auch über Krystallisation von Melassen, welcher Punkt erst an geeigneter Stelle zur Besprechung gelangt.

Eine Fortsetzung seiner Untersuchungen erschien im Jahre 1888[4] mit teils neuen, teils vertieften Studien über die Form der Zuckerkrystalle, über die Einwirkung der Verunreinigungen auf die Krystallisation und eine interessante Abhandlung über den Krystallisationsverlauf.

Die Wirkung der Verunreinigungen auf die Krystallisation des Zuckers ist ein komplizierterer Vorgang, „als man sich ihn im allgemeinen vorstellt, und diese Kompliziertheit der Vorgänge macht es ja durchaus erklärlich, wie nicht nur aus den Fabrikerfahrungen so widersprechende Ansichten gebildet werden konnten und wie die eigens darauf gerichteten Untersuchungen von Gelehrten darüber gleichfalls sehr wenig übereinstimmende Resultate erzielten", was klar ist, wenn

---

[1] Z. V. D. Zuckerind. 1921, S. 785.
[2] Z. d. tschsl. Zuckerind. II, S. 417, bzw. 421 1921.
[3] Z. V. D. Zuckerind. 1887, S. 917.          [4] ebd. 1888, S. 226.

man bedenkt, daß Qualität und Quantität des Nichtzuckers, Temperatur, Konzentration der Lösung, Ruhe oder Bewegung und andere Faktoren dieselbe beeinflussen.

Neuere Studien stammen besonders von russischen Forschern (Kucharenko u. a); sie fanden hauptsächlich, daß manche Eigenschaften der Saccharose (Löslichkeit, Schnelligkeit der Krystallisation, spezifisches Gewicht u. a.) von der Größe des Zuckerkrystalles abhängen, d. h. eine Funktion seiner Oberfläche sind[1]. Sehr gründlich ist die Untersuchung „über die Gesetze der Krystallisation der Saccharose"[2]. Weiter erschienen später neuere Untersuchungen der Genannten: so über die Schnelligkeit der Krystallisation der Saccharose aus reinen Lösungen (Kucharenko und Nachmanowitsch), über den Einfluß des Kalkes auf die Schnelligkeit der Krystallisation (Kucharenko und Sawinow)[3]. Die hemmende Wirkung auf die Krystallisation des Zuckers durch Karamelstoffe studierten Kucharenko und Rosowski: sie wächst mit zunehmender Menge[4].

Der Einfluß von Salzen ($Na_2CO_3$) und anderen Nichtzuckerstoffen (d-Glucose) wurde ebenfalls von J. A. Kucharenko und Mitarbeitern bestimmt und jeweils aus dem russischen Original kurz referiert[5]; ebenso die Krystallisation der Saccharose aus reinen wäßrigen Lösungen[6]. Praktisch wichtig ist die Rolle, die die Nichtzuckerstoffe beim Zuckerkrystallwachstum spielen. Nach den Untersuchungen von Marc und Wenk steht fest, daß nur solche Stoffe die Krystallisationsgeschwindigkeit verringern, die an der Krystalloberfläche adsorbiert werden. Sie umgeben die Oberfläche gewissermaßen mit einer Schutzhülle und verhindern so mehr oder weniger die Anlagerung von neuen Krystallmolekülen. Demnach sind die am Zuckerkorn adsorbierten Nichtzuckerstoffe außerordentlich schädlich für die Zuckerfabrikation. Sie führen zur Bildung von Feinkorn oder zu Krystallen, mit eingeschlossenen Schichten von solchen Nichtzuckerstoffen[7]. Marc nennt eine solche Krystallisation eine gebremste und studierte sie näher[8].

Die Entfernung solcher Stoffe bedeutet daher eine Verbesserung der Säfte und wird noch später ausführlicher zu besprechen sein (s. Adsorption und Aktivkohlen). Höchst interessant ist, daß es J. Dědek und J. Nováček gelang, solche Kolloidsubstanzen aus Zuckerlösungen durch makroskopische Saccharosekrystalle zu entfernen; solche Zuckerlösungen zeigten dann eine erhöhte Krystallisationsfähigkeit, ähnlich wie nach Behandlung mit Aktivkohlen (s. d.)[9]. Dies ist geradezu ein experimenteller Beweis für die Marcschen Befunde.

Das Zuckerkrystall adsorbiert aber auch selektiv Farbstoffe (verschiedene Farbarten), wie H. Lundén durch spektrophotometrische Messungen feststellen konnte[10].

---

[1] Ref. Z. d. tschsl. Zuckerind. IV, S. 718, 1923.
[2] C. f. Zuckerind. 1923, S. 112ff.
[3] ebd. 1926, S. 919, 945, 1043.    [4] ebd. 1926, S. 1194.
[5] ebd. 1927, S. 331, 359.    [6] ebd. 1927, S. 700.
[7] Z. f. physik. Ch. Bd. 68, S. 109, 1910.    [8] Z. f. physik. Ch. 1909—1912 u. a.
[9] Kolloid-Z. XLII, S. 167, 1927.    [10] C. f. Zuckerind. 1927, S. 73.

Dědek fand folgende aufsteigende Reihenfolge für die krystallisationshemmende Wirkung von Kolloidstoffen: Caramel, Pektin, noritierte Melasse, dieselbe Melasse vor der Noritbehandlung, Dicksaft. Die Kolloidstoffe des Dicksaftes haben bis 75% der unter gleichen Bedingungen, jedoch ohne Zusatz von Kolloiden, aus einer reineren Saccharoselösung auskrystallisierten Zuckermenge in der Lösung zurückgehalten[1].

In neuerer Zeit wurde die Krystallisation des Zuckers aus stark übersättigten Lösungen mehrfach untersucht, um die Melassebildung deuten zu können.

So z. B. K. Šandera in einer Arbeit über den Einfluß der Viscosität auf die Krystallisationsgeschwindigkeit außerordentlich übersättigter Lösungen von Saccharose (91,5%) und ihrer Gemische mit einigen Nichtzuckern (Betain, Chlorcalcium)[2]. Unter anderem konnte er beweisen, daß künstliche Zuckerlösungen mit vielmal höherer (bis millionfach) höherer Viscosität als Melasse doch noch eine meßbare Krystallisationsgeschwindigkeit aufweisen. Auch Tian bemerkte, daß selbst erstarrte Zuckerschmelzen im Laufe von 48 Stunden zu krystallisieren begannen[3].

Der Krystallisationsvorgang. Bei der Krystallbildung unterscheidet man zwei Vorgänge, die Keimbildung und das Krystallwachstum, d. h. das Wachstum der gebildeten Krystallkeime. Dieses Gebiet wurde besonders durch Volmer in theoretischer Hinsicht durchforscht[4]. Den Werdegang seiner Theorie, die hier nicht wiedergegeben zu werden braucht, da sie auf dem Gebiete der theoretischen Physik liegt, und manche Erläuterungen sind aus der Studie H. Cassels und E. Landts „Über Keimbildung und Krystallisationsgeschwindigkeit in übersättigten Zuckerlösungen vom Standpunkte der Volmerschen Theorie" zu entnehmen[5].

Eine Methode u. a. zur Bestimmung der Krystallisationsgeschwindigkeit arbeitete Dědek aus[6]. Sie diente ihm dazu, den Einfluß von Kolloidstoffen auf die Krystallisationsgeschwindigkeit, d. h. auf die Geschwindigkeit des Wachstums des Krystallkeimes zu studieren.

Die untersuchten Lösungen werden untersättigt bereitet und in gleichen Mengen in Krystallisationsschalen gleicher Form eingewogen. Hierauf werden sie in einen Exsiccator über ausgeglühtes $CaCl_2$ gestellt. Während der ganzen Bereitung müssen die Lösungen „steril" gehalten, d. h. vor dem Kontakt mit der mit Staub, insbesondere mit Zuckerstaub, infizierten Luft geschützt werden. Solche Lösungen krystallisierten beim Eindicken im Exsiccator nicht einmal bei einer hohen Konzentration spontan. In einem geeigneten Augenblicke wird der Exsiccator geöffnet und die Lösungen mittels in der Luft zerstäubten Zuckerstaubes geimpft. Bei einer geeigneten Konzentration genügt es, den Exsiccator auf einige Stunden zu öffnen, damit die Lösungen in kurzer Zeit vollkommen auskrystallisierten. Auf diese Weise können die Lösungen ohne die geringste Er-

---


[1] Z. V. D. Zuckerind. 1927, S. 516.
[2] Z. d. tschsl. Zuckerind. VIII, S. 401, 1927.
[3] Bull. Soc. ch. 1924, Nr. 12, S. 5.
[4] Z. f. physik. Ch., Bd. 119, Heft 3/4, 1926.
[5] Z. V. D. Zuckerind. Bd. 77, S. 483, 1927.          [6] ebd. Bd. 77, 1927.

schütterung oder Rühren geimpft werden. Durch das Abwiegen der Schalen wird das verdampfte Wasser und mittels des Refraktometers die Trockensubstanz des nicht auskrystallisierten Sirups bestimmt. Aus diesen Ziffern kann die Menge des auskrystallisierten Zuckers, welche als das Maß der Krystallisationsgeschwindigkeit betrachtet wird, errechnet werden.

Normal ausgebildete Krystalle zeigen lebhaften Glanz, sind vollkommen durchsichtig, frei von Krystallwasser und an trockener Luft beständig. Beim Zerschlagen strahlen sie ein bläuliches Licht aus, was Thompson auf das pyroelektrische Verhalten derselben zurückführt.

Krystallisierter sowie gelöster Zucker leiten den elektrischen Strom fast gar nicht. Krystallisierter Zucker hat nach Biot keinen Einfluß auf polarisiertes Licht, Zuckerlösungen drehen dieses nach rechts (s. unten).

Sein spez. Gewicht ist nach Gerlach gegen Wasser von 17,5° 1,580468; auf Wasser von 4° C bezogen 1,5879[1]. Über 160—180° erhitzt, geht der Zucker in den amorphen Zustand über. Das Verhalten des festen und des gelösten Zuckers beim Erwärmen und Erhitzen ist mit Rücksicht auf die im Betriebe herrschenden Bedingungen so wichtig, daß es eine eingehende Behandlung für sich erfahren wird (s. d.).

Der Rohrzucker ist im Wasser leicht löslich; bei seiner Lösung in diesem wird Wärme gebunden, und zwar ist eine Lösungswärme, d. i. jene Wärmemenge, die beim Auflösen von 1 Mol. eines Stoffes in einer großen Menge des Lösungsmittels frei oder gebunden wird —0,800 Cal, doch ist dieser Wert von der Temperatur abhängig. Nach Berthelot beträgt sie bei 13° —0,79 Cal, bei 31° 0,00 Cal und bei 100° + 3,0 Cal Der Zucker löst sich also bei gewöhnlicher Temperatur unter Temperaturerniedrigung. Auch Kontraktion, d. i. Volumenverminderung, tritt bei seiner Lösung ein; diese ist von der Temperatur abhängig. Nach Plato liegt ihr Maximum bei 62% Zucker auf 1 l bezogen. Mit steigender Temperatur verringert sich das spez. Gewicht einer Zuckerlösung.

Der Schmelzpunkt für Saccharose wurde von einzelnen Forschern verschieden angegeben, und zwar mit genug großen Unterschieden, so daß Lippmann annahm, daß der Zucker in verschiedenen Modifikationen vorkommen müsse. Auf seine Anregung studierten Cohen, bzw. Heldermann diese Frage näher und fanden tatsächlich, daß der Zucker, je nach dem Lösungsmittel, aus dem man ihn auskrystallisieren läßt, verschiedene Schmelzpunkte, verschiedene spezifische Gewichte und Lösungswärmen zeigt. Nach ihnen gibt es wenigstens zwei Modifikationen, von denen eine die stabilere ist. „Alle physikalischen Konstanten des krystallisierten Zuckers sind also bisher an undefinierten Mischungen der beiden Modifikationen bestimmt worden und müssen daher aufs neue ermittelt werden[2]."

Über die Löslichkeit des Zuckers in Wasser gibt es verschiedene Angaben und Tabellen. Die erste ausführliche Tabelle legte

---

[1] Z. V. D. Zuckerind. 1863, S. 283.
[2] Ch. Z. 1927, Nr. 90; D. Z. 1927, S. 1283.

Scheibler im Jahre 1872 an[1]. Sie ging nur bis 50°C. Im Jahre 1876 bestimmte Flourens die Löslichkeit des Zuckers in Wasser[2]. Im Jahre 1892 kam Herzfeld auf Grund seiner Versuche zur bekannten Löslichkeitstabelle. In seiner Untersuchung findet sich die gesamte Literatur über die Löslichkeit des Zuckers; ebenso ist dort die Art seiner Versuchsanordnung und die seiner Vorgänger mitgeteilt[3].

Die Löslichkeit des Rohrzuckers in reinem Wasser ist demnach eine Funktion der Temperatur. Anders ist sie aber in unreinem bzw. salzhaltigem Wasser. Die Gegenwart kleiner Mengen von Chloriden, Sulfaten, Nitraten und Alkalicarbonaten verringert die Löslichkeit ein wenig oder wirkt „aussalzend", größere Mengen erhöhen die Löslichkeit des Zuckers (Herzfeld). Die Folge davon ist, daß nicht aller Zucker der Fabrikation durch Krystallisation gewinnbar ist; ein Teil wird durch diese gesteigerte Löslichkeit in Lösung durch die genannten und auch andere Stoffe zurückgehalten. So entsteht die Melasse. Eine ausführliche Besprechung aller hier herrschenden Momente findet sich unter „Melassebildungstheorien" (Kap. 24).

Theoretisch und praktisch wichtig ist auch die Kenntnis der Löslichkeit des Zuckers in Sirupen (von verschiedenen Reinheitsquotienten). Diese berechnete A. Th. Höglund auf Grund der Untersuchung Schukows (s. d.) über die Löslichkeit des Zuckers in Anwesenheit von Salzen (Schlempe einer Melasseentzuckerungsanstalt)[4].

Lösungserscheinungen des Rohrzuckers. Der erste Teil der schon zitierten Arbeit Wulffs beschäftigt sich mit der Natur der Zuckerlösung. Danach liegt der Zucker in seinen Lösungen in amorpher Modifikation vor. „Beim Lösen muß erst der krystallisierte Zucker in amorphen Zucker sich umwandeln, ehe er in Lösung geht, beim Auskrystallisieren muß der amorphe Zucker erst in krystallisierten übergehen, ehe er fest wird."

In seinen Untersuchungen über „die Statik der wäßrigen Lösungen der Saccharose" kommt J. Babinski u. a. zu dem Schlusse, daß entgegen den Anschauungen Wulffs Zucker in seinen echten Lösungen nicht in amorpher Form vorhanden ist[5].

Verschiedene Anomalien wäßriger Lösungen werden heute durch die Annahme erklärt, daß die Saccharose in ihren Lösungen als Hydrat vorkommt, d. h. in Form von labilen Komplexen von mehreren Molekülen Wasser und einem Molekül Saccharose. Je nach Konzentration und Temperatur ist eine verschiedene Anzahl von Wassermolekülen in Form einer Hülle an einem Saccharosemolekül gebunden. Noch komplizierter werden diese Verhältnisse, wenn in der Lösung Salze (Ionen) vorhanden sind. Ausführlich, unter Anführung der Originalliteratur, behandelt J. Dědek zusammenfassend dieses Thema in seiner Studie über die Melassebildung[6].

Tian, Coriras und Calvet haben Zucker bei 190° in sehr schwacher Schichte zum Schmelzen und nachher rasch zum Abkühlen gebracht.

---

[1] Z. V. D. Zuckerind. 1872, S. 246.         [2] ebd. 1876, S. 757.
[3] ebd. 1892, S. 147 ff.                     [4] ebd. Bd. 62, S. 1118, 1912.
[5] Gaz. Cukr. durch Rundschau, 1925, Sept., Nr. 1, S. 1.
[6] Z. V. D. Zuckerind. Bd. 77, S. 495, 543, 1927.

Bemerkenswert am umgeschmolzenen Zucker war seine bedeutend erhöhte Löslichkeit in allen Lösungsmitteln für (gewöhnlichen) Zucker, eine größere Hygroskopizität und gewisse Krystallisationserscheinungen beim Liegen an der Luft. Seine Lösungen sind unbeständig; sie sind kolloidale Lösungen, der feste Zucker selbst im kolloidalen Zustande[1]. Auch sonst ist Saccharose schon in den kolloidalen Zustand übergeführt worden. P. P. Weimarn gelang die Herstellung einer kolloiden Zuckerlösung durch Verdünnung einer Lösung von Saccharose in Aceton oder in Äthylalkohol mit Äther oder mit Benzol[2].

Für technische und analytische Zwecke ist die Kenntnis vom Verhalten des Rohrzuckers gegen andere Lösungsmittel von Wichtigkeit. In kaltem absoluten Alkohol ist der Rohrzucker unlöslich, in heißem Alkohol nur schwer löslich. Je dünner der Alkohol, desto größer die Löslichkeit. Ebenso unlöslich ist der Zucker in Methylalkohol und Äther.

Von der Löslichkeit ist zu unterscheiden die Auflösungsgeschwindigkeit des Zuckers — als Stoffkonstante —, die K. Šandera zu studieren begann[3]. Die gleiche Aufgabe unter Berücksichtigung der verschiedenen physikalischen und chemischen Bedingungen stellte sich V. Netuka[4].

Siedepunkt von Zuckerlösungen. Die Kenntnis der Siedetemperaturen ist für das Verkochen von Säften und Sirupen von großer Bedeutung; es liegen daher mehrere Untersuchungen über diesen Gegenstand vor. Die Tabelle von Flourens zeigt den Siedepunkt und die Siedepunktserhöhung für reine Zuckerlösungen, Säfte und Sirupe, die Tabelle von Claassen[5] die Siedepunktserhöhung für reine und unreine Zuckerlösungen, die für jeden Druck gültig ist. Versuche, die Claassen auch im großen anstellte, zeigen, daß seine Tabelle auch für Luftleere Geltung behält. Eine ähnliche Tabelle stellte später Gaston Fouquet auf. Dessen Zahlenangaben stimmen gut mit jenen von Claassen für unreine Lösungen und mit jenen, die Flourens für seine Lösungen gefunden, überein. Die Tabelle von Claassen gibt die Erhöhung der Siedetemperaturen über diejenigen des reinen Wassers an (1. Auflage).

Wie bereits gesagt, sind seine Lösungen optisch aktiv, und zwar rechtsdrehend. Sein spezifisches Drehungsvermögen ist nicht konstant, sondern nimmt, wenn auch nur in geringem Maße, mit steigender Verdünnung zu. Auch das Lösungsmittel und die Temperatur beeinflussen diese Größe.

Nach den Untersuchungen von Schmitz berechnet sich für einen Prozentgehalt an Zucker folgende spez. Drehung bei 20° C

$$5^0/_0\ [\alpha]_D^{20} = +\,66{,}53 \quad 20^0/_0 \quad +\,66{,}49 \quad 40^0/_0 \quad +\,66{,}24$$
$$10^0/_0 \qquad\qquad +\,66{,}53 \quad 30^0/_0 \quad +\,66{,}39 \quad 50^0/_0 \quad +\,66{,}03$$

---

[1] Rundschau, 1925, Nr. 4, S. 20.    [2] Koll. Zt. 36, S. 118, 1925.
[3] Z. d. tschsl. Zuckerind. IX, S. 153, 1927.    [4] ebd. IX, S. 289, 1928.
[5] Z. V. D. Zuckerind. 1904, S. 1159.

Auf wasserfreien Zucker beträgt die spez. Drehung bei $20^0$ C $+66,5$.

Alkalicarbonate, Alkalisulfate und -acetate, Kalk und andere Zusätze vermindern die Drehung. Bleiessig beeinflußt sie nicht; in alkoholischen Lösungen kann durch das letztgenannte Reagens eine geringe Drehungsabnahme besonders in konzentrierten Lösungen hervorgerufen werden.

Für die „Normallösung", d. i. eine Lösung von 26 g chemisch reiner Saccharose (an der Luft mit Messinggewichten gewogen) ist nach neueren Untersuchungen Schönrocks $[\alpha]_D^{20} = 66,516$ und nach solchen der Physikalisch-Technischen Reichsanstalt zu Berlin $[\alpha]_D^{20} = 66,503$ im Mittel für reinste Saccharose verschiedener Herkunft.

Eine solche „Normallösung" polarisiert nach den neueren Erkenntnissen nicht $100^0$ V, sondern nach

| | |
|---|---|
| Bates | $99,895^0$ V |
| Staněk | $99,90—99,81^0$ V |
| Kraisy u. Traegel | $99,834^0$ V[1] |

Seit der erfolgreichen Einführung des Refraktometers in die Analytik der Zuckerindustrie hat das Brechungsvermögen von Zuckerlösungen hier erhöhte Bedeutung erlangt. In neuerer Zeit studierte H. Krüß die „Brechungsverhältnisse und Dispersion von Zuckerlösungen" unter einleitender Anführung der bis dahin erschienenen Abhandlungen[2]. Um sie in manchen Einzelheiten zu berichtigen, veröffentlichte O. Schönrock die „Theorie des Zuckerrefraktometers . . ."[3] mit Anführung seiner schon vorher angestellten Untersuchungen (Tätigkeitsberichte der Reichsanstalt). Langsam findet auch das Betriebsrefraktometer (von Zeiss) Eingang in die Industrie; es gestattet, den Verlauf des Verkochens im Kochapparat zu verfolgen und gibt Aufschluß über die physikalischen Grundlagen des Verkochens[4].

Zuckerkrystalle strahlen beim Zerschlagen oder Zerbrechen schon nach alten Beobachtungen ein „bläuliches Licht" aus[5]. In neuerer Zeit wurde dieser Eigenschaft, der Luminescenz, im engeren Sinne des Wortes die Fluorescenz, größere Bedeutung beigelegt, weil sie H. Lundén zur Beurteilung von Raffinaden heranzog[6]. K. Šandera kam teils zu gleichen, teils zu entgegengesetzten Ergebnissen[7].

Die Luminescenz kann zur Ermittlung der topographischen Verteilung der Nichtzucker in den Krystallen verwendet werden, weil die luminescierende Substanz die Nichtzucker in allen Phasen der Fabrikation begleitet. Deshalb wurden Krystallschliffe und durch Spaltung erzielte Plättchen im Luminiscenzmikroskope beobachtet. Fast sämtliche Nichtzucker befinden sich auf der Krystalloberfläche; der Zucker krystallisiert demnach auch aus unreinen Lösungen in Form verhältnismäßig sehr reiner Saccharose, ohne fremde Beimengungen einzuschließen, ausgenommen freilich die großen Krystalle. Die Oberfläche eines jeden Rohzuckerkrystalls ist von einer ungleichmäßigen Schicht der luminescierenden Sub-

---

[1] Nachprüfung des Hundertpunktes der Saccharimeter. Z. V. D. Zuckerind. Bd. 74, S. 193, 1924.       [2] Z. V. D. Zuckerind. Bd. 70, S. 617, 1920.
[3] ebd. Bd. 70, S. 417, 1920.       [4] C. f. Zuckerind. 1927, S. 1207.
[5] Lippmann: Chemie der Zuckerarten, S. 605, 1895.
[6] C. f. Zuckerind. 1925, S. 1281.
[7] Z. d. tschsl. Zuckerind. VIII, S. 237, 1927.

stanz eingehüllt. Durch die Affination verschwindet die luminescierende Umhüllung und der Krystallschnitt ist gleichmäßig. Auch kleine Nachproduktkrystalle verhalten sich ähnlich, es ist dabei nur eine intensivere Affination nötig.

Später versuchte sogar H. Lundén eine Analyse von Zuckersorten vermittels vergleichender Fluorescenzmessungen[1]. Die Fluorescenz der Krystalle ist um so schwächer, je reiner sie sind. Lundén unterscheidet zwischen einer gelben und blauen Fluorescenz. Seine „Amethystfarbe" soll mit der blauen Fluorescenz in Zusammenhange stehen, ihre Existenz aber wird bezweifelt (s. Kap. 19, c).

### Oberflächenspannung von reinsten Zuckerlösungen.

Wie in jedem Lehrbuch der Physik nachzulesen ist, gibt es eine statische und eine dynamische Oberflächenspannung und demgemäß auch zwei voneinander grundsätzlich abweichende Methoden zu ihrer Bestimmung; innerhalb dieser gibt es wieder verschiedene Apparate, so daß verschiedene Autoren zu verschiedenen Werten gelangen, um so mehr, da das Ausgangsmaterial, die Temperatur u. a. Versuchsbedingungen nicht völlig die gleichen sein können.

Am vollständigsten und sichersten gelten die Ergebnisse von Plato[2]. Gemessen wurde mit der Steighöhenmethode bei 18,5°C.

| Rohrzucker %/0 | Oberflächenspannung in Dyn/cm | Rohrzucker %/0 | Oberflächenspannung in Dyn/cm |
|---|---|---|---|
| — (Wasser) | 72,59 | 37,1 | 74,64 |
| 5,4 | 72,84 | 43,2 | 75,49 |
| 10,7 | 73,16 | 47,6 | 75,48 |
| 15,5 | 73,13 | 53,8 | 75,76 |
| 20,0 | 73,16 | 57,0 | 76,44 |
| 25,6 | 73,47 | 65,1 | 77,06 |
| 30,0 | 73,95 | 65,8 | 76,86 |

Die genannte Methode gestattet, weit höhere Konzentrationen zu messen als z. B. die Stalagmometermethode, die nach Sázavsky nur bis 30% haltenden Zuckerlösungen brauchbare Werte ergibt, wie seine Messungen zeigten[3]:

O. Spengler und E. Landt stellten die gleichen Messungen mit einer Abreißmethode an. Mit dem Apparate von du Nouy (Abreißmethode) fand Honig steigende Werte von 73,07—75,14 Dyn/cm für Zuckerlösungen von 10%—50%[4]. Die beiden Vorgenannten verwendeten jedoch eine Torsionswage, die die Messung in g-Gewicht (Kraft zur Zer-

| °Bg | Dyn/cm |
|---|---|
| 0 (Annahme) | 72,68 |
| 5 | 72,92 |
| 10 | 73,20 |
| 15 | 73,58 |
| 20 | 73,86 |
| 25 | 74,27 |
| 30 | 74,73 |

reißung der am Ring adhärierenden Flüssigkeitssäule) angibt, so daß ihre Angaben mit den bisher gemachten nicht vergleichbar sind[5].

---

[1] C. f. Zuckerind. 1927, S. 219.
[2] Wissenschaftl. Abh. der K. Normal-Eichungskomm. 1900, 2. Heft; Z. V. D. Zuckerind. Bd. 77, S. 467, 1927.
[3] Z. d. tschsl. Zuckerind. VII, S. 378, 1926.
[4] Chem. Weekblad, 1926, S. 265.
[5] Z. V. D. Zuckerind. Bd. 77, S. 467, 1927.

Saccharose ist oberflächen inaktiv, so wie z. B. Weinsäure und andere hier nicht in Betracht kommende Substanzen im Gegensatze zu oberflächen aktiven Nichtzuckerstoffen, von denen viele auch in der lebenden Zelle eine große Rolle spielen, also auch in den Säften (Diffusion) der Zuckerindustrie sich geltend machen können: Fette, Seifen, Öle, Peptone, Proteine, Farbstoffe usw. Auch das Nichtzuckergemisch der Melassen wirkt capillaraktiv.

Unter dieser Bezeichnung faßt man alle molekular oder kolloidal gelöste Substanzen zusammen, die sich an der Oberfläche der Lösung anreichern, oder, wie man sagt, an der Oberfläche positiv adsorbiert werden. Für diese Adsorption ist charakteristisch, daß sie im allgemeinen für verdünnte Lösungen einen gesetzmäßigen Verlauf zeigt, der meistens durch die sog. Adsorptionsisotherme gut wiedergegeben wird. Ihr zufolge entspricht der Konzentration in der Lösung jeweilig eine bestimmte Oberflächenkonzentration, die mit der ersteren so lange zunimmt, bis die Oberfläche gesättigt ist. Wenn sich die gelöste, capillaraktive Substanz an der Oberfläche in erhöhter Konzentration anhäuft, kommt es zur Bildung von Oberflächenhäuten, z. B. Hautbildung an der Milch.

Durch diese Anreicherung der Oberfläche mit adsorbierten Molekülen wird nun nach Gibbs die Oberflächenspannung erniedrigt, und zwar wird sie im Bereich verdünnter Lösungen um so mehr herabgesetzt, je größer die Konzentration des capillaraktiven Stoffes in der Lösung wird. Für starke capillaraktive Stoffe, wie sie oben angeführt wurden, genügen schon ganz kleine Mengen, um die Oberflächenspannung erheblich herabzusetzen; weitere Vermehrung hat dann auf diese wenig Einfluß.

Wie die Nichtzuckerstoffe des Diffusionssaftes, des Dünnsaftes und der Melassen die Oberflächenspannung der gleich starken reinen Zuckerlösung herabsetzen, dafür sind in den entsprechenden Abschnitten genug Beispiele angeführt.

Säfte mit Nichtzuckerstoffen, die eine größere Oberflächenspannungserniedrigung — im Vergleich zu einer reinen Zuckerlösung gleicher Dichte — hervorrufen, gelten als von schlechterer Beschaffenheit; solche Nichtzuckerstoffe werden vom wachsenden Zuckerkrystall adsorbiert und sind also einem günstigen Krystallisationsprozesse hinderlich, wie später ausführlicher dargelegt, aber heute noch nicht einwandfrei erwiesen ist.

Eine ausführlichere Besprechung fand diese Erscheinung durch den Verfasser in den „Tagesfragen" Nr. 5, es sei aber auf eine kritische Betrachtung Spenglers und Landts verwiesen „daß es, obgleich sehr viel über Oberflächenspannung und ihre Bedeutung für den Zuckerfabriksbetrieb geschrieben worden ist, heute noch an jeglicher sicheren Basis mangelt"[1].

Die Bestimmung der Oberflächenspannung ist für die Betriebskontrolle, für die Erkenntnis der Saftreinigung und für die Erkenntnis der Krystallisationsbedingungen gewiß ein Fortschritt — er darf aber nicht überschätzt, Verfahren oder Maßnahmen, die eine Verbesserung oder Verminderung der Oberflächenspannung zur Folge haben,

---

[1] Z. V. D. Zuckerind. 1927, S. 470.

deshalb allein noch nicht angenommen oder abgelehnt werden.
P. Honig weist auf die Unsicherheit der Oberflächenspannungsmessungen hin und führt u. a. an, daß z. B. Ölspuren für Rübenzucker[1] und Wachse in Rohrzuckern solche Messungen bedeutend zu beeinflussen vermögen, ohne aber die Beschaffenheit der Zucker zu schädigen[2]. Nachträgliche Einzelheiten zu dieser Frage finden sich noch im Kap. 31.

## 2. Chemische Eigenschaften der Saccharose.

Die Saccharose gehört zu den Disacchariden und besteht aus den beiden Hexosen d-Dextrose (Glucose) und d-Fructose (Lävulose). Durch Wasserabspaltung aus beiden entsteht dann die Saccharose $C_6H_{12}O_6 + C_6H_{12}O_6 \rightleftharpoons C_{12}H_{22}O_{11} + H_2O$. — Diese Gleichung gilt aber auch von rechts nach links, d. h. durch Wasseraufnahme kann die Saccharose in ihre Komponenten zerlegt werden. Der erstgenannte Prozeß geht bis nun im Pflanzenreiche auf noch nicht ganz klar erkannte Weise vor sich, der zweite leicht im Laboratorium und in der Natur (Inversion).

Es bedurfte eines langen Weges, bis die Formel für den Zucker von Liebig 1834 als $C_{12}H_{22}O_{11}$ richtig festgestellt wurde. Noch länger aber dauerte es, bis man auch die Konstitution desselben gefunden hatte. Hier darüber nur so viel, daß die Saccharose als ätherartiges Anhydrid der Hexosen konstituiert ist; also d-Glucose d-Fructose-Anhydrid.

Die Konstitutionsformel ist heute noch zweifelhaft, noch „eine offene Frage" (Mc Owan). Ihren Werdegang bis zu der folgenden, heute gültigen schilderte R. Weidenhagen[3]. Den chemischen Eigenschaften der Saccharose wird folgende Konfigurationsformel am gerechtesten:

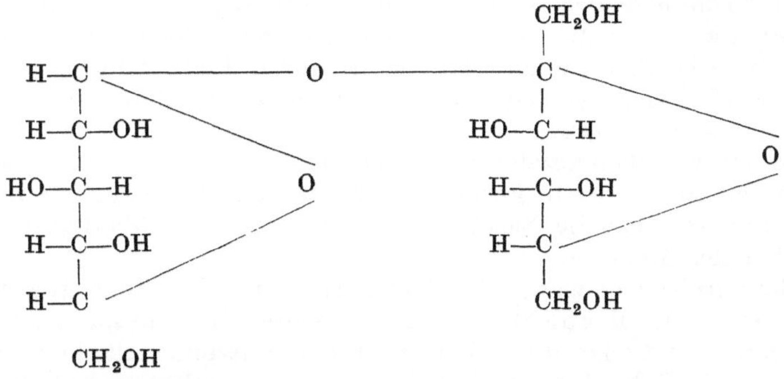

CH₂OH

H—C ——————— O ——————— C

H—C—OH ................. HO—C—H

HO—C—H ........ O ........ H—C—OH ........ O

H—C—OH ................. H—C

H—C ..................... CH₂OH

CH₂OH

Glucoserest                                    Fructoserest

Wie gesagt, ist die Formel noch nicht ganz sicher; „es dürfte hier die Synthese der Saccharose den letzten Zweifel beseitigen können, jedoch liegt ihre Verwirklichung noch in weitem Felde". Trotzdem

---

[1] Schmieröl von Maschinen, Werksvorrichtungen.
[2] Chem. Weekblad, 1926, S. 265; Rundschau, Juli 1927, Nr. 11, S. 43.
[3] Z. V. D. Zuckerind. Bd. 77, S. 73, 1927.

wurde Saccharose schon künstlich hergestellt. Dies gelang C. Neuberg durch den Abbau von Raffinose mittels Emulsins (s. d.)[1].

Alle chemischen Reaktionen kann man auf den Begriff der Polarität überführen. Ein Blick auf die Strukturformel der Saccharose zeigt bereits einen ungemein großen Gehalt an sog. polaren Gruppen, in diesem Falle OH. Außerdem ist für die Saccharose charakteristisch die Unsymmetrie ihres Moleküls, welches aus zwei fast gleich großen, aber ganz verschiedenen Teilen besteht: dem Glucose- und dem Fructosekomplex.

Wir nennen allgemein eine innere Ungesättigtkeit, d. h. die Anwesenheit von freien Valenzen, als Polarität. Bei der Saccharose ist eine zweifache Polarität vorhanden: einerseits sind die Hydroxylgruppen polar durch den hoch elektronegativen Sauerstoff, andererseits ist das Molekül der Saccharose selbst polar durch die unsymmetrische Konstitution, d. i. das Kohlenstoffskelett. Die Saccharose ist also ein ungemein komplizierter Dipol.

Unter geeigneten Bedingungen zeigen die Hydroxylgruppen der Saccharose Reaktionen, welche charakteristisch sind sowohl für die alkoholischen OH-Gruppen, als auch die Carboxylgruppen. Die Saccharose erscheint also je nach den äußeren Bedingungen als Amphoter: Säure oder Base. Schon in schwach alkalischen Lösungen reagiert sie leicht als einbasische Säure. Ohne besondere Schwierigkeiten äußert sich auch die Reaktivität der zweiten Hydroxylgruppe, die Saccharose reagiert als zweibasische Säure. Die Reaktivität der Saccharose als Säure nützt die Zuckerindustrie seit langem besonders in dem Entzuckerungsverfahren mittels unlöslicher Saccharate aus[2].

Von den chemischen Eigenschaften der Saccharose sollen nur jene besprochen werden, die im Betriebe zur Geltung kommen können. Zunächst muß das Verhalten der Saccharose in Form von reinen oder unreinen Lösungen sowie im festen Aggregatzustande gegen Erwärmung oder Erhitzung festgestellt werden. Von großer Wichtigkeit ist die Kenntnis des Verhaltens der Saccharose gegen chemische Einflüsse, denen sie im Verlaufe des Betriebes unterliegt, z. B. der Einwirkung von Kalk, Alkalien, schwefliger Säure usw.

Auf Grundlage der so gewonnenen Erkenntnisse kann man viele Prozesse, die sich im Betriebe abspielen, erklären. Doch sollen an dieser Stelle nur die allgemeinen Verhältnisse ihren Platz finden; von den Einzelheiten wird gewöhnlich erst in den betreffenden späteren Kapiteln die Rede sein.

Obwohl, wie oben gezeigt, die Saccharose aus Komponenten besteht, die für sich allein oder in Form des Invertzuckers Fehlingsche Lösung reduzieren, tut das die Saccharose nicht. Sie zeigt überhaupt keine Reaktion der Monosen.

Schon frühzeitig wurde das Verhalten des Zuckers gegen Alkalien studiert. Michaëlis[3], Weiler machten den Anfang; sie fanden Zerstörung von Zucker durch kohlensaure und ätzende Alkalien. Sostmann kam im Jahre 1866 zu entgegengesetzten Resultaten: beim Kochen von Zucker mit Kali oder Natron findet keine Zerstörung desselben statt; beim Kochen des geschiedenen Rübensaftes sowie überhaupt jeder Zuckerlösung mit einem Gehalte an Alkali könne kein Zuckerverlust auftreten[4].

---

[1] Z. V. D. Zuckerind. Bd. 67, S. 467, 1927.
[2] Dědek: Z. V. D. Zuckerind. 1927, S. 544.
[3] Z. V. D. Zuckerind. 1851, S. 487.      [4] ebd. 1866, S. 82.

Die Zersetzungsprodukte der Saccharose bei Einwirkung von Kalk in der Wärme wurden anfangs am Invertzucker studiert, und so fand z. B. Péligot das Saccharin und die Saccharinsäure (s. d.), die im Abschnitte „Invertzucker" besprochen werden. Daneben fand er auch die folgenden Säuren, deren Anwesenheit in der Melasse angenommen werden kann.

Glycinsäure oder Glucinsäure hat noch unbekannte Zusammensetzung. Sie entsteht durch mäßige Einwirkung von Alkalien oder Kalk auf Trauben- oder Fruchtzucker. Sie ist sehr leicht zersetzlich; im Vakuum eingetrocknet, hat sie sirupöse Konsistenz. Sie ist in Wasser und Alkohol leicht löslich. Ihre Lösung färbt sich an der Luft braun, rascher beim Erwärmen über $70^0$. — Bei ihrer Zersetzung entsteht neben anderen Säuren die Apoglycinsäure. Die Salze der Glucinsäure sind meist im Wasser löslich.

Apoglucin- oder Apoglycinsäure hat ebenfalls noch unsicher bekannte Zusammensetzung: $C_9H_{10}O_5$. Sie bildet eine braune amorphe Masse und ist eine einbasische Säure mit meist wasserlöslichen Salzen.

Melassinsäure soll die Formel $C_6H_6O_3$ besitzen. Sie bildet schwarze, in Wasser unlösliche Flocken. Vermehren vermutet die Melassinsäure neben Ulminsäure oder Ulmin in grauen oder graubraunen Niederschlägen, die manches Mal bei der Inversion behufs Analyse der Melasse ausfallen[1].

Da man sich der Farbenreaktionen bedient, um in Wässern kleine und kleinste Mengen Zucker nachzuweisen, z. B. in Kesselspeisewasser, sei der Chemismus dieser Reaktionen im folgenden näher betrachtet.

Die Phenole geben mit Kohlenhydraten im allgemeinen und mit der Saccharose im besonderen bei Gegenwart von Säuren Farbenreaktionen. Durch die Säuren wird der Zucker in folgende Bestandteile zerlegt, bzw. zu diesen zersetzt: Humusstoffe, Ameisensäure, Dextrose u. a. Diese Stoffe entstehen durch Entzug von Wasser aus dem Zucker, und zwar stets in größeren Mengen. Sie sind es, die die Farbenreaktionen bedingen (Ihl)[2].

Am gebräuchlichsten ist die Reaktion mit $\alpha$-Naphthol. Dieses gibt beim Erwärmen mit Salzsäure oder beim bloßen Zusetzen von Schwefelsäure, wodurch das ganze Gemisch warm wird, violettrote Färbung. Das Reagens wird in alkoholischer Lösung angewendet und zeigt nach Molisch (1886) noch 0,00001 % Zucker an. Sehr empfindlich sind auch die Reaktionen mit Kresol und Guajacol; diese geben Rotfärbung der zuckerhaltigen Lösung. Resorcinlösung oder festes Resorcin erzeugen im Verein mit warmer Salzsäure eosinrote Färbung. Ähnlich wirkt Pyrogallussäure — braunrot. Eine Zuckerlösung, mit alkoholischer Orcinlösung und konzentrierter Salzsäure gekocht, färbt sich dunkelgelb. Die gelbe Lösung, mit Wasser zusammengebracht, scheidet einen grünen Niederschlag aus. Immer sind es die Huminsubstanzen, welche diese Farbenreaktionen hervorrufen (s. unten).

---

[1] D. Z. 1911, Nr. 36, 1. Beilage.     [2] Z. V. D. Z. 1887, S. 343.

Von den Aminen erzeugt Diphenylamin in Gegenwart von Alkohol und konzentrierter Schwefelsäure eine blaue Färbung[1].

Liotard zeigte, daß eine sehr verdünnte Ammoniaklösung, mit einigen Tropfen einer 20 proz. $\alpha$-Naphthollösung geschüttelt und dann mit Schwefelsäure versetzt, auch einen violetten Ring wie beim Zucker gibt. Daher könne man nicht immer in den Fabrikwässern beim Eintreten dieser Reaktion auf Zucker schließen[2].

Hervorgehoben sei hier, daß auch Eiweißstoffe dieselbe Naphtholreaktion geben; daraus ist zu schließen, daß diese Körper Kohlenhydratkomponenten enthalten.

Ammoniummolybdenat gibt in saurer Lösung beim Erwärmen in Gegenwart von Zucker eine intensive Blaufärbung[3], Pikrinsäure gibt in Gegenwart von invertiertem Zucker in alkalischer Lösung rote Färbung[4]. Herzfeld schlug die Pikrinsäure als Ersatzmittel für $\alpha$-Naphthal vor[5].

Der Reaktionsmechanismus der verschiedenen Farbenreaktionen wurde durch S. Malovan erörtert[6] und es wahrscheinlich gemacht, daß es die Aldehyd- oder Ketongruppen der Zersetzungsprodukte sind, die sich durch Einwirkung der konzentrierten Säuren bilden.

### 3. Zersetzung von Zuckerlösungen durch Wärme.

Während des ganzen Verlaufes der Zuckerfabrikation sind mehr oder weniger reine und mehr oder weniger konzentrierte Zuckerlösungen (Säfte, Sirupe) verschieden hohen Temperaturen in den einzelnen Stationen der Rohzuckerfabrikation und Raffination durch verschiedene Zeiträume ausgesetzt. Vom Beginne der Diffusion bis zum Ausschleudern des Rohzuckers befinden sich die Rohfabrikssäfte bei höheren Temperaturen; ebenso sind die Klären der Raffinerie und die verschiedensten Sirupe stets höheren Temperaturen in den verschiedenen Apparaten ausgesetzt.

So wie alle organischen Substanzen bei höheren Temperaturen Zersetzungen erleiden, so werden natürlich auch Zuckerlösungen in verschiedenem Grade durch die Wärme mehr oder weniger angegriffen, je nach Umständen zersetzt und erleiden dabei Veränderungen, die wieder andere Folgen nach sich ziehen.

Diese Prozesse sind sehr kompliziert, nicht vollständig aufgeklärt und ihr Verlauf von verschiedenen Bedingungen abhängig. Die Reinheit der Zuckerlösung, die Art ihres Nichtzuckers, die Höhe der Temperatur und Dauer ihrer Einwirkung, die Konzentration der Lösung, vielleicht auch das Metall des Apparates, in welchem sie sich befindet, und andere Umstände bedingen diese Zersetzungsprozesse.

In diesem Kapitel sollen der Einfluß der genannten Faktoren auf die Zersetzung von Zuckerlösungen klargelegt und die einzelnen Zer-

---

[1] Z. V. D. Zuckerind. 1887, S. 343.    [2] C. f. Z. 1906, S. 916.
[3] D. Z. 1919, S. 574.    [4] ebd. 1919, S. 610.
[5] Chem. Zbl. 1920, S. 588.
[6] Ö. U. Z. f. Zuckerind. XLVI, S. 35, 1917.

setzungsprodukte betrachtet werden. Auch die Frage nach den Zuckerverlusten in der Fabrikation soll hier ihre theoretische Grundlage bekommen — die Antwort aber erst später gegeben werden.

Von den älteren Versuchen dieser Art seien die von Motten aus
dem Jahre 1878: Wirkung des reinen Wassers und der Hitze
(100°) auf den Zucker hervorgehoben. Die Verschiedenheit der Angaben Maumenés, Soubeyrans und W. Clasens führte Motten zu
dieser Arbeit[1].

Eine Anzahl Röhren von 25 cm³ Inhalt wurden mit Schwefelsäure und Königs-
wasser gewaschen und erhielt dann jede 14 cm³ Zuckerlösung von 65,7° Polarisation. Diese Röhren wurden vor der Lampe, ohne die Luft daraus zu vertreiben,
zugeschmolzen und in einem Wasserbade (100°) erhitzt.

| Ursprüngliche Polarisation | 65,7 |
|---|---|
| Nach 1stündiger Erhitzung | 65,7 |
| „ 5 „ „ | 65 |
| „ 10 „ „ | 64,5 |
| „ 15 „ „ | 64 |

Die Resultate der analogen Arbeiten Maumenés und Soubeyrans bezeichnet Motten auf Grund seiner Versuche als „übertrieben".
Beide fanden schon nach 12- und 18stündigem Erwärmen sehr große
Polarisationsrückgänge. So fand Soubeyran für eine Lösung bei Erhitzung am Rückflußkühler auf 100° nach 18 Stunden eine Polarisation von +20°, während die frische Lösung +71° polarisierte. Auch
Weisberg bezweifelte die Richtigkeit der Versuche Soubeyrans
und führte diese Resultate auf unreinen Zucker oder höhere Temperatur zurück. Nach Weisbergs Versuchen sind Zuckerlösungen viel
widerstandsfähiger. Er fand z. B. in einer 54,21 proz. Zuckerlösung
nach sechsstündigem Erhitzen auf 106° 53,82 %, nach siebenstündigem
Erhitzen auf 108° C 53,40 % Zucker.

Ähnliches fand Breton für schwach alkalische Zuckerlösungen[2].
Sind demnach die zahlenmäßigen Angaben Soubeyrans nicht richtig,
so kommt seiner Arbeit über die Drehungsrichtungsänderung beim Erwärmen von Zuckerlösungen Bedeutung zu. Die Drehung nahm ab, blieb
aber anfangs noch immer positiv, bis sie Null wurde (nach 20 Stunden);
nach diesem Zeitraum wurde sie negativ, z. B. nach 25 Stunden, vom
Beginn des Versuches gerechnet, —11°, nach 58 Stunden —3°; nach
64 Stunden wurde diese Minusdrehung Null und ging schließlich in
Rechtsdrehung wieder über. Daraus ergibt sich: die Drehung nimmt
ab, der Zucker erreicht dann die Phase des optisch nicht aktiven Zuckers
(0) und verwandelt sich in Invertzucker (Linksdrehung). Dieser wird
aber durch das weitere Erhitzen auch zerstört, und zwar wird zuerst
die weniger widerstandsfähige Fructose zersetzt; ist diese ganz verschwunden, so macht sich die Rechtsdrehung der Dextrose wieder
geltend.

Instruktiv sind Weisbergs Untersuchungen.

In einem Glaskolben auf Drahtnetz wurden neutrale Zuckerlösungen unter
Zusatz des verdampfenden Wassers oder am Rückflußkühler erhitzt. Temperatur
100—105°. War die ursprüngliche Polarisation der Lösung 3,7, so sank sie nach

---

[1] Z. V. D. Zuckerind. 1878, S. 307.    [2] Bull. de l'ass. Belge, 10, 109.

3—5 Stunden nicht; bei Pol. = 22,18 sank sie nach 2—3 Stunden nur um ein Geringes, bei Pol. = 22,83 trat nach 8—12 Stunden schon starke Zersetzung und Braunfärbung ein. Zusätze von Spuren Kalk, organischsauren Kalisalzen (essig-, oxal-, asparagin-, glutaminsaures Kali) oder Natriumacetat, -sulfat und -nitrat hatten keinen größeren Einfluß. War die Polarisation der Lösung = 12,72 oder 38,16, so war die Zersetzung und das Reduktionsvermögen nach 3—5 Stunden noch gering, nach 13 Stunden erheblich und nach 19 Stunden stark. Zusatz von nur einem Tropfen Essigsäure bewirkte rasch Drehungsverminderung.

War die Polarisation der Lösung 34,75, so war diese nach 8 Stunden bereits auf —10,7° gesunken, nach 15 Stunden auf — 9,3°.

Weitere Versuche Weisbergs „Über das Verhalten von Zucker und Raffinose beim Kochen mit Wasser"[1] wurden in gleicher Weise durchgeführt. Eine Lösung von 7,4 Polarisation zeigte dieselbe unverändert nach $5^1/_4$ stündigem Erhitzen, eine solche von 45,66° Polarisation nach 12 Stunden 45,18°. Auch Zusatz der obengenannten Verbindungen wurde gemacht. Diese erhöhten nicht die Polarisationsabnahme. Eine 25,4° polarisierende Lösung zeigte erst nach 13 stündigem Erhitzen einen Polarisationsrückgang von 0,3°. Dabei nahm die Lösung bräunliche Farbe an, ihre Alkalität verschwand und Fehlingsche Lösung wurde reduziert. Eine 76,33° polarisierende Lösung sank nach 3 Stunden nur um ca. 0,1°, nach $19^1/_2$ Stunden auf 74,03°. — Dabei wurde Fehlingsche Lösung nur schwach reduziert. Die Polarisation einer Füllmasse sank von 68,7° nach $5^1/_2$ stündigem Erhitzen auf nur 68,60°.

Speziell den Einfluß von Ätzkalk auf kochende Zuckerlösungen studierend, fand Weisberg, daß erst nach 8 stündigem Erhitzen auf 102° die Polarisation von 22,26 auf 21,77 (— 0,49) fiel. Die Versuche wurden so durchgeführt, daß Ätzkalk in reine Zuckerlösung eingetragen, geschüttelt und filtriert wurde; die erhaltene Zuckerkalklösung wurde am Rückflußkühler gekocht. Aus diesen Versuchen zog Weisberg den Schluß, daß bei der Scheidesaturation keine Zerstörung eintreten kann.

Saure Lösungen fallen sehr rasch tiefgreifenden Zersetzungen anheim. Bei 120° zersetzen sich auch neutrale Lösungen rasch und reduzieren Fehlingsche Lösung. Diese Zersetzungen sind um so größer, je höher die Konzentration der erhitzten Lösungen ist.

Herzfeld stellte durch seine Versuche fest:

1. daß die Art des Alkalis bei zweistündigem Erhitzen die Größe der Zuckerzerstörung nicht beeinflußt. Alkalicarbonate oder Alkalihydroxyde sowie Ätzkalk verhalten sich demnach diesbezüglich gleich.

2. Bei zu geringer Alkalität der Zuckerlösung werden die Produkte sauer, es tritt Inversion und damit Zuckerverlust auf.

3. Zwischen Zuckerzerstörung und Konzentration oder Temperatur der Lösung herrschen keine gesetzmäßigen Beziehungen. Je höher aber die Temperatur und Konzentration, desto größere Zuckerzerstörungen sind zu konstatieren[2].

Jesser fand im allgemeinen dieselben Resultate. Ferner beschäftigte er sich auch mit dem Verhalten des bei Erwärmung von Zuckerlösungen entstehenden Invertzuckers. Die Zerstörung desselben ist

---

[1] Ö. U. Z. f. Zuckerind. XXI, S. 3, 1892.
[2] Z. V. D. Zuckerind. 1893, S. 745.

abhängig von der Konzentration der Lösung und steigt mit der Konzentration. Der nicht vollständig zerstörte Invertzucker wirkt nicht invertierend auf die noch vorhandene Saccharose, wenn der Alkaligehalt der Lösung ein genügender ist. Die Temperatur macht sich bei der Zuckerzerstörung mehr geltend als die Konzentration[1].

Die Zuckerzerstörung äußert sich nach Jesser daher: 1. in stark alkalischer Lösung durch Alkalineutralisation ohne Auftreten säurebildender Körper, 2. in schwach alkalischer Lösung in Alkalineutralisation und im Auftreten von Körpern, die bei nachträglicher Einwirkung von Alkali Säure neutralisieren, 3. in neutralen Lösungen durch Auftreten von Invertzucker.

Der Zerstörungsprozeß selbst ist ein hydrolytischer (Reaktion des Wassers). Dabei wirken Ätzalkalien rascher und energischer als äquivalente Mengen von Alkalicarbonaten[2].

Bei diesen Versuchen kann es vorkommen, daß am Ende ein Zuckerzuwachs nachzuweisen ist. Daß dieser nur scheinbar sein kann, leuchtet wohl ein, aber eine sichere Erklärung fehlt für diese Erscheinung bis heute noch. Erhitzt man z. B. Zucker mit 10 % Wasser auf 130⁰, so treten schon nach einer Stunde erhebliche Zersetzungen auf; dasselbe tritt ein, wenn man niedrigere Temperatur, aber längere Einwirkungsdauer wählt. Nach Degener entstehen dabei dextrinartige Kondensationsprodukte von unbekannter Natur. Sie lassen sich durch Säuren schwer hydrolysieren und reduzieren Fehlingsche Lösung in verschiedenem Grade. Diese „Überhitzungsprodukte" sind rechtsdrehend und reduzierend, sie können daher sowohl bei der Raffinose- wie Invertzuckerbestimmung die Ergebnisse beeinflussen: sie erhöhen die Resultate[3].

Winkler, Wackenroder[4] und M. Wassilieff teilen die oben dargelegte Anschauung, während Lippmann diese Erscheinung auf die neutrale oder schwach saure Reaktion der Lösung zurückführt, denn bei höherer Alkalität verschwindet die anfängliche Steigerung der Drehung bald.

Von den bisher nachgewiesenen Zersetzungsprodukten des Zuckers in wäßerigen Lösungen beim Erhitzen seien genannt: Kohlendioxyd, Essig-, Ameisen-, Trioxybutter-, Trioxyglutarsäure, Aceton, Brenzcatechu-, Protocatechusäure, Mellithsäure, Furfurol usw. Ferner die sog. „Überhitzungsprodukte" und Huminsubstanzen. Die gasförmigen Verbindungen finden sich in den Kondensationswässern (Brüdenwässern) des Betriebes.

### 4. Einwirkung von Wärme auf festen Zucker.

Unter den Bedingungen, wie sie normalerweise im Betriebe herrschen, also Erwärmung allmählich auf höchstens ungefähr 120⁰, beginnt sich der Zucker zu gelben und später zu bräunen, er „caramelisiert".

---

[1] Ö. U. Z. f. Zuckerind. XXIII, S. 287, 1894.
[2] ebd. XXIV, S. 299, 497, 1895.
[3] Z. V. D. Zuckerind. 1882, S. 579; 1884, S. 560; 1885, S. 11.
[4] ebd. 1871, S. 236.

„Caramel“ ist ein Kollektivbegriff einer größeren Anzahl von Kohlenhydraten, entstanden durch Erhitzung und Überhitzung von Saccharose. Diese einzelnen Kohlenhydrate unterscheiden sich bezüglich ihrer Eigenschaften und chemischen Zusammensetzung je nach dem Grade und der Dauer der vorhergegangenen Erwärmung und somit auch nach dem Grade der Zersetzung des Zuckers voneinander. Je weitgehender diese, desto relativ reicher werden die entstehenden Substanzen an Kohlenstoff, bis schließlich fast nur dieser zurückbleibt (Zuckerkohle).

Der Caramelisierungsprozeß ist im Prinzip eine Wasserabspaltung; zwischen der beginnenden Bräunung (Beginn der Caramelisierung) und der Zuckerkohle liegt eine große Zahl verschiedener Caramelkörper von noch nicht sichergestellter Konstitution.

„Unter Caramel ist Rohrzucker zu verstehen, der durch Erhitzen auf eine höhere Temperatur sich in eine braune, völlig amorphe Masse verwandelt hat, die nicht krystallisationsfähig ist, keinen süßen Geschmack mehr hat und durchaus andere chemische und physikalische Eigenschaften besitzt als das Ausgangsmaterial, der Rohrzucker. Es wird sich mithin nicht um einen einheitlichen Körper, eine wohlcharakterisierte chemische Verbindung handeln, sondern um ein Gemenge von Stoffen; denn je nach der Art und Zeitdauer des Erhitzens, nach der Höhe der Temperatur werden sich Caramelkörper bilden, die verschiedene chemische Eigenschaften haben“ (Herzfeld).

Es kann daher nicht wundernehmen, wenn für diese Körper die chemischen Eigenschaften und Zusammensetzung von den einzelnen Forschern verschieden angegeben werden. Das Caramel spielt in der Zuckerindustrie eine große Rolle; es soll deshalb an dieser Stelle seine chemische Natur dargelegt werden. Seine Entstehungsweise wurde schon gezeigt. Péligot gab ihm die Formel $C_{12}H_{18}O_9$ nach der Gleichung

$$C_{12}H_{22}O_{11} - 2H_2O = C_{12}H_{18}O_9.$$

Danach wäre das Caramel ein Zersetzungsprodukt der Saccharose durch Abspaltung von zwei Molekülen Wasser. Gélis nimmt drei Caramel-Komponenten an[1], und zwar Caramelan $C_{12}H_{18}O_9$, Caramelen $C_{36}H_{48}O_{24} \cdot H_2O$, Caramelin $C_{96}H_{100}O_{50} \cdot H_2O$. Für letzteres nimmt Völckel die Formel $C_{24}H_{26}O_{13}$, Mauméne $C_6H_4O_2$ an. Dieses ist in Säuren und Wasser gar nicht, in Alkalien wenig löslich. Schiff[2] gibt dem bei 130⁰ dargestellten Caramel die Formel $C_{12}H_{16}O_8$; Sabanieff und Antuschwitz $C_{125}H_{188}O_{80}$ nach der Gleichung: $11(C_{12}H_{22}O_{11})$ $= 7CO_2 + 27H_2O + C_{125}H_{188}O_{80}$. Aus diesen Angaben geht zur Genüge hervor, daß die chemische Natur des Caramels noch nicht erkannt ist.

Daß die verschiedenen Forscher für die einzelnen Caramelkörper nicht übereinstimmende Formeln angeben, ist nach Stolle darin begründet, daß dieselben das Erhitzen des Zuckers bei einer bestimmten Temperatur nicht bis zur Konstanz fortsetzten. Stolle tat dies und

---

[1] Ann. de ch. III, 52, S. 352.
[2] B. D. ch. G. 4, S. 908; Ch. Z. 17, S. 133.

erhielt nach seinen Angaben einen einheitlichen Körper. Er fand diesen
bei Erhitzung des Zuckers auf 180—190° C zu $C_4H_6O_3$, bzw. das Multi-
plum $C_{12}H_{18}O_9$. Dabei betrug der Gewichtsverlust des Zuckers 12%.
Der Verlauf der Caramelbildung wäre folgender: $C_{12}H_{22}O_{11} =$
$C_{12}H_{18}O_9 + 2H_2O$. — Dieses Caramel ist demnach identisch mit dem
Caramelan von Gélis.

Es bildet eine rotbraune, völlig amorphe Masse mit muscheligem
Bruch, von sehr bitterem Geschmack und ist im Wasser löslich. Schmelzpunkt zwischen 134—136° C Eine Lösung dieses Caramels, mit ammoniakalischem Bleiessig versetzt, liefert schließlich einen Körper von der
Formel $C_{12}H_{16}O_8$ . PbO[1].

Das Caramelan ist ein echtes Kohlenhydrat; durch Hydrolyse
erhielt Stolle: 1. eine Hexose, 2. Lävulinsäure, 3. Huminkörper. Die
Hydrolyse wurde mit 3proz. Schwefelsäure durchgeführt. Für die
Huminkörper wurde die Formel $(C_9H_{11}O_5)_x$ gefunden[2].

Das Caramelan hat eine äußerst geringe Reduktionskraft. Da es
durch Bleiessig nicht gefällt wird, hat es bei der Invertzuckerbestimmung einigen Einfluß[3].

Diesen Angaben widerspricht F. Ehrlich[4]. Er konnte nachweisen,
daß Stolles Caramelan ein Gemisch und kein einheitlicher chemischer
Körper sei. Hingegen soll es Ehrlich gelungen sein, einen solchen darzustellen.

Er erhitzte Rohrzucker bei ca. 200° im Vakuum, um die entstehenden flüchtigen Säuren, die sonst invertierend wirken könnten, rasch zu entfernen. Bei
einem bestimmten Gewichtsverluste erhält man ein schwarzbraunes Gemisch von
Caramelsubstanzen. Dieses wird mit Äthyl- oder besser mit Methylalkohol ausgewaschen; es geht eine Menge nur wenig gefärbter Substanzen in Lösung, bis
schließlich ein tief schwarzbraun gefärbter Körper zurückbleibt. In Wasser gelöst
und dieses verdampft, erhält man ihn in Form glänzender, schwarzbrauner Krusten.
Diese Substanz ist nach Ehrlich eine einheitliche chemische Verbindung.

Er nennt sie Saccharan und bestimmte ihre Formel zu $C_{12}H_{18}O_9$.
Dieses ist der intensivst färbende Caramelkörper, durch Hefe nicht
vergärbar, absolut geschmacklos, wasserlöslich und optisch aktiv; durch
Behandlung mit Säuren bei gelinder Temperatur erhält man ein rechts-
drehendes Gemenge von viel Dextrose neben wenig Fructose. In Mengen
von 1 : 10000 färbt es Wasser intensiv dunkelbraun; bei Zusatz von
Alkali wird die Lösung noch dunkler. Durch Hydrosulfit wird es in
neutraler oder schwachsaurer Lösung aufgehellt — so wie Caramel —;
in alkalischer Lösung wirkt Hydrosulfit nur wenig ein. Durch Knochenkohle wird es absorbiert. Ehrlich basierte auf das Saccharan eine
colorimetrische Bestimmungsmethode für den Caramelgehalt von
Zuckerprodukten. Doch ist zu beachten, daß neben den Caramelkörpern in diesen Produkten noch andere färbende Substanzen zugegen
sind (Huminsubstanzen).

---

[1] Z. V. D. Zuckerind. 1899, S. 800.
[2] Stolle: Über die Spaltungsprodukte des Caramelans. Z. V. D. Zuckerind.
1903, S. 1149.
[3] Stolle: Über die reduzierende Kraft des Caramelans. Z. V. D. Zuckerind.
1903, S. 1154.     [4] Z. V. D. Zuckerind. 1909, S. 746.

In neuerer Zeit studierten M. Cunningham und Ch. Dorée speziell das Caramelan. Dieses erhielten sie durch Erhitzen der Saccharose bei 170—180⁰ C; sie fanden dafür die Formel $C_{12}H_{18}O_9$ (in Übereinstimmung mit Gélis), halten $C_{22}H_{36}O_{18}$ für die wahrscheinlichere. Konzentrierte Säuren (nicht oxydierende) führen über Deshydratation zu Caramelin $C_{24}H_{26}O_{13}$[1].

Amé Pictet und Mitarbeiter fanden beim Erwärmen des reinsten Rohrzuckers auf 185—190⁰ C unter Wasserabspaltung als ersten Körper Isosaccharosan $C_{10}H_{20}O_{10}$ und weiter die obengenannten Caramelkörper. Es ist ein weißes, amorphes Pulver, $[\alpha]_D^{10} = + 64^0$, schwer in Wasser löslich und von bitterem Geschmack. In wäßriger Lösung wird es auch in der Kälte rasch unter Bildung von Invertzucker hydrolysiert[2].

Das gewöhnliche Caramel ist in kaltem und heißem Wasser löslich; diese Lösung ist gummiartig. Caramel ist ferner in Äthyl-, besser in Methylalkohol löslich. Es ist nicht krystallisationsfähig. Nach Graham soll bei der Dialyse von Caramel Caramelan und Caramelen austreten und Caramelin zurückbleiben, welches die Formel $C_{34}H_{30}O_{15}$ haben soll.

Je nach dem Grade und der Dauer der Erhitzung von Rohrzucker erhält man im Caramel ein Gemenge, in welchem irgendeine der genannten Komponenten vorherrscht. Erleidet der Zucker einen Gewichtsverlust von 10%, so ist fast nur Caramelan, bei 15% Caramelen und bei 20% Gewichtsverlust Caramelin vorhanden.

Es wurde gezeigt, daß Saccharose in trockener Form unter dem alleinigen Einfluß von Wärme erst weit über 100⁰ zu caramelisieren beginnt. Solchen Temperaturen wird der Zucker im Betriebe selten ausgesetzt sein; dafür herrschen hier aber auch Bedingungen, die diese Caramelisierungstemperatur herunterzusetzen vermögen, das sind z. B. Wasser, Metalle und ihre Verbindungen des Apparatenmaterials.

Volmer studierte im Jahre 1883 die Bedingungen für die Caramelisierung im Großbetriebe und den schädlichen Einfluß der Caramelkörper auf die Metalle (Dampfkessel, Leitungsröhren). Die Caramelkörper geben mit Metallen verschiedene Verbindungen. Gélis gibt u. a. folgende an: $C_{12}H_{16}PbO_9$ Caramelanbleioxyd, $C_{36}H_{48}PbO_{25}$ Caramelenbleioxyd und $C_{96}H_{100}PbO_{51}$ $\beta$-Caramelinbleioxyd. Da nun Volmer in den Caramelabscheidungen aus Kesseln und Dampfrohren neben Alkalien, Kalk und Magnesia hauptsächlich Eisen nachweisen konnte, nimmt er Verbindungen dieser Elemente mit den Caramelkörpern nach Analogie der obigen an. Er bewies experimentell die Verbindungsfähigkeit des Eisens, bzw. Eisenoxyds mit den Caramelsubstanzen.

Der Vorgang der sich abspielenden Prozesse, die die Kesselwände schädigen, so daß diese ein oberflächlich zerfressenes Aussehen erhalten, ist nach Volmer folgender: Unter der gemeinsamen Einwirkung der bei beginnender Zersetzung des (mit dem Speisewasser in die Kessel gelangten) Zuckers entstehenden Wasser-

---

[1] Z. V. D. Zuckerind. Bd. 68, S. 1, 1918.    [2] Ch. Zentralbl. 1924, S. 1176.

elemente und der sauren Caramelkomponenten findet eine energische Oxydation statt, wodurch den Kesselwänden Metall entzogen wird (zerfressenes Aussehen derselben). Parallel mit diesem Oxydationsprozesse geht bei dem fortschreitenden Zerfall des Zuckers ein Reduktionsprozeß vor sich, der die gebildeten Eisenoxydsalze in Oxydulverbindungen zurückführt, so daß schließlich beide Oxydationsstufen in Verbindung mit den Caramelstoffen zurückbleiben.

An diesen Vorgängen nehmen auch saure Zersetzungsprodukte des Zuckers Anteil, wie z. B. Ameisen-, Lävulin-, Essig- und Ulminsäure[1].

Daß bei der Caramelisierung Ulmin und Huminsubstanzen auftreten, wurde vielfach beobachtet. Diese Verbindungen sind dunkel gefärbte, hochmolekulare Kondensationsprodukte von unbekannter Konstitution. Sie sind kohlenstoffreicher als die Kohlenhydrate. Teilweise sind sie saurer Natur: Humin- und Ulminsäure, teilweise nicht: Humin und Ulmin. Die Huminsäure hätte nach Berthelot und André die Formel $C_{18}H_{14}O_6$, und nach Fradiss entstünde sie aus Zucker neben Ameisensäure durch Einwirkung von Wärme, Säuren oder Alkalien nach folgender Gleichung:

$$2C_{12}H_{22}O_{11} + 5O = C_{18}H_{14}O_6 + 6H \cdot COOH + 9H_2O.$$

Bei 100° geht die Ameisensäure über und je nach der Temperatur bleiben wechselnde Mengen derselben zurück, welche das Reduktionsvermögen des Caramels (bzw. der Huminsubstanzen) vergrößern. Die Humusstoffe selbst sind aber auch kräftige Reduktionsmittel.

Die Huminsubstanzen harren noch ihrer Erforschung; diese ist u. a. auch deshalb so erschwert, weil der Begriff der Huminsubstanzen eigentlich gar nicht feststeht. Simmich zählt gelegentlich seiner Untersuchung (s. u.) folgende vier verschiedene Körperklassen, bzw. Entstehungsarten, für die „Humussubstanzen" an:

a) natürliche Humussubstanzen, im wesentlichen aus Cellulose durch Vermoderung entstehend, mit ganz geringem bis sehr hohem Stickstoffgehalt,

b) aus Mono- und Disacchariden durch Säureeinwirkung künstlich dargestellte, stickstofffrei,

c) aus kohlenhydrathaltigen Proteinen mittels Säurehydrolyse erhaltene, meist stickstoffreich,

d) aus Phenolen (Pyrogallol, Chinon) durch Oxydation in alkalischer Lösung gebildete, stickstofffrei.

O. Fürth und F. Lieben schlugen vor, nur die aus Kohlenhydraten gebildeten Produkte als Humine, die Umwandlungsprodukte des Tryptophans (Bestandteil der Eiweißkörper) als Melanoidine zu bezeichnen[2].

Die gewöhnliche Zuckercouleur kommt als „Dekfa" (dicker schwarzer Sirup) oder als „Kulex" (rundliche Körner) in den Handel. Sie werden dargestellt nach Herzfelds Methode[3], indem man während des Erhitzens dauernd Ammoniak zusetzt, wodurch die sich bildenden organischen Säuren abgestumpft werden. Die beiden Couleure studierte Simmich, weil er vermutete, Beziehungen zwischen den Couleur- und den Melassefarbstoffen zu finden[4]. Im allgemeinen fand er die einzelnen Farbstoffkomponenten als Gemenge der schon oben genannten Caramel-

---

[1] Z. V. D. Zuckerind. 1895, S. 451.  [2] Biochem. Z. 116, S. 224, 1921.
[3] Z. V. D. Zuckerind. 1910, S. 1117.  [4] ebd. 1926, S. 1.

körper, die Ammoniak (Aminogruppen) in verschiedener Menge gebunden enthalten. Z. B. wären im „Kulex" im wesentlichen zwei Aminogruppen im Caramelin, im „Dekfa" drei Moleküle Ammoniak im Caramelen adsorbiert. Ersteres wäre $C_{24}H_{28}(NH_2)_2O_{15}$, letzteres $C_{36}H_{50}O_{25}$ · $3\,NH_3$.

Die Caramelkörper sind als Kohlenhydrate stickstofffrei, können aber unter den entsprechenden Laboratoriumsbedingungen mit stickstoffhaltigen organischen Verbindungen reagieren.

Maillard[1] war der erste, der über den Reaktionsverlauf zwischen Zuckerarten und Aminosäuren berichtete. Durch Erhitzen eines Gemisches von einem Teil Glykokoll mit der vier- oder fünffachen Menge Glycerin bei 170⁰ C durch mehrere Stunden hat er die Kupplung zu Cyclo-Glycil-Glycin erzielt. Sie gelang auch bei anderen Aminosäuren und auch, wenn er das Glycerin durch Glucose ersetzte. Dieses Gemisch, in ein Wasserbad gestellt, bräunte sich binnen 10 Minuten, worauf das Gemisch ins Schäumen geriet und $CO_2$ ausstieß. Diese $CO_2$ stammt aus der COOH-Gruppe der Aminosäure. Maillard fand, daß Alanin der aktivste von den Aminosäuren ist; ferner fand er, daß die Reaktion sehr langsam schon bei 37⁰ C vor sich geht. Er bezeichnet diese dunkelgefärbten Produkte „Melanoide".

Nach ihm wurde diese Frage weiter studiert. So bestätigte z. B. Ruckdeschel[2] die Befunde Maillards, und Grünhut und Weber[3] konnten folgende Reihenfolgen aufstellen:

Die Reaktionsfähigkeit der Aminosäuren nimmt in der Reihenfolge ab: Glutaminsäure > Glykokoll > Alanin > Asparaginsäure > und Leucin.

Die Reaktionsfähigkeit der Zuckerarten nimmt in der Reihenfolge ab: l. Arabinose > d. Glucose > d. Galaktose > d. Fructose > Maltose > Lactose. Raffinose und Saccharose reagieren nicht. Die Tiefe der Braunfärbung ist nicht immer maßgebend für den Grad der Umsetzung.

Hier kann gleich die Untersuchung Staněks angeführt werden, durch die er eine stickstoffhaltige Säure aus der Melasse isolierte und die er „Fuscazinsäure" nannte (s. d.).

In neuerer Zeit untersuchte Ripp die Bildung von Caramelkörpern bei Gegenwart von stickstoffhaltigen Substanzen und benutzte hierzu als Ausgangsmaterial Caramel aus Lävulose und verschiedene Aminosäuren und Amide. Das Lävulosecaramel fand er identisch mit dem Caramelan nach Gélis (s. d.).

Die Reaktionsreihenfolge zwischen Lävulose und Aminosäuren ist folgende: Glykokoll > Asparagin > Alanin > Glutaminsäure > Asparaginsäure. Bei Glucose-Aminosäuren ist die Reaktionsreihenfolge: Asparagin > Glykokoll > Alanin > Glutaminsäure > Asparaginsäure. Die Caramelsubstanzen, die aus Lävulose bei Gegenwart von stickstoffhaltigen Verbindungen gebildet wurden, besitzen zwar ein Reduktionsvermögen, verhalten sich aber nicht wie Kohlenhydrate.

---

[1] C. r. de l'Ac. des sc. Bd. 153, S. 1078, u. Bd. 154, S. 66, 1911; Z. V. D. Zuckerind. 1926, S. 946.

[2] Z. f. d. ges. Brauwesen, 1914, S. 430.     [3] Biochem. Z. Bd. 121—122, S. 110.

Beim Erhitzen von Lävulose-, bzw. Glucoselösungen mit Aminosäuren tritt die Aminosäure in Reaktion, und die Färbung des entstandenen Körpers wird durch Bindung von Stickstoff hervorgerufen. Eine direkte Proportionalität zwischen der Farbtiefe und dem gebundenen Stickstoff ist nicht vorhanden[1].

In der Literatur finden sich zwar genug Angaben über die Menge an Caramelkörpern in verschiedenen Zuckerfabriksprodukten, aber es ist bei dem heutigen Stande der Caramelchemie und Caramelanalytik diesen Angaben nicht zu trauen. Auf einige der 1. Auflage sei hingewiesen.

Th. Koydl versuchte auf Grundlage des Ehrlichschen Saccharans den Caramelgehalt in Produkten der Zuckerfabrikation festzustellen und damit auch gleich einen Teil der unbestimmbaren Verluste zahlenmäßig zu erfassen[2].

Sein Gedankengang war der, aus der Farbstoffzunahme auf die Zuckerzerstörung rückzuschließen; zu diesem Behufe mußte vorher das quantitative Verhältnis zwischen der Saccharanmaßeinheit[3] und dem zerstörten Zucker experimentell ermittelt werden (Caramelmaßsystem). Er fand für die praktischen Verhältnisse für die Rohzuckerfabrikation nach dem Verkochen[4] und für die Verhältnisse der Raffination den Faktor 2 zur Umrechnung der Grade Ehrlich, bzw. Milligramme Saccharan in Milligramme Caramel, „womit nicht gesagt sein soll, daß genau soviel Milligramme gefärbter Substanz vorhanden sind, wohl aber so viel Farbe, als der Zersetzung von so viel Milligrammen Zucker durch Hitzewirkung entspricht" ($1^0$ Stammer entspricht 8 mg Caramel in 100 cm$^3$ Lösung).

Nur, um über den Stellenwert solcher Gehaltszahlen zu informieren, seien angeführt:

| Roh-zucker-fabrik | Füllmasse I. Produkt ($92^0/_0$ Q) . . . | $0,46$—$0,68^0/_0$ | Caramel |
|---|---|---|---|
| | Nachprodukt-Füllmasse ($74^0/_0$ Q) . . | $2,32$—$2,72^0/_0$ | |
| | Rohzucker I. Produkt . . . . . . . | $0,13$—$0,19^0/_0$ | |
| Raffinerie | I. Krystallfüllmasse (II. Kläre) 99,4 . | $0,009$—$0,018^0/_0$ | Caramel |
| | II.      „      (III. Kläre) 98,0 . | $0,03$ —$0,08^0/_0$ | |
| | Prima Kochkläre unfiltriert . . . . . | $0,005$—$0,026^0/_0$ | |
| | „      „      filtriert . . . . . . | $0,001$—$0,0015^0/_0$ | |

Über die Verlustberechnung durch Caramelbestimmung siehe bei den unbestimmbaren Verlusten der Raffinerie (Kap. 33).

Da die verschiedenen Caramelkörper stets in den Säften, Klären u. a. Produkten vorkommen und diese färben, ist es von Wichtigkeit, das Verhalten der Caramelfarbstoffe gegen solche Mittel kennenzulernen, welche die Zuckerindustrie zum Entfärben verwendet.

G. Gahrtz konstatierte, daß die echten Caramelfarbstoffe durch Wasserstoffsuperoxyd nicht sehr gebleicht werden[5]. Herzfeld be-

---

[1] Z. V. D. Zuckerind. 1926, S. 627.
[2] Ö. U. Z. f. Zuckerind. XLVII, S. 16, 1918.      [3] ebd. 1916, S. 125.
[4] Bis dahin gelten auch noch andere farbengebende Reaktionen, z. B. die der stickstoffhaltigen Verbindungen.      [5] Z. V. D. Zuckerind. 1906, S. 521.

schäftigte sich mit der Bleichwirkung von Hydrosulfit (s. Blankit) auf
Caramel. Die einzelnen Farbstoffe extrahierte er mit verschieden
konzentriertem Äthyl- und Methylalkohol, verdampfte die entsprechenden alkoholischen Lösungen im Vakuum und trocknete die erhaltenen
Rückstände; diese besaßen gelbrote bis hellgelbe Farbe. In wäßrigen
Lösungen, die stets sauer reagieren, wurden sie sodann mit 0,2% Blankit
behandelt. Die Rückstände der Alkoholextraktion hatten dunkelbraune
bis schwarze Farbe.

Blankit wirkte mehr oder weniger, sowohl in saurer als auch in
alkalischer Lösung, entfärbend, und zwar mehr als schweflige Säure.
Es traten aber auch Nachdunklungen ein. Ferner konstatierte Herzfeld, daß frische Knochenkohle diese Farbstoffe sehr absorbiert,
rascher aber, wenn vorher mit Hydrosulfit gebleicht wurde; dann trat
nie Nachdunklung ein.

Bei all den geschilderten Vorgängen waren keine Gesetzmäßigkeiten
erkennbar[1].

Trillat erhielt folgende Produkte beim Erhitzen des Zuckers bis
zur beginnenden Verkohlung[2]: Formaldehyd, Acetaldehyd, Benzaldehyd (Bittermandelöl), Aceton, Methylalkohol, Essigsäure, Phenol-
derivate. Dem Formaldehyd schreibt Trillat eine gewisse Rolle bei
der Bildung der Caramelkörper zu; ja er geht so weit, auf die Tatsache
fußend, daß Formaldehyd sich zu polymerisieren vermag, die Hypothese aufzustellen, „ob der Caramel nicht einfach durch Verbindung
dieser polymerisierten Produkte (nach Loew und Fischer Methyleni-
tan und Formose genannt) gebildet wird". Ferner schreibt er dem
Formaldehyd „die hervorragend antiseptischen Eigenschaften der Ver-
brennungsgase des Zuckers . . ." zu und stellte auch deren bakterien-
tötende Eigenschaft fest.

Ehrlich prüfte die Angaben Trillats und fand, „daß Formaldehyd unter den Verbrennungsprodukten überhaupt nicht oder
höchstens in minimalen Spuren vorkommt"[3].

Die Zuckerkohle ist das Produkt einer vollständigen Zersetzung
des Zuckers durch Erhitzen gegen 200°; man erhält sie schließlich
als einen schwarzen, glänzenden, sehr schwer verbrennlichen kohligen
Rückstand. Ihre Zusammensetzung siehe Kap. 31 (Tabelle 125); sie
zeigt Adsorptionserscheinungen.

## 5. Inversion des Rohrzuckers.

Auf der Seite 71 wurde der Aufbau und der Zerfall des Rohrzuckers
aus, bzw. in seine Komponenten gezeigt. Der Abbau in diese ist der
hier weit wichtigere Prozeß und heißt Inversion. Sie wird durch
chemische oder bakterielle Tätigkeit veranlaßt und ist für die Zuckerindustrie ein ebenso unangenehmer als für die Chemie der Zuckerindustrie wichtiger Vorgang.

---

[1] Z. V. D. Zuckerind. 1907, S. 1088.  [2] ebd. 1906, S. 97.
[3] D. Z. 1907, S. 15.

Theorie und die Gesetze der Inversion. Aus Saccharose entsteht durch folgende Vorgänge Invertzucker:

1. Kochen mit Wasser;   3. Behandlung mit manchen Salzen;
2. Behandlung mit Säuren;   4. durch Mikroorganismen.

1. Durch Kochen mit Wasser wird Rohrzucker invertiert. Auch schon unter 100° kann Zersetzung eintreten. Nach Jesser bleibt der gebildete Invertzucker in neutralen Lösungen unverändert, in schwach alkalischen Lösungen jedoch tritt weitere Zersetzung ein, die Alkalität verschwindet dabei; ätzende Alkalien und alkalische Erden wirken in dieser Hinsicht energischer als kohlensaure Alkalien.

2. Säuren wirken rascher und energischer, selbst bei gewöhnlicher Temperatur. Über die Einwirkung der Kohlen- und schwefligen Säure siehe Kap. 16 b, c.

An dieser Stelle seien die allgemeinen Gesetze und jene Faktoren untersucht, die auf die Inversion Einfluß haben.

Die Rohrzuckermenge, die in einer bestimmten Zeiteinheit invertiert wird, ist der vorhandenen Menge an Saccharose proportional. Mit andern Worten: Die Geschwindigkeit der Inversion durch eine bestimmte Säuremenge ist in jedem Zeitpunkte der noch vorhandenen Menge unveränderten Zuckers proportional. Die Inversion verläuft demnach immer langsamer. War zu Beginn die Menge des Rohrzuckers $p$, und wurde nach einer gewissen Zeit $x$ invertiert, so kann die Geschwindigkeit $s$ in der darauffolgenden Zeiteinheit durch folgende Gleichung ausgedrückt werden:

$$s = \frac{dx}{dt} = k\,(p - x),$$

in der $k$ eine Konstante bedeutet, die von der Natur der angewendeten Säure abhängt[1].

Die Inversion kann durch verschiedene Säuren bewirkt werden; die Geschwindigkeit dieser Reaktion hängt von der Natur der Säure ab. $k$ heißt die Geschwindigkeitskonstante und ist für die einzelnen Säuren verschieden. Vergleicht man diesen Betrag mit jenem für die elektrolytische Dissoziation der betreffenden Säure, so ist zwischen beiden Größen Proportionalität zu finden. Die stärker in Ionen dissoziierte Säure invertiert schneller als die schwächer dissoziierte. Daraus folgt, daß die Inversion durch die Wasserstoffionen bewirkt wird, denn diese letzteren sind allen Säuren gemeinsam (s. Kap. 14f.).

Die Größe dieser Konstante wurde von W. Ostwald experimentell bestimmt. Setzt man sie für Salzsäure bei 25° C = 100, so haben die verschiedenen Säuren folgende Konstanten

| | | | | | |
|---|---|---|---|---|---|
| HCl | = 100 | Ameisensäure | = 1,53 | Bernsteinsäure | = 0,54 |
| $HNO_3$ | = 100 | Äpfelsäure | = 1,27 | Citronensäure | = 1,72 |
| $H_2SO_4$ | = 53,6 | Essigsäure | = 0,40 | Schweflige | |
| $H_3PO_4$ | = 6,21 | Milchsäure | = 1,07 | Säure[2] | = 15,16 |
| Oxalsäure | = 18,57 | Malonsäure | = 3,08 | | |

Ferner gilt für die Inversion: Die Inversionsgeschwindigkeit ist unabhängig von der Menge des ursprünglich vorhandenen Zuckers; bei konstanter Konzentration der Säure wird $k$ nicht beeinflußt; es können daher die konzentriertesten Zuckerlösungen durch relativ kleine Säuremengen invertiert werden. Die Inversionsgeschwindigkeit wächst gesetzmäßig mit steigender Temperatur in hohem Grade und mit der Kon-

---

[1] Wilhelmy: Poggendorfs Ann. I. Bd. 81, S. 413.
[2] Stiepel: Z. V. D. Zuckerind. 1896, S. 654, 746.

zentration der Säure. Jede Säure besitzt für jede Konzentration nach Spohr eine bestimmte Inversionskonstante[1]. Obige Zahlen beziehen sich auf Normallösungen. Die Inversion ist ein **katalytischer Prozeß**.

Das ist ein solcher Vorgang, der durch die bloße Anwesenheit eines Stoffes beschleunigt (auch verzögert) wird. Dieser Stoff heißt **Katalysator** und ist nach der Definition W. Ostwalds ein Körper, „der, ohne selbst verbraucht zu werden (bzw. ohne in den Endprodukten der Reaktion zu erscheinen), die Geschwindigkeit ändert, mit welcher ein chemisches System seinem Gleichgewicht zustrebt". Auf den vorliegenden Fall übertragen, heißt das: Die Spaltung des Zuckers in reinen, wäßrigen Lösungen würde mit kaum merkbarer Geschwindigkeit verlaufen. Die geringste Säuremenge, bzw. ihre Wasserstoff-Ionen, beschleunigen aber die Inversion. Dabei tritt die Säure in den Reaktionsendprodukten nicht auf:

$$C_{12}H_{22}O_{11} + H_2O = C_6H_{12}O_6 + C_6H_{12}O_6.$$

Reine Zuckerlösungen invertieren bei sonst gleichen Verhältnissen schneller als z. B. Lösungen von Rohzucker — wie auch aus der Praxis der fabriksmäßigen Inversion von Zuckerlösungen hervorgeht[2].

In Industrien, wo die Inversion von Rohrzucker erwünscht ist (Sirup, Kunsthonig), werden nach verschiedenen Rezepten und Patenten (was Mengenverhältnisse, Temperatur und Dauer und erwünschtes Produkt usw. anlangt) als Inversionsmittel angewandt: Weinsäure (Herzfeld), Citronensäure und in neuerer Zeit (in Amerika) Invertase (s. d.). Anorganische Säuren werden weniger angewendet.

**Inversion durch Mikroorganismen, bzw. Enzyme.** Es ist eine bekannte Tatsache, daß Mikroorganismen Zuckerlösungen invertieren können. Erschöpfend wurde diese Frage von Fermi und Montesano behandelt[3] (siehe auch Kap. 27).

Die Wirksamkeit der Mikroorganismen fällt mit jener ihrer **Enzyme** zusammen. Da die Enzyme später abzuhandeln sind, wird an geeigneterer Stelle diese Frage ihre Erledigung finden.

Mikroorganismen können den Zucker in verschiedene Gärungen bringen. Der Rohrzucker unterliegt folgenden Gärungen: 1. der alkoholischen; 2. der methylalkoholischen; 3. der Milch-, Butter- und Essigsäuregärung; 4. der schleimigen Gärung; 5. u. a. weniger bekannten und weniger wichtigen Gärungen.

Auf die Arbeiten Neubergs über andere biochemische Zuckerspaltungen sei nur verwiesen[4].

### 6. Verbindungen des Rohrzuckers.

**Saccharate.** Die wichtigsten Basen, die hier für die Saccharatbildung in Betracht kommen, sind: Alkalien, Kalk, Strontian, Baryt und Blei. Die **Alkalisaccharate** spielen eine große Rolle bei der Theorie der Melassebildung, die andern genannten Basen bilden als Saccharate die Grundlage für die verschiedenen Melasseentzuckerungsverfahren. Hier interessieren nur die verschiedenen **Kalksaccharate**, weil deren Bildung bei der Scheidung eine wichtige Rolle spielt.

---

[1] Z. V. D. Zuckerind. 1886, S. 279.     [2] Gagell: D. Z. 1919, S. 380.
[3] Zentralblatt für Bakteriologie und Parasitenkunde 1895, 2. Abt., S. 482.
[4] Ch. Z. 1919, S. 9, 18.

Der Zucker bildet mit dem Kalke folgende Saccharate: Calciummonosaccharat (einbasischer Zuckerkalk), Anderthalbbasisches Calciumsaccharat, Calciumbisaccharat (zweibasischer Zuckerkalk), Calciumtrisaccharat (dreibasischer Zuckerkalk). Außerdem Calcium-, Tetra-, Hexa- und Octasaccharat. Davon haben aber nur die ersten drei Saccharate größere Wichtigkeit. Ferner ist an dieser Stelle noch jener Saccharate Erwähnung zu tun, die im Betriebe aus den Verunreinigungen der Kalkmilch entstehen können. Das sind Magnesiumsaccharat, Calciummagnesiumsaccharat und Eisensaccharat.

Kalk ist in Zuckerlösungen mehr löslich als in reinem Wasser. Das beweisen die im folgenden Abschnitte angeführten Löslichkeitsversuche. Die größere Löslichkeit beruht auf der Bildung von Kalksaccharaten. Temperatur, Zuckerkonzentration und andere Bildungsverhältnisse bestimmen, welches der genannten Kalksaccharate entsteht.

Calciummonosaccharat. Péligot gewann es als erster in reinem Zustande durch Fällen einer klaren, auf je 1 Mol. Zucker nicht ganz 1 Mol. $Ca(OH)_2$ enthaltenden Lösung mit Alkohol; es fällt dabei $C_{12}H_{22}O_{11} \cdot CaO + 2H_2O$ aus, das, bei 100—110° getrocknet, sein Krystallwasser verliert: $C_{12}H_{22}O_{11} \cdot CaO$[1].

Nach Lippmann übt die Form, in welcher der Kalk zugeführt wird, einen bemerkenswerten Einfluß auf die Bildung dieser Verbindung aus. Bei verdünnten Zuckerlösungen unter Zusatz von Kalkmilch tritt die Lösung des Kalkes und Bildung des Saccharates am raschesten bei Temperaturen zwischen 0° bis 15° C ein, weil bei diesen die Löslichkeit des Kalkes die größte ist: selbst bei fortgesetztem Rühren ist sie aber erst nach 16—18 Stunden beendigt. Verwendet man Ätzkalk (CaO) in groben Stücken, so löscht sich dieser unter starker Temperaturerhöhung, ohne die Saccharatbildung zu beeinflussen; ist derselbe jedoch als feinstes Pulver zur Anwendung gelangt, und hat die Zuckerlösung mittlere Konzentration, so geht der Kalk — bei fortwährendem Umrühren — bei jeder Temperatur unterhalb 70° unmittelbar, fast ohne fühlbare Wärmeentwicklung in Lösung und bildet momentan das einbasische Saccharat. Diese Reaktion geht desto rascher und vollständiger vor sich, je tiefer die Temperatur und je reiner, frischer und schärfer gebrannt der Ätzkalk ist; auch in stark verdünnten Lösungen wird der Kalk vollständig gebunden, ein Löschen findet trotz des großen Überschusses an Wasser nicht statt, und die Lösung erwärmt sich nur um 4—5°.

Bei Anwendung genau molekularer Mengen entsteht ausschließlich einbasisches Saccharat, das durch starken Alkohol vollständig ausgefällt werden kann und die oben angegebene Formel besitzt.

Nach Stromeyer muß man $1^1/_2$ Mol. Zucker anwenden[2]. Der einbasische Zuckergehalt oder das Monocalciumsaccharat ist jene wichtige Verbindung, auf der die Scheidung und Saturation des Rohsaftes beruht, indem sie sich bei der Scheidung hauptsächlich bildet und bei der Kohlensäuresaturation in Kalkcarbonat und Zucker zerlegt wird:

$$C_{12}H_{22}O_{11} \cdot CaO + CO_2 = CaCO_3 + C_{12}H_{22}O_{11}.$$

Calciummonosaccharat bildet eine weiße, amorphe Masse, ist in Wasser löslich, in Alkohol unlöslich. Durch Erhitzen auf 150° wird es zersetzt. Diese Verbindung ist ein Alkoholat und keine molekulare Anlagerung von Kalk an Zucker.

---

[1] Z. V. D. Zuckerind. Bd. 10. S. 74, 1860.    [2] ebd. Bd. 37, S. 953, 1887.

Sie hat eine wichtige Eigenschaft, welche die Grundlage eines Melasseentzuckerungsverfahrens bildet. Beim Kochen seiner Lösungen zersetzt sich Monocalciumsaccharat unter Bildung von dreibasischem Kalksaccharat und freiem Zucker

$$3(C_{12}H_{22}O_{11} \cdot CaO) = \underset{\text{unlöslich}}{C_{12}H_{22}O_{11} \cdot 3\,CaO} + 2\,C_{12}H_{22}O_{11}.$$

Dieses fällt beim Kochen unlöslich aus, löst sich aber beim Erkalten wieder unter Bildung von Monosaccharat.

Seine Bildungswärme ermittelte Herzfeld zu 8,63 Cal bei Bildung aus 10 proz. Zuckerlösung und Kalkhydrat. Es ist schwierig oder gar nicht dialysierbar.

Dem anderthalbbasischen Calciumsaccharat $(C_{12}H_{22}O_{11})_2 \cdot 3\,CaO$ kommt hier keine Bedeutung zu, und außerdem ist „dessen Individualität keineswegs sicher" feststehend. Vorgreifend kann auch dasselbe vom Calciumtetrasaccharat und -octasaccharat behauptet werden[1].

Calciumbisaccharat entsteht auf mehrere Weisen, u. a: beim Kochen einer wäßrigen Lösung von je 1 Teil Calciummonosaccharat und -trisaccharat, bei starkem Abkühlen einer filtrierten Lösung von viel überschüssigem Kalkhydrat und Zuckerwasser.

Rührt man in eine Lösung von Zucker oder Monosaccharat 2 Mol. feinsten, frisch gebrannten, hydratfreien Ätzkalkstaub möglichst rasch und gleichmäßig ein, so wird nach Lippmann dieser unter Temperaturerhöhung von 6—8⁰ vollständig an den Zucker gebunden, und es entsteht das Bisaccharat $C_{12}H_{22}O_{11} \cdot 2\,CaO$; war zu wenig Ätzkalk vorhanden, so entsteht daneben Monosaccharat. Durch Abkühlung dieser Lösung mit Eis erhält man schöne weiße Krystalle von obiger Formel; diese sind löslich in kaltem Wasser, besser in Zuckerlösungen.

Beim Kochen solcher Lösungen zerfällt das Bisaccharat in Trisaccharat und freien Zucker:

$$3(C_{12}H_{22}O_{11} \cdot 2\,CaO) = 2(C_{12}H_{22}O_{11} \cdot 3\,CaO) + C_{12}H_{22}O_{11}.$$

Calciumtrisaccharat. Außer den beiden schon erwähnten Methoden — Kochen von Mono- und Bicalciumsaccharaten — entsteht es als starrer, körniger Brei beim Eintragen von 3 Mol. gepulvertem Kalk in eine alkoholische Lösung von 1 Mol. Zucker, wobei Temperaturerhöhung um ca. 15⁰ stattfindet (Seyffart)[2]. In diesem Zustande hat es 4 Mol. Krystallwasser und somit die Formel: $C_{12}H_{22}O_{11} \cdot 3\,CaO + 4\,H_2O$. Über Schwefelsäure getrocknet, verliert es 1 Mol. Wasser. Aus wäßrigen Lösungen fällt es mit 3 Mol. Krystallwasser aus, dies aber nur dann, wenn die wäßrige Lösung völlig mit Kalk gesättigt ist. Ein vorhandener Zuckerüberschuß verhindert die Ausfällung, befördert aber jene des Kalkes, d. h. man erhält sehr kalkreiche Niederschläge, die nur einen Bruchteil des gelösten Zuckers enthalten. Geringe Mengen Alkali und Erdalkalichloride fördern die Fällung des Saccharates aus kalkgesättigten Lösungen. In größeren Mengen wirken sie fällungshemmend (Degener)[3].

---

[1] Lippmann: Chemie d. Zuckerarten. Daselbst ausführlich die Chemie der Saccharate mit Quellenangaben.

[2] N. Z. 3, S. 178.     [3] Z. V. D. Zuckerind. Bd. 32, S. 634, 1895.

Der dreibasische Zuckerkalk bildet weiße, kompakte Flocken, die in heißem Wasser schwerer löslich sind als in kaltem. Die Fällung ist desto fester und krystallinischer, bei je höherer Temperatur sie erfolgt. In Zuckerlösungen löst es sich leicht; daher kann man dieses Saccharat zur Scheidung des Rübensaftes verwenden.

Fällt man es aus Zuckerlösungen, die gleichzeitig freie Alkalien enthalten, so scheinen Verbindungen zu entstehen, in denen ein Teil des Kalkes durch Alkali ersetzt ist, z. B. $C_{12}H_{22}O_{11} \cdot 2\,CaO \cdot K_2O$.

Die Alkalisaccharate, die durch Verbindung zwischen Zucker und z. B. Chlornatrium und Chlorkalium oder den entsprechenden Oxyden entstehen, sind sehr leicht lösliche, sirupöse Körper und hindern daher den Zucker an seinem Auskrystallisieren. Sie sind also Melassebildner und in dieser Funktion später ausführlicher besprochen.

Magnesiumsaccharat will Maumené erhalten haben, ebenso Dubreul. Doch wird dieses sowie die Existenz eines Calciummagnesiumsaccharates von anderen bestritten.

Saccharate entstehen auch durch Auflösen von Metallen in Zuckerlösungen, z. B. löst sich Eisen bei Luftzutritt allmählich im Zuckerwasser auf; beim Eindampfen scheidet sich eine amorphe Masse von der Formel $C_{12}H_{22}O_{11} \cdot FeO$ aus. Auch metallisches Blei geht je nach der Temperatur in Lösung.

Wichtiger als die letztgenannten Saccharate sind die Baryum und Strontiumsaccharate, besonders für die Technik der Melasseentzuckerung. Letztere ist in dieses Buch nicht aufgenommen worden, und so genügt hier bloß ein Hinweis auf diese Saccharate und die Angabe ihrer Zusammensetzung: Monostrontiumsaccharat $C_{12}H_{22}O_{11} \cdot SrO + 5\,H_2O$, Bistrontiumsaccharat $C_{12}H_{22}O_{11} \cdot 2\,SrO$, Baryumsaccharat $C_{12}H_{22}O_{11} \cdot BaO$.

Die Bildung der genannten Saccharate zeigt, daß die Saccharose als Säure auftritt. Wie J. Dědek und P. Těrechov erwiesen, reagiert die Saccharose unter den der Praxis analogen Bedingungen „sehr willig als einwertige bis höchstens zweiwertige Säure". In verdünnten Lösungen der Basen zeigt sie sich einwertig, in stärker konzentrierteren Lösungen steigt ihre Wertigkeit, abhängig von dem gegenseitigen Verhältnisse der Saccharose zu den Alkalien. Die Genannten zogen aus ihren Beobachtungen Schlüsse für die Erklärung der Melassebildung, die daselbst zur Sprache gelangen[1].

Verbindungen des Rohrzuckers mit Säuren. Als Alkohol verbindet sich die Saccharose mit Säuren zu Estern. Diese Verbindungen haben für den vorliegenden Zweck keine Bedeutung.

Angeführt sei nur die Rohrzuckerphosphorsäure, die ein wichtiger Baustein der Zelle und ein Bestandteil der im Pflanzen- (und Tierkörper) abgelagerten Reservematerialien ist; die analoge Verbindung von Pentosen und Hexosen kommt im Skelett der Nucleinsäuren vor.

---

[1] Z. d. tschsl. Zuckerind. VII, S. 349, 1926.

Eine Darstellung der Rohrzuckerphosphate gelang C. Neuberg u. H. Pollak. Das Kalksalz hat .die Formel $C_{12}H_{21}O_{10} \cdot O \cdot PO_3Ca$, u. zw. sitzt das Phosphorsäureradikal am Glucoserest.

Diese Ester bzw. Salze wurden besonders von C. Neuberg und verschiedenen Mitarbeitern studiert, da sie sowie ihr chemischer und biochemischer Abbau (z. B. durch Phosphatasen) für das Pflanzen- und Tierleben wichtig sind[1].

## 7. Löslichkeitserscheinungen in Zuckerlösungen.

Viele Vorgänge in der Zuckerfabrikation sind auf die Löslichkeitsverhältnisse organischer und anorganischer Verbindungen zurückzuführen, die in (alkalischen) Zuckerlösungen andere Löslichkeitsverhältnisse zeigen als in reinem Wasser. Er erscheint angezeigt, alle hier in Betracht kommenden Verbindungen auf ihre Löslichkeit in Zuckerlösungen zu untersuchen, um später den Zusammenhang der Darstellung nicht zu stören.

Gleich sei aber darauf aufmerksam gemacht, daß die Löslichkeit der z. B. Kalksalze nicht immer einen Schluß auf ihr Verhalten im Betriebe im voraus gestattet, weil noch andere Verhältnisse, z. B. Mitreißen mit Niederschlägen, eine wichtige Rolle spielen, wie Vl. Staněk als Erster zeigte (s. Kap. 14).

Die meisten von diesen werden um so löslicher, je konzentrierter die Zuckerlösung und je höher die Temperaturen sind. Dies zeigt z. B. deutlich die folgende Tabelle:

Tabelle 3. **Aufnahme von Kalk durch Zuckerlösungen nach Péligot.**

| In 100 Teilen Wasser gelöster Zucker | Dichtigkeit der Zuckerlösung | Dichtigkeit der mit Kalk gesättigten Lösung | Der gelöste Zuckergehalt enthält in 100 Teilen | |
|---|---|---|---|---|
| | | | Kalk | Zucker |
| 40,0 | 1,122 | 1,179 | 21,0 | 79,0 |
| 37,5 | 1,116 | 1,175 | 20,8 | 79,2 |
| 35,0 | 1,110 | 1,166 | 20,5 | 79,5 |
| 32,5 | 1,103 | 1,159 | 20,3 | 79,7 |
| 30,0 | 1,096 | 1,148 | 20,1 | 79,9 |
| 27,5 | 1,089 | 1,139 | 19,9 | 80,1 |
| 25,0 | 1,082 | 1,128 | 19,8 | 80,2 |
| 22,5 | 1,075 | 1,116 | 19,3 | 80,7 |
| 20,0 | 1,068 | 1,104 | 18,8 | 81,2 |
| 17,5 | 1,060 | 1,092 | 18,7 | 81,3 |
| 15,0 | 1,052 | 1,080 | 18,5 | 81,5 |
| 12,5 | 1,044 | 1,067 | 18,3 | 81,7 |
| 10,0 | 1,036 | 1,053 | 18,1 | 81,9 |
| 7,5 | 1,027 | 1,040 | 16,9 | 83,1 |
| 5,0 | 1,018 | 1,026 | 15,3 | 84,7 |
| 2,5 | 1,009 | 1,014 | 13,8 | 86,2 |

Doch gilt das nicht ganz allgemein; es liegen auch widersprechende Verhältnisse vor, so daß also die Natur des betreffenden Körpers eine große Rolle spielt. Die jeweils herrschenden Gesetzmäßigkeiten sollen bei den einzelnen Substanzen besprochen werden.

Von größter Wichtigkeit ist die Kenntnis der Löslichkeit des Kalkes in Zuckerlösungen. Außer Péligot bestimmten Herz-

---

[1] Z. V. D. Zuckerind. 1926, S. 463.

feld[1], Pellet, Weisberg (s. u.) dieselbe unter verschiedenen Versuchsbedingungen. Das Verhalten der Konzentration, der Temperatur, der Form und Menge des zugesetzten Kalkes, Dauer des Rührens usw. wurden studiert; da „aber diese Versuche noch zu wenig einheitlich und zum Teil auch nicht genug genau ausgeführt sind, um sichere Zahlen

Tabelle 4. Einfluß des Zuckergehaltes der Lösung
mit 5⁰/₀ CaO als Kalkmilch und Zuckerlösungen verschiedener Konzentration.

| Gehalt der Zuckerlösung $^0/_0$ | Gehalt an CaO in 100 g Lösung nach Minuten | | | | Auf 100 Pol. gelöster CaO nach Minuten | | | Versuchstemp. ⁰ C |
|---|---|---|---|---|---|---|---|---|
| | 5 | 15 | 30 | 60 | 5 | 10 | 90 | |
| 10 | 0,200 | 0,200 | 0,193 | 0,191 | 1,9 | 1,9 | — | |
| 16,7 | 0,300 | 0,312 | 0,319 | 0,320 | 1,8 | 1,9 | — | |
| 33,3 | 1,500 | 1,552 | 1,565 | 1,587 | 4,5 | 4,8 | — | 80 |
| | | | | | 30 Min. | | | |
| 50 | — | — | 2,359 | 2,340 | 4,6 | 4,6 | 2,325 | |
| 10 | 0,410 | 0,420 | 0,424 | 0,439 | 4,0 | 4,2 | — | 50 |
| 16,7 | 1,040 | 1,062 | 1,067 | 1,070 | 6,2 | 6,3 | — | |
| 10 | 1,318 | 1,382 | 1,400 | 1,411 | 12,9 | 13,8 | — | 20 |
| 16,7 | 2,550 | 2,800 | 2,281 | 2,983 | 15,5 | 18,1 | — | |

als Grundlage für praktische Schlußfolgerungen zu geben, und zum Teil auch nicht übereinstimmende Resultate ergaben", hat Claassen die Löslichkeit des Kalkes in reinen und unreinen Zuckerlösungen von neuem experimentell studiert[2]. Ohne Wiedergabe des großen Zahlenmaterials seien hier die wichtigsten Versuchsergebnisse angeführt: 1. die Löslichkeit des Kalkes in reinen Zuckerlösungen ist abhängig von der Art des Kalkzusatzes (Trockenkalk, Kalkmilch, Kalkhydrat); 2. unter sonst gleichen Umständen löst sich sonst die gleiche Menge; 3. die Löslichkeit nimmt mit der Temperatur ab und nimmt mit der Konzentration der Zuckerlösung zu; 4. unreine Zuckerlösungen (Dünnsaft) verhalten sich wie reine von gleichem Zuckergehalt. Die weiteren praktischen Folgerungen, die Claassen aus seinen Versuchen zieht, sind im Kapitel „Scheidung" zu sehen.

Tabelle 5.
Einfluß der Temperatur.
In 100 g Lösung mit 13⁰/₀ Zucker
sind gelöst CaO:

| Temperaturen ⁰ C | Mit Kalkmilch | Mit Trockenkalk |
|---|---|---|
| bei 0 | 3,18 | 3,11 |
| 10 | 2,62 | — |
| 20 | 2,12 | 3,21 |
| 30 | 1,48 | — |
| 40 | 0,99 | — |
| 50 | 0,65 | 1,25 |
| 60 | 0,45 | 0,79 |
| 70 | 0,30 | 0,49 |
| 80 | 0,24 | 0,32 |
| 90 | 0,19 | 0,26 |
| 100 | 0,18 | 0,23 |

Die (gekürzte) Tabelle 4 zeigt deutlich den Einfluß der drei wichtigsten Faktoren: Temperatur, Konzentration der Zuckerlösung und Dauer des Versuches.

Den Einfluß der Temperatur bei gleichbleibender Konzentration zeigt auch Tabelle 5 nach Claassen.

---

[1] Z. V. D. Z. 1896, S. 1.
[2] ebd. 1911, S. 489.

Ferner ersieht man aus derselben, daß Trockenkalk leichter löslich ist als Kalk in Form von Kalkmilch. Bei langsamem Löschen des Trockenkalkes bei $0^0$ bildet sich größtenteils zuerst Kalkhydrat; dann erst löst sich dieses, so daß bei $0^0$ die Löslichkeit beider Kalksorten die gleiche ist.

Über denselben Gegenstand arbeitete schon früher Weisberg (1900). Wichtiger ist der Abschnitt „Über die Löslichkeit der verschiedenen Formen des Kalkes in Zuckerlösungen bei höheren Temperaturen". Wenn er auch die folgende Tabelle nicht als endgültig betrachtet, so gibt sie doch einen Überblick über die hier herrschenden Verhältnisse[1].

Tabelle 6.

| Trockenes Kalkpulver CaO | | | | Kalkhydrat $Ca(OH)_2$ | | | | Kalkmilch $Ca(OH)_2 + H_2O$ | | | |
|---|---|---|---|---|---|---|---|---|---|---|---|
| Zusammensetzung der Zuckerkalklösg. bei gewöhnl. Temp. | | Zusammensetzg. derselben beim Erhitzen auf $80^0$ und Filtration | | Zusammensetzung der Zuckerkalklösg. bei gewöhnl. Temp. | | Zusammensetzung ders. beim Erhitzen auf $90^0$ und Filtration | | Zusammensetzung der Zuckerkalklösg. bei gewöhnl. Temp. | | Zusammensetzung ders. beim Erhitzen auf $90^0$ und Filtration | |
| g Zucker in 100 cm³ Lösung | g gelöster CaO auf 100 g Zucker | g Zucker in 100 cm³ Lösung | g gelöster CaO auf 100 g Zucker | g Zucker in 100 cm³ Lösung | g gelöster CaO auf 100 g Zucker | g Zucker in 100cm³ Lösg. | g gelöster CaO auf 100 g Zucker | g Zucker in 100 cm³ Lösung | g gelöster CaO auf 100 g Zucker | g Zucker in 100cm³ Lösg. | g gelöster CaO auf 100 g Zucker |
| 13,68 | 27,8 | 10,97 | 21,18 | 12,63 | 25,5 | 8,16 | 7,50 | — | — | — | — |
| 10,76 | 27,6 | 7,49 | 16,60 | 11,59 | 26,0 | 7,12 | 6,84 | 11,49 | 23,1 | 8,79 | 11,79 |
| 6,86 | 27,7 | 4,58 | 16,15 | 9,15 | 26,0 | 5,72 | 6,36 | 8,85 | 23,1 | 6,29 | 8,18 |
| 4,00 | 27,4 | 2,68 | 13,59 | 8,68 | 25,5 | 5,62 | 7,67 | 5,67 | 23,1 | 3,95 | 7,65 |
| 4,43 | 27,8 | 2,78 | — | — | — | — | — | — | — | — | — |

Im selben Jahre stellten auch Schnell und Geese Versuche über die Löslichkeit des Kalkes in Zuckerlösungen an und fanden, daß diese abhängt: 1. von der Form, in welcher der Kalk zugesetzt wird, 2. von der Temperatur, 3. bei Trockenkalk von seiner Löschfähigkeit und 4. bei Kalkpulver von der Art und Weise, wie die Mischung gehandhabt wird. Ihre Resultate lassen sich zweckmäßig in folgender kleinen Tabelle zusammenstellen:

Tabelle 7.

| Temperatur °C | Kalkmilch (2—3%) | Stückkalk | Stückkalk |
|---|---|---|---|
| | Polar. der Zuckerlösung 9—10,5% % CaO | 10 proz. Zuckerlösung | 12 proz. Zuckerlösung |
| nicht unter 70 | 0,25 | 0,30—0,50 | 0,52—0,63 |
| 50—70 | 0,42 | 0,47—0,70 | 0,72—0,90 |
| 20 | 1,34 | — | — |

Im Jahre 1908 bestimmte Ehrenstein die Alkalität des geschiedenen Saftes je nach Art der Kalkzugabe bei $70^0$ C und gleichen Kalkmengen zu: bei Kalkmilch 0,15—0,20%, in kleinen Stücken 0,25 bis 0,30%, gelöscht zu Staubkalkpulver 0,20—0,25%, als feines Mehl 0,30 bis 0,35% CaO. Am löslichsten wäre demnach Kalkpulver.

---

[1] Z. V. D. Zuckerind. 1901, S. 17.

Schnell fand die Alkalität bei Kalkmilchzugabe (3% CaO) zu einer
10 proz. Zuckerlösung bei 70⁰ C zu 0,25% CaO. Wurde diese dann auf
50 bzw. 20⁰ abgekühlt, so stieg die Löslichkeit auf 0,42 bzw. 1,34%.
Bei Trockenscheidung hingen die erzielten Alkalitäten von den Rühr-
vorrichtungen, der Zeitdauer und der Temperatur ab.

Die Löslichkeit des Kalkes in Zuckerlösungen beruht auf der Bildung
von Kalksaccharaten. Zwischen dem Zucker und den entsprechenden
Kalkmengen herrscht in konzentrierten Lösungen das Verhältnis wie im
Bicalciumsaccharat, in verdünnten Lösungen wie im Monosaccharat.

Die Löslichkeit des Calciumcarbonats ermittelte Pellet[1] (siehe
auch S. 96).

Der erste, der die Löslichkeit des Calciumsulfates in Zuckerlösungen untersuchte, war Sostmann (1866), ferner Pellet und
Jacobsthal, die aber nicht zu völlig übereinstimmenden Resultaten
gelangten. Im allgemeinen fanden sie, daß Konzentrations- und Temperatursteigerung die Löslichkeit dieses Salzes vermindern.

Speziell Jacobsthal[2] (umgerechnet von Staněk auf $CaSO_4 \cdot 2H_2O$)
stellte bei 17,5⁰ C folgende Löslichkeit des Gipses in 100 cm³ fest:

$$
\begin{array}{llll}
\text{Wasser} & . . . . . . . . . & 0{,}26 \text{ g} & \text{Gips} \\
5\% \text{ Zuckerlösung} & . . . . & 0{,}25 \text{ g} & ,, \\
10\% \quad ,, & . . . . & 0{,}23 \text{ g} & ,, \\
15\% \quad ,, & . . . . & 0{,}22 \text{ g} & ,, \\
30\% \quad ,, & . . . . & 0{,}21 \text{ g} & ,, \\
\end{array}
$$

Ausführliche Untersuchungen über diesen Gegenstand stammen
von Stolle[3]. Dieser arbeitete mit verschieden konzentrierten Zuckerlösungen bei verschiedenen Temperaturen (30—80⁰ C) und stellte folgende Tabelle auf:

Tabelle 8. Löslichkeit des Gipses in Zuckerlösungen.
1 Liter Zuckerlösung löst Gramm Gips:

| Prozentgehalt der Zuckerlösung | 30⁰ C | 40⁰ C | 50⁰ C | 60⁰ C | 70⁰ C | 80⁰ C |
| --- | --- | --- | --- | --- | --- | --- |
| 0 | — | 2,157 | 1,730 | 1,730 | 1,652 | 1,710 |
| 10 | 2,041 | 1,730 | 1,730 | 1,574 | 1,574 | 1,613 |
| 20 | 1,808 | 1,652 | 1,419 | 1,380 | 1,419 | 1,263 |
| 27 | 1,550 | 1,438 | 1,361 | 1,283 | 1,283 | 0,972 |
| 35 | 1,263 | 1,050 | 1,088 | 1,108 | 0,914 | — |
| 42 | 1,030 | — | 0,777 | 0,816 | 0,855 | 0,729 |
| 49 | — | 0,564 | 0,739 | 0,564 | 0,603 | 0,486 |
| 55 | — | 0,486 | 0,505 | 0,486 | 0,369 | 0,333 |

Diese Tabelle bestätigt die oben aufgestellte Beziehung zwischen
Löslichkeit des Gipses in Zuckerlösungen und deren Konzentration und
Temperatur. Auch ist zu sehen, daß Zuckerlösungen stets weniger Gips
aufnehmen als reines Wasser bei derselben Temperatur.

Zu ähnlichen Resultaten kamen auch Saillard und Wehrung.
Diese arbeiteten bei einer Versuchstemperatur von 45—46⁰ und bei

---

[1] Z. V. D. Zuckerind. 1897, S. 557.　　　　[2] ebd. 1868, S. 662.
[3] ebd. 1900, S. 321.

Konzentrationen von 0—55% Zucker. Trotz Sostmanns gegenteiligen Befunden stimmen die genannten Forscher darin überein, daß der Gips bei gleicher Temperatur mit steigender Konzentration der Zuckerlösung weniger löslich wird. Dasselbe konstatierte für reine Zuckerlösungen und Betriebssäfte G. Bruhns[1].

Staněk ermittelte die Löslichkeit des Gipses in saturierten Säften bei 85° C (als Temperatur der Saturation) und bei verschiedenen Alkalitäten. Er fand sinkende Löslichkeit mit steigender Alkalität und eine größere Löslichkeit, als sie in reinen Zuckerlösungen z. B. Jacobsthal oder Bruhns ermittelten[2].

Wegen der Saturation der Säfte mit schwefliger Säure ist die Kenntnis der Löslichkeit der Sulfite von großer Bedeutung. Nach Bresler wird die Löslichkeit des schwefligsauren Calciums mit steigender Konzentration geringer. In heißer alkalischer 10proz. Zuckerlösung lösen sich pro 100 Teile Zucker etwa zehnmal soviel wie in 50proz. Zuckerlösung. Nach Eckleben lösen sich 0,156 74 g $CaSO_3$ in 100 Teilen Saft mit 8% Zucker. Ferner liegt folgende Angabe vor: In 100 Teilen einer 10proz. Zuckerlösung lösen sich bei gewöhnlicher Temperatur 0,0368 Teile, in einer 30proz. Zuckerlösung 0,0374 Teile $CaSO_3$[3].

J. Weisberg bestimmte die Löslichkeit des schwefligsauren Calciums in

| | | |
|---|---|---|
| Wasser . . . . . . . . . | 100 cm³ enthielten 0,0043 g $CaSO_3$ | |
| 10proz. Zuckerlösung . . | 100 cm³ „ 0,008 25 g $CaSO_3$ | |
| 30proz. „ . . | 100 cm³ „ 0,008 00 g $CaSO_3$ | |

nach 24 Stunden aber nur:

| | | |
|---|---|---|
| 10proz. Zuckerlösung . . | 100 cm³ enthielten 0,0066 g $CaSO_3$ | |
| 30proz. „ . . | 100 cm³ „ 0,0069 g $CaSO_3$ | |

Dieses Salz ist somit in einer Zuckerlösung leichter löslich als in reinem Wasser, und zwar mit steigender Konzentration geringer — allerdings ist die Differenz nach Weisbergs Zahlen nur eine außerordentlich kleine; nach 24 Stunden war weniger gelöst, weil sich das Calciumsulfit zu Sulfat oxydiert und letzteres bedeutend weniger löslich ist als ersteres[4]. Diese Oxydation geht schon bei gewöhnlicher, rascher aber bei höherer Temperatur vor sich. Dies ist ein Grund für die Schwierigkeit dieser Lösungsversuche und für die Unrichtigkeit der älteren Angaben (Battut) und ist in Betracht zu ziehen, wenn man aus der Löslichkeit des Sulfites in Zuckerlösungen Schlüsse für den Betrieb ziehen will. Dabei ist stets daran zu denken, daß der schwefligsaure Kalk keine beständige Verbindung ist, leicht in Sulfat übergeht, daß die Säfte der Fabrikation stets heiß gehalten werden, und so auf dem Wege bis zur Füllmasse größtenteils Sulfit in Sulfat verwandelt wird. Auch für die Versuche ist es sehr schwer, ein sulfatfreies Sulfit herzustellen. Das bedingt dann in den Versuchsergebnissen einen Fehler[5]. Die Löslichkeit des Calciumsulfites in Zuckerlösungen bestimmte auch Geese. (S. Tabellen 75a und 75b.)

---

[1] C. f. d. Z. 1907, S. 366.  [2] Z. d. tschsl. Zuckerind. III, S. 1, 1921.
[3] Z. V. D. Zuckerind. 1890, S. 814.
[4] Tabelle 8 lehrt das Gegenteil.  [5] Bull. 1896.

Für die Löslichkeit des Calciummonosulfides — das bei der Knochenkohle eine Rolle spielt — ist in Betracht zu ziehen, daß dieses sich im Wasser zu Calciumsulfhydrat $Ca(SH)_2$ und CaO zersetzt (H. Rose). Dubrunfaut und Battut, ebenso Béchamp fanden, daß die Löslichkeit des Calciummonosulfides mit der Konzentration und Temperatur der Zuckerlösung steigt. Stolle stellte auf Grund eigener experimentellen Arbeiten folgende Tabelle auf[1].

Tabelle 9. Löslichkeit des Calciummonosulfides in Zuckerlösungen. Gramm CaS in 1 l Zuckerlösung:

| Prozentgehalt der Zuckerlösung | 30° C | 40° C | 50° C | 60° C | 70° C | 80° C | 90° C |
|---|---|---|---|---|---|---|---|
| 0 | 1,9816 | 2,1230 | 1,2352 | 1,3895 | 1,6960 | 2,0320 | 2,4963 |
| 10 | 1,8660 | 1,3155 | 1,4412 | 1,6730 | 1,5600 | 1,6340 | 1,5440 |
| 20 | 2,1875 | 1,6988 | 1,8015 | 1,9045 | 1,8785 | 1,8915 | 1,9300 |
| 27 | 2,5221 | 2,0975 | 2,0590 | 2,2260 | 2,3420 | 2,3035 | 2,3566 |
| 35 | 2,6893 | 2,2647 | 2,3035 | 2,4065 | 2,3420 | 2,8565 | 2,9467 |
| 42 | 2,3419 | 2,1360 | 2,2261 | 2,5221 | 2,5735 | 2,5090 | 2,6893 |
| 49 | 2,4450 | 2,2900 | 2,4579 | 2,6375 | 2,7279 | 2,8180 | 3,0625 |
| 55 | 2,5090 | 2,2260 | 2,3403 | 2,8824 | 2,7665 | 2,9724 | 3,6158 |

Stolle bestätigt also die Richtigkeit der Versuchsergebnisse seiner Vorgänger. Mit steigender Konzentration und Temperatur wächst die Löslichkeit des Sulfides, und zwar besonders mit der Konzentration. Stolle konnte auch konstatieren, daß das in Lösung gegangene Calciumsulfid sich zersetzt hatte; die Lösungen reagierten alkalisch von dem nach folgender Gleichung resultierenden Kalk

$$CaS + H_2O = Ca(HS)_2 + CaO$$

und rochen nach Schwefelwasserstoff ($H_2S$). — In Lösungen von Kupfersulfat gebracht, wurde CuS (Kupfersulfid) gefällt[2], welch letzteres sich in Zuckerlösungen mit grünlicher Farbe löst. Die Schädlichkeit dieser Erscheinungen für den Betrieb wird später dargelegt werden.

Anschließend daran soll gleich die Löslichkeit der Sulfide von Eisen und Kupfer nach Stolle gezeigt werden. 1 l Zuckerlösung löst mg Sulfid:

Tabelle 10.

| Prozentgehalt der Zuckerlösung | FeS | | | CuS | | |
|---|---|---|---|---|---|---|
| | 17,5° | 45° | 75° | 17,5° | 45° | 75° |
| 10 | 3,8 | 3,8 | 5,3 | 567 | 365 | 1134 |
| 30 | 7,1 | 9,1 | 7,2 | 863 | 722 | 1203 |
| 50 | 9,9 | 19,8 | 9,1 | 907 | 1058 | 1280 |

Die viel größere Löslichkeit des CuS gegen das FeS ist augenfällig (wenn kein Druckfehler vorliegt), ebenso die herrschenden Gesetzmäßigkeiten. — Die Lösungen des Eisensulfides waren gelb, die des Kupfersulfides grün gefärbt.

---

[1] Z. V. D. Zuckerind. 1900, S. 336.    [2] $CuSO_4 + H_2S = CuS + H_2SO_4$.
unlösl.

96 Chemie des Rübensaftes.

Über die Löslichkeit des Calciumcarbonates liegen folgende Angaben vor: bei gewöhnlicher Temperatur löst eine

10proz. Zuckerlösung 0,0060 Teile (in 100 Teilen Lösung) und eine
30proz. „ 0,0034 „ „ 100 „ „ (Battut).

Also fällt die Löslichkeit mit steigender Temperatur und mit steigender Konzentration der Zuckerlösung. Bei Siedehitze erfolgt keine Lösung.

Fällt man den Kalk einer Zuckerlösung in der Hitze durch Kohlensäure heraus, so wird sich der Niederschlag beim Abkühlen wieder auflösen; umgekehrt wird eine klare Lösung des Kalkcarbonates in Zuckerlösung bei Erhitzen durch das ausfallende Carbonat getrübt.

Jacobsthal fand für Calciumcarbonat und Magnesiumcarbonat die nebenstehenden Löslichkeiten für Lösung bei 17,5° C[1].

Tabelle 11.

| In Lösung Zucker % | Calciumcarbonat % | Magnesiumcarbonat % |
| --- | --- | --- |
| 0 | 0,002685 | 0,031710 |
| 5 | 0,003565 | 0,019950 |
| 10 | 0,002759 | 0,019320 |
| 15 | 0,002355 | 0,019425 |
| 20 | 0,002170 | 0,021315 |
| 30 | 0,000845 | 0,028350 |

Fünf Versuche Stanĕks zeigen, daß in einer 15proz. Zuckerlösung sich Calciumcarbonat unter Kochen und in statu nascendi etwa zweimal mehr löst als in bloßem Wasser, was sich entweder physikalisch durch die Wirkung der Zuckerlösung als besserem Lösungsmittel oder chemisch in der Weise erklären läßt, daß der Kalk oder Calciumcarbonat unter Kochen auf die Saccharose oder die immer vorhandenen Spuren von Invertzucker unter Bildung von Säuren (Saccharin-, Milchsäure), die Kalk binden und lösliche Salze bilden[2].

In folgender Tabelle sind die Resultate Andrlíks „Über die Löslichkeit des Eisen- und Aluminiumoxyds und der Kieselsäure bei der Einwirkung von Zuckerlösungen auf den gewöhnlichen unreinen Ätzkalk" niedergelegt[3]. Die Zahlen beziehen sich auf eine 10proz. Raffinadelösung bei 75° C.

Tabelle 12.

| Alkalität d. Lösung % CaO | gelöst % SiO$_2$ | gelöst % Fe$_2$O$_3$ + Al$_2$O$_3$ | Alkalität d. Lösung % CaO | gelöst % SiO$_2$ | gelöst % Fe$_2$O$_3$ + Al$_2$O$_3$ | Alkalität der Lösung % CaO | gelöst % SiO$_2$ | gelöst % Fe$_2$O$_3$ + Al$_2$O$_3$ |
| --- | --- | --- | --- | --- | --- | --- | --- | --- |
| 0,330 | 0,0008 | 0,0106 | 0,354 | 0,0028 | 0,0090 | 1,040 (gew.) Temp. | 0,0012 | 0,0460 |
| 0,267 | 0,0009 | 0,0115 | 0,202 | 0,0026 | 0,0090 | 0,450 | 0,0019 | 0,0300 |
| 0,225 | 0,0016 | 0,0124 | 0,155 | 0,0012 | 0,0034 | 0,120 } 75° C | 0,0012 | 0,0150 |
| 0,183 | 0,0032 | 0,0106 | 0,076 | 0,0012 | 0,0042 | 0,0145 | 0,0005 | 0,0135 |
| 0,147 | 0,0006 | 0,0086 | 0,070 | 0,0008 | 0,0038 | | | |
| 0,077 | 0,0008 | 0,0046 | 0,037 | 0,0012 | 0,0024 | | | |
| 0,0702 | 0,0016 | 0,0062 | 0,0 | 0,0006 | 0,0012 | | | |
| 0,042 | 0,0014 | 0,0040 | | | | | | |
| 0,014 | 0,0008 | 0,0032 | | | | | | |
| 0,0 | 0,0009 | 0,0026 | | | | | | |


[1] Z. V. D. Zuckerind. 1868, S. 662.
[2] Z. d. tschsl. Zuckerind. I, S. 45, 1919.
[3] Z. f. Zuckerind. i. B. XXIII, S. 551, 1898/99.

Die Löslichkeit der Kieselsäure ist eine nur geringe und von der Alkalität ziemlich unabhängig. Die Löslichkeit der beiden Oxyde nimmt mit fallender Alkalität ab, sobald sie auf 0,15—0,07 gesunken ist. Im dritten Versuche wurde zunächst die Zuckerlösung bei gewöhnlicher Temperatur mit Kalk durch 24 Stunden zusammengebracht: die Löslichkeit war da eine größere und blieb es auch, als dieser Versuch wieder bei der früheren Versuchstemperatur (75° C) fortgesetzt wurde.

Beim Verdampfen oxydhaltiger Zuckerlösungen werden die Oxyde teilweise wieder ausgeschieden (siehe „Verdampfung" und „Dicksaftfiltration").

Ferner wies Andrlík nach, daß eine 10proz. Zuckerlösung aus dem gebrannten Kalke Kalkaluminiumsilicate und Kalksilicate aufnimmt.

Über die Löslichkeit von Eisenhydroxyd $Fe_2(OH)_6$, Eisenoxyd $Fe_2O_3$ und Eisenoxyduloxyd $Fe_3O_4$ liegen Angaben von Stolle vor. Eisenoxyd bildet ein Saccharat, die andern genannten Eisenverbindungen nicht. Die Löslichkeit ist eine außerordentlich geringe — siehe die Zahlen für FeS Tab. 10 —, wobei dieses noch löslicher ist als die andern Eisenverbindungen. Trotz ihrer geringen Löslichkeit verleihen diese Verbindungen doch den Raffinerieklären eine gelbliche Färbung.

Die Löslichkeit der gebrannten Magnesia in reinen Zuckerlösungen (10proz.) ist nach Weisberg bei gewöhnlicher Temperatur etwa 300mal geringer als die des Kalkes, und in der Siedehitze noch geringer als bei gewöhnlicher Temperatur. Das Magnesiumcarbonat ist mit steigender Konzentration der Zuckerlösung löslicher, aber immer weniger löslich als in reinem Wasser. Z. B. lösen sich nach Jacobsthal in 1000 cm³ Wasser 0,3171, in einer 30proz. Zuckerlösung 0,2835% $MgCO_3$ (s. Tabelle Nr. 11)[1].

Derselbe arbeitete auch mit Tricalciumphosphat, doch sind die Versuchsergebnisse so schwankend, daß sich irgendeine Gesetzmäßigkeit sicher ableiten ließe. Mit zunehmendem Zuckergehalten fällt die Löslichkeit im allgemeinen.

Die Kalksalze der organischen Säuren sind alle mehr oder minder löslich. Von jenen der Oxalsäurereihe gilt, daß ihre Löslichkeit mit steigendem Molekulargewichte der Säuren zunimmt.

Von großer Wichtigkeit für die Aufhellung mancher Betriebserscheinungen ist die Kenntnis der Löslichkeit des Calciumoxalates in Zuckerlösungen. Weisberg bestimmte die Löslichkeit bei höherer Temperatur. Für die Betriebsverhältnisse besser verwertbare Versuche stellte A. Rümpler an, indem er nicht mit reinen Zuckerlösungen operierte, sondern diese mit Ätzkalk alkalisch machte. Er sieht in der Anwesenheit des Ätzkalkes die Ursache der Löslichkeit des Calciumoxalates, in Übereinstimmung mit Dehn, der die Vermutung aussprach, daß es hauptsächlich der Zuckerkalk in Zuckerlösungen sei, der das Calciumoxalat löse. Die Ammoniakalkalität vermag dies nicht zu tun. Folgerungen aus diesen Ergebnissen sind gelegentlich der Aus-

---

[1] Z. V. D. Zuckerind. 1868, S. 662.

scheidungen in den Verdampfkörpern gezogen[1]. Während **Rümpler** bei gewöhnlicher Temperatur arbeitete, tat dies **Bresler** bei höherer (70°).

1. **Jacobsthal** zeigte, daß eine mehr als 5proz. Zuckerlösung weniger Calciumoxalat auflöst als reines Wasser; in verdünnterer Zuckerlösung hingegen ist dieses Salz löslicher als in reinem Wasser. 1000 cm³ Wasser lösten 0,032 95 g Oxalat, als wasserfreies Salz gerechnet; hingegen lösten 1000 cm³ einer Zuckerlösung von

$$5\%\ \text{Zucker} \quad 0,047\,05\ \text{g bei}\ 17°\ \text{C}$$
$$10\%\ \ ,, \quad\quad 0,028\,70\ \text{g}\ ,,\ 17°\ \text{C}$$
$$15\%\ \ ,, \quad\quad 0,012\,25\ \text{g}\ ,,\ 17°\ \text{C}$$

Diese Versuche wurden mit reinen Zuckerlösungen vorgenommen[2].

2. **Rümpler** stellte zwei Versuchsreihen an. Die erste mit konstantem Zucker- und variablem Ätzkalkgehalte. Eine Zuckerlösung von 25,8 % Zucker löste bei gewöhnlicher Temperatur und einem Kalkgehalt von Prozent CaO nebenstehende Mengen (%) Prozente Calciumoxalat[3].

Mit steigendem Zuckergehalte nimmt bei gleichbleibendem Kalkgehalte die Löslichkeit des Calciumoxalates ab. In dieser Versuchsreihe zeigt sich auch die schon von **Jacobsthal** konstatierte merkwürdige Erscheinung, daß die Löslichkeit zunächst zu- und dann abnimmt.

Tabelle 13.

| CaO<br>% | $C_2O_4Ca \cdot H_2O$<br>% |
|---|---|
| 0,773 | 0,0000 |
| 1,156 | 0,0042 |
| 1,790 | 0,0225 |
| 2,312 | 0,0349 |
| 2,993 | 0,0520 |

Mit steigendem Kalkgehalte nimmt die Löslichkeit des Calciumoxalats bei gleichbleibendem Zuckergehalte demnach zu.

Die zweite Versuchsreihe wurde bei **konstantem Kalkgehalte** (ca. 2 % CaO) und steigendem Zuckergehalte bei gewöhnlicher Temperatur ausgeführt.

3. **Bresler** führte **Rümplers** Versuche bei Temperaturen von 75° C mit denselben Resultaten durch. Z. B. lösen 100 cm³ einer 14,2 proz. Zuckerlösung mit 2 % CaO 0,0284 g Calciumoxalat. Es ist bei höherer Temperatur wohl löslicher als bei gewöhnlicher, aber auch in der Wärme fällt die Löslichkeit des Oxalates mit steigendem Zuckergehalte und steigt mit steigendem Kalkgehalte. Bei einem Gehalt von 50 % Zucker ist die Löslichkeit fast Null.

Im folgenden seien „Löslichkeitszahlen" einiger organischsauren Kalksalze nach

Tabelle 14.

| Zucker<br>% | $C_2O_4Ca \cdot H_2O$<br>% |
|---|---|
| 7,1 | 0,0392 |
| 20,1 | 0,0463 |
| 32,2 | 0,0262 |
| 43,2 | 0,0059 |
| 50,0 | 0,0000 |

**H. Breslers** Untersuchungen angeführt. Unter der Löslichkeitszahl versteht er diejenigen Gewichtsteile wasserfreien Salzes, welche mit 100 cm³ Zuckerlösung eine gesättigte Lösung bilden. Nebenbei erwähnt, ein Vorschlag, den **Bresler** machte, um alle Löslichkeitsbestimmungen in Zukunft auf gleiche Basis zu stellen.

---

[1] D. Z. 1897, S. 678.          [2] Z. V. D. Zuckerind. 1868, 649.

[3] Rümpler, A.: Die Nichtzuckerstoffe d. Rüben. S. 68. Braunschweig 1898. Daselbst finden sich vielfach Literaturangaben über Löslichkeitsversuche (S. 450 bis 454).

| Glutarsaures Calcium  . . . | für eine 10proz. Zuckerlösung bei 81° C | 2,249 |
| | „  „ 50proz.  „  „ 81° C | 2,013 |
| Adipinsaures Calcium  . . . | „  „ 10proz.  „  „ 89,2° C | 1,4214 |
| | „  „ 25proz.  „  „ 87,5° C | 1,1037 |
| | „  „ 50proz.  „  „ 91,4° C | 0,8731 |

Mit steigendem Zuckergehalte fällt demnach die Löslichkeit der zuletzt genannten Salze bei gleicher Temperatur.

Weiter bestimmte derselbe die Löslichkeitszahlen für die Kalksalze der Glycon-, Malon-, Bernstein-, Tricarballyl-, Akonit- und Citronensäure. Alle haben relativ hohe Löslichkeitszahlen. Sehr geringe Löslichkeit zeigte das weinsaure Calcium.

Über die Löslichkeit des Calciumcitrates liegen nur Untersuchungen von Jacobsthal vor. Auch hier gilt dieselbe Gesetzmäßigkeit wie bei den bisher besprochenen organischsauren Kalksalzen (loc. cit.).

**Tabelle 15.**

| Zucker der Lösung % | Wasserfreies Calciumcitrat % | |
|---|---|---|
| 0 | 0,18127 | |
| 5 | 0,15784 | |
| 10 | 0,13843 | gewöhnliche |
| 15 | 0,15051 | Temperatur |
| 20 | 0,14535 | |
| 30 | 0,14538 | |

Über die Löslichkeit des äpfelsauren Kalks s. S. 126.

Die fettsauren Kalksalze sind nach Bresler in heißen Zuckerlösungen leichter löslich, als in kalten, aber immer schwer löslich. Nach Herzog steigt die Löslichkeit dieser Salze nicht nur mit der Temperatur, sondern auch mit der Konzentration der Zuckerlösungen.

## 8. Nichtzuckerstoffe der Rübe.

Mit den Kohlenhydrat-Nichtzuckern sei begonnen. Invertzucker und Raffinose sind wohl „Zucker", aber vom Standpunkte des Zuckerfabrikanten verhalten sie sich wie Nichtzuckerstoffe.

### b) Invertzucker.

Im vorigen Abschnitte wurde gezeigt, daß der Invertzucker das Produkt einer Hydrolyse der Saccharose ist und zu gleichen Teilen aus Traubenzucker (d-Glucose) und Fruchtzucker (d-Fructose), Lävulose besteht, $C_6H_{12}O_6 + C_6H_{12}O_6$. Dubrunfaut stellte ihn im Jahre 1830 als erster dar[1]. Außer in den Rüben kommt er noch vielfach im Pflanzenreiche vor.

Der Gehalt der Rüben an Invertzucker ist im allgemeinen nur ein sehr geringer, hängt von den Wachstumsbedingungen, Einmietungen u. a. ab.

Herzfeld fand im Rübenbrei 0,129%, im Rübensafte 0,123 und 0,184%, im Diffusionssafte 0,05—0,06%[2].

Claassen fand in Rübenpreßsäften 0,21—0,49% reduzierende Substanzen, also nur zum Teil Invertzucker[3] (s. Kap. 9d). In Rüben-

---

[1] Comptes r. 25, S. 308.
[2] Z. V. D. Zuckerind. 1893, S. 173; 1894, S. 278.   [3] ebd. 1891, S. 232.

blättern fand Herzfeld 0,91—3,33% Invertzucker, je nach dem Entwicklungsstadium der Rübe. Die Untersuchungen Andrliks, Urbans und Staněks zeigen „reduzierenden Zucker" von 0,14 und 0,06% in der Wurzel (s. S. 32). In neuester Zeit machte H. Pellet Mitteilung von folgenden Invertzuckermengen in Rüben: Frisch geerntete Rüben 0,05—0,10; es gibt Rüben, welche nach sechsmonatiger Lagerung nur 0,10—0,15, und Rüben, die schon nach vierzehntägigem Einmieten 0,20—0,35% Invertzucker haben. Kranke Rüben ergeben auch bis 0,40% Invertzucker (alle Werte auf 100 Teile Preßsaft). Solche Mengen üben Einfluß auf die Zuckerbestimmung in den Rüben[1].

Normale Rüben enthalten nur um 0,1% Invertzucker herum; angefrorene oder angefaulte Rüben mehr. Dann kann die Anwesenheit des Invertzuckers schon gewisse Betriebsschwierigkeiten verursachen.

In den verschiedenen Zuckerfabriksprodukten kommt er in verschieden großen Mengen vor, und zwar dürfte dieser stets auf Kosten des Rohrzuckers aus einer der angeführten Inversionsursachen entstehen.

Physikalische Eigenschaften. Der Invertzucker bildet in reinem Zustande einen süßen, farblosen Sirup. Bei längerem Liegen am Lichte scheidet sich aus demselben Dextrose krystallinisch aus. In Wasser und verdünntem Alkohol ist er leicht löslich. Er ist optisch aktiv, und zwar linksdrehend, da die Fructose stärker links als die Dextrose rechts dreht. Sein Drehungsvermögen ist nicht konstant, sondern nimmt mit der Konzentration der Lösung zu und mit steigender Temperatur ab. Steigt die Temperatur auf über 87⁰, so wird die Drehung gleich Null und bei ungefähr 90⁰ sogar positiv. Lippmann führt diese Erscheinung auf rechtsdrehende Entwässerungsprodukte zurück. Es dürfte die linksdrehende Fructose zuerst angegriffen werden, wodurch die Rechtsdrehung der Dextrose mehr zur Geltung kommt (s. S. 75) $[\alpha]_D^{20} = -20,704^0$ für $p = 27,369$. Säuren und Neutralsalze beeinflussen seine Drehung; doch interessiert hier nur die Drehungsbeeinflussung durch Bleiessig. Dieser fällt aus invertzuckerhaltigen Lösungen mehr Fructose als Glucose, so daß die Linksdrehung vermindert, ja sogar in eine Rechtsdrehung verwandelt werden kann (Wiley 1903). Wenn dem so ist, so können die an und für sich geringen Mengen Invertzucker in Rüben bei der Zuckerbestimmung in denselben nur ganz unbedeutend als „Minuszucker" fungieren. Bleinitrat (Herles) erhöht seine spezifische Drehung.

Bei gleichem prozentischen Gehalte an Rohr- oder Invertzucker hat die Lösung des letzteren ein höheres spezifisches Gewicht.

In seinen chemischen Eigenschaften zeigt er sich übereinstimmend mit jenen seiner beiden Komponenten.

Die beiden Komponenten des Invertzuckers — die Dextrose und die Lävulose — lassen sich voneinander trennen durch Fällung der Lävulose als Kalkverbindung („Lävulat"), was schon Dubrunfaut[2] 1869 tat. Die besten Fällungs-

---

[1] Ö. U. Z. f. Zuckerind. XLII, S. 522, 1913.
[2] Comp. Rend. 69, S. 1366.

bedingungen und die Eigenschaften des erhaltenen Lävulosekalks studierten Jackson, Gillis-Silsbee und Proffit vom Bureau of Standards, um darauf die Darstellung der Lävulose im großen zu gründen[1].

Von größerem Interesse ist hier das Verhalten von Invertzucker gegen Kalk und Alkalien, da er mit diesen Reagenzien im Betriebe zusammentrifft.

Leplay fand, daß seine Reduktionsfähigkeit gegen Fehlingsche Lösung nach Behandlung mit Kalk abnimmt. Herzfeld stellte u. a. fest, daß die entstehenden Reduktionsprodukte der Fehling-Lösung gelb gefärbt sind, im Gegensatz zu dem bekannten Rot des Kupferoxyduls durch Glucosen.

Péligot fand, daß sich aus Dextrose (dem einen Invertzuckerbestandteile) durch Kalk Glucinsäure und Saccharin, bzw. die Kalksalze bilden (s. d.). Durch Alkalien entstehen Glucin- und Saccharumsäure. Nach Kiliani gibt die Lävulose (der zweite Invertzuckerbestandteil) bei gleicher Behandlung saccharinsauren Kalk, Milchsäure und flüchtige organische Säuren.

Eine eingehendere Untersuchung über diesen Gegenstand stammt von Jesser. Er konstatierte daß der Kalk die Lävulose energischer als die Dextrose angreift. Bei beiden, also auch beim Invertzucker, „werden schließlich Produkte erhalten, die gegen weitere Einwirkung von Kalk ungemein widerstandsfähig sind". Ferner fand Jesser: Es werden bei der Zerstörung des Invertzuckers mit Kalk Säuren gebildet, die $1\frac{1}{2}$ Moleküle Calcium auf 2 Moleküle Glucosen neutralisieren. Die Azidität der gebildeten Säuren ist innerhalb der Grenzen 80 und 100° C unabhängig von der Einwirkungsenergie des Kalkes.

Die bei der Zersetzung des Invertzuckers mit Kalk entstehenden Körper sind Kalksalze von neutraler Reaktion, sind optisch inaktiv und reduzieren Fehling-Lösung nicht; werden sie durch äquivalente Mengen Schwefelsäure zerlegt, so entweichen bei der Destillation flüchtige Säuren. Alkali wirkt auf Invertzucker so wie Kalk ein. Bei obigen Prozessen treten Farbenerscheinungen auf[2].

Alle diese Prozesse spielen in der Scheidung und beim Verkochen eine wichtige Rolle, wurden deshalb vielfach studiert und sind daher bei den genannten Abschnitten in diesem Buche eingehend erörtert.

Eine neuere „technische Studie über die Zersetzung des Invertzuckers durch Kalk" von V. Čtyroký stellte sich die Aufgabe, die Geschwindigkeit und die Bedingungen, unter welchen der Invertzucker bei der Scheidung zerstört wird, zu untersuchen und die Menge der entstehenden Zersetzungsprodukte zu ermitteln[3].

Die zwei wichtigsten Bedingungen der Zersetzung sind die Temperatur und die Kalkmenge. Schon bei gewöhnlicher Temperatur zersetzt sich der Invertzucker merklich, schneller und mehr mit steigender Temperatur. Bei den im Betriebe herrschenden Temperaturen erfolgt die Zersetzung des größeren Teils des anwesenden Invertzuckers in wenigen Minuten.

---

[1] Z. V. D. Zuckerind. 1926, Nr. 837.
[2] Ö. U. Z. f. Zuckerind. XXII, S. 239, 1893.
[3] Z. d. tschsl. Zuckerind. VIII, S. 230, 1927.

In der Reaktionslösung von 0,3% Invertzucker, 15% Saccharose und 2% CaO bildeten sich bei 30° C 0,004%, und bei 80° 0,23% organischsaure Kalksalze. In Anwesenheit von 1% Invertzucker gingen bei 86°C 0,37% CaO in Form von Kalksalzen in die Lösung über. Bei wechselnder CaO-Menge und gleichem Invertzuckergehalte (0,3)% entstand eine verschiedene Menge von Kalksalzen, wie nebenstehende Übersicht zeigt[1].

| Einwirkende Menge CaO % | In Lösung gegangene Kalksalze % CaO |
|---|---|
| 1 | 0,17 |
| 2 | 0,21 |
| 3 | 0,24 |

### Saccharinsäure (Saccharin).

Das Saccharin, das Lacton der Saccharinsäure, wurde zum ersten Male von Péligot als ein Zersetzungsprodukt des Invertzuckers isoliert und von Scheibler genauer chemisch erkannt. Später fand es Lippmann im Osmosezucker[2]; in neuester Zeit konnte es K. Vnuk aus Melasse isolieren, in der es bis dahin nur vorausgesetzt wurde[3].

Im Jahre 1838 studierte Péligot „die Natur und die chemischen Eigenschaften des Zuckers“ und fand, daß die Glucose unter der Einwirkung von Alkalien großen Veränderungen unterliege: „aus ihr entstehen zwei Säuren: Glucinsäure, deren Zusammensetzung sich nur durch den Austritt von Wasser von der Glucose unterscheidet, und Melassinsäure, welche die Flüssigkeiten stark färbt und einzelne der Eigenschaften der Ulminverbindungen besitzt.“ 1879 fand derselbe, daß sich neben dem glucinsauren Kalke und der Melassinsäure (erhalten durch Kalkbehandlung von Glucose) ein neuer Körper befindet; er nannte ihn Saccharin. Interessant ist, daß Péligot gleich erkannte, daß „die Wirkung auf polarisiertes Licht . . . unzweifelhaft ein sehr wichtiger Umstand ist, da möglicherweise in gewissen Produkten, namentlich in denen der Osmose, Saccharin vorkommen kann“. Wegen Mangels an Substanz konnte jedoch Péligot das optische Verhalten des Saccharins nicht prüfen[4]. Dies tat er erst etwas später[5].

Die Saccharinsäuren sind einbasische Säuren mit einer Carboxylgruppe; durch Wasserverlust bilden sie Lactone, die meist gut krystallisieren.

Die Darstellung des Saccharins in größeren Mengen geht nach Scheibler entweder vom Traubenzucker oder vom Fruchtzucker aus. Zur heißen Lösung wird heißes Kalkhydrat unter fortwährendem Kochen hinzugefügt. Die alkalische Lösung wird nach dem Erkalten vom Bodensatz abgezogen, in derselben der Kalk vollständig entfernt — durch Kohlensäure und dann durch Oxalsäure — und das Filtrat eingedampft, woraus Saccharin auskrystallisiert. Kiliani arbeitet in der Kälte ähnlich[6]. Die Bildung des Saccharins geht nach folgender Gleichung vor sich:

$$C_6H_{12}O_6 - H_2O = C_6H_{10}O_5.$$

Beide Methoden sind ziemlich langwierig und unzuverlässig; noch langsamer, aber mit besseren Resultaten verläuft die Arbeitsweise nach Kiliani, wie Vnuk anführt[7].

---

[1] Z. d. tschsl. Zuckerind. VIII, S. 230, 1927.
[2] B. D. ch. G. 1880, S. 1826.
[3] Z. d. tschsl. Zuckerind. VIII, S. 460, 1927.
[4] Z. V. D. Zuckerind. 1880, S. 50.      [5] ebd. 1880, S. 809.
[6] Organ 1883, S. 135.      [7] Z. d. tschsl. Zuckerind. VIII, S. 463, 1927.

10 proz. Lösung von Invertzucker wurde in der Kälte mit 100 g gebranntem Kalk auf je 1 kg Zucker gemischt; nach 14 Tagen wurden weitere 400 g Kalk hinzugefügt. Nach einigen Monaten zersetzt sich der Invertzucker und es scheiden sich schwerlösliche Kalksalze ab. Diese wurden durch Zentrifugieren, der Kalk durch Saturation und mit Oxalsäure entfernt, die Lösung wurde entfärbt und zur Krystallisation eingedampft, die nach einigen Tagen eintrat. Die Ausbeute beträgt 25 g Saccharin aus 1 kg Zucker. (Nach Kilianis Angaben erhielt dieser 100 g reines Saccharin.)

Das Saccharin ist sehr krystallisationsfähig, seine Prismen schmecken bitterlich; es ist leicht in kochendem, weniger gut in kaltem Wasser löslich; ebenso in Äther und Alkohol. Es ist fast unzersetzt flüchtig. Schmelzpunkt ca. 160°; es ist rechtsdrehend $[\alpha]_D = + 93,5\text{—}93,8$. Beim Erhitzen seiner Lösung nimmt es ein Molekül Wasser auf und geht teilweise in Saccharinsäure über. Die Säure und ihre Salze sind linksdrehend. Das Kalksalz ist durch Kohlensäure nicht zerlegbar und leicht wasserlöslich. Jesser konstatierte, daß saccharinsaure Salze aus Ammonsalzen Ammoniak austreiben. Beim Kochen von reinem Saccharin mit Natronlauge bildet sich saccharinsaures Natron, das gegen Lackmus neutral reagiert. Dieses Salz sowie das Kalksalz sind amorph; $[\alpha]_D$ für das Kalksalz $= -5,7°$. Fehlingsche Lösung wird vom Saccharin nach den Angaben Péligots nicht reduziert.

Entgegen der Anschauung Scheiblers konstatierte Kiliani, daß Saccharin ziemlich leicht in Saccharinsäure übergeht. Scheibler hielt die freie Säure nicht für existenzfähig. Saccharin nimmt Wasser auf und geht in die Säure über, und umgekehrt können saccharinsaure Salze durch Säure zerlegt werden. Dabei spaltet sich die Saccharinsäure ab und geht bei gewöhnlicher Temperatur langsam, beim Kochen rascher in das Anhydrid, doch nie vollständig, über.

Von Salzen stellte Kiliani das Kali-, Kalk-, Kupfer- und Zinksalz dar. Ersteres entsteht durch Erhitzen einer Saccharinlösung mit kohlensaurem Kali $C_6H_{11}O_6K$. Kocht man mit kohlensaurem Kalk oder erhitzt Saccharin mit überschüssigem Kalkwasser, sättigt mit Kohlensäure und dampft ein, so resultiert eine gummiartige, spröde Masse, die, bei 100° getrocknet, die Formel $(C_6H_{11}O_6)_2Ca$ hat[1]. Sämtliche Salze sind linksdrehend und in Wasser sehr leicht löslich. Die meisten werden mit Alkohol daraus gefällt.

In seiner „Studie über das Péligotsche Saccharin" untersuchte K. Vnuk ausführlicher teils die soeben angegebenen Eigenschaften und andere. Er bestimmte die Löslichkeit in Wasser und in anderen Lösungsmitteln, das spezifische Gewicht und die Refaktion von Saccharinlösungen. Er bestimmte das Inversionsvermögen der Saccharinsäure, das nur gering ist, und die elektrische Leitfähigkeit, die der schwachen Inversionsfähigkeit entsprechend gering gefunden wurde. Auch die Viscosität und Oberflächenspannung wurde untersucht. Letzteres mit dem Ergebnisse, daß Saccharinlösungen keine Oberflächenaktivität besitzen[2].

Die Zersetzung des Saccharins durch Kalk in der Wärme ist nur eine geringe. Es kann sich bei der Scheidung daher nicht zersetzen.

---

[1] B. D. ch. G. 37, S. 1202.    [2] Z. d. tschsl. Zuckerind. VIII, S. 460, 1927.

Da es auch bei der Saturation nicht gefällt wird (s. d.), bleibt es im Dünnsafte und kommt bis in die Melasse — wo es noch weiter zu besprechen
sein wird (Kap. 24 e). Infolge seiner chemischen Eigenschaften kann
es die polarimetrische Zuckerbestimmung nicht beeinflussen.

Von Wichtigkeit ist die Kenntnis des Verhaltens der Dextrose
und der Lävulose beim Erhitzen. Über erstere sind Arbeiten von
Degener im Jahre 1885 u. a. vorhanden. Eine neuere Untersuchung
rührt von Duschsky her[1]. Er fand, daß im allgemeinen beim Erhitzen
der Dextroselösung eine Zersetzung derselben stattfindet, welche sich
durch Verringerung der Polarisation bei gleichbleibendem Reduktionsvermögen kundgibt. Anfangs sind die Lösungen farblos, nehmen mit
zunehmender Erhitzung gelbe Farbe an, die schließlich in eine braune
übergeht. Bei höheren Temperaturen, 140° und mehr, nimmt auch
das Reduktionsvermögen ab, und zwar mit der Dauer der Erhitzung
mehr. Milchsäure verhütet bei gleichen Arbeitsbedingungen die Zersetzung der Dextrose. Bei Gegenwart von Essigsäure von gleicher
Konzentration (1,0 proz.) entstehen anfangs rechtsdrehende Substanzen (bei 120° C), die aber sehr unbeständig sind. Bei achtstündigem
Erhitzen auf diese Temperatur ist wieder Polarisationsrückgang fest-
zustellen. Bei Temperaturen von über 130° tritt auch zu Beginn keine
Polarisationserhöhung ein, jedenfalls durch Entweichen der flüchtigen
Essigsäure. Soda beschleunigt die Zersetzung, ebenso essigsaures Natron.
Letzteres dissoziiert nämlich, dabei wird NaOH gebildet, und dieses
Alkali zersetzt die Dextrose. Kaliumchlorid blieb ohne Einfluß. Das
Reduktionsvermögen der Dextrose beim Erhitzen in Gegenwart der ge-
nannten Salze ändert sich nicht. Bei steigender Konzentration der
Dextroselösungen nimmt die Bildung rechtsdrehender Produkte zu.
Druckerhöhung oder -verminderung sind auf die Resultate ohne Belang.

Auch das Verhalten der Lävulose studierte derselbe Autor bei
gleichen Arbeitsbedingungen. Bei konzentrierten Lösungen ist bei
Temperaturen von 60° C die Polarisation und Kupferzahl unverändert.

Bei 80° C vermindert sich die Polarisation; die Kupferzahl bleibt
unverändert und Gelbfärbung der Lösung tritt ein. Bei höherer Temperatur und längerer Erhitzungsdauer nimmt die Polarisation rascher
ab als das Reduktionsvermögen. Bei Druckverminderung tritt die
Zersetzung der Lävulose langsamer ein, doch vermindert sich die
Kupferzahl nach achtstündigem Erwärmen bei 100° um 21 mg. Die
neu gebildeten Substanzen sind sehr unbeständig, können noch eine
weitere Zerlegung erleiden und verlieren dabei ihre Reduktionskraft.
Gegenwart von Milchsäure hat dieselbe Schutzwirkung wie bei der
Dextrose. Dasselbe gilt von der Essigsäure. Duschsky nimmt an, daß
bei Anwesenheit dieser Säuren durch Erwärmen optisch inaktive Produkte mit geringerer oder gar keiner Reduktionsfähigkeit sich bilden
können. Bei geringerer Konzentration ist die Lävuloselösung während
des Erhitzens widerstandsfähiger.

So wie seine Komponenten ist Invertzucker ein Reduktionsmittel,
d. h. er kann Metallsalze oder Oxyde einer höheren Oxydationsstufe in

---

[1] Z. V. D. Zuckerind. 1911, S. 581.

solche von niedrigerer Stufe oder gar zu Metall reduzieren. Diese Reduktionskraft dient zu seiner qualitativen und quantitativen Bestimmung. Zu diesem Zwecke bedient man sich besonders seiner Fähigkeit, aus Kupferoxydlösungen Kupferoxydul niederzuschlagen. Besonders drei Kupfersalzlösungen dienen diesem Zwecke: die bekannteste, die Fehlingsche Lösung, d. i. eine alkalische Lösung von Kupfersulfat und Seignettesalz; das Soldaïnsche Reagens: Kupfercarbonat oder besser -sulfat in Kaliumbicarbonatlösung, und die Lösung nach Ost, d. i. Kupfersulfat in Kaliumcarbonat- und Bicarbonatlösung.

Das ausfallende Kupferoxydul, das als Kupfer oder als Kupferoxyd gewogen wird, ist das Maß für die Menge der „reduzierenden Substanzen". Dieser Ausdruck ist deshalb geboten, weil neben dem Invertzucker noch andere reduzierende Nichtzuckerstoffe existieren, also Invertzucker vermuten lassen, wo dieser überhaupt nicht ist, oder seine Mengen größer erscheinen lassen. Diese reduzierenden Stoffe müssen deshalb vor Ausführung der Reduktion mit Bleiessig entfernt werden, wodurch die Bestimmung genauer wird. Verfasser bestimmte z. B. in einem III. Produktzucker die Reduktionskraft dieser Nichtzucker zu 26 mg Cu, indem er die Herzfeldsche Invertzuckerbestimmung in mit Bleiessig geklärtem und ungeklärtem Zucker durchführte. Erstere ergab 36 mg, letztere 62 mg Cu. Zu bemerken ist, daß bei der genannten offiziellen Bestimmungsmethode selbst die reinsten Zucker bis 25 mg Cu ausscheiden. Selbst chemisch reine Saccharose scheidet unter den Bedingungen der Herzfeldschen Invertzuckerbestimmung nach E. Preuß 21,2 mg, nach Strohmer 28,6 und 30,6 und nach Urban 22,5 mg Cu aus. Daß reinste Raffinaden (99,9% Pol.) unter Umständen auch weniger Kupfer ausscheiden, geht aus den neuesten Untersuchungen Strohmers[1] hervor. Er fand Ausscheidungen von 11—20 mg, aber auch bis 49 mg Cu bei einer Raffinade von folgender Zusammensetzung: Pol. 99,75, Wasser 0,07, Asche 0,10, organ. Nichtzucker 0,08.

In seinen ausführlichen „Studien über die Invertzuckerbestimmung" versucht L. Pick eine Deutung für die wechselnden Kupferabscheidungen von Raffinaden und von chemisch reiner Saccharose zu geben[2]. R. Ofner fand—je nach scheinbar geringfügigen Abweichungen von der Herzfeldschen Vorschrift—für chemisch reine Saccharose 25,2—36,8 mg Kupfer und gab treffend eine Übersicht über die „Ursachen der Differenzen in den Ergebnissen der Kupferoxydulabscheidung bei der Prüfung von Rohzucker und Raffinade mittels Fehlingscher Lösung", die auf eigenen Untersuchungen fußt[3].

Da die genaue quantitative Bestimmung sehr geringer Invertzuckermengen auf große Schwierigkeiten stößt und auch in bleiessiggeklärten Produkten noch andere reduzierende Stoffe vorhanden sein können, ist maßgebenderseits auf Vorschlag Strohmers[4] vereinbart worden, in Handelsanalysen bei Ausscheidung von unter 50 mg Cu aus 10 g Zucker noch immer Abwesenheit von Invertzucker anzunehmen.

[1] Ö. U. Z. f. Zuckerind. XLII, S. 539, 1913.
[2] Z. d. tschsl. Zuckerind. VI, S. 249, 1925.　　　[3] ebd. VII, S. 355, 1926.
[4] Organ 1886, S. 709.

Nach Untersuchungen von F. Herzfeld ist die Bestimmung von reduzierenden Zuckern mittels der Fehlingschen Lösung „nicht genügend zuverlässig“. Er fand, daß der Grad der Oxydation des Zuckers und damit die Zusammensetzung der Endprodukte abhängt von der Konzentration der Fehlingschen Lösung, von der Menge des anwesenden oxydierbaren Zuckers, insbesondere aber auch von der Zeitdauer des Erhitzens und von der Reinheit des zu untersuchenden Stoffes[1]. Schädlichen Einfluß auf die Bestimmung üben solche Beimengungen aus, die zwar für sich nicht reduzierend sind, die aber durch Spaltung in alkalischer Lösung bei Gegenwart von Metalloxyden reduzierenden Zucker bilden können, wie z. B. Rohrzucker[2].

Desbalb versuchte der gleiche Autor die reduzierenden Zucker mittels Pikrinsäure zu bestimmen. Reduzierende Zuckerarten vermögen bekanntlich in alkalischer Lösung Trinitrophenol (Pikrinsäure) in Amidodinitrophenol (Pikraminsäure) zu reduzieren: aus $C_6H_2(NO_2)_3OH$ wird $C_6H_2NH_2(NO_2)_2OH$. Die Pikraminsäure ist stark rot gefärbt. Darauf fußen schon colorimetrische Bestimmungsmethoden, die Herzfeld aber durch eine polarisationsphotometrische Messung ersetzte[3].

Wird Glucose (auch Fructose u. a. Zuckerarten) mit Aminosäuren am heißen Wasserbade erhitzt, so bräunt sich bald die Masse, gerät ins Schäumen und entbindet Kohlendioxyd. Je nach den quantitativen und qualitativen Bedingungen verläuft diese Reaktion rasch oder langsam, stürmisch oder träge. Maillard, der diese Reaktion auffand und deutete, versuchte einerseits Glykokoll, Alanin, Valin, Leucin, Tyrosin und Glutaminsäure, andererseits Xylose, Arabinose, Mannose, Fructose u. a. Saccharose geht diese Reaktion schwer ein[4]. Diese Reaktion zog Lafar zur Deutung der Nachproduktengärung heran (s. d.), weshalb sie hier zu besprechen war. Anschließend kann davon Mitteilung gemacht werden, daß F. Strohmer und O. Fallada beim Kochen starker Gemische von Saccharose und Salmiak (Chlorammonium) Inversion feststellen konnten[5].

### c) Raffinose.

Im Jahre 1850 machte Dubrunfaut die Beobachtung, daß nach seinem Barytverfahren hergestellte Zucker öfters in der Polarisation die Zahl 100 überschritten. 1876 stellte Loiseau aus Melasse einen Zucker her, dem er den Namen „Raffinose“ gab; diese drehte das polarisierte Licht 1,59mal stärker als Rohrzucker[6]. In den Jahren 1879—1882 machten H. Reichardt und C. Bittmann Mitteilung von einem die Polarisation erhöhenden Zucker — den sie jedoch nicht isolierten und näher charakterisierten — in Rohzuckern und Melassen der Strontianentzuckerung (Pluszucker)[7]. Im Jahre 1885 gelang es Tollens,

---

[1] Da jedoch die Analyse nach einer einheitlichen Vorschrift durchgeführt wird, erhält man wenigstens für die Praxis (Betrieb und Handel) brauchbare Ergebnisse. (D. Verf.)　　　[2] Z. V. D. Zuckerind. 1926, S. 177.

[3] ebd. 1926, S. 273.　　　[4] Compt. r. Bd. 154, S. 66, 1912.

[5] Ö. U. Z. f. Zuckerind. 1906, S. 168; 1912, S. 932.

[6] Z. V. D. Zuckerind. 1885, S. 841, 1108.　　　[7] ebd. 1882, S. 560, 570, 764.

aus der Melasse des Strontiumverfahrens eine hochpolarisierende Zuckerart darzustellen und deren Indentität mit Loiseaus Raffinose nachzuweisen. Unabhängig von Tollens fand Lippmann[1] ebenfalls diese Tatsachen[2].

Nachdem einige andere Formeln für die Raffinose als unrichtig erkannt wurden, ist die Formel $C_{18}H_{32}O_{16} + 5H_2O$ die heute allgemeingültige. Die Raffinose besteht aus Galaktose, Lävulose und Dextrose und zerfällt bei der Inversion in diese Komponenten. Sie ist ein Trisaccharid. Wird sie mit verdünnten Säuren bei niedrigerer Temperatur behandelt, so zerfällt sie nach der Gleichung

$$C_{18}H_{32}O_{16} + H_2O = C_6H_{12}O_6 + C_{12}H_{22}O_{11}$$

in Lävulose (Fructose) und Melibiose. Durch stärkere Säuren bei höherer Temperatur geht der Zerfall der Raffinose vollständig vor sich:

$$C_{18}H_{32}O_{16} + 2H_2O = \underset{\substack{\text{Dextrose}\\\text{Glucose}}}{C_6H_{12}O_6} + \underset{\substack{\text{Lävulose}\\\text{Fructose}}}{C_6H_{12}O_6} + \underset{\text{Galaktose}}{C_6H_{12}O_6} \, .$$

Dieser Abbau der Raffinose geht auch durch Einwirkung der Fermente (Enzyme) von Hefe- und Schimmelpilzen vonstatten. Oberhefen wirken im allgemeinen nach den erst angeführten, Unterhefen, die ein Enzym, die Melibiase, enthalten, nach der zweiten Gleichung.

Neuberg fand im Emulsin ein Ferment (Enzym), das die Raffinose im Sinne der folgenden Gleichung umwandelt:

$$C_{18}H_{32}O_{16} + H_2O = C_6H_{12}O_6 + C_{12}H_{22}O_{11},$$

d. i. in d-Galaktose und Saccharose[3]. Die Tragweite dieser Entdeckung für die Erklärung der Entstehung der Raffinose in der Rübe wird alsbald dargelegt werden.

Den Mechanismus und Chemismus dieses Abbauprozesses sowie den der Einwirkung von Melibiase auf die Melibiose studierte R. Weidenhagen. Das Enzym wurde aus untergäriger Hefe durch Autolyse gewonnen[4].

Scheibler gab eine Methode zur Darstellung der Raffinose aus Melasse an, welche auf folgenden Eigenschaften der ersteren beruht:

1. Wenn man Melasselösungen, welche Raffinose enthalten, mit einem Überschuß von Strontiumhydroxyd kocht, so wird die Raffinose mit dem sich bildenden Bistrontiumsaccharat ebenfalls ausgefällt. Sie liefert also mit Strontiumhydroxyd in der Siedehitze ebenfalls eine mehr oder weniger schwerlösliche, sich abscheidende Verbindung von Strontiumraffinose.

2. Wenn man dagegen in einer Raffinose enthaltenden Melasselösung Monostrontiumsaccharat in der Kälte erzeugt, so enthält die sich bildende Ausscheidung von Monostrontiumzucker, $C_{12}H_{22}O_{11}SrO + 5H_2O$, keine Raffinose, diese bleibt vielmehr in der davon abgetrennten Nichtzuckerlauge zurück.

3. Die Raffinose ist in starkem Alkohol weit schwerer löslich als der Rohrzucker[5].

---

[1] Z. V. D. Zuckerind. 1885, S. 257, 1030; 1886, S. 204; 1887, S. 7; 1888, S. 1126; 1891, S. 519.

[2] In der ersten Auflage wurde die Geschichte der Raffinose (Entdeckung, Identifizierung, Formel) ausführlicher behandelt.

[3] Biochem. Z. 3, S. 519, 535, 1907.

[4] Z. V. D. Zuckerind. 1927, S. 696.    [5] ebd. 1885, S. 840.

Darauf beschäftigte sich Scheibler mit der Zusammensetzung und den Eigenschaften der Raffinose[1].

Eine andere Methode benutzte Koydl zur Darstellung dieses Trisaccharides aus Melasse (s. Kap. 24 e).

Im allgemeinen bestätigte Scheibler die Angaben Tollens' und gab, wie oben erwähnt, der Raffinose die oben aufgestellte Formel. Über ihr Vorkommen schrieb er:

Es scheint mir nun außer allem Zweifel zu stehen, daß die Raffinose ein normaler Bestandteil aller Zuckerrüben ist, daß aber die Menge der Raffinose je nach der Rübenvarietät, vielleicht auch je nach sonstigen Wachstumsbedingungen, mehr oder weniger groß ist, was schon die nächste Zeit näher feststellen dürfte. Daß die Raffinose ein normaler Bestandteil der Rüben ist, dafür scheinen mir folgende Tatsachen zu sprechen. Zunächst ist es der pflanzenphysiologisch gewiß sehr bemerkenswerte Umstand, daß Böhm sowohl als Ritthausen und Weger in den Baumwollsamenrückständen neben Raffinose ebenfalls noch Betain, welches ich 1866 in den Zuckerrüben entdeckte, aufgefunden haben, ein Vorkommen, welches jedenfalls nicht einem Zufall zuzuschreiben ist, sondern eine tiefere Beziehung beider Stoffe zueinander vermuten läßt.

Eine weitere Stütze für meine Anschauung erblicke ich in den Veränderungen, welche die Rüben beim Aufbewahren in Mieten erleiden. Die Raffinose wird schon durch einfache Erwärmung bei einer Temperatur in der Höhe von 100⁰ invertiert oder so verändert, daß sie aus Fehlingscher Lösung Kupferoxydul abscheidet und sich mit Alkalien stark bräunt; sie ist also nicht so beständig wie der Rohrzucker und wird viel früher eine Veränderung erleiden als dieser.

Mit dieser Veränderung nimmt die Polarisation ab, während sie zunehmen müßte, wenn sich die Raffinose erst aus dem Rohrzucker bildete ... Die Polarisation der Rüben beim Lagern nimmt aber auch ab, und die Säfte reduzieren Kupferlösung ..."

Scheiblers Annahme über das Vorkommen der Raffinose bewahrheitete sich. Noch im selben Jahre wies Lippmann diese Zuckerart im Rübensafte nach[2]. Rübensäfte zeigten hohe Polarisationen und Reinheitsquotienten von fast 100. Wenn auch anzunehmen war, daß das Vorhandensein mehrerer aktiver Stoffe gleichzeitig die scheinbaren hohen Zuckergehalte — optisch nachgewiesen — verursachte, so ging Lippmann doch daran, die Raffinose, die er schon früher so wie Tollens und Scheibler in der Rübe vorkommend dachte, zu isolieren. Er verwendete das Scheiblersche Darstellungsverfahren für Raffinose aus Melasse, indem er es für Rübensäfte modifizierte. Seine schließlich rein erhaltenen Krystalle stimmten in allen Eigenschaften mit denen der reinen Raffinose, „so daß an der Identität gar nicht zu zweifeln und daher das Vorkommen der Raffinose schon in der Rübe nunmehr als gesichert anzusehen ist". Das Gewinnungsverfahren nach Scheibler ist kein quantitatives; nur schätzungsweise kam Lippmann zu folgenden Angaben: nach Scheiblers Arbeit kämen auf 100 kg Rüben 1,7 g und nach Lippmanns Untersuchung 5 g Raffinose[3]. Gunning fand im Jahre 1891 0,01—0,02 g Raffinose in 100 g Rüben[4].

In einer ausgedehnten Untersuchung, die der „Art der Wertschätzung des Rohzuckers" galt, mußte A. Herzfeld der Raffinose besondere

---

[1] Z. V. D. Zuckerind. 1885, S. 591, 841.    [2] ebd. 1886, S. 131.
[3] Organ XXIV, S. 65, 1885.    [4] Bull. de l'ass. Belge des chim. 4, S. 318.

Aufmerksamkeit schenken, da man diesen Kohlenhydrat-Nichtzucker überall vermutete, ihm eine große melassebildende Kraft zuschrieb, an die Krystallisationsbeeinflussung des Rohzuckers durch die Raffinose glaubte und deshalb bei der Rendementberechnung ganz besonders auf diesen Körper Rücksicht nehmen wollte.

Seine Ergebnisse sind beim „Rohzucker", Kap. 21, wiedergegeben.

Im Abschnitte „Der Nichtzucker des Rohzuckers" wird nochmals auf diese Frage etwas eingehender zurückzukommen sein; hier nur eine Zusammenstellung der Quantitäten wirklicher und scheinbarer Raffinose in einigen Produkten: Rohzucker Erstprodukt der reinen Rübenarbeit viel weniger als 0,33 % (diese Zahl ist die amtlich festgestellte Fehlergrenze für die Inversionsmethode), in Nachprodukten 0,7 % scheinbar. In Erstprodukten von Melasseentzuckerungsverfahren unter 0,33 %. Strontianmelasssen 8—12 %, osmosierte Melassen maximal 8 %, in Ausscheidungsmelassen bis 5 %. In Melasse von einfacher Rübenarbeit scheinbar bis 3 und auch 5 %. (Kap. 24 e).

Einen Vortrag, den Strohmer „Über das Vorkommen von Raffinose im Rohzucker und deren Bestimmung" hielt, beendigte dieser mit folgenden Worten:

1. In der Zuckerrübe ist im allgemeinen keine Raffinose enthalten, dieselbe bildet sich in derselben nur zeitweilig unter noch nicht näher erforschten Wachstumsbedingungen, dann aber auch nur in äußerst geringer Menge (s. u.). 2. Die in den Betrieb durch die Rübe eingeführte Raffinose kommt nur in den letzten Produkten zu bemerkbarer Anhäufung; im Zuckerfabriksbetriebe selbst wird keine Raffinose neugebildet. Erstprodukte reiner Rübenverarbeitung enthalten, normal hergestellt, keine Raffinose. 3. Äußere Kennzeichen für das Vorhandensein von Raffinose in den Zuckerfabriksprodukten (z. B. Gestalt der Zuckerkrystalle) gibt es nicht, ebenso keine völlig einwandfreie Methode zur Bestimmung der Raffinose. . . . . 4. Die durch die Inversionspolarisation bei Rübenrohzuckern beobachteten Pluspolarisationen rühren meist nicht von Raffinose her, sondern von andern optisch aktiven Nichtzuckern, und zwar zumeist Überhitzungsprodukten des Zuckers. — Es kann also Raffinose vorgetäuscht werden.

Diese Verhältnisse werden im Kapitel „Rohzucker" und „Melasse" eingehender gewürdigt werden.

Über die Ursachen der Bildung von Raffinose in den Rüben äußerte sich Herzfeld im Jahre 1889 dahin, daß erstere vermutlich in größerer Menge entstehe, wenn Rüben, die starker Kälte ausgesetzt gewesen sind, wieder neue Wachstumserscheinungen zeigen, indem dann aus den in Lösung gebrachten Pektinsubstanzen, die in reduzierenden Zucker verwandelt werden, und den Komponenten des Rohrzuckers Raffinose entstehe[1]. Auch hat sich gezeigt, daß sich nach kalten und nassen Wachstumsperioden ohne Frost in der Rübe merkliche Mengen Raffinose bilden können. Strohmer konnte jedoch in gefrorenen und wieder aufgetauten ebenso wie in aus erfrorenen Rüben hergestellten Sirupen niemals Raffinose nachweisen[2]. „Die Ursache der Raffinosebildung könnte daher nur in der durch Kälte hervorgerufenen Wachstums-, bzw. Stoffwechselstörung der lebenden und wachsenden

---

[1] Diese Hypothese ließ Herzfeld im Jahre 1892 fallen.
[2] Z. V. D. Zuckerind. 1910, S. 919.

Rübe zu suchen sein, und darf wohl auch Herzfelds Meinung nicht anders aufgefaßt werden." Bei diesen Wachstumsbedingungen, die das stoffliche Gleichgewicht der Rübe stören, ist es möglich — wie Strohmer an gleicher Stelle ausführt —, daß die Pektinkörper der Rübenwurzel durch Enzyme in Lösung gebracht werden, sich anhäufen und aus diesen und verschiedenen enzymatischen Spaltungsprodukten des Rohrzuckers durch andere Enzyme wieder Raffinose aufgebaut wird. Hat ja Neuberg gezeigt, daß durch enzymatische Spaltung aus Raffinose Saccharose und Galaktose entstehen (s. S. 107), und so kann auch umgekehrt aus Spaltungsprodukten der Pektinkörper, unter denen sich auch Galaktose befindet, und Rohrzucker durch Enzymwirkung Raffinose gebildet werden. Doch ist das nur eine Hypothese. Strohmer konnte in normalen Zuckerrüben nie Raffinose, in abnormen Rüben „meist aber nur in minimalen, die Fehlergrenze kaum überschreitenden Mengen" nachweisen. Die oben aufgestellte Hypothese wird am deutlichsten durch Umkehrung der Gleichung auf Seite 107 illustriert.

$$\underset{\text{Galaktose}}{C_6H_{12}O_6} + \underset{\text{Saccharose}}{C_{12}H_{22}O_{11}} = C_{18}H_{32}O_{16} + H_2O.$$

Den Vorgang hätte man sich folgendermaßen vorzustellen: Die Pektinstoffe gehen in Lösung; bei andauernd kalter Witterung spalten sie auf enzymatischem Wege Galaktose ab, welch letztere durch Enzyme von entgegengesetzter Wirksamkeit wie das Emulsin, mit der Saccharose unter Bildung von Raffinose zusammentritt.

### 1. Physikalische Eigenschaften.

Die wasserfreie Raffinose krystallisiert aus wäßrigen Lösungen als Hydrat mit 5 Molekülen Krystallwasser in feinen, weißen Nadeln, die meistens zu verschiedenen Aggregaten vereinigt sind. Die Lösung schmeckt nicht süß; Raffinose ist in kaltem Wasser schwerer, in heißem leichter löslich als der Rohrzucker. Leicht löst sie sich in absolutem Methylalkohol und kann dadurch vom Rohrzucker getrennt werden. Ihre Lösungen sind stark rechtsdrehend, $[\alpha]_D = + 104,5^0$ für $p = 10\,\%$. Temperatur und Konzentration der Lösung haben keinen wesentlichen Einfluß auf diese Drehung. Das Normalgewicht (26 g) Saccharose zu 100 cm³ gelöst, polarisiert $+ 100^0$; dieselbe Menge Raffinose bei gleichen Umständen $+ 157,15^0$, also 1,57 mal mehr als Saccharose. Sie diffundiert langsamer als Rohrzucker und besitzt nur etwa 75 % von dessen Diffusionsfähigkeit.

### 2. Chemische Eigenschaften.

Wie schon bei der Chemie des Rohrzuckers (Abschnitt a) bemerkt, dehnte Weisberg seine Untersuchungen auf die Raffinose aus. Der dritte und vierte Teil seiner dort zitierten Arbeit besagt folgendes:

Verhalten wäßriger Raffinoselösungen beim Kochen.

Die Versuche mit Raffinose wurden in oben beim Zucker angegebener Weise ausgeführt. Die hierbei gewonnenen Resultate sind[1]:

----

[1] Ö. U. Z. f. Zuckerind. XXI, S. 3, 1892.

| Natur der Lösung | Polarisation in der 400-mm-Röhre, Mittel mehrerer Beobachtungen |
|---|---|
| 1. a) Originallösung . . . . . . . . . . . . . . . . . . | 4,56 |
| b) nach 3stündigem Kochen . . . . . . . . . . . . | 4,60 |
| c) „ 6 „ „ . . . . . . . . . . . . . | 4,56 |
| 2. a) Originallösung . . . . . . . . . . . . . . . . | 7,66 |
| b) nach 3stündigem Kochen. . . . . . . . . . . . | 7,66 |
| c) „ 15 „ „ . . . . . . . . . . . . | 7,53 |

Raffinose zeigt sich beim Kochen mit Wasser noch widerstandsfähiger als Saccharose. Erst nach 15-stündigem Kochen begann eine,
wenngleich schwache Rotationsverminderung einzutreten. Reduktion
von Fehlingscher Lösung war selbst nach diesem langen Erhitzen
kaum wahrzunehmen.

## Einwirkung von Kalk auf eine kochende Raffinoselösung.

Raffinose wurde in Kalkwasser gelöst und die erhaltene Lösung
filtriert. Das Kochen der kalkhaltigen Raffinoselösung wurde am
Rückflußkühler, wie bei allen obigen Versuchen, vorgenommen. Zum
Polarisieren wurde der Kalk mit der entsprechenden Menge Essigsäure
genau neutralisiert und filtriert.

| Natur der Lösung | Polarisation in der 400-mm-Röhre, Mittel mehrerer Beobachtungen |
|---|---|
| a) Originallösung. . . . . . . . . . . . . . . . . . | 1,95[1] |
| b) nach 3stündigem Kochen . . . . . . . . . . . . . | 1,88 |

Die erhaltenen Zahlen zeigen, daß auch bei Vorhandensein von
Kalk die einige Zeit andauernde Erhitzung einer wäßerigen Raffinoselösung eine nur schwache Wirkung auf dieselbe ausübt; denn die Lösung
konnte 3 Stunden lang im Kochen gehalten werden, um nur eine Drehungsverminderung von $0,07^0$ (im 400-mm-Rohr) zu erfahren.

Raffinose ist also sehr widerstandsfähig, wird durch das
übliche Reinigungsverfahren nicht entfernt und durchläuft
alle Betriebsstadien, um sich dann in der Melasse anzuhäufen.
So wie der Rohrzucker mit Basen Verbindungen eingeht, so tut
dies auch die Raffinose. Die den Saccharaten analogen Raffinose-
Basenverbindungen heißen Raffinosate, ein Gebiet, das besonders
von Tollens und seinen Mitarbeitern erforscht wurde. Sie stellten dar:
Distrontiumraffinosat $C_{18}H_{32}O_{16} \cdot 2\,SrO + H_2O$, Mono- und Dibaryt-
raffinosat $C_{18}H_{32}O_{16} \cdot BaO$ und $C_{18}H_{32}O_{16} \cdot 2\,BaO$, Trikalkraffino-
sat $C_{18}H_{32}O_{16} \cdot 3\,CaO$; ferner ein Bleioxydraffinosat von der Formel
$C_{18}H_{32}O_{16} \cdot 3\,PbO$ und schließlich zwei Natriumraffinosate $C_{18}H_{31}O_{16} \cdot Na$
und $C_{18}H_{31}O_{16} \cdot Na + NaOH$.
Das Natriumraffinosat hatte insofern theoretische Bedeutung, als
aus seiner Zusammensetzung Tollens sich schließlich zur Scheiblerschen Raffinoseformel bekehrte. — Mehr Interesse beanspruchen die
Strontium- und Bleiraffinosate; erstere wegen der Melasseentzuckerung,

---

[1] Temperatur der kochenden Lösung $101^0$ C.

letztere wegen des Verhaltens der Raffinose bei polarimetrischen Zuckerbestimmungen.

Raffinose bildet weniger leicht als der Rohrzucker mit Strontian die entsprechende Verbindung; stets entstand das Distrontiumraffinosat. Über Bleiraffinosat siehe unten.

In einer anschließenden Untersuchung brachten Beythien, Parcus und Tollens die Frage zur Beantwortung: Entsteht aus Rohrzucker durch Behandlung mit Kalk oder Strontium Raffinose?[1]

Entsteht sie aus Rohrzucker im Betriebe oder ist sie schon in der Rübe vorhanden? Lippmanns Beweisführung galt als nicht genügend begründet. Als er sie im Rübensaft nachwies und daraus isolierte, bediente er sich zu ihrer Ausfällung des Scheiblerschen Strontiumverfahrens. Sie konnte also erst bei ihrer Isolierung entstanden sein. Daß er sie im Osmosezucker nachwies (also in diesem Falle war der Zucker nicht mit Strontium zusammengekommen), galt auch nicht als beweisend. Sie konnte ja bei der Scheidung in der Rohzuckerfabrik durch die Kalkeinwirkung entstanden sein! Das Problem mußte also so gelöst werden, daß man Zuckerlösungen mit Kalk oder Strontian energisch kochte und dann mittels chemischer Reaktion auf An- oder Abwesenheit von Raffinose prüfte. Dies taten nun die Genannten, indem sie sich der Schleimsäuremethode bedienten. In der Raffinose findet sich eine Galaktosegruppe, welche durch Oxydation mit Salpetersäure Schleimsäure gibt. Im Rohrzucker ist diese Gruppe aber nicht vorhanden. Tollens und seine Mitarbeiter konnten Schleimsäure nach Kochen von Rohrzuckerlösungen mit den beiden Basen und darauffolgende Oxydation nicht vorfinden.

Damit war experimentell und endgültig bestätigt, daß die Raffinose im Betriebe nicht aus dem Rohrzucker entstehen kann. Sie stammt also aus der Rübe direkt oder aus galaktonähnlichen Körpern[2].

Gleichzeitig stellten dieselben Forscher fest, daß sowohl Raffinose als auch Saccharose beim Kochen mit Kalk oder Strontian Milchsäure liefern. Tatsächlich findet sich diese in der Melasse. Sie konstatierten in vier Melassen ca. $\frac{1}{2}\%$ Milchsäure. Eine zweite Quelle für diese Säure hätte auch eine eventuelle Milchsäuregärung in der Diffusion sein können.

Gegen Kalk verhält sich die Raffinose ähnlich dem Rohrzucker.

Läßt man Kalkhydrat auf Raffinoselösung einwirken, so entsteht Calciumdiraffinosat $C_{18}H_{32}O_{16} \cdot 2CaO + H_2O$. Es ist im Wasser löslich. Beim Erhitzen einer mit Kalkhydrat gesättigten Raffinoselösung entsteht Triraffinosat.

Aus wäßeriger Lösung wird Raffinose durch Bleiessig nicht gefällt; dies geschieht nur bei Gegenwart von Alkohol in Form eines weißen Niederschlages. Gegenwart größerer Mengen von Rohrzucker verhindert diese Fällung (Tollens). Ein Bleitriraffinosat entsteht bei Fällung mit ammoniakalischem Bleiessig (Koydl, Kap. 24, e, 2).

### d) Andere Kohlenhydrate.

Zu den Kohlenhydraten gehören auch die Pentosen, deren Gruppencharakter schon auf Seite 46 behandelt wurde. Das Vorkommen dieser Körperklasse in Rüben und Zuckerprodukten wurde besonders von Komers und Stift quantitativ verfolgt. Aus folgenden Analysen frischer Rübenschnitte geht hervor, was für einen großen Anteil die

---

[1] Z. V. D. Zuckerind. 1889, S. 894.     [2] ebd. 1889, S. 917.

Pentosen, bzw. Pentosane an den stickstofffreien Extraktstoffen haben[1].
In frischen Rübenschnitzeln fanden sie:

|  | % | % | % | % |
|---|---|---|---|---|
| Wasser | 81,12 | 80,51 | 79,68 | 80,09 |
| Eiweiß | 0,63 | 0,75 | 0,69 | 1,13 |
| Nichteiweißartige Stickstoffsubstanz | 0,56 | 0,43 | 0,37 | 0,12 |
| Fett | 0,06 | 0,19 | 0,13 | 0,15 |
| Rohrzucker | 12,50 | 12,80 | 13,60 | 12,85 |
| Stickstofffreie Extraktstoffe | 3,13 | 3,15 | 3,62 | 3,57 |
| Rohfaser | 1,08 | 1,24 | 1,09 | 1,16 |
| Reinasche | 0,87 | 0,89 | 0,77 | 0,90 |
| Sand | 0,05 | 0,04 | 0,05 | 0,03 |
| Milchsäure | 0,648 | 0,865 | 0,783 | 0,921 |
| Furfurol | 0,77 | 0,75 | 0,99 | 0,89 |
| Pentosan | 1,22 | 1,30 | 1,68 | 1,52 |
| Pentose | 1,50 | 1,48 | 1,90 | 1,72 |

Bei andern Gelegenheiten fand Stift in frischen Schnitten einer ungarischen Fabrik 1,38—1,50 % Pentosan. In verschiedenen Rüben 1,73—2,89 % Pentosane, entsprechend 1,96—3,28 % Pentosen. In sauren Schnitten 1,64—2,41 % Pentosane. In zwei Melassen fand derselbe 0,52 und 1,73 % Pentosane, entsprechend 0,59 und 1,96 % Pentosen. Alle Angaben beziehen sich auf frische Substanz.

Namentlich wäre die Arabinose aus dieser Körperklasse anzuführen (s. d.).

Komers und Stift studierten „die Rolle der Pentosane in der Rohzuckerfabrikation"[2]. In einer Fabrik, wo der Rohsaft mit $2^1/_2$ % CaO in Malaxeuren geschieden und bei 80° C saturiert, auf 95° erhitzt und filtriert, in der zweiten Saturation wieder mit $^1/_4$—$^1/_2$ % CaO versetzt, saturiert und filtriert, in der dritten mit Kohlensäure bei 90° C auf 0,010—0,020 % CaO aussaturiert und über Wellblechfilter filtriert wurde, fanden sie folgendes Verhältnis zwischen Pentosan und organischem Nichtzucker:

Auf 100 Teile des letzteren kam Pentosan im  Teile

| Dicksaft | 14,9—29,2 |
|---|---|
| Füllmasse | 15,0—26,9 |
| Rohzucker | 45,9—79,6 |
| Grünsirup | 4,0— 9,0 |

Zum Teil widersprechende Angaben liegen von Andrlík vor; nach diesem gehen etwa 0,13 Teile auf 100 Teile Zucker in den Dicksaft und in die Füllmassen über

| Auf 100 Teile Zucker entfallen | |
|---|---|
| nach Komers und Stift | nach Andrlík |
| in Schnitten . . . 9,20—15,91 | 0,2   im Diffusionssaft |
| in Dicksaft . . . . 0,47— 1,42 | 0,13 |
| in Füllmassen . . . 0,77— 2,22 | |
| in Grünsirup . . . 0,64— 1,43 | |
| in Melasse. . . . . 0,93— 1,39 | |
| in Rohzucker . . . 0,95—16,70 | 0,03 |

<hr>

[1] Ö. U. Z. f. Zuckerind. 1898, S. 6.   [2] ebd. XXVII, S. 6, 1898.

Nach Andrlík gehen etwa 60 %/o der Pentosane des Rohsaftes in die Säfte über, 40 %/o gehen in den Schlamm; die Melasse enthält fast sämtliche Pentosane, soweit sie nicht in den Schlamm übergegangen sind[1]. Diese Bestimmungen führte Andrlík mit einer Methode aus, nach welcher er den Einfluß der Saccharose bei der Furfurolbestimmung eliminierte.

. Die widersprechenden Ergebnisse der zwei eben genannten Untersuchungen führten O. Fallada, E. Stein und J. Ravnikar dazu, die Anwendbarkeit der (von Komers und Stift benutzten) Tollens-Krügerschen Methode zur Bestimmung von Pentosanen zu überprüfen, mit dem Erfolge, daß sie sich zum größten Teile den Andrlíkschen Ausführungen anschlossen[2].

Nach einer Methode, die den Einfluß der Gegenwart der Saccharose auf das Ergebnis ausschalten soll[3], fand R. Gillet in Erstproduktzuckern 0,127 %/o, in Zweitproduktzuckern 0,921 %/o und in Rübenmelasse 0,4 %/o Pentosane[4].

Stärke wurde schon einigemal in Rüben nachgewiesen: in jungen Pflänzchen, aber auch in erwachsenen Pflanzen, und zwar in den Chromoplasten der Blätter und in den Blattstielen, ferner in Rübenköpfen, wie überhaupt in vergrünten Partien. Als Folge von Verwundungen ist sie ebenfalls konstatiert worden (Schacht). Peklo[5] beschrieb sehr stärkehaltige Rüben, deren Stärkegehalt über Kopf, Hals und Fuß verteilt war. Die Rüben zeigten gesundes Aussehen, waren nur kurze Zeit eingemietet und unverletzt. Sie hatten einen hohen Zuckergehalt (18,2—26,0 %/o) und damit bringt Peklo das Vorkommen der Stärke in Zusammenhang[6].

### e) Rübenfarbstoffe.

Würde die Rübe wertvolle Farbstoffe enthalten wie die Farbhölzer oder wäre sie so auffallend gefärbt wie etwa die Möhre (gelbe Rübe) oder wie die rote Rübe, so wäre man gewiß über die Natur ihrer Farbstoffe zumindest schon so weit im klaren wie über die Farbstoffe der genannten Pflanzen.

So waren z. B. das Carotin der Karotten oder das Lycopin der Tomaten schon Gegenstand eingehendster Forschung, wie u. a. aus den außerordentlich vielen Literaturnachweisen in der Untersuchung H. Eschers „Zur Kenntnis des Carotins und des Lycopins"[7] hervorgeht.

Die Rübe selbst ist aber farblos — es treten nur unter gewissen Bedingungen Farbenerscheinungen auf, so daß man von „Farbstoffen" der Rübe nicht einmal sprechen kann. Das erschwert die Erklärung der Ursachen für die Färbeerscheinungen in der Rübe und in ihrem Safte.

---

[1] Z. f. Zuckerind. i. B. 1898/99, S. 314.
[2] Ö. U. Z. f. Zuckerind. XLIII, S. 425, 1914.
[3] Durch alkoholische Gärung wird die Saccharose entfernt und der Alkohol vor der Furfurolbestimmung vertrieben.
[4] Durch Z. V. D. Zuckerind. 1920, S. 14.
[5] Z. f. Zuckerind. i. B. XXXIII, S. 438, 1908/09.
[6] Ö. U. Z. f. Zuckerind. XXXVIII, S. 151, 1909.      [7] Diss. Zürich 1909.

Zerkleinert man Rüben und preßt dieselben aus, so fließt ein bereits dunkelgefärbter Saft ab, in dem weitere Farbenveränderungen schwer zu konstatieren sind, da der gleich zu Beginn ausfließende Saft zu dunkel ist. Die zurückbleibende Pülpe (Mark) ist verschieden gefärbt und eignet sich auch nicht zum Studium der Farbenveränderungen, da ein großer Teil des farbstoffgebenden Agens mit dem Saft entfernt wurde.

Verfasser stellte daher seine Studien an Rübenbrei aus der Herlespresse, an Rübenschnitzeln und an Rübenquerschnitten an. Was die Farbenveränderungen anbelangt, war bei diesem feinen Brei folgendes zu konstatieren: Zu Beginn zeigte er eine reinweiße, manchmal Cremefarbe. Diese Farbe veränderte sich nach folgendem Schema: weiß, creme → grau (mehr oder weniger licht) → hellrosa → dunklerrosa → hellrot → ziegelrot → hellviolett → dunkelviolett → bläulich, graublau, schwarzblau → blauschwarz → schwarz (mit grauem Stich). Im großen und ganzen verhielt sich jeder Rübenbrei nach diesem Schema. Der Brei war bei diesen Versuchen nicht bedeckt.

Schon nach einer halben Stunde war er sehr verfärbt, nach einer Stunde bereits blauschwarz. Alle Verfärbungen waren nur an der Oberfläche und etwas unter dieser festzustellen; der innere Teil des Breies war zur gleichen Zeit immer viel lichter als die Oberfläche. Bedecktlassen verzögerte diese Farbenveränderungen.

Versuche mit frischen Rübenschnitten. Diese sind auch am Beginn weiß (creme), werden sehr bald hellrosa, dunkelrosa und zeigten im allgemeinen dieselben Nuancen wie der Rübenbrei. Nach zweitägigem Liegen hatten sie die Farbe getrockneter Schwämme angenommen. Die letzten beim Brei auftretenden Farben wiederholten sich bei den Schnitten nicht.

Querschnitte durch Rüben bleiben auffallenderweise durch lange Zeit unverändert. Erst nach vielen Stunden treten wenige graublaue, konzentrische, schmale Kreise, dem Bau der Rübe entsprechend, auf. Selbst nach tagelangem Liegen zeigten die Schnittflächen keine Mißfarben. Es wäre diese Tatsache nicht genug erklärt durch die Annahme verhältnismäßig wenig geöffneter Zellen, geringer Oberfläche usw. „... Die bisherigen Versuche einer Erklärung sind durchaus hypothetisch geblieben. Man nimmt nämlich an, daß die Substanzen, welche dem Preßsaft, bzw. dem Schnitzelbrei seine dunkle Färbung geben und welche als Oxydationsprodukte aufzufassen sind, in der lebenden Rübenzelle sehr schnell weiter oxydiert werden und schließlich farblose Produkte liefern" (Grafe). Dieser Erklärungsmöglichkeit ist nur entgegenzuhalten, daß im Rübenbrei, sicher aber in Rübenschnitten „lebende" Zellen anzunehmen sind. So viel ist also sicher, daß die Rüben oder ihr Saft einen farblosen Stoff enthalten, der beim Liegen an Licht und Luft sich und die Rüben färbt. So ein farbengebendes Agens heißt Chromogen.

Die Eigenschaft der Rübe und des Rübensaftes, ihre Farbe leicht zu verändern, findet sich häufig im Pflanzenreiche. So sei nur an die rostbraune Färbung erinnert, die frische Schnittflächen von Äpfeln bald annehmen; ebenso an Kartoffelsaft, der sich nach längerem Stehen tiefbraun färbt.

Wenn also im Pflanzenreiche diese Farbenerscheinungen nicht selten sind, so können sie jedenfalls auf verschiedene Ursachen zurückgeführt werden. Hier interessiert bloß die Ursache der Rübenfärbeerscheinung.

Erst mit den Untersuchungen Reinkes kommt man zu solchen, denen größerer wissenschaftlicher Wert beizulegen ist.

J. Reinke war der Erste, welcher diese leicht oxydierbaren Verbindungen des Pflanzenkörpers etwas näher untersuchte und die Resultate in Hoppe-Seylers „Zeitschrift für physiologische Chemie"[1] publizierte. Er benutzte zur Isolierung des Chromogens aus dem Zuckerrübensaft die Eigenschaft des Rübenfarbstoffes, mit Blei eine in Wasser unlösliche Verbindung einzugehen; der Rübensaft gibt, wie bekannt, mit einer hinreichenden Menge Bleiessig versetzt, ein vollkommen farbloses Filtrat, welches sich auch bei längerem Stehen an der Luft nicht mehr dunkel färbt[2], aus dem also alles Chromogen ausgefällt sein muß.

Der Bleiniederschlag wird mit Wasser aufgeschlemmt, Schwefelwasserstoff eingeleitet, das Schwefelblei abfiltriert und das erhaltene farblose Filtrat mit Äther ausgeschüttelt. Dampft man die farblose ätherische Lösung im Dunkeln ein, so erhält man eine anfangs farblose Flüssigkeit, die sich bei weiterer Konzentration gelb und zuletzt tief kirschrot mit einem mehr oder weniger deutlichen Stich ins Braune färbt; gleichzeitig scheiden sich feine, weiße, krystallinische Nadeln aus, die, isoliert, an der Luft keine Farbenänderung zeigen; wird der Rübensaft vor dem Fällen mit Bleiessig am Wasserbade erhitzt, so findet diese Krystallbildung nicht statt, dafür ist aber die Ausbeute an rötlicher Substanz, Chromogen, bedeutend größer als bei nicht erwärmtem Saft.

Das auf diese Weise isolierte Chromogen wurde von Reinke Rhodogen genannt und der durch Oxydation daraus entstehende Farbstoff Betarot; die alkoholische Lösung des letzteren hat eine kirschrote Färbung, verfärbt sich an der Luft wie frischer Rübensaft und kann mit geeigneten Reduktionsmitteln entfärbt werden. Nach spektroskopischer Untersuchung wurde angenommen, daß das Betarot in chemischer Hinsicht dem Alkanarot sehr nahesteht. Was das Rhodogen anbelangt, so soll es der aromatischen Reihe angehören; die mehrfach hydroxylierten Benzolderivate zeigen ja auch ähnliche Erscheinungen.

Gonnermann prüfte Reinkes Versuche nach, aber mit negativem Resultate[3]. Zu bemerken ist jedoch, daß er „genau der Vorschrift folgend, frisch zerriebene Kartoffeln anwandte und den abgepreßten Saft" so wie Reinke untersuchte. Die Vorschrift Reinkes hielt er wohl ein, aber benutzte ein anderes Ausgangsmaterial.

---

[1] Bd. VI, S. 263.

[2] Behufs Analyse geklärte und filtrierte Rübenpreßsäfte dunkeln häufig bei längerem Stehen nach.          [3] Z. V. D. Zuckerind. 1898, S. 361.

Brenzcatechin, dessen Anwesenheit Lippmann im Rohsaft annimmt und das in alkalischer Lösung sich dunkel färbt, fand Gonnermann nicht in Rüben.

Im Jahre 1906 machte er bei der Untersuchung der Rüben im Fabrikslaboratorium eine ihm sonst bis dahin unbekannte Beobachtung. Die mit Bleiessig geklärten Rübensäfte dunkelten nach oder färbten sich „schwach rosenrot".

Zu letzterem möchte der Verfasser hinzufügen, daß nach seinen analytischen Erfahrungen nur unreife oder alterierte Rüben diese Erscheinung zeigen, denn nur zu Beginn und zu Ende der Kampagne beobachtete er diese Rosafarbe sehr häufig bei der Analyse von Rüben und Schnitten; während der Kampagne konnte eine Verfärbung des geklärten Saftes nie oder doch nur ausnahmsweise konstatiert werden.

Theoretische Erwägungen und darauf fußende Untersuchungen über die Einwirkung von Tyrosinase auf Tyrosin in saurer, alkalischer und neutraler Lösung ergaben, „daß die Saftfärbung einen andern Grund zu haben scheint als die bei der Einwirkung von Tyrosinase auf Tyrosin sich bildende Homogentisinsäure[1], weil diese in saurer Lösung nicht eintritt und der Rübensaft bereits organisch sauer ist"[2].

Auf seine Frage: Was ist nun die wirkliche Ursache der Dunkelfärbung? findet Gonnermann nach neu durchgeführten Versuchen folgende Antwort: „ . . . daß in dem Rübensaft Ferrosalze, Brenzcatechin und Tyrosinase aufeinander einwirken . . . Durch Einwirkung von Tyrosinase auf Tyrosin entsteht z. B. Brenzcatechin"

$$C_9H_{11}O_3N + 6\,O = C_6H_6O_2 + NH_3 + H_2O + 3\,CO_2\,.$$
$$\text{Tyrosin} \qquad\qquad \text{Brenzcatechin}$$

„Dieses findet die bekannten organischen Ferrosalze vor, ist, weil freier Sauerstoff fehlt, ohne Einwirkung für Farbstoffbildung, die jedoch sofort eintritt, wenn unter übertragender Mitwirkung der Tyrosinase (Oxydase) Luftsauerstoff auf den Saft einwirkt, d. h. die Dunkelfärbung des Rübensaftes tritt ein." Gonnermann konnte auch Brenzcatechin diesmal aus der Rübe ausscheiden.

Die Brenzcatechintheorie gewinnt sicherlich an Wert dadurch, daß sie unabhängig von Gonnermann auf Grund experimenteller Untersuchungen auch von Grafe aufgestellt wurde[3].

Zunächst kommt Grafe auf die frühere Theorie Gonnermanns zu sprechen. Eingehend befaßt er sich mit Vorkommen, Konstitution, Darstellung usw. der Homogentisinsäure. Im Verfolg seiner Arbeit bezweifelt Grafe dann, daß es Gonnermann gelungen wäre, die Homogentisinsäure einwandfrei zu identifizieren, da aromatische Hydroxylverbindungen dieselben und ähnliche Reaktionen geben wie die genannte Säure. Da es niemandem gelang, Homogentisinsäure in Substanz aus pflanzlichen Organismen zu isolieren, war also diese Hypothese fallen zu lassen. Grafe konnte weder im Rübenpreßsaft

---

[1] Diese Theorie stellte er in einer früheren Untersuchung auf, ließ sie aber fallen. D. Z. 1900, S. 350; s. 1. Aufl.    [2] Z. V. D. Zuckerind. 1907, S. 1068.
[3] Grafe vollendete seine Arbeit im Dezember 1907 und publizierte sie im Februarheft der Ö. U. Z. f. Zuckerind. XXXVII, S. 55, 1908.

noch im Schnitzelbrei diese Säure finden; auch die Mitwirkung von Tyrosin am Dunkelwerden fand er für unwahrscheinlich. „Das Vorhandensein von Tyrosin und Homogentisinsäure bei der Dunkelfärbung von Rübensäften ist um so weniger aus der Schwarzfärbung allein zu erschließen, als die Tyrosinase und ihre analogen Fermente nicht allein auf Tyrosin einwirken, sondern auch auf andere aromatische, mit Hydroxylen versehene Verbindungen, wie auf Brenzcatechin und Hydrochinon." Nun konstatierte Grafe folgende Tatsachen, die ihn dann zur Aufstellung seiner Brenzcatechintheorie bewogen: „Wenn man das nach Gonnermann dargestellte Ferment der Zuckerrübe auf verdünnte Brenzcatechinlösungen bei Luftzutritt einwirken läßt, kann man nach kurzer Zeit das Auftreten dunkler Färbungen in den auf diese Weise behandelten Lösungen konstatieren. Nun findet sich Brenzcatechin in manchen Rübensäften vor ... Es soll damit angedeutet werden, daß das Vorhandensein von Tyrosin durchaus nicht zum Eintritt der beobachteten Dunkelfärbung von Rübensäften notwendig ist, demnach auch die Bildung von Homogentisinsäure für diesen Zweck nicht unbedingte Voraussetzung ist, sondern daß Umsetzungen anderer Art und von andern Verbindungen, z. B. von Brenzcatechin ... ausgehend das Zustandekommen dieser Erscheinung bewirken können." Brenzcatechin, dessen Vorhandensein in Rübensäften Grafe nachweisen konnte, wäre daher das farbenbedingende Agens.

Zu erwähnen wäre noch, daß dunkelgefärbter Rübensaft durch kräftige Reduktionsmittel, wie z. B. Zinkstaub und Salzsäure, wieder teilweise sich aufhellt.

Ein Vergleich zwischen der Auffassung Gonnermanns und Grafes über diese komplizierten Vorgänge läßt die Verschiedenheit und Gleichheit der neuen Färbungshypothese verdeutlichen. Beide gehen vom Brenzcatechin aus; Grafe schaltet eine Mitwirkung des Tyrosins aus, während Gonnermann das Brenzcatechin aus dem Tyrosin entstanden denkt. Dabei müßte Kohlendioxyd und Ammoniak frei werden, was aber Grafe nicht konstatieren konnte. Durch gegenseitige Bindung beider soll nach Gonnermann eine schwache Alkalität auftreten, die bei Luftsauerstoff den Eintritt der Dunkelfärbung beschleunigt. Gonnermann gibt einen Chemismus des Färbevorgangs an, welchem Grafe beipflichtet. Tritt die Färbung zwischen Brenzcatechin, einem Ferrosalz und der Tyrosinase ein, so wird die Säure des Salzes in Freiheit gesetzt und bewirkt die saure Reaktion des gefärbten Rübensaftes; diese Farbe läßt sich mit Äther nicht ausschütteln.

Brenzcatechin ist Orthodioxybenzol; vom Benzol $C_6H_6$ ausgehend, kommt man zur ersten Oxydationsstufe $C_6H_5 \cdot OH$, dem Phenol, durch weitere Oxydation zum $C_6H_4 \begin{smallmatrix} OH\ 1 \\ OH\ 2 \end{smallmatrix}$, Dioxybenzol oder Brenzcatechin, und zwar ist das die Orthoverbindung.

Brenzcatechin fanden Gonnermann und Grafe in der Rübe, Lippmann in Rübenblättern und in einem Rohzucker (s. d.). Es durchwanderte also den ganzen Fabrikationsprozeß oder, was auch möglich ist, wird im Betrieb zerstört und in einer späteren Station, z. B. durch Erhitzen von Zucker, gebildet.

Brenzcatechin ist ein krystallisationsfähiger Körper, leicht löslich im Wasser, Alkohol und Äther; der Schmelzpunkt der Krystalle liegt bei 104⁰, bei 240⁰ sublimieren diese. Es ist ein starkes Reduktionsmittel; aus Silbernitrat scheidet es schon in der Kälte Silber aus.

Außer seiner chemischen Darstellungsweise, die übergangen sei, entsteht es bei der Destillation von Catechin und andern Gerbstoffen, und beim Erhitzen von Kohlenhydraten auf über 200⁰. Auch in den Produkten der trockenen Destillation des Holzes ist es zu finden.

In alkalischer Lösung ist es sehr unbeständig; diese färbt sich an der Luft zuerst grün, dann schwarz.

Von besonderem Interesse sind die Farbenreaktionen des Brenzcatechins. Mit Ammoniak gibt die Lösung eine braunrote Färbung, die beim Schütteln an der Luft dunkler wird. Tyrosinase färbt dunkelweingelb; Ammoniak, zu dieser Lösung zugesetzt, bewirkt starke Dunkelfärbung, besonders beim Durchschütteln an der Luft. Ferrosulfat färbt nicht oder beim Schütteln nur ganz schwach blau, Tyrosinaselösung zu diesem Gemisch zugesetzt färbt sofort tiefblau, allmählich blaugrün werdend, um nach oftmaligem Durchschütteln genau die Farbe verdünnter Rohsäfte anzunehmen (Gonnermann; Grafe bestätigt diese Angaben). Auf solchen Wechselwirkungen zu Ferrosalzen basiert die Gonnermannsche Theorie. Mit einer Lösung von Eisenchlorid versetzt, nimmt es tiefgrüne Farbe an, welche bei Zusatz von Ammoniak in Violett übergeht.

Nach Grafe geben Brenzcatechinlösungen mit Tyrosinase und Eisensalzlösungen außerordentlich intensive Färbungen, die noch in hundertfacher Verdünnung den Rübensaftverfärbungen entsprechen. Daher selbst die geringsten Mengen Brenzcatechin in Rüben diese Färbungen leicht bedingen können.

Eigentümlicherweise wurde noch nie auf eine eventuelle Verwandtschaft der Farbstoffe der Zuckerrüben mit jenen der roten Rüben geprüft, obwohl die Annahme nicht abzuweisen wäre, daß diese Färbeerscheinungen qualitativ dieselben seien, aber nur quantitativ in der Zuckerrübe ganz bedeutend zurücktreten. Dafür scheint die Tatsache zu sprechen, daß die Färbungserscheinungen in Schnitten oder Brei immer über Rot verlaufen, daß Brenzcatechin nicht immer in den Rüben gefunden wurde und daß es auch kein normaler Bestandteil des Rohzuckers sein dürfte.

So sei dem Anthocyan (Erythrophyll) einige Aufmerksamkeit geschenkt, da vielleicht zukünftige Forschungen die Farbenerscheinungen der Zuckerrübe mehr aufklären werden.

Anthocyan ist ein Gruppenname für die besonders in belichteten Pflanzenteilen häufig vorkommenden roten bis blauen Farbstoffe, die sich im Zellsafte finden.

Chemisch sind sie noch nicht erforscht. Man weiß nur sicher, daß sie frei von Stickstoff sind; sie verhalten sich wie mehrwertige, schwache Säuren. Sie sollen Gerbstoffcharakter besitzen. Overton betrachtet sie als Gerbstoffglucoside.

Sie bilden sich wohl auch in der Dunkelheit, nehmen aber bei Beleuchtung rasch zu.

„Andererseits steht das Vorkommen des Anthocyans . . . nicht immer in direkter Beziehung zur Intensität der Belichtung: Wir treffen bei einer und derselben Art sowohl rote als bleiche konstante Rassen (z. B. bei Beta vulgaris), welche sich unter gleichen äußeren Bedingungen entwickeln[1].“

Es könnte sich sonach in den Zuckerrüben irgendein „bleiches“ Anthocyan befinden, das durch Belichtung in Rot übergeht, nicht aber in die „rote Rasse“ der roten Rüben.

Vor einer vollständigen Erforschung der Anthocyane wird man sich jedoch kein positives Urteil bilden können.

---

[1] Euler: Pflanzenchemie, Bd. I, S. 201.

Zur Erklärung der Farbenveränderung an Rübensäften wurde von verschiedenen Seiten Tätigkeit von **Mikroorganismen** angenommen, aber auch verworfen. Auf keinen Fall konnte sie einwandfrei erwiesen werden.

### f) Riechstoffe.

Diese seien nur deshalb an dieser Stelle gebracht (nach den Rübenfarbstoffen), weil sie (wie letztere) eine wichtige Eigenschaft der Rübe und deshalb auch der Säfte bedingen und bisher ebensowenig erkannt sind.

Nach Untersuchungen **Stoltzenbergs** und **Bruhnkes** dürften die Geruchsstoffe der Zuckerrübe zur Klasse der **Pyrrolbasen** gehören und wahrscheinlich Alkohole der Pyrrolreihe sein. Der Grundstoff dieser ist das **Pyrrol**. Dargestellt wurden diese Basen durch die Genannten aus Entzuckerungsschlempe, in welche die schwer flüchtigen Anteile gelangen (aus der Melasse). Der flüchtige Teil entweicht bei der Scheidung und Saturation, der mit Wasserdampf flüchtige gelangt in die Kondenswässer[1]. Nach K. **Andrlík** handelt es sich um mehrere chemische Gruppen, die aber auch nicht alle mit Sicherheit erkannt sind[2]. In einem eigens hierzu gebauten Apparate wurden Rübenscheiben durch Überleiten von Wasserdampf von ihren Riechstoffen befreit; sie gehen in das Kondensat aus der Wasserdampfdestillation über, aus dem sie sich durch erneuerte Destillation in konzentrierterem Zustande gewinnen lassen, weil sie sich leicht mit Wasserdampf verflüchtigen. Ihre Menge schätzt **Andrlík** zu 0,005 % der Rübe. Es gibt solche, die bis zu einer Temperatur bis zu 70° C und solche, die erst bei fast 100° C mit Wasserdampf übergehen (Phenole?). Ihre Natur ist nicht sichergestellt; stickstoffhaltig aber sind sie kaum, da die Stickstoffmenge der flüchtigen Form von **Andrlík** als viel zu gering gefunden wurde.

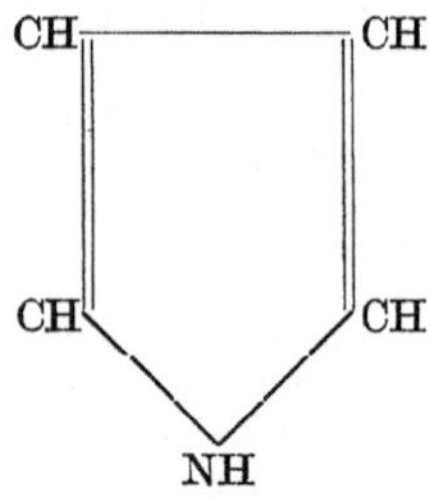


Aus diesem Destillat lassen sich durch **Ausschütteln** mit Äthyläther die Riechstoffe extrahieren und durch Abdampfung des Äthers bei der Temperatur von 43—45° C von letzterem absondern. Von 5 kg Rübe verbleibt ein Rückstand von ca. 0,5 cm³, welcher sich in eine ca. 0,25 cm³ betragende schwerere, wäßrige und eine ebenfalls ca. 0,25 cm³ einnehmende leichtere ölige Schicht scheidet.

Die ölige Schicht hat starken rübenartigen Geruch mit einer würzigen, fast balsamischen Nuance. Es sind dies Stoffe, die der Rübe den bekannten charakteristischen Geruch verleihen.

Mit dem Wasserdampf gehen auch flüchtige Säuren über, deren Acidität gegen Phenolphthalein 0,5—0,6 cm³ n NaOH auf 100 g beträgt. Sie scheinen nicht frei, eher in Form einer leicht verseifbaren Verbindung vorhanden zu sein.

Außer den genannten, mit Wasserdampf aus der Rübe übergehenden Bestandteilen wurde auch **Vanillin**, ferner **Furol**, welches schon gegen das Ende der Destillation des Wasserdampfes auftrat und bereits auf Zersetzung hindeutete,

---

[1] C. f. Zuckerind. 1916, S. 778.
[2] Über den Rübengeruch. Z. d. tschsl. Zuckerind. III, 1922, S. 201.

des weiteren etwas Acetamid, dieses nach dem bekannten Mäusegeruch, einige höhere Amine und eine unbekannte wachsartige weiße Substanz, alles in unbedeutenden Mengen, beobachtet.

Die Untersuchung ergab auch, daß die Riechstoffe bei der Diffusion im Betriebe in den Rohsaft übergehen müssen; bei der Saturation wird sich ein großer Teil derselben mit den Saturationsgasen verflüchtigen — wahrscheinlich aber haben die Riechstoffe schon vorher eine Veränderung erfahren, denn der Geruch der Riechstoffe in den Saturationsgasen ist ein anderer („unangenehm kratzend") als der ursprüngliche Rübengeruch. „Er gemahnt an den Geruch mancher Melassen[1]."

### g) Organische Säuren.

Stickstofffreie organische Säuren sind stete Begleiter der Rüben. Sie bedingen in erster Linie den sauren Charakter des Rübensaftes; ihre Hinwegbringung ist eine der wichtigsten Aufgaben der Reinigungsstation; sie sind die Ursachen vieler Erscheinungen im Betriebe.

Im folgenden Abschnitte sollen alle Säuren angeführt, die überhaupt in den Rüben gefunden wurden, und je nach ihrer Bedeutung gewürdigt werden Verschiedene Kalkniederschläge aus Verdampfkörpern waren das Material, aus dem Lippmann Äpfel-, Wein- und Glutarsäure isolierte Aus Kalkniederschlägen, die sich beim Vorwärmen gekalkter Säfte gebildet hatten, isolierte derselbe Oxal-, Bernstein-, Adipin- und Glykolsäure.[2] Alle diese Säuren kommen auch sonst im Pflanzenreiche und speziell in stark zuckerführenden Gewächsen (Traubensaft, Bananen, Zuckerrohr usw.) vor.

Von den gesättigten und ungesättigten einbasischen Fettsäuren finden sich keine Vertreter im Safte der Rüben. Von den gesättigten zweibasischen Säuren ist als erste die Oxalsäure zu nehmen.

### 1. Zweibasische Säuren (Oxalsäurereihe).

Oxalsäure wurde schon im Jahre 1825 von Dubrunfaut[3], 1831 von Pelouze, später von Michaëlis[4], Scheibler[5], Méhay[6], von Weisberg, Herzfeld (1894) u. a. in der Rübe und in Rübenblättern nachgewiesen. 1866 fand sie Cunze, später Dehn[7] u. a. in Absätzen in Verdampfkörpern an den Heizröhren, wie in Kap. 18d gezeigt werden wird.

Die aufgezählten Namen der Forscher, die sich mit der Oxalsäure beschäftigten, beweisen die Bedeutung dieser Säure für die Rübe und den Betrieb.

Michaëlis fand auf 1000 Teile Rübensaft 0,554 und 0,944 Teile Oxalsäure (loc. cit.). Scheibler wies dieselbe auch im Rübensamen

---

[1] Andrlík: l. c.

[2] Über organische Säuren aus Rübensaft. D. Z. 1891, Nr. 47; Z. V. D. Zuckerind. 1892, S. 137.    [3] Z. V. D. Zuckerind. 1899, S. 584.

[4] ebd. 1851, S. 111.    [5] ebd. 1874, S. 731.    [6] ebd. 1851, S. 111.

[7] ebd. 1869, S. 759.

nach. Méhay fand sie zu 0,22% in der frischen Wurzel, zu 0,43% in den Blattstielen und zu 1,86% durchschnittlich in den Rübenblättern. Weisberg fand in einer ungefähr 400g schweren Rübe 0,654% wasserlösliche und 0,062% in Salzsäure lösliche Oxalsäure, in einer 500g schweren Rübe bezüglich 0,0461% und 0,0472%. — In verschiedenen Rüben ist demnach der Gesamtgehalt derselben verschieden und in ein und derselben Wurzel die wasserlösliche und unlösliche Form in gleichem Mengenverhältnis vorhanden. Herzfelds Untersuchungen beziehen sich auf Rübenblätter, Andrliks und Staněks Arbeiten auf Diffusionssäfte und die der oben noch genannten Forscher auf Inkrustationen u. dgl. Ergebnisse und Quellen sind in den betreffenden Kapiteln wiedergegeben.

Nach Stoklasa enthält die Rübe schon im zartesten Alter, sowie sie mittels ihrer ersten Blätter zu assimilieren beginnt, Oxalsäure; mehr bei Gegenwart von Nitraten. Diese Säure entsteht als Nebenprodukt bei der Erzeugung der stickstoffhaltigen organischen Substanz im Rübenblatte (Nuclein, Lecithin, Amide usw.) und kommt zuerst in demselben als Kali-, Natron- oder Magnesiumsalz vor. In dieser löslichen Form kann die Oxalsäure schädigend wirken; durch Kalk aber kommt sie in unlöslicher Form zur Ausscheidung. Die löslichen Oxalate beschleunigen den Verlauf des Prozesses der Stärkeumbildung durch Diastase; die freie Säure bindet den durch die Rübe aufgenommenen Kalküberschuß und zersetzt Nitrate und Chloride der Pflanze.

Die Oxalsäure ist das erste Glied der gesättigten zweibasischen Säuren. Ihre Formel ist $\begin{matrix} COOH \\ | \\ COOH \end{matrix}$ ; sie tritt sehr häufig bei Oxydationsprozessen auf, z. B. bei Oxydation von Zucker, Stärke oder Holz mit Salpetersäure. Sie bildet grobe durchsichtige Nadeln; in krystallisiertem Zustande enthält sie zwei Moleküle Krystallwasser $C_2H_2O_4 + 2H_2O$. — Im Wasser und Alkohol ist sie leicht löslich. Sie ist eine starke Säure. Durch Reduktion geht sie in Glyoxylsäure, durch Oxydation in Wasser und Kohlendioxyd über.

Oxalsäure sowie alle anderen Säuren dieser Reihe erfahren Ionisation. Die Dissoziationskonstante für die Oxalsäure ist ca. $K = 10,0$. Bei vorsichtigem Erhitzen auf $150^0$ sublimiert sie, bei raschem Erhitzen zerfällt sie in Kohlendioxyd, Ameisensäure und Kohlenoxyd. Als zweiwertige Säure bildet sie zwei Salzreihen. Von diesen, den Oxalaten, sind nur die Alkalisalze in Wasser löslich. Das neutrale Kaliumoxalat $C_2O_4K_2 + H_2O$ ist im Wasser leicht, das normale und saure Natriumoxalat nur schwer löslich. Unlöslich sind die Erdalkalioxalate, von denen das wichtigste das Calciumoxalat ist, $C_2O_4Ca + H_2O$. — Es ist ein weißes krystallinisches Pulver. Es wird durch Fällung eines löslichen Kalksalzes mit Ammonoxalat in der Hitze erhalten. Von dieser Reaktion wird im Betriebe häufig zur Erkennung von Kalksalzen in Säften Gebrauch gemacht. In Mineralsäuren ist es löslich, unlöslich in verdünnter Essigsäure. Löslicher als im Wasser ist es in Zuckerlösungen von niederer Konzentration. Seine Löslichkeitsverhältnisse in Zuckerkalklösungen wurden schon gezeigt. Spiller konstatierte eine ziemliche Löslichkeit von Oxalaten in neutralen und alkalischen Lösungen citronensaurer Salze. Durch Kochen mit Ätzalkalien wird das Calciumoxalat nur teilweise zersetzt, leichter und vollständiger durch Alkalicarbonate: $C_2O_4Ca + Na_2CO_3 = CaCO_3 + C_2O_4Na_2$, ein Prozeß, der sich auch im Betriebe abspielt (Reinigung der Verdampfapparate).

Es gibt mehrere Bestimmungsmethoden für die Oxalsäure, von welchen sich Andrlík und Staněk für Extrahierung des mit Salzsäure angesäuerten Saftes — es handelte sich um Analysen von Rohsäften—mittels Äthers und Bestimmung der Oxalsäure im Ätherauszug entschieden[1]. Durch Salzsäure werden die Oxalate sowie andere organisch saure Salze zerlegt und die freie Säure dann durch Äther ausgelaugt.

Es wird später noch öfters den ätherlöslichen organischen Säuren begegnet werden, und so seien diese gleich hier aufgezählt: Oxal-, Malon-, Glutar-, Tricarballyl-, Äpfel-, Adipin- und Bernsteinsäure und in geringeren Mengen Wein- und Citronensäure.

Das zweite Glied der Oxalsäurereihe ist die Malonsäure (Propandisäure) von der Formel

$$\begin{matrix} COOH \\ | \\ CH_2 \\ | \\ COOH \end{matrix} \quad = C_3H_4O_4$$

Sie wurde in Rübensäften der Zuckerfabrikation nachgewiesen. Im Jahre 1881 fand sie Lippmann in Inkrustationen von Verdampfapparaten und isolierte sie daraus. Malonsäure bildet Krystalle (Blätter), ist im Wasser, Alkohol und Äther leicht löslich und ziemlich unbeständig; beim Erhitzen über ihren Schmelzpunkt ($132^0$) zerfällt sie in Essigsäure und Kohlendioxyd. Mit der Auffindung dieser zweibasischen Säure wurde sie zum ersten Male in der Natur nachgewiesen; bis dahin wurde sie stets nur künstlich dargestellt[2]. Ihre Dissoziationskonstante ist $K = 0,163$, also ist sie schon viel schwächer als die Oxalsäure.

Ihre Salze heißen Malonate: Lippmann bediente sich ihres charakteristischen Baryumsalzes $C_3H_2BaO_4 + 2aqu$ zur Identifizierung dieser Säure. Das Kalksalz ist im Wasser löslich, und zwar mit steigender Temperatur in steigendem Maße.

Bernsteinsäure (Butandisäure, Äthylenbernsteinsäure) wurde von Lippmann in gekalktem Rohsafte bei der Verarbeitung unreifer Rüben nachgewiesen[3]. Sie kommt in anderen Pflanzen auch vor und entsteht u. a. bei der alkoholischen Gärung des Zuckers. Bernsteinsäure wird u. a. aus äpfelsaurem Kalk durch Gärung dargestellt. Ihre Formel ist $COOH \cdot CH_2 \cdot CH_2 \cdot COOH$; sie krystallisiert in monoklinen Prismen, löst sich bei gewöhnlicher Temperatur in 20 Teilen Wasser, ist löslich in Alkohol, schwer löslich in Äther. Ihre Inversionskonstante ist 0,545, die Lösung schmeckt sauer. Sie ist eine beständige Säure. Beim Erhitzen bildet sich ihr Anhydrid.

---

[1] Z. f. Zuckerind. i. B. XXIV, S. 52, 1899/1900.
[2] Lippmann: Organ XIX, S. 386, 1881.
[3] Z. V. D. Zuckerind. 1892, S. 140.

Ihre Salze, die Succinate, sind im Wasser leicht löslich. Das Kalksuccinat hat die Formel $C_2H_4 \left\langle {}^{COO}_{COO} \right\rangle Ca + H_2O$ und ist ebenfalls wasserlöslich. Die Methylverbindung dieser Säure ist die Brenzweinsäure (s. d.).

Glutarsäure (normale Brenzweinsäure), Pentandisäure. Diese wurde von Lippmann in Inkrustationen von Verdampfapparaten bei Verarbeitung unreifer Rüben nachgewiesen[1].

$$\begin{array}{l} COOH \\ | \\ CH_2 \\ | \\ CH_2 \quad = C_5H_8O_4 \\ | \\ CH_2 \\ | \\ COOH \end{array}$$

Sie ist krystallisationsfähig und in heißem Wasser, Alkohol und Äther leicht löslich. Die freie Säure krystallisiert in kleinen glasglänzenden Prismen. Sie ist hier wegen ihres Zusammenhanges mit der Glutaminsäure, dem Glutamin und der $\alpha$-Oxyglutarsäure von Interesse.

Ihr Kalksalz ist in kaltem Wasser leicht, in heißem Wasser weniger löslich. Es krystallisiert mit 4 Mol. Krystallwasser. $C_5H_6O_4 \cdot Ca + 4 Aq.$

Der obengenannten Brenzweinsäure kommt die Formel
$$\begin{array}{l} CH_3 \cdot CH \cdot COOH \\ | \\ CH_2 \cdot COOH \end{array}$$
zu. Beide Säuren sind isomer ($C_5H_8O_4$).

Adipinsäure (Hexandisäure)

$$\begin{array}{l} COOH \\ | \\ (CH_2)_4 \quad = C_6H_{10}O_4 \\ | \\ COOH \end{array}$$

Diese Säure wurde von Lippmann in gekalktem Rübensafte nachgewiesen, und zwar konnte er sie infolge ihrer großen Löslichkeit in Äther von der Bernsteinsäure leicht trennen[2]. Sie war nur in geringerer Menge vorhanden und krystallisierte auch in reinem Zustande nur sehr schwierig und langsam aus. Sie bildet weiße Blätter und Nadeln, die sich in Alkohol, Äther und heißem Wasser leicht, in kaltem Wasser nur schwer lösen. Schmelzpunkt 148°.

Ihr Kalksalz ist in heißem und kaltem Wasser schwer löslich. Die Alkalisalze sind leicht löslich.

Die Oxalsäurereihe hat wohl noch Vertreter mit mehr als sechs Kohlenstoffatomen, doch sind diese in der Rübe nicht nachgewiesen worden.

---

[1] Z. V. D. Zuckerind. 1892, S. 139.          [2] ebd. 1892, S. 141.

## Dreibasische Säuren.

Tricarballylsäure wurde im Rübensafte, bzw. in einer Verdampfkörperinkrustation von Lippmann nachgewiesen[1].

Diese wurde gereinigt, mit Schwefelsäure zersetzt, wodurch sich das Calciumsulfat ausscheidet und die vorhandene organische Säure in Lösung geht. Das Filtrat wurde mit Äther versetzt, um die Säure auszufällen, da zunächst Citronensäure vermutet wurde. Trotz dieses Ätherzusatzes fiel kein Niederschlag aus: es war also eine ätherlösliche Säure zugegen. Die Ätherlösung wurde eingedampft und schließlich resultierten verunreinigte Kryställchen. Zweimal aus Äther umkrystallisiert, wurden diese rein erhalten und als Tricarballylsäure erkannt ($C_6H_8O_6$).

Letztere ist in Wasser, Alkohol und Äther sehr leicht löslich; ihr Kalksalz muß in Wasser, bzw. in Säften löslich sein und gelangt in den Verdampfkörpern zur Ausscheidung. Lippmann nimmt an, daß diese Säure in unreifen Rüben als solche vorkommt oder beim Einmieten aus der Citronensäure entstehe. „Bei der nahen Beziehung, in der die beiden Säuren stehen, ist letztere Vermutung nicht unwahrscheinlich. Jedenfalls können nur künftige Untersuchungen darüber Aufschluß geben, ob wir hier einen regelmäßigen oder einen unter abnormen Verhältnissen auftretenden Begleiter des Zuckers in der Rübe vor uns haben[2]."

Bald darauf wies Weyr ihr Vorhandensein in gleichen Ausscheidungen nach[3]. Er konnte diese Säure im Laufe der Kampagne einige Male konstatieren. Im Safte der Rüben fand er sie jedoch nicht. Weyr ist der Ansicht, daß sie aus der Citronensäure, bzw. deren Kalksalzen im Betriebe entstehe.

Ihre Löslichkeitsverhältnisse wurden schon besprochen. Weyr untersuchte noch ihr Kupfer- und Eisensalz. Beide Salze sind im Wasser löslich. Ihr Kalksalz ist in Wasser ebenfalls löslich, und zwar löst sich ein Teil des wasserfreien Salzes in 346 Teilen Wasser.

### Oxysäuren.

a) Einbasische Oxysäuren. Das sind die Oxyverbindungen der Fettsäuren. Das erste Glied ist die Glykolsäure (Oxyessigsäure oder Äthanolsäure) $\begin{array}{c} CH_2 \cdot OH \\ | \\ COOH \end{array}$ Sie entsteht durch Eintritt einer Hydroxylgruppe in die Methylgruppe der Essigsäure. Wegen der hierhergehörigen Milchsäuren heißt diese Reihe auch Milchsäurereihe.

Die Glykolsäure kommt in unreifen Weintrauben, in den Blättern des wilden Weines u. a. vor. Sie wurde neben der Oxalsäure aus strahlig krystallinischen Absätzen aus abgekühltem, gekalktem Rohsafte abgeschieden[4].

Die Säure hat die empirische Formel $C_2H_4O_3$ und krystallisiert in reinem Zustande in kleinen weißen Prismen. Sie ist löslich im Wasser,

---

[1] Z. V. D. Zuckerind. 1878, S. 365; 1879, S. 1006.
[2] Organ XVI, S. 255, 1878.
[3] Organ XVII, S. 659, 1879; Z. V. D. Zuckerind. 1879, S. 881.
[4] Lippmann: Z. V. D. Zuckerind. 1892, S. 141.

Alkohol und Äther; ebenso ihre Alkalisalze. Das Kalksalz $(C_2H_3O_3)_2Ca + 4H_2O$ ist schwer in gewöhnlichem, leichter in heißem Wasser löslich.

Die Milchsäuren (Oxypropionsäuren) wurden nicht in Rüben, wohl aber in Schlamm und Melassen nachgewiesen (s. d.).

Auch die Oxysäuren der Oxalsäurereihe sind hier vertreten. Das sind die

b) zweibasischen Oxysäuren, die, wie die einbasischen, Alkoholsäuren sind.

Genannt sei die Tartronsäure (Monooxymalonsäure), die aber nicht in Rübensäften oder in Inkrustationen nachgewiesen wurde.

Hingegen ist die Äpfelsäure (Monooxybernsteinsäure, Butanoldisäure) von Wichtigkeit. Sie hat die Strukturformel

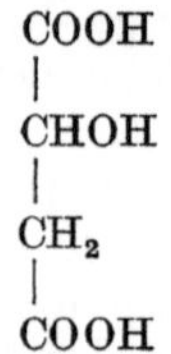

$$
\begin{array}{c}
COOH \\
| \\
CHOH \\
| \\
CH_2 \\
| \\
COOH
\end{array}
$$

Da sie ein asymmetrisches Kohlenstoffatom besitzt, kommen optisch isomere Modifikationen derselben in der Natur vor, also in rechts- und linksdrehender und racemischer Form. Im Pflanzenreiche ist die linksdrehende Modifikation verbreitet, und zwar in sauren Äpfeln, Weintrauben usw. Lippmann wies sie in den schon häufig genannten Inkrustationen von Verdampfapparaten nach[1].

Die Linksäpfelsäure bildet zerfließliche Nadeln, die im Wasser und Alkohol leicht, in Äther wenig löslich sind. Durch Erhitzen bildet sie Fumarsäure und Maleïnsäureanhydrid, durch Reduktion gibt sie Bernsteinsäure. $[\alpha]_\gamma^{20} = -1{,}96$.

Als zweibasische Säure kann sie saure und neutrale Salze, die Malate, bilden.

Von diesen sind die Alkalisalze leicht im Wasser löslich. Das neutrale Kaliummalat $C_4H_4O_5 \cdot K_2$ und das saure $4(C_4H_4O_5 \cdot KH) + 7\,Aq$ sind so wie die entsprechenden Natriumsalze rechtsdrehend.

Das Kalksalz $(C_4H_5O_5)_2Ca + 6H_2O$ ist in heißem Wasser löslich, und zwar gelten für diese Löslichkeit folgende Einzelheiten (Bresler). Bei gewöhnlicher Temperatur ist sie am größten, nimmt mit wachsender Temperatur bis gegen 60° ab und steigt von da ab wieder langsam. Das saure äpfelsaure Calcium ist bei gewöhnlicher Temperatur nicht sehr löslich; seine Löslichkeit steigt mit wachsender Temperatur bis gegen 60° und dann nimmt wieder schnell ab. Diese Löslichkeitsabnahme ist aber nur eine scheinbare; sie beruht darauf, daß das saure Salz in neutrales und Äpfelsäure zerfällt. Daher werden Lösungen des sauren Salzes durch Kochen in neutrales Salz übergeführt. Ferner gibt es ein basisches Kalksalz dieser Säure, wenn ein Molekül Kalk auf ein halbes Molekül Äpfelsäure kommt.

---

[1] Z. V. D. Zuckerind. 1891, S. 1549.

Der dreibasischen Tricarballylsäure (Propantricarbonsäure [s. d.]) entspricht eine Oxysäure, die Citronensäure, als hier einziger Vertreter von

c) dreibasischen Oxysäuren. Citronensäure, also Oxytricarballylsäure, wurde schon 1851 von Michaëlis im Rübensafte[1], 1861 von Schrader[2] in Inkrustationen von Verdampfapparaten und 1899 von Andrlík im Saturationsschlamm nachgewiesen (Kap. 15). Im freien Zustande findet sie sich in manchen Früchten. Sie hat die Formel

$$\begin{array}{ll}
CH_2 \cdot COOH & CH_2 \cdot COOH \\
| & | \\
CH \cdot COOH \rightarrow & C(OH) \cdot COOH \\
| & | \\
CH_2 \cdot COOH & CH_2 \cdot COOH \\
\text{Tricarballylsäure} & \text{Citronensäure}
\end{array}$$

also empirisch $C_6H_8O_7$.

Diese Säure krystallisiert in großen Prismen, ist im Wasser und Alkohol leicht, in Äther schwer löslich. Sie krystallisiert mit einem Moleküle Wasser, das sie bei $130^0$ abgibt. Durch Reduktion geht sie in die Tricarballylsäure über. Durch Oxydation zerfällt sie in Oxal-, Essig- und Kohlensäure.

Beim Erhitzen über 150° geht Citronensäure in Aconitsäure über. Sie ist eine ziemlich starke Säure und löst selbst manche Metalle unter Wasserstoffbildung auf.

Citronensäure bildet drei Reihen von Salzen. Die Schwermetallcitrate sind in Wasser unlöslich, die Alkalisalze sind löslich. Das citronensaure Calcium $(C_6H_5O_7)_2Ca_3 + 4$ Aqu ist in heißem Wasser weniger löslich als in kaltem. Bresler fand, daß 100 cm³ Wasser von $9{,}6^0$ C $0{,}1526$ g, bei $24^0$ aber nur $0{,}1140$ g dieses Salzes lösen. Über seine Löslichkeit in Zuckerlösungen s. S. 99.

Das Oxydationsprodukt der Citronensäure ist die Oxycitronensäure von untenstehender Formel. Sie wurde von Lippmann aus Inkrustationen der Verdampfapparate abgeschieden[3]. Sie ist krystallisationsfähig und im Wasser, Alkohol und Äther sehr leicht löslich. Sie ist optisch inaktiv.

Ihre Salze sind teils löslich, wie die Alkalisalze; unlöslich ist das Kalksalz $(C_6H_5O_8)_2Ca_3 + 9H_2O$.

In naher Beziehung zu diesen Säuren steht die dreibasische, ungesättigte Aconitsäure.

$$\begin{array}{llll}
CH_2{-}COOH & CH_2{-}COOH & CH_2{-}COOH & CH_2{-}COOH \\
| & |\diagdown^H & |\diagup^{OH} & |\diagup^{OH} \\
C{-}COOH & C{\diagdown}_{COOH} & C{\diagdown}_{COOH} & C{\diagdown}_{COOH} \\
\|{\diagup}^H & |{\diagup}^H & |{\diagup}^H & |{\diagup}^H \\
C{\diagdown}_{COOH} & C{\leftarrow}H{\diagdown}_{COOH} & C{\leftarrow}H{\diagdown}_{COOH} & C{\leftarrow}OH{\diagdown}_{COOH} \\
C_6H_6O_6 & C_6H_8O_6 & C_6H_8O_7 & C_6H_8O_8 \\
\text{Aconitsäure} & \text{Tricarballylsäure} & \text{Citronensäure} & \text{Oxycitronensäure}
\end{array}$$

[1] J. f. prakt. Ch. 54, S. 184.  [2] Z. V. D. Zuckerind. 1868, S. 650.
[3] ebd. 1883, S. 715.

Die Aconitsäure, schon früher im Zuckerrohre bekannt, wurde von Lippmann aus Ansätzen der Verdampfapparate bei Verarbeitung stark alterierter Rübe isoliert[1]. Sie fiel mit der Tricarballylsäure aus.

Sie ist in kaltem, leichter noch in heißem Wasser löslich. Aconitsäure ist eine ziemlich starke, krystallisationsfähige Säure und bildet drei Reihen von Salzen, die Aconitate. Sie ist ein Zwischenprodukt bei der Umwandlung der Citronensäure in Tricarballylsäure. Die erstgenannte Säure geht beim Erhitzen durch Abspaltung von Wasser in Aconitsäure über und diese durch Reduktion in Tricarballylsäure.

$$\underset{\text{Citronensäure}}{C_6H_8O_7} - H_2O = \underset{\text{Aconitsäure}}{C_6H_6O_6}; \quad C_6H_6O_6 + H_2 = \underset{\text{Tricarballylsäure}}{C_6H_8O_6}.$$

Lippmann stellte ihr Kalksalz dar: $(C_6H_6O_6)_2Ca_3 + 6H_2O$. — Es ist schwer löslich; 132 Teile Wasser von $9,6^0$ C lösen 1 Teil aconitsaures Calcium (Bresler). Die Alkaliaconitate sind leicht löslich.

Im Anschlusse an diese Säuren sei die Citracinsäure betrachtet, obwohl sie vom chemischen Standpunkte nicht an diese Stelle gehört.

Durch ihre Entstehung und ihre Umsetzungen steht sie zu den letzten vier genannten Säuren in gewisser Beziehung, Werden z. B. Amide der Citronensäure mit Schwefelsäure erhitzt, so entsteht die Citracinsäure. Ihr Amid gibt beim Erhitzen mit Kalilauge auf 150⁰ Aconitsäure und kocht man Citracinsäure mit Zinn und Salzsäure, so entsteht Tricarballylsäure.

Citracinsäure ist eine $\alpha$-$\alpha'$-Dioxypyridin-$\gamma$-Carbonsäure. Vom Pyridinring ausgehend, ist ihre Formel leicht verständlich. Dieser gibt durch Oxydation eine Carbonsäure und diese durch weitere Oxydation Citracinsäure:

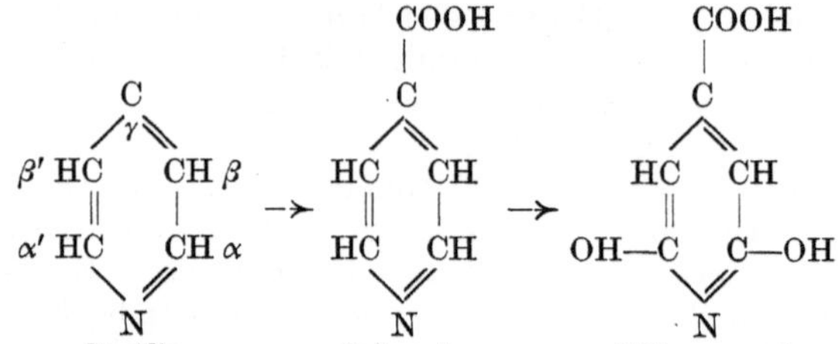

<pre>
              COOH              COOH
               |                 |
   C           C                 C
  /γ\\        / \\              / \\
β' HC   CH β   HC   CH          HC   CH
  ||    |  →   ||    |   →      ||    |
α' HC   CH α   HC   CH       OH—C   C—OH
  \\   //      \\   //          \\   //
    N            N                N
  Pyridin    γ-Carbonsäure   α-α'-Dioxy-γ-carbon-  ⎫ Citracin-
  C₅H₅N      d. Pyridins     säure d. Pyridins     ⎬ säure
             C₅H₄N·COOH      C₅H₂·COOH(OH₂)₂       ⎭
</pre>

Lippmann fand sie bei der Verarbeitung schlecht eingemieteter, öfters erfrorener und wieder aufgetauter Rüben in Ablagerungen von Spodiumfiltern der Rohzuckerfabrikation. Diese Ablagerungen bildeten eine gelbliche Masse; sie wurde zunächst mit Zuckerlösung, dann mit Wasser gewaschen und hierauf mit Salzsäure zersetzt; so erhielt Lippmann eine noch unreine Citracinsäure, die er weiter reinigte[2].

Die reine Säure ist ein schwach gelblich gefärbtes und krystallinisches Pulver. Die wäßrigen Lösungen reagieren sauer; sie ist eine zweibasische, ziemlich widerstandsfähige Säure. Ihre Alkalisalze sind löslich, die Erdalkalisalze schwer löslich.


[1] Z. V. D. Zuckerind. 1879, S. 1066.
[2] B. D. D. ch. G 1893, S. 3061; Z. V. D. Zuckerind. 1883, S. 715; 1896, S. 957.

Hier kommt ihr keine größere Bedeutung zu.

Die Oxyverbindung der Äpfelsäure oder Dioxyverbindung der Bernsteinsäure ist die **Weinsäure**. Ihre Formel geht aus folgendem Schema leicht hervor:  Ihre Strukturformel ist:

$$
\begin{array}{cccc}
\text{COOH} & \text{COOH} & \text{COOH} & \text{H} \\
| & | & | & | \\
\text{CH}_2 & \text{CH}\cdot\text{OH} & \text{CH}\cdot\text{OH} & \text{HO}\cdot\text{C}-\text{COOH} \\
| \;\;\rightarrow & | \;\;\rightarrow & | & | \\
\text{CH}_2 & \text{CH}_2 & \text{CH}\cdot\text{OH} & \text{HO}\cdot\text{C}-\text{COOH} \\
| & | & | & | \\
\text{COOH} & \text{COOH} & \text{COOH} & \text{H} \\
\text{Bernsteinsäure} & \text{Äpfelsäure} & \text{Weinsäure} &
\end{array}
$$

So geschrieben zeigt sich, daß sie zwei asymmetrische Kohlenstoffatome enthält, es also mehrere Weinsäuren gibt:

1. Rechts- oder gewöhnliche Weinsäure,
2. Linksweinsäure,
3. Trauben- oder Paraweinsäure (die racemische Form),
4. inaktive Weinsäure.

Hier handelt es sich um die **Rechtsweinsäure**.

Diese kommt in verschiedenen Früchten, namentlich in den Trauben als saures Kalisalz $KHC_4H_4O_6$ vor.

**Lippmann** wies sie in Ausscheidungen der Verdampfapparate nach[1].

Weinsäure bildet schöne Krystalle vom Schmelzpunkt $135^0$, die im Wasser leicht, in Äther sehr wenig löslich sind. Obwohl sie **Lippmann** gleichzeitig mit der linksdrehenden Äpfelsäure aus demselben Niederschlag isolierte, hatte er die rechtsdrehende Weinsäure vor sich. $[\alpha]_D^{18} = + 13{,}64^0$. — Beim Erhitzen geht sie in Anhydride über; bei höherem Erhitzen bräunt sich die Masse und unter den Zersetzungsprodukten ist u. a. Brenzweinsäure nachzuweisen. Durch Reduktionsmittel wird sie zuerst in Äpfelsäure, dann in Bernsteinsäure übergeführt. Auch sie ist eine Alkoholsäure. Ihre Salze, die **Tartrate**, können neutral, sauer und basisch sein. Sie alle sind rechtsdrehend. Die Alkalisalze sind im Wasser löslich. Genannt sei das Kalium-Natriumtartrat (Seignettesalz) $C_2H_2(OH)_2\!\!\begin{array}{l}\diagup \text{COOK}\\ \diagdown \text{COONa}\end{array}$, weil es zur Bereitung der Fehlingschen Lösung dient. Es krystallisiert mit 4 Mol. Wasser. Das neutrale Calciumtartrat ist schwer in kaltem, leichter in heißem Wasser löslich.

$$
C_2H_2(OH)_2\!\!\begin{array}{l}\diagup \text{COO}\\ \diagdown \text{COO}\end{array}\!\!\diagup\text{Ca} + 4\,\text{Aq}.
$$

Leichter ist das saure Salz

$$
\begin{array}{l}
C_2H_2(OH)_2\!\!\diagup \text{COOH}\\
\phantom{C_2H_2(OH)_2}\diagdown \text{Ca}\\
C_2H_2(OH)_2\!\!\diagdown \text{COOH}
\end{array}
$$

löslich. Mit äpfelsaurem Kalk bildet das normale Calciumtartrat eine leichter lösliche Doppelverbindung.

---

[1] Z. V. D. Zuckerind. 1884, S. 645; 1892, S. 137.

## 2. Aldehydsäuren.

Glyoxylsäure (Glyoxalsäure) hat die Formel $COOH \cdot CHO$ $+ H_2O$, doch nimmt man an, daß das eine Molekül Wasser mit der Säure chemisch gebunden wäre, und schreibt daher ihre Formel auch: $CH(OH)_2 \cdot COOH$. Die erste Formel ist nach Debus aber die richtigere.

Sie kommt in unreifen Früchten vor. Lippmann hat Glyoxylsäure, nur in einem einzigen Falle, aus dem Safte ganz junger Rübenpflanzen isoliert[1].

Sie ist die erste Säure in der Reihe der Aldehydsäuren, zeigt auch Aldehydcharakter und ist als Halbaldehyd der Oxalsäure zu betrachten:

$$
\begin{array}{ccccc}
COOH & & CHO & & CHO \\
| & \rightarrow & | & \rightarrow & | \\
COOH & & COOH & & CHO \\
\text{Oxalsäure} & & \text{Halbaldehyd} & & \text{Ganzaldehyd} \\
& & & & \text{(Glyoxal)}
\end{array}
$$

Diese Säure bildet einen dicken, zähen Sirup und ist im Wasser leicht löslich. Glyoxalsäure und Glyoxal reduzieren als Aldehyde Fehlingsche Lösung; beide Körper sind wenig beständig. Die Säure gibt mit Ätzkalk ein schwer lösliches Salz.

Der glyoxylsaure Kalk $(C_2H_3O_4)Ca$ bildet weiße Prismen und ist nur wenig im Wasser löslich. **Durch Kochen der Säure mit überschüssigem Kalkwasser geht dieselbe quantitativ in Calciumglykolat und Oxalat über.** Für die Säuren geschrieben lautet die diesbezügliche Gleichung:

$$
2 \begin{array}{c} COOH \\ | \\ CHO \end{array} + H_2O = \begin{array}{c} COOH \\ | \\ CH_2 \cdot OH \\ \text{Glykolsäure} \end{array} + \begin{array}{c} COOH \\ | \\ COOH \\ \text{Oxalsäure} \end{array}
$$

Auch ihre anderen Salze, die sämtlich krystallisierbar sind, zersetzen sich analog. Das Kaliumglyoxalat $CH(OH)_2 \cdot COOK$ ist leicht löslich. Das schon genannte Kalksalz bildet mit glykol- und milchsaurem Calcium Doppelsalze.

Das Allantoin ist ihr Diureïd (Harnstoffverbindung) und beide Verbindungen im Abschnitte B, e) dieses Kapitels besprochen.

Das Glyoxal oder Oxaldehyd $\begin{array}{c} H \cdot C = O \\ H \cdot C = O \end{array}$ stellt die Vereinigung zweier Aldehydgruppen dar und besitzt daher auch die für Aldehyde charakteristischen Eigenschaften. Sein Vorkommen in der Rübe ist nicht erwiesen.

### h) Rübenfett.

Gelegentlich der Besprechung eines älteren Verfahrens, Zucker aus Rüben durch Alkoholextraktion zu gewinnen, führte A. Herzfeld an, daß man nach seiner Berechnung aus 1000 Zentner Rüben etwa 20 Zentner Fett gewinnen könnte. „Das Auftreten von Fett ist ja nichts Wunderbares, wohl jede Kulturpflanze enthält feste Fettsäuren."

---

[1] Z. V. D. Zuckerind. 1892, S. 141.

Im gegebenen Falle handelte es sich um Fettstoffe, die durch Methyl-alkohol-Extraktion aus Rübenschnitzeln gewonnen wurden und die Herzfeld, nach deren Elementaranalyse für identisch mit denen des gewöhnlichen Rüböles hielt[1].

Schon Dubrunfaut stellte 1825 an „fremden Substanzen" in der Rübe fest u. a.: Gummi, Fett (bei gewöhnlicher Temperatur fest), fettes und ätherisches Öl usw. Braconnot (1837) Fettsäuren[2]. Michaëlis fand in 1000 Teilen Rübensaft 0,735 Teile Fett. Es war fest, gelb; es hatte die Konsistenz des Schweineschmalzes und die Farbe des Olivenöles[3]. Andere Angaben über das Vorkommen von „Fett" finden sich bei Herzfelds Untersuchungen über die Stickstoffsubstanzen der Rüben (Kap. 5h), bei Andrlík und Mitarbeitern (Kap. 2g) und in der Untersuchung Strohmers über die Zuckerverluste durch Atmung der Rüben (Kap. 8b). Bei allen Angaben handelt es sich nur um kleine Mengen in Übereinstimmung mit der Tatsache, daß in Wurzeln, Knollen und Zwiebeln das Fett gegenüber den Kohlenhydraten in der Regel sehr zurücktritt[4].

In keinem Falle wurde Fett im chemischen Sinne (Triglycerid s. u.) bestimmt oder isoliert, sondern immer durch Extraktion mit Äther das sogenannte „Rohfett" ermittelt. In diesem finden sich neben wirklichen Fetten oft noch freie Fettsäuren, Phytosterine, Lecithine, Rübenharzsäure, Saponine u. a.

Das Rohfett der Rüben geht durch Alkohol, besser aber durch Äther in Lösung. In den Untersuchungen Allen Nevilles[5] resultierte 0,1 % ätherlösliches Rohfett auf Rübentrockensubstanz, Aus diesem konnten 8,7 % Palmitinsäure, 36,1 % Ölsäure und 18,6 % Erukasäure dargestellt wurden. Daneben waren geringe Mengen neutraler Substanzen der Zusammensetzung $C_{31}H_{58}O_2$ und $C_{26}H_{45}O_2$ vorhanden; sie dürften zu den Phytosterinen zu zählen sein.

Fette sind neutrale Glycerinester der Stearinsäure $C_{18}H_{36}O_2$, der Palmitinsäure $C_{18}H_{32}O_2$ und der ungesättigten Ölsäure $C_{18}H_{34}O_2$. Das Glycerin vereinigt sich mit 3 Molekülen einer dieser Säuren zu einem Fette (Glycerinester). Man spricht von Palmitin, Stearin, Olein, je nach der Säure, die in das Glycerin eingetreten ist, z. B.:

$$\begin{array}{l}
CH_2 \cdot OH \\
| \\
CH \cdot OH + 3\,C_{15}H_{31} \cdot COOH = 3\,H_2O + \\
\quad\quad\quad \text{Palmitinsäure} \\
| \\
CH_2 \cdot OH \\
\text{Glycerin}
\end{array}
\qquad
\begin{array}{l}
CH_2 \cdot O \cdot CO \cdot C_{15}H_{31} \\
| \\
CH \cdot O \cdot CO \cdot C_{15}H_{31} \\
\\
| \\
CH_2 \cdot O \cdot CO \cdot C_{15}H_{31} \\
\text{Palmitinsäureglycerid} \\
\text{(Palmitin)}
\end{array}$$

[1] Rümpler vergleicht seine Analysen mit denen der Fettsäuren des Rüböles und folgert daraus, daß diese Annahme Herzfelds nicht richtig war. (Die Nichtzuckerstoffe, 1898, S. 242.) Z. V. D. Zuckerind. 1887, S. 573, 714.

[2] Z. V. D. Zuckerind. 1899, S. 584; 1853, S. 16.

[3] ebd. 1852, S. 65; 1855, S. 61, 209; 1857, S. 39, 111.

[4] Trier: Ch. d. Pflanzenstoffe 1924, S. 440.

[5] Neville, Allen: Das Rohfett der Beta vulgaris. Aus dem Englischen durch D. Z. 1912, S. 769.

Analog geht die Bildung des Stearins und des Oleins vor sich. Die Fette erleiden durch Erhitzen mit Alkalien, Kalk, Säuren oder Wasser eine Hydrolyse in die entsprechende Fettsäure und Glycerin („Verseifung"). Wird dieser Prozeß mit Basen durchgeführt, so entstehen nicht die freien Fettsäuren, sondern ihre Salze, die Seifen.

Z. B. bildet das Palmitin, mit Natronlauge (Ätznatron) verseift, eine Natronseife:

$$CH_2 \cdot O \cdot CO \cdot C_{15}H_{31}$$
$$|$$
$$CH \quad \cdot O \cdot CO \cdot C_{15}H_{31} + 3\,NaOH = 3\,C_{15}H_{31} \cdot COONa + C_3H_5 \cdot (OH)_3$$
$$\text{Natronseife} \qquad \text{Glycerin}$$
$$|$$
$$CH_2 \cdot O \cdot CO \cdot C_{15}H_{31}$$

Die Alkaliseifen sind in Wasser löslich, die Kalkseifen unlöslich (siehe „Scheidung").

Phytosterine. Diese pflanzlichen Sterine gehören so zu den Lipoiden (s. d.) wie die Cholesterine (tierische Sterine), denen sie sehr nahe stehen[1]. Erstere sind hochmolekulare, fettähnliche Alkohole; die einzelnen Sterine führen ihren Namen nach den Pflanzen, in denen sie hauptsächlich vorkommen. Für die meisten gilt die Formel $C_{27}H_{46}O$ oder auch $C_{27}H_{44}O$ (ebenso für das Cholesterin). Die Phytosterine treten mit den Fetten der Pflanzen zusammen auf, wenn auch meist nur in geringen Mengen. Sie kommen in allen Teilen der Pflanzen vor (in Blättern, Wurzeln), frei oder gebunden als Ester (meist der Fettsäuren); sie sind unlöslich in Wasser, löslich in warmem Alkohol, Äther usw. Mit Saponinen (s. d.) bilden sie in kaltem Alkohol unlösliche Verbindungen und bewirken dadurch Entgiftung der ersteren.

Lippmann fand Phytosterin („neben den eigentlichen Fetten") in Rüben[2]; zunächst zwar nur in der Schaumdecke von in „Schaumgärung" geratenen Nachprodukten, dann aber auch im Fette der Alkoholextraktion von Rüben. Bei seiner Löslichkeit in Alkohol, optischen Aktivität und Nichtfällbarkeit durch Bleiessig kann es die Polarisationsergebnisse beeinflussen[3].

Der Schaum, aus dem es Lippmann isolierte, „war eine braune, schmierige Masse von widerlichem Fettsäuregeruch". Durch Auswaschen und Auskneten mit Wasser ging der Farbstoff in Lösung. Ferner gingen auch freie Fettsäuren und Dextran (ausgefällt mit Alkohol) in Lösung. Der zurückbleibende Schaum enthielt neben den fettsauren Kalksalzen auch freie Fettsäuren. Alle Säuren wurden frei gemacht, mit Äther aufgenommen, die ätherische Lösung verdampft, wodurch eine salbenartige, hellgefärbte Masse resultierte, die mit einzelnen Krystallen durchsetzt war. Das Ganze wurde mit alkoholischem Kali verseift, die Lösung verdampft, der Rückstand mit Wasser und Äther behandelt. Die wäßrige Lösung enthielt die Seifen (Kalisalze der fetten Säuren), die ätherische Lösung gab beim Verdunsten eine gelbliche, zu einem festen Brei erstarrende Masse. Durch wiederholtes Umkrystallisieren aus heißem Alkohol wurde sie rein erhalten.

---

[1] Nach der Untersuchung von Windaus und Rahlén (Z. f. physiolog. Ch. 101, S. 223, 1918) sind sie isomer. G. Trier: Chemie der Pflanzenstoffe, S. 164, Berlin 1923.    [2] Z. V. D. Zuckerind. 1884, S. 645; 1888, S. 68.
[3] ebd. 1888, S. 616, 774.

Sie war unlöslich im Wasser, leicht löslich in Alkohol, Äther und Chloroform, krystallisierte in weißen, fettglänzenden Blättchen. Schmelzpunkt 133⁰. Lippmann fand für diese Substanz die Formel: $C_{26}H_{44}O$; sonach war sie Cholesterin. Da es von diesem aromatischen Alkohol noch einen isomeren gibt, das Phytosterin, war zu entscheiden, welche der beiden isomeren Substanzen vorlag. Landoldt bestimmte zu diesem Zweck das optische Drehungsvermögen, fand es zu $[\alpha]_D$ = —33,68⁰, und —35,11⁰, je nach Konzentration bei 21⁰ C, in Chloroform gelöst. Somit war das Vorhandensein von Phytosterin erwiesen. In Eulers „Pflanzenchemie", 1. Bd., S. 134 findet sich ein Betasterin vor. Der Schmelzpunkt erscheint mit 145⁰ angegeben. Das gewöhnliche Cholesterin kommt in Galle, Blut, Eiern, Hirn vor (tierisches Cholesterin), das Phytosterin (pflanzliches Cholesterin) ist weitverbreitet und gehört nach Hoppe-Seyler zu den Spaltungsprodukten beim Lebensprozeß der Zellen. Es findet sich u. a. in Erbsen, Bohnen, Lupinen, Mandeln und in manchen Samenölen.

Isocholesterin, das Kollrepp in anormalem Saturationsschlamm gefunden haben wollte[1], erwiesen Andrlík und Votoček später auch als Bestandteil normalen Saturationsschlammes; sie fanden diese Substanz aber auch im Diffusionssafte, in der Rübe selbst und im weißen Schaume auf ausgelaugten Schnitten und des Ablaufwassers. Auf Grund eingehenden Studiums fanden sie diesen Körper wohl identisch mit der Kollreppschen Substanz, aber auch, daß diese nicht isomer mit dem Cholesterin ist. Infolge gewisser Eigenschaften nannten sie diesen Körper Rübenharzsäure[2]. Ihre nähere Besprechung findet sie im folgenden Abschnitte.

Das Rübenfett wurde schon oben als ein Gemenge verschiedener Körper charakterisiert. Soweit diese Stickstoff und Phosphor enthalten, finden sie erst bei den Lecithinen ihre Besprechung (s. „Pflanzenbasen").

### i) Saponine.

„Saponine ist ein Sammelbegriff für eine Gruppe stickstofffreier Seifenstoffglucoside, welche durch eine Reihe physikalischer, chemischer und physiologischer Eigenschaften, aber nur, falls man alle zusammen berücksichtigt, biologisch genügend charakterisiert sind[3]." Wie ihr Namen besagt (sapo = Seife), ist ihr Vermögen, seifenartig zu schäumen, ihr Charakteristikum und für den Zuckertechniker fast ihre wichtigste Eigenschaft.

Es gibt saure und neutrale Saponine, ihr Aglykon (s. d.) ist noch nicht genauer bekannt. Sie sind in Wasser oder Alkalien sehr schwer löslich oder ganz unlöslich. Sie sind nicht diffundierbar und hindern den von ihnen umgebenen Zucker der Rübenzellen am Diffundieren.

---

[1] Z. V. D. Zuckerind. 1888, S. 772.
[2] Z. f. Zuckerind. i. B. XXII, S. 248, 1897/98.
[3] Kobert in Abderhaldens Biochem. Handlex. VII, S. 145, 1912.

Sie sind komplizierte Glucoside — amorph oder krystallinisch — und sehr verbreitet im Pflanzenreiche. Ihre Aglykone heißen auch Sapogenine, die zunächst kurz beschrieben werden sollen.

Die im vorhergehenden Abschnitte genannte Rübenharzsäure wurde schon früher aus verschiedenen Zuckerfabriksprodukten von Andrlík dargestellt und später von diesem und Votoček im Jahre 1898[1] näher studiert.

Sie fanden die Rübenharzsäure im Schaume von Abfallwasser in Mengen von 14,2—26,2 % auf den alkoholischen Extrakt bezogen.

Tabelle 16. Analysen von Schaum von Abfallwässern
(lufttrockene Proben).

|  | 1 | 2 | 3 | 4 | 5 |
|---|---|---|---|---|---|
| Wasser. . . . . . . . . | 7,8 | 6,4 | 8,4 | 13,8 | 10,5 |
| In HCl unlöslich: |  |  |  |  |  |
| anorganisch . . . . . . | 33,90 | 17,70 | — | 18,8 | 18,2 |
| organisch. . . . . . . . | 14,50 | 15,20 | 18,30 | 15,2 | 8,1 |
| in Alkohol löslich (nach |  |  |  |  |  |
| Zersetzung mit HCl)[2] . | 30,50 | 42,10 | 32,90 | 42,4 | 51,7 |
| In HCl löslich: |  |  |  |  |  |
| $Al_2O_3 + Fe_2O_3$ . . . . . | 4,0 | 4,4 | — | 1,8 | 1,9 |
| CaO . . . . . . . . . . | 6,0 | 9,8 | — | 4,0 | 5,0 |
| MgO . . . . . . . . . | 0,9 | 1,3 | — | 1,1 | 0,8 |
| $SO_3$ . . . . . . . . . | 0,8 | 0,9 | — | 0,7 | 0,9 |
| Stickstoff . . . . . . . | 0,9 | 0,7 | — | — | — |

Der Schaum ist die ergiebigste Quelle für ihre Gewinnung; in diesem befindet sie sich nur zum Teil in freiem Zustande. Desgleichen ist die Rübenharzsäure in freiem und gebundenem Zustande in Ablagerungen von Diffusionssaftvorwärmern, und zwar zu 5,12 und 2,32 % gefunden worden; im Schlamme der ersten Saturation in Mengen von 0,31 bis 0,57 %, je nach Beschaffenheit der Rübe, und im Diffusionssafte zu 0,186 % auf Trockensubstanz. Im Schaume des Diffusions- und nicht-filtrierten Saturationssaftes sowie in der Melasse und Rübe selbst wurde Rübenharzsäure ebenfalls gefunden[3]. In der zuletzt angeführten Untersuchung konnte Andrlík feststellen, daß die Rübenharzsäure in diesen Stoffen nur teilweise frei vorkommt, daß der größere Anteil erst nach Behandlung mit Salzsäure gewonnen werden kann.

Die Säure bildet dünne, farblose, seidenglänzende, nadelförmige Krystalle, die unlöslich in Wasser sind. Ihr Schmelzpunkt liegt bei 299—300° C; darüber hinaus erhitzt, sublimiert sie unter Verbreitung eines angenehmen Harzgeruches. Sie ist rechtsdrehend, $[\alpha]_D^{20} = + 78{,}67°$ (für die getrocknete Substanz ohne Krystallwasser). Sie hat die Formel $C_{22}H_{36}O_2 + 2H_2O$ für den krystallisierten Zustand.

Von ihren Salzen wären hervorzuheben: die Alkalisalze, „verwandeln sich mit Wasser zu einer schleimigen Masse, welche bei starker Ver-

---

[1] Z. f. Zuckerind. i. B. XXII, S. 248, 1897/98.
[2] Hauptsächlich aus Fettsäure und Rübenharzsäure bestehend.
[3] Z. f. Zuckerind. i. B. XXIII, 1898/99, S. 25.

dünnung eine sirupfarbige, äußerst viscose Flüssigkeit darstellt"; das Kalksalz ist im Wasser fast unlöslich, „in warmem, saturiertem Saft nicht ganz unlöslich".

K. Smolenski fand diese Harzsäure, gepaart mit einer Glucuronsäure, also ein Glucuronid der Rübenharzsäure von der Formel $C_{28}H_{44}O$, in Diffusionssaftvorwärmern. Sie gab die Farbenreaktionen der Rübenharzsäure, sonst aber zeigte sie wesentlich andere Eigenschaften als erstere. Sie ist wasserunlöslich, löslich u. a. in Äthyl und Methylalkohol. Sie hat saure Eigenschaften; ihre Alkalisalze sind löslich im Wasser, die Kalk-, Baryum- u. a. Salze unlöslich. $[\alpha]_D = + 21^0$, ein anderes Mal wurde gefunden $[\alpha]_D = + 24{,}9^0$ in 2proz. alkoholischer Lösung. Bei der Hydrolyse mittels Säuren zerfällt sie nach folgender Gleichung[1]:

$$C_{28}H_{44}O_8 + H_2O = \underset{\text{Harzsäure}}{C_{22}H_{36}O_2} + \underset{\text{Glucuronsäure}}{C_6H_{10}O_7}.$$

Kobert prüfte nun sein saures Rübensaponin nach und fand, daß es mit verdünnten Mineralsäuren ebenfalls Glucuronsäure abspaltete. Hieraus folgt, daß das saure Saponin der Zuckerrübe mit dem sog. Glucuronid von Smolenski identisch ist. Die Spaltungsprodukte des sauren Rübensaponins wären also: Rübenharzsäure und Glucuronsäure.

Ob es sich nun bei diesen Spaltungsprodukten des sauren Saponins mit Sicherheit um Glucuronsäure handelt, muß noch weiter untersucht werden, da das Vorhandensein dieses Körpers nur aus dem positiven Ausfall der Tollensschen Naphthoresorcin-Reaktion gefolgert wird, die aber nicht eindeutig ist, denn sowohl Isomere wie Homologe der Glucuronsäure verhalten sich gegen Naphthoresorcin ebenso. — Vielleicht ist es auch hier wieder die Galakturonsäure, die auch den Grundbestandteil der Pektine bildet[2].

Das Glucuronid, die Muttersubstanz, gehört also den Saponinen an. Diese schon früher bekannten Substanzen wurden erst eingehender von E. R. Kobert erforscht[3].

Der Zuckerindustrie machte dieser zum ersten Male Mitteilung „über (diese) neue Stoffe der Futter- und Zuckerrübenpflanze und deren biologischer Nachweis"[4].

Aus der Rübe werden Saponine nach Kobert etwa folgendermaßen dargestellt: der Brei geschälter Rüben wird mit Soda deutlich alkalisch gemacht, abgepreßt, der Saft mit Schwefelsäure schwach angesäuert; dadurch scheidet sich das saure Saponin in Form eines voluminösen Niederschlages, teils frei, teils an Magnesia gebunden, aus. Aus dem Filtrate wird nach erfolgter Neutralisation mit neutralem Bleiacetat ein Niederschlag erhalten, der, nach Auswaschen mit Soda zerlegt und vom Bleicarbonat durch Filtration befreit, eine Lösung ergibt, welche die Hauptmenge des neutralen sowie Reste des sauren Saponins enthält[5].

Nach einer etwas abgeänderten Methode stellte F. Schulz saures Saponin aus der Zuckerrübe dar, aus welcher er 0,73 % Rohsaponin erhielt. Im gereinigten Zustande zeigt es $[\alpha]_D = + 24{,}5^6$. Das saure Saponin ist mit dem Glucuronid Smolenskis identisch (Kobert).

---

[1] Hoppe-Seylers Zeitschr. f. physiolog. Ch., Bd. 71, S. 266, 1911.
[2] Traegel: Z. V. D. Zuckerind. 1920, S. 455.
[3] Ch. Zbl. I, S. 1963, 1914.     [4] Z. V. D. Zuckerind. 1914, S. 381.
[5] ebd. 1914, S. 391.     [6] Z. f. Zuckerind. i. B. XLI, S. 11, 1916/17.

Aus Futterrüben hat O. Blanchard Saponine dargestellt, die denen der Zuckerrübe ähneln[1].

Das neutrale Saponin ist ganz anders zusammengesetzt als das saure. Es liefert bei der Hydrolyse keine Glucuronsäure. Näher erforscht ist es noch nicht.

Bevor auf die Saponine der Rüben näher eingegangen werden soll, seien ihre Gruppeneigenschaften näher besprochen:

Die meisten Saponine reagieren neutral, nur wenige sauer. Aber selbst bei den letzteren ist das Vorhandensein einer COOH-Gruppe zweifelhaft. Basische Saponine existieren wegen des Fehlens von Stickstoff nicht. Fast alle Saponine sind mit Zucker gepaart; die Anzahl der alkoholischen Hydroxyle kann die Zahl 18 erreichen.

Je nach dem Zuckergehalt gibt es rechts- und linksdrehende Saponine. Fehlingsche Lösung wird erst nach hydrolytischer Spaltung reduziert. Der Geschmack der Saponine ist kratzend, mitunter bitter. Fast alle Saponine reduzieren beim Erwärmen Goldchloridlösung, ammoniakalische Silbernitratlösung und eisenchloridhaltige Ferricyankalium-Lösung, desgleichen Kaliumpermanganat-Lösung, die dabei entfärbt wird. Sublimatlösung wird beim Kochen vieler Saponine zu Kalomel reduziert[2].

Mit Baryum, Kalk und Alkalien geben sie Verbindungen, desgleichen mit Blei, Kupfer und Quecksilber, worauf Fällungserscheinungen beruhen. Auch organische Verbindungen geben Saponine. Genannt seien die mit Cholesterinen (s. Phytosterin) und mit Lecithin.

Von ihrer Giftwirkung auf Fische wird später gesprochen werden. Wichtig und interessant ist die sog. hämolisierende Wirkung der Saponine, die man am schönsten an roten Blutkörpchen sieht. Das Blut wird erst durch Rühren mit einem Stäbchen von dem Blutfaserstoff, dem Fibrin, befreit, durch lose Gaze filtriert und nach dem Stehenlassen oder Zentrifugieren von dem Blutserum, einer hellgelben Flüssigkeit, getrennt. Diese roten Blutkörperchen mit physiologischer Kochsalzlösung (0,9 proz.) 50—100 fach verdünnt, dienen zum Versuch. Gibt man zu einer solch präparierten Aufschwemmung von Blutkörperchen etwas Saponinlösung, so wird die Lebenskraft der Außenschicht der Blutkörperchen, das Stroma, abgetötet, es ist nicht mehr fähig, den Blutfarbstoff, das Hämoglobin, zurückzuhalten, und es erfolgt ein Austritt von Hämoglobin ohne Zerfall bzw. Zerstörung des Stromas. Also ein rein biologischer Vorgang. Man erblickt dann in der anfangs roten Flüssigkeit unten am Boden einen siegellackfarbigen, roten Klumpen, während darüber eine farblose, klare Flüssigkeit steht. Dieser Prozeß heißt Agglutination. Er dürfte auf den obengenannten Verbindungen der Saponine mit den Lecithinen und Cholesterinen der Zellen beruhen[3].

Die meisten Saponine sind optisch aktiv.

Spaltung von Saponinen tritt ein durch glucosidspaltende Fermente oder durch verdünnte Mineralsäuren. Die durch diese Hydrolyse entstehenden Sapogenine sind zunächst Anfangssapogenine, im weiteren Abbau entstehen die Endsapogenine. Die ersteren enthalten noch Kohlenhydratkomplexe, die letzteren (auch Aglykone genannt) sind Säuren (Fettsäuren). Ein echtes Endsapogenin ist z. B. die Rübenharzsäure (s. d.).

Für die Saponine gibt Kobert die allgemeine Formel

$$C_n H_{2n-8} O_{10}$$

für ihre Aglykone $C_n H_{2n-6} O_2$ (Sapogenole)

und $C_n H_{2n-6} O_3$ (Oxysapogenole).

---

[1] Diss. Rostock, 1914.    [2] Halberkann, Biochem. Ztschr. 19.
[3] Z. V. D. Zuckerind. 1920, S. 453.

Die Zuckerrübe enthält zwei verschiedene Saponine, ein saures und ein neutrales, die bei der Verarbeitung in der Fabrik mit in den Rohsaft kommen. Während das neutrale Zuckerrübensaponin wasserlöslich ist, ist das saure in Wasser unlöslich, kann aber durch das erstere in Pseudo lösung gehalten werden. Dies macht sich häufig durch Schäumen von Rohsäften bemerkbar. Saponine können noch in 10000facher Verdünnung stark schäumen.

Da es in den Schnitzelpreßwässern durch F. Schulz[1] gefunden wurde (s.o.), so suchte K. Andrílk Saponine aus den ausgelaugten Rübenschnitzeln darzustellen. Solche wurden zuerst unter 100° C getrocknet und dann, da sie das Saponin in gebundenem Zustande enthalten, mittels Alkohols extrahiert, dem einmal Soda, das andere Mal Schwefelsäure zugesetzt wurde (alkalische, saure Extraktion). Je nach den Arbeitsbedingungen erhielt er 1,3—1,5% Saponin auf das Gewicht der ausgelaugten, getrockneten Schnitzel oder rund 0,08—0,09% auf das Gewicht der Rübe verschiedener Reinheit[2].

Später untersuchte er den Saponingehalt im Saturationsschlamme auf saurem und auf alkalischem Wege und fand „eine Substanz, die je nach Darstellungsart mehr oder weniger die allgemeinen Eigenschaften des Rübensaponins aufweist, Harnsäure und Glucuronsäure enthält und für kleine Fische giftig ist". Auf Rüben berechnet, ergab sich 0,054% „Saponinsubstanz" (im Schlamme 0,54%).

Aus den Werten für Rübenschnitzel (0,08—0,09%), abgesehen vom geringeren Gehalt in dem Schlammpressen- und Diffusionswasser, enthält die Rübe 0,085 + 0,054 = 0,139% Rübensaponin; von dieser Menge sind 38,8% in den Diffusionssaft übergegangen und im Saturationsschlamm zurückgehalten worden, in den ausgelaugten Schnitten verblieben 61,2%, woraus eine verhältnismäßig geringe Diffundierbarkeit der Saponinsubstanz folgert[3], was mit den oben gemachten Darlegungen übereinstimmt.

Daß Saponine in den ausgelaugten Schnitzeln „in nicht ganz unerheblichen Mengen" zurückbleiben, wies A. Traegel auch dadurch nach, daß er solche aus getrockneten Rübenschnitzeln darstellte[4].

Die Saponine wurden zunächst durch Methylalkohol in Lösung gebracht und nach dessen Abtreibung der ölartige Rückstand mit Äther durchgeschüttelt, in dem die Saponine unlöslich sind. Durch Verseifung der ausgeschüttelten Flüssigkeit mit Natronlauge und nachheriger Zersetzung mit Salzsäure fällt das Saponin flockig aus.

Das so erhaltene, außerordentlich hygroskopische Saponin konnte in analytischem Zustand nicht dargestellt werden. Es wurden folgende, für die Saponine charakteristische Reaktionen angestellt:

1. Beim Schütteln der wäßrigen Saponinlösung trat schon in der Kälte starke Schaumbildung auf, die sich beim Erwärmen so steigert, daß der Schaum aus dem Gefäß übersteigt.

2. Mit konzentrierter Schwefelsäure versetzt, Rotfärbung mit Fluorescenzerscheinung.

3. Mit alkalischer Kupferlösung versetzt, trat Grünfärbung auf. Infolge der Konzentration der Saponine wurde die Flüssigkeit gallertartig.

4. Hämolytische Versuche fielen stark positiv aus.

---

[1] Z. f. Zuckerind. i. B. XLI, S. 3, 1916/17.     [2] ebd. XLI, S. 343, 1916/17.
[3] ebd. XLI, S. 531, 1916/17.     [4] Z. V. D. Zuckerind. Bd. 70, S. 449, 1920.

A. Traegel wies saures Rübensaponin auch im Scheideschlamme nach[1], und zwar durch fraktionierte Fällung mit neutralem und basischem Bleiacetat.

Im Niederschlag mit neutralem Bleiacetat wurde das saure, im Niederschlag mit basischem Bleiacetat das neutrale Saponin nachgewiesen. Beide Saponine drehen rechts. Im Endfiltrat gelang noch nach Spaltung mit Schwefelsäure der Nachweis von Rübenharzsäure, was auf das Vorhandensein von saurem Saponin zurückzuführen ist. Die Fällung der Saponine mit Bleisalzen war fast quantitativ, da das Filtrat nur noch Spuren des sauren Saponins enthielt.

Hervorzuheben ist, daß durch Messung der Oberflächenspannung der ursprünglichen und der mit Bleiessig gefällten Flüssigkeiten die auf chemischem Wege gefundenen Resultate bestätigt wurden. Mit „ziemlicher Wahrscheinlichkeit" ließen diese Messungen den Schluß zu, daß durch die erste Bleiessigfällung 80—85% der Saponine (bei den gegebenen Verhältnissen) gefällt wurden.

## B. Stickstoffhaltige Saftbestandteile.

### a) Aminosäuren.

Als erstes Glied möge nur das Glykokoll genannt werden, da es zu der schon genannten Glykolsäure und zu noch anderen Körpern in Beziehung steht. Es ist Aminoessigsäure $CH_2 \cdot NH_2 \cdot COOH$. An sich hat es kein weiteres Interesse für die Zuckerfabrikation, da es in der Rübe nicht vorhanden ist und während der Fabrikation nicht entstehen kann. Seine Rolle bei der Synthese der Eiweißkörper siehe daselbst.

An dieser ersten Aminosäure sei eine Eigenschaft aller Aminosäuren gezeigt, die analytisch in neuerer Zeit dadurch sehr wichtig geworden ist, weil sie Staněk und seine Mitarbeiter vielfach zur Bestimmung und zur Isolierung von Aminosäuren benutzten (s. d.).

Bei der Fällung von Aminosäuren (Amiden) mit Quecksilberacetat und Soda tritt nach den Untersuchungen von Neuberg und Kerb[2] die Kohlensäure der Soda zu dem Aminosäuremolekül hinzu, so daß im Niederschlag nicht die Quecksilbersalze der Aminosäuren (die zumeist auch ziemlich gut in Wasser löslich sind), sondern basische Salze der Carbaminosäuren enthalten sind, wie z. B. beim Glykokol:

$$CH_2\text{—}COOH \qquad CH_2\text{—}COO$$
$$| \qquad \rightarrow \quad | \qquad\qquad Hg \cdot HgO$$
$$NH_2 \qquad\qquad NH\text{—}COO$$

Über die Carbaminsäure s. d.

Leucin ($\alpha$-Amidoisobutylessigsäure) oder Aminocapronsäure.

$$CH_3{>}CH\text{—}CH_2\text{—}CH_2\text{—}COOH \rightarrow CH_3{>}CH\text{—}CH_2\text{—}CH\text{—}COOH$$
$$CH_3 \qquad \text{Isobutylessigsäure,} \qquad CH_3 \quad \text{Leucin} \qquad |$$
$$\text{Capronsäure} \qquad\qquad\qquad NH_2$$

Dieses entsteht neben Glykokoll bei der Zersetzung von Eiweiß durch Säuren oder Alkalien oder bei der Fäulnis. Es ist im Tier- und Pflanzen-

---

[1] Z. V. D. Zuckerind. Bd. 75, Heft 822, 1925.
[2] Biochem. Z. 40, S. 498, 1912.

reiche anzutreffen. **Lippmann** stellte es aus Elutionslaugen und aus dem Safte der bleichen Triebe ausgewachsener Rüben dar. Auch in der Melasse ist es nachgewiesen worden[1].

Es ist krystallisationsfähig, in kaltem, besser in warmem Wasser löslich; es ist optisch aktiv und je nach Herkunft verschieden drehend. **Landolt** bestimmte das Drehungsvermögen eines aus Melasse von **Lippmann** gewonnenen Leucins zu $[\alpha]_D^{20} = +8{,}05^0$.

Es ist von neutraler Reaktion und gegen Säuren und Alkalien widerstandsfähig. Dasselbe gilt von obengenanntem Glykokoll.

Außer dem rechtsdrehenden gibt es auch ein linksdrehendes Leucin. Seine Verbindungen mit Basen und Säuren haben an dieser Stelle keine weitere Bedeutung.

1903 wies **F. Ehrlich** Leucin in Dessauer Melasseschlempe nach und isolierte dieses sowie ein Isomeres desselben, das **Isoleucin**, daraus. Über die Gewinnungsmethode beider ist in der Originalbehandlung[2] nachzusehen. Die beiden genannten Körper kommen in der Schlempe in Mengen von 1—2 % vor[3].

Das **Isoleucin** ist eine dem Leucin isomere Aminocapronsäure, dreht rechts und erhielt von **Ehrlich** den Namen d-Isoleucin.

**Ehrlich** stellte auch die **Strukturformel für das Isoleucin** fest:

$$\begin{matrix} CH_3 \\ C_2H_5 \end{matrix}\Big\rangle CH \cdot CH\,(NH_2) \cdot COOH\ \ \alpha\text{-Aminomethyläthylpropionsäure}^{[4]}\ \text{und}$$

stellte es synthetisch dar[5].

Das Isoleucin ist im Wasser leicht löslich, sein Schmelzpunkt $280^0$, $[\alpha]_D^{20}$ in Wasser $= +9{,}74^0$, in 20proz. HCl $= +36{,}80^0$ und in alkalischer Lösung $= +11{,}1^0$; es ist demnach einer der stärksten optisch aktiven Nichtzucker, der, wie **Ehrlich** weiter nachwies, zu Analysendifferenzen Anlaß geben kann. Das Bleisalz dreht stark links.

Leucin und Isoleucin werden schon in der Rübe durch fermentative Prozesse aus dem Eiweiß abgespalten und nur zum geringeren Teile während der Fabrikation aus den in die Fabrikssäfte übergegangenen protein-, pepton- und peptidartigen Verbindungen gebildet[6].

Obwohl vom chemischen Gesichtspunkte nicht hergehörig, sei das **Tyrosin** doch hier besprochen, weil es stets mit dem Leucin zusammen beim Abbauprozesse der Proteine auftritt. **Lippmann** fand beide Körper in Elutionslaugen; auch aus Rübenkeimlingen konnte er es gewinnen[7]. Es ist nicht sicher, aber anzunehmen, daß es schon in der Rübe vorhanden ist, zumindest in alterierter Rübe. Es kann aber auch erst im Betriebe entstehen oder aus beiden Gründen in die letzten Abläufe gelangen. **Smolenski** konnte es 1910 nicht in russischen Rüben

---

[1] Z. V. D. Zuckerind. 1884, S. 646; 1885, S. 156.    [2] ebd. 1903, S. 809·
[3] ebd. 1904, S. 775.    [4] ebd. 1907, S. 631.    [5] ebd. 1908, S. 528.
[6] Über die Bedeutung der Auffindung des Isoleucins für die Theorie (Physiologie) und Technik s. „Sammlung chemischer u. chem.-techn. Vorträge,‟ herausgegeben von Prof. **Herz**, Bd. XVII, Heft 9, 1911. **Ehrlich, F.**: Über die Bedeutung des Eiweißstoffwechsels für die Lebensvorgänge in der Pflanzenwelt.
[7] Z. V. D. Zuckerind. 1884, S. 646; 1885, S. 156.

finden. Hingegen konnte es Staněk aus normalem Rübensafte isolieren (Privatmitteilung).

Es leitet sich von der Fettsäurereihe ab: führt man in die $\alpha$-Aminopropionsäure die aromatische Gruppe $C_6H_4 \cdot OH$ (Oxyphenyl) ein, so entsteht das Tyrosin. Dieses ist also Oxyphenyl-$\alpha$-Aminopropionsäure oder Oxyphenylalanin.

$$
\begin{array}{ccc}
CH_3 & CH_3 & CH_2 \cdot C_6H_4 \cdot OH \\
| & | & | \\
CH_2 & \longrightarrow CH \cdot NH_2 \longrightarrow & CH \cdot NH_2 \\
| & | & | \\
COOH & COOH & COOH \\
\text{Propion-} & \alpha\text{-Aminopropion-} & \text{Tyrosin} \\
\text{säure} & \text{säure (Alanin)} &
\end{array}
$$

Es sind optisch Isomere möglich und bekannt. Nach seinem Vorkommen kann man es in tierisches und pflanzliches Tyrosin einteilen; aber gerade das tierische ist näher untersucht.

Tyrosin ist ein krystallisationsfähiger Körper, bildet seidenglänzende Nadeln; in kaltem Wasser schwer, leichter in heißem löslich. Das von Lippmann aus Rübenkeimlingen dargestellte zeigte ein $[\alpha]_D = +6{,}85^0$ in salzsaurer Lösung. Das tierische Tyrosin dreht links. In Ammoniak und verdünnter Salzsäure ist es leicht löslich und bildet sowohl mit Säuren als auch mit Basen Salze.

Über das Tyrosin siehe auch S. 172; ausführlich bei „Tyrosin und Tyrosinase" von G. C. Borgnino[1].

Asparaginsäure (Aminobernsteinsäure) hat folgende Formel, bzw. Ableitung von der Bernsteinsäure:

$$
\begin{array}{cc}
COOH & COOH \\
| & | \\
CH_2 & \longrightarrow CH \cdot NH_2 \\
| & | \\
CH_2 & CH_2 \\
| & | \\
COOH & COOH \\
\text{Bernstein-} & \text{Aminobernsteinsäure} \\
\text{säure} & \text{(Asparaginsäure)}
\end{array}
$$

Noch im Jahre 1907 äußerte Herzfeld Zweifel darüber, ob Asparaginsäure überhaupt in den Rüben enthalten ist (s. S. 181) — so unsicher war ihr Nachweis bis dahin. Sie wurde zwar das erstemal von Scheibler im Jahre 1866 aus Melasse isoliert[2], als aber dieser Forscher im Jahre 1869 seine Versuche wiederholte, fand er in der Melasse eine andere Aminosäure, die er als die Glutaminsäure identifizierte. Seit Scheibler wurde Asparaginsäure weder in der Melasse, noch in Entzuckerungslaugen gefunden.

Asparagin aus dem Safte etiolierter Rübentriebe stellte v. Lippmann 1876/77 krystallinisch dar, in Futterrübe fand es Schulze.

Im Jahre 1912 fand Smolenski Asparagin in russischen Zuckerrüben[3] neben Glutamin mit voller Sicherheit. Im Jahre 1922 isolierte Staněk l-Asparaginsäure aus Saturationsschlamm (s. d.).

---

[1] Z. V. D. Zuckerind. 1902, S. 217.  [2] ebd. 1866, S. 222.
[3] ebd. 1910, S. 1215; s. Abschn. h.

Asparaginsäure wird durch Hydrolyse des im Handel vorkommenden Asparagins mit Salzsäure oder mit Kalk- oder Barytwasser u. a. bereitet. Pachlopník vereinfachte die Herstellungsweise durch Hydrolyse mit verdünnter Salpetersäure, wobei er 93% der theoretischen Ausbeute erzielte[1].

Es ist anzunehmen, daß die Asparaginsäure der Rübe die linksdrehende Modifikation ist, da sie vom linksdrehenden Asparagin der Rübe herrührt.

Die Asparaginsäure ist krystallisationsfähig, in kaltem Wasser schwer, in heißem leicht löslich. Die Lösung reagiert schwach sauer und ist optisch aktiv. Da sie ein asymmetrisches Kohlenstoffatom enthält,

$$\begin{array}{c} H \\ \cdot \\ H_2N \cdot C \cdot COOH \\ | \\ H \cdot C \cdot COOH \\ \cdot \\ H \end{array}$$

so sind drei optisch isomere Formen derselben bekannt Die Linksasparaginsäure ist von diesen die wichtigste. Wenn sie auch nicht als solche in der Rübe vorkommen sollte, so kommt ihr doch große Bedeutung zu, da sich für sie im Betriebe Gelegenheit ergibt, aus Asparagin gebildet zu werden. Sie entsteht auch als Spaltungsprodukt aus pflanzlichen und tierischen Eiweißkörpern, was dafür spräche, daß sie als solche schon in der Rübe sich vorfinden könnte.

Das Drehungsvermögen der Säure hängt von der Temperatur und von der Reaktion des Lösungsmittels ab.

Durch Behandlung mit salpetriger Säure geht sie infolge Austausches ihrer Aminogruppe gegen die Hydroxylgruppe in Äpfelsäure über.

Aus Versuchen Jessers geht hervor, daß Asparaginsäure ein sehr beständiger Körper ist und, wie genannter Forscher schreibt, „nach alledem unverändert in den Sirupen sich vorfinden wird". Sie gibt bei den Verhältnissen der Saftreinigung nur das saure Salz. Asparaginsäure und ihr saures Salz reagieren gegen Phenolphthalein und Lackmus gleichstark sauer. Dasselbe gilt von der Glutaminsäure und ihrem sauren Salze. „Es werden somit beide Aminosäuren bei der Titration der Säfte als saure Salze zur Geltung kommen, und zwar werden die Bildungen dieser Salze von beiden Indikatoren angezeigt[2]."

Asparaginsäure invertiert Saccharoselösungen nach den für alle Säuren geltenden Gesetzen (Guldberg-Waage), nur bei höheren Temperaturen nicht, weil sie da nach der Maillardschen Reaktion zersetzt wird (S. 82, 106). Den Verlauf der Inversion studierten L. Radlberger und W. Siegmund[3]. Gegenwärtig werden manche noch ungeklärten Einzelheiten im Forschungsinstitute der tschsl. Zuckerindustrie studiert.

---

[1] Z. d. tschsl. Zuckerind. VII, S. 139, 1925.
[2] Ö. U. Z. f. Zuckerind. XXIII S. 275, 1894,.
[3] ebd. XLIII, S. 29, 418, 1914.

Salze der Asparaginsäure. Als Aminosäure kann sie sowohl mit Säuren als auch mit Basen Salze bilden. Sie ist eine schwache Säure und bildet saure und neutrale Salze. Die Alkalisalze sind wasserlöslich. Das neutrale Kalksalz $C_4H_5NO_4 \cdot Ca + 4Aq$. ist krystallisationsfähig und leicht im Wasser löslich. Seine Lösung reagiert stark alkalisch.

Die wichtigste Verbindung der Asparaginsäure ist ihr Amid, das schon oft genannte Asparagin.

Glutaminsäure (Aminoglutarsäure) wurde von Scheibler im Jahre 1869 in Melasse des Elutionsverfahrens nachgewiesen, ohne daß dieser über ihre Identität noch im klaren gewesen wäre[1]. Er gewann sie neben der Asparaginsäure durch Ausfällen der Melasse mit basisch essigsaurem Blei; bei Anwendung eines Überschusses dieses Fällungsmittels gehen beide Säuren als Bleisalze in Lösung, werden aus dieser mit Alkohol ausgefällt und mit Schwefelwasserstoff zerlegt. Im Zuckerkalke desselben Verfahrens fanden Bodenbender und Pauly 1877 ebenfalls diese Säure auf ähnlichem Wege, womit diese die Beobachtung Scheiblers bestätigten[2]. E. Schulze und A. Urich wiesen die Säure, bzw. das Glutamin (1883) auch in Futterrüben nach und Schukow in Melasseschlempe[3].

K. Andrlík gab eine Methode an, Glutaminsäure aus eingedickten nach der Melasseentzuckerung mit Strontian zurückgebliebenen Laugen zu gewinnen; er erhielt 5—8 % Glutaminsäure, auf die Trockensubstanz der Lauge gerechnet[4].

Um die großen Mengen Alkohol, die zu dieser Methode nötig sind, zu ersparen, benutzte Andrlík später die Eigenschaft der Glutaminsäure, aus ihren wäßrigen Lösungen leicht auszukrystallisieren, als Grundlage einer neuen Darstellungsweise: durch Phosphor- oder Weinsäure wird die Glutaminsäure aus ihren Salzen frei gemacht, vom ausgefällten Kaliumphosphat, bezüglich Tartrat abfiltriert und das Filtrat der Krystallisation überlassen. Durch (mehrmaliges) Umkrystallisieren aus heißem Wasser erhielt er bis zu 1,9 % der Säure „in zwar nur mikroskopisch kleinen, nadelförmigen, aber von der Mutterlauge leicht abtrennbaren Krystallen"[5].

Ihre Formel, abgeleitet von der Glutarsäure, ist:

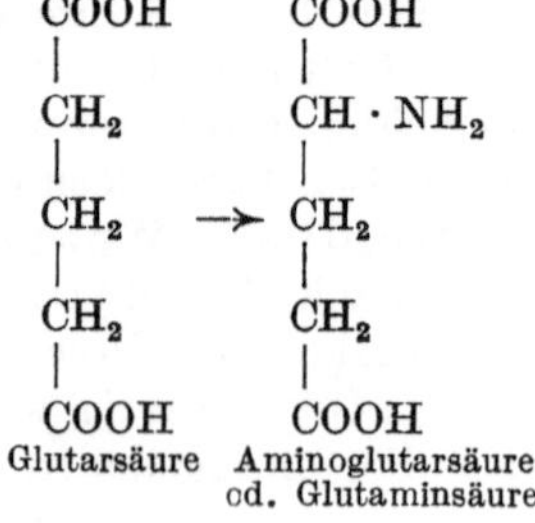



---

[1] Z. V. D. Zuckerind. 1869, S. 553.   [2] Organ XV, S. 738, 1877.
[3] Z. V. D. Zuckerind. 1900, S. 814.
[4] Z. f. Zuckerind. i. B. XXVII, S. 665, 1902/03.
[5] ebd. XXXIX, S. 387, 1914/15.

Die Glutaminsäure stellt Krystalle von saurem Geschmacke dar; in kaltem Wasser ist sie schwer, in heißem leicht löslich; unlöslich ist sie in Äther und Alkohol. Sie ist eine homologe Säure der Asparaginsäure. Glutaminsäure ist rechtsdrehend, ihr Drehungsvermögen $(\alpha)$ $= + 12{,}04^0$. Aus wäßrigen Lösungen krystallisiert sie leicht (s. o.).

In sauren Lösungen hat sie ein anderes Drehungsvermögen, was das Resultat der Zuckerbestimmung nach Clerget beeinflußt (gilt auch für die Asparagin- und Linksglutiminsäure).

Über Glutaminsäure als Spaltprodukt der Eiweißkörper siehe daselbst. Da sie eine zweibasische Säure ist, wird sie zwei Reihen von Salzen bilden.

Der glutaminsaure Kalk $C_5H_7NO_4Ca$ hinterbleibt nach langsamem Verdunsten als amorphe, farblose Masse, die leicht im Wasser und Alkohol löslich ist. Durch Einleiten von Kohlensäure in seine Lösung fällt kein kohlensaurer Kalk heraus[1]. Die Lösung ist optisch rechtsdrehend. Bodenbender und Pauly stellten dieses Salz durch Neutralisation einer Lösung der Säure mit Kalkwasser dar. Das saure Kalksalz $C_{10}H_{16}N_2O_8CaO$ hinterblieb als farblose, gummiartige Masse; beim Verdunsten unter dem Exsiccator wurden kleine, weiße, kugelige Krystalle von geringer Löslichkeit in Wasser erhalten. Das saure Salz wurde von beiden so dargestellt, daß eine Lösung von Glutaminsäure in zwei Teile geteilt wurde, der eine mit Kalkwasser neutralisiert und beide dann vereinigt.

Charakteristisch für die Glutaminsäure und zu ihrer Identifizierung herangezogen ist ihr Kupfersalz $C_5H_7NO_4Cu + 2\,Aq$, das man durch Kochen einer verdünnten Lösung dieser Säure mit kohlensaurem Kupfer erhält.

Die Alkalisalze sind leicht im Wasser löslich. Mittels Kalilauge neutralisierte Glutaminsäure, also Kaliumglutaminat, diente Staněk als Material bei seinen vorgenannten Untersuchungen. Die wäßrige und diese mit Bleiessig versetzte Lösung drehten links, saure Lösungen (mit Salzsäure) rechts. Bei Erwärmen solcher Lösungen wird Ammoniak nur in Spuren abgespalten. Durch Kochen einer Lösung von Ammoniumglutaminat verflüchtigt sich das Ammoniak und durch Austrocknen bildet sich freie Glutaminsäure.


## Glutiminsäure.

Glutaminsäure zerfällt beim Erhitzen auf $150$—$160^0$ in ihr Anhydrid, auf $180$—$190^0$ in Pyroglutaminsäure, die wahrscheinlich identisch mit der Glutiminsäure ist. Wichtiger ist das Verhalten der gelösten Säure und ihrer Salze gegen die Wärme; dieses wurde von Vl. Staněk untersucht[2]. In neun Versuchen bewies dieser, daß schon bei gelindem, kurzandauerndem Erwärmen wäßriger Lösungen von Kaliumglutaminat linksdrehende Substanzen entstehen, und zwar

---

[1] Das hängt mit der Bildung von Carbaminaten zusammen (Siegfriedsche Reaktion).　　　[2] Z. f. Zuckerind. i. B. XXXVII, S. 1, 1912/13.

sowohl in alkalischer wie auch in saurer Lösung. Bei Erwärmen über
200° C verschwindet die optische Aktivität ganz. Mit Äther ließen
sich in beiden Fällen zwei verschiedene Substanzen isolieren.

So isolierte er eine l-Glutiminsäure $[\alpha]_D = -9{,}9°$, welchen Namen er für sie
vorschlug, die überwiegend bei niedrigeren Temperaturen (von 100—160° C) entsteht und eine i-Glutiminsäure, die sich durch Erhitzen über 160° C bildet
(bei T = 200° C entsteht ausschließlich eine inaktive Säure). Beide Säuren haben
die gleiche empirische Formel $C_5H_7O_3N$ und unterscheiden sich voneinander
durch den Schmelzpunkt, die Löslichkeit und die optische Aktivität. Der genannte Verfasser führte sie durch Einwirkung von Chlorwasserstoff bei Hitze
in die entsprechenden Chlorhydrate der Glutaminsäuren l und i über.

Den Verlauf dieser Umwandlungen studierte Vl. Škola näher[1].

In einer wäßrigen Lösung verläuft die Reaktion: Glutaminsäure $\rightleftarrows$ Glutiminsäure + Wasser, die sich nach den Gesetzen der unvollkommen verlaufenden
monomolekularen Reaktion richtet.

Die dabei sich bildende Substanz wird Glutiminsäure genannt und ist mit
dem Lactam der Glutaminsäure identisch.

Durch Zusatz von Mineralsäuren wird das Gleichgewicht zugunsten der Glutaminsäure verschoben, ebenso durch Zusatz mineralischer Basen, so daß Salze
der Glutaminsäure entstehen.

Durch Erhitzen auf höhere Temperatur (190° C) tritt Inaktivierung der aktiven Isomeren ein; bei einer über 250° C hinausgehenden Temperatur erfolgt
Destruktion.

Menozzi und Appiani stellten das Anhydrid der Glutaminsäure
dar[2] und fanden es identisch mit der l-Glutaminsäure Staněks. Das
Verhalten der l-Glutaminsäure bei der Gärung studierte A. Dolinek.
(Die Linksglutaminsäure als stickstoffhaltiger Nährstoff für Hefe.[3])

### b) Amide.

Die Amide der Zuckerrübe sind infolge ihrer physikalisch (optisch)
und technisch-chemischen Eigenschaften sehr wichtige Bestandteile
des stickstoffhaltigen Nichtzuckers, so daß ihre gesonderte und eingehendere Darstellung gerechtfertigt ist.

Analytisch beeinflusssen sie die Bestimmung des Zuckers in der
Rübe und gehören zu jenen Verbindungen, die durch Kalkeinwirkung
(oder Lauge) so verändert werden, daß sie eine Quelle der unbestimmbaren Verluste bilden.

Chemisch verhalten sie sich so, daß sie starken Rückgang der Alkalität hervorrufen können.

Asparagin. Dieses Amid wiesen als Erste im Jahre 1850 Dubrunfaut und Rossignon in Zuckerrüben nach[4]. Nachher erschienen
manche einander widersprechende Untersuchungen darüber, bis
Scheibler das allgemeine Vorkommen der Asparaginsäure, als Abbauprodukt des Asparagins, in Melassen und Elutionslaugen nachwies[5].

---

[1] Z. d. tschsl. Zuckerind. I, S. 347 ff., 1920.     [2] Gaz. Chim. Ital. 24, S. 373.
[3] Z. d. tschsl. Zuckerind. IX, 1927, S. 35.
[4] Z. V. D. Zuckerind. 1866, S. 225.
[5] „Über das Vorkommen des Asparagins in den Rüben, bzw. der Asparaginsäure in den mit Kalk geschiedenen Rübensäften." Z. V. D. Zuckerind. 1866,
S. 225.

Scheibler ging mit Rücksicht auf die Löslichkeitsverhältnisse daran, das Asparagin durch Kalk zu zersetzen (Scheidesaft) und die Asparaginsäure, das Zersetzungsprodukt des ersteren, als solche nachzuweisen. Er operierte aber mit Melasse, weil sich in dieser die leichtlöslichen Salze dieser Säure anhäufen.

Melasse wurde mit Bleiessig geklärt, im Filtrate mit salpetersaurem Quecksilberoxydul die Asparaginsäure als asparaginsaures Quecksilberoxydul gefällt, gewaschen und mit Schwefelwasserstoff zerlegt. Das Filtrat vom Schwefelquecksilber wurde eingedickt, krystallisieren gelassen und die Krystalle mit Alkohol gereinigt; schließlich wurde aus Wasser umkrystallisieren gelassen.

So wurde „die über jeden Zweifel erhabene Tatsache, daß in den Melassen und Füllmassen Asparaginsäure vorkommt", nachgewiesen. „Dies läßt den Rückschluß zu, daß in den Rüben Asparagin enthalten sein müsse, insofern zur Zeit noch keine andere Substanz bekannt ist, aus welcher Asparaginsäure hervorzugehen vermöchte."

Scheibler erkannte auch den Einfluß des Asparagins auf die Polarisation der Rübe und sein Verhalten im Betriebe unter dem Einflusse des Kalkes. Aus der entwickelten Menge an Ammoniak durch Kalkbehandlung wollte er eine Methode zur Qualitätsbeurteilung der Rüben ausbilden. Die Ammoniakmenge sei der des Asparagins proportional, und da es sehr wahrscheinlich ist, daß Asparagin die einzige Quelle für die Ammoniakentwicklung sei, „so wird man in der quantitativen Bestimmung der Menge dieses Ammoniaks ein Maß für die vorhandene Quantität des Asparagins in den Rüben und damit vielleicht ein Maß für ihre Güte haben". (s. Kap. 6, e).

Scheibler übersah das Vorhandensein anderer Stickstoffkörper, die unter denselben Bedingungen auch Ammoniak abspalten.

Scheibler hatte also kein Asparagin als solches in der Rübe nachweisen können, sondern hatte es nur als Saftbestandteil höchst wahrscheinlich gemacht. Dabei blieb es bis in die neuere Zeit, so daß Herzfeld mit vollem Rechte den auf S. 181 wiedergegebenen Ausspruch tun konnte, daß das Vorkommen das Asparagins bis dahin (1909) in der Rübe mit Sicherheit nicht nachgewiesen wurde. Dies gelang jedoch sehr bald darauf Smolenski, der im selben Jahre und dann nochmals im Jahre 1912 das Asparagin in der russischen Zuckerrübe einwandfrei nachwies und aus diesem Material in Substanz gewann. Smolenski sieht im Feuchtigkeitsmangel während der Vegetationsperiode die Ursache der Anhäufung von Asparagin; bei normaler oder reichlicher Feuchtigkeit soll das Glutamin in der Rübe vorherrschen[1].

Auch in anderen Pflanzen wurde Asparagin gefunden: im Spargel, in keimendem Lupinensamen; Lippmann erhielt es auch bleichen Keimblättern ausgewachsener Rüben; aus diesen schied er es in Substanz aus. Die Formel des Asparagins ergibt sich aus folgendem Schema:

$$
\begin{array}{llll}
\text{COOH} & \text{COOH} & \text{CO}\cdot\text{NH}_2 & \text{CO}\cdot\text{NH}_2 \\
| & | & | & | \\
\text{CH}_2 \rightarrow & \text{CH}\cdot\text{NH}_2 \rightarrow & \text{CH}\cdot\text{NH}_2 \rightarrow & \text{CH}\cdot\text{NH}_2 \\
| & | & | & | \\
\text{CH}_2 & \text{CH}_2 & \text{CH}_2 & \text{CH}_2 \\
| & | & | & | \\
\text{COOH} & \text{COOH} & \text{COOH} & \text{CO}\cdot\text{NH}_2 \\
\text{Bernsteinsäure} & \text{Asparaginsäure} & \text{saures Amid.} & \text{neutrales Amid.} \\
& & \text{Asparagin} & \text{Asparaginamid.}
\end{array}
$$

---

[1] Z. V. D. Zuckerind. 1910, S. 1215; 1912, S. 791; s. auch Abschn. h.

Es ist also das saure Amid der Asparaginsäure. Es gibt Links- und Rechtsasparagin; ersteres schmeckt süß, letzteres fad.

Das Asparagin krystallisiert mit einem Molekül Krystallwasser, ist in heißem Wasser leichter als in kaltem löslich, ebenso löslich in Mineralsäuren, wäßrigen Alkalien und Ammoniak. Die Lösung reagiert auf verschiedene Indikatoren verschieden stark sauer. Es wirkt invertierend auf Rohrzucker.

Zu den wichtigsten chemischen Eigenschaften des Asparagins gehört seine Spaltung beim Kochen mit Salzsäure oder Alkali in Asparaginsäure und Ammoniak. Besonders die Einwirkung des Kalkes auf Asparagin wird später bei der Scheidung und Verdampfung näher zu schildern sein. Auch durch anhaltendes Kochen mit Wasser zerfällt es in beide genannten Bestandteile.

Jesser studierte den Prozeß der Spaltung des Asparagins durch Einwirkung der Alkalien unter verschiedenen Reaktionsbedingungen und kam zum Schlußergebnisse, Asparagin ist sehr beständig und ist daher auch in den Säften nach der Saturation vorhanden. Weiter konstatierte er, daß Asparagin — das als Säureamid der Asparaginsäure selbst eine einbasische Säure ist — gegen Lackmus neutral reagiert, sich gegen Phenolphthalein aber als sehr schwache Säure verhält[1], auch Claassen fand, daß es auf Phenolphtalein ziemlich stark sauer reagiert (s. u.). Nach Degener nehmen die sauren Eigenschaften des Asparagins mit steigenden Temperaturen zu, mit sinkenden Temperaturen ab. Bei höheren Temperaturen verhält es sich gegen Phenolphthalein als deutliche Säure.

Schon bei 62° C ist Inversionsgefahr durch Asparagin bemerkbar, wenn auch unerheblich, über 74° C sehr deutlich und bei 100° C äußerst bedenklich: es löst Eisen und dürfte auch die Zellsubstanz der Rübe löslich machen — das alles sind Eigenschaften, die sein Vorkommen im Diffusionssafte für den Betrieb sehr unangenehm machen; es greift den Zucker und die Eisenwandungen besonders im Vorwärmer an[2].

Asparagin hat saure und basische Eigenschaften; letztere wiegen vor. U. a. sind ein weinsaures und ein oxalsaures Asparagin bekannt. Die Metallverbindungen sind unbeständig. Das Kaliumsalz

$$C_2H_3(NH)_2\begin{cases}CO \cdot NH_2 \\ CO\ OK\end{cases}$$ ist ein Sirup; auch das Calciumsalz ist nicht krystallisierbar.

Von den Verbindungen ist die Monoaminoverbindung der Glutaminsäure, das Glutamin, von großer Wichtigkeit. Es ist das höhere Homologe des Asparagins und findet sich in Kürbiskeimlingen, in anderen Pflanzen und in der Rübe. Entgegen der herrschenden Ansicht soll der größte Teil des Amidstickstoffes der Rübe aus Glutamin bestehen (und nicht aus Asparagin). E. Schulze und seine Mitarbeiter wiesen das Vorkommen von Glutamin zuerst in der Runkelrübe nach (1877, 1878) und schieden es mittels salpetersauren Quecksilberoxyds aus. Da schon früher Scheibler u. a. in der Rübenmelasse

---

[1] Ö. U. Z. f. Zuckerind. 1894, S. 275.     [2] D. Z. XXII, S. 66, 1897.

Glutaminsäure vorfanden — ein Zersetzungsprodukt des Glutamins, gebildet in der Scheidung —, so war auch anzunehmen, daß die Zuckerrübe dieses Amid enthalte. Später bestätigten Schulze und Boßhard diese Annahme, indem sie aus Zuckerrübensaft „einen Körper isolierten, welcher in seinen Eigenschaften mit Glutamin übereinstimmte und bei der Zersetzung Glutaminsäure lieferte"[1]. Aus 1 l Rübenpreßsaft erhielten sie 1 g[2]. In den Jahren 1903/04 schied E. Sellier aus französischen Zuckerrüben nach der von Schulze und Boßhard angegebenen Methode mittels Quecksilberoxydnitrats das Glutamin aus. Er erhielt aus 12 l Zuckerrübensaft etwa 5 g Glutamin, das eine Reinheit von 97,3 besaß[3]. In russischen Rüben konnte Smolenski Glutamin nicht nachweisen, dafür aber Asparagin, dessen Nachweis in einem anderen Rübenmateriale sonst nicht gelang. Das Glutamin war in seinem Materiale (man soll solche Resultate nicht verallgemeinern) durch das Asparagin ersetzt, was nichts Auffälliges wäre. Daß Witterungseinflüsse hierbei eine Rolle spielen, wurde schon früher angenommen; Smolenski steht auf demselben Stundpunkte (s. Asparagin).

In neuerer Zeit stellte es W. Eisenschimmel aus Rübenpreßsaft und aus Digestionssaft nach einer neuen Methode dar; sie beruht auf der Abscheidung als basisches Salz der Carbaminsäure nach Neuberg und Kerb (s. d.), ähnlich wie sie Vondrák zur Bestimmung der Amide beschrieb (s. d.). So erhielt er 3,4 g aus 1 l Rübenpreßsaft[4].

Das Glutamin hat als Monoaminoglutaminsäure die Formel

$$
\begin{array}{ccccc}
\text{COOH} & & \text{COOH} & & \text{CO}\cdot\text{NH}_2 \\
| & & | & & | \\
\text{CH}_2 & & \text{CH}\cdot\text{NH}_2 & & \text{CH}\cdot\text{NH}_2 \\
| & & | & & | \\
\text{CH}_2 & \longrightarrow & \text{CH}_2 & \longrightarrow & \text{CH}_2 \\
| & & | & & | \\
\text{CH}_2 & & \text{CH}_2 & & \text{CH}_2 \\
| & & | & & | \\
\text{COOH} & & \text{COOH} & & \text{COOH} \\
\text{Glutarsäure} & & \text{Glutaminsäure} & & \text{Glutamin}
\end{array}
$$

Ob es neben der Säure oder nur allein in der Rübe vorkommt, ist nicht sicher. Es ist krystallisationsfähig, krystallisiert ohne Krystallwasser; es ist leicht in heißem, weniger leicht in kaltem Wasser löslich. Seine Lösungen sind optisch aktiv. Die Löslichkeit, das Brechungs- und Drehungsvermögen studierte W. Eisenschimmel und fand letzteres abhängig von vielen Umständen, so daß sich ein Wert nicht einfach angeben läßt. In saurer Lösung erhöht sich das Drehungsvermögen bedeutend und bleibt bei längerer Einwirkung der Säure erhalten. In alkalischer Lösung erhebt sich der Wert des Drehungsvermögens ungefähr auf das Doppelte. Bei längerer Einwirkung der

---

[1] Landw. Versuchsstat. 32, S. 129, 1886.
[2] Z. V. D. Zuckerind. 1885, S. 319.     [3] ebd. 1909, S. 1049.
[4] Z. d. tschsl. Zuckerind. VIII, S. 337, 1927.

Lauge sinkt es und erreicht schließlich einen stark negativen konstanten Wert. Bleisalze erniedrigen den Wert des Drehungsvermögens, beziehungsweise kehren sie ihn ins stark Negative um. Es kommt auf die Form an, in der das Blei vorhanden ist. Unter den Bedingungen der wäßrigen Digestion dürfte es sein normales Drehungsvermögen zeigen[1].

Drehungsvermögen von Glutamin- und<br>
Asparaginlösungen verschiedener Konzentration.

| Asparagin | | Glutamin | |
|---|---|---|---|
| Vol % | $\alpha_D^{20}$ | Vol % | $\alpha_D^{20}$ |
| 2 | — 5,51 | 2,922 | + 6,94 |
| 1,88 | — 5,52 | 1,461 | + 6,98 |
| 1,5 | — 5,86 | 1 | + 7,11 |
| 1,4 | — 5,88 | 0,7305 | + 7,55 |
| 1 | — 6,17 | 0,5 | + 8,0 |
| 0,7 | — 6,54 | 0,25 | + 9,35 |
| 0,5 | — 6,73 | 0,1826 | + 9,73 |
| 0,375 | — 6,73 | 0,09 | +10,24 |

Sein Verhalten gegen Indikatoren zeigt folgende Zusammenstellung; eine Lösung von 0,25 g Glutamin in 25 cm³ Wasser neutralisiert[2]:

| Temp. | mit Phenolphthalein cm³ $^1/_{10}$ n Lauge | mit Rosolsäure cm³ $^1/_{10}$ n Lauge |
|---|---|---|
| 18 | 0,9 | 0,35 |
| 40 | 0,9 | — |
| 45 | — | 0,6 |
| 60 | 2,42 | 0,6 |
| 80 | 3,4 | 1,0 |
| 100 | 4,8 | 1,5 |

Ähnliches fand auch Degener für Asparagin. Auch wie dieses dürfte Glutamin bei hohen Temperaturen Saccharoselösungen invertieren. Nach Jesser reagiert das Glutamin gegen Phenolphthalein und Lackmus gleich stark sauer, die Salze desselben aber schwach alkalisch[3].

In seinem chemischen Verhalten ähnelt es dem Asparagin. Durch Kochen mit Wasser während einer Stunde wird Glutamin vollständig hydrolysiert. Der Einwirkung von Alkalien unterliegt es leichter und rascher als das Asparagin und zerfällt analog diesem in Glutaminsäure und Ammoniak. Durch Kalkmilch wird es schon bei gewöhnlicher Temperatur langsam zersetzt (Schulze und Boßhard, Sellier). Die dabei frei werdende Glutaminsäure äußert sich im Betriebe genau so wie die unter gleichen Umständen entstandene Asparaginsäure. Seinen Verbindungen kommt keine Bedeutung zu.

Näheres über Glutamin, seine Geschichte und Eigenschaften kann einem Berichte E. Selliers „Über den gegenwärtigen Stand unserer Kenntnisse vom Glutamin"[4] entnommen werden.

[1] Z. d. tschsl. Zuckerind. VIII, S. 337, 1927.
[2] Claassen: Z. V. D. Zuckerind. 1894, S. 692.
[3] Ö. U. Z. f. Zuckerind. XXIII, S. 275, 1894.
[4] Z. V. D. Zuckerind. 1909, S. 1049.

### c) Pflanzenbasen.

Scheibler, der das Betain, einen Repräsentanten dieser Körperklasse, entdeckte, schrieb: „Als Bestandteile des Rübensaftes sind zwar schon öfters organische Pflanzenbasen vermutet, bisher aber weder nachgewiesen, noch aus demselben dargestellt worden. Daß der Rübensaft salzfähige organische Basen enthalten müsse, diese Annahme drängt sich von selbst mit einer gewissen Notwendigkeit auf, wenn man erwägt, daß die nicht unerheblichen Mengen der im Saft vorkommenden unorganischen und organischen Säuren mehr als hinreichend sind, die unverbrennlichen Basen . . . zu neutralisieren, während der frische Rübensaft doch nur schwach sauer ist." Im Jahre 1866 konstatierte Scheibler bloß die Anwesenheit einer wasserleichtlöslichen Pflanzenbase im Safte der Zuckerrüben und in Melassen. Erst 1869[1] gab er ihr den Namen Betain.

Im Prinzipe war die Darstellungsweise dieser Pflanzenbase ihre Ausfällung mit phosphorwolframsaurem Natron in stark salzsaurem Rübensafte oder verdünnter salzsaurer Melasse. Durch Ansäuern mit Salzsäure und Behandlung mit dem genannten Reagens fallen zunächst Eiweiß, Farbstoffe, Verunreinigungen und eine geringe Menge dieser Base aus. Im Filtrat entsteht durch neues Fällen mit phosphorwolframsaurem Natron nach einigen Tagen ein krystallinischer Niederschlag. Dieser wird dekantiert und mit Kalkmilch zerlegt, wodurch unlöslicher phosphorwolframsaurer Kalk entsteht; Betain geht in Lösung, der gelöste Kalk wird durch Kohlensäure entfernt und das Filtrat hiervon eingedampft, wodurch unreines Betain resultiert; durch Umkrystallisieren aus Alkohol und Reinigung mittels Tierkohle wurde es rein erhalten.

Nach seinen Untersuchungen waren in Füllmassen verschiedener Fabriken 0,291—1,351 und in den dazugehörigen Melassen (von 10 Fabriken) 3,33—5,167 Teile Betain auf 100 Teile Zucker. (Die vollständige Tabelle s. 1. Auflage.)

Zu diesen Zahlen meint Scheibler, daß die Menge Betain in den einzelnen Massen, bzw. in der Rübe „sehr erheblichen Schwankungen unterliege, . . . daß der Betaingehalt der Produkte aus Rüben wesentlich von den Einflüssen des Bodens, des Düngers, des Klimas usw., unter denen die Rüben sich entwickelten, abhängig sein müsse"[2].

Die von Scheibler vorgeschlagene Methode der Fällung von Betain mittels Phosphorwolframsäure (nach Entfernung der Eiweißkörper) hat prinzipielle und technische Mängel; es fallen nämlich einerseits andere Stickstoffsubstanzen mit (Peptone, Aminosäuren, Hexonbasen, Xanthinbasen) und andererseits ist das phosphorwolframsaure Betain etwas löslich.

Deshalb arbeitete Staněk eine bessere Methode aus, die auf der Fällung des Betains mittels Kaliumtrijodid beruht[3]. Es fällt ein Perjodid des Betains aus; darin wird nach Kjeldahl aufgeschlossen und der Stickstoff bestimmt.

Experimentell wurde nachgewiesen, daß die anderen Stickstoffkörper der Zuckerfabriksprodukte wie Glutamin, Asparagin, Tyrosin,

---

[1] Z. V. D. Zuckerind. 1869, S. 549.    [2] ebd. 1870, S. 721.
[3] Z. f. Zuckerind. i. B. XXIX, S. 410, 1904/05.

Ammoniaksalze u. a. mit Kaliumtrijodid (Auflösung von Jodkalium und Jod in Wasser) nicht gefällt werden — also daß dieses Reagens zur Trennung des Betains von diesen dienen kann. Nach dieser Methode fand Staněk im Dicksafte aus unreifen Rüben 2,65%, in Erstproduktfüllmasse 1,70%, in Rohzucker I. Produkt 0,70%, in Nachproduktfüllmasse 4,45% und endlich in Melasse ungefähr 6,7%, in Strontianabfallauge sogar über 17% Betain.

Die Bedeutung des Betains für das Leben der Pflanze ist heute noch unaufgeklärt. Staněk fand es stets in größerer Menge in solchen Pflanzenteilen, in denen die regste physiologische Tätigkeit herrscht: in den Blättern und in grünen Sprößlingen. Und von den Blättern enthalten wieder die erwachsenen mehr als die jungen. Während des Sprossens der Rübenwurzel häufte sich (in den Versuchen) das Betain in den Blättern und verschwand aus der Wurzel[1].

Das Betain leitet sich vom Glykokoll $CH_2 \cdot NH_2 \cdot COOH$ ab. Führt man in dieses drei Methylgruppen ein, so erhält man Trimethylglykokoll $CH_2 \cdot N(CH_3)_3COOH$; das Betain ist das innere Ammoniumsalz der letztgenannten Verbindung:

$$
\begin{array}{ccccc}
CH_2 \cdot COOH & & CO\!-\!O & & CO\!-\!O \\
| & \rightarrow & |\quad\ | & \rightarrow & |\quad\ | \\
NH_2 & & CH_2\!-\!NH_3 & & CH_2\!-\!N(CH_3)_3 \\
\text{Glykokoll, Glycil} & & \text{Glykokoll} & & \text{Betain}
\end{array}
$$

Beim Cholin wird eine andere Ableitung gezeigt werden.

Außer dem schon genannten Vorkommen sei erwähnt, daß Betain in russischen Rüben von Smolenski (1912) und schon früher von demselben im Diffusionssaft gefunden wurde[2]; es wurde in zahlreichen Pflanzen aufgefunden. Sein Vorkommen wurde systematisch in der Familie der Chenopodiaceen von Staněk untersucht. Nur drei Werte seien aus seiner diesbezüglichen Arbeit[3] angeführt: Die Trockensubstanz der Blätter von Beta trigyna enthält 2,10%, von Beta maritima 2,29%, von Beta cycla 3,36% Betain. Aber auch andere Pflanzen, die nicht zu den Chenopodiaceen gehören, enthalten es, allerdings in viel geringerer Menge. Der Betaingehalt ist für die Chenopodiaceen charakteristisch.

Im Jahre 1902[4] gab Staněk eine Methode zur Darstellung aus der Melasse oder Schlempe, 1904 Andrlík aus Schlempe an[5]. Erstere beruht auf der außerordentlich großen Widerstandsfähigkeit des Betains gegen Schwefelsäure und Ausfällung der salzsauren Verbindung. Die Andrlíksche Methode beruht auf einer Ausfällung von phosphorsaurem Betain und Überführung in Chlorid.

Dieses Verfahren verbesserte Andrlík im Anschlusse an seine Darstellung der Glutaminsäure (s. d.); aus den da verbleibenden Muttersirupen gewann er 7% Betain auf das Gewicht der Abfallauge. Das Betain wurde als Phosphat gefällt und daraus durch gelöschten Kalk das Betain frei gemacht und durch Umkrystallisieren gereinigt.

Betain ist krystallisationsfähig, sehr leicht im Wasser löslich und optisch indifferent. Beim Erhitzen für sich oder durch Kochen mit

---

[1] Z. f. Zuckerind. i. B. 1912/13, S. 385; 1915/16, S. 300.
[2] Z. V. D. Zuckerind. 1910, S. 1215; 1912, S. 791.
[3] Z. f. Zuckerind. i. B. XXXIV, S. 297, 1909/10.
[4] ebd. XXVI, S. 287, 1901/02.　　　　　[5] ebd. XXVIII, S. 404, 1903/04.

höchst konzentrierter Kalilauge entweicht Trimethylamin. Sonst ist es gegen Säuren und Laugen sehr widerstandsfähig, durchläuft daher den ganzen Fabrikationsprozeß und findet sich dann in größeren Mengen in der Melasse vor (über 5%). Über seinen Anteil an der Melassebildung und andere Einzelheiten s. Kap. 24, Abschn. e. Für den tierischen Organismus ist es vollständig unschädlich, was bei der Fütterung mit Melasse in Betracht kommt. Gegen Lackmus, Rosolsäure und Phenolphthalein zeigt es sich als ganz schwach alkalischer Körper. Beim Erwärmen mit Zuckerlösungen invertiert es diese nicht (Claassen).

Die Einwirkung von Mikroorganismen auf Betain haben F. Ehrlich und F. Lange studiert. Manche davon (Schimmelpilze, hautbildende Kahmhefen) desamidieren dasselbe und bauen es noch weiter zu Säuren ab, z. B. zu Glykolsäure, Trimethylamin und Ammoniak. Erstere wurde schon im Rübensaft gefunden (s. d.) und stand möglicherweise mit dem Betain im Zusammenhange[1].

Die Chemie des Betains wurde ausführlich von H. Stoltzenberg[2] dargelegt (Löslichkeit, Verbindungsfähigkeit, krystallinisches Betain)[3].

Als Base bildet Betain Salze, die leicht löslich sind. Das äpfelwein- und citronensaure Betain bilden hygroskopische Sirupe; wichtiger ist das schon genannte Betainchlorhydrat (Acidol).

Cholin. Dieses wurde von Lippmann als Bestandteil des Lecithins der Rübe und in einem Falle in Elutionslauge gefunden[4]. Ob es in der Rübe auch im freien Zustande vorkommt, oder ob es bei der Diffusion vom Lecithin abgespalten wird, ist heute noch ungewiß. Smolenski konnte Cholin in seinem Diffusionssaft nicht auffinden und schließt daraus, daß es in der Rübe nur in Form von Lecithin vorkommt, aus dem es bei der Diffusion nicht abgespalten werde; in der Rübe selbst aber fand er es auch nicht[5]. Daher ist diese Frage noch ungelöst.

Cholin kommt im Pflanzenreiche nicht selten vor (Baumwollsamen, Mutterkorm, Hopfen, in Samen und Keimlingen), oft in Begleitung des Betains. Staněk gab eine Methode für die quantitative Trennung beider Basen an, die auf der Fällung mit Kaliumtrijodid beruht[6]. Es findet sich auch in Melassen (Lippmann). Es zeigt schwach giftige Eigenschaften, doch ist es unschädlich für Verfütterung von Melasse. Unter dem Einfluß von Mikroorganismen geht es in das stark giftige Neurin über.

Chemisch betrachtet, ist es Alkohol und Amin zugleich, $C_5H_{15}NO_2$. Seine Strukturformel ist:

$$(CH_3)_3 \equiv N \Big\langle {}^{CH_2 \cdot CH_2OH}_{OH}$$

---

[1] Z. V. D. Zuckerind., 1914, S. 158.
[2] Z. f. physiolog. Ch. Bd. 92, S. 445, 1914.
[3] Über eine Gewinnungsmethode des Betains als Betainhydrochlorid nach dem gleichen Autor s. B. D. ch. G. XLV, S. 2248.
[4] Z. V. D. Zuckerind. 1888, S. 71.      [5] ebd. 1910, S. 1215; 1912, S. 791.
[6] Bulletin int. de l'Académie des Sciences de Bohême 1906.

Cholin ist ein Ammoniumoxyhydrat $NH_4 \cdot OH$, in welchem drei Wasserstoffatome durch drei Methylgruppen ($CH_3$) und das vierte Wasserstoffatom durch Oxyäthyl $C_2H_4 \cdot OH$ ersetzt sind. Es ist demnach **Oxyäthyltrimethylammoniumhydroxyd.** Durch Oxydation übergeht es in **Betain.**

$$
\begin{array}{ccc}
CH_2 \cdot OH & & COOH \\
| & & | \\
CH_2 & & CH_2 \\
| \quad CH_3 & \rightarrow & | \quad CH_3 \\
N{-}CH_3 & & N{-}CH_3 \\
| \quad CH_3 & & | \quad CH_3 \\
OH & & OH \\
\text{Cholin} & & \text{Betain (Oxyneurin)}
\end{array}
$$

Cholin ist eine nicht krystallisierbare, sirupöse, im Wasser sehr leicht lösliche Substanz. In der Kochhitze zerfällt es in Glykol und Trimethylamin, woraus sich seine Konstitution ergibt.

$$
C_2H_4 \Big\langle {}^{OH}_{N} \equiv (CH_3)_3 = C_2H_4 \Big\langle {}^{OH}_{OH} + N(CH_3)_3
$$

$$
\underset{\text{Glykol}}{} \qquad \underset{\substack{\text{Trimethyl-}\\\text{amin}}}{}
$$

Es ist basischer als Betain und gibt mit Säuren neutral reagierende beständige Salze, während Betain, das selbst neutral reagiert, Salze mit saurer Reaktion gibt.

Auf dieser Verschiedenheit beruht die oben angeführte Trennungsmethode vom Betain nach Staněk: Cholin wird durch Kaliumtrijodid in alkalischer, Betain in saurer Lösung gefällt.

Cholin konnte von Staněk[1] aus den Produkten, die durch die Einwirkung des Kalkes auf Koagulum von Rübenpreßsaft in der Wärme entstehen, isoliert werden; dieses spaltete sich leicht in der Wärme durch Kalk ab (Kap. 13 d). Cholin selbst wird beim Kochen mit Kalk nur unbedeutend zersetzt, durch Saturation nicht entfernt (siehe die Untersuchung Vondráks, Kap. 14).

In der Pflanzenwelt kommt es frei und gebunden vor; besonders wichtig ist aber sein Vorkommen im Moleküle der Lecithine, durch deren natürliche oder künstliche Hydrolyse es in Freiheit gesetzt wird.

Bei seiner Entdeckung durch Babo und Hirschbrunn (1851) wurde es Sinkalin genannt. Sein heutiger Name rührt von Strecker her, der es aus Galle (chole = Galle) gewann.

**Lecithine (Phosphatide).** Scheibler erklärte das Betain, neben fetten Säuren, Glycerinphosphorsäure und vielleicht auch neben Cholesterin als Derivat des sogenannten Pflanzenprotagons[2].

Protagon nannte Liebreich ein Lecithin, das er 1864 aus dem Gehirne darstellte. Protagonähnliche Verbindungen sind nachher vielfach nachgewiesen und isoliert worden — doch verschwindet dieser Name immer mehr aus der Literatur, da in diesen Substanzen nur Gemische von Cerebrosiden mit Lecithinen vorliegen. Die ersteren, die auch im Pflanzenreich gefunden wurden (zuerst aus dem

---

[1] Z. d. tschsl. Zuckerind. III, S. 671, 1921.
[2] Z. V. D. Zuckerind. 1869, S. 425; 1870, S. 20.

Gehirn gewonnen), werden als Verbindungen der Cerebronsäure aufgefaßt. Diese selbst hat die Formel $C_{25}H_{50}O_3$ und dürfte die $\alpha$-Oxyverbindung der Lignocerinsäure sein. Letztere ($C_{24}H_{48}O_2$) kommt im Erdnußöl u. a. vor, ist also eine Fettsäure verschiedener tierischer Cerebroside, also auch ihr Hydrolysenprodukt.

Tatsächlich erhielt Lippmann aus den Lecithinkörpern der Rübe neben Fettsäuren, Glycerin und Phosphorsäure, auch Betain und Cholin[1]. Die aufgezählten Spaltprodukte zeigen, daß das Rübenfett stickstoff- und phosphorhaltig ist (s. Kap. 5, A, h).

Auch in andern Pflanzen (Bohnen-, Erbsen-, Wickenfett, in Keimlingen und Samen, im Eidotter, Gehirn und in der Nervensubstanz) wurden solche phosphorhaltige Fettstoffe, die Lecithine, aufgefunden. Lippmann konstatierte deren Vorkommen auch in der Rübe und isolierte sie daraus[1]. Als Ausgangsmaterial dienten ihm notreife Rüben. Ohne auf den Gewinnungsprozeß näher einzugehen — endlich erhielt Lippmann eine schwach gelbliche, wachsglänzende Masse, leicht löslich in Alkohol und Äther, in Wasser nur quellbar. Mit Barythydrat gekocht, zerfiel diese in Fettsäuren (darunter überwiegend Ölsäure), in Glycerinphosphorsäure und Betain — also war die Existenz von Lecithin in der Rübe nachgewiesen. Lippmann bestätigte damit Scheiblers Vermutung und stellte für diesen Abbauprozeß des Lecithins folgende Gleichung auf:

$$C_{44}H_{32}O_9PN + 4H_2O = 2C_{18}H_{34}O_2 + C_3H_9PO_6 + C_5H_{13}NO_3,$$
$$\text{Lecithin} \qquad\qquad \text{Ölsäure} \quad \text{Glycerin-} \quad \text{Betain}$$
$$\text{phosphorsäure}$$

ohne allerdings die Richtigkeit der Lecithinformel analytisch bestätigt zu haben.

Ein zweiter Versuch ergab neben Ölsäure noch andere fette Säuren (Stearin-, Palmitinsäure), Glycerinphosphorsäure und als Base: Cholin. Als naheliegendste Hypothese wäre anzunehmen, „daß die Lecithine ebenso wie wechselnde Säurebestandteile (Öl-, Stearin-, Palmitinsäure) auch verschiedene basische Gruppen (Cholin, Betain) enthalten können“. So wie der Betaingehalt durch Rasse, Standort und Vegetationsbedingungen beeinflußt wird, so wäre es nicht unmöglich, daß unter gewissen Bedingungen das Betain durch das ihm so nahe verwandte und durch Oxydation direkt in Betain überführbare Cholin vertreten würde“.

Durch Verseifung zerfällt das Lecithin in Cholin, Glycerinphosphorsäure, Ölsäure und Palmitinsäure; es ist als ein Glycerin aufzufassen, in welches an Stelle von je einem Wasserstoffatom ein Palmitin-, ein Ölsäure- und ein Phosphorsäurerest eingetreten sind, welch letzterer mit dem Cholin noch esterartig verbunden ist. Statt des Palmitinsäurerestes kann auch der Stearinsäurerest vorhanden sein.

Das Lecithin bildet krystallisierbare, wachsähnliche Massen, die in Wasser zu einer opalisierenden Flüssigkeit aufquellen, in Alkohol und Äther aber löslich sind. Es ist physiologisch sehr wichtig und spielt im pflanzlichen und menschlichen Leben eine große Rolle (Assimilation der Phosphorsäure, Stoffwechsel).

---

[1] Z. V. D. Zuckerind. 1888, S. 71, 74.

Beim Kochen mit Wasser, Basen oder Säuren zerfallen die Lecithine in die Base, Fettsäure und Glycerinphosphorsäure, die letztere dann noch in Glycerin und Phosphorsäure.

Die Glycerinphosphorsäure dürfte auch im pflanzlichen Stoffwechsel eine Rolle spielen, da Němec ein spezifisches Spaltungsferment, die Glycerophosphatase, in Pflanzensamen fand[1].

Der Abbau des Calciumglycerophosphates durch Aufwärmen mit Kalk wurde in der schon genannten Untersuchung von Staněk ebenfalls studiert. Bei den Bedingungen des Betriebes wird es zwar nicht ganz zersetzt, gelangt aber in den Saturationsschlamm (wird niedergeschlagen), so daß der Phosphor des Diffusionssaftes fast vollkommen beseitigt wird[2].

Das Lecithin hat hauptsächlich basische Eigenschaften, verbindet sich daher mit Säuren. Wichtig ist sein Chlorwasserstoffplatinchlorid, dessen sich Lippmann bei der Gewinnung des Lecithins aus Rüben bediente.

Das Lecithin der Möhren studierten H. Euler und Nordenson[3].

### d) Eiweißkörper (Proteine).

Unter diesem Namen faßt man eine Gruppe stickstoffhaltiger, organischer Verbindungen zusammen, die eine sehr große physiologische Rolle im Tier- und Planzenreich spielen, in ihrer Konstitution noch gar nicht und in ihrer chemischen Zusammensetzung noch sehr wenig erkannt sind. Ist der Stickstoff als charakteristischer Bestandteil der Eiweißkörper genannt worden, so muß zur Vervollständigung seine Bindungsweise in diesen wenigstens angedeutet werden, weil auch andere organische Stickstoffsubstanzen für das Tier- und Pflanzenleben eine große Rolle spielen, ohne Eiweißkörper zu sein. Den Untersuchungen Osbornes, Schulzes, Kossels u. a. verdankt man diese Kenntnis: Der Stickstoff der Eiweißsubstanzen ist in dreifacher Weise gebunden, ein Teil als Amidstickstoff oder leicht abspaltbarer Stickstoff, der zweite Teil als „basischer" oder Diaminostickstoff und der dritte Teil als „Monoaminostickstoff". Die einzelnen Eiweißarten enthalten verschiedene Mengen der einzelnen Stickstoff-Formen. Trotz des großen Fortschrittes der letzten Jahre auf dem Gebiete der Eiweißchemie hat man bislang nicht einmal eine präzise Definition für diese Körper gefunden. Gut ist Czapeks Vergleich (II, 1) der „Eiweißkörper" mit „Zucker". Die Tri- bis Pentosen vergleicht er mit den Propeptonen, Peptonen und Polypeptiden. Den Hexosen entsprächen die eigentlichen Eiweißkörper (Albumin, Globulin) und den Polysacchariden die zusammengesetzten Eiweißstoffe (Nucleoproteide).

Ziemlich treffend ist Eulers Definition der Eiweißstoffe, obwohl er selbst anführt, was gegen diese Definition spricht. Nach dieser

---

[1] Biochem. Z. 93, S. 94 (1919).

[2] Andrlík: Z. f. Zuckerind. i. B. XXVIII, S. 191, 1903/04.

[3] Z. f. physiolog. Ch. 56, S. 231 (1908). Die umfangreiche Literatur über diese komplizierten Verbindungen findet sich in Abderhaldens Biochem. Handlexikon III, 1911; kürzer in G. Triers Chemie der Pflanzenstoffe. Berlin 1924.

sind Eiweißstoffe **Kondensationsprodukte von Aminosäuren,** welche hauptsächlich durch Amidbindungen verknüpft sind, wie in den Polypeptiden[1].

Diese Aminosäuren sind demnach sowohl „Bausteine" für die Eiweißkörper als auch deren Abbauprodukte. Als solche werden sie später noch zu besprechen sein, als „Bausteine" gestatten sie einen Blick in das Eiweißmolekül.

Besonders **Emil Fischer** und seine Mitarbeiter haben solche Synthesen aufgefunden, um verschiedene Aminosäuren durch amidartige Verkettung aneinanderzureihen — das sind die **Polypeptide,** die noch später als Abbauprodukte aufgezeigt werden. Dem einfachsten,

$$NH_2 \cdot CH_2 \cdot COOH \longrightarrow H_2N \cdot CH_2 \cdot CO \cdot NH \cdot CH_2 \cdot COOH$$

Glykokoll oder Glycin                 Glycilglycin

einem Dipeptid, das sich vom Glykokoll ableitet, kommt obige Formel zu. Es ist als Doppelanhydrid des Glycins aufzufassen. 2 Moleküle Glycin treten zusammen unter Wasseraustritt (1 Mol.). Analog ist das Di-Glycilglycin und die höheren Polypeptide gebaut. Glycilglycin erhält man durch hydrolytische Spaltung des Glycinanhydrides.

Eine andere Methode zur Darstellung der Polypeptide beruht auf der Neigung der Polypeptidester, Alkohol abzuspalten. Ein wichtiges Verfahren besteht in der Kombination von halogensubstituierten Säurechloriden (bromiden) mit einer Aminosäure (Halogenacyl-Methode). Mit dieser Methode sind viele Polypeptide hergestellt worden. Es gibt auch noch andere Methoden, die aber wie die schon genannten hier nicht weiter besprochen werden müssen. Hier soll nicht einfach ein Abschnitt der organischen Chemie kurz dargestellt, sondern nur prinzipiell die Möglichkeit des Aufbaues von Eiweißkörpern erwiesen werden, um den wichtigen Untersuchungen von **Maillard** als Einleitung zu dienen. Die letztgenannten müssen deshalb besprochen werden, weil sie den Chemismus der „Schaumgärung" zu deuten erlauben.

Es ist zu bemerken, daß eine Grenze zwischen Eiweißkörpern und manchen nahverwandten Spaltungsprodukten nur schwer zu ziehen, und daß eine Einteilung der Eiweißkörper selbst nach chemischen Prinzipien heute noch nicht durchführbar ist, so daß man hauptsächlich der gebräuchlichen Einteilung in Gruppen die physikalischen Eigenschaften zugrunde legt.

Nach ihrem Vorkommen muß man für den vorliegenden Zweck zwischen tierischen und pflanzlichen Eiweißkörpern unterscheiden. Hier wäre natürlich nur von den letzteren zu sprechen. Da erhebt sich schon die erste Schwierigkeit. Die neuere Eiweißchemie (Biochemie) befaßte sich fast ausschließlich mit der Erforschung der tierischen Eiweißkörper, so daß „es derzeit unmöglich ist, eine Monographie der Pflanzeneiweißstoffe allein zu liefern"[2]. Um wieviel schwieriger ist es, speziell die Eiweißkörper der Rübe für sich zu besprechen, da auffallenderweise diese wichtige Pflanze nur wenig von der Pflanzeneiweiß-

---

[1] **Euler:** Pflanzenchemie, Bd. I, S. 179.
[2] **Czapek:** Biochemie der Pflanzen, Bd. I.

chemie durchforscht wurde. Neues Tatsachenmaterial auf diesem Gebiete liegt gar nicht vor. Jedenfalls dürfte man keinen Fehler begehen, wenn man die Rübeneiweißstoffe mit denen des übrigen Pflanzenreiches identisch hält. Die Pflanzeneiweißstoffe im allgemeinen haben analoge Eigenschaften wie die zur gleichen Gruppe gehörenden tierischen, so daß „die Zoochemie als Leitfaden bei der Darstellung der Pflanzenproteide benutzbar ist"[1].

Euler gliedert die Eiweißstoffe der Pflanzen in folgende Gruppen:

    I. Eigentliche Eiweißstoffe (Proteine):
        a) Albumine,
        b) Globuline und Nucleoalbumine (?): die Edestingruppe und Legumingruppe,
        c) die Gliadingruppe;
   II. Proteide:
      Nucleoproteide,
      Glucoproteide;
  III. Spaltungsprodukte der Eiweißkörper:
      Albumosen und Peptone,
      Nucleinsäuren.

Die erste Gruppe bilden die einfachen oder nativen, die zweite Gruppe die zusammengesetzten Eiweißkörper.

## 1. Allgemeine Eigenschaften der Eiweißkörper.

Die elementare Zusammensetzung der Eiweißstoffe tierischen und pflanzlichen Vorkommens zeigt die folgende Zusammenstellung.

**Elementarzusammensetzung von**

| pflanzlichen | tierischen Eiweißkörpern |
|:---:|:---:|
| % | % |
| C   50 —55,0 | 50,6—54,5 |
| H   6,9— 7,3 | 6,5— 7,3 |
| N   15,0—18,0 | 10,0—17,6 |
| O   21,0—23,5 | 21,5—23,5 |
| S   0,3— 2,0 | 0,3— 2,2 |
| P   Spur oder 0 | 0,42— 0,85 |

**Elementaranalysen pflanzlicher Eiweißstoffe:**

| Krystallin. Eiweiß aus | C | H | N | S | O | Asche in Proz. |
|---|---|---|---|---|---|---|
| Kürbissamen . . . . . . . | 53,21 | 7,22 | 19,22 | 1,07 | 19,10 | 0,18 |
| Edestin . . . . . . . . . | 51,65 | 6,89 | 18,75 | 0,85 | 21,86 | — |
| Amandin . . . . . . . . . | 51,30 | 6,90 | 19,32 | 0,44 | 22,04 | — |
| Maisalbumin . . . . . . . | 53,06 | 6,79 | 15,41 | 1,48 | 23,26 | — |
| Weizengliadin . . . . . . . | 52,72 | 6,86 | 17,66 | 1,14 | 42,62 | — |
| Erbsenlegumin . . . . . . . | 52,20 | 7,03 | 17,90 | 0,39 | 22,48 | — |

Beiden Arten von Eiweißkörpern versuchte man vergeblich bis heute eine chemische Formel zu geben. Ja, es läßt sich heute noch nicht

---

[1] Czapek: Biochemie der Pflanzen, Bd. I.

einmal deren Molekulargewicht sicher angeben. Die Zahlen für diese Größe schwanken sehr, z. B. werden für Edestin 7300, für Eieralbumin 4900, für Oxyhämoglobin 9500—14800 und für andere noch größere Werte angegeben.

Die Eiweißkörper sind kolloide Substanzen und als solche nicht oder nur schwer diffundierbar. Es gibt aber auch krystallisierbare und somit diffundierbare Eiweißstoffe. Mit Verminderung des Molekulargewichts steigt die Diffusionsfähigkeit auch der kolloiden Substanzen. Sie zeigen alle Erscheinungen kolloider Substanzen: aus ihren Lösungen fallen sie amorph aus (Gel), durch Erhitzen werden sie koaguliert und sind auf verschiedene Weisen aussalzbar. Besonderes Interesse verdienen die Lösungen derselben. Das sind keine „echten", sondern nur Pseudolösungen. Solche kolloiden Lösungen sind als Mischung von größeren und kleineren Molekülaggregaten anzusehen. Durch das Ultramikroskop erkennt man so eine Albuminlösung als Konglomerat von kleinsten, regelmäßig angeordneten Partikeln, die bei starker Verdünnung einzeln wahrnehmbar sind. Ihre Größe (Durchmesser) ist ca. $0{,}5 \cdot 10^{-6}$ bis $1 \cdot 10^{-6}$ cm. Eine solche Lösung ist ein Mittelzustand zwischen Quellung und echter Lösung. Die Lösungen sind optisch linksdrehend, und zwar nach Osborne und Harris dreht Edestin aus Hanfsamen —41,3°, Legumin aus Faba —44,09°, Gliadin aus Weizen —92,28°, Amandin aus Mandeln —56,44°. Nucleoproteide und andere sollen rechts drehen.

Die Eiweißkörper sind auf verschiedenem Wege aus ihren Lösungen fällbar: entweder durch Koagulierung oder durch chemische Ausfällung (Bildung unlöslicher Verbindungen). Eiweißstoffe verhalten sich wie Säuren und Basen, denn sie sind befähigt, sowohl mit Salzen von Schwermetallen ($CuSO_4$, $Fe_2Cl_6$) und Basen wie mit schwachen Säuren unlösliche Verbindungen zu geben.

Die Eiweißkörper sind sehr schwer im reinen Zustande darzustellen. In diesem sind sie farb-, geruch- und geschmacklos. Bis 140° erhitzt, erleiden sie keine Zersetzung. In Gegenwart von Wasser und Fermenten faulen die Eiweißstoffe leicht. Zuerst entstehen die schon genannten Abbauprodukte (Peptone), und schließlich treten Gase ($CO_2$, $NH_3$, $H_2S$), Säuren, aromatische Stoffe und Ptomaine oder Toxine (Leichenalkaloide) auf.

Als chemische Fällungsmittel kommen in Betracht: Kupfersulfat, Bleiessig, Quecksilberchlorid, Gerbsäure, Alkohol, Essigsäure usw. Zum „Aussalzen" werden angewendet: Ammoniumsulfat, Magnesiumsulfat und Kochsalz.

Diese Ausfällungen sind meistens in Wasser unverändert löslich; die Ursache für das „Aussalzen" ist in Löslichkeitsbeeinflussung, in Umsetzungen u. a. zu suchen.

Durch Erhitzen koaguliertes Eiweiß geht nicht mehr in Lösung und ist gegen chemische Angriffe widerstandsfähiger als gelöstes Eiweiß. Die Koagulierung geht in (essig-) saurer Lösung am besten vor sich.

Für die Koagulation der Eiweißkörper ist maßgebend der „isoelektrische Punkt". Die Proteine wandern unter dem Einfluß des elektrischen Stromes, und zwar in alkalischer Lösung im allgemeinen an die Anode, in saurer Lösung an die Kathode. Zwischen diesen beiden Polen liegt ein Punkt, bei dem sich die Eiweißkörper elektrisch neutral verhalten, d. h., daß sie trotz Einflusses des elektrischen Stromes nicht wandern. Das ist der isoelektrische Punkt; er stellt also eine Reaktion nach bestimmter Größe dar. Bei dieser geht die Koagulation der Eiweißkörper am leichtesten und vollständigsten vor sich. Für Eialbumin ist diese Größe — gemessen als Wasserstoffionenkonzentration — $p_H = 4{,}8$, also sauer oder im Betriebe schwach alkalisch (siehe Kap. 14f).

Die Koagulation ist eine Kolloidreaktion. Das Eiweißsol wird in ein Gel verwandelt. Die Eiweißkörper sind typisch kolloide Substanzen (W. Ostwald), gehören im besonderen zu den hydratisierten Emulsoiden. Gerade in der neueren Zeit wurden die Eiweißkörper erfolgreich in physikalisch-chemischer, bzw. kolloidchemischer Hinsicht erforscht[1]. Eiweißkörper kommen in allen lebenden Geweben vor, in manchen aber in so geringen Mengen, daß ihre Gewinnung und ihre Erforschung dadurch sehr erschwert ist. Da sie Reservestoffe sind, kommen sie in den Samen am reichlichsten vor, interessieren hier also nicht. In grünen Blättern sind sie wohl vorhanden, aber noch wenig erkannt. Ihr Vorkommen in Rübenblättern und Wurzeln geht aus Tabelle 2 dieses Buches hervor. In Wurzeln sind sie nicht in größeren Mengen vorhanden, für ihr Vorkommen in Knollen ist das Tuberin der Kartoffel der Hauptrepräsentant.

Nach der vorangeführten Einteilung seien nun die wichtigsten Eigenschaften der einzelnen Eiweißgruppen gezeigt.

Albumine und Globuline sind die bekanntesten, doch sind im Pflanzenreich nur wenig Vertreter dieser Gruppe studiert (z. B. die Edestine und Legumine).

Albumine sind in reinem Wasser löslich und nicht aussalzbar, Globuline hingegen löslich und aussalzbar. Beide kommen gelöst im Zellsaft vor, sind schwefelhaltig und phosphorfrei; sie sind unlöslich in Alkohol und durch Erhitzen koagulierbar.

Edestin findet sich in manchen Samen, ebenso Legumin als Hauptbestandteil des Reserveeiweißes von Erbsen- und Wickensamen. Wegen ihrer ähnlichen Eigenschaften und ihres meist gemeinsamen Vorkommens gab ihnen Czapek die Bezeichnung „Euprotine".

Alkohollösliche Proteine oder Gliadine machen die Hauptmasse der Eiweißkörper aus. Diese sind im Wasser unlöslich. Sie wurden von Ritthausen näher untersucht und sind weiter unten eingehender behandelt.

Die zweite Hauptgruppe, die Proteide, sind die kompliziertesten Eiweißkörper. Hier beschäftigen nur die Nucleoproteide, da diese

---

[1] Fodor, A.: Grundlagen der Dispersoidchemie, Kap. VIII. Dresden u. Leipzig 1925. S. auch: Pauli, Wo.: Kolloidchemische Studien am Eiweiß. Dresden 1908.

bisher allein in den Pflanzen gefunden wurden. Sie bilden den Hauptbestandteil des Zellkernes. Sie sind Verbindungen von Nucleinsäure mit Eiweiß. Nucleinsäure ist eine Phosphorsäure, die zu einem Teile mit Basen, wie Guanin, Xanthin u. a., gesättigt ist.

Diese Körper sind im Wasser löslich, koagulierbar und aussalzbar. Bei chemischer oder enzymatischer Hydrolyse zerfallen sie in Eiweiß und Nucleinsäure, letztere dann weiter in ihre obengenannten Komponenten. Diese werden im nächsten Abschnitte näher zu besprechen sein.

Primäre Spaltungsprodukte sind das Guanin und Adenin; bei weiterem hydrolytischen Abbaue entstehen noch Xanthin und Hypoxanthin.


Wenn nach dieser kurzen Monographie über die pflanzlichen Eiweißkörper nun zu jenen speziell der Rübe übergegangen werden soll, muß leider gesagt werden, daß aus dem obengenannten Grunde auf dem zu besprechenden Gebiete gar keine neueren Untersuchungen vorliegen und die vorhandenen teilweise veraltet sind.

Eiweiß suchte schon Dubrunfaut in der Rübe. Nach Michaëlis[1] und Hochstetter[2] enthielt die Rübe neben Albumin in zwei Formen (durch Erwärmen und durch Alkalien zersetzbar und nicht zersetzbar) auch Legumin und ein Protein — lauter heute nicht mehr feststellbare Begriffe (Substanzen). Nach Grouven beträgt der Eiweißgehalt der Rübe höchstens 1,5%, wovon jedoch 0,3—0,4%, weil in Wasser unlöslich, nicht in den Saft übergehen[3]. Darin fand Drenckmann neben Albuminaten auch Peptone[4]. Grouven erklärte, daß nicht die Hälfte des Gesamtstickstoffes Eiweiß sei[5], und nach Schulze und Urich wären dies nur 21,6—38,9%, der Rest ist in den bekannten Formen (Amide, Aminosäuren, Basen, Nitrate)[6] vorhanden. Die Eiweißkörper der Rübe studierte näher Bresler[7].

Viele zahlenmäßige Angaben über die Eiweißstoffe der Rübe finden sich im Abschnitte h dieses Kapitels. Die einzelnen Eiweißgruppen wurden aber nur sehr selten in der Rübe studiert. Dies hat gewiß seinen Grund darin, daß die einzelnen Forscher bei ihren weiteren Versuchen, die z. B. der Substanzbewegung im Betriebe galten, stets vom Diffusionssaft ausgingen. In Betriebssäften wurden die einzelnen Eiweißformen öfters bestimmt (siehe Kap. 25); es ist aber notwendig, die Eiweißkörper der Rübe selbst näher zu studieren. Auch noch so genaue und ausführliche Analysen von Diffusionssäften sind nicht so maßgebend wie Eiweißanalysen von Rüben, da bei der Diffusion Veränderungen durch die Wärme, durch die saure Reaktion der Säfte usw. das Bild der Eiweißgruppen trüben können.

Anhaltspunkte hierfür bieten die Arbeiten Ritthausens über die pflanzlichen Eiweißkörper. Dieser traf folgende Einteilung:

<hr>

[1] Z. V. D. Zuckerind. 1851, S. 111; 1855, S. 61, 139, 209.
[2] ebd. 1853, S. 39.     [3] ebd. 1862, S. 65.     [4] ebd. 1893, S. 645.
[5] ebd. 1862, S. 223.     [6] ebd. 1875, S. 938; 1878, S. 681.
[7] ebd. 1905, S. 1422.

1. Eiweißkörper (im engeren Sinne), Albumin oder Pflanzen-
eiweiß. Diese sind wasserlöslich, gerinnen bei ca. 70⁰ durch bloßes
Erwärmen. Aus verschiedenen Pflanzen dargestellt, haben sie verschiedene elementare Zusammensetzung. Im allgemeinen zeigen sie
die Eigenschaften der Albumine. Hierher gehören Pflanzenglobuline
und Vitelline.

2. Pflanzencasein. Dieses hat Ähnlichkeit mit dem Tiercasein.
Es ist in Wasser unlöslich, löslich in verdünnten Laugen und daraus
durch Säuren fällbar. Durch Kochen koaguliert es nicht. Als Haupt-
vertreter gilt das Legumin. Es enthält 0,35% Phosphor, löst sich
in Kochsalzlösung und wird durch Magnesiumsulfat nicht ausgesalzen.

Die beiden genannten Gruppen haben Ähnlichkeit mit den entsprechenden tierischen Eiweißkörpern.

In der Melasse finden sich Abbauprodukte der Nucleinkörper;
daher werden sich solche in der Rübe vorfinden müssen, und zwar
sollen sie im Mark ihren Sitz haben (s. d. ).

Die Nucleide des Markes bestehen aus Nucleoalbuminen
und Nucleoproteiden. Die Nucleoalbumine unterscheiden sich von
den letzteren dadurch, daß unter ihren Spaltungsprodukten keine
Purinbasen, Pyrimidinderivate und Pentosen vorkommen. Sie haben
sauren Charakter. Ihre Lösungen sind nicht koagulierbar. Als Haupt-
vertreter dieser Gruppe gilt das Casein der Milch, das Vitellin des Ei-
dotters und einige Zellnucleoalbumine. Die Nucleoproteide haben einen
bisher unbekannten Aufbau. Wie ihre Komponenten, Eiweiß und
Nucleinsäure, miteinander verbunden sind, weiß man nicht. Bei
mäßiger Abspaltung entstehen Nucleine, bei weiterer Zersetzung bleibt
die Nucleinsäure übrig, und schließlich spaltet diese einerseits Phosphorsäure, anderseits Basen, wie Hypoxanthin, Guanin, Xanthin u. a., ab.
Die Nucleoproteide lösen sich alle in Wasser und Salzlösungen; sie haben
sauren Charakter, lassen sich aus ihren Lösungen aussalzen und durch
Hitze koagulieren.

Spaltungsprodukte der Eiweißkörper. Diese entstehen je
nach der Intensität der Einwirkung von Säuren, Alkalien und Enzymen; die Spaltung des ganzen Eiweißmoleküls führt über eine Reihe
von verschiedenen dem Eiweiß mehr oder weniger ähnlichen Komplexen. Scharfe Grenzen zwischen den einzelnen Zwischenprodukten
lassen sich nicht ziehen. Zuerst entstehen Propeptone oder Albumosen, dann echte Peptone usw.; die Albumosen sind löslich,
aussalzbar und nicht koagulierbar.

Die nächsten Abbauprodukte, die (echten) Peptone, werden
durch Ammoniumsulfat nicht gefällt. Sie sind leicht im Wasser löslich,
diffusionsfähig und im trockenen Zustande hygroskopisch. Sie sind
linksdrehend, $[\alpha]_D$ nach Hofmeister = —63,5⁰. Sie haben ein
kleineres Molekulargewicht als die Eiweißkörper, ca. 200—250 (Paal).
Peptone wurden in Rüben und Fabrikssäften gefunden
(Kap. 25, a). Jesser studierte das Verhalten der Peptone unter den Verhältnissen des Betriebes — allerdings mangels eines vegetabilischen
Peptons an Fleischpepton. Pepton wurde mit Zuckerkalklösung gekocht

und nach verschiedenen Zeiten mit $^1/_{10}$n Lauge titriert. Es fand Säurebildung durch die Kalkeinwirkung statt. Auch Schwefelwasserstoff
wurde qualitativ nachgewiesen. Die Säurebildung kommt aber nicht
ganz zum Vorschein (analytisch bestimmt), weil gleichzeitig auch alkalisch reagierende Körper entstehen, die einen Teil der gebildeten Säure
neutralisieren. Säuren wirken auf das Pepton analog dem Kalk. In
beiden Fällen entwickelte sich beim Destillieren Ammoniak[1].

Peptone haben den Charakter einer schwachen Säure und bilden
daher Salze (Peptonate).

Der Abbau bis zum Pepton geht durch Fermente vor sich; gewisse
Fermente wirken noch weiter abbauend. Das tun auch chemische
Reagenzien, wie Säuren und Alkalien, sowie Fäulnisvorgänge (Bakterien),
die zu einer vollständigen Zertrümmerung des Eiweißmoleküls führen.
Dieser Abbau geht stufenweise nach folgendem Schema vor
sich: Eiweiß — Albumosen — Peptone — Polypeptide — Dipeptide —
Aminosäuren.

Zunächst gelangt man zu den Polypeptiden. Diese Körper sind
säureamidartige Kondensationsprodukte der (schon früher besprochenen)
Aminosäuren.

Je nach der Anzahl der im Molekül vorhandenen Aminosäuren
spricht man von Di-, Tri-, Tetra- bis Polypeptiden. Man hat Polypeptide bis zu 18 Aminosäurenresten dargestellt. E. Fischer, der
hauptsächlich dieses Gebiet der Eiweißchemie so erfolgreich erforschte,
charakterisiert diese Körper folgendermaßen: „Die höheren Glieder
dieser synthetischen Körperklasse sind in bezug auf äußere Eigenschaften, gewisse Farbenreaktionen, Verhalten gegen Säuren, Alkalien
und Fermente den natürlichen Peptonen so ähnlich, daß man sie als
ihre nächsten Verwandten bezeichnen kann ...."

Sie stellen feste, meist wasserlösliche Körper dar und sind in Alkohol
schwer löslich; sie haben schwach bitteren oder faulen Geschmack
(wie die Peptone), werden durch Phosphorwolframsäure, andere durch
Ammoniumsulfat (gleich dem Albumosen) gefällt. Bei der künstlichen
Hydrolyse durch Säuren oder Alkalien zerfallen sie in die entsprechenden Aminosäuren. Auch physiologisch wirken sie gleich den Eiweißkörpern.

Mit dem Sinken der Anzahl der Aminosäurereste im Molekül werden
diese Bausteine der Eiweißkörper immer weniger kompliziert zusammengesetzt, bis man zu den Dipeptiden gelangt. Diese wurden schon aus
dem Eiweiß selbst isoliert. Hierher gehört z. B. das einfachste Peptid,
das Glycilglycin, das schon oben als ein Baustein der Eiweißkörper
erkannt wurde.

Von der Glutaminsäure, als Abbauprodukt von Eiweißkörpern,
wäre zu erwähnen, daß im allgemeinen pflanzliche Eiweißkörper mehr
Glutaminsäure geben als tierische. So haben für pflanzliches Eiweiß
Th. B. Osborne und Ralph D. Gilbert[2] gefunden:

---

[1] Ö. U. Z. f. Zuckerind. XXIV, S. 303, 1895.
[2] Amer. Journ. of Physiology 15, S. 333—356.

in Gliadin (Weizen) . . . . 37,17 % Glutaminsäure
„ Gliadin (Roggen) . . . . 33,81 %     „
„ Hordein (Gerste) . . . . 23,42 %     „
in tierischem Eiweiß aber
in Casein (Kuhmilch) . . . 10,77 % Glutaminsäure
„ Eiweiß (Hühnerei) . . . 9,01 %     „

Es gibt auch Ausnahmen, d. h. pflanzliche Eiweißkörper, die wohl mehr Glutaminsäure enthalten als tierische, wo aber der Unterschied nicht so deutlich ist, wie in den oben angeführten Fällen.

Der Abbau durch Einwirkung von Kalk in der Wärme ist technologisch von größter Bedeutung und wird daher bei der „Scheidung" noch zu besprechen sein. Die Spaltprodukte finden sich dann in den Säften, angereichert in der Melasse und noch mehr in den Abfallaugen von Melasseentzuckerungsanstalten.

Endlich treten als letzte Spaltungsprodukte die verschiedenen Aminosäuren auf, die schon teilweise, weil Bestandteile des Rübensaftes, besprochen wurden. Andere werden, weil bis nun nur in der Melasse gefunden, dort zur Darlegung gelangen. Hierher gehören: Glykokoll, Betain, Leucin, Asparagin und Glutamin, Asparagin- und Glutaminsäure, Tyrosin. Ferner im 24. Kapitel: Alanin, Lysin, Ornithin, Arginin u. a.

Tabelle 17.

| Spaltungskörper | I<br>A<br>% | II<br>R + K<br>% | III<br>A<br>% | IIIa<br>A<br>% | IV<br>O + Cl<br>% | V<br>O + Cl<br>% | Anmerkungen |
|---|---|---|---|---|---|---|---|
| Glycin . . . . | 3,8 | 0,38 | 0,68 | 0,41 | — | 0,89 | I Edestin aus |
| Alanin . . . . | 3,6 | 2,08 | 2,66 | 0,30 | 2,00 | 4,65 | Hanfsamen |
| Valin . . . . . | + | — | 0,33 | — | 0,21 | 0,24 | II Legumin aus |
| Leucin . . . . | 20,9 | 8,00 | 6,0 | 4,10 | 5,61 | 5,95 | Erbsen |
| Phenylalanin . | 2,4 | 3,75 | 2,6 | 1,0 | 2,35 | 1,97 | III Gliadin aus |
| α-Prolin . . . . | 1,7 | 3,22 | 2,4 | 3,97 | 7,06 | 4,23 | Weizenmehl |
| Glutaminsäure . | 6,3 | 13,80 | 27,6 | 24,0 | 37,33 | 23,42 | IIIa dgl. |
| Asparaginsäure | 4,5 | 5,30 | 1,24 | 0,64 | 0,58 | 0,91 | IV Glutencasien |
| Cystin . . . . | 0,25 | — | — | — | 0,45 | 0,02 | aus Weizenmehl |
| Serin . . . . . | 0,33 | 0,3 | 0,12 | — | 0,13 | 0,74 | V Glutenin aus |
| Oxy-α-Prolin . | 2,0 | — | — | — | — | — | Weizenmehl |
| Tyrosin . . . . | 2,13 | 1,55 | 2,37 | 1,9 | 1,20 | 4,25 | A = Abderhalden |
| Lysin . . . . . | 1,05 | 4,29 | — | 2,15 | 0,00 | 1,92 | R + K = Ritt- |
| Histidin . . . | 1,1 | 2,4 | — | 1,14 | 0,61 | 1,76 | hausen und |
| Arginin . . . . | 11,7 | 10,12 | — | 4,4 | 3,16 | 4,72 | Kreusler |
| Tryptophan . . | + | + | 1,0 | — | + | + | O + Cl = Osborne |
| Ammoniak . . | — | 1,99 | — | 5,11 | — | 4,01 | und Clapp |

Und noch weiter kann der Abbau der Proteine durch Fäulnis erfolgen. Da auch faule Rüben zur Verarbeitung gelangen, ist anzunehmen, daß Fäulnisprodukte der Proteine sich in diesen vorfinden können: Indol, das einen Benzol- und Pyrrolkern kondensiert, enthält

$$C_6H_4\underset{\diagdown NH\diagup}{\overset{\diagup CH\diagdown}{}} CH,$$ Skatol (Methylindol), Phenol $C_6H_5 \cdot OH$ und

Parakresol $C_6H_4\big\langle{{}^{CH_3}_{OH}}$ (dieses stammt aus dem Tyrosin).

Die Aminogruppe der Aminosäuren kann auch noch abgespalten werden; dann resultieren schließlich noch folgende Produkte bei der Fäulnis: Phenylpropionsäure $C_6H_5 \cdot CH_2 \cdot COOH$ sowie Essig-, Propion-, Valerian- und Bernsteinsäure.

In der vorstehenden Tabelle 17 sind die Verbindungen, die man beim Abbau einzelner pflanzlicher Eiweißstoffe erhalten hat, zusammengestellt.

Natürlicher Abbau von Eiweißkörpern vollzieht sich in den Rübenmieten (Kap. 8) oder bei der Fäulnis von Rüben. So erwähnte Staněk sogar das Vorkommen eines schwach alkalischen Rohsaftes bei der Verarbeitung verfaulter Rüben, dessen Reaktion vom Ammoniak der ganz abgebauten Eiweißkörper herrührte[1].

### e) Cyclische Harnstoffderivate.

Von den drei Gruppen dieser Körperklasse interessieren hier die Imidacolderivate und die des Purins. Alle sind deshalb wichtig, weil allgemein verbreitete Bestandteile von Proteinen und Nucleoproteiden ihnen angehören.

### 1. Imidacolderivate.

Genannt sei nur das Hydantoin, Glykolylharnstoff, $C_3H_4N_2O_2$, das Lippmann 1891 im Safte von jungen etiolierten Trieben der Zuckerrübe fand, die bei warmem und feuchtem Wetter beim „Auswachsen" der Rüben in den Mieten entstehen. Es krystallisiert in wasserlöslichen Nadeln und ist neutral[2].

Allantoin wurde schon früher im Tier- und Pflanzenreiche aufgefunden. Lippmann fand es in der Melasseschlempe und wunderte sich über sein Vorkommen darin, da Allantoin schon bei gewöhnlicher Temperatur durch Lauge zersetzt wird[3]. Da es Smolenski im Diffusionssafte fand (S. 181), so ist es auch in der Rübe enthalten — daß es bei der Diffusion entstünde, nimmt er nicht an. Vom Allantoin könnte man die beim Vernin gemachte Annahme gelten lassen (s. d.), daß das in der Rübe, bzw. im Rohsafte enthaltene Allantoin zuerst z. B. in der Scheidung zerstört und später durch Spaltung eines komplizierten Körpers gebildet werde. (?)

Demgegenüber wird aber im Kapitel Scheidung (Verhalten der stickstoffhaltigen Körper) darauf hingewiesen, daß es Vondrák als recht widerstandsfähig fand.

Um seine Konstitution zu verstehen, sind folgende Formeln ins Gedächtnis zurückzurufen: Glyoxalsäure

$$\text{COOH und Harnstoff} \quad O = C \underset{NH_2}{\overset{NH_2}{\lessgtr}}$$

$$\underset{C \lessgtr_H^O}{\overset{|}{\phantom{.}}}$$

---

[1] Z. d. tschsl. Zuckerind. I, S. 143, 1920; s. auch Kap. 8, Abschn. f.

[2] Trier, G.: Ch. d. Pflanzenstoffe, S. 248, 1924.

[3] Z. V. D. Zuckerind. 1896, S. 957.

Allantoin ist ein Abkömmling beider genannten Körper, es ist das Diureid der Glyoxalsäure:

$$\underset{\text{Glyoxalsäure}}{C_2H_2O_3} + \underset{\text{Harnstoff}}{2\,CON_2H_4} = 2\,H_2O + \underset{\text{Allantoin}}{C_4H_6N_4O_3}$$

$$\text{Strukturformel} \quad O = C \underset{\text{(strittig)}}{\overset{\displaystyle NH-CH-NH}{\underset{\displaystyle NH-CO-NH_2}{\big|}}} CO$$

Beim Kochen mit Wasser bis 110—140° spaltet es ein Molekül Harnstoff ab und gibt **Allantursäure**, das Ureid der Glyoxalsäure ($C_3H_4N_2O_3$). Wichtiger ist hier sein Verhalten beim Kochen mit Alkalien; da liefert es zunächst Allantursäure (1). Diese zerfällt in Harnstoff und Glyoxalsäure (2), und weiter gibt der erstere Ammoniak und Kohlensäure (3), letztere Oxalsäure und Glykolsäure (4).

$$1. \quad \underset{\text{Allantoin} \;\longrightarrow}{C_4H_6N_4O_3} + H_2O = \underset{\text{Harnstoff} +}{CH_4N_2O} + \underset{\text{Allantursäure}}{C_3H_4N_2O_3}$$

$$2. \quad \underset{\text{Allantursäure} \;\longrightarrow}{C_3H_4N_2O_3} + H_2O = \underset{\text{Harnstoff} +}{CH_4N_2O} + \underset{\text{Glyoxalsäure}}{C_2H_2O_3}$$

$$3. \quad \underset{\text{Harnstoff}}{CH_4N_2O} + H_2O = 2\,NH_3 + CO_2$$

$$4. \quad \underset{\text{Glyoxalsäure} \;\longrightarrow}{2\,C_2H_2O_3} + H_2O = \underset{\text{Oxalsäure} +}{C_2H_2O_4} + \underset{\text{Glykolsäure}}{C_2H_4O_3} \; .$$

Dieser Prozeß muß in der Scheidung entweder ganz oder teilweise vor sich gehen und wird in letzterem Falle in der weiteren Fabrikation vollendet (Verdampfen, Verkochen). Ammoniak, Kohlendioxyd und Salze der Glykol- und Glyoxalsäure werden gebildet. Allantoin trägt demnach zum Sinken der Alkalität beim Verdampfen bei. Es muß zum „schädlichen Nichtzucker" gerechnet werden, da das daraus gebildete Calciumglykolat ein Melassebildner ist.

In kochendem Wasser ist es leicht löslich, hat neutrale Reaktion, ist optisch inaktiv und bildet u. a. mit Kali, Kupfer und Quecksilber Verbindungen, z. B. $6\,C_4H_6N_4O_3 \cdot CuO$.

## 2. Purinderivate (Harnsäuregruppe).

Der Harnstoff kann amidartige Verbindungen (mit Ammoniak) bilden. Die Harnsäure[1] enthält in ihrem Moleküle zwei Harnstoffreste: $—NH \cdot CO \cdot NH—$. So wie ihre Verwandten, enthalten sie einen cyclischen Kern, der aus fünf Kohlenstoff- und vier Stickstoffatomen besteht. E. Fischer nennt diesen Kern Purinkern.

---

[1] Harnsäure ist 2-, 6-, 8-Trioxypurin. Die Sauerstoffatome stehen an den Stellen 2, 6, 8, also

$$\begin{array}{ccc} HN & — & CO \\ | & & | \\ CO & & C—NH \\ | & & \| \quad\quad\; CO \\ HN & — & C—NH \end{array}$$

Das Purin ist seine Wasserstoffverbindung; E. Fischer gab ihr folgende Formel:

$$
\begin{array}{c}
N_1 = {}_6CH \\
\mid \qquad \mid \quad 7 \\
HC^2 \quad {}_5C - NH \\
\parallel \qquad \parallel \qquad\quad CH^8 \\
N^3 - {}^4C - N \\
9
\end{array}
$$

(die Ziffern 1—9 dienen zur Erleichterung der Nomenklatur der Purinderivate).

Die Purinderivate sind meist schwer lösliche, neutral reagierende, fein krystallisierte Stoffe.

Die für die Zuckerindustrie bedeutungsvolleren sind die folgenden. Sie alle wurden von Lippmann in Abfallauge einer Melasseentzückerung[1], von Bresler im Saft gefunden[2].

Xanthin. Es ist 2-, 6-Dioxypurin.

$$
\begin{array}{c}
HN - CO \\
\mid \quad\ \mid \\
CO \quad C - NH \\
\mid \quad \parallel \qquad\quad CH \\
HN - C - N
\end{array}
$$

Es ist ein normaler Bestandteil vieler tierischen Gewebe (Muskel), ist ein farbloses, im Wasser schwer lösliches Pulver von schwach basischen Eigenschaften.

Hypoxanthin oder Sarkin ist 6-Oxypurin. Es begleitet gewöhnlich das Xanthin und ist ein krystallinisches Pulver von schwach basischen Eigenschaften.

$$
\begin{array}{c}
HN - CO \\
\mid \quad\ \mid \\
HC \quad C - NH \\
\parallel \quad \parallel \qquad\quad CH \\
N - C - N
\end{array}
$$

Es ist ein Umwandlungsprodukt des Adenins.

Amidoderivate des Purins sind Guanin, (2-Amido — 6-Oxypurin) und Adenin. (s. d.).

$$
\begin{array}{c}
HN - CO \\
\mid \quad\ \mid \\
H_2N \cdot C \quad C - NH \\
\parallel \quad \parallel \qquad\quad CH \\
N - C - N \\
\text{Guanin}
\end{array}
\qquad
\begin{array}{c}
N = C \cdot NH_2 \\
\mid \quad\ \mid \\
HC \quad C - NH \\
\parallel \quad \parallel \qquad\quad CH \\
N - C - N \\
\text{Adenin (6-Amidopurin)}
\end{array}
$$

Guanin fand sich u. a. im Zuckerrohr, bildet mit Säuren als auch mit Basen zweiwertige Salze und ist ein Spaltungsprodukt des Vernins (s. d.).

Sie alle kommen „in Mengen vor, die gegenüber jenen des Ausgangsmaterials als geradezu verschwindend bezeichnet werden müssen"[3].

---

[1] Z. V. D. Zuckerind. 1896, S. 957.  [2] Z. f. phys. Ch. 41, S. 535.
[3] Lippmann: l. c.

Die Purine wurden alle im Safte noch wachsender Zuckerrüben in geringen Mengen gefunden. Von 100 g Stickstoff waren enthalten[1]:

$$\begin{array}{ll}
\text{im Guanin} & 1{,}58 \text{ g} \\
\text{„ Xanthin} & 0{,}81 \text{ g} \\
\text{„ Adenin} & 0{,}61 \text{ g} \\
\text{„ Hypoxanthin} & 0{,}91 \text{ g} \\
\text{„ Carnin} & 0{,}69 \text{ g}
\end{array}$$

Das letztere wurde 1871 aus Fleischextrakt gewonnen und später in der Zuckerrübe gefunden[2]. Haiser und Wenzel konnten jedoch feststellen, daß es keine einheitliche Substanz sei, sondern aus einem Gemisch von Hypoxanthin und Hypoxanthinpentosid bestehe[3].

Diese Verbindungen führen zu den Nucleosiden, von denen in der Zuckerrübe zwei Vertreter vorhanden sind. Sie sind Abbauprodukte der Nucleinsäuren und sind Glucoside.

Genannt sei zuerst das weniger wichtige Vicin, das Lippmann 1896 im Rübensaft „möglicherweise" fand[4]. $C_{10}H_{16}N_4O_7 \cdot 2H_2O$ bildet weiße Nadeln und liefert bei der Hydrolyse Divicin ($C_4H_6N_4O_2$) und Glucose[5].

Das am längsten bekannte und oft in Pflanzen im freien Zustande gefundene Nucleosid ist das Vernin (Guanosin).

Über sein Vorkommen im Pflanzen- und Tierreiche siehe in G. Triers „Chemie der Pflanzenstoffe". Im Diffusionssafte russischer Zuckerrüben fand es Smolenski, wie im Abschnitte h, „Übersicht der Stickstoffsubstanzen", näher ausgeführt werden wird[6]. Es wurde auch schon früher von Lippmann neben den anderen obengenannten Verbindungen in Melasseschlempe im Niederschlag mit Phosphorwolframsäure oder Mercurinitrat gefunden.

Es steht in naher Beziehung zu den Xanthinbasen, da es beim Kochen mit Salzsäure unter Bildung von Pentose und Guanin zerfällt. Es gehört zum „schädlichen Stickstoff", da es von Smolenski im Rohsaft, von Lippmann in der Schlempe gefunden wurde — außer man würde die Annahme machen, daß es im Betriebe an einer Stelle zersetzt würde und in einer andern oder entweder derselben Station aus anderen Stickstoffsubstanzen entstünde. Es ist noch ungewiß, ob das Vernin als solches oder als Nucleinproteid vorkommt, aus dem es bei der Diffusion abgespalten wird.

Nach Triers Ausführungen kommt es frei in den Pflanzen vor.

Dem Vernin kommt nach neueren Forschungen Schulz' die Formel: $C_{10}H_{13}N_5O_5 \cdot 2H_2O$ zu, also dieselbe wie dem im Kap. 24, e angeführten Guaninpentosid. Durch Hydrolyse mit Säuren zerfällt das Vernin in Guanin und in eine Pentose (d-Ribose)

$$\underset{\phantom{xxxxxxxxxxxxxxxx}\text{Pentose}\phantom{xxx}\text{Guanin}}{C_{10}H_{13}N_5O_5 + H_2O = C_5H_{10}O_5 + C_5H_5N_5O.}$$

Es ist also ein Pentosid des Guanins (Guanin-d-Ribosid).

---

[1] Röhmann: Biochemie, S. 588. Berlin 1908.
[2] Das erste pflanzliche Vorkommen (Lippmann, l. c.).
[3] Monatshefte f. Ch. 29, S. 157 (1908) u. 30, S. 147, 377 (1909).
[4] Z. V. D. Zuckerind. 1896, S. 957.
[5] Trier, G.: Ch. d. Pflanzenstoffe, S. 391, 1924.
[6] Z. V. D. Zuckerind. 1910, S. 1215; 1912, S. 791.

Im Wasser ist es schwer löslich, durch Phosphorwolframsäure ist es fällbar; in schwefelsaurer Lösung zeigt es keine Aktivität, in alkalischer Lösung ($^1/_{10}$ NaOH) ist es linksdrehend, $[\alpha]_D = -60^0$; es ist ein Bestandteil des Nucleoproteidmoleküls. Dieses spaltet sich bei der Hydrolyse in Eiweiß und Nucleinsäure. Letztere liefert bei der Hydrolyse Phosphorsäure, Xanthinbasen und sehr oft Pentosen.

E. Schulze und G. Trier erklärten auch das Guaninpentosid Andrlíks (s. o.) identisch mit dem Vernin[1].

## f) Enzyme und ihre Wirkungen.

Schon an vielen Stellen dieses Buches wurden Enzyme oder Fermente genannt und ihre zepzifische Wirkung angeführt. So z. B. die Chlorophyllase, Pektinase, Melibiase und die Glycerophosphatase. Es wurde auch gesagt, daß die Eiweißkörper durch Fermente abgebaut werden, und daß sich ihre Abbauprodukte im Rübensaft vorfinden; folglich werden sich auch die Fermente in der Rübe finden lassen.

Die Fermente haben in mancher Hinsicht den Mikroorganismen ähnliche Eigenschaften; letztere wurden, weil Lebewesen, „geformte Fermente" genannt. Ihnen gegenüber stellte man die „ungeformten Fermente" der Chemie, welcher Namen aber gegen den heute üblichen: Enzyme, im Verschwinden begriffen ist.

„Ein Ferment (Enzym) ist das materielle Substrat einer eigenartigen Energieform, die von lebenden Zellen erzeugt wird und mehr oder minder fest an ihnen haftet, ohne daß ihre Wirkung an den Lebensprozeß als solchen gebunden ist; diese Energie ist imstande, die Auslösung latenter (potentieller) Energie chemischer Stoffe und ihre Verwandlung in kinetische Energie (Licht, Wärme) zu bewirken ... Das Ferment bleibt bei diesem Prozeß unverändert. Es wirkt spezifisch, d. h. jedes Ferment richtet seine Tätigkeit nur auf Stoffe von ganz bestimmter struktueller und stereochemischer Anordnung" (Oppenheimer).

Andere Definitionen werden das Wesen der Enzyme und ihre Wirksamkeit näher erkennen lassen. In der eben gegebenen Definition kann man leicht erkennen, daß sie etwas Gemeinsames hat mit der für die Katalysatoren auf S. 86 dieses Buches. Tatsächlich fällt der Begriff Enzym unter den viel umfassenderen Begriff Katalysator (Euler). Trier sagt kurz: die biogenen Katalysatoren nennt man Enzyme oder Fermente[2]. Die bekannte katalytische Wirkung des Platinmohrs, die von fein verteiltem Nickel u. a. sind Oberflächenwirkungen. Es sind also auch die Wirkungen der Enzyme — zum Teile wenigstens — Oberflächenwirkungen, wie sie der Kolloidnatur der Enzyme entsprechend als naheliegend anzunehmen sind. Die moderne Richtung der Enzymforschung legt weniger der rein chemischen Natur der Enzyme Bedeutung bei, sie studiert mehr die Adsorptionserscheinungen der Enzyme[3].

Wer die große Bedeutung der Enzyme für das Pflanzenleben erkennen will, lese den fesselnden Vortrag Hofmeisters: Die chemische Organisation der Zelle (Braunschweig 1901). U. a. heißt es dort: Die vielen in der Zelle ver-

---

[1] Hoppe-Seylers Zeitschr. f. physiolog. Chem. Bd. 76, S. 145, 1912.
[2] Ch. d. Pflanzenstoffe 1924, S. 550.
[3] Fodor, A.: Das Fermentproblem. Dresden u. Leipzig 1922.

laufenden Prozesse und Umsetzungen oft entgegengesetzten Verlaufes nebeneinander können durch Enzyme hervorgerufen werden. „Die Fermente sind das wesentliche chemische Handwerkszeug der Zelle." Ihre Wirksamkeit ist auf katalytische Erscheinungen zurückzuführen, „daß die Träger der chemischen Umsetzungen in der Zelle Katalysatoren von kolloidaler Beschaffenheit sind". Man ist gezwungen, „für jede vitale chemische Reaktion ein zugehöriges, spezifisch auf diese abgestimmtes Ferment" anzunehmen.

Über den Anteil der Enzyme an der Zuckerbildung im Rübenblatte siehe Kap. 2, a.

Die Natur der Enzyme ist noch unbekannt. Michaels, der diese Körperklasse in Abderhaldens „Handbuch d. biochem. Arbeitsmethoden" (III) behandelt, schreibt: „Bisher ist noch kein Ferment auch nur in annähernd reinem Zustande dargestellt worden. Bei der Darstellung von Fermenten handelt es sich bis heute noch immer darum, Lösungen oder feste Präparate zu schaffen, die die Wirkung der Fermente besitzen. Wieviel selbst in den stärksten Fermentpräparaten der Masse nach auf das wirkliche Ferment kommt, darüber fehlt uns bis jetzt jede Schätzung, aber alles spricht dafür, daß selbst die besten trockenen Fermentpräparate zum größten Teile aus den unvermeidlichen Verunreinigungen bestehen."

Sie dürften zu den Eiweißkörpern zu zählen sein. Jedenfalls fallen sie unter den früher genannten Begriff der Katalysatoren. Durch Erhitzung in Lösung oder Säften, ebenso durch Abkühlung unter $0^0$ C werden sie unwirksam. Sie sind durch Erhitzen koagulierbar, durch manche Salze aussalzbar und durch Alkohol, Aceton u. a. Mittel fällbar. Euler ist der Ansicht, daß sie nicht einer einzigen Körperklasse, z. B. den Eiweißkörpern, angehören: „... ist es nicht unwahrscheinlich, daß viele Enzyme mit denjenigen Stoffen chemisch verwandt sind, welche sie angreifen[1]". Eine ganz merkwürdige, von Emil Fischer erforschte Eigenschaft zeichnet die Enzyme aus. Jedes Enzym wirkt immer nur auf eine ganz bestimmte chemische Verbindung, andere, selbst sehr ähnliche Verbindungen greift es nicht an, z. B. optische Antipoden. So vergärt die Hefenzymase d-Glucose, d-Fructose und andere d-Hexosen, nicht aber auch deren l-Formen. Überhaupt werden Stereoisomere mit verschiedener Geschwindigkeit gespalten. Fischer führt dieses auffällige Verhalten auf den asymmetrischen Bau der Enzyme zurück. Sie enthalten asymmetrische Kohlenstoffatome, sind daher optisch aktiv.

Sie wirken aber nicht nur spaltend, sondern auch synthetisch: so wurden schon Zuckerarten und Eiweißkörper aus niedrigeren entsprechenden Verbindungen aufgebaut.

Jedes Enzym verlangt für seine optimale Wirksamkeit bestimmte Bedingungen: Reaktion, Temperatur, Milieu, Dispersitätsgrad u. a.

So verlangen Trypsin und die Peptasen alkalische, Katalase neutrale, Diastase, Invertase schwach saure und andere Enzyme stark saure Reaktion (Wasserstoffionenkonzentration, s. d.). Im allgemeinen steigt die Wirksamkeit mit steigender Temperatur, erreicht ein Optimum und nimmt ab bei weiterem Ansteigen der Temperatur. Das

---

[1] Pflanzenchemie, Bd. II, S. 52, 1909.

Optimum der Enzymwirkung liegt etwa zwischen 35 und 50° C, hängt aber auch beim gleichen Enzym von vielen Umständen ab (Reinheit des Präparates, Reaktion).

Es gibt Aktivatoren und Paralysatoren für die Enzyme, bzw. für ihre Wirksamkeit. Erstere fördern, letztere hemmen die Wirkung. Das müssen nicht gerade chemische Verbindungen sein. „Gifte" (Paralysatoren) sind u. a. Formaldehyd, Chloroform, Sublimat, Blausäure — aber auch zu stark alkalische oder zu stark saure Reaktion.

Es läßt sich bestimmt nicht eine Wirkungsweise der Enzyme anführen. Wo sie chemisch wirken, können sie durch Umsetzungen verändert, geschwächt oder zerstört werden (Einwirkung der Reaktionsprodukte); wo sie kolloidchemisch, also durch Adsorptionswirkung sich betätigen, gilt für sie die im Kap. 31 dieses Buches dargelegte Adsorptionsgleichung und gezeichnete Adsorptionsisotherme[1].

Die „Fermentwirkung als dispersoidchemisches Problem", ihre chemische Statik und Dynamik werden — neben den bereits genannten Monographien — zusammenfassend dargelegt, z. B. von A. Fodor in den „Grundlagen der Dispersoidchemie", Dresden u. Leipzig 1925.

Eine etwas eingehendere Behandlung der Enzyme scheint infolge ihrer Wichtigkeit geboten; dadurch wird die Besprechung mancher Vorgänge (Synthesen) im Pflanzenleib, die im 2. Kapitel nur kurz berührt werden konnten, vervollständigt; auf Grund der allgemeinen Chemie, Wirksamkeit und Wirkungsweise der Enzyme werden dann speziell jene, die in der Rübe gefunden wurden, zu besprechen sein.

Wenn auch für den vorliegenden Zweck nicht alle bekannten Enzyme gleich wichtig sind, so sei doch ein Überblick über alle gegeben, da — bei der Aktualität dieses Gebietes — nicht ausgeschlossen ist, daß die Enzyme der Rübe noch eingehender studiert werden.

Die gebräuchlichste Bezeichnung der einzelnen Enzyme bezieht sich auf die Art der umgewandelten Substanz oder des Substrates; nach dem Vorschlage Duclaus hängt man an den Stamm des Substrates die Endsilbe -ase an.

Nach Lippmanns Vorschlag[2] bekommt jedes Enzym seinen Namen von demjenigen Stoff, auf den es spezifisch wirkt (Substrat):

    I. hydrolysierende Enzyme:
        a) fettspaltende oder Lipasen,
        b) kohlenhydratspaltende (Invertase, Maltase, Diastase),
        c) eiweißspaltende oder proteolytische Enzyme;
    II. Gärungsenzyme, z. B. Zymase der alkoholischen Gärung;
    III. Oxydasen, welche Oxydationsvorgänge, und Reduktasen, die Reduktionsprozesse in der Pflanze vollführen (Tyrosinase);
    IV. Katalasen, d. s. eigentlich Reduktasen. Sie spalten Hydroperoxyd in Wasser und Sauerstoff.

I. a) Die fettspaltenden oder steatolytischen Enzyme, z. B. Lipase, auch Steapsin genannt, spalten Neutralfette in Glycerin und Fettsäuren.

---

[1] Baylis: Das Wesen der Enzymwirkung. Dresden 1910.
[2] B. D. ch. G. 36, S. 331 (1903).

b) Wichtiger hier sind die kohlenhydratspaltenden Enzyme (amylolytische oder diastatische): Stärke wird durch Maltase in Maltose umgewandelt (Diastase); Ptyalin überführt Stärke in Dextrin und Maltose, Cytasen wirken hydrolisierend auf Cellulose, Pektinasen hydrolysieren Pektinkörper. Emulsin spaltet Glucoside, Invertase invertiert Saccharose usw.

c) Die eiweißspaltenden Enzyme teilt man ein in Pflanzenproteinasen und Pflanzenpeptasen. Erstere spalten die Eiweißkörper nur bis zu den Peptonen und Albumosen, letztere spalten Albumosen, Peptone und Peptide zu Aminosäuren. Beide Gruppen kommen gewöhnlich in den Pflanzen gemeinsam vor. Dann gibt es noch desamidierende Enzyme, die die Proteine bis zu Ammoniak abbauen. Nucleasen hydrolysieren speziell die Nucleinsäuren in ihre Basen, Pentosen und Phosphorsäure.

II. Von den Gärungsenzymen interessiert hier am meisten jenes der Milchsäuregärung. Die alkoholische Gärung wird durch die Zymase der Hefe hervorgerufen, und Zymasen sind in allen Pflanzen anzunehmen; in diesen rufen sie die intermolekulare Atmung hervor.

III. Von den Oxydasen wird die Tyrosinase zu besprechen sein. Damit sind aber die einzelnen Arten von Enzymen noch nicht erschöpft.

Wie gezeigt, besitzt jedes Enzym eine spezifische Wirkung; von dieser macht man bei der Erkennung der einzelnen Enzyme Gebrauch.

Matthysen schildert diese Operationen in einer später noch zu erwähnenden Arbeit folgendermaßen: Der betreffende Pflanzenteil wird mit 96 proz. Alkohol zu einem Brei verrieben; damit erzielt man einen Niederschlag der Enzyme; dieser wird zwischen Filterpapier getrocknet. Das Rohenzym läßt man bei etwas erhöhter Temperatur auf bestimmte Stoffe einwirken, die vorher auf eine Gelatine- oder Agarplatte gebracht wurden.

Zur Erkennung von Diastase bringt man auf eine solche Platte Stärke. War im Enzympräparat Diastase, so läßt sich nach 3—4 Tagen mittels Jodlösung durch Rotfärbung Dextrin nachweisen. Die unangegriffene Stärke färbt sich blau. Tyrosinase wird durch ihre Einwirkung auf Tyrosin in einer Agarplatte (es entsteht dort ein schwarzer Fleck) erkannt. Invertin wird durch seine Wirkung auf Rohrzucker — Invertzuckerbildung — konstatiert, Oxydasen durch Blaufärbung von Guajakharz. Bringt man zu diesem Harz (in Form einer Suspension vorliegend) einige Tropfen Wassersuperoxydlösung, so ist es auch zum Nachweis von Peroxydasen geeignet, falls keine Oxydasen anwesend gefunden wurden. Reaktion wie bei den Oxydasen. Katalasen zerlegen Wasserstoffsuperoxyd in Wasser und Sauerstoff und werden mittels dieser Reaktion erkannt. Es tritt bei Gegenwart einer Katalase im Rohenzympräparat Gasentwicklung auf.

Im folgenden handelt es sich nun darum, die speziell in der Zuckerrübe nachgewiesenen Enzyme anzuführen und ihre Eigenschaften zu beschreiben.

Zum ersten Male werden „Fermente" durch Feltz und durch Bodenbender zur Zuckerindustrie in Beziehung gebracht[1]. Nach ihnen wären die gärungsartigen Betriebsstörungen in der Diffusionsbatterie durch „Fermente" verursacht, die mit der der Rübe anhängen-

---

[1] Z. V. D. Zuckerind. 1871, S. 526; 1877, S. 66.

den Erde in den Betrieb gelangen — was später Deherain und Maquenne experimentell bestätigten[1].

Gonnermann wies das Vorhandensein von Invertase und Diastase in jungen Rüben nach; dieselben lassen sich jedoch nicht voneinander trennen. Durch ihre Wirkung entsteht im Blattkörper aus der Stärke durch Hydrolyse über Zwischenprodukte die Saccharose. Daß diese Enzyme anderer Art sind als das Invertin der Hefe oder die Diastase der Gerste, ist klar; trotzdem schlug Gonnermann für erstere keinen besonderen Namen vor, sondern bezeichnete sie nur als Rübeninvertase und Rübendiastase[2].

Es wurde schon früher bei der anaeroben Atmung der Rübe hervorgehoben, daß dieser Prozeß qualitativ und — was nun gesagt werden soll — auch im Verhältnis zwischen Kohlendioxyd und Alkohol quantitativ mit der alkoholischen Hefengärung identisch ist. Dort, wo Hefengärung auftritt, gibt es Enzyme, und diese wurden auch aufgefunden[3].

Zunächst mußten die Genannten nachzuweisen suchen, ob sich tatsächlich Invertase in den Rübenzellen nach durchgeführtem anaeroben Stoffwechselprozeß vorfindet. Dies gelang ihnen auch. Vor den Versuchen enthielten die Rüben 0,059, 0,052, 0,044 %, nach den Versuchen 0,148, 0,158, 0,125 % Invertzucker. Aus dem Preßsaft selbst konnte darauf die Invertase isoliert und identifiziert werden.

Nun handelte es sich darum, die Zymase aufzufinden. Zymase oder zymaseähnliche Enzyme sind ebenso wie die Invertase in vielen Pflanzen oder Samen nachgewiesen worden. Die Autoren konnten nach anaeroben Stoffwechselversuchen eine Selbstgärung des Rübensaftes konstatieren.

In der ersten Versuchsreihe konnte im Rübensaft — der zellen und bakterienfrei befunden wurde — nach durchgeführtem anaeroben Stoffwechselprozeß schon am zweiten Tage Gärung, also Entwicklung von Kohlendioxyd und Alkohol bemerkt werden. Innerhalb 14 Tagen sank immer die Menge des täglich produzierten Kohlendioxydes auf einige Milligramm, die Gärung war beendet.

Einige Zahlen des zweiten Versuches über die Gärung in der Rübe. Der Preßsaft der Rübe nach anaerober Atmung wurde sterilisiert, bei 18—20° C unter Durchleiten von $CO_2$-freier Luft stehen gelassen. Nach 14 Tagen gaben 500 cm³ dieses Saftes je nach dem Desinfektionsmittel 0,2771 g $CO_2$ (Sublimat) oder 0,2814 g $CO_2$ (Kaliummetaarsenit). Nach der Gärung enthielten 500 cm³ dieses Saftes noch 0,2106 g, bzw. 0,2730 g $CO_2$, somit wurde gebildet im ganzen $CO_2$ 0,4877 g (Sublimat), 0,2730 g (Kaliummetaarsenit). Alkohol im ganzen 1,5394 g, bzw. 0,4974 g.

Der anaerobe Gärprozeß vollzieht sich innerhalb der Rübe. Die Rübenzymase diffundiert nicht durch die Zellmembrane; die aerobe Veratmung von Zucker wird durch Oxydasen hervorgerufen. Näheres über deren Natur ist nicht bekannt.

---

[1] Z. V. D. Zuckerind. 1884, S. 269.

[2] Gonnermann: Entstehung des Zuckers in der Rübe; Z. V. D. Zuckerind. 1898, S. 667.

[3] Stoklasa, Jelínek, Vítek: „Über die Enzyme in der Zuckerrübe"; Z. f. Zuckerind. i. B. XXVIII., 1903/04, S. 233.

Manche Fermente haben technische Bedeutung erlangt, werden deshalb fabriksmäßig dargestellt und sind daher auch Handelsprodukte geworden. Insbesondere das Invertin wird (aus Hefe) auf verschiedene Weise gewonnen und dient zur Erzeugung von Invertzucker (Kunsthonig). Als wirksames Agens enthält es nach Euler die Saccharase; diese ist also das reine, spezifisch Rohrzucker spaltende Enzym, „Invertin" nur eine natürliche Enzymgruppe.

Aus einer eingehenden Untersuchung „über die Anwendung des Invertins"[1], die den Chemismus und Mechanismus des Enzyms und seiner Wirkungsweise eingehend darlegt, sei besonders hervorgehoben, daß bei der Anwendung des Invertins auf Dünnsaft, Dicksaft und Melasse seine Wirksamkeit mit abnehmender Reinheit der Zuckerlösung gegenüber reinster Zuckerlösung abnimmt — in Übereinstimmung mit der Wirkung von Säuren.

In der schon früher angeführten Untersuchung A. Traegels über den Gehalt der Blätter der Zuckerrüben und des Mangolds an Invertase schreibt der Genannte in der Einleitung, daß sich diese „in sämtlichen Pflanzenteilen, mit Ausnahme der fertig ausgebildeten Wurzel ... und zwar nicht getrennt von Rohrzucker etwa in besonderen Zellen" finde. Dies steht im Widerspruch zu den Befunden der vorgenannten Autoren und der Annahme Vondráks auf Seite 242.

Über die Wirkungsweise der Invertase in Abhängigkeit von der Temperatur erfährt man mehr aus einer anderen Zwecken dienenden Untersuchung J. Vondráks[2], mit zahlreichen Literaturangaben und aus der „Studie über die in Zuckerfabrikabswässern enthaltene Invertase" von L. Matoušek[3]. In Übereinstimmung mit Oppenheimer (Die Fermente) fand letzterer die optimale Temperatur bei etwa 55° C, über 65° C beginnt bereits ein Rückgang der Inversionsgeschwindigkeit; nach Kjeldahl soll die Invertase bei 70° C schon in kurzer Zeit abgetötet werden.

Von Oxydasen fand Gonnermann die Tyrosinase in Rüben anwesend. Auf Saccharose wirkt sie nicht ein; nur bei der Dunkelfärbung der Rübensäfte spielt dieses Enzym eine Rolle (s. S. 117). In einer späteren Untersuchung stellte der Genannte fest, daß die Rübentyrosinase — so wie die der Kartoffel — mit einem Saponin verkettet ist, das hämolytisch wirkt[4]. Der Anteil der Tyrosinase an der Verfärbung der Rübensäfte wurde schon bei den „Rübenfarbstoffen" angegeben. Sie ist eine Phenolase.

Euler führt (II, 73) ein Laccase ähnliches Enzym als in den Zuckerrüben vorkommend an, das bei der Verfärbung von Rübensäften wirksam sein könnte.

Matthysen konstatierte im Samen junger Rübenwurzeln, in jungen und alten Blättern Tyrosinase, Oxydase, Katalase; Diastase

---

[1] Schmidt: Z. V. D. Zuckerind. 1924, Heft 817. Dissertation mit zahlreichen Literaturangaben.

[2] Z. d. tschsl. Zuckerind. VI, S. 139, 1925; s. dieses Buch S. 242.

[3] ebd.. VIII, S. 213, 1927.

[4] Im Gegensatz dazu wirkt die Kartoffeltyrosinase Saponin agglutinierend. — D. Z. 1915, S. 751.

und Invertase fand er in allen genannten Pflanzenteilen mit Ausnahme der jungen Rübenwürzelchen[1].

Peroxydasen wurden von A. Ernest und H. Berger in Zuckerrüben nachgewiesen[2]. Die verschiedenen Methoden zur Bestimmung des Peroxydasengehaltes in Pflanzensäften führt G. Dorfmüller in einer gleichnamigen Untersuchung an und beschreibt eine auf der Methode von R. Willstätter[3] fußende neue colorimetrische Methode[4].

Katalase wurde von Vl. Staněk in der Zuckerrübe nicht nur nachgewiesen, sondern es wurde auch ihre ungleichmäßige Verteilung im Rübenkörper ermittelt: ihre Menge steigt vom Innern der Rübe zum Kopfe und zur Oberfläche der Rübe an[5].

Gonnermann wies in gefrorenen und gekeimten Zuckerrüben ein Enzym nach, das Amylodextrin in Dextrose überführen kann. Es soll sich zumeist in keimenden Rüben vorfinden. Ebenso fand auch Dubrunfaut in Rübenwurzeln und Blättern ein diastatisches und ein invertierendes Enzym[6].

Proteolitische Enzyme wurden in Rüben bis nun nicht gefunden.

## g) Vitamine.

Die Besprechung der Vitamine kann sich insofern an die der Enzyme anschließen, als beide Körpergruppen zu den „Pflanzenstoffen unbekannter Art" gehören, noch mehr aber, weil ihr Übergang fließend ist. Gewisse Vitaminwirkungen sind auch manchen Enzymen eigen (z. B. den Enzymen der Hefe), weshalb nicht behauptet werden soll, daß sie näher verwandt sind. Daß sie H. Euler „Biokatalysatoren" nennt[7], spricht auch dafür, daß sie ähnlich den Fermenten wirken; A. Tschirch will sogar in ihnen eine neue Gruppe von Enzymen sehen. Dagegen sprechen die Verschiedenheiten zwischen beiden Körperklassen. So schreibt C. Funk, der Entdecker dieser „merkwürdigen Substanzen": „Während wir bei den Fermenten beobachten können, daß bei einem Temperaturintervall, sagen wir zwischen 50 und 70°, plötzlich eine Triebfeder wie in einem Uhrwerk zerspringt, sehen wir bei den Vitaminen, daß die Inaktivierung mit der Temperatur schrittweise vor sich geht. Im allgemeinen tritt die vollständige Zerstörung erst bei einer viel höheren Temperatur als bei den Fermenten ein[8]."

---

[1] Z. V. D. Zuckerind. 1912, S. 150.

[2] Z. f. Zuckerind. i. B. XXXII, S. 586, 1907/08.

[3] Die Peroxydase ist ein Enzym, das bei Gegenwart von Wasserstoffsuperoxyd oxydierend wirkt, indem es den Zerfall des Superoxyds, der unter Sauerstoffabgabe erfolgt, beschleunigt. Läßt man diese Reaktion in Gegenwart oxydabler Körper, z. B. von Pyrogallol, vor sich gehen, so wird durch den Sauerstoff das Pyrogallol zu Purpurogallin oxydiert. Die Menge des hierbei während einer bestimmten Zeit abgeschiedenen Purpurogallins kann als Maß für die Wirksamkeit des Enzympräparates angesehen werden.

[4] Z. V. D. Zuckerind. Bd. 73, S. 316, 1923.

[5] Z. f. Zuckerind. i. B. XXXI, S. 207, 1906/07.     [6] D. Z. 1915, S. 751.

[7] Z. f. physiolog. Ch. 141, S. 4 (1921).     [8] Lit. cit., S. 148.

Insbesondere fehlt den Enzymen die kurative Wirkung der Vitamine bei Ernährungsschäden. Die Vitamine erscheinen auch im Vergleich zu den Enzymen als relativ einfach gebaute Körper.

Unter Hinweis auf die S. 197 angeführte Literatur und mit Rücksicht darauf, daß die Vitamine für die Chemie der Zuckerindustrie nur eine geringe Bedeutung haben, kann sich deren Besprechung hier nur auf die hauptsächlichsten Momente beschränken.

Schon die vielfach vorgeschlagenen Namensänderungen beweisen, daß es sich um ein wichtiges, aber noch unbekanntes Gebiet der physiologischen Chemie handelt, unbekannt, weil die diesbezügliche Forschung erst mit dem Jahre 1911 begann (Funk), durch den Krieg gestört, wenn auch in anderer Weise aber gefördert wurde und im genannten Jahre es noch nicht einmal bekannt war „ob die aktive Substanz anorganisch oder organisch sei, ob es sich um einen Eiweißbestandteil, Nucleine oder Phosphatide handle. Es war nicht entschieden, ob wir es nicht mit einem Ferment zu tun hätten, und es war überhaupt unbekannt, ob die Substanz in den schon bekannten chemischen Gruppen zu suchen oder ein Repräsentant einer neuen unbekannten Körperklasse sei"[1]. Erschwert wird die Forschung auch dadurch, daß man die Vitamine nicht etwa „chemisch nachweisen" kann, sie können nur nach ihren physiologischen Wirkungen definiert werden.

Die Hauptschwierigkeit ihrer Isolierung besteht aber wohl darin, daß sie in den meisten Ausgangsmaterialien sich mit großen Mengen inaktiven Materials vergesellschaftet finden, aber auch letztere (Zellbestandteile) sind vielfach noch unbekannt.

Die chemische Ausbeute ist daher auch eine viel geringere, nach Trier sogar „unfruchtbar" geblieben (518).

Vorgeschlagene Namens(änderungen) sind z. B. Secretine, Nutramine, Komplettine, Lebensstoffe, Ergänzungsstoffe, akzessorische Nährstoffe, um nur solche anzuführen, die einen Blick in ihre Wirkungsweise und auf Bedeutung und Vorkommen zu werfen gestatten.

Unter Vitaminen versteht man solche Stoffe, welche den eigentlichen Nährstoffen (Kohlenhydraten, Fett, Protein und Mineralstoffen) anhaften, diese begleiten, in ihrer Wirkung unterstützen — in einem so hohen Grade, daß ihr Mangel eine normale Ernährung von Mensch und Tier gar nicht ermöglicht, so daß ohne ihr Beisein in den Speisen Ernährungsstörungen, Krankheiten, mangelndes Wachstum u. a. auftreten. C. Funk vergleicht ein Tier, das vitaminfreie Nahrung bekommt, mit einer Maschine, die ohne Öl läuft. „Zuerst arbeitet die Maschine tadellos, dann entstehen langsam geringe Defekte und schließlich stellen sich im Laufe der Zeit ernstere Defekte ein, die noch immer durch Zufuhr von Öl abgewendet werden können. Zum Schluß kommt es zu einem Zustand, der durch Ölung nicht mehr gut gemacht werden kann und der zu einem vollständigen Zusammenbruch führt[2]."

---

[1] Funk: Die Vitamine, S. 17, 1924.    [2] l. c. S. 186.

Die Pflanzen sind die primäre Quelle für die Vitamine, der Tierkörper die sekundäre. Am reichsten sind Samen und grüne Blätter daran (was auch von den Eiweißkörpern gilt), wie die Zusammenstellung weiter unten dartut.

Die Menge, in der sie in den verschiedenen Pflanzen vorkommen, hängt wohl ab von all den gleichen Umständen, die auf die Zusammensetzung dieser Einfluß haben: Boden, Klima, Niederschläge, Düngung, Bakterienwirkung usw.

Als Muttersubstanz der Vitamine kommen nach Abderhalden und Schaumann in erster Linie die phosphorhaltigen zusammengesetzten Zellbestandteile in Betracht und unter diesen in erster Reihe wieder die Phosphatide und Nucleine (s. d.), nach Trier auch die Cerebroside (s. d.).

## Vitamin A (Antirachitin)

ist das antirachitische Prinzip; es ist löslich in Fett, Alkohol und Äther, gegen höhere Temperaturen verhältnismäßig unempfindlich, aber sehr empfindlich gegen Licht und gegen oxydierende Einflüsse.

Hierher gehören: Phosphatide, Lecithine, Ergosterine, Phytosterine und glucosidartige Lipoide[1].

## Vitamin B (Antineuritin)

ist das Anti-Beriberi-Prinzip; sein Mangel bewirkt Störungen des Stoffwechsels, des Nervensystems u. a. Es ist leicht löslich in Wasser, auch in verdünnten organischen Säuren. Im natürlichen Zustande ist es ziemlich beständig; aus den Stoffen seines natürlichen Vorkommens losgelöst, empfindlich gegen Hitze, Trocknen, Pökeln. In saurem Milieu ist es weniger empfindlich. Es dürfte aus mehreren verschiedenen Individuen bestehen, die den Purinen und Pyrimidinbasen angehören sollen.

## Vitamin C (Antiskorbutin).

Sein Mangel erzeugt den bekannten Skorbut (Scharbock). Es ist in Wasser und Alkohol löslich, empfindlich gegen Sauerstoff und gegen höhere Temperaturen; schon bei längerem Aufbewahren nimmt es ab. Leichter läßt es sich im Vakuum (bei niedrigerer Temperatur) trocknen. Über seine Chemie weiß man noch weniger Bestimmtes als von der der andern Vitamine.

Ein wasserlösliches Vitamin D soll steter Begleiter des Vitamins B sein, dieses wieder wird in zwei Gruppen B I und B II geteilt: B I ist wasserlöslich und stickstofffrei, B II wasserlöslich und stickstoffhaltig.

Über das Vorkommen dieser Vitamine orientiert die folgende kurze Zusammenstellung nach C. Funk in seinem obengenannten Buche und nach der „Nährwerttafel" von J. König[2].

---

[1] Steudel, Z. f. ang. Ch. 1928, S. 183.
[2] König, J.: Nahrung und Ernährung des Menschen. Berlin 1926.

Tabelle 18.

| Prcdukt | Vitamine in natürlichem Zustande | | | Eiweiß |
|---|---|---|---|---|
| | A | B | C | |
| Rüben, weiße . . . . | — | ++ | — | — |
| Rübensaft (svede) . . | | | ++++ | |
| „ gekocht . . | | | ++ | |
| Runkelrüben . . . . | — | ++ | 0 | |
| Zuckerrüben. . . . . | +? | 0 | — | |
| Rübenkraut[1] . . . . | + | + | + | |
| Möhrenkraut . . . . | ++ | ++ | ++ | |
| Spinat (Blätter) . . . | +++ | +++ | ++ | |
| Mangold (Blätter) . . | + | +++ | ++ | |
| „ (Stiele) . . . | — | — | — | |
| Kopfsalat . . . . . . | + | ++ | ++ | |
| Möhren . . . . . . . | ++ | ++ | +++ | |
| Kohlrübe . . . . . . | + | + | ++ | |
| Steckrübe, eßbar. Teil | + | + | ++ | |
| Kartoffel (roh). . . . | — | — | +++ | |
| Erbsen . . . . . . . | | +++ | | + |
| Citronen . . . . . . | | ++ | ++++ | |
| Milch . . . . . . . . | — | + | + | ++++ |
| Butter . . . . . . . | +++ | 0 | — | — |
| Ei (Haushuhn) . . . | ++ | +++ | ? | — |
| Fleisch (mager), roh . | — | — | 0 | ++++ |
| Lebertran . . . . . . | +++ | + | ? | |

In dieser Zusammenstellung bedeutet + einen mäßigen aber deutlichen Gehalt, ++ einen guten, +++ einen reichlichen Gehalt an Vitaminen. 0 ist kein Gehalt.

Mit Rücksicht auf den vorliegenden Zweck sind zunächst die Vitamine verschiedener Rüben und Gemüse und dann zum Vergleiche auch der Vitamingehalt anderer Produkte angegeben.

Nach A. Scheunert besitzen weißfleischige Wurzelgewächse gar kein oder nur sehr geringe Mengen an A-Vitamin; B-Vitamin in größerer Menge ebenso C-Vitamin. Im allgemeinen enthalten gefärbte Varietäten (Futterrüben, Kohlrüben) mehr Vitamine als die weiße Zuckerrübe[2].

Unsere Rübe enthält demnach höchstens das Vitamin B sicher. Da es wasserlöslich ist, wird es in den Diffusionssaft übergehen; den Einflüssen im Betriebe wird es unterliegen, wenigstens sind nach der Nährwerttafel von König Rohzucker und Raffinade und Melasse frei von jedwedem Vitamin.

Nach dem oben Gesagten ist es begreiflich, daß N. E. Nelson und seine Mitarbeiter in Rübenmelasse keine Vitamine feststellen konnten, oder doch nur in so geringen Mengen, daß ihre Versuchsratten nicht einmal bei einem Melassezusatz von 20 % (der übrigen, vitaminfreien Nahrung) am Leben erhalten werden konnten. In Rohrzuckermelasse wollen aber die Genannten diese Körper gefunden haben[3].

---

[1] „Rübensirup".      [2] C. f. Zuckerind. 1927, S. 1485.
[3] Rundschau, Nr. 3, S. 12, Dezbr. 1925.

## h) Übersicht der Stickstoffsubstanzen.

Nachdem alle stickstoffhaltigen Verbindungen der Rübe besprochen worden sind, ist eine Übersicht der Stickstofformen und deren Mengen sehr geboten. Der Stickstoff kommt in folgenden Formen vor:

1. Gesamtstickstoff;
2. Salpetersäurestickstoff;
3. Ammoniakstickstoff;
4. Eiweißstickstoff;
5. Amidstickstoff;
6. Amidosäurestickstoff;
7. Stickstoff der durch Phosphorwolframsäure fällbaren Verbindungen (organische Basen u. a.).

Gesamtstickstoff. In der Literatur finden sich folgende ältere Angaben: 1896/97 Urbain durchschnittlich 0,21%, 1898 Herzfeld 0,12—0,33% auf Rüben. 1897 Komers und Stift in der Trockensubstanz von böhmischen, mährischen und ungarischen Rüben 0,81 bis 1,61%, Andrlík und Urban 1899[1] 0,01—0,02% auf Rübe (Methode Jodlbauer). 1888 fand Herzfeld je nach der Düngung 0,44—1,35% (auf Trockensubstanz)[2].

Salpetersäurestickstoff. Herzfeld und Bode fanden in deutschen Rüben keine nennenswerten Mengen. In französischen Rüben fanden Ladureau 0,164%, Leplay 0,342% (T. S.) Urbain 0,05% $N_2O_5$. Ungarische und russische Rüben weisen ähnliche Zahlen auf. Für böhmische Rüben fanden Andrlík und Urban Mengen unter 0,01% $N_2O_5$ (Methode Schulze-Tiemann).

Ammoniakstickstoff. Bei der Bestimmung des Ammoniakstickstoffes beeinflußt die jeweils angewendete Methode sehr das Resultat, wie Andrlík und Urban experimentell nachwiesen.

Pellet fand 0,147—0,196% $NH_3$ in der Trockensubstanz der Rübe, Jesser im Saft 0,006—0,008%, Stift und Komers 0,19 bis 0,28% je nach Herkunft der Rüben. Andrlík und Urban fanden 1899 nach der Methode Schlösing 0,014—0,075, azotometrisch 0,018 bis 0,020%[3].

Eiweißstickstoff. Mittels der Stutzerschen Methode wurden folgende Werte gefunden: 1884 Herzfeld in der Trockensubstanz durchschnittlich 0,484% Eiweißstickstoff. 1888 fand Herzfeld je nach der Düngung 0,33 (ungedüngt) bis 0,54% loc. cit; Stift und Komers (1897) 0,55% für mährische, 0,62% für böhmische und 0,87% für ungarische Rüben, auf Trockensubstanz bezogen. Rümpler hat aber nachgewiesen, daß bei der Stutzerschen Methode neben den Eiweißkörpern auch teilweise Propeptone und Peptone gefällt werden, so daß man nach dieser Methode zu hohe Werte für die eigentlichen

---

[1] Z. f. Zuckerind. i. B. XXIII, S. 629, 1898/99. „Analysen von Rüben . . . mit Rücksicht auf die stickstoffhaltigen Substanzen." Alle auf dieser und der folgenden Seite gemachten zahlenmäßigen Angaben sind in der genannten Untersuchung von Andrlík und Urban angeführt.

[2] Z. V. D. Zuckerind. 1888, S. 121.

[3] Battut: Über das Ammoniak in der Rübe; Organ XXIV, S. 663, 1886.

Eiweißstoffe erhält. Andrlík und Urban bestätigten diese Angaben. (Den Stickstoffgehalt der anderen Eiweißformen siehe in später folgenden Analysen).

Amidstickstoff. Auch hier werden die Resultate durch die jeweils angewendete analytische Methode beeinflußt. Andrlík und Urban bestimmten den Amidostickstoff zu ca. 0,017%, schreiben aber zu diesem Resultate: „Ob diese niedrigen Zahlen der Beschaffenheit der Rübe ... wirklich entsprechen oder in der Unzulänglichkeit der analytischen Methoden zu suchen sind, bleibt vorderhand unentschieden."

Eine neuere Methode rührt von Vondrák her, mittels welcher er die Amide u. a. in den Diffusionssäften bestimmte (s. S. 289).

Über Amidosäurestickstoff liegen Zahlen von Andrlík und Urban vor (S. 179).

Stickstoff der organischen Basen. Die beiden Forscher fanden im Durchschnitt 0,04% Stickstoff, fällbar durch phosphorwolframsaures Natron; davon 0,024% Ammoniakstickstoff und der Rest 0,016% organische Basen, Peptone, soweit letztere nicht mit den Eiweißkörpern nach Stutzer herausfielen.

Diese Zahlen bezogen sich auf Rübensaft.

Nun sollen die einzelnen Untersuchungen folgen, die dieser wichtigen Frage gewidmet wurden.

Im Jahre 1878 untersuchten E. Schulze, Urich und Barbieri die Stickstofformen in Runkelrüben. Die Sorte A war mit Gülle (Jauche), B mit Stallmist gedüngt; beide besaßen runde Form und gelbe Farbe. Untersucht wurde der Rübensaft.

Da ihre Resultate in der ersten Auflage wiedergegeben wurden und ihnen heute nur historisches Interesse zukommt, können ihre Befunde diesmal ganz entfallen.

Das gleiche gilt von den Untersuchungen Bodenbenders und Ihlées aus dem Jahre 1880[1].

In dieser Auflage sei erst mit den Arbeiten Herzfelds (1888) begonnen; es waren das Düngungsversuche. U. a. wurde nach Beziehungen zwischen Fettgehalt und Stickstoffmenge der Rüben gesucht; solche ließen sich jedoch aus den gefundenen Werten nicht ableiten[2].

Zur Bestimmung des Betaingehaltes bemerkt Herzfeld, daß dieser infolge des Nichtausfallens des gesamten Betains und Mitfallens anderer Basen nicht richtig wäre. Die Zahlen wären als Maßstab der vorhandenen gesamten, mit Phosphorwolframsäure fällbaren Basen anzusehen.

Die Analysennummern 1 und 7 gelten für ungedüngte, 2, 3 und 4 für gemischtgedüngte (Phosphorsäure, Stickstoff), Rüben 5 und 6 für Phosphorsäure- bzw. Chilesalpeterdüngung. Nr. 8 normale Rüben aus Anhalt.

---

[1] Z. V. D. Zuckerind. 1880, S. 666.      [2] ebd. 1888, S. 121.

| Nr. | Wirkl. Quotient d. Rübe | Scheinbarer Quotient des Saftes | Gesamtstickstoff in der Trockensubstanz % | Eiweißstickstoff in der Trockensubstanz % | Betainstickstoff in der Trockensubstanz % | Ammoniakstickstoff in der Trockensubstanz % | Gesamtstickstoff in der Rübe % | Eiweißstickstoff in der Rübe % | Betainstickstoff in der Rübe % | Ammoniakstickstoff in der Rübe % | Fett in der Trockensubstanz % | Fett in der Rübe % | Zucker in der Rübe (Extraktion) % |
|---|---|---|---|---|---|---|---|---|---|---|---|---|---|
| 1 | 69,2 | 85,4 | 0,44 | 0,33 | 0,00 | 0,06 | 0,10 | 0,07 | 0,00 | 0,01 | 0,65 | 0,14 | 15,15 |
| 2 | 65,1 | 82,4 | 0,70 | 0,40 | 0,005 | 0,16 | 0,17 | 0,10 | 0,001 | 0,04 | 0,77 | 0,18 | 15,7 |
| 3 | 67,2 | 87,6 | 0,715 | 0,43 | 0,006 | 0,13 | 0,20 | 0,12 | 0,002 | 0,04 | 0,75 | 0,21 | 18,95 |
| 4 | 64,9 | 80,1 | 0,99 | 0,54 | 0,013 | 0,28 | 0,26 | 0,14 | 0,003 | 0,07 | 0,64 | 0,17 | 17,0 |
| 5 | 62,4 | 77,9 | 0,78 | 0,42 | 0,01 | 0,11 | 0,16 | 0,09 | 0,002 | 0,02 | 0,56 | 0,12 | 13,1 |
| 6 | 63,3 | 76,0 | 1,35 | 0,40 | 0,01 | 0,33 | 0,31 | 0,09 | 0,002 | 0,08 | 0,55 | 0,13 | 14,5 |
| 7 | 63,1 | 75,3 | 1,08 | 0,39 | 0,017 | 0,27 | 0,25 | 0,09 | 0,004 | 0,06 | 0,76 | 0,17 | 14,25 |
| 8 | 69,4 | 88,3 | 0,84 | 0,33 | 0,013 | 0,11 | 0,24 | 0,09 | 0,003 | 0,03 | 0,60 | 0,16 | 18,75 |

Diese Arbeit Herzfelds ist auch deshalb bemerkenswert, weil sie Anlaß gab zur Bildung des Begriffes vom „schädlichen Stickstoff", der später noch eingehend zu erörtern sein wird.

Andrlík und Urban fanden folgende Minimal- und Maximalzahlen bei ihren Untersuchungen über die einzelnen Stickstofformen der Rüben bzw. im Rübenpreßsafte.

Tabelle 19.

| Ausgepreßter Rübensaft | | | | Reduzierende Substanz | Acidität in 100 cm³ Saft | Gesamt-N in Brei % | Im Rübensaft | | | | | | | |
|---|---|---|---|---|---|---|---|---|---|---|---|---|---|
| Bx | Pol. | Qu | Asche | | | | Gesamt-N in % | Ammoniak-N (azotom.) | Ammoniak- u. Amido-N | Amido-säure-N | Nitrat-N | N durch phosphor-wolfram.Na | Eiweiß-N (Stutzer) | N gefällt, Ammoniak-N |
| — | — | — | 0,436 | 0,10 | 20,7 | 0,167 | 0,139 | 0,008 | 0,008 | 0,036 | 0,002 | 0,018 | 0,063 | 0,002 |
| — | — | — | 0,916 | 0,34 | 34,4 | 0,411 | 0,396 | 0,025 | 0,079 | 0,127 | 0,010 | 0,073 | 0,113 | 0,022 |

auf 100 Teile Trockensubstanz bezogen.

| Bx | Pol. | Qu | Asche | Reduzierende Substanz | Acidität in 100 cm³ Saft | Gesamt-N in Brei % | Gesamt-N in % | Ammoniak-N (azotom.) | Ammoniak- u. Amido-N | Amido-säure-N | Nitrat-N | N durch phosphor-wolfram.Na | Eiweiß-N (Stutzer) | N gefällt, Ammoniak-N |
|---|---|---|---|---|---|---|---|---|---|---|---|---|---|---|
| — | 80,0 | — | 2,11 | 0,50 | 8,6 | 0,78 | 0,77 | 0,055 | 0,032 | 0,182 | 0,010 | 0,072 | 0,322 | 0,010 |
| — | 90,4 | — | 3,80 | 1,36 | 16,4 | 1,96 | 1,64 | 0,124 | 0,327 | 0,528 | 0,039 | 0,403 | 0,556 | 0,101 |

Der Gesamtstickstoffgehalt allein bestimmt nicht so sehr den fabrikativen Wert der Rüben, wie die Verteilung der einzelnen Stickstofformen. So rechnet man die Eiweißkörper zu den unschädlicheren (s. S. 203), die Amide und Aminosäuren zu den schädlicheren Verbindungen[1].

Von stickstoffhaltigen, nicht eiweißartigen Substanzen der Rübe, bzw. im Diffusionssafte hat K. Smolenski folgende nachgewiesen: Asparagin, Glutamin, Betain, Vernin, Allantoin. Tyrosin und Cholin waren nicht anwesend. Die Nichteiweißstoffe machen ca. 80% der Stickstoffsubstanz des Diffusionssaftes aus.

---

[1] Z. f. Zuckerind. i. B. XXIII, S. 629, 1898/99.

Smolenskis ausgezeichnete Arbeit bringt zusammenfassend die Chemie der oben aufgezählten Stickstoffverbindungen und ist schon aus diesem Grunde lesenswert. Ferner enthält sie im ersten Teil den Nachweis der von ihm aufgefundenen Körper. Im zweiten Teil behandelt Smolenski „Die optischen Eigenschaften des Asparagins, Glutamins, der Asparagin- und Glutaminsäuren“, im dritten Teil „Über den möglichen Einfluß des Asparagins, des Glutamins, der Asparagin- und Glutaminsäure auf die Polarisation des Rübensaftes und der Zuckerfabriksprodukte“[1].

Hier kommt nur der erste Teil der Untersuchung in Betracht.

Zunächst eine übersichtliche Tabelle über einzelne Stickstoffformen russischer Rüben:

Analysen Nr. 1, 2, 3 sind solche russischer Rüben aus den Jahren 1903/04, jede einzelne Analyse ist ein Mittel großer Rübenmengen verschiedener „Plantagen“. Zu Nr. 1 gehört noch folgende Bestimmung: durch Phosphorwolframsäure fällbarer Stickstoff: 0,025 % auf Rübe oder 12,13 % des Gesamtstickstoffes. Zu Nr. 3: wasserlöslicher Eiweiß-N 0,067 % der Rübe oder 25,2 % des Gesamtstickstoffes (bei

Tabelle 20.

| Nr. | Gesamt-N | | Eiweißstickstoff | | | Nicht-eiweiß-N | Stickstoff $NH_3$ u. Amidogruppen | | Schädlicher N | |
|---|---|---|---|---|---|---|---|---|---|---|
| | der Rübe | d. Trokkensubstanz | der Rübe | d. Trokkensubstanz | des Gesamt-N | | der Rübe | des Gesamt-N | der Rübe | des Gesamt-N |
| | % | % | % | % | % | % | % | % | % | % |
| 1 | 0,206 | 1,009 | 0,106 | 0,523 | 51,45 | 48,55 | 0,028 | 13,59 | 0,072 | 34,96 |
| 2 | 0,217 | 1,044 | 0,108 | 0,519 | 49,90 | 50,10 | — | — | — | — |
| 3 | 0,266 | 1,117 | 0,115 | 0,483 | 43,20 | 56,80 | — | — | — | — |
| 4 | 0,245 | 1,140 | 0,069 | 0,321 | 28,2 | 71,8 | — | — | — | — |
| 5 | 0,132 | 0,772 | 0,027 | 0,158 | 20,47 | 79,53 | 0,026 | 19,69 | 0,079 | 59,84 |
| 6 | 0,097 | 0,603 | 0,022 | 0,136 | 22,60 | 77,40 | 0,026 | 28,8 | 0,049 | 48,60 |
| 7 | 0,123 | 0,753 | — | — | — | — | — | — | — | stickstofffrei |
| 8 | — | 0,69 | — | — | 21,5 | — | — | 24,3 | — | 54,2 |

30—35⁰ C). Die Analyse Nr. 4 gehört einem Rübenpreßsaft an, Nr. 5 und 6 Diffusionssäften der Kampagne 1903/04. Nr. 7 sind Mittelzahlen für Diffusionssäfte aus den Kampagnen 1901—1904 (vom Verfasser aus den Einzelzahlen Smolenskis berechnet). Nr. 8 ist die Analyse des Diffusionssaftes, dessen sich Smolenski bei seinen Untersuchungen als Ausgangsmaterial bediente. Diese begannen im Jahre 1903. Die Entwicklung der Rüben war normal, das Klima der Entwicklung günstig. Der Zuckergehalt der Rübe 16,7 %, die Reinheit des Preßsaftes 86,1. Der Rohsaft hatte folgende Zusammensetzung: 17,34⁰ Bx — 15,20 Pol. — 2,14 % Nichtzucker — 87,75 Quotient.

Der Verfasser hat sich in der ersten Auflage bemüht, den Untersuchungsgang, der zur Isolierung der einzelnen Verbindungen von Smolenski angewendet wurde, in ein übersichtliches Schema zu vereinigen, um wenigstens anzudeuten, wie solche Untersuchungen durchgeführt werden. Hier genüge der Befund, daß er neben Asparagin Allantoin sowie Vernin im Kryställchen abscheiden konnte.

---

Z. V. D. Zuckerind. 1910, S. 1215.

Wenn Herzfeld[1] sagen konnte: „. . . es tatsächlich bis heute noch nicht erwiesen ist, daß Asparagin in der Rübe, bzw. Asparaginsäure als Spaltungsprodukt des Asparagins in den Säften und Melassen überhaupt vorkommt, jedenfalls ist es darin bis jetzt niemals mit Sicherheit nachgewiesen oder gar daraus isoliert worden... ...Sellier vor nicht langer Zeit Glutamin aus Rüben dargestellt, während die Glutaminsäure bekanntlich zuerst von Scheibler u. a. .... aus Melasse und Melasseschlempe gewonnen wurde," so schrieb zu diesen Ausführungen K. Smolenski: „Durch meine Untersuchung halte ich es für bewiesen, daß unzweifelhaft im rohen Rübensaft Asparagin enthalten ist. Folglich muß ... Asparaginsäure nach den Arbeiten von Scheibler und Lippmann in den Säften und in der Melasse vorhanden sein."

Beim Auskrystallisieren des Allantoins aus der Verninmutterlauge wurden die charakteristischen großen rhombischen Asparaginkrystalle mitgefunden und dann abgesondert und nach der Schulzeschen Kupfermethode das Asparagin gereinigt. „Infolge Verlustes der gefundenen Substanz" konnte Smolenski keine weiteren Untersuchungen anstellen, behauptet aber „mit voller Bestimmtheit" die Anwesenheit von Asparagin.

Aus dem Filtrate der Mutterlauge nach der Umkrystallisierung des Allantoins und Asparagingemenges fielen beim Stehenlassen wiederum Krystalle aus, und zwar Asparaginkrystalle und Glutaminkrystalle. Die ersteren wurden mechanisch entfernt. Die Menge der letzteren war nur sehr gering und konnte deshalb nicht einwandfrei untersucht werden. Die Krystalle waren kleine dünne Nadeln, die beim Austrocknen über Schwefelsäure in eine mehlartige weiße Masse zerfielen.

Das Betain wurde aus dem Filtrate des mit Quecksilbernitrat versetzten Filtrats vom Bleiessigniederschlag des Rohsaftes mittels Phosphorwolframsäure zur Fällung gebracht; der Niederschlag wurde abfiltriert, gewaschen und mit Kalkmilch und Barytlauge gespalten, filtriert und im Filtrate der Kalküberschuß durch Kohlensäure entfernt; vom gebildeten Carbonat wurde abfiltriert, dieses Filtrat mit Salzsäure neutralisiert und eingedampft. Dann fiel — nach verschiedenen Reinigungsoperationen — ein krystallinischer Niederschlag aus, der aus Wasser unter Hinzufügen von Alkohol zum Krystallisieren gebracht wurde: es waren Betainkrystalle. Cholin wurde nicht gefunden.

Ein zweiter Teil des Filtrates von der Quecksilbernitratfällung wurde durch Schwefelwasserstoff vom Quecksilber befreit, filtriert und mit Phosphorwolframsäure gefällt, dieser Niederschlag wie oben gespalten und auf eine andere Weise ebenfalls Betain daraus erhalten[2].

Wie erwähnt, wurden all die genannten Körper aus einem Diffusionssafte gewonnen und nicht direkt ihr Vorhandensein in der Zuckerrübe nachgewiesen. Es blieb daher offen, ob Vernin schon in der Rübe als solches vorhanden ist oder erst beim Diffusionsprozeß als Spaltungsprodukt eines Nucleoproteids entstehe. Das gleiche gilt für das Allantoin. Ebenso war zu konstatieren, ob wieder Asparagin vorhanden oder nicht durch Glutamin ersetzt war, da dieses bei der vorgenannten Arbeit in nur sehr geringen Mengen gefunden wurde. Smolenski prüfte diese Fragen von neuem an russischen Rüben der Kampagne 1909/10. Im allgemeinen wurde der Rübenpreßsaft so untersucht wie früher der Rohsaft. 5 l Saft ergaben 0,25 g Allantoin-Krystalle, ferner bei der weiteren Verar-

---

[1] Z. V. D. Zuckerind. 1909, S. 642.     [2] ebd. 1910, S. 1215.

beitung 0,5 g Asparagin in Krystallform, und zwar war es l-Aspa-
ragin. In der Mutterlauge davon wurde auf Glutamin, Vernin und
Tyrosin mit negativem Erfolge geprüft. In russischen Rüben ist also
das Glutamin der westeuropäischen Rübe (Sellier, Schulze) durch
Asparagin vertreten, was auf klimatische und Bodenverhältnisse zurückzuführen wäre (s. Abschnitt i). Auch Allantoin ist in dieser Rübe vorhanden, wurde in westeuropäischen Rüben aber noch nicht gefunden.
Vernin zeigte sich diesmal nicht. Entweder entstand es also
tatsächlich erst beim Diffusionsprozeß, wie oben angegeben
(dafür spricht eine Arbeit von Levene und Jacobs[1]), oder es ist
kein stetiger Bestandteil der russischen Rübe. Von den durch
Phosphorwolframsäure fällbaren Basen fand Smolenski abermals
nur Betain und wieder kein Cholin[2].

Diese schönen Untersuchungen Smolenskis zeigen unter viel
anderem Wertvollen, was für ein verschiedenes Rohprodukt verschiedene Rüben bilden. So hält er für die russische Zuckerrübe die
Anwesenheit von Asparagin und Allantoin charakteristisch —
weshalb es aber doch Jahrgänge geben kann, wo diese beiden Stoffe
nicht oder nur in sehr geringen Mengen vorhanden sind.

Die stickstoffhaltigen Bestandteile russischer Rüben
aus verschiedenen Gouvernements (Kampagne 1909/10) wurden von
J. E. Duschsky, J. R. Minz und W. P. Pawlenko zum Zwecke der
Kenntnis ihrer Bewegung im Gange der Rohzuckerfabrikation studiert.
Hier sei nur das Ausgangsmaterial betrachtet. Sie fanden folgende

Tabelle 21. Zusammensetzung der Rüben.

| Nr. | Zucker in der Rübe % | Reinheit des Preßsaftes | Stickstoff | | | | | | | Anmerkungen |
|---|---|---|---|---|---|---|---|---|---|---|
| | | | Auf 100 Rüben | | | | In % des Gesamtstickstoffs | | | |
| | | | Gesamt-N | Eiweiß-N | Ammoniak- u. Amid-N | Schädlicher N | Eiweiß-N | Ammoniak- u. Amid-N | Schädlicher N | |
| 1 | 15,38 | 85,7 | 0,1260 | 0,0728 | 0,0070 | 0,0462 | 45,18 | 3,02 | 33,62 | min. } Kamp. |
| 2 | 22,80 | 98,7 | 0,3479 | 0,1776 | 0,0366 | 0,1367 | 61,27 | 10,18 | 47,14 | max. } 1909/10 |
| 3 | — | — | — | — | — | — | 54,23 | 6,48 | 39,29 | Durchschnitt |
| 4 | 14,7 | — | 0,1610 | 0,0875 | 0,0112 | 0,062 | 39,29 | 5,76 | 33,61 | min. } Kamp. } faule Rüben |
| 5 | 18,7 | — | 0,3185 | 0,1350 | 0,0455 | 0,1380 | 57,96 | 14,29 | 49,84 | max. } 1909/10 |
| 6 | — | — | — | — | — | — | 47,97 | 9,59 | 42,44 | Durchschnitt |
| 7 | 17,5 | — | 0,1579 | 0,0903 | 0,0105 | 0,0571 | 57,2 | 6,6 | 36,2 | } Durchschnitte |
| 8 | 16,6 | — | 0,1589 | 0,0930 | 0,0109 | 0,0548 | 58,6 | 6,9 | 34,5 | } aus 3 Fabriken |
| 9 | 17,9 | — | 0,1635 | 0,0994 | 0,0065 | 0,0576 | 60,8 | 4,0 | 35,2 | } Kamp. 1910/11 |

Die Analysennummern 1—3 beziehen sich auf frische, gesunde
russische Rüben der Kampagne 1909/10. Bei ihrem Wachstum herrschte
während des ganzen Sommers und Herbstes trockene Witterung. Nr. 4
bis 6 sind die Analysenergebnisse derselben Rüben nach längerem

---

[1] B. D. ch. G. 42, S. 2102, 3247, 1909.
[2] Z. V. D. Zuckerind. 1912, S. 791.

Lagern. Bei Vergleich von Nr. 3 mit Nr. 6 kann man die Veränderungen betrachten, die die Rübe durch das Einlagern erfuhr: Eiweißstoffe werden zersetzt, daher sinkt der Eiweißstoff; die Umwandlungsprodukte zeigen sich im „schädlichen Stickstoffe", welcher also ansteigt. Das gleiche gilt für den Amid- und Ammoniakstickstoff. Über diese Vorgänge wird später noch ausführlich zu sprechen sein. (Siehe Kap. 8c). — In den verdorbenen Rüben wurde der mit Phosphorwolframsäure fällbare Stickstoff zu 0,0053—0,0329% auf Rübe bestimmt; in Prozenten vom Gesamtstickstoff zu 2,20—14,16%.

Die Analysennummern 7—9 sind je aus drei Tagesdurchschnitten dreier russischen Fabriken der Kampagne 1910/11 gerechnet. Es zeigt sich in ihrer Stickstoffverteilung kein großer Unterschied gegen die Rüben des Vorjahres.

Der Gesamtstickstoff wurde nach Kjeldahl, der Eiweißstickstoff nach Stutzer, der Ammoniak- und Amidstickstoff nach Andrlík bestimmt. Die Differenz: Gesamtstickstoff — (Eiweiß- + Ammoniak- + Amidstickstoff) ergab den schädlichen Stickstoff (s. d.)[1].

Für deutsche Rüben der Kriegsjahre liegt ein „statistischer Versuch" über deren Stickstoffverbindungen vor (Herzfeld[2]).

Der Gesamtstickstoff wurde nach Kjeldahl, der Eiweißstickstoff aus der Differenz zwischen dem Gesamtstickstoff und dem mit Kupferhydroxyd nicht fällbaren Stickstoff und der Ammoniak- und Amidstickstoff nach Kochen mit Schwefelsäure und Destillation mit Magnesia bestimmt. Der schädliche Stickstoff ist berechnet aus der Differenz: Gesamt-N — (Eiweiß-N + $\dfrac{\text{Ammoniak-}}{\text{Amid-}}$N).

Die folgende Tabelle enthält eine Auswahl der Rüben, die anfangs bis Mitte September der genannten Jahre analysiert wurden. Der Verfasser hat nur zwei Provinzen herausgezogen, und zwar die mit dem größten und die mit dem kleinsten Gesamtstickstoffgehalte (fettgedruckt) aller von Herzfeld veröffentlichten Analysen.

Tabelle 22.

| Im Jahre | Polarisation Zucker % | In der Rübe | | | | | In der Trockensubstanz | | | | |
|---|---|---|---|---|---|---|---|---|---|---|---|
| | | Gesamt-N nach Kjeldahl % | Mit Cu(OH)₂ nicht fällbarer N % | Mit Cu(OH)₂ fällbarer N % | Ammoniak- u. Amid-N % | Schädlicher N % | Gesamt-N nach Kjeldahl % | Mit Cu(OH)₂ nicht fällbarer N % | Mit Cu(OH)₂ fällbarer N % | Ammoniak- u. Amid-N % | Schädlicher N % |
| 1919 | 15,8 | 0,129 | 0,046 | 0,083 | 0,016 | 0,030 | 0,582 | 0,208 | 0,374 | 0,072 | 0,136 |
| 1918 | 14,6 | 0,167 | 0,073 | 0,094 | 0,019 | 0,054 | 0,794 | 0,347 | 0,447 | 0,090 | 0,257 |
| 1916 | 13,8 | **0,112** | 0,039 | 0,073 | 0,014 | 0,025 | 0,550 | 0,192 | 0,358 | 0,069 | 0,123 |
| 1915 | 17,2 | 0,192 | 0,087 | 0,105 | 0,022 | 0,065 | 0,751 | 0,341 | 0,410 | 0,086 | 0,255 |
| | | | | | | | | | | | |
| 1919 | 21,2 | **0,250** | 0,116 | 0,134 | 0,026 | 0,090 | 0,788 | 0,366 | 0,422 | 0,082 | 0,284 |
| 1918 | 19,0 | 0,187 | 0,082 | 0,105 | 0,018 | 0,064 | 0,721 | 0,316 | 0,405 | 0,069 | 0,247 |
| 1916 | 17,8 | 0,161 | 0,062 | 0,099 | 0,014 | 0,048 | 0,671 | 0,258 | 0,413 | 0,058 | 0,200 |
| 1915 | 20,2 | 0,151 | 0,060 | 0,091 | 0,009 | 0,051 | 0,505 | 0,201 | 0,304 | 0,030 | 0,171 |

[1] Z. V. D. Zuckerind. 1911, S. 341 ff.    [2] ebd. 1920, S. 307.

Je nach der Zeit, in der die entsprechenden Rüben zur Verarbeitung gelangen würden, würden sie, infolge des steigenden Zuckergehaltes, ärmer an den Stickstoffsubstanzen werden[1].

F. Ehrlich verweist darauf, daß von den stickstoffhaltigen Substanzen der Rübe nicht jene von Bedeutung sind, die durch Hitze und Kalk leicht auszuscheiden seien (Eiweiß), sondern jene, die durch kein Mittel niederzuschlagen sind (aus Eiweiß stammende Körper), die teils noch den Charakter löslicher Eiweißsubstanzen besitzen, zum Teil aber aus den niedrigsten Spaltungsprodukten des Rübenproteins bestehen (Betain, Glutaminsäure). **Die Kenntnis der Abbauprodukte der Eiweißsubstanzen ist demnach von großer Bedeutung für den Chemismus der Zuckerfabrikation.**

Ehrlich nimmt nun an, daß solche Spaltungsprodukte bereits in der Rübe vorhanden sind, „wenn auch hier der einwandfreie Nachweis dieser Verbindungen bisher nur in den seltensten Fällen erbracht worden ist". Nicht erst im Betriebe bilden sich diese Abbauprodukte; Ehrlich nimmt aus pflanzenphysiologischen Gründen an, daß bereits von der Ernte an bis zur Verarbeitung der Rübe sich in dieser derartige Abbauprozesse des Eiweißes vollzogen haben, „**daß der Rübensaft schon in den meisten Fällen mit der größten Menge der niedrigsten in Wasser löslichen und später nicht mehr abscheidbaren Eiweißspaltungsprodukte beladen zur Verarbeitung gelangt und daß eigentliches Eiweiß gar nicht oder nur in Spuren vorhanden ist**".

Ein neues Faktum, das die **Schädlichkeit des Einmietens** und längeren Lagerns der Rübe illustriert. Das Eiweiß wird hier durch fermentative oder durch Atmungsprozesse bis zu den Aminosäuren abgebaut. **Diese passieren den ganzen Betrieb fast vollständig**, denn sie lösen sich bei der Diffusion leicht im Wasser; nur ein geringer Teil der Eiweißsubstanzen wird koaguliert oder in der Scheidung ausgeschieden, der größte Teil bleibt in Lösung, wo die peptonartigen Körper während des Betriebes durch Alkalien bei den höheren Temperaturen vollständig zersetzt werden und sich in den Abläufen im konzentrierten Zustande, besonders in entzuckerten Melassen und in der Schlempe finden[2].

Diese ungünstigen Verhältnisse werden sich sonach noch ungünstiger gestalten, wenn die Rüben eingelagert werden müssen. Dann werden die Spaltungsprozesse noch intensiver auftreten (s. Kap. 8).

### i) Ursachen für Menge und Art der Stickstoffsubstanzen und deren Zusammenhänge.

Es wurde im vorhergegangenen die Chemie der einzelnen Stickstoffsubstanzen und dann deren in der Rübe vorkommenden Mengen besprochen. Nun wären alle jene Umstände aufzuklären, die das Vorkommen und die Menge der genannten Stoffe verursachen, weil man so

---

[1] Z. V. D. Zuckerind. 1920, S. 307.        [2] ebd. 1903, S. 809.

vielleicht Anhaltspunkte für die Kultur solcher Rüben gewinnen könnte, die die beste Eignung für die Gewinnung des Zuckers haben.

Soweit diese Umstände auf landwirtschaftlichem und Rübenbaugebiete liegen, sei u. a. nur auf das „Handbuch des Zuckerrüben-Baues" von Th. Roemer (Berlin 1927), hingewiesen.

Die Ursachen, die für die Zusammensetzung der Stickstoffsubstanzen der Rübe verantwortlich zu machen sind, hängen teils vom menschlichen Willen ab, teils sind sie nicht zu beeinflussen.

Zur ersten Art gehören die Auswahl des Bodens (der dem Rübenbaue gewidmeten Felder), die Düngung, die Stand- und Reihenweite, die Zeit des Anbaues, die Rübenbearbeitung und die Zeit der Rübenernte. Unabhängig vom menschlichen Willen sind die Witterungs-(klimatischen) Verhältnisse, die Niederschlagsmenge, die Lichtintensität u. a.

Die folgenden Ausführungen beziehen sich auf Rüben im Reifezustande. Auf die Veränderungen, die die Stickstoffkörper nach der Ernte erfahren, wird im Kapitel 8 näher eingegangen werden.

Den wichtigsten Einfluß auf die Zusammensetzung der Zuckerrüben übt die Niederschlagsmenge aus. Dieser war schon Achard bekannt und wurde seither vielfach untersucht. Besonders interessieren hier die Stickstoffsubstanzen und von diesen der wichtige „schädliche Stickstoff" (s. d.).

Im Jahre 1907[1] berichtete Andrlík über Forschungen, die die Umstände klarlegen sollten, welche die Anhäufung des schädlichen Stickstoffes in der Rübe bedingen. Er fand, daß am intensivsten Regenmangel und abnorme Trockenheit die Menge des schädlichen Stickstoffes in der Rübe beeinflussen; unter diesen Verhältnissen ist seine Menge 2- bis 3mal größer als unter normalen Wachstumsbedingungen. Verschiedene Samen geben verschiedene Mengen schädlichen Stickstoffes in der Rübe. Einseitige Stickstoffdüngung (Salpeter-, Ammoniak- und Aminform) bedingt ebenfalls größere Mengen an schädlichem Stickstoff in der Rübe u. a. m. Zu ähnlichen Ergebnissen kam A. Herke in seiner aufschlußreichen Untersuchung über den „Einfluß verschiedener Wassermengen auf Ernte und Qualität der Zuckerrübe"[2], welche Arbeit schon beim „Wasserbedarf der Zuckerrübe" (Kap. 2c) angeführt wurde. Danach nehmen mit steigender Wassermenge der Trockensubstanzgehalt, der prozentuale Zuckergehalt und der Gehalt an Stickstoffsubstanzen (prozentual) ab. (Die absolute Zuckerernte steigt.)

Tabelle 23.

| Wassermenge | 1908 | | | 1909 | | |
|---|---|---|---|---|---|---|
| | Zucker g in einer Rübe | N % | Nichteiweiß N | Zucker g in einer Rübe | N % | Nichteiweiß N |
| Wenig Wasser . | 81,4 | 0,348 | 0,291 | 74,6 | 0,444 | 0,346 |
| Mittlere . . . . | 93,8 | 0,317 | 0,241 | 93,4 | 0,329 | 0,202 |
| Viel Wasser . . | 117,3 | 0,287 | 0,204 | 102,8 | 0,203 | 0,107 |

[1] Z. f. Zuckerind. i. B. XXXI, S. 277, 1906/07.
[2] Ö. U. Z. f. Zuckerind. XLI, S. 1, 1912.

Das gilt auch für andere Kulturpflanzen: mit steigendem Wassergehalte des Bodens nimmt ihr prozentischer Stickstoffgehalt ab.

Auch die absolute Stickstoffmenge nimmt mit steigender Niederschlagsmenge ab und ebenso der „schädliche Stickstoff".

Dieser nimmt also in trockenen Jahren zu, wie u. a. Schneidewind ermittelte. (Briem: Der Einfluß eines trockenen Jahrganges auf die Verarbeitung der Zuckerrübe[1].)   In anormal trockenen Jahren enthält

Gehalt in der Trockensubstanz:

normales Jahr    1902   4,56 % N, davon   1,93 % Amide
anormal trocken  1904   7,56 % N,   „     3,81 %    „

die Rübe im allgemeinen mehr Amide als in normalen Jahren (was das Schwinden der Alkalität erklärt, s. d.). Das gleiche gilt dann für die Diffusionssäfte, wie z. B. aus den Saftanalysen Rodys auf S. 527 hervorgeht: alle Stickstofformen sind in größeren Mengen als normal vorhanden. Noch deutlicher zeigte Vondrák die Zusammenhänge zwischen Vegetationsbedingungen und den Stickstofformen in Diffusionssäften von drei hintereinander folgenden Kampagnen.

1921/22: katastrophale Dürre, stickstoffreiche Rüben (S. 286).

1920/21: idealer Verlauf;

1922/23: Feuchtigkeitsüberschuß. Da eine Abwanderung von Betain und anderen Stickstofformen (Eiweiß, Amid) aus dem Rübenblatte in den Rübenkörper nicht stattfand — das Blatt blieb grün, welkte nicht — so wurden relativ reinere Säfte, also an den genannten Stickstofformen ärmere erzielt[2].

Für diese drei Kampagnen fand das Genannte folgende Verteilung der einzelnen Stickstofformen in den Diffusionssäften auf 100 Teile Gesamtstickstoff:

Tabelle 24.

| Kampagne | Gesamt-N | Eiweiß-N | Ammoniak-N | Ammoniak- u. Amid-N | Amid-N | Betain-N | Schädlicher N |
|---|---|---|---|---|---|---|---|
| 1922/23 | 100 | 18,6 | 5,7 | 10,4 | 9,3 | 22,6 | 71,0 |
| 1921/22 | 100 | 15,5 | 5,2 | 13,8 | 17,5 | 28,9 | 73,0 |
| 1920/21 | 100 | 22,9 | 6,1 | 10,9 | 10,0 | 27,2 | 66,2 |

Nach dem Witterungsverlaufe vor der Kampagne 1925/26 (feucht) waren stickstoffärmere (und alkalireichere) Rüben, bzw. Diffusionssäfte zu erwarten, was sich tatsächlich „im großen und ganzen bestätigte"[3].

Die folgende Zusammenstellung zeigt den Einfluß der Niederschlagsmenge auf den Gehalt des Gesamtstickstoffes in den Säften.

Im allgemeinen fällt der Stickstoffgehalt der Säfte mit steigenden Niederschlagsmengen, aber nicht ausnahmslos, weil noch andere Bedingungen den Stickstoffgehalt beeinflussen[4].

---

[1] C. f. Zuckerind. 1905, S. 1190.    [2] Z. d. tschsl. Zuckerind. IV, S. 659, 1923.
[3] Vondrák: Z. d. tschsl. Zuckerind. VIII, S. 41, 1926.
[4] Z. d. tschsl. Zuckerind. VIII, S. 396, 1927.

In Übereinstimmung mit dem Obengesagten behauptet Friedl, daß der Gehalt an schädlichem Stickstoff gering ist in nicht zu heißem, genügend niederschlagsreichem Hügellande und daß er ansteigt in heißtrockenen Ebenen (Südrußland, ungarische Tiefebene). Hier fand er 0,17 % schädlichen Stickstoff (im Durchschnitt für eine südungarische Zuckerfabrik[1]), während es in Böhmen Rüben mit nur 0,03 % schädlichem Stickstoff gibt[2].

**Tabelle 25.**

| Niederschlags-menge während der Vegetations-periode mm | Kampagne | Gesamtstickstoff auf 100 Teile Zucker | |
|---|---|---|---|
| | | im Diffusions-safte | im Dicksafte |
| 233,9 | 1921—22 | 0,658 | 0,452 |
| 302,4 | 1923—24 | 0,472 | 0,307 |
| 354,3 | 1922—23 | 0,472 | 0,305 |
| 378,5 | 1924—25 | 0,442 | 0,300 |
| 401,7 | 1925—26 | 0,448 | 0,314 |
| 407,0 | 1920—21 | 0,411 | 0,291 |
| 471,1 | 1926—27 | 0,431 | 0,286 |

Der Zusammenhang zwischen Witterungscharakter der Vegetationsperiode und den Stickstofformen in der Rübe ist natürlich kein gesetzmäßiger, da ja auch die anderen Bedingungen (s. S. 189) die Eigenschaft der Rübe beeinflussen. Man ersieht dies z. B. aus den Diffusionssaftanalysen der Kampagne 1923/24 und 1922/23 (s. S. 288), wo sich Übereinstimmung der Stickstofformen und anderer Nichtzucker zeigte, obwohl der Witterungscharakter der beiden Kampagnen ein ganz verschiedener war (s. S. 286)[3].

Die Tabelle Nr. 26 zeigt den Einfluß der Witterungsverhältnisse während der Vegetation der Rüben auf ihre Qualität und somit auf ihre Verarbeitungsfähigkeit. Sie ist einer Studie Smolenskis entnommen;

**Tabelle 26.**

| Einige ausgewählte analytische Daten | 1901/02 sehr trocken | 1903/04 mäßig trock. | 1902/03 naß |
|---|---|---|---|
| Zucker in der Rübe (alkoholische Digestion) . | 15,72 | 16,69 | 15,21 |
| Reinheit des Diffusionssaftes . . . . . . . | 84,42 | 87,75 | 88,53 |
| Stickstoff im Diffusionssaft in 100 Teilen Trockensusbtanz . . . . . . . . . . . . | 0,97 | 0,69 | 0,60 |
| Stickstoff im Diffusionssaft in 100 Teilen Nicht-zucker . . . . . . . . . . . . . . . . | 6,24 | 5,60 | 5,23 |
| Schädlicher Stickstoff . . . . . . . . . . | 57,60 | 61,90 | 53,00 |
| Alkalitätsrückgang bei der Verdampfung in Prozenten der ursprünglichen Alkalität . . . | 90,00 | 72,00 | 42,00 |
| CaO in der Füllmasse auf 100 Teile . . . . . | 0,111 | 0,106 | 0,042 |
| Reinheit der Füllmasse . . . . . . . . . . | 91,1 | 93,2 | 94,7 |
| Organischer Nichtzucker: Asche in I. Füllmasse | 2,45 | 2,51 | 1,84 |
| Organischer Nichtzucker: Asche in der End-melasse . . . . . . . . . . . . . . . | 2,80 | 2,55 | 2,25 |
| Endmelasse in Prozenten auf Rübe . . . . . | 4,10 | 3,50 | 2,90 |
| Reinheit der Melasse . . . . . . . . . . . | 58,8 | 59,2 | 62,0 |
| Gesamtstickstoff in Trockensubstanz . . . . . | 2,886 | 2,576 | 2,112 |
| Gesamtstickstoff des Nichtzuckers . . . . . . | 7,00 | 6,31 | 5,55 |
| In Melasse Zuckerverlust auf Rübe . . . . . | 2,00 | 1,74 | 1,50 |

---

[1] Der Boden humusreich, kalkarm, stark animalisch gedüngt, Rüben üppig, selten reif, nicht reich an Zucker, viel Melasse. S. auch S. 219 dieses Buches.

[2] Ö. U. Z. f. Zuckerind. XLIII, S. 191, 1914.

[3] Z. d. tschsl. Zuckerind. V, S. 330, 1924.

obwohl solche Zahlen nicht verallgemeinbar sind, ist sie doch sehr instruktiv[1].

Aus dieser Tabelle geht u. a. hervor, daß die Menge der anfallenden Melasse auch von den Witterungsverhältnissen abhängig ist; das gleiche gilt von ihrer Zusammensetzung, wie im Kapitel 24 öfters gezeigt werden wird.

Was den Einfluß der Düngung, z. B. den des Chilesalpeters, anbelangt, liegen viele Untersuchungen vor, die oft genug einander widersprechende Ergebnisse zeitigten. Sie finden sich in der Abhandlung von F. Strohmer und O. Fallada „über den Einfluß starker Stickstoffdüngung auf die Beschaffenheit der Zuckerrübe[2]". Die neuesten, eingehenden Untersuchungen über den gleichen Gegenstand stammen von J. Urban und J. Souček[3]. Sie fanden z. B. folgenden Zusammenhang:

| Salpeterdüngung | Gehalt an Gesamtstickstoff<br>% | Prozentische Zunahme d. Gehaltes an Gesamt-N gegenüber Rüben ohne Salpeterdüngung<br>% |
|---|---|---|
| ohne . . . . . | 0,150 | — |
| 1 dz je 1 ha . | 0,153 | 2 |
| 2 „ „ 1 ha . | 0,157 | 4 |
| 3 „ „ 1 ha . | 0,162 | 8 |
| 4,5 „ „ 1 ha . | 0,165 | 10 |

Natürlich machen sich auch individuelle Eigenschaften bemerkbar. Rüben mit wenig Stickstoff nahmen mehr Stickstoff auf als stickstoffhaltigere.

In einer weiteren Untersuchung J. Součeks „über die Wirkung gesteigerter Chilesalpetergaben zur Zuckerrübe" wurde wieder eine ähn-

| | Salpeterdüngung dz/ha | | | | |
|---|---|---|---|---|---|
| | 0 | 1 | 2 | 3 | 4,5 |
| Zuckergehalt in Prozent. | 19,20 | 19,35 | 19,45 | 19,35 | 19,30 |
| Reinheitsquotient . . . . | 89,8 | 90,3 | 90,0 | 90,2 | 90,0 |
| Wurzelernte vom ha in dz | 339 | 361 | 378 | 394 | 407 |
| Blatternte vom ha in dz | 173 | 189 | 205 | 220 | 233 |
| Gesamt-N in der Rübe in Prozenten . . . . . . | 0,142 | 0,139 | 0,146 | 0,149 | 0,157 |
| Zuckerertrag vom ha in dz | 65,1 | 69,5 | 73,5 | 75,9 | 78,5 |
| Verhältnis Blatt : Wurzel (Wurzel = 100) . . . | 51 | 53 | 54 | 56 | 57 |

liche Beziehung gefunden: mit steigenden Gaben des Düngers stieg im allgemeinen der Gesamtstickstoff der Rüben, wie vorstehende Zusammenstellung zeigt[4]. Daneben aber machten sich noch geltend, wie

[1] Z. V. D. Zuckerind. 1910, S. 1215.
[2] Ö. U. Z. f. Zuckerind. 1909, S. 708.
[3] Z. d. tschsl. Zuckerind. V, S. 449, 1924.
[4] Der Verfasser benutzt diese Gelegenheit, einige Angaben über Rüben-Blatt-Zuckerernte u. dgl. bringen zu können, die wohl nicht in den Rahmen dieses Buches gehören, aber doch zur ungefähren Orientierung im Bedarfsfalle dienen sollen. (Z. d. tschsl. Zuckerind. VII, S. 419, 1926.)

die anderen Versuche ergaben: die mechanische und chemische Zusammensetzung des Bodens und der Zeitpunkt der Ernte.

Durch mechanische Zusammensetzung des Bodens: Durch bestimmte Salpetergaben wurden auf den schweren Böden (größerer Wasservorrat) höhere Ernteergebnisse als auf den leichteren herbeigeführt.

Durch den Stickstoffgehalt des Bodens: Die Wirkung des Salpeters war um so günstiger, und zwar nicht nur in bezug auf den Ertrag, sondern auch betreffs der Beschaffenheit, je stickstoffärmer der Boden war.

Durch den Kalkgehalt des Bodens: Der Salpeter wirkte günstiger auf kalkärmeren als auf kalkreicheren Böden, denn infolge seiner alkalischen Reaktion (nach der Resorption des Nitrations) stumpfte er die durch den geringen Kalkgehalt des Bodens ungenügend neutrale Bodenacidität ab.

Durch die Bodenacidität: Die ersten Salpetergaben wirkten günstiger auf sauren und neutralen als auf alkalischen Böden, indem hier nicht der Stickstoffgehalt allein, sondern auch der Umstand mitwirkte, daß durch die alkalische Reaktion des Salpeters (nach der Resorption des Nitrations) die Bodenacidität abgestumpft wurde.

Durch den Zeitpunkt der Ernte: Die Salpeterwirkung gestaltete sich bei den später geernteten Rüben günstiger als bei den zeitlicher gefechsten, d. i. sie war günstiger bei reiferen Rüben.

Anmerkung: Die Witterung war bis Ende August so wie im Jahre 1923 (s. S. 286). Anfangs September reichliche Niederschläge, Mitte September weniger, bis Ende September warm und sonnig. Ernte Mitte Oktober bei schönem Wetter.

Verfasser hat diese Untersuchung deshalb ausführlicher wiedergegeben, weil oft die Zusammensetzung der Säfte als Produkt von Boden, Wetter, Düngung, Ernte usw. zu besprechen sein wird.

Den Einfluß starker Stickstoffdüngung auf die Qualität der Rüben untersuchte schon früher A. Herzfeld ausführlich, indem er die einzelnen Stickstofformen in den Rüben differenzierte und die schädlichen speziell quantitativ ermittelte[1].

Auch die Standweite der Rübenpflanzen beeinflußt den Gesamtstickstoffgehalt der Rübe in dem Sinne, daß er mit der Vergrößerung der Reihenweite mäßig ansteigt, wie u. a. die diesbezüglichen groß angelegten Versuche in Mähren erbrachten[2].

Schon im 2. Kapitel wurde von Schattenrüben im Gegensatze zu Lichtrüben gesprochen und gesagt, daß die ersteren mehr Nichtzuckerstoffe (Amidoverbindungen) enthalten. Die Lichtintensität ist eben auch ein Faktor für die Zusammensetzung der Zuckerrüben. Aus den schon dort angeführten Untersuchungen seien nun folgende Angaben nachgeholt: Strohmer und seine Mitarbeiter zeigten, daß die Vermehrung der Nichtzuckerstoffe im Safte in erster Linie auf Kosten der Stickstoffsubstanzen vor sich geht, wobei außerdem noch eine Vermehrung des Nichteiweißstickstoffes im Verhältnis zum Eiweißstickstoff eintritt.

Mit Remys zahlenmäßigen Angaben sei dieser Abschnitt beschlossen. Er wurde deshalb so (verhältnismäßig) ausführlich besprochen, weil so viele Betriebsschwierigkeiten ihre Ursache in den Vegetationsbedin-

---

[1] Z. V. D. Zuckerind. 1888, S. 121.
[2] Z. d. tschsl. Zuckerind. VIII, S. 697ff., 1927, mit zahlreichen Literaturangaben.

gungen, unter denen die Rübe erwuchs, haben; und jene auf ihre chemischen Ursachen zurückzuführen, bzw. chemisch deuten zu können, ist ja ein Hauptziel dieses Buches.

Tabelle 27. Zusammensetzung der sandfreien Trockensubstanz[1].

| | Lichtrübe | Schattenrübe |
|---|---|---|
| Eiweiß | 4,14 | 3,89 |
| Nichteiweißartiger N | 0,63 | 4,81 |
| Fett | 0,27 | 0,27 |
| Zucker (Saccharose) | 75,02 | 69,16 |
| Reduzierender Zucker | — | — |
| Pentosane | 5,69 | 7,79 |
| Andere N-freie Extraktstoffe | 4,27 | 2,45 |
| Rohfaser | 7,45 | 7,53 |
| Sandfreie Asche | 2,53 | 4,10 |

## C. Anorganischer Nichtzucker.

Im 2. Kapitel wurden die anorganischen Bestandteile der Pflanzen im allgemeinen, ihre physiologischen Funktionen und ihre Bedeutung gewürdigt. Hier sollen nun die Aschenbestandteile der Rübe betrachtet werden. Ihre quantitative und qualitative Zusammensetzung, wie sie sich als Produkt von Rübensamen, dem Boden, der Witterung, der Bearbeitung und der Düngung erweist, soll an der Hand vieler Analysen gezeigt und manche Folgerungen theoretischer und praktischer Natur daraus gezogen werden. Auf die einzelnen Faktoren, die auf die Aschenbestandteile Einfluß üben, kann aber nicht Rücksicht genommen werden, da hier die Rübe in jenem Zustande betrachtet wird, wie sie zur Verarbeitung gelangt, und der Betriebsbeamte fast nie zum landwirtschaftlichen Betriebe herangezogen wird. Er muß die Rübe so verarbeiten, wie sie der Rübenbauer anliefert und hat auf ihre Kultur in der Regel keinen Einfluß.

Verbrennt man die Rübe, so hinterläßt sie eine schmutziggraue, verunreinigte Asche, die sog. Rohasche, in der alle jene Elemente vorhanden sind, die als stete Begleiter der Pflanzen genannt wurden. In dieser Asche sind aber nicht die Elemente in jener Form zu finden, in welcher sie in der Rübe vorkommen. Durch die Verbrennung werden die organischen Säuren zu Kohlensäure, bzw. deren Salze zu Carbonaten oxydiert. Der Rohasche — die auch immer noch Verunreinigungen enthält (Sand, Kohlenstoff) — kommt keine wissenschaftliche Bedeutung zu. Man hat daher den Begriff der Reinasche eingeführt. Diese erhält man aus der Rohasche durch Abzug der Kohlensäure und der Verunreinigungen. In den Analysen der Reinasche gibt man die Basen und Säuren in anhydritischer Form und den Chlorgehalt als solchen an; das geschieht deshalb, da man nicht weiß, wie die einzelnen Basen an die Säuren gebunden sind.

Die Carbonatasche hat gewisse analytische Nachteile: teils liegen sie in der Flüchtigkeit der Chloride der Alkalien, in der

---

[1] Bl. f. Zuckerrübenbau **16**, S. 274, 1909.

Möglichkeit, daß die entstandenen kohlensauren Salze durch das Glühen (in unbekanntem Maße) kaustisch gebrannt werden können, und im Wasseranziehen der Alkalicarbonate. Diese Nachteile, verbunden mit der nicht einfachen Veraschung, haben der Sulfatmethode den Weg geebnet und diese — trotz anderer Mängel — bis heute bei der Rohzuckerbewertung (s. d.) als die offizielle Methode erhalten.

Eine groß angelegte Untersuchung von Andrlík und Urban[1] über „die Zusammensetzung der Reinasche der Wurzeln und des Krautes der Zuckerrübe und deren Zusammenhang mit dem Zuckergehalt" die bis auf die ältesten diesbezüglichen Arbeiten zurückgeht und sie zum Vergleiche heranzieht, erspart dem Verfasser, die Resultate der älteren Forschungen hier chronologisch anzuführen. Nur einige instruktive Untersuchungen seien ausgenommen.

Im Jahre 1878 veröffentlichte Briem[2] Aschenanalysen von Rübensäften. Bestimmt wurde die Carbonatasche.

„Es ist wohl beinahe überflüssig, darauf hinzuweisen, daß die bestimmte und berechnete Aschenmenge nicht identisch ist mit der Menge der Salze, die im rohen, frischen Rübensaft enthalten ist. ....werden durch die Verkohlung, bzw. Verbrennung und Veraschung des Rübensaftes die darin enthaltenen citronensauren und oxalsauren Salze in kohlensaure Salze verwandelt, deren bedeutend geringeres Äquivalentgewicht die Aschenmenge geringer erscheinen läßt, als in Wirklichkeit der Salzgehalt im Rohsafte vorhanden ist."

Jedoch zu Vergleichszwecken ist dies gleichgültig. Es wurden fast fünfzig Analysen durchgeführt und folgende drei Quotienten bestimmt: Zuckerquot. $= \dfrac{\text{Zucker} \times 100}{\text{Balling}}$ ; Nichtzuckerquot. $=$ $\dfrac{\text{Nichtzucker} \times 100}{\text{Zueker}}$ und Aschenquot. $= \dfrac{\text{Asche} \times 100}{\text{Zucker}}$ und folgende Folgerungen aus dem Analysenmaterial gezogen: 1. Mit steigendem Nichtzuckerquotienten steigt der Aschengehalt des Rübensaftes, folglich auch 2. mit steigendem Aschenquotienten wächst der Nichtzuckerquotient. 3. Dem steigenden Reinheitsquotienten des Rübensaftes entspricht eine Abnahme des Aschengehaltes, folglich 4. je höher der Aschenquotient, desto schlechter der Reinheitsquotient (Zuckerquotient).

Aus der zugehörigen Tabelle seien folgende Zahlen herausgehoben:

|  | Minimum | Maximum |
|---|---|---|
| Asche: | 0,412 | 1,385 % |

Ähnliche Zahlen fanden auch andere ältere Autoren.

Dem Aschengehalt von 0,412 % entsprachen: Reinheitsquotient $= 83,8$; Nichtzuckerquotient $= 19,1$ und Aschenquotient $= 3,5$; dem Aschenmaximum 1,385 % entsprachen Reinheitsquotient $= 78,0$, Nichtzuckerquotient $= 28,1$ und Aschenquotient $= 3,8$. Diese Tabelle gibt gleichzeitig Aufschluß über die Rüben des Jahres 1877. Als mittleren Aschengehalt berechnete Verfasser für alle 49 Rübensäfte 0,883 %, was auf Rübe umgerechnet 0,706 % beträgt, eine Zahl, die in guter

---

[1] Z. f. Zuckerind. i. B. XXXIII, S. 418, 1908/09.
[2] Organ 1878, S. 16.

Übereinstimmung mit der Wolffs für die Periode 1870—1880 ist. Zur folgenden Tabelle ist zu bemerken: Das angeführte Aschenminimum von 0,412% des Saftes beträgt, auf 100 Zucker umgerechnet, 3,53; das Aschenmaximum von 1,385% auf 100 Zucker 9,80. — Dem Zuckermaximum von 17,85% entsprachen 0,854 und dem Zuckerminimum von 7,43% 1,009% Asche. Wenn auch keine absolute Regemäßigkeit herrscht, so zeigen die Zahlen der Tabelle, daß im allgemeinen Zucker- und Aschengehalt der Rüben verkehrt proportioniert sind[1].

Herzfeld[2] veröffentlichte ausführlichere Analysen von Rüben in einzelnen Entwicklungsstadien aus verschiedenen Gegenden Deutschlands. Der Durchschnittsgehalt der Rüben an Zucker im letzten Stadium aller angeführten Rüben betrug 15,0%, im Minimum 12,9, im Maximum 16,7. Der Gesamtaschengehalt im Durchschnitt auf frische Rübe 0,941% (Minimum 0,72%, Maximum 1,12%), auf Trockensubstanz ca. 4,705% Carbonatasche. Einem Zuckergehalt von % entsprachen % Gesamtasche in Rübe (Durchschnitte für die einzelnen Bezirke), wie die vorstehende Tabelle zeigt.

**Tabelle 28a.**

| Zucker % | Asche % |
| --- | --- |
| 12,9 | 0,95 |
| 16,7 | 0,72 |
| 16,6 | 1,01 |
| 14,9 | 0,82 |
| 15,2 | 1,03 |
| 13,7 | 1,12 |

**Tabelle 28b.**

| Zucker % | Asche % | Zucker % | Asche % | Zucker % | Asche % |
| --- | --- | --- | --- | --- | --- |
| 7,7 | 1,43 | 9,8 | 2,13 | 12,4 | 1,50 |
| 8,0 | 1,09 | 10,0 | 1,38 | 12,0 | 0,82 |
| 9,5 | 1,01 | 11,2 | 1,65 | 12,0 | 0,93 |
| 10,3 | 0,94 | 11,3 | 1,42 | 15,1 | 1,93 |
| 10,8 | 1,24 | 11,4 | 1,83 | 13,3 | 0,80 |
| 11,2 | 0,96 | 12,9 | 0,86 | 14,4 | 0,81 |
| 12,3 | 0,91 | 12,4 | 1,25 | 15,5 | 0,63 |
| 12,9 | 0,95 | 13,7 | 1,12 | 16,7 | 0,72 |

An nebenstehenden drei wahllos ausgesuchten Beispielen ist das Zurücktreten des Aschengehaltes während der fortschreitenden Rübenentwicklung oder, anders ausgedrückt, mit steigendem Zuckergehalt zu sehen.

Auch im Jahre 1899 wurden ausführlichere Rübenanalysen von Herzfeld an deutschen Rüben ausgeführt, die in die einzelnen Tabellen aufgenommen wurden[3].

Mit zunehmendem Zuckergehalt sinkt der Aschengehalt. Es ist demnach anzunehmen, daß die Rüben der früheren Dezennien bei ihrer Zuckerarmut gegenüber den heute hochkultivierten Rüben reicher an Gesamtasche waren. Dies zeigt in ziemlicher Regelmäßigkeit folgende vom Verfasser zusammengestellte Übersicht (Tab. 29).

Was die Zusammensetzung der Asche anlangt, so werden in dieser jedenfalls alle unentbehrlichen und viele der entbehrlichen Pflanzennährstoffe nachzuweisen sein, allerdings nicht in ihrer ursprünglichen Form.

Über die Basen wurde bereits im 2. Kapitel berichtet. Nur über die anorganischen Säuren der Rüben selbst muß noch gesprochen werden, weil die Chloride, Nitrate, Sulfate und Phosphate in der

---

[1] Tabelle s. Ch. d. Zuckerind. 1. Auflg. S. 166.
[2] Z. V. D. Zuckerind. 1898, S. 827, u. 1894, S. 641.     [3] ebd. 1900, S. 341.

Tabelle 29.

| Nr. | Zucker in Rübe oder im Safte | Jahr | Beobachter | Aschenmenge auf 100 Teile | |
|---|---|---|---|---|---|
| | | | | Rübe | Trocken-substanz |
| 1 | — | bis 1870 | Wolff | 0,772[1] | 3,86 |
| 2 | im Saft 1880 13,6 % . . | 1870—80 | ,, | 0,754[1] | 3,77 |
| 3 | | 1878 | Briem | 0,706 | 3,530 |
| 4 | 1890 15,92 % in Rübe . | 1892/94 | Versst. Halle | 0,578 | 2,73 |
| 5 | | 1898 | Herzfeld | 0,941 | 4,705[2] |
| 6 | 1898—1902 16,70 % . . | 1899 | ,, | 0,980 | 5,00 |
| 7 | ca. 17,5 % in Rübe . . | 1902/07 | Andrlík-Urban | 0,475 | 2,375[2] |
| 8 | | 1922 | Schneidewind[3] | 0,58[3] | 2,32 |

Chemie der Zuckerfabrikation eine gewisse Rolle spielen. Bei den in der Asche nachgewiesenen Schwefel- und Phosphorsäuren stammt vielleicht der größte Teil dieser Säuren vom organischen Schwefel und organischen Phosphor. Die Kohlensäure der Carbonatasche hat hier keine Bedeutung, doch kommt Kohlendioxyd in der Binnenluft der Zellen vor.

Folgende Analysen zeigen die Verteilung der einzelnen Aschenbestandteile in der Gesamtasche.

Pellet fand im Jahre 1881 und schon in früheren Untersuchungen folgende Werte, auf 100 Teile Zucker gerechnet. Da diese Zahlen deutlich den Grad der Wichtigkeit der einzelnen Elemente für die Zuckerproduktion zeigen, seien sie an die Spitze gestellt[4].

$$
\begin{array}{ll}
\text{Stickstoff} & 2,7 \\
\text{Phosphorsäure} & 1,3 \\
\text{Kalk} & 1,3 \\
\text{Magnesia} & 0,7 \\
\text{Kali} & 6,3 \\
\text{Natron} & 2,2 \\
\text{Schwefelsäure zur Neutralisation der Basen} & 12,0
\end{array}
$$

| | für verschiedene Rüben | deutsche Rüben |
|---|---|---|
| Stickstoff | 2—3,38 | 0,86 |
| Phosphorsäure | 1,19 | 1,15 |
| Kalk | 1,50 | 1,81 |
| Magnesia | 1,25 | 1,44 |
| Kali | 5,50 | 3,09 |
| Natron | 1,50 | 3,47 |
| Schwefelsäure zur Neutralisation der Basen | 11,30 | 12,52 |

Zu den Analysen Nr. 1—3 inkl. (Tab. 30) ist folgendes zu bemerken: Man ersieht aus ihnen, je zuckerreicher die Wurzel, desto reicher ist die Reinasche an $P_2O_2$, $K_5O$ und desto ärmer an $Na_2O$. Die Rüben sind hier, wie bei den folgenden Analysen, Rüben aus verschiedenen Gegenden Böhmens und aus verschiedenen Böden aus den Jahren 1902 bis 1907.

---

[1] Berechnet unter der Annahme von 80 % Wasser in der Rübe.

[2] Berechnet unter der Annahme von 20 % Trockensubstanz in der Rübe.

Nr. 1—2 s. Rümpler: „Nichtzuckerstoffe der Rüben", S. 15; Nr. 3—7 berechnet vom Verfasser.

[3] In lufttrockener Substanz. (Die Ernährung d. landw. Kulturpflanzen, 1922.)

[4] Z. V. D. Zuckerind. 1881, S. 340.

Obiges gilt auch für Analysen Nr. 4 und 5. Diese Rüben entwickelten sich bei abnorm großer Dürre. Der Gehalt an $P_2O_5$ ist größer als bei den normal entwickelten Rüben 1—3.

Nun führen Andrlík und Urban (loc. cit.)[1] ein großes Zahlenmaterial an, um den Zusammenhang zwischen Samensorte und Düngung einerseits und Aschenzusammensetzung anderseits zu zeigen. Mehr erregt wird das Interesse durch ein Beispiel, wo das oben Gesagte über Zuckergehalt und Gehalt an $K_2O$ nicht ganz gilt. Aus Analyse Nr. 6

Tabelle 30. Zusammensetzung der Reinasche.

| Nr. | Pol. | $K_2O$ | $Na_2O$ | CaO | MgO | $Fe_2O_3$ $Al_2O$ | $P_2O_5$ | $SO_3$ | Cl | Bemerkungen |
|---|---|---|---|---|---|---|---|---|---|---|
| 1 | 18,8 | 38,8 | 7,4 | 16,7 | 10,9 | 2,3 | 15,4 | 7,0 | 1,4 | |
| 2 | 18,0 | 38,2 | 7,9 | 17,3 | 10,5 | 2,5 | 15,1 | 6,7 | 1,5 | Die Zahlen sind auf |
| 3 | 17,0 | 35,1 | 12,0 | 17,1 | 11,0 | 2,4 | 13,4 | 7,2 | 1,9 | Zehntel abgerundet. |
| | | | | | | | | | | Das Original führt |
| 4 | 18,1 | 39,0 | 9,0 | 11,3 | 10,6 | 4,4 | 17,5 | 6,5 | 1,3 | noch die Hundertstel |
| 5 | 17,6 | 36,1 | 10,9 | 12,6 | 11,3 | 5,2 | 16,7 | 6,6 | 0,9 | an. Nr.1-5 zeigen die |
| | | | | | | | | | | Beziehungen zwisch. |
| 6 | 15,7 | 20,4 | 27,7 | 15,4 | 12,6 | 2,6 | 10,0 | 6,3 | 2,6 | Zucker und Asche. |
| 7 | 12,8 | 17,3 | 33,4 | 12,3 | 8,8 | 7,6 | 8,8 | 6,9 | 7,6 | |
| 8 | 7,8 | 45,5 | 19,10 | 3,5 | 5,0 | — | 5,0 | 15,9 | — | 21. Juni |
| 9 | 11,6 | 43,2 | 15,5 | 6,2 | 7,5 | — | 5,1 | 17,6 | — | 5. Juli |
| 10 | 18,4 | 38,4 | 10,6 | 10,1 | 11,2 | — | 5,1 | 19,6 | — | 31. Juli |
| 11 | 17,7 | 36,4 | 7,9 | 13,2 | 12,2 | — | 5,1 | 18,5 | — | 21. August |
| 12 | 15,3 | 35,5 | 6,0 | 17,6 | 13,0 | — | 7,4 | 17,0 | — | 3. Oktober |
| 13 | | 55,1 | 10,0 | 5,3 | 7,5 | 0,9 | 10,9 | 3,8 | 5,18 | Mittelzahlen Wolff 1871 |
| 14 | | 49,3 | 6,8 | 7,4 | 8,4 | 1,5 | 14,4 | 5,0 | 4,10 | do. Wolff 1880 |
| 15 | 17,8 | 37,8 | 9,4 | 13,6 | 12,0 | 4,2 | 13,9 | 7,1 | 1,5 | do. Andrlík-Urban 1902/07 |
| 16 | | 40,5 | 6,6 | 14,7 | 8,7 | 4,7 | 15,4 | 7,8 | 1,5 | Spitze der Wurzel |
| 17 | | 39,3 | 8,9 | 16,4 | 9,2 | 2,1 | 14,8 | 7,6 | 1,7 | Mitte der Wurzel |
| 18 | | 34,8 | 12,8 | 2,00 | 8,6 | 1,5 | 12,5 | 6,3 | 3,3 | Kopf der Wurzel |
| 19 | | 37,9 | 15,8 | 13,1 | 7,1 | 2,7 | 11,5 | 9,0 | 2,6 | Teil der mittl. Ringe |
| 20 | | 40,2 | 7,5 | 17,7 | 5,5 | 3,7 | 14,6 | 8,8 | 1,6 | Teil der äuß. Ringe |
| 21 | 18,28 | 37,9 | 7,2 | 15,2 | 10,8 | 4,2 | 16,4 | 6,7 | 1,0 | |
| 22 | 17,14 | 36,1 | 11,0 | 14,8 | 10,7 | 4,5 | 14,8 | 6,8 | 1,1 | |

geht hervor, daß Rüben aus leichtem Sandboden, der also arm an Nährstoffen ist und stark mit Chilesalpeter gedüngt war, in ihrer Asche eine kleine prozentuelle Menge $K_2O$ gegen $Na_2O$ besitzen. Analysen Nr. 8—12 zeigen die Zusammensetzung der Asche in den einzelnen Entwicklungsstadien der Rübe. Die Zahlen sprechen für sich selbst.

Sehr lehrreich sind die Analysen Nr. 13—15. Sie sind Durchschnitte sehr vieler Rübenanalysen und zeigen recht deutlich, daß die Veredlung der Rübe Verminderung des Gehaltes an Alkalien und Zunahme an Kalk, Magnesia und Phosphorsäure zur Folge hatte. Die Analysen Nr. 16—20 zeigen die Aschenzusammensetzung in verschiedenen Teilen der Rübe.

[1] s. S. 191 dieses Buches.

In Nr. 21 und 22 berechneten die beiden Autoren die **Zusammensetzung der Asche für einen bestimmten Zuckergehalt.** Sie fanden in ihren Untersuchungen nämlich, daß, je zuckerhaltiger die Rübe, desto größere Unterschiede in den Bestandteilen der Reinasche zu konstatieren seien. Von einer allgemeinen Durchschnittszusammensetzung der Asche in der Wurzel kann also nicht gesprochen werden. **Verschieden zuckerhaltige Wurzeln weisen eine abweichende Zusammensetzung ihrer Reinasche auf.**

Schließlich seien noch folgende Ergebnisse angeführt: Die kleinste Menge Reinasche (in % auf Rübe) wiesen Rüben vom Jahre 1906 auf, die ohne Salpeter und unter mäßiger Düngung gezüchtet waren: 0,362 bis 0,401 %. Die größten Aschenmengen zeigten Rüben aus einem trockenen Jahre: 0,538—0,602 %. Diese Mengen stiegen mit abnehmendem Zuckergehalt, aber nicht immer in erheblichem Grade.

Die erstangeführten Rüben enthielten am wenigsten Stickstoff: 0,156 %, die letzteren am meisten: 0,317—0,355 %. **Mit sinkendem Zuckergehalt steigt die Stickstoffmenge.** Durchschnittlich kann gelten: 18,40 % Zucker, 0,464 % Reinasche, 0,172 % Gesamtstickstoff.

Zu der von Andrlík aufgestellten Behauptung, der Zuckergehalt der Rübe sei dem Natrongehalt der Asche verkehrt proportioniert, sei hinzugefügt, daß sie Herzfeld nicht für richtig hält[1], wenn das Natron in Form von Kochsalz (NaCl) zugeführt wird. Nur bei Chilesalpeterdüngung gelte die Andrlíksche Behauptung.

Wichtig ist die Kenntnis der Aschenzusammensetzung von Diffusionssäften (Tab. 31). Verfasser hat sie zusammengestellt, um die Übersicht zu erleichtern.

Alle Zahlen beziehen sich auf 100 Teile Zucker, sind also untereinander vergleichbar.

Wenn auch teilweise die verschiedenen angewendeten Methoden, dann die Umrechnung auf Zucker jeden Fehler vervielfachen, so zeigen alle Zahlen deutlich, **welch ein verschieden zusammengesetztes Produkt der Rohsaft, bzw. die Rüben sind, und leicht wird erklärlich, warum sich verschiedene Säfte bei ihrer Verarbeitung verschieden verhalten.**

Über die Zusammensetzung des anorganischen Nichtzuckers des Rohsaftes gibt folgende Zusammenstellung deutlich Aufschluß:

Tabelle 31. Diffusionssaftaschen. In 100 Teilen Asche sind:

| $K_2O$ | $Na_2O$ | CaO | MgO | $Fe_2O_3+$ $Al_2O_3$ | In HCl unlösl. | $P_2O_5$ | $SO_3$ | Cl | $CO_2$ der Asche | | Bemerkungen |
|---|---|---|---|---|---|---|---|---|---|---|---|
| 40,92 | 2,95 | 0,61 | 8,28 | 0,78 | 0,94 | 10,09 | 4,77 | 1,87 | 13,45 | min } | 1898/99, Andrlík, Urban, Stanek (Z. f. Z. i. B. 1900, S. 209). |
| 45,29 | 6,34 | 5,38 | 11,35 | 2,59 | 3,70 | 16,77 | 7,79 | 3,67 | 18,61 | max } | |
| 42,00 | 4,00 | 0,26 | 7,94 | 0,61 | 0,57 | 10,73 | 3,52 | 1,49 | 14,09 | min } | 1899/1900 (Z. f. Z. i. B. 1900/01, S. 403). |
| 46,57 | 8,69 | 3,09 | 10,00 | 2,20 | 2,99 | 17,63 | 6,41 | 2,90 | 17,38 | max } | |
| 43,90 | 5,07 | 1,94 | 8,22 | 0,55 | — | 6,44 | 5,75 | 2,19 | — | min } | 1904/05 in 100 T. Reinasche. |
| 54,26 | 9,31 | 8,49 | 19,56 | 2,17 | — | 20,40 | 18,44 | 2,82 | — | max } | |

[1] D. Z. 1908, S. 390.

Auffallend ist das Überwiegen der Magnesia gegenüber dem Kalk; dasselbe stellte Herzfeld fest: er fand in Diffusionssäften rund viermal so viel Magnesia als Kalk[1]. Dies steht in Übereinstimmung mit der Behauptung Andrlíks[2]. Auffallenderweise gilt dies — trotz des Befundes Andrlíks[3] — nicht auch für die Rübe, wie aus der Zusammensetzung der Reinasche (Tab. 30) hervorgeht.

An Alkalien reichere Rüben sind bei feuchtem Wetter zu erwarten, da die Rübe dem Boden mehr Nährstoffmengen entnehmen kann. So hat man Betriebssäfte mit ständiger Alkalität, aber weniger reinere infolge höheren Gehaltes an anorganischem Nichtzucker. In Übereinstimmung mit schon früher dargelegten Korrelationen fand J. Urban in (71) Rüben um Mitte August

|  | min. | max. | durchschnittl. |
|---|---|---|---|
| Kali in der Wurzel . . . | 0,135 | 0,301 | 0,208 % $K_2O$ |
| Natron in der Wurzel . . | 0,018 | 0,150 | 0,058 % $Na_2O$ |

Je größer der Natrongehalt und je mehr Natron im Verhältnis zum Kali die ganze Rübenpflanze enthält, desto zuckerärmer ist die zugehörige Wurzel — was nur im Durchschnitte, nicht für die einzelne Rübe gilt[4].

Es braucht nicht erst hervorgehoben zu werden, daß alle mitgeteilten Zahlen über Aschenmengen und -bestandteile Durchschnittszahlen aus vielen Untersuchungen, daher nicht auf jeden speziellen Fall anwendbar sind und in Einzelfällen oft ganz bedeutende Abweichungen von den angegebenen Werten vorkommen können.

Ohne auf Einzelheiten einzugehen, seien ohne Angabe von Beweismaterial — indem Verfasser auf die Zusammenstellungen Rümplers verweist[5] folgende Leitsätze hervorgehoben: Der Aschengehalt wächst mit den Niederschlägen; Lehmboden liefert die ascheärmsten, Moorboden die aschereichsten Rüben. Dazwischen steht der Sandboden.

Daß auch Lithium, Mangan, Bor, Strontium, Jod, Kupfer und andere seltene Metalle in Rübenaschen sporadisch gefunden wurden, sei nur erwähnt. Anwesenheit von Rubidium im Rübensafte stellten fest Scheibler und später wieder Pfeiffer[6].

Die Löslichkeit aller genannten Salze im Wasser ist größtenteils so beschaffen, daß sie leicht aus der Rübe in den Betrieb gelangen können. Die Löslichkeitsverhältnisse in Zuckerlösungen wurden bereits zusammenhängend dargestellt.

Was oben von den Aschenbestandteilen gesagt wurde, gilt auch von den Stickstoffsubstanzen: ihre Menge nimmt ab mit zunehmendem Zuckergehalte der Rüben.

In seiner schon oben angeführten Untersuchung über den „Stickstoff- und Aschengehalt von Zuckerrübenproben des Jahres 1898“

---

[1] Z. V. D. Zuckerind. Bd. 69, S. 207, 1919.
[2] Kongreß f. angew. Ch. in Berlin. Z. V. D. Zuckerind. 1903, S. 906.
[3] In 100 Teilen Asche der frischen Schnitzel 5,75 % CaO und 9,27 % MgO (s. aber Analyse Nr. 15 der obengenannten Tabelle).
[4] Z. f. Zuckerind. XLI, S. 415, 1916/17.
[5] Rümpler: Nichtzuckerstoffe der Rüben 1898, S. 78ff.
[6] Z. V. D. Zuckerind. 1863, S. 170; 1872, S. 783.

führte A. Herzfeld an, daß diese zuckerreicher und ärmer an Asche und Stickstoffsubstanzen (die einzeln ermittelt wurden) sind als z. B. die im Jahre 1880 von Bode untersuchten Rüben. Herzfeld spricht sogar von „gewaltigen Veränderungen"[1]. Das gleiche gilt natürlich von Rüben des Jahres 1928, wie so viele Analysen in diesem Buche zeigen.

Die Beziehungen des Zuckergehaltes der Rübe zum Nichtzuckergehalte spielen auch eine wichtige Rolle für die Wertbestimmung der Rüben; sie sind daher ergänzend im Kapitel 6 angegeben.

Literatur.

Lippmann, E. O. v.: Die Chemie der Zuckerarten. Braunschweig. — Tollens, B.: Kurzes Handbuch der Kohlenhydrate. 2 Bde. Breslau 1895, 1898. — Rümpler, A.: Die Nichtzuckerstoffe der Rüben. Braunschweig 1898. — Trier, G.: Chemie d. Pflanzenstoffe. Berlin 1924. — Euler, H.: Grundlagen u. Ergebnisse d. Pflanzenchemie. Braunschweig 1908. — Czapek, F.: Biochemie der Pflanzen, Bd. III, 1921. — Abderhalden, E.: Biochemisches Handlexikon, Bd. VI, 1911. — Cohnheim, O.: Chemie der Eiweißkörper. 3. Aufl. Braunschweig 1911. — Fischer, E.: Untersuchungen über Aminosäuren, Polypeptide u. Proteine. 1906. — Osborne: Proteine der Pflanzenwelt. In Abderhaldens Biochem. Handlexikon IV, 1910. — Czapek, F.: Biochemie d. Pflanzen II. Jena 1920. — Oppenheimer, Carl: Die Fermente und ihre Wirkungen. 5. Aufl. Leipzig 1924. — Green, J. Reynold und Windisch, W.: Die Enzyme. Berlin 1901. — Abderhalden: Handbuch der biochemischen Arbeitsmethoden. Bd. III, 1910. — Euler, H.: Chemie der Enzyme. 2. Aufl., 1920—1922. — Funk, C.: Die Vitamine. 3. Aufl. München 1924. — Berg, R.: Die Vitamine. Leipzig 1922. — Abderhalden, E.: Nahrungsstoffe mit besonderen Wirkungen. Berlin 1922.

Sechstes Kapitel.

# Wertbestimmung der Rüben.

### a) Der Zuckergehalt der Rüben und seine Bestimmung.

Es gibt heute im wesentlichen nur zwei Untersuchungsarten: die alkoholische Extraktion nach Scheibler und die wäßrige Digestion in verschiedener Ausführung.

In ihrer „Studie über die Zuckerbestimmung in der Rübe"[2] führen Vl. Staněk und J. Vondrák einleitend die Mängel der beiden Methoden folgendermaßen an:

....muß man leider konstatieren, daß heute der Zuckergehalt der Rübe auf Zehntelprozente genau nicht festgestellt werden kann. Die Hindernisse, denen man bei der Rübenanalyse begegnet, sind verschiedener Art. So ist der Zucker von zahlreichen optisch-aktiven Nichtzuckerstoffen (Glutamin, Asparagin, Raffinose, Invertzucker, Pektine usw.) begleitet, die rechtsdrehend oder aber linksdrehend sind und überdies ihre Aktivität bei der Mehrzahl der chemischen Eingriffe ändern — z. B. infolge Wirkung des basischen Bleiacetats bei der Klärung, infolge Erwärmens bei der Digestion, der Kalkscheidung, Saturation usw., ja auch die Saccharose selbst ändert beim Zusatz verschiedener Reagenzien ihr Drehungsvermögen (z. B. zufolge Wirkung des Bleiessigs in alkoholischen Extrakten des Rübenbreies, wie weiter unten angeführt werden wird). Nur durch die von diesen Einflüssen hervorgerufenen Fehler belastet ist die Extraktionsmethode; bei den

---

[1] Z. V. D. Zuckerind. 1898, S. 827.
[2] Z. d. tschsl. Zuckerind. VIII, S. 101, 1926.

Digestionsmethoden kommen noch weitere Fehler dazu — der Einfluß des unbekannten und veränderlichen Volumens des in der Probe enthaltenen
Markes, resp. Saftes sowie der Einfluß des bei der Klärung entstandenen Niederschlages, der durch sein ebenfalls nicht konstantes Volumen das Gesamt-
volumen der Digestionsflüssigkeit und damit auch das Ergebnis ändert; außerdem
absorbiert aber der Niederschlag unbekannte Zuckermengen, was auch die
Einführung einer richtigen Korrektion hindert. Bei der Ausarbeitung neuer analytischer Methoden war es natürlich nicht möglich, diese Einflüsse an künstlichen
Gemischen von bekanntem Zuckergehalt zu prüfen, und es wurde daher die Scheiblersche Extraktionsmethode aus dem Jahre 1878[1] als richtig angesehen.

Wir haben uns angewöhnt, die Scheiblermethode als etwas Absolutes zu betrachten, jedoch mit Unrecht, denn sie ist nicht nur durch den angeführten,
durch das Drehungsvermögen der Nichtzuckerstoffe (insofern sie im alkoholischen
Medium mit basischem Bleiacetat nicht niedergeschlagen werden) bedingten Fehler
belastet, sondern auch durch einen weiteren, nämlich durch eine ziemlich bedeutende Änderung des Drehungsvermögens in alkoholischer Lösung bei
Gegenwart von Acetaten (des Bleis und der Alkalien), wie die Untersuchungen
vieler Forscher ergaben.

Wurde schon durch diese Studie der Wert der Scheiblerschen Extraktion bedeutend herabgemindert, so verlor sie ganz ihre Bedeutung
durch die ein Jahr später angestellten Untersuchungen A. Dolineks
über „die Zuckerbestimmung in der Rübe nach der Extraktionsmethode"[2]. In dieser wurde der Einfluß aller Bedingungen der Extraktion auf die optische Aktivität (Drehungsänderung), also der Einfluß des basischen Bleiacetates, der Extraktionsdauer und Temperatur,
des Alkohols auf den Zucker und optisch aktiven Nichtzucker studiert.
Er fand — unter den bekannten Bedingungen —, daß die Raffinose
(im positiven Sinne) und das Glutamin (im negativen Sinne) einen
auffälligeren Einfluß auf die Zuckerbestimmung ausüben, Asparagin
und Invertzucker infolge ihres geringen Vorkommens (in normalen
Rüben) nicht in Betracht gezogen werden müssen. Mit folgenden
Schlußbetrachtungen kommt Dolinek zu einer völligen Ablehnung der
Extraktionsmethode:

„Wie aus den Beobachtungen der alkoholischen Rübenauszüge
sowie der künstlich hergestellten alkoholischen Lösungen ersichtlich
ist, unterliegt die Alkoholextraktion so vielen Einflüssen auf die optische
Drehung des Extraktes, daß sie unter den normalen Bedingungen befriedigende Resultate innerhalb der Grenzen von 0,2—0,3 % der Polarisation gar nicht geben kann; durch die langandauernde Erwärmung
sowie durch den Einfluß des bas. Bleiacetates in alkoholischer Lösung
entstehen große Veränderungen in der optischen Rotation der Saccharose
und der sie begleitenden Stoffe. Aus diesem Grunde wäre es im Interesse aller Zuckerfabrikschemiker, von der Zuckergehaltsbestimmung in
der Rübe nach der Extraktionsmethode abzulassen. Obwohl die Methode der alkoholischen Extraktion für die einzig richtige gehalten
wurde und vielfach bisher noch gehalten wird, sind die Digestionsmethoden weit genauer, schneller und billiger."

Da die alkoholische Extraktion heute nicht mehr als Standard-
methode angesehen werden kann, erübrigt es sich, jene älteren Arbeiten

---

[1] Neue Zeitschrift f. Rübenzuckerindustrie 1879, S. 1.
[2] Z. d. tschsl. Zuckerind. VIII, S. 499, 1927.

anzuführen, die die wäßrige Digestion mit ihr verglichen, um den Wert der Wasserdigestion zu prüfen.

Diese ist heute die üblichste, und nur sie sei hier betrachtet.

Bekanntlich werden, um das Volumen des Markes im Normalgewicht (26 g) Rübenbrei zu berücksichtigen, Meßkolben mit dem Inhalte von 100,6 cm³ für das einfache oder von 201,2 cm³ für das doppelte Normalgewicht angewendet. Diese Korrektur, bzw. dieses Volumen wurde beibehalten, obwohl schon lange dessen Richtigkeit bezweifelt und andere Werte von verschiedenen Analytikern angegeben wurden. Doppelte bis vierfache Werte wurden angeführt, wie der schönen Literaturzusammenstellung in der obengenannten Untersuchung zu entnehmen ist.

In der eben genannten „Studie" und in einer fortsetzenden Untersuchung „über die Bestimmung des wirklichen Gehaltes an Polarisationszucker in der Rübe durch wäßrige Digestion und über die durch das Volumen der Marksubstanz verursachten Fehler"[1] fanden Vl. Staněk und J. Vondrák tatsächlich, daß das Volumen des Markes (und des bei der Klärung mit basischem Bleiacetat ausgeschiedenen Niederschlages) des eingewogenen Rübenbreies für das Normalgewicht (26 g) im Durchschnitte 1,54 cm³ beträgt und nicht, wie bis dahin angenommen wurde, nur 0,6 cm³. Ihre Ergebnisse halten sie schon so gesichert, daß sie für die „einheitlichen Methoden" schon eine neue Vorschrift für die Ausführung der Digestion gaben. Bei Nichteinhaltung dieser, also bei Ausführung der älteren Vorschrift (0,6 cm³ für 26 g Brei) findet man für den Zuckergehalt Werte, die um ungefähr 0,08—0,34 % zu hoch sind (normale Kolbenmethode).

Spengler und Brendel, die zur gleichen Zeit die gleichen Untersuchungen anstellten, fanden, daß im Normalgewichte Rüben 2,42 g Markhydrat mit dem Volumen $\frac{2,42}{1,3} = 2,1$ cm³ vorhanden sind; die Digestion müßte also in einem Kolben mit der Marke 202,1 cm³ geschehen. Fand man in einem Kolben mit der Marke 200,6 beim Normalgewicht einen Zuckergehalt von z. B. 16,0 %, so würde man bei dem anderen Kolben finden $\frac{16 \cdot (206,6—2,1)}{200} = 15,88$ %, also 0,12 % Zucker weniger, und um so viel würden sich die unbestimmbaren Verluste verringern.

Hervorgehoben werden muß, daß Saillard die Ergebnisse über das Markvolumen beider Autoren nicht gelten läßt; nach ihm sind die durch das abweichende Markvolumen bei der Digestion verursachten Fehler nur gering[2]. Demgegenüber wies O. Spengler neuerdings darauf hin, daß auch bei markarmen Rüben das Markvolumen größer sei, als bisher angenommen wurde[3].

---

[1] Z. d. tschsl. Zuckerind. IX, S. 165, 1927.
[2] Circ. hebd., durch Rundschau, Juli 1927, Nr. 11, S. 43.
[3] D. Z. 1927, S. 868.

### b) Der optisch aktive Nichtzucker.

Bei der Besprechung der einzelnen Nichtzuckerstoffe und ihrer
Abbauprodukte wurde oft gezeigt, daß es solche gibt, die optisch aktiv
sind. Die optischen Konstanten wurden ebenfalls mitgeteilt. Da der
Zucker in der Rübe sowie in allen anderen Produkten auf Grund seiner
optischen Aktivität bestimmt wird, so ist es möglich, daß die gleichfalls vorhandenen Nichtzuckerstoffe das Resultat beeinflussen und den
Gehalt an Rohrzucker entweder zu hoch oder zu niedrig erscheinen
lassen.

Diese Stoffe sind: Äpfel-, Wein-, Arabin- und Saccharinsäure,
Galaktan, Dextran, Invertzucker, Raffinose, und von stickstoffhaltigen
Nichtzuckerstoffen: Amide und Aminosäuren (Leucin, Tyrosin, Asparagin, Glutamin und die beiden zugehörigen Säuren), die Eiweißkörper
und ihre Abbauprodukte, die Peptone und Propeptone.

Da vor jeder Polarisation behufs Klärung der wäßrige oder alkoholische Extrakt oder Digestionssaft mit Bleiessig versetzt wird, ist
das chemische und physikalische Verhalten der entsprechenden Blei-
verbindungen maßgebend. Für die Äpfelsäure, bzw. ihre Bleisalze gilt,
daß sie im Wasser wenig löslich sind; auch das Bleitartrat ist nur sehr
wenig löslich. Diese beiden Säuren (Äpfel- und Weinsäure) werden demnach die Polarisation des Zuckers nur sehr wenig beeinflussen. Noch
weniger bei Anwendung von Alkohol, weil in diesem deren Bleisalze
noch schwerer löslich sind.

Saccharinsäure, Dextran und Lävulan kommen in Rüben nicht und
in Produkten der Fabrikation nur ausnahmsweise vor; höchstens das
γ-Galaktan Lippmanns, welches bei der Wasserpolarisation rechtsdrehend ist. Dasselbe gilt von der Arabinsäure.

Ein gefährlicher, optisch aktiver „Nichtzucker" ist die Raffinose.
Darüber war man alsbald einig, daß diese in wäßriger Lösung durch
Bleiessig nicht gefällt wird, daß also bei wäßriger Digestion Pluspolarisation auftritt. Ihre Ausfällung sollte bei Alkoholgegenwart — also bei
alkoholischer Extraktion — jedoch der Fall sein. Tollens stellte fest[1],
daß durch Bleiessig und Alkohol — besonders beim Erhitzen — wohl
selbst recht verdünnte Lösungen von Raffinose gefällt werden, diese
Fällung aber bei Gegenwart von genügenden Rohrzuckermengen verhindert wird. Da sich Rübensäfte so wie Zuckerlösungen verhalten
dürften, ist die von Lippmann schon früher behauptete Nichtausfüllung
der Raffinose durch Bleiessig und Alkohol von Tollens neuerdings
gestützt. Kleine Raffinosemengen im Rübensaft werden also
selbst bei der alkoholischen Extraktion die Polarisationsergebnisse beeinflussen.

Den Fehler, den die Anwesenheit von Invertzucker bei der
Zuckerbestimmung durch die wäßrige Digestion verursachen kann,
studierten Vl. Staněk und J. Vondrák[2]. In normalen Rüben, die

---

[1] Z. V. D. Zuckerind. 1889, S. 748.
[2] Z. d. tschsl. Zuckerind. VIII, S. 219, 1927.

bloß gegen 0,1 % Invertzucker enthalten, kann der durch seine Linksdrehung verursachte Fehler vernachlässigt werden. Bei der Annahme, daß die Linksdrehung des Invertzuckers einem Drittel der Rechtsdrehung der entsprechenden Saccharosemenge gleich kommt, bewegt sich der Fehler bei normaler Rübe bloß in Hundertstelprozenten und tritt nicht aus den Grenzen des Beobachtungsfehlers heraus, dagegen ist aber bei alterierten Rüben der Fehler bei der Zuckerbestimmung schon sehr fühlbar. Zur Gewinnung genauerer Ergebnisse ist es üblich (insofern der Clergetzucker nicht bestimmt wurde), in solchen Fällen dem polarimetrischen Befunde etwa ein Drittel[1] der durch direkte Bestimmung festgestellten Invertzuckermenge zuzuschlagen, wodurch der durch seine Linksdrehung verursachte Fehler ausgeglichen werden soll.

Die beiden Forscher fanden, daß bei der Analyse alterierter Rüben von höherem Invertzuckergehalt eine Korrektion für seine Linksdrehung nach der im Digestionssafte bestimmten Invertzuckermenge nicht möglich ist. In solchen Fällen muß der wirkliche Zuckergehalt ermittelt werden (Clergetmethode o. a.).

Pellet untersuchte den Einfluß, den die bekanntesten stickstoffhaltigen optisch-aktiven Substanzen unter den Bedingungen der Rübenanalyse (wäßrige Lösungen, dann solche mit Bleiessigzusatz behufs Klärung, Clergetmethode) ausüben können. Folgende Lösungen waren meist einprozentig hergestellt. Die Resultate sind auf das Drehungsvermögen des Zuckers = 100 bezogen[2].

Tabelle 32.

Das optische Verhalten stickstoffhaltiger Nichtzuckerstoffe.

| | Glutamin | Glutamin-säure | Asparagin | Asparagin-säure | Asparagin-saures Na |
|---|---|---|---|---|---|
| Wäßrige Lösung . . . . | + 7 | + 16,0 | — 9,0 | + 9,0 | — 22,0 |
| In Bleiessiglösung. . . . | — 24 | — 33,0 | + 84,0 | + 18,9 | + 248,6 |
| (10 % des Reagens) | | | | | |
| In HCl-Lösung . . . . | + 44 | + 42,2 | + 46,2 | + 35,2 | + 25,3 |
| (10 % der Säure) | | | | | |

| | Asparagin-saures K | Glutamin-saures Na | Glutamin-saures K | Raffinose | Invert-zucker |
|---|---|---|---|---|---|
| Wäßrige Lösung . . . . | — 19,0 | — 7,50 | — 10,0 | + 172 | — 32,0 |
| In Bleiessiglösung. . . . | + 235,0 | — 13,75 | — 15,1 | + 154 | |
| (10 % des Reagens) | | | | | |
| In HCl-Lösung . . . . | + 25,8 | + 39,6 | + 36,3 | + 172 | |
| (10 % der Säure) | | | | | |

Diese Zusammenstellung zeigt, daß bei der Bestimmung des Zuckers in der Rübe bei Anwendung von Wasser als Auslaugeflüssigkeit und Bleiessig zur Klärung Glutaminsäure und ihre genannten Verbindungen im negativen, Asparaginsäure und ihre Verbindungen im positiven Sinne das Resultat beeinflussen. Leucin, Tyrosin, die Eiweißstoffe und

---

[1] Nach verschiedenen Autoren verdeckt 1 % Invertzucker 0,32—0,34 % Saccharose. [2] Z. V. D. Zuckerind. 1911, S. 435.

Peptone sind zu wenig studiert und in unbedeutender Menge vorhanden.

Zu der seinerzeit so brennenden Frage: Wasser- oder Alkoholmethoden zur polarimetrischen Bestimmung des Zuckers in der Rübe nahm u. a. auch Weisberg das Wort[1]. Da wohl die rechtsdrehenden Pektinkörper der Rübe in Alkohol unlöslich sind, aber — falls wäßrige Digestion angewendet wurde — aus dieser Lösung durch Bleiessig vollständig ausgefällt werden, sind beide Methoden einander gleichwertig. Den anderen polarisierenden Nichtzuckerstoffen der Rübe legt Weisberg nicht viel Gewicht bei, „sie scheinen eher eine rein wissenschaftliche als praktische Rolle" bei der Rübenanalyse zu spielen. „Die Menge derselben muß wohl so unbedeutend sein, daß unter den gewöhnlichen Bedingungen der Rübenanalyse ihr Einfluß auf die Polarisation sich nicht wahrnehmen läßt." Auch in bezug auf Raffinose seien beide Methoden gleichwertig, weil diese Zuckerart in beiden Lösungsmitteln löslich ist.

Ähnliche Resultate fanden Clerc, Petermann, Strohmer und Jesser[2], so daß die Pelletsche kalte oder warme Wasserdigestion — die Alkoholextraktion Scheiblers als maßgebend und richtig vorausgesetzt — mit dieser völlig übereinstimmende Zahlen ergibt, was selbst für ganz abnormale Rüben gilt, wie Jesser zeigte[3]. Kovař ist gegen jede Wasserdigestion; diese soll immer durch die Scheiblersche Extraktion kontrolliert werden[4], ein Standpunkt, der damals allgemein eingenommen wurde, aber heute nicht mehr aufrechterhalten werden kann.

Neumann fand im Jahre 1905 in Rübensäften bis 0,44% rechtsdrehender Stoffe (Differenz zwischen Polarisation und Clergetzucker).

Diese Befunde führte er auf das Vorhandensein einer rechtsdrehenden Nichtzuckersubstanz in der Rübe zurück, deren Menge in verschiedenen Jahrgängen verschieden hoch sei. Ähnliches fanden Strohmer und Fallada in Rüben der Kampagne 1907/08 (bis 2%); Andrlík und Staněk viel weniger. Raffinose oder Aminosäuren waren diese Körper nicht. Sie sollen durch Einwirkung des Kalkes zersetzbar oder ausscheidbar sein. Strohmer und Fallada fanden die Quelle für ihre rechtsdrehenden Substanzen im Rübenmark — es waren also Pektinkörper[5].

Herles wies wie Andrlík und Staněk optisch-aktive, durch Kalk zersetzbare Nichtzucker in der Rübe nach; durch Kalkeinwirkung vermindert sich ihr Polarisationsvermögen und erhöhen sich daher bei deren Anwesenheit die „unbestimmbaren Verluste". Herles arbeitete eine eigene Untersuchungsmethode aus, um diese Stoffe quantitativ bestimmen zu können[6]. Im

---

[1] Ö. U. Z. f. Zuckerind. XVII, S. 736; 1888, 1889, S. 4.
[2] ebd. XVIII, S. 12, 1889. Z. V. D. Zuckerind. 1889, S. 170, 580.
[3] Ö. U. Z. f. Zuckerind. XVIII, S. 593, 1889.
[4] ebd. XXIX, S. 182, 1900.   [5] ebd. XXXVIII, S. 329, 1908.
[6] Z. f. Zuckerind. i. B. XXXIX, S. 391 und 403, 1920/21: „einheitliche Methoden".

Prinzip ist diese Bestimmung eine direkte Polarisation der Rübe und eine Polarisation nach Behandlung mit Kalk in der Wärme. So kam er zu Differenzen bis 0,45% Zucker. Seine Anschauungen hielt er Weisberg gegenüber aufrecht. Die Menge dieser Stoffe hängt von Witterungs- und anderen örtlichen Umständen ab, so daß auch Jahrgänge vorkommen können, die gar keine, oder solche, die mehr von diesen enthalten können. Nach Modifikation seiner ersten Untersuchungsmethode fand Herles bis 0,57% rechtsdrehender Stoffe, bzw. Polarisationsverluste durch Kalkeinwirkung. So wie Strohmer und Fallade (s. o.) einen größeren Anteil rechtsdrehender Nichtzuckerstoffe in den Rüben fanden, so auch Kopecky[1] bis 1,5%, während Vl. Staněk nie Rüben „mit derart hohen Unterschieden zwischen direkter und Clergetpolarisation unter den Händen hatte". Er fand nur Werte von 0,07 bis 0,2% auf Rübe. Seine Versuche, den rechtsdrehenden Nichtzuckerstoff zu identifizieren, führten nur dazu, diesen als löslich in Alkohol zu erkennen und machten es wahrscheinlich, daß er eher ein Monosaccharid als ein Polysaccharid (z. B. Pektinkörper) sei[2].

### c) Die Nichtzuckerstoffe der Rüben in technologischer Hinsicht.

Die Nichtzuckerstoffe der Rübe setzen sich aus anorganischen und organischen Bestandteilen zusammen, die aber nicht alle für die Zuckerfabrikation von gleichem Wert, bzw. von gleicher Schädlichkeit sind. Nur ein Teil dieser Körper geht in die Saturationssäfte über und begleitet den Zucker bis zur Melasse, wo er denselben am Auskrystallisieren hindert. Jene Nichtzucker, die teils nicht einmal in die Diffusionssäfte gelangen oder doch mittels der Reinigung derselben ausgeschieden werden, haben weiter keinen schädlichen Einfluß im Betriebe. Die anorganischen und organischen Stoffe aber (Alkalien, Aminosäuren, Betain, stickstofffreie organische Säuren), die bis in die Melasse wandern, heißen die schädlichen Nichtzuckerstoffe, bzw. schädliche Asche (Alkalien, Schwefelsäure, Chlor) und schädliches Organat. Die schädlichen stickstoffhaltigen Substanzen, deren Menge nach ihrem Stickstoffe ermittelt wird, heißen schädlicher Stickstoff.

Der Begriff des schädlichen Stickstoffes stammt von Herzfeld aus dem Jahre 1888. Unschädlich sind die Eiweißkörper und Ammoniakverbindungen, der Rest ist „schädlich".

Im Verlaufe seiner Arbeit über Stickstoffdüngung der Rüben, worin er auch die einzelnen Stickstofformen der Rüben analytisch ermittelte (s. Kap. 5i), sagte Herzfeld:

„Von den Stickstoffverbindungen sind dem Zuckerfabrikanten die Eiweißverbindungen am wenigsten gefährlich, weil dieselben bei richtig geleiteter Scheidung und Saturation fast sämtlich aus dem Safte entfernt werden können; unschädlich ist ferner derjenige Teil des Ammoniaks, welcher bei der Scheidung in die Luft entweicht — die übrigen Stickstoffverbindungen

---

[1] Z. f. Zuckerind. i. B. XXXIV, S. 44, 1909/10.
[2] ebd. XLII, S. 218, 1917/18.

dagegen erweisen sich wohl ausnahmslos als arge Melassebildner.
Zum Vergleiche subtrahiere ich deshalb Eiweiß- und Ammoniakstickstoff vom Gesamtstickstoff . . ." und erhält so den schädlichen Stickstoff[1].

Wenn man aus Herzfelds Analysen die Summe des Stickstoffes
für Eiweiß und Ammoniak vom Gesamtstickstoffe subtrahiert, so erhält
man folgende Werte für den schädlichen Stickstoff: ungedüngte Rüben
0,05 %, stark gedüngte 0,14 % (Dünger?); mit wenig Stickstoff gedüngt
0,155, mit viel Stickstoff 0,17 % (Chilesalpeter); ferner ergaben die
Bernburger Rüben je nach Düngemittel 0,25, 0,62 und 0,42 % schädlichen Stickstoff in der Trockensubstanz.    Auf Rübe selbst bezogen,
finden sich die entsprechenden Werte auf S. 179 verzeichnet.

Andrlík bemühte sich, den schädlichen Stickstoff in der Rübe und
in den Fabrikationssäften festzustellen.

In dem zu untersuchenden Produkte werden die fällbaren Stickstoffverbindungen durch Kupferhydroxyd und Zusatz von schwefelsaurer Tonerde gefällt,
im Filtrate einerseits der Gesamtstickstoff nach Kjeldahl und der Ammoniak-
und Amidstickstoff nach Schulz bestimmt. Die Differenz ist der schädliche Stickstoff[2].

Das Prinzip dieser Analyse ist also die Bestimmung jenes Stickstoff-
anteils, welcher nach dem Ausfällen der Eiweißkörper und Beseitigung
des Ammoniaks und des Amidstickstoffes in Lösung verbleibt.

Die Schädlichkeit dieses Stickstoffes ist darin begründet, daß er
aus der Rübe quantitativ in den Preßsaft, zu 95—96 % in den Rohsaft
übergeht und dann unvermindert in den geschiedenen und saturierten
Säften zu finden ist. Rüben, die reicher an schädlichem Stickstoff sind, geben auch schlechtere Diffusionssäfte. Daneben macht sich noch der Charakter des Gesamtstickstoffes
geltend.

Zum Begriffe des „schädlichen Stickstoffes" sei hinzugefügt, daß
er nicht wörtlich genommen werden darf; denn er setzt voraus, daß
die Eiweißstoffe „unschädlich" seien, was aber nicht zutrifft, wie
Smolenski hervorhob (s. Kap. 25a). Nichtsdestoweniger bedeutet die
Einführung dieses technologisch-analytischen Begriffes
einen sehr großen Fortschritt in der Erkenntnis der Nichtzuckerstoffe und ihrer Bedeutung für die Erscheinungen
im Betriebe.

Die schädlichen Stickstoffverbindungen sind die größten
Melassebildner; in der Melasse entfallen auf 1 Teil schädlichen Stickstoff 25—27 Teile Zucker. Von zwei Rüben mit gleichem Zuckergehalte
und mit ungleicher Menge an schädlichem Stickstoffe ist die mit geringerem Gehalte an letzterem die bessere, denn sie gibt weniger
Melasse.

---

[1] Es möge hier daran erinnert werden, daß schon Scheibler die Frage nach
dem schädlichen Stickstoff im Jahre 1866 eigentlich vorausgeahnt hat (S. 145
dieses Buches). Z. V. D. Zuckerind. 1888, S. 121.

[2] „Die Bestimmung des schädlichen Stickstoffes in der Rübe und in Zuckerfabriksprodukten" in Z. f. Zuckerind. i. B. XXIX 1904/05, S. 513.

Andrlík stellte folgende Formel auf, um die zu erwartende Melassemenge aus dem schädlichen Stickstoffe zu berechnen:

$$\text{Melasse} = \frac{\text{schädlicher N der Rübe} \cdot 0,9 \cdot 25}{\text{Polarisation der Melasse.}}$$

Der Faktor 0,9 entstand von der Annahme, daß 90 % des schädlichen Stickstoffes der Rübe in den Diffusionssaft übergehen; der Faktor 25 von dem oben angegebenen Verhältnis zwischen Zucker und schädlichem Stickstoffe in der Melasse. 25 gilt für gut, 27 für schlecht entzuckerte Melassen. Nach dieser Formel erhält man die Gesamtmelasse der Rohzuckerfabrik, also auch jene Menge, die dem Rohzucker anhaftet (ca. 1,5—1,7). Um diesen Betrag ist der durch die Formel berechnete zu vermindern, um die resultierende „Melasse" zu ergeben.

Aus später zu beschreibenden Diffusionsversuchen Andrlíks stammen über den schädlichen Stickstoff und sein Verhältnis zu dem Gesamtstickstoff und zu den andern Stickstofformen folgende Angaben:

Theoretisch ist der schädliche Stickstoff der Rübe jener, den man nach Subtraktion des Eiweiß-, Ammoniak- und Amidstickstoffes vom Gesamtstickstoff erhält. Praktisch aber kann man den schädlichen Stickstoff nicht genau feststellen.

An einigen Beispielen sollen die quantitativen Verhältnisse gezeigt werden. In der Rübe ist gewesen:

Tabelle 33.

Der schädliche Stickstoff und die anderen Stickstofformen.

| Gesamt-N | Eiweiß-N | Ammoniak-Amid-N | Schädlicher N | |
|---|---|---|---|---|
| | | | der Rübe | des Gesamt-N |
| % | % | % | % | % |
| 0,306 | 0,120 | 0,052 | 0,134 | 43,8 |
| 0,315 | 0,127 | 0,053 | 0,135 | 42,8 |
| 0,266 | 0,107 | 0,036 | 0,123 | 46,2 |
| 0,234 | 0,112 | 0,021 | 0,101 | 43,2 |
| 0,187 | 0,104 | 0,014 | 0,069 | 36,9 |
| 0,165 | 0,098 | 0,014 | 0,053 | 32,1 |
| 0,154 | 0,104 | 0,007 | 0,042 | 27,3 |
| 0,135 | 0,093 | 0,007 | 0,035 | 25,9 |
| 0,129 | 0,090 | 0,006 | 0,033 | 25,6 |

Aus dieser Tabelle ist zu ersehen, daß mit steigendem Gesamtstickstoff auch der schädliche steigt und umgekehrt. Stickstoffarme Rüben enthalten nur $\frac{1}{4}$—$\frac{1}{3}$ ihres Gesamtstickstoffes als schädlichen, stickstoffreiche Rüben bis zur Hälfte.

Auch Friedl bestätigt diesen innigen Zusammenhang zwischen Gesamt- und schädlichem Stickstoff (s. S. 217).

Für russische Rüben fanden Duschsky und seine Mitarbeiter nicht derartige Beziehungen. Bei Betrachtung ihres Zahlenmaterials für gesunde wie verdorbene Rüben sieht man eine direkte Proportionalität zwischen dem Gesamtstickstoff und dem schädlichen Stickstoffe.

Dies geht auch aus den wiedergegebenen Analysen der Minima und Maxima hervor (s. Kap. 5 h). Fast ausnahmslos würde aus ihren Analysen der Satz gelten: Je größer der Gesamtstickstoff, desto größer der schädliche Stickstoff der Rüben. Auch fanden sie wie Andrlík die Regel: je größer der Gehalt der Rüben an Gesamtstickstoff, desto geringer ist der Eiweißstickstoff, ohne daß eine Gesetzmäßigkeit herrschen würde[1].

### d) Der Zuckergehalt der Rüben und seine Beziehungen zum Nichtzucker.

Der Zuckergehalt der Rübe ist wohl ein Faktor bei ihrer Wertbestimmung, aber nicht der einzige oder ausschließliche. Im allgemeinen wird wohl die zuckerreichere Rübe vom technischen Standpunkte die bessere sein, aber nicht unter allen Umständen. Auch ihre Nichtzuckerstoffe müssen zur Bewertung herangezogen werden. Daß die Größe, Form der Rübe u. a. Umstände den fabrikativen Wert der Rübe mitbestimmen, ist bekannt — hier interessieren indessen bloß die chemischen Wertfaktoren. Diese, den Zucker und die Nichtzucker, kann man analytisch feststellen und aus den beiden eine Zahl konstruieren, die die Güte der Rübe und eines jeden anderen Zuckerproduktes wenigstens teilweise festlegt: das ist der Reinheitsquotient, Reinheitsgrad oder kurz die Reinheit der Rübe.

Unter dieser Zahl versteht man jene Zuckermenge, welche in 100 Teilen der Trockensubstanz — welchen Zuckerfabriksproduktes immer — enthalten ist; Herles definiert sie als Polarisation der Trockensubstanz, ausgedrückt in Zucker. So bringt er die optische Aktivität der Nichtzuckerstoffe, welche die Bestimmung des Zuckers durch Polarisation ungenau machen können, zur Darstellung.

Da der Reinheitsquotient in der Praxis als Maßstab bei der Beurteilung der Qualität aller Zuckerfabriksprodukte herangezogen wird, ferner Reinigungsprozesse und andere Operationen des Betriebes oft durch denselben geprüft werden, ihm also eine große Bedeutung zukommt, soll dieser Begriff näher betrachtet werden.

Zur Bestimmung des Reinheitsquotienten ist es erforderlich, außer der Polarisation auch die Trockensubstanz festzustellen, was bei manchen Produkten mühsam und zeitraubend ist. Um nun die mit der Bestimmung der eigentlichen Trockensubstanz verbundene Arbeit zu erleichtern, wird zur Bestimmung des Reinheitsquotienten beinahe ausschließlich die sogenannte saccharometrische Trockensubstanz angewendet, die entweder unmittelbar aräometrisch mittels Saccharometers oder aber durch pyknometrische Bestimmung des spezifischen Gewichtes und Zuhilfenahme der bezüglichen Tabellen gefunden wird.

Dieser in angeführter Weise festgesetzte Reinheitsquotient wird als der „scheinbare Reinheitsquotient" bezeichnet und darf nicht mit dem Quotienten, welcher mittels der wirklichen Trockensubstanz

---

[1] Z. V. D. Zuckerind. 1911, S. 341.

ermittelt wurde und „wirklicher Reinheitsquotient" genannt wird, verwechselt werden; da der in den Zuckerprodukten vorkommende Nichtzucker größtenteils ein höheres spezifisches Gewicht aufweist, wodurch die entsprechende saccharometrische Trockensubstanz höher als die wirkliche Trockensubstanz ausfällt, muß auch der aus dieser saccharometrischen Trockensubstanz ermittelte „scheinbare Reinheitsquotient" niedriger sein als der „wirkliche Reinheitsquotient"[1]. Selbstverständlich üben alle weiteren Umstände, die die Polarisation beeinflussen, auch einen Einfluß auf die Richtigkeit des Quotienten. „Zu der angedeuteten Unrichtigkeit des scheinbaren Reinheitsquotienten gesellt sich eine weitere Quelle von Unkorrektheiten, welche eventuell den Vergleich zweier ziemlich nahe verwandter Produkte gänzlich verhindern könnte, nämlich die verschiedene Konzentration der zu untersuchenden Lösungen, welche eine zu ganzen Prozenten emporwachsende Differenz in den scheinbaren Reinheitsquotienten zur Folge ·haben kann." Es ist eine allgemein verbreitete Ansicht, daß der scheinbare Reinheitsquotient infolgedessen „keine bestimmte Zahl" sei. Nun hat aber jeder Saft seinen bestimmten scheinbaren Quotienten; bei Konzentrationsänderung des Saftes liegt dieser eben nicht mehr in seiner Ursprünglichkeit vor, es entsteht gewissermaßen ein anderer Saft, und der hat einen anderen scheinbaren Quotienten.

Ein Übel ist es aber, daß **verschiedene scheinbare Reinheitsquotienten bestehen**, daß je nach der angewandten Methode ein Produkt mehrere solcher haben kann.

Zunächst soll das **Verhalten des Nichtzuckers bei der Ermittlung der scheinbaren Reinheit**, bzw. seine Beeinflussung der Spindelangabe geprüft werden. **Bodenbender und Steffens** stellten im Jahre 1881 diesbezügliche Versuche an[2]. Beide schrieben:

„Bekanntlich hat **Brix** die Skala seines für Zuckerlösungen bestimmten Aräometers in Grade geteilt, die dem Gehalte einer reinen Rohrzuckerlösung an Zucker entsprechen. Die Brixsche Spindel ist daher in gewissen Fällen ein Ersatz des Polarimeters; Fälle, die aber höchstens in der Raffinerie vorkommen. Trotzdem hat die leichte Anwendbarkeit diesem Instrumente rasch Eingang auch in Rohzuckerfabriken verschafft. Mit der Annahme des Ausdrucks „Trockensubstanz" für die Grade des Saccharometres war die Brücke für weitere Benutzung geschlagen, indem man sich daran gewöhnte, die Reinheit einer Zuckerlösung aus den Brixschen Graden und der Polarisation zu bestimmen. So ist der Begriff des sogenannten „scheinbaren Reinheitsquotienten" entstanden und hat allgemein Eingang gefunden.

Es liegt auf der Hand, daß die so erhaltenen Quotienten je nach der Natur der den Zucker begleitenden Stoffe mehr oder weniger ungenau sein müssen, ganz abgesehen davon, daß diese Beimengungen einen Einfluß auf die Rotation des Zuckers ausüben können oder gar selbst optisch-aktiv sind."

Das mit der Konzentration auffallend rasche und unverhältnismäßig große Steigen der Quotienten der Säfte bei der direkten Verarbeitung von Zuckerkalk veranlaßte die beiden Autoren, Versuche in dieser Richtung anzustellen.

---

[1] Die Unterscheidung zwischen diesen beiden Reinheitsquotienten rührt von Stammer her. Z. V. D. Zuckerind. 1861, S. 320.

[2] Z. V. D. Zuckerind. 1881, S. 806.

Die Versuche lehrten, daß im allgemeinen die Erhöhung der Saccharometergrade über den wirklichen Gehalt an Trockensubstanz um so größer ausfällt, je größer die Differenz zwischen dem spezifischen Gewicht des Zuckers und dem des begleitenden Nichtzuckerstoffes ist. Dabei spielt noch die Konzentration der Lösung eine Rolle, die später besprochen wird. Die beiden arbeiteten nur mit Salzen; sämtliche bewirkten eine Kontraktion der Lösung, und zwar in folgender Reihenfolge: $BaCl_2$, KCl, NaCl, $K_2CO_3$, $MgSO_4$, $Na_2CO_3$. — Dabei ist die Kontraktion proportional der Konzentration. Die spezifischen Gewichte dieser Salze sind bezüglich: 3,844, 1,949, 2,162, 2,267, 2,607, 2,407. Die Beeinflussung der Spindel ist also keine einfache Funktion des spezifischen Gewichtes des Salzes[1]. Bei den meisten Salzen zeigt die Spindel einen höheren Prozentgehalt an (scheinbarer) Trockensubstanz, als die Lösung tatsächlich enthält. Diese Resultate zeigen deutlich, warum die Spindelangabe höher und somit der scheinbare Reinheitsquotient niedriger ausfällt.

Als maßgebender scheinbarer Quotient gilt der mittels Pyknometers ermittelte, so daß z. B. die Usancen im Zuckerhandel bei der Melasse die Bestimmung der scheinbaren Trockensubstanz mit dem Pyknometer vorschreiben. Um diese Bestimmung zu beschleunigen, ersann Keyř im Jahre 1878 oder 1879[2] seine Methode der beliebigen Verdünnung; nach dieser wurde z. B. eine Melasse durch Wasserzusatz auf ca. 55 bis 65° Bé verdünnt, nun gespindelt, polarisiert und der Quotient berechnet. Unter der Annahme, daß sich dieser nicht verändert hätte, war diese Methode gut und rasch ausführbar. Gawalowsky aber fand als erster, später 1881/82 H. Pellet und Brunnings, daß sich die Reinheit eines Saftes je nach seiner Verdünnung vermindere, fanden aber keine Erklärung hierfür. Aktuell wurde diese Frage wieder durch die Einführung der deutschen Steuermethode, die eine Verdünnung 1:1 vorschrieb. Brunner ersann die Verdünnungsmethode Normalgewicht zu 100 cm³, so daß man in einer Lösung die scheinbare Trockensubstanz und Polarisation zugleich ermitteln kann[3]. Alle diese Verdünnungsmethoden ergeben niedrigere scheinbare Reinheiten als das Pyknometer in der unverdünnten Masse hätte finden lassen. Die Arbeiten von Bodenbender, Herles, Alberti und Hempel ließen den Grund dieser Erscheinung erkennen (1891)[4]. Er besteht in der Verschiedenheit der Kontraktion des Nichtzuckers beim Auflösen; infolgedessen erhöht sich die scheinbare Trockensubstanz und sinkt die scheinbare Reinheit. Dies um so mehr, je reicher das Produkt an Nichtzucker ist. Bei reinen Zuckerlösungen ergeben sich keine Differenzen.

Nach Wohryzek bedarf daher jede Verdünnungsmethode einer Korrektur, um die maßgebenden pyknometischen Werte zu ergeben. Der Genannte verwendet zu diesem Zwecke die bekannten Weisbergschen Koeffizienten mit bestem Erfolge, wie seine zahlreichen Vergleichs-

---

[1] Organ XIX, S. 748, 1881.   [2] ebd. VII, S. 814, 1869.
[3] Z. V. D. Zuckerind. 1861, S. 16.   [4] ebd. 1891, S. 743, 1326.

analysen mit ungarischem, mährischem, russischem und anderem Rübenmateriale zeigen[1].

Weiter studierte derselbe die Beziehungen zwischen dem wirklichen und dem scheinbaren Reinheitsquotienten. So alt diese Frage ist, so unentschieden sind die Antworten auf dieselbe. Gestützt auf ein sehr reichhaltiges Analysenmaterial aus der Literatur, konnte Wohryzek nachweisen, daß konstante Beziehungen zwischen den beiden Größen nicht bestehen; es kann sonach keine Faktoren geben, die gestatten, die eine Reinheit aus der anderen zu berechnen. Bei richtigen Analysen — der Begriff „richtig" ist aber nicht zu fixieren — ist der wirkliche Quotient stets höher als der scheinbare, nicht aber steht diese Quotientendifferenz zu der Menge des Nichtzuckers in einer bestimmten Beziehung. Wohryzek schließt seine Studie, nachdem er zeigte, welch einander widersprechende Forderungen die einzelnen Analytiker zur Ausführung einer richtigen Trockensubstanzbestimmung stellen und wie manche die Trockensubstanzbestimmung „unzuverlässig" und „unbrauchbar", mit „inneren Fehlerquellen" behaftet erklären: „Wie kann da noch die Forderung aufrechterhalten werden, gerade für die wichtigsten Betriebszwecke und Vergleiche sich nur der ‚wirklichen‘ Reinheiten zu bedienen? Stammer, Claassen und viele andere stellen aber die Ausschließung des scheinbaren Quotienten als kardinale Forderung für genaues Arbeiten zu wissenschaftlichen Zwecken auf. Sollte man da nicht bescheidener sein und lieber mit dem wirklich scheinbaren als mit einem scheinbar wirklichen Quotienten arbeiten?"[2]

Diese Fragestellung des Verfassers will G. Schecker „unterstreichen"[3].

In dieser Ansicht muß man nur bestärkt werden, wenn man in Molendas Beitrag „zur Trockensubstanzbestimmung durch Austrocknen" folgenden Seufzer liest: „daß bei vielen der sehr unreinen Produkte der heutigen Zuckerfabrikation die Bestimmung der wirklichen Trockensubstanz durch Austrocknung geradezu eine Unmöglichkeit ist und daß diese Methode mehr als oft unrichtige, irreführende Resultate liefern muß" gleichgültig, nach welcher Methode man trocknet[4]. Eine Erklärung für diese Erscheinung gab Lafar (s. S. 519). Reine Zuckerfabriksprodukte, z. B. Raffineriefüllmassen, lassen sich leichter austrocknen als solche der Rohzuckerfabrik.

So viel steht jedenfalls fest, daß weder der scheinbare noch der wirkliche Reinheitsquotient erschöpfend den Wert eines Produktes angibt; denn er zeigt wohl die Quantität des Nichtzuckers, sagt aber nichts über dessen Qualität. Bei der Mannigfaltigkeit des Nichtzuckers und der spezifischen Wirkung der einzelnen Nichtzuckerklassen genügt nicht die Angabe der Nichtzuckermenge allein. Säfte von gleicher Reinheit können sich demnach trotzdem bei ihrer Verarbeitung verschieden verhalten, wie die Erfahrung im Betriebe

---

[1] Ö. U. Z. f. Zuckerind. XLI, S. 46 u. 250, 1912; XLII, S. 60, 1913.
[2] ebd. XLI, S. 989, 1912.      [3] Z. V. D. Zuckerind. Bd. 71, S. 724, 1921.
[4] Ö. U. Z. f. Zuckerind. XLIII, S. 433, 1914.

lehrt. Es gibt deshalb verschiedene andere Größen, die vorgeschlagen und auch benutzt werden, um teilweise den Reinheitsquotienten zu ersetzen oder im Verein mit ihm den technischen Wert eines Zuckerfabriksproduktes näher zu charakterisieren. Besonders in Frankreich sind folgende Werte gebräuchlich:

Der Aschenquotient (quotient cendres) gibt die Teile Asche auf 100 Teile Zucker an.

$$A = \frac{100\,a}{z}.$$

a % Asche, z % Zucker.

Der Salzquotient (quotient salin) ist jene Zahl, die angibt, wieviel Teile Zucker einem Teile Asche entsprechen; man erhält ihn, indem man den Zuckergehalt durch den Aschengehalt dividiert. $S = \dfrac{z}{a}$; je größer S, desto reiner das Produkt, je größer A, desto unreiner.

Der organische Quotient gibt die Teile Zucker, die auf einen Teil organischen Nichtzucker entfallen, an.

$$Q = \frac{z}{O}.$$

O % organ. Nichzucker.

Ferner kennen die Franzosen noch einen Invertzuckerquotienten, d. s. die Teile Invertzucker auf 100 Teile Zucker. $I = \dfrac{i \times 100}{z}$. i % Invert; I = Invertzuckerquotient.

Bemerkenswert ist der Vorschlag Sachs', an Stelle des Reinheitsquotienten den „Verunreinigungsquotienten", d. i. die Menge der Verunreinigungen (Nichtzucker) auf 100 g Zucker, die in den Fabriksprodukten enthalten sind, zu setzen.

Die Differenz aus dem Verunreinigungs- und Aschenquotienten ergäbe die Menge der organischen Bestandteile auf 100 g Zucker[1].

Wenn man sonach dem Reinheitsquotienten keine zu große Bedeutung beilegen darf, so ist nicht zu übersehen, daß er doch genug informativ ist. Die übliche Methode, den Rübenpreßsaft zu spindeln und zu polarisieren und den so berechenbaren Reinheitsquotienten als Wertmesser anzulegen, ist seit langer Zeit als unrichtig erkannt worden und gibt eigentlich keinen richtigen Aufschluß, da man Rüben und nicht Rübenpreßsäfte verarbeitet. Außerdem ist diese Methode mit prinzipiellen und analytischen Fehlerquellen behaftet. Der Grad der Zerkleinerung der Rüben, der Druck beim Auspressen, der Luftgehalt des Preßsaftes usw. spielen dabei eine Rolle[2].

Deshalb wurde die Analyse des Preßsaftes von der Analysenkommission der tschechoslowakischen Zuckerindustrie auf Antrag des Verfassers im Jahre 1927 nicht mehr in die einheitlichen Methoden aufgenommen.

Die Rübe nach dem Zuckergehalt allein aber zu bewerten geht nicht an, da z. B., wie Krause bemerkte, „sich häufig mehrere Partien Rüben, die den gleichen Zuckergehalt hatten, doch nicht gleich glatt verarbeiten ließen und in der Ausbeute nicht unbedeutend va-

---

[1] Z. V. D. Zuckerind. 1906, S. 827.
[2] ebd. 1866, S. 215; 1870, S. 4; 1888, S. 1049.

riierten". **Krause** ersann nun eine Methode, nach der Rübenbrei ausgelaugt wird und diese dünne Lösung des Rübensaftes zur Analyse gelangt; dies geschieht mit Spindeln, die so geeicht sind, daß ihre Angaben auf den ursprünglichen Rübensaft sich beziehen. So erhält man den Zuckergehalt der Rübe und den Reinheitsquotienten ihres Saftes. Die Methode wäre als Digestionsverdünnungsmethode zu charakterisieren[1].

Jedoch fand sie nicht die Verbreitung, die sie verdient hätte — wohl aus dem Grunde, weil ihre Ergebnisse nicht mit den gewohnten (nach der Preßsaftmethode erhaltenen) übereinstimmten.

Auch eine Verbesserung der **Krause**-Methode durch **Staněk** fand trotz ihrer Vorzüge keinen Eingang in die Laboratorien der Zuckerfabriken[2]. In neuerer Zeit schug **Fremel** eine ähnliche Methode mittels kalter wäßriger Digestion vor[3]. **Spengler** und **Brendel** prüften diese Methode, verbesserten sie, was ihre Empfindlichkeit anlangt, und empfehlen ihre Einführung zur Vervollständigung der Betriebskontrolle[4].

Die Ermittlung der Saftreinheit der Rüben — nicht des alten Preßsaftquotienten — wäre gewiß anzustreben.

Der Wert und die Bedeutung der Kenntnis des Rübensaftquotienten für die Betriebskontrolle liegt in seinen Beziehungen zu dem Quotienten des Diffusionssaftes und der Melasse, sowie zu der Menge der Melasse, wie aus folgender Zusammenstellung zu ersehen ist, welche die Durchschnittszahlen vieler Tausenden von Untersuchungen aller russischen Zuckerfabriken während der Kampagne 1925/26 darstellt (Bericht von **Minz**, Kiew):

| | Preßsaft Q. | Diffusionssaft Q. | Melasse Q. | Melasse % d. R. |
|---|---|---|---|---|
| Oktober | 87,1 | 88,9 ⎫ | 62,8 | 3,60 |
| November | 86,5 | 88,4 ⎭ | | |
| Dezember | 85,7 | 87,7 | 59,0 | 3,90 |
| Januar | 83,1 | 85,1 | 56,2 | 4,75 |
| Februar | 78,8 | 81,2 | 55,8 | 6,52 |

Es wurde gesagt, daß im allgemeinen die zuckerreichere Rübe auch die bessere sei. Dies soll nun begründet und die Beziehungen aufgedeckt werden, die **zwischen dem Zuckergehalte der Rüben und dem Gesamtnichtzucker und zu einzelnen Nichtzuckerstoffen** bestehen (siehe auch Abschnitt e dieses Kapitels).

Im allgemeinen gilt, **daß die zuckerreichere Rübe auch eine größere Reinheit besitzt.** Aus einer später zu besprechenden Arbeit **Herzfelds** z. B. läßt sich folgender **Zusammenhang zwischen Rübenpolarisation und Reinheit des Preßsaftes** finden. Neben den Zahlen **Herzfelds** stehen Werte, die **Sachs**, und in der letzten Reihe Werte, die der Verfasser aus Wochendurchschnitten einer Zuckerfabrik berechnete.

---

[1] Ö. U. Z. f. Zuckerind. XXVIII, S. 486, 1899.
[2] Z. f. Zuckerind. i. B. XXXVI, S. 375, 1911/12; XXXVII, S. 175, 1912/13.
[3] Bulletin d. Zuckertrustes, Moskau, 1927, Nr. 1.
[4] Z. V. D. Zuckerind. 1927, S. 747.

Tabelle 34.

| Zucker in der Rübe % | Reinheitsquotient des Preßsaftes nach | | | Quot. nach der Krause-methode (Wohryzek) |
|---|---|---|---|---|
| | Herzfeld | Sachs | Wohryzek | |
| 10,3 | 80,0 | — | 79,7 | — |
| 11,2 | 88,3 | — | — | — |
| 12,0 | 84,0 | 84,7 | 81,5 | — |
| 13,0 | 85,2 | 86,3 | — | 76,1 |
| 13,5 | 86,9 | — | 85,4 | 78,4 |
| 14,0 | — | 87,4 | — | 80,0 |
| 14,5 | 86,3 | — | 86,4 | 82,5 |
| 15,0 | 87,3 | 88,2 | — | 85,9 |
| 15,5 | 91,0 | — | 88,2 | 87,9 |
| 16,0 | — | 88,8 | 87,3 | 89,9 |
| 16,5 | 91,7 | — | — | — |
| 17,0 | — | 89,3 | 88,8 | — |
| 17,2 | — | — | 89,7 | — |

Dem Quotienten des Preßsaftes kommt wohl keine große Bedeutung zu, aber deutlich zeigen die Zahlen die oben angeführte Beziehung. Einem bestimmten Zuckergehalte entspricht nicht ein bestimmter Quotient des Preßsaftes, stets aber zeigt die Rübe mit dem höheren Zuckergehalte eine höhere Reinheit des Preßsaftes.

Den gleichen Zusammenhang stellte J. Urban fest. In 100 untersuchten Rüben fand er etwa für

| eine durch-schnittliche Saftrein-heit vcn % | einen durch-schnittlichen Zuckerge-halt vcn % |
|---|---|
| 88,1 | 18,5 |
| 89,5 | 19,4 |
| 90,5 | 19,7 |

Hervorzuheben wäre, daß die Saftreinheit im Digestionssafte mittels Refraktometers festgestellt wurde und daß sich auch genug Ausnahmen (Korrelationsbrüche) finden.

Rüben mit hohen, spitzen Köpfen, Rüben mit grünlichem Hals haben niedrigere Saftreinheiten als normale Rüben[1].

Ebenso gilt ganz allgemein, daß die zuckerreichere Rübe auch reinere Diffussionssäfte liefert; natürlich mit der Einschränkung, daß einem bestimmten Zuckergehalte der Rübe ein bestimmter Quotient des Rohsaftes nicht immer entsprechen muß, wie folgende Zusammenstellung von Resultaten aus vielen Hunderten von Betriebsanalysen des Verfassers beweist. (Tab. 35.)

Die beiden Angaben beziehen sich auf zwei verschiedene Fabriken. Wie notwendig die oben gemachte Einschränkung sich erweist, geht aus den Ausführungen auf S. 289 und 290 hervor, wo diese Frage eigentlich behandelt wird.

Tabelle 35.

| Zucker der Rübe | Quotient d. Rohsaftes | Quotient d. Rohsaftes |
|---|---|---|
| 12,5 | 82,0 | 80,8 |
| 13,0 | — | 81,9 |
| 13,5 | 84,9 | 83,3 |
| 14,0 | 86,3 | 84,8 |
| 14,5 | 88,4 | 85,2 |
| 15,0 | 89,0 | 85,3 |
| 15,5 | 88,8 | 85,5 |
| 16,0 | 90,4 | — |

---

[1] Z. f. Zuckerind. i. B. XXXIX, S. 151, 1914/15.

Daß weder der Zuckergehalt allein noch in Verbindung mit dem Reinheitsquotienten einen Maßstab für die technicshc Güte einer Rübe bildet, geht aus der schon genannten Arbeit Herzfelds „Einfluß starker Stickstoffdüngung auf die Qualität der Zuckerrüben"[1] hervor. Dieser kam zum Ergebnisse, „daß es notwendig ist, die wahren Quotienten, vor allem aber die Stickstoffbestimmungen heranzuziehen, wenn die Qualität der Rüben festgestellt werden soll".

Deshalb sei nun das Verhältnis des Zuckers zum Stickstoff in seinen verschiedenen Formen geprüft.

### Beziehungen des Zuckergehaltes der Rüben zu ihrem Gehalte an Stickstoffsubstanzen.

Das Verhältnis zwischen den Stickstoffsubstanzen und dem Zuckergehalte der Rübe konstatierte Ladureau schon in den Jahren 1876 und 1878: Der Stickstoff steht im umgekehrten Verhältnisse zum Zuckergehalte. Die zuckerreichen Rüben enthalten viel weniger Stickstoff und Salpetersäuresalze als die zuckerarmen. Je größer die Menge der Mineralsalze im Rübensafte ist, desto mehr Nitrate enthält er auch.

Tabelle 36.

| Zucker % | Mineralsalze | Salz-koeffizient | KNO$_3$ % |
|---|---|---|---|
| 12,77 | 0,909 | 14 | 0,343 |
| 13,52 | 0,792 | 17 | 0,197 |
| 14,42 | 0,882 | 16 | 0,079 |
| 15,21 | 0,711 | 21 | 0,179 |
| 16,02 | 0,639 | 25 | 0,027 |

Ladureau machte Düngungsversuche mit verschiedenen Düngerarten; aus seinen analytischen Belegen seien nur vorstehende Zahlen herausgegriffen.

Die Salpetersäure wurde nach der Schlösingschen Methode bestimmt. Salzkoeffizient $= \dfrac{\text{Zucker}}{\text{Salze}}$. Die „Mineralsalze" sind Gramm in 0,11 Rübensaft.

Das Verhältnis des Zuckers zur Asche kommt noch später zur Sprache.

Der Zusammenhang zwischen dem Gesamtstickstoff der Rübe und ihrem Zuckergehalte ist weiter aus folgender Zusammenstellung zu ersehen. Gleichzeitig ist auch der Reinheitsquotient der

Tabelle 37.

| Zucker in der Rübe | Gesamt-N in der Rübe Kjeldahl | Quotient des Rübenpreßsaftes | Zucker in der Rübe | Gesamt-N in der Rübe | Quotient des Rübenpreßsaftes | Zucker in der Rübe | Gesamt-N in der Rübe | Quotient des Rübenpreßsaftes | Zucker in der Rübe | Gesamt-N in der Rübe | Quotient des Rübenpreßsaftes |
|---|---|---|---|---|---|---|---|---|---|---|---|
| 7,7 | 0,27 | 75,6 | 10,4 | 0,21 | 81,3 | 12,4 | 0,24 | 84,9 | 9,8 | 0,18 | 83,7 |
| 8,0 | 0,26 | 76,0 | 10,7 | 0,19 | 83,2 | 12,0 | 0,23 | 86,0 | 10,0 | 0,20 | 83,1 |
| 9,5 | 0,22 | 77,0 | 11,2 | 0,13 | 85,3 | 12,0 | 0,19 | 83,4 | 11,2 | 0,17 | 86,3 |
| 10,3 | 0,25 | 80,0 | 12,7 | 0,18 | 85,3 | 15,1 | 0,23 | 87,3 | 11,3 | 0,15 | 86,0 |
| 10,8 | 0,27 | 81,0 | 11,7 | 0,15 | 85,0 | 13,3 | 0,20 | 86,9 | 11,4 | 0,14 | 87,4 |
| 11,2 | 0,20 | 88,3 | 11,2 | 0,16 | 86,5 | 14,4 | 0,18 | 86,3 | 12,9 | 0,16 | 88,1 |
| 12,3 | 0,23 | 85,3 | 13,5 | 0,19 | 86,5 | 15,5 | 0,20 | 91,0 | 12,4 | 0,21 | 87,6 |
| 12,9 | 0,24 | 85,2 | 15,2 | 0,17 | 90,6 | 16,7 | 0,20 | 91,7 | 13,7 | 0,18 | 90,3 |

[1] Z. V. D. Zuckerind. 1888, S. 121.

Rübe angeführt. Diese Zahlen entstammen den schon öfters genannten Rübenanalysen Herzfelds[1].

Dieselben Beziehungen lassen sich aus Analysen Herzfelds aus dem Jahre 1899[2] herauslesen, weshalb nur die Anfangs- und Endzahlen wiedergegeben werden sollen.

Rübenpolarisation 10,0 Saft-Quot. 77,5 Gesamt-N. { 0,22 1,34 % }  auf
    „       13,9    „     86,6 auf Rübe { 0,18 0,90 % } Trockens.

Für den Ammoniakstickstoff und Zuckergehalt der Rübe gilt nach Champion, Pellet und Renard folgender Zusammenhang:

| Zucker | NH₃-Stick-stoff |
|---|---|
| % | % |
| 9,0 | 0,0085 |
| 9,2 | 0,0070 |
| 11,3 | 0,0052 |
| 11,3 | 0,0068 |

Nach Renard wäre das Ammoniak in den Rüben in Form von phosphorsaurer Ammonmagnesia vorhanden. Alle diese Zahlen zeigen, daß im allgemeinen einem steigenden Gehalte der Rübe an Zucker eine Verminderung des Gesamt- und Ammoniakstickstoffes entspricht.

Zwischen dem Zuckergehalte der Rüben und den einzelnen Stickstofformen bestehen nach Herzfelds Analysen folgende Relationen.

Der Verfasser hat zur Erkennung derselben den Zuckergehalt der untersuchten Rüben ansteigend angeordnet und den schädlichen Stickstoff sowie seine Mengen auf Gesamtstickstoff und Zucker berechnet.

Tabelle 38.

| Zucker in der Rübe (alkohol. Extrakt) | Stickstofformen der Rübe in % | | | | Schädl. N | Schädl. N in % d. Ges.-N | Schädl. N auf 100 Zucker |
|---|---|---|---|---|---|---|---|
| | Gesamt-N | Eiweiß-N | Betain-N | Ammoniak-N | | | |
| 13,1 | 0,16 | 0,09 | 0,002 | 0,02 | 0,05 | 31 | 0,381 |
| 14,25 | 0,25 | 0,09 | 0,002 | 0,08 | 0,08 | 32 | 0,561 |
| 14,5 | 0,31 | 0,09 | 0,002 | 0,08 | 0,14 | 45 | 0,961 |
| 15,15 | 0,10 | 0,07 | 0,000 | 0,01 | 0,02 | 20 | 0,131 |
| 15,7 | 0,17 | 0,10 | 0,001 | 0,04 | 0,03 | 27 | 0,191 |
| 17,0 | 0,26 | 0,14 | 0,003 | 0,07 | 0,05 | 19 | 0,294 |
| 18,75 | 0,24 | 0,09 | 0,003 | 0,03 | 0,12 | 50 | 0,640 |
| 18,95 | 0,20 | 0,12 | 0,002 | 0,04 | 0,04 | 20 | 0,211 |

Auffallenderweise ist die so oft konstatierte Beziehung zwischen dem Zucker der Rübe und ihrem Gesamtstickstoffe hier nicht nachweisbar. Der schädliche Stickstoff spricht eher für die oben aufgestellte Regel. Dem Minimum des Gesamtstickstoffes 0,10 entsprechen 20 %, dem Maximum des Gesamtstickstoffes von 0,31 entsprechen 45 % des schädlichen Stickstoffes. Auch sonst zeigen die Zahlen: je höher der Gesamtstickstoff, desto höher sein schädlicher Anteil.

Duschsky und seine Mitarbeiter konnten für russische Rüben eine Proportionalität zwischen Zuckergehalt und Gesamtstickstoff der Rüben nicht auffinden (s. Kap. 5h).

Selbstverständlich finden sich solche Korrelationsbrüche nicht selten, wie z. B. die folgende Zusammenstellung für französische Rüben nach

---

[1] Z. V. D. Zuckerind. 1898, S. 827.　　　　[2] ebd. 1900, S. 341.

Saillard zeigt[1]. Gegen die Regel ist die zuckerreichere Rübe auch reicher an Stickstoff; der schädliche Stickstoff macht etwa ein Drittel des Gesamtstickstoffes aus.

| | Jahrgang | | |
| | 1922 | 1923 | 1924 |
| --- | --- | --- | --- |
| Zuckergehalt . . . . . . . . . . | 16,83 | 17,89 | 16,77 |
| Reinheitsquotient . . . . . . . . | 87,5 | 87,1 | 87,6 |
| Gesamtstickstoff. . . . . . . . | 1,00 | 1,11 | 1,03 |
| Eiweißstickstoff . . . . . . . . | 0,60 | 0,59 | 0,61 |
| Ammoniak u. Amidstickstoff . . . | 0,07 | 0,11 | 0,10 |
| Schädlicher Stickstoff . . . . . . | 0,33 | 0,41 | 0,32 |

Ähnlich niedrige Werte für die Stickstoffsubstanzen zeigten nach dem gleichen Analytiker auch die französischen Rüben der folgenden Jahrgänge (bis 1927)[1].

## Beziehungen zwischen dem Zucker- und dem Aschengehalte der Rüben.

Im 5. Kapitel, Abschnitt C, wurde schon gezeigt, daß diese beiden Größen einander verkehrt proportioniert sind.

Die früher erwiesene Gesetzmäßigkeit zwischen dem Zuckergehalte der Rübe und ihrem Gehalte an Kali, Natron und Stickstoff zeigen auch Aschenanalysen von Saillard[2].

Die Zahlen stellen Jahresdurchschnitte dar und gelten für französische Rüben.

Tabelle 39.

| | | | Auf 100 Teile Zucker | | |
| | | | Kali | Natron | Stickstoff |
| --- | --- | --- | --- | --- | --- |
| Rübe von | 10 % Zucker | . . . | 2,55 | 1,31 | — |
| | 10—12 % | „ . . . | 2,22 | 0,90 | — |
| 1902 | 12—14 % | „ . . . | 1,61 | 0,56 | — |
| | 14—16 % | „ . . . | 1,59 | 0,30 | — |
| | 16—17 % | „ . . . | 1,33 | 0,22 | — |
| | 14—15 % | „ . . . | 1,30 | 0,44 | 1,52 |
| 1901 | 15—16 % | „ . . . | 1,25 | 0,24 | 1,30 |
| | 16—17 % | „ . . . | 1,17 | 0,17 | 1,17 |

Kali, Natron und Stickstoff nehmen mit steigendem Zuckergehalte ab. Natron rascher als Kali; bei gleichem Zuckergehalte ist mehr Kali als Natron anwesend. Das zeigen auch die Analysen von Reinaschen (s. d.) und im 7. Kapitel.

Zum Schlusse faßt Saillard u. a. folgendes zusammen: „,... daß Rüben gleichen Zuckergehaltes verschiedene Mengen während des Verlaufes der Fabrikation nicht entfernbaren Stickstoffes enthalten können, obgleich sich der Gehalt an Stickstoff auf 100 Teile Zucker im allgemeinen in dem Maße verringert, in dem der Zuckergehalt steigt. ... daß man aus Rüben gleichen Zuckergehaltes unter gleichen Arbeitsbe-

---

[1] Circ. hebd. durch Rundschau, Dezb. 1925, S. 11; Febr. 1928, S. 23.
[2] Z. V. D. Zuckerind. 1908, S. 513.

dingungen erste Füllmassen erhalten kann, die nicht notwendigerweise
denselben Aschengehalt, noch dieselbe Reinheit besitzen."

Das Verhältnis des Zuckers zum Nitratgehalte der Rüben geht aus
der Zusammenstellung Tab. 36 hervor; ebenso sein Verhältnis zu
anderen Aschenbestandteilen aus Kap. 5 C. Fast überall ergab sich die
Wahrheit des Satzes: ,,Je reicher die Rübe an Zucker ist,
desto ärmer ist sie an den einzelnen Nichtzuckern."

Verhältnis vom organischen zum anorganischen Nichtzucker.

Wichtig ist die Kenntnis, ob zwischen dem anorganischen und
dem organischen Anteile des Gesamtnichtzuckers ein konstantes
Verhältnis besteht. Wäre dies der Fall, so hätte man durch Bestimmung des Gesamtnichtzuckers gleich mehr Einblick in seine
Zusammensetzung.

Ein konstantes Verhältnis zwischen diesen beiden
Größen besteht nicht. Die Zusammensetzung der Rübe hängt zu
sehr von ihren Wachstumsbedingungen ab, so daß sich Rüben trotz
gleichen Nichtzuckergehaltes bei der Verarbeitung verschieden verhalten
können.

**e) Analytische und fabrikative Wertbestimmung der Zuckerrüben.**

Daß nicht alle Rüben, die zur Verarbeitung gelangen, gleich gut
sind, hat man wohl schon im Anfange der Rübenzuckerindustrie bemerkt, hatte aber wohl nur den Zuckergehalt, bzw. die mögliche Ausbeute vor Augen. Es muß deshalb der Zuckergehalt einer Rübe in
erster Linie zu ihrer Bewertung herangezogen worden sein. Später
sah man ein, daß bei Beurteilung des Wertes eines jeden Zuckerfabriksproduktes neben seinem Zuckergehalte auch sein Gehalt an Nichtzucker
maßgebend ist, und schuf den Begriff des Reinheitsquotienten.
Aber auch dieser befriedigte nicht vollständig; Stammer sah im Zuckergehalte und dem Reinheitsquotienten eines Saftes die Kriterien für
die Güte desselben und stellte seine bekannte Wertzahl zur Beurteilung
von Zuckerprodukten und Rüben auf[1].

Knauer berechnete eine andere Wertzahl, für die aber höchstens
der Landwirt oder Nationalökonom Verwertung finden konnte, da sie
den Bodenertrag pro Flächeneinheit neben Zuckergehalt und Quotient
berücksichtigt (s. S. 221).

Cuřín stellte 1896 die Frage nach Bewertung der Rübe auf die
richtige Basis: Wieviel Zucker gibt eine Rübe von bestimmter Polarisation als Ausbeute? In sehr annähernder Weise bestimmte er diese
zu 2,7% Zucker weniger, als der Zuckergehalt der Rübe beträgt[2] —
obwohl sofort einzuwenden ist, daß die Ausbeute aus Rüben von zu
viel Bedingungen abhängt, um mit einem Zahlenfaktor bestimmt werden
zu können.

---

[1] Z. V. D. Zuckerind. 1864. S. 755.
[2] Z. f. Zuckerind. i. B. XX, S. 707, 1895/96.

Später kam man zur Erkenntnis, daß man nicht von der Rübe direkt ausgehen müsse, sondern auch vom Diffusions- oder Scheidesafte derselben beginnen kann.

Einen sachgemäßen Vorschlag machte Friedl, um die Qualität der Rüben analytisch festzustellen. Alle Rübenuntersuchungsmethoden, die auf die Gewinnung eines Saftes hinzielen, der dem Rohsafte des Betriebes entsprechen soll, verwirft er, weil „wir aus dem wirklichen Reinheitsquotienten des Diffusionssaftes selbst keine weitgehenden Schlüsse ziehen dürfen, solange wir nicht bestimmen können, in welchem Verhältnis die Nichtzuckerstoffe desselben während der Saturation gefällt, bzw. nicht gefällt werden". Nach ihm müßte man im Laboratorium rasch einen Saft zu erhalten trachten, der dem nach der Scheidung entspricht, und in diesem den Reinheitsquotienten bestimmen.

Andrlík löste diese Frage in anderer Weise. Er bestimmt den „schädlichen Stickstoff" zur Beurteilung der Güte von Rüben. Andrlík und Urban[1] fanden, daß das Verhältnis zwischen dem schädlichen Stickstoff und dem Nichtzucker im Dicksafte im Mittel durch die Zahl 16,1 ausgedrückt werden könne, d. h., daß der Prozentgehalt an schädlichem Stickstoff, mit 16,1 multipliziert, den Nichtzucker ergibt. Der schädliche Stickstoff ist aber schon in der Rübe bestimmbar, geht zu 90 % in den Rohsaft und von hier fast unverändert in die Melasse. Ferner gehen vom Zuckergehalte der Rübe 97 % in den Rohsaft. Unter Heranziehung dieser beiden Größen und dem Faktor 16,1 (Stickstoff-koeffizient) läßt sich der Quotient des Dicksaftes berechnen, was nach Laboratoriumsversuchen Urbans und Fabriksversuchen Andrlíks gute Resultate ergab (s. S. 218 und „Nachtrag").

Friedl fand durch viele Analysen, daß zwischen dem Reinheits-quotienten (Krausemethode) und dem schädlichen Stickstoffgehalte der Rübe eine deutliche Korrelation besteht, und daß im allgemeinen einem steigenden Reinheitsquotienten ein sinkender Ge-halt an schädlichem Stickstoff entspricht, was auch für den Dicksaft gilt. Friedl schlägt vor, diesen Stickstoff als Grundlage zur Wertbestimmung heranzuziehen, „um so eher, als wir nach der Krause-methode einen Saft erhalten, der dem ungeschiedenen Betriebssaft entspricht, von dem wir also nicht wissen, wie sich seine Nichtzucker-stoffe bei der Saturation verhalten werden, während wir durch die Bestimmung des schädlichen Stickstoffes Zahlen erhalten, aus denen wir, allerdings auch nur durch Verwendung von Wahrscheinlichkeits- oder, besser gesagt, Durchschnittsfaktoren, jedoch viel sicherer, auf die Beschaffenheit des zu erhaltenden Dicksaftes schließen können". An einer Kurve zeigte Friedl denselben Zusammenhang zwischen dem Reinheitsquotienten und dem schädlichen Stickstoffe des Dicksaftes. So schien es ihm möglich, „aus dem Gehalte der Rübe an schäd-lichem Stickstoffe auf die Reinheit des Saftes nach der Saturation schließen zu können". Andrlík und Urban stellten folgende Formel

---

[1] Z. f. Zuckerind. i. B. XXIX, S. 519, 1904/05.

zur Berechnung der Reinheitsquotienten von Säften auf (s. die zit. Arbeit):

$$Q = \frac{10000}{100 + K_N + N_S} \qquad \begin{aligned} K_N &= \text{Stickstoffkoeffizient} \\ N_S &= \text{schädlicher N auf 100 Teile Zucker.} \end{aligned}$$

Nach dieser Formel berechneten die Genannten die Reinheitsquotienten der Dicksäfte, die mit den durch die Analyse gefundenen Quotienten übereinstimmten[1]. Den Stickstoffkoeffizienten betrachten sie als eine ziemlich konstante Größe, welche sowohl für ein und dieselbe Fabrik als auch für den ganzen Jahrgang der Rübe nur geringen Änderungen unterliegt.

Desgleichen berechneten Andrlík und Urban aus dem schädlichen Stickstoffe der Rübe und ihrem Zuckergehalte — wie schon oben dargelegt — den Reinheitsquotienten des saturierten Saftes. Die Genannten schließen: ,,... die Wichtigkeit der Bestimmung des schädlichen Stickstoffes in der Rübe nachgewiesen zu haben. Dieselbe biete nicht nur bei gleichzeitiger Kenntnis des Zuckergehaltes die sicherste Unterlage für die Bewertung der Qualität der Rübe ..., sondern auch, was aus dem gegebenen Rübenmateriale zu erwarten steht, und belehrt im voraus über ... die erreichbare Ausbeute.‘‘

Da aber die Methode von Andrlík für Massenanalysen im Fabrikslaboratorium nicht geeignet ist, arbeitete Friedl eine solche aus. Sie ist eine kolorimetrische und beruht darauf, ,,daß die Amidverbindungen der Rübe $Cu(OH)_2$ mit tiefblauer Farbe zu lösen vermögen; je mehr Amide also vorhanden sind, um so tiefer der Farbton und um so mehr schädlicher Stickstoff ist vorhanden‘‘. Da zwischen dem schädlichen und dem Gesamtstickstoffe annähernd ein proportionales Verhältnis besteht, so kann die kolorimetrische Methode auch über den Gesamtstickstoff einen gewissen Aufschluß geben.

Friedl mußte aber, um eine kolorimetrische Methode anwenden zu können, dem Begriffe ,,schädlicher Stickstoff‘‘ eine etwas andere Deutung geben, als Andrlíks Definition entspricht. Nach letzterem muß von dem nicht durch $Cu(OH)_2$ fällbaren Stickstoff der des Ammoniaks und der Amide abgezogen werden, da die beiden letztgenannten Formen nicht in die Melasse gelangen. Friedl aber versteht unter ,,schädlichem Stickstoff‘‘ den überhaupt durch $Cu(OH)_2$ nicht fällbaren Stickstoff — also ohne den Abzug für Ammoniak und Amide[2].

Theoretisch kann man Friedl nicht zustimmen; auch deshalb nicht, weil er einen bestehenden Begriff durch einen anderen abändert und so zwei Arten von ,,schädlichem Stickstoff‘‘ schafft — nach Andrlík, nach Friedl. Mit Rücksicht darauf aber, daß seine Methode viel leichter Eingang in die Fabrikslaboratorien finden kann als die von Andrlík, wird man über die theoretischen Einwände hinweggehen

---

[1] Auf eine vereinfachte Berechnung des Reinheitsquotienten von Dicksäften mit Hilfe des schädlichen Stickstoffes sei verwiesen. D. Z. 1926, S. 829.
[2] Ö. U. Z. f. Zuckerind. XL, S. 274, 1911.

können und aus praktischen Gründen seine Definition vom schädlichen Stickstoff nicht verwerfen müssen[1].

Den praktischen Wert der Bestimmung des schädlichen Stickstoffes in der Zuckerrübe bewies später Friedl für eine ungarische Zuckerfabrik, deren Boden- und klimatische Verhältnisse Anreicherung an schädlichem Stickstoff voraussagen ließen (s. S. 187). Nach der von Andrlík aufgestellten Formel berechnete er die zu erwartende Melassemenge zu 3,92%, der Betrieb ergab 3,60% (einschließlich der am Rohzucker haftenden Melasse). Für die Rübenbewertung stellte er analog der Stammerschen Wertzahl eine „Stickstoffwertzahl" auf, die immer niedriger als erstere war[2].

Eine „Ermittlung des fabrikativen Wertes der Zuckerrüben" mittels einer kleinen geeigneten Apparatur arbeitete J. Guttmann aus[3]. Mit dem Digestionsgefäß ist ein solches verbunden, in dem der Digestionssaft geschieden und saturiert werden kann; im Filtrat, das dem sehr verdünnten Dicksaft entsprechen soll, wird sein Quotient bestimmt. Man kann sich natürlich auch mit der Ermittlung der Digestion oder mit der Ermittlung der Reinheit des Digestionssaftes, entsprechend dem Rohsafte, begnügen. Auf den Angaben Andrlíks fußend, kann auch die zu erwartende Melassemenge voraus errechnet werden. Es ist aber darauf aufmerksam zu machen, daß diese und ähnliche Methoden so verdünnte Säfte ergeben, daß die Genauigkeit der Analysenresultate darunter leidet (siehe S. 211).

Am Schlusse dieses Abschnittes kann darauf hingewiesen werden, daß Wohryzek in einem Vortrage eine zusammenfassende, übersichtliche Darstellung über „die chemischen Wertfaktoren der Rüben" gab, die auch heute noch nicht veraltet ist, da auf diesem Gebiete seither keine neuartigen Tatsachen bekannt wurden[4].

Neben den genannten chemischen Größen kommen noch andere, praktische bei der Bewertung der Rüben in Betracht.

Marek fand im Jahre 1883 folgende Zusammenhänge:

| | Gewicht einer fabriksmäßig geputzten Zuckerrübe in Gramm | | | |
| --- | --- | --- | --- | --- |
| | Kleine 222 | Mittelgroße 410,4 | Große 795,4 | Sehr große 1497 |
| Spez. Gewicht des Saftes | 1,062 | 1,059 | 1,060 | 1,058 |
| Trockensubstanz | 15,139 | 14,428 | 14,666 | 14,190 |
| Zuckergehalt des Saftes | 13,49 | 12,56 | 12,14 | 11,65 |
| Nichtzuckergehalt | 1,649 | 1,868 | 2,526 | 2,540 |
| Reinheitsquotient | 89,10 | 87,05 | 82,77 | 82,10 |
| Stammersche Wertzahl | 12,0 | 10,8 | 9,9 | 9,5 |

---

[1] So wird z. B. im Laboratorim der bekannten Rübensamenzuchtanstalt Kleinwanzleben (vorm. Rabbethge u. Giesecke A.-G.) der schädliche Stickstoff nach Friedl fortlaufend zu Zuchtzwecken ermittelt (siehe Nachtrag).

[2] Ö. U. Z. f. Zuckerind. XLIII, S. 189, 1914.

[3] ebd. XLVII, S. 337, 1918.     [4] ebd. XLIII, S. 405, 1914.

„Mit dem zunehmenden Wurzelgewicht verkleinert sich das spez. Gewicht des Saftes, verringert sich die Trockensubstanz, verkleinert sich der Zuckergehalt, vermindert sich der Reinheitsquotient und der Wert der Zuckerrübe. Nur ein Faktor, und gerade ein bedenklicher, auf dessen Reduktion immer hingearbeitet werden soll, der Nichtzuckergehalt, steigt in dem Maße, als die Größe der Rübe zunimmt[1]."

Daß Größe und Gewicht der Rübe einen Einfluß auf ihre Qualität hat, ist bekannt und hier liegen die Interessen des Rübenbauers und des Zuckertechnikers in entgegengesetzter Richtung. Dort, wo die Rübe — was fast allgemein der Fall ist — nach dem abgelieferten Gewichte bezahlt wird, hat der Rübenbauer nur das Interesse: große und schwere Rüben zu fechsen. Solche sind aber fabrikativ minderwertiger als kleinere Rüben.

Da alle früheren Untersuchungen über diesen Gegenstand gleiche Resultate zeitigten, sei gleich die Arbeit Andrlíks und Urbans aus dem Jahre 1908[2] angeführt. Ein Blick auf die nachfolgenden Analysenzahlen ergibt, daß die großen Rüben in jeder Hinsicht minderwertiger als die normalen Rüben sind. Mit geringerem Zuckergehalte steigt der Gehalt an Gesamtstickstoff und Asche.

Tabelle 40.

| | Abnormal große Rüben | | | Norm. Rübe | Zusammensetzung der Reinaschen | | | |
| --- | --- | --- | --- | --- | --- | --- | --- | --- |
| | I | II | III | | I | II | III | Norm. |
| Durchschnittsgewicht d. Wurzel in Gramm | 3800 | 3600 | 2840 | 510 | | | | |
| Trockensubstanz . . | 17,25 | 20,12 | 20,30 | 25,10 | | | | |
| Saccharose . . . . . | 9,60 | 10,20 | 10,80 | 18,50 | | | | |
| Reduzierender Zucker | 1,33 | gegenwärtig | | 0,100 | | | | |
| Rohasche . . . . . | 1,374 | 1,451 | 1,235 | 0,670 | | | | |
| Stickstoff . . . . . | 0,334 | 0,358 | 0,294 | 0,196 | | | | |
| $K_2O$ . . . . . . . . | 0,229 | 0,369 | 0,363 | 0,188 | 23,71 | 36,00 | 41,79 | 37,13 |
| $Na_2O$ . . . . . . . | 0,444 | 0,314 | 0,206 | 0,048 | 46,02 | 30,58 | 23,68 | 9,57 |
| $CaO$ . . . . . . . . | 0,048 | 0,052 | 0,066 | 0,064 | 4,97 | 5,06 | 7,59 | 12,29 |
| $MgO$ . . . . . . . . | 0,061 | 0,088 | 0,056 | 0,053 | 6,33 | 8,68 | 6,42 | 10,90 |
| $Al_2O_3 + Fe_2O_3$ . . . | 0,010 | 0,015 | 0,011 | 0,032 | 1,06 | 1,55 | 1.25 | 6,00 |
| $P_2O_5$ . . . . . . . | 0,050 | 0,069 | 0,066 | 0,086 | 5,01 | 6,70 | 7,63 | 17,09 |
| $SO_3$ . . . . . . . . | 0,075 | 0,065 | 0,067 | 0,030 | 7,80 | 6,35 | 7,65 | 5,82 |
| Cl . . . . . . . . . | 0,048 | 0,052 | 0,044 | 0,005 | 5,00 | 5,09 | 4,97 | 1,05 |

Zu einer Zeit, da der Durchschnittsgehalt der Rüben an Zucker 15,0% betrug, fand Verfasser in ungarischen Rüben bei einem Gewichte von 3400 g 8,70% und bei 4500 g 9,8% Zucker. Ein anderes Mal fand derselbe in einer 4600 g schweren Rübe nur 12,2% Zucker gegen 16,0% Zucker der am selben Tage verarbeiteten Rüben.

Eine ausführliche Untersuchung „über die Zusammensetzung verschieden großer Zuckerrüben" von A. Herke kommt zu denselben

---

[1] Mitteilungen a. d. landw. Laborat. d. Univ. Königsberg, Heft 1.
[2] Z. f. Zuckerind. i. B. XXXII, S. 493, 1907/08.

Resultaten. Besonders die Bestimmungen des Gesamt- und des schädlichen Stickstoffes sind sehr lehrreich.

Bei den großen Rüben steigt der Gesamtstickstoff bis zum 1,5fachen und der schädliche Stickstoff bis zum 2,6fachen des Gehaltes der kleinen Rüben an. Z. B. machte der schädliche Stickstoff bei einer 120 g schweren Rübe 24,7 % und bei einer 1820 g schweren Rübe 39,9 % vom Gesamtstickstoff aus[1].

Daß Urban nicht die bekannten Korrelationen zwischen Rübengewicht und Zuckergehalt (Reinheit) ausgeprägt feststellen konnte, hat u. a. seinen Grund darin, weil er die Rüben in Gruppen mit je 100 g Gewichtsunterschied teilte. Aber auch er fand z. B., daß die über 1 kg schweren Rüben eine ungünstigere Beschaffenheit aufwiesen als die Rüben mit z. B. 600—700 g[2].

| Durchschnittsgewicht g | | Durchschnittl. Saftreinheit % | | Durchschnittl. Zuckergehalt | |
|---|---|---|---|---|---|
| I | II | I | II | I | II |
| 667 | 665 | 89,65 | 90,40 | 19,32 | 18,69 |
| 1156 | 1194 | 88,96 | 90,24 | 18,51 | 19,14 |

Neben dem soeben besprochenen fabrikativen Werte der Zuckerrüben(sorten) kommt auch ihr volks(privat)wirtschaftlicher Wert in Betracht; obwohl dieser hier eigentlich nur gestreift werden kann, so kommt ihm für die Zuckerindustrie eine viel größere Bedeutung zu als dem fabrikativen.

Das hängt damit zusammen, daß in der Regel zuckerreiche Rübensorten weniger hohe Erträge geben, an welchen der Zuckerfabrikant aber sowohl als Ökonom (Rübenbauer) als auch als Rübenkäufer höchst interessiert ist[3]. Doch bestehen für diese zwei entscheidenden Eigenschaften weder eine Regel, noch gar feste Beziehungen.

„Es ergibt sich die Frage, wie wir vom Standpunkte der Zuckerfabrikation die Rübensorten beurteilen sollen, wenn wir ihren richtigen Wert in bezug des Rübenertrages, des Zuckergehaltes wie auch des Zuckerertrages von der Flächeneinheit kennen." J. Urban und J. Souček beantworten diese Frage restlos und mustergültig nach vielen Anbauversuchen und sorgfältigen Berechnungen.

Ihre Preiskalkulation kann als Muster für eine ähnliche unter anderen Verhältnissen (Valuta, Regieposten) zu berechnende Bewertung der Rübensorten dienen[4]. „Auf ein ernstes Moment . . ., nämlich auf unrichtige Bewertung auf Grund unvollkommener Vergleichungsversuche", weist V. Stehlík hin[5]. Ebenso unrichtig ist es aber auch,

---

[1] Ö. U. Z. f. Zuckerind. XLI, S. 8, 1912.

[2] Z. f. Zuckerind. i. B. XXXIX, S. 151, 1914/15.

[3] In letzterem Falle nur indirekt; nur durch höhere Rübenerträge wird der Anbau von Zuckerrüben gefördert, woran die ganze Industrie profitiert. Der Rübenbauer hat nur an ertragreichen Rüben ein Interesse, deshalb wäre es richtig, die Rübe auch nach ihrem Zuckergehalt zu bezahlen.

[4] Z. d. tschsl. Zuckerind. VIII, S. 277, 1927; IX, S. 285, 1928.

[5] ebd. IX, S. 281, 1928.

auf Grund von bloß einjährigen Versuchen Schlüsse ziehen zu wollen, da man in diesem Falle nicht die Witterungseinflüsse genügend berücksichtigen kann.

Literatur.

Wohryzek, O.: Betriebskontrolle d. Zuckerfabrikation, Bd. I: Laboratoriums- u. Betriebskontrolle. Magdeburg 1923. — Frühling, R., u. Rössing, A.: Anleitung zur Untersuchung der Rohstoffe . . . d. Zuckerindustrie. 9. Aufl. 1920. — Landolt, H.: Das optische Drehungsvermögen organischer Substanzen und dessen praktische Anwendung. 2. Aufl. 1898. — Landolt-Bernstein-Moth-Scheel: Physikalisch-chemische Tabellen. Berlin 1923.

Siebentes Kapitel.

# Kopf und Schwanz der Rüben.

## a) Verteilung des Zuckers und des Nichtzuckers in der Rübe.

Von Interesse ist es, die Verteilung des Zuckers und Nichtzuckers in der Rübe zu kennen; würde die ganze Rübe — ohne Blattapparat gedacht — zur Verarbeitung gelangen, so hätte diese Kenntnis höchstens theoretischen Wert; so aber wird die Rübe geköpft geliefert, und bevor sie zur Verarbeitung gelangt, brechen noch ihre Spitzen ab. Es ist daher wichtig, zu wissen, ob durch die Ausscheidung der Rübenköpfe und Rübenspitzen (Schwänze) die Gewinnung des Zuckers erleichtert wird, dadurch, daß vielleicht die schädlichsten Bestandteile in diesen Abfällen zu finden sind, oder ob gerade das Gegenteil der Fall ist. Auch ist die Kenntnis dieser Verteilung für eine richtige Probenahme von Bedeutung.

Die Verteilung des Zuckers und Nichtzuckers im Rübenkörper ist auf physiologische Ursachen zurückzuführen.

Stammer dürfte der Erste gewesen sein, der die Verteilung des Zuckers in der Rübe studierte (1861). Brettschneider zerlegte die Rüben in konzentrische Ringe[1], Sebor untersuchte Kopf-, Mittel- und Schwanzstück. Das Mittelstück erwies sich als der beste Rübenteil. Engel zerlegte die Rübe in fünf Teile, und zwar in Kopf, Teil zunächst dem Kopfe, Mittelstück, Teil zunächst diesem und in die Spitzen. Auffallenderweise fand er in den Spitzen am meisten Zucker. Sachs fand u. a., daß der Zuckergehalt vom Kopfe nach dem Schwanze hin zunimmt.

Andere Untersuchungen mit teils widersprechenden Ergebnissen übergehend, seien folgende neueren angeführt.

Bartoš stellte folgende Verteilung fest[2]:

Tabelle 41.

| | Spitze 2,34% | Mitte 92,36% | Kopf 5,3%[3] |
|---|---|---|---|
| Trockensubstanz . . . . . . . . | 25,00 | 25,85 | 26,40 |
| Zucker . . . . . . . . . . . . | 16,40 | 19,05 | 13,20 |
| Asche . . . . . . . . . . . . | 0,89 | 0,30 | 1,85 |
| Mit $H_2O$ auslaugbarer Rückstand | 6,12 | 5,16 | 9,31 |
| Reinheitsquotient . . . . . . . | 86,77 | 92,62 | 77,18 |

---

[1] Z. V. D. Zuckerind. 1860, S. 153; 1861, S. 578.

[2] Z. f. Zuckerind. i. B. XXVII, S. 56, 1902/03.

[3] Schlecht geköpft, kegelförmig.

Ausführliche Analysen zur Topographie des Zuckers und der Nichtzuckerstoffe stammen von Urban. Nur sind die Betriebsverhältnisse insofern nicht berücksichtigt worden, als Kopf und Schwanz

Tabelle 42a.

| In 100 Teilen frischer Wurzel | | | | Zusammensetzung der Reinasche | | | |
|---|---|---|---|---|---|---|---|
| | Spitze 24% d. Rübe | Mitte 64% d. Rübe | Kopf 12% d. Rübe | | Spitze | Mitte | Kopf |
| Trockensubstanz | 21,68 | 22,54 | 22,34 | $K_2O$ . . . . . | 40,57 | 39,32 | 34,82 |
| Zucker . . . . | 15,80 | 17,30 | 15,80 | $Na_2O$ . . . . | 6,63 | 8,96 | 12,81 |
| Reinasche . . . | 0,383 | 0,379 | 0,462 | $CaO$ . . . . . | 14,83 | 16,41 | 20,03 |
| Gesamt-N . . . | 0,094 | 0,105 | 0,173 | $MgO$ . . . . | 8,71 | 9,21 | 8,68 |
| Eiweiß-N . . . | 0,057 | 0,064 | 0,103 | $Al_2O_3 + Fe_2O_3$ | 4,70 | 2,10 | 1,51 |
| Ammoniak- und Amid-N . . . | 0,004 | 0,008 | 0,012 | $P_2O_5$ . . . . | 15,47 | 14,85 | 12,50 |
| Betainstickstoff | 0 023 | 0,022 | 0,030 | $SO_3$ . . . . . | 7,83 | 7,62 | 6,35 |
| Schädlicher N . | 0,033 | 0,033 | 0,058 | $Cl$ . . . . . . | 1,55 | 1,75 | 3,38 |
| $K_2O$ . . . . . | 0,156 | 0,148 | 0,160 | | | | |
| $Na_2O$ . . . . . | 0,025 | 0,033 | 0,059 | | | | |
| $CaO$ . . . . . | 0,056 | 0,062 | 0,092 | | | | |
| $MgO$ . . . . . | 0,033 | 0,035 | 0,040 | | | | |
| $Al_2O_3 + Fe_2O_3$ . | 0,018 | 0,008 | 0,007 | | | | |
| $P_2O_5$ . . . . . | 0 059 | 0 058 | 0 057 | | | | |
| $SO_3$ . . . . . | 0 030 | 0,028 | 0,029 | | | | |
| $Cl$ . . . . . . | 0,006 | 0,007 | 0,016 | | | | |

der Rübe mit zu großen Prozentteilen angenommen wurden, so daß aus diesen Zahlen der Verlust, bzw. der Gewinn für die Zuckererzeugung nicht direkt zu ersehen ist[1].

Die Tabelle Nr. 42a zeigt die Verteilung der einzelnen Bestandteile in der frischen Wurzel und in der Reinasche.

Tabelle 42b.

| Frische Wurzel | | | | Reinasche | | | |
|---|---|---|---|---|---|---|---|
| | I 7% | II 30% | III 63% | | I | II | III |
| Trockensubstanz | 21,85 | 22,97 | 20,81 | $K_2O$ . . . . . | 37,95 | 38,48 | 40,28 |
| Zucker . . . . | 17,90 | 18,30 | 16,60 | $Na_2O$ . . . . | 15,83 | 9,85 | 7,54 |
| Reinasche . . . | 0,363 | 0,292 | 0,427 | $CaO$ . . . . . | 13,17 | 14,92 | 17,78 |
| Gesamt-N . . . | 0,100 | 0,094 | 0,148 | $MgO$ . . . . | 7,15 | 8,48 | 5,58 |
| Eiweiß-N . . . | 0,059 | 0,056 | 0,084 | $Al_2O_3 + Fe_2O_3$ | 2,74 | 5,75 | 3,77 |
| Ammoniak- und Amid-N . . . | 0,006 | 0,006 | 0,010 | $P_2O_5$ . . . . | 11,55 | 12,51 | 14,60 |
| Betain-N . . . | 0,019 | 0,022 | 0,031 | $SO_3$ . . . . . | 9,03 | 8,60 | 8,81 |
| Schädlicher N . | 0,035 | 0,032 | 0 054 | $Cl$ . . . . . . | 2,61 | 1,33 | 1,63 |
| $K_2O$ . . . . . | 0,138 | 0,113 | 0,173 | | | | |
| $Na_2O$ . . . . . | 0,058 | 0,029 | 0,032 | | | | |
| $CaO$ . . . . . | 0,047 | 0,044 | 0,076 | | | | |
| $MgO$ . . . . . | 0,026 | 0,025 | 0,023 | | | | |
| $Fe_2O_3 + Al_2O_3$ . | 0,010 | 0,017 | 0,016 | | | | |
| $P_2O_5$ . . . . . | 0,042 | 0,037 | 0,062 | | | | |
| $SO_3$ . . . . . | 0,033 | 0,025 | 0,038 | | | | |
| $Cl$ . . . . . . | 0,009 | 0,004 | 0,007 | | | | |

[1] Urban: Z. f. Zuckerind. i. B. XXXII, S. 17, 1907/08.

Diese Zahlen bedürfen keiner Erläuterung. Ist in diesem Falle die Rübe in horizontaler, somit auf die Achse vertikaler Richtung zerteilt, so geschah die Zerteilung für die folgende Untersuchung in radialer Richtung. So erhält man einen innersten Kernteil, eine äußere Schichte und zwischen beiden die Mittelschichte. Diese Teile zeigten die voranstehende Zusammensetzung (Tab. 42b).

Alle diese Zahlen zeigen deutlich die qualitative Minderwertigkeit des Rübenkopfes und der Schwänze. Das Rübenmittelstück ist in jeder Hinsicht der beste Teil der Rübe.

Diese Untersuchungen stützen von neuem manche früher gezeigte Gesetzmäßigkeiten. Dem größten Zuckergehalte des Rübenmittelstückes entspricht die kleinste Gesamtasche, der geringere schädliche Stickstoff und der geringste Gesamtstickstoff; ebenso ist dieses Stück das reinste, wie die Reinheitsquotienten von Bartoš zeigen (Tab. 41).

In letzter Zeit fand dieselbe Frage eine Bearbeitung durch Floderer und Herke[1]. Die Rübe wurde von oben nach unten in zehn Zonen quer zur Längsachse geschnitten, so daß Zone 1 etwa den Kopf, 2 bis 8 den Rumpf und 9—10 die Wurzel darstellen Bei Zone 8 beginnt bereits die starke Verjüngung der Rübe. Folgende Tabelle ist die Wiedergabe der Resultate einer Versuchsreihe.

Tabelle 43.

| Nr. der Zone | Zucker | Trockensubstanz | Trockensubstanz der Nichtzuckerstoffe | Mit $Cu(OH)_2$ nicht fällbarer N | Amid- u. Ammoniak-N | Schädlicher N | Asche | CaO | MgO | $K_2O$ | $Na_2O$ | $P_2O_5$ |
|---|---|---|---|---|---|---|---|---|---|---|---|---|
| 1 | 11,20 | 20,93 | 9,73 | 0,204 | 0,048 | 0,156 | 1,325 | 0,080 | 0,149 | 0,248 | 0,049 | 0,053 |
| 2 | 14,67 | 22,64 | 7,96 | 0,123 | 0,028 | 0,095 | 1,375 | 0,104 | 0,124 | 0,238 | 0,048 | 0,070 |
| 3 | 16,00 | 22,32 | 6,27 | 0,107 | 0,022 | 0,083 | 1,050 | 0,084 | 0,115 | 0,209 | 0,027 | 0,045 |
| 4 | 16,20 | 22,29 | 6,18 | 0,105 | 0,024 | 0,082 | 1,048 | 0,084 | 0,119 | 0,196 | 0,040 | 0,045 |
| 5 | 16,05 | 22,30 | 6,29 | 0,117 | 0,029 | 0,083 | 1,271 | 0,078 | 0,120 | 0,202 | 0,036 | 0,044 |
| 6 | 15,65 | 22,13 | 6,53 | 0,123 | 0,031 | 0,092 | 1,349 | 0,093 | 0,118 | 0,219 | 0,069 | 0,068 |
| 7 | 15,36 | 22,04 | 6,67 | 0,128 | 0,035 | 0,093 | 1,120 | 0,063 | 0,138 | 0,216 | 0,047 | 0,038 |
| 8 | 15,22 | 22,18 | 6,96 | 0,132 | 0,033 | 0,093 | 1,284 | 0,069 | 0,149 | 0,225 | 0,042 | 0,048 |
| 9 | 14,90 | 22,79 | 7,89 | 0,132 | 0,035 | 0,097 | 1,235 | 0,075 | 0,165 | 0,233 | 0,030 | 0,041 |
| 10 | 14,10 | 22,93 | 8,83 | 0,135 | 0,034 | 0,101 | 1,447 | 0,107 | 0,201 | 0,271 | 0,027 | 0,049 |

Der Leser wird das Zu- oder Abnehmen der einzelnen Bestandteile mit der Zone und die eventuell herrschenden Beziehungen, z. B. zwischen Zucker und Asche, oder Zucker und Kali usw. und die Übereinstimmung oder Divergenz mit den früheren Ergebnissen selbst konstatieren können.

Die genannte Arbeit enthält auch eingangs die gesamte Literatur über diesen Gegenstand aufgezählt.

---

[1] Ö. U. Z. f. Zuckerind. XL, S. 385, 1911.

Was die beiden Autoren über die Verteilung des Zuckers von dem
Äußern nach dem Rübeninnern und in diesem fanden, stimmt mit
Urbans Mitteilungen überein. Für den Kopf fanden sie ferner 10,8
bis 17,3 %, für den Rumpf 14,6—17,32 % und für die Wurzel 13,8 bis
15,67 %.

Interessant ist die Verteilung des
Markgehaltes in den einzelnen morpho-
logisch wichtigen Teilen der Rübenwurzel
im ersten Vegetationsjahre. W. Bartoš
fand in der Richtung der Vertikalachse
nebenstehende Werte für den Markgehalt:

| Zone | | % |
|---|---|---|
| 1. | Rübenkopf . . . | 5,4 |
| 2. | „ . . . | 5,17 |
| 3. | „ . . . | 4,78 |
| 4. | „ . . . | 4,40 |
| 5. | Wurzelende . . | 4,46 |

Der Markgehalt nimmt also vom Wurzelende gegen den Kopf hin
zu; auch die Holzfaser ist hier größer, was mit der Menge der Gefäßbündel zusammenhängen dürfte, welche vom Kopf zu den Blättern
und Trieben ausgehen. Bei der Bestimmung des unauslaugbaren Restes
aus den einzelnen Vertikalabschnitten wurde beobachtet, daß die Filtration und Auslaugung der einzelnen Abschnitte um so langsamer vor
sich ging, je mehr sich der Schnitt dem Kopf näherte. Der Brei aus
dem Kopfteile ließ sich am schwierigsten auslaugen.

Wurde aber der betreffende Breianteil vorher mit Alkohol und Äther
gewaschen, dann ging das Filtrieren mit warmem Wasser sehr gut
vor sich, ein Beweis, daß die Stoffe, welche die Filtration aufhielten,
in Alkohol und Äther sich gelöst hatten oder daß die Eiweißstoffe
und Pektine mit Alkohol koaguliert wurden.

Da das Filtrationsvermögen in der Kopfrichtung abnahm, während
in derselben Richtung die Menge der die Filtration hemmenden Stoffe
zunahm, kann man den Schluß ziehen, daß die Bildung dieser Stoffe
mit dem Einflusse der Atmosphäre und mit der direkten Einwirkung der
Sonnenstrahlen zusammenhängt. Durch einen direkten dahinzielenden
Versuch wurde diese Vermutung begründet und daraus der Schluß
gezogen, daß auch die Diffusion bei einer solchen Rübe, welche lange
Zeit an der Luft lag, schwieriger vor sich geht. Auch die Auslaugung
der aus dem Rübenkopfe stammenden Schnitzel ist langsamer und
unvollständiger und immer mit einem größeren Verlust verbunden[1].

Das Köpfen der Rüben und das Abbrechen der Schwänze
ist sonach vom betriebschemischen Standpunkte nur als vorteilhaft für die Verarbeitung der Rüben zu betrachten.

### b) Minderwertigkeit der Rübenköpfe.

Die Minderwertigkeit der Rübenköpfe wurde schon frühzeitig erkannt und geht auch aus allen Analysen des voranstehenden Abschnittes
hervor.

Der Begriff „Kopf" ist nicht feststehend. Hollrung bestimmte
ihn bei seinen Untersuchungen zu 12,8 % im Mittel vom Rübengewichte.
Er fand

---

[1] Z. d. tschsl. Zuckerind. II, S. 133, 1921.

|  | im Kopf | in der Wurzel |
|---|---|---|
| Zucker % . . . . . . | 12,93 | 15,61 |
| Nichtzucker . . . . . | 3,28 | 2,14 |

Die Köpfe waren um 7,7 % saftärmer als die Wurzeln und ihr Saft hatte dunklere Färbung als der aus den Wurzeln. Auf Grund dieser Zahlen erklärt Hollrung die Rübenköpfe als einen „unter allen Umständen minderwertigen Teil der Zuckerrübe" und bezeichnet die Köpfe als „ein fabrikativ mit Nutzen nicht mehr zu verarbeitendes, daher wertloses Material".

Eine richtig durchgeführte Köpfung der angeführten Rüben wird daher mit Recht verlangt[1].

Diese Frage ist jedoch chemisch allein nicht zu beantworten, hier haben auch wirtschaftliche Erwägungen Platz zu greifen, weil es auch Umstände geben kann, wo auch das „Minderwertige" seinen Wert hat.

Vorgreifend kann gleich darauf hingewiesen werden, daß z. B. auch die Auslaugung der Schnitzel in der Batterie und das Absüßen des Saturationsschlammes, die Höhe des Reinheitsquotienten der Melasse u. a. nicht einfach chemische Fragen sind, sondern, daß sie stets im Zusammenhange mit der Gesamtwirtschaft, zumindest aber mit den örtlichen und zeitlichen Verhältnissen zu behandeln sind (Einrichtung, Rüben-, Zucker-, Kohlenpreis).

Das Köpfen oder das Nichtköpfen, bzw. das Ausmaß des Köpfens ist das erste chemisch-wirtschaftliche Problem, das in diesem Buche zur Behandlung gelangt, im Gegensatze zur ersten Auflage, „wo ökonomische Momente nicht in Betracht kamen". Mit dieser Fußnote auf S. 197 der ersten Auflage wurde eigentlich vom Verfasser schon angedeutet, daß das Köpfen (und Abbrechen des Schwanzes) ein Substanzverlust ist, der den Vorteil in chemisch-technologischer Hinsicht zum Teil aufwiegt, vielleicht sogar unter Umständen den Vorteil in ein Übel verwandeln kann.

Claassen untersuchte nun als Erster zahlenmäßig „die wirtschaftliche Bedeutung des Köpfens der Zuckerrüben für die Zuckerfabriken und Landwirte"[2].

Das von ihm angeschnittene Problem wird in Wirklichkeit aber noch komplizierter, wenn man an jene Zuckerfabriken denkt, die auch eigene Rüben neben Kaufrüben verarbeiten. Da kann es ganz leicht vorkommen, daß man von den Kaufrüben nach dem Rübenvertrage darauf besteht, daß „der Kopf, insoweit er grün ist und Blattkeimansätze hat, mit einem Flachschnitte gerade abgeschnitten" ist, bei der Eigenrübe sich aber nur mit einem „Spitzen der Köpfe" begnügt, um einen größeren Rübenertrag zu haben, der die Nachteile einer schlechten Köpfung wieder wettmachen soll.

Zunächst wurden Versuchsrüben senkrecht zur Längenachse in vier Teile geteilt, diese Teile und der aus ihnen im Laboratorium hergestellte Dünnsaft analysiert. In Übereinstimmung mit allen früheren Angaben stehen die Ergebnisse der folgenden Tabelle.

---

[1] Z. V. D. Zuckerind. 1897, S. 5.          [2] D. Z. 1925, S. 670.

Tabelle 44.

| | Versuch 1 | | | | Versuch 3 | | | |
|---|---|---|---|---|---|---|---|---|
| | Kopf | Hals | Rübe | Schwanz | Kopf | Hals | Rübe | Schwanz |
| Gewicht . . . . . | 308 | 413 | 3943 | 398 | 2025 | 2310 | 22190 | 2528 |
| Gewicht in % d. Rübe | 6,0 | 8,0 | 78,1 | 7,9 | 6,9 | 7,7 | 76,7 | 8,7 |
| Untersuchung Zuckergehalt der Rübenteile . . . | 11,55 | 13,4 | 17,05 | 14,95 | 9,6 | 14,0 | 17,3 | 16,3 |
| Rübensaft: ° Bg. . | 14,3 | 16,2 | 19,2 | 18,6 | 12,5 | 16,3 | 19,5 | 18,4 |
| Reinheit | 79,6 | 82,8 | 88,8 | 80,4 | 76,8 | 85,6 | 89,0 | 88,3 |
| Dünnsaft: Reinheit . | 82,3 | 85,2 | 91,0 | 83,1 | 79,5 | 88,0 | 91,1 | 90,0 |

Wenn sich auch die wirtschaftliche Rechnung, die nun Claassen anstellte, nur für die von ihm gewählten, bzw. im Jahre 1925 herrschenden wirtschaftlichen Verhältnisse im einzelnen beziehen kann, so kann man doch ungefähr seine Leitsätze allgemein gelten lassen. Einer davon lautet: „Es ist daher volkswirtschaftlich verwerflich, die Rüben stark oder in nachlässiger Weise bald zu stark, bald zu schwach zu köpfen, oder sogar die Köpfe so weit abzuschneiden, wie sie grün sind. Volkswirtschaftlich richtig ist es, den Kopf höchstens so weit abzuschneiden, wie der Ansatz noch grüner Blätter geht."

Eine industrielle Zuckerfabrik wird natürlich immer auf gutgeköpfte Rüben sehen (Flachschnitt), weil sie die geköpften Rüben bezahlt, am Ertrag des Rübenbauers also nicht direkt interessiert ist (s. Fußnote 3 auf S. 221).

Achtes Kapitel.

# Chemische Vorgänge in den Rübenmieten.

### a) Die Ernte der Rüben.

Im Reifezustande wird die Rübe geerntet.

Die Reife ist jener Moment, wo die Rübe ihre stoffbildende Tätigkeit einstellt. Er zeigt sich äußerlich am raschen Absterben der Blätter. Ihre anorganischen Substanzen ziehen sich in die Rübenwurzel zurück und sammeln sich hauptsächlich im Kopfe an.

Der Grad der Reife wird in verschiedenen Gegenden je nach dem Witterungsverlaufe, nach dem Rübenanbaue zu verschiedenen Zeitpunkten erreicht. Noch in der zweiten Hälfte des Oktobers ist Zuwachs an Zucker festzustellen. Trotzdem kann man mit dem Beginne der Kampagne nicht solange warten, ja in vielen Fällen kann nicht einmal die Reife der Rübe abgewartet werden. E. Wagner schlägt vor (für Deutschland), die Kampagne nicht vor dem 15. Oktober zu beginnen[1], in der Slowakei wird aber oft schon vor dem 15. September oder kurz nachher mit der Rübenverarbeitung begonnen. Man nimmt den Minderertrag an Zucker gerne in Kauf, um bei den großen Rübenmengen unbedingt vor Weihnachten fertig zu werden, um auf keinen Fall von den

---

[1] D. Z. 1927, S. 1092.

15*

Winterfrösten überrascht zu werden und um nicht in den Prismen
mehr Zucker zu verlieren, als man durch einen späteren Anfang gewinnen könnte.   Nicht einmal für eine bestimmte Gegend (Provinz)
läßt sich der Kampagnebeginn normieren; den muß jede einzelne
Fabrik nach ihren Verhältnissen festsetzen.

„Die Rübenwurzel ... wächst in der Erde, also im Dunkeln unter Abschluß
von Licht und geringem Zutritt von Luft; sie ist zur Ausübung einer anderen Le-
bensfunktion bestimmt als das Blatt. Und diese ihre natürliche Bestimmung ist
auch in der Zeit ihrer Ruhe zu beachten, d. h. wir dürfen sie nicht (nach der Ernte)
zu lange der Wirkung der Sonnenstrahlen sowie Luftströmungen aussetzen.
Ebenso wie die Wirkung der Sonnenstrahlen auf die Blätter eine nützliche ist,
ebenso nachteilig ist sie für die Wurzel." Dadurch nämlich wird die Rübe zu ener-
gischerer Atmung gebracht und verliert demgemäß an Zucker[1].

Durch Luft- und Lichtwirkung gehen in der Rübe chemische und
physikalische Veränderungen vor sich (Welken), die den Betrieb der
Rohzuckerfabrik erschweren können (schlechtes Treiben, schlechte
Auslaugung, schlechte Filtration auf den Schlammpressen).

Deshalb schreiben die Rübenverträge vor, daß die geerntete, von
der Erde möglichst gereinigte, geköpfte Rübe in Haufen gelegt und
(mit Blättern) zugedeckt werde, damit sie nicht verwelke.

Außer in Haufen wird die Rübe hauptsächlich in Mieten eingelagert, wobei in diesen folgende chemischen und physiologischen
Prozesse vor sich gehen.   Das Einmieten soll die Rübenvorräte vor
dem Gefrieren bewahren.

### b) Die Atmung als Ursache des Zuckerverlustes der Rüben.

Schon frühzeitig wurde die Tatsache beobachtet, daß die Zuckerrübe in den Mieten Veränderungen erleidet, die mit einem Zuckerverluste verknüpft sind.   Doch die Ursachen dieser Erscheinungen
wurden erst viel später genau erkannt.   A. Heintz zeigte[2], daß diese
Zuckerverluste infolge der Atmung der Rübe entstehen, bei
welchem Prozesse Zucker zu Kohlendioxyd und Wasser
oxydiert wird.   Eine weitere Verlustquelle fand Claassen in der
Verwendung des Zuckers als Baumaterial für junge Triebe von Rüben,
die während der Einmietung zu wachsen beginnen[3].

Die hier herrschenden Verhältnisse legte in ausgezeichneter Weise
F. Strohmer qualitativ und quantitativ dar.

Er arbeitete mit Einzelrüben, da bei Massenuntersuchungen die
Durchschnittsergebnisse durch die Individualität hätten störend beeinflußt werden können.

Der Übersichtlichkeit halber seien seine Versuchsergebnisse in einer
Tabelle (Seite 229) zusammengestellt.

Aus derselben ist zu ersehen, daß „mit einer größeren Kohlen-
säureausscheidung auch immer eine größere Zuckerzerstörung verbunden ist".

---

[1] Bartoš: Z. f. Zuckerind. i. B. XXIII, S. 687, 1898/99.
[2] Z. V. D. Zuckerind. 1873, S. 206.        [3] ebd. 1892, S. 383.

| Rübe | Gewicht | Zucker-gehalt | $CO_2$-Abgabe pro Stunde | | Schwankungen der stündlichen $CO_2$-Abgabe | Zuckerverlust in 34 Tagen | | 100 Teile Trocken-subst. in 34 Tagen produz. | Eiweiß-geh. d. Trocken-subst. |
| | | | beim Anfange | b. Ende d. Vers. | | auf $CO_2$-Abgabe | ander-weitig | | |
| | g | % | mg | mg | mg | g | g | g | % |
|---|---|---|---|---|---|---|---|---|---|
| I | 357,1 | 16,6 | 13,1 | 8,9 | von 7,8—13,1 | 4,9 | 3,4 | 8,8 $CO_2$ | 4,1 |
| II | 352,6 | 17,8 | 9,6 | 22,1 | „ 9,6—22,6 | 7,6 | 8,9 | 14,9 $CO_2$ | 4,9 |
| III | 362,2 | 19,6 | 8,3 | 6,2 | „ 5,9— 8,3 | 3,4 | 2,4 | 5,7 $CO_2$ | 3,6 |

Bemerkungen: Der Versuch dauerte 34 Tage (Tag und Nacht ununterbrochen). Die Beobachtungstemperatur war 16,7—18,4° C. Rübe II erkrankte an Trockenfäule. Der Zuckerverlust in der 7. Spalte, durch Umrechnung aus der Atmungs-$CO_2$ gefunden, gibt die Menge des veratmeten Zuckers an. In der 8. Spalte findet sich die Differenz auf den Gesamtzuckerverlust.

Kranke Rüben zeigen größere Kohlensäureabgabe als gesunde Rüben, atmen intensiver und haben daher größere Zuckerverluste zur Folge.

Wird die gefundene Atmungskohlensäure auf die veratmete Zuckermenge umgerechnet, so fand Strohmer in allen Fällen — auch wo keine Bildung neuer Triebe eintrat —, daß letztere erheblich kleiner war als der wirkliche Zuckerverlust, woraus hervorgeht, daß während der Aufbewahrung neben jenem Zucker, welcher in der Atmung verbraucht wird, noch ein anderer Teil des Zuckers verschwindet. Strohmer konnte nachweisen, wozu der letztere Teil des verschwindenden Zuckers in der Pflanze gebraucht wird. Zunächst konstatierte er, daß in den Atmungsgasen der Rübe außer der Kohlensäure keine anderen kohlenstoffhaltigen Verbindungen in meßbaren Mengen vorhanden sind. Daraus geht hervor, daß der zweite Teil des Zuckers nicht zu kohlenstoffhaltigen Gasen zersetzt wird. Er verbleibt daher in irgendeiner Umwandlungsform in der Rübe. Diese Umwandlungsform sind nach Strohmer Stärke oder stärkehaltige Produkte. Die Rübe lebt sowohl in geköpftem — also von Stengeln und Blattknospen befreitem — wie in ungeköpftem Zustande bei ihrer Aufbewahrung weiter und bereitet das neue Wachstum vor, indem ein Teil des vorhandenen Zuckers langsam in jene verschiedenen Zwischenstufen umgewandelt wird, aus welchen er dann in der neuen Pflanze wieder als Stärke erscheint.

Ferner fand Strohmer, was auch für andere Pflanzen gilt, daß die Atmungsintensität der Rübe unter sonst gleichen Verhältnissen hauptsächlich abhängig ist vom Gehalte an aktivem, zirkulierendem Eiweiß. Durch Luft, bzw. Sauerstoffabschluß können die Atmung und die durch sie bedingten Zuckerverluste nicht hintangehalten werden, da in der Rübe noch die intermolekulare Atmung zur Geltung kommt. Luftabschluß kann im Anfange wohl hemmend auf die Atmung wirken, doch treten alsbald tiefgreifendere Zersetzungen ein, die mit noch größeren Zuckerverlusten verbunden sind (Ersticken der Rüben).

Je niedriger die Temperatur, desto geringer die Atmung.

Strohmer kommt nach seinen Untersuchungen zu dem für die Praxis höchst bedeutungsvollen Ergebnisse, daß die Ursachen der Zuckerverluste auf keine Weise aufgehoben werden können, dadurch aber wohl verringert werden, wenn man möglichst unverletzte Rüben so aufbewahrt, daß man eine ganz geringe Zufuhr möglichst kalter Luft, die zur normalen Atmung eben noch notwendig ist, ermöglicht und durch dieselbe nicht nur die durch die Atmung bedingte Wärmeentwicklung ausgeglichen, sondern die Temperatur so weit herabgesetzt wird, daß kein Erfrieren der Rübe eintreten kann; also möglichst nahe an Null und nicht unter — 1⁰. — Zu denselben Ergebnissen kam auch Strohmer bei neuerlichem Studium dieser Frage und veröffentlichte dann die ganze umfangreiche Abhandlung mit allen analytischen Belegen: „Ein Beitrag zur Kenntnis der Ursachen des Zuckerverlustes der Zuckerrüben während ihrer Aufbewahrung[1]."

Da Strohmer der Praxis ähnliche Bedingungen für seine Versuche schaffen wollte, arbeitete er mit geköpften Rüben im Dunkeln. Qualitativ ändert das an den Versuchen nichts, nur lassen sich die erhaltenen Zahlen nicht auf beblätterte Rüben direkt übertragen.

Tabelle 45.

| | Rübe | | | Anmerkung |
|---|---|---|---|---|
| | I | II | III | |
| Gewicht der Rübe am Beginn des Versuches . . . . . . | 356,1 | 351,6 | 361,2 | |
| Gewicht der Rübe am Schluß des Versuches . . . . . . | 347,3 | 341,3 | 352,6 | |
| Gewichtsverlust während des Versuches . . . . . . . . | 8,8 | 10,3 | 8,6 | |
| Zuckergehalt der Rübe am Beginn des Versuches . . | 58,47 | 61,78 | 70,04 | alle Angaben in g. Versuchsdauer 694 Stunden. |
| Zuckergehalt der Rübe am Schluß des Versuches . . | 51,19 | 46,21 | 65,02 | Rübe II schimmelte. Versuchstemperatur |
| Zuckerverlust während des Versuches . . . . . . . . | 7,28 | 15,57 | 5,02 | für alle drei Versuche im Mittel ca. 17⁰ C. |
| Kohlensäureproduktion während des Versuches . . . . | 6,2044 | 10,7524 | 4,5480 | |
| Zucker, der produzierten $CO_2$ entsprechend . . . . . | 4,02 | 6,96 | 2,95 | |
| Zucker anderweitig umgesetzt | 3,26 | 8,61 | 2,07 | |
| Von 100 Zucker in der Rübe wurden veratmet . . . . | 6,9 | 11,3 | 4,2 | |
| anderweitig umgesetzt . . | 5,6 | 13,9 | 3,0 | |

Strohmer bestimmte die während des Atmungsprozesses gebildete Kohlensäure durch Absaugen mit kohlensäurefreier Luft und direkter Wägung der Absorptionsgefäße für dieses Atmungsgas.

Es wurden fünf Versuchsreihen durchgeführt und sodann ebenso viele Fragen erörtert. Ihre Aufzählung soll den Umfang dieser Experimentaluntersuchung andeuten und die Quelle für ein Spezialstudium dieser Fragen angeben: 1. Der Zuckerumsatz der Rübenwurzel während ihrer Atmung. 2. Einfluß der Temperatur auf die Atmungsintensität der Rübenwurzel (das Erfrieren der Rübenwurzel). 3. Zusammenhang zwischen Atmungsintensität und chemischer Zusammensetzung der

---

[1] Ö. U. Z. f. Zuckerind. XXXI, S. 933, 1902.

Rübenwurzel. 4. Der Einfluß der Verwundung der Rübenwurzel auf ihre Atmungsintensität. 5. Die intermolekulare Atmung der Rübenwurzel. — Im wesentlichen
ist diese Arbeit eine Erweiterung und mit vielem analytischen Materiale belegte
Wiederholung der schon oben gemachten Ausführungen.

Ein Beispiel möge die Veränderungen zeigen, die die Rüben bei dem Atmungsprozesse — also in den Mieten — erfahren.

Die Bilanz einer Versuchsreihe zeigt Tab. 45.

Nach Beendigung dieser Versuche zeigten die Versuchsrüben folgende chemische Zusammensetzung:

Tabelle 45a.

| | Rübe I | | Rübe II | | Rübe III | | Anmerkung |
|---|---|---|---|---|---|---|---|
| | frisch | in 100 Teilen sandfreier Trock.-Subst. | frisch | in 100 Teilen sandfreier Trock.-Subst. | frisch | in 100 Teilen sandfreier Trock.-Subst. | |
| Gewicht der Rübe in g | 347,32 | — | 341,27 | — | 352,60 | — | Rüben ohne Blattknospen oder Triebe. Bei Rübe II trat während des Versuches um das Bohrloch für die Zuckerbestimmung Schimmelpilzbildung ein. |
| Wasser . . . . . . . | 75,78 | — | 77,03 | — | 73,87 | — | |
| Eiweiß . . . . . . . | 0,99 | 4,15 | 1,14 | 5,02 | 0,94 | 3,63 | |
| Nichteiweißartige N-Körper . . . . . | 1,04 | 4,35 | 0,53 | 2,33 | 0,49 | 1,89 | |
| Fett . . . . . . . . . | 0,04 | 0,17 | 0,06 | 0,26 | 0,05 | 0,19 | |
| Zucker . . . . . . . | 14,74 | 61,73 | 13,54 | 59,57 | 18,44 | 71,17 | |
| N-freie Extraktivstoffe | 5,02 | 21,01 | 5,57 | 24,50 | 4,08 | 15,74 | |
| Rohfaser . . . . . . | 1,49 | 6,24 | 1,50 | 6,60 | 1,45 | 5,60 | |
| Reinasche . . . . . . | 0,56 | 2,35 | 0,39 | 1,72 | 0,46 | 1,78 | |
| Sand . . . . . . . . | 0,34 | — | 0,24 | — | 0,22 | — | |

Auf rechnerischem Wege ermittelte Strohmer die chemische
Zusammensetzung derselben Rüben vor dem Versuche unter der Annahme, daß diese während des Versuches nur Wasser und Kohlensäure
verloren haben und der aufgenommene Sauerstoff nur zur Verbrennung
des Zuckers verwendet wurde.

Tabelle 45b.

| | In 100 Teilen sandfreier Trockensubstanz sind enthalten % | | | | | | Anmerkung |
|---|---|---|---|---|---|---|---|
| | Rübe I | | Rübe II | | Rübe III | | |
| | a | b | a | b | a | b | |
| Eiweiß . . . . . . . . | 3,96 | 4,15 | 4,60 | 5,02 | 3,52 | 3,63 | |
| Nichteiweißartige N-Verbindungen . . | 4,15 | 4,35 | 2,14 | 2,33 | 1,83 | 1,89 | a) vor dem Versuche; |
| Fett . . . . . . . . . | 0,16 | 0,17 | 0,24 | 0,26 | 0,18 | 0,19 | |
| Zucker . . . . . . . . | 67,24 | 61,73 | 73,09 | 59,57 | 74,27 | 71,17 | b) nach Beendigung des Versuches[1] |
| N-freie Extraktivstoffe | 16,30 | 21,01 | 12,30 | 24,50 | 13,04 | 15,74 | |
| Rohfaser . . . . . . | 5,96 | 6,24 | 6,06 | 6,60 | 5,43 | 5,60 | |
| Reinasche . . . . . . | 2,23 | 2,35 | 1,57 | 1,72 | 1,73 | 1,78 | |
| | 100,00 | 100,00 | 100,00 | 100,00 | 100,00 | 100,00 | |
| Zuckergehalt der frischen Rübe . . . | 16,42 | — | 17,57 | — | 19,39 | — | |

---

[1] Wiederholung von Tabelle 45a zur besseren Übersicht der Veränderungen,
die die Rüben erfuhren.

Eine folgende Versuchsreihe wurde bei niedrigeren Temperaturen durchgeführt, um den Einfluß der Temperatur auf die Atmungsvorgänge zu studieren.

Die bisher angeführten Rüben waren alle geköpft verwendet worden, so daß Strohmer es für notwendig hielt, einen weiteren Versuch mit vollständig unversehrten Rübenwurzeln (nur von den Blättern entblößt) durchzuführen. Bei all diesen Versuchen ergaben sich ähnliche Verhältnisse und Resultate: stets war der Gesamtzuckerverlust größer als der Atmungszuckerverlust. Hierfür wurde schon oben die Erklärung gegeben. Vor seiner Veratmung dürfte der Rohrzucker Inversion erfahren. Einen Zusammenhang zwischen Atmungsintensität — also Größe des Zuckerverlustes — und chemischer Zusammensetzung der Rübe konnte Strohmer nicht finden. Ein solcher besteht weder mit dem Zuckergehalte der Rübe noch mit ihrem Gesamtstickstoff und Eiweißgehalte (Gesamteiweiß nach Stutzer). Doch läßt sich annehmen, aber mit chemischen Mitteln nicht nachweisen, daß die Atmungsintensität der Rübe vom vorhandenen aktiven Eiweiß abhängig ist.

**Unreife Rüben atmen stärker als reife, erstere werden daher beim Lagern größere Zuckerverluste erfahren.** Entgegen der herrschenden Anschauung ist der Atmungszuckerverlust der Rübe unabhängig davon, ob die Rübe im verletzten oder unverletzten Zustande eingemietet wird. Da jedoch verletzte Rüben an ihrer Wundfläche einen günstigen Nährboden für Bakterien bilden, und diese dann auf Kosten des Rübenzuckers sich entwickeln und leben, wodurch die Zuckerverluste vergrößert werden, sollen tunlichst nur unverletzte Rüben zum Einmieten gelangen. Das Köpfen der Rübe ist als eine Verletzung zu betrachten (s. S. 233). Mit Rücksicht auf das bei der intermolekularen Atmung Gesagte ist es notwendig, bei der Einmietung der Rüben für eine Abfuhr der Atmungskohlensäure zu sorgen. Denn durch diese wird die umgebende Luft relativ sauerstoffärmer gemacht. Zu große Anhäufung von Kohlensäure ist für die Rübe auch schädlich.

Die Größe der normalen Zuckerverluste, die durch physiologische Ursachen bedingt sind, läßt sich nicht durch eine konstante Zahl ausdrücken, da sie von zu vielen Faktoren abhängig ist. Strohmer berechnete für 100 kg Rübe und 24 Stunden Lagerzeit unter der Annahme von 18,5 % Trockensubstanz in der Rübe folgende Zuckerverluste:

$$
\begin{array}{lll}
\text{bei} & 0^0\,\text{C} & 2{,}30\text{---}\ 5{,}18\ \text{g} \\
\text{,,} & 5^0\,\text{C} & 10{,}35\text{---}18{,}69\ \text{g} \\
\text{,,} & 10^0\,\text{C} & 23{,}01\text{---}29{,}62\ \text{g,}
\end{array}
$$

welche Zahlen sich mit Schätzungen Hellriegels decken.

P. M. Silin fand in jüngster Zeit die Zuckerverluste durch die Atmung (Messung des $CO_2$) für 100 Tage bei $6^0$ zu 0,85 % vom Rübengewicht. Es mache keinen wesentlichen Unterschied, ob die Rüben frisch oder welk seien, hingegen wachsen die Zuckerverluste[1] bedeutend mit der Temperatur (über 8—9$^0$)[2].

---

[1] Gemessen an der Ausscheidung des $CO_2$.
[2] Zapiski: C. f. Zuckerind. 1926, S. 1065.

Über groß angelegte **Einmietungsversuche** referierte **Neu-mann**[1]. Es wurden gut geköpfte Rüben gebürstet, gewaschen, getrocknet und in Mieten eingelegt, welche nach der in der betreffenden Gegend auf Grund langjähriger Erfahrungen üblichen Weise eingerichtet waren. Das Gesamtergebnis war: Innerhalb 8—10 Wochen verlor die Rübe infolge Verdunstung des Wassers 2,4% an Gewicht; die Zuckerverluste wurden zu 0,33—3,6%, im Mittel 1,74% befunden.

Im Jahre 1895 berichtete H. Claassen über „Einmietungsversuche mit Zuckerrüben"[2]. Es handelte sich ihm nicht nur um die Untersuchung der Vorgänge in der Rübe beim Lagern, sondern er verglich auch die verschiedenen Einmietungsverfahren miteinander.

Er wollte „dasjenige Verfahren finden, welches bei möglichst geringen Kosten einen nicht zu hohen Zuckerverlust gab". Die Ausbeute theoretischer Natur ist daher nur eine geringe.

Zunächst stellte er vergleichende Versuche über die Einmietung der Rüben in kleinen, durchlüfteten und nicht durchlüfteten Haufen an; dann solche über große Haufenmieten, Luftmieten und gewöhnliche Erdmieten.

Für die Praxis kommt Claassen zu den Schlüssen, die er in seiner „Zuckerfabrikation" (1918, S. 27) niederlegte.

Ferner konstatierte Claassen u. a.: Die Rüben bewahren ihr Gewicht und ihren Zuckergehalt an verschiedenen Stellen der Mieten verschieden. Jede Lüftung bewirkt je nach ihrem Grade Gewichtsverluste, ebenso Trockenheit; dort, wo Wasser an die Rüben gelangen kann (Erdfeuchtigkeit, Regen), nehmen hingegen die Rüben meistens an Gewicht zu oder doch nur sehr wenig ab. Der Zuckerverlust bei gleichen Rüben hängt von Temperatur, Feuchtigkeit und Lüftung ab. Je höher die Temperatur und Lüftung und je größer der Wechsel zwischen Feuchtigkeit und Trockenheit, desto größer die Zuckerverluste. Sie betragen 0,006—0,007% je Tag in ganz kleinen, mit Erde bedeckten Haufen, 0,010—0,012% je Tag bei Haufenmieten, 0,012 bis 0,017% je Tag in wenig durchlüfteten und 0,019% in großen, ziemlich warm eingedeckten Erdmieten. Die Temperaturen in den Mieten hängen hauptsächlich von der Außentemperatur ab. Sie sind jedoch infolge der Atmungswärme der Rüben höher als die Außentemperatur, und zwar um 2,5—2,7° in den Haufenmieten, 2,5° in den Luftmieten und um 7° höher in nicht ventilierten Erdmieten.

In seiner auf Seite 226 genannten Untersuchung empfiehlt Claassen, daß Zuckerrüben, die einige Zeit eingelagert werden sollen, niemals stark geköpft werden sollten, da der Kopf die Rübe lebend erhält und vor Infektionen besser schützt, als die Schnittfläche unter dem Blattansatz, die außerdem auch infolge ihrer größeren Fläche schädlicher wirkt[3].

„Über die Lagerung der Rüben in Mieten" stellte J. J. Dochlenko in der Kampagne 1923/24 Beobachtungen an. Nach zweimona-

---

[1] Z. f. Zuckerind. i. B. 1893, S. 401.   [2] Z. V. D. Zuckerind. 1895, S. 204.
[3] Siehe demgegenüber die folgende Seite unter Punkt 2 (Dochlenko).

tiger Einlagerung verloren die frischen Rüben am wenigsten, die welken
Rüben mehr und die Rüben mit Trieben am meisten von ihrem Zuckergehalte. Triebe waren meistens an spät nachgesäten, unreifen Rüben
zu finden, bei denen die Blattansätze schlecht entfernt waren. Der
Gesamtstickstoff änderte sich wenig, die Eiweißkörper machten die
im Kap. 5 B, d beschriebenen Abbauprozesse durch.

Für die Einmietung von Rüben und zur Hintanhaltung unangenehmer Betriebserscheinungen (Alkalitätsverluste, schlechtes Laufen
der Pressen) stellt Dochlenko folgende Leitsätze auf:

1. Die beste Lagerungstemperatur ist die von $0^0$.

2. Die grünen Teile der Rübe sind zu entfernen (gut köpfen, Blattansätze entfernen).

3. Die Mieten sind kühl, aber frostfrei zu halten. In der warmen
Zeit ist das Begießen der Rüben in den Mieten mit Wasser zu empfehlen.
Durch die Verdunstung des Wassers wird Temperaturerniedrigung bewirkt, die die Luftventilation im Haufen und die Zuckerverluste durch
Atmung der Rübe herabsetzt[1]. Die hier angegebene Lagerungstemperatur steht in Übereinstimmung mit den Ergebnissen Strohmers
(s. d.). Es hat sich aber in der Praxis gezeigt, daß man die Mieteninnentemperatur auch auf $+ 4,4^0$ und sogar noch höher halten kann[2],
besonders dann, wenn man nach Simmich[3] die Rüben „durch eine
mehrtägige Abkühlung in einen Winterschlaf“ versetzen könnte, der
auch bei folgender Wiedererwärmung bestehen bleibt. Gekühlte Rüben
hielten sich besser als ungekühlte, verloren weniger Zucker und bildeten
weniger Invertzucker.

Herzfeld empfahl daher die Mieteninnentemperatur durch intermittierende Abkühlung auf $6^0$ C zu halten — da wird die Atmung fast·
Null, die Zuckerverluste gering[4].

Die Haltbarkeit der Rüben hängt auch ab vom Wassergehalte,
mit dem die Rüben zur Einmietung gelangen. Im allgemeinen hält sich
trockene Rübe besser als nasse[5], z. B. mit der „Elfa“ geschwemmte;
nur bei sehr welker Rübe kann sich ein absichtliches Anfeuchten empfehlen[6]. Claassen warnt vor der Einlagerung gewaschener (nasser)
Rüben, auch dann, wenn man die Erhaltung der Rüben durch Lüftung
mit abgekühlter Luft zu verbessern sucht[7].

Über die Vorgänge in den Rübenmieten ist man genug genau unterrichtet — aber die Höhe der Zuckerverluste wird ganz verschieden angegeben. Das ist eigentlich selbstverständlich, da, wie W. Bartoš in
seinen Einmietungsversuchen nachweisen konnte, sich die Rüben verschieden verhalten, je nachdem ob sie an der Außenseite oder im Innern,
am Kamm oder in unteren Schichten, an der Nord- oder an der Südseite liegen.

Er weist darauf hin, daß tunlichst nur die später geernteten, besser
ausgereiften Rüben eingemietet werden sollen; ferner — wie schon vor-

---

[1] D. Z. 1925, S. 1121, 1141.        [2] Pack: Z. V. D. Zuckerind. 1925, S. 493.
[3] Z. V. D. Zuckerind. 1925, S. 493.        [4] D. Z. 1925, S. 941.
[5] Ähnlich Saillard: Z. V. D. Zuckerind. 1925, S. 522.
[6] D. Z. 1925, S. 941.        [7] C. f. Zuckerind. 1925, S. 478.

her oft betont — möglichst unverletzte Rüben; letztere bilden leicht Invertzucker. Bei dreimonatiger Einprismung können je nach den Witterungsverhältnissen und der Rübenbeschaffenheit Verluste von 0,8—2 % (auf Rübe) eintreten; auf die gesamte verarbeitete Rübe einer Zuckerfabrik entfällt von diesen Verlusten aber nur ein Viertel[1].

### c) Veränderungen der Rüben in den Mieten.

Bisher war fast ausschließlich von den Zuckerverlusten in den Mieten die Rede. Diese treffen die Zuckerfabrik nur wirtschaftlich. Neben den Zuckerverlusten treten aber noch Veränderungen in der Zusammensetzung der Rüben ein, die sowohl wirtschaftlichen Schaden als unangenehme Betriebserscheinungen zur Folge haben können. Sie wurden vielfach studiert — die Ergebnisse waren stets dieselben.

In den Mieten vermehrt sich der organische Nichtzucker, der bei der Verarbeitung in den Säften gelöst bleibt; ein Teil bildet lösliche Kalksalze. Auf Zucker berechnet, nehmen die Alkalisalze entsprechend dem Zuckerrückgang zu. Die Veränderungen der Nichtzuckerstoffe während der Einmietung wurden von Claassen nicht direkt studiert. Er bestimmte diese Verhältnisse aus den Resultaten der Fabriksarbeit. Die Analysen der Produkte der nicht zur Einmietung gelangten und der später aus den Mieten kommenden Rüben lassen gewisse Vergleiche zu, da im „großen und ganzen der Teil der angelieferten Rüben, welcher sofort verarbeitet wird, als eine große Durchschnittsprobe der während derselben Zeit eingemieteten Rüben anzusehen ist". Diese Untersuchungen stellte er für Haufenmieten an; die Zahlen sind Wochendurchschnitte. Die in der 6.—9. Woche eingemieteten Rüben wurden in der 14.—17. Woche verarbeitet. Die auf Rüben berechneten Daten zeigen augenfällige Unterschiede.

Tabelle 46. Analysen von Füllmassen auf 100 Zucker.

| | I. Periode | Quot. | Organ. Nichtz. | Gesamt-asche | Kalk-asche | Alkali-asche |
|---|---|---|---|---|---|---|
| Woche | 6. 21. X. bis 27. X. | 91,5 | 5,8 | 3,5 | 0,37 | 3,13 |
| | 7. 28. X. „ 3. XI. | 91,6 | 5,5 | 3,7 | 0,38 | 3,32 |
| | 8. 4. XI. „ 10. XI. | 91,4 | 5,7 | 3,7 | 0,40 | 3,30 |
| | 9. 11. XI. „ 17. XI. | 91,8 | 5,2 | 3,7 | 0,44 | 3,26 |
| Durchsch. | Einmietungsperiode | 91,6 | 5,55 | 3,65 | 0,40 | 3,25 |

| | II. Periode | Quot. | Organ. Nichtz. | Gesamt-asche | Kalk-asche | Alkali-asche |
|---|---|---|---|---|---|---|
| Woche | 14. 16. XII. bis 22. XII. | 90,6 | 6,2 | 4,2 | 0,66 | 3,54 |
| | 15. 26. XII. „ 31. XII. | 90,6 | 6,2 | 4,1 | 0,57 | 3,53 |
| | 16. 1. I. „ 5. I. | 90,5 | 6,3 | 4,0 | 0,75 | 3,25 |
| | 17. 6. I. „ 12. I. | 90,0 | 6,8 | 4,4 | 0,92 | 3,48 |
| Durchsch. | Ausmietungsperiode | 90,4 | 6,38 | 4,18 | 0,73 | 3,45 |

---

[1] Z. f. Zuckerind. i. B. XLII, S. 38, 1917/18.

Bemerkungen: Der Durchschnitt der I. Periode berechnet sich auf 100 Teile Rübe (aus der Füllmasse): Organ. NZ. 0,65%, Gesamtasche 0,43%, davon Kalkasche 0,05%, Alkaliasche 0,38%; do. ad II: Organ. NZ. 0,70%, Gesamtasche 0,46%, davon Kalkasche 0,08%, Alkaliasche 0,38%.

Die Alkaliasche kann nicht zunehmen, da die Alkalien nur aus der Rübe stammen und sich in dieser nicht vermehren. **Zugenommen hat der organische Nichtzucker und die Kalkasche. Es entstanden mehr lösliche Kalksalze — von neugebildeten organischen Säuren** (im Rohsaft enthalten oder bei der Scheidung gebildet) —, die durch Kohlensäure nicht zerlegt werden.

Über die „Verluste bei der Lagerung der Rüben in den Mieten" führte auch Lewitzki Untersuchungen aus[1].

Frische Rüben, (140 dz), wurden auf 10 m lange, 2,4 m breite und 1 m hohe Haufen geworfen, sorgfältig zugedeckt und stets auf gleichmäßige Temperatur (welche, sagt L. nicht) und genügende Lüftung gesehen. Die Versuche begannen am 15. September; im Oktober herrschte warmes, trockenes Wetter. Ende dieses Monats traten leichte Fröste auf, dann wurde es wieder warm. Gewichtsverluste wurden folgende konstatiert: 15. Oktober 2,4%, bis 15. November 8,15%, bis 12. Dezember 11,5% vom Rübengewichte. Die chemischen Veränderungen sind aus nachstehender Tabelle zu ersehen. Analyse der frischen Rüben: 17,1% Zucker; 22,0 Bx—18,83% Z—85,5 Quot. des Preßsaftes, 3,17% NZ. Dann wurden in kleinen Zeitabständen mit je 20 Rüben Doppelanalysen ausgeführt.

Folgende Zusammenstellung zeigt die Bilanz der Versuchsergebnisse:

Tabelle 47.

| | 15. Sept. | 15. Okt. | 15. Nov. | 15. Dez. |
|---|---|---|---|---|
| Rübengewicht | 406,5 g | 384,2 g | 336,5 g | 331,6 g |
| Unterschied gegen d. Anfangsgewicht | — | 5,48 % | 14,2 % | 18,42 % |
| Gewichtsverlust während der einzelnen Monate | — | 5,48 | 8,72 | 4,22 |
| Zucker in der Rübe | 17,1 % | 17,0 | 15,4 | 14,6 |
| Unterschied gegen d. Anfangszuckergehalt | — | 0,1 | 1,7 | 2,5 |
| Zuckerverlust | — | 0,58 | 3,94 | 14,62 |
| Zuckerverlust während der einzelnen Monate | — | 0,58 | 9,36 | 4,68 |
| Trockensubstanz im Saft | 22,0 | 21,8 | 20,2 | 19,4 |
| Unterschied | — | 0,2 | 1,8 | 2,6 |
| Unterschied während der einzelnen Monate | — | 0,2 | 1,6 | 0,8 |
| Zucker im Saft | 18,83 | 18,59 | 17,07 | 16,25 |
| Unterschied | — | 0,24 | 1,76 | 2,58 |
| Unterschied während der einzelnen Monate | — | 0,24 | 1,52 | 0,82 |
| Quotient | 85,5 | 85,2 | 84,4 | 83,7 |
| Unterschied | — | 0,3 | 1,1 | 1,8 |
| Unterschied während der einzelnen Monate | — | 0,3 | 0,3 | 0,7 |

[1] D. Z. 1909, S. 893.

Der Verfasser führt diese Zahlen und die vorhergehende Tabelle an, um die Bewegung der einzelnen Substanzen im großen und ganzen zu zeigen. Solche Beobachtungen lassen sich ja nie verallgemeinern, gelten nur für den Spezialfall, sind aber doch geeignet, ein Bild von den Vorgängen in den Mieten zu geben.

Andrlík und Urban wiesen nach, daß auch durch das Lagern der Rübe der schädliche Stickstoff zunimmt. In frischen Wurzeln wurden auf 100 Teile Zucker 0,53—1,09 Teile schädlicher Stickstoff gefunden, nach drei bis vier Wochen aber schon 0,67 bis 1,19 Teile. Bei einem anderen Versuche wurden Rüben in einem trockenen Raume bei 10—15° C drei bis vier Wochen aufbewahrt; von 1,7—2,5 Teilen stieg der schädliche Stickstoff auf 1,85—2,67 (auf 100 Teile Zucker gerechnet) an[1].

In neuerer Zeit erschien noch ein „Beitrag zur Frage der Veränderung der Zuckerrübe während der Aufbewahrung" von G. Friedl[2].

Seine Ausführungen über den Zuckerverlust beim Einmieten stimmen mit jenen Strohmers überein. Deshalb sei hier nur die Veränderung der Stickstoffsubstanzen betrachtet.

Der Gesamtstickstoff wurde nach Kjeldahl, der schädliche Stickstoff nach Andrlík, modifiziert durch G. Friedl, der Amidstickstoff nach Stutzer und der Invertzucker nach Urban bestimmt.

Der Gesamtstickstoff zeigte bei sechsmonatiger Einmietung keine absolute Abnahme. Gegen Ende der Einmietung erfuhren die eiweißartigen Verbindungen Spaltung. Die Spaltungsprodukte vermindern die Rübenqualität. „Hauptsächlich Glutamin scheint sich zu vermehren, woraus geschlossen werden kann, daß das Rübeneiweiß reich an Glutaminsäure ist" (s. S. 161). Eine Umwandlung des im Herbst vorhandenen Glutamins in Glutaminsäure findet nicht statt. Der Betaingehalt bleibt unverändert; der schädliche Stickstoff steigt an (s. unten). Die Nucleoproteide dürften am ehesten gespalten werden, „weil bei gelagerten Rüben meistens größere Mengen Xanthinbasen nachweisbar sind als bei frischen".

Friedl unterschied bei seinen Untersuchungen zwischen den Rüben der inneren und solchen der äußeren Partien der Prismen. Beide Rübenpartien nahmen während der Einmietung an Gewicht zu, die Rüben an den Prismenseiten mehr als die Rüben des Innern.

Diese Gewichtsvermehrung ist auf Wasseraufnahme zurückzuführen. 100 Rüben aus der äußeren Zone wogen z. B. am 18. November 1910 31,2 kg, am 12. Dezember 1910 37,7 kg und am 12. April 1911 39,0 kg. An den gleichen Tagen hatten die Rüben aus dem Innern der Mieten 28,3; 37,7 und 38 kg für je 100 Stück.

Der Gesamtstickstoff blieb ziemlich konstant auf ca. 0,250%. Der schädliche Stickstoff stieg von 0,134 auf 0,185 für die außen und von 0,134 auf 0,187% für die innen gelegenen Rüben. Der Amidstickstoff zeigte kein regelmäßiges Verhalten. In beiden Fällen war er zu Beginn

---

[1] Z. f. Zuckerind. i. B. XXX, S. 282, 1905/06.
[2] Ö. U. Z. f. Zuckerind. XLI, S. 698, 1912.

der Versuche 0,038 und am Ende 0,030. Innerhalb der Einmietungszeit aber stieg oder fiel er über oder unter die beiden angegebenen Zahlen. Folgende Tabelle bringt eine Auswahl von Analysen aus Friedls Untersuchungen.

Tabelle 48.

| Datum | Gewicht v. 100 Rüben kg | Trockensubstanz % | Gesamt-N % | Schädl. N % | Amid-N % | Invertzucker % |
|---|---|---|---|---|---|---|
| 1910 | Rüben aus dem Inneren der Prismen | | | | | |
| 18. 11. | 28,3 | 25,99 | 0,247 | 0,134 | — | 0,065 |
| 8. 12. | 32,9 | 26,36 | 0,256 | 0,139 | 0,036 | 0,085 |
| 20. 12. | 29,7 | 25,93 | — | — | — | — |
| 1911 | | | | | | |
| 4. 1. | 30,7 | 25,25 | 0,252 | 0,138 | 0,036 | 0,015 |
| 17. 1. | 28,0 | 26,05 | 0,248 | 0,138 | 0,036 | — |
| 9. 2. | 26,7 | 24,81 | 0,247 | 0,138 | 0,031 | 0,31 |
| 9. 3. | 29,0 | 24,01 | 0,300 | 0,144 | 0,036 | — |
| 12. 4. | 38,0 | 20,12 | 0,243 | 0,165 | 0,028 | — |
| 26. 4. | 34,3 | 21,21 | 0,250 | 0,187 | 0,031 | 0,76 |
| 1910 | Rüben aus der äußeren Zone der Prismen | | | | | |
| 18. 11. | 31,2 | 26,49 | 0,251 | 0,134 | — | 0,060 |
| 12. 12. | 37,7 | 24,67 | 0,250 | 0,132 | 0,046 | — |
| 1911 | | | | | | |
| 17. 1. | 29,2 | 25,28 | 0,245 | 0,137 | 0,037 | — |
| 9. 3. | 30,5 | 23,12 | 0,281 | 0,131 | 0,038 | — |
| 12. 4. | 39,0 | 18,60 | 0,230 | 0,156 | 0,031 | — |
| 26. 4. | 35,0 | 19,40 | 0,240 | 0,185 | 0,030 | 0,53 |

In neueren Untersuchungen über die Zuckerverluste und sonstigen Veränderungen der Rüben in den Mieten fand J. J. Dochlenko einen durchschnittlichen Zuckerverlust von 0,012% täglich, bei verdorbenen Rüben kann er aber auch den doppelten Wert erreichen[1].

Tabelle 49.

| Zeit der Untersuchung | Stickstoff vom Gewicht der Rüben | | | | Digestion | Reinheit des ausgepreßten Saftes | % vom Gesamtstickstoff | | |
|---|---|---|---|---|---|---|---|---|---|
| | Gesamt | Eiweiß | Amid u. Ammoniak | Schädlicher | | | Eiweiß | Amid u. Ammoniak | Schädlicher |
| | Gesunde Rüben | | | | | | | | |
| 20. 10. | 0,1610 | 0,1085 | 0,0179 | 0,0346 | 17,0 | 88,8 | 67,4 | 11,1 | 21,5 |
| 6. 11. | 0,1635 | 0,1060 | 0,0286 | 0,0289 | 17,0 | 87,9 | 64,8 | 17,5 | 16,7 |
| 8. 11. | 0,1625 | 0,1074 | 0,0243 | 0,0308 | 16,8 | 86,2 | 66,1 | 14,9 | 19,0 |
| | Ausgewachsene Rüben | | | | | | | | |
| 8. 11. | 0,1644 | 0,1085 | 0,0158 | 0,0401 | 15,2 | 86,9 | 66,0 | 9,6 | 24,6 |
| 1. 12. | 0,1550 | 0,0977 | 0,0146 | 0,0427 | 16,0 | 88,1 | 63,0 | 9,4 | 27,6 |
| | Mit Schimmel bedeckte Rüben | | | | | | | | |
| 8. 11. | 0,2082 | 0,0901 | 0,0111 | 0,1070 | 10,4 | 61,0 | 43,1 | 5,3 | 51,6 |
| 1. 12. | 0,1555 | 0,1138 | 0,0252 | 0,0165 | 12,2 | 67,0 | 73,1 | 16,2 | 10,7 |
| 10. 12. | 0,1150 | 0,0846 | 0,0128 | 0,0175 | 2,0 | 32,4 | 73,6 | 11,2 | 15,3 |
| 24. 12. | 0,1443 | 0,0920 | 0,0126 | 0,0395 | 13,0 | 62,5 | 63,7 | 8,7 | 27,5 |

[1] C. f. Zuckerind. 1927, S. 301.

Interessant sind die Änderungen in der Zusammensetzung der stickstoffhaltigen Stoffe in den gesunden, ausgewachsenen und in den mit Pilzen befallenen Rüben, welche die Zahlentafel 49 veranschaulicht:

Aus dieser Zahlentafel ist zu ersehen, daß im Durchschnitt der Gehalt an Gesamtstickstoff etwas geringer in den ausgewachsenen und noch geringer in den mit Schimmel befallenen Rüben ist. Die Menge des Eiweißstickstoffes ist ebenfalls geringer in den ausgewachsenen und besonders in den mit Schimmel befallenen Rüben, dagegen ist der schädliche Stickstoff größer in den ausgewachsenen und in den mit Schimmel bedeckten Rüben.

Bei der Verarbeitung der mit Schimmelpilzen befallenen Rüben zeigte sich, daß mit fortschreitender Kampagne, also mit der immer schlechter werdenden Rübe, die Menge der Melasse (Restsirup), die Menge der Kalksalze und des Gesamtstickstoffes der Melasse deutlich anstiegen[1].

### d) Über das Gefrieren und Erfrieren der Rüben.

Unter Umständen werden die Rüben schon während ihres Transportes oder nicht eingemietete Rüben von niederen Temperaturen vor der Zufuhr in die Fabrik durch eintretende Kälte erfaßt und gefrieren oder erfrieren.

Nach Sachs ist das Erfrieren nicht identisch mit dem Gefrieren; ersteres hat immer, letzteres nicht immer den Tod der Rübe zur Folge. Stets aber muß das Gefrieren dem Erfrieren vorangehen. Der Gefrierpunkt der Zuckerrübe liegt bei —1,0 bis —1,1° C. Strohmer zeigte, daß sich verschiedene Rüben gegen niedere Temperaturen, also beim Gefrieren, individuell verhalten. Stets ist die Eisbildung beim Gefrierprozeß eine allmähliche, von außen nach innen fortschreitende. Sie geht aber niemals innerhalb der Zellen, sondern in den Intercellularräumen vor sich. Entgegen der vielfach verbreiteten Anschauung ist also mit dem Gefrieren kein Zerreißen und Zertrümmern der Rübenzellen verbunden. Die Intercellularen enthalten selbst kein Wasser; es wird aus der Umgebung zur Eisbildung herbeigeführt, und zwar das Imbibitionswasser der Zellwände und des Protoplasmas und das Lösungswasser der Zellsäfte; in dem Maße als die Eisbildung fortschreitet, steigt durch den Entzug von Wasser die Konzentration der Zellösungen. Dabei wird auch dem Protoplasma Wasser entzogen, es verliert seine Funktionsfähigkeit, und damit tritt der Tod der Pflanzen ein. Nur eine bis zu gewissem Grade gesteigerte Eisbildung bringt den Pflanzentod mit sich, wobei sich individuelle Eigenschaften geltend machen. Gefrorene, aber noch nicht erfrorene Rüben können durch langsames Auftauen gerettet werden. Nach Strohmers Versuchen besaßen rasch aufgetaute Rüben den Charakter erfrorener Rüben, langsam aufgetaute zeigten normales, gesundes Aussehen. Erstere schwärzten sich nach längerem Liegen und

---

[1] C. f. Zuckerind. 1927, S. 301.

gingen in Zersetzung über, letztere behielten noch nach fünf Tagen ihr gesundes Aussehen. Bei einer Temperatur von 0° können Rüben wochenlang lebend und gesund erhalten werden[1].

Die Unannehmlichkeiten bei der Verarbeitung gefrorener oder erfrorener und wieder aufgetauter Rüben machten sich wohl schon frühzeitig fühlbar; eingehender wurden aber die Ursachen dieser Erscheinung erst viel später ergründet. All die Arbeiten Stammers, Barbets, Leplays u. a. waren nicht genügend umfangreich, zogen nicht alle Rübenbestandteile in Betracht; auch ließ die Versuchsanordnung dieser Forscher keine sicheren Schlüsse zu. Die erste gründliche Unter-

Tabelle 50.

| Zusammensetzung d. sandfreien Rübentrockensubstanz | Rübe I | | II | | III | | IV | | V | | VI | |
|---|---|---|---|---|---|---|---|---|---|---|---|---|
| | vor | nach | vor | nach | vor | nach | vor | nach | vor | nach | vor | nach |
| | dem Gefrieren wieder aufgetaute | | | | | | | | | | | |
| Eiweiß (Stutzer) | | | | | | | | | 3,06 | 1,86 | 2,45 | 1,1 |
| Nichteiweißart. N-Substanzen . | 3,58 | 3,30 | 4,48 | 5,47 | 4,29 | 4,96 | 4,92 | 5,63 | 0,82 | 1,71 | 1,75 | 3,4 |
| Fett . . . . . . | 0,20 | 0,27 | 0,24 | 0,30 | 0,30 | 0,20 | 0,19 | 0,19 | 0,41 | 0,20 | 0,33 | 0,1 |
| Saccharose . . . | 74,55 | 73,03 | 72,96 | 70,59 | 75,36 | 73,64 | 75,38 | 70,84 | 68,60 | 69,38 | 71,99 | 73,0 |
| Invertzucker . . | — | — | — | — | — | — | — | — | 0,61 | — | — | — |
| Pentosen . . . . | 14,05 | 16,49 | 14,00 | 16,43 | 12,77 | 14,40 | 11,95 | 15,88 | 9,88 | 9,76 | 7,06 | 7,7 |
| N-freie Extraktstoffe . . . . | | | | | | | | | 7,32 | 8,64 | 8,35 | 7,0 |
| Rohfaser . . . . | 5,54 | 4,91 | 6,10 | 5,12 | 5,22 | 4,60 | 5,56 | 5,06 | 6,73 | 5,70 | 6,55 | 4,8 |
| Reinasche . . . | 2,08 | 2,00 | 2,22 | 2,09 | 2,06 | 2,20 | 2,00 | 2,40 | 2,57 | 2,75 | 1,52 | 2,7 |
| Säurezahl in cm³ $^1/_{10}$-n-NaOH . | 72,1 | 96,9 | 52,7 | 73,2 | 81,3 | 104,5 | 86,7 | 142,3 | — | — | — | — |

suchung „über den Einfluß des Gefrierens auf die Zusammensetzung der Zuckerrübenwurzel" stammt von F. Strohmer und A. Stift[2].

Die Autoren halbierten ihre Versuchsrüben und überzeugten sich, daß die Analysenergebnisse der beiden zugehörigen Rübenhälften in der Regel übereinstimmende Werte ergaben, die Hälften also gleich zusammengesetzt waren. Die eine Rübenhälfte wurde sogleich analysiert, die korrespondierende dem Gefrieren ausgesetzt und sodann untersucht. Die Minimaltemperaturen waren —4°, —5°, —7,8° C. Die Rüben waren hartgefroren; sie zeigten nichts Auffälliges, und die Schnittflächen besaßen normales Aussehen (Rübe I, II). Die Rüben III, IV, V, VI wurden länger dem Gefrieren überlassen, tauten dann aber auf (bis +5° C). Da zeigten sie noch frisches und gesundes Aussehen; vier Tage später waren die Schnittflächen verfärbt. Die Rüben waren nicht erfroren. Die Tabelle 50 zeigt die Analysenergebnisse der Rüben vor und nach dem Gefrieren, bzw. vor dem Gefrieren und Wiederauftauen, umgerechnet auf sandfreie Trockensubstanz, was not-

---

[1] Siehe auch: H. Molisch, Untersuchungen über das Erfrieren der Pflanzen, Jena 1897. — R. Zsigmondy, Kolloidchemie. Leipzig, 1912. S. 66, Abschn. Gefrieren der Kolloide (Gallerten, pflanzlichen Gewebe).
[2] Ö. U. Z. f. Zuckerind. XXXIII, S. 831, 1904.

wendig war, weil die Rüben während der Versuche ihren Wassergehalt durch Verdunsten mehr oder weniger änderten, sowie durch Veratmen geringe Mengen Zucker verloren.

Alle Rüben ließen qualitativ das Vorhandensein von Äthylalkohol erkennen. Bei gefrorenen Rüben zeigen sich in den Gesamtstickstoffsubstanzen keine Veränderungen; das Wiederauftauen scheint eine Vermehrung der Nichteiweißkörper gegenüber den Eiweißkörpern auf Kosten der letzteren zu bedingen. Doch genügen nicht diese zwei Analysenfälle, allgemeine Schlüsse ziehen zu lassen. Der Fettgehalt, die Pentosen und die Reinasche blieben unverändert; die Differenzen liegen nur innerhalb der Fehlergrenzen. Die Rohfaser wurde stets ganz auffällig vermindert. Um zu erkennen, ob damit auch ein Wasserlöslichmachen der stickstofffreien Verbindungen der Rohfaser verbunden ist, wurden später Markbestimmungen durchgeführt.

Aus den Zahlen der obigen Tabelle sowie aus weiteren Versuchen geht hervor, daß durch den Gefrierprozeß in der Rübenwurzel Saccharose weder zerstört noch neugebildet wird, sowie, daß keine neuen optisch-aktiven Stoffe entstehen. Der Saccharosegehalt wurde bei diesen erweiterten Versuchen nach der Alkoholextraktion und heißen alkoholischen Digestion, in zwei anderen Fällen nach der heißen, wäßrigen Digestion und nach Clerget ermittelt. Die Differenzen vor und nach dem Gefrieren waren nur gering. Die Übereinstimmung zwischen der heißen, wäßrigen Digestion und Zucker nach Clerget war eine sehr gute.

Entsprechend der Verminderung der Rohfaser wurde auch eine Abnahme des Markgehaltes der Rüben durch das Gefrieren bemerkt. Auf Trockensubstanz umgerechnet, ergab sich eine solche Abnahme von ca. 3—4%, z. B. von 22,61% auf 18,62% Mark. Das war zu erwarten, da die Rohfaser den Hauptbestandteil des Markes ausmacht. Durch den Gefrierprozeß werden somit Markbestandteile (Rohfaser) wasserlöslich gemacht, gehen in den Saft über und vermindern seine Qualität. In der obigen Tabelle ist der Invertzuckergehalt mit Null angegeben; betrachtet man aber die Zahlen für die ausgeschiedenen Milligramm Kupfer, so dürften die Mengen des Invertzuckers der Rübe durch das Gefrieren eher vermindert werden.

Durchgehends stieg die Säurezahl nach dem Gefrieren bedeutend (diese wurde bestimmt durch Titration eines alkoholischen Auszuges von 30 g Rübenbrei). Strohmer führt dies auf Enzymtätigkeit zurück. Die gebildeten Säuren dürften der Fettsäurereihe angehören. Sie werden in den Diffusionssaft übergehen, dessen Acidität vergrößern und damit die Inversionsgefahr vermehren. Desgleichen wurde der Äthylalkohol durch Enzymwirkung gebildet.

Diese Untersuchungen lehren, daß gefrorene oder gefrorene und wiederaufgetaute Rüben ein fabrikativ minderwertiges, aber immer noch verarbeitungsfähiges Rohmaterial darstellen. Erfrorene Rüben hingegen erlangen im aufgetauten Zustande bald eine derartige Beschaffenheit, daß sie für eine rentable Verarbeitung ungeeignet sind.

Zu widersprechenden Ergebnissen gelangte Vl. Škola bei der Untersuchung alterierter Rüben[1]. Aufgetaute Rüben zeigten mehr rechtsdrehende Substanzen als die entsprechenden „angefrorenen". Gesunde Rüben, unter gleichen Bedingungen gelagert wie die Rüben während des Auftauens, also fünf Tage lang bei 20° C, zeigten positive Clergetdifferenzen, die sich verschieden deuten lassen. Faule Rüben zeigten steigenden Gehalt an Mark (s. dagegen S. 241).

Erwähnt sei, daß J. Vondrák in Diffusions- und Rübenpreßsäften die behufs Konservierungsversuchen erfrieren gelassen wurden, Zunahme des Invertzuckergehaltes feststellen konnte, wogegen bei den Strohmerschen Versuchen — die allerdings ganze Rüben betrafen — Invertzucker nicht gebildet wurde[2].

Ebenso fand Vondrák Zunahme des Invertzuckers bei seinen Studien „über die Veränderungen in der Zusammensetzung gefrorener Rüben", wie die folgende Tabelle zeigt[3]. Eigentlich wurde nur die

Tabelle 51.

| Probebezeichnung | a) Direkt gefrorene Rübe | | | b) Aufgetaute und wiedergefrorene Rübe | | | c) Erwärmte Rübe | | |
|---|---|---|---|---|---|---|---|---|---|
| Versuch I. | Digestion | Invertzucker-gehalt | Invertzucker-gehalt auf 20,0 Digestion | Digestion | Invertzucker-gehalt | Invertzucker-gehalt auf 20,2 Digestion | Digestion | Invertzucker-gehalt | Invertzucker-gehalt auf 20,0 Digestion |
| Zu Beginn des Versuches . . . . . | 20,4 | 0,13 | 0,13 | 22,65 | 0,15 | 0,13 | 20,05 | 0,14 | 0,14 |
| Nach 27 Tagen . . | 22,7 | 0,17 | 0,15 | 25,4 | 0,29 | 0,23 | 20,55 | 0,18 | 0,17 |
| Versuch II. | | | | | | | | | |
| Zu Beginn des Versuches . . . . . | 19,05 | 0,14 | 0,15 | 18,9 | 0,11 | 0,12 | 18,95 | 0,17 | 0,18 |
| Nach 46 Tagen . . | 18,85 | 0,21 | 0,22 | 18,5 | 0,29 | 0,31 | 18,95 | 0,19 | 0,20 |

Bildung des Invertzuckers verfolgt — nicht auch die der anderen Nichtzuckerstoffe, wie es Strohmer tat. Auffallenderweise wird der von Strohmer widerlegten Ansicht gehuldigt, daß die Zellen vom Frost zerrissen werden, weil anders nicht die in der Rübe vorhandene Invertase (die in speziellen Zellen eingeschlossen sein könnte[4]) zum Zucker gelangen kann. Gefrorene Rübe ändert nicht so bald ihren Zuckergehalt, erst der Auftauprozeß läßt die Invertase und je nach den Bedingungen eventuell auch Mikroben zur Wirksamkeit gelangen, so daß diese Rübe an Zucker verliert, Invertzucker bildet, ihre Farbe verändert usw.

---

[1] Z. d. tschsl. Zuckerind. II, S. 137, 1921.    [2] ebd. VI, S. 139, 1925.
[3] VII, S. 130, 1925.
[4] Diese Annahme muß Vondrák machen, um erklären zu können, warum die in der Rübe vorhandene Invertase (s. d.) nicht auch unter normalen Verhältnissen Zucker invertiert.

Die Untersuchungen über die Veränderungen, die die Rübe durch Gefrieren oder durch Gefrieren und Wiederauftauen erfährt, zeigen — wie ersichtlich — keine Übereinstimmung.

Oft aber gehen mit diesen chemischen Prozessen unter Alkohol-[1], Gas- und Schleimbildung[2] biologische, hervorgerufen durch Mikroorganismen, vor sich, die unter dem Namen „Schleimfäule" bekannt sind.

In der genannten Untersuchung von Saillard zeigten die Rüben vielfach gesteigerte Acidität; der „gummiartige Saft" blieb an den Zähnen kleben, der Zuckergehalt fiel, der an Invertzucker stieg — die gebräuchlichen Untersuchungsmethoden versagten. Das gleiche ergab sich bei späteren ähnlichen Untersuchungen der Kampagne 1925/26[3].

E. Votoček fand in einem durch Fäule entstandenen Schleim hauptsächlich Fructosan in Begleitung geringer Mengen Glucosan[4].

L. Radlberger konnte aus dem Schleime solcher Rüben eine Substanz gewinnen, die sich als Calciummagnesiumsalz jener Säure ergab[5], die F. Ehrlich als den Hauptbestandteil der Pektinkörper erkannte (s. d.). Radlberger schreibt, daß er „ein Bruchstück des Pektins in Händen hatte, dessen Zusammensetzung... die Ehrlichsche Auffassung hinsichtlich eines Calciummagnesiumsalzes der Tetragalakturonsäure rechtfertigt".

Schleimfaule Rüben sind kranke Rüben, deren Erkrankung durch eine Infektion erfolgt; die Pektinkörper erfahren dadurch einen Abbau. Die Abbauprodukte sind in Wasser löslich, kolloidaler Natur und wirken auf die Rübe wertvermindernd bis zur völligen Unbrauchbarmachung für die Erzeugung von Zucker. Die Temperaturschwankungen (Gefrieren, Auftauen) unterstützen augenscheinlich die Infektion[6]. O. Laxa fand tatsächlich ein (neues) Bacterium Preisii in den Oberflächenschichten des Erdbodens, das auf Rüben Schleimbildung verursachte. Der Schleim dürfte auch Lävulane enthalten, Abbauprodukte von Pektinen. Durch Gefrieren und Auftauen verliert die Rübe an Widerstandsfähigkeit gegen Mikroben und wird vom genannten und anderen ähnlich wirkenden dann mit Erfolg angefallen: Zucker wird zur Schleimbildung benutzt[7].

Verfasser beobachtete speichelähnlichen und Schleim etwa wie von Gummi arabicum — wohl also von verschiedenen Mikroben herrührend. Laxa führt in seiner oben angeführten Abhandlung alle bis dahin beobachteten schleimbildenden Bakterien an. Eine ausführliche Beschreibung derselben findet sich auch in einer Studie über die Mikroorganismen der Zuckerfabrikation von J. Jonáš[8].

---

[1] Pagnoul: Sucr. ind. 38, S. 251; Z. f. Zuckerind. i. B. 1916/17, S. 309.

[2] Saillard, E.: Compt. r. 1915, Nr. 12; D. Z. XL, S. 582, 1915.

[3] Circ. hebd. 1926 durch „Rundschau", Dezbr. 1926, Nr. 4.

[4] Bull. Soc. chim. 1921; Z. d. tschsl. Zuckerind. VIII, S. 183, 1927.

[5] $C_{24}H_{30}CaMgO_{25}$ (Salz nach Radlberger),
$C_{24}H_{34}O_{25}$ (Tetragakturonsäure nach Ehrlich).

[6] Ö. U. Z. f. Zuckerind. XLVII, S. 290, 1918.

[7] Z. f. Zuckerind. i. B. XLI, S. 309, 1916/17.

[8] Z. d. tschsl. Zuckerind. VIII, S. 182, 1927.

In der gleichen Studie macht Jonáš Mitteilung von einem Bakterium, das er aus fauligen Rüben isolierte und mit dem er gesunde Rüben infizierte. Sie wurden alsbald schleimfaul und in deren Schleim das Bakterium nachgewiesen. Es ist nicht identisch mit dem oben beschriebenen Bakterium Preisii — es gibt also gewiß verschiedene Bakterien, die verschiedene Arten von Schleimfäule hervorrufen können.

Auf die Entstehung und Art der Schleimfäule haben Einfluß: Boden, Düngung, Feuchtigkeit, Witterung, die Konstitution sowie Disposition der Rüben für bakterielle Krankheiten u. a.

### e) Verarbeitung verdorbener Rüben.

Die Verarbeitung eines solchen Rübenmateriales — besonders in der Kriegskampagne 1915/16 — schilderten Wohryzek[1], desgleichen J. Wolf[2].

Soweit die Verarbeitungsschwierigkeiten alterierter Rüben nicht in den einzelnen Abschnitten zur Sprache gelangen, sei auf die Erfahrungen Gredingers bei der Verarbeitung unreifer und bei der Verarbeitung gefrorener und wieder aufgetauter Rüben hingewiesen[3]. „Einige Erfahrungen über die Verarbeitung verdorbener Rüben" und taugliche und untaugliche Mittel, um die schlechte Saturations- und Schlammpressenarbeit zu verbessern, berichteten Vl. Staněk[4], B. Musil[5] für böhmische, J. Procházka[6] für serbische, Claassen für deutsche[7] und A. Fieber für ungarische Verhältnisse[8].

Leider sind die Urteile und Erfahrungen über die einzelnen Arbeitsweisen zur Abhilfe gegen die Betriebsschwierigkeiten, die meistens nur die Saturation und die Schlammpressenarbeit betrafen, so verschieden, daß man aus diesen einen allgemein gültigen Schluß für eine beste Arbeitsweise nicht ziehen kann.

Wie Wohryzek schrieb: Man hat schon zu Verzweiflungsmitteln gegriffen. Immer ein Mittel — und dann das Gegenteil davon, und immer fand man eine Begründung dafür. Manches Mal war die Arbeit so schlecht, „daß man angesichts der Unmöglichkeit, Abhilfe zu schaffen, sich fatalistisch ins Unvermeidliche fügte und schließlich mit verschränkten Armen zusah[9]".

Man mußte unter solchen Umständen oft auf die Erzeugung von Rohzucker verzichten und sich mit der Erzeugung von konzentriertem Rohsafte begnügen, wenn man die Rüben nicht ganz verloren gab.

Bei mit Schleimfäule derart befallenen Rüben, daß sie nicht mehr auf Zucker verarbeitet werden konnten, fand Staněk im von selbst erwärmten Haufen, dem Dampf entstieg, alkoholische und essigsaure Gärung, die sich durch einen starken Äthylacetatgeruch bemerkbar machte. Die folgende Tabelle 52 enthält die chemische Zusammensetzung solcher Rüben. Der Schleim selbst enthielt 17% mit Alkohol

---

[1] Ö. U. Z. f. Zuckerind. XLV, S. 349, 1916.     [2] ebd. 1916, S. 364.
[3] ebd. 1905, S. 700; 1907, S. 11.    [4] Z. d. tschsl. Zuckerind. I, S. 172, 1920.
[5] ebd. I, S. 5, 1919.   [6] ebd. I, S. 309, 1920.    [7] C. f. Zuckerind. 1920, S. 743.
[8] Z. d. tschsl. Zuckerind. I, S. 201, 1920.
[9] Ö. U. Z. f. Zuckerind. XLV, S. 353, 1916.

fällbare schleimige Substanz, die linksdrehend war (Lävulan). „Der Geruch bei der Diffusion gemahnte eher an eine Spiritusbrennerei als an eine Zuckerfabrik, und es ließ sich deutlich Äthylacetat unterscheiden"[1]. Lehrreich ist der Vergleich zwischen der Zusammensetzung der gesunden und der der gänzlich verdorbenen Rüben.

Nach Bartoš ist die heutige, hochgezüchtete Rübe gegen Frost widerstandsfähiger als die frühere[2]. Beschädigte oder kranke Rübe aber leidet mehr durch Frost als vollkommen gesunde[3].

Die größere Widerstandsfähigkeit der Rübe gegen Frost ist darin begründet, daß die jetzige Zuckerrübe zuckerreicher ist. Dadurch ist die Konzentration des Zellsaftes eine höhere, und je höher diese, desto widerstandsfähiger werden alle Pflanzen gegen Frost. Nach Roemers

Tabelle 52.

| Fabrik | Verdorbene Rübe 7./I. | Teilweise befallene Rübe | Rübe aus Kanälen | Rübe, deren Saft sich schlecht saturierte | Verdorbene Rübe | Gesunde Rübe | Gänzlich verdorbene Rübe |
|---|---|---|---|---|---|---|---|
| | I. | II. | | III. | | IV. | |
| Digestion | 9,24 | 9,40 | 3,90 | 15,6 | 10,2 | 18,6 | 4,2 |
| Zucker nach Clerget | 8,22 | 9,94 | 4,40 | 15,2 | 10,1 | 18,3 | 4,5 |
| Alkoholische Extraktion | 9,35 | 10,05 | 4,15 | — | — | — | — |
| Invertzucker | 3,40 | 7,10 | — | — | — | 0,05 | 2,7 |
| Trockensubstanz | 22,75 | 27,20 | 21,36 | 24,26 | 24,05 | 27,2 | 17,75 |
| Rübenmark | 5,78 | 7,0 | 6,2 | 5,35 | 6,12 | 5,57 | 5,3 |
| Gesamtstickstoff | 0,165 | 0,170 | 0,162 | 0,137 | 0,148 | 0,137 | 0,129 |
| Eiweißstickstoff | 0,095 | 0,084 | 0,109 | 0,102 | 0,136 | 0,064 | 0,098 |
| Eiweißkörper | 0,59 | 0,56 | 0,68 | 0,64 | 0,85 | 0,40 | 0,61 |
| Ammoniakstickstoff | 0,008 | 0,007 | 0,006 | 0,003 | 0,002 | — | — |
| Gesamtasche | 1,11 | 0,79 | 0,94 | 0,77 | 0,83 | 0,72 | 0,96 |
| Unlösliche Asche | 0,72 | 0,415 | 0,43 | — | — | — | — |
| Lösliche Asche | 0,39 | 0,375 | 0,51 | — | — | — | — |
| Polarisation des Saftes | 9,90 | 12,00 | 4,00 | 17,9 | 10,6 | 20,6 | 2,0 |
| Saccharisation des Saftes | 20,20 | 26,6 | 16,8 | 20,2 | 19,8 | 23,8 | 16,0 |
| Quotient | 49,0 | 45,2 | 23,9 | 88,6 | 53,5 | 86,6 | 12,5 |
| Menge des mit Alkohol gefällten Schleimes | 5,76 | 6,2 | 2,17 | 1,14 | 2,89 | 1,46 | 5,16 |
| Acidität 100 g — cc 1/n Lauge | 1,8 | 5,0 | 25,5 | 2,3 | 5,00 | 0,9 | 10,5 |
| Invertzucker | — | 8,02 | 2,4 | 0,05 | — | — | — |

Angaben sind auch Rüben mit rotem Farbstoff (rotköpfige Zuckerrübe) sehr widerstandsfähig. (Handbuch d. Zuckerrübenbaues.)

So wie unsachgemäße Einmietung die Rüben auch vorzeitig schädigen kann, so kann eine besonders gute Aufbewahrung die Rübe auch recht lange Monate in ihrer ursprünglich guten Beschaffenheit belassen. Den Fall, daß eine sorgfältigst eingelagerte (Samen)rübe noch anfangs Juni normale Zusammensetzung, deren saturierter Preßsaft eine Reinheit von 93% besaß, schildern K. Andrlík und W. Kohn[4]. Sie war gegen

---

[1] Kamp. 1919/20; Z. d. tschsl. Zuckerind. I, S. 143, 1920.
[2] Ö. U. Z. f. Zuckerind. XLV, S. 1, 1916.
[3] Einmietungsversuche; Z. f. Zuckerind. i. B. XLII, S. 47, 1917/18.
[4] Z. d. tschsl. Zuckerind. III, S. 97, 1921.

Frost in den Mieten gut geschützt und wurde gegen die Einwirkung der Wärme in Kellern kühl eingelagert.

Im Großbetriebe würden natürlich zu hohe Aufbewahrungskosten entstehen und trotzdem keine Garantie für den Erfolg gegeben sein (Unverläßlichkeit des Personals) — aber eine andere Lehre kann aus der geschilderten Beobachtung gezogen werden. Das Pauschalurteil, daß sich eingeprismete Rübe nicht so gut verarbeiten lasse wie frische, daß Rübe im November oder gar Dezember für die Zuckererzeugung weniger geeignet sei als solche im Oktober, erfährt eine Erschütterung. Der Praktiker weiß es, daß oft das Gegenteil der Fall ist und erlebt jeden Tag fast andere Überraschungen im Betriebe. Eine schlecht eingeprismete Rübe wird sich schon im Oktober vielleicht schlechter verarbeiten lassen als eine gut eingemietete im Dezember.

### f) Gewichtsverluste auf dem Transport und Zuckerverluste auf den Rübenschwemmen.

Den Gewichtsverlust der Rübe bei der Verfrachtung bestimmte Neumann[1]. Die Rüben hatten einen Weg von 900 km zurückgelegt, wurden vor dem Versand gewaschen, getrocknet und gewogen. Die Wägedifferenzen nach ihrer Ankunft — also die Wasserverdunstung — wurden bestimmt. Auf 24 Stunden ergab sich ein Gewichtsverlust von 1,03 bis 1,67 % vom ursprünglichen Gewichte. Doch gestatten diese Zahlen keine verallgemeinerbaren Schlußfolgerungen. Dazu müßte u. a. bekannt sein: das absolute Gewicht der Rüben, der Feuchtigkeitsgehalt der Luft und deren Temperatur, Art der Köpfung der Rübe usw.

Durch den Wasserverlust steigt der Zuckergehalt der Rübe, doch nicht immer genau proportional.

Auf den Schwemmen des Fabrikhofes sollen die Rüben nicht lange liegen, da sie Qualitätsverminderung erleiden. Die Schwemmen sind heute der allgemeinste Weg, auf dem die Rübe in die Fabrik gelangt. Dieser Weg ist nicht nur der billigste, sondern entlastet auch gewissermaßen die Rübenwaschmaschine. Infolgedessen sind die in den Schwemmen auftretenden kleinen Zuckerverluste nur scheinbare. Fände nämlich in den Schwemmen keine Vorreinigung der Rüben von anhaftendem Kot und der Erde statt, so müßten die Rüben länger in der Waschmaschine verweilen, und hier würden dann größere Zuckerverluste durch Auswaschen auftreten. So aber fand der Verfasser stets nur ganz geringe Zuckermengen im Waschwasser der Rübenwäsche.

Über die Größe der Zuckerverluste der Rübe in den Schwemmrinnen stellte Claassen Untersuchungen an. Sie ergaben, daß die Verluste wohl merklich, aber bei gesunden Rüben auch unter ungünstigen Verhältnissen nicht sehr hoch sind. Im Mittel ungefähr 0,02—0,03 %; sie steigen an bis 0,11 % bei erfrorenen Rüben, je nach der Zeitdauer des Schwemmens der Rüben und der Temperatur des Wassers[2].

---

[1] Z. f. Zuckerind. i. B. XVI, S. 46, 1891/92.
[2] Z. V. D. Zuckerind. 1891, S. 111.

Ähnliche Resultate erhielt Loisinger. Als oberste Grenze der Zuckerverluste fand er auf der Schwemme 0,08—0,1 % Zucker der Rübe. Bei alterierten Rüben sind die Verluste größer. Richtigerweise erkannte Loisinger, daß ein nicht unerheblicher Teil des Zuckers des Schwemmwassers aus den abgebrochenen Schwänzchen und Würzelchen, welche nicht zur Verarbeitung gelangen würden, stammt[1].

Bei Verarbeitung eines sehr schlechten Rübenmaterials, das mehrmals gefroren und wieder aufgetaut, bereits sehr in Zersetzung begriffen und faul war, fand der Verfasser (auf Rüben umgerechnet) nur geringe Zuckermengen im Schwemmwasser.

Bei diesen Polarisationsverlusten ist für den Fall, als man sie durch Analyse der Rüben feststellt (also nicht im Schwemmwasser), ein Teil nur scheinbar — entstanden durch die Quellung, wie Simmich[2] feststellte.

---

[1] Ö. U. Z. f. Zuckerind. XXVII, S. 158, 1898.
[2] Z. V. D. Zuckerind. 1925, S. 493.

### Zweiter Teil

# Chemie der Rohzuckerfabrikation.

## Neuntes Kapitel.

## Chemie der Diffusion.

### a) Theorie der Diffusion.

Wird über eine Zuckerlösung vorsichtig reines Wasser geschichtet, so wandert nach kurzer Zeit der Zucker entgegen der Schwerkraft von Orten höherer zu Orten niederer Konzentration, also von unten nach oben, und zwar so lange, bis im ganzen Systeme überall gleiche Konzentration der Lösung herrscht. Dieser Vorgang heißt Diffusion.

Befindet sich aber an der Trennungsstelle zwischen der Zuckerlösung und dem reinen Wasser eine sog. „halbdurchlässige" oder „semipermeable" Wand, d. i. eine solche, die nur dem Wasser, nicht aber auch dem darin gelösten Zucker freien Durchgang gestattet, so wird letzterer einen Druck auf die Wand ausüben, weil sie sich ihm als Hindernis für sein Bestreben, die ganze Lösung zu erfüllen, entgegenstellt. Man kann ihn auf verschiedene Weise experimentell messen: er heißt osmotischer Druck der Lösung. Solche halbdurchlässigen Wände kann man sich auf chemischem Wege künstlich herstellen, sie kommen aber auch in der Natur vor und spielen im Pflanzen- und Tierleben eine bedeutende Rolle. So stellt z. B. der lebende Protaplasmaschlauch, der den Zellsaft der Pflanzen in geschlossener Oberfläche umgibt, eine solche halbdurchlässige Wand dar. Für das Lösungsmittel (Wasser) ist er durchlässig, nicht aber für die gelösten Stoffe (Zucker, organische und anorganische Salze). Wird ein Pflanzenteil in Wasser oder in eine wäßrige Lösung gelegt, so wird infolge des im Zellinnern auftretenden osmotischen Druckes der Protoplasmaschlauch sich so weit ausdehnen, als es die Zellwand gestattet. In Tier- und Pflanzenzellen kann der osmotische Druck 4—5 Atmosphären betragen, ja unter Umständen den vierfachen Betrag erreichen. Pfeffer bestimmte und berechnete den osmotischen Druck für eine 1proz. Rohrzuckerlösung bei verschiedenen Temperaturen zu Atmosphären bei $^0$ C

| | |
|---|---|
| 6,8⁰ C | 0,664 Atm. |
| 14,2⁰ C | 0,671 ,, |
| 22,0⁰ C | 0,721 ,, |
| 36,0⁰ C | 0,746 ,, |

um nur einige Zahlenangaben herauszugreifen. Es handelt sich also um ziemlich erhebliche Druckgrößen. Die Natur des Lösungsmittels hat keinen Einfluß auf den osmotischen Druck[1].

Die Diffusion, auch Hydrodiffusion genannt, wurde schon 1815 von Parrot entdeckt und später von Graham eingehend studiert (1851). Grahams Forschungsergebnisse werden noch zu erörtern sein. Für den Vorgang der Diffusion ließ sich ein einfaches Grundgesetz finden: Die treibende Kraft, welche den gelösten Stoff von Orten höherer zu solchen niederer Konzentration hinführt, und somit auch die Geschwindigkeit, mit welcher der gelöste Stoff im Lösungsmittel wandert, ist dem Konzentrationsgefälle proportional. Nernst gab eine Theorie der Diffusionserscheinungen (1888). Bei der Diffusion kommt die gleiche Expansivkraft des gelösten Stoffes zur Geltung, welche bei der Osmose als osmotischer Druck auftritt. Nach dem genannten Forscher ist die Diffusion ein Ausgleich der Dichtigkeitsänderung, ähnlich wie in Gasgemischen. In letzteren stellt sich aber Gleichheit der Dichte sehr schnell ein, während der gelöste Stoff „nur äußerst langsam und träge sich verschiebt“. Der Grund hiervon ist darin zu suchen, daß der Bewegung der Gasmoleküle äußerst geringe, der Bewegung der gelösten Moleküle enorm große Reibungswiderstände sich entgegenstellen.

Die treibenden Kräfte rühren vom Druckunterschied her und sind dem Konzentrationsgefälle proportional. Den Reibungswiderstand für Rohrzucker berechnet Nernst für eine Temperatur von $9^0$ zu $6,7 \times 10^9$ kg; d. h. um 342 g Rohrzucker (ein Grammolekül) mit der Geschwindigkeit von 1 cm in der Sekunde im Lösungsmittel (Wasser) zu verschieben, bedarf es dieses enormen Zuges. Er ist bedingt durch die Kleinheit der Moleküle, womit eine große Reibungsfläche verbunden ist[2].

Zur obigen Deutung der Diffusion sei Wo. Ostwalds Standpunkt angeführt. In einer Fußnote seines „Grundriß“[3] heißt es:

„Anmerkungsweise sei darauf hingewiesen, daß sich in vielen Lehrbüchern im Anschluß an W. Nernst die Angabe findet, daß der osmotische Druck die ‚Ursache‘ oder die ‚treibende Kraft‘ der Diffusionserscheinungen sei. Wie aber die Überlegungen des Zusammenhanges von Diffusion und Osmose zeigen, ... ist diese Ausdrucksweise inkorrekt, da der Begriff des osmotischen Druckes mit dem Vorhandensein einer selektiv permeablen Membran steht und fällt. Es widerspricht m. a. W. jeder klaren und experimentell abgeleiteten Vorstellung des osmotischen Druckes, seine Existenz auch beim Nichtvorhandensein einer derartigen Membran wie bei den freien Diffusionsvorgängen anzunehmen. Wohl aber kann man auf Grund der Erörterungen des ganzen vorliegenden Kapitels (Osmose kolloider Systeme) die Auffassung vertreten, daß sowohl den Diffusionserscheinungen und den osmotischen Vorgängen als auch der Brownschen Bewegung ein und dieselbe Energiequelle zugrunde liegt, wie aus den außerordentlich engen Beziehungen und Analogien zwischen den genannten Vorgängen mit Deutlichkeit hervorgeht.“

Nach dem oben Gesagten ist also der Saftgewinnungsprozeß in der Zuckerindustrie keine eigentliche „Diffusion“, sondern eine Osmose

---

[1] Pfeffer: „Osmotische Untersuchungen“. Leipzig 1877.
[2] W. Nernst: „Theoretische Chemie“. Stuttgart.   [3] 2. Aufl. S. 287, 1921.

oder **Membrandiffusion.** Als Membrane fungiert die Zellwand der Rübenzellen. Die Ausströmung der Lösung (des Rübensaftes) heißt **Exosmose,** die Einströmung des Lösungsmittels (des Wassers) **End**-**osmose.** Diffusion und Osmose sind keine prinzipiell verschiedenen physikalischen Vorgänge; der osmotische Druck kann sich bei der letzteren nicht so frei betätigen wie bei der Diffusion; die Wand (Zellwand, Membrane) wirkt nur erschwerend oder verzögernd auf die Stoffbewegung ein (Wo. Ostwald: „Gehemmte Diffusion").

**Größe und Geschwindigkeit der osmotischen Vorgänge** hängen von der Temperatur, der Konzentration der Lösung und des Lösungsmittels, von der Flüssigkeitshöhe (Schichtenhöhe) usw. ab. Auch die Art der Lösung beeinflußt die Osmose. So wird z. B. durch die Anwesenheit anderer Substanzen neben dem Zucker der osmotische Druck größer, doch ist darüber noch wenig bekannt.

Diese Andeutungen allgemeiner Natur sollen im nachfolgenden an der Hand der Experimentalforschungen **Jollys,** **Grahams,** **Herzfelds** u. a. genauer betrachtet werden, doch nur so weit, als es der Zweck dieses Buches erfordert.

**Jolly** stellte den Begriff des **endosmotischen Äquivalents** auf, d. i. jene Zahl, die angibt, wieviel Gewichtsteile Wasser gegen einen Gewichtsteil der betreffenden Substanz durch die Membrane hindurchgehen[1]. Er fand für:

| | | | |
|---|---|---|---|
| Kochsalz | 4,3 | Kalihydrat | 21,5 |
| Glaubersalz | 11,6 | Schwefelsäure | 0,39 |
| Schwefelsaures Kali | 12,0 | Zucker | 7,1 |

also z. B. wandern für ein Gewichtsteil $K_2SO_4$ 12 und für ein Gewichtsteil Zucker 7,1 Teile Wasser durch die Membrane. Zucker diffundiert daher schneller als dieses Salz, aber langsamer als Kochsalz. Die Zahlen haben nur relativen Wert, da Temperatur, Konzentration und andere Faktoren dabei eine Rolle spielen. Immerhin geben diese Größen das Diffusionsvermögen der einzelnen Substanzen untereinander deutlich an.

Das Verhalten der einzelnen Verbindungen bei der Diffusion wurde eingehend von **Graham** mit folgenden Resultaten studiert: Es gibt leicht-, schwer- und nicht diffundierbare Körper. Zu der ersten Gruppe gehören die Alkalisalze der organischen und anorganischen Säuren; zu der zweiten Gruppe gehören Zucker und manche Kalkverbindungen; nicht diffundierbar sind Eiweiß, Leim, Caramelstoffe, Pektinsubstanzen und Gummi. **Graham** erkannte auch den Zusammenhang zwischen der Diffusionsfähigkeit eines Körpers und seiner Krystallisierbarkeit. **Die gut diffundierenden Verbindungen (Salze) haben das Vermögen zu krystallisieren, die nicht diffundierbaren Verbindungen (Eiweiß, Gummi) können nicht krystallisieren.** Die erste Körperklasse benannte **Graham Krystalloide,** die zweite **Kolloide.**

Die letzteren haben aber die Eigenschaft, die Diffusion der Krystalloide ohne merkliche Behinderung zu gestatten, für Kolloide aber mehr

---

[1] Z. V. D. Zuckerind. 1857, S. 289.

oder weniger undurchlässig zu sein. Grenzt man daher ein Gemenge beider Körperklassen durch eine kolloidale Scheidewand anderer Art gegen reines Wasser ab, so wandern die Krystalloide durch die Wand ins Wasser, die Kolloide bleiben zurück — ein Vorgang, der zur Trennung beider Körperklassen angewendet wird (Dialyse). Als Scheidewand dient am zweckmäßigsten die tierische Blase oder Pergamentpapier.

Nach dieser Aufzählung könnte es scheinen, daß nur gewisse Stoffe oder Stoffgruppen (chemische Individuen) als „kolloidal" oder als „Kolloide" zu bezeichnen sind. Diese Auffassung ist veraltet. Heute weiß man, „daß unter geeigneten Bedingungen grundsätzlich alle Stoffe in kolloidem Zustande erscheinen können". Es kann daher ein und dieselbe chemische Verbindung, je nach den Versuchsbedingungen, sowohl kolloid als auch nicht kolloid auftreten.

Die Kolloidchemie ist also die Lehre vom kolloiden Zustande der Stoffe, nicht die Lehre von kolloiden Stoffen selbst.

Aus der Zusammensetzung eines Stoffes (Analyse) läßt sich nicht sicher sagen, ob ein Kolloid vorliegt oder nicht. Im allgemeinen kann man annehmen, daß, je komplizierter die konstitutive Zusammensetzung eines Stoffes ist, um so größer meist die Wahrscheinlichkeit ist, daß die betreffende Verbindung in kolloidem Zustande vorkommt. Das gilt z. B. recht gut für die oben aufgezählten, kompliziert gebauten Eiweißkörper, Leim, Pektine, Gummi.

Kolloide Stoffe können nicht nur diffundieren, sondern sie erschweren auch fast nicht die Diffusionsgeschwindigkeit krystalloider Stoffe. Es ist genug schwer, „vorsichtig" reines Wasser auf die zu Diffusionsversuchen verwendeten Salz- oder Zuckerlösungen zu schichten, ohne den Flüssigkeitsspiegel zu stören. Deshalb bediente sich schon Graham einer besonderen Versuchsanstellung.

In die Diffusionszelle (eine weithalsige Flasche) füllte er statt der ursprünglichen 10proz. Kochsalzlösung eine solche mit Zusatz von 2proz. Agarlösung; in das Außengefäß füllte er statt Wasser die gleiche 2proz. Agarlösung und ließ das Ganze erstarren. Nach 14 Tagen war ebensoviel Kochsalz aus der Agarlösung in die Agarlösung (außen) gewandert, wie aus der wäßrigen (reinen) Lösung in das Wasser des Außengefäßes. Ähnliche Resultate erhielten auch andere Forscher, wenn die gewählten Gallerten nicht zu konzentriert waren.

Es gilt also der schon oben aufgestellte Satz, daß Kolloide die Diffusion von Krystalloiden nicht stören.

Die Geschwindigkeiten, mit denen sie selbst diffundieren können, sind wesentlich geringer als die der Krystalloide. Graham ermittelte die Mengen an Substanz, die unter gleichen Bedingungen in derselben Zeit durch eine Membran wandern können[1]:

| | | | | | |
|---|---|---|---|---|---|
| 69 | Teile | $K_2SO_4$ | 26,74 | Teile | Zucker |
| 58,68 | „ | NaCl | 13,24 | „ | Gummi arab. |
| 27 | „ | $MgSO_4$ | 3,08 | „ | Albumin. |

Den Zahlen kommt nur relative Bedeutung zu; sie zeigen, daß der Zucker, auf dessen Gewinnung es gerade ankommt, nicht zu den leicht diffundierbaren Stoffen gehört.

---

[1] Liebigs Annalen 121, S. 1, 17.

Man kann die Diffusionsfähigkeit aber auch in Zeiten ausdrücken, die für gleiche Diffusion unter gleichen Verhältnissen notwendig sind. Angenommen für Salzsäure $= 1$, so ist sie für

| | | | |
|---|---|---|---|
| NaCl . . . | 2,33 | Albumin . | 49,00 |
| Zucker . . | 7,00 | Caramel . | 98,00 |
| $MgSO_4$ . . | 7,00 | | |

Die Geschwindigkeiten, mit der die einzelnen Körper diffundieren, sind bei gleicher Temperatur und sonst gleichen Bedingungen folgende:

$$Zucker, \ MgSO_4, \ ZnSO_4 = 1,$$
$$BaCl_2, \ CaCl_2, \ Na_2SO_4, \ (COO)_2Na_2 = 1,75,$$
$$K_2SO_4, \ (COO)_2K_2 = 2,$$
$$NaCl, \ NaNO_3 = 2,33,$$
$$KCl, \ KNO_3, \ NH_4, \ Cl, \ NH_4 \cdot NO_3 = 3.$$

Die Zahlen zeigen, daß die meisten Salze rascher diffundieren als der Zucker. Die Kalisalze wandern rascher als die entsprechenden Natronsalze.

Die Diffusionsgeschwindigkeit von Kolloiden und Krystalloiden geht auch aus der Tabelle 53 hervor. Versteht man unter Diffusionskoeffizienten die in einem Tag in Zentimetern zurückgelegten Strecken (bei sonst gleichen Versuchsbedingungen), so haben die folgenden Substanzen nach verschiedenen Forschern folgende Diffusionskoeffizienten:

Tabelle 53. Diffusionskoeffizienten von Dispersoiden.

| Molekular- und Iondispersoide Spezif. Oberfl. $> 6 \times 10^7$ | | Kolloide Spezif. Oberfl. ca. $6 \times 10^7$ bis $6 \times 10^5$ | |
|---|---|---|---|
| Salpetersäure . . . . | 2,10   $(20^0)$ | Pepsin . . . . . . | 0,070   $(18^0)$ |
| Natriumchlorid . . . | 1,04   $(20^0)$ | Ovalbumin . . . . | 0,059   $(18^0)$ |
| Magnesiumchlorid . . | 0,77   $(20^0)$ | Albumin . . . . . | 0,063   $(13^0)$ |
| Harnstoff . . . . . . | 0,81   $(7,5^0)$ | Caramel . . . . . | 0,047   $(10^0)$ |
| Rohrzucker . . . . . | 0,31   $(9^0)$ | Invertin . . . . . | 0,033   $(18^0)$ |

Diese Tabelle ist ein für den vorliegenden Zweck angepaßter Auszug aus der gleichnamigen Tabelle in Ostwalds „Grundlinien", 2. Auflage 1921, 1. Hälfte, S. 267. Auf der linken Hälfte dieser Tabelle sind die „Krystalloide" angeführt — in der Sprache des Kolloidchemikers. Die spezifische „Oberfläche" heißt anschaulicher „Dispersitätsgrad" und ist ein Maß für die Teilchengröße des Dispersoids. Für die Molekular- und Iondispersoide (Krystalloide, Salze, Säuren) ist die Teilchengröße $>$ als $1 \ \mu\mu$; die Teilchengröße der Kolloide schwankt von $1 \ \mu\mu$ bis zu $0,1 \ \mu$.

Eindeutige Werte lassen sich aber nicht geben, weil das Diffusionsvermögen einer dispersen Phase wesentlich von ihrem Dispersitätsgrad abhängt. Da man aber je nach der Herstellungsart ein und denselben Stoff in verschiedenen Dispersitätsgraden erhalten kann, so wird ein und derselbe Stoff, je nach Teilchengröße, verschieden diffundieren.

In Gemischen verschiedener disperser Stoffe machen sich sowohl diffusionsfördernde als auch -hemmende Einflüsse geltend, ohne aber daß sich strenge Gesetzmäßigkeiten aufstellen ließen.

Zusatz von Elektrolyten kann diffusionshindernd sein: z. B. diffundieren reine Eiweißlösungen besser, als wenn man ihnen etwas festes NaCl zusetzt. Ähnliches gilt auch für manches anorganische Kolloid. Es gibt aber auch Fälle, wo Zusatz von Elektrolyten diffusionsfördernde Wirkung haben kann. Schon Graham fand, daß natürliches Eieralbumin, das schwach alkalisch reagiert, schneller diffundierte, wenn man es vorsichtig mit Essigsäure neutralisierte.

All die angeführten Werte geben zwar Aufschluß über das Verhalten der einzelnen Verbindungen für sich bei der Diffusion, genügen aber nicht zur vollen Erkenntnis der Vorgänge bei der Diffusion der Rübenschnitte; denn hier liegt ein Gemenge vieler Krystalloide und Kolloide vor, wodurch gegenseitige Beeinflussung entsteht. Darüber ist noch wenig und oft Widersprechendes bekannt. Im allgemeinen gilt, daß die Diffundierbarkeit bei Anwesenheit mehrerer Körper in Lösung herabgesetzt wird. In seinen diesbezüglichen Versuchen stellte Herzfeld folgendes fest: Bei $20^0$ C fand er, das osmotische Äquivalent des Zuckers $= 1$ gesetzt,

| Zusatz von 10 Zucker : 1 Salz $20^0$ C | für reine Lösungen | für die zuckerhaltigen Lösungen | $60^0$ C | für reine Lösungen | für mit Zucker versetzte Lösungen |
|---|---|---|---|---|---|
| $K_2SO_4$ . . . . | 3,28 | 2,90 | $K_2SO_4$ . . . . | 2,53 | 2,9 |
| $KNO_3$ . . . . | 6,32 | 6,40 | $KNO_3$ . . . . | 4,76 | 4,2 |
| KCl . . . . . | 6,41 | 5,70 | KCl . . . . . | 4,89 | 4,6 |
| Asparagin . . | 1,77 | 2,10 | Asparagin . . | 1,54 | 1,5 |

Unter „osmotischem Äquivalent" verstand Herzfeld jene Zahl, die erhalten wird, wenn man die bei seinen Versuchen durch 1 cm² Membrane gegangene Zuckermenge $= 1$ setzt. (0,00503 g in zwei Stunden.) Bei gleichen Verhältnissen waren vom $K_2SO_4$ 0,01656 g diffundiert. Das osmotische Äquivalent des $K_2SO_4$ ist sonach $0,01656 : 0,00503 = 3,28$. Je größer das Äquivalent, desto besser die Diffusionsfähigkeit im Verhältnis zum Zucker. Die obigen Zahlen zeigen, daß der Zusatz von Zucker diese Äquivalente verminderte, nur beim Asparagin erhöhte. Umgekehrt vermindert Zusatz von Salzen die Diffusionsfähigkeit des Zuckers. Anstatt eines Teiles diffundierten bei Zusatz von $K_2SO_4$ nur 0,86 Teile, bei KCl nur 0,76, bei Asparagin nur 0,907 Teile Zuckers[1].

Für Temperaturen bei $60^0$ C berechnen sich aus Herzfelds Versuchszahlen die obigen osmotischen Äquivalente, das des Zuckers als 1 angenommen.

Die osmotischen Äquivalente der angeführten Substanzen sind bei der geringeren Temperatur größer als bei der höheren Temperatur; die Salze diffundieren also bei niedriger Temperatur im Verhältnis zum Zucker rascher als bei höherer. Die Anwesenheit des Zuckers verringert ihre Diffusionsfähigkeit.

All die genannten Substanzen diffundieren unter gleichen Bedingungen rascher als Zucker. Bei der gegebenen

---

[1] Z. V. D. Zuckerind. 1889, S. 322.

Versuchsanordnung diffundierten aus 10proz. reinen Lösungen durch
Pergamentpapier bei den angegebenen Temperaturen Gramm Substanz:

Tabelle 53a.

|  | a<br>20° C | b<br>60° C | $\frac{b}{a}$ |
|---|---|---|---|
| Zucker . . . . . | 0,886 | 2,292 | 2,47 |
| $K_2SO_4$ . . . . . | 2,907 | 5,818 | 2,00 |
| $KNO_3$ . . . . . | 5,599 | 10,923 | 1,90 |
| KCl . . . . . . | 5,685 | 11,223 | 1,97 |
| Asparagin . . . | 1,568 | 3,531 | 2,25 |

Die Tabellen 53a und 53b zeigen deutlich den Einfluß der
Temperatur auf osmotische Vorgänge. Sie wirkt fördernd, und zwar
diffundiert besonders Zucker durch Temperaturerhöhung
schneller als Salze $\left(\frac{b}{a}\right)$. Temperaturerhöhung ist also bei
der Gewinnung des Zuckers aus Gemischen auf osmo-
tischem Wege vorteilhaft. Die zwei Salze der Tabelle 53b $KNO_3$
und KCl diffundieren bei niedrigerer Temperatur im Vergleich mit
Zucker schneller als bei höherer.

Tabelle 53b.

|  | Gewicht % | Temp. | Menge in g | Verhältnis osm. Äquival. |
|---|---|---|---|---|
| Zucker + $KNO_3$ . . . . | 10<br>1 | 20° | 0,716<br>0,471 | 1 : 6,4 |
| do. . . . . | 10<br>1 | 60° | 1,934<br>0,817 | 1 : 4,2 |
| Zucker + KCl . . . . . | 10<br>1 | 20° | 0,671<br>0,384 | 1 : 5,7 |
| do. . . . . | 10<br>1 | 60° | 1,927<br>0,888 | 1 : 4,6 |
| Zucker + Asparagin . . | 10<br>1 | 20° | 0,803<br>0,165 | 1 : 2,1 |
| do. . . | 10<br>1 | 60° | 2,149<br>0,322 | 1 : 1,5 |

## b) Theorie der Diffusion im Betriebe.

Wenn nun daran gegangen werden soll, die bis jetzt mitgeteilten
Daten theoretischer Art auf die Diffusion im Betriebe zu übertragen und
zu verwerten, so muß zunächst hervorgehoben werden, daß man mit
den Gesetzen der Osmose nicht sein Auslangen finden kann, weil a u f
d e r Batterie eben nicht osmosiert, sondern — ausgelaugt
wird.

Darauf wies schon Stammer hin[1]. Vom alten Robertschen Verfahren sagte
er: „...war der Gang der ganzen Arbeit ein anderer und entsprach dem Grund-
begriff der Diffusion (lies Osmose, d. Verf.), d. h. dem langsamen Austausche zwischen den verschiedenen Dichten und verschieden warmen Flüssigkeiten innerhalb
der Zellen und außerhalb derselben mit entsprechender Entmischung der ersten

---

[1] Lehrbuch der Zuckerfabrikation. Braunschweig 1887.

bis zu einem bestimmten Grade. Dieser Begriff fand darin seine Betätigung, daß die Arbeit stets so geleitet wurde, daß man die frischen ... Schnitzel in einem genau bestimmten Verhältnis mit Saft mischte, durch die erhöhte Temperatur dieses Saftes einen bestimmten Wärmegrad in dem Gemisch herstellte und das Gemisch eine bestimmte Zeit hierbei stehen — diffundieren ließ." Das Robertsche Verfahren wurde von Schulz verbessert, „und es entwickelte sich daraus eine ganze Reihe von verschiedenen Arbeitsweisen, die sich mehr und mehr den neueren näherten, und so ist es gekommen, daß an Stelle der eigentlichen Diffusion nach und nach eine reine Auslaugung bei ziemlich hoher Temperatur getreten ist, welche sich von der alten Maceration nur durch die dünneren Rübenschnitte und durch die zu Ende der Arbeit etwas erniedrigte Auslaugetemperatur unterscheidet".

Daran hat sich bis heute nichts gebessert, eher haben sich diese Verhältnisse vom Standpunkt der Theorie verschlechtert.

Bei normaler Arbeit im Betriebe kommen die Schnitte aus der Schneidmaschine ohne langen Aufenthalt in die Diffusionsgefäße; auf dem Wege dahin erfahren sie keinerlei Veränderungen, höchstens die, daß die meisten Schnitte im Transporteur und beim Füllen die Farbe ändern und sich verschieden färben; gewöhnlich hellrosa oder blaurosa. Diese Farbenveränderung ist jedoch keinesfalls als beginnende Zersetzung aufzufassen.

Schnitte von gesunden Rüben halten sich bei gewöhnlicher, ja auch bei der oft hohen Temperatur im Fabrikslokal mehrere Stunden lang, ohne daß Zersetzung stattfindet; sie nehmen wohl eine andere Farbe an, aber ein Zuckerverlust ist nicht zu konstatieren (Näheres s. 1. Auflage).

Diese Befunde des Verfassers stehen in Übereinstimmung mit Untersuchungen, welche Herles über denselben Gegenstand anstellte[1]. Seine Analysenresultate beziehen sich auf Rübenschnitte und ihren Preßsaft.

F. Strohmer und R. Salich prüften die hier herrschenden Verhältnisse im Zuckerrübenbrei und fanden bei diesem fein verteilten Zustande der Rübe, wo also schnellere Zersetzungserscheinungen möglich wären, daß nach vierstündigem Stehen keine Veränderung eintrat. Nach 24 Stunden fand weitgehende Zersetzung statt. Zu ihrer Versuchsanordnung wäre nur zu bemerken, daß die Schnitte im Digestionswasser (heiße Digestion) während der genannten Zeit verblieben. Die Versuche wurden also nicht unter Fabriksverhältnissen durchgeführt[2].

### Einfluß der Schnitte auf die Diffusionsarbeit.

Schnitte mit großer Oberfläche und richtiger Dicke sind eine Grundbedingung für eine gute Diffusion. Herzfeld führte Versuche durch, um den Zusammenhang zwischen Saftqualität und Schnitzelstärke aufzufinden; seine Versuchsergebnisse besagen, daß Schnitte von mittlerer Stärke bessere Rohsäfte geben als dünnere oder stärkere Schnitte. Daß, gleiche Auslaugung vorausgesetzt, stärkere Schnitte schlechtere Säfte liefern, kommt daher, weil die Salze rascher als Zucker diffundieren. Um den Zucker aus stärkeren Schnitten in gleichem Maße

---

[1] Z. f. Zuckerind. i. B. XV, S. 102, 1890/91.
[2] Ö. U. Z. f. Zuckerind. XXXV, S. 165, 1906.

zu gewinnen wie aus mittelstarken Schnitten, werden größere Mengen der Salze mitwandern. Der zweite Teil der Untersuchung ist maßgebender, weil hier die Auslaugung der Schnitte gleichmäßiger war. Da die Aschenbestandteile teilweise im Safte gelöst, teilweise wohl löslich, aber im Marke in fester Form abgelagert sind, werden erstere früher als letztere in den Diffusionssaft übergehen. Je schneller die Diffusion vonstatten geht, je weniger Gefäße heiß gehalten werden, desto weniger Salze werden gelöst. Sind also starke Schnitte im Vergleiche mit schwächeren auszulaugen, so dauert die Diffusion länger, mehr Gefäße müssen heiß gehalten werden — das der Grund, daß stärkere Schnitte unreinere und speziell aschenreichere Säfte geben. Ganz dünne Schnitte geben infolge ihrer größeren Anzahl an zerrissenen Zellen durch bloße Auslaugung schlechtere Säfte als mittelstarke Schnitte, die Auslaugung geht aber hier rascher vonstatten, es treten also weniger Lösungsvorgänge der Salze ein. Das kompensiert die Wirkungen, so daß **sehr dünne und sehr starke Schnitte fast gleich zusammengesetzte** Säfte geben. Doch dürfen solche Resultate nicht ohne weiteres verallgemeinert werden. Die Versuche führten zu folgenden Ergebnissen:

„1. Beim Diffusionsverfahren gehen zunächst neben Zucker viel Salze in den Saft, nämlich diejenigen Krystalloide, welche im Safte gelöst sind.

2. Gleichzeitig lösen sich auch feste Bestandteile (anorganische und organische) des Rübenmarkes; je länger die Erwärmung in der Batterie dauert, je mehr Gefäße also heiß gehalten werden, und je langsamer der Saft zirkuliert, desto schlechtere Säfte wird man erhalten. Ob gerade diese ursprünglich unlöslichen Bestandteile fabrikativ die Säfte sehr verschlechtern, bedarf des Beweises.

3. Da beim Vergleiche sehr starker Schnitzel mit schwächeren stets zur vollständigen Auslaugung der starken Schnitzel die Batterie verlängert und mehr Gefäße heiß gehalten werden mußten, so resultierten für erstere auch etwas aschenreichere Säfte" (Diffusionsversuche 1887/88 und 1888/89[1]).

Eine nicht mindere Bedeutung wie der Stärke der Schnitte kommt der **Temperatur auf der Batterie zu.**

Robert wendete bei seinen ersten Diffusionsexperimenten im Jahre 1848 Temperaturen von 80° R an. Die Verarbeitung machte infolgedessen große Schwierigkeiten: Quellung der Schnitte, schlechte Auslaugung und schleimige Säfte waren ihr Resultat. Die Arbeiten Frémys über die Pektinkörper führten dann zu der Arbeitsweise, bei der Diffusion nicht über 65° R zu gehen, um das Aufquellen der Pektose zu verhindern, ja auf Grund der Arbeiten von Wiesner[2] wendete Robert später nicht einmal 50° R an, um die Quellung der Intercellularsubstanz zu vermeiden. Auch bei 40 und noch weniger Graden Reaumur wurde gearbeitet, um die Säfte nicht zu verunreinigen. Diese niederen Temperaturen hatten wieder andere Unannehmlichkeiten zur Folge: lange Diffusionsdauer mit Gärungserscheinungen und dadurch bedingte Zuckerverluste. Da man jedoch bemerkte, daß bei höherer Temperatur die Auslaugung besser vonstatten ging und die Gärungserscheinungen auf der Batterie sich verminderten, erhöhte man allmählich wieder die Diffusionstemperatur. (Schulz 50—55° R.) So wurde, ohne die Richtigkeit

---

[1] Z. V. D. Zuckerind. 1889, S. 304.      [2] ebd. 1865, S. 157.

der älteren, auf Wiesners Arbeiten beruhenden Theorie anzuzweifeln, in der Praxis von den durch diese Theorie verlangten niederen Temperaturen abgewichen. Es machten sich sogar Stimmen geltend, welche der heißeren Arbeit bessere Säfte zuschrieben, da die Diffusionsdauer kürzer war. Es wurden später Temperaturen bis 60—65° R (Bergreen) vorgeschlagen.

Diese Anschauung brach sich dann allgemein wieder Bahn: in der raschen und warmen Arbeit sah man die richtige Arbeitsweise. Doch gab es auch widersprechende Ansichten, und dies veranlaßte Herzfeld, seine schon genannten Diffusionsversuche anzustellen. In diesem Punkte konnte er feststellen, ,,daß eine Steigerung der Temperatur in der Batterie über 65° C = 52° R bis 85° C = 68° R nicht in dem Maße schlechtere Säfte zu geben scheint, als man nach den älteren theoretischen Anschauungen erwarten sollte"[1]. Bei derselben und sogar auch etwas höherer Temperatur konnte derselbe Forscher durch die Diffusionsversuche der Kampagne 1890/91 feststellen, daß sie unbestimmbare Zuckerverluste infolge Hintanhaltung von Gärung auf der Batterie fast völlig vermeidet[2].

Die Erfahrungen der letzten 25 Jahre haben die Überlegenheit der heißen Arbeit über die kalte erwiesen. Dies ergeben u. a. die Untersuchungen Andrlíks über die gewöhnliche Diffusion und über die heiße Diffusion nach Melichar-Cerný[3].

Tabelle 54a. Diffusionsversuch bei der Arbeit mit gewöhnlicher Batterie von 15 Diffuseuren zu 39,86 hl.

(7 Gefäße auf 70—75° C. Berechneter Abzug 117,3 % des Rübengewichts.)

| In 100 Teilen wurde gefunden | Schnitzel | | Diffusionssaft | Ablaufwasser | Übergegangen sind | | Verblieben in den ausgel. Schnitzeln |
|---|---|---|---|---|---|---|---|
| | frische | ausgelaugte | | | in den Diffusionssaft % | in das Ablaufwasser % | % |
| Wirkliche Trockensubstanz | 23,36 | 7,44 | 14,65 | 0,15 | 70,8 | 0,6 | 28,7 |
| Zucker . . . . . . . . . | 15,88 | 0,38 | 13,15 | 0,08 | 97,1 | 0,7 | 2,1 |
| Kohlensaure Asche. . . . | 0,919 | 0,419 | 0,330 | 0,023 | 40,8 | 3,3 | 41,3 |
| Reine Asche . . . . . . | 0,581 | 0,241 | 0,291 | — | 58,7 | — | 41,4 |
| Gesamtstickstoff . . . . . | 0,210 | 0,104 | 0,095 | 0,002 | 53,0 | 1,2 | 44,6 |
| Stickstoff der Eiweißkörper | 0,110 | 0,098 | 0,014 | 0,0018 | 16,4 | 1,6 | 80,0 |
| Invertzucker . . . . . . | 0,156 | — | 0,132 | — | — | — | — |
| $K_2O$ . . . . . . . . . . | 0,228 | 0,044 | 0,144 | — | 76,0 | — | 20,9 |
| $Na_2O$ . . . . . . . . . | 0,046 | 0,021 | 0,026 | — | 56,1 | — | 41,1 |
| CaO . . . . . . . . . . | 0,064 | 0,085 | 0,0056 | — | 10,3 | — | 119,5 |
| MgO . . . . . . . . . . | 0,065 | 0,029 | 0,1344 | — | 62,1 | — | 40,1 |

Ein Vergleich der Tabellen Nr. 54a und 54b zeigt die Unterschiede in den angewendeten Diffusionstemperaturen und besonders die Substanzbewegung in den beiden Verfahren.

---

[1] Diffusionsversuche in d. Kamp. 1887/88, 1888/89; Z. V. D. Zuckerind. 1889, S. 304.  [2] Z. V. D. Zuckerind. 1891, S. 295.
[3] Z. f. Zuckerind. i. B. XXVIII, S. 89, 1903/04.

Bei der heißen Arbeit genügte ein Abzug von 113,1 % auf das Rübengewicht, bei der gewöhnlichen Arbeitsweise 117,3 %. Dabei war bei der ersten Methode die Auslaugung besser (0,30 gegen 0,382). Der Rohsaft hatte 16,1° gegen 14,65° Bx (wirkl. Trockensubstanz) bei der gewöhnlichen Arbeit. Auch war ersterer reiner, 90,1 gegen 89,7 des zweiten Rohsaftes. Bei der gewöhnlichen Arbeitsweise gingen 53,0 % Gesamtstickstoff, 16,4 % Eiweißstickstoff, 76 % $K_2O$ und 56,1 % $Na_2O$ in den Rohsaft, bei der Arbeit nach Melichar - Černý aber nur 51,7 % Gesamt-, 15,2 % Eiweißstickstoff. $K_2O$ ging hier mehr in Lösung. Darauf war die Alkalitätsfestigkeit der Säfte zurückzuführen, denn die Säfte der gewöhnlichen Arbeit zeigten Alkalitätsrückgang. Invertzuckerbildung trat trotz der heißen Arbeit nicht auf[1].

Tabelle 54b. Diffusionsversuch bei der heißen Arbeit nach Melichar-Černý. 15 Gefäße à 39,86 hl.

(9—10 Gefäße auf 70—82° C., Temperatur des Diffuseurs in der Zirkulation 86—89$^1$/$_2$° C. Berechneter Abzug 113,1 % auf das Gewicht der Rübe. Temperatur des Diffusionssaftes in den Meßgefäßen 85—86° C.)

| In 100 Teilen wurde gefunden | Schnitzel | | Diffusionssaft | Ablaufwasser | Übergegangen sind | | Verblieben in den ausgel. Schnitzeln |
| --- | --- | --- | --- | --- | --- | --- | --- |
| | frische | ausgelaugte | | | in den Diffussionssaft % | in das Ablaufwasser % | % |
| Wirkliche Trockensubstanz | 24,40 | 6,58 | 16,10 | 0,17 | 74,6 | 0,9 | 25,6 |
| Zucker . . . . . . . . . | 16,80 | 0,30 | 14,50 | 0,08 | 97,6 | 0,6 | 1,6 |
| Kohlensaure Asche . . . . | 0,813 | 0,345 | 0,350 | 0,023 | 48,7 | 3,6 | 38,2 |
| Reine Asche . . . . . . | 0,562 | 0,212 | 0,313 | — | 62,9 | — | 35,8 |
| Gesamtstickstoff . . . . . | 0,199 | 0,100 | 0,091 | 0,002 | 51,7 | — | 47,7 |
| Stickstoff der Eiweißkörper | 0,107 | 0,096 | 0,012 | — | 15,2 | — | 83,9 |
| Invertzucker . . . . . . . | 0,160 | — | 0,139 | — | 98,0 | — | — |
| $K_2O$ . . . . . . . . . | 0,218 | 0,036 | 0,159 | — | 82,5 | — | 15,2 |
| $Na_2O$ . . . . . . . . . | 0,044 | 0,018 | 0,021 | — | 55,0 | — | 38,8 |
| CaO . . . . . . . . . . | 0,065 | 0,085 | 0,008 | — | 13,7 | — | 124,1 |
| MgO . . . . . . . . . . | 0,066 | 0,031 | 0,035 | — | 60,0 | — | 44,5 |

Bei der heißen Arbeit beginnt die Diffusion bald, Zucker geht über und der Quotient des Saftes ist bei dieser Arbeit ein höherer als bei der kalten. Bei der letzten ist der Diffusionseffekt im ersten Diffuseur ein kleinerer, er besteht nur in einem Ausschwemmen des Zuckers aus den entblößten Zellen, wodurch auch eine größere Menge Nichtzucker in den Rohsaft gelangt. Die heiße Arbeit liefert demnach bessere Säfte als die kalte. Erstere ergab einen Reinheitsquotienten von 91,2, letztere 89,4[2]. Folgende Tabelle aus Dostáls Versuchen ist besonders wegen der letzten Angabe — % Zuckerauslaugung — interessant. Die Rübe hatte 17,1 % Zuckergehalt, ihr Saft 21,4° Bx, 18,85 % Pol., 88,2 % Q, der abgezogene Rohsaft 17,1° Bx, 15,6 % Pol., 91,2 % Q.

---

[1] Z. f. Zuckerind. i. B. XXVII, S. 559, 1902/03.
[2] Dostál: Z. f. Zuckerind. i. B. XXXII, S. 280, 1907/08.

### Tabelle 55. Heiße Diffusion.

| Diffus.-Nr. | Diffussionssaft | | | | Ausgelaugter Zucker in % |
|---|---|---|---|---|---|
| | Bx. | Pol. | Q. | Temp. °C | |
| 1 | wird mit frischen Schnitten beschickt | | | | |
| 2 | wird entleert | | | | |
| 3 | steht unter Wasserdruck | | | | |
| 4 | 0,32 | 0,10 | 31,2 | 40 | 2,0 |
| 5 | 0,56 | 0,44 | 51,0 | 50 | 2,1 |
| 6 | 1,4 | 0,79 | 56,7 | 53 | 2,5 |
| 7 | 1,9 | 1,21 | 63,7 | 68 | 2,9 |
| 8 | 2,4 | 1,69 | 69,7 | 72 | 4,3 |
| 9 | 3,2 | 2,40 | 73,8 | 74 | 5,4 |
| 10 | 4,38 | 3,29 | 74,9 | 75 | 7,2 |
| 11 | 5,8 | 4,45 | 76,0 | 75 | 10,4 |
| 12 | 7,7 | 6,13 | 79,5 | 75 | 22,4 |
| 13 | 11,1 | 9,67 | 86,8 | 77 | 32,3 |
| 14 | 16,56 | 14,62 | 88,4 | 84 | 6,5 |

Summe   98,0

Vorgänge in der Batterie. Die frisch eingefüllten Rübenschnitte kommen im Diffuseur zuerst mit dem heißen Rohsafte beim Einmaischen zusammen. Zunächst lassen sie keinen Saft aus, da der Plasmaschlauch das Zellinnere umgibt und für Saft undurchlässig ist. Deshalb muß der Schlauch entfernt oder zerstört werden. Dies geschieht durch Erwärmen; wie Kroemer zeigte, findet bei 60—70° C das Absterben der Plasmaschläuche statt. Dann erst kann der zuckerhaltige Zellsaft aus den Zellen austreten. Doch soll man stets über 70° C gehen, um sicher zu arbeiten[1].

Diese erste Phase im Diffusionsprozesse kann als Abtötung der Zellen bezeichnet werden (s. Kap. 1 und 2).

In der zweiten Phase beginnt die Auslaugung der oberen, in den Schneidmaschinen freigelegten Zellen und der eigentliche Diffusionsvorgang (Osmose). Natürlich erfolgt das Auswaschen rascher und geht der Osmose voran.

Die Auslaugung ist kein erwünschter Prozeß, da der ganze Zellinhalt einfach in den Saft übergeht und ihn verschlechtert. Aus diesem Grunde wurde im 1. Kapitel der Chemie der Zelle mehr Aufmerksamkeit geschenkt.

Durch die Schneidmaschinen sollen 2—5% aller vorhandenen Zellen völlig geöffnet werden; darunter liegen zerquetschte, aber noch unverletzte Zellen. Herzfeld berechnete daß bei Schnitten von 2 mm Stärke $\frac{1}{20}$, bei 4 mm Stärke $\frac{1}{40}$ aller Zellen geöffnet sei. Da gewöhnlich mit stärkeren Schnitten gearbeitet wird, ist ein noch geringerer Bruchteil derselben offen.

Der Nachteil der offenen Zellen kann durch völlig tadellose Schnitte vermindert werden. Diese spielen natürlich bei den osmotischen Vorgängen eine große Rolle.

---

[1] Centralbl. f. Zuckerind. 1904, S. 256, 284.

Je feiner und gleichmäßiger die Schnitte, desto besser die Arbeit. Unter eine gewisse Stärke können aber die Schnitte nicht gebracht werden, weil sie die Saftströmung behindern würden. Gleichmäßig stark müssen sie sein, weil es sonst schon ganz ausgelaugte neben noch unausgelaugten Schnitten geben würde.

Musige (breiige) Schnitte dürften bei gleicher Entzuckerung schlechtere Säfte geben, da in solchen Schnitten die Lösungsvorgänge sicherlich beschleunigt werden.

Schön bewies Tlamych, daß der Zucker durch osmotische Vorgänge aus den Rübenzellen in die Säfte übergeht[1]. Er nahm aus dem Innern von ausgelaugten Schnitten eine Partie heraus und isolierte die Zellen durch Chromsäure. Im Mikroskop sah er nun 1. das Zellgewebe unverletzt, 2. die Eiweißkörper (Kolloide) an denselben Stellen wie in frischen Schnitten und 3. konnte mittels mikrochemischer Agenzien kein Zucker im Zellinnern konstatiert werden. Dieser wanderte demnach osmotisch durch die Zellwand. Tlamychs Untersuchung stammt aus dem Jahre 1878 und damals wurde wirklich „diffundiert"[1]. Auch Wiesner untersuchte ausgelaugte Schnitzel mikroskopisch (loc. cit.). Ihre äußeren Wandungen enthielten aufgerissene Zellen, die darunter liegenden Zellen waren zunächst nur gequetscht, zum Teil auch gerissen, überwiegend jedoch gut erhalten.

Gleichzeitig mit der Diffusion verläuft die vierte Phase der Saftgewinnung: die Lösungsvorgänge. Durch sie werden an sich nicht lösliche Rübenbestandteile, z. B. solche des Markes, löslich gemacht. (Pektinkörper, Intercellularsubstanzen.) Dies geschieht unter der Einwirkung der Wärme und der sauren Reaktion der Rübensäfte.

Nach den Ehrlichschen Untersuchungen (s. d.) geht das Pektin als Hydratopektin in Lösung, und zwar je nach der Länge der Diffusionsdauer und der Höhe der Diffusionstemperatur.

Die Lösungsvorgänge sind eine unerwünschte Erscheinung; dazu kommt, daß sie gerade bei jenen Bedingungen vor sich gehen, welche für die Diffusion am günstigsten sind.

Eine dieser Bedingungen ist die Temperatur. Es wurde schon gezeigt, daß die Diffusion des Zuckers bei Temperatursteigerung rascher zunimmt als die der andern Stoffe. Durch Temperaturerhöhung aber werden die Lösungsvorgänge auch beschleunigt. Man darf und kann auch nicht die Temperatur über ein gewisses Maß treiben. Bis etwas über 80° C ist nicht zu befürchten, daß bei gesunder Rübe unangenehme Erscheinungen auftreten. Steigert man die Temperatur beträchtlich darüber, bis 90° und noch mehr, so werden die Schnitte weich, sie „verbrühen", legen sich einander und dem Siebboden an und verhindern so das „Treiben". Es kommt auch natürlich auf die Dauer der Einwirkung an. Es ist wohl unnötig zu betonen, daß die Phasen nicht streng hintereinander verlaufen.

In der dritten Phase werden die eigentlichen osmotischen Vorgänge auftreten. Darüber ist man nicht sehr unterrichtet, da

---

[1] Z. V. D. Zuckerind. 1878, S. 317.

das Studium der pflanzenosmotischen Erscheinungen nur mangelhafte Resultate ergab. Um die quantitativen Verhältnisse kennenzulernen, wird man ganz gut Andrlíks Untersuchungen über Osmose der Melasse heranziehen können[1]; hat ja auch Herzfeld mit Pergamentpapier gearbeitet und seine Folgerungen auf die „Diffusion" übertragen.

Am leichtesten werden die anorganischen Bestandteile diffundieren. Es ist anzunehmen, daß die Kalisalze rascher als die entsprechenden Natronverbindungen diffundieren, da Andrlík für Melasse das Verhältnis $K_2O : Na_2O = 6,6 : 1$, für das Osmosewasser dasselbe zu 9,1 : 1 fand. Chlor ging fast zur Gänze in das Osmosewasser über, also sicher auch in den Rohsaft. Eisenoxyd und Kieselsäure diffundieren nicht; sie sind kolloidal. Die Gesamtasche (Carbonatasche) des Osmosewassers ist größer als die der Melasse: demnach gehen die Aschenbestandteile der Rüben leicht in den Rohsaft über.

Ferner gilt, daß mehr Aschenbestandteile als organischer Nichtzucker diffundieren; denn Andrlík fand das Verhältnis Reinasche: organischem Gesamtnichtzucker in der Melasse zu 1 : 3,34, in der osmosierten Melasse (nach der zweiten Osmose) 1 : 5,22 und im Osmosewasser 1 : 2,97. — Wenn die „Diffusion" ein rein osmotischer Prozeß wäre, würde der Rohsaft verhältnismäßig mehr anorganische als organische Nichtzucker enthalten.

Verhalten der organischen Säuren der Rüben. Andrlík konstatierte eine bedeutende Diffusionsfähigkeit der mit Äther auslaugbaren Säuren. Die Melassen enthielten vor der Osmose 6,62%, nach der Osmose 5,43% dieser Säuren; die Osmosewässer 10,85—13,28%.

Für die Stickstoffkörper fand Andrlík bei der Osmose von Melasse folgendes Verhalten:

Tabelle 56.

| | Gesamt-N | Mittel | Eiweiß-N nach Rümpler | % |
|---|---|---|---|---|
| Melassen . . . . . . . | 2,01—2,50 | 2,36 | Melasse (Durchschnitt) . | 0,18 |
| „ aus d. I. Osm. | 2,48—2,59 | 2,53 | „ aus d. I. Osm. | 0,22 |
| Wasser „ „ I. „ | 2,83—3,41 | 3,13 | „ „ „ II. „ | 0,25 |
| „ „ „ II. „ | 3,03—3,47 | 3,26 | Wasser „ „ I. „ | 0,15 |
| | | | „ „ „ II. „ | 0,15 |

Die Melassen aus der ersten Osmose waren reicher an Gesamtstickstoff als die unosmosierten. Besonders reich an Stickstoffsubstanzen war das Osmosewasser. Die Analysen der beiden Osmosewässer zeigen, daß auch die Eiweißkörper teilweise dialisierten.

Für den „Betainstickstoff", d. i. der mit phosphorwolframsaurem Natron fällbare Stickstoff, vermindert um den Ammoniakstickstoff, wurde folgendes gefunden:

---

[1] Z. f. Zuckerind. i. B. XXV, S. 265, 1900/01.

Tabelle 56a.

| I. Osmose | | | II. Osmose | | |
|---|---|---|---|---|---|
| | 1. Fall %| 2. Fall % | | 1. Fall % | 2. Fall % |
| Nichtosm. Melasse . | 0,51 | 0,51 | I. osm. Füllmasse . . | 0,58 | nicht best. |
| Osmosefüllmasse . | 0,40 | 0,31 | Wasser a. d. II. Osm. | 0,61 | 1,38 |
| Osmosewasser . . | 0,74 | 0,72 | Melasse a. d. II. Osm. | 0,74 | 1,17 |
| Osmos. Melasse . . | 0,50 | nicht best. | | | |

In beiden Fällen ging Betain in größerer Menge ins Osmosewasser über. Das Wasser war stets reicher daran als die ursprüngliche Melasse. Auch Aminosäuren gingen in das Osmosewasser über. Die Melasse nach der ersten Osmose enthielt 1,16%, 1,18 und 1,44%, das Osmosewasser 1,80—2,49% Aminosäurestickstoff. Diese Zahlen, auf die Diffusion der Rübe übertragen, besagen, daß die Aminosäuren, die Pflanzenbasen und auch Eiweißkörper in den Rohsaft übergehen. Die quantitativen Verhältnisse genau zu berechnen, hätte nicht viel Zweck, da sich die Andrlíkschen Versuche nicht einmal für Melassenosmoseversuche, noch weniger für die Diffusion der Rübenschnitzel, verallgemeinern lassen.

Folgende Übersicht zeigt deutlich die Stickstoffbewegung in der Osmose:

Tabelle 56b.

| Von 100 Teilen Gesamt-N entfielen durchschnittlich auf den Stickstoff der | | | | | |
|---|---|---|---|---|---|
| | Eiweiß u. Propeptone | Peptone | des NH₃ | der Nitrate | des Betains und Aminosäuren |
| in I. Füllmassen . . . . . . . . . | 7,4 | 3,5 | 8,2 | 2,0 | 78,9 |
| nicht osmos. Melassen . . . . . . | 3,0 | 1,9 | 3,2 | 1,9 | 90,0 |
| in I. Osmosewässern . . . . . . | 2,9 | 2,0 | 2,7 | 1,1 | 91,3 |
| in II. Osmosewässern . . . . . | 1,4 | 2,5 | 1,8 | 1,1 | 93,2 |

(Zur letzten Spalte: $\frac{1}{3}$ Betain, $\frac{2}{3}$ Amidosäuren)

Man kann die Zahlen wohl nicht direkt auf die Diffusion übertragen, aber einen Überblick gewähren sie immerhin. Daß mit dem Heranziehen dieser Versuche auf das Studium der osmotischen Vorgänge in der Batterie kein Fehler gemacht wurde, beweisen die „Substanzbewegungen" des Abschnittes c dieses Kapitels.

Das mutmaßliche Verhalten des Vernins, Allantoins, der Lecithine, Phytosterine und des Coniferins ist bei der Chemie dieser Körper (Kap. 5) besprochen. Auch der folgende Abschnitt „Stoffwanderung in der Diffusion" vervollständigt die hier erörterten chemisch-physikalischen Vorgänge.

Vom Chromogen geht der größte Teil, wenn nicht alles in den Saft über. Die ausgelaugten Schnitte zeigen nämlich keine Farbenveränderungen mehr.

Über die ungleichmäßige Auslaugung der Schnitte an einzelnen Stellen des Diffuseurs liegen einige Beobachtungen vor.

Preißler stellte Versuche in Diffuseuren mit 40 dz Füllung an. Er fand, „daß in den verschiedenen Schichten der Gefäße die Auslaugung eine sehr verschiedene ist, nämlich in den oberen Schichten ziemlich günstig, in den mittleren wesentlich höher und in den unteren Schichten verhältnismäßig sehr hoch".

Oben: 0,29, 0,29, 0,51, 0,71; Mitte: 0,23—0,85; unten: 0,41 bis 0,99 % Zucker.

Das ist durch die Konstruktion der Diffuseure begründet, wie Preißler weiter entwickelt[1].

Pfeiffer fand bei einem Diffuseur mit flachem Siebboden und seitlicher Entleerung in den Schnitten, welche in den Ecken des Diffuseurs auf dem Siebboden liegen, 0,3 % mehr Zucker als in den sonst ausgelaugten; bei einem Diffuseur mit konischem Boden und zentralem Saftabzug war die Auslaugung am gleichmäßigsten[2].

Ungleich wichtiger ist die Frage, wieweit man in der Batterie die Auslaugung ohne Schaden des Nachbetriebes führen kann.

Die Frage nach der Höhe der Auslaugung ist alt, trotzdem ihre Beantwortung bis heute keine einheitliche. So stellte Karlson im Jahre 1896 und 1898 die Behauptung auf, man müsse mit der Auslaugung an dem Punkte aufhören, wo die erzeugten Nachsäfte anfangen, einen Quotienten zu geben, der niedriger ist als der Melassequotient der Fabrik. Die Auslaugegrenze gab er zu 0,4—0,6 % Zucker in den Schnitten an[3].

Claassen trat dieser Behauptung entgegen und zeigte, daß Nachsäfte mit weit niedrigerem Quotienten, als die Melasse sonst besitzt, durch Scheidung und Saturation gereinigt, gut krystallisierende Produkte geben[3].

Nach Lexa „soll man sich lieber zwischen 0,3—0,4 Polarisation bewegen, unter 0,3 Polarisation keineswegs gehen, sonst bekommt man unreine und unnütz verdünnte Säfte[4].

Mit derselben Frage beschäftigte sich A. Gröger[5]. Die Auslaugung auf der Batterie geschah bis auf einen Zuckergehalt von 0,2—0,3 %. Aus dem letzten Gefäße wurde der Nachsaft im Momente des halben Saftabzuges bemustert, konzentriert und analysiert. Ein anderer Teil des Saftes wurde der dreifachen Saturation wie in der Fabrik unterworfen. In zwei Versuchen hatten diese Nachsäfte die scheinbare Reinheit von 68,8 bzw. beim zweiten nicht angegeben, und die entsprechenden saturierten Säfte 72,9 bzw. 69,5. Zur Füllmasse eingedampft, ergaben sie eine solche von hellbrauner Farbe und schieden nach kurzem Stehen einige grobe scharfkantige Krystalle aus. Aus späteren Versuchen, in denen Gröger zweckmäßiger den wirklichen Reinheitsquotienten der Nachsäfte heranzog, schloß er, daß „zu einer Änderung der Auslaugegrenze auf der Batterie kein Grund vorliegt, da die Verschlechterung des Diffusionssaftes durch die Übernahme der Nachsäfte in den Betrieb nur wenige Zehntelgrade im Quotienten betragen

---

[1] Z. V. D. Zuckerind. 1899, S. 159.    [2] ebd. 1899, S. 161.

[3] ebd. 1896, S. 790; 1897, S. 122; 1898, S. 529, 749.

[4] Z. f. Zuckerind. i. B. XVIII, S. 524, 1893/94.

[5] Ö. U. Z. f. Zuckerind. XXX, S. 720, 1901.

kann". Eine Verschlechterung tritt wohl ein, aber auf die Qualität der Füllmasse und Zuckerausbeute hat sie keinen ungünstigen Einfluß, da die meisten Nichtzuckerstoffe im Laufe der Saftreinigung entfernt werden.

Tabelle 57. Durchschnittsanalysen der Nachsäfte.

| | Ablaufwasser | I | II | III | IV | V | VI |
|---|---|---|---|---|---|---|---|
| Grade Balling . . . | 0,22 | 0,28 | 0,40 | 0,56 | 0,77 | 1,07 | 1,49 |
| Polarisation . . . . | 0,06 | 0,12 | 0,21 | 0,36 | 0,56 | 0,84 | 1,22 |
| Unlösliches. . . . . | 0,001 | 0,003 | 0,004 | 0,003 | 0,0C3 | 0,003 | 0,003 |
| Reinasche . . . . . | 0,021 | 0,023 | 0,025 | 0,028 | 0,034 | 0,036 | 0,049 |
| Organische Substanz . | 0,028 | 0,034 | 0,041 | 0,049 | 0,063 | 0,071 | 0,098 |
| Trockensubstanz . . | 0,11 | 0,18 | 0,28 | 0,44 | 0,66 | 0,95 | 1,37 |
| Scheinbarer Quotient | 27,3 | 42,9 | 52,5 | 64,3 | 72,7 | 78,5 | 81,9 |
| Wirklicher Quotient . | 54,5 | 66,7 | 75,0 | 81,8 | 84,8 | 88,4 | 89,1 |
| Verh. von A:O Nz . . | 1,3 | 1,5 | 1,65 | 1,75 | 1,85 | 1,95 | 2,0 |

Bohle[1] fand auf Grund von Versuchen in seinem Betriebe, „daß man unter normalen Verhältnissen getrost so weit auslaugen soll, wie das bei normalem Saftabzuge und normaler Diffusionsdauer nur irgend möglich ist". Tab. 58 gibt seine Versuchsergebnisse wieder.

Tabelle 58.

| Diffuseur Nr. | Mittlere Temperatur °C | Scheinbare Quotienten der Säfte in den einzelnen Gefäßen | | Wiederholung Q | Nachsaft ungereinigt | Geschieden und saturiert | Versuch I            II Nachsäfte von der Durchschnittszusammensetzung |
|---|---|---|---|---|---|---|---|
| 1 | 16,0 | 85,6 | 87,1 | | 70,0 | 70,0 | Bx  0,82   0,75 |
| 2 | 57,5 | 81,9 | 85,8 | | 54,3 | 58,4 | Pol. 0,32   0,305 |
| 3 | 70,5 | 81,0 | 83,6 | | 69,4 | 75,0 | Q  38,5    4,05 |
| 4 | 76,0 | 73,6 | 80,5 | | 57,8 | 64,3 | daraus  erhaltene |
| 5 | 65,0 | 71,2 | 75,5 | | 45,0 | 50,0 | Füllmassen |
| 6 | 48,0 | 70,0 | 71,2 | 65,3 | 31,6 | 38,0 | Q  74,0   77,5 |
| 7 | 39,0 | 45,0 | 48,3 | 28,3 | 31,4 | 35,0 | |
| 8 | 22,0 | | | | | | |

Bohle fand, „daß durch die eigentliche Scheidung und Saturation nur eine geringe Quotientenverbesserung eintrat, während eine wesentliche Quotientenverbesserung erst nach dem nachherigen Verkochen der Säfte festzustellen war". Derselbe hielt während der ganzen Kampagne die Auslaugung auf 0,20—0,25, wobei die „in den Diffusionssaft gelangenden Nachsäfte noch ein gut krystallisierendes Produkt geben".

Ein im Jahre 1889 von Herzfeld durchgeführter Versuch über die hier vorliegende Frage gibt deshalb sehr wertvolle Aufschlüsse, weil Herzfeld die Auslaugung abnorm weit trieb und die erhaltene Füllmasse vollständig analysierte. Schnitte, die auf 0,1% Polarisation ausgelaugt waren, wurden nochmals mit destilliertem Wasser bei 80° C behandelt. Die abgezogene Flüssigkeit wurde mit wenig Kalk aufgekocht, saturiert, filtriert und mit schwach alkalischer Reaktion ein-

---

[1] D. Z. 1908, S. 275.

gedampft, der Dicksaft abermals filtriert und zur Füllmasse verkocht.
Sie enthielt:

Zucker . . . . . 49,9 % (Zucker nach Clerget 52,1 %)
Wasser . . . . . 26,3 %
Carbonatasche . 6,4 % { Kalkasche 0,37 %
{ Alkaliasche 6,03 %
Org. Nichtzucker 15,2 %
Wirkl. Quotient . 75,0.

(Diese Zahl dürfte ein Rechen- oder Druckfehler sein, wenn die andern
Angaben richtig sind; es berechnet sich 73,7 % Trockensubstanz, d. i.
bei der direkten Polarisation ein Reinheitsquotient von 67,7, und bei
Zugrundelegung des Clergetzuckers ein Quotient von 70,7   Der Verf.)
Aus der Füllmasse schied Zucker alsbald in Krystallen aus. Man könnte
demnach die Auslaugung vollständig durchführen, doch rät Herzfeld,
nicht unter 0,2 % Zucker in den Schnitten zu belassen[1].

In einer folgenden Untersuchung will Herzfeld die Auslaugung
auf der Batterie nicht von der Reinheit der Nachsäfte abhängig wissen,
sondern vom Verhalten der Säfte in den Vorwärmern. Darüber
gibt die Analyse keinen Aufschluß. Je nach dem Grade der Auslaugung
werden Oxalate, Eiweißsubstanzen, Pektine und Parapektine je nach
Umständen, die vom Rübenmaterial abhängen, in verschiedenen
Mengen in den Saft gelangen; „. . . . die Frage, wie weit man mit der
Auslaugung gehen soll . . . ., wird in erster Linie davon abhängig zu
machen sein, ob die Vorwärmer gut funktionieren oder nicht, wovon
in der Regel der weitere glatte Verlauf der Scheidung, Schlammpressenarbeit und Verdampfung abhängig sein dürfte".

Herzfeld stellte auch in dieser Arbeit den Zusammenhang zwischen
Diffusionsarbeit (Größe der Auslaugung) und der Höhe der Alkalität
der geschiedenen Säfte fest[2].

Bei Beurteilung der in Rede stehenden Frage unterscheidet Claassen
die Verarbeitung reifer, gesunder von der Verarbeitung schlechter,
erfrorener und fauler Rüben. Bei ersteren hat der ungeschiedene Rohsaft wohl häufig eine geringere Reinheit, da Pektinate als Kalk und
Kalisalze in Lösung gehen. In der Scheidesaturatuion aber werden
die Kalkpektinate ausgefällt und die Kalisalze in Carbonate verwandelt
Der Dünnsaft zeigt dann keinen geringern Quotienten. Er enthält
meistens lösliche Kalksalze, welche mit den kohlensauren Alkalien der
geschiedenen und saturierten Nachsäfte der Diffusion unter Ausfällung
des Kalkes sich umsetzen, z. B.

$$CaCl_2 + K_2CO_3 = 2KCl + CaCO_3$$

oder

$$\begin{matrix} COO \\ \phantom{xx} \end{matrix}\!\!>\!Ca + K_2CO_3 = CaCO_3 + \begin{matrix} COOK \\ | \\ COOK. \end{matrix}$$

Sind solche löslichen Kalksalze nicht vorhanden, so muß die schweflige Säure die Alkalicarbonate oder Saccharate entfernen.

$$K_2CO_3 + SO_2 = K_2SO_3 + CO_2 \quad \text{oder} \quad M_2O \cdot C_{12}H_{22}O_{11} + SO_2 = M_2SO_3 + C_{12}H_{22}O_{11}.$$

---

[1] Z. V. D. Zuckerind. 1889, S. 347.     [2] ebd. 1897, S. 544.

In der Praxis läßt man sich mit Recht mehr von betriebstechnischen als von chemischen Erwägungen leiten, und so findet man bei ehrlicher Betriebskontrolle für den Zuckergehalt der ausgelaugten Schnitte Werte, die die oben angeführten häufig auch um das Doppelte und um noch mehr übertreffen.

Das erste Gebot einer wirtschaftlichen Betriebsführung ist, die maximale Verarbeitung an Rüben täglich zu erreichen — auch auf die Gefahr hin, daß man wegen unzureichender Einrichtung (zu kleine Verdampfstation, zu kleines Kesselhaus, Dampfmangel usw.) nicht sehr gut auslaugen kann: man muß schnell arbeiten, kann nicht mehr Rohsaft abziehen, kann keine feineren Schnitzel erzeugen u. v. a. Der Verlust an Zucker in den Schnitzeln wird wettgemacht durch die verbilligte Regie, durch flotten Saftfluß, durch verkürzte Kampagne und durch die dadurch verminderten Zuckerverluste in den Rübenprismen.

Nach einer Berechnung J. Hamous', die auf Angaben von Sokoloy[1] aufgebaut ist, wäre ein um 6% erhöhter Saftabzug die Grenze, bei der sich eine um 0,1% erhöhte (verminderte) Auslaugung noch lohnt. Mehr Rohsaft abzuziehen, um besser auszulaugen, ist schon unökonomisch[2]. In Wirklichkeit gibt es aber auch noch andere Maßnahmen, um die Auslaugung zu verbessern, was aber nur von Fall zu Fall entschieden werden kann (Temperatur, Schnitte, Diffusionsdauer u. a.).

Richtiger ist es, den Zuckergehalt der ausgelaugten Schnitzel durch eine wäßrige Digestionsmethode als nach der ebenso verbreiteten als unzulänglichen Preßmethode zu bestimmen[3].

Diffusionswasser (Druckwasser). Das Wasser soll möglichst rein und weich sein; Fluß- und Bachwasser sind vorzuziehen. Brunnenwasser soll vermieden werden, obwohl seine Kalksalze bei der Saturation ausfallen. Manche Fabriken müssen aber bei Wassermangel auch minder reine Wässer (Abwässer) verwenden. Von den Salzen solcher Wässer werden manche im Verlaufe der Arbeit ausgefällt, andere, und zwar besonders die Alkalien (Alkalisalze), gehen in alle Produkte über (NaCl, KCl). Nach Pfeiffer ist[4] — abgesehen von den Alkalisalzen — die Qualität des Wassers sonst ohne Belang. „Es gibt Fabriken, die wegen Mangels an Fluß- oder Brunnenwasser zur Saftgewinnung das Schwemmwasser, Fallwasser usw. zum Teil zu verwenden gezwungen sind, aber ich habe von diesen Fabriken nie gehört, daß ein Ausfall an Ausbeute oder eine Zunahme des Aschengehaltes oder bei Verwendung reineren Wassers eine Abnahme desselben stattgefunden habe." Ja, nach Rabbethge hätte sogar die Arbeit mit destilliertem Wasser keinen niedrigeren Aschengehalt der Füllmassen ergeben. Auf der Batterie wurde durch eine Woche mit destilliertem Wasser gear-

---

[1] Nach diesem kann man annehmen, daß infolge einer eventuell vergrößerten Auslaugung um 0,1% die Ausbeute an Rohzucker tel qel um 0,06% und an Melasse um 0.08% sich erhöht. Z. d. tschsl. Zuckerind. 1922/23, S. 667.

[2] Z. d. tschsl. Zuckerind. IX, S. 293, 1928.

[3] Siehe z. B. die „einheitlichen Methoden" in der tschechoslowakischen Zuckerindustrie. Z. d. tschsl. Zuckerind. XXXIX, S. 391 u. 403, 1920/21.

[4] Z. V. D. Zuckerind. 1889, S. 607.

beitet. Der Versuch ergab, ,,daß die Zusammensetzung der Füllmassen im großen und ganzen dieselbe geblieben ist. Hieraus ergibt sich, daß die Salze im (gewöhnlichen Gebrauchs-) Wasser ausgefällt und daher ohne Einfluß auf den Aschengehalt waren, sie hätten sich sonst in den Füllmasseaschen finden müssen''. Ein an Chloriden reiches Wasser ergab nach den Mitteilungen Pfeiffers anfangs normale Arbeit. ,,Aber nach zwei- bis dreistündigem Kochen (des gesunden und hellen Dicksaftes) begann eine starke Braunfärbung, Füllmasse und Zucker waren ganz dunkel.'' Zucker von 95 % Polarisation hatten einen Aschengehalt von 1,30 %. — Das Betriebswasser hatte in 100 l 48 g Gips und 30 g NaCl, $SO_3$ auf $CaSO_4$ und alles Chlor auf NaCl gerechnet. — Im allgemeinen wird man Flußwasser dem Brunnenwasser vorziehen. Pfeiffer behauptet, mit einem Flußwasser, das durch Abwässer von Zuckerfabriken und von zwei Brennereien verunreinigt wurde, dieselben Resultate erhalten zu haben wie beim Gebrauch von Brunnenwasser. Die Quantität der Melasseasche war in beiden Fällen fast gleich (9,37 % gegen 9,44 %)[1].

Trotzdem wird man es doch vermeiden sollen, Abwässer in die Diffusion zurückzuführen. In solchen kommt Invertase vor. Diese ist nach den Studien Matoušeks ein Produkt der Mikroben und es ist ihr ein Teil der Invertzuckerzunahme bei Verwendung von verunreinigtem Wasser auf der Diffusion zuzuschreiben.

Einen ernsten Faktor bildet hierbei allerdings auch die direkte Mitwirkung der Mikroben an den Inversionsprozessen. Die Menge der Invertase ist bei verschiedenen Qualitäten der Abwässer ungleich. Bei gesunder Rübe und Anwendung von reinem Wasser wurde wohl keine merkliche Zunahme des Invertzuckergehaltes im Diffusionssafte beobachtet, denn derselbe erreicht nur selten einen höheren Wert als 0,1 %; bei Anwendung unreinen Wassers sind die Bedingungen ungünstiger. Es wurde beobachtet, daß die in normalen Zuckerfabriksabwässern enthaltene Invertase im Laufe von 24 Stunden in einer 5proz. Zuckerlösung bei 36° C 0,02 bis 0,18 % Invertzucker, auf die Flüssigkeitsmenge bezogen, gebildet hat. Nach 2 Stunden war die Zunahme unter den gleichen Bedingungen entweder praktisch gleich Null, oder schlimmstenfalls betrug sie 0,01 %. Viel höhere Zahlen fand man bei der Untersuchung der Abwässer des Betriebes, welcher dieselben in die Diffusion zurückführt. Die Invertzuckermenge, auf die Flüssigkeit bezogen, bewegt sich hier in 24 Stunden und unter gleichen Bedingungen in den Grenzen von 1,36 bis 1,95 %, nach 2 Stunden von 0,11 bis 0,23 %.

Die Schwebestoffe der Abwässer erwiesen sich reicher an Invertase als die Wässer (filtriert) selbst. Es sollten also die Trübstoffe, sei es durch Sedimentierung oder anders gründlichst entfernt werden, bevor die Abwässer in den Betrieb zurückgenommen werden[2].

### c) Substanzbewegung in der Diffusion.

Wurde bisher die Theorie der Diffusion im Betriebe besprochen, so muß zur Vervollständigung der Erkenntnis der komplizierten Vorgänge, die sich in der Batterie abspielen, die Wanderung der einzelnen Körper und Körpergruppen betrachtet, vorher aber ein Bild des Auslaugeprozesses im großen und ganzen entworfen werden.

---

[1] Z. V. D. Zuckerind. 1889, S. 607.
[2] Z. d. tschsl. Zuckerind. VIII, S. 213, 1927.

Die Tabelle 59 gibt ein Bild der Zusammensetzung der Säfte in den einzelnen Körpern der Diffusionsbatterie nach dem Saftabzug aus dem zuletzt mit frischen Schnitten gefüllten Diffuseur[1]. Da noch an anderen Stellen der Beschaffenheit der Säfte in den einzelnen Gefäßen Augenmerk geschenkt werden muß, genügt die bloße Wiedergabe der Tabelle.

Am deutlichsten werden die chemisch-physikalischen Vorgänge auf der Batterie durch die Betrachtung der Substanzbewegungen.

Tabelle 59.

| Diffuseur I | | | Diffuseur II | | | Diffuseur III | | | Diffuseur IV | | |
|---|---|---|---|---|---|---|---|---|---|---|---|
| Sacch. | Polar. | Quot. | Sacch. | Polar. | Quot. | Sacch. | Polar. | Quot. | Sacch. | Polar. | Quot. |
| 0,15 | 0,11 | — | 0,43 | 0,29 | 67,4 | 0,70 | 0,47 | 67,1 | 1,60 | 1,22 | 76,2 |
| 0,18 | 0,13 | — | 0,40 | 0,26 | 65,0 | 1,50 | 0,74 | 50,0 | 1,90 | 1,37 | 72,0 |
| 0,17 | 0,11 | — | 0,50 | 0,30 | 60,0 | 1,00 | 0,69 | 69,0 | 1,90 | 1,37 | 72,0 |
| 0,10 | 0,06 | — | 0,53 | 0,31 | 58,4 | 1,30 | 0,97 | 74,5 | 2,40 | 1,76 | 73,3 |
| — | — | — | 0,49 | 0,30 | 61,0 | 0,80 | 0,52 | 65,0 | 1,70 | 1,37 | 80,6 |
| 0,15 | 0,10 | 66,0 | 0,49 | 0,29 | 61,0 | 1,06 | 0,67 | 63,2 | 1,90 | 1,40 | 73,6 |
| 0,19 | | | 0,38 | | | 0,73 | | | 1,00 | | |
| 43° | | | 52° | | | 63° | | | 67° | | |

| Diffuseur V | | | Diffuseur VI | | | Diffuseur VII | | | Diffuseur VIII | | | Diffuseur IX |
|---|---|---|---|---|---|---|---|---|---|---|---|---|
| Sacch. | Pol. | Quot. | Sacch. | Pol. | Quot. | Sacch. | Pol. | Quot. | Sacch. | Pol. | Quot. | |
| 2,80 | 2,25 | 80,4 | 4,80 | 3,84 | 80,0 | 7,30 | 5,78 | 79,1 | 9,20 | 7,34 | 79,7 | Wird gefüllt zu Beginn des Abzuges |
| 3,20 | 2,53 | 79,0 | 4,90 | 4,14 | 84,4 | 7,60 | 6,33 | 83,2 | 9,60 | 7,82 | 81,4 | |
| 3,10 | 2,34 | 75,4 | 4,60 | 3,91 | 85,0 | 7,30 | 6,02 | 82,4 | 9,70 | 8,09 | 83,0 | |
| 3,20 | 2,41 | 78,4 | 5,00 | 4,29 | 85,8 | 7,80 | 6,40 | 82,0 | 9,64 | 7,88 | 81,7 | |
| 3,00 | 2,47 | 82,3 | — | — | — | 6,80 | 5,70 | 80,8 | 8,85 | 7,30 | 82,4 | |
| 3,06 | 2,40 | 80,0 | 4,82 | 4,04 | 83,8 | 7,36 | 6,04 | 82,0 | 9,54 | 7,78 | 81,6 | Durchschnitt |
| 1,60 | | | 2,00 | | | 1,30 | | | 0,5 | | | Polaris.-Unterschied vor u. nach dem Saftabzug |
| 68° | | | 68° | | | 66° | | | 44° | | | Temperatur des Saftes i. Grad.R. |

Um die Bewegung der Rübenbestandteile beim Diffusionsprozeß kennenzulernen, müssen die Rübenschnitte, die ausgelaugten Schnitte, der Rohsaft und das Diffusionsabfallwasser analysiert werden. Um Schlüsse aus diesen Daten ziehen zu können, muß die Arbeitsweise (Abzug, Temperatur), Einrichtung (Zahl der Gefäße) mit in Betracht gezogen werden. Solche Versuche stellte Andrlík an; die Tabelle 60 gibt darüber Aufschluß[2].

Die Daten bedürfen keiner weiteren Erklärung. — Auf die diffundierte Menge des Gesamtstickstoffes hatte mehr die Zusammen-

<hr>

[1] Černý, K.: Z. f. Zuckerind. i. B. 1888, S. 181.
[2] Z. f. Zuckerind. i. B. XXVIII, S. 553, 1903/04.

setzung der Rübe als die Arbeitsweise Einfluß. Aus stickstoffreicheren Rüben ging gewöhnlich mehr Stickstoff in die Säfte über. Je höher die Arbeitstemperatur war, desto weniger Eiweißstickstoff ging in die Säfte. Bezüglich des Kalis zieht Andrlík noch keine bestimmten Schlüsse. Die Arbeitsweise hat auf die Kalimengen Einfluß. Bei Natron bestehen infolge seines geringen Vorkommens große Beobachtungsfehler.

Bis auf Chlor und Schwefelsäure ($SO_3$) werden die genannten Verbindungen bei der Saturation fast vollständig entfernt.

Die „Übersicht" in der nachfolgenden Zusammenstellung zeigt deutlich den Anteil der einzelnen Saftbestandteile, der in den Rohsaft bei verschiedenen Arbeitsweisen übergeht. Man sieht leider, daß eigentlich jeder der angeführten Bestandteile in den Saft gelangt, also von einer Osmose nur wenig die Rede sein kann. Dies ließen die früher angeführten Versuche Andrlíks über Osmose der Melassen auch erwarten. (S. 261).

Tabelle 60. Bewegung der Rübenbestandteile in der Diffusion.

| | I.<br>Gewöhnliche<br>15<br><br>2 Gefäße<br>auf<br>78—80° C | II.<br>Gewöhnliche<br>15<br>109 kg<br>9 Gefäße<br>bis auf<br>78° C | III.<br>Gewöhnliche<br>15<br>116<br>7 Gefäße<br>auf<br>75—78° C | IV.<br>Kalte<br><br>14<br>117<br>7 Gefäße<br>auf<br>75—76° C | V.<br>Heiße Diff.<br>14 Gefäße<br>113 kg<br>Abzug<br>9 Gefäße<br>auf<br>80—82° C | °/₀ der Bestandteile der Rübe i. d. Diffusionssaft übergegangen.<br>Übersicht |
|---|---|---|---|---|---|---|
| Von 100 Teilen gingen aus der Rübe in den Diffusionssaft über: | | | | | | |
| Gesamtzucker . | 95,4 | 97,7 | 97,6 | 96,5 | 97,7 | |
| Gesamtstickst. . | 68 | 57 | 46 | 53,0 | 48 | 46—68 |
| Eiweiß-N . . . | 23 | 20 | 15 | 14 | 12 | 12—23 |
| $K_2O$ . . . . . | 83 | 82,9 | 79,9 | 76,2 | 81,2 | 76—83 |
| $Na_2O$ . . . . . | 73 | 82,0 | 68 | 56 | 56,0 | 56—82 |
| CaO . . . . . | 13 | 12,0 | 6 | 9 | 15,0 | 6—15 |
| MgO . . . . . | 78 | 67,0 | 54 | 62 | 60 | 54—78 |
| $P_2O_5$ . . . . . | 73 | 82,0 | 66 | 79 | 83 | 66—83 |
| $SO_3$ . . . . . | 66 | 69,0 | 84 | 59 | 70 | 59—84 |
| Cl . . . . . . | — | 91,0 | — | — | — | 91 |

Diese Versuche zeigen u. a. deutlich, daß die in den Schnitten zurückbleibenden Mengen an Eiweißstickstoff um so größer sind, je höher die Diffusionstemperaturen gehalten werden.

In einer „chemisch-technischen Studie der Diffusion im Großbetriebe" bringt Andrlík[1] sehr viel interessante und instruktive Tatsachen an Hand eines ausführlichen Analysenmaterials. Er wollte die Bedeutung und Bewegung der einzelnen Nichtzuckerstoffe beim Diffusionsbetrieb erforschen. Zu diesem Zweck wurden in sechs verschiedenen Fabriken mit verschiedenem Rübenmateriale Studien angestellt.

Zunächst sei sein Resumé hervorgehoben, dem einige analytische Daten folgen sollen.

---

[1] Z. f. Zuckerind. i. B. XXVIII, S. 10, 1903/04.

Von 100 Teilen Zucker gelangen je nach der Arbeitsweise 96 bis 98 Teile in den Diffusionssaft, bei heißer Arbeit mehr als bei kalter. Temperaturerhöhung scheint die Auslaugung mehr zu begünstigen als Vergrößerung des Abzuges. Die Differenz zwischen dem Zuckergehalt der Rübe und dem des Rohsaftes schwankte in den Versuchen zwischen 1,7—2,7. Bei gleicher Auslaugung ist jene Arbeit die ökonomischere, wo diese Differenz die kleinere ist.

Tabelle 61a. Zusammensetzung der Asche.

| | 100 Teile enthalten: | | | |
|---|---|---|---|---|
| | frische Schnitte | ausgel. Schnitte | Rohsaft | Abfallwasser |
| $K_2O$ . . . . . | 36,50 | 20,05 | 46,62 | 46,27 |
| $Na_2O$ . . . . . | 5,88 | 3,31 | 7,25 | 8,34 |
| $CaO$ . . . . . | 5,75 | 19,28 | 1,05 | 1,69 |
| $MgO$ . . . . . | 9,27 | 10,21 | 9,95 | 2,05 |
| $Fe_2O_3 + Al_2O_3$ . | 3,84 | 6,73 | 1,83 | 3,95 |
| $P_2O_5$ . . . . . | 11,76 | 6,15 | 15,29 | 2,52 |
| $SO_3$ . . . . . | 3,84 | 4,25 | 4,34 | 12,48 |
| $Cl$ . . . . . | 1,77 | 1,08 | 2,73 | — |
| Unlöslich . . . | 12,26 | 18,89 | 1,44 | 7,34 |

Tabelle 61b.

| Versuch | Verhältnis von Zucker zur schädlichen Asche | | | Verhältnis von Zucker zum schädlichen Stickstoff | | |
|---|---|---|---|---|---|---|
| | Auf 100 Teile Zucker entfielen schädl. Asche | | | Auf 100 Teile Zucker entfiel schädl. N | | |
| | in der Rübe | im Rohsaft | Verminderung | in der Rübe | im Rohsaft | Verminderung |
| 1 | 2,32 | 1,89 | 0,43 | 0,68 | 0,62 | 0,06 |
| 2 | 2,31 | 1,84 | 0,47 | 0,66 | 0,60 | 0,06 |
| 3 | 1,98 | 1,44 | 0,54 | 0,55 | 0,50 | 0,05 |
| 4 | 1,77 | 1,41 | 0,36 | 0,50 | 0,48 | 0,02 |
| 5 | 2,75 | 2,32 | 0,43 | 0,97 | 0,93 | 0,04 |
| 6 | 1,94 | 1,50 | 0,44 | 0,40 | 0,37 | 0,03 |

Von 100 Teilen Reinasche gehen in den Rohsaft 66—71 Teile, bei der gewöhnlichen Diffusionsarbeit; bei der heißen 62,9 gegen 58,7 der kalten Arbeit. Von der schädlichen Asche der Rübe (52,8—62,9% der Reinasche) gingen 70,9—80,3% über; bei heißer Arbeit 77,7, bei kalter Arbeit 70,7%.

| Zucker in der Rübe | Quotient des Rohsaftes |
|---|---|
| 16,58 | 86,6 |
| 16,87 | 86,8 |
| 16,90 | 87,6 |
| 16,97 | 89,0 |
| 17,04 | 88,4 |
| 17,35 | 90,6 |

In den anorganischen Bestandteilen des Diffusionssaftes und des Abfallwassers sind auch jene des Diffusionsdruckwassers enthalten.

Ein Vergleich des Zuckergehaltes der zu den sechs Versuchen verwendeten Rüben mit dem Quotienten des zugehörigen Rohsaftes beweist neuerlich die schon früher angegebene Beziehung.

Vergleicht man die Bilanz der Stickstoffkörper nach Andrlík mit jener nach Smolenski, so findet man ziemliche Übereinstimmung.

Aus der Stickstoffbilanz Smolenskis (s. Seite 180) ist über die Bewegung der Stickstoffkörper bei der Diffusion zu entnehmen:

1. Von 100 Teilen Gesamtstickstoff der Rübe gehen 70% in den Rohsaft über; 2. von 100 Eiweißstickstoff 30% und 3. von 100 schädlichem Stickstoff 93%; 4. die Menge des schädlichen Stickstoffes im Diffusionssaft beträgt 54% der Gesamtstickstoffmenge, die im Diffusionssaft enthalten ist, oder 35—40% des Gesamtstickstoffes der Rübe; 5. 30% des Stickstoffes des Rohsaftes sind nichteiweißartige Verbindungen. Alle Angaben gelten nur ungefähr[1].

## d) Gefahren der Diffusion.

Die bisherigen Ausführungen über die Diffusion bezogen sich auf eine normal verlaufende Arbeit. Eine solche setzt ein gesundes Rübenmaterial und eine richtig geleitete Arbeit auf der Batterie voraus. Dies trifft aber nicht immer zu.

Es können Umstände eintreten, die zu Unregelmäßigkeiten auf der Batterie Veranlassung geben. Gewöhnlich trägt die Rübe daran Schuld, oft aber die Manipulation.

Erscheinungen, die hier Interesse erregen, sind: Inversion, Bildung von gallertartigen Substanzen und Bildung von Gasen.

Betriebsschwierigkeiten, die in schlechten Schnitten, in Wassermangel usw. ihren Grund haben — kurz, solche manipulativer Art —, gehören nicht hierher.

An den obengenannten Erscheinungen sind u. a. Mikroorganismen beteiligt.

Die Mikroorganismen der Diffusionssäfte studierte eingehend A. Schöne[2]. Er fand folgende vier Arten:
1. Leuconostoc und andere schleimbildenden Kokken;
2. Bacterium-coli-artige Bakterien;
3. Bacillus-mesentericus- und b.-subtilis-artige Bacillen;
4. indifferente und zufällige Organismen.
Hier interessieren nur ihre Lebensbedingungen und Wirkungen.

Schöne gibt an, daß gerade die gefährlichsten derselben nur durch hohe Temperaturen zum Absterben gelangen; über 75° C fand noch Wachstum statt. Die größte Zahl wurde zwischen 75—80° vernichtet, doch können hochthermophile Organismen auch diese Temperaturen leicht vertragen.

Die Mikroorganismen finden für ihre Lebensbedingungen recht günstige Verhältnisse; ihr Optimum liegt bei 55—60°, also Temperaturen, die im ersten und im letzten Diffuseur herrschen können, aber nur zu kurze Zeit, damit die Mikroorganismen hier ihre unerwünschte Tätigkeit aufnehmen könnten.

Die Bakterien gelangen mit dem Schmutze der Rüben, dem Druckwasser u. a. in den Betrieb. Sie können zum Teile Gärungen hervorrufen und zu Inversionen Anlaß geben. Unter normalen Verhältnissen ist eine Schädigung durch bakterielle Tätigkeit nicht zu befürchten, so daß sich Claassen gegen den Gebrauch von Konservierungsmitteln auf der Batterie ausspricht.

---

[1] Z. V. D. Zuckerind. 1906, S. 1215.      [2] C. f. Zuckerind. 1906, S. 1197.

Nach Untersuchungen Mendels ist für die meisten Bakterien die Optimalkonzentration der verschiedenen Zuckerarten 6—10 %, erst bei Gehalten von 30—50 % erlischt je nach der Bakterienart das Spaltvermögen für die Zuckerlösungen[1]. „Über einige in der Zuckerfabrikation auftretende Mikroorganismen" berichtete W. Jonáš und berücksichtigte wohl alle, die für die Zuckerindustrie Bedeutung haben in bezug auf ihre Morphologie, Lebensweise, Kultur, Schädlichkeit und Bekämpfung in allen Produkten (Rübe, Säfte, Rohzucker)[2].

Über die Inversion des Rohsaftes in der Batterie, bzw. über den Gehalt der Säfte an Invertzucker arbeitete besonders H. Claassen.

In seiner ersten Studie vom Jahre 1891 untersuchte er Rübenpreß- und Rohsäfte. Da er sich davon überzeugte, daß es unrichtig ist, diese zwei Säfte in Parallele zu stellen, ging er bei seiner nächsten Arbeit über diese Frage von der Rübe selbst aus, fand aber im wesentlichsten Punkte Übereinstimmung.

Es kann sonach die erste Veröffentlichung nur ganz kurz wiedergegeben werden[3].

Irgendeine merkliche Zunahme an Invertzucker während der Diffusion konnte Claassen nicht wahrnehmen.

Der Gehalt der Rübensäfte an reduzierenden Stoffen schwankt bedeutend; er nimmt mit fortschreitender Kampagne zu, z. B. in der ersten Woche der Kampagne 1890/91 von 0,28 % auf 0,45 % in der vierzehnten Woche und von 0,21 % der ersten auf 0,36 % der dreizehnten Woche in der Kampagne 1889/90. — Die entsprechenden Zahlen für den Diffusionssaft waren 0,17, 0,15 % und 0,14, 0,16 %. — Zu dem Säuregehalt ließen sich keine Beziehungen feststellen. Der Rübensaft war eher saurer als der Diffusionssaft. Claassen schildert nicht die Arbeitsweise auf der Batterie, so daß über die Höhe der Temperatur, Auslaugedauer usw. nichts zu ersehen ist.

Zum Schluß spricht Claassen über den Zusammenhang zwischen Invertzuckergehalt des Diffusionssaftes und dem Kalkgehalt der Säfte und Füllmassen. Hier nur so viel, daß dem steigenden Gehalt an Invertzucker ein steigender Gehalt an Kalk in den Säften und Massen gegenübersteht, und zwar im Verhältnis 1 Teil Invertzucker = 0,28 CaO; ebenso steigt in diesen der organische Nichtzucker.

Später fand Claassen, daß alle Schlüsse aus dem Invertzuckergehalt der Rübenpreßsäfte falsch sind, weil sich in diesen Säften je nach dem Grade der Feinheit des Rübenbreies und des Druckes beim Abpressen verschiedene Zahlen für den Gehalt an Invertzucker ergeben. Je gröber der Rübenbrei und je geringer der Druck beim Auspressen, desto höheren Gehalt des Saftes an Invertzucker findet man. Es ist daher für solche Untersuchungen notwendig, den Invertzuckergehalt in den Rüben direkt zu bestimmen. Claassen arbeitete zu diesem Zweck eine analytische Methode aus.

[1] Zentralbl. f. Bakteriologie 1911, S. 290.
[2] Z. d. tschsl. Zuckerind. VIII, Nr. 18—20, 1927.
[3] Z. V. D. Zuckerind. 1891, S. 230.

Im allgemeinen ist mit fortschreitender Kampagne eine Zunahme der reduzierenden Substanzen in der Rübe und im Diffusionssaft wahrzunehmen. (Die folgende Tabelle zeigt diese Behauptung nur für den Diffusionssaft.)

Tabelle 62.

| Woche | Rüben | | Diffusionssaft | | Invertzucker auf 100 Polarisation | |
|---|---|---|---|---|---|---|
| | Polarisation durch Extraktion | Invertzucker | Polarisation | Invertzucker | der Rüben | des Diffusionssaftes |
| 5. | 12,41 | 0,14 | 9,73 | 0,12 | 1,13 | 1,24 |
| 7. | 12,82 | 0,12 | 9,96 | 0,17 | 0,94 | 1,70 |
| 9. | 12,99 | 0,13 | 10,30 | 0,18 | 1,00 | 1,75 |
| 11. | 13,26 | 0,13 | 9,93 | 0,20 | 0,97 | 2,02 |
| 12. | 12,98 | 0,11 | 9,71 | 0,19 | 0,85 | 2,26 |
| 13. | 12,45 | 0,11 | 9,52 | 0,19 | 0,89 | 2,00 |
| 14. | 12,27 | 0,13 | 9,05 | 0,21 | 1,06 | 2,32 |
| 16. | 12,60 | 0,13 | 9,47 | 0,23 | 1,03 | 2,42 |

Aus seinen Ausführungen ergibt sich, daß der Rohsaft, auf Rüben gerechnet, 0,23%, die Rüben selbst 0,13% Invertzucker enthielten, die Zunahme somit 0,1% betrug. Die Zunahme des Invertzuckergehaltes war jedoch nicht auf Gärung oder dergleichen Vorgänge zurückzuführen, da der Diffusionssaft am Ende der Betriebswochen durchschnittlich nicht mehr Invertzucker enthielt als zu Beginn der Wochen.

Die Invertzuckerzunahme ist mit der Einwirkung des sauren Rohsaftes auf den Zucker zu erklären; der Invertzuckergehalt hängt daher von der Beschaffenheit der Säfte bzw. der Rüben ab.

Auch unter sehr ungünstigen Verhältnissen treten auf der Batterie keine erheblicheren Zuckerverluste durch Inversion auf[1].

Ähnliche Ergebnisse fand Claassen in Versuchen des Jahres 1896[2].

Diffusionssäfte, die einige Zeit sich selbst überlassen werden, nehmen schleimige Beschaffenheit an und werden graugelb; es entwickeln sich aus dem Saft Gasblasen, und seine Acidität steigt. Andrlik fand einen Diffusionssaft von 13° Bg, 11,41% Pol., 87,7 Q. und 1,9° Acidität (d. h. 1,9 cm³ Normallauge neutralisieren 100 cm³ Saft; Phenolphthalein) nach sechzigstündigem Stehen bei 30° C schleimig geworden; da hatte er folgende Zusammensetzung: 13,3°—8,43%, —63,1 Q. 8° Acidität; ferner reduzierte er stark Fehlingsche Lösung. Durch Alkoholausfällung erhielt Andrlik eine gallertartige Masse, die sich im Überschuß von Alkohol löste und die schleimige Beschaffenheit „unter Fällung einer geringen Menge einer schwärzlichen, sich zusammenballenden, gummiartigen Masse" verlor. Mit Wasser quillt dieser neue (getrocknete) Niederschlag auf und geht teilweise in Lösung. Die gummiartige Masse geht durch Inversion mit Salz- oder Schwefelsäure größtenteils in Lösung, aus welcher Weingeist einen flockigen, weißen, beim Durch-

---

[1] Z. V. D. Zuckerind. 1893, S. 337.
[2] Centralbl. f. d. Zuckerind. 1896, S. 793.

schütteln sich zusammenballenden Niederschlag ausscheidet; Andrlík
hält ihn für Dextran. Außerdem stellte er Bildung von Invertzucker
im schleimig gewordenen Saft fest. — Ein Rohsaft zeigte durch Stehen
im offenen Gefäß bei 50—55° C:

|            | Bg.  | Pol.  | Q.   | Acid. |
|------------|------|-------|------|-------|
| Rohsaft . . . . | 13,3 | 11,39 | 85,6 | 2,0  |
| nach  18 Std. . | 12,7 | 9,83  | 77,4 | 6,0  |
| „   60  „  . | 12,9 | 6,29  | 48,6 | 11,8 |
| „  144  „  . | 14,9 | 2,69  | 18,0 | 23,8 |
| „  312  „  . | 18,5 | 1,74  | 9,4  | 52,0 |
| „   14 Tagen | 22,3 | —     | —    | 63,0 |

Aus diesem stehengelassenen Safte konnte Andrlík Mannit isolieren[1].

Eine sehr unangenehme Betriebserscheinung ist der „Froschlaich"
mit seinen bekannten Folgen. C. Liesenberg und W. Zopf gelang es,
Froschlaichpilz (Leuconostoc) rein zu gewinnen und seine morpho-
logischen und physiologischen Eigenschaften zu erforschen[2]. An dieser
Stelle sei nur das Verhalten dieses Spaltpilzes gegen die Temperatur besprochen. Seine Abtötung geschieht erst bei über 80° C, je nachdem er mit Gallerte umhüllt ist (87° bis 88°) oder nicht (83,5°
bis 86,5° C). Die höchste Temperatur, bei der noch Wachstum stattfindet, liegt bei 40 bis 43° C, die niedrigste zwischen 14 bis 11° C.

Daraus folgt für die Praxis, daß das Wachstum des Leuconostoc in
den Zuckersäften verhindert wird, wenn man Temperaturen von unter
43° möglichst vermeidet oder sehr rasch über sie hinauskommt. So
wird seine Entwicklung gehemmt (nicht der Pilz abgetötet). Nach
Herzfelds Beobachtung wird man aber gut tun, die Temperatur nie
unter 50° C sinken zu lassen.

Die Gallerthülle dieses Pilzes enthält Dextran. Vieles spricht
dafür, daß der Pilz in einer Form existiert, die keine Gallerthülle besitzt
(nackte Form); in dieser ist er kaum sichtbar. Auf günstigem Nährboden entwickelt sich dann die Gallerte. Das Dextran derselben ist ein
Assimilations- und kein Gärungsprodukt. Rohrzucker wird nach vorhergehender Inversion „vergoren". Das Auftreten dieses Pilzes ist
daher mit Zuckerverlusten verknüpft.

Auch ein anderer Pilz, Bacterium gelatinosum betae (Glaser), kann
solche Gallerten bilden.

Diese Betriebsstörung dürfte jedoch jetzt seltener vorkommen.
Näheres über den Leuconostoc mesenteroides und die anderen in der
Zuckerindustrie eine Rolle spielenden Mikroorganismen bringt Lafars
„Handbuch d. techn. Mykologie", 2. Bd.

Zur Bekämpfung des Froschlaiches (in Pülpefängern und Meßgefäßen) wurde mit Erfolg auch $SO_2$ aus Bomben (flüssig) oder Zusatz

---

[1] Andrlík: Beiträge zu dem sog. Schleimigwerden der Diffusionssäfte.
Z. f. Zuckerind. i. B. XVIII, S. 190, 1893/94.
[2] Z. V. D. Zuckerind. 1896, S. 443.

von saurem schwefligsauren Natron oder von Formalin in die Diffuseure benutzt[1].

Im Anfang der Arbeit mit der Diffusion und auch noch in späteren Jahren traten häufig auf der Batterie Explosionen infolge Bildung brennbarer Gase auf, die nur als Produkte einer tiefgehenderen Zersetzung des Zuckers angesehen werden können. Im Jahre 1878 trat Maumené mit Rücksicht auf diese Gasbildung gegen die Diffusion auf. Die Bildung von Gasen und die damit verbundenen Explosionen beim Annähern von Lampen „sind ein erdrückender Beweis für die Gefährlichkeit der Diffusion"[2].

Da diese Erscheinung heute nur in vereinzelten Fällen auftritt, ist die Gasbildung nicht als Folge der Diffusion, sondern als Folge der älteren, langsameren Arbeitsweise oder eines schlechten Rübenmaterials zu betrachten.

Über die Ursachen des Auftretens von Gasen, ihre qualitative und quantitative Zusammensetzung und die in Betracht kommenden Faktoren ist in der älteren Literatur viel Richtiges und Unrichtiges behauptet worden. Buttersäure- und Milchsäuregärung wurden von manchen als Ursache ermittelt.

„Es ist also ganz sicher, daß der Zucker in den Diffusionsgefäßen infolge der Diffusion selbst sehr stark zersetzt wird." Diese Zersetzung geschehe durch die genannten Gärungen, und die sich hierbei bildenden Gase stören die regelmäßige Arbeit und führen zu Unannehmlichkeiten im Betriebe. Dehn fand die „gelochte Scheibe der Diffusionsgefäße angefressen, als ob sie in einer Säure gelegen hätte". Anfangs nahm er Einwirkung durch Säuren, entstanden während des Diffusionsprozesses, auf das Eisen unter Freiwerden von Wasserstoff an. Im Jahre 1879 konstatierte Dehn große Mengen von Kohlensäure in den Diffuseuren, in welchen Lampen erloschen. Explosionen traten nicht auf[3].

Schon im Jahre 1873 sprach Scheibler die Ansicht aus, daß die bei der Diffusion auftretenden Gase aus Wasserstoff bestehen. Dasselbe behauptete Chevron, indem er eine Einwirkung des sauren Diffusionssaftes auf das Eisen der Diffuseure und Leitungen annahm und experimentell bestätigte. Er ließ Diffusionssaft auf Eisenfeilspäne bei ca. 100° einwirken und erhielt ein Gas, das aus 78,05 % Wasserstoff, 7,88 % Kohlendioxyd und 13,61 % Stickstoff bestand. Neitzel läßt aber diese Beweisführung nicht gelten, indem er darauf hinweist, daß Eisenfeilspäne nicht zum Vergleich herangezogen werden können, wenn es sich darum handle, die Wirkung starkwandigen Eisenblechs der Diffuseure zu untersuchen.

Neitzel führt die Gasbildung auf Fermente zurück, und zwar soll Milchsäuregärung vorliegen. Die Fermente können teils durch den Rübenschmutz, teils durch das Diffusionsdruckwasser in die Diffusionsbatterie gelangen. Neitzel fand nun, daß die Entwicklung des Wasserstoffes lediglich auf die ältesten, am längsten unter Druck stehenden Diffuseure beschränkt bleibt, weil hier durch die Kälte des Druckwassers die Temperatur nicht über 76° C kommt. Bei dieser Temperatur und

---

[1] Z. d. tschsl. Zuckerind. VII, S. 341, 1926.
[2] Z. V. D. Zuckerind. 1878, S. 788.      [3] ebd. 1877, S. 66.

über derselben hört nach Neitzel jede Wasserstoffentwicklung auf, bei
50° C findet sie ihr Optimum. Auch Dewald sieht im Rübenschmutz
eine Quelle für die gasbildenden Organismen (Buttersäuregärung)[1].

Chevron konstatierte folgende Zusammensetzung des Batterie-
gases 60 Minuten nach der Füllung: Kohlendioxyd 35,80%, Wasserstoff
39,02%, Sauerstoff 0,99% und Stickstoff 24,19%. Die Brennbarkeit
des Gases rührt also vom Wasserstoff her. Wie bereits erwähnt, spricht
sich Chevron gegen jede Gärung aus und ermittelte experimentell, daß
der saure Diffusionssaft eingelegte Eisendrehspäne und Blechstücke
unter Entwicklung von Wasserstoff angreift. ,,Dabei veränderte sich das
entstehende Gas in derselben Weise wie bei der Arbeit im großen. Erst
kam ein weißer, dicker, nicht entzündbarer Schaum, dann ein lichter
Schaum . . . und dieser brachte Wasserstoff mit.'' Im Safte fanden sich
dann Eisenoxydulsalze vor. Ob und wie die eingelegten Blechstücke
angefressen waren und ob die Menge der konstatierbaren Eisenoxydulsalze eine solche Größe erreichte, daß sie über den normalen Gehalt von
Rohsäften ging, gibt Chevron nicht an[2].

Daraus ist zu ersehen, daß zweierlei Theorien über die Gasbildung
auf der Batterie bestanden: eine rein chemische, die als Agens den sauren
Diffusionssaft in seiner Wirkung auf die Armatur der Batterie annimmt,
und zweitens eine mikrobiologische, die in der Wirksamkeit von Mikroorganismen das Auftreten der Gase in den Diffuseuren sieht.

Im Jahre 1912 beobachtete Verfasser bei Verarbeitung fauler Rüben
enorme Gasbildung auf der Batterie, so daß diese nur sehr schlecht trieb.
Die Gase waren von erstickendem, üblem Geruche, was wohl für tiefgreifende Zersetzung der Rübe zeugt.

Claassen führt das Auftreten des Kohlendioxydes und des Wasser-
stoffes auf Gärungsprozesse zurück, hervorgerufen durch anaerobe
Bakterien, die aus der Ackererde stammen. Daneben tritt noch die
Binnenluft der Schnitte auf.

Das Vorkommen der Kohlensäure in den Zellen der Zuckerrübe
wurde schon früher von Bodenbender experimentell bestätigt.

Er fand, daß sämtliche Rüben, frisch geerntete oder eingemietete, gesunde
und angefaulte, wechselnde Mengen von Kohlensäure enthalten. Die erhaltenen
Mengen dieses Gases schwankten von 6,08 cm³ bis 24,09 cm³ $CO_2$ für 100 g Schnitte.
Das Minimum entsprach gesunden, das Maximum stark trockenfaulen Rüben.
Bodenbender sieht in der Binnenluft die Ursache für das Auftreten von Gasen
auf der Batterie und führt sie nur in Ausnahmefällen auf Zuckerzersetzung zurück[3].
Nach Heintz enthält das Zellgewebe der gesunden Rübe in 100 g 13—15 cm³
Binnenluft mit etwa 45% $CO_2$ (s. S. 28).

Die Hauptmenge der Kohlensäure in den Diffusionsgasen rührt aber
von Gärungserscheinungen her. Zuerst wurden die Gärungserreger im
Nutzwasser gesucht (Bodenbender, Fischmann), später wurde durch
Bodenbender, Feltz u. a. die richtigere Vermutung ausgesprochen,
die Fermente würden durch die Rübe und die ihr anhängende Erde eingeführt — was Dehérain und Maquenne bestätigen konnten. Die

---

[1] Centralbl. f. Zuckerind. 1902, S. 124.
[2] Z. V. D. Zuckerind. 1883, S. 502.     [3] Organ XI, S. 363, 1873.

von den beiden gefundenen Mikroben verursachten auch Bildung von
Essig-, Milch- und Buttersäure (s. „Enzyme“, Kap. 5).

Die Kohlensäure der Binnenluft rührt auch von der Atmung der
Rübenzellen her. Im Diffusionswasser und -saft wird sie gelöst und bei
der Temperaturerhöhung frei.

Der Verfasser ist der Meinung, man müsse bei der Gasbildung auf
der Batterie unterscheiden, ob normale Rübe infolge schlechter Arbeit
auf der Batterie Gase bildet oder ob die Rübe schon in zersetztem
Zustand (angefault, gefroren und wieder aufgetaut) zur Verarbeitung
gelangt. Der letzte Fall wird der gewöhnlichere sein — denn eine nur
halbwegs gut geleitete Arbeit auf der Diffusion wird solche Erscheinungen
sicher vermeiden.

### e) Die neueren Saftgewinnungsverfahren.

Die heutige Arbeitsweise bei der Diffusion ist gekennzeichnet durch
heiße und schnelle Arbeit; zu dieser wird man schon gezwungen, weil
in fast allen Betrieben das Bestreben herrscht, mehr Rüben täglich zu
verarbeiten, als der vorhandenen Einrichtung entspricht. In der heißen
und schnellen Arbeit hat man aber auch ein sicheres Mittel, ohne Betriebsschwierigkeiten bei der Diffusion zu arbeiten.

Trotzdem haften der gewöhnlichen Diffusion Mängel an, die zu
beseitigen oder doch zu verkleinern das Ziel neuerer Verfahren ist. Vor
allem sind es die Verluste an Trockensubstanz (Pülpe) und an Zucker in
den Abwässern, die diese verhindern oder vermindern wollen; andere
Verfahren streben daneben eine Vereinfachung der Arbeit selbst an,
indem sie die Saftgewinnung kontinuierlich gestalten wollen.

Im allgemeinen kann man sagen, daß diese zweifellos einerseits
besser arbeitenden Verfahren wieder andere Mängel aufwiesen, so daß
sie keine Verbreitung fanden. Meist waren es örtliche Verhältnisse,
die dem einen oder dem andern Verfahren günstig oder auch ungünstig
waren. Auch die wirtschaftliche Lage der Zuckerindustrie erlaubte ihr
nicht, große Veränderungen vorzunehmen und die Kinderkrankheiten
aller Verfahren geduldig zu überwinden.

Die Diffusion steht heute als die einzige, alle anderen Methoden
überragende Saftgewinnung — fast monopolartig — da. So sieghaft
schnell sie alle ihre Vorgängerinnen (Preßverfahren, Maceration u. a.)
verdrängte, so schwer läßt sie sich durch andere Arbeitsweisen verdrängen. Dies und der Umstand, daß die neueren Saftgewinnungsverfahren chemisch nichts Abweichendes bieten, erlaubt es dem Verfasser, in dieser Neuauflage von deren Darstellung abzusehen (s. 1. Aufl.).

Für den Fall eines besonderen Bedarfes seien jedoch die wichtigsten
Untersuchungen wenigstens genannt.

Eine eingehende Besprechung aller Verfahren vom chemischen und
praktischen Standpunkte findet sich im Protokolle der Generalversammlung des Vereins der Deutschen Zuckerindustrie im Juni 1910[1]. Im
Anschluß an Herzfelds Referat „Welches unserer Saftgewinnungs-

---

[1] D. Z. 1910, Nr. 32, 1. Beil.

verfahren ist nach dem Stande unserer gegenwärtigen Erfahrungen als das beste und vorteilhafteste zu bezeichnen?" fand eine eingehende Diskussion statt, auf deren wertvolle Ergebnisse verwiesen sei.

Über die seither hinzugekommenen Verfahren der stetigen Diffusion unterrichten die Prüfungsergebnisse des „Instituts für Zuckerindustrie" (Berlin), und zwar über das Verfahren nach Philipp-Forstreuter[1] und über das Rapid-Verfahren[2]. In mehreren Aufsätzen, so über „die Verfahren der Rohsaftgewinnung in den letzten 25 Jahren" und über „die neuzeitlichen Saftgewinnungsverfahren"[3] beurteilt A. Schrader ausführlicher diese Arbeitsweisen und ihre Apparatur.

Zehntes Kapitel.

# Ausgelaugte Schnitte und Chemie der Schnittegruben.

Die in der Diffusion ihres Zuckers fast ganz befreiten Schnitte — die ausgelaugten Schnitte — werden aus dem Diffuseur „ausgeschossen" (entleert), was mit Hilfe des „Ausspritzwassers" geschieht. Dieses entzieht den Schnitten noch eine kleine Menge Zucker, der je nach der Fabrikseinrichtung verlorengeht oder nicht (Rückführung der Abwässer).

Die ausgelaugten Schnitte sind ein Abfallprodukt der Zuckerfabrikation; es ist für einen rationellen Betrieb von Notwendigkeit, sie möglichst zu verwerten. Bekanntlich dienen sie seit Beginn der Fabrikation von Zucker aus Rüben zur Viehfütterung. Die aus dem Diffuseur entleerten Schnitte stellen eine von Wasser triefende Masse dar. Schon Märcker sah das Wasser nur zum Teil als anhängendes und durch einfache Pressung leicht entfernbares Wasser an, „... während der größte Teil des Wassers, den Zellinhalt bildend oder, wie noch wahrscheinlicher ist, das Quellungswasser der Kolloidsubstanzen des Markes oder des Zellinhaltes ausmachend, vorhanden und durch eine Pressung überhaupt nicht zu entfernen ist". Er versuchte das Quellungswasser durch Zusätze „in Freiheit zu setzen", um es durch Pressen entfernen zu können. Als solche Zusätze wendete er an: Kalk, Kalksalze, Alkalicarbonate oder Hydroxyde, Kochsalz usw. So wollte er den größten Teil dieses Wassers entfernen, um die nachfolgende Trocknung der Schnitte zu verbilligen[4].

### Zusammensetzung der ausgelaugten Schnitte.

Betrachtet man die chemische Zusammensetzung der ausgelaugten Schnitte, so findet man sie im großen und ganzen identisch mit dem „Mark", nur daß dieses, im Laboratorium dargestellt, gewissermaßen chemisch reiner ist. Die Schnitte werden sonach bestehen aus

---

[1] D. Z. 1925, S. 1621.     [2] Z. V. D. Zuckerind S. 1, 1925.
[3] D. Z. 1926, S. 459; 1927, S. 77.     [4] Z. V. D. Zuckerind. 1871, S. 621.

Cellulose, ungelösten Pektinkörpern, Pentosen, kurz den **Zellwand-
bestandteilen**. Weil aber auf der Batterie die Auslaugung nicht
so weit getrieben wird wie bei der Darstellung des Markes, so bleiben
noch Rübenbestandteile in den Schnitten zurück. Vor allem Reste des
**Zuckers** in einer Höhe von 0,2—0,4 % Zucker, besser gesagt Polarisation, denn es ist nicht alles Zucker, was polarisiert; mit dem Zucker
bleiben **stickstoffhaltige Körper**, ferner **Aschenbestandteile**,
**Rohfett** u. a., ebenfalls zurück.

Die folgende Tabelle entstammt zahlreichen Analysen aus vielen
deutschen Zuckerfabriken[1].

Tabelle 63.

| I. Im frischen Zustande | Gepreßte und ungepreßte Diffusionsrückstände | | | Gesäuerte Rückstände | | |
|---|---|---|---|---|---|---|
| | Maxim. | Minim. | Mittel | Maxim. | Minim. | Mittel |
| Wasser . . . . . . . . | 93,01 | 85,59 | 89,77 | 90,97 | 84,26 | 88,52 |
| Trockensubstanz . . . | 14,41 | 6,99 | 10,23 | 15,74 | 6,82 | 11,48 |
| Asche . . . . . . . | 0,70 | 0,31 | 0,58 | 1,96 | 0,39 | 1,09 |
| Fett . . . . . . . . | 0,07 | 0,03 | 0,05 | 0,30 | 0,03 | 0,11 |
| Rohfaser . . . . . . | 3,25 | 1,73 | 2,39 | 4,29 | 1,73 | 2,80 |
| Rohprotein . . . . . | 1,26 | 0,63 | 0,89 | 1,92 | 0,59 | 1,07 |
| N-freie Extraktstoffe . | 8,94 | 4,27 | 6,32 | 8,65 | 3,86 | 6,41 |
| **II. Auf Trockensubstanz bezogen** | | | | | | |
| Asche . . . . . . . | 7,60 | 4,42 | 5,67 | 17,32 | 5,30 | 9,50 |
| Fett . . . . . . . . | 0,87 | 0,39 | 0,49 | 2,75 | 0,21 | 0,95 |
| Rohfaser . . . . . . | 26,33 | 19,90 | 23,36 | 30,06 | 24,46 | 24,39 |
| Rohprotein . . . . . | 9,92 | 7,77 | 8,70 | 11,56 | 6,50 | 9,32 |
| N-freie Extraktstoffe . | 64,42 | 58,10 | 61,78 | 63,93 | 49,72 | 55.84 |

Aus einer Untersuchung **Morgens**: ,,Über die stickstoffhaltigen
Verbindungen der frischen und eingesäuerten Diffusionsrückstände . . .‟[2]
stammen folgende Mittelwerte für die Zusammensetzung der ausgelaugten frischen und der eingesäuerten Schnitzel:

Tabelle 64.

| Trocken-substanz | In frischer Substanz | | | | In der Trockensubstanz | | | | In % d. Gesamt-N | |
|---|---|---|---|---|---|---|---|---|---|---|
| | Ge-samt-N % | Ei-weiß-N % | Nicht-eiweiß-N % | Säure als Milch-säure % | Ge-samt-N % | Ei-weiß-N % | Nicht-eiweiß-N % | Säure als Milch-säure % | Eiweiß-N % | Nicht-eiweiß-N % |
| I | 10,62 | 0,149 | 0,150 | | 0,019 | 1,394 | 1,407 | — | 1,116 | — | — |
| II | 11,12 | 0,196 | 0,179 | 0,017 | 2,017 | 1,741 | 1,587 | 0,154 | 17,979 | 91,2 | 8,8 |

Die zuerst angeführten Zahlen (I) gelten für frische, die zweiten für
eingesäuerte (eingemietete) Diffusionsschnitte (II). Letztere dürfen
nicht verallgemeinert werden, da sie Schnitten von ungleicher Ein-
mietungsdauer entsprechen (30—790 Tage). Der Gesamtstickstoff wurde
nach **Kjeldahl**, das Eiweiß nach **Stutzer** bestimmt. Die beiden

---

[1] Märcker: Journal f. Landw. 1882, Heft 3.
[2] Z. V. D. Zuckerind. 1888, S. 1203.

Analysen lassen ohne weiteres einige Schlußfolgerungen zu. In den frischen Schnitten bleiben nur die unlöslichen Eiweißkörper zurück, die andern Stickstoffverbindungen gehen in den Diffusionssaft über.

Die Zusammensetzung von ausgelaugten Schnitzeln geht aus einer Untersuchung von Demiautte und Vuaflart hervor[1] (Tab. 64a).

Tabelle 64a

| | % |
|---|---|
| Trockensubstanz . . . . | 10,81 |
| Wasser . . . . . . . . | 89,19 |
| Asche . . . . . . . . | 0,82 |
| Fett (Ätherextrakt) . . . | 0,03 |
| Zucker (als Rohrzucker) . | 0,40 |
| Cellulose . . . . . . . | 1,99 |
| Pentosane . . . . . . | 2,08 |
| Stickstoffhaltige Extrakt-stoffe: | |
|    Eiweiß . . . . . . . | 0,92 ⎫ |
|    Basen, Alkaloide, Peptone . . . . | 0,00 ⎬ 0,97 |
|    Amide . . . . . . . | 0,05 ⎭ |
| Unbestimmte Extrakt-stoffe . . . . . . . | 4,52 |
| | 100,00 |

Neuere Analysen über frische ausgelaugte Schnitte und über gesäuerte liegen von F. Knor vor; sie wurden im Rahmen der später genannten Versuche ausgeführt[2].

Die in den Mieten der Schnitte auftretenden Substanzverluste waren früher vielfach Gegenstand eingehender Untersuchungen. Die älteren von Maercker, Morgen, Liebscher, Herzfeld sind in der ersten Auflage eingehender behandelt worden, als es dem Gegenstande des vorliegenden Werkes entspricht. Das gleiche gilt für die Chemie der eingemieteten Schnitte, die mehr eine landwirtschaftliche als zuckertechnische Bedeutung hat. Deshalb genügt hier nur eine kurze Darstellung der Vorgänge in den Schnitteprismen. Die frischen

| | Ursprüngl. ausgelaugte Schnitzel | Gesäuerte Schnitzel |
|---|---|---|
| | in % | in % |
| Verlust durch Trocknung bei 105° C . . . . . . . . . . | 91,21 | 92,29 |
| Trockensubstanz . . . . . . . . . . . . . . . . . . . . | 8,79 | 7,71 |
| Saccharose . . . . . . . . . . . . . . . . . . . . . . | 0,003 | 0,00 |
| Wasserunlösliche Stoffe . . . . . . . . . . . . . . . . | 7,18 | 6,12 |
| Wasserunlösliche aschenfreie Stoffe . . . . . . . . . . | 6,79 | 5,93 |
| Wäßriger Extrakt . . . . . . . . . . . . . . . . . . . | 1,77 | 3,20 |
| Asche . . . . . . . . . . . . . . . . . . . . . . . . . | 0,55 | 0,47 |
| Rohfaser . . . . . . . . . . . . . . . . . . . . . . . | 1,77 | 1,85 |
| Aschenfreie Rohfaser . . . . . . . . . . . . . . . . . | 1,46 | 1,61 |
| Stickstoff (N) . . . . . . . . . . . . . . . . . . . . . | 0,09 | 0,04 |
| Proteine (N · 6,25) . . . . . . . . . . . . . . . . . . | 0,56 | 0,25 |
| Rohfett (Soxhlet) . . . . . . . . . . . . . . . . . . . | 0,06 | 0,06 |
| Stickstofffreie Extraktivstoffe . . . . . . . . . . . . | 5,83 | 5,32 |
| Gesamtverbrauch cm³ n/10-NaOH auf 100 g Schnitzel . | 5,00 | 60,00 |
| hiervon auf flüchtige Säuren cm³ n/10-NaOH . . . . . | 5,00 | 56,2 |
| % Essig- und Buttersäure[3] . . . . . . . . . . . . . . | 0,03 | 0,337 |
| auf nicht flüchtige Säuren cm³ n/10-NaOH . . . . . . . | 0,0 | 3,8 |
| % Milchsäure[4] . . . . . . . . . . . . . . . . . . . . | 0,0 | 0,034 |

[1] D. Z. Ref. 1909/10.        [2] Z. d. tschsl. Zuckerind. VI, S. 113, 1925.
[3] 1 cm³ n/10-NaOH = 6,003 mg Essigsäure.
[4] 1 cm³ n/10-NaOH = 9,003 mg Milchsäure.

ausgelaugten Schnitte sind gewöhnlich von lichter Farbe, haben die Struktur der unausgelaugten Schnitte beibehalten und haben keinen Geruch; die eingemieteten Schnitte hingegen sind dunkler, strukturlos, bilden zusammenhängende, schmierige Massen, besitzen sauren Geruch und Geschmack. Das alles infolge Gärungserscheinungen, voran der Milchsäuregärung. Diese Gärung von Rohrzucker ist schon lange bekannt, aufgehellt wurde sie durch Pasteur. Wie alle Gärungen ist sie eine Folge bakterieller Tätigkeit. Man kennt heute eine große Zahl von Mikroorganismen, die diese Gärung hervorrufen. Sie besteht im Zerfalle von Zucker in Milchsäure nach der Gleichung $C_6H_{12}O_6 = 2C_3H_6O_3$ für Hexosen, oder $C_{12}H_{22}O_{11} + H_2O = 4C_3H_6O_3$ für Rohrzucker geschrieben. Aber auch die Pentosen sind gärungsfähig. Die Gärung verläuft je nach der Art des Mikroorganismus verschieden, was Quantität und optische Qualität der Milchsäure betrifft. Daneben können als Gärungsprodukte auftreten: Essig-, Butter-, Bernstein-, Ameisensäure, Äthylalkohol, Aceton und Kohlensäure.

Nach Grimbert erzeugte ein fakultativ anaerober Bacillus aus Saccharose (100 g) Alkohol in Spuren, 35,53 g Essigsäure, 43,5 g l-Milchsäure und ein wenig Bernsteinsäure. Woher diese Nebenprodukte stammen, ob sekundär aus der Milchsäure oder aus dem Zucker gebildet, ist noch unbekannt. Auch diese Gärung wird durch Enzyme der Mikroorganismen veranlaßt (Buchner und Meisenheimer). Ihr Optimum liegt zwischen 30 und 35° C. Die Gärung verläuft nie quantitativ nach der oben angegebenen Gleichung; man erhält höchstens 84 % Milchsäure, den Rest bilden die genannten Körper.

Auch Buttersäuregärung tritt bisweilen auf. Sie verläuft theoretisch nach der Gleichung $C_6H_{12}O_6 = C_4H_8O_2 + CO_2 + H_2O$. — Daneben entstehen Ameisen-, Essig-, Propionsäure und Alkohole.

Desgleichen ist Essigsäuregärung und Methangärung möglich. Die ausgelaugten Schnitte stellen ein sehr gutes Substrat für Mikroorganismen dar, welche all die genannten Gärungen hervorrufen. Auch die Temperaturverhältnisse sind der bakteriellen Tätigkeit günstig. Essig- und Buttersäuregärung sind sehr unerwünscht, da sie den Sauerschnitten einen unangenehmen Geruch verleihen und sie als Futter minderwertig machen.

Man war schon früher bemüht, die Einsäuerung so zu leiten, daß die Milchsäuregärung zur vorherrschenden wird. Diesen Zweck verfolgte früher der Zusatz von Molke. Bei der Milchsäuregärung ist die entstehende freie Milchsäure bei einer bestimmten Konzentration (2,5 % Milchsäure) selbst ein Gift gegen Bakterien. Wenn man also dafür sorgt, daß die Milchsäuregärung sich rasch entwickeln kann und die Säure zu dieser Konzentration gelangt, wird die schädliche Tätigkeit der anderen Mikroorganismen gehemmt.

Bouilliant und Crolbois versuchten, durch ein Milchsäureferment die Vorgänge in den Schnitzelmieten so zu leiten, daß nur Milchsäuregärung auftreten kann, wodurch eine bessere Konservierung der Schnitte gewährleistet wäre. Die Schnitzel werden nach ihrem Verfahren mit Lakto-Pülpe, einem Milchsäureferment, geimpft. Die Kultur besteht aus diesem Fermente, einem Nährsalze und Wasser[1].

---

[1] Sarcin René,: Z. V. D. Zuckerind. 1910, S. 105.

Versuche mit diesem Ferment wurden häufig angestellt und finden sich in der ersten Auflage genauer beschrieben.

Die Erfahrungen, die F. Knor mit der Impfung mit „Lactazidin", einem böhmischen Milchsäurekulturpräparat, machte, sprechen für das Impfen der ausgelaugten Schnitzel; sowohl ihrer Menge als auch Beschaffenheit nach unterschieden sie sich vorteilhaft von den ungeimpften Schnitzeln[1]. Zu entgegengesetzten Ergebnissen gelangte J. Hampl[2].

Elftes Kapitel.

# Schnittepressung und Schnittetrocknung.

Die Verluste an Nährstoffen, welche die Diffusionsschnitzel in den Mieten erfahren, veranlaßten bald, Verfahren ausfindig zu machen, die Schnitte ohne Nährstoffverluste zu konservieren. Schon im Jahre 1880 sprach sich Maercker — anläßlich der schon genannten Untersuchungen über die Zusammensetzung der Schnitzel — für ein künstliches Trocknen derselben aus. In demselben Jahre wurden Diffusionsrückstände durch Bloßfeld in Laucha getrocknet; Maercker stellte mit diesen getrockneten Schnitten Fütterungsversuche an[3].

Es ist bekannt, daß zu Beginn der Robertschen Diffusion u. a. der große Wassergehalt der Schnitte als einer der Nachteile des neuen Verfahrens angesehen wurde. Die Einführung der Schnittepressung behob alsbald wenigstens teilweise dieses Übel, und hier und da wurden Stimmen laut, die einer Trocknung der Schnitzel das Wort redeten. Schon Robert hatte diesbezügliche Versuche angestellt. Die Trock-

Tabelle 65. Analysen von Trockenschnitten.

| | I. | | | | II. |
| | Max. % | Min. % | Mittel % | | % |
|---|---|---|---|---|---|
| Wasser . . . . . . . | 15,76 | 9,17 | 12,58 | Wasser . . . . . . . | 8,10 |
| Rohprotein. . . . . . | 7,25 | 6,06 | 6,54 | Carbonatasche . . . . | 4,30 |
| Rohfaser . . . . . . | 20,17 | 17,77 | 18,57 | Rohprotein. . . . . . | 6,73 |
| Asche . . . . . . . | 7,40 | 4,90 | 6,02 | Fett (ätherlöslich). . . | 1,06 |
| Stickstofffreie Extrakt- | | | | Rohfaser . . . . . . . | 12,81 |
| stoffe + Fett . . . . | 60,54 | 52,09 | 56,29 | Zucker . . . . . . . . | 4,99 |
| | | | | N-freie Extraktstoffe . | 62,01 |

| | III. % | IV. % |
|---|---|---|
| Wasser . . . . . . . . . . . . . . . . . . | 4,19—15,80 | 8,36—11,76 |
| Eiweiß . . . . . . . . . . . . . . . . . . . | 4,50— 8,81 | 6,69—10,25 |
| Amide . . . . . . . . . . . . . . . . . . . | 0,06— 1,31 | 0,12— 0,25 |
| Rohfett . . . . . . . . . . . . . . . . . . | 0,22— 1,80 | 0,51— 1,15 |
| N-freie Extraktstoffe . . . . . . . . . | 47,70—62,73 | 55,14—60,64 |
| Rohfaser . . . . . . . . . . . . . . . . . | 13,60—21,26 | 18,45—21,60 |
| Reinasche . . . . . . . . . . . . . . . . | 2,63— 5,96 | 3,18— 4,97 |
| Sand . . . . . . . . . . . . . . . . . . . | 0,02— 2,94 | 0,04— 1,13 |

[1] Z. d. tschsl. Zuckerind. VI, S. 113ff, 1925.  [2] Listy cukr. 1922/23, S. 575.
[3] Z. V. D. Zuckerind. 1881, S. 325.

nungsfrage wurde aber erst dann eine brennende, als man die großen Verluste an Nährstoffen durch das Einmieten der Schnitzel erkannte. Deshalb setzte der Verein für Zuckerindustrie einen Preis für die beste Lösung dieser Frage aus, den Büttner und Meyer im Jahre 1888 erhielten[1]. Bald darauf tauchten dann die verschiedenen Trocknungsverfahren auf.

Die ganze Frage bietet jedoch nur wenig chemisch Interessantes und soll deshalb ganz kurz, hauptsächlich an Hand von analytischen Daten besprochen werden. In der Tabelle 65 über die Zusammensetzung von Trockenschnitten sind unter I Analysen von Maercker angeführt. Nr. II sind Schnitte, mittels Imperialapparates in Köthen erzeugt (Hyross-Rak-Diffusion).

Als Trocknungsmittel dienen Feuergase oder Dampf. Das Aussehen und die Zusammensetzung der Trockenschnitte hängen von ihrer Darstellung ab. So zeigen die Analysen Nr. III normale Feuertrocknungsschnitte, Nr. IV Dampftrockenschnitte[2].

Die Trocknung der ausgelaugten Schnitte erfordert möglichst vorgepreßte Schnitte. Je höher die Pressung, desto weniger Wasser ist in der Trocknung zu verdampfen, desto billiger und leistungsfähiger wird daher letztere. Das Pressen der Schnitte hat aber Verluste an Nährstoffen und Trockensubstanz überhaupt zur Folge. Das von den Pressen ablaufende Wasser enthält die Nährstoffe in gelöster Form nebst Schnitzeltrümmern und Pülpe.

Die Größe der Substanzverluste hängt von vielen Umständen ab: Auslaugung der Schnitte, Arbeitsweise in der Diffusion, Konstruktion der Pressen, Trockensubstanzgehalt der zur Trocknung gelangenden Schnitte usw. Dazu kommt noch der Verlust in der Trocknung selbst. Diese Verhältnisse sind in den einzelnen Fabriken verschieden; daher sind die angegebenen Verluste der einzelnen Autoren schwankend.

Nach Vibrans[3] ist der Verlust an Schnitzeln ungfähr 1,25 % des Rübengewichtes (Diffusionstemperatur 60—62° R). Köhler[4] fand im Ablaufwasser der Pressen bei einer Abpressung auf ungefähr 12 % Trockensubstanz beiläufig 0,30 % Trockensubstanz. Nach Heintschs Versuchen betrug der Verlust an Gesamttrockensubstanz im Ablaufwasser bei einer 11—12 % betragenden Abpressung 1,425—1,946 %, davon 0,280—0,425 % Pülpe und 1,000—1,666 % Trockensubstanz im Ablaufwasser.

Aus Analysen M. Müllers und F. Olmers ergeben sich folgende Substanzverluste beim Abpressen der Schnitte (s. Tab. Nr. 66).

Diese Durchschnittswerte mehrerer Bestimmungen zeigen deutlich, daß durch das Zerkleinern der Schnitte mit den erstgenannten Pressen mehr Substanzen verlorengehen als bei bloßer Abpressung mit der Selwigpresse; allerdings entwässern die ersteren auch mehr, so daß der Substanzverlust teilweise auf die größere Abpressung zurückzuführen ist[5].

---

[1] Z. V. D. Zuckerind. 1888, S. 562; 1889, S. 167 u. 199.
[2] Ö. U. Z. f. Zuckerind. 1907, S. 714.    [3] Z. V. D. Zuckerind. 1892, S. 54.
[4] ebd. 1892, S. 301.    [5] Zeitschr. f. angew. Chem. 1893, S. 142.

1. Bei einer Abpressung auf ca. 12 % Trockensubstanz mittels Büttner-Meyer-Presse (Prinzip Klusemann), welche die Schnitzel gleichzeitig zerkleinerten:

Tabelle 66.

| Zuckerfabrik Schladen | Mineral-stoffe (Asche) | Or-ganische Stoffe | Gesamt-trocken-substanz | Stick-stoff | Stickstoff in der aschefr. Substanz | Stick-stoff-substanz (N · 6,25) |
|---|---|---|---|---|---|---|
| **Durchschnitt** | | | | | | |
| Schnitzel . . . . . . . . | | | 12,03 | | | |
| Unfiltriertes (trübes) Ablauf-wasser . . . . . . . . . | 0,255 | 0,589 | 0,844 | 0,0122 | 2,10 | 13,1 |
| Filtriertes Ablaufwasser . . | 0,013 | 0,298 | 0,311 | 0,00064 | 0,21 | 1,3 |
| Suspendierte Bestandteile . . | 0,243 | 0,290 | 0,533 | 0,0115 | 4,00 | 25,0 |

2. durch Abpressung auf Selwigpressen:

| Zuckerfabrik Königslutter | Mineral-stoffe (Asche) | Or-ganische Stoffe | Gesamt-trocken-substanz | Stick-stoff | Stickstoff in der aschefr. Substanz | Stick-stoff-substanz (N · 6,25) |
|---|---|---|---|---|---|---|
| **Durchschnitt** | | | | | | |
| Unfiltriertes (trübes) Ablauf-wasser . . . . . . . . . | 0,203 | 0,421 | 0,614 | 0,0054 | 1,29 | 8,05 |
| Filtriertes Ablaufwasser . . | 0,042 | 0,217 | 0,260 | 0,0005 | 0,22 | 1,40 |
| Suspendierte Bestandteile . . | 0,161 | 0,204 | 0,364 | 0,0050 | 2,53 | 15,80 |

Eine größere Untersuchung: „Über Verluste an Trockensubstanz beim Abpressen und Trocknen der Schnitzel" rührt von Rydlewski her[1].

Rydlewski konstatierte für den Durchschnitt von vier Kampagnen einen Gesamttrockensubstanzverlust von 0,65 % auf Rübe oder 10,01 % der Trockensubstanz beim Abpressen und Trocknen. Die Schnitte wurden mittels Dachrippenmessern erzeugt; die Diffusionstemperatur war max. 64—65° R, die Trockensubstanz der gepreßten Schnitte im Durchschnitt 11,26 % (Trocknung nach Büttner und Meyer). Er ermittelte auch den Anteil, den die Pressung und die Trocknung für sich allein an diesen Verlusten hatten, und zwar für die Trocknung allein zu 0,16 % der Rübe und zu 2,45 % der Trockensubstanz. Der Rest entfällt auf die Pressung.

In der Kampagne 1901/02 stellte das Vereinslaboratorium zu Berlin „Versuche, betreffend die Nährstoffverluste beim Abpressen von ausgelaugten Schnitzeln" an[2].

Die Versuche wurden bei verschiedenen Diffusions- und Auslaugungstemperaturen ausgeführt und ergaben folgendes: Die Nährstoffverluste beim Abpressen der ausgelaugten Schnitzel sind bei kalter Diffusionsarbeit, besonders beim kalten Absüßen der Batterie, wesentlich geringer als bei heißer Arbeit. Vei unvollkommen ausgelaugten

---

[1] Z. V. D. Zuckerind. 1896, S. 454.　　　　[2] ebd. 1902, S. 701.

Schnitzeln ist der Verlust im Preßwasser bedeutend größer als bei gut ausgelaugten. Die Verluste sind der schlechteren Auslaugung proportional. Die Preßbarkeit der Schnitte ist um so besser, mit je höherer Temperatur sie in die Presse gelangen u. a. m.

Das Schnitzelpreßwasser — als Abfallwasser — ist jedoch nicht nur eine Quelle für Verluste an Nährstoffen, sondern es bereitet auch vielen Fabriken infolge seines Gehaltes an fäulnisfähigen organischen Stoffen viele Unannehmlichkeiten. Das war ein weiterer Grund, der zur Verbesserung der gewöhnlichen Diffusion anregte.

Solche Wässer enthalten neben Zucker noch Eiweißstoffe, Kaliumsalze mancher organischen Säuren, Amide und Pektinkörper in gelöster, ungelöster (Markteilchen) und in kolloid suspendierter Form.

In einem umfangreichen ,,Berichte über die Arbeiten der staatl. Kommission zur Prüfung der Reinigungsverfahren von Zuckerfabriken‘‘[1] und in den verschiedenen Prüfungen dieser durch das ,,Institut für Zuckerindustrie (s. 1. Auflage) finden sich viele Angaben über die Zusammensetzung solcher (und anderer) Abfallwässer. ,,Betriebserfahrungen über die Abwasserfrage in Zuckerfabriken‘‘ teilte P. Hirschfelder mit[2].

Kobert konnte nachweisen, daß Saponine in vielen Fällen die Ursache für das Absterben von Fischen in Wasserläufen sind. Dasselbe fand auch Blanchard für Saponine aus Futterrüben. Je nach der Fischgattung genügt schon ein Gehalt von 3—6 mg im Liter und 8—20 Stunden bis der Tod eintritt[3]. Für Rübensaponine bewies das gleiche F. Schulz; Preßwässer von der Schnitzelpresse zeigten gleichfalls Vergiftungserscheinungen an Fischen, wenn sie mindestens in einer Menge von 5 % dem Flußwasser beigemischt wurden. (Verdünnung der Preßwässer auf 5—10 %.) Bei der viel größeren Verdünnung aber, die die Preßwässer in der Praxis meist erfahren, werden die Abwässer nicht durch ihren Saponingehalt auf Fische tödlich wirken[4].

## Zwölftes Kapitel.

# Chemische Zusammensetzung und Eigenschaften des Rohsaftes.

Der Rohsaft ist eine dunkelgefärbte, schmutzige, trübe Flüssigkeit von ziemlich viscoser Beschaffenheit; durch ein Papierfilter läuft er, wenn überhaupt, nur sehr träge. An der Luft färbt er sich immer dunkler und kann durch längeres Stehen gelatinöse Beschaffenheit annehmen.

Er ist ein kompliziertes Lösungsgemisch, in welchem sich die meisten der bisher besprochenen Nichtzuckerstoffe vorfinden. Die Rübe wurde ja zum größten Teil ihres Saftes beraubt und gab noch mehr oder weniger Stoffe ab, die aus dem Rübenzellgewebe in Lösung gingen.

---

[1] Z. V. D. Zuckerind. 1910, Allg. Teil, S. 88.　　[2] D. Z. 1928, S. 102.
[3] Diss. Rostock 1914.　　[4] Z. f. Zuckerind. i. B. XLI, S. 3, 1916/17.

Die Kenntnis aller den Zucker im Rohsafte begleitenden Nichtzucker ist von größter Bedeutung, denn sie bedingen in allererster Linie das Verhalten des Saftes bei seiner Reinigung, Konzentrierung und Verkochung sowie die Ausbeute. Vom Betriebsstandpunkte wären sie in schädliche und unschädliche Nichtzucker einzuteilen, vom chemischen, so wie beim Rübensaft angegeben (s. Kap. 5).

Neben den gelösten Stoffen enthält der Rohsaft auch suspendierte Bestandteile, die Staněk zu 0,050—0,145% (trocken gewogen) ermittelte. Nach dessen Bestimmung besteht die Suspension aus Oxalsäure, Markteilchen und Eiweiß, aus einer Muttersubstanz der Harzsäure und aus anorganischen Stoffen, wie CaO, MgO und $Fe_2O_3$ neben $Al_2O_3$ und $SiO_2$[1].

## Zusammensetzung der Diffusionssäfte.

In der ersten Auflage wurden an dieser Stelle die Ergebnisse der ausführlichen Untersuchungen über die Zusammensetzung von Rohsäften von böhmischen, deutschen und russischen Rüben eingehend besprochen und die Analysenzahlen wiedergegeben.

Da die Untersuchungen sich aber auf Säfte beziehen, die vor mehr als 25—30 Jahren gewonnen wurden und da mittlerweile manche Untersuchungsmethode als falsch erkannt und verbessert wurde, nun aber auch neuere Untersuchungen vorliegen, sei in dieser Auflage erst mit diesen begonnen. Die Tabelle Nr. 67 enthält die Zusammensetzung von Diffusionssäften böhmischer, mährischer und slowakischer Zuckerfabriken der Kampagnen 1920/21—1926/27. Sie werden alljährlich vom Forschungsinstitute der tschsl. Zuckerindustrie in Prag ausgeführt und durch J. Vondrák veröffentlicht. Sie haben zum Ziel, den Verlauf der Zuckererzeugung, das Verhalten der Säfte in allen Stationen in Zusammenhang zu bringen mit ihrer chemischen Zusammensetzung und diese wieder mit den Vegetationsbedingungen, unter denen die Rüben erwuchsen. Diese letzteren sowie der Arbeitsverlauf, der auf den nächstfolgenden Seiten geschildert wird, zusammen mit den Analysen, bilden eine analytisch-technische Einheit. Jede für sich betrachtet, sagt nicht viel, alle zusammen in Beziehung gebracht, lassen einen tiefen Blick tun in den Chemismus des Betriebes.

## Charakterisierung der Vegetationsbedingungen.
Kampagne

1920/21: Düngermangel, die Vegetationsbedingungen günstig, die Rüben gut ausgereift.

1921/22: Heiße, trockene Witterung (Juli-August).

1922/23: Verspätung des Rübenanbaues durch späten Schnee um 3 Wochen; anfangs große Trockenheit, ab Mitte Juli bis zur Ernte vorherrschend regnerisches Wetter. (Feuchtigkeitsüberschuß.) Zur Erntezeit noch grünes Blattwerk, es erfolgte keine Rückwanderung von Nichtzuckerstoffen (s. S. 150, 227).

---

[1] Z. f. Zuckerind. i. B. XLI, S. 767, 1916/17.

1923/24: Gutes Aufgehen des Samens, warmes Maiwetter, Juli-August feucht-warm, August-September Dürre, später Regen. Rübe gut, reif.

1924/25: Verspätung des Rübenanbaues, warmes, feuchtes Wetter bis Anfang Juli; in der 2. und 3. Juliwoche kühl-trocken, nachher mäßige Niederschläge, in der 3. Augustwoche Trockenheit, nachher starke Niederschläge; ab Mitte September bis Oktober trockenes, warmes, sonniges Wetter. Früh geerntete Rüben nicht sehr reif, spät geerntete gut ausgereift. Im allgemeinen vorzügliche Rübe. Vegetationsperiode ähnlich der von 1923 bis Oktober.

1925/26: Das Wetter im allgemeinen günstig; Juli verhältnismäßig trocken, August regnerisch, September trocken-kühl, Ernte unter günstigen Bedingungen[1].

1926/27: Stark feucht, Mai kühl und regnerisch wie Juni, auch Juli feucht und August regnerisch; Ende August, September warm und trocken, die Rübenentwicklung zurück. Kampagnebeginn verspätet[2].

Den wechselnden Vegetationsbedingungen entsprechend, wechselt auch der Arbeitsverlauf der Kampagne, wie aus folgender

Charakterisierung des Arbeitsverlaufes

hervorgeht:

1920/21: Sehr günstig; Melassemenge 1,00—1,34%.

1921/22: Schwierig, Melassemenge 1,77—2,18%.

1922/23: Normal, alkalitätsfeste Säfte, mäßiger Kalkgehalt; schwierige Nachproduktenarbeit mit hohen Melassequotienten, aber mit wenig Melasse (0,78—1,21%).

1923/24: Sehr glatte Arbeit, „ideal günstig". Melassemenge (in Mähren) 0,75—1,70%, Q = 63,5.

1924/25: Im allgemeinen normal; gewisse Schwierigkeiten nur durch Verderben der Rübe am Haufen durch die warme Erntezeit. Die unreife Rübe läßt sich schwieriger auslaugen (Mähren, Slowakei); mit wenigen Ausnahmen alle Stationen normal. Melasse (in Mähren) 1,24%, Quotient um 1,6% höher als im Vorjahre (62—68%)[3].

1925/26: Im allgemeinen „sehr zufriedenstellend", Alkalität beständig, alle Stationen normal, Melasse 1,37% (0,5—2,3%) Q = 64,3 (60,8—68,6%)[4], anfangs verholzte Rüben. Melasse für Mähren und Schlesien Q von 61,1% bis 68%, im Mittel 64[5].

1926/27: Holzige Rübe im Anfang der Kampagne, Arbeit gut, Alkalität beständig, höher als sonst, alle Stationen arbeiteten glatt, Melasse 1,76% im Durchschnitt (1,05—2,64%)[6].

---

[1] Z. d. tschsl. Zuckerind. VIII, S. 33 u. 41, 1926.
[2] ebd. VIII, S. 689, 1927.   [3] ebd. VI, S. 355, 1925.
[4] ebd. VII, S. 333, 1926.   [5] ebd. VIII, S. 33 u. 42, 1926.
[6] ebd. VIII, S. 689, 1927.

Tabelle 67. Zusammensetzung der Diffusionssäfte aus den Kampagnen 1920/21—1926/27.

| Nr. | Kampagne | Sacchari-sation | Polari-sation | Quo-tient | Invert-zucker | Auf 100 Teile Polarisationszucker umgerechnet | | | | | | | | | | | |
|---|---|---|---|---|---|---|---|---|---|---|---|---|---|---|---|---|---|
| | | | | | | | | Einzelne Stickstofformen | | | | | | | | | |
| | | | | | | Nicht-zucker-stoffe | Sulfat-asche | Gesamt-N | Eiweiß-N | Ammoniak-N | N aus Ammoniak u. der $\frac{1}{2}$ der Amide | Amid-N | Betain-N | Schäd-licher N | $K_2O$ | $Na_2O$ | $P_2O_5$ |
| 1 | 1920/21 | 17,41 | 15,98 | 92,1 | 0,17 | 8,6 | — | 0,411 | 0,094 | 0,025 | 0,045 | 0,041[1] | 0,112 | 0,272 | 0,774 | 0,086 | 0,361 |
| 2 | 1921/22 | 18,73 | 16,88 | 89,9 | 0,17 | 11,2 | 2,82 | 0,658 | 0,102 | 0,034 | 0,091 | 0,115[1] | 0,190 | 0,480 | 0,795 | 0,087 | 0,283 |
| 3 | 1922/23 | 17,22 | 15,72 | 91,2 | 0,13 | 9,6 | 2,73 | 0,472 | 0,088 | 0,027 | 0,049 | 0,044[1] | 0,107 | 0,335 | 0,897 | 0,119 | 0,325 |
| 4 | 1923/24 | 17,28 | 15,85 | 91,7 | 0,12 | 9,0 | 2,50 | 0,472 | 0,087 | 0,025 | 0,051 | 0,053[1] | 0,108 | 0,334 | 0,777 | 0,081 | 0,308 |
| 5 | 1924/25 | 17,26 | 15,78 | 91,5 | 0,10 | 9,5 | 2,62 | 0,442 | 0,102 | 0,024 | 0,041 | 0,034[1] | 0,124 | 0,299 | 0,867 | 0,104 | 0,314 |
| 6 | 1925/26 | 17,17 | 15,69 | 91,3 | 0,16 | 9,6 | 2,52 | 0,448 | 0,069 | 0,016 | 0,071 | 0,111 | 0,114 | 0,308 | 0,900 | 0,125 | 0,356 |
| 7 | 1926/27 | 17,07 | 15,59 | 91,3 | 0,10 | 9,5 | 2,60 | 0,431 | 0,078 | 0,026 | 0,082 | 0,112 | 0,108 | 0,271 | 0,844 | 0,112 | 0,365 |

In analytischer Hinsicht ist zu den einzelnen Analysen der Tabelle 67 erläuternd hinzuzufügen: Die Proben bzw. die Säfte stammen aus der Zeit von Ende Oktober bis Ende November, also zur Zeit des vollsten Kampagnebetriebes in der tschechoslowakischen Republik.

Zu Nr. 1: Mit dem höheren Reinheitsquotienten der Säfte aus der Kampagne 1920/21 fällt der Gehalt an Carbonatasche, an Gesamtstickstoff und an schädlichem Stickstoff; auch die Alkalien sind in geringerer Menge vorhanden. Letzteres ist auf den Mangel an Kalisalzen und Chilesalpeter zurückzuführen.

Unter Nr. 2 sind die Durchschnittswerte der Rohsaftanalysen aus der Kampagne 1921/22, die J. Vondrák veröffentlichte[2], angegeben. Die Unterschiede in der Zusammensetzung gegen Nr. 1 sind zurückzuführen auf die heiße, trockene Vegetationsperiode (Juli-August) und auf etwas abgeänderte Analysenmethoden. Rohsaftanalysen aus dem gleichen Jahre einer polnischen Zuckerfabrik s. S. 527. Unter Nr. 3 finden sich die Durchschnittswerte für die böhmischen, mährischen und slowakischen Diffusionssäfte der Kampagne 1922/23 von J. Vondrák[3] und unter den folgenden Nummern 4—7 die gleichen Analysen der angeführten Kampagnen von 1923/24 bis 1926/27.

Nr. 5 zeigen geringe Mengen an Stickstoffsubstanzen, minimale Amidmengen, wodurch die Beständigkeit der Alkalität gesichert war.

Nr. 6. Zu den Stickstofformen ist zu bemerken, daß der Amidstickstoff nach einer neueren Methode

[1] Nach einer abweichenden Methode bestimmt.
[2] Z. d. tschsl. Zuckerind. III, S. 691, 1922. [3] ebd. IV, S. 643 u. 655, 1923.

(Fällung mit Quecksilberacetat und Soda = bas. Quecksilbercarbonat) bestimmt wurde. Nach dieser erhielt man um 20% höhere Ergebnisse, bzw. die Amidstickstoffbestimmungen in den Säften der vorangegangenen Kampagnen sind um den gleichen Betrag (und mehr) zu gering angegeben worden[1]. Die Säfte sind als gut zu bezeichnen.

Nr. 7. Die Säfte entsprechen der Zusammensetzung, die die abnormal feuchten Vegetationsbedingungen voraussagen ließen; sie wiesen den gleichen Quotienten auf wie in der vorhergehenden Kampagne. An Aschebestandteilen wurde etwas mehr gefunden, dafür war weniger an Gesamtstickstoff, schädlichem Stickstoff wie auch an Betainstickstoff, als in den Säften aus dem Jahre 1925/26 zugegen. An Amiden wurden in beiden Kampagnen die gleichen Mengen gefunden. Die früheren Befunde lassen sich infolge Verschiedenheit der angewandten Methoden nicht vergleichen.

Über die Säfte der Kampagne 1927/28 siehe im „Nachtrag".

Die Charakterisierung des Arbeitsverlaufes kann natürlich nur im großen ganzen angenäherte Geltung beanspruchen — oder sie würde sich im erzeugten Rohzucker nicht zeigen, was aber doch nicht anzunehmen ist. Jedenfalls ist hervorzuheben, daß z. B. Mikolášek, für die Raffinationskampagne 1923/24 die schlechte Beschaffenheit der angelieferten Rohzucker beklagt (unbeständige Alkalität, invertzuckerhaltige Partien) — die gleiche Rübenkampagne oben aber als „ideal günstig" bezeichnet wurde[2].

Die Betriebskontrolle in den Zuckerfabriken bezüglich des Rohsaftes bezieht sich stets nur auf seine Dichte und seinen scheinbaren Reinheitsqoutienten. Der Dichte wird mehr aus ökonomischen Gründen (Saftabzug, Kohlenverbrauch) Aufmerksamkeit geschenkt und aus der Reinheit des Saftes will man auf die Qualität der Rüben schließen.

Von Interesse und praktischer Bedeutung wäre es, aus der Analyse der Rübe oder dem Reinheitsgrade ihres Saftes die Reinheit des Rohsaftes für ein gegebenes Diffusionsverfahren voraussagen zu können. Herrmann[3] fand folgenden Zusammenhang für die Reinheit beider Säfte (s. Tab. 68).

Tabelle 68.

| Q. des Rübensaftes (Krause) | Q. des Rohsaftes | Differenz |
|---|---|---|
| 82,74 | 84,97 | 2,23 |
| 82,64 | 84,78 | 2,14 |
| 82,50 | 84,45 | 2,05 |
| 80,67 | 84,00 | 3,33 |
| 80,94 | 84,09 | 3,15 |
| 81,16 | 83,91 | 2,75 |
| 79,78 | 83,01 | 3,23 |

Die Differenzen schwankten zwischen 2,05 und 3,33. Der reineren Rübe entspricht auch der reinere Rohsaft, woraus hervorgeht, daß in der Diffusion gleichzeitig gewissermaßen eine Reinigung stattfindet. Nach Weisberg beträgt diese 2%, was mit den Zahlen Herrmanns übereinstimmt.

---

[1] Über die Bestimmung der Amide in Zuckerfabriksprodukten. Z. d. tschsl. Zuckerind. VIII, S. 42, 1926; VIII, S. 261, 1927.
[2] Z. d. tschsl. Zuckerind. V, S. 429, 1924.   [3] Z. V. D. Zuckerind. 1903, S. 485.

Lichowitzer verneint den Zusammenhang zwischen den beiden Reinheitsquotienten, da der Quotient für den Rübensaft von verschiedenen analytischen Bedingungen abhängig ist (Brei, Temperatur, Digestionsdauer)[1].

Desgleichen tut Friedl[2] nach zahlreichen Analysen, indem er darauf hinweist, daß es möglich sei, daß in einem und demselben Betriebe unter ganz denselben Bedingungen eine Rübe mit der Reinheit von 77 einmal einen Diffusionssaft mit einer Reinheit von 83, ein andermal mit einer solcher von 88 geben kann.

Er übersieht aber, daß die von ihm veröffentlichten Analysenzahlen deutlich steigende Reinheit des Diffusionssaftes mit steigender Reinheit der Rübe zeigen (besonders bei den Reinheiten des Rübensaftes von über 82%) (nicht auf die einzelnen Werte, sondern auf die Tendenz kommt es an) und daß die niedrigen Reinheiten des Rübensaftes von 75—86% schon zeigen, daß die Rüben von schlechter Beschaffenheit sind.

Dieser Zusammenhang aber muß bestehen. In Tabelle 34 wurde gezeigt, daß dem höheren Zuckergehalte der Rübe eine größere Reinheit entspricht; weiter wurde erwiesen und wird sogleich nochmals gezeigt werden, daß dem höheren Gehalte der Rübe an Zucker eine größere Reinheit des Rohsaftes aus dieser Rübe entspricht. Es muß also auch der größeren Reinheit der Rübe ein höherer Quotient des Rohsaftes entsprechen, wie Herrmann annimmt, nur sind solche zahlenmäßigen Angaben nicht für jeden Einzelfall gültig.

Eine bessere Vergleichsbasis bietet der Zuckergehalt der Rüben, weil ja der Reinheit ihres Preßsaftes nur geringe Bedeutung zukommt (Kap. 6 d).

F. Sachs fand auf Grund eines großen Zahlenmaterials[3] folgende Beziehungen zwischen dem Zuckergehalte der Rüben und der Reinheit der Diffusionssäfte. Einem Zuckergehalte der Rübe von

13 % entspricht ein Reinheitsquotient des Rohsaftes von 86,3  
14 %    „     „     „     „     „     „ 87,4  
15 %    „     „     „     „     „     „ 88,2  
16 %    „     „     „     „     „     „ 88,8  
17 %    „     „     „     „     „     „ 89,3

Diese Zahlen sind aber mit Vorbehalt bezüglich der allgemeinen Anwendung aufzunehmen, da in der Praxis die Verhältnisse von Jahr zu Jahr, von Fabrik zu Fabrik sich ändern[3]. Dies beweisen auch deutlich die Analysen des Verfassers aus Tab. 35, wo diese Frage schon angeschnitten wurde. Nebenstehende Zusammenstellung einer mährischen Fabrik aus der Kampagne 1912/13 zeugt weiter für das Bestehen einer Proportionalität zwischen diesen beiden Größen[4]:

| Betriebs-woche | Digestion | Rohsaft | |
|---|---|---|---|
| | | Bx. | Q. |
| 1 | 18,30 | 17,6 | 89,6 |
| 2 | 17,80 | 18,7 | 89,8 |
| 3 | 17,43 | 18,5 | 90,2 |
| 4 | 17,60 | 18,2 | 89,5 |
| 5 | 17,50 | 17,9 | 89,4 |
| 6 | 17,42 | 18,0 | 88,5 |
| 7 | 17,37 | 18,0 | 87,9 |
| 8 | 16,88 | 17,7 | 87,3 |

[1] Z. V. D. Zuckerind. 1903, S. 1006.  
[2] Ö. U. Z. f. Zuckerind. XLIII, S. 191, 1914.  
[3] Z. V. D. Zuckerind. 1906, S. 833.     [4] Betriebsanalysen des Verfassers.

Die Zahlen zeigen auch, daß im allgemeinen ein dünnerer Rohsaft
weniger rein ist als ein dichterer. Ferner zeigt diese Zusammenstellung, wie die Rübe und somit die Säfte mit fortschreitender Kampagne
an Qualität abnehmen, was allen Erfahrungen gemäß fast immer der
Fall ist.

Als sichergestellt gilt also, daß der Rohsaft um so reiner, je
zuckerreicher die Rübe ist. Eine Reinheit von 91,5 als Durchschnitt
scheint das Maximum der durchschnittlichen Rohsaftreinheit zu sein.

Vom scheinbaren Reinheitsquotienten des Rohsaftes gilt das früher
von dieser Wertzahl überhaupt Gesagte. Welche Nichtzuckerstoffe
im Safte vorhanden sind, sagt diese Zahl nicht aus; das tut aber auch
der wirkliche Reinheitsquotient nicht, für den manche eintreten, um
die Beschaffenheit eines Rohsaftes zu bestimmen. Das sagen nur die
vollständigen Analysen der Diffusionssäfte, wie sie in der Tabelle 67
übersichtlich vereinigt sind.

Dreizehntes Kapitel.

# Chemie der Rohsaftvorwärmung.

### a) Schnitte- und Pülpefänger.

Im Rohsafte sind, wie bereits erwähnt, Zellüberreste, Schnitte
usw. suspendiert; bis etwa um 1865 sah man in den Rübenfragmenten
indifferente Körper und schrieb ihnen keinen weiteren Einfluß auf
die Qualität der Säfte und ihre Verarbeitung zu. Wobei zu bemerken
wäre, daß bei den damals üblichen Saftgewinnungsmethoden die Säfte
viel pülpereicher waren als die heutigen. Im schon genannten Jahre[1]
gab Gundermann an, „daß man sich hüten müsse, Preßlinge in den
Saft zu bekommen, da ein solcher Saft sich schlecht filtrieren und verkochen ließe und schleimige und schlechte Zucker gäbe“. Als jedoch
Scheibler im Jahre 1868 durch seine Arbeiten nachwies, daß in der
Scheidung bei Gegenwart von Rübenfasern die Bedingung für die
Bildung von Metapektinsäure gegeben sei und diese als Melassebildner
fungiert, da trat die „Entfaserung“ des Rübenrohsaftes in den
Vordergrund der Theorie und Praxis.

In einer der allerersten Untersuchungen über diesen Gegenstand
konstatierte Eber, daß bei Arbeit mit Entfaserung um 1,63 und 2,80
Teile (auf 100 Teile Zucker) mehr organische Substanz durch die Scheidung entfernt werde als ohne Entfaserung[2].

Sehring wendete sich im Jahre 1872 gegen den Ausdruck „Entfaserung“. Die Holzfaser der Rübe im Safte — bei der Diffusion wohl
viel weniger vorkommend als bei den älteren Verfahren — ist nach
ihm höchstens mechanisch schädlich. „Eine chemische Einwirkung
auf Verbesserung und Verschlechterung der Säfte übt sie bei der weiteren
Saftverarbeitung ganz gewiß nicht aus.“ Das tue nur die Pülpe. Diese
entsteht durch Zerreißen der Rübenzellen, daher beim Preßverfahren,

---

[1] Z. V. D. Zuckerind. 1865, S. 97.   [2] Z. V. D. Zuckerind. 1869, S. 25.

19*

in großer Menge. Sie muß gründlichst entfernt werden, soll der Saft bei seiner weiteren Verarbeitung nicht Schaden leiden[1].

Daß aber auch in den heutigen Säften Pülpe „in Unmengen" vorkommt, ist verständlich, da nach A. Kühnel die Schnittflächen der Messer (der Schneidmaschinen) eher einer Säge ähneln und daß infolgedessen an der Rübe nicht Schnittwunden, sondern Rißwunden entstehen; durch letztere werden viele Zellwände zerquetscht, mikroskopische Teilchen davon gelangen in den Diffusionssaft[2].

Heute wird allgemein der abgezogene Diffusionssaft in Pülpefängern von den genannten Beimengungen befreit; oft bietet sich bei offenen Pülpefängern Gelegenheit, die ziemlich großen Mengen von Schnitten, Fasern, Pülpe usw., die einem Saftabzug entsprechen, zu beobachten. Die feinsten Teilchen (Schlick) passieren trotzdem die Filtriervorrichtung.

So wurde der Rohsaft mechanisch gereinigt und kommt nun zur eigentlichen Reinigung. Vorher wird er aber noch angewärmt, da er mit einer zu geringen Temperatur die Batterie verläßt. Diese liegt zwischen 30—40° C, indessen lassen sich hier schwer Grenzzahlen angeben, weil sie von der Arbeitsweise, der Temperatur der frischen Schnitte, der Temperatur des Rohsaftes vor dem Einmaischen der frischen Schnitte usw. abhängen.

### b) Die Anwärmung und ihre Wirkungen.

Zur Durchführung der Scheidung wird der Rohsaft auf ungefähr 80—90° C angewärmt.

Die Anwärmung in den Vorwärmern ist von folgenden Erscheinungen begleitet: Die Eiweißkörper des Saftes koagulieren und scheiden sich unlöslich aus; neben diesen fallen auch stickstofffreie Substanzen aus, die vom Eiweiß mitgerissen werden. Ammoniak wird hier entwickelt, ein Beweis, daß der Kalk, den man gewöhnlich zum Teil im Rohsaftmeßgefäße zusetzt, schon zur Wirkung gelangt.

W. Bresler fand den Stickstoffgehalt des Koagulums zu 9,35% N = 58,4% Eiweiß (N × 6,25); das Eiweiß hätte sonach nicht ganz sein eigenes Gewicht an stickstofffreier Substanz mit niedergerissen[3].

Herzfeld analysierte eine große Zahl von Niederschlägen aus Rohsaftvorwärmern[4] und stellte die Resultate in einer Tabelle zusammen, aus welcher folgende Schlüsse zu ziehen sind: Der Eiweißgehalt (N × 6,25) betrug im Minimum 10,75%, im Maximum 21,06% der Trockensubstanz. Der Rest derselben besteht aus Asche, Oxalsäure, Fettsäuren der Rübe und aus Pektinkörpern (Pülpe).

Größere Mengen der Niederschläge traten stets dann auf, wenn in ihrer Asche Kalk oder Magnesia in stärkerem Maße zu finden waren; beide können aus der Rübe und dem Betriebswasser stammen.

---

[1] Z. V. D. Zuckerind. 1872, S. 76.

[2] Z. d. tschsl. Zuckerind. VIII, S. 613, 1927.

[3] Z. V. D. Zuckerind. 1897, S. 672.         [4] ebd. 1893, S. 1064.

Die Tabelle 69 gibt eine Auswahl aus der von Herzfeld veröffentlichten[1].

Die Zahlen in den mit I oder II bezeichneten Reihen beziehen sich auf ursprüngliche (I) oder Trockensubstanz (II). Unter den Zahlen für den Eiweißstickstoff befinden sich auch jene für die Eiweißkörper (N × 6,25).

Tabelle 69.

| Bezeichnung | Wasser % | Trock.-subst. | Gesamt-N | | Eiweiß-N bzw. Eiweiß | | Polari-sation von I | Asche i. Trock.-subst. | Aktive Pektin-körper |
|---|---|---|---|---|---|---|---|---|---|
| | | | I | II | I | II | | | |
| Aus 1. Vorwärmer, Temp. 42° R | 69,67 | 20,33 | 0,75 | 3,69 | 0,35<br>= 2,19 | 1,72<br>= 10,75 | + 0,08 | 14,01 | n. nach-weisbar |
| Aus Rohsaftvor-wärmer | 76,25 | 23,75 | 1,19 | 5,01 | 0,41<br>= 2,56 | 1,72<br>= 10,75 | + 0,49 | 8,33 | do. |
| Hellere Substanz | 95,25 | 4,75 | 0,34 | 7,16 | 0,16<br>= 1,00 | 3,73<br>= 21,06 | — | — | do. |
| Dunklere Substanz | 94,80 | 5,20 | 0,42 | 8,08 | 0,14 | 2,69 | — | — | do. |
| Trockner Rückstand aus d. Vorwärmer | — | 83,17 | 3,92 | 4,71 | = 0,87<br>— | = 16,81<br>— | — | 11,68 | do. |

### c) Vorreinigung des Rohsaftes.

Die Nichtzuckerstoffe, die durch Einwirkung des Kalkes auf das Rübeneiweiß entstehen, werden von manchen Autoren als sehr schädlich für die weitere Verarbeitung angesehen. Man hält dafür, daß stark melassebildende und viscose Albumosen, Peptone, Polypeptide oder selbst Aminosäuren durch alkalische Hydrolyse entstehen. Es war daher das Bestreben zahlreicher Erfinder, die Eiweißkörper und die mitausgefällten Nichtzucker aus dem Safte zu beseitigen, bevor man zu der eigentlichen Kalkscheidung übergeht, was sie entweder durch bloßes Kochen oder durch Zusatz von schwefliger Säure, sauren Sulfiten, Tonerdesalzen, Phosphaten usw. zu erzielen trachteten.

Auf Grund ihrer durchgeführten Untersuchungen sprachen sich Strohmer und Stift günstig über die Eiweißfiltration aus; die koagulierten Rückstände enthielten 95 % Eiweiß[2].

Mit derselben Frage beschäftigte sich Herzfeld in seinen Diffusionsversuchen der Kampagne 1892/93[3]. Er stellte sich die Aufgabe, zu untersuchen: 1. ob bzw. in welchen Fällen es zweckmäßig ist, durch Erwärmen des Saftes das Eiweiß und was sonst noch damit ausfällt, abzuscheiden; 2. ob es vorteilhaft ist, diese Abscheidung vor der Kalkzugabe abzufiltrieren, oder ob es genügt, den unlöslichen Niederschlag zu erzeugen, und ob alsdann der Kalk ohne gesonderte Filtration zugesetzt werden kann.

Es wurden 8 Diffusionsversuche unter verschiedenen Bedingungen durchgeführt und die erhaltenen Rohsäfte nach verschiedenen Methoden geschieden und saturiert. Über die Stickstoffbewegung und die anderen analytischen Daten soll erst später berichtet werden, um dem Kapitel Scheidung und Saturation nicht vorzugreifen.

---

[1] Z. V. D. Zuckerind. 1893, S. 1064.
[2] Ö. U. Z. f. Zuckerind. XXI, S. 4, 1892.   [3] Z. V. D. Zuckerind. 1893, S. 173.

Vor der Saturation enthielt der Rohsaft 0,2—0,3% Eiweiß. Davon ließ sich im günstigsten Falle etwa der zehnte Teil ausscheiden.

Herzfeld fährt fort: „Nun ist nicht zu leugnen, daß diese Abscheidung an und für sich ihre Vorteile haben kann, unsere Versuche wenigstens lassen keinesfalls den gegenteiligen Schluß zu ... Den einen Schluß darf man aber aus unseren Versuchen ziehen, daß die gesonderte Eiweißfiltration keine Vorteile für die Saftreinigung bietet. Das geronnene Eiweiß wird von Kalk so gut wie gar nicht angegriffen, es hat also gar keinen Zweck, vor der Kalkzugabe abzufiltrieren." Durch einen direkten Versuch wurde die Unangreifbarkeit des geronnenen Eiweißes durch Kalk in der Scheidesaturation dargetan. Rund 2% des Niederschlages, das sind 0,0002—0,0008% Eiweiß des Saftes, gingen in Lösung. Herzfeld verwirft daher die Eiweißfiltration; sie scheide in der Praxis auch die Pülpe ab, aus welcher jene größeren Eiweißmengen stammen, die im Koagulum gefunden würden.

Hervorzuheben wäre, daß Herzfeld das Rübenmaterial der Versuche als ein sehr gutes bezeichnet und die Resultate nicht ohne weiteres verallgemeinert wissen will.

Zu denselben Ergebnissen bezüglich der Eiweißfiltration kam H. Claassen[1].

Nach seinen Ausführungen tritt durch Wärmekoagulation nur eine ganz geringe, kaum filtrierbare Trübung im Rohsafte auf. Wohl hängt die Eiweißmenge des Rohsaftes von örtlichen Verhältnissen ab, nie aber wäre man imstande, einen filtrierbaren Niederschlag durch Erwärmen allein zu bekommen. Die Eiweißfänger sind daher nur verbesserte Pülpefänger. Die Vorwärmer hingegen fungieren als Eiweißfänger, weil eine große Menge Körper von eiweiß- und nichteiweißartiger Natur an den Heizrohren niedergeschlagen und festgebrannt werden. Bei Betrachtung der pülpefreien Säfte ist keine wesentliche Aufbesserung in Reinheitsquotienten des von seinem Koagulum befreiten Rohsaftes nachweisbar.

Diesen Ausführungen widersprach Stift, da in zwei Fabriken die Eiweißfänger mit guten Resultaten arbeiteten. Eben die an den Röhren sich absetzenden Stoffe würden bei der Wahl eines geeigneten Filterstoffes filtriert (loc. cit.).

Mik ist für die Entfernung des Koagulums vor der Saturation, sieht in ihr einen großen Vorteil für die Reinigung, nennt aber die Eiweißfänger einfach „Pülpefänger mit Baumwollstoffeinlage". Von dem im Safte vorhandenen Eiweiß, das an sich in sehr kleiner Menge vorkommt, ist nur ungefähr ein Drittel koagulierbar, und dieses Drittel schadet nicht nur nicht in der Saturation, sondern macht sich nach Mik günstig auf die Schlammqualität bemerkbar. Er wendet sich gegen die Bezeichnung „Eiweißfänger", da man dadurch dieser Filtration eine ganz andere Bedeutung beimißt, als ihr wirklich zukommt[2].

---

[1] Korrespbl. d. Ver. akad. gebildeter Zuckertechniker 1893, Nr. 9, S. 105.
[2] Z. V. D. Zuckerind. 1892, S. 838.

Das Verhalten dieses Koagulums gegenüber der Einwirkung von Kalk bildet den Inhalt des Abschnittes d dieses Kapitels.

Kryž studierte die Wechselbeziehungen zwischen dem Gehalte der Diffusionssäfte an koagulierenden Körpern, ihrer Acidität und Dichte. Die Ermittlung der koagulierenden Substanzen geschah durch Ansäuern von 25 cm³ Saft mit einigen Tropfen Essigsäure in einem graduierten Zylinder (Wasserbad 85⁰, 3 Stunden ruhig stehenlassen). Das vom Sediment (Koagulum) eingenommene Volumen, mit 4 multipliziert, ergibt Volumprozente im Saft. Aus Bestimmungen in 25 Rohsäften fand er, daß Rohsäfte mit einem Gehalt bis etwa 30 Vol⁰/₀ eine Acidität aufwiesen, die mehr als 0,025 g CaO entsprach, Säfte mit über 30 Vol⁰/₀ zeigten Aciditäten, die kleiner als die obengenannte Acidität waren; die ersteren waren auch dichter (über 14,8⁰ Bg) als die letzteren (unter 14,7⁰ Bg), was mit Gonnermanns ähnlichen Studien übereinstimmt[1].

Bemerkenswert ist, daß die von Kryž untersuchten Säfte einer Fabrik und derselben Kampagne Mengen an koagulierenden Substanzen aufwiesen, die von 12 Vol% bis 58 Vol% schwankten[2].

In neuerer Zeit wurden wieder vielfach Versuche angestellt, schon aus dem Rohsafte Nichtzuckerstoffe, hauptsächlich Kolloide und Farbstoffe noch vor der eigentlichen Reinigung zu entfernen, damit sie nicht unnütz die Scheidesaturation belasten und bis dahin z. B. durch die Wärme schädliche Zersetzungen erfahren. Dazu dienen schweflige Säure mit und ohne Kalkzusatz, aktive Kohlen u. a. Mechanisch werden diese Bestrebungen durch Einführung von neuartigen sieblosen Zentrifugen (Sharples Supercentrifuge) unterstützt, die eine leichte Absonderung der Kolloide gestatten — wie Kühnel ermittelte[3]. Die Behandlung mit Entfärbungskohlen hat den Zweck, die Farbstoffe schon zu entfernen, ehe sie in den eigentlichen Betrieb gelangen. Daher versuchte Jaskolski schon den Diffusionssaft mit Carboraffin zu behandeln. Er konstatierte, daß die Dünn-, Mittel- und Dicksäfte, die aus so behandelten Rohsäften erzeugt wurden, erheblich heller waren als solche, die in der gewöhnlichen Art hergestellt wurden. Das Carboraffin wurde mit dem Schlamm der ersten Saturation ausgeschieden; die gleichen Versuche mit Norit mit ähnlichen Ergebnissen stellte Dědek an[4].

Schweflige Säure wandte u. a. J. W. Geese auf Diffusionssäfte an, um Koagulierung der Eiweißsubstanzen zu erzielen; nach deren Entfernung aus den Säften erhielt er Aufbesserungen der Reinheitsquotienten von 0,6—0,9%[5]. Herzfeld fand demgegenüber, daß durch Anwendung der schwefligen Säure keine bessere Koagulierung erfolgte als durch bloßes Erhitzen; das durch Anwendung von schwefliger Säure erzielte Koagulum enthielt nicht mehr stickstoffhaltige Substanzen als der Niederschlag, der durch bloßes Erhitzen ausfiel[6].

---


[1] C. f. Zuckerind. 1909/10, S. 486.
[2] Z. d. tschsl. Zuckerind. V, S. 157, 1924.   [3] ebd. VIII, S. 613, 1927.
[4] C. f. Zuckerind. 1927, S. 245.   [5] Z. V. D. Zuckerind. 1898, S. 99.
[6] Herzfeld-Festschrift S. 184, 1904.

Nach Saillards neuester Untersuchung wirkt ein Zusatz von $SO_2$ (0,127 g auf 50 cm³ Rohsaft) in der Kälte bei $p_H = 4,04$ sehr gut fällend auf Eiweißkörper und gestattet eine gute Filtration[1].

So schwanken die verschiedenen Versuchsergebnisse, haben aber insgesamt keine sehr große Bedeutung, da Herzfeld durch einen Versuch nachwies, daß koaguliertes Eiweiß durch Kalk nicht angegriffen wird. Er erhitzte 5 g koaguliertes Eiweiß mit 10 g Kalk und 500 cm³ Wasser 15 Minuten lang bei 95⁰ und konstatierte nur eine minimalste Löslichkeit. Eugène Sellier[2] weist aber darauf hin, daß im Betriebe nicht der Kalk allein in Betracht kommt, sondern auch die durch denselben in Freiheit gesetzten Alkalien zur Wirkung gelangen.

Um jede Einwirkung der Alkalien und des Kalkes auf koaguliertes Eiweiß zu verhindern, ist nach Sellier ein allzu langes Erhitzen des gekalkten Saftes auf ungefähr 80⁰ C zu vermeiden; diese Temperatur darf höchstens durch 30 Minuten andauern — was ja im Betriebe nie geschieht.

### d) Kalkzugabe zum Rohsaft.

Die Vorwärmung des Rohsaftes soll nicht zu lange dauern, um jede unangenehme Nebenerscheinung zu verhindern. Die Gefahr einer Inversion ist um so größer, je länger und auf je höhere Temperatur der saure Saft erhitzt wird. Nach einem Versuche fand Herzfeld, daß ein Rohsaft, der 30 Minuten lang auf 90⁰ erhitzt wurde, dunkler gefärbten Scheidesaft gab, als wenn dieses Vorwärmen unterblieb. Eiweißfiltration hatte keinen Einfluß auf das Resultat. Inversion konnte Herzfeld — im Gegensatz zu früheren eigenen Versuchen — nicht nachweisen. Er stellte fest: Invertzucker im Rohsafte 0,123 %, nach 10 Minuten langem Erhitzen auf 90⁰ 0,123 %, nach 30 Minuten 0,125 % und nach 60 Minuten 0,133 %. Andere durch Zuckerzerstörung hervorgerufene reduzierende Substanzen konnte Herzfeld nicht finden.

Daran knüpfte Herzfeld folgende Bemerkung, die, weil für viele in diesem Werke besprochenen Versuche von allgemeiner Gültigkeit, hier wiedergegeben werden soll. „Es ist dies eine von denjenigen Überraschungen, auf welche man bei unserem Rohmaterial, der Zuckerrübe, ja stets gefaßt sein muß, und welche schon oft empfunden worden sind! Für unsere Versuche erhellt aber daraus wiederum, daß es nicht möglich ist, aus den Ergebnissen einer Kampagne allgemeine Schlüsse zu ziehen, sondern daß wiederholte, jahrelange Prüfungen notwendig sein werden, um zu solchen zu gelangen."

Es wäre unrichtig, wollte jemand, auf obiges Resultat gestützt, einer übermäßig langen Vorwärmung das Wort reden.

Um jeder Inversion vorzubeugen, wird heute fast allgemein dem Rohsafte schon im Meßgefäße etwas Kalkmilch (ca. 0,2 % CaO) zu-

---

[1] Suppl. Circ. Hebd.; C. f. Zuckerind. 1927, S. 1254; Z. d. tschsl. Zuckerind. IX, S. 315, 1928 (Jaskolski).      [2] Z. V. D. Zuckerind. 1903, S. 787.

gefügt. Dieser Kalkzusatz soll auch vorreinigend wirken, Zersetzung und das Ansetzen von Niederschlägen an den Heizrohren verhindern. Jedenfalls aber wird für ein häufigeres Putzen der Vorwärmer Sorge getragen werden müssen. Der Kalkzusatz dürfte das Koagulieren der Eiweißkörper zumindest erschweren, wenn nicht unmöglich machen, da die Koagulation leichter in saurer Lösung eintritt; in neutralen Lösungen ist die Fällung unvollständig, in alkalischen bleibt sie meist aus. Diese Vorscheidung — manchmal verbunden mit Filtration vor der eigentlichen Scheidung — verfolgt das gleiche Ziel wie oben angegeben.

Als geringste Temperatur, bei der der Saft sich koagulieren und der gebildete Niederschlag sich davon trennen läßt, stellte V. Škola die Temperatur von 62 bis 65° C fest[1].

„Über die Wirkung des Kalkes auf die durch Koagulierung aus dem Safte ausgeschiedenen Stoffe" arbeitete in neuerer Zeit Vl. Staněk und ergänzte mit dieser Arbeit die der bisher genannten Autoren wesentlich[2].

Aus Rübenpreßsäften wurde durch Aufkochen und Ansäuern mit Essigsäure oder mit schwefliger Säure ein Koagulum hergestellt und abfiltriert. Dieses wurde untersucht auf Trockensubstanz, Asche und Stickstoff. Hierauf wurde es mit Kalkmilch bei 85° C durch 15 Minuten angewärmt, abgenutscht, der ausgewaschene Rückstand mit 2 l Wasser verrührt und 6 Stunden gekocht und wieder filtriert. (In diesem Versuche wurde also eine mäßige und eine energische Kalkeinwirkung erprobt).

Die in den einzelnen Versuchen erhaltenen Extrakte waren braune (etwa wie Diffusionssaft), klare, stark schäumende Flüssigkeiten von intensiv bitterem Geschmack, ähnlich jenem des Witteschen Peptons.

In den Extrakten wurden ermittelt: Trockensubstanz, Asche, Phosphoroxyd, der Gesamtstickstoff, der Stickstoff für Eiweiß und der für die Cholin- und Betainfraktion; ferner die mit Alkohol fällbaren Stoffe und die durch Saturation fällbaren Substanzen.

Als Ergebnis dieser gründlichen Untersuchung wurden folgende Tatsachen gefunden: Durch die Wirkung des Kalkes auf die koagulierbaren Nichtzuckerstoffe des Rübensaftes bei Wärme geht eine beträchtliche Menge der Nichtzucker in Lösung über. Schon durch $^{1}/_{4}$ stündige Einwirkung bei 85° C bei verhältnismäßig niedriger Alkalität des gesättigten Kalkwassers lösten sich 10,70% der Trockensubstanz auf; durch weitere 6stündige Wirkung noch 24,04%, demnach insgesamt in $6^{1}/_{4}$ Stunden 34,74%; $^{1}/_{2}$ stündiges und 2stündiges Kochen brachten 12,08 bis 13,15% Trockensubstanz in Lösung.

Die Trockensubstanz der löslichen Nichtzuckerstoffe ist sehr aschenreich; die Asche nimmt mit der Dauer der Kalkwirkung ab. Bei $^{1}/_{4}$ stündiger Wirkung sind in 100 Teilen Trockenstoff 14,2%, bei weiterer fortgesetzter Wirkung bloß 9,1% Asche vorhanden. Daraus kann geschlossen werden, daß sich anfangs einfachere Stoffe, Säuren von niedrigerem Molekulargewicht, später komplizierte Körper (vielleicht Albumosen und Peptone) abspalten.

---

[1] Z. d. tschsl. Zuckerind. bzw. Listy cukrov. 1921/22, S. 215.
[2] ebd. III, S. 663, 1922.

Aus zwei Versuchen ist zu ersehen, daß sich fast sämtlicher löslicher Phosphor entweder schon durch sehr mäßige Kalkwirkung abspaltet oder durch weiteres Kochen mit Kalk die lösliche Phosphorverbindung in unlösliches Calciumphosphat übergeht.

Von dem aus dem Safte durch Kochen und Ansäuern fällbaren Gesamtstickstoff geht durch Kochen eine ansehnliche Menge in Lösung über. So bei einem Versuch von 100 Teilen des vorhandenen N 14,9 Teile, bei einem anderen Versuch 8,7 Teile und durch langes Aufwärmen weitere 43,3%, also im ganzen 52%, bei 2stündigem Kochen 21,2%. Demnach steigt mit der Kalkwirkung der Prozentsatz des aufgelösten Stickstoffes.

Ein beträchtlicher Teil des Stickstoffes in den Extrakten ist in einer mit Tannin (auch mit Kupferhydroxyd) fällbaren Form, also in Form von Albumosen, Peptonen und hohen Polypeptiden, vorhanden. Auf 100 Teilen Stickstoff wurden in den einzelnen Versuchen 60—66% dieser Körper ermittelt.

Neben dem mit Tannin bestimmten „Eiweiß"-Stickstoff wurden geringfügige Mengen Cholin und Betain gefunden.

Mit Alkohol wurden aus den Extrakten in Form einer weißen amorphen Masse von 50 — 69% der Trockensubstanz gefällt, in welcher bei kurzer Kalkwirkung 6,1%, bei längerer 11,6% Stickstoff im aschefreien Trockenstoff enthalten sind. Da die Eiweißkörper und deren ersten Abbauprodukte ungefähr 16% N und die Aminosäuren (die aber nicht präparativ nachgewiesen wurden) ungefähr 10% N enthalten, so ist anzunehmen, daß zumindest anfangs reichlich stickstofffreie Substanzen in Lösung gehen und daß sich bei langer Anwärmung mehr Albumosen, Peptone usw. bilden, allerdings nebst anderen mit Alkohol fällbaren, entweder stickstofffreien (pektinartigen) oder stickstoffarmen Verbindungen. Die leichte Fällbarkeit eines beträchtlichen Anteiles des Stickstoffes mit etwa 80proz. Alkohol weist auf das Vorhandensein von Albumosen hin.

Wichtiger sind die Ergebnisse der Saturationsversuche, da ja das Schicksal der in Lösung gebrachten Stoffe in der Praxis durch ihr Verhalten bei der Saturation gegeben ist. Die Versuche zeigten nun, daß zwar die mit Kalk aus dem Koagulum aufgelösten Nichtzuckerstoffe teilweise durch die Saturation in den Schlamm niedergeschlagen werden, und zwar um so vollkommener, je mehr Kalk bei der Saturation zugegeben wurde; ein gewisser Anteil verbleibt aber im saturierten Safte, was eine geringe Erniedrigung des wirklichen Quotienten verschuldet. Die Produkte der kurzen Kalkwirkung werden unvollständiger ausgefällt als jene der energischeren.

In dem günstigsten Falle blieben nach der Saturation mit 2proz. Kalkmilch 20,3% Trockenstoff in Lösung, das ist auf 100 Teile des Trockenstoffes des Koagulums 2,5%. Viel ungünstiger ist der Saturationseffekt bei jenen Nichtzuckerstoffen, die ein langes Kochen des Koagulums mit Kalk durchgemacht haben, wo nach der Saturation mit 2% Kalk 54,2% Trockenstoff in Lösung blieben oder auf 100 Teile Koagulum 13,0 Teile. Der erstere Fall stimmt sehr gut mit dem Befund

von Herzfeld (l. c.) überein, welcher feststellte, daß bei 15 Minuten
dauernder Anwärmung von 5 g Koagulum mit $1/_2$ l 1proz. Kalkmilch
nach der Saturierung 1,3—2,1 % des Trockenstoffes des Koagulums in
Lösung blieben. Die Verschlechterung des Quotienten des saturierten
Saftes ist bei mäßiger Kalkwirkung sehr gering, nämlich bloß 0,03 %,
während sie im Versuche mit der kräftigeren Kalkeinwirkung 0,16 %
betrug.

Bemerkenswert ist, daß Aminosäuren unter den untersuchten Produkten nicht nachgewiesen werden konnten, obwohl sie allgemein als
Abbauprodukte der Eiweißkörper durch Kalk in der Wärme angenommen
werden.

Für die praktischen Verhältnisse kommen nur die Folgen der mäßigen
Kalkeinwirkung in Betracht — die Versuche mit der energischen Kalkeinwirkung stellte Staněk wohl nur an, um ihren Chemismus leichter
zu erkennen.

## Vierzehntes Kapitel.

# Chemie der Saftreinigung
### (Scheidung und Saturation.)

Das Vorwärmen des Rohsaftes und die eventuelle, aber kaum geübte Filtration des koagulierten Eiweißes und der mitgefällten Stoffe
ist als eine gewisse Vorreinigung anzusehen. An sie schließt die eigentliche Reinigung des Rohsaftes. Ein Fehler, der bei der Diffusion begangen wird, kann meistens bei der Reinigung der Säfte gutgemacht
werden. Nie aber lassen sich Fehler, die hier unterlaufen, korrigieren.
Die Reinigung geschieht mit Kalk und heißt Scheidung; in ihrer
zweiten Phase besteht sie in der Ausfällung des überschüssig zugesetzten Kalkes und Zerlegung mancher Verbindungen durch
Kohlensäure (Saturation). Die meistens geübte Durchführung
der Reinigung faßt beide Phasen zusammen und heißt Scheidesaturation.

Ihr Zweck ist, alle den Zucker begleitenden Nichtzuckerstoffe entweder ganz zu entfernen oder doch wenigstens in minder schädliche
Form überzuführen, ferner die farbenbedingenden Körper so zu zerstören, daß helle, klare, reine Säfte resultieren, welche bei ihrer Konzentration sich normal verhalten und den Zucker gut auskrystallisieren
lassen.

Hier gehen die meisten chemischen Prozesse vor sich; diese Station
bietet vom chemischen Standpunkte das größte Interesse — aber auch
die größten Probleme. Wir sind leider noch weit davon entfernt, auf
alle Fragen, die die Chemie hier stellt, Antwort geben zu können; erstens
weil wir die Saftbestandteile nicht genau kennen, zweitens weil von
vielen Nichtzuckerstoffen nicht alle Eigenschaften für sich, geschweige
denn wenn sie in solcher Kompliziertheit auftreten, bekannt sind.
Hier gibt es noch viele dunkle Punkte aufzuhellen.

## a) Scheidung.

Dem aus den Vorwärmern kommenden Rohsafte wird zur Scheidung Kalkmilch zugesetzt. Entweder geschieht dies in den Saturateuren oder aber häufiger und viel besser in eigenen Mischgefäßen (Malaxeuren). Zunächst wird sich der Kalk im Safte nach Maßgabe der bestehenden Verhältnisse auflösen. Hier herrschen dieselben Löslichkeitsbedingungen, wie bei den Zuckerlösungen Tab. 3—7 angegeben. Für den Diffusionssaft speziell stellten Schnell und Geese folgende Löslichkeit des Ätzkalkes fest:

$$
\begin{aligned}
&\text{bei } 25^0\,\text{C} \ldots \ldots 2{,}82\,\%\ \text{CaO} \\
&\text{„ } \ 50^0\,\text{C} \ldots \ldots 1{,}85\,\%\ \text{CaO} \\
&\text{„ } \ 75^0\,\text{C} \ldots \ldots 1{,}04\,\%\ \text{CaO} \\
&\text{„ } 100^0\,\text{C} \ldots \ldots 0{,}73\,\%\ \text{CaO}
\end{aligned}
\Biggr\} \text{ auf Rübe gerechnet.}
$$

Bei höherer Temperatur des Rohsaftes löst sich demnach weniger Kalk auf als bei niedrigerer; dabei ist zu bemerken, daß die Form des Kalkes die Löslichkeit beeinflußt. Der überschüssig zugesetzte Kalk bleibt in Suspension. Das ist eigentlich der größere Anteil, weil bei den herrschenden Bedingungen der Temperatur ($80^0$ C) und dem Zuckergehalte von 10 bis 12 % sich nur 0,25—0,35 Teile CaO in 100 Teilen Saft lösen (Claassen)[1]. Die angegebene Zahl ist viel kleiner als die entsprechende aus den Angaben von Schnell und Geese bei $75^0$ C berechnete, die, auf Saft bezogen, 0,94 ist (angenommener Saftabzug 110 %). Jedenfalls aber zeigen beide Zahlen, daß nur ein Bruchteil des Kalkes gelöst wird. Zieht man seine Löslichkeit in reinen Zuckerlösungen heran, so ersieht man eine größere Löslichkeit im Rohsafte. Dieser Saft reagiert ja sauer, und so ist es selbstverständlich, daß zu der Löslichkeit des Kalkes infolge des Zuckergehaltes der reinen Lösungen noch die durch die saure Reaktion des Saftes bedingte Löslichkeit hinzutritt. So erklärt sich der Unterschied der Angaben von Schnell und Geese, die mit Rohsäften operierten, und jener von Claassen, der mit reinen Zuckerlösungen arbeitete.

## 1. Verhalten der stickstofffreien Nichtzuckerstoffe und des Zuckers in der Scheidung.

Es wurde schon bemerkt, daß der Rohsaft sauer reagiert, und gezeigt, auf welche Saftbestandteile die saure Reaktion zurückzuführen ist. Der Kalk wird daher den Saft neutralisieren und Verbindungen eingehen, die mehr oder weniger löslich oder unlöslich sein werden; doch hat hier der Begriff „Löslichkeit" eine andere Bedeutung als gewöhnlich, da Zuckerlösungen vorliegen. Einige Gleichungen sollen die hier vor sich gehenden Vorgänge veranschaulichen.

$$
\left.
\begin{aligned}
&\text{K}_2\text{SO}_4 + \text{Ca(OH)}_2 \ \ = \text{CaSO}_4 + 2\,\text{KOH} \\
&2\,\text{K}_3\text{PO}_4 + 3\,\text{Ca(OH)}_2 = \text{Ca}_3(\text{PO}_4)_2 + 6\,\text{KOH} \\
&\begin{matrix}\text{COOH} \\ | \\ \text{COOH}\end{matrix} + \text{Ca(OH)}_2 \ \ = (\text{COO})_2\text{Ca} + 2\,\text{H}_2\text{O}
\end{aligned}
\right\}
\begin{aligned}
&\text{Diese Prozesse liefern unlösliche} \\
&\text{Kalksalze, welche demnach aus-} \\
&\text{fallen.}
\end{aligned}
$$

---

[1] Die Zuckerfabrikation, 1918, S. 107.

Es fallen aber auch solche Körper aus, die wohl im sauren Rohsafte, nicht aber im kalkalkalischen Scheidesafte löslich sind.

Da die Säuren, wie oben in den Gleichungen teilweise gezeigt, an Alkalien, Ammoniak und organische Basen gebunden waren, werden letztere frei. KOH als starke Base verbindet sich wieder mit einer eventuell vorhandenen Säure, die mit Kalk kein unlösliches Kalksalz gibt. Ammoniak und organische Basen bleiben ungebunden und wirken mit dem überschüssigen Kalk auf die Nichtzuckerstoffe weiter ein.

Aus den chemischen Eigenschaften der Saccharate geht folgendes für die Scheidung hervor: Durch Einwirkung des Kalkes auf den Rohsaft entsteht Monocalciumsaccharat $C_{12}H_{22}O_{11} + CaO = C_{12}H_{22}O_{11} \cdot CaO$. Der Rohsaft reagiert aber infolge der Anwesenheit freier Säuren und saurer Salze sauer (im gekalkten Zustande allerdings nicht); aus diesem Grunde und weil auch Saftbestandteile vorhanden sind, die mit Kalk unlösliche Verbindungen eingehen, wird das kaum gebildete Monocalciumsaccharat sogleich zersetzt. Dabei wird der Zucker frei abgespalten, z. B. $C_{12}H_{22}O_{11} \cdot CaO + K_2SO_4 + H_2O = C_{12}H_{22}O_{11} + CaSO_4 + 2\,KOH$, oder geht gleich neue Verbindungen ein. Zwei chemische Gleichungen können diese Verhältnisse wiedergeben. Die erste zeigt die Zersetzung des Monocalciumsaccharats durch saure Salze (hier saures oxalsaures Kali), die zweite durch normale organischsaure Salze.

$$\begin{matrix} \text{COOK} \\ | \\ \text{COOH} \end{matrix} + C_{12}H_{22}O_{11} \cdot CaO = \begin{matrix} \text{COO} \\ \diagdown \\ \text{COO} \end{matrix} \mathord{>} Ca + C_{12}H_{21} \cdot KO_{11} + H_2O$$

(Kaliumsaccharat nach Rollo und Péligot $C_{12}H_{21}KO_{11}$)[1]

oder

$$C_{12}H_{22}O_{11} \cdot CaO + \begin{matrix} \text{COOK} \\ | \\ \text{COOK} \end{matrix} = Ca(COO)_2 + C_{12}H_{22}O_{11} \cdot K_2O.$$

Diese Zersetzungen gehen sehr rasch vor sich, so daß die Bildung des Monocalciumsaccharates gar nicht bemerkbar ist. Ist die Lösung genügend alkalisch, so bleibt ein Teil unzerlegt. Die gebildeten Alkalisaccharate geben nach Gunning mit Kalisalzen von organischen Säuren (Glutamin-, Asparagin-, Äpfel-, Bernstein-, Wein-, Essigsäure usw.) zähflüssige, sirupöse, wasserlösliche, beständige Verbindungen, welche starke Melassebildner sind[2].

Neben dem löslichen Calciummonosaccharat kann beim Aufkochen des Saftes unlösliches Trisaccharat (s. d.) entstehen. In der Hitze scheidet sich die letzgenannte Verbindung als unlöslicher Niederschlag aus. Da beim normalen Betriebe eine Abkühlung des Saftes nicht eintritt, bleibt es auch unlöslich. Ob es aber überhaupt entsteht, ist fraglich, da ja bei der Scheidung nicht aufgekocht wird.

Claassen äußert sich diesbezüglich mit Rücksicht auf die Betriebsverhältnisse folgendermaßen: „. . . daß während der Scheidung, nachdem

---

[1] Ann. de chimie II, 25, 48; Lippmann: Ch. d. Zuckerarten, 1895, 754.
[2] Z. V. D. Zuckerind. 1875, S. 424.

der Kalk zugesetzt ist, Zucker weder durch Erwärmen noch durch Abkühlen ausgefällt wird. Die Menge des gelösten Kalkes hängt, da der Zuckergehalt der Säfte im allgemeinen nur wenig schwankt, und die Menge des zugesetzten Kalkes innerhalb der praktischen Grenzen kaum einen Einfluß hat, fast nur von der Art der Scheidung und der Temperatur ab. Schwankungen in der Alkalität des geschiedenen und filtrierten Saftes sind daher bei gleicher Scheidungsart allein auf Schwankungen in der Temperatur während der Scheidung zurückzuführen, und zwar löst sich immer ungefähr so viel Kalk, wie der Löslichkeit bei der niedrigsten Temperatur entspricht, die der geschiedene Saft vor der Saturation gehabt hat..." Bei richtiger und gleichmäßiger Arbeit in der Scheidung, d. h. bei dauernder Einhaltung einer Temperatur von 80—90°, muß die Alkalität des filtrierten Scheidesaftes bei nasser Scheidung mindestens 0,20—0,25 %, bei Trockenscheidung 0,25—0,35 % CaO betragen[1].

Tollens und seine Mitarbeiter fanden, daß Rohrzucker beim Erhitzen mit Kalkmilch auf 100° etwas Milchsäure gibt, die sich auch tatsächlich in Melassen findet (s. d.).

Daß der Invertzucker in der Scheidung durch Kalk und Alkalien zerstört wird, wurde schon dargetan (s. d.). Nun soll die diesbezügliche Arbeit Jessers näher besprochen werden. Invertzucker, der durch Mischen gleicher Teile von Dextrose und Lävulose erzeugt wurde, wurde in Wasser gelöst und unter verschiedenen Bedingungen mit Ätzkalk geschieden und mit Kohlensäure saturiert[2].

Ausführung der Versuche. Die Glucoselösungen wurden bei 80° C und in der Kochhitze mit Kalk behandelt, letzterer bis zur schwach alkalischen Reaktion aussaturiert, filtriert, gewaschen, die noch alkalische Lösung zum Kochen gebracht und der Rest des Kalkes aussaturiert. Nach der Saturation hatten die Lösungen neutrale Reaktion. In die bei 80° C behandelten Proben wurde vor dem Kochen noch Kohlensäure eingeleitet, bis dieselben ganz schwach alkalisch reagierten, dann wurde aufgekocht und wie oben saturiert. Nach dem Filtrieren, Waschen und Abkühlen wurde auf ein bestimmtes Volumen aufgefüllt und die Probe untersucht. Die Resultate wurden auf die ursprüngliche Konzentration umgerechnet.

Invertzucker verhielt sich so wie seine Komponenten. „Seine Zersetzung (durch die Einwirkung des Kalkes) geht in zwei Phasen vor sich, und es werden schließlich Produkte erhalten, die gegen weitere Einwirkung von Kalk ungemein widerstandsfähig sind."

Auf die quantitativen Verhältnisse sei in dieser Auflage nicht eingegangen, da diese Versuche — nach einer Kritik Staněks — anläßlich seiner Studien über die Wirkung größerer Invertzuckermengen im Betriebe (s. d.) die hier herrschenden Verhältnisse nicht berückberücksichtigten.

Insbesondere arbeitete Jesser nur mit der 5fachen Kalkmenge, während in der Praxis die 20—30fache zur Wirkung kommt, und saturierte so weit aus, daß man in der Praxis von Übersaturation sprechen würde. Zum Teil aus diesen Gründen erhielt Staněk auch geringere

---

[1] Die Zuckerfabrikation, 1918, S. 108.
[2] Ö. U. Z. f. Zuckerind. XXII, S. 239, 661, 1893.

Werte für die Nichtzuckerstoffe, die durch die Wirkung des Kalkes auf den Invertzucker entstehen.

Bei der Scheidung aber wirken Kalk nicht allein, sondern auch Alkalien gleichzeitig auf den Invertzucker ein; diese Verhältnisse berücksichtigte Jesser.

Aus 100 Invertzucker bekam er im Mittel 118,6 Trockensubstanz mit 32,9 Kalium und 85,7 Organischem, je nach der Temperatur und den Mengen der einwirkenden Kalilauge[1].

Die erhaltenen Lösungen sind optisch inaktiv und reduzieren nicht Fehlinglösung; in freie Säuren übergeführt, entweichen bei der Destillation flüchtige Säuren. Es herrscht Analogie zwischen den Alkali- und Kalksalzen. Der Kalk ist durch Alkali ersetzt. Bei diesen Prozessen treten Farbenerscheinungen auf, die sich im aussaturiertem Safte zeigen. Ihre Besprechung soll daher erst im folgenden Kapitel ihren Platz finden.

Es sei gleich erwähnt, daß es nicht möglich war, eine strenge Trennung der beiden Abschnitte Scheidung und Saturation durchzuführen. Der Invertzucker war schon ein Beispiel hierfür. Aus didaktischen Gründen wäre es wohl besser, zuerst die reine Kalkeinwirkung und dann gesondert die Wirkung der Kohlensäure auf die gekalkten Säfte zu besprechen; doch gibt es viele Experimentalarbeiten, welche beide Operationen gleichzeitig berücksichtigen, und deren Wiedergabe würden durch Zerstückelung an Übersicht und Deutlichkeit verlieren.

Aus der Arbeit Jessers über den Invertzucker geht also hervor, daß dieser durch Kalk und Alkalien unter Bildung von Säuren mit löslichen Alkali- und Kalksalzen zerstört wird. Die Säuren verbleiben demnach im Safte, falls nicht unlösliche basische Salze existieren. Nur die Saccharumsäure hat ein unlösliches Kalksalz. Die anderen Säuren, die aus Invertzucker durch Kalk- oder Alkali-Einwirkung entstehen, wurden schon früher namentlich angeführt (s. d.).

Nach der beim „Invertzucker" schon angeführten Studie Čtyrokýs wird beinahe der gesamte Invertzucker im Laufe des Betriebes in der Berührungsperiode des Saftes mit Kalkmilch bei der Scheidung und Saturation zersetzt. Diese Zeit genügt praktisch zur vollständigen Zerstörung einer auch größeren (bis 1%) in der technischen Praxis vorkommenden Invertzuckermenge.

Aus den gewonnenen Versuchsergebnissen kann die Folgerung abgeleitet werden, daß die Scheidung mit Kalk bei einer erhöhten Temperatur (bei 86° C) etwa 10 Minuten dauern soll. Es ist vorteilhafter, Kalk, wenigstens zum Teil, schon vor dem Erwärmen zuzusetzen, da während des Erwärmens eine größere Kalkmenge in Lösung übergeht[2] und daher einen wirksameren Einfluß ausüben kann[3].

---

[1] Ö. U. Z. f. Zuckerind. XXII, S. 239 u. 661, 1893.

[2] Das kann nur durch Nebenreaktionen geschehen (Bildung von Säuren als Zersetzungsprodukte), da die Löslichkeit des Kalkes im Rohsafte mit steigender Temperatur fällt, wie einleitend zu diesem Kapitel ausgeführt wurde (Claassen, Schnell und Geese). [3] Z. d. tschsl. Zuckerind. VIII, S. 230, 1927.

Über das Verhalten der Raffinose liegen widersprechende Mitteilungen vor. Aus Weisbergs besprochenen Versuchen ging hervor, daß sich Raffinose als äußerst widerstandsfähig gegen dreistündige Einwirkung des Kalkes bei Kochtemperatur erwies. Andererseits bewiesen Tollens und seine Mitarbeiter, daß Raffinose beim Kochen mit Kalk Milchsäure liefert[1]. Jedenfalls könnte dies nur in minimalen Spuren geschehen, da die Raffinose normalerweise nur in ganz geringen Mengen in der Rübe und in den Säften vorkommt und die gekalkten Säfte auch nicht zum Kochen erhitzt werden.

Daß über das Verhalten der Pektinsubstanzen bei der Scheidung keine Klarheit herrscht, kann nicht wundernehmen, da ja diese Körperklasse erst in jüngster Zeit näher erforscht wurde.

In dem Marke kommt bei normaler Rübe die unlösliche Arabinsäure, also die Metaarabinsäure vor. In alterierten Rüben oder bei unrichtig durchgeführter Diffusion geht sie in die lösliche Modifikation, in die Arabinsäure (Metapektinsäure) über. Wenn auch der größte Teil der Pektinkörper in den ausgelaugten Schnitten zurückbleibt, so geht doch die feine Pülpe in den Saft über, wird in den Vorwärmern erwärmt, und hier sicherlich durch Erhitzung die Löslichwerdung der Metaarbinsäure eingeleitet und bei der Kalkzugabe in den Malaxeuren oder in den Saturateuren vollendet, indem sich arabinsaurer Kalk (metapektinsaurer Kalk) löst. Er verbleibt bis auf weiteres im Safte. Wie die Kohlensäure auf diese Verbindung wirkt, soll später gezeigt werden.

Diese klassisch gewordene Anschauung Scheiblers, die seinerzeit manche Vorgänge in der Fabrikation erklären ließ, wird jedoch von Weisberg bekämpft (s. Saturation). Hier sei nur so viel gesagt, daß nach diesem metapektinsaurer Kalk nicht entsteht, daß vielmehr pektinsaurer (metaarabinsaurer) Kalk unlöslich in den Schlamm geht.

Beides dürfte wohl der Fall sein und von noch unbekannten Verhältnissen abhängen: ein Teil des Rübenarabins wird in den Schlamm gehen, der größere Rest aber geht in den Scheidesaft als löslicher arabinsaurer Kalk. Daß dem so ist, zeigen spätere Analysen von Saturationsschlamm und Saturationssäften oder anderer Zuckerfabrikprodukte (Füllmassen, Dicksäfte) und die schönen Untersuchungen Ehrlichs, die bei der Chemie der Pektinkörper so ausführlich besprochen wurden. Nach diesen wird die Pektinsäure mit Kalk verseift, wobei durch Hydrolyse Tetragalakturonsäure entsteht, die dann durch den überschüssigen Kalk bei kurzdauernder Einwirkung vollständig ausgefällt wird und als Calciumsalz in den Scheideschlamm gelangt. Nicht ausgefällt wird das Araban; dieses bleibt im Saft und gelangt bis zur Melasse, wo es durch reine Linksdrehung Polarisationsverluste verursacht.

Da durch $CO_2$ in der Saturation keine Zerlegung erfolgt, so gelangt das obige Kalksalz nur mechanisch in den Saturationsschlamm[2].

Dextran — wenn vorhanden — wird bei längerem Kochen mit Kalk in Lösung gebracht und betätigt sich als Melassebildner. Scheibler sah gerade in der Scheidesaturation ein Verfahren, das die Löslichmachung des Dextrans

---

[1] Z. V. D. Zuckerind. 1889, S. 917.　　　[2] D. Z. 1924, S. 1050.

befördert[1]. Ebenso geht Lävulan in Lösung. Dieses sowie das $\gamma$-Galaktan Lippmanns, das übrigens ausgefällt werden soll, sind indes keine steten Begleiter des Zuckers oder nur in geringsten Mengen anwesend.

Der Kalk fällt also jene Säuren aus, die unlösliche oder doch schwer lösliche Kalksalze geben, wobei nicht die Löslichkeitsverhältnisse in reinem Wasser oder in reiner Zuckerlösung maßgebend sind. Hier liegen stets mehr oder weniger alkalische, mit den verschiedensten Nichtzuckerstoffen versetzte Zuckerlösungen vor; infolgedessen treten sehr komplizierte Sättigungs- und Lösungsverhältnisse auf und es wird noch sehr langwieriger Untersuchungen bedürfen, bis die gegenseitige Beeinflussung der einzelnen Saftbestandteile bekannt sein wird.

Verhalten der organischen stickstofffreien Säuren. Da die Löslichkeitsverhältnisse teils bei jeder einzelnen Säure selbst, teils im Zusammenhange im fünften Kapitel besprochen wurden, genügt es, an dieser Stelle nur die Folgerungen aus den dort angeführten Tatsachen zu ziehen.

Die Oxalsäure, bzw. ihr Kalksalz ist der wichtigste Vertreter der ersten Säuregruppe. Hier hat man es mit einer Zuckerlösung von ca. 12 % Zucker und einem gewissen Kalkgehalte bei höherer Temperatur zu tun. Von den früher gemachten Angaben sind die Breslers am nächsten zutreffend. Calciumoxalat ist als unlöslich zu bezeichnen. Die Oxalsäure wird demnach in den Scheideschlamm gehen — aber nicht quantitativ, weil das oxalsaure Calcium Gelegenheit findet, doch etwas in Lösung zu gehen. Je größer der Kalkzusatz, desto größer ist auch die Löslichkeit dieses Salzes. Wie schon angegeben, lösten 100 cm³ einer 14proz. Zuckerlösung mit einem Kalkgehalte von 2 % CaO bei 75⁰ C 0,0284 g Calciumoxalat. Nach der oben gebrachten Mitteilung Spillers dürfte die Löslichkeit des Calciumoxalates noch etwas größer sein, weil citronensaure Salze im Rohsaft zugegen sein können[2].

Da der Saft über 10 % Zucker enthält, sollte — reine Zuckerlösung vorausgesetzt — weniger Oxalat löslich sein als in reinem Wasser (Jacobsthal). Es ist aber Ätzkalk zugegen, so daß diese Löslichkeit eben eine größere wird (Rümpler, Dehn)[2].

Calciumoxalat wird demnach zu einem geringen Teile in Lösung bleiben.

Für die anderen Säuren der Oxalsäurereihen gilt, daß die Löslichkeit ihrer Kalksalze mit steigendem Molekulargewicht zunimmt; absolut ist diese Löslichkeit eine andere in kalkhaltiger Zuckerlösung als in reinem Wasser.

Die Kalksalze der Malon-, Bernstein-, Glutar- und Adipinsäure werden sich demnach auch teilweise im Safte lösen, und zwar mehr als das oxalsaure Calcium. All die genannten Säuren werden daher nur unvollkommen aus dem Safte gefällt, um so unvollkommener, je höher ihr Molekulargewicht ist.

---

[1] Z. V. D. Zuckerind. 1874, S. 309.
[2] Die näheren Literaturhinweise finden sich S. 90ff.

Das Kalksalz der Glykolsäure ist löslich, daher bleibt es im Scheidesafte. Ist Glyoxilsäure im Safte anwesend, so wird sie durch Kalkeinwirkung in Glykolsäure und Oxalsäure, bzw. in deren Kalksalze gespalten. Das erstere bleibt ganz in Lösung, das letztere wird zum größten Teile ausgefällt.

Die Äpfelsäure bildet unter den herrschenden Bedingungen das lösliche neutrale Kalksalz (Bresler)[1].

Das Kalksalz der Citronensäure wird zum größten Teile ausgefällt werden; es verhält sich so wie das Calciumoxalat.

Ebenso ist das weinsaure Calcium in Zuckerlösungen fast unlöslich.

Die beiden letztgenannten Säuren fallen als basische Salze aus. Das der Weinsäure bleibt unlöslich, während das der Citronensäure sich allmählich lösen soll.

Aconitsaures Calcium und ebenso tricarballylsaures Calcium sind nur schwer löslich — doch sind die zwei Säuren keine normalen Bestandteile des Rübensaftes; sie wurden auch nicht direkt darin nachgewiesen.

In der Scheidung können sich auch Säuren als Zersetzungsprodukte bilden, und sind demnach die Löslichkeitsverhältnisse ihrer Kalksalze zu betrachten. In erster Linie ist da jener Säuren zu gedenken, die aus dem Invertzucker entstehen. Das sind: Milch-, Glycin-, Saccharumsäure und Saccharin (s. d.). Mit Ausnahme der Saccharumsäure haben die anderen Säuren lösliche Kalksalze, gehen also in den Saft über. Das ist eine sehr unwillkommene Erscheinung; daraus erhellt auch ein weiterer Nachteil für den Betrieb, wenn auf der Batterie Inversion stattfindet. Nicht nur, daß mit ihr größere Zuckerverluste verknüpft sind, man verschlechtert damit auch die Qualität der Scheide- und Saturationssäfte durch Vermehrung der aus dem Invertzucker stammenden Säuren, bzw. ihrer Kalksalze.

Die Fettsäuren der Fette geben mit Kalk unlösliche Verbindungen; aber zum Schlusse der Saturation, wo der Kalk gegen Alkalien und Ammoniak nur in kleinem Überschusse vorhanden ist, lösen sich die gebildeten Kalkseifen wieder auf. Nach Versuchen von L. Battut mit Kakaobutter zu 70 %. Die in den Schlamm gelangenden Kalkseifen erschweren die Filtration. Bei der Verseifung des Rübenfettes bildet sich nach untenstehender Gleichung auch lösliches Glycerin. Doch können nicht die geringen Fettsubstanzen der Rüben, sondern nur die zur Beruhigung der schäumenden Säfte zugesetzten Fette sich im Betriebe geltend machen.

Die Alkaliseifen sind in Wasser löslich.

In der Scheidung entstehen jedoch nicht diese, sondern die unlöslichen Kalkseifen.

$$2\,C_3H_5 \cdot (C_{15}H_{31} \cdot COO)_3 + 3\,Ca(OH)_2 = \underset{\text{Glycerin}}{2\,C_3H_5 \cdot (OH)_3} + \underset{\substack{\text{Kalkseife}\\\text{(Calciumpalmitat)}}}{3\,(C_{15}H_{31} \cdot COO)_2Ca}$$

Im Wasser sind sie wohl unlöslich, aber nach den angeführten Versuchen Breslers (s. d.) sind fettsaure Kalksalze doch ein

---

[1] Die näheren Literaturhinweise finden sich S. 90 ff.

wenig in den heißen Zuckersäften löslich, gehen also in den Scheidesaft teilweise über.

Das Verhalten der vorgenannten stickstofffreien Körper wie der nun folgenden stickstoffhaltigen in der Scheidung wird noch — teilweise ergänzend — bei der Saturation zu besprechen sein (Untersuchungen von Pachlopnik).

## 2. Verhalten der stickstoffhaltigen Körper in der Scheidung.

Die verschiedenen Eiweißstoffe, soweit sie nicht in den Vorwärmern koagulierten, werden durch energische Kalkeinwirkung nach dem früher geschilderten Mechanismus abgebaut werden. Doch geht dieser Prozeß nicht sehr rasch vor sich, da Wendeler, Herzfeld, Stift, Rümpler u. a. Eiweißabbauprodukte in den einzelnen Betriebsstadien bis zur Melasse verfolgen und nachweisen konnten. Dies wird besonders beim Studium der Substanzbewegung im Betriebe (Kap. 25) klar.

Der Abbau geht bis zu den Amiden und Aminosäuren vor sich. Diese befinden sich aber auch schon von Haus aus in den Säften und erliegen durch die Kalkeinwirkung weiterem Abbaue. Die zwei bekanntesten Amide, z. B. Asparagin und Glutamin, spalten Ammoniak ab und gehen in ihre Aminosäure langsam über[1].

$$
\begin{array}{l}
CONH_2 \\
| \\
CHNH_2 \\
| \\
CH_2 \\
| \\
COOH
\end{array}
+ Ca(OH)_2 =
\begin{array}{l}
COO\diagdown \\
| \\
CHNH_2 \\
| \quad\quad\quad >Ca + NH_3 + H_2O \\
CH_2 \\
| \\
COO\diagup
\end{array}
$$

Asparagin       Asparaginsaures Calcium

$$
\begin{array}{l}
CONH_2 \\
| \\
CH \cdot NH_2 \\
| \\
CH_2 \\
| \\
CH_2 \\
| \\
COOH
\end{array}
+ Ca(OH)_2 —
\begin{array}{l}
COO\diagdown \\
| \\
CH \cdot NH_2 \\
| \quad\quad\quad >Ca + NH_3 + H_2O \\
CH_2 \\
| \\
CH_2 \\
| \\
COO\diagup
\end{array}
$$

Glutamin       Glutaminsaures Calcium

Sind in der Rübe die freien Säuren bzw. Alkalisalze vorhanden, so bleiben sie als Kalksalze.in Lösung. Die Amide der Rübe oder jene aus den Eiweißkörpern bleiben sonach als Kalksalze ihrer Aminosäure in den Säften. Das ist keineswegs für die Saftreinigung und Krystallisation von Vorteil, immerhin aber besser, als wenn die Peptone und verwandte Körper im Safte bleiben würden, weil diese größere Melassebildner sind als die leicht krystallisierbaren Aminosäuren.

---

[1] Es muß aber darauf hingewiesen werden, daß Staněk bei seinen Untersuchungen über die Wirkung des Kalkes auf das Nichtzuckerkoagulum aus Rübenpreßsaft krystallische Aminosäuren unter den Zersetzungsprodukten nicht nachweisen konnte; wenigstens bei seiner Versuchsanordnung und Zeitdauer fand er nur „niedrigere Peptone" (s. S. 299).

Ähnliches gilt für Leucin und Tyrosin.

Die eben besprochenen Zersetzungen beginnen aber nur in der Scheidung; in der Saturation, Verdampfung usw. werden sie fortgesetzt. Bis zu welchem Grade der Abbau schon in der Scheidung und Saturation vor sich geht, hängt von Kalkmenge, Einwirkungsdauer und Temperatur ab.

Diese Verhältnisse studierte gründlich und erfolgreich J. Vondrák in seiner Untersuchung „Über die Zersetzungsgeschwindigkeit stickstoffhaltiger Nichtzuckerstoffe durch Kalk"[1]. Diese Abhandlung ist um so wertvoller, als sie die Literatur dieses Gegenstandes erschöpfend bis zu den eigenen Versuchen anführt und kritisch behandelt[2].

Glutamin wird danach durch Kalk leichter als das Asparagin zersetzt, und zwar beide um so mehr, je mehr Kalk zur Wirkung gelangt und je höher die Scheidetemperatur ist[3].

Asparagin- und Glutaminsäure werden in Zuckerlösungen bei 80° C durch Kalk nur wenig zersetzt: bei 1—3% CaO bloß etwa 1% der Säuren.

Betain erwies sich — in Übereinstimmung mit früheren Untersuchungen — als sehr widerstandsfähig und wird bei der Scheidung kaum angegriffen; gleiches gilt vom verwandten Cholin.

Im Widerspruche zu den bis dahin geltenden Anschauungen fand Vondrák das Allantoin als recht widerstandsfähig (s. d.).

Die Zersetzung von (ausgefällten) Eiweißkörpern war auch nur eine geringe (1—5% des Stickstoffes) und verschieden nach der Art der Gewinnung des Eiweiß (Essigsäure, Tanninfällung).

Von den vielen Tabellen der genannten Untersuchung sei nur die für hier wichtigste wiedergegeben, da sie auch einen Einblick in die Versuchsbedingungen gewährt. Immer wurde die Menge des abgespaltenen Ammoniaks als Maß für die jeweilige Zersetzung genommen.

Aus diesen Untersuchungen folgt u. a., daß während der Scheidung der Kalk mit dem Eiweiß ziemlich energisch reagiert und daß das unlösliche Eiweiß teilweise lösliche Produkte entstehen läßt — so daß sich eine zu lange Scheidedauer nicht empfiehlt. Das steht nicht im Widerspruch zur bekannten Tatsache, daß verlängerte Scheidungsdauer besseren Saturationseffekt bedingt; dies bewiesen neuerdings Duschski und Galabutski zahlenmäßig[4]. In verschiedenen Betrieben beobachteten sie bei der Verlängerung der

| | | | |
|---|---|---|---|
| Scheidungsdauer um . . . . . . . . . . . . . . . . . | 5 | 10 | 13 Min. |
| eine Erhöhung des Saturationseffektes um rund | 2 | 2,6 | 8% |

In Erkenntnis dieser Tatsache besteht meist die erste Maßnahme, die man trifft, wenn sich Betriebsschwierigkeiten einstellen (Rückgang

---

[1] Z. d. tschsl. Zuckerind. III, S. 483 ff., 1922.

[2] In diesem Buche ist die einschlägige Literatur an den betreffenden Stellen, z. B. bei den stickstoffhaltigen Nichtzuckern, beim Rückgange der Alkalität, bei der Scheidung und Saturation usw. schon in der ersten Auflage angeführt worden.

[3] Gleiches fand P. M. Silin bei ähnlichen Untersuchungen über die Zersetzung von Asparagin. C. f. Zuckerind. 1927, S. 1464.

[4] Zapiski: Durch Rundschau Juli 1926, Nr. 10, S. 39.

der Alkalität, schweres Kochen u. a.) darin, daß man die Scheidungsdauer verlängert.

Gegen die Vorteilhaftigkeit einer längeren Scheidungsdauer spricht
es nicht, daß es auch Zuckerfabriken gibt, die trotz ganz kurzer Dauer
gut arbeiten[1].

Tabelle 70. **Zersetzung einiger stickstoffhaltigen Nichtzuckerstoffe
durch Kalk in 15proz. Zuckerlösung.**

| Substanz | Angewendet | | t° | Zersetzungs-dauer | Abge-spalten mg N | Zersetzt im ganzen % |
|---|---|---|---|---|---|---|
| | mg N | % CaO | | | | |
| Asparaginsaure . | 12 | 3 % in der Kälte | 80 | 30<br>60 | 0,01<br>0,10 | 0,1<br>0,9 |
| ,, . | 12 | 1 % in der Kälte | 80 | 30<br>60 | 0,09<br>0,06 | 0,7<br>1,2 |
| . ,, . | 12 | 1 % in der Wärme | 80 | 30<br>60 | 0,06<br>0,04 | 0,5<br>0,8 |
| Glutaminsaure . | 12 | 3 % in der Kälte | 80 | 30<br>60 | 0,10<br>0,09 | 0,8<br>1,5 |
| ,, . | 12 | 1 % in der Kälte | 80 | 30<br>60 | 0,06<br>0,10 | 0,5<br>1,3 |
| ,, . | 12 | 1 % in der Wärme | 80 | 30<br>60 | 0,06<br>0,08 | 0,5<br>1,2 |
| Betain . . . . . | 48 | 1 % in der Kälte | 80 | 60<br>120 | 0,04<br>0,00 | 0,1<br>0,1 |
| ,, . . . . . | 48 | 1 % in der Wärme | 100 | 60 | 0,02 | 0,05 |
| ,, . . . . . | 48 | 2 % in der Kälte | 80 | 30<br>60 | 0,02<br>0,00 | 0,05<br>0,05 |
| Cholin . . . . . | 6 | 2 % in der Kälte | 80 | 30<br>60<br>240 | 0,02<br>0,00<br>0,04 | 0,2<br>0,2<br>0,5 |
| ,, . . . . . | 6 | 2 % in der Wärme | 80 | 7 Tage | 0,14 | 2,3 |
| ,, . . . . . | 6 | 2 % in der Wärme | 100 | 30<br>60 | 0,04<br>0,03 | 0,3<br>0,6 |
| ,, . . . . | 6 | 2 % in der Kälte | 80 | 30<br>60<br>250<br>500 | 0,02<br>0,00<br>0,02<br>0,08 | 0,2<br>0,2<br>0,4<br>1,0 |
| Allantoin . . . | 12 | 1 % in der Kälte | 80 | 20<br>40<br>60 | 0,03<br>0,02<br>0,02 | 0,2<br>0,4<br>0,6 |
| ,, . . . | 24 | 1 % in der Kälte | 80 | 60 | 0,10 | 0,8 |
| Eiweißfällung mit Essigsäure | 81,5 | 2 % in der Kälte | — | 30<br>60 | 1,68<br>0,84 | 2,1<br>3,1 |
| ,, ,, | 81,5 | 2 % in der Wärme | 80 | 30<br>60 | 0,82<br>0,63 | 1,0<br>1,8 |
| ,, Tannin . | 13,9 | 2 % in der Kälte | 80 | 30<br>60 | 0,44<br>0,36 | 3,2<br>5,8 |
| ,, ,, . | 13,9 | 2 % in der Wärme | 80 | 30<br>60 | 0,40<br>0,34 | 2,9<br>5,3 |
| ,, Kalk. . . | 72,9 | 2 % in der Kälte | — | 30<br>60 | 1,89<br>1,26 | 2,6<br>4,3 |

[1] D. Z. 1928, S. 50.

### 3. Verhalten der anorganischen Rübenbestandteile in der Scheidung.

Alkalien werden nicht nur nicht entfernt, sondern durch die des Scheidekalkes noch vermehrt. Der Gehalt des geschiedenen Saftes an freien Alkalien richtet sich nach den Säuren im Rohsafte, an welche die Alkalien gebunden waren. Sind das solche mit unlöslichen Kalksalzen, so reichen nach der Scheidung die gelöst bleibenden Säuren nicht zur Bindung der freigewordenen Alkalien aus, ein Teil der letzteren bleibt frei und wirkt in der Scheidung zersetzend auf manche Nichtzucker ein. Sind aber solche Säuren im Rohsafte mit Alkalien verbunden gewesen, die lösliche Kalksalze geben, so verdrängen die bei der Scheidung freigewordenen Alkalien entweder bereits in der Scheidung oder erst bei der Saturation den Kalk aus diesen Salzen.

Über die Erhöhung des Gehaltes an Alkalien durch jene des zugesetzten Scheidekalkes rühren Untersuchungen von Heidepriem[1] und Scholz her. Bei einer Scheidung mit 3 % Kalk erhöhten sich nach ersterem die Alkalien um 13,48 %.

Ebenso gehört Chlor zu den „schädlichen" anorganischen Bestandteilen, es bleibt daher in den Säften.

Phosphorsäure, Kieselsäure, Eisenoxyd und Tonerde werden zum größten Teile ausgefällt. Die beiden letztgenannten Basen und auch Magnesia fallen als Oxydhydrate aus. Die Rolle der Magnesia bei der Scheidung (bei der Saturation und Übersaturation) studierte R. Kargl[2] (s. Saturation). Bei der Phosphor- und Schwefelsäure muß man zwischen der anorganischen und organischen Bindung unterscheiden (Phosphorsäure im Lecithin und als Phosphat, Schwefelsäure als Sulfat und in den Eiweißkörpern).

Mehr Licht in den Chemismus der Scheidung brächten Untersuchungen von Scheideschlämmen. Gerade in neuerer Zeit widmete Staněk diesen sein Augenmerk. In seinen Scheide- und Saturationsversuchen des Jahres 1920 und 1921[3] wurden u. a. 80° C heiße Rohsäfte einmal mit 0,40, das andere Mal mit 0,22 % CaO geschieden, der Scheideschlamm sedimentieren gelassen, abfiltriert, gewaschen, getrocknet, gewogen und analysiert.

Tabelle 71. Zusammensetzung der durch Scheidung des Diffusionssaftes mit Kalk entstandenen Niederschläge.

| | I. Versuch | | | II. Versuch | | |
|---|---|---|---|---|---|---|
| | Auf 100 Diffus.-Saft | Auf 100 Polar.-Zucker | Auf 100 Niederschlag | Auf 100 Diffus.-Saft | Auf 100 Polar.-Zucker | Auf 100 Niederschlag |
| Menge des Niederschlages . | 0,605 | 3,40 | 100,0 | 0,540 | 3,22 | 100,0 |
| Anorganischer Anteil . . . . | 0,335 | 1,88 | 55,4 | 0,201 | 1,19 | 37,2 |
| Calciumoxyd . . . . . . . | 0,170 | 0,96 | 28,1 | 0,112 | 0,67 | 20,7 |
| Stickstoff . . . . . . . . . | 0,014 | 0,077 | 2,3 | 0,011 | 0,066 | 2,0 |
| Eiweißstoffe (N × 6,25) . . . | 0,087 | 0,482 | 14,4 | 0,069 | 0,412 | 12,5 |

---

[1] Z. V. D. Zuckerind. 1865, S. 514.
[2] Z. d. tschsl. Zuckerind. IX, S. 253, 1928.     [3] ebd. III, S. 299, 1922.

Aus der vorstehenden Tabelle geht hervor, daß die Niederschläge bedeutenden Aschengehalt (55,4 und 37,2 %) — hauptsächlich Kalk — und wenig Stickstoff (2,0 und 2,3 %) enthalten; außerdem sind in ihnen Oxalsäure und Citronensäure vorauszusetzen, und zwar in recht erheblichen Mengen, erstere bis 25 %, letztere bis 12 %.

Außerdem fand Staněk bei diesen Betriebs- und Laboratoriumsuntersuchungen: Der Reinheitsquotient ist durch bloße Scheidung bedeutend gestiegen, und zwar im ersten Versuche um 2,8 %, im zweiten um 3,0 %. Durch Scheidung wurden 28,4—28,8 % Nichtzuckerstoffe entfernt, hiervon entfällt der Hauptteil auf Eiweißstoffe, von welchen 79,4 bzw. 65,3 % in den Schlamm übergegangen sind. Im ersten Versuche ist infolge energischer Scheidung der Amidstickstoff bedeutend (um 78,5 %) gesunken, im zweiten bloß um 31,6 %. Vom schädlichen Stickstoff wurden — seinem Begriffe entsprechend — nur geringe Mengen (etwa 4 %) durch die Scheidung entfernt.

Fußend auf alten und älteren Verfahren (sie sind in der Arbeit Staněks angeführt), herrscht heute das Bestreben vor, diesen Scheideschlamm vor der Saturation abzufiltrieren (dekantieren, zentrifugieren usw.). So sollen die gefällten Nichtzuckerstoffe in wertvollerer Form vorliegen, der Saturationsschlamm leichter filtrierbar werden und auch wirtschaftliche Vorteile sich ergeben.

Dieses Vorgehen hat aber auch nachteilige Folgen, wie später bei der Besprechung der Abänderungen der üblichen Scheidesaturation gezeigt wird (Abschnitt k).

Auch die physikalische Wirkung des Kalkzusatzes hatte ihre Bedeutung, als die alleinige Scheidung die eigentliche Reinigung der Rübensäfte bedeutete. Diese (historischen) Verfahren lassen sich alle unter dem Titel „Scheidung und Dekantation" zusammenfassen. Weil in neuerer Zeit manche Erfinder und Verfahren auf sie zurückgriffen (s. S. 378), studierte Vlad. Škola „Über die Scheidung des Diffusionssaftes und die Sedimentation des Scheideschlammes"[1].

Diffusionssäfte wurden mit verschiedenen Kalkmengen, in verschiedener Ausführungsform, sowohl in der Kälte als auch nach dem Erwärmen zusammengebracht, die Geschwindigkeit der Sedimentation, die Beschaffenheit des Sedimentes und die des Saftes geprüft. Es sollte auch die Möglichkeit studiert werden, diese Art der Scheidung als Vorreinigung der Diffusionssäfte zu benutzen.

In der Kälte trat Sedimentierung des Kalkschlammes schwieriger ein als in der Wärme. Zu wenig oder zu viel Kalk erschwerte die Sedimentierung; in der Wärme (80° C) brachte erst ein Kalkzusatz von 0,14 % CaO auf das Saftvolumen einen absetzfähigen Niederschlag hervor. 0,2 % CaO-Zusatz in der Wärme ergaben die praktisch besten Resultate; es wurde zwar auch in diesem Falle nicht gänzliche Klärung des Diffusionssaftes erzielt — hierzu wäre viel mehr CaO notwendig —, doch hatte dieser Schlamm die praktisch beste Beschaffenheit.

---

[1] Z. d. tschsl. Zuckerind. III, S. 601, 1922.

Die Alkalität des so geschiedenen Saftes war 0,065 g, CaO/100 cm$^3$. Bemerkenswert ist, daß im kalten Saft die Art der Kalkzugabe das Ergebnis beeinflußte (am besten erwies es sich, den Saft in die Kalkmilch vorsichtig einzumischen und nicht umgekehrt); bei der heißen Arbeit zeigten sich diesbezüglich keine Unterschiede. In neueren Untersuchungen über den gleichen Gegenstand fand Škola neu folgende Tatsachen und Zusammenhänge, die auch praktisch von Bedeutung sind[1].

Nach diesen ist es kein Vorteil, den Scheideschlamm vor der Saturation zu entfernen (filtrieren, sedimentieren, dekantieren) und den erhaltenen Saft zu saturieren. Die „Normalsaturation", d. h. die bestehende Scheidesaturation ergibt reinere und hellere Säfte als die Saturation des Filtrates oder Dekantates.

Also gerade das Gegenteil von dem, was Rümpler in seinen „Nichtzuckerstoffen", S. 460 von der üblichen Scheidesaturation sagt: „In den meisten Fabriken wird unmittelbar nach Hinzufügung des Kalkes Kohlensäure in den Saft eingeleitet, um überschüssigen Kalk auszufällen. Daß dieses Verfahren wenig den sonstigen Gepflogenheiten bei chemischen Arbeiten, zu denen ja Scheidung und Saturation ganz besonders gehören, entspricht, oder vielmehr denselben widerspricht, hat schon Stohmann ausgesprochen und muß jeder Chemiker anerkennen. In Wirklichkeit müßte es viel richtiger sein, zuerst den bei der Scheidung entstandenen Schlamm abzufiltrieren und den überschüssigen Kalk erst aus dem klaren Filtrate auszufällen.
In der Tat hat ... Siegert in Tschauchelwitz diese Arbeitsweise ... nicht nur in seinem eigenen, sondern auch in verschiedenen fremden Betrieben praktisch durchgeführt und, wie hier betont werden muß, mit vielem Erfolge. Auch der Verfasser (Rümpler) hat dieselbe einfach übernommen."

Aus den Versuchen Školas müßte man sogar schließen, daß gerade die Saturation des Sedimentes bessere Säfte ergibt als die normale Saturation (Scheidesaturation).

Der Siegertschen und ähnlichen Arbeitsweisen lag der Gedanken zugrunde, jene Nichtzuckerstoffe, die sich durch die bloße Klärung (Scheidung) ausscheiden lassen — also den Scheideschlamm —, schon vor der Saturation zu entfernen, damit sie durch die weitere Einwirkung des Kalkes nicht etwa solche Umwandlungen erfahren können (Abbau, Löslichmachung), die den Säften eine mindere Beschaffenheit erteilen könnten. In seiner Studie „über die Wirkung des Kalkes auf die bei der Scheidung des Diffusionssaftes ausgeschiedenen Nichtzuckerstoffe" konnte V. Staněk präparativ und analytisch nachweisen, daß die separate Abscheidung des Scheideschlammes vor der Saturation nicht notwendig sei. Von den teilweise wohl in Lösung gegangenen Nichtzuckerstoffen ging die Hälfte bei der folgenden Saturation in den Schlamm, so daß die Saftreinheit kaum um 0,2 % im Reinheitsquotienten sich vermindert hätte (rechnerisch bei extremer Kalkeinwirkung)[2].

Daß Säfte der üblichen Scheidesaturation viel heller — „ausnahmslos" — sind als die nach dem Siegertschen Verfahren gewonnenen, stellte u. a. auch Herzfeld fest. Er schloß daraus, daß das zunächst unlösliche Kalkhydrat beim Übergang in das Carbonat eine reinigende

---

[1] Z. d. tschsl. Zuckerind. IV, Nr. 29—39, 1923.          [2] ebd. V, S. 301, 1924

Wirkung ausübt, da bei dessen Bildung Farbstoff mit niedergerissen wird[1].

Neben seiner chemischen Wirkung macht sich auch eine sterilisierende Wirkung des Kalkes geltend. Der vorgewärmte Rohsaft enthält immer noch genug Pilzkeime; sie werden erst durch den Zusatz des Kalkes abgetötet, was Rümpler zeigte. Er erhielt bei tagelangem Stehen des Scheidesaftes „nicht die geringsten Pilzkolonien"[2].

## b) Saturation.

Der eigentliche Zweck der Saturation ist erstens, den überschlüssigen Kalk auszufällen, und zweitens, die vorhandenen Saccharate zu zersetzen:

$$\text{I. } Ca(OH)_2 + CO_2 = CaCO_3 + H_2O.$$
$$\text{II. } C_{12}H_{22}O_{11} \cdot CaO + CO_2 = C_{12}H_{22}O_{11} + CaCO_3.$$

### 1. Verhalten des Zuckers in der Saturation.

Die Zersetzung eventuell anderer vorhandener Kalksaccharate verläuft analog. Unter gewissen Umständen (Trockenscheidung, kalte Scheidung) entstehen Doppelverbindungen von kohlensaurem Kalk und Zuckerkalk, Zuckerkalkcarbonat, das einen gelatinösen Niederschlag bildet, den Saft verdickt und größere Mengen Zucker in Form von unlöslichem Zuckerkalk einschließt. Arbeitet man bei Temperaturen über 70—80° C, so vermeidet man die Bildung des gelatinösen Zuckerkalkcarbonats vollständig; umgekehrt, je kälter die Arbeit, desto größere Mengen bilden sich davon. Durch starkes Erwärmen und fortgesetztes Einleiten von Kohlensäure tritt Zerlegung desselben ein. Die Zusammensetzung dieser Verbindung ist noch nicht unbestritten, und so verzichtet der Verfasser darauf, die chemischen Vorgänge bei der Zerlegung des Zuckerkalkcarbonates mit Kohlensäure in Form einer Gleichung zu veranschaulichen. Tatsache ist, daß mit fortschreitender Einleitung der Kohlensäure Verflüssigung des Schlammbreies eintritt, bis bei richtiger Alkalität nichts mehr vom Zuckerkalkcarbonat vorhanden ist.

Unter Umständen können aber doch erhebliche Mengen im Safte verbleiben, die dann auf den Schlammpressen schlechtes Laufen und Zuckerverluste verursachen[3].

Beim Zerlegen des Calciummonosaccharates durch Kohlensäure wird Zucker frei. Nach der Anschauung Jelíneks soll der freiwerdende Zucker sich wieder mit Ätzkalk zum Saccharate verbinden, durch Kohlensäure abermals zerlegt werden usf., bis kein freier Ätzkalk mehr vorhanden ist. Diese Hypothese „ist bis heute eine auf kein Experiment sich stützende geblieben".

In seinen „Beiträgen zur Saturation"[4] gibt Wachtel die zur Scheidung und Saturation unbedingt notwendige Kalkmenge zu $1/8\,\%$ CaO

---

[1] Z. V. D. Zuckerind. 1895, S. 474.
[2] Die Nichtzuckerstoffe der Rüben, 1898, S. 440.
[3] Herzfeld: Z. V. D. Zuckerind. 1894, S. 278; 1899, S. 684, 724, 779.
[4] Organ 1880, S. 486.

bei Anwendung genügender Zeit und Wärme für schlechte Rüben auf
Grund von Versuchen an. Das wäre das theoretische Minimum; doch ist
sich Wachtel des Vorteiles der Anwendung eines Kalküberschusses in
mechanischer Hinsicht bewußt. Die Saturation soll rasch verlaufen. Bei langsamer Arbeit ist die erzielte Reinigung
geringer und die Alkalität des Saftes größer. Dies hat seinen
Grund darin, daß sich dreibasisches Kalksaccharat bildet und Kalkcarbonat in Lösung geht, und zwar um so mehr, je länger die Saturation
dauert und je niedriger die Temperatur dabei ist. Das dreibasische
Kalksaccharat hat nach Lippmann, in Übereinstimmung mit andern,
die Formel $C_{12}H_{22}O_{11} + 3CaO + 3H_2O$. — Es wurde von Lippmann
so dargestellt, daß Zuckerlösungen mit reinstem Ätzkalk gefällt, filtriert
und der Niederschlag getrocknet wurde[1]. Wachtel saturierte dieses
reine Saccharat mit Kohlensäure. Zuerst entsteht eine dickflüssige,
weiße Masse, welche diesem Gase einen großen Widerstand entgegensetzt. Die Kohlensäure wird absorbiert, dann erfolgt Verflüssigung der
Masse. Vor dem Moment der größten Konsistenz der Masse waltet
Ätzkalk, nach diesem kohlensaurer Kalk vor. Die dicke Masse ist nach
Wachtel eine Verbindung von zweibasischem Zuckerkalk mit kohlensaurem Kalk. Bei weiterer Saturation entsteht endlich, besonders in
der Kälte, nach sehr langsamer Filtration eine schwerflüssige, klare,
farblose Flüssigkeit, die eine Lösung von Kalkcarbonat im einbasischen
Zuckerkalk sein soll. Es wäre also durch fortschreitenden Zerfall
aus dem dreibasischen Zuckerkalk zwei- und einbasischer
entstanden. Letzterer zerfällt dann durch die Kohlensäure in Kalkcarbonat und Zucker, je nach den Temperaturverhältnissen. „Da in
der Praxis faktisch höhere Temperaturen angewendet werden, welche
nahe an der Kochhitze liegen, so läßt sich annehmen, daß bei der
Saturation, nachdem dreibasisches Saccharat anwesend sein mußte,
zuerst zweibasisches, dann einbasisches Saccharat entsteht, von welchen
beiden bekannt ist, daß 1. zweibasisches Saccharat beim Kochen leicht
in ein- und dreibasischen Zuckerkalk zerfällt (Boivin und Loiseau),
2. daß einbasisches Saccharat kohlensauren Kalk in bedeutenden Mengen
auflöst und in diesem Zustande beim Kochen in Kalkcarbonat, dreibasischen Zuckerkalk und Zucker zerfällt." Ein Teil des zersetzten
dreibasischen Saccharates wird demnach bei der Saturation in der Hitze
regeneriert, wodurch die Saturation länger dauert. Bei langsamer Einleitung von Kohlensäure geht auch noch der schon abgeschiedene
kohlensaure Kalk in Lösung, „. . . . rasche Saturation ist also vorzuziehen,
da fallen diese Bedenken weg". Der Saturationsschlamm enthält stets
Zuckerkalk. Bei Übersaturierung wird ein großer Teil des Kalkcarbonats
gelöst.

Loiseau versetzte Zuckerlösungen mit Kalkhydrat und saturierte
die so erhaltenen Zuckerkalklösungen mit Kohlensäure aus, bis sich
ein gelatinöser Niederschlag bildete. Dabei fand er, wie schon früher
mit Boivin zusammen, daß diese Lösung bis zur Bildung des Nieder-

---

[1] Organ 1880, S. 35 u. 290.

schlages an Alkalität zu-, an Zuckergehalt abnahm. Dem gefällten Zuckerkalkcarbonat gab später Loiseau auf Grund seiner unter verschiedenen Bedingungen durchgeführten Versuche die Formel[1]:

$$C_{12}H_{22}O_{11} \cdot 3\,CaCO_3 \cdot 2\,Ca(OH)_2.$$

Dieselben Untersuchungen wiederholte Weisberg mit Diffusionssaft und fand, daß im Verlauf der Saturation stets eine Verminderung der Polarisation der filtrierten Säfte zusammen mit einer Verminderung der Alkalität und einer Verdickung der gekalkten Masse eintritt. Er nimmt Fällung einer Verbindung von Zucker, Kalk und kohlensaurem Kalk an, welche die Filtrationsfähigkeit erschwert. In seinen ,,Untersuchungen über den Verlauf der normalen ersten Saturation"[2] kam A. Herzfeld zu denselben Ergebnissen wie Loiseau und Weisberg[3].

Zuerst fand Herzfeld bei Saturationsversuchen mit reinen Zuckerkalklösungen (Lösungen von Kalk in Zuckerlösungen), daß bald nach Beginn der Saturation gelatinöse Verdickung der Lösung eintrat, welche sich beim Weitersaturieren allmählich wieder verlor; mit zunehmender Verdickung nahm die Polarisation ab. Aus dem ersten Versuche seien folgende Zahlen zur Verdeutlichung des Gesagten hervorgehoben.

Grade Brix der filtrierten Probe:

vor          während der Einleitung der Kohlensäure
34,2;    30,3    30,3    30,0    29,9    29,9    29,4    29,2    29,0    28,9

Polarisation nach Ansäuern mit Essigsäure:

vor          während der Einleitung der Kohlensäure
28,37;    28,02    28,02    27,87    27,87    28,02    28,21    28,34    28,50    28,78

Die verdickte Lösung zeigte starke Schaumbildung und filtrierte sehr schwer. Herzfeld wiederholte diese Versuche mit Diffusionssaft, und zwar bei kalter und heißer Scheidung und Saturation. Er fand

Tabelle 72.

**Kalte Saturation von mit Kalk behandeltem Rübensaft von 12° Brix.**

| Bezeichnung der Probe | Dauer der Saturation in Minuten | $CO_2$-Verbrauch in Litern | Temperatur in °C | Polarisation | Teile CaO auf 100 g Lösung (filtrierte Probe)[4] | Moleküle CaO auf Moleküle $C_{12}H_{22}O_{11}$ | Zuckerlöslicher Ätzkalk auf 100 Teile[5] | Teile CaO auf 100 g Lösung (filtrierte Probe) Phenolphthalein | Anmerkung |
|---|---|---|---|---|---|---|---|---|---|
| a | — | — | — | 10,4 | — | — | — | — | a ungeschiedener Saft |
| b | — | — | 21 | 10,3 | 1,26 | 0,75 | 1,62 | 1,24 | b geschieden aber |
| c | 10 | 11 | 24 | 10,3 | 1,38 | 0,82 | 0,94 | 1,34 | noch nicht saturiert |
| d | 5 | 5 | 25 | 9,9 | 0,18 | 0,11 | 0,40 | 0,14 | bei d größte Verdickg. |
| e | 5 | 4 | 25 | 10,3 | 0,12 | 0,07 | 0,16 | 0,08 | |
| f | 5 | 5 | 25 | 10,4 | 0,07 | 0,04 | 0,02 | 0,03 | |
| g | 5 | 5 | 24 | 10,4 | 0,14 | 0,08 | 0,04 | 0,00 | |
| h | — | — | — | — | — | — | — | — | |

[1] Sucrerie indigene 1884.    [2] Z. V. D. Zuckerind.. 1899, S. 701.
[3] ebd. 1898, S. 809.
[4] Titriert mit $H_2SO_4$ (Methylorange). CaO = freier CaO + CaO des Carbonates und Bicarbonates.
[5] Nach Methode Scheibler mit Zuckerlösung ausgeschüttelt und titriert.

dieselben Ergebnisse, doch seien nur die letzten beiden Versuche infolge ihrer erhöhten Anpassung an die Praxis eingehender dargelegt (Tab. 72).

Dasselbe Resultat gab der Versuch bei heißer Saturation.

Die weiteren Versuche verfolgten den Zweck, die Ursachen der **Zuckerfällung bei der Scheidung und Saturation** noch weiter aufzuklären, ferner eine Methode ausfindig zu machen, das Zuckerkalkcarbonat synthetisch darzustellen. Herzfeld gelangt insgesamt zu folgenden Schlüssen:

1. Bei der Scheidung und Saturation wird **Zuckercarbonat** und etwas **dreibasischer Zuckerkalk** gebildet. Die Polarisation des Saftes nimmt deshalb während der Saturation ab, erreicht aber schließlich wieder den ursprünglichen Grad. 2. Die beiden genannten Verbindungen haben gelatinöse Beschaffenheit und verhindern bei mangelhafter Saturation die Filtrationsfähigkeit auf den Schlammpressen; **bei hinreichender Saturation werden beide zerlegt**[1].

Claassen führt die Bildung von unlöslichem Zuckerkalk auf drei Ursachen zurück: „1. auf die Ausfällung desselben bei der Scheidung durch örtliche Überhitzung oder durch stärkeres Erwärmen nach der Kalkzugabe, 2. weil ein Teil des bei Beginn der Saturation ausgefällten Zuckerkalkes auch nach beendeter Saturation ungelöst bleibt und 3. darauf, daß Zuckerkalk mit den bei der Scheidung oder bei der Saturation ausfallenden, unlöslichen Kalkverbindungen zusammen ausfällt." Im allgemeinen, bei normaler Arbeit sind jedoch die Mengen dieser unerwünschten Verbindung nur ganz geringe oder sie tritt nie auf[2].

Bei Besprechung der „Aufenthaltsdauer des aussaturierten Saftes im Saturateur" (Abschn. d) wird gezeigt, wie man etwa gebildetes Tricalciumsaccharat oder Zuckerkalkcarbonat in Lösung (unter Umbildung) bringen kann.

## 2. Verhalten der stickstofffreien Nichtzuckerstoffe in der Saturation.

Das Verhalten der Raffinose in der Scheidung und Saturation studierte Zujew. Er beobachtete, „daß beim Durchleiten von Kohlensäure durch eine wäßrige Raffinose und Kalk enthaltende Lösung eine Polarisationsänderung der verschieden lange mit Kohlensäure behandelten Proben beobachtet werden kann. Die Polarisation sinkt nämlich zu einem bestimmten Minimum, steigt aber dann wieder bis zum ursprünglichen Werte an." Dies läßt sich durch die Annahme erklären, daß Kohlensäure beim Zersetzen des Calciumraffinosates mit diesem eine andere unlösliche Verbindung eingeht, die aus $CaO$, $CaCO_3$ und Raffinose besteht (analog der Saccharose). Das zusammengesetzte Raffinosat hat nach Zujew die Formel: $C_{18}H_{32}O_{16} \cdot 3(CaO \cdot 2CaCO_3)$; es ist eine weiße, amorphe Masse, in kalkhaltigem Wasser unlöslich und durch Kohlensäure leicht zersetzlich. Für diesen Vorgang nimmt Zujew folgende Gleichung an:

$$C_{18}H_{32}O_{16} \cdot 2CaO + 2CO_2 = C_{18}H_{32}O_{16} \cdot CaO \cdot CaCO_3 + CO_2 = C_{18}H_{32}O_{16} + 2CaCO_3.$$

---

[1] Z. V. D. Zuckerind. 1899, S. 701.   [2] Die Zuckerfabrikation, 1918, S. 124.

Das Kalk-Calciumcarbonat-Raffinosat ist nicht luftbeständig, es zerfällt durch die atmosphärische Kohlensäure bei Anwesenheit von Wasser. Im Fabriksbetriebe können maximal 15%, minimal 3% Raffinose in Form des obigen Niederschlages ausfallen[1].

Die stickstofffreien organischen Säuren sind in Form ihrer Kalksalze im Scheideschlammsafte vorhanden; im Schlamme, wenn unlöslich, im Safte, wenn löslich. Nun wird in diesen Kohlensäure eingeleitet; sie trägt zu einer gesteigerten Kompliziertheit der Löslichkeitsverhältnisse bei. Erstens dadurch, daß sie die Alkalität des Saftes vermindert, zweitens, weil sie chemische Umsetzungsprozesse hervorruft. Es wird Salze geben, die im alkalischen Safte löslicher waren, also durch die Saturation unlöslich werden; es kann aber auch solche geben, welche im alkalischen Safte weniger löslich waren, also durch die Saturation löslicher werden. Die Temperaturverhältnisse spielen bestimmt dabei eine Rolle; viele der Kalksalze (oben schon genannt) werden mit sinkender Temperatur löslicher. Doch gilt der letztgenannte Umstand nur theoretisch, weil man gewöhnlich die Temperatur gleich hoch hält.

Feltz hat gezeigt[2], daß beim Einleiten von Kohlensäure in eine Lösung von Zuckerkalk und Citronensäure citronensaurer Kalk in merklicher Menge gefällt wird; daß aber dieser Niederschlag bei längere Zeit fortgesetzter Behandlung mit Kohlensäure wieder in Lösung geht. Ebenso verhält sich die Weinsäure; nur löst sich der gefällte weinsaure Kalk bei fortgesetzter Saturation nicht wieder auf. Direkt einer Lösung von Zuckerkalk zugesetzt, fällt Weinsäure weinsauren Kalk, welcher im Überschuß wieder löslich ist. Citronen- und Weinsäure scheinen aus Zuckerlösungen in Form basischer Salze auszufallen, deren nähere Zusammensetzung indessen noch nicht festgestellt werden konnte. Weinsäure, deren Kalksalz in Zuckerlösungen fast unlöslich ist, bleibt auch bei fortgesetzter Kohlensäureeinleitung ungelöst. Citronensäure fällt anfangs als basisches Kalksalz aus, löst sich aber dann wieder auf.

Andrlík, Urban und Staněk fanden[3] hingegen in später zu besprechenden Untersuchungen von Saturationsschlammproben keine Weinsäure, auffallenderweise aber Citronensäure; letztere jedoch nicht vollständig, weil das citronensaure Calcium etwas löslich ist. Oxalsäure fanden sie nie im Schlamme der zweiten Saturation, weil diese Säure schon in der ersten Saturation vollständig ausfällt. Häufig fanden sich größere Mengen Oxalsäure im Schlamme, als in den Rohsäften vorhanden waren, was sich durch die Kalkeinwirkung in der Wärme auf Glyoxylsäure erklären läßt (s. d.). Diese zerfällt in Oxalsäure und Glykolsäure, und oxalsaurer Kalk geht in den Schlamm.

Auch Tricarballylsäure fand Andrlík im Schlamme, doch nicht mit Sicherheit. Rübenharzsäure geht ebenfalls in den Saturationsschlamm über (s. d.).

---


[1] Ö. U. Z. f. Zuckerind. XXXIX, S. 191, 1910.
[2] Stammers Jahrèsber. 9, S. 627.
[3] Z. f. Zuckerind. i. B. XXV, S. 83, 1900/01.

Weisberg verneint die Umwandlung der Pektinstoffe in metapektinsauren Kalk. Nach seinen Ergebnissen enthält der Diffusionssaft bei richtig geleitetem Betriebe nur sehr geringe Mengen dieser Stoffe; ferner werden sie bei richtiger Scheidung und Saturation nicht in löslichen metapektinsauren Kalk umgewandelt, sondern gehen als unlöslicher pektinsaurer Kalk in den Schlamm. Der pektinsaure Kalk ist durch Kohlensäure nicht zersetzbar. Weisberg wies ihn im Schlamm nach, allerdings polarimetrisch. Der Genannte führte die Bedingungen, die zur Bildung von metapektinsaurem Kalk notwendig sind, an; keine derselben trifft im normalen Betriebe zu. 1. Behandlung der ausgelaugten Rübenpülpe mit Kalk. 2. Rübenbrei längere Zeit im Wasser gekocht. 3. Das unter 2 erhaltene Filtrat mit Kalkmilch längere Zeit erhitzt. Je länger die Erhitzung dauert, desto größere Mengen metapektinsauren Kalkes werden gebildet[1].

### 3. Verhalten der stickstoffhaltigen Nichtzucker in der Saturation.

Schon in der Scheidung wurden die nicht geronnenen Eiweißkörper durch die Wirkung des Kalkes unter Bildung von Propeptonen, Peptonen, Amiden und Aminosäuren zersetzt. Die Amide zerfallen weiter unter Freiwerden von Ammoniak und Bildung organischsaurer Kalksalze. Die Kalksalze der Aminosäuren sind, wie u. a. auch Bresler zeigte, in Zuckerlösungen löslich. Ferner entstand in der Scheidung freies Alkali durch Umsetzung des Kalkhydrates mit organischen Alkalisalzen der Rübensäfte. Das freie Alkali wird bei der Saturation in Alkalicarbonat verwandelt (1); letzteres setzt sich mit aminosaurem Kalk um (2),

$$1. \quad 2\,KOH + CO_2 = K_2CO_3 + H_2O.$$

$$2. \quad K_2CO_3 + \underset{\text{Asparagins. Kalk}}{\left[\begin{array}{c} COO \\ | \\ CHNH_2 \\ | \\ CH_2 \\ | \\ COO \end{array}\right]Ca} = CaCO_3 + \begin{array}{c} COOK \\ | \\ CHNH_2 \\ | \\ CH_2 \\ | \\ COOK \end{array}$$

Bresler erklärte des näheren die Bildung größerer Mengen dieser Kalksalze bei Verarbeitung von unreifen und faulen Rüben[2]: Durch physiologische Prozesse werden die Eiweißkörper abgebaut. Die so gebildeten Amide, bzw. Aminosäuren finden nicht genügend Alkali vor, um in saures aminosaures Alkali verwandelt werden zu können, und bleiben als Kalksalze in Lösung. Dazu kommen noch die Amide und Aminosäuren, die erst in der Scheidung und Saturation entstanden.

Mehr Licht in den Chemismus der Aminosäuren bei der Saturation brachten neuere Untersuchungen Stanĕks. So konnte er 1922[3] nachweisen, daß die Asparagin- und Glutaminsäure unter den Verhältnissen

---

[1] Ö. U. Z. f. Zuckerind. XVII, S. 419, 1889.
[2] Siehe auch Rümpler, Nichtzuckerstoffe der Rüben, 1898, S. 481.
[3] Z. d. tschsl. Zuckerind. III, S. 45, 1922.

der ersten Saturation, d. i. bei 85⁰ C bei Gegenwart von 15 % Zucker, durch Kalk und Kohlendioxyd in beträchtlichem Maße in den Schlamm niedergeschlagen werden, und zwar bei 3 % CaO in der Flüssigkeit bis 79 % Asparagin- und 64 % Glutaminsäure. Auch Asparagin wird gefällt, wenngleich viel unvollkommener — bloß 25 % unter gleichen Umständen. Hingegen bleiben Betain, Leucin- und l-Glutiminsäure in Lösung.

Es ist somit sehr wahrscheinlich, daß bei der technischen Saturation zumindest ein Teil der Aminosäuren in den Saturationsschlamm übergeht — dies trotz der Löslichkeit des asparagin- und glutaminsauren Kalks in Wasser und in Zuckerlösungen (physikalische oder mechanische Wirkung des $CaCO_3$), wie später näher gezeigt wird.

Später erbrachte er den direkten Beweis durch Isolierung der Aminosäuren aus Fabriksschlamm (388); sie bilden wahrscheinlich — oder ihre Amide — die durch Kalk zerstörbare Rechtsdrehung[1].

Diese Arbeit ist auch dadurch bemerkenswert, weil sie auf die Bedeutung hinweist, die die Carbaminate bei der Saturation haben (s. d.)

Das Verhalten der stickstoffhaltigen und stickstofffreien Säuren studierte unter Berücksichtigung der quantitativen Verhältnisse F. Pachlopník[2].

Die folgende — verkürzte — Tabelle zeigt das Versuchsmaterial, die Versuchsanordnung und die Resultate. Das „Filtrat" ist praktisch der Saturationssaft, das „Sediment" entspricht dem Saturationsschlamm.
Ähnlich wurde die Untersuchung mit den Kalisalzen der genannten Säuren ausgeführt (Tabelle 73).

So fand er, daß die Milch- und Saccharinsäure praktisch weder durch Scheidung noch durch Saturation gefällt werden. Demgegenüber wird die Oxalsäure sowohl mittels Scheidung, als auch mittels Saturation quantitativ gefällt. Die Äpfelsäure wird bei der Scheidung bloß gering, die Citronensäure etwa bis zu 50 % gefällt; bei der Saturation wird jedoch der größte Teil dieser Stoffe entfernt. In Übereinstimmung mit Staněks Versuchen wurde festgestellt, daß die Asparagin- und Glutaminsäure durch Scheidung nicht gefällt werden; bei der Saturation werden dagegen im Schlamme 74 % Schwefel-, 60 % Asparagin- und 40 % Glutaminsäure zurückgehalten (s. o.) Weiter wurden die analogen Beziehungen in Anwesenheit der Kalisalze dieser Säuren ermittelt und festgestellt, daß bei der Saturation zur Alkalität von 0,1 % CaO beinahe dieselbe Säuremenge wie bei den ersten Versuchen beseitigt wird; bei der Übersaturierung zur Neutralität verschlechterte sich jedoch der Saturationseffekt bedeutend.

Die (wenigen) im Safte, bzw. in den Rüben vorhandenen rechtsdrehenden Nichtzuckerstoffe werden durch die Scheidung und Saturation fast quantitativ entfernt (zerstört). Das bewiesen Vl. Staněk und J. Vondrák, indem sie weder im Dicksaft, noch auch in Rohzuckerlösungen solche zerstörbare Nichtzuckerstoffe finden konnten[3].

---

[1] Z. d. tschsl. Zuckerind. VII, S. 265, 1925.  [2] ebd. VII, S. 269, 1926.
[3] ebd. VII, S. 257, 1926.

Tabelle 73.

| Geprüfter Stoff | Versuchs-Anordnung | Die in Arbeit genommene Säuremenge | Menge des geprüften Stoffes | | Die durch Scheidung oder Saturation nicht beseitigte Säuremenge in g | Die unbeseitigte Menge des in Arbeit genommenen Stoffes in % |
|---|---|---|---|---|---|---|
| | | | im Filtrate g | in der durch das Sediment zurückgehalt. Flüssigkeit | | |
| Citronen-säure | Scheidung in wäßriger Lösung | 0,0981 | 0,0496 | 0,0016 | 0,0512 | 52,1 |
| | Scheidung in zuckerhalt. Lösung | 0,0981 | 0,0480 | 0,0005 | 0,0485 | 49,4 |
| | Saturation in wäßriger Lösung | 0,0981 | 0,0166 | 0,0012 | 0,0178 | 18,1 |
| | Saturation in zuckerhalt. Lösung | 0,0981 | 0,0160 | 0,0012 | 0,0172 | 17,5 |
| Äpfel-säure | Scheidung in wäßriger Lösung | 0,1196 | 0,1105 | 0,0033 | 0,1138 | 95,1 |
| | Scheidung in zuckerhalt. Lösung | 0,1196 | 0,1137 | 0,0022 | 0,1159 | 96,8 |
| | Saturation in wäßriger Lösung | 0,1196 | 0,0238 | 0,0016 | 0,0254 | 21,3 |
| | Saturation in zuckerhalt. Lösung | 0,1196 | 0,0234 | 0,0018 | 0,0252 | 21,1 |
| Milch-säure (inaktiv) | Scheidung in wäßriger Lösung | 0,0894 | 0,0866 | 0,0026 | 0,0892 | 99,8 |
| | Saturation in wäßriger Lösung | 0,0894 | 0,0832 | 0,0064 | 0,0896 | 100,22 |
| | Saturation in zuckerhalt. Lösung | 0,0894 | 0,0821 | 0,0068 | 0,0889 | 99,52 |
| Saccha-rinsäure | Scheidung in wäßriger Lösung | 0,0584 | 0,0561 | 0,0018 | 0,0579 | 99,2 |
| | Saturation in wäßriger Lösung | 0,0584 | 0,0546 | 0,0042 | 0,0588 | 100,7 |
| | Saturation in zuckerhalt. Lösung | 0,0584 | 0,0534 | 0,0044 | 0,0578 | 99,1 |
| Aspara-ginsäure | Scheidung in wäßriger Lösung | 0,0832 | 0,0808 | 0,0025 | 0,0833 | 100,2 |
| | Scheidung in zuckerhalt. Lösung | 0,0832 | 0,0813 | 0,0016 | 0,0829 | 99,7 |
| | Saturation in wäßriger Lösung | 0,0748 | 0,0257 | 0,0018 | 0,0275 | 36,8 |
| | Saturation in zuckerhalt. Lösung | 0,0748 | 0,0262 | 0,0018 | 0,0279 | 37,4 |
| Glutamin-säure | Scheidung in wäßriger Lösung | 0,1102 | 0,1117 | 0 | 0,1117 | 99,8 |
| | Scheidung in zuckerhalt. Lösung | 0,1102 | 0,1115 | 0 | 0,1115 | 99,6 |
| | Saturation in wäßriger Lösung | 0,1286 | 0,0750 | 0,0037 | 0,0787 | 61,2 |
| | Saturation in zuckerhalt. Lösung | 0,1286 | 0,0724 | 0,0052 | 0,0776 | 60,4 |
| Oxal-säure | Scheidung in wäßriger Lösung | 0,0976 | 0,00032 | 0 | 0,0003 | 0,03 |
| | Scheidung in zuckerhalt. Lösung | 0,0976 | 0 | 0 | 0 | 0 |
| | Saturation in wäßriger Lösung | 0,0989 | 0,00015 | 0 | 0,00015 | 0,1 |
| | Saturation in zuckerhalt. Lösung | 0,0989 | 0 | 0 | 0 | 0 |

Die Kolloide des Rohsaftes werden nach Dawson u. a. zu 85% bei der ersten Saturation entfernt. In der Melasse sind sie wieder angehäuft, und zwar ungefähr in der gleichen Menge, in der sie im Rohsafte vorkommen[1].

### 4. Verhalten der Aschenbestandteile in der Saturation.

Von den Aschenbestandteilen wurde eingehender das Eisen auf sein Verhalten in der Saturation von Herzfeld geprüft, weil mit dieser Frage Graufärbung des Rohzuckers im Zusammenhange steht (s. d.) In wäßriger Lösung werden Oxydulsalze durch Basen (NaOH, KOH, $Ca(OH)_2$, $NH_3$) und durch Carbonate ($Na_2CO_3$, $K_2CO_3$) weniger

---

[1] Sugar durch Rundschau, Dezb. 1927, Nr. 4.

gut ausgefällt als Oxydsalze. Die Oxydsalze wurden durch die genannten Reagenzien sowohl in der Kälte als auch in der Hitze ausgefällt, während sich bei den Oxydulsalzen diesbezüglich Unterschiede zeigten. Kalkhydrat z. B. fällt Oxydulsalze nur in der Kälte, nicht in der Hitze, Oxydsalze jedoch ohne Rücksicht auf die Temperatur aus. Durch Kalk und Kohlensäure werden Oxydulsalze sowie Oxydsalze vollständig in der Hitze und Kälte ausgefällt[1].

Anwesenheit von Zucker hemmt oder verhindert die angeführten Reaktionen. Nur die Kalk- und Kohlensäurewirkung wird nicht beeinträchtigt; es fallen also bei den Betriebsverhältnissen sowohl Oxyd- als auch Oxydulsalze aus. Die Oxydsalze schwerer als die Oxydulsalze, weil, wie Herzfeld zeigen konnte, diese durch die Saturation nicht oder nur unvollkommen in Carbonate verwandelt werden und das Oxydhydrat (die gefällte Form der vorhanden gewesenen Oxydverbindung), das wohl in Zuckerlösung unlöslich ist, sich in Zuckerkalk zu einer löslichen Zuckereisenverbindung löst. „Sobald also der Schlamm noch Zuckerkalk enthält, wird bei Anwesenheit von gefälltem Eisenoxydhydrat auch letzteres während der (Spodium)filtration wieder in den Saft zurückgelangen können." Bei richtig durchgeführter Saturation werden alle Eisenverbindungen gefällt, denn dann gibt es keinen Zuckerkalk. Das gefällte kohlensaure Eisenoxydul ist in Zuckerkalk nicht löslich[1].

Über das chemische Verhalten der Magnesia hatte Wachtel folgende Anschauung:

1. Die Magnesia ist eine schwächere Basis als Kalk, Kali und Natron, wird also jedenfalls bei Anwesenheit derselben in Freiheit gesetzt.

2. Magnesia ist, wenn auch wenig, doch so im Wasser löslich, daß sie blaue Lackmusreaktion gibt; etwas leichter, wenn auch nur unbedeutend, ist dieselbe in Zuckerlösung löslich, ebenso das Carbonat derselben (s. Tab. 11).

3. Geht dieselbe mit Rohrzucker keine Verbindung ein und verbleibt also auch aus diesem Grunde in Freiheit, um so mehr, als bei einer etwaigen Saturation die Magnesia als schwächere Base stets durch die kräftigen Basen regeneriert wird.

4. Ist in jedem Kalkstein, welcher zur Scheidung benutzt wird, eine kleine Menge dieses Stoffes vorhanden, welche hinreicht, eine geringe Alkalinität des Saftes zu bewirken.

5. Bei möglichst vollständiger Saturation findet man in den erhaltenen Säften immer die Magnesia über den Kalk vorherrschend, wie aus folgenden Beispielen hervorgeht:

I. Saturierter Saft: 0,068 % Alkalinität  
0,022 % CaO a⎫  
0,054 % MgO a⎭ gefällt

II. Saturierter Saft: 0,026 % Alkalinität  
0,003 % CaO  
0,0198 % MgO

---

[1] Z. V. D. Zuckerind. 1895, S. 689; 1896, S. 1.

Gegenüber dem Kalk hat die Anwendung von Magnesia Vorteile und Nachteile. Ihre geringere Löslichkeit ist ein Vorteil, nachteilig ist die leichte Löslichkeit der Magnesiumsalze mit zahlreichen Nichtzuckerstoffen des Saftes. Das Verhalten der Magnesia wurde eingehend von K. Kargl studiert[1] und in Übereinstimmung mit neueren Anschauungen] manches Vorurteil gegen die Magnesia zerstreut. (Siehe auch „Dolomitarbeit"; Abschnitt d dieses Kapitels.)

Der Gehalt des geschiedenen und somit auch des saturierten Saftes an freien Alkalien richtet sich nach den Säuren des Rohsaftes, an welche die Alkalien gebunden waren. Bilden die Säuren unlösliche Kalksalze, so reichen die nach der Scheidung gelöst bleibenden Säuren nicht zur Bindung der Alkalien aus. Die Alkalien bleiben also teilweise frei.

Bilden die Säuren aber lösliche Kalksalze, so werden die durch die Scheidung freigemachten Alkalien in der Scheidung oder Saturation den Kalk verdrängen, dann haben solche Säfte keine freien Alkalien, also keine Alkali-Alkalität, sondern nur Kalk- und Ammoniakalkalität.

Die erste Art von Säften ist für den Betrieb stets günstiger als die letztgenannte; bei dieser tritt Alkalitätsrückgang während der Verdampfung ein.

Die „schädliche Asche" bleibt in den Säften zurück.

In seiner schon genannten „Studie über die Fällung einiger Säuren bei der Scheidung und Saturation" fand F. Pachlopník für Salzsäure, daß sie quantitativ in die Säfte übergeht und daß Phosphorsäure schon durch die Scheidung fast quantitativ ausgefällt wird. Schwefelsäure wird durch die Scheidung fast gar nicht, erst bei der Saturation zum Teil niedergeschlagen[2] (s. d.).

Ähnliche Verhältnisse zeigen die entsprechenden Kalisalze, die nach der Tabelle auf S. 348 als Alkalitätsbildner wirken[3].

Die Umsetzungen der Säuren und anderer Saftbestandteile mit dem Kalk bei der Scheidung und sodann mit der Kohlensäure bei der Saturation finden nochmals im Abschnitte „Alkalität" vertiefte Besprechung, so daß dieser den Chemismus der Saftreinigung in manchen Punkten mehr aufhellt. Das gleiche gilt teilweise vom Abschnitte „Reinigungseffekt".

### c) Nachsaturationen.

Der ersten Saturation mit Kohlensäure folgt immer eine zweite und fast stets eine dritte. Gewöhnlich wird die zweite Saturation mit Kohlensäure unter Zugabe einer geringeren Menge Kalk, die dritte ohne Kalk mit Kohlensäure oder mit schwefliger Säure durchgeführt. Manche Fabriken arbeiten in der dritten Saturation mit beiden Säuren zugleich; oder es wird in allen drei Saturationen mit Kohlensäure

---

[1] Z. d. tschsl. Zuckerind. IX, S. 253, 1928.
[2] Als Quelle für die Schwefelsäure kommen auch die schwefelhaltigen Eiweißkörper, als Quelle für die Phosphorsäure die Lecithine in Betracht.
[3] Z. d. tschsl. Zuckerind. VII, S. 269, 1926.

gearbeitet und schweflige Säure in einem späteren Stadium des Betriebes auf die Säfte einwirken gelassen.

Daß man die Saturation nicht in e i n e r Phase durchführt, sondern in drei Teile zerlegt, hat den Zweck, eine möglichst gleichmäßige Alkalität der Säfte zu erzielen. Die Gleichmäßigkeit wird durch den Zusatz kleiner Kalkmengen gefördert. Claassen ist der Ansicht, daß ein solcher Zusatz keinen Nutzen mehr bringt, „weil der in den Säften der ersten Saturation noch gelöst bleibende Kalk bei den hohen Temperaturen genügt, um die Umsetzung der Nichtzuckerstoffe weiter fortzuführen"[1]. Trotzdem kann sich ein Kalkzusatz zur zweiten Saturation empfehlen, weil ein solcher den Effekt der chemischen Umsetzungen mechanisch fördert.

Der von den ersten Schlammpressen fließende Saft gelangt, durch Vorwärmer möglichst hoch erwärmt, zur zweiten Saturation; der Kalk wirkt hier genau so wie bei der ersten Scheidung. Natürlich resultiert bedeutend weniger Saturationsschlamm, was übrigens von der angewandten Kalkmenge abhängt. Der Saft von den zweiten Filterpressen oder mechanischen Filtern gelangt zur dritten Saturation, wo ihm seine Alkalität für das Verdampfen erteilt wird. Vorher wird er aber auch erwärmt und nachher filtriert.

Wie weit man auf der dritten Saturation aussaturieren soll, läßt sich nicht fixieren. Das hängt von dem Verhalten des Dünnsaftes bei seinem Verdampfen ab. Am besten richtet man die Alkalität des Dünnsaftes nach jener des Dicksaftes. Wird letztere über das gewünschte Maß hoch, vermindert man jene des Dünnsaftes und umgekehrt. Da wird es einem erst klar, mit was für einem verschiedenartigen Rübenmaterial man arbeitet. Es gibt Kampagnen in ein und derselben Fabrik, wo die als einmal richtig erkannte Dünnsaftalkalität nie abgeändert werden und wo in anderen Kampagnen dies häufig geschehen muß.

### Saturation mit Schwefeldioxyd (schwefliger Säure).

Häufig wird die dritte Saturation mit $SO_2$ durchgeführt — anfangs aber fand sie nur langsam Eingang in die Zuckerindustrie.

Im Jahre 1879 machte Georg Friedrich Meyer den kühnen Vorschlag, die Säfte über Kies statt über Knochenkohle zu filtrieren[2]. Da stellte sich infolge großen Kalkgehaltes der Dicksäfte schweres Kochen ein und so griff man wieder zur schwefligen Säure, die man auch später mit immer mehr Erfolg anwenden lernte. In dem Maße, als die Knochenkohle aus den Rohzuckerfabriken verdrängt wurde, wurde die schweflige Säure zur Saftreinigung herangezogen. In Gandersheim wurde Dünnsaftsaturation (3. Saturation) mit schwefliger Säure eingeführt und bereits im Jahre 1882 nicht mehr über Knochenkohle, sondern über Kies filtriert und nach Reinecke und Stutzer mit gutem Erfolge gearbeitet[3]. Von da ab wurde die Anwendung der schwefligen Säure immer allgemeiner; heute ist sie ein fast unentbehrliches Saftreinigungsmittel und das einzige, das sich — neben dem Kalke und der Kohlensäure — von der Unzahl der angepriesenen Saftreinigungsmittel als brauchbar erwies. Man studierte ihre Wirkungsweise, verbesserte ihre

---

[1] Die Zuckerfabrikation, 1918, S. 143.    [2] Z. V. D. Zuckerind. 1880, S. 743.
[3] ebd. 1882, S. 81.

Darstellung und Anwendungsart und konnte sich so der teueren und umständlichen Spodiumarbeit entledigen, von der vielfach klipp und klar bewiesen wurde, daß eine Fabrikation von Zucker ohne Knochenkohle unmöglich sei[1].

Wäre der Saft nach der Saturation eine chemisch reine Zuckerlösung, so würde bald nach der Einleitung von Schwefeldioxyd Inversion eintreten. Er enthält aber anorganische und organische Salze (organische Kalksalze, Alkalisalze, Carbonate, Chloride, Sulfate), auf die das Schwefeldioxyd zuerst einwirkt. Und zwar auf jene, die unlösliche Sulfite bilden. Das sind in erster Linie die **Kalksalze**. Es **bildet sich schwefligsaurer Kalk, die organischen Säuren binden sich an die Alkalien vollständig**; doch muß immer noch freie Alkalität bleiben, d. h. freie Alkalicarbonate müssen vorhanden sein, um den Saft gesund zu erhalten[2].

$$\begin{matrix}COO \\ \phantom{} \\ COO\end{matrix}\Big\rangle Ca + SO_2 + H_2O = CaSO_3 + \begin{matrix}COOH \\ | \\ COOH\end{matrix}$$

oxals. Kalk                               Oxalsäure

$$\begin{matrix}COOH \\ | \\ COOH\end{matrix} + K_2CO_3 = \begin{matrix}COOK \\ | \\ COOK\end{matrix} + H_2O + CO_2$$

Die Farbstoffe werden teilweise reduziert, Schwefeldioxyd bei Gegenwart von Wasser zu Schwefelsäure oxydiert: $SO_2 + H_2O + O = H_2SO_4$; nach anderen Anschauungen entstehen farblose Verbindungen von $SO_2$ mit den Farbstoffen, die aber unbeständig sind (Nachdunkeln von Zuckerfabriksprodukten). Daß eine Oxydation zu Schwefelsäure, bzw. daß Sulfate entstehen, sieht man am Sulfatgehalt des Dicksaftes und an Inkrustationen der Verdampfapparate (s. d.).

Nach Neitzel[3] ist anzunehmen, daß bei der Saturation mit Schwefeldioxyd nach vorhergegangener Kohlensäuresaturation die kohlensauren Alkalien zum größten Teil zersetzt werden, z. B. $K_2CO_3 + SO_2 + H_2O = K_2SO_3 + H_2O + CO_2$.

Um das Verhalten der hier in Betracht kommenden Salze zu prüfen, stellte sie Neitzel aus reinen, kohlensäurefreien Basen sowie aus schwefel- und kohlensäurefreier schwefliger Säure dar. Beim fortgesetzten Erhitzen ihrer wäßrigen Lösungen erleiden die Bisulfite Verluste an schwefliger Säure, während die neutralen Salze unverändert bleiben.

Aus den chemischen Eigenschaften der Sulfite resultieren für die Arbeit mit schwefliger Säure folgende Momente:

1. Die Einwirkung der schwefligen Säure auf die im Safte vorhandenen Basen darf nur bis zur Bildung des neutralen Salzes fortgesetzt werden. Phenolphthalein und Rosolsäure zeigen dieselbe durch Farbenumschlag an.

---

[1] Siehe E. O. v. Lippmann: Festschrift, 1900, S. 144, 146.

[2] Ö. U. Z. f. Zuckerind. XXII, S. 425, 1893.

[3] Über die bei der Saturation mit Kohlensäure und schwefliger Säure entstehenden Salze und deren Verhalten: Korresp.-Bl. d. V. akad. geb. Zuckertechniker 1892, S. 60.

2. Nach der Saturation ist starkes Aufkochen nötig, teils um die Ausscheidung von Calciumsulfit zu befördern, teils um etwa neben neutralen Salzen gebildete Bisulfite — eine häufige Folge undichter Ventile — wieder in neutrale Salze und schweflige Säure zu zerlegen.

Sehr instruktiv sind die folgenden Versuche A. Aulards über die Anwendung der schwefligen Säure in der Zuckerindustrie[1].

Tabelle 74.

| Versuche mit Saft | Nr. I | | Nr. II | | Nr. III | | Nr. IV | |
|---|---|---|---|---|---|---|---|---|
| | Nicht-be-handelt | $SO_2$ | Nicht-be-handelt | $SO_2$ | Nicht-be-handelt | $SO_2$ | Nicht-be-handelt | $SO_2$ |
| Färbung auf 100 berechnet . . . | 41 | 23 | 38 | 21 | 45 | 39 | 39 | 17 |
| Grad Baumé, Saft | 23,05 | 23,0 | 23,98 | 24,0 | 24,90 | 24,98 | 23,45 | 23,42 |
| Grad Brix . . . | 42,06 | 41,96 | 43,80 | 43,83 | 45,53 | 45,50 | 42,80 | 42,75 |
| Alkalinität in 100 g | 0,145 | 0,05 | 0,126 | 0,04 | 0,135 | 0,05 | 0,146 | 0,04 |
| Kalk in 100 g . . | 0,137 | 0,01 | 0,020 | 0,00 | 0,076 | 0,01 | 0,085 | 0,00 |
| Zucker in 100 g . | 37,65 | 37,65 | 39,70 | 39,70 | 40,85 | 40,85 | 38,85 | 38,95 |
| Salze in 100 g . . | 1,45 | 1,36 | 1,55 | 1,56 | 1,60 | 1,56 | 1,42 | 1,38 |
| Organische Sub-stanzen in 100 g | 2,95 | 2,95 | 2,55 | 2,57 | 3,08 | 3,09 | 2,53 | 2,42 |
| Reinheitsquotient | 89,53 | 89,72 | 90,64 | 90,57 | 89,72 | 89,78 | 90,77 | 91,11 |
| Salzkoeffizient . . | 25,96 | 27,69 | 25,61 | 25,45 | 25,53 | 26,18 | 27,37 | 28,22 |
| Organ. Koeffizient | 12,76 | 12,76 | 15,57 | 15,45 | 13,26 | 13,22 | 15,36 | 16,09 |
| Salze in 100 g Zuck. | 3,85 | 3,53 | 3,90 | 3,93 | 3,91 | 3,81 | 3,65 | 3,54 |
| Organ-Substanzen in 100 g Zucker | 7,83 | 7,83 | 6,42 | 6,47 | 7,54 | 7,56 | 6,51 | 6,21 |
| Zusammensetzung der Aschen . . | 1,45 | 1,36 | 1,55 | 1,56 | 1,60 | 1,56 | 1,42 | 1,38 |
| Chlorkalium . . . | 0,21 | 0,185 | 0,287 | 0,230 | 0,184 | 0,196 | 0,191 | 0,189 |
| Schwefels. Kalium | 0,310 | $K_2SO_3$ | 0,364 | $K_2SO_3$ | 0,415 | $K_2SO_3$ | 0,287 | $K_2SO_3$ |
| Kohlens. Kalium . | 0,426 | 0,781 | 0,476 | 0,941 | 0,486 | 0,985 | 0,405 | 0,758 |
| Kohlens. Natrium | 0,291 | $Na_2SO_3$ | 0,476 | $Na_2SO_3$ | 0,275 | $Na_2SO_3$ | 0,363 | $Na_2SO_3$ |
| Doppeltkohlen-saures Calcium . | 0,085 | 0,314 | 0,389 | 0,364 Nicht bestimmt | 0,098 | 0,316 Nicht bestimmt CaO | 0,064 | 0,433 Nicht bestimmt |
| Organische saure Kalksalze . . . | 0,127 | 0,080 | 0,034 | 0,025 | 0,142 | 0,063 | 0,110 | 0,000 |

Eine groß angelegte experimentelle Untersuchung der Einwirkung von schwefliger Säure auf Zuckerlösungen stammt von K. Stiepel[2]. Der erste Teil der Arbeit beschäftigt sich mit der Einwirkung der schwefligen Säure auf reine Zuckerlösungen, ist also für die Bedürfnisse der Praxis nicht so ergiebig wie der zweite Teil, der sich mit unreinen Lösungen befaßt.

Im ersten Teile konstatierte Stiepel, daß die Inversion reiner Zuckerlösungen durch schweflige Säure nach dem von Wilhelmy formulierten, auf der Guldberg-Waageschen Regel basierenden Inversionsgesetze vor sich geht. Demnach wird reine Zuckerlösung durch schweflige Säure auch bei noch so niederer Temperatur,

---

[1] Z. V. D. Zuckerind. 1884, S. 1161; 1896, S. 494.
[2] ebd. 1896, S. 654 u. 746.

wenn auch langsam, invertiert. Für $HCl = 100$, berechnete er die Inversionskonstante für $SO_2$ bei $25^0$ zu 15,16.

Die Regelmäßigkeit, mit welcher die Inversion reiner Zuckerlösungen mittels
Säuren nach dem obengenannten Gesetze vor sich geht, wird durch die Anwesen
heit organischer und anorganischer Stoffe nicht beeinflußt. Doch wird in diesem
Falle „die Inversion je nach Stärke der Dissoziation der vorhandenen Nichtzuckerstoffe eine Zu- oder Abnahme der Inversionskonstanten und damit eine Vergrößerung oder Verzögerung der Inversion selbst erwarten" lassen.

Als Endergebnis wurde gefunden: Die vorhandenen Salze beeinflussen die Verhältnisse für die schweflige Säure so, wie sie Spohr
für die anderen Säuren feststellte. Das gebildete saure schwefligsaure Kali invertiert bedeutend schwächer als die freie
schweflige Säure; ferner ist die Inversionswirkung der organischen
Säuren, welche durch die schweflige Säure frei gemacht wurden, zu
berücksichtigen. Die drei Faktoren (Anwesenheit der Salze, Umsetzung
der schwefligen Säure zu saurem schwefligsauren Kali und Freiwerden
der organischen Säuren beeinflussen die Inversionswirkung der schwefligen Säure auf unreine Zuckerlösungen, sind also im Betriebe von
Wichtigkeit. Stiepel fand: „Abgesehen von Nebenwirkungen, gilt
auch für die Inversion unreiner Zuckerlösungen die Regel von Guldberg-Waage. Es muß also die geringste Menge freier schwefliger Säure in unreinen Zuckerlösungen (Säften, Sirupen,
Melassen) auch in der Kälte Inversion hervorrufen. Neben
dem Einflusse der freien schwefligen Säure ist der des gebildeten
sauren schwefligsauren Kalis und der frei gemachten organischen Säuren bei niederer Temperatur für die Praxis vernach-
lässigungswert klein. Bei höherer Temperatur treten alle genannten Faktoren in Tätigkeit, so daß alsdann auch bei so un-
genügendem Zusatze von schwefliger Säure, daß nur saures Sulfit und
freie organische Säuren, aber keine freie schweflige Säure vorhanden
ist, die Inversion dennoch bedeutend werden kann."

Von der Versuchsanordnung sei folgendes gesagt: Die schweflige Säure wurde
einer Bombe mit flüssiger schwefliger Säure entnommen und war frei von
Schwefelsäure. Auf 10 Moleküle Zucker kam ein Molekül schweflige Säure.
Invertzucker wurde mittels Fehlingscher Lösung ermittelt.

Methylorange zeigt die wirkliche in Wirkung tretende freie schweflige Säure
an (im Gegensatz zu der als saures Salz vorhandenen).

U. a. fand Stiepel, „daß sowohl anorganische wie auch organische
Nichtzuckerstoffe die invertierende Kraft der schwefligen Säure beeinflussen, und zwar in einigen Fällen erhöhend, meist jedoch ernie-
drigend. Die Größe und Art der Beeinflussung hängt, abgesehen von
der Menge der beiden Agenzien (schweflige Säure und Salz), offenbar
im wesentlichen von den wechselseitigen chemischen Eigenschaften
beider Stoffe (ohne daß sich allgemeine Regeln aufstellen ließen) ab."

Oben wurde gesagt, daß Stiepel für die schweflige Säure zu ähnlichen Resultaten kam wie Spohr[1] mit Säuren im allgemeinen. Deshalb sollen die Ergebnisse
des letzteren kurz gestreift werden: Die Inversionsgeschwindigkeit wird bei starken
Säuren (vom Typus HCl) durch Zusatz äquivalenter Mengen Chloride oder Nitrate
erhöht; desgleichen wird durch Temperaturerhöhung unter sonst gleichen Um-

---

[1] Z. V. D. Zuckerind. 1886, S. 279.

ständen die Wirkung der Neutralsalze gesteigert. Bei schwachen Säuren bewirkt ein Zusatz äquivalenter Mengen Neutralsalze häufig eine Erniedrigung der Inversionskonstanten (Essigsäure, Phosphorsäure) und wird die Inversion durch Bildung saurer Salze mehr oder weniger beeinflußt. Bei starken Säuren lassen sich leichter gesetzmäßige Beziehungen aufstellen als bei schwachen Säuren usw. (s. Kap. 5 „Inversion").

Schweflige Säure bzw. das ausfallende Calciumsulfit fällt Aminosäuren mit. Dies wurde früher schon von Rümpler vermutet[1] und später von Staněk bestätigt.

Melsens stellte fest, daß die neutralen Alkalisalze der schwefligen Säure den Zucker sowohl in der Kälte als auch in der Wärme unverändert lassen; die sauren Sulfite dagegen wirken — wenn auch langsam — invertierend. Bodenbender und Berendes konstatierten, daß Anwesenheit organischsaurer Alkalisalze die Inversion durch schweflige Säure verlangsamen, Gegenwart freier Alkalien oder Alkalicarbonate dieselbe verhindern.

Über die Einwirkung der schwefligen Säure auf Dünn- und Dicksäfte liegen Versuche von Grundmann und Prinsen-Geerligs vor. Ersterer fand, daß alkalischer Dicksaft, selbst aufgekocht, nicht invertiert wird; werden die Säfte aber aufgekocht, ehe sie alkalisch sind, tritt Inversion ein. Bei Dünnsäften ist trotz Übersaturierens mit schwefliger Säure bei Temperaturen unter 80° C keine Inversion nachweisbar. In einer späteren Arbeit aus dem Jahre 1896 fand er ähnliche Resultate: Höhe der Acidität, Zeitdauer derselben und Temperatur sind die Faktoren, welche die Inversion beeinflussen, und zwar in dem Sinne, daß sich mit ihrem Wachsen die Inversionsgefahr erhöht.

Es wurde von Stiepel und anderen gezeigt, daß die Inversionskraft der schwefligen Säure in unreinen Zuckerlösungen (also Betriebssäften) geringer ist als in reinen Zuckerlösungen. Auch die Ursachen hierfür wurden angegeben. Eingehend mit dieser speziellen Frage beschäftigte sich Hoepke[2]; P. Degener studierte den Einfluß der Amide auf dieses Inversionsvermögen[3]. Wirkt die schweflige Säure auf Zuckersäfte ein, so wird sie durch die vorhandenen Basen neutralisiert und kommt nur noch geschwächt zur Wirkung; die an diese Basen früher gebundenen Säuren kommen nun ihrerseits als Inversionsursache in Betracht, aber in geringerem Maße als die schweflige Säure, besonders wenn es sich um organische Säuren handelt. Amide und Aminosäuren bewirken auch Verminderung der Inversionsgefahr. Die Amide spalten sich in organische Säure und freies Ammoniak, das die stärkere Säure — also die schweflige — teilweise neutralisiert. Da sich manche Aminosäuren, z. B. Aminoessigsäure, wie Base und Säure gleichzeitig verhalten, kann auch durch diese Base, bzw. durch die Aminogruppe ein Teil der schwefligen Säure gebunden und so deren Inversionsfähigkeit heruntergesetzt werden. Die beiden letztgenannten Autoren haben übereinstimmende Ansichten und

---

[1] Die Nichtzuckerstoffe, 1898, S. 468.  [2] D. Z. 1897, S. 1025.
[3] C. f. Zuckerind. 1897, S. 938.

diese experimentell erwiesen. Degener arbeitete mit Asparagin und fand, um nur einige Zahlen anzuführen: 25 cm³ einer 10pro. Raffinadelösung schieden 21,5 mg, bei Zusatz von 0,25 g Asparagin nur mehr 16,14 mg Kupfer aus[1].

Auch Nowakowski fand, daß reine Rohrzuckerlösungen bei 75—80⁰ stark, unter 50⁰ nur schwach durch schweflige Säure invertiert werden. Kalkzugabe wirkt hemmend. Dünnsäfte werden bei 75⁰ schwach, bei 97—99⁰ stark invertiert, aber nicht so stark, um bei kleinen Aciditäten größere Inversion zu bewirken. Auf Dicksäfte soll die schweflige Säure nur schwach invertierend wirken.

Geese stellte sich die Aufgabe, festzustellen, wieviel Schwefeldioxyd eigentlich nötig ist, um Dicksäfte zu entfärben, d. h. die Saftbestandteile zu reduzieren[2]. 100 cm³ der Dicksäfte verbrauchten 2,8 bis 9,0 mg $SO_2$. „Die Mengen der schwefligen Säure, welche nötig sind zur Reduktion der Saftbestandteile, sind sehr gering und bewegen sich in den Grenzen der Löslichkeit des Calciumsulfites."

Diese Löslichkeit bestimmte auch Geese. 20 cm³ Zuckerlösung (10proz.) wurden kalt mit je 10 cm³ $SO_2$-Wasser versetzt, das Gemisch zu einer bestimmten Temperatur erhitzt, heiß filtriert und im Filtrate die gelösten Mengen $CaSO_3$ bestimmt. Die Zuckerlösung hatte eine Kalkalkalität von 0,2 %, nach dem Zusatz der schwefligen Säure eine solche von 0,02 % (Endalkalität).

Tabelle 75a.

| $CaSO_3$ | 20⁰ | 30⁰ | 40⁰ | 50⁰ | 60⁰ | ·70⁰ | 80⁰ | 90⁰ | 100⁰ |
|---|---|---|---|---|---|---|---|---|---|
| gelöst % | 0,165 | 0,153 | 0,130 | 0,0825 | 0,0495 | 0,027 | — | — | — |
| „ % | 0,183 | 0,144 | 0,140 | 0,0750 | 0,0345 | 0,033 | 0,012 | 0,010 | 0,006 |

Die folgenden Zahlen beziehen sich auf einen auf 12 % Zucker verdünnten Dicksaft. Versuchsbedingungen wie oben.

Tabelle 75b.

| $CaSO_3$ | 20⁰ | 30⁰ | 40⁰ | 50⁰ | 60⁰ | 70⁰ | 80⁰ | 90⁰ | 100⁰ |
|---|---|---|---|---|---|---|---|---|---|
| gelöst % | 0,175 | 0,159 | 0,153 | 0,126 | 0,105 | 0,084 | 0,042 | 0,033 | 0,006 |
| „ % | 0,123 | 0,123 | 0,117 | 0,106 | 0,094 | 0,087 | 0,030 | 0,027 | 0,009 |

Die Löslichkeit nimmt demnach mit steigender Temperatur ab. Beim Kochen geht das Calciumsulfit leicht in Sulfat über.

Geese zieht für den Betrieb die Folgerung, die schweflige Säure bei möglichst niederer Temperatur anzuwenden, da dann die Löslichkeit der Säure eine größere sei. Bei Dünnsaftschwefelei müsse man vor Einzug des Dünnsaftes in die Verdampfkörper seine Temperatur erhöhen, um das gelöste Calciumsulfit auszufällen (Aufkochen) (Kap. 17 a).

Kowalski sieht die Wirkung der Saturation mit schwefliger Säure in einer Entfärbung, Viscositätsverminderung und Reinheitserhöhung der Säfte; besonders soll der organische stickstoffhaltige Nichtzucker zersetzt werden. Nebenbei sei schon

<hr>

[1] C. f. Zuckerind. 1897, S. 116 und 138.
[2] Z. V. D. Zuckerind. 1898, S. 101.

erwähnt, daß er die Säure auf den Mittelsaft angewendet wissen will. Breslers Versuche aus dem Jahre 1903 zeigen in Übereinstimmung mit Kowalski eine Abnahme des Gesamtstickstoffes und der einzelnen Stickstofformen der Säfte durch das Schwefeln (s. Kap. 25).

Nach W. Geese bildet sich beim Saturieren mit schwefliger Säure in alkalischen Zuckerlösungen ein lösliches basisches Salz. Das Maximum des gelösten Salzes wäre erreicht, wenn die Saftalkalität um 30—40% abgenommen hat. Die Formel desselben schreibt Geese $CaO \cdot xCaSO_3$. Ist diese Alkalitätsgrenze überschritten, so fällt das gelöste schwefligsaure Calcium rasch aus, und zwar um so vollkommener, je höher die Anfangsalkalität war (loc. cit.).

Jedenfalls bleiben Sulfite in Lösung, die sich später in Inkrustationen und in den Zuckern finden lassen. Deshalb sollen geschwefelte Säfte haltbarere Zucker geben als nicht geschwefelte, weil die Sulfite antiseptisch wirken. Bei Lagerungsversuchen Strohmers wurde gefunden, daß geschwefelte Zucker zumindest dieselbe Haltbarkeit aufwiesen als nicht geschwefelte, was zur Zeit der Versuchsanstellung schon ein großer Fortschritt in der Erkenntnis der Schwefelung der Säfte war (Kap. 28). Geschwefelte Zucker sind gewöhnlich heller gefärbt, weil die schweflige Säure neben den chemischen Umsetzungen auch bleichend wirkt.

Die Umwandlung der Sulfite in Sulfate wurde von Saillard und Wehrung studiert: sowohl Rohrzucker als auch Invertzucker verlangsamen diese Umwandlung; ebenso Asparagin, Asparagin- und Glutaminsäure u. a. Erhöhung der Temperatur begünstigt die Sulfatbildung[1]. Tatsachen, die schon oben erkannt und jetzt nur bestätigt wurden.

Geschwefelt wird heute ziemlich allgemein in den Rohzuckerfabriken, aber es besteht bis heute keine Einigung darüber, an welcher Stelle das Schwefeldioxyd auf die Säfte einwirken gelassen werden soll. So kommt es, daß es Fabriken gibt, die nur in der letzten oder vorletzten Saturation, solche, die den Mittelsaft und solche, die den Dicksaft schwefeln; manche auch, die zweimal schwefeln (meist Dünnsaft und Dicksaft). Das Schwefeln von Sirupen kommt auch vor, wird aber erst später besprochen.

Jeder der genannten Betriebe erblickt in seiner Arbeitsweise Vorteile und die richtigste Arbeit — aber keine bietet nur Vorteile.

Oft wird der Dicksaft nur deshalb geschwefelt, weil man sich fürchtet, durch Schwefeln des Dünnsaftes den Steinbelag in der Verdampfstation zu vergrößern, da man dieser $CaSO_3$ im Dünnsafte zuführt.

Will man aber — wegen anderer Vorteile — doch mit $SO_2$ saturieren, so lassen manche Fabriken am Ende eine Saturation mit $CO_2$ folgen oder beide Säuren hintereinander (kontinuierlich) wirken.

Betriebe, die Dünnsaft schwefeln, wollen die Bildung von Farbstoffen, bzw. Farbe in der Verdampfstation verhindern; diejenigen,

---

[1] Suppl. Circ. hebd. 1913, Nr. 1279.

die Dicksaft schwefeln, wollen die in der Verdampfstation gebildeten Farbstoffe zerstören. Daß die ersteren richtig handeln, geht aus gründlichen Untersuchungen Stanĕks und Vondráks hervor, welche experimentell mit Sicherheit nachweisen konnten, daß Schwefelung (statt zweiter $CO_2$-Saturation) nicht nur lichtere Säfte, sondern auch solche ergibt, die in der Verdampfstation sich weniger verfärben. Die bessere Wirkung des Schwefelns nach der Saturation kann dadurch erklärt werden, daß bei der Saturation des geschwefelten Saftes das gelöste Calciumsulfit durch das sich bildende Carbonat gefällt wird, das sehr energisch die Kalksalze verschiedener Säuren (namentlich die weniger löslichen) mitreißt[1].

Sogar schon die Anwesenheit von Spuren von Calciumsulfit wirkte ebenso günstig in der Verdampfstation: bei dessen Zusatz schon in ganz geringen Mengen in die Verdampfung entsteht eine weit geringere Farbstoffmenge als ohne diesen Zusatz von Calciumsulfit.

„Diese sämtlichen Beobachtungen scheinen darauf hinzudeuten, daß die Wirkung der schwefligen Säure bzw. der Sulfite nicht in der bloßen Reduktion der farbigen Nichtzuckerstoffe auf die farblosen bzw. weniger farbigen besteht, sondern daß es sich um viel kompliziertere Vorgänge handelt."

Ähnliche Ergebnisse erhielt L. Chaloupka in seinen Untersuchungen über die Entfärbung des Saftes durch Schwefelung vor der Verdampfung. Danach ist die Dünnsaftschwefelung der Schwefelung von Dicksaft vorzuziehen, sie hat nur den einen Nachteil, daß der Dünnsaft reicher an Kalksalzen (Calciumsulfit) wird, die die Inkrustation in der Verdampfstation vermehren. „Es ist zu erwägen, ob in gegebenen Fällen das Schwefeln nötig, vorteilhaft und überhaupt ökonomisch ist oder ob man mit der normalen Saturation auskommen kann, was nicht in geringem Maße auch vom Saftjahrgange abhängig ist[2]."

Die Frage: Wie muß die Saturation mit schwefliger Säure ausgeführt werden? versuchte auf Grund eingehender Versuche L. Kayser zu beantworten[3]. Bei dieser Saturation gibt es wohl mehrere Variable, aber durch den praktischen Betrieb — wie er best-üblich ist — ist nur die Saftdichte im Belieben des Zuckertechnikers; Alkalität oder $p_H$, Temperatur, Zeitdauer, Saftreinheit, die anderen Variablen, sind durch die Bedingungen eines normalen Betriebes mehr oder weniger festgelegt. Noch in der Arbeitsmethode, ob mit oder ohne Kalkzusatz und wenn mit diesem, ob er auf einmal oder portionenweise zugesetzt wird, hat man den Saturationseffekt in der Hand. Nach Kayser hat ein solcher Kalkzusatz, besonders bei dichteren Säften, Erhöhung der Entfärbung zur Folge. (Adsorption am ausfallenden $CaSO_3$). Erfahrungsgemäß ist die entfärbende Wirkung von $SO_2$ in saurem Medium größer als im alkalischen. Inversionsgefahr ist nicht zu befürchten,

---

[1] Stanĕk, Vl.: Z. d. tschsl. Zuckerind. 1919/20, S. 45; 1921/22, S. 45. — Pachlopník: Z. d. tschsl. Zuckerind. 1925/26, S. 271.

[2] Z. d. tschsl. Zuckerind. VIII, S. 543, 1927.

[3] C. f. Zuckerind. 1927, S. 722.

wenn als unterste Grenze $p_H = 5,5$ eingehalten wird[1]. (Phenolphthaleinacidität $= 0,105\%$ CaO.) Nach Kaysers Versuchen „dürfen Säfte für kurze Zeit eine Phenolphthaleinacidität bis zu $1,0\%$ CaO aufweisen, ohne daß Gefahr der Inversion besteht".

Bemerkenswert sind folgende Ausführungen und Beobachtungen Kaysers:

Die neben der Niederschlagbildung und der damit verbundenen Adsorption von Fremdstoffen einhergehende Bleichung der Säfte (durch Reduktion von Farbstoffen) ist in ihrem Wirkungsmechanismus sehr verschieden beurteilt worden. Den Vorzug verdienen die Ansichten, die im sauren Medium die Hauptvorbedingung für eine günstige Bleichwirkung der schwefligen Säure sehen. Daß tatsächlich auch bei ständiger alkalischer Durchschnittsreaktion in Säften, die geschwefelt werden, Stellen lokaler Säuerung entstehen, ist leicht zu zeigen. Unterbricht man bei einem Saturationsversuche den Gasstrom plötzlich und taucht in die ruhende Flüssigkeit ein geeignetes Indicatorpapier, so zeigt dieses streifenweise unregelmäßig, aber deutlich nebeneinander die Farben des alkalischen und des sauren Umschlages. An diesen stetig sich verschiebenden Stellen der lokalen Säuerung dürfte sich der Bleichvorgang abspielen.

Durch Isolierung des Schlammes bei Arbeit mit Zusatz von Kalk konnte Kayser kolorimetrisch nachweisen, daß solcher Schlamm, der aus der Schwefelung bei tieferem $p_H$ entstanden ist, relativ mehr Farbstoffe adsorbierte als solcher, der bei höherem $p_H$ ausfällt.

Bei näherem Studium dieser Untersuchung wird es klar, warum die Frage: Dünn-, Mittel- oder Dicksaftschwefelung? bis heute noch nicht ihre Beantwortung finden konnte.

Von Kaysers Versuchsanordnung wäre nur hervorzuheben, daß er mit „Mischgas" ($CO_2 + SO_2$) bei $85^0$ C arbeitete, dabei war die Saturation innerhalb 2—5 Minuten beendet.

Nach J. J. Dochlenko ist die Schwefelung des Mittelsaftes der des Dünn- oder des Dicksaftes vorzuziehen; bei seiner Temperatur und Dichte seien die besten Bedingungen zur Bildung des unlöslichen schwefligsauren Calciums gegeben[2].

Auch für die Schwefelung gilt, was Vašátko für die Wirkung von Entfärbungskohlen sagte: „Konzentrierte Zuckerlösungen sind kein gutes Medium weder für chemische, noch für physikalisch-chemische Reaktionen. Sämtliche Reinigungsvorgänge verlaufen in Zuckerlösungen um so schneller und vorteilhafter, je verdünnter diese Lösungen sind oder je weniger Saccharose sie enthalten[3]". Es scheint, daß sich tatsächlich die Schwefelung des Dünnsaftes einbürgert, meist in der Art der „französischen Saturation" (Methode Weisberg). Sie besteht darin, daß der Saft von der I. Saturation mit $CO_2$ in einem mit Rührwerk versehenen Kessel (Saturateur) geschwefelt (II. Saturation oder Zwischensaturation) und nachher, mit Kalk versetzt, mit $CO_2$ weiter aussaturiert wird[4]. Schließlich wird zum Sieden erhitzt und filtriert.

Bei gleichem Prinzip gibt es verschiedene Ausführungsformen. Allen liegt folgende chemische Überlegung zugrunde: ist die letzte Saturation eine $CO_2$-Saturation, so geht Calciumbicarbonat in Lösung,

---

[1] Nach verschiedenen englischen Autoren 4—6.
[2] C. f. Zuckerind. 1925, S. 744.     [3] Z. d. tschsl. Zuckerind. IX, S. 52, 1927.
[4] Z. V. D. Zuckerind. 1904, S. 119.

dessen Ausfällung durch Aufkochen nicht so leicht ist; schwefelt man in der letzten Saturation, so geht schwefligsaurer Kalk teilweise in Lösung. Beide Verbindungen aber vermehren die Inkrustation in der Verdampfstation.

Angenommen, die I. Saturation wird mit $CO_2$, die II. mit $SO_2$ und die III. wieder mit $CO_2$ durchgeführt; aus dem CaO des Saftes nach der I. Saturation wird $CaSO_3$ in der II. Saturation. Da letzteres zum Teile in den Säften löslich ist, so wird es in der nachfolgenden $CO_2$-Saturation durch das ausfallende $CaCO_3$ mitgerissen. Deshalb empfiehlt es sich, vorher nochmals etwas Kalk zuzusetzen, weil das $CaSO_3$ um so mehr mitgerissen wird, je mehr $CaCO_3$ gebildet wird. Nach Untersuchungen von Herzfeld und Wehrspann[1] dürfte auch eine Umwandlung des vorhandenen Calciumsulfites durch Alkalicarbonate in Calciumcarbonat in Frage kommen.

Schwefligsaure Alkalien wirken auch sonst noch betriebsgünstig auf organisch saure Kalksalze und stickstoffhaltige Verbindungen ein. Auch sollen sie weniger melassebildend sein als die entsprechenden kohlensauren Alkalien[2].

Die $CO_2$-Saturation nach der mit $SO_2$ darf nicht zu weit getrieben werden, weil sich sonst wieder lösliche Bicarbonate bilden könnten.

Von der Durchführung der Sulfocarbonatation nach Weibserg erfährt man unter anderem durch Morizot[3]. Sie wird in der Weise ausgeführt, daß der Saft nach der I. Saturation auf eine Alkalität von 0,06—0,07 % CaO geschwefelt und nach Zusatz von 2 % Kalkmilch mit $CO_2$ saturiert wird. Diese Methode weist unstreitige Vorteile gegenüber dem Schwefeln des Dicksaftes sowie gegen den übrigen Schwefelungsverfahren auf, denn sie schaltet die Möglichkeit eines Überschwefelns aus, ermöglicht nachträgliche Korrektur evtl. Fehler beim Schwefeln und läßt der schwefligen Säure genügende Wirkungsdauer.

Morizot führt an, daß ein bedeutender Teil der schwefligen Säure zum Ausfällen des $CaSO_3$ (mindestens $2/3$) verbraucht wird, wobei eine bemerkenswerte Reinigung der Säfte erfolgt; der Rest der $SO_2$ bindet sich mit den Alkalien des Saftes zu Sulfiten, die bei der weiteren Behandlung die organischen Nichtzuckerstoffe (hauptsächlich die Farbstoffe) reduzieren und dabei in Sulfate übergehen.

### d) Die einzelnen Faktoren im Betriebe.

Zur Praxis der Scheidesaturation. Die Scheidesaturation (Schlammsaftsaturation) wird in zwei verschiedenen Arten durchgeführt. Sehr häufig wird der Rohsaft erst im Saturateur mit Kalkmilch versetzt und sofort nachher die Saturation begonnen. Die zweite, weit bessere Art ist die, nach welcher die Kalkzugabe und gute Durchmischung in Rührwerken geschieht und der so gebildete Schlammsaft zur Saturation gebracht wird. Abgesehen davon, daß die Scheidung in Rührwerken energischer als bei der ungenügenden Durchmischung im Satu-

[1] Z. V. D. Zuckerind. 1891, S. 683.    [2] Brendel, C.: D. Z. 1926, S. 484.
[3] Bull. Ass. Ch. 43, S. 80, 1925/26.

rateure verläuft, wird nach der ersten Arbeitsweise ein Teil des Kalkes schon als Carbonat ausgefällt, bevor er noch zur Wirkung gelangte was einen Mehrverbrauch an Kalk oder Minderung des Reinigungseffektes zur Folge hat.

Chemisch richtiger wäre es vielleicht, den Scheidesaft zu filtrieren und das Filtrat zu saturieren, was z. B. beim alten Siegert-Verfahren der Fall war. Diese Arbeitsweise hat sich aber nicht eingebürgert. Man begibt sich dabei eines großen Vorteiles. Durch den in großen Mengen entstehenden Saturationsschlamm werden suspendierte Bestandteile (Pülpe, koaguliertes Eiweiß und Nichteiweiß) sowie Farbstoffe eingehüllt und mit niedergeschlagen. Der Saft wird durch diese mechanische Nebenwirkung heller und filtrationsfähiger. Herzfeld konstatierte, daß die Scheidesaturation aus diesem Grunde hellere Säfte gab als die Arbeit nach Siegert, wie schon im Abschnitte a (Scheidung) gezeigt wurde.

## 1. Alkalitäten bei der Saturation.

Durch das Einleiten der Kohlensäure wird der Schlammsaft immer konsistenter und schäumt leicht. Bei der weiteren Saturation verflüssigt sich die gelatinöse Masse und das Schäumen hört auf. Schließlich resultiert ein Saft, in welchem sich der Niederschlag rasch und leicht absetzt und der sich leicht filtrieren läßt.

Die Alkalität des Scheidesaftes sinkt rasch auf 0,15—0,18% CaO und bleibt hier längere Zeit stehen, weil sich bei dieser ebensoviel Kalk löst, wie Carbonat ausgefällt wird. Sind die letzten Kalkanteile in Lösung, so fällt die Alkalität schnell weiter auf 0,06—0,10% CaO [1].

Wird weiter aussaturiert, so wird immer mehr Ätzkalk als Carbonat ausgefällt (1). Bei noch weiterem Einleiten der Kohlensäure entsteht Calciumbicarbonat (2).

$$1. \qquad Ca(OH)_2 + CO_2 = CaCO_3 + H_2O;$$
$$2. \quad CaCO_3 + CO_2 + H_2O = CaH_2(CO_3)_2.$$

Das Bicarbonat reagiert gegen Phenolphthalein sauer, und daher können übersaturierte Säfte neutral, eventuell auch sauer reagieren. Doch ist dies nicht von Belang. Durch das Aufkochen vor der Verdampfung wird das Bicarbonat in normales verwandelt, und die alkalische Reaktion tritt wieder auf (Kap. 17 a).

Es fragt sich nun: Wie weit darf man bei der ersten Saturation mit der Alkalität heruntergehen? In den meisten Fabriken wird 0,10% CaO-Alkalität (Phenolphthalein) als der richtige Moment angesehen, in welchem die erste Saturation beendet ist, und gewöhnlich diese Alkalität genau eingehalten. Dieser traditionell übernommenen Anschauung trat E. Bäck entgegen, indem er mit bestem Erfolge auf 0,05—0,06% CaO-Alkalität aussaturierte, ohne auf Betriebsschwierigkeiten zu stoßen. Ihm pflichtete W. Gredinger bei [2]. Bei Verarbeitung unreifer Rüben machte er die Erfahrung, daß die Säfte, sobald sie nach der Löffelprobe fertig saturiert wurden, eine Alkalität von 0,05—0,06% CaO zeigten. Obwohl die Säfte — nach den herrschenden Anschauungen — „übersaturiert" waren, zeigten

---

[1] Claassen: Die Zuckerfabrikation, 1918, S. 124.
[2] D. Z. 1907, S. 238.

sie nach der Filtration klares, feuriges, lichtes Aussehen; ja selbst wenn versuchsweise auf 0,02—0,03 % CaO-Alkalität aussaturiert wurde, blieben die Säfte von gleich guter Beschaffenheit. Erst bei Neutralität zeigten sie minderes Aussehen. Die Schlammarbeit ging bei den genannten Alkalitäten gut vor sich. Gredinger hält es für unbedenklich, auf 0,05—0,06 % CaO auszusaturieren (Phenolphthalein) und erst in der zweiten oder dritten Saturation den Kalk vollständig zu entfernen.

### Endalkalität des Dünnsaftes.

Block verweist darauf[1], daß in derTschechoslowakei bis zur phenolphthaleinsauren Reaktion herunter saturiert wird ohne Inversionsgefahr und daß die Raffinerien mit neutralem Zucker noch gut arbeiten können[2]. Ebenso wird von Prinsen-Geerlings für die Feststellung des Endpunktes der Schwefelung das Kresolrotpapier empfohlen, ein Papier, dessen Umschlag bei einer Reaktion liegt, die phenolphthaleinneutral bis schwach phenolphthaleinsauer ist. Aus Holland wird neuerdings berichtet, daß die Standardfarbe von 1 auf 0,3 heruntergedrückt worden ist. Dies ist dadurch erreicht, daß Soda zur zweiten Saturation zugesetzt und der Kalk beinahe gänzlich aussaturiert wurde[3]. Ein solches gänzliches Aussaturieren des Kalkes dürfte aber vielfach eine Reaktion erfordern, welche nicht mehr phenolphthaleinalkalisch ist.

In Deutschland dürfte im allgemeinen nicht so tief aussaturiert werden — aber diese Frage läßt sich nicht länderweise beantworten. Auf das Verhalten der Säfte in der Verdampfstation ist auch zu achten. Phenolphthaleinsauer soll auf keinen Fall gearbeitet werden. So fand Herzfeld[4], daß Säfte bei phenolphthaleinsaurer Reaktion Eisen aus den Apparaten auflösten und die Zucker grau wurden, und daß bei phenolphthaleinalkalischer Reaktion diese Graufärbung und der Eisengehalt verschwand. „Wenn aber trotzdem, wie erwähnt wurde, in anderen Ländern bei niedriger Alkalität bessere Resultate erzielt wurden, so können immerhin Versuche in dieser Richtung von Vorteil sein. Diese lassen sich in einfacher Weise und unter Vermeidung von Inversionsgefahr dann anstellen, wenn man durch $p_H$-Messungen die Annäherung an den absoluten Neutralpunkt beobachtet[5]."

Schließlich sei erwähnt, daß sich Vl. Staněk und K. Šandera bemühten, den Endpunkt der ersten Saturation mittels der elektrischen Leitfähigkeit des Saftes zu bestimmen[6]. (Siehe die „elektrische Asche" im Kap. 22.)

### 2. Übersaturation.

Es kann auch Übersaturation eintreten. Dieser Fehler ist auch nicht mehr gutzumachen, wenn man nachrtäglich in der zweiten Saturation Kalk zugibt. Die Säfte werden nicht mehr so hell. Das

---

[1] C. f. Zuckerind. 1925, Nr. 5.

[2] Vielleicht in gemischten Betrieben, wenn der eigene Rohzucker bald raffiniert wird; soll er aber längere Zeit lagern, so wird man ihn wohl alkalisch halten müssen.

[3] C. f. Zuckerind. 1926, S. 464.     [4] Z. V. D. Zuckerind. Bd. 46, S. 1, 1896.

[5] Tödt, F.: Z. V. D. Zuckerind. Bd. 76, S. 494, 1926.

[6] Z. d. tschsl. Zuckerind. IX. S. 209, 1927.

kommt daher, weil, wie Teixera-Mendes und Bodenbender feststellten, übersaturierte Säfte glucinsaures Eisen enthalten. In seiner Untersuchung ,,über die Vorgänge bei der Übersaturation"[1] weist Herzfeld darauf hin, daß es eigentlich nur durch Übersaturierung gelingt, alle Zuckerkalk- und Zuckerkalkcarbonatverbindungen vollständig zu zerlegen. Während Suchomel[2] gefunden hat, solche übersaturierte Säfte hätten einen höheren Reinheitsquotienten als normal saturierte — dadurch vollständigere Zersetzung aller Zuckerverbindungen auch aller Zucker im Safte verbleibt, fanden Teixeira-Mendes und Bodenbender außer der Dunkelfärbung solcher Säfte keine wesentlichen chemischen Unterschiede zwischen normal und übersaturierten Säften. Durch die Übersaturierung aber wird Magnesia in Lösung gebracht, geht in den Schlamm der zweiten Saturation über und bewirkt seine mindere Filtrationsfähigkeit; die Magnesia stammt aus der Rübe und aus dem Kalk und ist in Form von Carbonat, aber nicht ausschließlich, vorhanden. Die Magnesia, die durch Übersaturierung in der ersten Saturation eventuell in Lösung gegangen ist, wird durch den Kalkzusatz zur zweiten Saturation wieder gefällt. Die Magnesia ist schließlich in Form von Bicarbonat eventuell als Ammonmagnesiumcarbonat in Lösung; ein solcher Dünnsaft scheidet im ersten Körper Magnesiumcarbonat ab, weil Ammoniak und Kohlensäure, die das Magnesium in Lösung halten, entweichen (s. S. 443). Andrlík berichtet über einen lehrreichen Fall von Magnesiumcarbonatausscheidung infolge zu niedriger Alkalität.

Eine Fabrik hielt auf der zweiten Saturation die Alkalität auf 0,03—0,04 % CaO, auf der dritten 0,005—0,01 % CaO. — Dabei war im ersten Körper eine große betriebsstörende Ausscheidung zu beobachten. Die Säfte der zweiten Saturation enthielten bei 0,035 % CaO-Alkalität in 100 cm$^3$ 0,0041 g, der dritten bei 0,007 % CaO-Alkalität 0,0057 g MgO, also ziemlich viel Magnesia. Der Schlamm der Holzwollfilter enthielt über 23 % MgO in der Trockensubstanz. Es war daher auch die Inkrustation zu einem beträchtlichen Teile aus Magnesiumcarbonat zusammengesetzt. Da Andrlík in der Alkalität der zweiten Saturation (0,035) die Ursache des Magnesiagehaltes des Saftes nach der zweiten Saturation sah — der freie Kalk war bereits gefällt, und so konnte Magnesia in Lösung gehen —, wurde die Alkalität nun auf 0,05—0,06 % CaO gehalten, und dem Übel war mit einem Male gesteuert. Der Saft der zweiten Saturation hatte bei 0,058 % Alkalität nur mehr 0,0013 g MgO, und der der dritten bei 0,003 Alkalität 0,0007 g MgO in 100 cm$^3$ Saft.

Andrlík bestätigte dann noch experimentell, daß Saturieren bei der zweiten Saturation unter eine Alkalität von 0,05 % zur Auflösung der Magnesia führen kann, falls sie in größerer Menge im Kalkstein, bzw. in der Kalkmilch vorhanden ist[3]. Ähnliches fand Kargl in seiner Untersuchung ,,über den Einfluß der Übersaturierung auf das Fällen einiger Säuren bei Gegenwart von Magnesia und Alkalien", nur fand er die kritische Alkalität zu weniger als 0,01 %. Die Nichtübereinstimmung der beiden Ergebnisse soll durch die Anwesenheit von Ammoniak erklärlich sein, das mit der Magnesia Komplexe bilden kann[4].

[1] Z. V. D. Zuckerind. 1899, S. 779.
[2] Ö. U. Z. f. Zuckerind. XVII, S. 159, 1888.
[3] Z. f. Zuckerind. i. B. XXV, S. 148, 1900/01.
[4] Z. d. tschsl. Zuckerind. IX, S. 259, 1928.

Mit teils übereinstimmenden und teils widersprechenden Befunden studierte neuerlich Vl. Staněk die Stoffe, die beim Aussüßen und Übersaturieren des Schlammes in Lösung gehen[1].

Er fand keine Erhöhung des Quotienten; beim Aussüßen und Übersaturieren gingen viel mehr organische als anorganische Nichtzucker in Lösung, besonders der Gesamtstickstoff stieg auffallend, davon ein großer Teil Eiweißkörper.

Von den anorganischen Stoffen gingen Kalk und Magnesiasalze beim Übersaturieren reichlich in Lösung, desgleichen die Alkalien, die im Schlamme in einer schwach gebundenen Form vorhanden sein dürften. (Doppelsilicate?)

Sehr auffällig ist das Übergehen der Schwefelsäure. Im Saturationsschlamm ist bedeutend mehr Gips enthalten, als nach der Löslichkeit des Calciumsulfates im Safte im Schlamme zurückbleiben sollte; ein Teil dieses Gipses geht in das Absüßwasser über, jedoch der Hauptanteil der Schwefelsäure löst sich aus dem Schlamme beim Übersaturieren wahrscheinlich nach der Reaktion:

$$CaSO_4 + MgO + CO_2 = CaSO_4 + MgCO_3,$$

und zwar wirkt allem Anscheine nach saures Magnesiumcarbonat, welches ziemlich löslich ist:

$$CaSO_4 + MgH_2(CO_3)_2 = MgSO_4, CaCO_3, H_2O, CO_2.$$

Ebenso ist Phosphorsäure in reichlicherem Maße in die Absüßwässer übergegangen, was jedoch aus der Löslichkeit des Magnesiumphosphates erklärlich ist.

Auffallenderweise fand Staněk nur wenig Eisen als in Lösung gegangen (s. S. 335). Durch Zersetzung von Silicaten des Schlammes übergeht auch kolloidales Kieseloxyd in Lösung und gelangt beim Verdampfen zur Abscheidung — daher es in den Inkrustationen der Verdampfkörper stets zu finden ist.

### 3. Über die Kalkmengen zur Scheidung.

Die zur Scheidung zu verwendende Kalkmenge hängt von verschiedenen Umständen ab.

Bei dem alten Verfahren („Scheidung nach oben") wurden $1/2$—$1^1/_4$ % vom Rübengewichte an Kalk angewendet. $1^1/_4$ % stellte das Maximum dar, während die erstgenannte Kalkmenge unvollkommen geschiedene Säfte lieferte. Als Mittelzahlen gibt Stammer $^3/_4$—1 % CaO vom Rübengewichte an, entscheidet sich aber selbst für 1 % CaO. — Die Unvollkommenheit der Arbeitsweise und der Einrichtung gestattete es im allgemeinen nicht oder doch nur durch Komplizierung der Arbeit, über diese Kalkmengen hinauszugehen, auch in Fällen, wo die Säfte größere Kalkmengen brauchten. Mittels doppelter Scheidung gelangte man zur Anwendung von $1^1/_4$—$1^1/_2$ % CaO.

Perier-Possoz (1862)[2] und Jelínek (1863)[3] waren die ersten, welche die Anwendung größerer Kalkmengen zur Scheidung einführten, bzw. deren Verfahren dies gestatteten. Die einzelnen Fabriken arbeiteten in verschiedenster Weise, und so schwankten die angewendeten Kalkmengen zwischen $2^1/_2$—5 % Kalk vom Gewichte der verarbeiteten

---

[1] Z. f. Zuckerind. i. B. XLII, S. 643, 1917/18.
[2] Z. V. D. Zuckerind. 1861, S. 127.     [3] ebd. 1864, S. 114 u. 617.

Rüben. Doch wurde bald erkannt, daß so große Mengen Kalk unnötig seien. 1887 erklärte J. Weisberg, daß schon 3% zuviel wären. Darauf folgte eine Reaktion: Verminderung bis auf 1—1½% Kalk auf Rübe wurde als richtigste Arbeitsweise befunden (Heffter)[1]. Weisberg studierte deshalb den Zusammenhang zwischen Reinigungseffekt und Kalkmenge. Als praktisch richtigste Zahl fand er „1,5—2% reinen oder mindestens 90proz. Kalk". So erhalte man die größtmögliche Aufbesserung[2]. Beaudet wies durch Laboratoriumsversuche nach, daß für die erste Saturation ein Kalkzusatz von 2,4% vollständig genügt; ein größerer Zusatz davon erhöhe nicht mehr den Reinigungseffekt. Für die zweite Saturation gab er 0,2% Kalk an.

Zu den genannten Zahlen aus der alten und neuen Praxis ist zu bemerken, daß theoretisch zur Scheidung gesunder Rüben 0,4—0,75% CaO, auf Rüben gerechnet, genügen würden, eine Tatsache, die schon lange bekannt ist. Trotzdem geht man bedeutend über die theoretisch notwendige Kalkmenge hinaus.

2—2,5% Kalk, auf Rübe gerechnet, sind auch bei normalen Verhältnissen die Grenzzahlen. Daß man mehr als die theoretisch notwendige Kalkmenge anwendet, findet seine Begründung in physikalischen Fällungserscheinungen, die schon früher zur Sprache kamen. Die Erfahrung lehrt, daß man bei der Anwendung größerer Kalkmengen Säfte von hellerer Farbe erhält, die auch etwas weniger Kalksalze zeigen, aber in der Reinheit ist ein merklicher Unterschied bei Verwendung größerer oder kleinerer Kalkmengen bisher nicht nachgewiesen. Auch die Umsetzung der durch Kalk zersetzbaren Stoffe kann bei größerer Kalkanwendung nicht schneller oder energischer vor sich gehen, weil hierbei nur der gelöste Kalk wirksam und dessen Menge allein von dem Zuckergehalt und der Temperatur und nicht von der Menge des zugesetzten Kalkes abhängig ist. Aus diesem Grunde zeigt sich die in gewisser Hinsicht etwas günstigere Wirkung größerer Kalkmengen auch niemals bei der Scheidung, sondern erst bei der Saturation (Claassen)[3].

Die angewendete Kalkmenge hat auch großen Einfluß auf die Zusammensetzung der Säfte, insofern sie in bestimmtem Zusammenhange mit dem Gehalt an Kalksalzen der Säfte steht.

Herzfeld konstatierte, daß bei Zusatz folgender Mengen Kalk zur Scheidung in den saturierten Säften folgende Menge CaO, als Maß für die löslichen Kalksalze, zu finden war[4].

| | Trockenscheidung CaO % | Nasse Scheidung CaO % |
|---|---|---|
| 1½% Kalk Zugabe; nach der Saturation . . . | 0,030 | 0,014 |
| 2½% „ „ „ „ „ . . . | 0,007 | 0,003 |
| 3½% „ „ „ „ „ . . . | 0,004 | 0,002 |

Weisberg gelangte mit Kalkmilch zu ähnlichen Ergebnissen.

---

[1] Z. V. D. Zuckerind. 1887, S. 559 u. 1031.
[2] La Sucrerie belge 1887 durch Z. f. Zuckerind. i. B. XI, S. 445, 1886/87.
[3] Die Zuckerfabrikation, 1918, S. 116.
[4] Z. V. D. Zuckerind. 1894, S. 278.

Zusatz von Kalkmilch 15,0 % Kalk; nach der Saturation . . . 0,0029 % CaO  
    „       „       „    10,0 %  „      „    „      „   . . . 0,0019 % CaO  
    „       „       „     7,5 %  „      „    „      „   . . . 0,0057 % CaO  
    „       „       „     6,0 %  „      „    „      „   . . . 0,0031 % CaO  
Kalk in Pulver . . . 1,5 %  „      „    „      „   . . . 0,0034 % CaO  
    „       „       „   . . . 3,0 %  „      „    „      „   . . . 0,0023 % CaO

Auch Beaudet und Aulard fanden, daß $1\frac{1}{2}$ % CaO zur Scheidung wohl genügen, doch erhält man bei Anwendung so kleiner Kalkmengen Säfte mit mehr Kalksalzen, ein Zusammenhang, der später noch zu besprechen sein wird. Anwendung größerer Kalkmengen bewirkt auch eine bessere Aufhellung der Farbe der Saturationssäfte[1].

In den schon genannten Saturationsversuchen bestätigte Staněk neuerdings die bekannten Tatsachen und Zusammenhänge von Kalkzugabe und Beschaffenheit der Säfte:

Unter Hinweis auf die Analysenzahlen seiner Untersuchungen sei nur hervorgehoben:

Steigende Kalkmenge erhöht den Reinheitsquotient des Saftes. Auffällig ist ferner die Abnahme des schädlichen Stickstoffs durch größere Kalkzugabe. Nachdem Betain durch Kalk bei der Saturation überhaupt nicht fällbar ist, so läßt sich dessen Abnahme durch Ausfällung der Aminosäuren in den Schlamm erklären (s. d.); auch bei den organisch sauren Salzen und in der Verfärbung des Saftes zeigt sich dieser günstige Einfluß sehr deutlich.

Bei Anwendung von geringen Kalkmengen — 0,34 % und 0,5 % — verbesserte sich der Quotient nur bei dem mäßig geschiedenen Safte, und zwar bloß um 0,2 %, demgegenüber stieg aber der Gehalt an Kalksalzen um 24,8 % bei dem Versuche mit mäßiger Scheidung, woraus ersichtlich ist, daß bei der Einwirkung des Kalkes eine weitere Zersetzung der Nichtzuckerstoffe sowie Bildung organischer Säuren stattgefunden hat.

Auffällig ist die Abnahme der Eiweißstoffe im Saturationssaft; bereits die mit geringem Kalkzusatz ausgeführte Saturation entfernt 21—40 % der in dem geschiedenen Saft verbliebenen Eiweißstoffe.

## 4. Die Temperatur der Scheidung und der Saturation.

Wenn man Rohsaft kalt, d. h. bei der Temperatur, mit der er abgezogen wird, mit Kalk klärt, löst sich in demselben mehr Kalk auf, als wenn die Klärung bei höherer Temperatur erfolgt. Im ersteren Falle löst sich auf 1 Mol Zucker 1 Mol CaO auf, es entsteht Monosaccharat, in der Hitze löst sich nur $\frac{1}{4}$ Mol CaO auf. Zum Fällen der Nichtzucker sind nur 0,2—0,3 % CaO notwendig (auf Rübe gerechnet); es müßte daher bei kalten Säften zur Sättigung mit Kalk 2,5—2,8 %, bei heißen nur 1,0 % CaO verwendet werden. Was an überschüssigem Kalk zugesetzt wurde, kommt nur in jenem Maße zur Lösung, als Kalk durch die Kohlensäure gefällt wurde. Ist der Kalküberschuß bereits ausgefällt,

---

[1] Andrlík u. Urban: Z. f. Zuckerind. i. B. XXXVII, S. 231, 1912/13. S. „Reinigungseffekt“.

so wird der im Safte gelöste Kalk angegriffen, d. h. auch ausgefällt, und wird die Saturation übermäßig weit getrieben, so kämen auch die organisch-kalkhaltigen Verbindungen an die Reihe. Durch Regulierung der Alkalität ist man imstande, bloß eine bestimmte beliebige Menge gelösten Kalkes im Safte zu belassen.

Die Scheidung mit Kalk in der Kälte wäre eigentlich günstiger als in der Hitze. Aber der im ersten Falle gebildete Niederschlag ist nicht filtrationsfähig — daher eine Klärung in kaltem Safte nicht möglich. Wo kalte Scheidung aber doch stattfindet, folgt eine Erhitzung noch vor der Filtration. Dies ist der Fall bei der kalten Saturation von Owsianikow. Nach dieser wird der Diffusionssaft bei 40—50° mit Kalk geschieden, der Kalk durch zwei Stunden unter Umrühren einwirken gelassen und darauf auf 0,1 % CaO-Alkalität aussaturiert; in der Saturationspfanne oder in Vorwärmern wird der Schlammsaft auf 85° C erhitzt und in Filterpressen filtriert.

Dieses Verfahren soll sich in einer russischen Zuckerfabrik bewährt und bessere Resultate als die heiße Saturation gegeben haben[1].

Die kalte Scheidung wäre theoretisch für den Betrieb günstiger, ist aber praktisch nicht brauchbar. Ihre bessere Wirkungsweise erklärt Herzfeld damit, daß mehr Kalk als Zuckerkalk in Lösung geht als bei der warmen Scheidung und so besser ausgenutzt wird; er prüfte diese Frage näher.

Schon bei einer Scheidungstemperatur von 60° C ging die Filtration des Saturationsschlammes schlecht vonstatten. Erst durch Anwärmen des Saftes auf 78° C wurde Filtrationsfähigkeit erzielt. Bei der „kalten Scheidung" wurde der Rohsaft bei gewöhnlicher Temperatur mit Kalkmilch versetzt, dann erst auf 60° C angewärmt und filtriert. Der Schlamm setzte sich noch schlechter ab und konnte auch nach weiterem Erwärmen nur schwer filtrationsfähig gemacht werden. Der erzielte Saft aber war reiner, lichter, aschen- und stickstoffärmer als jener der Scheidung und Saturation bei 90° C[2].

Ähnliche Resultate fand Beaudet. Auch er stellte fest, daß Temperaturerhöhung Verminderung der Reinheit und der Alkalität und Vermehrung der Kalksalze im Dicksaft zur Folge habe, daß also die kalte Arbeit vorzuziehen wäre.

Im übrigen ist es bemerkenswert, daß die Scheidesaturation von Frey-Jelínek anfangs (1863) in der Kälte ausgeführt wurde, d. h. der Kalk wurde dem kalten Safte zugesetzt, nachher bei 40—50° R die Saturation begonnen und bei 70—75° R beendet. Aber schon nach wenigen Jahren wurde diese Arbeitsweise verlassen und der Rohsaft (Preßsaft, Zentrifugensaft) noch vor der Kalkmilchzugabe auf 65° R erwärmt — wie in der „Geschichte der Saftreinigung" in der ersten Auflage dieses Buches näher ausgeführt wurde.

In Übereinstimmung mit dem vorhergesagten konnte auch Vonαrák bei seinen Untersuchungen über die Zersetzungsgeschwindigkeit von stickstoffhaltigen Nichtzuckerstoffen durch Kalk feststellen, daß dieser um so besser zur Wirkung gelangt, wenn er zunächst dem kalten Safte zugesetzt, der erst nachher aufgewärmt wird. Es wäre demnach die kalte Scheidung vorzuziehen — wenn sie betriebstechnisch möglich wäre.

---

[1] D. Z. 1908, S. 883.    [2] Z. V. D. Zuckerind. 1894, S. 296.

Die bessere Wirkung dieser Art von Kalkzugabe und Aufwärmung läßt sich so erklären, daß bekanntlich Kalk in kälteren Zuckerlösungen löslicher ist als in heißen und daß wohl bei nachfolgender Aufwärmung ein Teil des Kalkes ausfällt, aber immer noch mehr in Lösung davon verbleibt, als dieser Temperatur entspricht. Gleich große Kalkmengen können daher bei verschiedenen Arbeitsweisen (die Temperatur betreffend) verschieden wirken.

Vondrák bemühte sich später, eine „kalte Scheidung" auszuarbeiten, die nur die Vorteile der niedrigeren Temperatur ohne deren Nachteile bietet. Das Schäumen und die verminderte Filtrierbarkeit wurden bei folgender Arbeitsweise behoben: dem Diffusionssaft wird 1% Kalk in der Kälte zugesetzt, auf $85^0$ C erwärmt und bis auf 0,1% CaO aussaturiert; dem trüben Saft wird ein weiterer Kalkanteil (1%) hinzugefügt und nochmals saturiert.

„Dieser Arbeitsvorgang würde zwar unter normalen Verhältnissen keine bedeutenderen Vorteile gegenüber der üblichen Methode bieten; dafür wäre dieses Verfahren im Falle der Verarbeitung stark stickstoffhaltiger oder auch teilweise verdorbener Rüben gut brauchbar[1]."

Diese Abhandlung enthält eine ausführliche Übersicht über die meisten früheren Verfahren der kalten Scheidung.

Was die günstigere Wirkung einer niedrigeren Temperatur bei der Scheidung anlangt, gilt nicht für die Saturation. Diese soll bei möglichst hoher Temperatur geschehen. Jesser schlägt sogar Siedehitze vor, wie in den Abschnitten „organischsaure Kalksalze" und „Auskochen" näher gezeigt werden wird. Diese Arbeitsweise ergibt kalkärmere Säfte.

## 5. Die Saturationsgeschwindigkeit.

Die Geschwindigkeit der Saturation, das ist die Zeit vom Beginne des Einleitens der Kohlensäure bis zum Aussaturieren, hängt ab von der Geschwindigkeit des zugeführten Saturationsgases (die man also in der Hand hat) und von der Reinheit des Diffusionssaftes in dem Sinne, daß die zum Aussaturieren notwendige Zeit mit steigender Reinheit des Diffusionssaftes abnimmt.

Rasch saturierter Saft filtriert auch besser und schneller als langsam saturierter. Durch schnellere Saturation erhält man auch reinere Säfte[2]

Zu dieser Erkenntnis sind schon die praktisch tätigen Chemiker viel früher gelangt, aber Stanĕks unbestreitbares Verdienst ist es, diese Frage mit wissenschaftlicher Gründlichkeit fast zahlenmäßig und methodisch beantwortet zu haben.

Etwas später beschrieb er seine Versuchsapparatur[3]. Die gefundenen Ergebnisse waren etwa:

Die Saturationsgeschwindigkeit ist im allgemeinen anfangs kleiner, steigt jedoch später, um zum Schluß wieder abzunehmen.

---

[1] Z. d. tschsl. Zuckerind. V, S. 434, 1924.

[2] Stanĕk, Vl.: Über den Einfluß der Saturationsgeschwindigkeit auf die Reinheit und Filtrierbarkeit der Rübensäfte. Z. f. Zuckerind. i. B. XXXVIII, S. 64, 1913/14. — Ders.: Ebenda XXXIX, S. 1, 1914/15.

[3] Z. f. Zuckerind. i. B. XL, S. 249, 1915/16.

Steigende Konzentrationen der Zuckerlösungen, insbesonders wenn der Zuckergehalt über 15% beträgt, begünstigen die Absorption der Kohlensäure.

Einen großen Einfluß auf die Saturationsgeschwindigkeit übt die Art der Kalkzugabe aus. Wenn die Zuckerlösungen mit dem Kalk bei gewöhnlicher Temperatur versetzt wurden, also vor der Erwärmung auf die Saturationstemperatur, so verdreifachte sich fast die Saturationsgeschwindigkeit in der ersten Saturationsperiode.

Eine länger andauernde Erwärmung der Zuckerlösungen mit dem Kalk vor der Saturation vermindert die Saturationsgeschwindigkeit.

Rübenpülpe, desgleichen ein mit heißem Wasser hergestellter Auszug derselben, Asparagin, Alkalisalze der Glutamin- und Asparaginsäure, Invertzucker und Calciumchlorid beeinträchtigen die Absorption von Kohlensäure in kalkhaltigen Zuckerlösungen.

Diese Untersuchungen führten Staněk zur fraktionierten Saturation (s. d.). Auch Tödt und Mayer treten für ein schnelles Saturieren ein: so fällt der kohlensaure Kalk in kleineren Krystallen aus; da solche eine große Oberfläche besitzen, zeigen sie bedeutende Adsorptionsfähigkeit (s. d.) und geben hellere Säfte[1].

## 6. Aufenthaltsdauer des aussaturierten Saftes im Saturateur.

Der aussaturierte Saft — also das Gemisch von Saft und Schlammniederschlag — kommt zur Filtration über die Schlammpressen.

Da erheben sich die wichtigen Fragen: soll man diesen möglichst schnell auf die Schlammpressen bringen oder ist das Gegenteil richtiger? Arbeiten jene Fabriken besser, die den Schlammsaft direkt der Schlammpumpe zuführen oder die zwischen Saturateur und Schlammpumpe ein Rührwerk eingeschaltet haben, in dem der Schlammsaft unter Durchmischen längere Zeit verweilt? Oder was das gleiche ist: wird der Saft geschädigt, wenn er einmal infolge einer Betriebsstörung längere Zeit im Saturateur liegenbleiben muß?

Gefühlsmäßig wird man wohl für die schnellere Arbeit eintreten in Befürchtung des Umstandes, daß bei längerer Einwirkung des heißen alkalischen Saftes auf die chemisch und insbesondere mechanisch gefällten Nichtzucker deren Wiederauflösung und dadurch eine Verschlechterung des Reinheitsquotienten eintreten müsse. Wiederholte Laboratoriums- und Fabriksversuche überzeugten indes Staněk vom Gegenteil. Säfte, die längere Zeit mit dem Schlamme im Saturateur unter Mischen in Berührung blieben, zeigten um bis 0,8% höhere Quotienten als die Vergleichssäfte und filtrierten auch besser. Diese auffallende Erscheinung dürfte ihre Erklärung darin finden, daß etwa vorhandenes Tricalciumsaccharat oder etwa anwesendes Zuckerkalkcarbonat oder sonst irgend Zucker in nicht löslicher Form (vielleicht Zucker adsorbiert durch kolloidales, amorphes Calciumcarbonat) durch das längere Mischen in Lösung geht, weil er Zeit zur Umbildung hat.

---

[1] C. f. Zuckerind. 1927, S. 1071, 1072.

Auch findet das amorphe Calciumcarbonat durch Zeit und Wärme die Möglichkeit, sich zu leichter filtrierfähigen Aragonitkrystallen zusammenzuballen[1].

Stanĕk hält demnach dafür, daß der längere Kontakt zwischen Saft und Saturationsschlamm dem Betriebe nur nützlich sei: bessere Filtration, leichtere Absüßung und reinere Säfte sind die Folge. Verfasser verweilte auch deshalb etwas länger bei dieser Frage, weil sie ein Schulbeispiel dafür ist, daß so beliebte „gefühlsmäßige" Urteile und Vorurteile oft trügen.

### 7. Saturation verdorbener Rüben.

Die Saturation angefrorener Rüben im Vergleich zu der normaler Rüben läßt sich aus Saturationsversuchen Vondráks (die aber einem anderen Zwecke dienten, s. S. 367), verfolgen.

| Diffusionssaft | | Saturationssaft (II. Saturation) | | | | Anmerkung |
|---|---|---|---|---|---|---|
| Quot. | Invertzucker % | Quot. | Alk. % | Kalksalze CaO | ° St. auf Saccharisation | |
| 92,5 | 0,16 | 95,15 | 0,018 | 0,0029 | 2,01 | normale Rüben |
| 88,1 | 0,32 | 93,35 | 0,007 | 0,0330 | 3,08 | angeforene Rüben |

Bemerkenswert ist auch, daß die Filtration nach der ersten Saturation bei den angefrorenen Rüben schneller ging als bei den normalen, und zwar 67 g gegen 55,9 g je Minute oder deutlicher 8,7 g gegen 7,3 g für die Minute und den Quadratmeter Filterfläche[2].

Dies gehört zu jenen Überraschungen, auf die man bei der Verarbeitung verdorbener Rüben rechnen muß: solche lassen sich manches Mal — wenigstens eine Zeitlang — besser verarbeiten als scheinbar gesunde Rüben. Oft kam es dem Verfasser vor, daß gut aussehende Rüben sich schlechter verarbeiten ließen als verdorbene oder Rüben, denen man nach ihrem Zustande eine schlechte Verarbeitungsfähigkeit prophezeien mußte, sich recht gut verarbeiten ließen[3]. Für die Unmöglichkeit, schleimfaule Rüben filtrieren zu können, nimmt Stanĕk an, daß der Schleim, welcher offenbar ein zusammengesetztes Polysaccharid (vielleicht Lävulan) ist, mit Kalk in eine unlösliche Verbindung eingeht, vielleicht von solchem Charakter, wie es das Saccharat ist, und bei der Saturation, das ist bei Verringerung des Überschusses an Kalk, wieder zerfällt; der Schleim wird wieder frei, geht in die Lösung über und verhindert als „Schutzkolloid" die Ausscheidung des krystallinischen Kalkcarbonats und damit auch die Filtration; oder er gibt vielleicht mit Kalk und Kohlensäure eine ähnliche schleimige Verbindung, wie es das sog. Kalkzuckercarbonat, vorübergehend bei der Saturation entstehend, ist, welches ebenfalls die Filtration nicht zu Ende saturierter Säfte unmöglich macht[4].

Über die Verarbeitung verdorbener Rüben siehe auch Kap. 8e.

[1] Z. f. Zuckerind. i. B. XLII, S. 417, 1917/18.
[2] Z d. tschsl. Zuckerind. VIII, S. 295, 1927.
[3] Ö. U. Z. f. Zuckerind. XLV, S. 349, 1916.
[4] Z. d. tschsl. Zuckerind. I, S. 173, 1920.

## 8. Wirkungsweise der Kohlensäure.

Nun wäre zu untersuchen, in welcher Weise die Kohlensäure in der Saturation zur Wirkung gelangt: gasförmig oder in gelöster Form? Später wird gezeigt, daß die Kohlensäure, eigentlich Kohlendioxyd, in heißem Wasser bedeutend weniger löslich ist als in kaltem. Bei der Saturationstemperatur wäre dieses Gas nur sehr wenig löslich. Die Anwesenheit des Zuckers wird diese Verhältnisse kaum viel ändern, wohl aber der Kalkgehalt des Scheidesaftes[1]. Raffy ließ Kohlendioxyd durch alkalische Lösungen durchstreichen und maß das absorbierte Volumen bei verschiedenen Temperaturen.

| Temperatur | 95° | 82° | 70° | 64° | 23° |
|---|---|---|---|---|---|
| cm³ $CO_2$ | 466 | 455 | 430 | 410 | 377 |

Die Absorption des Gases nahm also mit steigender Temperatur zu; wäre Lösung erfolgt, so hätte die Absorption abnehmen müssen. **Kohlendioxyd als solches saturiert also den Scheidesaft aus und nicht die gelöste Kohlensäure.** Daß ein ganz kleiner Teil des Gases gelöst wird, ist anzunehmen. Für die Ausnutzung des Saturationsgases ist die eben beschriebene Erscheinung ein Nachteil, weil größere Verluste an Gas stattfinden; für die Arbeit aber dürfte sie von Vorteil sein, weil die aufsteigenden Gasblasen gleichzeitig als vorzügliches Rührwerk wirken.

Von der Ausnutzung der Kohlensäure des Saturationsgases sei nur das chemisch Bemerkenswerte hervorgehoben. Beaudet fand, daß die Ausnutzung mit fortschreitender Saturation immer ungünstiger wird, sich jedoch in den letzten 5—10 Minuten etwas günstiger gestaltet. Diese Behauptung Beaudets erklärt Weisberg folgendermaßen: Die Ausnutzung der Kohlensäure wird um so schlechter, je mehr der Saft durch die Saturation verdickt wird; ist bei fortschreitender Saturation der höchste Grad der Verdickung erreicht und überschritten, so fängt die verdickte Masse durch weitere Einleitung von Kohlensäure an, sich wieder zu verdünnen und schließlich zu verflüssigen; das Gas kann nun leichter durchdringen und seine Wirkung erhöhen[2].

Bei einem Saturationsgase mit 25% $CO_2$ hatte nach Versuchen von Kettler und Zender das entweichende Gas aus dem Saturateure bei Beginn der Saturation 12% und zu Ende 15—17% $CO_2$, Andrlik fand bei einem Gase mit 26% $CO_2$ bei gleichen Umständen 9 und 19% $CO_2$, also konnten die Letztgenannten das auffällige Resultat Beaudets nicht bestätigen.

Nach Claassens Angaben für stetige Saturation werden bis zu einer Alkalität von 0,15—0,20% CaO 60—70%, bei 0,08—0,10% CaO Alkalität 50—55% und bei einer Alkalität von 0,04—0,05% CaO nur 45—50% der vorhandenen Kohlensäure ausgenutzt[3].

---

[1] Z. f. Zuckerind. i. B. 1879, S. 812.
[2] Z. V. D. Zuckerind. 1898, S. 809.
[3] Die Zuckerfabrikation, 1918, S. 120.

## 9. Schaum und Schäumen der Säfte.

Der Schaum, welcher bei der Saturation und in anderen Stationen auftritt, wird aus einer Unzahl Luft-, Dampf- oder Gasbläschen gebildet, von denen jedes einzelne von einem dünnen Flüssigkeitshäutchen umgeben ist, das einen gewissen Grad von Zähigkeit oder Elastizität hat. Schon eine geringe Menge derselben genügt, um der Oberfläche Zähigkeit und Elastizität zu verleihen, welche der Spannung der in der Luftblase eingeschlossenen Luft einen gewissen Widerstand entgegensetzt. Der Gleichgewichtszustand einer Schaumblase wird gestört durch Aufhebung des Widerstandes der sie umhüllenden Flüssigkeitsschicht, wodurch der Schaum vernichtet wird. Öle und Fette wirken als Schaumniederschläger dadurch, daß sie die Zähigkeit und Elastizität der Flüssigkeitsoberfläche aufheben. Eine Ölschicht wirkt wie eine über diese Flüssigkeitsoberfläche ausgebreitete unelastische Haut — auch schon in sehr geringer Menge angewendet.

Von den zur Schaumbeseitigung, bzw. -verhinderung zuzusetzenden Substanzen soll tunlichst wenig angewendet werden, da sie die Saftreinigung und Konzentrierung nie fördernd beeinflussen. Angewendet werden Tier- und Pflanzenfette, z. B. Talg, Ricinusöl, sowie Mineralöle; die Schaumbeseitigung mittels Dampfeinströmens und mechanischer Vorrichtungen gehört nicht hierher.

Das Schäumen der Säfte wird am besten durch einen richtig hoch bemessenen Steigraum des Saturateurs unschädlich gemacht. Je weniger künstliche Mittel Anwendung finden, desto besser für eine gute Arbeit. Die Fette, die man als Schaumniederschläger verwendet, sollen möglichst viscos und leicht verseifbar sein.

Das Schäumen der Säfte beim Saturieren hängt von der Beschaffenheit der Rüben, der Art der Diffusionsarbeit und vom Saturationsgase ab.

Im alkalischen Safte werden die Fette verseift; es bilden sich Kalk- und Alkaliseifen einerseits, andererseits Glycerin, das den Saft verunreinigt. Besser wären Mineralöle, die sich chemisch indifferent verhalten und nicht verseifbar sind[1].

Das Glycerin suchte Wachtel, weil löslich, in der Melasse, ohne es hier zu finden; dafür konnte er aber in einem Nachlauf der Melasse-Spiritus-Raffination Acrolein nachweisen (aus Gärungsglycerin stammend?).

Glycerin, ein dreiwertiger Alkohol von der Formel $CH_2 \cdot OH \cdot CHOH \cdot CH_2 \cdot OH$ oder $C_3H_5(OH)_3$, geht durch Entzug zweier Moleküle Wasser in einen ungesättigten Aldehyd, Acrolein, $CH_2 : CH \cdot CHO$ über.

$$
\begin{array}{ccc}
CH_2 \cdot OH & & CH_2 \\
| & & \| \\
CH \cdot OH & -\, 2\,H_2O \;=\; & CH \\
| & & | \\
CH_2 \cdot OH & & CHO \\
\text{Glycerin} & & \text{Acrolein}
\end{array}
$$

---

[1] Bei Saturationsversuchen benutzte Staněk Xylol als Mittel gegen das Schäumen.

In den Dämpfen der Saturation stellte S. Dědek Trimethylamin fest, ohne dessen Entstehung erklären zu können, da die früher geltende Anschauung, es entstünde unter den Bedingungen der Scheidung durch Zersetzung von Betain und Cholin (s. d.) nach der Untersuchung Vondráks (Abschnitt a) nicht mehr aufrechtzuerhalten wäre[1].

Auch in der Melasse kommt es vor (s. d.).

### e) Alkalität.

Alkalität einer Zuckerlösung tritt bei Gegenwart basisch reagierender Stoffe ein, da Zucker selbst schwach sauer reagiert. Dies zeigte Donath, indem er zu einigen Kubikzentimetern kalter 3proz. Boraxlösung, die durch etwas Phenolphthalein rot gefärbt war — durch die alkalische Reaktion der Boraxlösung —, einen Tropfen gesättigter Zuckerlösung zusetzte; dabei trat Entfärbung ein. Beim Erhitzen wird aber die Flüssigkeit wieder rot, und man kann durch abwechselndes Erhitzen und Abkühlen diesen Vorgang beliebig oft wiederholen[2].

In den Fabrikssäften können von alkalisch reagierenden Stoffen zugegen sein: $KOH$, $NaOH$, $Ca(OH)_2$, $NH_4 \cdot OH$; es gibt aber auch Salze, die in Lösung basisch reagieren: Alkalicarbonate, Sulfite, Phosphate, organischsaure Salze. Auch diese sind in den Säften vorhanden und werden bei der Alkalitätsbestimmung mitbestimmt. Da man also nie weiß, welche der angeführten Verbindungen und in welchem Mengenverhältnis sie zugegen sind, muß man einen Körper als Basis annehmen und auf diesen die titrimetrisch bestimmte Alkalität beziehen. Das ist der Kalk ($CaO$); man spricht demnach von Kalkalkalität ohne Rücksicht darauf, welche Substanzen die Alkalität bilden, was zu gewissen Unzulänglichkeiten führt.

Dazu reagieren die genannten Basen und Salze sowie Peptone, Überhitzungsprodukte des Zuckers u. a. auf verschiedene Indicatoren verschieden; ferner beeinflußt die Temperatur, selbst bei ein und demselben Indicator, die Reaktion mancher Verbindungen — man sieht, daß die „Alkalität" eines Saftes keine bestimmte Zahl zu sein braucht, also kein eindeutig bestimmter Wertmesser für seine Alkalität und somit Qualität ist.

Aus dem Gesagten geht hervor, daß sich die durch Titration bestimmte und die wirkliche Saftalkalität nicht vollkommen decken.

Zunächst handelt es sich darum, jene Faktoren zu ermitteln, welche die Höhe der Alkalität eines Saftes bedingen. Vor allem ist die Zusammensetzung des Diffusionssaftes und somit auch die der Rübe maßgebend; daher kommt es im Betriebe häufig vor, daß sich die Säfte bezüglich der Haltbarkeit ihrer Alkalität beim Verdampfen je nach dem zu verarbeitenden Rübenmateriale wechselnd verhalten. Auch die Arbeitsweise ist von maßgebendem Einflusse.

Dann wird zu untersuchen sein, wie sich die wichtigsten Saftbestandteile unter den verschiedenen Bedingungen der Temperatur, des Indi-

---

[1] Z. d. tschsl. Zuckerind. IX, S. 33, 1927.   [2] Ch. Z. 1893, S. 1826.

cators usw. bei der Alkalitätsbestimmung verhalten und sie beeinflussen. Schließlich sollen Vorschläge erstattet werden, wie die Alkalitäts-bestimmung der Säfte auszugestalten wäre, um möglichst annähernd die richtige Alkalität anzuzeigen — wenn man überhaupt von einer „richtigen" Alkalität oder besser „wirklichen" Alkalität sprechen kann.

In bezug auf ihr Verhalten zur Alkalität teilt Andrlík die Bestandteile des Diffusionssaftes ein in 1. Alkalität hervorrufende (bildende), 2. absorbierende (verzehrende), 3. vorübergehende Akalität bedingende Verbindungen. Erstere sind an Alkalien gebundene organische und anorganische Säuren, die mit Kalk unlösliche Verbindungen geben. Zu den zweiten zählen Amide, Aminosäuren, freie organische Säuren, reduzierender Zucker und Saccharose selbst. Ammoniumsalze bilden den Hauptbestandteil der dritten Gruppe. Andrlík versuchte das Problem zu lösen, mittels chemischer Analyse auf obige Bestandteile das Verhalten der Säfte beim Verdampfen vorauszubestimmen[1].

Zur ersten Gruppe gehören in erster Linie Oxalsäure, ferner vielleicht Wein-, Citronen-, Bernstein- und in kleinerem Maße Glykol-, Glyoxal- und Adipinsäure. Die Phosphorsäure spielt nur eine geringe Rolle, da sie im Momente des Freiwerdens von Alkali durch den Kalk aus den Alkaliphosphaten sofort zum Ausscheiden des Kalkes aus dessen Salzen verbraucht werden würde. Der an Magnesia gebundene Teil der Phosphorsäure kommt nicht in Betracht.

Die größte Wichtigkeit von allen hergehörenden Säuren hat die Oxalsäure, welche zu $0{,}14$—$0{,}99\,\%$, auf Trockensubstanz bezogen, in den Rohsäften, die Andrlík untersuchte, gefunden wurde. Die Alkalimenge, die durch diese Säuremenge frei gemacht werden könnte, würde, auf Saft von $14^{0}$ Bg umgerechnet, $0{,}009$—$0{,}063\,\%$ CaO entsprechen. Von dem gesamten an organische Säure gebundenen Alkali würde die Oxalsäure durchschnittlich $41{,}8\,\%$ binden. Tatsächlich wurde in Säften, die Rückgang der Alkalität zeigten, nur kleine Mengen Oxalsäure und größere Mengen dieser Säure in solchen Rohsäften konstatiert, die ihre Alkalität hielten.

Ammoniumsalze bzw. Ammoniak sind für eine bleibende Alkalität wertlos, da letzteres in der Wärme sich verflüchtigt. Es kann aber gebundenen Kalk aus den Säften fällen, namentlich in der dritten Saturation bei Abwesenheit von Alkalicarbonaten. Hier ist es als Ammoniumcarbonat vorhanden und kann also im Safte gelöste Kalksalze unter Ausscheidung von $CaCO_3$ zersetzen. $CaCl_2 + (NH_4)_2CO_3 = CaCO_3 + 2NH_4 \cdot Cl$. Andrlík berechnet die Größe der Alkalität (wenn das Ammoniak sich nicht verflüchtigen würde), auf Saft von $14^{0}$ Bg umgerechnet, zu $0{,}03$—$0{,}05\,\%$ CaO. Im Dünnsafte ist das Ammoniak höchstwahrscheinlich als Carbonat vorhanden; in Säften, die beim Verkochen Alkalitätsrückgang zeigen, ist es auch in Form von Ammoniumsalzen zugegen, die durch doppelte Zersetzung aus Kalk-

---

[1] Z. f. Zuckerind. i. B. XXIII, S. 596, 1898/99.

salzen und Ammoniumcarbonat entstanden sind, z. B. nach der obigen Gleichung.

Es können auch Umstände eintreten, unter denen die Stoffe der ersten und dritten Gruppe die Funktionen der zweiten Gruppe übernehmen.

Die Alkalität verzehrenden Stoffe (2. Gruppe) sind organische freie Säuren, die mit Kalk lösliche Salze geben, ferner die an schwächere Alkalien, Magnesium, Eisen und Aluminium gebundenen und ebenfalls lösliche Kalksalze bildenden Säuren, das sind Fettsäuren und Aminosäuren; weiter die schon angeführten Körper. Die Wirkung der hergehörenden Säuren beruht auf folgendem Chemismus: Zunächst werden sie durch Kalk neutralisiert und gehen als Kalksalze in Lösung; bei der zweiten und eventuell auch dritten Saturation mit Kohlensäure werden sie durch alkalische Carbonate in alkalische Salze und kohlensauren Kalk umgesetzt, wodurch die Alkalität abnimmt. $CaR + K_2CO_3 = CaCO_3 + K_2R$; $R = $ Säureradikal.

Speziell für Aminosäuren wurde gefunden, „daß diese in den Säften in einer derart bedeutenden Menge enthalten sind, daß, wenn sie insgesamt in freiem Zustande oder an schwächere Alkalien gebunden wären, dieselben die ganze durch die Oxalsäure hervorgerufene Alkalität in manchen Fällen ganz allein binden würden".

Dasselbe gilt auch für ihre Amide, die unter Ammoniakentwicklung zersetzt werden; das Ammoniak verflüchtigt sich, während die mit entstandenen Aminosäuren Alkalität absorbieren.

Ein weiterer Faktor beim Sinken der Alkalität ist der Invertzucker[1].

Durch Einwirkung des Kalkes in der Wärme bildet er Säuren; diese geben Kalksalze, welche, so wie oben beschrieben, durch doppelte Umsetzung mit Alkalicarbonaten in Kalkcarbonat und Alkalisalze übergehen, wobei die Alkalität schwindet. Auf Saft von 14° Bx bezogen, sind das Mengen von 0,01—0,02 % CaO. Auch Saccharose absorbiert bei Erwärmen in alkalischer Lösung Alkalität.

„Sind im Rohsafte Alkalibildner in solchem Überschusse vorhanden, daß sie nicht nur durch das frei werdende Alkali alle Alkalität absorbierenden Substanzen binden können, sondern noch ein gewisser Teil des Alkalis im Safte übrigbleibt, so wird der Saft trotz der Verflüchtigung der Ammoniakalkalität beim Verdampfen nach dem Verkochen alkalisch bleiben (normale Säfte). Sind dagegen die Alkalität absorbierenden Substanzen im Überschusse vorhanden, so besitzen die Säfte keine überschüssige Alkalität aus freien Alkalien, sondern z. B. nur die Ammoniakalkalität. Bei solchen Säften schwindet die Alkalität beim Verdampfen und Verkochen . . . (abnormale Säfte)." Das sind die äußersten möglichen Fälle, zwischen denen Übergänge bestehen und die Säfte mit mehr oder weniger schwindender Alkalität geben, ohne Betriebsnachteile im Gefolge zu haben[2].

---

[1] Jesser: Ö. U. Z. f. Zuckerind. XXII, S. 239, 661, 1893.
[2] Z. f. Zuckerind. i. B. XXIII, S. 596, 1898/99.

Die Alkalisalze der nachgenannten Säuren werden bei der Saturation
(zur Neutralität) in folgendem Grade zu Alkalitätsbildnern; die
ersten fast quantitativ, die letzteren gar nicht, weil sie nicht gefällt
werden (siehe die Untersuchungen Pach=
lopníks im Abschnitte b dieses Kapitels).

| Kalisalze der | Alkalität-bildung % |
|---|---|
| Oxalsäure . . . | 100,0 |
| Phosphorsäure . | 99,8 |
| Citronensäure. . | 82,7 |
| Apfelsäure . . . | 78,1 |
| Schwefelsäure . | 60,4 |
| Asparaginsäure . | 34,1 |
| Glutaminsäure . | 21,8 |
| Milchsäure . . . | — |
| Saccharinsäure . | — |
| Salzsäure . . . | — |

Umfangreiche „Studien über Alkalitäten", welche „die Entstehung und das
Wesen der Alkalität" behandeln, veröffentlichte L. Jesser in den Jahren 1894
und 1895[1]. Einzelheiten aus seiner Arbeit
wurden schon gelegentlich wiedergegeben;
so z. B. das Verhalten der Asparaginsäure
und des Asparagins, der Glutaminsäure
und des Glutamins gegen verschiedene Indicatoren usw.

Wird ein Rohsaft mit Kalk geschieden, so treten die unorganischen
und organischen Alkalisalze mit demselben in Reaktion unter Bildung
von Kalksalzen und freiem Alkali, z. B.: $2KX + Ca(OH)_2 = CaX
+ 2KOH$. Ferner werden durch den Kalk und das freie Alkali Invert-
zucker und Stickstoffkörper unter Bildung von Säuren abgebaut, welche
letzteren, einen Teil des freien Alkalis bindend, als Alkalisalze in Lösung
gehen. Der Überschuß des Alkalis, das im Safte gelöst bleibt,
ist die sogenannte natürliche Saftalkalität (s. d.).

Wird nun durch Kohlensäuresaturation der Ätzkalk teilweise ausgefällt, und zwar bis zu einer Alkalität, die größer ist als die Menge des
vorhandenen Ätzkalis oder mit anderen Worten, als die natürliche Saftalkalität, so resultiert ein Saft, der neben Ätzkali noch Ätzkalk enthält.
Dann hat er aber auch eine größere Alkalität, nämlich um die dem
Ätzkalkgehalte entsprechende; seine Gesamtalkalität ist daher die
Summe aus der natürlichen Saft- und Kalkalkalität. Unter der
Annahme, daß alles im Saturationssafte alkalisch Reagierende KOH
und $Ca(OH)_2$ ist, müßte dieser Saft bei Anwendung von Phenolphthalein
oder Lackmus als Indicator gleiche Alkalitäten aufweisen; dies ist
jedoch nicht der Fall. Die Phenolphthaleinalkalität wird immer
kleiner gefunden als die durch Lackmus angezeigte.
Daraus folgt, daß in den Säften außer KOH und $Ca(OH)_2$ noch solche
Verbindungen vorhanden sein müssen, die auf beide Indicatoren verschieden reagieren: die Nichtzuckerstoffe beeinflussen die Alkalität, z. B. Asparagin u. v. a.

Auf Grund seiner diesbezüglichen Untersuchungen kam Jesser
zu dem Ergebnisse, „. . . daß die Alkalitätsbestimmung durch Nichtzuckerstoffe beeinflußt wird, die auf die einzelnen Indicatoren verschieden einwirken, und da wir die Natur derselben nicht kennen, so
können wir auch keinen Indicator wählen, auf den sie nicht einwirken.
Daraus folgt aber, daß wenigstens vorläufig die Bestimmung des
wahren Alkaligehaltes der Säfte, auch wenn sie freies Alkali

---

[1] Ö. U. Z. f. Zuckerind. XXIII, S. 275, u. XXIV, S. 299 u. 497.

enthalten, ein Ding der Unmöglichkeit ist; wir können nicht einmal angeben, ob die mit verschiedenen Indicatoren gefundene größte oder kleinste Alkalität der wahren am nächsten kommt".

Claassen unternahm ähnliche Studien[1], um die Frage: Welcher Indicator zeigt die richtige Alkalität an? beantworten zu können. In Rübensäften ist die Reaktion wegen des Vorhandenseins von organischen Nichtzuckern mit doppeltem Charakter schwerer zu konstatieren als sonst in Lösungen von Säuren, Alkalien und Salzen. Asparagin und Betain reagieren z. B. infolge ihrer Carboxylgruppe sauer, infolge ihrer Amidogruppe aber basisch. Sie können sich daher sowohl mit Säuren als auch mit Basen verbinden.

Asparagin ist gegen die ersten beiden Indicatoren fast neutral, gegen Phenolphthalein deutlich sauer. „Aber auch bei diesem letzteren zeigt sich alkalische Reaktion viel früher, als bis das neutrale Natronsalz gebildet ist, denn 0,5 g Asparagin sättigen ungefähr 30 cm³ $1/_{10}$ n-Natronlauge." Die Färbung der Zuckerlösung beeinflußt die richtige Konstatierung des Farbenumschlages. Der Neutralisationspunkt asparaginhaltiger Lösungen ist daher nicht so leicht festzustellen. Wann ist ein Saft neutral? Alkalisch ist er, „wenn bei länger andauerndem Erwärmen auf 100° keine stärkere Zersetzung von Zucker eintritt, als sich nach den Tabellen Herzfelds berechnen läßt", sauer, wenn diese Bedingung nicht zutrifft (Inversion, Abnahme der Polarisation). „Der Punkt, wo der Übergang von der invertierenden zu der nicht invertierenden Lösung stattfindet, ist dann der Neutralitätspunkt." Claassen fand, daß in Säften, welche mit Rosolsäure schwache Alkalität anzeigten, durch längeres Kochen über 100° der Zucker durch Asparagin invertiert wurde. Phenolphthalein zeigt erst dann Alkalität an, wenn Asparagin und ähnliche Stoffe durch Basen gebunden sind. Für Phenolphthalein tritt er aber auch nicht bedingungslos ein, weil die Ammoniakalkalität zu gering befunden wird; auch ist es nur bei fast farblosen Säften verwendbar. Claassen ist für Verwendung aller drei Indicatoren; bei verschiedenen Titrationsergebnissen ist die Alkalität niemals so weit sinken zu lassen, daß die Säfte mit Phenolphthalein neutral oder gar sauer werden.

Die Frage nach einem richtigen Indicator hat deshalb auch große Bedeutung, weil heute das Bestreben besteht, nach oder in der letzten Saturation möglichst tief auszusaturieren (s. o.).

In dieser Beziehung läßt Phenolphthalein in Stich. Im „Centralblatt für Zuckerindustrie" 1925, Nr. 5 wurde im Bericht über die Sitzung des Nordwestdeutschen Zweigvereins diese Frage ausführlich behandelt. Es wurde zusammenfassend von Schrader gesagt, daß Phenolphthalein an der Grenze von alkalisch und neutral nicht zu gebrauchen ist und es im Interesse der Zuckerindustrie liegt, sich soweit wie möglich der absoluten Neutralität zu nähern (siehe den folgenden Abschnitt).

Das alles beweist zur Genüge, daß die Bestimmung der Alkalität durch die Betriebskontrolle in genauer und rascher Weise

---

[1] Z. V. D. Zuckerind. 1894, S. 692.

ein bis heute ungelöstes Problem ist. Diese erkennt z. B. einen Dünnsaft für genügend alkalisch, und doch erweist er sich bei seiner Verdampfung als neutral, wenn nicht sauer. Es rührte in diesem Falle seine Alkalität von flüchtigem Ammoniak und nicht von fixen Alkalien ($K_2O$, $CaO$) her.

Einzelne der oben gemachten Bedenken fallen allerdings bei der Betriebskontrolle weg. Diese arbeitet stets mit gleich heißen Säften und stets mit demselben Indicator, erhält also untereinander vergleichbare Werte.

Es fragt sich nun, wie die übliche Alkalitätsbestimmung durchgeführt bzw. modifiziert werden soll oder was für Analysen man heranziehen muß, um die Angaben der Titration zu vervollständigen, damit man möglichsten Aufschluß über die „wirkliche" Alkalität erhält.

Eine sehr leicht durchführbare Vervollständigung der üblichen Alkalitätsbestimmung — Titration des Saftes mit einer gestellten Säure — kann über den Anteil des Ammoniaks an der Alkalität Aufschluß geben. Man erhitzt einen zweiten Teil der Saftprobe, verflüchtigt dadurch das Ammoniak und titriert wieder. Gewöhnlich wird man, dem verschwundenen Ammoniak entsprechend, weniger Säure zum Titrieren verbrauchen[1].

Rümpler schlägt folgende Methode zur Bestimmung der durch freie und vielleicht auch kohlensaure Alkalien bedingten Saftalkalität vor: Der abgemessene Saft wird mit Chlorammon im Überschusse zersetzt, das ganze ungefähr 24 Stunden stehengelassen und das während dieser Zeit entwichene Ammoniak in gemessener und titrierter Schwefelsäure aufgefangen. Durch Zurücktitrieren bestimmt man die entwickelte Ammoniakmenge und somit die Alkalität. Diese Methode hat wegen ihrer Langwierigkeit mehr theoretisches Interesse[2].

Zur Bestimmung der freien Alkalien in den Säften empfiehlt Cortrait Titration mit Säure unter Verwendung von Jodstärke als Indicator. Ihr Farbenumschlag wird durch Ammoniak und Carbonate nicht beeinflußt[3].

Da die Alkalität über den Kalkgehalt der Säfte nichts aussagt, ist es sehr gut, diesen entweder von Zeit zu Zeit gewichtsanalytisch oder regelmäßig mit titrierter Seifenlösung volumetrisch zu ermitteln. Viele Betriebsanalysen zeigen, daß es keine fixen Beziehungen zwischen Gesamtalkalität und dem Gehalt an Kalk ($CaO$) gibt.

Was die Durchführung der Bestimmung der Alkalität anbelangt, machte G. Bruhns auf den Einfluß der Kohlensäure im destillierten Wasser und auf den der Kohlensäure der Luft aufmerksam und gibt Ausführungsformen für die Titration an[4].

Die natürliche Alkalität ist von größter Bedeutung für die Verarbeitung der Rüben; doch gibt es noch keine einfache Bestimmungsmethode für sie.

---

[1] Hanamann: Organ 1878, S. 24.　　[2] Die Nichtzuckerstoffe, 1898, S. 474.
[3] Z. V. D. Zuckerind. 1897, S. 31.
[4] Z. d. tschsl. Zuckerind. I, S. 331, 1920.

Sie ist sehr beständig; anfangs der Kampagne ist sie ungefähr 0,035% (CaO) und fällt im Verlaufe der Kampagne auf ungefähr 0,025% (als CaO berechnet). Da auch diese genügt — man saturiert meist nicht weiter aus —, so kann man den Kalk der Säfte (aus der Scheidung) vollständig aussaturieren.

Bei Verarbeitung eines verdorbenen Rübenmaterials sinkt jedoch die natürliche Alkalität unter die angegebene Grenze; dann muß man zur Erhaltung der Alkalität der Säfte Kalk in ihnen belassen (was die Verkrustung der Verdampfstation aber fördert) oder man setzt Soda zu, so daß die natürliche Alkalität auf 0,030% steigt. In der Fabrikspraxis geschieht dies meist empirisch[1].

Die Bezeichnung „natürliche Alkalität" ist nach O. Spengler und C. Brendel insofern nicht richtig, als sie nicht in der Rübe selbst, sondern erst nach der Scheidung auftritt. In ihrer gründlichen Untersuchung „über die natürliche Alkalität" stellten sie den Begriff der End - oder Restalkalität auf (sie ist nach der zweiten Saturation vorwiegend durch Alkalicarbonate bedingt) und suchten nach einer analytischen Methode zu deren Bestimmung[2].

### f) Die Wasserstoffionen-Konzentration $(p_H)$.

Es wurde schon darauf hingewiesen, daß man die Alkalität, oft auch die Acidität in Prozent CaO ausdrückt, obwohl dieses gar nicht oder nur zum Teil vorliegt. Auch von Lackmusalkalität oder von Phenolphthaleinalkalität wurde und wird noch gesprochen werden und damit wohl auch dem Zweifel Ausdruck gegeben, welcher Indicator die „richtige" Alkalität eigentlich anzeigt.

Hier tritt nun die Wasserstoffionenkonzentration in ihre Rechte, weil nur diese bestimmt wird und keine Indicatoren im obigen Sinne braucht. Sie gewährt einen tieferen Einblick in die chemischen Vorgänge, der durch Titration nicht erlangt werden kann[3].

Die $p_H$-Werte für Zuckersäfte sagen mehr aus als die Angabe der Alkalität. Herrschen starke Basen vor, so ist der zu einer bestimmten Titrationsalkalität zugehörige $p_H$-Wert viel höher, als wenn schwache Basen vorherrschen. Man kann dann genau sagen, ob z. B. Kalk im saturierten Saft vorherrscht oder andere schwächere Basen.

Die verschiedene Empfindlichkeit von Indicatoren läßt sich mit Hilfe der Wasserstoffionenkonzentration erklären. In der Zuckerindustrie ist heute das Phenolphthalein als fast alleiniger Indicator im Gebrauch. Dies gibt andere Titrationswerte wie das früher gebräuchliche Lackmus. Man sagt, es sind Stoffe in den Säften, für die Lackmus und Phenolphthalein verschieden empfindlich sind. Der Grund dieser Verschiedenheit ist nach neueren Anschauungen darin zu suchen, daß beide Indicatoren bei verschiedenen Wasserstoffionenkonzentrationen umschlagen. Phenolphthalein schlägt auf der basischen Seite um, es werden daher ganz

---

[1] D. Z. 1926, S. 484.     [2] Z. V. D. Zuckerind. 1927, S. 801.

[3] Zusammenfassende Darstellungen über dieses Gebiet für die speziellen Verhältnisse der Zuckerindustrie u. a. Schmidt, E.: Die Bedeutung der Wasserstoffionenkonzentration, D. Z. 1926, S. 628, und die Untersuchungen von Tödt (siehe die folgenden Seiten), denen hier meist gefolgt wurde. (Siehe auch die Angabe der Spezialliteratur auf S. 379.)

schwache Basen nicht mehr titriert. Dasselbe geschieht mit ganz schwachen Säuren bei Benutzung der auf der sauren Seite umschlagenden Rosolsäure.

Der Gebrauch von Phenolphthalein für saturierte Zuckersäfte ist deshalb sehr vorteilhaft und anderen Indicatoren, wie Lackmus und Rosolsäure, vorzuziehen, weil das Phenolphthalein die starken und ziemlich schwachen Basen angibt, nicht aber die ganz schwachen. Man erhält so durch das Phenolphthalein einen annähernden Eindruck des Kalkgehaltes und das ist gerade sehr wünschenswert für Zuckersäfte[1].

Um das Wesen der Wasserstoffionenkonzentration zu verstehen — und darauf kommt es in diesem Buche in erster Linie an — muß die Theorie der elektrolytischen Dissoziation von Lösungen, die in der ersten Auflage im Anhange kurz geschildert wurde, an dieser Stelle etwas ausführlicher behandelt werden. Im übrigen sei aber auf die unten angeführte Literatur verwiesen.

Aus mehreren Gründen nimmt man an, daß Säuren, Basen und Salze in wäßriger Lösung eine Spaltung ihrer Moleküle in elektrisch entgegengesetzte Teilchen, die Ionen, erfahren, z. B.

$$NaCl \rightarrow \overset{+}{Na} + \overset{-}{Cl}$$
$$Na_2SO_4 \rightarrow \overset{+}{Na} + \overset{+}{Na} + \overset{--}{SO_4}$$
$$NaOH \rightarrow \overset{+}{Na} + \overset{-}{OH}$$
$$HNO_3 \rightarrow \overset{+}{H} + \overset{-}{NO_3}$$
$$H_2SO_4 \rightarrow \overset{+}{H} + \overset{+}{H} + \overset{--}{SO_4}$$
$$CH_3 \cdot COOH \rightarrow \overset{+}{H} + (CH_3 \cdot \overset{-}{COO}).$$

Dieser Zerfall, die elektrolytische Dissoziation, nimmt mit steigender Verdünnung zu; für jede bestimmte Konzentration besteht in der Lösung ein bestimmter Gleichgewichtszustand, der dem Massenwirkungsgesetz unterliegt. Die positiv geladenen Ionen heißen Kationen, die negativ geladenen Anionen. Allen Säuren sind die positiven H-Ionen, allen Basen die negativ geladenen OH-Ionen gemeinsam. Säuren zerfallen in die negativen Säurereste und positiven Wasserstoff-Ionen, Basen in positive Metall- und negative Hydroxylionen, Salze endlich in positive Metallionen und negative Säurereste.

Nicht alle Säuren und alle Basen sind bei gleicher Konzentration gleichviel dissoziiert. Die Erfahrung hat gelehrt, daß der Dissoziationsgrad im engsten Zusammenhange mit der Fähigkeit, den elektrischen Strom zu leiten, steht. An der Elektrizitätsleitung einer Lösung beteiligen sich nur die Ionen; je mehr davon in der Volumseinheit vorhanden sind, desto besser wird die Lösung den Strom leiten können. „Starke" Säuren und „starke" Basen sind gute Stromleiter, „schwache" Verbindung dieser Art schlechte Stromleiter. Erstere sind daher stärker, letztere schwächer dissoziiert. Im allgemeinen sind die organischen Säuren „schwächer" als die Mineralsäuren. Ihr Dissoziationsgrad ist also ein kleinerer als der der Mineralsäuren (siehe „Inversion des Rohrzuckers").

Der Dissoziationsgrad ist eine konstante Größe und ein Maß für die „Stärke" aller Säuren. Die Reaktionen der anorganischen Chemie sind Ionenreaktionen; solche Reaktionen verlaufen schnell. Die meisten organischen Verbindungen sind in Lösung nur wenig elektrisch dissoziiert, und daher verlaufen die Reaktionen der organischen Chemie im allgemeinen langsamer als jene der anorganischen. Sie verlaufen auch häufig unvollständig und bleiben bei Erreichung eines gewissen Gleichgewichtes stehen.

---

[1] Z. V. D. Zuckerind. Bd. 75, S. 65, 1925.

Die Bestimmung der Alkalität mit einer gestellten Säure oder die der Acidität mit einer gestellten Lauge beruhen auf der Neutralisation, die sich folgendermaßen schreiben läßt, da sich nur die Ionen an der Reaktion beteiligen.

$$H^{\cdot} + OH' \longrightarrow H_2O.$$

Für das Gleichgewicht dieses Vorganges gilt nach dem Massenwirkungsgesetz (Guldberg und Waage)

$$[H^{\cdot}] \cdot [OH'] = 10^{-13 \cdot 8}{}^1,$$

worin die eingeklammerten Ionen die molaren Konzentrationen bedeuten.

Der Neutralpunkt ist durch die folgende Gleichung charakterisiert: $(H^{\cdot}) = (OH') = 10 - 6 \cdot 9$. Eine zehntel Normalsäure, die ganz dissoziiert ist, hat in einem Liter $^1/_{10}$ oder $10 - ^1$ Grammion Wasserstoffionen. Man sagt dann, diese Säure hat einen $p_H$-Wert $= 1$. $^1/_{10}$ normale Lauge hat im Liter $10 - ^{13}$ Grammion Wasserstoffionen, $p_H$ ist in diesem Fall $= 13$. Neutrales Wasser hat $10 - ^7$ Grammion Wasserstoff, $p_H = 7$. $p_H$ bedeutet also die Anzahl Wasserstoffionen im Liter, ausgedrückt durch den negativen Exponenten von 10 oder den negativen dekadischen Logarithmus. Bei Neutralisation einer starken Säure mit einer starken Base ändert sich der $p_H$ von 1—13, und die eigentliche Wasserstoffionenkonzentration um 12 Zehnerpotenzen oder um das Billionenfache. Dieses Verhältnis ist zahlenmäßig sehr umständlich und graphisch überhaupt nicht darzustellen. Arbeitet man mit $p_H$, so geben wichtige Funktionen, die sonst nicht zu erhalten sind, leicht übersehbare, symmetrische Bilder. Der Ausdruck $p_H$ ist daher allgemein üblich geworden.

Durch die $p_H$-Werte ist die aktuelle Acidität definiert, aber auch die aktuelle Alkalität. Denn durch die Wasserstoffionen sind auch die Hydroxylionen, welche die alkalische Reaktion verursachen, gegeben nach dem Massenwirkungsgesetz. $^1/_{10}$ normale Lauge hat $^1/_{10}$ oder $10^{-1}$ Grammion Hydroxylionen, sie muß, um das Massenwirkungsgesetz zu erfüllen, $10^{-13}$ Grammion Wasserstoffionen oder ein $p_H = 13$ haben.

Das chemisch reine, vollkommen „neutrale" Wasser enthält wegen seiner unvermeidlichen Selbstzersetzung ebensogut Wasserstoffionen wie die „sauren" Flüssigkeiten und ebensogut Hydroxylionen wie die basischen. Nur ist die Zahl beider genau gleich und obendrein (bei völliger Abwesenheit von Salzen usw.) verhältnismäßig klein, nämlich entsprechend einer 0,0000001 Normallösung. Da man passender schreibt $1 \times 10^{-7}$, würde sonach im reinen Wasser sowohl $H^-$, wie $OH^+$ $= 10^{-7}$, wobei das Minus- und das Pluszeichen ein negatives bzw. positives Elektron bedeuten, die mit dem Wasserstoffatom bzw. dem Hydroxylrest verbunden gedacht werden.

Aber auch diese Ausdrucksweise erschien Sörensen noch zu schwerfällig und sein bereits allgemein angenommener Vorschlag ging dahin, lediglich die Exponenten obiger Ausdrücke zu benützen und zu schreiben:

$$p_H = 7 \qquad\qquad p_{OH} = 7$$

---

[1] Meist auf $10^{-14}$ abgerundet.

Wird nun $p_H$ größer, so wird $p_{OH}$ entsprechend kleiner — solange es sich um wäßrige Lösungen handelt — und man kann daher auf $p_{OH}$ verzichten, wenn man $p_H$ kennt[1]. $p_H = 7$ ist der Wasserstoffexponent, $10^{-7}$ ist die Wasserstoffzahl.

Die nachstehende Übersicht zeigt, daß eine Wasserstoffionenkonzentration von $1 \times 10^{-7}$ (also $p_H = 7$) der wirklichen Neutralität, d. h. dem Vorhandensein einer genau gleichen Menge von Hydroxylionen, entspricht. Die sauren Flüssigkeiten enthalten mehr, die alkalischen weniger Wasserstoff- als Hydroxylionen, und zwar derart, daß die Summen der Potentialexponenten stets 14 beträgt. Mithin entspricht z. B. einem $p_H = 3$, ein $p_{OH} = 11$ (sauer), einem $p_H = 10$ ein $p_{OH} = 4$ (alkalisch). Die Schärfe des Umschlages der Farbe des Indicators hängt von der Ausdehnung der Grenzen von (H') ab, zwischen welchen der Umschlag vor sich geht. Je enger diese Grenzen sind, desto schärfer ist der Umschlag.

Der Unterschied in der Angabe der Reaktion als Prozent Alkalität (Acidität) oder als $p_H$-Wert besteht darin, daß letzterer auch eine Angabe macht über die Stärke der eventuell vorhandenen Säure, nicht nur über ihre Menge (analog für Basen).

Im Abschnitte: Inversion des Rohrzuckers wurden die verschiedenen Säuren nach ihrer „Stärke" angeführt. Bei gleichem prozentischen Gehalte (Acidität) in einer Zuckerlösung kommt jeder Säure ein verschieden großes Inversionsvermögen zu. Es kann also je nach der (unbekannten) Säure bei gleicher Acidität große oder geringe Inversionsgefahr für einen Saft oder für einen Sirup bestehen. Die Angabe der $p_H$-Werte ist aber ganz eindeutig.

Ein Beispiel soll das Gesagte verdeutlichen: Gleich viele Kubikzentimeter einer $^1/_{10}$ n Salzsäure und einer $^1/_{10}$ n Essigsäure verbrauchen bei der Titration je gleiche Mengen einer $^1/_{10}$ n Lauge, haben also gleiche Titrationsaciditäten; trotzdem ist die Inversionsgefahr bei der Salzsäure etwa 50 mal größer als bei der Essigsäure, was mit dem Dissoziationsgrad der beiden Säuren zusammenhängt. Also nicht die „Acidität" läßt die Inversionsgefahr beurteilen, sondern die Wasserstoffionenkonzentration.

Von der letzteren hängt auch ab die Ausflockung bei der Saturation und die gute Filtrierbarkeit des Schlammes. Maßgebend sind hier nicht die Alkalitäten, sondern die Wasserstoff- bzw. Hydroxylionenkonzentrationen. Eine gewisse Parallelität zwischen beiden Größen ist allerdings vorhanden, jedoch läßt sich ein günstiger Scheidungs- und Saturationserfolg durch Angaben der Wasserstoffionenkonzentration genauer festlegen, als es mittels Alkalitätszahlen möglich ist. Daher sind die einzuhaltenden Alkalitäten größeren Schwankungen unterworfen als die Wasserstoffionenkonzentrationen.

Wie kann man nun auf möglichst einfache Weise die Wasserstoffionenkonzentration messen. Hierzu bedient man sich u. a. der Tatsache, daß es eine große Anzahl organische Farbstoffe gibt, sogenannte In-

---

[1] Dieser Ausdruck wurde auch $P_H$ oder nach Michaelis $p\,h$ geschrieben. Aus typographischen Zweckmäßigkeitsgründen wurde aus ersterem $p_H$ und dieser Ausdruck auch vom Verfasser gewählt.

dicatoren, die bei ganz bestimmten Wasserstoffionenkonzentrationen ihre Farbe plötzlich ändern. Man muß nun solche Indicatoren auswählen, die bei solchen Wasserstoffionenkonzentrationen umschlagen, welche für die Zuckersäfte wichtig sind.

Bruhns machte eine Zusammenstellung solcher Indicatoren, die sämtliche Wasserstoffionenkonzentrationen, welche überhaupt vorkommen können, zu messen gestattet. Sie geht auf die der Amerikaner Clark und Lubs zurück, wurde aber ergänzt und erweitert[1].

Tabelle 76.

| Chemische Bezeichnung | Handelsname | Farben-Umschlag | $p_H$-Bereich des Umschlaggebietes | $p_H$ des Umschlagpunktes |
|---|---|---|---|---|
| Thymolsulfonphthalein (saure Zone) | Thymolblau | rot-gelb | 1,2—2,8 | 1,7 |
| Tetrabromphenolsulfonphthalein . . | Bromphenolblau | gelb-blau | 3,0—4,6 | 4,1 |
| Dimethylamidoazobenzol-o-carbonsäure . . . . . . . . . . . . | Methylrot | rot-gelb | 4,4—6,0 | 5,1 |
| Dibromorthokresolsulfonphthalein . | Bromkresolpurpur | gelb-purpur | 5,2—6,8 | 6,3 |
| Dibromthymolsulfonphthalein . . . | Bromthymolblau | gelb-blau | 6,0—7,6 | 7,0 |
| Phenolsulfonphthalein . . . . . . | Phenolrot | gelb-rot | 6,8—8,4 | 7,92 |
| Orthokresolsulfonphthalein . . . . | Kresolrot | gelb-rot | 7,2—8,8 | 8,3 |
| Thymolsulfonphthalein (alkal. Zone) | Thymolblau | gelb-blau | 8,0—9,6 | 8,92 |
| p-Benzolsulfonsäure-azobenzylanilin | | | 1,9—3,3 | |
| | Kresolphthalein | farblos-rot | 8,2—9,8 | |
| | Thymolphthalein | | 9,3—10,5 | |
| | Alizaringelb R | | 10,1—12,1 | |

Nur nebenbei sei angedeutet, wie man diese Indicatoren benützt, da die analytische Seite dieser ganzen Frage hier weniger in Betracht kommt.

Der Gebrauch obiger Farbstofflösungen ist sehr einfach. Man bewahrt sie in Tropfflaschen auf und läßt sie aus diesen zu der zu prüfenden Zuckerlösung träufeln, z. B. einen Tropfen zu drei Tropfen der Zuckerlösung, die sich in einer der Vertiefungen einer sogenannten Tüpfelplatte befinden. Auf dem weißen Porzellan kann man sehr feine Farbenunterschiede erkennen. Die erzeugte Färbung wird dann verglichen mit den sog. „Pufferlösungen" von bekanntem Gehalt an Wasserstoffionen. Nach einiger Übung hat man jedoch diese Vergleichsflüssigkeiten kaum noch nötig, weil man aus den mit zwei oder drei verschiedenen Indicatoren erhaltenen Färbungen ohne weiteres die Beschaffenheit der untersuchten Lösung erkennt.

Damit gewinnt der Begriff der „Pufferung" Bedeutung. Darunter versteht man diejenige Kraft, welche sich der Reaktionsänderung infolge von Säure- oder Alkalizusatz widersetzt (Reaktionsregulator).

Eine oft benutzte Pufferlösung ist ein Gemisch von Natriumacetat und Essigsäure. Fügt man diesem Gemisch eine starke Säure, etwa Salzsäure hinzu, so wird sich die Reaktion nur wenig ändern. Denn die Salzsäure setzt sich mit dem Natriumacetat um zu Kochsalz und Essigsäure. Diese Essigsäure als schwache Säure ändert aber die Acidität der Lösung nur wenig. Dasselbe ist der Fall, wenn man Salzsäure zur Melasse hinzufügt. Die Säure setzt sich mit den organischen Kalium-

---

[1] C. f. Zuckerind. 1923, S. 463; 1924, S. 263.

und Natriumsalzen der Melasse um zu Kaliumchlorid und Kochsalz. Es werden schwache organische Säuren in Freiheit gesetzt, welche die Reaktion nur wenig ändern. Die gute Pufferung der Melasse ist also eine Folge ihrer chemischen Zusammensetzung. Hat man aber eine Kläre und gibt Schwefelsäure hinzu, so sind keine organischen Salze vorhanden, die Schwefelsäure bleibt in Freiheit und verursacht eine starke Änderung der Reaktion. Die Inversionsgefahr ist um so größer, je höher die Reinheit ist.

„Wenn auch diese Tatsache seit langem bekannt ist, so war es doch bisher in der Praxis nicht üblich, diese Vorgänge messend zu verfolgen. Dies ist aber sehr wichtig und in schneller, einfacher und bequemer Weise durch $p_H$-Messungen möglich. Bei Alkalitätsbestimmungen dagegen werden viele Produkte mehr oder weniger stark sauer gefunden, ohne daß eine Inversionsgefahr besteht" (Tödt).

In seinen „praktischen Versuchen zur Kontrolle der Saftreinigung durch Messung der Wasserstoffionenkonzentration" in deutschen Zuckerfabriken fand Tödt ungefähr folgende Ergebnisse[1].

Als geeignetster Indicator für die erste Saturation erwies sich Thymolphthalein. Dieses bleibt unterhalb einer Alkalität von etwa 0,06% CaO farblos und beginnt bei etwa 0,06 sich leicht blau zu färben. Die Blaufärbung wird mit zunehmender Alkalität stärker und hat bei etwa 0,12 die maximale Farbtiefe erreicht. Für die zweite Saturation wurde Thymolblau verwandt. Unterhalb 0,01% CaO ist dieser Farbstoff gelb gefärbt, beginnt bei 0,01 sich blau zu färben und sieht bei 0,025 bereits ziemlich stark blau aus. Die Alkalitätszahlen laufen annähernd den Farbunterschieden parallel, aber nur annähernd, denn man mißt ja die Wasserstoffionenkonzentration, die nicht identisch ist mit der Titrationsalkalität, wenn auch bei der Saturation von Zuckersäften eine ziemlich enge Parallelität zwischen beiden Größen besteht. Kontrolliert wurde mit Indicatorpapieren nach der bekannten Art der Saturationspapiere.

Bei der Alkalitätsbestimmung in Dicksäften ergaben sich gewisse Schwierigkeiten. Hier erwies sich Kresolrot — bei niedrigster Alkalität — als geeignet.

Nach den Ergebnissen vieler Untersuchungen (s. Literaturangaben bei Tödt) wurde festgestellt, daß die Säfte der ersten Saturation starke Basen, Salze sehr schwacher Säuren und sehr schwache Basen enthalten. Bei der zweiten Saturation sind die starken Basen größtenteils, beim verdünnten Dicksaft fast vollständig verschwunden. Die Bestimmung der Säuren und Basen verschiedener Stärke wird durch die sogenannte elektrometrische Titration ausgeführt.

In einer späteren Veröffentlichung haben holländische Forscher festgestellt, daß die Anwesenheit und die Entwicklung von Ammoniak durch die Elektrotitration bestimmt werden kann. Die für Dicksaft gefundenen Werte ließen deutlich erkennen, daß die sehr schwachen Basen, welche in den Dünnsäften noch vorhanden sind, beim Verdampfen ver-

---

[1] Z. V. D. Zuckerind. Bd. 75, S. 65, 1925.

schwinden. Weiterhin wurden von sämtlichen Säften die $p_H$-Werte
und zugehörigen Alkalitäten aufgezeichnet. Aus den so erhaltenen
Punkten ist zu ersehen, daß ein einheitlicher Zusammenhang zwischen
$p_H$-Werten und den zugehörigen Alkalitäten besteht. Im allgemeinen
ist also für die Betriebskontrolle die Alkalitätsbestimmung
ausreichend. Abweichungen von diesem einheitlichen Zusammenhang
geben Aufschluß über irgendwelche Unregelmäßigkeiten bei der Saftreinigung. Wird z. B. das Ammoniak nur unvollständig entwickelt,
so liegen bei bestimmten Alkalitäten die $p_H$-Werte höher als sonst,
fallen also aus der Reihe heraus. Durch amerikanische Untersuchungen
von Rübensäften wurde festgestellt, daß bei verdorbenen Rüben die
$p_H$-Werte geringer werden, es sind also stärkere Säuren, bzw. schwächere
Basen vorhanden als bei normalen Säften. Solche Qualitätsverschieden-
heiten lassen sich dann weiterhin durch die elektrometrische Titration
noch schärfer erfassen[1].

Besondere Aufmerksamkeit wurde dem Endpunkt der ersten Saturation zugewandt. Dieser Punkt lag in der holländischen Zuckerindustrie bei $p_H = 11,2$ bis $11,5$. Entsprechende Werte aus der ameri-
kanischen Zuckerindustrie waren $11,2$ und $10,8$. Daß im allgemeinen
bei genau definierten $p_H$-Werten die günstigste Ausflockung der Verunreinigungen und die beste Filtration stattfindet, ist sowohl durch
praktische Versuche als auch durch theoretische Erwägungen zur
Genüge bewiesen. Man hat es bei den Saturationen zum großen Teil
mit physikalischen Vorgängen zu tun. Genauere Untersuchungen hier-
über, die sich mit der Entfernung der verschiedenen Kolloide aus den
Zuckersäften befassen, liegen bisher nur aus der Rohrzuckerindustrie
vor. Verschiedene in den Säften vorhandene Kolloide flocken bei genau
definierten $p_H$-Werten aus. Bei diesen $p_H$-Werten sind die ursprünglichen elektrischen Ladungen der Kolloide durch die entgegengesetzten
Ladungen der Wasserstoff-, bzw. Hydroxylionen verschwunden. Die
Kolloide befinden sich jetzt am isoelektrischen Punkt und flocken aus.
Das in den Rohrzuckersäften vorhandene Eiweiß flockt bei $p_H$-Werten
von $3,0$—$6,1$, also bei schwach saurer Reaktion, aus. Von Rübensäften
weiß man, daß bei schwachem Ansäuern sehr beträchtliche, zum großen
Teil aus Eiweiß bestehende Niederschläge ausfallen. In den Rohrsäften
wird die Saftreinigung teilweise bei saurer Reaktion vorgenommen.
Dadurch ist die Bedingung zur Ausflockung der elektronegativen Kolloide, wie z. B. Eiweiß, gegeben. Diese elektronegativen Kolloide besitzen
eine negative elektrische Ladung, welche bei saurer Reaktion durch die
positiven Wasserstoffionen neutralisiert wird, so daß das Kolloid ausfällt. Umgekehrt werden elektropositive Kolloide bei alkalischer Reaktion durch die negativen Hydroxylionen ausgeflockt. Außer den
Wasserstoff- und Hydroxylionen wirken auch Salze durch ihre Ladung
ausfällend oder lösend auf die Kolloide, jedoch herrscht in den Zuckersäften die Wirkung der Wasserstoff- und Hydroxylionen vor. Daß bei
der Saftreinigung außer rein chemischen Vorgängen diese kolloid-

---

[1] Z. V. D. Zuckerind. 1925, S. 260.

chemischen und physikalischen Erscheinungen eine wichtige Rolle spielen, kann nicht bezweifelt werden[1].

Der praktisch tätige Zuckertechniker ist zu sehr an die Angaben der Alkalität oder Acidität in $\%$ CaO gewöhnt, als daß ihm die Angabe der $p_H$-Werte gleich deutlich vor Augen wären. Obgleich beide Angaben eigentlich verschiedenes bedeuten, besteht für die Praxis doch das Bedürfnis, beide miteinander zu vergleichen. Für diese Zwecke stellte der Verfasser die folgende Tafel der $p_H$-Werte für die Rübenzuckerindustrie zusammen.

Vorher noch einiges über das Phenolphthalein als Indicator im Verhältnis zu den $p_H$-Werten.

$p_H$-Tafel für die Rübenzuckerindustrie
(bei normalen, durchschnittlichen Verhältnissen).
Zusammengestellt vom Verfasser.

| | $p_H$ | | | |
|---|---|---|---|---|
| Saures Gebiet | 4,4—4,6<br>4,5<br>4,8 | Optimum für die Invertase (aber nicht für H˙)<br>noch keine (praktische) Inversionsgefahr<br>isoelektrischer Punkt (s. S. 158); gekalkter Rohsaft vor den Vorwärmern | 4,5 | Farbenumschlag von Lackmusfarbstoff |
| | 5<br>6,2—6,4<br>6,5—6,6 | „stark sauer"<br>Acidität von Rübenpreßsäften[2]<br>Inversionsgefahr. Normallösungen von Rohrzucker. Nach R. G. Farnell Grenze für geschwefelten Dünnsaft, bei dieser fällt CaSO₃ am meisten aus. (Inkrustierung der Verdampfapparate)[3] | | |
| | 6,9—7,0 | absolute Neutralität | | |
| Alkalisches Gebiet | 7,0—7,5<br>7,6—7,8 | beste Bodenreaktion für Rübenwachstum<br>für Rohrzuckerindustrie wichtig. Normallösung von Rübenrohzucker, d. h. die Elektrolyte des Rübenzuckers haben alkalischen Charakter, die des Rohrzuckers sauren (s. o.) | 8,3 | Farbenumschlag v. Phenolphthalein |
| | 8,3—8,6<br><br>8,5 | Phenolphthalein-Neutralpunkt. Aussaturierung mit SO₂<br>Dicksaft-Alkalität | | |
| | 9,2—9,4 | Alkalität der II. Saturation | | |
| | 10,8—11,2 | Alkalität der I. Saturation (0,08—0,12$\%$ CaO) | 9,8 | |

Die Rotfärbung des Phenolphthaleins beginnt bei $p_H = 8{,}2$. An diesem Punkt ist $1\%$ des Indicators umgesetzt. Wir haben ein Hundertstel der maximalen Rotfärbung. Bei $p_H = 8{,}6$ haben wir ein Fünfzigstel, bei $p_H = 8{,}9$ ein Zehntel und bei $p_H = 9{,}3$ die Hälfte des Indicatorumsatzes. Der Punkt, an dem die Rotfärbung deutlich erscheint, ist stark abhängig von der Eigenfärbung des betreffenden Produktes.

---

[1] Spengler, O., u. Tödt, F.: Z. V. D. Zuckerind. 1927, S. 115.
[2] Z. V. D. Zuckerind. 1926, S. 771.          [3] D. Z. 1925, S. 1677.

So beginnt das Phenolphthalein in farblosen Pufferlösungen sich bei $p_H = 8{,}3$ rot zu färben, im Rohsaft erst zwischen 8,6 und 8,8[1]. Da Phenolphthalein ein einfarbiger Indicator ist, dessen Umschlagsspektrum einen einzigen Farbton in verschiedenen Stärkegraden umfaßt, so spielt außerdem die angewandte Indicatormenge eine Rolle. Je mehr Phenolphthalein man nimmt, um so leichter wird man die Rotfärbung erkennen. Diese Tatsache bedingt bei der bisherigen in der Zuckerindustrie üblichen Alkalitätsbestimmung eine gewisse Unsicherheit, die bei der kolorimetrischen $p_H$-Bestimmung fortfällt. Denn die in der Farbtafel (Tab. 76) angeführten Indicatoren sind im Gegensatz zum Phenolphthalein zweifarbig. Der beobachtete Farbton ist daher nur von dem Verhältnis der sauren zur alkalischen Form des Indicators abhängig, und die angewandte Indicatorkonzentration spielt eine untergeordnete Rolle.

Auch die folgende Tafel, die für einen anderen Zweck aufgestellt wurde, zeigt den Zusammenhang zwischen den $p_H$-Werten und den titrimetrisch ermittelten Aciditäten, bzw. Alkalitäten.

Tabelle 77. **Einfluß der Reaktion auf die Farbkonzentration des Saftes.**

| Indicator | Grenzwert $p_H$ | Saft M | | | Saft C | | | Saft P | | |
|---|---|---|---|---|---|---|---|---|---|---|
| | | Farbkonzentration °St | Reaktion auf Phenolphthal. Acidität % CaO | Alkalität % CaO | Farbkonzentration °St | Reaktion auf Phenolphthal. Acidität % CaO | Alkalität % CaO | Farbkonzentration °St | Reaktion auf Phenolphthal. Acidität % CaO | Alkalität % CaO |
| Methylrot . . . | 4,4—6,0 | 1,00 | 0,018 | — | 0,86 | 0,017 | — | 1,36 | 0,026 | — |
| Bromkresolpurpur . . . . . | 5,2— 6,8 | 1,05 | 0,009 | — | 0,90 | 0,014 | — | 1,43 | 0,012 | — |
| Bromthymolblau | 6,0— 7,6 | 1,08 | 0,002 | — | 0,93 | 0,005 | — | 1,48 | 0,007 | — |
| Phenolrot . . . | 6,8— 8,4 | 1,13 | 0,001 | — | 0,96 | 0,003 | — | 1,66 | 0,002 | — |
| Kresolrot . . . | 7,2— 8,8 | 1,19 | — | 0,005 | 1,00 | — | 0,003 | 1,82 | — | 0,003 |
| Thymolblau . . | 8,0— 9,6 | 1,23 | — | 0,009 | 1,05 | — | 0,013 | 1,93 | — | 0,015 |
| Kresolphthalein . | 8,2— 9,8 | 1,25 | — | 0,014 | 1,06 | — | 0,017 | 1,99 | — | 0,020 |
| Thymolphthalein | 9,3—10,5 | 1,30 | — | 0,025 | 1,09 | — | 0,034 | 2,00 | — | 0,031 |
| Alizaringelb R . | 10,1—12,1 | 1,32 | — | 0,043 | 1,03 | — | 0,073 | 1,92 | — | 0,063 |

Dem bestimmten $p_H$-Gehalte entspricht nicht bei allen Säften die gleiche Phenolphthaleinalkalität, wie nach den vorhergegangenen Ausführungen selbstverständlich ist[2].

Am Schlusse dieses Abschnittes muß darauf hingewiesen werden, daß fast alle Autoren, die die Einführung der Wasserstoffionenkonzentration in die Betriebskontrolle befürworten, doch der alten Titrationsalkalität und dem Phenolphthalein die Existenzberechtigung nicht absprechen, ja sogar umgekehrt, die Bestimmung der Wasserstoffionenkonzentration nur neben der Alkalitätsbestimmung gelten lassen wollen.

F. Tödt z. B., der eine einfache Tüpfelmethode ausarbeitete (loc. cit.) schreibt wörtlich:

---

[1] Internat. Sugar Journ. 1925, S. 604.
[2] Z. d. tschsl. Zuckerind. VIII, S. 7, 1926 (Staněk u. Vondrák).

„Nach dem eben Gesagten kann kein Zweifel mehr darüber bestehen, daß in manchen Fällen die hier angegebene kolorimetrische $p_H$-Bestimmung der Alkalitätsbestimmung mit Phenophthalein als Indicator vorzuziehen ist.

Die Alkalitätsbestimmung soll damit durchaus nicht beseitigt werden, nur in gewissen Fällen ist es vorteilhaft, sie durch kolorimetrische $p_H$-Messungen zu ersetzen bzw. zu ergänzen. Die bisher übliche und jahrzehntelang bewährte Alkalitätsbestimmung von Dünn- und Dicksäften wird nach wie vor für die chemische Überwachung einer Zuckerfabrik denselben Wert behalten. Ist doch gerade das Phenolphthalein ein Indicator, dessen Anwendung für die Betriebskontrolle einer Zuckerfabrik sich als wertvoll erwiesen hat und nach wie vor unentbehrlich bleiben wird[1].“ Bei Melassen versagt Phenolphthalein wegen der dunkeln Farbe der Melasse. Hier ist nach Tödt seine Tüpfelmethode[2], also die Wasserstoffionenkonzentration, „einfacher, schneller und sicherer“.

### g) Der Reinigungseffekt.

Von theoretischem und praktischem Interesse ist es, den Effekt der Saftreinigung kennenzulernen. Die Kenntnis desselben zeugt für den Wert des angewendeten Verfahrens, für die Arbeitsweise des Betriebes, sie ist für den Betriebsleiter gewissermaßen die Bilanz der Reinigungsstation.

Zwei Wege können zu diesem Ziele führen: 1. der Vergleich des vollständig analysierten Rohsaftes und des gereinigten Saftes (Dünnsaft oder Dicksaft); so arbeiteten u. a. Herzfeld, Andrlík, Stutzer; 2. die vollständige Analyse des Schlammes und die Kenntnis der Schlammengen.

Claassen spricht sich gegen die erste Methode aus[3], „da sie vieles zur Voraussetzung hat, das nicht zutrifft“. Die erste Voraussetzung für diese Methode ist, daß die im Safte verbleibenden Nichtzuckerstoffe keine Veränderung erfahren oder im gereinigten Safte nicht in anderer Form durch die Analyse bestimmt werden als im Rohsafte. Daß das nicht zutrifft, zeigt Claassen an folgendem Beispiel: In der Carbonatasche des Rohsaftes sind die Alkalien teilweise an Phosphor- und Schwefelsäure gebunden, welche Säuren aber in der Scheidung entfernt werden. In der Carbonatasche des gereinigten Saftes wiegt man diese Alkalien als Carbonate, „so daß bei der Berechnung die ausgeschiedenen Mengen Nichtzucker um die Menge der an die Stelle von Phosphorsäure und Schwefelsäure getretenen Kohlensäure zu klein gefunden werden“. Aus dem Scheidekalk können ferner Nichtzuckerstoffe in Lösung gehen und sollen auch Polarisationsverluste möglich sein, die das Bild der Reinigung trüben. Auch die zweite Methode ist nicht einwandfrei, was K. Andrlík und V. Staněk bewiesen[4]. Die beiden

---

[1] Z. V. D. Zuckerind. 1926, S. 506.      [2] ebd. 1926, S. 494; 1927, S. 115.
[3] ebd. 1909, S. 385.
[4] Über die Saturation in chemischer Beziehung. Z. f. Zuckerind. i. B. XXXVII, S. 231, 1912/13.

zeigten, daß eine richtige Bestimmung der organischen Substanzen mit inneren Fehlerquellen behaftet ist; es ist nämlich unmöglich, alles Wasser aus dem Schlamme behufs Trockensubstanzbestimmung zu entfernen, ohne auch organische Substanzen zu zerstören. Selbst bei 135° C hält der Schlamm noch Wasser zurück. Ganz abgesehen von der schwierigen Verwiegung des Schlammes können in diesen Bestandteile des Kalkes mit übergehen. Allerdings versucht Claassen, die Nebenwirkung der Kalkbestandteile analytisch zu eliminieren. So viel steht fest, daß beide Bestimmungsmethoden nicht völlig einwandfrei sind, für den angestrebten Zweck jedoch mit Vorteil benutzt werden können.

Es liegen zahlreiche Untersuchungen über den Reinigungseffekt vor, schon aus einer Zeit, da die Knochenkohle in der Rohzuckerfabrikation noch eine große Rolle spielte, dann nach der Einführung der Scheidesaturation, um ihre Vor- oder Nachteile gegenüber den damals üblichen Reinigungsmethoden zu ermitteln (s. 1. Auflage).

Erst mit den Untersuchungen Andrlíks wurden diese Fragen mit wissenschaftlicher Gründlichkeit an Rüben und für Arbeitsweisen, die mit den jetzt üblichen übereinstimmen, beantwortet.

Dieser Forscher suchte die Beziehungen zwischen der chemischen Zusammensetzung des Rohsaftes und dem erzielbaren Saturationseffekt aufzudecken[1].

I. Arbeitsweise: I. Saturation 2,1 % CaO auf Rübengewicht; von 60° R anfangs bis 70° R während der Saturation erwärmt. Alkalität 0,09—0,10% CaO. Filtration. II. Saturation 0,4% CaO-Zugabe, 70° R, Alkalität 0,06% CaO. Filtration bei 75° R. III. Saturation. Alkalität 0; zum Sieden erhitzt. Ohne schweflige Säure.

II. Arbeitsweise: I. Saturation wie oben. II. Saturation mit 0,4 % CaO-Zugabe, bei 70° R saturiert, Alkalität 0,015% CaO, aufgekocht, filtriert.

III. Arbeitsweise: I. Saturation 2,83 % CaO auf Rübengewicht. II. Saturation 0,43 % CaO. Temperaturen und Alkalität wie bei I. Die Schlammenge der II. Saturation betrug 2,01 %, der III. Saturation 0,18 % vom Rübengewichte.

IV. Schlechte, stickstoffreiche Rübe. I. Saturation mit 3¾% CaO auf 95° C erwärmt, auf 0,11 % CaO aussaturiert, filtriert. Vor der II. Saturation zum Sieden erhitzt, 0,5 % CaO-Zugabe auf 0,06 % CaO aussaturiert. III. Saturation ohne Kalkzugabe auf 95° C erwärmt, mit gasförmigem $SO_2$ auf 0,02—0,05% CaO-Alkalität aussaturiert. Die Alkalität der III. Saturation wurde so hoch gehalten, weil die Säfte beim Verdampfen Alkalitätsschwund zeigten.

Aus diesen angeführten und drei weiteren (hier nicht angegebenen) Versuchen kommt Andrlík zu folgenden Schlüssen über das Verhalten einiger Nichtzuckerstoffe während der Saturation (Tab. 78).

---

[1] Chemisch-technische Studie der Saturation im Großbetriebe. Z. f. Zuckerind. i. B. XXVIII, S. 191, 1903/04.

Die Entfernung der „organischen Substanzen" schwankte zwischen 32,4 und 56,8%, ist also ziemlich ungleichmäßig. Ihr Charakter ist in den einzelnen Säften verschieden, so daß einmal mehr, das andere Mal weniger durch die Saturation ausfällbare Substanzen zugegen sind. Mit steigendem Stickstoffgehalt steigt die Menge der organischen Substanzen.

Unausfällbar ist die „schädliche Asche" und der „schädliche Stickstoff".

Tabelle 78.

| | Auf 100 Teile Zucker entfielen: | | | | | |
|---|---|---|---|---|---|---|
| | Schädliche Asche | | Differenz | Schädlicher Stickstoff | | Differenz |
| | Rohsaft | Dicksaft | | Rohsaft | Dicksaft | |
| I | 1,36 | 1,35 | —0,01 | 0,462 | 0,435 | —0,027 |
| II | 1,32 | 1,35 | +0,03 | 0,455 | 0,432 | —0,023 |
| III | 1,84 | 1,88 | +0,04 | 0,603 | 0,581 | —0,022 |
| IV | 2,33 | 2,48 | +0,15 | 0,930 | 0,904 | —0,026 |
| V | 2,16 | 2,31 | +0,15 | 0,676 | 0,649 | —0,027 |

Die Differenzen sollten theoretisch 0 sein, weil, wie schon hervorgehoben, beide Substanzarten unveränderlich bleiben. Dort, wo die Differenzen relativ größer sind, liegen Beobachtungsfehler vor; die Stickstoffabnahme liegt in der Unzuverlässigkeit der Amid- und Ammoniak-Stickstoffbestimmung.

Im allgemeinen waren die Säfte mit höherem Stickstoffgehalt reichlicher an schädlicher Asche und von schlechterer Qualität. Das gilt sowohl für die Roh- als auch für die Dicksäfte.

Im großen Durchschnitt ist die Menge der wirklichen Asche des Rohsaftes ungefähr 1,5 mal größer als die der schädlichen Asche, im Dicksafte unter normalen Verhältnissen ungefähr 1,0 mal größer.

Auf 100 Teile Carbonatasche des Rohsaftes kommen nach vielen Analysenergebnissen 57,3 Teile schädlicher Asche. Man ist daher in der Lage, aus der Carbonatasche annähernd die schädliche Asche des Diffusionssaftes und die wirkliche Asche des Dicksaftes zu berechnen.

Z. B., hätte ein Rohsaft 0,35 % Carbonatasche, so enthält er $0,35 \times 0,573 = 0,201 \%$ schädlicher Asche. Wie angegeben, ist die schädliche Asche im Dicksafte (auf 100 Teile Zucker) ebenso groß wie im Diffusionssafte, folglich nach obiger Rechnung bekannt. Weiter wurde gesagt, die wirkliche Asche des Dicksaftes wäre ungefähr einmal (genauer 1,043 mal) größer als seine schädliche Asche; daher läßt sich die wirkliche Asche des Dicksaftes aus der bekannten schädlichen berechnen.

$$\text{wirkliche Dicksaftasche} \atop \text{(auf 100 Teile Zucker)} = \frac{\text{Carbonatasche} \times 57,3}{\text{Polarisation}}.$$

Die Carbonatasche des Rohsaftes kann also dazu dienen, seine und des Dicksaftes schädliche sowie des letzteren wirkliche Asche auf 100 Teile Zucker zu berechnen.

Der schädliche Stickstoff machte durchschnittlich 65,2 % vom Gesamtstickstoff aus; doch meint Andrlík, daß wahrscheinlicher diese Zahl auf $^2/_3$ des Gesamtstickstoffes anzunehmen wäre. Die durch

Saturation und Verdampfung entfernte Menge an Stickstoff schwankt zwischen 30,2 und 40,6 % vom Gesamtstickstoff.

Die Menge des Eiweißstickstoffes betrug ungefähr 14,7 % vom Gesamtstickstoff, die Menge des Ammoniak- und Amidstickstoffes rund 20,2 % im Durchschnitte vom Gesamtstickstoff; vom Eiweißstickstoff gingen 93 % in den Schlamm, von Ammoniak- und Amidstickstoff entwichen je nach Konzentration des Dicksaftes 83,7—94,7 %.

Andrlík trat auch dem Studium der „Abhängigkeit der Reinheit des Dicksaftes (eigentlich des Saturationssaftes) von der Zusammensetzung des Diffusionssaftes" näher. Seine Untersuchung ist wohl interessant, aber praktisch nicht besonders verwertbar, weil sie für die Betriebskontrolle zu kompliziert ist.

Andrlík überzeugte sich, daß die Qualität des Rohsaftes die Reinheit des saturierten Saftes beeinflußt. Zur Beurteilung braucht man nur den „konstanten" Nichtzucker, d. i. schädliche Asche und schädlicher Stickstoff des Diffusionssaftes, heranzuziehen; diese beiden Saftbestandteile müssen sich wieder im saturierten Safte finden. Gegen seine Berechnungsart (1. Auflage) erhebt Claassen — außer den schon genannten Einwänden gegen jede Untersuchung, welche die Zusammensetzung der Säfte vor und nach der Reinigung zur Beurteilung heranzieht — noch den Vorwurf, daß Andrlík mit der scheinbaren Trockensubstanz des Rohsaftes ($^0$ Bx) operiert habe, wodurch diese Methode „ganz unbrauchbar werde". Indem ferner Claassen seiner Berechnung Rohsaftanalysen aus den Jahren 1898/99 und 1899/1900 zugrunde legt und findet, 0,9—1,1 Aschenbestandteile auf 100 Teile Brix würden in den Schlamm übergehen, zieht er aus Andrlíks (und Herzfelds sowie Stutzers) Ergebnissen den Schluß, daß Andrlík nur rund 0,30 (bzw. 0,50 sowie 0,26) entfernbaren anorganischen Nichtzucker nachwies. Das führt er auf Nichtzucker zurück, die in Lösung gingen.

Über den organischen Nichtzucker, bzw. seine Entfernung durch die Scheidesaturation lassen sich nach Claassen keine Berechnungen anstellen, da Andrlík nur die scheinbare Trockensubstanz der Rohsäfte bestimmte. Auch aus Herzfelds Zahlen über die Entfernung des organischen Nichtzuckers, die viel zu klein ausgefallen sind, erklärt Claassen „die Unmöglichkeit, die wirklich in den Schlamm übergegangenen Mengen (der Nichtzuckerstoffe) aus der Reinigungswirkung der Scheidung zu berechnen".

Außerdem führte Claassen selbst eine Untersuchung über diesen Gegenstand aus[1] (Tabelle 79).

Auf Rübe gerechnet, gingen im ersten Falle 0,19 %, im zweiten 0,32 % Nichtzucker in den Schlamm über.

Sodann ermittelte er den Reinigungseffekt aus dem Schlamme zweite Methode).

Den Kampagnedurchschnitt der Zusammensetzung des Schlammes seiner Untersuchungen siehe in der Tabelle 84 (Analyse Nr. 3).

---

[1] Z. V. D. Zuckerind. 1909, S. 385.

Tabelle 79.

| Kampagne | | Brix | Trockens. | Pol. | Sch. Q | W. Q. | Ges. NZ[1]. |
|---|---|---|---|---|---|---|---|
| 1907/08 | Rohsaft . . | 13,9 | 13,34 | 12,27 | 88,3 | 91,90 | 8,0 |
| | Dicksaft . | 60,7 | 60,28 | 56,2 | 92,6 | 93,2 | 6,8 |
| | | | | | Entfernter Nichtzucker: | | 1,2 |
| 1908/09 | Rohsaft . . | 13,9 | 13,41 | 12,27 | 88,3 | 91,5 | 8,5 |
| | Dicksaft . | 60,8 | 60,38 | 56,4 | 92,8 | 93,4 | 6,6 |
| | | | | | Entfernter Nichtzucker: | | 1,9 |

In den Schlamm waren übergegangen 0,74 % organischer, 0,17 % anorganischer Nichtzucker auf Rüben gerechnet, im ganzen sonach 0,91 %, also eine viel größere Menge als früher. Hervorzuheben wäre, daß Claassen die aus dem Kalk stammenden Verunreinigungen in Rechnung zog, d. h. die 0,91 % stammen nur aus dem Rohsafte. Für diese Differenz findet Claassen keine Erklärung, da weder Pülpe vorhanden noch größere Ölmengen in der Saturation verwendet wurden.

Für Versuche der Kampagne 1908/09 nimmt Claassen die oben von ihm zu 0,17 % entfernten anorganischen Nichtzucker als konstant an. Die Menge des ausgeschiedenen Organates hängt von der angewendeten Kalkmenge ab. Bei einer Kalkmenge von 1,2 % werden entfernt — 0,59 %, bei 2,0 % — 0,73 %, bei 2,5 % — 0,84 % organischer Nichtzucker. Die günstigere Wirkung einer erhöhten Kalkzugabe ist sichtbar. — Zur Analyse Nr. 4 und 5 der Tabelle Nr. 84 sei hinzugefügt, daß diese Analysenzahlen vom Verfasser aus Claassens Veröffentlichung berechnet wurden, um eventuell einen Unterschied der Schlammzusammensetzung bei Kalkmilch- und Trockenscheidung festzustellen. Doch muß man sich hüten, aus diesen Zahlen allein schon Schlüsse ziehen zu wollen, da die Analysen einerseits nicht ausführlich genug, anderseits Durchschnitte aus einer verschiedenen Anzahl von Analysen sind.

Zu ähnlichen Ergebnissen wie Claassen gelangte auch Andrlík, indem er nachwies, daß bei Rüben von 17 % Zuckergehalt durch die Scheidung und Saturation vom anorganischen Nichtzucker 0,164 % (Claassen 0,17) und vom organischen Nichtzucker 0,722 % (Claassen 0,754) entfernt werden. Nur konnte Andrlík einen Zusammenhang zwischen angewendeter Kalkmenge und der Menge des entfernten Organates nicht finden.

In neuerlichen Untersuchungen kam Andrlík zu anderen Zahlen[2]. Durch Analyse zweier Schlammproben fand er 0,60 und 0,568 % organische Substanzen, auf Diffusionssaft bezogen. Die Menge des organischen Nichtzuckers betrug in demselben 0,149. Daher der Gesamtnichtzucker im Schlamme 0,749, bzw. 0,717. Daraus folgerte Andrlík, der Saturationseffekt lasse sich nicht durch einen bestimmten Wert ausdrücken, sondern sei innerhalb gewisser

---

[1] Gesamter Nichtzucker auf 100 Trockensubstanz.
[2] Über den Saturationseffekt und seine Ermittlung. Z. f. Zuckerind. i. B. XXXIV, S. 639, 1909/10.

Grenzen variabel und von der Art der Nichtzuckerstoffe abhängig. Selbst aus den wirklichen Reinheitsquotienten der Roh- und Dünnsäfte läßt sich ohne weiteres nicht der Saturationseffekt berechnen; man gelangt so zu anderen Zahlen, als die Schlammanalyse ergibt. Es muß vorher am Reinheitsquotienten des Saturationssaftes eine Korrektur, entsprechend der Polarisationsabnahme bei der Saturation, angebracht werden. Andrlík konstatierte öfters, daß bei der Scheidung und Saturation ein kleiner Rückgang der Polarisation des Diffusionssaftes stattfindet. In dieser Arbeit z. B. wurde ein solcher Verlust von 0,19 g auf 100 g Saft, bei einem zweiten Versuch ein solcher von 0,166 % gefunden. Das beeinflußt dann den Reinheitsquotienten des Dünnsaftes[1].

Über den Effekt der dreifachen Saturation in chemischer Beziehung[2]. In dieser Studie äußert sich Andrlík u. a., daß auch die zweite Saturation bei einer Alkalitätseinhaltung von 0,05 bis 0,06% CaO reinigend wirkt. Das geht daraus hervor, daß der Schlamm der zweiten Saturation 4—5 % organische Substanzen, auf Trockensubstanz bezogen, auch bei tadelloser Ausführung der ersten Saturation, enthält.

Durch dreifache Saturation wird ein Reinigungseffekt erzielt, der etwa 1,07—1,17 Teile anorganischen und 4,42 Teile organischen Nichtzucker auf 100 Teile Zucker beträgt.

Ein großes Zahlen- und Beobachtungsmaterial für den Reinigungseffekt der Saturationen liegt in den alljährlich erscheinenden Untersuchungen des Forschungsinstitutes der tschechoslowakischen Zuckerindustrie in Prag (Staněk und später Vondrák) vor.

Durch Vergleich der jeweiligen Zusammensetzung der Diffusionssäfte (Kap. 12) und der der Dicksäfte (Kap. 19) läßt sich der genannte Effekt finden.

Für die einzelnen Kampagnen gilt die folgende Übersicht in der Tabelle 80.

Tabelle 80.

Die Menge der durch die Saturation entfernten Stoffe; A. auf 100 Teile Zucker, B. in Prozenten des im Diffusionssafte vorhandenen Stoffes.

| Kampagne | Nichtzuckerstoffe | | Gesamt-N | | Eiweiß-N | | Ammoniak-N | | Amid-N | | Betain-N | | Schädlicher N | |
|---|---|---|---|---|---|---|---|---|---|---|---|---|---|---|
| | A | B | A | B | A | B | A | B | A | B | A | B | A | B |
| 1920/21 | 3,3 | 34 | 0,146 | 33 | 0,052[3] | 58 | 0,025 | 85 | 0,032[3] | 74[3] | 0,005 | 4 | 0,053[3] | 17[3] |
| 1921/22 | 4,5 | 40 | 0,205 | 31 | 0,099 | 97 | 0,031 | 83 | 0,093[3] | 77[3] | 0,008 | 4 | 0,039 | 8 |
| 1922/23 | 4,3 | 45 | 0,167 | 36 | 0,087 | 97 | 0,024 | 87 | 0,036[3] | 83[3] | 0,002 | 2 | 0,039 | 12 |
| 1923/24 | 4,0 | 45 | 0,164 | 35 | 0,085 | 98 | 0,022 | 87 | 0,047[3] | 89[3] | 0,003 | 3 | 0,034 | 9 |
| 1924/25 | 4,4 | 46 | 0,142 | 32 | 0,100 | 98 | 0,022 | 92 | 0,028[3] | 82[3] | 0,001 | 1 | 0,007 | 2 |
| 1925/26 | 4,2 | 44 | 0,134 | 30 | 0,063 | 91 | 0,012 | 75 | 0,085 | 77 | 0,004 | 4 | 0,025 | 8 |
| 1926/27 | 4,2 | 44 | 0,145 | 34 | 0,076 | 97 | 0,020 | 77 | 0,072 | 64 | 0,003 | 3 | 0,013 | 5 |

[1] Über den Saturationseffekt und seine Ermittlung. Z. f. Zuckerind. i. B. XXXIV, S. 639, 1909/10.    [2] Z. f. Zuckerind. i. B. XXV, S. 195, 1900/01.
[3] Nach einer abweichenden Methode bestimmt.

Der schädliche Stickstoff wird durch das Niederschlagen von Aminosäuren in den Schlamm vermindert. Bei Betain dürfte wahrscheinlich eine andere Base mitgefällt werden, da ersteres bestimmt unverändert bleibt.

Wenn auch gegen diese Untersuchungen die gleichen Einwände erhoben werden können, die schon oben angeführt wurden, so haben sie zumindest vergleichenden Wert, sind aber jedenfalls geeignet, die Chemie der Scheidung und Saturation sehr zu fördern.

Von größter Bedeutung wäre die Lösung der Frage, ob man mit der zweifachen Saturation denselben Erfolg erzielen könne wie mit der dreifachen, oder mit anderen Worten, ob die dritte Saturation nicht überflüssig und daher unökonomisch ist.

Andrlík und Staněk wiesen in der letztgenannten Untersuchung[1] darauf hin, daß der Schlamm der dritten Saturation nur geringe Mengen organischer Substanzen enthalte (Farbstoffe), also die dritte Saturation augenscheinlich überflüssig wäre (was aber die Autoren nicht behaupteten); es findet nur eine Entkalkung statt. Mittels Laboratoriumsversuchen stellten später die Genannten folgendes fest[2]: Durch chemische Analyse ist zwischen den Säften der zweiten und dritten Saturation kein Unterschied wahrnehmbar; nur die Füllmassen nach dreifacher Saturation waren etwas lichter und enthielten weniger Magnesia. Der Schlamm von der zweiten Saturation enthielt auf 100g Zucker 0,34g, der Schlamm von der dritten Saturation 0,33g organische Substanzen. Der Saturationseffekt ist also der gleiche. Kleinere Kalkzugabe bei der zweiten Saturation hat einen kleineren Reinigungseffekt, doch größte Kalkzugabe nicht den größten Reinigungseffekt zur Folge. Bei der dritten Saturation wurden bloß 0,002—0,003 g organische Substanz auf 100 g Zucker entfernt; die Schlammenge betrug durchschnittlich 0,061 g für 100 cm³ Saft.

Die beiden Forscher sind aber trotzdem für eine dritte Saturation, weil nicht nur die chemische Zusammensetzung der Säfte, sondern auch die physikalischen Eigenschaften auf ihre Beschaffenheit Einfluß haben.

Versuche im Fabrikbetriebe ergaben dasselbe Resultat. In chemischer Beziehung ist kein bedeutender Unterschied zwischen zweifacher und dreifacher Saturation feststellbar, wenn die zweite Saturation mit 0,4 % Kalkzugabe betrieben wird. Bei zweifacher Saturation wurden auf 100 Teile Zucker 0,39 Teile, bei dreifacher Saturation 0,335 Teile organischer Substanz im Schlamme aufgefangen. „Der Hauptunterschied in beiden Arbeitsweisen sowie der Arbeit ohne Kalkzugabe bei der zweiten Saturation zeigte sich im Aussehen der Säfte und fertigen Produkte, welche bei der dreifachen Saturation am lichtesten, bei der zweifachen Saturation ohne Kalkzugabe bei der zweiten Saturation am dunkelsten waren. Dieser Umstand ist allerdings für die Gewinnung von einwandfreien Produkten sehr in die Wagschale fallend.“

<hr>

[1] Z. f. Zuckerind. i. B. XXV, S. 195, 1900/01.
[2] ebd. XXVIII, S. 381, 1903/04.

Die dritte Saturation mit schwefliger Säure ist günstiger als die mit Kohlensäure; es geht bei der Schwefelung etwa dreimal soviel organische Substanz in den Schlamm als bei der Saturation mit Kohlensäure.

Karlik ist ein entschiedener Anhänger der dreifachen Saturation. „Würden wir aber in der zweiten Saturation nach dem Kalkzusatze zu dem Safte den Kalk gänzlich aussaturieren, dann würde unvermeidlich durch Übersaturierung ein großer Teil des gebildeten Schlammes wieder in Lösung übergehen und in demselben lediglich der unschuldige kohlensaure Kalk zurückbleiben. Würden wir dagegen in der zweiten Saturation, wie wir es in der dritten tun, keinen Kalk zusetzen und nur den von der ersten Saturation zurückbleibenden Kalk aus dem Safte aussaturieren, so würden wir uns hierdurch um den Reinigungseffekt berauben, welcher infolge des Kalkzusatzes in der zweiten Saturation und der Aussaturierung bis zur Alkalität von 0,06 unleugbar sich herausstellt.“

Auch Kozarzewski ist für eine zweite und dritte Saturation, weil durch diese Arbeitsweise die Kontrolle erleichtert wird; nur verlangt er ein Aufkochen des Saftes, da jede Kalkzugabe nach der ersten Saturation sonst zwecklos wäre. Ein bloßes Anwärmen genüge nicht. „Es genügt, die Säfte nur einmal mit dem nach der ersten Saturation in der Menge von 0,5 % hinzugesetzten Kalk aufzukochen[1].“ Gröbe hingegen hält nichts von einem Kalkzusatze zur zweiten Saturation, befürwortet aber einen solchen zur Dicksaftsaturation und läßt sich dabei von dem guten Gedanken leiten, eventuell noch unzersetzte Amide in dieser Station zu zersetzen.

Gewöhnlich wird bei der zweiten Saturation immer noch mit Kalkzusatz gearbeitet und erst die dritte Saturation ohne diesen durchgeführt. Fabriken, welche sich mit zwei Saturationen begnügen, verzichten auf den Kalkzusatz in der zweiten Saturation.

Die dreifache Saturation ist die fast überall übliche; es scheint aber, als ob die Fabriken mit zweifacher Saturation „aus Sparsamkeit“ langsam an Zahl zunehmen.

Der Reinigungseffekt drückt sich nicht nur chemisch aus, sondern verändert auch die physikalischen Eigenschaften der Säfte. Sie sind ohne weiteres erkennbar. In erster Linie fällt die mehr oder weniger helle Färbung der Saturationssäfte auf. Es liegt die theoretisch und praktisch gleich wichtige Frage nach den Ursachen der Verschiedenfarbigkeit der Saturationssäfte nahe (s. S. 436, 452).

In diesem Abschnitte wurden eine ganze Reihe von Saturationsversuchen angeführt, die teils im Betriebe, teils im Laboratorium gemacht wurden. Jede der beiden Versuchsarten hat ihre Vor- und Nachteile, hat ihre besonderen Fehlerquellen. In einem Aufsatze „über die Genauigkeit vergleichender Saturationsversuche“ bespricht J. Vondrák alle diese Umstände, berechnete die Größe der Beobachtungsfehler, weist endlich auf die Notwendigkeit paralleler Versuche hin, für welche er eine Methodik und Versuchsapparatur angibt[2].

---

[1] Techn. Rundschau 1906.　　[2] Z. d. tschsl. Zuckerind. VIII, S. 277, 1927.

### h) Trockenscheidung.

Ätzkalk in Stücken soll schon Robert im Jahre 1860 angewendet haben, indem er solchen in Drahtkörben in die Scheidepfannen einhängen ließ[1]. Sicher folgte Schäer als erster[2] im Jahre 1864 und später andere.

Die Industrie verhielt sich anfangs ablehnend gegen die Trockenscheidung, und erst mit Auflassung der Filtration über Knochenkohle, wo es an Absüßwässern zu mangeln begann und reines Wasser zur Kalklöschung benutzt werden mußte, trat die Trockenscheidung wieder in den Vordergrund. Jedoch sind noch heute die Anschauungen über ihre Vorzüge oder Nachteile gegenüber der Kalkmilchscheidung geteilt.

Bei den folgenden Darlegungen muß das Vorhandensein einer mechanisch tadellos arbeitenden Apparatur vorausgesetzt werden; dann entfallen manche Einwände, die in früheren Jahren gegen die Trockenscheidung gemacht wurden (s. 1. Auflage, 367).

Von der Trockenscheidung sagt man, daß sie hellere Säfte als die Naßscheidung gibt. Bodenbender führt diese Erscheinung auf den Umstand zurück, daß bei längerem Rühren des Saftes mit dem Kalke größere Luftmengen hinzutreten können; die Chromogene des Rübensaftes oxydieren sich und gehen als Farbstoff leichter in den Schlamm als im farblosen Zustand. Tatsächlich fand er auch bei Anwendung luftfreier Kohlensäure nicht so große Entfärbung als bei lufthaltiger. Für Säfte der Trockenscheidung konstatierte er kleinere Reinheit als für solche der Kalkmilchscheidung; sie enthielten mehr organischen Nichtzucker[3].

Zu demselben Resultate gelangte Köhler[4].

Rydlewski[5] bestätigte auf Grund von Laboratoriumsversuchen Köhlers Angaben. Ferner stellte er Zuckerzerstörung bei Trockenscheidung fest, „denn bei allen diesen Versuchen wurde bei der Trockenscheidung der organische Nichtzucker vermehrt, der Zuckergehalt dagegen vermindert".

Herzfeld polemisierte gegen diese beiden Arbeiten, da er schon früher zu gegenteiligen Resultaten gelangt war. Seine „Diffusionsversuche der Kampagne 1893/94"[6] betrafen einen Vergleich der trockenen mit der nassen Scheidung und wurden in einer dem Großbetriebe gut anlehnenden Weise unter wechselnden Bedingungen durchgeführt. Das Rübenmaterial war ein sehr gutes; um Nebenwirkungen auszuschließen, wurde als Kalk gebrannter Marmor verwendet und aus diesem reinen Kalke die Kalkmilch erzeugt. Als Gesamtresultat ergibt sich nach Herzfelds Versuchen die Gleichwertigkeit beider Scheidungsmethoden. Die Trockenscheidung ergab aber lichtere Säfte; indes ist die lichte Farbe eines Saftes nicht unter allen Umständen ein Vorzug gegenüber einem weniger lichten Saft.

---

[1] Z. V. D. Zuckerind. 1887, S. 568.     [2] ebd. 1874, S. 158.
[3] ebd. 1892, S. 550.     [4] ebd. 1895, S. 479.     [5] ebd. 1895, S. 487.
[6] ebd. 1894, S. 278.

Durch Diffusionsversuche der Kampagne 1894/95[1] konnte Herzfeld feststellen, daß ebenso wie bei der Kalkmilchscheidung „nennenswerte, sog. unbestimmbare Polarisationsverluste nicht statthaben". „Selbstverständlich ist durch die Versuche nicht widerlegt, daß unter Umständen bei anderem Rübenmaterial größere Polarisationsverluste bei der Scheidung auftreten können. Als erwiesen aber kann man annehmen, daß solche alsdann nicht von Zerstörung der Saccharose durch den Kalk herrühren."

Die Polarisationsdifferenzen, welche bei der Trockenscheidung ermittelt wurden, schwankten, auf Rübe gerechnet, von — 0,046 bis — 0,170 und + 0,024 bis + 0,189 % von der (alkoholischen) Gesamtpolarisation.

Die „rötliche" Färbung der Zucker bei Trockenscheidung wie Köhler anführte, ist nach den Herzfeldschen Untersuchungen über das Verhalten der Eisenverbindungen bei der Saturation (s. d.) nicht auf die Scheidung, sondern auf eine mangelhafte Saturation zurückzuführen. Wird so weit aussaturiert, daß wohl aller Zuckerkalk zerlegt wird, nicht aber übersaturiert, so bleibt das gefällte Eisenoxydhydrat im Schlamme und hat nicht — mangels Anwesenheit von Zuckerkalk — Gelegenheit, in den Saft zu gehen. Die Säfte bleiben eisenfrei und geben Zucker von normaler Farbe. Diese Anschauung prüfte auch Köhler selbst und fand sie als zutreffend.

Die niedrigeren Quotienten, die Köhler und Rydlewski für die trocken geschiedenen und saturierten Säfte fanden, erklärt Herzfeld mit der Bildung von unlöslichem Zuckerkalk, der nicht vollständig aussaturiert wurde; so wurde also diesen Säften Zucker entzogen. Selbst bei 125° C stellt Herzfeld größere Zuckerzerstörung durch Kalkeinwirkung in Abrede und behauptet, der fehlende Zucker (bei Köhlers und Rydlewskis Versuchen) fände sich im Schlamme[2].

In Übereinstimmung mit Claassen tritt Herzfeld dem alten Vorurteile von der Zuckerzerstörung durch Überhitzung beim Trockenscheideverfahren entgegen. Daß Herzfeld zu diesem Resultate kam, ist nicht verwunderlich. Die Temperaturen vor der Scheidung schwankten zwischen 85—87° C; bei Anwendung von 1 % Kalk (auf Saft) betrug die Temperatursteigerung 3 und 5° C, bei 2 % Kalk 3 und 6° C, bei 3 % Kalk 5 und 5° C bei je zwei Versuchen. Betrachtet man jedoch die analogen Zahlen der Versuche der Kampagne 1893/94, so waren bei allen Versuchen die Temperaturen vor der Scheidung 88—91° C und die Temperaturerhöhungen betrugen bei Anwendung von $1\frac{1}{2}$ % Kalk 5—7°, bei $2\frac{1}{2}$ % Kalk 10° und bei $3\frac{1}{2}$ % Kalk 10 bis 12° C, so daß bei zwei Versuchen „Erhitzung bis zum Sieden" eintrat. Es ist fraglich, ob bei diesen ausgedehnten Versuchen auch ein so günstiges Resultat, was die Polarisationsbilanz betrifft, erzielt worden wäre.

Auch Claassen erhob verschiedene Einwände gegen die Resultate Köhlers und Rydlewskis; er führt ihre Versuchsergebnisse auf nicht

---

[1] Z. V. D. Zuckerind. 1895, S. 474.     [2] ebd. 1895, S. 491.

sachgemäße Versuchsanordnung und Durchführung zurück[1]. Claassen bekennt sich als Anhänger der Trockenscheidung, die aber mit sehr guten und wirksamen Rührwerken durchgeführt werden muß. Dann erhalte man sehr gute geschiedene Säfte, welche sich leicht saturieren lassen. In seiner Erwiderung weist Rydlewski darauf hin, daß er mit Rübenpreßsaft und Betriebskalk arbeitete, während Herzfeld reinen Kalk aus Marmor bereitete. Er sowie Köhler betonen die Vermehrung des organischen Nichtzuckers bei Trockenscheidung[2]. Diese wird vielleicht durch die Temperaturerhöhung begründet sein; denn sowohl Rydlewski als auch Köhler hatten bei ihren Versuchen Temperaturerhöhungen um $10^{0}$ C gefunden.

Im Jahre 1898 schrieb Hugo Jelínek, dem die Zuckerindustrie die Scheidesaturation zu danken hat, daß die Trockenscheidung ebenso alt ist wie die Scheidung mit Kalkmilch; denn zu derselben Zeit (vor 33 Jahren, als Jelínek die Scheidesaturation einführte) hat man versucht, die Trockenscheidung zur Anwendung zu bringen. Wenn nun die Praxis nach 33 Jahren noch nicht allgemein dieselbe eingeführt hat und wenn heute noch darüber debattiert werden kann, so ist damit zur Genüge bewiesen, daß deren Vorzüge noch nicht allgemein anerkannt würden. An die besonderen Vorzüge der Trockenscheidung will Jelínek erst dann glauben, wenn sie in der Praxis überall Anwendung gefunden hat, und nicht jeden Augenblick die Frage aufgeworfen wird, ob es besser ist, Kalk oder Kalkmilch zu verwenden — und bis es keine Fabriken geben wird, die wieder von der Trockenkalkscheidung zur Kalkmilchscheidung zurückkehren[3].

Stolle stellte fest, daß beim Ablöschen des Kalkes mit Zuckerlösungen von 0,1—20 % Zucker keine Caramelbildung durch die Reaktionstemperatur eintritt; die gelbe Färbung des Filtrates wäre auf gelöste Eisenverbindungen zurückzuführen. Fällt man diese nämlich aus, so werden die geschiedenen Zuckerlösungen heller[4].

Die eben angeführte Untersuchung läßt die Frage nach dem Schicksale des Zuckergehaltes der Schlammaussüße beim Kalklöschen aufwerfen. Ihre Beantwortung findet sie im Kap. 16.

In den Versuchen Staněks über die Saturationsgeschwindigkeit (s. d.) erwies sich die Trockenscheidung vorteilhafter als die Naßscheidung.[5]

Man wird nach diesen Untersuchungen nicht fehlgehen, die Naß- und die Trockenscheidung als gleichwertig zu bezeichnen. Auffallenderweise hat aber die Trockenscheidung auf dem Gebiete der früheren österreichisch-ungarischen Monarchie bedeutend weniger Verbreitung gefunden als im Deutschen Reiche. Die Naßscheidung bietet eine einfachere Handhabung, sichere Dosierung der Kalkmengen und bei entsprechender Bereitung der Kalkmilch eine Entfernung bzw. Nichteinführung von Alkalien und anderen Bestandteilen (Sand, Stein) des gebrannten Kalkes in die Säfte. Deshalb wird sie gewöhnlich der Trockenscheidung vorgezogen.

Ätzkalk in Form von Mehl den Säften zuzugeben, wurde schon 1830 in Frankreich versucht und später empfohlen[6]. In dieser Form erweist sich der Ätzkalk als reaktionsfähiger.

---

[1] Centralbl. f. d. Zuckerind. 1895, S. 726.    [2] D. Z. 1895, S. 682 u. 715.
[3] Z. f. Zuckerind. i. B. XXII, S. 318, 1897/98.
[4] C. f. d. Zuckerind. 1900, S. 176.
[5] Z. f. Zuckerind. i. B. XL, S. 249, 1915/16.
[6] Z. V. D. Zuckerind. 1899, S. 578; 1886, S. 404; 1887, S. 567.

### i) Kalkhydratscheidung.

Nach Bouvier wird bei dieser Scheidungsart Kalk verwendet, der mit so viel Wasser übergossen wird, daß er eben gelöscht erscheint (Kalkhydrat). Vor der Kalkmilchscheidung hat dieses Verfahren den Vorteil, daß der Saft nicht verdünnt wird und vor der Trockenscheidung, daß nicht wie bei dieser die Lösung des Kalkes im Saft in verschiedenen Zeiten stattfindet, welche von der Natur des Kalksteines und seiner Brenndauer in hohem Maße abhängig sind. Dazu entfällt bei der Hydratscheidung jenes Bedenken, das schon bei der Trockenscheidung bezüglich der örtlichen Überhitzung des Saftes beim Löschen des Kalkes vorgebracht wurde. Das Kalkhydrat braucht nur mehr in Lösung zu gehen, wobei keine Wärmeentwicklung auftritt.

Beaudet fand bei Arbeit mit Kalkhydrat dieselbe reinigende Wirkung wie bei Kalkmilchscheidung. Bei den oben angeführten Versuchen Herzfelds aber erwies sich die Trockenscheidung der Hydratscheidung als überlegen. Dieses Verfahren hat jedoch keine Bedeutung gefunden.

### k) Abänderungen der Scheidesaturation.

Nicht nur die Scheidung, sondern auch die Saturation wird in verschiedenen Modifikationen ausgeübt, um tatsächliche oder auch nur vermeintliche Fehler der Scheidesaturation zu korrigieren, oder auch nur, um sie wirtschaftlicher und einfacher zu gestalten[1].

### 1. Saturation nach Kuthe-Anders.

Als man erkannte, der Kalküberschuß bei der Saturation diene nur mechanisch-physikalischen Klärungszwecken, versuchte man, einen Teil des Kalkes durch physikalische Mittel zu ersetzen und so an Kalk zu sparen.

Eines der früheren Verfahren ist jenes von Eugen Kuthe und Ernst Anders aus dem Jahre 1889. In deren Patentschrift heißt es:

„Das vorliegende Verfahren der Scheidung und Reinigung von Rübensäften bezweckt, diese Arbeit mit nicht mehr Ätzkalk durchzuführen, als zur chemischen Einwirkung eben ausreicht, und die für die glatte Filterarbeit unumgänglich notwendige körnige Beschaffenheit des Kalkniederschlages nicht mehr wie bei der üblichen Scheidesaturation dadurch hervorzurufen, daß man doppelt und selbst dreimal so viel Kalk zusetzt, als zur chemischen Einwirkung notwendig ist, sowie den Niederschlag durch sofortiges Einleiten von Kohlensäure im Safte selbst zu erzeugen, sondern um die schädliche, lösende Einwirkung der Kohlensäure auf die ausgeschiedenen basisch organischsauren Kalksalze (bekannt als „Rückscheidung") vollständig auszuschließen, diesen körnigen Niederschlag fertig gebildet in das Gemenge von geschiedenem Saft und Scheideschlamm zu bringen und gleichmäßig in ihm zu verteilen.

Zu dem Zwecke verwenden die Erfinder heiß (bei über 70° C) gefällten kohlensauren Kalk (dessen Substanz in dieser Modifikation bekanntlich die Krystallform des Minerals Aragonit zukommt), wie er sich bei Anwendung des Verfahrens selbst als Abfallprodukt, nämlich beim Saturieren des vorher vollkommen klar filtrierten

---

[1] Die Abänderung nach Siegert wurde in den voranstehenden Abschnitten besprochen.

Scheidesaftes durch Kohlensäure bildet, also den in den Filterpressen nach der ersten oder einer weiteren Saturation aufgefangenen, fast trockenen bröckligen Saturationsschlamm[1]."

Während der Scheidung wird der gefällte kohlensaure Kalk zugesetzt. Das ganze Gemenge wird energisch geschieden (aufgekocht) und hierauf filtriert. Der filtrierte Saft wird eventuell noch einmal filtriert und ist dann stets klar, feurig und licht. Dieser Saft hat eine Alkalität von 0,18 bis 0,24 % und wird nun auf 0,02 % herunter saturiert; dabei entsteht ein weißlich gelber Schlamm, der abfiltriert wird. Er besteht aus kohlensaurem Kalk, der bei der Scheidung zugesetzt wird.

Dem Saturationssafte sagten die Erfinder alle guten Eigenschaften nach: er besitzt hohen Reinheitsquotienten, ist frei von organischsauren Kalksalzen, ist klar, verdampft leicht usw. Dazu hat dieses Saft-reinigungsverfahren vor den üblichen Scheidesaturationen noch den Vorteil, daß statt 2—3 und mehr Prozent Kalk nur 1—1$^3/_4$% zur An-wendung gelangen, wodurch eine wesentliche Entlastung der Kalk-ofenstation herbeigeführt wird.

Das neue Verfahren wurde vielfach geprüft. Kettler, Claassen, Herzfeld sprachen sich dagegen, Lippmann dafür aus[2].

Im Jahre 1891 berichtete Winkler nach eigener Wahrnehmung über das Kuthe-Anders-Verfahren in sehr instruktiver Art, indem er die Frey-Jelineksche Scheidesaturation mit ersterem in Parallele stellte[3]. Bei dieser ist der Scheideschlamm in der ersten Saturation hohen Temperaturen und der Einwirkung der Kohlensäure ausgesetzt. Beim Kuthe-Anders-Verfahren wird der Scheideschlamm abfiltriert und nur das klare Filtrat saturiert[4]. Nach ersterem Verfahren wird das Calciumcarbonat als mechanisches Hilfsmittel der Filtration im unreinen Safte, nach der zweiten Methode im reinen Safte erzeugt. Daher müssen — schließt Winkler — die Säfte nach Kuthe-Anders reiner sein als die nach der älteren Arbeitsweise.

K. C. Neumann referierte ebenfalls über dieses Verfahren (General-versammlung des Ostböhmischen Zuckerfabrikantenvereins, März 1891)[5].

Im wesentlichen besprach er die mechanische Wirkung eines Kalk-überschusses beim Saturieren. Der entstehende voluminöse Satu-rationsniederschlag wirke wie ein Schwamm; er saugt die entstehenden Ausfällungen in sich auf und hält sie fest.

Es wurde schon hervorgehoben, daß und warum Herzfeld u. a. gegen alle Verfahren mit verminderter Kalkzugabe sind; außerdem behauptet dieser, daß fertig gebildetes und zugesetztes Calciumcarbonat niemals in bezug auf Filtrierbarmachung dasselbe leisten könne als jenes im status nascendi im Safte selbst.

Es gab nachher und gibt wieder eine Reihe von Verfahren mit ge-ringen Kalkmengen bei höherer oder niederer Temperatur, mit und ohne Zusätzen ($CaCO_3$, gefällte Kieselsäure u. a.). Die älteren inter-essieren hier nicht und die neueren werden später besprochen.

---

[1] Z. V. D. Zuckerind. 1890, S. 38, 309, 408.     [2] ebd. 1891, S. 253, 478, 482.
[3] Z. f. Zuckerind. i. B. 1891, S. 327.     [4] Prinzip nach Siegert (s. d.).
[5] Z. f. Zuckerind. i. B. XV, 1890/91.

## 2. Scheidung nach Kowalski und Kozakowski.

Ein weiteres Verfahren, das die zur Scheidung notwendige Kalkmenge verringern läßt, ist das von Kowalski und Kozakowski.

Es beruht darauf, daß nur jene Menge an Kalk angewendet wird, die zum Fällen der Nichtzucker und zum Einhüllen des entstandenen Niederschlages in dem im Safte gebildeten kohlensauren Kalk unbedingt notwendig ist, und daß diese Kalkmenge auf Grund der Zusammensetzung des Diffusionssaftes sowie des anzuwendenden Kalkes analytisch mittels Gerb- oder Galläpfelsäure bestimmt wird.

Der Gang des Verfahrens ist folgender[1]: Zunächst wird analytisch die Menge des zur Vorklärung und dann jene Menge an Kalk bestimmt, die in die erste Saturation zugegeben werden soll. Darauf wird dem Rohsaft im Meßgefäße die berechnete Kalkmenge in Form von Kalkmilch von 20—30° Bé zugefügt, gerührt und der ganze Inhalt des Meßgefäßes in offene Vorwärmer entleert und behufs Koagulierung auf 60—75° C erwärmt; von hier fließen Saft und Koagulum in die Saturateure, werden auf 85° C erhitzt, die berechnete Kalkmilch bzw. Kalkmenge zugefügt und auf 0,07—0,06 % Kalkalkalität aussaturiert; sodann wird der Saft auf 90—92° C erhitzt und in Filterpressen abfiltriert. Der Saft von den Schlammpressen kommt in die zweite Saturation, wird ohne Kalkzugabe auf 0,01 % aussaturiert, aufgekocht und in den zweiten Schlammpressen filtriert. Eine dritte Saturation ist nicht notwendig. Der aufgekochte, mechanisch filtrierte Saft kommt nun zur Verdampfung.

Diese und das Verkochen sowie alle folgenden Operationen verliefen in der Fabrik Hullein anstandslos. Weyr sagte dem Verfahren folgende Vorteile nach: geringer Kalkzusatz (im ganzen durchschnittlich 1,67 % CaO) und die dadurch bedingte Regieverminderung bei mindestens gleicher Reinigung wie die mit dreifacher Saturation erzielte.

Die Reinigung des Rohsaftes geht demnach in zwei Phasen vor sich: 1. Die Vorklärung bei niedriger Temperatur durch die Wirkung des Kalkes (kalte Defäkation) und 2. die Klärung bei höherer Temperatur unter hinreichender Kalkzugabe und Saturierung. Dieses Verfahren legt das Hauptgewicht auf die erste Phase; wenn sich hier schon der organischkalkhaltige Niederschlag gebildet hat, so wird er durch weiteres Erwärmen körniger, dadurch filtrationsfähiger und wird dann noch von einer solchen Menge kohlensauren Kalkes eingehüllt, als auf Grund der analytischen Bestimmung sich als notwendig erweist. Neumann betont, daß nicht die Anwendung einer kleinen Menge an Kalk, sondern nur die Art und Weise, wie diese analytisch bestimmt wird, patentiert ist. Obwohl Neumann immer für größere Kalkzugabe eintritt, ist er doch für diese Methode, da er in Hullein sah, „daß man nach Kowalski-Kozakowski ebenso vollendet arbeiten kann, wie wir dies bei unserem bewährten Prozeß mit drei Saturationen gewöhnt sind".

In einem Berichte Neumanns heißt es[2]: Die Zugabe von Kalk zum Rohsafte ist nichts Neues, nur wird dieselbe in vielen Fabriken „schablonenhaft, ohne die Qualität der verarbeiteten Rüben und des aus ihnen resultierenden Saftes zu berücksichtigen", getan; infolge-

---

[1] Z. f. Zuckerind. i. B. XXXI, S. 509, 1906/07, Referat von Weyr-Hullein.
[2] Z. f. Zuckerind. i. B. XXXI, S. 579, 1906/07.

dessen erhält man nicht das bestmögliche Resultat. Dies nur dann, wenn man nach Kowalski die Kalkmenge analytisch feststellt. Dadurch hat dieses Verfahren eine „wissenschaftliche Grundlage". In der kalten Defäkation (Vorklärung) werden Pektinkörper und Farbstoffe gefällt, „das Pektin übergeht in die gallertartige Pektinsäure; bei weiterem Anwärmen des Saftes bildet sich ein Niederschlag von Kalkpektinat, welches bei einem größeren Kalküberschuß in das melassebildende, schmierige Metapektinat übergeht." „Beim Verfahren nach Kowalski bleibt der Niederschlag des gebildeten Kalkpektinats auch bei höherer Temperatur ungelöst, weil der schädliche Kalküberschuß im Safte fehlt." In Fabriken, die also „schablonenmäßig" arbeiteten, war Kalk im Überschuß vorhanden und die Arbeit schlecht, „weil diese sich umsonst bemüht haben, das sich gebildete schmierige Metapektinat durch Filtration vom Safte zu trennen".

Der gebildete Niederschlag nach dem Kowalski-Verfahren ändert sich nicht durch Erwärmen auf über $80^{0}$, braucht demnach nicht filtriert zu werden; es geht der ganze Meßgefäßinhalt — Saft und Niederschlag — durch Vorwärmer in die Saturation. Die erste Phase dieses Verfahrens ist eine kalte Scheidung.

Die analytische Bestimmung gaben aber die Erfinder auf; im Jahre 1909 nahmen sie ein neues Patent, nach welchem die zur kalten Vorscheidung notwendige Kalkmenge durch eine Probefällung ermittelt wird. Der Rohsaft wird ohne jede Vorwärmung mit einer solchen Menge Kalk gemischt, daß ein reicher, flockiger Niederschlag entsteht, und das Ganze über Papierfilter filtriert. Geht die Filtration glatt vor sich und ist das Filtrat gänzlich klar, so ist die richtige Kalkmenge getroffen worden. Bereitet die Filtration aber Schwierigkeiten, so muß die Kalkmenge vergrößert werden. Ein gelbes Filtrat zeigt einen Überschuß des Fällungsmittels an. Auf diese Weise kann man ohne jede Titration die zur Vorscheidung nötige Kalkmenge feststellen[1].

### 3. Die sparsame Saftreinigung nach Pšenička.

Diese Methode ist eine Kombination der oben beschriebenen Saftreinigung nach Kuthe-Anders und des Verfahrens von Kowalski-Kozakowski, das soeben dargelegt wurde. Sie besteht darin, daß man dem Diffusionssafte vor den Anwärmern — z. B. in die Meßgefäße — einen gewissen Anteil — 10—20 % — saturierten Saftes samt dem Schlamm und etwas Kalk[2] zusetzt, worauf man durch Erhitzen scheidet und nach Zugabe des übrigen Saftes (in die Mischgefäße) wie gewöhnlich saturiert. Zweck dieses Vorganges ist, vorerst den Saft zu neutralisieren und auch das Leben der Mikroorganismen zu unterdrücken und dann die Scheidung, d. i. die Ausscheidung des Hauptanteiles der durch Kalk fällbaren Nichtzucker vor der eigentlichen Saturation durchzuführen,

---

[1] Ö. U. Z. f. Zuckerind. XXXIX, S. 806, 1910.

[2] Diese Kalkzugabe ist sehr wichtig, da sonst durch die Wirkung der sauren Reaktion des Diffusionssaftes eine ähnliche Zersetzung des Saturationsschlammes, Rückscheidung, eintritt wie beim Übersaturieren.

bei welch letzterer dann schon reines krystallisches Calciumcarbonat ausgefällt wird und, ähnlich wie bei der fraktionierten Saturation, den ersten schmierigen Schlamm einhüllt. Wahrscheinlich wirkt auch der zugegebene fertige Schlamm günstig bei der Ausscheidung des Niederschlages und bildet eine gewisse Unterlage. Man erzielt dann eine bessere Filtrierfähigkeit des Schlammes und ermöglicht eine Kalkersparnis oder man braucht dann bei den verhältnismäßig reinen Säften nicht mehr Kalk zu verwenden, als zur vollständigen chemischen und physikalischen Reinigung notwendig ist, da bei der üblichen Saturation das gefällte Calciumcarbonat oft nicht ganz als Filtrationsmedium dienen kann.

Vl. Staněk studierte dieses Verfahren im Großbetriebe[1]. Nach ihm ist die „Vorscheidung" bei Gegenwart des Schlammes ein Fortschritt, indem die Filtrationsfähigkeit des Schlammes verbessert wird und die Möglichkeit besteht, mit weniger Kalk auszukommen. Ja, gerade bei der Verarbeitung von faulen Rüben hat diese Methode sich am besten bewährt, wie auch andere Stimmen aus der Praxis ergaben[2].

Die den Filterpressen entnommenen, aussaturierten und filtrierten Säfte waren in zwei Versuchsreihen bei der Arbeit nach Pšenička von besserer Zusammensetzung als bei der normalen Saturation, wie sich aus folgender Tabelle ergibt, bei der die Resultate des besseren Vergleiches halber auf denselben Trockensubstanzgehalt umgerechnet wurden.

| | Versuch I m. 2,1% Kalk | | Versuch II m. 1,6% Kalk | |
| --- | --- | --- | --- | --- |
| | gewöhnliche Arbeit | Pšenička-Saturation | gewöhnliche Arbeit | Pšenička-Saturation |
| Trockensubstanz . . . . . . . . . . | 20,00 | 20,00 | 20,00 | 20,00 |
| Zucker . . . . . . . . . . . . . | 18,92 | 18,99 | 18,96 | 19,04 |
| Sulfatasche . . . . . . . . . . . | 0,41 | 0,36 | 0,41 | 0,41 |
| Farbe ⁰ St. . . . . . . . . . . . | 1,81 | 1,50 | 1,47 | 1,34 |
| Quotient . . . . . . . . . . . . | 94,60 | 94,95 | 94,80 | 95,20 |
| CaO als Kalksalze . . . . . . . . | 0,0041 | 0,0031 | 0,0032 | 0,0033 |
| Phenolphthaleinalkalinität. . . . . | 0,0100 | 0,0120 | 0,0100 | 0,0130 |
| Durchschnittl. Quotient des Diffusionssaftes . . . . . . . . . . | 91,20 | 90,90 | 90,60 | 90,80 |
| Zucker im Schlamm . . . . . . . . | 0,65 | 0,60 | 0,80 | 0,90 |
| Trockensubstanz im Schlamm. . . | 44,50 | 48,90 | 48,00 | 49,90 |

## 4. Fraktionierte Saturation nach Vl. Staněk.

Die Erkenntnis, daß die Filtration um so besser verlaufe und die Säfte um so besser seien, je schneller die Saturation durchgeführt wird, veranlaßten Staněk, die Saturation dadurch zu beschleunigen, daß der zur Scheidung notwendige Kalk (1,2—1,5 % bei guten Rüben) in zwei Teilen zugesetzt und jeder Anteil für sich saturiert wird.

Dieses Verfahren beruht also auf dem Prinzip, dem Safte nur einen Teil des erforderlichen Kalkes zuzugeben, die Scheidung in gewohnter

---

[1] Z. d. tschsl. Zuckerind. I, S. 73, 1919/20.
[2] Z. f. Zuckerind. i. B. XXXXIII, S. 438, 1918/19.

Weise durchzuführen, den Saft zu saturieren, sodann den zweiten Kalkanteil zuzugeben und zu Ende zu saturieren. Der Kalk wird demnach
in zwei Partien (Fraktionen) zugegeben und zweimal saturiert; der Kalkzusatz und die Saturation erfolgen also fraktioniert. Der erste Anteil
wirkt chemisch, der zweite mechanisch. Bei der ersten Phase wird
die ganze Reinigung vollzogen, d. i. sämtliche Stoffe, die mit Kalk unlösliche Verbindungen eingehen, werden in den Niederschlag übergeführt und bei der darauffolgenden Saturation bis zur Alkalität 0,1 % CaO
werden auch jene Substanzen gefällt, die vielleicht bei höherer Alkalität
in Lösung blieben. Das in Fällung begriffene Calciumcarbonat reißt
den ersten Teil der Kolloide mit. In der zweiten Phase scheidet aus
der zugegebenen zweiten Kalkfraktion Calciumcarbonat in einem verhältnismäßig reinen, von den meisten Nichtzuckern befreiten Medium
aus und reißt dabei die Reste der fällbaren Kolloide mit. Da es aus dem
reinen Medium schneller und in größeren Krystallen ausscheiden kann,
so hüllt es wahrscheinlich den ersten schmierigen Schlamm ein und
dadurch erzielt man Schlämme, die vorzüglich filtrieren. Dieser zweite
Kalkanteil besitzt also einen nicht minder wichtigen Teil der Reinigung,
nämlich die „physikalische". Auch dazu ist eine gewisse Menge Kalk notwendig, die von der Menge und Beschaffenheit der Nichtzucker abhängt.
Zur Bestimmung der Höhe dieser zweiten Fraktion gibt es keine Methode,
wie sie bezüglich der Menge des zur ersten Gabe erforderlichen Kalkes
besteht, die analytisch ermittelt werden kann. Demnach muß diese
zweite Gabe versuchsweise, je nach dem Aussehen und den Eigenschaften
des aussaturierten Saftes, der Füllmassen usw. bestimmt werden.

In den ersten Laboratoriums- und Fabriksversuchen (in den Jahren
1913—1915) geschah die Kalkzugabe im Verhältnis 1:1 aus Bequemlichkeitsgründen, obwohl Staněk ein Verhältnis von 1 : 2 oder 2 : 3 für
das richtigere hielt.

Über die für das Verfahren maßgebenden Laboratoriumsversuche berichtete Staněk (Studien über die fraktionierte Saturation)[1], und die
Praxis bestätigte seine Resultate. Vielfach wurden die in einzelnen
Betrieben gemachten Erfahrungen veröffentlicht, bis F. Herles einen
„zusammenfassenden Bericht über die Arbeit mit Staněks fraktionierter Saturation" erstattete[2].

„Durch die sachgemäß, laut Vorschrift ausgeführte fraktionierte Saturation
nach Vl. Staněk läßt sich bei Verarbeitung einer normalen gesunden Rübe eine
bedeutende Ersparnis an Kalk (und damit auch an Koks) erzielen, wobei normale
Säfte und Produkte resultieren, so daß man unter günstigen Umständen selbst
mit 1,0—1,5 % Kalk auskommt. Bei Rüben von schlechterer Beschaffenheit
oder solchen, die Schaden gelitten haben, muß man die Gesamtkalkgabe erhöhen
bzw. die einzelnen Fraktionen zweckmäßig verteilen, was versuchsweise
festgestellt werden kann. In allen Fällen wird mit der fraktionierten Saturation eine bessere Filtration der Säfte auf den Filterpressen erreicht, als bei Zugabe
der gleichen Kalkmenge bei gewöhnlicher Saturation. Die fraktionierte Saturation bezweckt also nicht in allen Fällen nur Kalkersparnis, sondern hauptsächlich

---

[1] Z. f. Zuckerind. i. B. XL, S. 525, 1915/16.
[2] ebd. XLI, S. 115, 1916/17. — Dieser enthält auch alle in den Jahren von
1915—1917 veröffentlichten Untersuchungen und Fabriksergebnisse über diese
Arbeitsweise.

auch die Erzielung einer besseren Filtration auf den Filterpressen und damit Erzielung einer Ersparnis an Filtertüchern und Ermöglichung einer größeren Rübenverarbeitung. Die resultierenden Schlämme lassen sich gut aussüßen. Die Säfte schäumen auch weniger bei dieser Saturation, besonders wenn der Zufluß der Kalkmilch zweckmäßig von oben in den Saturateur geschieht und dadurch der entstandene Schaum niedergeschlagen wird. Auf diese Weise wird auch eine vollständige oder doch ziemlich beträchtliche Fettersparnis erzielt."

Zur sachgemäßen Ausführung gehört besonders der Umstand, daß bei der ersten Fraktion kein Übersaturieren des Saftes eintritt, dessen Wirkung sich durch die nachfolgende Saturation der zweiten Fraktion nicht gutmachen läßt. Man muß daher die Alkalität der ersten Fraktion (0,06—0,10 %) öfters mit einem Reagenspapier kontrollieren.

Daß sie z. B. im Verfahren von Kowalski und Kozakowski einen Vorläufer, hat nimmt ihr nichts von ihrer Originalität. Wenn man mit Mrasek das Verhalten der Rohzucker der Raffineriekampagne 1917/18 als „Kriterium der fraktionierten Saturation" betrachten will, so muß man zugeben, daß sich sowohl befürwortende als auch ablehnende Stimmen aus Raffineriekreisen erhoben[1]. Zum Teil werden die ablehnenden Stimmen wohl auf das bekannte Beharrungsvermögen zurückzuführen sein, sprechen aber auch dann nicht gegen das Verfahren, weil ja auch die normale Saturation den Raffinadeur nicht immer befriedigende Rohzucker ergibt.

### 5. Stetige Saturation.

Nach Claassen[2] ist die stetige Saturation der gewöhnlichen überlegen — aber nur bei sorgfältiger Arbeit und Überwachung.

Eine eingehende Untersuchung darüber stammt von J. Babinski und W. Beressowski[3]. Untersucht wurden die beiden Arbeitsweisen in zwei Nachbarfabriken, die mit Ausnahme der Ausführung der Saturation gleich arbeiteten (Temperaturen, Kalkzugabe, dreifache Saturation). Die beiden fanden, daß die Reinigung der Säfte keinen Unterschied ergab, daß also beide Arten der Saturation mindestens einander gleichwertig sind. Aus dem großen Zahlenmaterial seien nur die Reinigungseffekte herausgezogen und nebenbei zum Vergleiche die korrespondierenden Ergebnisse Andrliks (A) angeführt, die dieser bei früheren Versuchen in böhmischen Zuckerfabriken fand (Abschn. g).

| Es wurden entfernt an (in % der Gesamtmenge): | A Durchschnitt | Angaben d. Verfasser | |
|---|---|---|---|
| | | Periodische Sat. | Ununterbroch. Sat. |
| Gesamtstickstoff . . . . . . . . . | 33,6 | 31,2 | 33,4 |
| Eiweiß-, Pepton- u. Propepton N . | 91,6 | 96,4 | 96,3 |
| Ammoniak- u. Amidstickstoff . . | 91,0 | 86,2 | 85,4 |
| organischem Nichtzucker . . . . . | 48,1 | 62,3 | 48,2[4] |
| Rohasche . . . . . . . . . . . . | 13,6 | 17,4 | 13,7 |
| Reinasche . . . . . . . . . . . . | 27,7 | 26,2 | 30,2 |

---

[1] Z. f. Zuckerind. i. B. XLII, S. 704, 1917/18.

[2] Zuckerfabrikation 1918, S. 128.

[3] Russ.; ref. von N. Friz. Z. d. tschsl. Zuckerind. III, S. 315, 1922.

[4] Differenzbestimmung, die alle analytischen Fehler enthält; stimmt aber mit Andrlik.

Die großen Unterschiede im Ammoniak- und Amidstickstoff rühren von der niedrigeren Alkalität des Dicksaftes und dem daher geringeren Reinigungseffekte der Verdampfstation her.

Auch J. E. Duschski und P. G. Galabutski fanden in Fabriksuntersuchungen, daß die periodische Saturation keine Vorzüge vor der ununterbrochenen hinsichtlich der Reinigung des Saftes wie auch hinsichtlich der Ausnützung der Kohlensäure besitzt[1].

### 6. Verfahren ohne Schlammpressen.

Manche Verfahren beruhen auf der Voraussetzung, daß man mit weniger Kalk auskommen kann, wenn man auf die mechanische Wirkung des Plus dadurch verzichtet, daß man den Saturationsschlamm nicht abfiltriert — zu welchem Behufe eben der Kalküberschuß notwendig ist —, sondern etwa abschleudert oder dekantiert usw.

Verfasser hatte Gelegenheit, bei der Begutachtung eines solchen Verfahrens die Unrichtigkeit dieser Anschauung beobachten zu können.

Der mit 2,0 % CaO auf Rüben geschiedene und saturierte Saft nach den Filterpressen (I) war in jeder Beziehung dem überlegen, den man bei Anwendung von nur 0,7 % CaO, Saturation und Dekantation erhielt (II), wie einige Analysenwerte (auf 100 Teile Zucker) dartun:

|  | I. | II. |
|---|---|---|
| Wahre Reinheit . . . . . | 94,96 | 94,77 |
| Gesamtasche % . . . . . | 2,44 | 3,01 |
| Gesamtstickstoff % . . . . | 0,467 | 0,509 |
| Stickstoff in anderen For- . |  |  |
| men (Amid) . . . . . . | 0,377 | 0,409 |
| Kalk . . . . . . . . . . | 0,394 | 0,574 |
| Farbe . . . . . . . . . . | weinhell klar | dunkel trübe |

Auf diesen Saft stimmt wörtlich, das was V. Škola bei seinen Sedimentierungsversuchen (s. d.) fand: „Die mit geringem Kalkzusatz geschiedenen und dekantierten Säfte ergaben durch Saturation Säfte, deren Quotient nicht wesentlich niedriger war gegenüber dem Reinheitsquotienten eines doppelt mit einem Zusatz von 2,5 % CaO geschiedenen Saftes. Sie waren jedoch unverhältnismäßig mehr verfärbt und von hohem Kalkgehalt."

Die größeren Schlammteilchen setzten sich schneller ab als die kleineren und diese schneller als die kleinsten. Nach Untersuchungen Claassens (an normalem Saturationsschlamm) wäre in der Zusammensetzung der verschieden großen Schlammteilchen kein Unterschied[2].

### l) Die beste Arbeitsweise (Saftreinigung).

Aus allem bisher Dargelegten leuchtet ein, daß man für den praktischen Zuckerfabriksbetrieb keine „Vorschrift" für die beste Saftreinigung geben kann.

---

[1] C. f. Zuckerind. 1926, S. 30.    [2] ebd. 1918, S. 268.

Dazu ist das Rübenmaterial und die Fabrikseinrichtung zu verschieden. Wenn man aber von der letzteren hier absehen kann und ein normales Rübenmaterial voraussetzt, so werden et w a folgende Arbeitsweisen am besten zum Ziele führen. In Wirklichkeit werden wohl vielfach örtliche Abänderungen notwendig sein.

Nach C. Brendl wäre folgender Arbeitsvorgang einzuhalten, ohne ihn nochmals näher zu begründen.

1. Schonende Behandlung der Rüben (Ernte, gute Einmietung).

2. Schnelle Arbeit in der Diffusion.

3. Vorscheidung mit etwas Kalkmilch.

4. Scheidung mit mindestens 2 % Kalk bei mindestens 80° C. Die Scheidedauer soll mindestens 20 Minuten, bei schlechten Rüben 35 Minuten betragen. Alkalität nach der ersten Saturation nicht unter 0,07 % CaO (Phenolphthalein), schnelle Saturation.

5. Aufwärmen des Saftes, Filtration über die Schlammpressen und Nachfiltration über Beutelfilter.

6. Zwischensaturation mit schwefliger Säure auf 0,05 % CaO.

7. Kalkzugabe und Aussaturieren mit Kohlensäure zur notwendigen Alkalität.

8. Gründliche Filtration über Schlammpressen oder Beutelfilter.

9. Energisches Aufkochen auf 103° und

10. gründliche Filtration des Dünnsaftes und des Dicksaftes. (Zusatz von Kieselgur[1].)

Als „ideale Arbeitsweise“ wurde eine mehrfache Saturation früher angeführt. Nach den Untersuchungen Vondráks[2] wäre die zweite Saturation, behufs Zersetzung der noch von der Scheidung verbliebenen Amide unter Kalkzugabe bei möglichst hoher Temperatur, womöglich bei Siedetemperatur, auszuführen; dann ist deren Zersetzung bestimmt soweit durchgeführt, daß in den späteren Betriebsstadien weder Schwinden der Alkalität noch andere unangenehme Erscheinungen zu erwarten sind.

Heiße Saturation forderte schon früher Jesser, wie seine Untersuchungen über das „Auskochen“ (Kap. 17) und über die Bekämpfung der organischsauren Kalksalze (Kap. 20b) erweisen. Namentlich die Untersuchungen Staněks über die organischsauren Kalksalze im letztgenannten Kapitel zeigen, wie man sie verhindert, wie man also arbeiten muß, um gut zu arbeiten[3].

Viele Einzelheiten des praktischen Betriebes, die bei der Erzeugung von „Qualitätsrohzucker“ zu berücksichtigen sind, führt u. a. H. Gutherz an[4] (s. auch „Nachtrag“).

Literatur (zur Wasserstoffionenkonzentration).

Kolthoff, I. M.: Der Gebrauch von Farbenindicatoren. Berlin 1926. — Michaelis, L.: Die Wasserstoffionenkonzentration. Berlin 1922. — Nernst, W.: Theoretische Chemie. Stuttgart 1921. — Ostwald, W.: Grundriß der allgem. Chemie. Dresden 1917.

---

[1] D. Z. 1926, S. 484.     [2] Z. d. tschsl. Zuckerind. III, S. 593, 1922.
[3] Z. d. tschsl. Zuckerind. II 1920, S. 53.     [4] D. Z. 1928, S. 329.

Fünfzehntes Kapitel.

# Chemie des Saturationsschlammes.

### a) Arbeit auf den Schlammpressen und Zusammensetzung des Saturationsschlammes.

Die Schlammpressen scheiden den Saturationsschlammsaft in den festen, zurückbleibenden Schlamm und den mehr oder weniger klaren Saturationssaft. Der Schlamm enthält alle ausgefällten Verbindungen und mechanisch mitgerissenen Saftbestandteile. Außerdem ist er in den Filterpressen mit Saft durchtränkt, und zwar zu 50 % seines Gewichtes.

Auch der Schlammsaft von der zweiten Saturation geht gewöhnlich noch über Filterpressen, der von der dritten Saturation über mechanische Filter.

### 1. Aussüßen des Schlammes.

Der Saft der Schlammpressen muß durch Aussüßung gewonnen werden. Dies soll in möglichst konzentrierter Form, dabei aber möglichst vollständig und schnell geschehen.

Man hat verschiedene Arbeitsweisen, um dieses Ziel zu erreichen. Die ersten, noch konzentrierteren Abläufe gehen in den Saft, die letzten verdünnten Absüße gewöhnlich zum Kalklöschen. Der Grad der Aussüßung wird am Zuckergehalte des Schlammes erkannt.

Beim Absüßen der Schlammpressen werden die allerersten Anteile des Absüßes natürlich eine höhere Reinheit aufweisen als die folgenden Fraktionen und sich der des Dünnsaftes sehr nähern.

Aus Keyŕs Untersuchungen des Jahres 1876 ersieht man ein Sinken der scheinbaren Reinheit von 84,9 auf 45,3. Mategczeks Studium dieser Frage ergab folgende Resultate: Der Saft vor dem Absüßen hatte eine scheinbare Reinheit von 73,4; je 30 l der Absüße verminderten in folgendem Grade ihre Reinheit: 72,2, 71,9, 70,5, 70,7, 70,1, 67,8, 66,7, 67,5, 64,8, 63,4; ebenso sanken die Alkalitäten und der Kalkgehalt dieser einzelnen Fraktionen. Bei Versuchen von Dux fielen die Quotienten von 89,9 des Saftes bis auf 40,0 des letzten Absüßes.

Nach Herzfeld geben die letzten Absüßwässer noch gut krystallisierte Füllmassen. Zwei Schlammproben mit 3 und 5,7 % Zucker wurden zweimal hintereinander über eine Stunde lang ausgekocht und die Filtrate zu Füllmasse verkocht. Es resultierten eine solche von 69,9 % Reinheit vom ersten und eine solche mit 77,8 % Reinheit vom zweiten Schlamm[1].

Wiszynski konstatierte durch Scheidung und Saturation folgende Reinheitsaufbesserung der Absüßwässer[2]:

in den   I.   100 l vor der Saturation 88,7 und nach der Saturation 90,2
„   „   II.   100 l   „   „   „   87,0   „   „   „   „   88,0
„   „   III.   100 l   „   „   „   84,6   „   „   „   „   86,1
„   „   IV.   100 l   „   „   „   79,9   „   „   „   „   83,7
„   „   V.   100 l   „   „   „   73,6   „   „   „   „   75,9

[1] Z. V. D. Zuckerind. 1888, S. 1231.

[2] Siehe Stift-Gredinger, Der Zuckerrübenbau und die Fabrikation des Rübenzuckers. 1910, S. 328.

Die Absüße erfahren also, falls sie — was ja gewöhnlich der Fall ist — in die Kalklöschstation und von hier in die Saturation gelangen, eine ziemliche Aufbesserung. Man kann sonach mit der Aussüßung des Schlammes ziemlich weit gehen, ohne befürchten zu müssen, daß man wieder größere Mengen Nichtzucker löst und die Säfte verschlechtert.

Tabelle 81.

| Auf 100 Teile Trockensubstanz | Satura-tionssaft % | Absüß-wasser % |
|---|---|---|
| Zucker (Quot.) . . . . . . | 93,53 | 91,45 |
| Gesamt-Nichtzucker . . . . | 6,47 | 8,55 |
| Organischer Nichtzucker . . | 3,67 | 5,24 |
| Reinasche . . . . . . . . | 2,79 | 3,31 |
| Gesamtstickstoff . . . . . | 0,52 | 0,40 |
| Eiweißstickstoff . . . . . | 0,07 | 0,12 |
| Betainstickstoff . . . . . | 0,16 | 0,16 |
| Kieseloxyd . . . . . . . . | 0,014 | 0,043 |
| Eisenoxyd u. Tonerde . . . | 0,036 | 0,014 |
| Calciumoxyd . . . . . . . | 0,362 | 0,868 |
| Magnesiumoxyd . . . . . | 0,085 | 0,036 |
| Kaliumoxyd . . . . . . . | 1,882 | 1,277 |
| Natriumoxyd . . . . . . . | 0,156 | 0,193 |
| Schwefeloxyd . . . . . . | 0,078 | 0,350 |
| Phosphoroxyd . . . . . . | 0,099 | 0,332 |
| Chlor . . . . . . . . . . | 0,085 | 0,200 |

Die Untersuchung Staněks über die Stoffe, die beim Aussüßen (und Übersaturieren) des Schlammes in Lösung gehen, zeigt die Zusammensetzung eines Absüßwassers im Zusammenhang mit dem vom Schlamme abgelaufenen Saft. Nur muß darauf aufmerksam gemacht werden, daß es sich nicht um ein Absüßwasser aus dem Betriebe handelt, sondern um ein im Laboratorium dargestelltes, indem 2 kg Schlamm mit 10 l Wasser (500 %!) von 85° C eine Viertelstunde lang verrührt und abfiltriert wurden; der Rückstand wurde nachgewaschen (Tab. 81).

Tabelle 82.

| Zusammensetzung | Ursprüng-lich | In 100 T. der wirkl. Trocken-substanz | Ursprüng-lich | In 100 T. der wirkl. Trocken-substanz |
|---|---|---|---|---|
| Wirkliche Trockensubstanz . . . . | 5,510 | 100,00 | 5,760 | 100,00 |
| Polarisation . . . . . . . . . . . | 5,095 | 92,45 | 5,144 | 89,30 |
| Wirklicher Quotient . . . . . . . | 92,450 | — | 89,300 | — |
| Pyknometrische Trockensubstanz . | 5,470 | 99,50 | 5,790 | 100,60 |
| Pyknometrischer Quotient . . . . | 93,100 | — | 88,900 | — |
| Sulfatasche . . . . . . . . . . . | 0,099 | 1,79 | 0,141 | 2,46 |
| Alkalität g CaO . . . . . . . . . | 0,022 | 0,40 | 0,009 | 0,156 |
| CaO . . . . . . . . . . . . . . | 0,006 | 0,110 | 0,003 | 0,052 |
| Gesamtstickstoff . . . . . . . . . | 0,027 | 0,497 | 0,047 | 0,813 |
| Ammoniakstickstoff . . . . . . . | 0,004 | 0,082 | 0,006 | 0,112 |
| Amidstickstoff . . . . . . . . . . | 0,003 | 0,052 | 0,001 | 0,022 |
| Betainstickstoff . . . . . . . . . | 0,008 | 0,146 | 0,011 | 0,198 |
| Eiweißstickstoff . . . . . . . . . | — | — | 0,001 | 0,021 |

Anmerkung: Die Analysen beziehen sich auf die in der Kochhitze bis zur Neutralität saturierten und filtrierten Wässer.

Das eingedickte Absüßwasser ähnelte dem saturierten Safte und zeigte einen schwachen Geruch nach Vanillin[1].

Ausführliche Analysen über die Zusammensetzung von Absüßwässern zweier böhmischen Zuckerfabriken liegen in der Untersuchung J. Vondráks „Über Zuckerverluste beim Kalklöschen mit Absüßwasser" vor[2]. (Diese Frage selbst siehe später.)

Hulwa prüfte die Qualität der Absüßwässer mit Rücksicht auf das Rübenmaterial[3].

Tabelle 83a.

| Geschädigte Rüben | Trockensubstanz % | Zucker % | Wirklicher Reinheitsquotient % | Temperatur des Saftes °C |
|---|---|---|---|---|
| Ursprünglicher filtrierter Saft . . . . . . . | 10,40 | 8,23 | 79,13 | 75 |
| 1. Absüß, Durchschnitt von     40 l. . . . . | 9,45 | 7,40 | 78,30 | 70 |
| 2.    ,,      ,,      ,,     40 l. . . . . | 7,78 | 6,03 | 77,50 | 60 |
| 3.    ,,      ,,      ,,     40 l. . . . . | 6,47 | 5,17 | 79,90 | 85 |
| 4.    ,,      ,,      ,,     40 l. . . . . | 5,16 | 3,93 | 76,10 | 50 |
| Berechneter Durchschnitt von 160 l Absüß . | 7,215 | 5,63 | 77,95 | 66,25 |
| 5. Absüß, Durchschnitt von     40 l. . . . . | 3,33 | 2,47 | 74,17 | 45 |
| 6.    ,,      ,,      ,,     40 l. . . . . | 1,65 | 1,12 | 67,87 | 40 |
| Berechneter Durchschnitt von 240 l Absüß . | 5,64 | 4,353 | 75,64 | — |
| Gefundener      ,,     ,, 240 l    ,,    . | 5,63 | 4,23 | 75,13 | — |

Aus diesen Untersuchungen ist zu ersehen, daß man bei geschädigten Rüben 160 l Absüß abziehen kann, ohne daß der Reinheitsquotient von dem des ursprünglich filtrierten Saftes sehr verschieden wäre.

Tabelle 83b.

| Gesunde Rüben | Trockensubstanz % | Zucker % | Wirklicher Reinheitsquotient % | Temperatur des Saftes °C |
|---|---|---|---|---|
| Filtrierter Saft . . . . . . . . . . . . . . . | 9,68 | 8,233 | 85,05 | 72 |
| 1. Absüß, Durchschnitt von     50 l. . . . . | 8,58 | 7,270 | 84,70 | 70 |
| 2.    ,,      ,,      ,,     50 l. . . . . | 7,73 | 6,400 | 82,79 | 64 |
| 3.    ,,      ,,      ,,     50 l. . . . . | 5,39 | 4,433 | 82,25 | 57 |
| Gefundener Durchschnitt von 150 l Absüß . | 7,27 | 6,033 | 83,00 | — |
| 4. Absüß, Durchschnitt von     50 l. . . . . | 2,46 | 1,90 | 77,23 | 51 |
| Berechneter Durchschnitt von 200 l Absüß . | 6,04 | 5,00 | 81,74 | — |

Bei Verarbeitung gesunder Rüben kann man also 200 l Absüß ruhig abziehen (160 und 200 l sind hier nur als relative Zahlen aufzufassen). Die Schlammproben enthielten[3]:

---

[1] Z. f. Zuckerind. i. B. XLII, S. 643, 1917/18.
[2] Z. d. tschsl. Zuckerind. IV, S. 311, 1923.
[3] Z. V. D. Zuckerind. 1879, S. 397.

|  | Unabgesüßt | | Abgesüßter Schlamm | |
|---|---|---|---|---|
|  | A % | B % | A % | B % |
| Wasser . | 35,74 | 50,34 | 40,12 | 51,00 |
| Zucker . | 4,00 | 5,20 | 0,25 | 0,65 |

Wichtig ist die Untersuchung darüber, was mit dem Zucker der Absüßwässer geschieht, die zum Löschen des gebrannten Kalkes dienen. Die Beantwortung dieser Frage ist auch ein Beitrag zu der nach den unbestimmbaren Zuckerverlusten.

Unter Hinweis auf die ältere Literatur über diesen Gegenstand in der ersten Auflage sei gleich mit den neueren Untersuchungen begonnen, die auch die älteren Literaturangaben enthalten.

Nach Laboratoriumsversuchen Beyersdorfers, die den Betriebsverhältnissen entsprachen, ginge Zucker (des Absüßwassers) beim Kalklöschen verloren, und zwar je nach Zuckergehalt und Löchtemperatur bis 20% des Zuckers im Absüßwasser. Der Zucker bildet Milchsäure, Essigsäure u. a., die wieder Verluste an Kalk zur Folge haben[1]. Auf diese Zahl hat u. a. Einfluß das Mengenverhältnis des Wassers zum Kalk; ist verhältnismäßig weniger Wasser, z. B. 1 : 1, so ist der Verlust größer, beim Verhältnis 1 : 5 ist der Zuckerverlust kleiner. Da im Betriebe gewöhnlich wohl immer genug Brüdenwasser für das Löschen vorhanden sein wird, herrschen hier die günstigeren Bedingungen.

Aber auch die geringeren Zuckerverluste schienen J. Vondrák noch zu hoch, und so studierte er neuerdings die Zuckerverluste beim Kalklöschen mit Absüßwasser[2], und zwar in zwei Fabriken; außerdem wurden im Laboratorium verschiedene Löschversuche durchgeführt und immer wesentlich kleinere Zuckerverluste gefunden, als Beyersdorfer feststellte, oder konnte überhaupt ein Zuckerverlust nicht nachgewiesen werden. Vondrák ging auch der Ursache dieser widersprechenden Ergebnisse nach und fand sie in der angewendeten Untersuchungsmethode für den Schlamm, den Beyersdorfer im Laufe seiner Untersuchung durch Saturation der Kalkmilch erhielt (Ammoniumnitratmethode). „Durch Parallelanalysen des so gewonnenen Schlammes wurde der Beweis erbracht, daß sämtliche bisherigen offiziellen analytischen Methoden für die Bestimmung des Zuckers im Saturationsschlamm unter diesen Umständen . . . viel zu niedrige Ergebnisse liefern.‟ Dies veranlaßte Kunz, alle bisherigen Methoden zur Schlammuntersuchung zu prüfen und eine neue vorzuschlagen. Vergleichende Untersuchungen stellten dann W. Paar und G. Dorfmüller an[3].

U. a. enthalten sie die Geschichte der Methodik zur Ermittlung des Zuckergehaltes im Scheideschlamm, sind aber rein analytischer Art und interessieren hier nur in jenem Teile, der zum Kapitel der unbestimmbaren Verluste führt.

## 2. Zusammensetzung des Saturationsschlammes.

Von größter Bedeutung ist die genaue Kenntnis aller sich im Schlamme vorfindenden Nichtzuckerstoffe, welche durch die Scheidung und Saturation in denselben gelangten. Wäre es möglich, die einzelnen

---

[1] Z. V. D. Zuckerind. 1921, S. 75.
[2] Z. d. tschsl. Zuckerind. IV, S. 311, 1923.
[3] Z. V. D. Zuckerind. Bd. 75, Heft 821, 1925.

            Chemie des Saturationsschlammes.

Tabell<br>Zusammensetzungen vo

| Nr. | $CaO$ | $Ca(OH)_2$ | $Mg(OH)_2$ | $Al_2O_3 + Fe_2O_3$ | Kali | Natron | Kalk in org. Form gebunden | In HCl unlösl. organ. Teil | In HCl unlösl. anorgan. Teil | $P_2O_5$ | $SO_3$ | $CO_2$ | Oxalsäure $C_2O_4H_2 + 2Aq.$ |
|---|---|---|---|---|---|---|---|---|---|---|---|---|---|
| 1 | 41,06 | 0,20 | 2,15 | 0,35 | | | | | 0,38 | 1,02 | 0,37 | 25,11 | 1,07 |
| 2 | 49,53 | 3,02 | 8,36 | 1,53 | | | | | 2,65 | 1,83 | 1,72 | 34,79 | 2,56 |
| 3 | 47,74 | nichtvorh. | 1,89 | — | | | | | — | 1,17 | 0,40 | 30,56 | |
| 4 | — | — | | — | | | | | 1,82 | 1,70 | — | 26,63 | |
| 5 | — | — | | — | | | | | 1,58 | 1,34 | -– | 29,55 | |
| 6 | 38,32 | 0,80[1] | MgO 0,87 | 2,56 | 0,10 | 0,05 | 5,0 | 1,10 | 0,24 | 1,00 | 0,43 | 18,48 | nicht bestb |
| 7 | 45,88 | 2,20[1] | 2,00 | 7,57 | 0,27 | 0,05 | 12,1 | 4,56 | 1,03 | 2,18 | 1,35 | 28,95 | 1,20 |

Stickstoffsubstanzen, die organischen Säuren, Fette, Farbstoffe usw. genau zu identifizieren und sicher quantitativ zu bestimmen, so würde dadurch mehr Licht in den Chemismus der Scheidesaturation gelangen, und man würde für deren vorteilhafteste Ausführung manche Anhaltspunkte gewinnen und den Saturationseffekt genauer ermitteln können.

Auch wäre die Möglichkeit nicht ausgeschlossen, aus der Schlammzusammensetzung die Ursachen für eine schlechte Filtration auf den Schlammpressen zu erkennen.

In der obigen Tabelle sind verschiedene Analysen von Saturationsschlamm wiedergegeben. Die ersten Analysen seit Einführung der Diffusion sind jene von Kollrepp aus dem Jahre 1888. Nr. 6 und 7 sind Minima und Maxima für schlecht filtrierbaren, anomalen Schlamm. Kollrepp wollte aus diesen die Ursache der schlechten Filtrierbarkeit ergründen, konnte dies jedoch nicht, da keine ausführlichen Analysen von normalem Schlamme vorlagen, die er zum Vergleiche hätte heranziehen können. Nach seinen Angaben sind die Befunde für den Oxalsäuregehalt „von zweifelhaftem Werte", weil die analytische Methode verbesserungsbedürftig sei. Im in Salzsäure unlöslichen organischen Schlammanteile fand Kollrepp auch einen Körper, „der in alkoholischer Lösung das polarisierte Licht nach rechts dreht"[2].

Die Zahlen beziehen sich auf Trockensubstanz. Der Wassergehalt des frischen Schlammes betrug 29,7—41,4%.

Nr. 1 und 2 der Tabelle sind Minima und Maxima von vierzehn Analysen Andrlíks, Urbans und Staněks[3]. Darin wurde das gefundene MgO als $Mg(OH)_2$ eingetragen, da wahrscheinlich diese Form im Schlamme vorkommt. Oxalsäure wurde im Schlamme der zweiten Saturation niemals gefunden, ein Beweis dafür, daß sie schon in der ersten Saturation beinahe quantitativ ausgefällt wird. Ci-

---

[1] Freier Ätzkalk.        [2] Isocholesterin; s. d.
[3] Z. f. Zuckerind. i. B. XXVI, S. 1, 1901/02.

84.
Saturationsschlamm.

| Citronensäure | Gesamt-stickstoff | Eiweiß Ges.-N × 6,25 | Zucker | Ätherextrakt d. in HCl unlösl. Schlammanteils | Harzsäure | Acid.d.m.Soda-lösg. extrah.org. Säur.cm³ $\frac{1}{n}$ KOH | Der Oxalsäure entsprechende Acidität | Den übrigen Säuren entsprechende Acidität | |
|---|---|---|---|---|---|---|---|---|---|
| 0,16 | 0,23 | 1,44 | 0,45 | 0,21 | 0,14 | 83,3 | 17,0 | 9,1 | Min.⎱100 T. Trockensubst. |
| 1,21 | 0,44 | 2,75 | 4,31 | 0,90 | 1,10 | 94,7 | 40,6 | 59,1 | Max.⎰ v. Schlamm I. Satur.[1] |
| org. Nichtz. | | | | | | | | | |
| 14,80 | | | 3,30 | | | | | | Claassen[2] |
| 17,83 | | | 3,40 | | | | | | Naßscheidung do. a. 100 T. |
| 15,96 | | | 4,36 | | | | | | Trockenschdg. do.Trock.-S. |
| | 0,28 | | 5,00 | | | | | | Min.⎱ Kollrepp, auf |
| | 0,45 | | 11,00 | | | | | | Max.⎰ Trockensubstanz[3]. |

tronensäure kommt als solche und als Kalksalz vor. Die angeführten
Zahlen für diese sind nur annähernde. Weinsäure konnte nicht nachgewiesen werden. Da der vorhandene Stickstoff größtenteils als Eiweißstickstoff vorkommt (Komers und Stift), gibt er, mit 6,25 multipliziert, das Eiweiß an. Der Ätherextrakt des in Salzsäure unlöslichen
Teiles des Schlammes besteht aus Fetten, Farbstoffen und Harzsäure. Im Schlamme gibt es auch noch ätherunlösliche organische
Säuren.

Die Befunde für $SO_3$ in obiger Tabelle ergeben einen viel größeren
Gipsgehalt als seiner Löslichkeit in Zuckerlösungen entsprechen würde.
Staněk stellte fest oder konnte es durch dahinzielende Versuche
wenigstens wahrscheinlich machen, daß die Alkalisulfate des Diffusionssaftes durch die Scheidung und Saturation — je nach dem Grade
der letzteren — eine Kaustifikation erfahren[4].

„Es ist wahrscheinlich, daß bei der Saturation bis zur Neutralität,
was in der Praxis schon „Übersaturation" ist, die Reaktion:

$$K_2SO_4 + Ca(OH)_2 + CO_2 = CaSO_4 + K_2CO_3 + H_2O$$

und sofort teilweise die weitere:

$$CaSO_4 + K_2CO_3 = K_2SO_4 + CaCO_3$$

eintritt; die erste Reaktion ist reversibel. Dagegen beim Saturieren
bis zur Alkalität 0,1% CaO, bei welcher die Carbonate überhaupt
nicht in Lösung sind, erfolgt bloße Kaustifikation:

$$Ca(OH)_2 + K_2SO_4 = CaSO_4 + 2KOH.$$

Auch diese Reaktion ist zwar reversibel, aber infolge der größeren
Löslichkeit des Kalkes in dem Safte verläuft sie in der oben angegebenen Richtung, während erstere Reaktion auf Ausscheidung des wenig
löslichen Calciumcarbonates hinzielt. Demnach werden bei richtig

---

[1] Z. f. Zuckerind. i. B. XXVI, 1901/02, S. 1.
[2] Z. V. D. Zuckerind. 1909, S. 385.     [3] ebd. 1888, S. 772.
[4] Z. d. tschsl. Zuckerind. I, S. 69, 1919.

durchgeführter erster Saturation mehr Sulfate beseitigt und dadurch gelangen in den Saft mehr freie Alkalien, wenn man die Saturation richtig ausführt und genug Kalk gibt. Bei der zweiten Saturation wird wahrscheinlich der zugesetzte Kalk sowohl zur Entkalkung des Saftes als auch zur Erzielung einer dauernden Alkalität besser ausgenutzt, wenn eine dritte Saturation darauf folgt[1] und nur bis zu einer Alkalität um 0,05 % herum saturiert wird."

Die Alkalisulfate wären demnach als Alkalibildner (s. d.) zu betrachten.

Zum Teil gelangt auch der Gips dadurch in den Schlamm, daß das im status nascendi beim Saturieren entstehende Calciumcarbonat den Gips aus seiner Lösung mit niederreißt, und zwar um so vollständiger, je mehr Kalk auf die Gipsmenge entfällt (Doppelverbindung $CaSO_4$ mit $CaCO_3$?).

Die ganzen Untersuchungen Staněks über den „Gips in den Säften und in Saturationsschlamm"[2] können einen neuerlichen Beleg für die günstigere Wirkung erhöhter Kalkmengen und für das Beibehalten der dreifachen Saturation abgeben.

Zu erwähnen ist noch, daß der Schwefelsäuregehalt kaum aus der Rübe stammt: er rührt eher her aus dem Diffusionswasser, aus dem Kalk und dem Koks und vielleicht auch aus der Schwefelkomponente des Eiweißes durch Kalkeinwirkung.

### 3. Der Nichtzucker.

Salzsäure (Chloride). In der Tab. Nr. 84 sind zwar keine Werte für diese angegeben, aber trotzdem wurden schon öfters solche darin gefunden (Angaben siehe in der Studie von Pachlopník). Dieser fand, daß die Salzsäure bei der Scheidesaturation nicht gefällt wird, also quantitativ in den Saft übergeht. Daraus kann geschlossen werden, daß die im Schlamme gefundenen Chloride wahrscheinlich einer schlechten Absüßung ihr Dasein verdanken, also Saftresten; s. auch den „Nachtrag". Daß Phosphorsäure sich in größeren Mengen hier findet, ist natürlich.

Die organischen Säuren des Saturationsschlammes.

Andrlík konstatierte die Anwesenheit von Citronensäure und Oxalsäure und in geringerer Menge noch eine Säure, die er für Tricarballylsäure hält.

Er fand die Citronensäure zu 0,16—1,21 %, auf Trockensubstanz des Schlammes bezogen, und nimmt an, daß sie infolge der größeren Löslichkeit ihres Kalksalzes nicht so vollständig gefällt werde wie die Oxalsäure[3].

Im Jahre 1900[4] veröffentlichte derselbe Bestimmungen des Oxalsäuregehaltes im Schlamme der ersten Saturation aus 14 verschiedenen

---

[1] Allerdings nur in dem Falle, wenn auch die Alkalibildung der Sulfate ausgenutzt werden muß. Ein normaler Saft, welcher nicht viel Invertzucker und andere Alkalien aufbrauchende Nichtzucker enthält, hat auch bei zweifacher Saturation genügend Alkalien. — Z. d. Zuckerind. i. B. 1919/20, S. 45.

[2] Z. d. tschsl. Zuckerind. I, S. 69, 1919.

[3] Z. f. Zuckerind. i. B. XXIV, S. 645, 1899/1900.

[4] ebd. XXV, S. 141, 1900/01.

Fabriken. Der Gehalt an Oxalsäure schwankte von 1,07—2,56% in der Trockensubstanz. Aus diesen Daten und aus dem Oxalsäuregehalt des Rohsaftes versuchte Andrlík, die Menge der in der ersten Scheidesaturation ausgefällten Säure zu berechnen. Er fand, daß sich durchschnittlich im Schlamme dieselbe Oxalsäuremenge findet wie im Diffusionssaft, ein Beweis, daß sie durch die Saturation vollständig beseitigt wird. Einigemal wurde sogar im Schlamme mehr Oxalsäure als im Diffusionssafte gefunden; dies erklärt Andrlík mit Einwirkung des Kalkes in der Wärme auf manche Saftbestandteile (z. B. Glyoxylsäure), welche dadurch Oxalsäure geben, die als Kalksalz in den Schlamm übergeht. Bei längerem Lagern geht sie darin zurück.

Für die An- oder Abwesenheit der Oxal-Citronen-Äpfel-Milch- und Saccharinsäure[1] im Schlamme findet man in der schönen Untersuchung von Pachlopník (Kap. 14 b) die Erklärung.

Im Saturationsschlamm wurden Saponine mehrfach gefunden, anfangs aber als solche nicht erkannt und gekannt.

Vom „Isocholesterin“ Kollrepps, das zur „Rübenharzsäure“ Andrlíks wurde, war schon die Rede. Letztere wurde (durch die Arbeiten von Smolenski) als Reaktionsprodukt der Hydrolyse von Saponin erkannt (s. d.).

Da die Saponine unter den Bedingungen des Betriebes in den Diffusionssaft übergehen können (zu ungefähr 40% ihrer Menge), werden sie durch Kalk niedergeschlagen und gelangen in den Saturationsschlamm (Andrlík). Nach der Untersuchung Traegels ist es besonders das saure Saponin, das als Kalk- oder Magnesiumsalz im Schlamme vorkommt[2].

Bei der Zuckerbestimmung im Schlamme, bei der (zur Zerstörung eventuell vorhandener Saccharate) Essigsäure zugesetzt wird, tritt das bekannte „Aufbrausen“ ein, das man in gewohnter Analogie der Zersetzung der Schlammcarbonate zuschrieb. Heute weiß man, daß dieses Schäumen zum größten Teile den frei werdenden Saponinen zuzuschreiben ist, da diese noch in 10000facher Verdünnung stark schäumen können.

Nur nebenbei sei erwähnt, daß sie durch Fällung mit Bleiessig zur Zuckerbestimmung nicht vollständig ausgefällt werden und durch ihre optische Aktivität das Resultat der optischen Zuckerbestimmung beeinflussen können. Dies die Ursache, daß sich Traegel mit dieser Frage beschäftigte.

## 4. Die Stickstoffsubstanzen.

In der Trockensubstanz des Saturationsschlammes sind in der Regel 0,23—0,45, durchschnittlich 0,34% Stickstoff enthalten, und man nimmt an, daß es vorwiegend Stickstoff in Eiweißform ist. Andrlík hat sich mit der Frage befaßt, ob dieser Stickstoff nicht auf irgendeine Weise in eine passende und verwertbare Form übergeführt werden könnte.

---

[1] Aus dem Invertzucker.       Z. V. D. Zuckerind. 1925, S. 145.

Die Versuche verfolgten zunächst das Ziel, den Stickstoff aus dem Schlamm auszuscheiden; es war daher notwendig, ihn vorerst in eine lösliche Form überzuführen.

Informationsversuche ergaben, daß durch Kochen des Schlammes mit verdünnten Lösungen der Carbonate der Alkalien der Stickstoffanteil aus dem Schlamm in Lösung übergeht.

Andrlík arbeitete unter verschiedenen Versuchsbedingungen (Konzentration, Anwärmungstemperatur und -zeit), um die Bedingungen zu erforschen, unter denen ein Maximum des Stickstoffes löslich wird. Auch mit Salzsäure wurde Schlamm in der Kälte zersetzt.

Die zwölf Versuche zeigten, daß die Lösungen der Carbonate der Alkalien bei Wärme den im Saturationsschlamm enthaltenen Stickstoff in erheblichem Grade lösen; die Menge des gelösten Stickstoffes ist abhängig von der Temperatur, der Einwirkungsdauer und der Konzentration der Lösungen der Alkalicarbonate.

In den beobachteten Fällen wurden 36,8—71,4% des Gesamtstickstoffes des Schlammes gelöst.

Aus den aus Saturationsschlamm gewonnenen alkalischen Lösungen läßt sich der Stickstoff durch Ansäuern derselben zum Teil fällen und in eine in Wasser unlösliche Form überführen, die nach dem Austrocknen an der Luft bis zum konstanten Gewicht 4,0—4,2% Stickstoff enthält; die Menge des Stickstoffes in dieser Form beträgt ungefähr 17—20% des Gesamtstickstoffes des Schlammes[1].

Wie auf S. 319 erwähnt, suchte Staněk Aminosäuren aus Saturationsschlamm verschiedener Zuckerfabriken zu isolieren, was keine so einfache Arbeit ist, weil in technischem Schlamm „eine Menge anderer Stoffe, zumeist amorphe und nichtidentifizierte, vorhanden sind, von welchen sehr viele mit allen hier benutzten Fällungsmitteln der Aminosäuren gefällt werden". Zufälligerweise waren die Schlämme der Kampagne 1921/22, die Staněk zur Verfügung standen, anormal rein und stickstoffarm.

Zur Isolierung der Aminosäuren aus dem Schlamme wurde die Extrahierung mit Ammonium- bzw. Kaliumcarbonat des (ausgesüßten und vom Saccharat befreiten) Schlammes angewendet.

Drei Methoden gestatten es, Aminosäuren zu fällen: Fällung mit basischem Bleiacetat (und Zerlegung der Bleisalze mit Schwefelwasserstoff) nach Scheibler, Fällung mit einer gesättigten Quecksilberacetatlösung nach Neuberg-Kerb und nach der Methode von Siegfried und Schutt, die auf der Bildung von Carbaminverbindungen[2] kaustischer Erden, z. B. durch Einwirkung des Kohlendioxyds auf eine Lösung von Aminosäuren in Barytwasser, beruht.

---

[1] Z. f. Zuckerind. i. B. XLI, S. 289, 1916/17. Über die Löslichkeit des Stickstoffes im Saturationsschlamm.

[2] Die Carbaminsäure ist im freien Zustande nicht bekannt, nur ihre Salze und Ester (Urethane); sie ist das Monoamid der Kohlensäure $C{=}O{\big\langle}{}^{OH}_{NH_2}$ . Wichtig ist ihr Vermögen, $CO_2$ an Aminosäuren bei Gegenwart von Alkali zu binden unter Bildung von Salzen (s. „Glykokoll"). — Nebenbei sei erwähnt, daß das Diamid der Kohlensäure der bekannte Harnstoff ist (s. d.).

Die zweite Methode führte Staněk zum Ziel. Neuberg-Kerb geben folgende Vorschrift[1]:

Die aminosäurenhaltige Lösung wird mit Soda neutralisiert oder schwach alkalisch gemacht, mit einer gesättigten (etwa 30 proz.) Quecksilberacetatlösung so lange versetzt, als noch ein Niederschlag entsteht, dann von neuem mit Soda alkalisiert und abermals mit Quecksilberacetat gefällt, solange ein gelber Niederschlag sich bildet. Schließlich macht man wieder alkalisch und setzt einige Volumina (5—8) Alkohols zu, saugt den Niederschlag ab und wäscht mit Alkohol. Nach Zerlegung mit Schwefelwasserstoff krystallisierten die Aminosäuren sehr rein.

Staněk stellte fest, daß Asparagin- und Glutaminsäure nach dieser Methode fast quantitativ, Glutiminsäure wenig (etwa 10 %) und Betain überhaupt nicht gefällt wurden[2].

Nach dieser Methode konnte er nun Asparaginsäure in Substanz isolieren und mit l-Asparaginsäure identifizieren; auch Glutaminsäure wurde isoliert, aber in zu geringen Mengen, um mit Sicherheit sichergestellt worden zu sein.

Außer diesen Säuren wurden stickstoffhaltige Stoffe in im Schlamm unlöslicher Form gefunden, die, mit Ammonium- oder Kaliumcarbonat ausgelaugt, mit Kalk und Baryt nicht gefällt werden, d. h. deren Kalk- und Baryumsalze löslich sind. Infolge Einwirkung von Baryumhydrat und Saturation, analog dem Vorgange beim Niederschlagen in den ursprünglichen Schlamm, werden sie wieder gefällt. In den Schlammproben wurden 2—3 hundertstel Prozent Stickstoff in dieser Form gefunden, d. i. etwa 10 % des im Saturationsschlamme enthaltenen Gesamtstickstoffes. Von diesen stickstoffhaltigen Stoffen werden etwa 60 % mit Kupferoxydhydrat gefällt. In diesem Anteile wurden vermutlich Xanthinstoffe und Glucosidsubstanzen neben Eiweißstoffen bzw. neben ihren durch unvollständige Hydrolyse entstandenen Abbauprodukten (Peptonen?) gefunden.

Aus dem durch Kupferoxydhydrat nicht fällbaren Anteile wurden die bereits genannten Aminosäuren isoliert[2].

Daß sich diese Aminosäuren, bzw. ihre Kalksalze (trotz ihrer verhältnismäßig guten Löslichkeit in Wasser und in Zuckerlösungen) im Schlamme finden, geht auch aus der oft genannten Untersuchung Pachlopníks hervor.

### 5. Schlamm von der zweiten Saturation.

Salzsäure (Chloride) wurden darin von Kowalski und Dorant gefunden[3] (Deutung s. oben).

Phosphorsäure fanden die eben Genannten zu 0,67—0,99 % auf Trockensubstanz. Das sind genug große Mengen, wenn man bedenkt, daß Pachlopník eine quantitative Fällung durch die Scheidung feststellen konnte. Es liegt die Erklärung nahe, daß auch nach der Scheidung das vorhandene Lecithin eine allmähliche Zersetzung findet, z. B. zu Glycerinphosphorsäure, und dann bei der zweiten Saturation

---

[1] Biochem. Ztschr. XL, S. 4981.  [2] Z. d. tschsl. Zuckerind. III, 1922, S. 189.
[2] Gazeta cukr. 1900/01, S. 274.

mit Kalkzugabe in den zweiten Schlamm übergeht (s. die Untersuchungen von Staněk, S. 154, 298).

Milchsäure, die Herzfeld einmal im Schlamme der zweiten Saturation fand, dürfte nach Pachlopník nur einer Milchsäuregärung zuzuschreiben sein, welcher der Schlamm anheimfiel; nach den Löslichkeitsverhältnissen des milchsauren Kalkes geht dieser quantitativ in den Saft bis in die Melasse über, wo er noch zu besprechen sein wird.

Lagernder Schlamm kann in Gärung geraten, wobei Säuren und fäulnisartige Gase entstehen. Staněk konnte in solchem Schlamme Ameisen- und Buttersäure, hauptsächlich aber Milchsäure nachweisen, gebildet aus dem Zucker des Schlammes durch Gärungserscheinungen[1].

Solcher Schlamm nimmt häufig rosarote bis rote Färbung an, wohl durch die Wirkung von Mikroorganismen. Man wird nicht fehlgehen, wenn man sie für identisch mit jenen Pilzen erklärt, die Rohzucker rot färben können[2].

### 6. Die physikalische Beschaffenheit des Schlammes.

Bisher wurde nur der Schlamm auf seine chemischen Bestandteile hin untersucht; es ist aber kein Zweifel, daß für die Filtrierbarkeit seine physikalische Beschaffenheit in erster Linie in Betracht kommt. Diese wird abhängen vom Mechanismus der Schlammbildung, von den mechanischen Vorgängen bei der Ausfällung des kohlensauren Kalkes unter den Bedingungen der Saturation u. a. Hier können nur mikroskopische Untersuchungen Aufschluß geben — aber nur mehrere, verschiedener Autoren unter verschiedenen Bedingungen. Dann erst kann man sich bestimmtere Vorstellungen machen von dem „Mitreißen verschiedener Bestandteile durch das ausgefällte Calciumcarbonat", von dem „Einhüllen schleimiger Bestandteile durch Calciumcarbonat" und kann erst dann neuere Verfahren oder gewisse Vorgänge bei der Arbeit richtig deuten.

Die ersten ausführlicheren mikroskopischen Untersuchungen über Scheidung und Saturation unternahm H. Claassen[3] und kam zu folgenden wichtigsten Ergebnissen: Für die Beurteilung der Filtrierbarkeit des Saturationsschlammes kommen hauptsächlich zwei seiner Bestandteile in Betracht, und zwar die bei der Saturation der Säfte ausgeschiedenen Schleimklümpchen und der ausgefällte kohlensaure Kalk. Die schleimigen Bestandteile werden nur filterbar, wenn sie mit verhältnismäßig großen Mengen gleichmäßig verteilten kohlensauren Kalkes innig vermischt werden, so daß sie sich an Preßtücher nicht fest anlegen und so die Filterung durch die Schlammpressen nicht hindern können.

Der für eine nachträgliche gute Filterung zur Saturation der Säfte notwendige Kalk richtet sich nach der Menge der Schleimteilchen, die

---

[1] Z. f. Zuckerind. i. B. XLII, S. 695, 1918.

[2] Herzfeld: Über das Auftreten rotfärbender Pilze im Rohzucker. Z. V. D. Zuckerind. 1891, S. 663.

[3] Z. V. D. Zuckerind. Bd. 70, S. 203, 1920. — Schon ungefähr 20 Jahre früher mikroskopierte Andrlík den Saturationsschlamm, S. 395.

sie enthalten und deren Menge je nach dem Grade der Verderbnis der Rüben steigt. So betrug sie bei den Versuchen mit verdorbenen Rüben etwa fünfmal soviel wie bei normalen Rüben; auch mußte der Kalkzusatz, um gleiche Filterbarkeit zu erzielen, von 2 % auf 10 % für 100 Rüben erhöht werden.

Auch über die Auslaugbarkeit (Absüßung) des Schlammes läßt sich auf Grund dieser Untersuchungen eine genauere Vorstellung machen: zu einem guten Aussüßen gehört eine gewisse Zeit.

Der Saturationsschlamm besteht aus den aus dem Safte ausgefällten Schleimteilchen, an deren Umfang sich körnige Teilchen von kohlensaurem Kalk angelagert haben und dadurch den Weg für den Saft und später für das Absüßwasser schaffen. Das Absüßwasser fließt durch die engen Zwischenräume, welche zwischen den Teilchen des kohlensauren Kalkes verbleiben, und verdrängt dort den Saft. Der Saft aber, der in den schleimigen Teilchen vorhanden ist, kann nur durch Diffusion in das Absüßwasser übergehen, wozu eine gewisse Zeit nötig ist, und zwar um so mehr Zeit, je größere Mengen Schleimteilchen im Verhältnis zu dem kohlensauren Kalk vorhanden sind.

Ein Versuch aus Claassens Untersuchung sei wörtlich wiedergegeben, weil er zu einem ganz unerwarteten Resultat führte oder, besser gesagt, weil sein Ergebnis im Widerspruche zur üblichen Vorstellung steht.

Rübensaft mit 2 % Kalk heiß geschieden und saturiert:
a) Saturation des mit 2 % Kalk in Form von Kalkmilch geschiedenen Saftes:
An den Schleimteilchen haften außen mehr oder weniger Teilchen des kohlensauren Kalkes, nur sehr wenige Schleimteilchen sind ganz frei davon, ebenso finden sich nur wenige freie Teilchen des kohlensauren Kalkes; die letzteren, sowie auch die anhaftenden, zeigen keine Krystallformen, sondern haben das ganz körnige Aussehen der aus Kalkmilch durch Saturation erzeugten $CaCO_3$-Teilchen.
Von einer Einhüllung der Schleimteilchen durch die Teilchen des kohlensauren Kalkes ist keine Rede. Diese haften nur an der Oberfläche (nicht im Innern) bald dichter zusammen und verdecken dann das Schleimklümpchen mehr oder weniger, bald liegen sie getrennt an verschiedenen Stellen der Schleimklümpchen. Es geht ganz deutlich hervor, daß der kohlensaure Kalk wahllos an dem Schleim hängengeblieben ist. Mehr oder weniger große Flächen der Klümpchen sind frei davon. Die Schleimteilchen nehmen im Bilde entschieden mehr Raum ein, als die Teilchen des kohlensauren Kalkes.
Dasselbe Bild zeigen die saturierten Schlammsäfte des Betriebes.
Bringt man auf das Objektgläschen neben das Safttröpfchen ein Tröpfchen verdünnter Essigsäure und läßt beide zusammenlaufen, so ist zu sehen, wie der kohlensaure Kalk sich löst und das Schleimklümpchen wieder ganz sichtbar wird und frei, wie bei der Scheidung, daliegt.

Weiter beweisen diese Versuche, daß der aus Ätzkalk entstehende kohlensaure Kalk je nach den äußeren Verhältnissen in Krystallen, d. i. krystallinisch oder amorph ausgefällt wird, oder daß der Ätzkalk, ohne sich zu lösen, in kohlensauren Kalk übergeführt wird. Unter den Verhältnissen, die bei der Saturation der Rübensäfte obwalten, also bei der Behandlung einer unreinen zuckerhaltigen, etwa $80^0$ heißen Flüssigkeit, in der nur ungefähr $^1/_4$ % Kalk gelöst ist, 1—2 % aber zunächst ungelöst vorhanden sind, wird der kohlensaure Kalk nicht in Krystallen, sondern nur amorph, oder krystallinisch nur aus dem gelösten und sich während der Saturation weiter lösenden Kalk ausgefällt, oder unmittelbar aus dem nicht gelösten Kalk durch Anlagerung der Kohlensäure gebildet. Es ist möglich, daß auch der bei der Saturation amorph

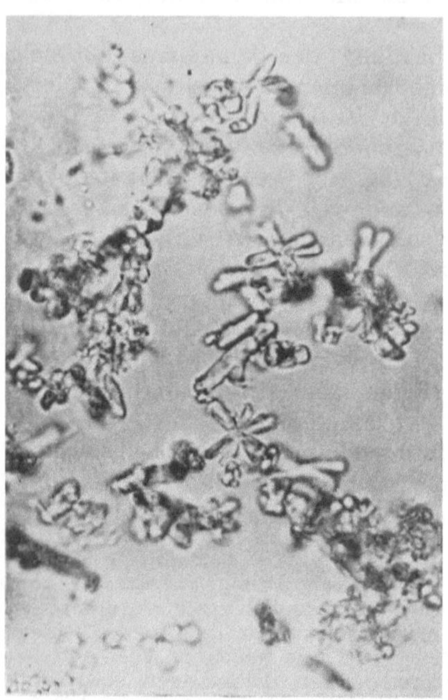

ausgefällte kohlensaure Kalk nach kürzerer oder längerer Zeit in die krystallinische Form übergeht, da er dazu neigt, aus der amorphen Form mehr oder weniger schnell in die krystallinische oder sogar in die Krystallform überzugehen, wie Claassens Versuche mit dem aus löslichem Kalksaccharat ausgefällten amorphen kohlensauren Kalk abermals gezeigt haben.

Dies steht im Widerspruche zu Blocks Anschauungen, daß es sich beim Ausfällen des Calciumcarbonates um „eine regelrechte Krystallisation genau wie beim Kornkochen" handle[1]. Claassen konnte mangels mikrophotographischer Aufnahmen seine mikroskopischen Befunde bloß beschreiben, Block sie auch im Bilde darstellen (400- und 1000 fache Vergrößerung). Das gleiche tat mit ähnlichen Ergebnissen F. W. Meyer[2] im Zusammenhange mit Untersuchungen über das Entfärbungsvermögen von

Abb. 5.

ausfallendem $CaCO_3$ (s. „Weißzuckerarbeit").

Aus seinen Untersuchungen geht hervor, daß die Fällung in Wasser die typische Krystallform zeigt, deren durchschnittlicher Durchmesser zwischen 2- und 4 tausendstel Millimeter schwankt. Einzelne Krystalle zeigen eine Länge von 10 tausendstel Millimeter.

In 10 proz. Zuckerlösung sind die Durchschnittsgrößen dieselben, die längeren Säulenformen fehlen jedoch. In 30 proz. Lösung schwankt die Durchschnittsgröße zwischen 1,5—3 tausendstel Millimeter. In noch konzentrierteren Zuckerlösungen sind die Kryställchen noch kleiner (dieser Feinkörnigkeit des Krystallniederschlages verdankt das frischgefällte $CaCO_3$ seine entfärbende Wirkung).

Wenn auch die Kryställchen in einem Rohsafte nicht gleich denen in einer 10 proz. reinen Zuckerlösung sein werden, so kann man doch aus der Abb. 6 im Vergleiche zur Abb. 5 eine deutliche Vorstellung von ihnen gewinnen.

Ein mechanischer Bestandteil des Schlammes ist fast immer der „Sand" bzw. der Kalkgrieß. Während ihm Müller eine Verschlechte-

---

[1] C. f. Zuckerind. 1921, N. 4; D. Z. 1922, S. 441.     [2] D. Z. 1927, S. 497.

rung der Schlammaussüßbarkeit zuschrieb[1], wies Staněk das Gegenteil nach — allerdings durch eine Laboratoriumsapparatur. Durch Schlämmen fand letzterer in verschiedenen Teilen des Schlammkuchens verschiedene Sandmengen, und zwar[2]

im unteren   Teil von 0,3—8,1 % ; im Mittel etwa 3,5 %
„ seitlichen   „   „   0,1—0,2 % ; „   „   „   0,1 %
„ oberen   „   „   0,1—0,4 % ; „   „   „   0,25 %

Die Ergebnisse Staněks bestätigte F. Knor[3].

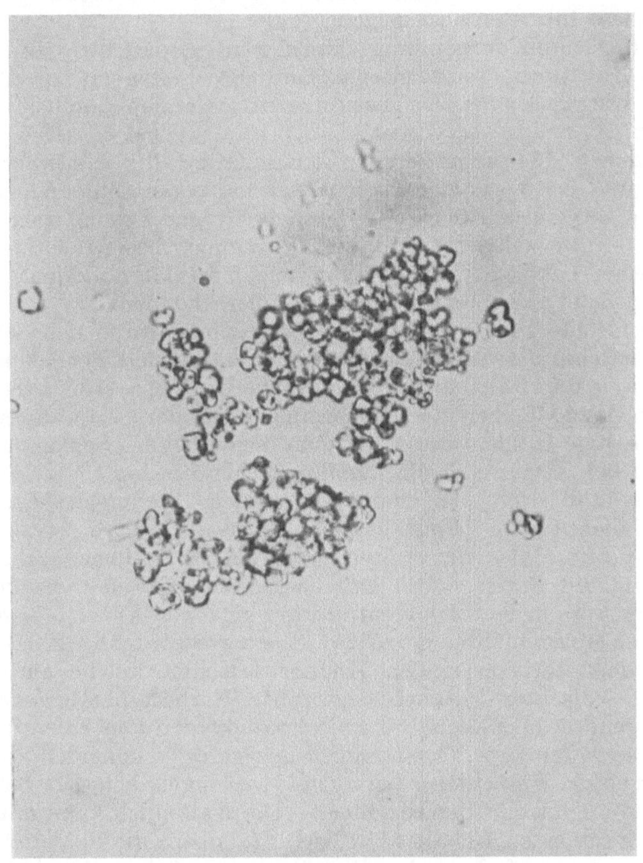

Abb. 6.

Daß die Aussüßung verschiedener Stellen der Filterkuchen nach irgendwelcher Regelmäßigkeit — etwa bevorzugte oder benachteiligte Zonen — nicht vor sich geht, beweisen die Untersuchungen J. Hrudas über den Einfluß des Filtermateriales auf die Qualität der Schlammpressenarbeit[4].

---

[1] Z. d. tschsl. Zuckerind. II, S. 243, 1921.   [2] ebd. III, S. 105 1921.
[3] ebd. III, S. 378, 1922.   [4] ebd. VII, S. 73ff.. 1925

Den Düngewert des Saturationsschlammes ermittelte in neuerer Zeit J. Urban und fand, daß dieser nicht nur ein Kalkdüngemittel, sondern auch „ein vorzüglicher Phosphorsäuredünger" ist; eine geringe Wirkung äußern die stickstoffhaltigen Verbindungen[1].

### b) Anormaler Schlamm und schlechte Filtrierbarkeit.

Nur soweit eine schlechte Filtrationsfähigkeit des Saturationsschlammsaftes durch seine chemische Zusammensetzung bedingt ist, soll diese hier Berücksichtigung finden.

Allerdings muß darauf hingewiesen werden, daß hier vornehmlich die physikalische und mechanische Beschaffenheit in Betracht kommen, wie aus den Studien des normalen Schlammes durch Claassen, Block, Meyer u. a. hervorgeht (s. d.).

Die auf S. 134 angeführten Eigenschaften der rübenharzsauren Alkalien und ihr Vorkommen im Schlamme veranlaßten Andrlík zu erforschen, ob diese Körper — die in wäßriger Lösung sehr schwer filtrieren — die Filtrierbarkeit des Schlammes beeinträchtigen. Auf Grund seiner Laboratoriumsversuche kam Andrlík zu keinem solchen Resultate, daß er sich bestimmt hätte äußern können.

Die schlechte Filtrierbarkeit der Saturationssäfte in den Schlammpressen, welche viele Nachteile für einen rationellen Betrieb mit sich bringt, kann mechanische und chemische Ursachen haben: eine anormale Beschaffenheit der Rüben und damit der Säfte, das ammoncarbonathaltige Brüdenwasser, das zum Aussüßen des Schlammes dient (es bildet kohlensauren Kalk, der die Tücher verstopft, Andrlík), zu hohe Alkalität nach der ersten Saturation, die einen schmierigen Schlamm liefert u. a. Dasselbe kann aber auch durch verschiedene Unachtsamkeiten des Saturanten eintreten, z. B. ungenügende Aussaturierung des Saftes durch Offenlassen des Ventiles, wodurch unsaturierter Saft in bereits aussaturierten gelangen kann, u. a. m.

Herles weist auf die Qualität des verwendeten Kalkes und der aus demselben bereiteten Kalkmilch hin, welche am meisten Anlaß zu schlechter Filtrierbarkeit gibt. Enthält nämlich der Kalk größere Mengen an Kieselsäure und Sesquioxyden von Eisen und Aluminium, so rufen diese Verbindungen infolge ihres kolloiden Zustandes Verstopfung der Filtertücher hervor und verleihen auch dem Schlamme selbst eine ungünstige Beschaffenheit. Die Kalkmilch kann unter Umständen durch einen Gehalt an „Grieß" (s. oben) die Filtration beeinträchtigen. Der Saft kann bereits mit einer richtigen Alkalität in die Schlammpresse gelangen, ohne daß dabei der Kalkgrieß vollständig abgelöscht und neutralisiert worden wäre. Dies geschieht dann erst in den Schlammpressen infolge längerer Zeitdauer und genügender Temperatur, wodurch die Saftalkalität erhöht wird. Das ist aber gleichbedeutend mit den oben genannten Unachtsamkeiten bei der Saturation: der Schlamm wird schmierig, verstopft die Tücher, läßt sich schlecht

---

[1] Z. d. tschsl. Zuckerind. VIII, S. 477, 1927, mit zahlreichen Literaturangaben.

aussüßen usw. Hat noch der Kalk die vorerwähnte schlechte chemische Zusammensetzung, so addieren sich beide ungünstigen Wirkungen[1].

Neumann wies gelegentlich darauf hin, daß auch der mechanische Charakter des Schlammes auf die Filtration Einfluß übe. Der kohlensaure Kalk müsse in krystallinischer Form ausfallen, um gut filtrationsfähig zu sein[2].

Nach Scheibler können Pektinkörper die Ursache einer schlechten Filtrierarbeit sein; Köhler fand in einem schlecht filtrierbaren Schlamm keinen freien Ätzkalk und glaubt, daß in diesem speziellen Falle zu geringe Kalkzugabe zur Scheidung die schlechte Filtrierbarkeit verursacht hätte. Herzfeld brachte diese Betriebsschwierigkeit mit der Qualität des Kalksteines in Zusammenhang[3] — doch wird ein solcher kaum bestehen, da in den Fabriken die schlechte Filtrierbarkeit des Schlammes nur ausnahmsweise auftritt, der verwendete Kalkstein aber gewöhnlich von derselben Provenienz und Zusammensetzung ist. Eher ist denen recht zu geben, die, wie Brünig, in einer Überhitzung auf der Diffusion die Ursache der schlechten Filtrierbarkeit erkennen; Claassen empfiehlt daher im Falle einer schlechten Filtrierbarkeit neben anderen Mitteln (Alkalität) die Herabsetzung der Diffusionstemperatur. Wie kompliziert aber die hier in Betracht kommenden Verhältnisse sind, geht daraus hervor, daß Stift von zwei Fällen Mitteilung macht, in denen eine Temperatursteigerung bei der Diffusion bis auf 80° C diese Betriebsschwierigkeit sofort behob[4], Karlík aber zur Behebung einer schlechten Schlammfiltration für tunlichst niedrige Diffusionstemperatur und gute mechanische Filtration des Rohsaftes eintritt.

Andrlík beschäftigte sich mit der Frage: „Kann die chemische Analyse des Saturationsschlammes in allen Fällen über die Ursachen einer schlechten Filtration in den Filterpressen Aufschluß geben?", mußte aber diese verneinen[5].

Er führte an genannter Stelle 19 Analysen teils von gut filtrierendem, teils von abnormem Schlamme an, fand aber keinen Zusammenhang zwischen Zusammensetzung und Filtrierbarkeit der Schlämme. Mikroskopische Untersuchungen ergaben auch keine Unterschiede in der Struktur des Kalkcarbonates, was auffällig ist. Nach Herzfeld können die Pektinstoffe, falls in größerer Menge vorhanden und an Eisenoxyd oder Tonerde gebunden, die Schlammfiltration ungünstig beeinflussen; ein Zusammenhang zwischen diesen und der Filtrationsfähigkeit des Schlammes konnte nicht festgestellt werden (Andrlík).

Dasselbe gilt für einen von O. Fallada analysierten abnormen Saturationsschlamm. Dieser enthielt „Furfuroide als Pentosan gerechnet" 0,64% auf frische und 1,11% auf Trockensubstanz. Da aus der Analyse auf die Ursache der schlechten Filtrierarbeit nicht geschlossen werden konnte, sei auf ihre Wiedergabe verzichtet. Wohl

---

[1] Z. f. Zuckerind. i. B. XXI, S. 24, 1896/97.		[2] ebd. XXII, S. 31, 1897/98.
[3] Z. V. D. Zuckerind. 1899, S. 724.		[4] Ö. U. Z. f. Zuckerind. 1893, S. 670.
[5] Z. f. Zuckerind. i. B. XXIII, S. 170, 1898/99.

wurde nur wenig Kalk gefunden (22,04 %, bzw. auf Trockensubstanz 38,33 %), der nach Analysen von Stift, Kollrepp und Andrlík gewöhnlich bei solchen Schlammproben angetroffen wurde, anderseits aber war oft Schlamm mit noch weniger Kalkgehalt gut filtrierbar. Groß war der Gehalt an „organischer Substanz“, was auch von Andrlík beobachtet wurde: kalkarmer Saturationsschlamm enthält mehr organische Substanz[1].

Unter Umständen können magnesiahaltige Kalksteine schlechte Filtrationsfähigkeit verursachen; Säfte, die mit magnesiareicherer Kalkmilch geschieden werden, enthalten mehr Magnesia als Säfte, die mit reinem Kalke geschieden wurden. Wird nun zu weit aussaturiert, so scheidet sich die Magnesia aus. Für die zweite Saturation behauptete dies Sachs[2] und erforschte dies Herzfeld[3]. Nach Lippmann erweisen sich Pektin-, Pektin-Eisen-Verbindungen, Kieselsäure und Tonerdehydrat, Fette und fettsaure Salze, besonders Magnesiumsalze als stark filtrationshindernd[4].

Zieht man die Bilanz aus allen gemachten Angaben, so kommt man zum Schlusse, daß die Chemie und Physik des anormalen Schlammes ein fast noch unerforschtes Gebiet darstellt.

Für das vollständige Versagen der Schlammpressenarbeit gegen Ende der Kampagne 1916/17 gab Herzfeld folgenden Chemismus an[5]. Da handelte es sich um ein Rübenmaterial wie es im Kap. 8, Abschnitt e beschrieben wurde.

Schon die Rüben im Frostzustande erleiden Veränderungen der Zellsubstanz; diese bestehen in Änderungen der Veresterungen der Pektinkörper mit dem Eiweiß der Schnitzel. Es findet aus den Pektinkörpern eine Abspaltung von Methylalkohol statt, was, wie Fellenberg nachgewiesen, mit Natronlauge schon in wenigen Minuten erreicht wird. Diese Spaltung der Pektinkörper wird vermutlich ebenfalls in den Rüben hervorgerufen durch Kältenenzyme, wobei auch Invertzucker entsteht; die feste Zellsubstanz quillt auf und geht in den Saft über. Tauen die Rüben auf, so treten Pilze auf, deren Natur noch wenig erforscht ist. Diese sind kältewiderstandsfähig und führen ebenfalls die Spaltung der Pektinkörper herbei, die unter Abspaltung von Methylalkohol in gequollener Form in den Saft übergehen. Es gelang Weisberg 1909, aus gefrorener Rübe einen neuen Pekinkörper darzustellen.

Die gelierenden Pektinkörper hindern die Filtration. Auch der kohlensaure Kalk in kolloidaler Form ist nicht filtrierbar; man muß suchen, ihn krystallinisch zu erhalten, was z. B. durch Zusatz von Säuren möglich ist. So ist auch mit absolut reinem kolloidalen Eisenoxydhydrat Rübensaft nicht zu klären; dies gelingt nur, wenn Säure anwesend ist oder auch Chlornatrium. Bei Laboratoriumsversuchen erreichte Herzfeld bei saturierten Säften von gefrorenen Rüben auch durch Salzsäurezusatz eine bessere Filtration. Auch ein Kochen und Schwefeln des Rohsaftes wirkte dagegen nicht in der Kälte.

---

[1] Ö. U. Z. f. Zuckerind. XXX, S. 55, 1901.
[2] Z. V. D. Zuckerind. 1889, S. 667.     [3]. ebd. 1889, S. 779.
[4] ebd. 1887, S. 275; 1888, S. 154.     [5] D. Z. 1917.

Sechzehntes Kapitel.

# Hilfsmittel der Saftreinigung.

## a) Kalkstein, Kalk und Löschen des gebrannten Kalkes.

Der Kalkstein ist ein wichtiges Rohmaterial für die Zuckerindustrie. Viele Mißerfolge mancher Fabriken waren und sind auf einen schlechten Kalkstein zurückzuführen, weil die Eigenschaften des gebrannten Kalkes vom Kalksteine wesentlich abhängen.

Analysen von Kalksteinen. Die folgenden 12 Analysen dürften alle vorkommenden Arten von Kalksteinen umfassen. Sie wurden im Laboratorium des „Zentralvereins f. d. Rübenzuckerind. Österreichs und Ungarns" ausgeführt (Tab. Nr. 85).

Tabelle 85. Kalksteine für Zuckerfabriken.

| | I % | II % | III % | IV % | V % | VI % |
|---|---|---|---|---|---|---|
| Wasser . . . . . . . . . . | 0,12 | 0,14 | 0,07 | 0,08 | 0,06 | 0,06 |
| Unlösliches . . . . . . . . | 2,33 | 0,72 | 0,52 | 0,10 | 0,84 | 0,13 |
| Bituminöse Stoffe . . . . . | 0,07 | 0,08 | 0,06 | 0,03 | 0,14 | 0,01 |
| Eisenoxyd und Tonerde . . | 0,27 | 0,56 | 0,77 | 0,38 | 0,24 | 0,18 |
| Kohlensaurer Kalk. . . . . | 67,20 | 82,92 | 96,79 | 98,75 | 96,74 | 98,57 |
| Kohlensaure Magnesia . . . | 30,00 | 15,10 | 0,76 | 0,61 | 1,81 | 0,90 |
| Schwefelsaurer Kalk . . . . | Spuren | 0,42 | 0,57 | Spuren | 0,12 | Spuren |
| Alkalien und Verluste . . . | 0,01 | 0,06 | 0,46 | 0,05 | 0,05 | 0,15 |
| | 100,00 | 100,00 | 100,00 | 100,00 | 100,00 | 100,00 |

| | VII % | VIII % | IX % | X % | XI % | XII % |
|---|---|---|---|---|---|---|
| Wasser . . . . . . . . . . | 0,07 | 0,04 | 0,02 | 0,01 | 0,05 | 0,04 |
| Unlösliches . . . . . . . . | 0,36 | 1,16 | 0,21 | 0,17 | 0,50 | 0,67 |
| Bituminöse Stoffe . . . . . | 0,06 | 0,12 | 0,01 | 0,02 | 0,08 | 0,06 |
| Eisenoxyd und Tonerde . . | 0,19 | 0,32 | 0,10 | 0,07 | 0,13 | 0,15 |
| Kohlensaurer Kalk. . . . . | 95,07 | 85,19 | 98,45 | 98,94 | 98,02 | 97,93 |
| Kohlensaure Magnesia . . . | 3,99 | 12,98 | 1,11 | 0,67 | 0,95 | 0,95 |
| Schwefelsaurer Kalk . . . . | Spuren | Spuren | Spuren | Spuren | 0,00 | 0,00 |
| Alkalien und Verluste . . . | 0,26 | 0,19 | 0,10 | 0,12 | 0,27 | 0,20 |
| | 100,00 | 100,00 | 100,00 | 100,00 | 100,00 | 100,00 |

Im Jahre 1896 veröffentlichte A. Herzfeld Analysen von 68 in deutschen Zuckerfabriken benutzten Kalksteinsorten. Im allgemeinen sind alle als gut, viele als sehr gut und vorzüglich zu bezeichnen. Die Mengen der Alkalien waren stets sehr gering, maximal 0,06% (als Chloride gewogen). In einigen Fällen waren kleinere Mengen Magnesia nachweisbar, maximal bis 2,2%; Tonerde und Eisen bis 13%. In manchen Steinen waren Schwefelkieskrystalle enthalten; solche zeigten Reaktion auf Schwefelwasserstoff, nach dem Brennen aber war im Kalke dieses Gas nie nachweisbar[1].

---

[1] Z. V. D. Zuckerind. 1896, S. 571.

Im wesentlichen ist der Kalkstein kohlensaurer Kalk (Analysen III bis XII). In schlechten Steinen sind auch größere Mengen kohlensaurer Magnesia anzutreffen (Analyse Nr. I und II). Die anderen Bestandteile sind gewöhnlich nur gering. Davon sind Alkalien und Gips schädlich. Über 0,4% Gips und 0,2% Alkalien soll ein guter Kalkstein nicht enthalten.

Daß magnesiareiche Kalksteine (Dolomitkalk) sich für die Saturation nicht weniger eignen als die sog. „reinen" Kalksteine, bzw. Kalk, bewiesen K. Andrlík und W. Kohn in vergleichenden Laboratoriumsversuchen; für invertzuckerreiche Säfte erwies sich dieser sogar noch geeigneter als der gewöhnliche Kalk. Ein Übergang von Magnesia in den Saft findet so lange nicht statt, als die Alkalität des Saftes ungefähr 0,1% CaO ist[1]. In zwei weiteren Untersuchungen kam W. Kohn zu den gleichen Ergebnissen. Nach diesen ist Dolomitkalk ein sehr geeignetes Material zur Scheidung und Saturation von Diffusionssäften[2]. Es ist daher nur ein Vorurteil, einen magnesiareicheren Kalkstein als minderwertigen zu betrachten. Erwähnt sei, daß es sich nur um Laboratoriumsversuche handelte, das weitere Verhalten der gereinigten Säfte daher nicht erprobt wurde. Schon früher berichtete M. Seidner über (günstige) Erfahrungen mit Dolomitscheidung[3] und A. Herzfeld gab sogar Magnesia als Mittel zur Bekämpfung von Kalksalzen an[4].

„Scheidungsversuche mit Dolomitkalk", die F. Knor in etwas größerem Maßstabe ausführte, ergaben ungefähr die gleichen Ergebnisse, so daß auch der letztgenannte den Dolomitkalk als vollständig gleichwertig mit dem gebrannten Kalk aus reinem Kalkstein erklärte[5].

## Brennen des Kalksteines.

Das Brennen des Steines geschieht in Kalköfen mit Hilfe von Koks (seit 1850).

Einem Vortrage von Henry Décluy[6] über die Theorie des Kalkofens ist, soweit es die chemisch-physikalischen Vorgänge im Kalkofen betrifft, folgendes zu entnehmen. Decluy unterscheidet von oben nach unten vier Zonen: Regulierungs-, Vorwärme-, Zersetzungs- und Abkühlungszone. Im obersten Teile des Kalkofens muß das eingefüllte Kalkstein- und Koksmaterial gleichmäßig nachfallen können (Regulierungszone). Beim Heruntersinken kommt es mit dem aufsteigenden heißen Gasstrom in Berührung, verdampft dadurch seinen Wassergehalt und kühlt das Gas ab, indem es selbst erwärmt wird (Vorwärmungs- oder Verdampfungszone). Kalkstein und Koks sinken tiefer, die Temperatur im Ofen wird immer höher; der Koks befindet sich in Rotglut. Hier erreicht die Temperatur ihren Höhepunkt, der Kalkstein wird in Kalk und Kohlensäure zerlegt, nimmt immer mehr an Gewicht ab und ist beim Verlassen dieser Zone, der

---

[1] Z. d. tschsl. Zuckerind. III, S. 263, 1922.　　　[2] ebd. IV, S. 9 u. 25, 1922.
[3] Z. V. D. Zuckerind. 1899, S. 934.　　　[4] ebd. 1891, S. 276.
[5] Z. d. tschsl. Zuckerind. V, S. 149, 1924.
[6] Z. V. D. Zuckerind. 1896, S. 853ff.

Zersetzungszone, vollständig zersetzt. Als Kalk kommt er in die Abkühlungszone; hier verbrennt etwa noch unverbrannter Koks; der Kalk gibt seine Temperatur an den aufsteigenden Gasstrom und kühlt dabei ab.

Im Kalkofen sind demnach zwei entgegengesetzte Bewegungsrichtungen zu bemerken: eine von oben nach unten gehende langsame Bewegung fester Körper und ein entgegengesetzt gerichteter Gasstrom.

Von unten streicht Luft über den warmen Kalk, erwärmt sich, bringt ihren Wassergehalt zur Verdampfung und kühlt den Kalk ab. Der Wasserdampf kommt unter Umständen mit noch rotglühenden Koksstücken in Berührung, wodurch er teilweise zu Wasserstoff und Kohlendioxyd (1) oder auch zu Wasserstoff und Kohlenoxyd zersetzt wird (2).

$$1. \quad 2\,H_2O + C = 4\,H + CO_2$$
$$2. \quad H_2O + C = 2\,H + CO.$$

Der mit der erwärmten Luft aufsteigende Sauerstoff bringt den Koks zur Verbrennung und dadurch den Kalkstein zur Zersetzung. Das aufsteigende Gas wird reicher an Kohlendioxyd und ärmer an Sauerstoff. Stickstoff bleibt unverändert. Der in der Luft enthaltene, vorher noch nicht zersetzte Wasserdampf wird hier in Wasserstoff und Kohlenoxyd zersetzt, welche beide Gase weiterverbrennen können, wenn sie nicht von dem starken Gasstrome mitgerissen werden. Die dem Kalkstein entstammende Kohlensäure gelangt in Berührung mit glühendem Koks (Kohlenstoff), und wird teilweise reduziert ($CO_2 + C = 2\,CO$); von dem gebildeten Kohlenoxyd wird wieder ein Teil verbrannt (zu Kohlensäure) und ein Teil unverändert im Gichtgase aufgefunden. Beim Verlassen der Zersetzungszone besteht demnach das Gas aus $CO_2$, $CO$, $N$, Spuren von $H$ und $O$, kommt beim Aufsteigen mit dem niedersinkenden Kalkstein und Koks zusammen, belädt sich mit Wasserdampf und kühlt sich ab, indem es die festen Materialien erwärmt. Aus der Regulierungszone wird das Gichtgas abgesaugt.

Aus diesen und weiteren Betrachtungen zieht Décluy Schlüsse auf den Betrieb und die Konstruktion des Kalkofens. Dabei entwickelt er folgende Anschauungen:

Die im abgezogenen Kalk mitgehende Wärmemenge ist verloren. Um den Kalk demnach möglichst abgekühlt abzuziehen und die Wärme auszunutzen, muß für einen innigen Wärmeausgleich zwischen angesaugter Luft und Kalk gesorgt werden (langsame Luftbewegung, großer Querschnitt des Ofens in der Abkühlungszone und großes Volumen derselben). Eventuelles Vorhandensein von Koksstücken im Kalke kann Bildung von Kohlenoxyd zur Folge haben.

In der Zersetzungszone muß eine genügend hohe Temperatur zur Zersetzung des Kalksteines vorhanden sein und für die Nachfuhr genügender Wärmemengen gesorgt werden. Der Koks muß energisch verbrennen; dies wird durch die Luftvorwärmng in der untersten Zone beschleunigt. Die Koksstücke müssen eine entsprechende Größe haben; nicht zu groß, sonst entweicht eine Menge nicht zur Wirkung

gelangter Luft und die Verbrennung wäre nicht vollständig. Der Koks
darf nicht im Überschusse angewendet werden, weil dann eine größere
Luftmenge zu seiner Verbrennug nötig ist, die eine Verdünnung der
Gichtgase zur Folge hat. Der Kalkstein muß in möglichst gleichen,
nicht zu großen Stücken eingefüllt werden.

In der Vorwärmungs- und Verdampfungszone kommt das Gichtgas von hoher Temperatur mit den kalten, feuchten Massen in Kontakt,
wärmt sie an, bringt deren Wassergehalt zur Verdampfung und kühlt
sich ab. Diese Zone soll in den oberen Teil des Ofens verlegt werden,
damit die Wärme der Gase durch direkte Berührung mit den Materialien
gewonnen werden kann.

Die in Kalköfen herrschenden Temperaturen wurden zuweilen
bestimmt. Claassen[1] fand für einen Neumannschen Ofen mit Gene-
ratorgasfeuerung die Maximaltemperatur zwischen 1200 und 1300°,
für gewöhnlich um 1250° herum liegend. Zu denselben Zahlen kam
Herzfeld[2], ebenso Martini[3], der 1200—1250° fand.

Die Versuche wurden so durchgeführt, daß bei jedem einzelnen Versuche
mehrere Schamottesteine mit eingeschlossenen Pyrometerblättchen oben in den
Kalkofen eingeworfen und unten mit dem Kalk abgezogen wurden. Jedes Pyrometer (Gold und Platin in verschiedenen Mengenverhältnissen) entsprach verschiedenen Temperaturen, und das gerade ungeschmolzen gebliebene Pyrometer ergab
die jeweils im Kalkofen herrschende Höchsttemperatur. Auf die Resultate hat
der Weg, den die Schamottesteine zurücklegen, sowie die dazu nötige Zeit Einfluß.

Die Brenntemperatur für reinen kohlensauren Kalk an
der Luft bei Abwesenheit von Wasserdampf oder sonstiger Gase, welche
die Brenntemperatur stark herabdrücken können, ermittelte Herzfeld
zu 1040° C; dabei gab der Marmor in einer halben Stunde 39,42 % CO
ab. 76 deutsche Kalksteine waren bei derselben Temperatur in einer
Stunde völlig gebrannt. Bei mehrstündigem Brennen genügen 900—950°
dazu. Im Kohlensäurestrom erhitzt, war der Marmor bei 1030° völlig
gebrannt. Anwesenheit von Wasserdampf begünstigt das Brennen
des Kalksteins, indem er die Brenntemperatur um etwa 200° C erniedrigt. Kokszuschlag hat nach den Versuchen Herzfelds keinen
Einfluß auf die Brenntemperatur ausgeübt. An 68 Kalksteinproben
wurde sodann festgestellt, daß 900° für das Brennen eine zu niedere,
1030° aber in allen Fällen die genügende Temperatur ist. Bei 1600°
wird der reinste Kalkstein „totgebrannt‘‘; durch die natürlichen Beimengungen wird diese Temperatur herabgesetzt (Herzfeld)[4].

Viehban ermittelte in neuerer Zeit die bei mit Koks gefeuertem
Kalkofenbetrieb erreichte Höchsttemperatur zu 1370° C, höhere Angaben wären unrichtig[5].

### Gebrannter Kalk und Kalkmilch.

Der Betrieb des Kalkofens ergab die Kohlensäure zur Saturation
und den gebrannten Kalk zur Scheidung. Dieser kann direkt in

---

[1] Z. V. D. Zuckerind. 1897, S. 218.　　　　[2] ebd. 1897, S. 220.
[3] ebd. 1897, S. 223.　　　　[4] ebd. 1897, S. 597, Teile 5, 6, 9, 11.
[5] D. Z. 1924, S. 1581.

dieser Form oder, was bei uns am häufigsten der Fall ist, in Form der Kalkmilch zur Anwendung gelangen.

Interessant ist ein Vergleich der Zusammensetzung des Kalksteines vor und nach dem Brennen. Aus diesem werden die Veränderungen, welche der Kalkstein durch das Brennen erfährt, deutlich hervorgehoben.

Tabelle 86.

| | Kalksteine | | | | Gebrannter Kalk | | |
|---|---|---|---|---|---|---|---|
| | Min. | Max. | Mittel | | Min. | Max. | Mittel |
| Kohlens. Kalk . | 69,27 | 96,27 | 90,30 | Kalk . . . . . | 60,86 | 98,01 | 82,52 |
| Kohlens.Magnesia | 0,52 | 18,17 | 2,67 | Magnesia . . . | 0,47 | 18,09 | 3,70 |
| Schwefels. Kalk | Spur | 7,71 | 0,44 | Schwefels. Kalk | 0,11 | 3,47 | 0,96 |
| Eisenoxyd u.Ton- | | | | Eisenoxyd u.Ton- | | | |
| erde. . . . . | 0,19 | 2,41 | 1,26 | erde . . . . | Spur | 7,27 | 3,88 |
| Sand, Ton usw. . | 1,26 | 14,04 | 3,80 | Sand u. Ton . | 0,24 | 10,81 | 2,02 |
| | | | | Kieselsäure . . | 0,04 | 8,80 | 4,93 |

Der gebrannte Kalk, Calciumoxyd CaO, ist eine weiße, erdige Masse von alkalischer Reaktion. An der Luft zieht er Kohlendioxyd und Wasser an, wobei größere Stücke zerfallen („verwittern"). Mit Wasser übergossen, erhitzt er sich heftig, verbindet sich mit diesem zu Calciumhydroxyd oder Kalkhydrat und zerfällt dabei zu einem weißen Pulver. Das so erhaltene $Ca(OH)_2$ reagiert alkalisch. Fügt man dem Kalke mehr Wasser zu, als zur Bildung von $Ca(OH_2)$ nötig ist, so entsteht ein weißer Brei, die Kalkmilch. In der Ruhe setzt sich das ungelöste $Ca(OH)_2$ ab; die darüber stehende klare Lösung ist das Kalkwasser.

Die Energie, mit welcher sich der Kalk ablöscht, hängt sehr von seiner physikalischen Beschaffenheit ab. Wurde er bei sehr hoher Tem-

Tabelle 87. Löslichkeitstabelle für Kalk im Wasser.

| | 1 Teil CaO braucht Teile Wasser | | 1 Teil CaO braucht Teile Wasser |
|---|---|---|---|
| bei 15⁰ C | 776 | bei 50⁰ C | 1044 |
| „ 20⁰ C | 813 | „ 55⁰ C | 1108 |
| „ 25⁰ C | 848 | „ 60⁰ C | 1158 |
| „ 30⁰ C | 885 | „ 65⁰ C | 1244 |
| „ 35⁰ C | 924 | „ 70⁰ C | 1330 |
| „ 40⁰ C | 962 | „ 75⁰ C | 1410 |
| „ 45⁰ C | 1004 | „ 80⁰ C | 1482 |

peratur gebrannt, so daß er glasige Beschaffenheit annimmt, ein Versuch, den Herzfeld bei 1600⁰ vornahm, so löscht er sich im kalten Wasser erst nach achttägigem Liegen. Wird er bei sehr geringer Temperatur gebrannt, so daß er noch Kohlensäure enthält, so geht die Ablöschung am leichtesten vor sich (H. Rose 1852)[1]. In diesem Zustande ist der Kalk ziemlich porös und für das Wasser leichter reaktionsfähig als eine zusammengesinterte, dichte Masse (totgebrannter Kalk).

---

[1] Über den Einfluß des Wassers bei chemischen Zersetzungen. Poggendorfs Annal. 86, S. 99.

Herzfeld ermittelte, daß bei Bildung von 1 g Kalkhydrat 151 Cal frei werden; das entspricht einer Höchsttemperaturerhöhung beim Ablöschen von 468° C[1]. Beim Ablöschen des Kalkes im Betriebe erhitzt sich das Wasser auf 150°, nach F. Kundrát bis auf 195° C. Herzfeld ermittelte die Löslichkeit des Kalkes im Wasser und stellte obenstehende Tabelle auf[2].

Als Basen verbinden sich sowohl CaO wie auch $Ca(OH)_2$ mit den anorganischen und organischen Säuren unter Bildung der entsprechenden Kalksalze, welche in der Chemie der Zuckerfabrikation eine große Rolle spielen, z. B. die organischsauren Kalksalze, die Carbonate, Chloride und Sulfate[3].

Gelegentlich seines Eintretens für die Kalkmilchscheidung schilderte Jelínek folgende Art der Kalkmilchzubereitung als rationell. Zunächst wird der gebrannte Kalk in einem Kalklöschapparate zu einer beliebig starken Kalkmilch abgelöscht. Hierbei bleiben Steine und grober Sand zurück und nahezu reine Kalkmilch fließt in ein Reservoir. Sie wird mit reinem Wasser aufgerührt, auf ungefähr 8° Bé verdünnt und dann 3—4 Stunden sich selbst überlassen. Während dieser Zeit hat sich das Kalkhydrat vollständig zu Boden abgesetzt und das darüber stehende klare Wasser die löslichen kieselsauren und Alkaliverbindungen aufgenommen. Es wird abgelassen und der zurückbleibende steife Kalkbrei mit Absüßwasser aufgerührt.

So viel Zeit nimmt man sich heute gewöhnlich nicht für die Darstellung der Kalkmilch; man begnügt sich, mittels Vorrichtungen nur die mechanischen Beimengungen (Stein, Sand) zu entfernen. Zur Scheidung benutzt man gewöhnlich die Kalkmilch in einer Stärke von 20° Bé. Mit stärkerer Kalkmilch erhielt Herzfeld bei seinen Saturationsversuchen schlechte Resultate; auf dem Boden setzte sich eine körnige Masse von Kalkhydrat und Kalkcarbonat an, die nicht in Reaktion zu bringen war. Die Kalkmilch soll in frisch bereitetem Zustande zur Verwendung gelangen; da wirkt sie energischer, als wenn sie vorher längere Zeit gestanden ist.

Zur Darstellung der Kalkmilch benutzt man in der Regel die Aussüßwässer von der Schlammarbeit.

Die Kalkmilch soll frei von „Gries" sein. Die Ursache für sein Vorhandensein in der Kalkmilch ist entweder ein unvollkommenes Löschen des Kalkes (unzureichende Kalklöschvorrichtung) oder die Verwendung von „totgebranntem" Kalk, der sich auch bei guter Kalklösche nicht vollständig ablöscht. Das „Totbrennen" kommt am häufigsten bei Kalksteinen vor, die reich an Kieselsäure, Eisen- und Aluminiumsesquioxyden sind. Es dürften in diesen Fällen Doppelsilicate von Ton und Eisen beim Kalkbrennen entstehen, die das vollständige Ablöschen des Kalkes verhindern[4].

Je reiner die Kalkmilch, desto günstiger für den Betrieb; es werden ihm um so weniger fremde Nichtzuckerstoffe zugeführt, von

---

[1] Z. V. D. Zuckerind. 1897, S. 597, Kap. 5.    [2] ebd. 1897, S. 817.

[3] Herzfeld, A.: Zur Kenntnis des Ätzkalkes sowie einige seiner Verbindungen. Z. V. D. Zuckerind. 1897, S. 597.

[4] derselbe, Versuche zur Ermittlung der Ursachen des Totbrennens des Kalkes. Z. V. D. Zuckerind. 1897, S. 900.

denen manche sich unangenehm fühlbar machen können (Magnesia, Sulfide, Alkalien).

Sind in der Kalkmilch größere Mengen Magnesia vorhanden, so gelangen sie in die Säfte. Darin aber sind sie nur sehr wenig löslich, so daß nach Weisberg sogar ein Kalkstein mit 2—3 % $MgCO_3$ nicht nachteilig wirken soll, was in Übereinstimmung mit den oben angeführten Untersuchungen von Andrlík, Kargl u. a. über Scheidung mit Dolomitkalk steht.

Der auf Seite 383 genannten Untersuchung Vondráks sind folgende Angaben über die Zusammensetzung der Kalkmilch zweier böhmischen Zuckerfabriken zu entnehmen. Die Analysen beziehen sich auf verdünnte filtrierte und verdünnte saturierte Kalkmilch.

Tabelle 88.

| Zusammensetzung | Filtrierte Kalkmilch | | Saturierte Kalkmilch | | Filtrierte Kalkmilch | | Saturierte Kalkmilch | |
|---|---|---|---|---|---|---|---|---|
| | Ursprünglich | in 100 T. der wirkl. Trockensubstanz | Ursprünglich | in 100 T. der wirkl. Trockensubstanz | Ursprünglich | in 100 T. der wirkl. Trockensubstanz | Ursprünglich | in 100 T. der wirkl. Trockensubstanz |
| Wirkl. Trockensubst. | 3,080 | 100,00 | 1,322 | 100,00 | 4,630 | 100,00 | 2,021 | 100,00 |
| Polarisation . . . . | 2,602 | 84,50 | 1,167 | 88,20 | 4,285 | 92,55 | 1,887 | 93,35 |
| Wirklicher Quotient | 84,500 | — | 88,200 | — | 92,550 | — | 93,350 | — |
| Pykn. Trockensubst. | 3,220 | 104,70 | 1,330 | 100,60 | 4,680 | 101,00 | 2,040 | 101,00 |
| Pykn. Quotient : . | 80,900 | — | 87,700 | — | 91,600 | — | 92,500 | — |
| Sulfatasche . . . . | 0,152 | 4,94 | 0,053 | 4,02 | 0,103 | 2,22 | 0,044 | 2,22 |
| Alkalität g CaO . . | 0,006 | 0,182 | — | — | 0,006 | 0,134 | 0,0105 | 0,52 |
| CaO . . . . . . . | 0,016 | 0,510 | 0,004 | 0,310 | 0,011 | 0,237 | 0,002 | 0,10 |
| Gesamtstickstoff . . | 0,025 | 0,805 | 0,010 | 0,760 | 0,023 | 0,499 | 0,007 | 0,374 |
| Eiweißstickstoff . . | 0,001 | 0,027 | 0,0005 | 0,031 | — | — | — | — |
| Ammoniakstickstoff | 0,004 | 0,136 | 0,0005 | 0,033 | 0,003 | 0,068 | — | — |
| Amidstickstoff . . . | 0,002 | 0,052 | 0,0005 | 0,026 | 0,001 | 0,020 | — | — |
| Betainstickstoff . . | 0,011 | 0,342 | 0,0040 | 0,267 | 0,008 | 0,180 | 0,002 | 0,108 |

Da dem Sandgehalt der Kalkmilch ein gewisser Einfluß auf die Auslaugbarkeit des Saturationsschlammes zugeschrieben wird (s. d.), untersuchte J. Vondrák die Kalkmilch von 14 Fabriken in einem Schlämmapparat auf deren Gehalt an Sand[1].

Er fand in den der Kalklöschtrommel unmittelbar entnommenen Proben (also vor Passierung eines Sandfängers)

| | | | |
|---|---|---|---|
| groben Sand | 0,3—12,8 % | von 0,1 —0,5 mm | Korngröße |
| mittelfeinen Sand | 0,2— 1,9 % | „ 0,01 —0,05 mm | „ |
| Feinsand | 2,6—11,1 % | „ 0,002—0,01 mm | „ |

Die chemische Analyse siehe in der Tabelle 89.

Da man annehmen kann, daß ein guter Sandfänger bei guter Beaufsichtigung den groben Sand entfernen wird, so ist die Menge an Sand in der Betriebskalkmilch ungefähr 3—13 %. Dieser gelangt in den Schlamm.

---

[1] Z. d. tschsl. Zuckerind. VI, S. 203, 1925.

## b) Saturationsgas (Kohlensäure).

Die stets fälschlich als Kohlensäure angesprochene Verbindung $CO_2$ heißt eigentlich **Kohlendioxyd** und ist als das Anhydrid der Kohlensäure zu bezeichnen. Erst $CO_2 + H_2O = H_2CO_3$ gibt die hypothetische Kohlensäure. Die reine Kohlensäure ist nicht bekannt oder im freien Zustande zu erhalten, da sie schon beim Eindampfen ihrer

### Tabelle 89.

| Bezeichnung der Fraktion | Menge der ausgegl. Frakt. in % des gebrannt. Kalkes | Zusammensetz. d. ausgeglühten Fraktionen | | | | | |
|---|---|---|---|---|---|---|---|
| | | Koks | unlöslich in HCl | $SiO_2$ | $(Fe + Al)_2O_3$ | CaO | MgO |
| Grober Sand . . . . . . . | 4,8 | 0,6 | 24,3 | 6,7 | 8,9 | 59,1 | 0,4 |
| Mittelfeiner Sand . . . . . | 0,5 | 1,7 | 8,6 | 3,6 | 4,3 | 77,7 | 4,8 |
| Feiner Sand . . . . . . . | 3,2 | 2,2 | 5,1 | 9,9 | 32,6 | 42,8 | 8,4 |
| Summe der Sandfraktion . | 8,5 | 1,3 | 16,1 | 7,8 | 17,6 | 54,2 | 3,8 |
| Ursprüngl. Kalkmuster . . | | 0,2 | 1,2 | 0,6 | 1,7 | 91,8 | 4,2 |

Lösung zerfällt; $H_2CO_3 = H_2O + CO_2$. Das Anhydrid entweicht in Gasform. Das Kohlendioxyd ist das Verbrennungsprodukt von Kohlenstoff und kohlenstoffhaltigen Verbindungen. Es ist seine höchste Oxydform.

In der Natur kommt es häufig vor, besonders in vulkanischen Gegenden entströmt es dem Boden (Mofetten), in Mineralquellen usw. Es ist ein farb- und geruchloses Gas von schwach säuerlichem Geschmacke und sehr leicht löslich im Wasser; sein spezifisches Gewicht beträgt 1,5. — Dem trockenen Kohlendioxyd fehlen alle sauren Eigenschaften z. B. rötet es nicht blaues Lackmuspapier. Daher fehlt ihm auch eine invertierende Kraft auf Zucker. Über die Möglichkeit einer Inversion des Rohrzuckers durch Kohlensäure liegen Angaben von Malaguti[1], Lund[2] und Lippmann[3] vor. Letzterer konstatierte, daß fester Zucker keinerlei Veränderung aufweist; weder zeigte Zucker Invertzuckerbildung noch Polarisationsabnahme — selbst nicht nach sechsmonatlicher Aufbewahrung in einer Kohlensäureatmosphäre. Reine Zuckerlösungen hingegen, d. h. Lösungen von Zucker in mit Kohlensäure gesättigtem Wasser, die + 100 polarisierten, zeigten schon nach kurzer Zeit Polarisationsverminderung; nach etwa 100 Tagen war die Polarisation auf 0 gesunken; nun nahm die Linksdrehung langsam zu und war nach weiteren fünfzig Tagen auf — 44,2° gefallen. Außerdem konnte Invertzucker chemisch nachgewiesen werden.

Durch Druck- und Temperatursteigerung wächst die invertierende Kraft der Kohlensäure. Übereinstimmend mit Lund ergaben Lipp-

---

[1] Journ. de pharm. II, 21, 447.
[2] B. D. ch. G. 9, 277.
[3] Z. V. D. Zuckerind. 1880, S. 812; Organ 1880, S. 222.

manns Versuche, daß Zuckerlösungen beim Erwärmen in einer Atmosphäre von Kohlensäure sehr langsam invertiert werden[1].

Es geht also aus diesen Versuchen hervor, daß die gasförmige „Kohlensäure" im Gegensatz zur gelösten Kohlensäure keine Inversion hervorruft.

Die wäßrige Lösung dieses Gases, also die Kohlensäure, reagiert sauer. In der Natur kommt die Säure in Form ihrer Salze in großen Mengen, besonders im Mineralreiche vor. Die bekanntesten dieser Salze, Carbonate genannt, sind Kalkstein, Marmor, Aragonit, Dolomit. Die Säure reagiert schwach sauer; ihre Leitungsfähigkeit ist sehr gering, weil die Lösung nur sehr wenig elektrolytisch dissoziiert ist.

Sie zerfällt nämlich nur in H- und $HCO_3$-Ionen: $H_2CO_3 \rightleftarrows \overset{+}{H} + \overset{-}{HCO_3}$, und dies nur zu geringem Teile (schwache Säure). Ihre Salze entstehen u. a. durch Einleiten von Kohlendioxyd in Lösungen von Metallhydroxyden oder von Alkalien und alkalischen Erden, auch durch Glühen von Salzen organischer Säuren, was schon bei der „Carbonatasche" erwähnt wurde. $CO_2$ bzw. die Kohlensäure ist eine zweibasische Säure und bildet daher zwei Reihen von Salzen: die sauren und die normalen.

Von den normalen Carbonaten sind nur die der Alkalien im Wasser löslich und reagieren infolge hydrolytischer Spaltung alkalisch (Soda, Pottasche); die Metallcarbonate sind unlöslich. Die normalen Salze haben die allgemeine Formel: $Me_2CaO_3$ oder $MeCO_3$, wobei $Me_2$ im ersten Falle zwei Atome eines einwertigen und Me ein Atom eines zweiwertigen Metalls darstellt. Die sauren Salze $MeHCO_3$ oder $\overset{2}{Me}H_2(CO_3)_2$, z. B. das wasserlösliche saure Calciumcarbonat oder Calciumbicarbonat $CaH_2(CO_3)_2$, findet sich fast in jedem Brauch- und Trinkwasser. Wird solches Wasser gekocht, so fällt normales Carbonat aus, welches das Wasser trübt und zur Bildung von Kesselstein Veranlassung gibt.

$$CaH_2(CO_3)_2 = H_2O + CO_2 + CaCO_3.$$

In verdünnten Mineralsäuren sind alle Carbonate löslich, wobei Kohlendioxyd entweicht (Aufbrausen der Lösung).

Das dem Kalkofen entnommene Saturationsgas wird wohl kurzwegs Kohlensäure genannt, enthält aber Kohlendioxyd im günstigsten Falle nur zu einem Dritteile. Zwei Drittel entfallen auf den überschüssigen Sauerstoff und den Stickstoff der Luft; auch kleine Mengen von Kohlenoxyd sind häufig konstatierbar. Seine Temperatur schwankt beim Austritte aus dem Kalkofen von 80—195° C, je nach der Zeit seiner Entnahme.

Das Gas wird in einem Laveur mit kaltem Wasser in Berührung gebracht. Dadurch wird es gekühlt und gereinigt, z. B. von seiner Flugasche und von seinem Gehalte an schwefliger Säure befreit. Da die Kohlensäure im Wasser leicht löslich ist, sind durch diesen Waschprozeß Verluste an Kohlensäuregas unvermeidlich.

Die Größe der Löslichkeit oder Absorption eines Gases im Wasser wird durch einen Koeffizienten a zum Ausdruck gebracht. a stellt jenes Gasvolumen dar, das durch 1 Volumen Wasser bei einer bestimmten Temperatur $t$ absorbiert

---

[1] Z. V. D. Zuckerind. 1880, S. 812; Organ 1880, S. 222.

wird; dabei wird a auf $0^0$ und 760 mm Druck reduziert. Nach Bunsen und Carius ist a für Wasser und

| | bei $0^0$ C | $5^0$ C | $10^0$ C | $15^0$ C | $20^0$ C |
|---|---|---|---|---|---|
| $CO_2$ | 1,7987 | 1,5126 | 1,1847 | 1,0020 | 0,9014 |
| $SO_2$ | 79,7890 | 69,8280 | 56,6470 | 47,2760 | 39,3740 |

Dabei steht das Gas unter einem Druck von 760 mm. Gleichzeitig ist auch derselbe Wert für schweflige Säure angeführt worden.

Die Löslichkeit eines Gases kann aber auch durch die Menge des Gases in Gramm bestimmt werden, die von 100 g des Lösungsmittels bei einer bestimmten Temperatur und 760 mm Druck (Partialdruck und Dampfdruck der Flüssigkeit) aufgenommen werden. Beispielsweise ist dieser Wert für Kohlensäure und Wasser nach Bohr und Bock bei

| $0^0$ C | $10^0$ C | $20^0$ C | $30^0$ C | $40^0$ C | $50^0$ C | $60^0$ C |
|---|---|---|---|---|---|---|
| 0,3347 | 0,2319 | 0,1689 | 0,1215 | 0,0974 | 0,0762 | 0,0577 |

Beide Angaben zeigen, daß die Löslichkeit der Kohlensäure mit zunehmender Temperatur abnimmt. Von der Temperatur des Kühlwassers hängt in erster Linie der Verlust an Gas ab; dazu gesellen sich die Druckverhältnisse im Laveur. Je größer der Druck, desto größer die Löslichkeit.

Auch die anderen Bestandteile des Saturationsgases, Schwefelwasserstoff, schweflige Säure, Kohlenoxyd, Stickstoff der Luft- und Kohlenwasserstoffe, werden teilweise gelöst. Über Arsen im Saturationsgase s. S. 488.

Die schweflige Säure des Saturationsgases stammt vom Schwefelgehalt des Kokses; deshalb soll dieser möglichst frei von Schwefel sein.

### c) Schweflige Säure.

Verbrennt Schwefel bei Luftzutritt, so entsteht ein farbloses Gas von erstickendem Geruch, Schwefeldioxyd $SO_2$, das fälschlicherweise schweflige Säure genannt wird (ähnliches gilt vom $CO_2$). Eigentlich ist $SO_2$ das Anhydrid der genannten Säure; in Wasser gelöst ($SO_2 + H_2O = H_2SO_3$), entsteht erst die schweflige Säure. Das Schwefeldioxyd ist leicht in Wasser löslich (s. oben). Aus der Lösung kann man die Säure nicht isolieren, da sie in ihre Bestandteile $SO_2$ und $H_2O$ zerfällt; man kennt daher die freie Säure nur in wäßriger Lösung. Neutralisiert man diese mit Alkalihydroxyden oder Carbonaten, so entstehen Salze der schwefligen Säure, die Sulfite. In Lösung gehen Sulfite allmählich durch Oxydation in Sulfate (schwefelsaure Salze) über. Nur die Alkalisulfite sind im Wasser leicht löslich. Die Säure ist zweibasisch und bildet daher normale und saure Salze. Jodlösung wird so wie saure Kaliumpermanganatlösungen entfärbt; da wirkt die schweflige Säure als Reduktionsmittel, wobei sie zur Schwefelsäure oxydiert wird. Die letztgenannte Säure ist die höhere Oxydationsstufe $SO_2 + O = SO_3$ bzw. $H_2SO_3 + O = H_2SO_4$. Durch Reduktion der schwefligen Säure entsteht Schwefelwasserstoff. — Schweflige Säure ist ein gutes Konservierungs- und Desinfektionsmittel.

Bei der oben geschilderten Darstellung des Schwefeldioxydes erhält man ein Gasgemisch, das höchstens 21 % theoretisch enthalten kann, tatsächlich aber viel weniger enthält, weil die Verbrennung mit Luftüberschuß stattfindet. Dabei ist dieses Gasgemisch mit Schwefeltrioxyd, $SO_3$, arseniger Säure und Flugasche, herrührend vom Rohschwefel, verunreinigt.

Beim Betriebe der Schwefelöfen findet häufig Sublimation des
Schwefels und nachherige Ablagerung — ja Verstopfung — in der
Leitung zum Saturateur statt. Hierfür gibt es mehrere Ursachen. 1. Luftmangel: dieser führt zur unvollständigen Verbrennung des Schwefels.
2. Luftüberschuß: dieser schadet besonders dann, wenn die Luft zu
kalt ist; so kann die Temperatur des Verbrennungsgases unter die
Verbrennungstemperatur sinken. 3. Ungleichmäßig zugeführte Luft[1].

In der Zuckerindustrie wird deshalb jetzt vielfach die flüssige schweflige Säure angewendet. Wie andere Gase, läßt sich auch Schwefeldioxyd durch Kälte und Druck in den flüssigen Zustand überführen. In diesem
Zustande ist es eine leicht bewegliche, farblose Flüssigkeit. Diese ist demnach
100 proz. $SO_2$. Sie muß in geschlossenen Stahlzylindern versendet und aufbewahrt
werden, welche die Wiedervergasuug der Flüssigkeit verhindern und dem der
jeweiligen Temperatur entsprechenden Gasdrucke widerstehen.

Durch Öffnen des Ventiles am „Ballon" bei Temperaturen über —10° C entweicht sogleich die schweflige Säure als Gas unter ihrem eigenen Drucke und kann
in die zu schwefelnden Säfte geleitet werden. Durch die Entnahme sinkt die Temperatur im Cylinder schließlich auf —10° C; da hört vorläufig jedes Entweichen
auf. Durch Wärmezufuhr (warmes Wasser, Dampf) kann das Gas abermals entbunden werden. Infolge der soeben erklärten Temperaturabnahme sieht man an
den Stahlcylindern häufig Schneebildung.

Die Schwefelung der Säfte wird durch die flüssige schweflige Säure
vereinfacht; die Dosierung ist eine leichtere und zuverlässigere und
die Wirkung intensiver und rascher. Die Rohrleitung kann von der
Bombe bis zum Safteintritte — soweit sie also trocken liegt — aus
Eisen sein, weil dieses durch trockenes Schwefeldioxyd nicht angegriffen wird; Bleileitungen sind aber vorzuziehen.

Die Gefährlichkeit der schwefligen Säure für die Armatur (Eisen,
Messing) wurde durch Versuche von Geese[2] quantitativ ermittelt.
Er brachte ein Stück Eisen in eine Lösung dieser Säure von 0,3 %,
innerhalb 18 Stunden wurden bei 30—60° C 0,920 g desselben aufgelöst. Auf die Hälfte der Oberfläche ergeben sich 0,45 g für Betriebsverhältnisse. Innerhalb 24 Stunden ergab sich eine Abnutzung von
1 % des Gesamtmaterials. Auch Messing wird schon bei genügender
Wärme nach einigen Stunden bedeutend abgenutzt.

Den praktisch genug wichtigen Prozeß der Umwandlung von Sulfiten in Sulfate studierten zuerst qualitativ E. Saillard und Wehrung
(1909) und die quantitativen Verhältnisse später Saillard allein[3].

Anwesenheit von Zucker, Invertzucker und von Nichtzucker verlangsamen diese Umwandlung. Erwärmung befördert sie. In Melassen
haben Sulfite die größte Beständigkeit, weil sich hier am meisten Nichtzucker (Stickstoffsubstanzen u. a.) findet.

In Dünnsäften werden sich mehr Sulfate finden als in Dicksäften;
bei Anwendung von durch Verbrennen von Schwefel erzeugtem Schweflig-

---

[1] Z. f. Zuckerind. i. B. XXXVIII, S. 324, 1913/14.
[2] Z. V. D. Zuckerind. 1898, S. 99, s. auch Nachtrag.
[3] Circ. hebd. 1913, Nr. 1279; deutsch Z. V. D. Zuckerind. Bd. 63, S. 1035, 1913.

säuregas dürfte (infolge der Anwesenheit von Sauerstoff) die Oxydation beschleunigt werden.

**Literatur.**

Block, B.: Das Kalkbrennen. 2. Aufl. Leipzig 1924. — Harpf, A.: Flüssiges Schwefeldioxyd, Darstellung, Eigenschaften u. Versendung desselben . . . Anwendung des flüssigen und gasförmigen Schwefeldioxydes in Gewerbe und Industrie. Sammlg. chem. u. chem.-techn. Vorträge, Heft 7—10. Stuttgart: F. B. Ahrens 1900.

Siebzehntes Kapitel.

# Chemische Zusammensetzung und Eigenschaften des Dünnsaftes.

Der Saft der dritten Saturation heißt nach seinem Auskochen im „Auskocher" und nach seiner mechanischen Filtration, also in jenem Zustande, in dem er der Verdampfstation zugeführt wird, Dünnsaft.

## a) Auskochen.

Das Auskochen hat den Zweck, die bei der Saturation gebildeten Bicarbonate in unlösliche Carbonate zu verwandeln. Dieser Prozeß ginge sonst in den Verdampfapparaten vor sich und würde zu reichlicheren Inkrustationen Anlaß geben, als ohnedies unvermeidlich sind. Er verläuft nach folgender Gleichung:

$$\underset{\text{löslich}}{CaH_2(CO_3)_2} = \underset{\text{unlöslich}}{CaCO_3} + H_2O + CO_2,$$

für Alkalicarbonate:

$$2\,\underset{\text{löslich}}{K_2HCO_3} = \underset{\text{löslich}}{K_2CO_3} + H_2O + CO_2.$$

Dabei werden sicher auch Sulfite in Sulfate umgewandelt und ausgefällt (s. o.). Das Auskochen soll bei Temperaturen über 100° C vor sich gehen. Der Saft soll wirklich „kochen", nicht wie es so oft — allerdings dann zwecklos — geschieht, nur auf Temperaturen unter 100° aufgewärmt werden.

Jesser stellte seinerzeit Versuche über die Entfernung von Kalksalzen aus den Säften an. Neben heißer Saturation empfahl er ein gutes Auskochen und verfolgte dieses quantitativ, wie die folgenden Versuche zeigen[1].

Erste Woche: Der Saft wurde in der II. Saturation mit 0,2 % Kalk in Form von Kalkmilch versetzt, ausgekocht und nach Absperren des Dampfes saturiert. Nach der Filtration wurde derselbe in Vorwärmern erhitzt, saturiert, nach Beendigung der III. Saturation aufgewärmt und nach dem Kochen im Saftkocher filtriert.

---

[1] Ö. U. Z. f. Zuckerind. XXVII, S. 30. 1898.

II. Saturation: Temperatur bei Beginn der Saturation . . . . . . . . 100,0⁰ C

       „       nach Beendigung derselben . . . . . . 94,2⁰ C

Alkalität vor der Saturation 0,084 % CaO (Phenolphthalein) Kalkgehalt (CaO) . . . . . . . . . . . . . . . . . . . . . . . . . . . . . . 0,052 %

Alkalität nach der Saturation 0,048 % CaO (Phenolphthalein) Kalkgehalt (CaO) . . . . . . . . . . . . . . . . . . . . . . . . . . . 0,020 %

III. Saturation: Temperatur bei Beginn . . . . . . . . . . . . . . 95,2⁰ C

       „       nach Beendigung . . . . . . . . . . . 92,0⁰ C

Vor dem Auskochen über Papierfilter filtriert.

Alkalitäten und Kalkgehalt vor und nach dem Auskochen:

Vor dem Auskochen: Alkalität . . . . 0,015 % Kalkgehalt (CaO)   0,009 %

Nach dem Auskochen: Alkalität . . . 0,022 %     „     (CaO)   0,006 %

Dicksaft auf 10 % Pol. bezogen . . . . 0,014 %     „     (CaO)   0,003 %

Es wurde somit ausgeschieden:

Durch das Auskochen . . . . 0,003 % CaO entspr.   0,0051 % kohlens. Kalk

In der Verdampfstation . . . 0,003 % CaO    „       0,0051 %     „     „

Auf 10 Teile Polarisation . . . . . . . . . . . . . . . 0,0102 Teile „     „

Zweite Woche: Saft nach der II. Saturation: Temperatur . . . 98⁰ C.

Alkalität . . . . . . . . . . . . . . . . . . . . . . . . . . . 0,052 (% CaO)

Kalkgehalt CaO . . . . . . . . . . . . . . . . . . . . . . . . . 0,023 %

III. Saturation: Saturationstemperatur 98⁰ C.

Nach beendigter Saturation: Alkalität . . 0,024 Kalkgehalt CaO   0,003 %

Nach dem Auskochen: Alkalität . . . . 0,022    „     CaO   0,002 %

Dicksaft (auf 10 % Pol.) . . . . . . . . 0,014    „     CaO   0,002 Teile

Menge der Ausscheidung durch das Auskochen 0,001 CaO entsprechend 0,0017 CaCO₃.

In neuerer Zeit studierte Vl. Mayer (auf Anregung Staněks) die Ausfällung des Kalkes bei der Dünnsaftauskochung[1]. Die Versuche wurden in einem entsprechenden Laboratoriumsapparate, aber nur bis 100⁰ C, ausgeführt.

Die Ergebnisse wurden alle im folgenden Diagramm vereinigt (Abb. 7). Soweit sie hier interessieren, seien einige besprochen.

Die Kurve a bezieht sich auf einen Vorversuch in einem Glasgefäß (Auskochen einer wäßrigen Bicarbonatlösung).

b. Auskochen einer wäßrigen Bicarbonatlösung im Kupferapparat.

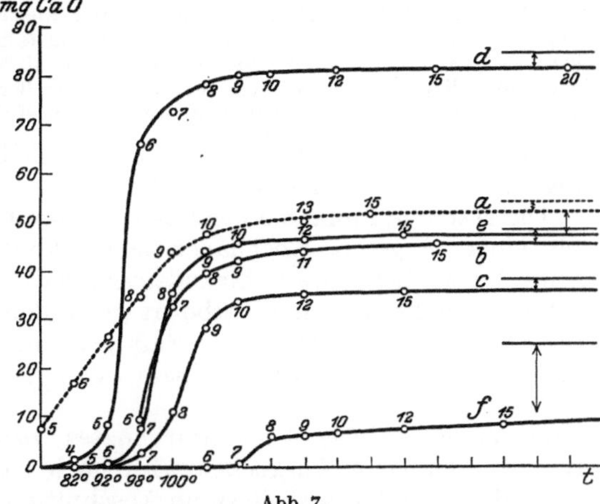


Abb. 7.

Wie aus dem Diagramm ersichtlich ist, beginnt die Ausscheidung des Carbonats zwischen der fünften und sechsten Minute, also bei einer Temperatur über 90⁰. Es folgt dann ein rasches Anwachsen vor dem Sieden (zwischen der siebenten

---

[1] Z. d. tschsl. Zuckerind. VIII, S. 65, 1926. — Eigentlich wird nur der Saft der letzten Saturation ausgekocht; erst nach der Filtration wird er zum „Dünnsafte".

und achten Minute); im weiteren erhöhen sich die Werte nur wenig und nähern sich assymptotisch dem Grenzwerte. (Der Wert für die Erwärmung durch 30 Minuten konnte — wie in den übrigen Fällen — wegen Mangels an Lösung nicht festgestellt werden.) Eine vollständige, 100 proz. Ausscheidung kann natürlich nicht erzielt werden, da eine bestimmte Kalkmenge in Lösung bleibt, nämlich die der Löslichkeit des Calciumcarbonats bei der Filtriertemperatur der Lösung entsprechende Menge.

### c. Auskochen des Bicarbonates in einer 15 proz. Zuckerlösung.

Die Kurve verläuft im ganzen parallel, und die Maximalmenge des ausgekochten Carbonats (94,0 %) ist die gleiche wie bei der wäßrigen Lösung (94,7 %). Beim Siedebeginn der Flüssigkeit sind aber erst 30 % ausgeschieden. (Diese Lösung enthielt aber eine geringere Menge CaO schon bei ihrer Herstellung als die bei b).

### d. Auskochen eines Fabriksaftes.

Der Saft weist einen weit größeren Gehalt an gelöstem CaO auf. Es wurde ein relativ höherer Auskochungseffekt (96 % gegen 95 % beim Wasser) erzielt, die absolute, in der Lösung zurückbleibende CaO-Menge ist etwas größer (3,4 mg gegen 2,5 mg bei der Zuckerlösung). Die Zersetzung beginnt bereits bei 80° und ist innerhalb 5 Minuten nahezu beendet.

### e. Fabriksaft.

Der Verlauf der Kurve ist dem der vorangegangenen vollkommen analog. Daß der Saft im ersten Falle fast die doppelte CaO-Menge enthielt, wird bis zum gewissen Maße dadurch verursacht, daß die Temperatur, die Saturationsmethode sowie die Filtration des aussaturierten Saftes einen bedeutenden Einfluß auf die Endkonzentration der Kohlensäure in der Lösung ausüben, von welcher Konzentration in erster Reihe die Ca-Menge, die sich in der Lösung ergibt, abhängig ist.

### f. Fabriksaft, bei 75° C saturiert.

Aus dem Safte scheidet sich im Augenblicke, wo er zu sieden beginnt, noch gar nichts aus. Eine merkliche Zunahme der ausgeschiedenen Carbonatmenge erfolgt erst nach 2 Minuten, sie erreicht aber konstante Werte nicht einmal nach halbstündigem Kochen, wo die Ausscheidung bloß 40 % der Gesamtmenge beträgt. Die Ursache liegt darin, daß sich hier in weit größerem Maße die löslichen und in der Siedehitze nicht zersetzlichen organischen Kalksalze geltend machen.

Daraus folgt am besten, daß erst beim Sieden des Saftes von einem „Auskochen" gesprochen werden kann.

„Die ständige Zunahme der ausgekochten Carbonatmenge, die auch nach einer längeren Kochdauer keine konstanten Werte erreicht, scheint tatsächlich darauf hinzudeuten, daß der Kalk in der Lösung nicht bloß in Form von Bicarbonat gebunden ist. Es wäre natürlich nötig, Vergleichsversuche mit wäßriger und zuckerhaltiger Lösung durchzuführen. Genauere Schlüsse können vorläufig nicht gezogen werden".

Das Verhalten des Ammoncarbonates, bzw. die Entwicklung von $NH_3$ und $CO_2$ beim Auskochen wird noch nach den Untersuchungen von Andrlík und Mitarbeitern im Abschnitte der Ammoniakgewinnung (Kap. 18) genug ausführlich besprochen.

Nach Staněks Untersuchungen über die Aminosäuren in der Saturation und im Schlamme, die von Pachlopnik fortgesetzt und vervollständigt wurden (s. d.), spielen die Carbaminate auch beim Auskochen ihre Rolle.

Die Eigenschaften dieser Carbaminate sowie der freien Carbaminsäuren sind nicht vollständig bekannt und noch dadurch kompliziert, daß diese Säuren normale und saure Salze bilden, die hinsichtlich der Löslichkeit differieren. Es steht aber fest, daß die Carbaminate der alkalischen Erden in Wasser schwer löslich sind (zum Unterschiede von ähnlichen, leicht löslichen Salzen der Aminosäuren) und daß sie sich beim Erwärmen zersetzen, wobei das zugehörige unlösliche Carbonat ausgeschieden wird.

C. Tschaskalik verweist demgegenüber in seiner Studie über das Auskochen darauf, daß, ,,wenn in der Scheidung und Saturation richtig gearbeitet wird, die Calciumsalze der Carbaminsäure schon beim Erwärmen ihrer Lösungen auf 60° quantitativ in Carbonat, Ammoniak und Kohlendioxyd zerfallen", in richtig bereiteten Dünnsäften also nicht enthalten sein können. Nach seinen angestellten Versuchen war durch das Auskochen die Kalkausscheidung so geringfügig, daß sie noch innerhalb der analytischen Fehlergrenzen lag: allerdings kochte er nur bei 100—100,5° C auf, das ist eine zu niedrige Temperatur, wenn er auch mit Claassen darauf hinweist, daß Dünnsäfte von 15° B bei 100,2 C sieden. (Atmosphärendruck.) Deshalb schlug Tschaskalik vor, bei 110° auszukochen und verspricht sich davon eine reichlichere Ausfällung von Kalk[1].

Das Auskochen hat eine geringe Nachdunkelung des Saftes zur Folge, wie aus der diesbezüglichen Untersuchung Bradas hervorgeht[2].

Dem Auskochen folgt eine gründliche Filtration, meist über Beutelfilter. Nicht der gesamte Beutelbelag stammt vom Auskochen bzw. Ausfällen, ein großer Teil — vielleicht der größere — des Niederschlages stammt von Schlammpartikelchen her, die bei den Schlammpressen durch Undichtigkeiten und Unvorsichtigkeit in den Saft zur Auskochung gelangten. Tschaskalik gibt folgende Zusammensetzung eines Beutelbelags nach dem Auskochen an:

$$CaCO_3 \ldots \quad 81,50\,\% \left.\begin{array}{l}\\ \\ \\ \end{array}\right\} \text{Der Rest war im wesent-}$$
$$CaSO_4 \ldots \quad 0,48\,\% \quad \text{lichen organische Sub-}$$
$$Al_2O_3 + Fe_2O_3 . \quad 2,00\,\% \quad \text{stanz[3].}$$

### b) Zusammensetzung des Dünnsaftes.

Die chemische Zusammensetzung von Dünnsäften geht aus den folgenden Analysen hervor. Da sie von jener des Diffusionssaftes und der Reinigungsmethode abhängig ist, so findet sich manches Hergehörige schon im Kapitel 14.

Die Analysen der Tabelle Nr. 90 zeigen, daß von den Stickstoffsubstanzen alle Formen vertreten sind; allerdings manche nur je nach der Durchführung der Saftreinigung in geringeren und geringsten Mengen und manche in geänderten (abgebauten oder umgewandelten) Formen.

Von allen Saftbestandteilen kommt dem Kalke die größte Bedeutung zu. Er kann in folgenden Formen vorhanden sein: 1. als freier Kalk (Ätzkalk), 2. Kalkcarbonat, 3. Kalkbicarbonat, 4. Kalksulfat, 5. Kalksulfit, 6. organischsaurer Kalk, 7. Kalksaccharat.

---

[1] C. f. Zuckerind. 1927, S. 575. Neuere Untersuchungen s. ,,Nachtrag".
[2] Z. d. tschsl. Zuckerind. VIII, S. 548, 1927.
[3] C. f. Zuckerind. 1927, S. 576.

1. Die Menge des Ätzkalkes, ein Rest des zugesetzten Kalkes bei der Scheidung, hängt vom Grade des Aussaturierens ab. Je weiter dieses erfolgt, desto geringere Mengen Kalk bleiben im Safte zurück.

2. Der kohlensaure Kalk kommt teils durch Lösung, teils mechanisch bei der Filtration in den Saft (Trübungen).

3. Calciumbicarbonat entstand bei der Saturation, noch mehr bei Übersaturation und ist im Safte nur im gelösten Zustande vorhanden.

Tabelle 90. Zusammensetzung

| Nr. | Bx. | Pol. | Q. | CaO-Alkalität in 100 cm³ Saft | | Gesamt-N | Ammoniak N (Baumann) | Ngef. m. phosph.-wolfrs. Na | Derselbe abzügl. Ammoniak-N |
|---|---|---|---|---|---|---|---|---|---|
| | | | | Phenolph. | Lackmoid | | | | |
| 1 | 11,7 | 10,37 | 88,6 | 0,0190 | 0,0498 | 0,082 | 0,016 | 0,024 | 0,008 |
| 2 | 12,4 | 11,05 | 89,1 | 0,0241 | — | 0,097 | 0,022 | 0,044 | 0,022 |
| 3 | 13,2 | 11,91 | 90,2 | sauer | 0,0156 | 0,092 | 0,015 | 0,039 | 0,024 |
| 4 | — | — | — | — | — | 0,0986 | — | — | — |

4. Gips rührt teils vom Betriebswasser, teils von der Oxydation des Calciumsulfites her.

5. Calciumsulfit stammt von der Schwefelung der Säfte, teils auch vom eventuellen Vorhandensein des Schwefeldioxydes im Saturationsgase.

6. Über den organischsauren Kalk siehe im Kapitel 14.

7. Kalksaccharat kann von unzersetztem Saccharat herrühren.

Die Carbonate in Dünnsaften (und in allen anderen Produkten der Zuckerindustrie) ermittelten nach einer neuen Methode Vl. Staněk und Vl. Škola. Vor dem Auskochen sind vorhanden normale und saure Carbonate der Alkalien, Ammoniumcarbonat und saures Ammoniumcarbonat, die beim Auskochen entweichen, weshalb man in Dicksäften weniger $CO_2$ findet (auf 100 Zucker umgerechnet[1]).

In ähnlichen Formen sind auch die fixen Alkalien vorhanden (Kali, Natron), Kali überwiegt. Sie kommen frei oder gebunden vor, hauptsächlich in Form ihrer Carbonate. Normalerweise sind heute Sulfate und Nitrate nur in ganz geringen Mengen zu finden; die ältere Literatur kennt aber Fälle, wo diese Salze in Sirupen neben dem Zucker auskrystallisierten[2].

Auch Ammoniak ist teils frei, teils gebunden im Safte vorhanden, ebenso Magnesia, die teils aus der Rübe, teils aus dem Betriebswasser, teils aus der Kalkmilch stammt.

Zur Alkalität tragen folgende Verbindungen bei: Ätzkalk, kohlensaurer Kalk, Ammoniak, freie Magnesia, freies Alkali und Alkalicarbonate.

Im Dünnsafte kommen Stickstoffverbindungen vor, die teils aus der Rübe direkt stammen, teils Zersetzungsprodukte von Eiweißkörpern sind: lösliche Eiweißkörper und ihre Abbauprodukte, Glykokoll, Leucin, Tyrosin, Asparagin, Glutamin; da der Saft kalkalkalisch

---

[1] Z. f. Zuckerind. i. B. XLIII, S. 191, 1918/19.
[2] Z. V. D. Zuckerind. 1853, S. 46; 1867, S. 367; 1868, S. 411, 520; 1876, S. 31; 1879, S. 140.

ist, während der Verdampfung längere Zeit bei höherer Temperatur verweilt, so ist Gelegenheit geboten, daß sich die bei der Scheidung begonnenen Zersetzungserscheinungen der Amide durch Einwirkung des Kalkes fortsetzen. Die Amide zerfallen in die entsprechenden Säuren und freies Ammoniak; die Säuren werden durch Kalk und Alkalien gebunden, das Ammoniak entweicht. Infolge der Neutralisierung der Säuren, z. B. Asparagin-, Glutaminsäure, durch

von Dünnsäften.

| Amid- und Ammoniak-N (Schulze) | Amino-säuren-N | Eiweiß-N (Stutzer) | Nitrat-N | Schädl. N | Bemerkung |
|---|---|---|---|---|---|
| 0,019 | 0,027 | 0,006 | — | 0,057 | Kampagne 1898/99 |
| 0,019 | 0,025 | 0,008 | — | 0,070 | Andrlík-Urban-Staněk[1] |
| 0,016 | 0,033 | 0,008 | 0,012 | 0,068 | |
| 0,0063 | — | 0,0014 | — | 0,0909 | Duschsky, Minz u. Pawlenko[2] |

freie oder kohlensaure Alkalien und Erden — welche die Alkalität mit bedingen — geht diese (beim Verdampfen, s. d.) zurück.

Nicht nur die chemische Beschaffenheit, sondern auch die physikalischen Eigenschaften bedingen den Wert eines Dünnsaftes. Vor allem die Farbe. Im allgemeinen werden in der Industrie lichtere Säfte mehr geschätzt als dunklere, obwohl es nicht unbedingt sicher ist, daß lichtere Säfte auch immer lichtere Zucker geben. Dies bewies u. a. W. Köthe. Sogar künstlich aufgehellte Säfte geben nicht lichtere (gedeckte) Zucker[3].

Die Farbe des Dünnsaftes ist zwar eine physikalische Eigenschaft desselben, läßt sich aber leider nicht in einfacher Weise so genau bestimmen wie z. B. seine Dichte oder wie sein Brechungsvermögen. Daß sie etwa von seiner Dichte abhängt, insofern sie bei sonst gleichen Verhältnissen um so dunkler wird, je dichter er wird, kommt nicht in Betracht, weil die Angabe der Farbe z. B. in Graden Stammer stets auf 100 Polarisation oder besser auf 100 Trockensubstanz gemacht wird.

Wichtig ist es natürlich hier, den Ursachen der Saftfarbe nachzugehen.

Da aber von der Farbe des Dünnsaftes auch die des Dicksaftes abhängt und da für die Farbe der beiden Säfte die gleichen Ursachen und Erklärungsversuche gelten, so wird die Frage nach der Dünnsaftfarbe erst im 19. Kapitel, Abschnitt c ihre Beantwortung finden.

Weiter zeigt sich die physikalisch bessere Beschaffenheit der Säfte in einer günstigeren Oberflächenspannung. Zahlenmäßige Angaben für reine Zuckerlösungen wurden schon im Kap. 5 beim Rohrzucker gemacht; über die Oberflächenspannung sowie über ihre Bestimmung wird noch eingehender im Kap. 31 zu sprechen sein.

---

[1] Z. f. Zuckerind. i. B. XXIV, 1899/1900, S. 213.
[2] Z. V. D. Zuckerind. 1911, S. 341. Dieses Buch S. 561.
[3] C. f. Zuckerind. 1927, S. 497. — Nur Zuzug von großen Mengen Sirup ins Vakuum verschlechterte wesentlich die Farbe der Zucker.

Die erste Untersuchung, die sich mit der Oberflächenspannung „im praktischen Betriebe" beschäftigte, wurde von W. Reischauer ausgeführt[1].

Es wurde die Oberflächenspannung von Säften dreier Zuckerfabriken untersucht; alle drei arbeiten mit Trockenscheidung und mit fast gleicher Kalkmenge, nur Ausführungsform und Scheidedauer waren verschieden.

Ob sich auch Rohsaft zur Untersuchung von Oberflächenspannung eignet, bzw. ob die erhaltenen Resultate erlauben, weitgehendere Schlüsse zu ziehen, muß abgewartet werden. Abgesehen von den Ausflockungen, die bei gewissen Verhältnissen auftreten und das Resultat beeinflussen, ist der Rohsaft im allgemeinen nicht genug homogen (klar), damit nicht vielleicht anwesende, mit den Augen nicht wahrnehmbare Suspensionen die Ergebnisse zumindest unsicher machen; auch unvermeidliche Luftbläschen im Rohsafte werden ähnlich wirken.

Daß diese Annahmen des Verfassers richtig sein dürften, geht aus den Zahlenwerten hervor, die Reischauer fand; die für die Dünn- und Dicksäfte gefundenen (alle auf 17° Bx bezogen) stimmen untereinander besser überein als die für Rohsäfte

| Zuckerfabrik | I | II | III | Anmerkung |
|---|---|---|---|---|
| Rohsaft . . . . . . . | 71,20 | 69,40 | 71,80 | Einheit Dyn/cm$^2$ |
| Dünnsaft . . . . . . | 68,70 | 70,25 | 70,55 | |
| Dicksaft . . . . . . | 68,75 | 70,50 | 71,50 | |

Bei guter Schlammpreßarbeit soll der Dünnsaft höhere Oberflächenspannung haben als der bezügliche Rohsaft (II). In der Zuckerfabrik I und II war die Schlammpreßarbeit keine gute, obwohl der Rohsaft — nach seiner großen Oberflächenspannung zu schließen — gut war. (Fehler in der Scheidung oder in der Saturation.) ·

Erwähnenswert wäre noch, daß sich die verschiedene Beschaffenheit zweier Erstproduktzucker durch die Oberflächenspannung (ihrer Lösungen von 17° Bx) nicht nachweisen ließ. Ein Rohzucker, der „ganz besonders weiße Zucker", ergab, hatte 73,2 Dyn/cm$^2$, einer mit grauem Schein in drei Kampagnen 73 bzw. 72,8 und 72,9 Dyn/cm$^2$; das Zweitprodukt der gleichen Fabrik hatte 68,8 Dyn/cm$^2$.

Über die Unsicherheit der Methodik zur Bestimmung der Oberflächenspannung siehe Seite 632.

### c) Entfärbung des Dünnsaftes durch Aktivkohlen.

Als sich in der Raffinationsindustrie Entfärbungskohlen leicht einführten und gut bewährten und in der Rohzuckerindustrie sich das Bestreben geltend machte, Konsumzucker (Sandzucker, Krystallzucker, Granulated) zu erzeugen, fanden Entfärbungskohlen auch hier leicht Eingang. Insbesondere wurde der Dicksaft in vielen Betrieben mit verschiedenen Kohlen nach verschiedenen Verfahren entfärbt, um die Erzielung einer gefälligeren Konsumware zu erleichtern (siehe Kap. 19, d, e).

Wie beim Abschnitte der Entfärbungskohlen gezeigt werden wird, wirken diese in dünneren Lösungen energischer als in konzentrierteren,

---

[1] D. Z. 1926, S. 923.

werden also Dünnsäfte besser entfärben als Dicksäfte. Da die besser
entfärbten Säfte aber auch weniger Kolloide enthalten und durch den
ganzen Entfärbungsprozeß mit seiner Filtration am Schlusse auch
mechanisch verbessert, klarer und feuriger werden, so hätte die Behandlung des Dünnsaftes mit Aktivkohlen eine ganz hervorragende Bedeutung. In Laboratoriums- und Fabriksversuchen wies A. Linsbauer
den Wert dieser Arbeitsweise nach und tatsächlich beginnt sie richtig
gewertet zu werden. Es wurde auch gefunden, daß sich geschwefelte
und entfärbte Säfte auch in der Verdampfstation besser hielten[1].

Näheres über die technologische Seite der Dünnsaftentfärbung im
Betriebe mit verschiedenen Kohlen erfährt man aus dem Vortrage
A. Kühnels über „Neuere Arbeitsmethoden in gemischten Fabriken[2]“.

Achtzehntes Kapitel.

# Chemische Vorgänge in der Verdampfstation.

Die Verdampfung des Dünnsaftes, d. h. die Konzentrierung
desselben zum Dicksafte, ist ein physikalischer Vorgang; doch ist dieser
von mannigfachen chemischen Prozessen begleitet. Die letzteren
resultieren teils aus chemischer Einwirkung auf den Dünnsaft, wodurch Umsetzungen stattfinden, teils sind sie eine Folge seiner immer
größer werdenden Konzentration mit den damit veränderten Löslichkeitsverhältnissen.

Zur ersten Art von chemischen Vorgängen gehört die als Rückgang
der Alkalität bezeichnete Erscheinung, zur letzteren die Ausscheidungen von Niederschlägen aus dem Safte.

## a) Rückgang der Alkalität.

Der Rückgang der Alkalität bildet ein ebenso interessantes
als für den Betrieb wichtiges Kapitel und soll dementsprechend eingehender besprochen werden.

Schon im voranstehenden Kapitel wurde dieser Prozeß angedeutet (Abschnitt b). Danach spalten die Ammoniak- und Amidoverbindungen durch der Einwirkung von Kalk Ammoniak ab.
Beim Erhitzen entweicht das Ammoniak, wodurch die Alkalität zurückgeht. „Das ausgetriebene Ammoniak wird dann als Maß für den Alkalitätsrückgang angesehen werden können, wenn durch den Versuch
nachgewiesen wurde, daß der Alkalitätsrückgang den Mengen ausgetriebenen Ammoniaks entspricht.“ Von dieser Überlegung ausgehend,
destillierte Jesser Säfte von der ersten und der dritten Saturation
mit und ohne wechselnden Laugenzusatz und stellte sechs Fraktionen
her, und zwar in der Art, daß er immer 100 cm³ destillierte, zum Rückstand 100 cm³ Wasser hinzugab, abermals 100 cm³ destillierte usw. Das
Destillat von 100 cm³ Saft neutralisierte $^1/_{10}$-Normalsäure (Lackmus),
titriert bei:[3]

---

[1] Z. d. tschsl. Zuckerind. VIII, S. 483, 1927.   [2] ebd. VIII, S. 551, 1927.
[3] Ö. U. Z. f. Zuckerind. XXIII, S. 288, 1894.

Saft der ersten Saturation.<br>Alkalität

|  | 0,101 | 2 cm³ | 5 cm³ | 10 cm³ |
|---|---|---|---|---|
|  |  | Norm.-NaOH | Norm.-NaOH | Norm.-NaOH |
|  | Kubikzentimeter | | | |
| 1. Fraktion . . . . . . . | 17,2 | 17,6 | 18,7 | 22,4 |
| 2.    „   . . . . . . | 2,4 | 2,8 | 3,0 | 4,1 |
| 3.    „   . . . . . . | 2,6 | 1,8 | 1,4 | 1,1 |
| 4.    „   . . . . . . | 1,1 | 0,8 | 1,0 | 1,5 |
| 5.    „   . . . . . . | 0,5 | 0,8 | 0,8 | 1,0 |
| 6.    „   . . . . . . | 0,1 | 0,4 | 0,4 | 0,6 |
| Summe . . . . . . . . | 23,9 | 24,2 | 25,3 | 30,7 entsprechend |
| Stickstoff . . . . . . . | 0,0167 | 0,0169 | 0,0177 | 0,0215 entsprechend |
| Alkalität (CaO) . . . . | 0,0334 | 0,0338 | 0,0354 | 0,0430 |

Ähnliche Resultate ergaben Säfte der dritten Saturation. Die
erste Fraktion enthielt stets die Hauptmenge, die weiteren
immer weniger Ammoniak, und zwar konstant abnehmend.
Daraus folgert Jesser: „Es ist somit ein Teil der im Safte enthaltenen
Stickstoffverbindungen in einer Form anwesend, aus welcher durch Einwirkung des Alkalis rasch das Ammoniak abgespalten wird; ein zweiter
Teil derselben wird durch Alkalien zwar auch, aber bedeutend langsamer zerlegt (z. B. Asparagin).“ Die Bezeichnung „Amidstickstoff“
wäre demnach nicht ganz richtig, weil gerade die Amidverbindungen
ihren Ammoniak. bzw. Stickstoff nur sehr schwer abgeben[1].

Ein Teil des Amidstickstoffes geht schon in der Scheidung, der größere
Teil in der Verdampfstation weg. Je sorgfältiger und energischer die
Scheidung durchgeführt wurde, desto weniger können sich diese Prozesse
bei der Verdampfung abspielen. Die Scheidung soll zu den Endprodukten
der Kalkeinwirkung auf die Stickstoffkörper führen, welche dann schon
einen beständigen Charakter haben. Das sind die organischsauren
Kalksalze (asparagin-glutaminsaurer Kalk).

Das ist aber nur ein „Wunschsatz“. Bei den Bedingungen der Temperatur und der Zeit, wie sie der Kalk in der Scheidung und in der Saturation vorfindet, kann es nicht zu den Endprodukten der Kalkeinwirkung kommen — nicht einmal später in der Verdampfstation, wie
die Ammoniakentwicklung gelegentlich noch bei der Nachproduktenarbeit beweist (s. Abschnitt g S. 507)[2].

Schon im Jahre 1867 sprach Theile ähnlich aus, daß das entwickelte Ammoniak bei der Einwirkung von Alkalien auf Eiweiß zwei
Quellen haben müsse. Der eine Ammoniakanteil entweicht sofort nach
der Kalkeinwirkung, der Rest erst nach längerer Dauer. Die zuerst
ausgetriebenen Mengen müßten daher als direktes Zersetzungsprodukt
des Eiweißes zu betrachten sein, der restliche Teil entsteht erst aus den
Zersetzungskörpern der Eiweißstoffe (z. B. Leucin, Tyrosin). Nach
Sellier stammt das Ammoniak bei den Bedingungen in der Zuckerindustrie nur von den Säureamiden her, da die Zersetzung der anderen
Stickstoffkörper nicht bis zum Ammoniak vor sich gehe (1903).

---

[1] Ö. U. Z. f. Zuckerind. XXIII, S. 288, 1894.
[2] Rueff: Z. d. tschsl. Zuckerind. I. S. 241, 1920.

Auch stickstofffreie Verbindungen gehören zu den Alkalität bedingenden Faktoren. Vor allem der **Invertzucker**. Wohl wird er bei richtiger Scheidung vollständig zerstört; es können aber doch die Produkte seiner unvollständigen Zersetzung in den Dünnsaft und somit zur Verdampfung gelangen. An anderem Orte wurden seine Zersetzungsprodukte genannt und besprochen: Glucinsäure und Saccharin. Erstere kann beim Kochen in Apoglucin-, Essig- und Ameisensäure zerfallen. Auch Glucin- und Saccharumsäure können zugegen sein. Alle haben sauren Charakter und wirken daher genau so wie die Stickstoffsäuren: **sie binden Alkalien und verursachen Alkalitätsschwund.** Dieser Chemismus wurde namentlich von **Jesser** studiert[1].

Sogar der **Zucker** selbst bedingt Alkalitätsrückgang. Tritt Überhitzung ein (geringes Vakuum, Betriebsstörung, unrichtig konstruierte oder dimensionierte Verdampfungskörper), so entstehen **Überhitzungsprodukte** saurer Natur; außerdem kann durch Hydrolyse Invertzucker gebildet werden, welcher durch Alkalien abgebaut wird und dann, wie eben besprochen, wirkt. All das wurde schon an geeigneter Stelle erörtert; **hier wird nur die Nutzanwendung aus der Theorie gezogen.**

Die Säuren, welche durch diese Prozesse bei der Verdampfung gebildet werden, sind schließlich als Kalk- oder Alkalisalze vorhanden. Sind sie unlöslich, so fallen sie aus; im Falle ihrer Löslichkeit verbleiben sie im Safte. In diesem sind u. a. zugegen: 1. organischsaure Kalk- oder Alkalisalze, 2. organische Alkalisalze und 3. kohlensaure Alkalien. Es werden also Umsetzungen leicht eintreten können, die nach folgendem Schema verlaufen:

Organischs. Kalksalz + Alkalicarbonat = organischs. Alkali + Kalkcarbonat.
  löslich       löslich        löslich      unlöslich

Das Alkalicarbonat, welches vorher einen Teil der Alkalität bildete, wird gebunden und damit ebenfalls die Saftalkalität vermindert. Anwesenheit des Zuckers wirkt auf diese Umsetzungen aber verlangsamend; daher verlaufen sie bei höherer Konzentration noch langsamer als in verdünnten Lösungen. Das sich ausscheidende Kalkcarbonat kann den Dicksaft trüben. „…wie wichtig für einen regelmäßigen und normalen Betrieb eine richtig geleitete Saftreinigung ist — werden alle diese Umsetzungsprozesse in diese verlegt, so werden die unvermeidlichen organischsauren Kalksalze schon hier gebildet werden und, da die meisten dieser in Frage kommenden Verbindungen schwer lösliche basische Kalksalze bilden, auch hier schon zur Ausfällung gelangen[2]."

Eine der Ursachen des Alkalitätsrückganges liegt, wie bereits gezeigt, in der Zersetzung von Zucker und von eventuell vorhandenem Invertzucker durch Bildung von Säuren. Damit sich diese Ursache aber einigermaßen deutlich kennbar macht, müßte stärkere Caramelisierung oder wenigstens starke Oxydation nachweisbar sein. Alkalitätsrückgang

---

[1] Ö. U. Z. f. Zuckerind. XXII, S. 239, 661, 1893.
[2] **Strohmer:** Ö. U. Z. f. Zuckerind. XXIII, S. 456, 1894.

bzw. Eintritt von Acidität ist aber auch ohne stärkere Caramelisierung möglich, Oxydation während der Verdampfung nicht wahrscheinlich — es müssen demnach noch andere Ursachen zur Erklärung für diese Erscheinung herangezogen werden.

Säfte, die beim Verdampfen Alkalität verlieren, leiden Mangel an nicht flüchtigen Basen zur Bindung der Säuren, besonders der Aminosäuren, welche deshalb teilweise auch an Ammoniak gebunden sind. Andrlík studierte das Verhalten der Ammoniumsalze der Aminosäuren in Zuckerlösungen[1] und fand folgendes: Diese Salze verlieren beim Kochen Ammoniak, und zwar die Ammoniumsalze der Asparagin- und Glutaminsäure nur teilweise, die des Tyrosins und Leucins vollständig. Beim Kochen verlieren die genannten Verbindungen ihre Alkalität proportional der Einengung und werden sauer, wodurch Inversion hervorgerufen wird. Die ammoniakalischen Lösungen des Leucins und Tyrosins invertierten nicht oder doch nur ganz wenig.

Das Auftreten der Acidität der Säfte beim Eindampfen wird durch diese Ammoniumsalze leicht erklärlich. Sie erleiden eine Zersetzung, Ammoniak entweicht und es entsteht ein sauer reagierendes Ammoniumsalz. Mit steigender Konzentration wächst die Acidität und führt Zerstörung des Zuckers herbei.

Für den in Böhmen in der Kampagne 1898/1899 häufig beobachteten Alkalitätsrückgang kam Andrlík auf Grund seiner zahlreichen und vollständigen Analysen aller in Betracht kommenden Produkte zu folgendem Schlusse: Infolge der ungenügenden Menge der nicht flüchtigen anorganischen Basen mit Rücksicht auf die Aminosäuren . . . konnten diese Säuren nach vollendeter Einwirkung des Kalkes und der Saturation nicht zur Gänze mit nichtflüchtigen Basen gesättigt werden, sondern wurde ein Teil derselben an Ammoniak und eventuell an organische Basen gebunden. In den saturierten Säften wurde die Alkalität nicht durch nichtflüchtige Alkalien, sondern überwiegend durch Ammoniak bzw. durch die alkalisch reagierenden Salze desselben hervorgerufen. Bei der Abdampfung verflüchtigte sich das Ammoniak und der Saft verlor seine Alkalität[2].

In der Kampagne 1898/1899 zeigten die Füllmassen ein Verhältnis der nicht flüchtigen anorganischen Basen, welche zur Sättigung der organischen, mit Äther nicht auslaugbaren Säuren erübrigen, zum Stickstoff der Aminosäuren von 1,3—4,2 im Mittel 2,3, während dasselbe Verhältnis für die normale Kampagne 1899/1900 3,2—4,9, durchschnittlich 3,8 betrug; in letzterer war daher genügend Alkali zur Bindung vorhanden[3] (s. S. 475).

Bei den Analysen der Diffusionssäfte von abnormer Beschaffenheit (Kampagne 1904/1905) wurde gesagt, daß sie in der Verdampfstation Alkalitätsrückgang bis sogar zur sauren Reaktion aufwiesen. Nun soll untersucht werden, ob auf Grund ihrer Zusammensetzung diese Erscheinung erklärlich wird und somit die Andrlíksche Theorie und Klassifikation zurecht besteht. (Analysen s. 1. Auflage.)

---

[1] Z. f. Zuckerind. i. B. XXVII, S. 437, 1902/03.
[2] ebd. XXIII, S. 596, 1898/99.        [3] ebd. XXV, S. 143, 1900/01.

Dort wurde schon hervorgehoben, daß die Säfte gegen jene der normal verlaufenden Kampagne weniger Kali bzw. Alkalien und bedeutend weniger Phosphor- und Oxalsäure enthielten. Diese drei genannten Körper zählt Andrlík zu den Alkalitätsbildnern. Ferner wiesen die abnormen Säfte mehr Ammoniak-, Amid- und Betainstoffe auf — Stoffe, die Alkalitätsverzehrer sind. Es waren also die Bedingungen für den Alkalitätsverlust tatsächlich gegeben, wie auch Andrlík[1] näher begründet.

Andrlík, Urban und Staněk stellten Versuche an[2], um das Verhalten der Säfte in der Verdampfungsstation in bezug auf Alkalität, ferner um den Gehalt der Brüdenwässer an Ammoniak und Kohlensäure zu studieren; letztere Bestimmungen sind geeignet, die eventuelle Alkalitätsabnahme zu erklären. Sie fanden, daß der Alkalitätsverlust mit der entweichenden Ammoniakmenge zusammenhängt, und daß während der Verdampfung zum Dicksaft ungefähr 82 % der ursprünglichen Ammoniakmenge in die Brüdenwässer übergehen. Gleichzeitig tut dies auch die Kohlensäure. Beide Gase entweichen noch beim Verkochen der Füllmasse und der Sirupe. „Bei übersaturierten Säften entweicht neben dem Ammoniak mehr Kohlensäure, als normalem kohlensaurem Ammonium entspricht, und kann diese Erscheinung zur Erkennung übersaturierter Säfte dienen." Die Menge des entweichenden Ammoniaks entsprach einem Alkalitätsverluste von 0,013—0,029 CaO auf 100 g Dünnsaft. Wenn der Saft bloß Ammoniakalkalität besaß, verliert er die Alkalität während der Verdampfung vollständig[2].

Das meiste Ammoniak verflüchtigte sich aus dem Safte mit der höchsten Alkalität, obwohl auch im ersten Falle, wo der Saft auf Phenolphthalein sauer reagierte, eine namhafte Menge dieses Gases entwich. Die durch Titration des Saftes bestimmte Alkalität ist in dieser Hinsicht nicht unbedingt maßgebend, sondern hauptsächlich die Menge des im ursprünglichen Dünnsafte enthaltenen Ammoniaks. Die größte Menge Ammoniak entwich zu Beginn des Verkochens, von da fiel dieselbe stetig.

Gleichzeitig mit dem Ammoniak entweicht auch die Kohlensäure, und zwar gleichfalls in erheblich schwankenden Mengen.

Nach der Menge der sich entwickelnden Kohlensäure läßt sich ein Urteil abgeben, bis zu welchem Grade saturiert wurde.

Doch ist hervorzuheben, daß die quantitativen Ergebnisse sich auf die Versuche beziehen und nicht ohne weiteres auf den Fabriksbetrieb übertragen werden können. Während bei den Versuchen konstatiert wurde, daß das Entweichen des Ammoniaks zu Anfang der Verdampfung am größten ist, dann immer mit zunehmender Konzentrierung abnimmt, aber selbst bis in der Sirupverkochung wahrnehmbar ist, „dürfte die Menge des Ammoniaks und der Kohlensäure (in der Praxis) keinen erheblichen Schwankungen unterliegen", da hier regelmäßig nach-

---

[1] Z. f. Zuckerind. i. B. XXXI, S. 445, 1906/07.
[2] ebd. XXIV, S. 222, 1899/1900.

gezogen wird. Aus einer Fabrik eingesandtes Brüdenwasser enthielt beim Verkochen zur Füllmasse

| | | |
|---|---|---|
| im Anfange . . . | 0,0061 g $NH_3$ | 0,0081 g $CO_2$, |
| in der Mitte . . | 0,0061 g $NH_3$ | 0,0081 g $CO_2$, |
| zu Ende . . . . | 0,0058 g $NH_3$ | 0,0081 g $CO_2$. |

Die entwichenen Mengen stehen während des ganzen Verdampfens in dem Verhältnis, in welchem sie normales kohlensaures Ammonium bilden.

Der Stickstoff des Brüdenwassers kommt nach den Untersuchungen von Andrlík und Škola[1] zu ungefähr 90% in Ammoniakform (Carbonat), der Rest in Form von Aminen, Amiden (Acetamid) u. a. vor.

Nach Herles hängt die im Brüdenwasser vorkommende Menge an Kohlensäure ab: von der Alkalität des dritten Saturationssaftes (Grad der Aussaturierung), der natürlichen Alkalität des Dünnsaftes und ob dieser vor seinem Eintritt in die Verdampfstation ausgekocht wird oder nicht; auch durch Zersetzung von Zucker und anderen organischen Substanzen könnte Kohlensäure ins Brüdenwasser gelangen. Eine Quelle für die Kohlensäure sind die bei der Saturation entstehenden Bicarbonate des Calciums, des Ammoniums und der Alkalien. Beim Auskochen des Saftes vor seinem Eintritt in die Verdampfstation wird nur ein Teil derselben in normale Carbonate verwandelt, so daß diese Zersetzung erst in der Verdampfstation vervollständigt wird, ein Prozeß, bei dem Kohlensäure frei wird. Gleichzeitig wird Ammoniak entwickelt, und beide Gase gehen mit dem Saftdampf in den Heizraum des folgenden Körpers, von dort in das Brüdenwasser, in welchem sie in Form von kohlensaurem Ammon gelöst bleiben.

Andrlík behauptet, daß die genannten Bicarbonate des Calciums und der Alkalien nicht die unmittelbare Quelle der Kohlensäure seien, „sondern daß hierzu wesentlich und hauptsächlich das Ammoniak und die Ammoniumverbindungen beitragen, welche das Freiwerden der Kohlensäure sowohl aus den Bicarbonaten wie auch aus den normalen Carbonaten in Form von kohlensaurem Ammonium erleichtern, welches dann beim Einkochen als solches mit den Brüdendämpfen abgeht".

Überblickt man alle Ursachen, welche den Rückgang der Alkalität bedingen, so sind diese: 1. Vorhandensein von Stickstoffverbindungen, 2. Anwesenheit von Invertzucker oder seiner unvollständigen Zersetzungsprodukte, 3. Zerstörung von Zucker, 4. Umsetzung organischer Kalksalze mit kohlensauren Alkalien und 5. Gärungserscheinungen, die aber bei den heutigen Arbeitsbedingungen kaum sich jemals stärker fühlbar machen werden. Weiter machten A. Herzfeld und G. Wehrspann auf „eine wenig beachtete Ursache des Rückganges der Alkalität . . . während der Verdampfung" aufmerksam[2]. Bei Versuchen, die einer anderen Frage galten, fanden sie, daß schwefligsaurer Kalk, herrührend von der Saturation mit schwefliger Säure, sich bei der Verdampfung des

---

[1] Z. d. tschsl. Zuckerind. III, S. 275. 1922.
[2] Z. V. D. Zuckerind. 1891, S. 683.

Dünnsaftes mit Alkalicarbonaten zu kohlensaurem Kalk und schwefligsaurem Natron umsetzte und so Alkalitätsverminderung hervorbrachte. Allgemein gilt:

$$M_2CO_3 + CaSO_3 = M_2SO_3 + CaCO_3$$
$$\text{alk.} \qquad\qquad \text{neutral} \quad \text{unlösl.}$$

(M ein Atom Na oder K).

Prinzipiell gehört dieser Spezialfall zu den unter 4 angeführten, nur liegt eine anorganische Säure vor. Das Sulfit geht leicht in Sulfat über.

Nachdem mit einem Rückgange der Alkalität beim Verdampfen gerechnet werden muß, dürfen nie zu schwach alkalische Säfte verdampft werden; man könnte Gefahr laufen, schließlich neutrale oder gar saure Säfte zu erhalten; in diesen wären dann wieder die Zuckerzerstörungen größer, es würde auch aus diesem Grunde die Acidität des Dicksaftes größer werden, und so sieht man Ursache und Wirkung dieselbe Rolle spielen. Jetzt wird es klar, warum früher die Betriebsregel angegeben wurde, die Alkalität des Saftes der dritten Saturation nach jener des Dicksaftes zu halten, und wieso es kommt, daß man die erstere im Verlaufe der Kampagne öfters ändern muß. Das zeigt sich in manchen Jahren in derselben Fabrik häufiger oder seltener.

Claassen geht sogar so weit, die Alkalität der Melasse als richtunggebend anzunehmen. Sie soll sich von 0,07 bis 0,10 % CaO bewegen. Die Alkalität des Dicksaftes muß so gehalten werden, daß die Melasse die angeführten Alkalitätsgrenzen einhält; nach der Dicksaftalkalität hat man jene des Dünnsaftes zu fixieren[1].

Vorgreifend kann auch über den Alkalitätsrückgang in den Betriebsphasen nach der Verdampfung gesprochen werden, um die Untersuchung Claassens nicht zu zerstückeln.

Der Rückgang der Alkalität betrug in Prozenten·CaO, auf Rübe gerechnet:

| | Kampagne | | | | |
|---|---|---|---|---|---|
| | 1906/07 | 1907/08 | 1908/09 | 1909/10 | 1910/11 |
| Während der Verdampfung . . | 0,0127 | 0,0176 | 0,0133 | 0,0224 | 0,0238 |
| Während des Verkochens und Krystallisierens d. Füllmasse I | 0,0016 | 0,0021 | 0,0011 | 0,0042 | 0,0036 |
| Während des Verkochens der Sirupe . . . . . . . . . | 0,0012 | 0,0014 | 0,0013 | 0,0019 | 0,0018 |
| Während der Krystallisation der Füllmasse II . . . . . . . | 0,0010 | — | 0,0012 | 0,0001 | 0,0007 |
| Im ganzen | 0,0156 | 0,0211 | 0,1690 | 0,0286 | 0,0299 |

Die Alkalität schwindet sonach zu 80 % in der Verdampfstation.

Mit diesen Alkalitätsrückgängen sind Zuckerverluste verknüpft[2]. Darüber siehe Kap. 26 e.

---

[1] Z. V. D. Zuckerind. 1912, S. 1111.

[2] Claassen, H.: Über den Rückgang der Alkalität während der Verarbeitung der Säfte und Sirupe. Z. V. D. Zuckerind. 1912, S. 1111.

## b) Alkalitätssteigerung.

Doch nicht nur Alkalitätsverminderung, auch Alkalitätssteigerung kann beim Verdampfen und Verkochen auftreten. Die mit Hilfe von Phenolphthalein angezeigten Alkalitätssteigerungen sind jedoch nicht wirklich, sie sind nur scheinbar vorhanden (Studie über die Alkalitätssteigerung bei mit Kohlensäure saturierten Säften)[1]. Vor Weisberg beobachteten diese Erscheinung: Pellet 1898, Andrlík 1899, Nowakowski 1906. Ihre Ergebnisse, sowie jene Weisbergs mögen in der Originalabhandlung Weisbergs[2] nachgelesen werden, da diesem Gegenstande keine große Wichtigkeit zukommt. Weisberg stellte fest, daß Säfte aus frischen und gesunden Rüben, die nach der zweiten Kohlensäuresaturation eine Phenolphthaleinalkalität von 0,12 bis 0,18 % hatten, nach dem Verdampfen zu Dicksaft eine größere Alkalität aufwiesen, als der Konzentrationssteigerung entsprach. Neutrales Lackmuspapier zeigte jedoch Alkalitätsverminderung an. Die Alkalitätssteigerungen waren 0,095, 0,03, 0,04, 0,03. Daß diese Steigerung nur eine scheinbare ist, wurde schon gesagt und geht auch aus dem Befunde mit Lackmuspapier hervor. Weisberg führt dieses Alkalitätsplus auf eine zu weitgehende Aussaturierung mit Kohlensäure zurück, durch welche aller freie Kalk und alles Alkali in Bicarbonat übergeführt werden. Bicarbonate werden jedoch durch Phenolphthalein nicht angezeigt, wohl aber die Hydroxyde des fixen Alkalis. Liegt demnach ein derart kohlensäuresaturierter Saft vor, so werden nur letztere mit Phenolphthalein angezeigt, aber nicht die Bicarbonate. Während der Verdampfung entwickelt sich und entweicht Kohlensäure, wodurch eine entsprechende Menge Alkali frei wird, welche durch Phenolphthalein angezeigt wird; so entsteht die scheinbare Alkalitätszunahme der Dicksäfte. Das tritt nur bei Rübensäften, die genügend fixes Alkali enthalten, auf.

Eine durchsichtigere Erklärung für die Alkalitätssteigerung stammt von Andrlík. Die normalen, mit Kohlensäure saturierten Säfte entwickeln beim Verdampfen $NH_3$ und $(NH_3)_2CO_3$, die übersaturierten Säfte mehr $CO_2$, als dem $NH_3$ entspricht. Da die Bicarbonate der übersaturierten Säfte auf Phenolphthalein nicht reagieren, wohl aber die in der Verdampfung aus ihnen entstandenen Carbonate, so wird deren alkalische Reaktion angezeigt und sonach eine Alkalitätssteigerung festgestellt.

Eine bedeutende Alkalitätssteigerung beobachtete Minaew in einer russischen Zuckerfabrik bei sonst normal verlaufender Arbeit im Vorderbetriebe. Merkwürdigerweise nützte die Erniedrigung der Alkalität im Dünnsafte nicht nur nichts, sondern die Alkalität des Dicksaftes nahm zu. Da im Auskocher meist nur 96° C herrschten, dieser also nicht auskochte, ist die Steigerung der Alkalität nach den üblichen Anschauungen leicht erklärt: die in der zweiten und dritten Saturation gebildeten, bzw.

---

[1] Weisberg: Z. V. D. Zuckerind. 1907, S. 993.
[2] Bzw. in der zitierten Übersetzung der Z. V. D. Zuckerind.

rückgebildeten Bicarbonate fielen im Auskocher nicht aus; dies taten sie erst in der heißeren Verdampfstation, wo dann die alkalisch reagierenden Carbonate im Dicksafte die Alkalität erhöhten.

In Wirklichkeit werden diese Verhältnisse nicht so einfach liegen, da z. B. Verf. jahrelang in einem Betriebe tätig war, wo der „Auskocher" auch nicht auskochte — es waren höchstens 98° darin —, doch wurde dort niemals eine Alkalitätssteigerung beobachtet.

Die Alkalitätssteigerung verschwand sofort, als man in der dritten Saturation die Kohlensäure durch schweflige Säure ersetzte; daneben wurden die Säfte zusehends heller, die Füllmassen leichter.

$$Na_2CO_3 + SO_2 = Na_2SO_3 + CO_2$$
$$CaCO_3 + SO_2 = CaSO_3 + CO_2.$$

Zur Rückbildung des Calciumbicarbonates war keine Gelegenheit und so blieb die Alkalitätssteigerung aus[1].

### c) Schäumen der Säfte.

Unter Umständen können die Säfte beim Verdampfen mehr oder weniger schäumen. Ein geringes Schäumen ist eher förderlich, weil es die Verdampfung beschleunigt. Größeres Schäumen kann mehrere Ursachen haben.

Als die Saponine in der Zuckerindustrie bekannt wurden, da wurde fast jedes Schäumen der Säfte auf sie zurückgeführt. Für Rohsäfte mit gewisser Berechtigung, aber für Schaumbildung beim Verdampfen und Verkochen sind es meist andere Ursachen: da sind es Seifen des Rübenfettes und der verseifbaren Öle, die man in der Saturation als Schaumniederschläger benützt[2].

Man findet oft in den Niederschlägen an den Heizröhren von Verdampfstationen Kalkseifen, entstanden durch Umsetzung der Alkaliseifen mit den Kalksalzen der Säfte. So fand z. B. Stift einmal 15% Fett in einer Inkrustation (s. den folgenden Abschnitt).

### d) Ausscheidungen in der Verdampfstation.

Es wurde schon einige Male darauf hingewiesen, daß sich in den Verdampfapparaten chemische Vorgänge abspielen, die teilweise als Fortsetzung jener einer früheren Betriebsphase (Scheidung) aufzufassen sind; andere chemische Prozesse sind wieder die Folge der fortschreitenden Konzentration des Zuckersaftes und die Hauptursachen für die nun zu besprechenden Inkrustationen oder Ausscheidungen in den Leitungen, an den Heizröhren und an den Innenwandungen der Verdampfkörper.

Zunächst sind jene Prozesse näher ins Auge zu fassen, welche die genannten Ausscheidungen verursachen, dann ist die Natur, d. i. Zusammensetzung der letzteren zu ergründen und schließlich zu sehen, ob hier gewisse gesetzmäßige Beziehungen aufzufinden sind; zuletzt

---

[1] D. Z. 1925, S. 1175.
[2] Herzfeld: Z. V. D. Zuckerind. 1919, S. 207.

sind alle jene Faktoren heranzuziehen, die sich beim Zustandekommen
der Inkrustierungen geltend machen.

Es ist bereits bekannt, daß die Säuren des Rübensaftes sowie jene
Säuren, welche in der Scheidung erst entstehen, teilweise in den Saft
als Kalksalze in Lösung gehen können, selbst wenn diese sonst im Wasser
unlöslich sind. Hierher gehören: Oxal-, Äpfel-, Citronen-, Wein-, Glutar-,
Malon-, Aconit-, Tricarballyl-, Oxycitronen- u. a. organische Säuren,
ferner auch anorganische Säuren, wie Schwefel-, schweflige Kohlen-
u. a. Säuren, resp. deren Kalksalze. Die Kalksalze der genannten
Säuren zeigen teils übereinstimmende, teils verschiedene Löslichkeit
in Zuckersäften, die beim Verdampfen ihre Konzentration und Alkalität
ändern. Auf dieser Änderung beruhen die zu besprechenden
Ausscheidungen.

Oxalsäure. In den Tab. Nr. 13 und 14 wurden schon die Löslichkeitsverhältnisse des Calciumoxalates nach Versuchen Rümplers
gezeigt. Die Löslichkeit dieses Salzes nimmt mit steigendem Zuckergehalt ab, es ist also bei der Verdampfung des Dünnsaftes zum Dicksafte die Bedingung für seine Ausscheidung gegeben. Im Jahre 1866[1]
fand auch Cunze in der Inkrustation eines Verdampfapparates 64,2 %
davon.

Sehr lehrreich sind die Analysen J. Weisbergs von Absätzen aus
einem Dreikörperapparat[2], Tab. Nr. 91 a. Deutlich zeigen sie die mit

Tabelle 91a.

| | Körper | | |
|---|---|---|---|
| | I | II | III |
| Wasser . . . . . . . . . . . . . . . . . | 4,83 | 5,30 | 5,16 |
| Organische unbekannte Substanzen . . . | 32,56 | 29,67 | 16,40 |
| Zucker . . . . . . . . . . . . . . . . . | 3,83 | 5,32 | 6,22 |
| Oxalsaurer Kalk . . . . . . . . . . . . | — | 7,81 | 37,63 |
| Kalk . . . . . . . . . . . . . . . . . . | 0,90 | — | 0,60 |
| Kieselsäure . . . . . . . . . . . . . . | 36,95 | 33,71 | 22,00 |
| Tonerde. } . . . . . . . . . . . . . . . | 16,15 | 15,20 | 9,08 |
| Eisenoxyd } . . . . . . . . . . . . . . | — | — | Spuren |
| Alkali-Sulfate und Chloride[3] . . . . . . | 2,42 | 1,18 | 1,85 |
| Kupferoxyd und Verluste . . . . . . . | 2,36 | 1,81 | 0,06 |
| Farbe . . . . . . . . . . . . . . . . . | schwarz | graugrün | weißgrün |

zunehmender Konzentration des Saftes verstärkte Ausscheidung des
Calciumoxalates. Der Dünnsaftkörper enthält überhaupt noch keines,
das Salz verbleibt darin also noch in Lösung. Im Mittelsaftkörper
besteht die Ausscheidung aus 7,81 %, im Dicksaftkörper gar schon aus
37,63 % Calciumoxalat. Noch größere Mengen dieses Kalksalzes fand
Werschaffel in einer Ausscheidung, nämlich 88,9 %. Weisberg
erklärte diese Zahl als irrtümlich, doch trat Pellet für deren Richtigkeit
ein, da die Analyse unter seiner Mitwirkung geschah.

---

[1] Z. V. D. Zuckerind. 1866, S. 177.
[2] Sucr. belge 1877, Nr. 15 u. 18.
[3] Hauptsächlich $K_2SO_4$.

Rümpler wies bezüglich der Löslichkeit des Calciumoxalates nach, daß Zuckerlösungen, die mindestens $1\%$ CaO als Zuckerkalk enthalten, Calciumoxalat schon bei gewöhnlicher Temperatur lösen, und sieht darin den Hauptgrund für die Inkrustationen der Verdampfapparate. Dabei spielen aber auch noch die Nichtzuckerstoffe eine Rolle[1]. Kries[2] studierte das Vorkommen der Oxalsäure in diesen Inkrustationen mit Rücksicht auf den Gehalt der Zuckersäfte an kohlensauren Alkalien, weil Herzfeld die letzteren als Ursache für das Vorkommen der Oxalsäure in den Ausscheidungen bezeichnete. Kries fand die Anschauung bestätigt, ,,daß die Oxalsäure durch das kohlensaure Kali in gut aussaturierten Säften in Lösung gehalten oder durch Umsetzung aus dem Schlamme wieder ausgezogen worden ist''. Die chemischen Vorgänge sind die folgenden:

$$\begin{matrix} COO \\ \phantom{COO}\end{matrix}\!\!>\!Ca + K_2CO_3 = \begin{matrix} COOK \\ | \\ COOK \end{matrix} + CaCO_3.$$

Bei der Umsetzung entsteht demnach zuerst lösliches Alkalioxalat, welches nach folgender Gleichung sich mit irgendeinem im Safte vorhandenen organisch sauren Kalksalze umsetzt.

$$\begin{matrix} COOK \\ | \\ COOK \end{matrix} + CaR = \begin{matrix} COO \\ | \\ COO \end{matrix}\!\!>\!Ca + K_2R.$$

Dies muß deshalb angenommen werden, weil in Inkrustationen nie Alkali-, sondern Kalkoxalat gefunden wird; die Umsetzung geht infolge der Konzentrierung des Saftes und des Rückganges der Alkalität vor sich. Daneben aber läßt Kries die oben angeführte Rümplersche Behauptung gelten.

Nach Pachlopníks Untersuchung fällt Oxalsäure quantitativ aus (s. d.), sie wäre daher eigentlich im Safte bzw. in den Inkrustationen nicht zu erwarten. Das Auftreten größerer Mengen dieser Säure in den Inkrustationen soll aber hauptsächlich bei der Verarbeitung unreifer oder beschädigter Rüben beobachtet worden sein und für diese kann man berechtigt annehmen, daß die vorhandene Glyoxalsäure sich nach folgender Gleichung spaltet:

$$2\;\begin{matrix} C\diagdown{}^{O}_{H} \\ | \\ C\diagup{}^{O}_{OH} \end{matrix} + H_2O \rightarrow \begin{matrix} COOH \\ | \\ COOH \end{matrix} + \begin{matrix} CH_2OH \\ | \\ COOH \end{matrix}$$

besonders, da von Lippmann die Glyoxalsäure in unreifen Rüben nachgewiesen wurde (s. d.).

Daß sich auch die anderen organischen Säuren in Ausscheidungen vorfinden, zeigten die Untersuchungen Berschs und Falladas.

Die Untersuchung O. Falladas interessiert hier zunächst durch den Nachweis von Citronen- und Oxalsäure; doch ist der Gehalt

---

[1] Z. V. D. Zuckerind. 1897, S. 678.    [2] ebd. 1897, S. 755.

an oxalsaurem Kalk (0,66%) für einen dritten Körper als ein sehr
geringer zu nennen. Auffallend groß ist der Gehalt an huminsauren
Salzen, die von der Zerstörung des Zuckers herrühren sollen. Für normale Verhältnisse wird man jedoch diese Erklärung nicht annehmen
dürfen. Ferner wies die Ablagerung einen Gehalt von 2% Kupfer-
und 0,60% Zinkoxyd auf. Bersch macht darauf aufmerksam,
daß die Angabe als „Oxyd" nicht ganz richtig ist, da ein Teil des Kupfers
als Metall (mechanisch) vorlag. 1% des CuO rührt von Seifen her,
vielleicht ist auch ein Teil an organische Säuren gebunden[1].

Bersch berichtet über eine Ausscheidung an den Röhren eines
Verdampfapparates, die eine schwarze, feuchte, fest zusammenhaftende
Masse darstellte, folgendes:

Die qualitative Prüfung der Inkrustation ergab das Vorhandensein größerer Mengen von Oxalsäure und Citronensäure, neben
welchen auch Weinsäure mit vollkommener Sicherheit nachgewiesen
werden konnte.

Ferner waren vorhanden Kohle, caramelisierter Zucker; Kohlensäure nur in Spuren[2].

Weisberg fand 1,06—2,36% CuO in solchen Ausscheidungen[3];
es zeigen fast alle hier reproduzierten Analysen von Inkrustationen
mehr oder weniger großen Gehalt an Kupfer und auch anderen
Metalloxyden (Zink, Blei).

Damit gewinnen die Fragen nach dem Vorkommen und besonders nach dem Hineinkommen der genannten Metalle
an Interesse.

In der von Bersch analysierten Ausscheidung waren Kupfer-
späne mechanisch beigemengt und so schloß dieser, daß das Kupfer
durch Abkratzen oder Abklopfen der Inkrustation von den Heizröhren
hineingelangt war. Eine Lösung des Kupfers durch die Säfte wäre
demnach erst in zweiter Linie in Betracht zu ziehen. Diese Behauptung
bewog Donath, der Frage nach dem Vorkommen von Kupfer in
Zuckerfabrikssäften und Produkten nachzugehen. Er fand in schlam-
migen Überzügen von Filtersäcken und Tüchern 0,12—2,73% Kupfer
in der Asche. Für dieses Vorkommen verneint Donath die Möglichkeit, mechanisch in den Säften vorhanden zu sein, vielmehr mußte das
Kupfer in diesen gelöst gewesen sein. Deshalb untersuchte er Füllmassen, Rohzucker, Osmoseprodukte und Melassen auf ihren Kupfergehalt und fand stets einen solchen. Am größten war der Kupfergehalt
in Melassen (durch allmähliche Anreicherung der gelösten Kupferverbindungen)[4].

Daraus folgert Donath ein allgemeines Vorkommen von Kupfer
in allen Produkten der Zuckerfabrikation, mit Ausnahme der Konsumzucker. Kupfer wurde zwar von Lippmann[5] und Dubrunfaut in


[1] Ö. U. Z. f. Zuckerind. XLI, S. 512, 1912.
[2] ebd. XXI, S. 7, 1891; 1892, S. 927.
[3] Siehe Wagner-Fischer: Jahresberichte 1887, S. 913.
[4] Ö. U. Z. f. Zuckerind. XXII, S. 236, 1893.
[5] B. D. Ch. G. 1888, S. 3492.

den Rüben spurenweise gefunden, doch sieht Donath mit Recht nicht in diesem Vorkommen die Quelle für das Kupfer in den genannten Produkten. **Vielmehr nimmt er Lösung des Kupfers durch die Betriebssäfte an.**

Eine Lösung des Kupfers durch den sauren Rohstoff in der Diffusion ist nach ihm wahrscheinlich, „aber sicher ist es, daß durch die später alkalischen Säfte eine solche Kupferaufnahme erfolgt". Die Aufnahme wird durch Anwesenheit von organischen Säuren und Ammoniak in den Säften gefördert. Auf experimentellem Wege, mit Hilfe einer alkalisch gemachten Raffinadelösung und Kupferblechen konnte Donath das Inlösunggehen von Kupfer beim Kochen der Zuckerlösung durch mehr als drei Tage tatsächlich nachweisen. Im Betriebe sind die Löslichkeitsbedingungen aber günstigere. Für die Ausscheidung des gelösten Kupfers auf Filtereinlagen und in den Verdampfapparaten gibt dieser Forscher folgende Aufklärung:

„ . . . entweder infolge der zunehmenden Konzentration überhaupt, wodurch gleichzeitig eines der Lösungsmittel, das Ammoniak, . . . verflüchtigt wird oder sie wird bewirkt durch die in die Säfte aus verschiedenem Grunde hineingelangenden Fette, welche nach ihrer Verseifung einen Teil des gelösten Kupferoxydes als unlösliches **fettsaures Kupfer** ausscheiden; wenigstens haben alle die genannten untersuchten Absätze und Überzüge auch nicht unbeträchtliche Mengen gebundener Fettsäuren enthalten[1]."

Tatsächlich enthielt die von Bersch untersuchte Inkrustation[2] 3,22 % Fett; Analysen von Andrlík, ebenso die von Pellet und Grobert zeigen auch größere Mengen von Fett und Kupfer (s. u.)

Neben Kupfer fand M. H. Pellet noch Zinn und Zink in Ausscheidungen von Verdampfapparaten. Für dieses Vorkommen nimmt er eine „mechanische" Erklärung an. Da er beide Metalle aber in der Asche fertiger Rohzucker nachweisen konnte, müssen sie auch in löslicher Form vorhanden gewesen sein. Blei kann aus Farben (Innenanstrich) stammen. In der Zuckerfabrik Wanze (Belgien) zeigten sich die Füllmassen stärker gefärbt als gewöhnlich, das zweite Produkt besaß graue Farbe. Gelöst und filtriert, gaben die Proben einen Rückstand, der Zinn, Zink und Blei enthielt, und zwar alle Metalle als Sulfide.

Es stellte sich heraus, daß der Innenanstrich von Füllmassekasten aus Bleiweiß bestand und in Lösung gegangen war. Die Schwefelverbindung der Metalle entstand durch die aus dem Koks stammenden Schwefelverbindungen (CaS) der Kalkmilch. Die Sulfide der genannten Metalle sind in Zuckerlösungen löslich und gelangen so bis in die Füllmasse.

Blei kann auch aus Miniumkitt, der zum Dichten von Rohrleitungen benutzt wird, in Lösung gehen. Zinn kann aus dem Schlaglote, Kupfer und Zink aus den Rohren stammen.

Im nachstehenden seien noch einige Zusammensetzungen verschiedener Inkrustationen gezeigt, welche neben anderem durch den Gehalt an Metallen auffallen.

Andrlík veröffentlichte Analysen von Inkrustationen von Verdampfapparaten; leider ist mit Ausnahme von Nr. IV nicht angegeben, welchen Körpern die Ausscheidungen entstammten. Nr. IV bezieht sich auf einen ersten Körper für die Verdampfung des Osmosewassers.

---

Ö. U. Z. f. Zuckerind. XXII, S. 236, 1893.      [2] ebd. XLI, S. 512, 1912.

| | Auf 100 Teile Trockensubstanz | | | | Anmerkungen |
|---|---|---|---|---|---|
| | I | II | III | IV | |
| $SiO_2$ und Unlösliches . . | 5,72 | 33,85 | 41,54 | 2,27 | I Leicht zerreiblich. |
| CuO . . . . . . . . . . . | 2,00 | Spur. | 0,57 | 0,45 | II ⎫ Feste, harte |
| ZnO . . . . . . . . . . . | 0,83 | Spur. | 0,20 | 0,10 | III ⎭ Krusten. |
| $Fe_2O_3 + Al_2O_3$ . . . . . | 1,79 | 17,27 | 15,22 | 1,59 | IV Leicht, porös, reich |
| CaO . . . . . . . . . . | 27,48 | 15,42 | 2,77 | 15,94 | an organischen, nach |
| MgO . . . . . . . . . | 15,13 | 12,63 | 5,06 | 0,83 | Vanillin riechenden |
| $CO_2$ . . . . . . . . . . | 27,04 | 1,51 | 3,38 | 3,73 | Substanzen. |
| $SO_3$ . . . . . . . . . . | 1,25 | 0,48 | 3,08 | 1,60 | |
| $P_2O_5$ . . . . . . . . . | 1,89 | 1,21 | Spur. | Spur. | |
| Fett . . . . . . . . . . . | 0,35 | 2,78 | 1,00 | 21,01 | |
| Stickstoff . . . . . . . | 0,09 | 0,51 | 0,40 | — | |
| Andere organische, nicht bestimmte Körper . . | 15,43 | 14,34 | 26,78 | 28,67 | Oxalsäure, Farbstoffe. |

K. Urban analysierte einen Niederschlag aus einem ersten Körper; der Niederschlag bildete eine $^1/_2$ mm starke, rauhe und leicht ablösbare Rinde, er enthielt 1,44 % $CuO$[1].

Analysen von Ablagerungen aus einem Triple-effet-Apparat[2].

| | I. Körper | III. Körper |
|---|---|---|
| Kalk, kohlensaurer . . . . . . . . . . . . . . . . . . . | 35,05 | 21,78 |
| „  gebunden an Fettsäuren und $SO_3$ . . . . . . . | 6,54 | 4,54 |
| „  Gesamt . . . . . . . . . . . . . . . . . . . | 41,59 | 26,32 |
| Kohlensäure . . . . . . . . . . . . . . . . . . . . . | 27,54 | 17,12 |
| Kieselsäure + Sand . . . . . . . . . . . . . . . . . | 9,50 | 10,20 |
| Tonerde + Eisenoxyd . . . . . . . . . . . . . . . | 12,50 | 29,00 |
| Schwefelsäure . . . . . . . . . . . . . . . . . . . | 0,55 | 0,95 |
| Organische Substanzen . . . . . . . . . . . . . . . | 5,50 | 15,50 |
| Oxyde von Kupfer, Zink, Blei . . . . . . . . . . | 2,82 | 0,91 |

Ausscheidungen setzen sich aber nicht nur auf den Heizrohren ab, sondern bedecken alle Apparatenteile, mit denen der Saft zusammenkommt.

So zeigten zwei Inkrustationen an Schaugläsern, die Neumann (1896) analysierte, folgende Zusammensetzung[3]:

| | II. Körper | III. Körper |
|---|---|---|
| Glühverlust (Zucker, Fett) . . . . . . . . . . . . . | 52,4 | 48,2 |
| Wasser . . . . . . . . . . . . . . . . . . . . . . . | 3,9 | 5,4 |
| $SiO_2$ . . . . . . . . . . . . . . . . . . . . . . . | 10,8 | 17,7 |
| $Al_2O_3$ . . . . . . . . . . . . . . . . . . . . . . | 15,9 | 17,7 |
| CaO . . . . . . . . . . . . . . . . . . . . . . . . . | 2,0 | 1,9 |
| MgO . . . . . . . . . . . . . . . . . . . . . . . . | 7,0 | 0,7 |
| $SO_3$, CuO, Alkalien . . . . . . . . . . . . . . . | 8,0 | 8,4 |

Bisher wurden die einzelnen Bestandteile der verschiedenen Inkrustationen angeführt und die Zusammensetzungsverhältnisse derselben an Hand eines reichen Zahlenmaterials gezeigt. Nun ist zu unter-

---

[1] Z. f. Zuckerind. i. B. XXV, S. 552, 1900/01.
[2] Analysen von H. Pellet und J. de Grobert 1880.
[3] Z. f. Zuckerind. i. B. XX, 1895/96.

suchen, ob es nicht bestimmte Beziehungen oder Gesetzmäßigkeiten gibt, nach denen die Ausscheidungen erfolgen und zusammengesetzt sind.

Daß Gesetzmäßigkeiten hier herrschen, ist unbedingt anzunehmen. Da die Ausfällung der genannten Verbindungen eine Folge ihres Unlöslichwerdens mit zunehmender Konzentration des Dünnsaftes in der Verdampfstation ist, wird in dem Maße, als die Konzentration fortschreitet, eine fraktionierte Ausscheidung stattfinden, so daß zuerst die schwerer, dann die leichter löslichen Verbindungen ausfallen. Für eine und dieselbe Fabrik werden sich also sicher Gesetzmäßigkeiten, nicht aber für alle Fabriken allgemeine Regeln finden lassen. Dies kommt von den verschiedenen Arbeitsweisen und Einrichtungen der einzelnen Fabriken her. Daher darf man sich nicht wundern, wenn die Zusammensetzung der Inkrustation der ersten, zweiten und dritten und vierten Körper einer Verdampfstation unter Umständen stark abweichen von denen der korrespondierenden Verdampfkörper einer anderen Fabrik. Wenn z. B. eine Fabrik im vierten Körper nur einen Dicksaft erzeugt, der im Kampagnedurchschnitt 45° Bx stark ist, so ist hier noch nicht die Bedingung für manche Ausscheidungen gegeben wie in einer zweiten Fabrik, wo der Dicksaft 60° Bx hat.

Dazu kommt die Handhabung des Auskochens, das in verschiedenen Fabriken verschieden ausgeführt wird. Natürlich übt auch die Schwefelung der Säfte einen großen Einfluß. Dort, wo in der dritten Saturation geschwefelt wird, ist auf der ganzen Verdampfstation die Möglichkeit gegeben, Sulfite und Sulfate abzusetzen; dort, wo der Mittelsaft geschwefelt wird, können sich die genannten Schwefelverbindungen bestenfalls nur im Dicksaftkörper ausscheiden, und schließlich in Fabriken, in denen der Dicksaft geschwefelt wird, ist auf der ganzen Verdampfstation keine Gelegenheit für Ablagerung von Sulfiten oder Sulfaten gegeben.

Um die Frage nach den hier herrschenden Gesetzmäßigkeiten zu beantworten, darf man nur von den Analysen einer und derselben Fabrik ausgehen und nicht die angeführten Inkrustationen, die einzeln sehr häufig, im Zusammenhange aber selten analysiert wurden, als Ausgangsmaterial benutzen.

Aus den nachstehenden Analysen von Schlamm aus Verdampf-

Tabelle 91b.

|  | I.<br>Körper | II.<br>Körper | III.<br>Körper |
|---|---|---|---|
| Wasser und organische Substanzen | 29,80 | 26,71 | 18,60 |
| Kieselsäure | 0,40 | 23,40 | 69,80 |
| Eisenoxyd und Tonerde | 3,80 | 9,98 | 2,80 |
| Kalk | 46,30 | 25,80 | 6,80 |
| Magnesia | 1,36 | 0,81 | 1,08 |
| Phosphorsäure | 17,10 | 11,70 | Spuren |
| Kupfer | Spuren | Spuren | Spuren |
| Kohlensäure | — | — | — |
| Unbestimmtes | 1,24 | 1,60 | 0,92 |

pfannen von Rohrsäften (Pellet, 1884) ersieht man deutlich, wie die Kieselsäure mit zunehmender Konzentration des Saftes ausfällt, also in den einzelnen Körpern zunimmt. Hier gilt dasselbe, was schon früher vom Calciumoxalat behauptet wurde. Die Phosphorsäure nimmt in den einzelnen Ablagerungen ab.

H. Pellet stellte folgende Gesetzmäßigkeiten fest[1]: Im ersten Körper wiegt Calciumcarbonat vor und ist nur wenig Kieselsäure vorhanden. Die Kieselsäure findet sich mehr im zweiten, noch mehr im dritten Körper und nimmt überhaupt mit steigender Konzentration zu. Auch Calciumoxalat soll sich besonders im ersten Körper absetzen und darin sich „in fast reinem Zustande vorfinden". Hier steht Pellet im Gegensatze zu Weisbergs Angaben und Rümplers Forschungen. Nach Weisbergs Analysen nimmt wieder die Kieselsäure mit zunehmender Konzentration, ebenso Eisenoxyd und Tonerde ab.

Über schwefligsauren und schwefelsauren Kalk allein oder über beide zusammen macht Pellet keine präzisen Angaben.

„Aluminium und Eisen folgen fast unmittelbar auf die Kieselsäure." Bezüglich der Phosphorsäure gilt, daß diese, „wenn sich nicht viel Carbonatablagerungen gebildet haben", zuerst ausfällt[1].

In den vier wichtigen Bestandteilen Oxalsäure, Eisen- und Aluminiumoxyd und Kieselsäure besteht zwischen den Angaben Pellets und den Analysen Weisbergs keine Übereinstimmung.

Vor einem endgültigen Urteile seien die Untersuchungen S. Pecks sorgfältig geprüft.

Daß diese Verhältnisse in den Zuckerrohrfabriken genau dieselben wären, ist wohl nicht anzunehmen; aber große Analogie wird sicher bestehen. Über Inkrustationen aus der Verdampfstation in Rohrzuckerfabriken arbeitete S. Peck. Da solche ausführlichen Untersuchungen aus Rübenzuckerfabriken nicht vorliegen, sollen seine Analysen hier wiedergegeben werden[2].

Sehr lehrreich sind die Analysen der zwei Fabriken I und II.

Tabelle 92.

| | Zuckerfabrik Nr. I | | | | Zuckerfabrik Nr. II | | | |
|---|---|---|---|---|---|---|---|---|
| Nummer d. Körpers . | I | II | III | IV | I | II | III | IV |
| Kieselsäure . . . . . | 5,91 | 10,42 | 11,64 | 31,20 | 1,36 | 5,80 | 3,47 | 24,65 |
| Eisen u. Aluminium . | 1,45 | 2,18 | 1,03 | 4,06 | 2,28 | 2,45 | 2,52 | 0,77 |
| Kalk . . . . . . . | 48,33 | 44,94 | 47,57 | 33,47 | 51,22 | 51,65 | 58,35 | 61,95 |
| Magnesia . . . . . . | 3,79 | 3,27 | 2,49 | 4,74 | 4,52 | 3,20 | 1,60 | 1,22 |
| Phosphorsäure . . . | 38,62 | 32,22 | 35,04 | 15,90 | 37,64 | 33,77 | 28,59 | 8,00 |
| Schwefelsäure . . . . | 1,60 | 6,08 | 1,53 | 10,34 | 2,22 | 3,00 | 5,08 | 3,44 |

Die Kieselsäure der Inkrustationen nimmt mit fortschreitender Konzentration zu, die Phosphorsäure ebenso gesetzmäßig ab. Über die anderen Bestandteile lassen sich auf Grund dieser wenigen Angaben keine bestimmten Folgerungen ziehen.

Man sieht auch, daß Kalk den Hauptbestandteil ausmacht.

---

[1] D. Z. 1910, S. 596.    [2] ebd. 1908, S. 471.

Aus den weiteren Untersuchungen Pecks sei die Tabelle Nr. 93 dem Studium empfohlen (S. 432).

Aus dem Jahre 1908 stammen Analysen Pecks von Inkrustationen in Verdampfapparaten aus Rohrzuckerfabriken Hawais, aus denen sich folgende Grenzzahlen für die einzelnen Körper ergeben[1].

|  | I. Körper | II. Körper | III. Körper | IV. Körper |
|---|---|---|---|---|
| Organische Substanz . | 16,57—35,61 | 28,62—50,15 | 20,21—53,48 | 25,82—54,01 |
| Asche . . . . . . . | 64,39—83,43 | 49,85—71,38 | 46,52—79,79 | 45,99—74,18 |
| Stickstoff . . . . . . | 0,31— 0,78 | 0,44— 0,62 | 0,10— 0,90 | 0,19— 0,34 |
| Kohlendioxyd . . . . | 1,46 | 0,15— 1,37 | 0,00— 1,71 | 0,50— 1,84 |
| Fett usw. . . . . . . | 0,33 | 0,26 | 0,22— 0,49 | 0,22— 0,60 |

Für die organischen Substanzen zeigt sich ein Anwachsen mit der Körperzahl; es setzen sich also im vierten Körper mehr dieser Substanzen als im ersten Körper ab.

Aus den Analysen der Aschenbestandteile derselben Körper stellte Verfasser die folgende Tabelle 94 zusammen.

Tabelle 94. Grenzzahlen für die einzelnen Körper.

|  | I. Körper | II. Körper | III. Körper | IV. Körper |
|---|---|---|---|---|
| $SiO_2$ . . . . . . . . . | 0,38—17,08 | 0,36—40,86 | 0,53—87,41 | 7,33—52,51 |
| $Al_2O_3 + Fe_2O_3$ . . . . | 1,45— 4,19 | 1,44— 3,84 | 0,23— 3,76 | 0,85— 4,06 |
| CaO . . . . . . . . . | 43,08—51,22 | 40,03—51,65 | 10,75—58,37 | 25,24—61,95 |
| MgO . . . . . . . . . | 0,75— 4,86 | 2,99— 7,12 | 0,08— 4,30 | 1,22— 4,74 |
| $P_2O_5$ . . . . . . . . . | 8,98—43,90 | 4,20—40,00 | Spur—39,31 | 1,47—38,62 |
| $SO_3$ . . . . . . . . . | 1,60—26,60 | 1,74— 6,08 | 0,88—52,10 | 1,86—41,64 |

Auf Grund des vorwiegendsten Aschenbestandteiles teilt Peck die Inkrustationen in Silicat-, Sulfat- und Phosphatinkrustierungen ein. Die ersten beiden sind weiß bzw. leicht grau gefärbt, die letzteren schwarz oder dunkelgrau.

Ist der erste Körper reich an Carbonaten ($CaCO_3$, $MgCO_3$), so sind zwei Möglichkeiten hierfür vorhanden; entweder ist der Dünnsaft nicht genügend klar oder wurde in der dritten Saturation bis zur Entstehung von Bicarbonaten saturiert und nicht genügend ausgekocht. Die vom Verfasser ermittelten „Grenzzahlen" sollen nur zeigen,

Tabelle 95.

| Nr. des Körpers | Fabrik F | | | | G | | | | H | | | |
|---|---|---|---|---|---|---|---|---|---|---|---|---|
|  | I | II | III | IV | I | II | III | IV | I | II | III | IV |
| Organ. Substanz | 16,57 | 29,41 | 23,20 | 44,15 | 23,99 | 28,62 | 26,52 | 37,00 | 28,95 | 32,40 | 30,76 | 41,25 |
| Asche . . . . . | 83,43 | 70,59 | 76,80 | 55,85 | 76,01 | 71,38 | 73,48 | 63,00 | 71,05 | 67,60 | 69,24 | 58,75 |
| Stickstoff . . . | 0,23 | 0,44 | 0,26 | 0,25 | 0,53 | 0,52 | 0,36 | 0,34 | 0,47 | 0,51 | 0,39 | 0,19 |
| Kohlendioxyd . | 1,46 | 1,37 | 1,71 | 1,84 | 1,45 | 1,36 | 1,33 | 0,55 | 0,23 | 0,46 | 0,48 | 1,25 |
| Fett usw. . . . | — | — | — | — | 0,33 | 0,26 | 0,41 | — | — | — | 0 49 | 0,60 |

[1] D. Z. 1908, 471.

wie verschieden zusammengesetzt die Inkrustationen selbst der gleichziffrigen Apparate sind. Die Zusammenstellung aus Pecks Analysen
betrifft nur eine und dieselbe Fabrik und ist daher lehrreicher (s. Tab.
Nr. 95 S. 431). Leider sind diese Analysen nicht so vollständig wie die
oben besprochenen; es müssen auch die „Aschenbestandteile der Inkrustationen" zur Beurteilung mit herangezogen werden (s. 1. Auflage).

Tabelle

| Nr. des Körpers | Fabrik F | | | | G | | | |
|---|---|---|---|---|---|---|---|---|
| | I | II | III | IV | I | II | III | IV |
| Kieselsäure . . . . . | 5,91 | 10,43 | 11,64 | 31,20 | 16,88 | 17,48 | 17,07 | 52,51 |
| Eisenoxyd u. Tonerde | 1,45 | 2,18 | 1,03 | 4,06 | 4,19 | 3,84 | 3,76 | 3,05 |
| Kalk . . . . . . . | 48,33 | 44,94 | 47,57 | 33,47 | 43,08 | 40,03 | 42,94 | 25,24 |
| Magnesia. . . . . . | 3,79 | 3,37 | 2,49 | 4,74 | 3,56 | 7,12 | 3,19 | 2,55 |
| Phosphorsäure . . . | 38,62 | 32,22 | 35,04 | 15,90 | 29,70 | 28,65 | 29,54 | 9,43 |
| Schwefelsäure . . . | 1,60 | 6,08 | 1,53 | 10,34 | 2,07 | 2,08 | 2,97 | 6,70 |

Hier sieht man genau ein Ansteigen des Organischen und Abfallen der Asche. Der Stickstoff bleibt ziemlich konstant
und dürfte als organischer und anorganischer vorliegen.

Das sind die ersten Analysen, in denen der Stickstoffgehalt der Inkrustationen berücksichtigt wurde.

Diese Analysen zeigen ein regelmäßiges Zunehmen der Kieselsäure und ein regelmäßiges Abnehmen der Phosphorsäure.
Eisenoxyd und Tonerde nehmen größtenteils ab, wie auch
Pellet und Weisberg fanden. Kalk zeigt hier kein regelmäßiges
Verhalten, wogegen Pellet eine stetige Abnahme mit zunehmender
Konzentration fand. Magnesia, Schwefelsäure zeigen kein regelmäßiges Verhalten. Oxalsäure wird trotz des gegenteiligen Befundes
Pellets in den Inkrustationen mit zunehmender Konzentration
ansteigen.

Übersieht man alle einschlägigen Analysen dieses Abschnittes, so
muß man zur Überzeugung gelangen, daß für die einzelnen Fabriken und ihre Arbeitsweisen gewisse Gesetzmäßigkeiten
in der Zusammensetzung der Inkrustationen für die einzelnen Körper bestehen. Wenn diese Regelmäßigkeiten aber nicht
immer gleich gut erkennbar sind, so kann dies u. a. auf die ungleichmäßige chemische Zusammensetzung der Rübensäfte im Verlaufe der
Kampagne zurückgeführt werden.

In der oben zitierten Arbeit führt Pellet alle Faktoren an, welche
auf die Qualität und Quantität der Inkrustationen Einfluß haben[1].
Sie hängen ab:

1. von der Beschaffenheit des verwendeten Kalkes;
2. von der Beschaffenheit des im Kalkofen verwendeten Kokses, je nachdem
das Brennen durch Vermischen des Kalksteines mit dem Brennstoff erfolgt oder
nicht;
3. von der Abmessung des Kalkofens im Vergleich zur Menge der verarbeiteten
Rüben;

---

[1] D. Z. 1910, S. 596.

4. von der Menge des bei der ersten und der zweiten Saturation zugesetzten Kalkes;

5. von dem Grade der Saturation der Säfte bei der ersten Saturation, desgleichen bei der zweiten, bisweilen auch bei der dritten Saturation;

6. von dem Umstande, ob man schweflige Säure neben Kohlensäure verwendet hat, oder davon, ob man die mit Kohlensäure behandelten Säfte nach der Filtration geschwefelt hat;

7. von den Temperaturen, bei denen man die Scheidung, Saturation und Schwefelung vorgenommen hat;

93.

| H | | | | I | | | | J | | |
|---|---|---|---|---|---|---|---|---|---|---|
| I | II | III | IV | I | II | III | IV | I | II | III |
| 0,38 | 0,35 | 2,22 | 7,33 | 1,36 | 5,80 | 3,57 | 24,65 | 4,04 | 8,31 | 36,31 |
| 3,15 | 3,42 | 3,39 | 1,00 | 2,28 | 2,45 | 2,52 | 0,77 | 2,75 | 1,44 | 0,84 |
| 46,98 | 51,44 | 49,97 | 46,48 | 51,22 | 51,65 | 58,37 | 61,95 | 47,95 | 44,02 | 31,87 |
| 2,83 | 2,51 | 2,62 | 4,23 | 4,52 | 3,20 | 1,60 | 1,22 | 4,86 | 4,12 | 2,94 |
| 43,94 | 40,00 | 39,31 | 38,62 | 37,64 | 33,77 | 28,59 | 8,00 | 38,14 | 39,29 | 25,71 |
| 3,12 | 1,79 | 1,78 | 1,86 | 2,22 | 3,00 | 5,08 | 3,44 | 2,11 | 2,54 | 2,74 |

8. von dem Umstande, ob man den Saft, bevor man ihn über die Filter schickte, kürzere oder längere Zeit erhitzt hat, und ob die Temperatur dabei eine höhere oder niedere war (Auskochen);

9. von der Anzahl der Filtrationen des Saftes, d. h. davon, ob die Säfte nach dem ersten Durchgang durch die Filterpressen noch einer mechanischen Filtration unterzogen worden sind oder nicht;

10. desgleichen schwankt die Quantität und die Qualität der Inkrustationen außerordentlich, je nach der Sorgfalt, mit der die letzte Filtration vorgenommen wurde, mit einem Worte, ob der Saft vor der Verdampfung vollkommen von jeder Spur suspendierter Stoffe befreit wird;

11. die Inkrustationen sind der Menge und Beschaffenheit nach ebenfalls verschieden, je nach der Art der Verwendung des Kalkes, ob derselbe als ungelöschter Kalk oder als Kalkmilch verwendet wird, und je nach dem Grade der Hydratation des Kalkes;

12. es besteht ebenfalls ein Einfluß der Geschwindigkeit, mit der die Saturation je nach der Qualität des Kalkes vonstatten geht;

13. ferner besteht ein Einfluß des Konzentrationsgrades des Saftes;

14. die Form der Verdampfapparate beeinflußt zwar nicht die Qualität der Inkrustationen, aber sie wirkt erheblich auf die Menge der Ablagerung ein, und in dieser Beziehung scheinen die horizontalen Apparate die weniger vorteilhaften zu sein. Offenbar ist die Zusammensetzung der Inkrustationen auch je nach der Anzahl der die Verdampfstation bildenden Körper eine verschiedene.

15. Wenn die in die Diffusion eingeführten Schnitzel mit Erde behaftet sind, so hat die Qualität der Säfte, soweit die Inkrustationen in Betracht kommen, darunter zu leiden.

16. Ferner übt auch die Zeit der Fabrikation einen merklichen Einfluß auf die Inkrustationen aus, d. h. je nachdem die verarbeiteten Rüben mehr oder weniger zur Reife gelangt sind, oder ob sie spät verarbeitet werden, nachdem sie kürzere oder längere Zeit und unter mehr oder weniger günstigen Bedingungen in Mieten eingelagert gewesen sind.

17. Die Inkrustationen sind auch verschieden, je nachdem man verschiedene Chemikalien verwendet oder nicht, besonders Soda oder Natriumbisulfit, das bei der Diffusion oder Scheidung zugesetzt wird.

In dieser Zusammenstellung aller Faktoren fehlt auffallenderweise das Betriebswasser, in dem Vivien die Hauptursache der Inkrustationen sieht[1]. Dem Kalksteine und dem Koks, bzw. deren Gehalt

---

[1] Bull. assoc. chim. XII, S. 526, 1895.

an Verunreinigungen spricht er nur eine untergeordnete Rolle zu.
Hauptsächlich Gips, Kieselsäure, Eisen- und Aluminiumverbindungen
des Betriebswassers bilden in den Verdampfapparaten solche harte
Ablagerungen, daß sie den chemischen Einflüssen (Alkalien und Säuren)
bei der üblichen Reinigung widerstehen und nur mechanisch entfernt
werden können. Besonders Brunnenwasser aus etwas größeren
Tiefen gibt zu solchen Ausscheidungen Anlaß. Vivien fand folgende
Grenzen für die einzelnen Bestandteile verschiedener Inkrustationen.

$$\begin{array}{ll}
CaCO_3 & 0,13\text{---}\ 2,80\,\% \\
(COO)_2Ca & 0,20\text{---}15,50\,\% \\
\text{organische Stoffe} & 6,00\text{---}25,50\,\% \\
CaSO_4 & 0,50\text{---}14,25\,\% \\
SiO_2 & 2,00\text{---}83,00\,\% \\
Fe_2O_3 + Al_2O_3 & 0,20\text{---}\ 5,00\,\%
\end{array}$$

Daß die Ausscheidungen aus dem Betriebswasser härter
und widerstandsfähiger als die Ausscheidungen aus den
Säften, also eigentlich unangenehmer als erstere sind, geht aus folgender Beobachtung des Verfassers hervor.

In einer gemischten Fabrik wurde nach vollendeter Rübenkampagne für Zwecke
der Raffinerie im ersten Körper der Verdampfstation Wasser durch viele Wochen
hindurch (ungefähr 3 Monate) gewärmt. Als später die Verdampfstation instand
gesetzt wurde, zeigte sich, daß die Heizrohre des zweiten Körpers leicht durch
salzsäurehaltiges Wasser in der Kälte zu reinigen waren, die des ersten Körpers
aber durch dieses saure Wasser gar keine oder doch nur viel schwieriger die Inkrustation durch Lösung verloren; dabei besaßen sie nicht mehr Inkrustationen
als die Rohre aus dem zweiten Verdampfkörper. Es war also nicht die Menge,
sondern die chemische Zusammensetzung der Ausscheidungen aus dem
Betriebswasser Ursache dieser unangenehmen Erscheinung.

Die Verunreinigungen des Saturationsgases und der Kalkmilch machen sich auch bei den Ausscheidungen geltend. So stammt
nach Prinsen-Geerligs die Kieselsäure hauptsächlich aus dem
Kalkstein.

Die Kieselsäure ist in kolloidalem Zustande im Safte enthalten,
geht beim Eindampfen in die unlösliche Form über und scheidet sich
daher in den einzelnen Körpern je nach den Betriebsverhältnissen
und nach der Qualität der Säfte verschieden aus. Daß die Kieselsäure
aber nicht immer aus dem Kalk stammen muß, beweist eine Ausscheidung aus dem vierten Körper einer Vierkörperverdampfung, die
86,78 % $SiO_2$ enthielt[1], während der Kalkstein und der gebrannte Kalk von
normaler Zusammensetzung waren. Auch J. Weisberg nimmt das
Vorkommen der Kieselsäure in den Inkrustationen der Verdampfkörper teils als solche, teils als Kalksilicat aus dem zur Scheidung angewendeten Kalk an[2]. „Der Kalkstein, der Koks und bisweilen auch
die gemauerten Wände des Kalkofens sind die Hauptlieferanten des
Kalksilicates und der Kieselsäure, und werden diese mit der Kalkmilch
in die Säfte eingeführt." Es sind die genannten Verbindungen daher
in den Zuckersäften merklich löslich; Weisberg bestimmte ihre Lös-

---

[1] Salich: Ö. U. Z. f. Zuckerind. XXIV, S. 37, 1895.
[2] Z. V. D. Zuckerind. 1896, S. 948.

lichkeit darin (s. S. 96). Eine zweite Quelle für die Kieselsäure ist ihr allerdings geringes Vorkommen im Rohsafte.

Über Inkrustationen in Druckverdampfanlagen liegen noch keine systematischen Untersuchungen vor. Die folgende ermittelte Tschaskalik für den ersten Körper einer solchen[1]. Bemerkenswert an diesem Belag ist, daß er fast hauptsächlich aus $CaCO_3$ besteht, das eigentlich

42,60 %   Kalk (CaO),
1,15 %   Magnesia (MgO),
13,97 %   Kupferoxyd $(CuO)$[2],
4,79 %   Eisenoxyd u. Tonerde ($Fe_2O_3$ und $Al_2O_3$),
32,76 %   Kohlensäure ($CO_2$),
0,63 %   Schwefelsäure ($SO_3$),
0,89 %   Phosphorsäure ($P_2O_5$),
0,26 %   Kieselsäure ($SiO_2$),
1,93 %   Organische Substanz.

beim Auskochen hätte ausfallen können, während tatsächlich an den Filterbeuteln (nach dem Auskochen) nur geringe Rückstände blieben. Der Kalk dürfte hier in anderer Form wie als Bicarbonat vorgelegen sein[3] oder er fand zum Ausfallen nicht genug Zeit (kurzes Auskochen).

Jede Saftreinigung setzt es sich auch zum Ziele, solche Säfte zu erzeugen, die in der Verdampfstation wenig Stein (Belag) ansetzen. Diesbezüglich wurde schon im Abschnitte über das Schwefeln der Säfte und über das Verfahren nach Weisberg das Nötige gesagt.

Viele Betriebe haben ihre eigene Arbeitsweise zu gleichem Zwecke, die meist von örtlichen Verhältnissen abhängig ist. Eine solche gab z. B. F. W. Meyer bekannt. Sie ähnelt der Methode Weisberg, sorgt für sehr gute Wirkung des Auskochers und endet mit einer Mittelsaftsaturation[4].

### e) Verfärbung der Säfte.

Stets wird die Farbe eines auf Dünnsaftkonzentration verdünnten Dicksaftes, z. B. die Grade Stammer, größer sein als die Farbe des zugehörigen Dünnsaftes. Zahlenmäßige Angaben hierfür finden sich in der Untersuchung Vl. Stanĕks und J. Vondráks über das Verfärbungsvermögen der Säfte bei der Verdampfung. Die folgenden Angaben entstammen den korrespondierenden Säften verschiedener Zuckerfabriken[5] (Tabelle 96a).

Der Grad der Zufärbung hängt nicht nur vom Dünnsafte ab, sondern auch von der Art der Verdampfung.

Alle jene Maßnahmen der Betriebsführung die einen gesunden, hellen Dünnsaft ergeben, gewährleisten meist eine geringere Zufärbung und somit auch einen helleren Dicksaft.

Vermindert kann die Zufärbung auch werden durch die Art der Verdampfungsanlage und durch ein richtiges Verdampfen der Säfte.

---

[1] C. f. Zuckerind. 1927, S. 576.
[2] Dieser hohe Kupfergehalt entstammt der Korrosion der Messingrohre durch freigewordenes Kohlendioxyd.     [3] C. f. Zuckerind. 1927, S. 576.
[4] D. Z. 1926, S. 197, 216.     [5] Z. d. tschsl. Zuckerind. VIII, S. 1, 1926.

Darüber liegen zahlreiche Untersuchungen vor, die nur kurz angeführt sein mögen, da es sich um eine technologische Frage und meist um Ergebnisse handelt, die örtlich bedingt waren.

Über die **Farbenerscheinungen der Säfte beim Verdampfen** schreibt Jesser, daß Kalk bei seiner Einwirkung auf den Saft entfärbend wirkt. Diese Entfärbung ist um so gründlicher, je energischer die Kalkeinwirkung in kalk-alkalischer Lösung ist. Alkalien zerstören wohl auch die Farbe; während aber Kalk entfärbt, bewirken Alkalien

Tabelle 96a.

| Farbkonzentration in °St | | Farbzunahme beim Eindampfen | | Saturation |
| --- | --- | --- | --- | --- |
| des Dünnsaftes | des Dicksaftes n. Verdünnung auf d. Konzentr. des Dünnsaftes | °St | % | |
| 1,19 | 1,27 | 0,08 | 7 | dreifache |
| 0,85 | 1,79 | 0,94 | 111 | „ |
| 2,04 | 3,70 | 1,66 | 81 | ? |
| 1,39 | 3,21 | 1,82 | 131 | zweifache |
| 1,75 | 2,78 | 1,03 | 59 | ? |
| 1,61 | 3,40 | 1,79 | 111 | zweifache |
| 1,06 | 1,47 | 0,41 | 39 | do. u. Mittelsaftschwefelung |
| 1,91 | 2,68 | 0,77 | 40 | „ |
| 1,70 | 4,84 | 3,14 | 185 | „ |
| 1,29 | 3,56 | 2,27 | 176 | „ |

eine Dunkelfärbung, Kalkeinwirkung vermag diese Dunkelfärbung wieder aufzuhellen. Bei gleichzeitiger Einwirkung der beiden genannten Agenzien tritt ebenfalls Entfärbung ein[1].

Wird die Scheidung und die Saturation richtig durchgeführt, sind also alle farbengebenden Substanzen zerstört, so hat der Dünnsaft eine schöne Farbe (braungelb bis hellgelb) und behält sie auch beim Verdampfen (ohne hier die etwa auftretende Nachdunkelung infolge Zuckerzersetzung zu berücksichtigen). Wäre aber in der Scheidesaturation die Farbe nicht vollständig zerstört worden, so kämen bei der Verdampfung die Alkalien zur Wirkung und, wie oben ausgeführt, würde der Saft nachdunkeln[2].

Horsin-Déon bringt die Färbung der Säfte mit einer zu geringen Heizfläche der Verdampfapparate und mit Fermentwirkung in den Körpern in Zusammenhang, wobei der Reinheitsquotient der Säfte trotz zunehmender Färbung nicht erniedrigt wird. Daraus wäre zu schließen, daß Nachdunkelung der Säfte nicht auf Kosten des Zuckers, sondern auf die des organischen Nichtzuckers vor sich gehe, und zwar rufen **Zersetzungsprodukte des Invertzuckers durch Alkalien** Dunkelfärbung hervor. Die Dunkelfärbung tritt besonders im letzten Körper auf: rasche Zirkulation und Verdampfung ist notwendig, um

---

[1] Ö. U. Z. f. Zuckerind. XXII, S. 251, 1893.
[2] Z. f. Zuckerind. i. B. XIX, S. 10, 1894/95.

das Nachdunkeln zu verhindern[1]. Während der Verdampfung findet demnach Zunahme der Farbe oder Bildung von Farbstoffen statt. Qualitativ und quantitativ wird dieser Prozeß von allen jenen Umständen abhängen, die bei der „Farbe des Dicksaftes" angeführt werden. So wird es erklärlich, daß die Messungen der Farbstoffzunahme in der Verdampfstation nicht nur bei den Untersuchungen verschiedener Autoren, sondern auch bei verschiedenen Versuchsanstellungen des gleichen Forschers von einander abweichende, manches Mal entgegengesetzte Ergebnisse zeitigten.

Das gleiche gilt für das Verkochen des Dicksaftes, bei dem eine verhältnismäßig größere Farbenzunahme zu erwarten sein wird und tatsächlich auch auftritt, wie später gezeigt werden wird.

Die näheren Ursachen dieser Erscheinungen werden erst im nächsten Kapitel erörtert werden. An dieser Stelle genügen noch einige Angaben über die Größe der Farbzunahme.

Gerade in den letzten Jahren wurde den quantitativen Verhältnissen der Saftverfärbung großes Augenmerk geschenkt, weil die Einführung der Druckverdampfung dieses Problem in den Vordergrund des Interesses stellte.

Schlosser konnte diesbezüglich keinen Unterschied zwischen einer gut geführten Druckverdampfung und einer solchen unter Luftleere arbeitenden feststellen. Bei sachgemäßer Saftreinigung und lebhafter Bewegung bei kurzer Aufenthaltsdauer des Saftes war nur geringe Zunahme der Färbung feststellbar[2].

Tabelle 96b.

| Versuch Nr. | Dünnsaft | | Dicksaft | | Farbzunahme in der Verdampfstation | Zunahme in % der ursprüngl. Farbe |
|---|---|---|---|---|---|---|
| | Pol. | Farbe auf 100 Pol. | Pol. | Farbe auf 100 Pol. | | |
| 1 | 15,2 | 24,59 | 58,5 | 26,14 | + 1,55 | min |
| 2 | 15,5 | 24,35 | 60,6 | 24,81 | + 0,46 | 1,88 |
| 3 | 15,6 | 21,92 | 57,0 | 24,35 | + 2,43 | |
| 4 | 15,6 | 22,89 | 58,2 | 24,50 | + 1,61 | |
| 5 | 14,8 | 21,80 | 59,7 | 23,30 | + 1,50 | |
| 6 | 15,0 | 16,26 | 61,3 | 17,69 | + 1,43 | |
| 7 | 16,2 | 15,06 | 62,2 | 20,16 | + 5,10 | |
| 8 | 14,9 | 22,37 | 62,3 | 24,86 | + 2,49 | max |
| 9 | 14,7 | 21,60 | 58,5 | 25,20 | + 3,60 | 16,65 |
| im Mittel | 15,3 | 21,204 | 59,8 | 23,445 | + 2,241 | 10,57 |

In einer Nachprüfung fand Schlosser folgende Zufärbungen in neun Versuchen[3]. In diesen sowie in den gleichen Versuchen über das Verkochen des Dicksaftes (s. d.) drückt Schlosser (und andere Autoren) die Zufärbung in Prozenten der ursprünglichen Farbe aus. Staněk und Vondrák weisen darauf hin, daß diese Ausdrucksweise zu unrichtigen Schlüssen führen könne, da bei stark verfärbten Säften

---

[1] Bull. chim. 1892/93, Z. V. D. Zuckerind. 1895, S. 767.
[2] C. f. Zuckerind. 1925, Nr. 15—18.    [3] ebd. 1926, S. 407.

das Dunkelwerden bei gleicher Zufärbung verhältnismäßig geringer wird als bei lichten Säften[1].

Beim Nachdunkeln des eine Farbkonzentration von 5⁰ St aufweisenden Saftes um 1⁰ St entspricht dies einer Zunahme von 20 %; beim Nachdunkeln eines Saftes von 2⁰ St auf 3⁰ St handelt es sich wiederum um eine Steigerung um 1⁰ St, diese Erhöhung kommt jedoch einer 50 proz. Verdunkelung gleich. Die erste Ausdrucksweise kann daher bloß beim Vergleich der Kochversuche mit demselben Ausgangsdünnsaft angewendet werden; beim Vergleich der Wirkung verschiedener Manipulationen, die einen verschieden verfärbten Saft bereits vor dem Verkochen liefern, muß das Nachdunkeln bloß durch Zunahme der Farbkonzentration zum Ausdruck gebracht werden.

Bei ihren schon oft genannten Versuchen fanden Staněk und Vondrák in einer Versuchsapparatur, die dem Betriebe ähnliche Verhältnisse aufwies, daß die Zufärbung der Dauer der Saftanwärmung proportional ist. Bis zu 60—80 Minuten erfolgt die Verfärbung annähernd gleichmäßig, wie aus der die Anzahl der in einer Minute entstandenen Grade Stammer angebenden Spalte gut ersichtlich ist; die Anwärmungsdauer über 60 Minuten und besonders um 100 Minuten herum liefert auffallend dunklere Säfte, was etwa mit einer längeren Aufenthaltsdauer des bedeutend konzentrierten Saftes von hohem Siedepunkte im Apparate zusammenhängt.

Tabelle 97.   Einfluß der Kochdauer auf die Verfärbung des Saftes.

| Saftgattung | Siededauer | | Farb-konzen-trat. ⁰St | Farbzunahme | | Zunahme von ⁰St in 1 Minute |
|---|---|---|---|---|---|---|
| | Minuten | Sekunden | | ⁰St | % | |
| Dünnsaft der Zuckerfabrik B | 0 | 0 | 1,28 | — | — | — |
| | 45 | 28 | 1,39 | 0,11 | 8 | 0,0024 |
| | 62 | 30 | 1,41 | 0,13 | 10 | 0,0021 |
| | 79 | 37 | 1,43 | 0,15 | 12 | 0,0019 |
| | 99 | 40 | 1,85 | 0,57 | 45 | 0,0057 |
| Dünnsaft der Zuckerfabrik M | 0 | 0 | 1,00 | — | — | — |
| | 44 | 22 | 1,09 | 0,09 | 9 | 0,0020 |
| | 63 | 03 | 1,14 | 0,14 | 14 | 0,0022 |
| | 80 | 00 | 1,30 | 0,30 | 30 | 0,0037 |
| | 103 | 46 | 1,51 | 0,51 | 51 | 0,0049 |

Nach dieser Vorarbeit machten sich nun die beiden Forscher daran, die große und wichtige Frage nach dem Zusammenhange zwischen Saftbehandlung (Saturation, Kalkmengen, Schwefeln usw.) und Verhalten der Säfte in der Verdampfstation bezüglich Verfärbung zu beantworten[2]. Neuerdings konnten die Genannten die wohltuende Wirkung einer gründlichen Saftreinigung nachweisen; Säfte, die mit mehr Kalk geschieden wurden, solche die dreimal saturiert und solche, die geschwefelt wurden, ergaben Dünnsäfte, die bei der Verdampfung viel weniger nachdunkelten als Säfte, die nicht mit solcher Sorgfalt

---

[1] Z. d. tschsl. Zuckerind. VIII. 1926, S. 1.
[2] Z. f. d. tschsl. Zuckerind. VIII, S. 9—22, 1926.

hergestellt wurden. Ähnliche Resultate erhielten L. Chaloupka[1] und R. Brada in seiner Untersuchung „zur Frage des Nachdunkelns der Säfte während der Manipulation"[2].

Tschaskalik wieder fand keine Gesetzmäßigkeiten für den Zusammenhang von Saftfarbe mit Konzentration, Temperatur und Verdampfungsdauer und legt der chemischen Beschaffenheit der Säfte — mit Recht — die größte Bedeutung bei; indirekt ist also das Rübenmaterial und die durchgeführte Saftreinigung (Verarbeitungsmethode) ausschlaggebend, viel weniger die mechanischen und physikalischen Faktoren[3].

##### f) Chemie der Reinigung der Verdampfapparate.

Die Ausscheidungen aus den Säften setzen sich an den Heizröhren der Verdampfapparate als meistens sehr feste, harte Kruste an, die, allmählich stärker werdend, schließlich die Leistungsfähigkeit der Verdampfkörper vermindert, was sich im Vorderbetriebe durch verminderte Rübenverarbeitung bemerkbar macht. Dann ist der Augenblick gekommen, daß man sich zur Entfernung dieses Steinabsatzes entschließt.

Infolge der Beschaffenheit der Ausscheidungen, des Zeitmangels während der Kampagne, der schweren Durchführbarkeit usw. muß man von einer mechanischen Reinigung absehen und gleich zur chemischen greifen. Erst nach der Kampagne werden beide Reinigungsarten hintereinander angewendet.

Die allgemein angewendeten Mittel zur chemischen Reinigung der Verdampfapparate sind Soda im Vereine mit Salzsäure. Erstere wandelt die im Steinabsatze befindlichen organischsauren Kalksalze, ferner die Sulfate und Sulfite usw. in Carbonate um, wobei sich die betreffenden Natronsalze bilden. Dann erst kann die verdünnte Salzsäure lösend auf die so vorbehandelte Kruste wirken.

Nach dem „Auskochen" ist der Steinansatz weniger hart und hat eine rauhe Oberfläche. Eine völlige Beseitigung des Steines ist nicht möglich. Trotzdem zeigt sich sofort nach dem Auskochen eine ganz bedeutende Verbesserung der Verdampfung und ein flotter Betrieb. Die rauhe Oberflächenbeschaffenheit des zurückbleibenden Steinansatzes wirkt aus physikalischen Gründen besser als die glatte metallische. Natürlich darf die Schichte nicht zu dick werden. Claassen gibt als Maximum hierfür $1/2$—1 mm an[4].

Nach Claassen sollen die für die Reinigung der Verdampfapparate in Betracht kommenden Soda- und Salzsäurelösungen folgende Konzentrationen haben:

1. Körper: Sodalösung $1/2$—1 % $Na_2CO_3$  Salzsäure $1/4$ % HCl
2. „ „ 1 % $Na_2CO_3$  „ $1/3$ % HCl
3. „ „ $1^1/_2$—$2^1/_2$ % $Na_2CO_3$  „ $3/4$—1 % HCl

Bei der gewählten Konzentration der Salzsäure gehen die sonst in dieser

<hr>

[1] Z. d. tschsl. Zuckerind. VIII, S. 543, 1927.   [2] ebd. VIII, S. 548, 1927.
[3] C. f. Zuckerind. 1925, Nr. 12, 15, 18, 25.
[4] Die Zuckerfabrikation, 1918, S. 169.

Säure löslichen Sulfite, Sulfate, Phosphate und Oxalate nicht in Lösung. Auch ist zu bedenken, daß diese Inkrustationen sehr hart sind und fest auf den Röhren sitzen. Mit Rücksicht auf die Erhaltung der Apparate soll die Konzentration der Säure nicht über 1 % HCl gehen[1].

Wie lange man ohne Auskochen arbeiten kann, hängt von vielen bekannten und unbekannten Verhältnissen ab. Es gibt Betriebe, die bei täglicher Rübenverarbeitung von 16000 q während der vier Monate dauernden Kampagne leicht ohne jedes Auskochen auskommen und minder gut geleitete Fabriken mit 7000 q täglicher Verarbeitung, in denen nach sieben Wochen die Rübenverarbeitung infolge Inkrustierung der Verdampfapparate empfindlich sinkt. Nach dem Auskochen erreicht man wieder die normale Rübenverarbeitung (s. „Nachtrag“).

**Kettler** studierte die chemischen Reaktionen, welche beim Auskochen der Verdampfapparate zwischen den Salzen der Inkrustationen und den Reagenzien (Soda, Salzsäure) vor sich gehen[2]. Die hauptsächlichsten Bestandteile des Rohrbelages sind die Kalksalze der Kohlen-, schwefligen, Schwefel-, Oxal- und Phosphorsäure. $CaCO_3$, $CaSO_3$, $CaSO_4$, $Ca(CO_2)_2$, $Ca_3(PO_4)_2$.

Die Inkrustation ist ein inniges Gemenge dieser Salze, und zwar ein so dichtes, daß es keine Struktur zeigt; es erscheint als homogene Masse.

Die aufschließende Wirkung der Sodalösung zeigt sich in folgenden Gleichungen:

$$1. \quad CaSO_3 + Na_2CO_3 = CaCO_3 + Na_2SO_3;$$
$$2. \quad CaSO_4 + Na_2CO_3 = CaCO_3 + Na_2SO_4;$$
$$3. \quad Ca(CO_2)_2 + Na_2CO_3 = CaCO_3 + Na_2(CO_2)_2;$$
$$4. \quad Ca_3(PO_4)_2 + 3Na_2CO_3 = 3CaCO_3 + 2Na_3PO_4.$$

Zu diesen Versuchen wendete **Kettler** die Salze in feinstgepulvertem Zustande an und kochte mit einer konzentrierten Sodalösung. Die Reaktionen verlaufen nicht so quantitativ, wie die Gleichungen ausdrücken, gehen aber wenigstens teilweise vor sich. Damit ist aber noch nicht die Frage entschieden, ob diese Reaktionen auch mit den Inkrustationen vor sich gehen. **Kettler** verneint diese Frage. Nach seinen Versuchen wirkt die Sodalösung nicht aufschließend, weil der Belag eine dichte, harte Masse darstelle, die keine genügend große Angriffsfläche der Soda bietet. Er kommt zum Schlusse, daß durch das Auskochen mit Soda kein oder doch nur ein minimaler Zweck erfüllt wird. Seine Ausführungen blieben nicht unwidersprochen.

Nach der Soda kommt die Salzsäure zur Anwendung; sie wirkt auf die gebildeten Carbonate lösend.

$$CaCO_3 + 2HCl = CaCl_2 + H_2O + CO_2.$$
unlösl.           lösl.

Dieser Prozeß geht leicht vor sich.

$$CaSO_3 + 2HCl = CaCl_2 + H_2O + SO_2.$$

$CaSO_3$ ist in Wasser fast unlöslich, leicht aber wie das $CaCO_3$ in der verdünnten Salzsäure löslich.

---

[1] Claassen, H.: Die Zuckerfabrikation, 1918, S. 169.  [2] D. Z. 1907, S. 219.

$$CaSO_4 + 2\,HCl = CaCl_2 + H_2SO_4.$$
$$Ca(CO_2)_2 + 2\,HCl = CaCl_2 + C_2O_4H_2.$$

Oxalsaurer Kalk ist in Wasser unlöslich, leicht in der Salzsäure. Ebenso das folgende Phosphat:

$$Ca_3(PO_4)_2 + 4\,HCl = 2\,CaCl_2 + \underset{\text{(löslich in H}_2\text{O)}}{Ca(H_2PO_4)_2}.$$

Ist genügend Salzsäure vorhanden, so geht dieser Prozeß weiter:

$$Ca(H_2PO_4)_2 + 2\,HCl = CaCl_2 + 2\,H_3PO_4.$$

Zum Schlusse schreibt Kettler, daß durch Salzsäure allein der Rohrbelag entfernt werden könne[1].

Möller weist auf die Mängel der Untersuchungen Kettlers hin und sieht in denselben keinen Beweis dafür, daß die Soda unwirksam wäre[2].

Claassen bemerkte, daß von einer praktischen Löslichkeit der Kalksulfite, Sulfate, Phosphate, Oxalate in Salzsäure nicht die Rede sein könne, da letztere zur Schonung der Apparate nicht stärker als 1proz. sein darf. In dieser Konzentration wirkt die Säure aber entweder gar nicht oder zu langsam lösend. „. . . daß es ein Unterschied ist, ob man einen harten, fest auf den Röhren aufsitzenden Stein mit sehr verdünnter Salzsäure auflösen will oder ob man kleine Stücke davon im Reagensglase mit stärkerer Säure behandelt" — welche Worte Claassens sich gegen die Versuchsführung Kettlers richten.

Entgegen der von mancher Seite aufgestellten Behauptung, zum Auskochen der Apparate genüge Säure allein, man könne also die Soda entbehren, kommt P. Wendeler, der das Auskochen auf wissenschaftliche Basis stellte, zum Schlusse, „daß die Soda in ganz erheblicher Weise zersetzend bzw. lösend auf die Ablagerungen in den Verdampfapparaten wirkt und daß ihre Anwendung keineswegs ohne Nutzen ist".

Auf die Wirksamkeit der Soda und der Säure haben Dauer der Auskochung, Temperatur, Luftleere, Konzentration, Stärke und Art der Inkrustierung, Flüchtigkeit der Säure usw. Einfluß[3].

Zur Reinigung der Verdampfapparate wird auch Natriumbisulfat ($Na . HSO_4$) angewendet. Die Erörterung über die Anwendung dieses Chemikals stand auf der Tagesordnung der Generalversammlung des Sächsisch-Thüringischen Zweigvereins 1905[4].

Mit Rücksicht darauf, daß sich Natriumbisulfat zur Reinigung der Verdampfstation nicht eingebürgert hat, genüge dieser Hinweis oder der auf die erste Auflage dieses Buches.

### g) Die Gewinnung des Ammoniaks.

Das Bestreben, das Ammoniak, das sich in den einzelnen Betriebsstellen abscheidet, im Nebenbetriebe zu gewinnen, geht bis in das Jahr 1868 zurück. In diesem sprachen Leplay und Cuisinier von ihrem Vorhaben, einen entsprechenden Apparat zu konstruieren[5]. Da man

---

[1] D. Z. 1907, S. 219.   [2] ebd. 1907, S. 242.   [3] D. Z. 1907, Nr. 20, Beilage.
[4] Z. V. D. Zuckerind. 1905, S. 1212.   [5] Compt. rend. 1868, S. 190, 481.

auch heute noch, also nach 60 Jahren, nur von Vorhaben, von Bestrebungen und von mehr oder weniger gelungenen Fabriksversuchen sprechen kann, so ist es ersichtlich, daß die Ammoniakgewinnung das gleiche Problem geblieben ist und nach der Lage der Dinge voraussichtlich noch lange bleiben wird. Vieles spricht dafür, daß die Gewinnung des Ammoniaks im Nebenbetriebe der Zuckerindustrie überhaupt wirtschaftlich nie wird verwirklicht werden können — nicht einmal der Weltkrieg und die folgenden Jahre mit ihrem Stickstoffmangel (Dünger, Munition) vermochten mehr, als zu neuen Versuchen anzuregen.

Da die Besprechung der chemischen Grundlagen des Ammoniakproblems eine gute Gelegenheit bietet, die Wanderung des Ammoniaks, die Zersetzung der stickstoffhaltigen Nichtzuckerstoffe u. a. in mehreren Betriebsstellen zusammenhängend quantitativ zu betrachten, sei dieser Frage — im Gegensatze zur ersten Auflage — eine gewisse Aufmerksamkeit geschenkt.

Unter Hinweis auf die vorhergehenden Abschnitte kann zunächst einfach festgestellt werden, daß Ammoniak als Zersetzungsprodukt von stickstoffhaltigen Substanzen unter dem Einflusse von Kalk und der Wärme entsteht, frei wird und entweicht oder in Lösung bleibt in der Scheidung und in der Saturation, beim Auskochen, in der Verdampfstation (in Brüden und im Brüdenwasser), beim Verkochen und bei der Nachproduktenarbeit.

Das ist ein Hauptgrund für die Erschwernis seiner wirtschaftlichen Gewinnung, weil die ohnedies nicht bedeutende Ammoniakmenge an fünf Betriebsstellen entsteht und ihre Gewinnung entweder eine große Apparatur oder aber den Verzicht auf einen Teil des Ammoniaks zur Voraussetzung hat.

Jedenfalls dürfte der Darstellungsprozeß am lohnendsten sein, der an jener Betriebsstelle einsetzt, an der am meisten Ammoniak entsteht; es ist aber auch möglich, daß man aus anderen technischen Gründen sich mit einer kleineren Ausbeute begnügt, weil diese kleinere Menge einfacher und billiger zu gewinnen ist als die größere Menge in einer anderen Stelle.

Diese Verhältnisse wären nun zu untersuchen. Zunächst seien jene Ergänzungen stationsweise gebracht, die die Entwicklung des Ammoniaks im Betriebe mit Rücksicht auf seine Gewinnbarkeit beinhalten.

Die Ammoniakmengen, die man durch Destillation von gekalktem Rübenpreßsaft erhalten kann, hängen u. a. vom Kalkzusatz ab, wie z. B. Donath zeigte[1]. Es gibt wohl Jahre, wo man schon bei der Scheidung Ammoniakgeruch wahrnehmen kann, aber normal ist das nicht der Fall. Hier bleibt das tatsächlich entwickelte Ammoniak noch in Lösung — erst beim Kochen würde es entweichen. Daß die in der Scheidung frei werdende Ammoniakmenge zu klein ist, um das

---

[1] Z. d. tschsl. Zuckerind. I, S. 61, 1919.

Ammoniak hier lohnend zu gewinnen, zeigte u. a. J. Hruda, der darüber eingehendere Versuche anstellte[1]. Er fand z. B.:

| Ver-such | Tempe-ratur bei der Schei-dung °C | Dauer der Ab-saugung Min. | Ausbeute an $NH_3$ in % auf Rübe |
|---|---|---|---|
| 1. | 80 | 30 | 0,00021 |
|  | 80 | 40 | 0,00039 |
| 2. | 80 | 50 | 0,00054 |
|  | 90 | 30 | 0,00031 |

Aus den angeführten Ergebnissen ist ersichtlich, daß die Menge des bei der Scheidung in den Rührwerken sich entwickelnden
Ammoniaks einerseits von der Temperatur,
bei welcher die Scheidung durchgeführt
wird, anderseits auch von der Zeit, durch
welche der Saft in den Rührwerken mit
dem Kalk in Berührung bleibt, abhängig
ist. Je größer die Rührwerke im Verhältnis
zu den Saturateuren wären, eine um so
längere Zeit könnte der Saft in ihnen verweilen und eine um so größere
Ausbeute an Ammoniak sich ergeben[2].

Diese Untersuchungen zeigen, daß die Scheidung nicht eine für die
Gewinnung des Ammoniaks günstige Station ist. Dasselbe kann gleich
im voraus von der Saturation gesagt werden, wie Untersuchungen von
Silhavý[3], Hruda (loc. cit.), Andrlík und Škola[4] und von Rueff[5]
ergaben. In der Saturation ist Ammoniak in den Abgasen meist deutlich
zu spüren. Bei dieser Station ist die zersetzende Wirkung des Kalkes auf
die Amide und Ammonsalze infolge der höheren Temperatur größer
und diese wirkt auch günstig auf die Austreibung des freigewordenen
Ammoniaks aus den Zuckersäften. Eine große Menge von Ammoniak
kann wohl in dieser Betriebsstelle gebildet werden, es kann aber sicher
noch nicht soviel Ammoniak von hier entweichen, da dieses, selbst bei
dieser Temperatur, noch eine sehr große Löslichkeit hat. Die gebildete
Menge, absolut genommen, braucht nicht einmal so klein zu sein, aber
relativ zu der großen Flüssigkeitsmenge ist sie ja doch recht gering.
Bei Berücksichtigung seiner großen Löslichkeit wird es ersichtlich,
daß große Ammoniakmengen hier nicht entweichen können. Diese
Mengen ermittelte Šilhavý (l. c.); er fand sie viel geringer als die bis
dahin in der Literatur angegebenen; ebenso ergaben die Untersuchungen
von Andrlík und Škola (l. c.) in Laboratoriums- und Fabriksversuchen die in Tabelle Nr. 98 angeführten Werte.

Das Ammoniak würde reichlicher entweichen, wenn die Saturationstemperatur über 90° C wäre. Über 100° C kommt der Saturationssaft
erstmalig nur beim Auskochen; es ist daher zu erwarten, daß hier
eine reichliche Quelle für die Gewinnung des Ammoniaks sich bieten
wird.

Andrlík machte schon gegen 1900 die Beobachtung, daß Dünnsäfte
beim Kochen am Rückflußkühler an dessen oberen Teile Ammoniumcarbonat absetzten (26—27° C). „Es ist kaum zweifelhaft, daß durch
Kochen saturierter Säfte (mit Wasserdampf) sowohl $NH_3$ als auch $CO_2$
entweichen ...“ Diese Ammoniakmengen wurden z. B. in einem Fabriksversuche (Dezember 1920) ermittelt zu 0,0058 % $NH_3$ auf Rübe mit 18 %

---

[1] Z. d. tschsl. Zuckerind. II, S. 156, 1921.    [2] ebd. II, S. 156, 1921.
[3] ebd. II, S. 155, 1921.    [4] ebd. II, S. 179, 1921.    [5] ebd. I, S. 239, 1920.

Zucker. Andrlík und Škola empfahlen daher diese Station als Ausgangspunkt für die technische Verwertung des Ammoniaks[1].

Wenn schon das kurze Auskochen zum Austreiben des Ammoniaks führt, so wird dies noch leichter und reichlicher in der Verdampfstation der Fall sein. Hier wird sich dieses Gas entweder aus den Brüden oder aus dem Brüdenwasser gewinnen lassen können.

Hier herrscht im I. und II. Körper nicht nur die höhere Temperatur, sondern es tritt auch Konzentration — d. h. Verlust an Lösungsmittel — ein, und der Kalk findet weitere und längere Gelegenheit, auf die Stickstoffsubstanzen abbauend, Ammoniak bildend zu wirken. Ja, hier sind die Bedingungen für seine Wirksamkeit eigentlich günstiger als in der Reinigungsstation.

Von den mehreren Untersuchungen Andrlíks und Školas über die Wanderung des Ammoniaks im Betriebe sei nur eine Reihe hier wiedergegeben, die Schlußfolgerungen aber aus allen Reihen gezogen.

Tabelle 98.

| Saft | Polari-sation | Trocken-substanz durch Refraktion | Reinheit durch Refraktion | Gesamt-stickstoff % | Ammoniak % | Gesamt-stickstoff für 100 Teile Zucker |
|---|---|---|---|---|---|---|
| Diffusionssaft (110 %) . . . | 15,22 | 16,70 | 91,2 | 0,0747 | 0,0061 | 0,491 |
| Aus der I. Saturation . . . | 14,00 | 14,55 | 96,2 | 0,0569 | 0,0058 | 0,0406 |
| „  „ II.  „  . . . | 14,68 | 15,30 | 96,0 | 0,0582 | 0,0042 | 0,398 |
| Nach dem Auskochen . . . | 14,74 | 15,35 | 96,0 | 0,0541 | 0,0042 | 0,368 |
| Aus dem I. Körper der Ver-dampfstation . . . . . | 23,96 | 24,97 | 96,4 | 0,0792 | 0,0019 | 0,330 |
| Aus dem II. Körper der Ver-dampfstation . . . . . | 27,29 | 28,44 | 96,0 | 0,0917 | 0,0015 | 0,336 |
| Aus dem IV. Körper der Ver-dampfstation . . . . . | 51,95 | 54,70 | 95,0 | 0,1750 | 0,0016 | 0,337 |

Saturationsschlamm fiel in einer Menge von 6 % auf Rübe an und hatte 48 % Trockensubstanz, 0,95 % Zucker und 0,202 % N.

Aus allen Versuchen ergab sich, daß folgende Mengen Ammoniak, bezogen auf das Rübengewicht, während des Betriebes entwichen:

bei der Saturation . . . 0,0019 % $NH_3$ ⎫<br>
beim Auskochen . . . . 0,0058 % $NH_3$ ⎬ (indirekte Bestimmung)<br>
in den Brüdenwässern . . 0,0074 % $NH_3$ ⎭<br>
Zusammen 0,0151 % $NH_3$.

Von dem im Verlaufe des Betriebes entweichenden $NH_3$ entfielen:

auf die Saturation . . . 12,5 %<br>
auf das Auskochen . . . 38,4 %<br>
auf die Brüdenwässer . 49,0 %

Ein gewisser kleiner Anteil geht auch beim Filtrieren durch die Filterpressen verloren.

Für eine technische Gewinnung des Ammoniaks käme in erster Linie

---

[1] Z. d. tschsl. Zuckerind. II, S. 198, 1921.

die Verdampfstation, in zweiter der Auskocher in Betracht — wenn nicht auch andere Erwägungen anzustellen wären.

Zur Gewinnung des Ammoniaks aus der Verdampfstation können dienen entweder die Brüdendämpfe oder die Brüdenwässer. Da aber „Versuche über die Gewinnung des Ammoniaks aus Brüdenwässern unter verschiedenen Bedingungen", die Andrlík und Škola ausführten[1], ergaben, daß selbst die am leichtesten ausführbare Methode, Destillation mit Dephlegmation, unwirtschaftlich ist, so ist damit die Gewinnung des Ammoniaks als Nebenerzeugnis der Zuckerfabrikation sehr in Frage gestellt, um so mehr, da auch die anderen Methoden es zu keinem dauernden Erfolg brachten. Angeführt seien jene, die von den Brüdendämpfen ausgingen: Sixta und Hudec mittels Einspritzens einer Alaunlösung; mehrere Verfahren bedienten sich der Schwefelsäure, andere des Schwefeldioxydes (Pat. Pölcke 1890), andere benützten Chlorwasserstoff oder Salzsäure, wie Dahle[2].

Über die technologische Seite dieser Verfahren braucht hier und heute nicht gesprochen zu werden; sie wird in den oben angeführten Aufsätzen beschrieben. Ihre physikalisch-chemischen Grundlagen erörterten Rueff[3], Dědek[4], Glaser[5].

Oben wurde als Hauptgrund für die Schwierigkeit der Gewinnung des Ammoniaks in der Zuckerindustrie der Umstand angeführt, daß das Ammoniak an mehreren Betriebsstellen entsteht, daß jedes Verfahren demnach auf einen Teil des Ammoniaks bestimmt verzichten müsse. Es ist aber schon die mögliche Totalausbeute eine genug geringe; sie wird noch geringer, da man das Ammoniak gleichzeitig von nur höchstens zwei Betriebsstellen gewinnen kann, aber auch diese geringe Ausbeute ist unsicher, da die Rübe nicht jedes Jahr so reich an Stickstoffsubstanzen ist, daß man mit der Verwertung des Ammoniaks bestimmt rechnen könnte. Nach Vegetationsverlauf, Düngung und anderen Umständen könnten auf Jahre mit größerer Ausbeute solche mit ganz geringfügig erfolgen. Man sieht dies schon daran, daß die einzelnen Analytiker (Donath, Šilhavý, Andrlík u. a.) voneinander recht abweichende Stickstoff-(Ammoniak-)Zahlen und Ausbeuten anführen. Jedenfalls ist die technische Ausbeute nicht groß, auf jeden Fall aber unsicher. Dazu kommt, daß man — bei Gewinnung des Ammoniaks aus den Brüdendämpfen des I. oder des II. Körpers — wertvollen Heizdampf für die Beheizung entwertet, also mehr Frischdampf aufwenden müßte.

Diese Mißerfolge schreckten E. Viewegh und J. Hruda nicht ab, jenes Ammoniak verwerten zu wollen, das beim Ausreifen der Nachproduktfüllmassen entweicht. Die in der geschlossenen Sudmaische sich entwickelnden, Ammoniak enthaltenden Gase wurden aus einer Versuchs-Sudmaische unter Luftleere abgesaugt und durch Schwefelsäure aufgefangen. Die in drei Versuchen aufgefangenen Mengen waren jedoch nur sehr gering, es waren nur „bedeutungslose Spuren" zu gewinnen[6]. Diese

---

[1] Z. d. tschsl. Zuckerind. III, S. 275. 1922.
[2] D. Z. 1921, S. 209.  [3] Z. d. tschsl. Zuckerind. I, S. 377, 1920.
[4] ebd. II, S. 50, 1920.  [5] Öst. Ch. Z. XXI, Nr. 19, 1918.
[6] Z. d. tschsl. Zuckerind. VI, S. 331, 1925.

Untersuchung beleuchtete aber etwas die chemischen Vorgänge bei der Nachproduktenarbeit und wird an der bezüglichen Stelle nochmals zur Sprache kommen.

So kann dieser Abschnitt mit J. Procházkas Antwort auf „die Frage der Ammoniakgewinnung in der Zuckerfabrik" nach eigenen Versuchen beendet werden, daß „heute schon fast gar keine Hoffnung mehr bleibt, daß das Ammoniak in der Zuckerfabrik jemals erfolgreich und in rentabler Weise gewonnen werden könnte"[1].

Neunzehntes Kapitel.

# Chemische Zusammensetzung und Eigenschaften des Dicksaftes.

### a) Mechanische Filtration und Filterrückstände.

Der aus dem letzten Körper der Verdampfstation abgezogene Dicksaft stellt eine trübe, licht- bis dunkelgelbe oder hellbraune Flüssigkeit dar. In Fabriken, wo man nicht vorzieht, den Mittelsaft zu schwefeln, wird der Dicksaft mit oder ohne Zugabe von Kalkmilch oft mit schwefliger Säure saturiert und hierauf filtriert.

Die mechanische Filtration muß möglichst vollkommen durchgeführt werden, welchen Zweck die verschiedenartigsten Konstruktionen von Filtern anstreben. Folgende Stoffe sind als Filtermaterial in Gebrauch: Kies, Sand (1878 Georg Friedrich Mayer als erster)[2], Filtergewebe (Breitfeld-Danek, Mareš u. a.)[3], Kieselgur[4], Holzwolle[5], Cellulose, Filter-Cel. u. a.

Da der Dicksaft eine ziemlich schwere bewegliche Flüssigkeit ist, geht die Filtration in der Wärme vor sich. Für eine 60 proz. Zuckerlösung stellte Brendel folgende Beziehungen zwischen Filtrationsfähigkeit (über Filtrierapier) und Filtrationstemperatur fest: Es filtrierten bei

| Temperatur | 60 proz. Lösung | Temperatur | 60 proz. Lösung |
|---|---|---|---|
| + 2,3⁰ C in 1 Minute . . | 3,1 g | + 40,0⁰ C in 1 Minute . . | 66,8 g |
| + 8,0⁰ C „ 1 „ . . | 9,7 g | + 47,0⁰ C „ 1 „ . . | 91,2 g |
| + 21,0⁰ C „ 1 „ . . | 22,0 g | + 60,0⁰ C „ 1 „ . . | 146,8 g |
| + 30,0⁰ C „ 1 „ . . | 37,3 g | | |

also mit steigender Temperatur bedeutend mehr[6].

Man trachtet, möglichst blanke Dicksäfte zur Verkochung ins Vakuum einzuziehen.

Die Filtration des Dicksaftes befreit ihn von allen Trübungen, welche sich bei seiner Konzentration in den Apparaten, namentlich im Dicksaftkörper, ausscheiden und nicht Zeit finden, sich abzusetzen.

---

[1] Z. d. tschsl. Zuckerind. II, S. 381, 1921.
[2] Z. V. D. Zuckerind. 1880, S. 1149; 1881, S. 679; 1885, S. 615.
[3] ebd. 1897, S. 628.    [4] ebd. 1896, S. 225; 1897, S. 662.
[5] ebd. 1894, S. 233; 1895, S. 92; 1897, S. 662.    [6] ebd. 1893, S. 1088.

Von Interesse ist die Zusammensetzung der in den Filtern
zurückbleibenden Niederschläge der Dicksaftfiltration. Auf
dieselben nehmen alle Faktoren Einfluß, die schon bei den Inkrustationen der Verdampfkörper angeführt wurden, also: Saft-
reinigungsmethode, Kalkstein, Rübenqualität, Arbeitsweise usw. Pellet
stellte Untersuchungen an, um den Einfluß der schwefligen Säure im
Betriebe auf diese Niederschläge festzustellen. In Fabriken, wo geschwefelt wird, enthalten die Niederschläge Sulfite, Sulfate (Analyse Nr. I und II) und Kieselsäure, welche durch schweflige Säure
aus gelösten Silicaten freigemacht wird. Ist wenig Kalk vorhanden,
so scheidet sich auch nur wenig Kalksulfit aus. Diese Verbindung
erhärtet die Filtertücher, welche bald den Dienst versagen. Analyse III
stammt aus Fabriken ohne Schwefligsäuresaturation, ist aber nicht
hinreichend aufklärend. Die Asche dieses Niederschlages enthielt
5,6% $SiO_2$ und 0,84% CaO (der Saft enthielt nur Spuren von Kalk).

| | I | II | III | IV[1] | V | VI | VII |
|---|---|---|---|---|---|---|---|
| Wasser | 29,50 | 36,50 | 33,3 | — | 0 | 67,41 | — |
| Zucker | 33,40 | 37,70 | 42,0 | — | 57,27 | 22,60 | — |
| Asche | — | — | 14,3 | 26,9 | — | 5,03 | — |
| CaO | 7,37 | 6,7 | — | 9,2 | 0,42 | — | 15,21 |
| $Fe_2O_3 + Al_2O_3$ | 11,78 | 2,5 | — | 1,9 inkl. $SiO_2$ | 10,89 | — | 7,27 |
| $SO_2$ | 7,53 | 4,6 | — | — | — | — | — |
| $SO_3$ | 2,44 | 3,8 | — | — | 0,13 | — | 1,42 |
| $SiO_2$ | 3,90 | 1,8 | — | — | 16,77 | — | 2,80 |
| MgO | — | — | — | — | Spuren | — | 23,69 |
| $P_2O_5$ | — | — | — | — | — | — | 8,76 |
| $CO_2$ | — | — | — | — | 0,09 | — | 15,66 |
| CuO | — | — | — | — | — | — | 0,29 |
| Ätherextrakt | — | — | — | — | — | 0,31 | — |
| Verseifbares Fett | — | — | 3,5 | 26,9 | 0,60 | — | 10,35 |
| Unverseifbares Fett[2] | — | — | — | 19,6 | — | — | — |
| Gebundene höhere Fett- säuren | — | — | — | 28,4 | — | — | 6,73 |
| Organische Stoffe | — | — | 6,9 | — | — | — | — |
| Eiweiß | — | — | — | — | — | 0,69 | — |
| Nichteiweiß-N-Substanz | — | — | — | — | — | 0,87 | — |
| Diverses, Rest | 4,08 | 6,4 | — | 12,5 | 13,83 | 3,09 | — |
| Unlösliches | — | — | — | 1,5 | — | — | — |

Analyse IV gibt die Zusammensetzung einer auf Filtertüchern abgelagerten gelblich braunen, wachsartigen Substanz[3]. Aus der Zusammensetzung geht hervor, daß sie hauptsächlich aus zum Teile ver-
seiften Fetten und Mineralöl bestand, welche beiden Stoffe während
des Betriebes dem Safte zugesetzt wurden. Analyse V stammt ebenfalls von Andrlík. Die Zahlen beziehen sich bei dieser auf die Trockensubstanz des Niederschlages. Die Analysen Nr. VI und VII rühren
von Strohmer her, und zwar VI aus einem Mittelsaft- und VII aus
einem Dicksaftfilter.

---

[1] Gewaschene Probe. (Analyse von Andrlík.)    [2] Mineralöl.
[3] Andrlík; Z. f. Zuckerind. i. B. XXI, 1896/97, S. 479.

Lippmann fand in einer Dicksaftfilterausscheidung 19,1 % $Al_2O_3$ und 79,18 % $SiO_2$ (s. u.)[1].

Wie man sieht, weist fast jede Ausscheidung einen anderen charakteristischen Hauptbestandteil auf. I zeigt viel $Fe_2O_3 + Al_2O_3$ und $SO_2$, IV viel Fettsubstanzen, V viel $SiO_2$, VII viel CaO und noch mehr MgO. Auch etwas Kupferoxyd enthielt der letztgenannte Niederschlag.

Andrlík beschäftigte sich mit der Lösung der Frage, welche Rübensaftbestandteile am meisten die Filtration der Zuckersäfte verhindern[2]. Außer dem Filtermaterial und dem Filtersystem spielt die chemische Natur der Säfte bzw. das Vorhandensein gewisser Stoffe eine große Rolle. Schlechte Filtration verursachen von den anorganischen Stoffen der Ätzkalk, der kohlensaure Kalk und die amorphe Kieselsäure. Ist ein Scheidesaft z. B. nicht genügend aussaturiert, so enthält er Kalkhydrat; ist er in zu kaltem Zustande saturiert worden, so ist das gefällte Calciumcarbonat in einem solchen Zustande, daß die Filtration erschwert wird. In Dicksaftfiltern verstopft wieder die ausgeschiedene Kieselsäure die Poren der Filtertücher.

Von den organischen Stoffen beeinflussen folgende die Filtration ungünstig: Eiweißstoffe, Pektinsubstanzen, Fette, Seifen, Huminsäure und andere organische Säuren.

Von den Eiweißstoffen bleibt ein großer Teil in Lösung und erschwert die Filtration. Vorteilhaft ist nach Andrlík das Entfernen derselben noch vor der Saturation (Eiweißfilter!), da sich dann die Säfte leicht filtrieren lassen. Die meisten Schwierigkeiten bei der Filtration sollen die Pektinsubstanzen bieten. Das Pektin bildet mit Kalk einen voluminösen Niederschlag, der eine schwere Filtration verursacht.

Kalkseifen, höhere Fettsäuren, Huminsäuren, Cholesterine u. a. haben auch eine schlechte Filtration zur Folge. Lippmann beschrieb im Jahre 1888 einen Fall, wo die Dicksaftfiltration infolge Bedeckens der Filtertücher mit einem dünnen, schleimigen Niederschlage schon nach wenigen Stunden nicht mehr vonstatten ging. Dieser Niederschlag erwies sich bei dessen Analyse als „aus im Hydratzustande befindlicher Kieselsäure und Tonerde sowie aus fettsauren Magnesiasalzen" bestehend. Die Fettsäuren waren Öl-, Palmitin- und Stearinsäure. Kieselsäure und Tonerde stammten aus dem Scheidekalke, die Fettsäuren aus dem Talg, der als Schaumniederschläger benutzt wurde. Die beiden Hydrate sind in den Säften etwas löslich, scheiden sich bei der Konzentration und auch bei der Filtration aus und „begünstigen dann das Zusammenballen der fein verteilten, schwerlöslichen und schwierig benetzbaren Magnesiumsalze, wodurch dann die gelatinöse schmierige Schicht entsteht, die schon bei geringer Dicke die Filtertücher verstopft"[3].

Seitdem man bei der Erzeugung des Zuckers „sparen" will, wurde schon oft die Frage gestellt, ob die Dicksaftfiltration zur Herstellung von Rohzucker notwendig ist. G. Bartsch tritt für die Filtration ein, da nach Molenda 1 Teil Asche 2,5 Teile Zucker, 1 Teil organischer Nichtzucker 0,9 Teile und nach Andrlík 1 Teil schädlicher Stickstoff

<hr>

[1] Z. V. D. Zuckerind. 1888, S. 154.
[2] Andrlík; Z. f. Zuckerind. i. B. XXI, 1896/97, S. 479.
[3] Z. V. D. Zuckerind. 1888, S. 154.

27 Teile Zucker am Krystallisieren hindern: man erhalte daher aus
filtrierten Dicksäften eine bessere Ausbeute. In Verbindung mit einer
Saturation oder mit einer Entfärbungskohle ist die Filtration wirkungsvoller[1].

Eine gründliche Filtration des Dicksaftes forderte jüngst H. Gutherz für die Erzeugung von Qualitäts-Rohzucker[2].

Daß die mechanische Filtration des Dicksaftes unbedingt Vorteile
bietet, geht auch daraus hervor, daß bei der heutigen Bewertungsmethode des Rohzuckers (s. Rendement) auch „Sand" und ähnliche
Schwebestoffe in der Sulfatasche die Güte des Rohzuckers mindern;
es ist also im Interesse der Erzeugung, sie vollständig vor dem Verkochen zu entfernen.

## b) Chemische Zusammensetzung.

Es soll zunächst eine Frage zur Beantwortung gelangen, über welche
die Meinungen heute noch geteilt sind: ob nämlich die Verdampfung
einen reinigenden Einfluß auf die Säfte ausübt. Daß dies
der Fall ist, kann keinem Zweifel unterliegen, da ja Verflüchtigung
des Ammoniaks, die Ausscheidung der Inkrustationen, die Verminderung
des·Amidstickstoffes und anderer Verbindungen einer Entfernung von
Nichtzucker und somit einer Erhöhung der Reinheit gleichkommen.
Ob in größerem Maße, ist unsicher, aber daß die Reinheitserhöhung
überhaupt eintritt, ist unzweifelhaft. Um jedem Einwande sofort zu
begegnen, sei im folgenden an den wirklichen Reinheitsquotienten
der Säfte diese Quotientenerhöhung gezeigt. Die scheinbaren Reinheiten darf man hier nicht benutzen, weil sie sich infolge der Konzen-
trationsänderungen auch ändern würden. Die wirklichen Reinheiten
des Dünnsaftes und des Dicksaftes sind aber vergleichbare Zahlen,
sind somit zur Beantwortung dieser Frage maßgebend. Dazu diene
Strohmers Bericht über das Kowalski-Kozakowskische Verfahren in der Zuckerfabrik Hullein[3].

Tabelle 99a.

| Diffusionssäfte | | | Dünnsäfte | | | Dicksäfte | | |
|---|---|---|---|---|---|---|---|---|
| wirkl. Trockens. | Pol | wirkl. Quot. | wirkl. Trockens. | Pol | wirkl. Reinheit | wirkl. Trockens. | Pol | wirkl. Reinheit |
| 17,12 | 15,72 | 91,8 | 16,29 | 15,20 | 93,3 | 49,01 | 46,20 | 94,3 |
| 17,48 | 15,72 | 89,9 | 15,85 | 14,81 | 93,4 | 47,81 | 45,60 | 95,4 |
| 17,14 | 15,51 | 90,4 | 15,56 | 14,55 | 93,4 | — | — | — |
| 16,78 | 15,16 | 90,3 | 15,31 | 14,22 | 92,9 | 48,24 | 45,80 | 94,9 |
| 16,65 | 15,11 | 90,8 | 15,70 | 14,45 | 92,0 | 48,48 | 45,90 | 94,7 |
| 16,99 | 15,33 | 90,2 | 15,94 | 14,82 | 92,0 | 47,93 | 45,70 | 95,3 |
| Durchschnitt ca. | | 90,5 | — | — | 92,8 | — | — | 94,92 |

Die Dünnsäfte kamen mit einer durchschnittlichen Reinheit von
92,8 zur Verdampfung; die durchschnittliche wirkliche Reinheit der

---

[1] D. Z. 1922, S. 443.　　　[2] ebd. 1928, S. 329.
[3] Ö. U. Z. f. Zuckerind. XXXVII, S. 363, 1907.

Dicksäfte betrug 94,92. Es wäre somit eine Reinheitserhöhung von rund 2 Einheiten erfolgt. Diese Zahl darf jedoch nicht verallgemeinert werden; es spricht sehr viel dafür, daß gewöhnlich eine so große Reinheitsaufbesserung durch die Verdampfung nicht erfolgen wird.

Die Aufbesserung der Reinheitsquotienten durch das Verfahren nach Kowalski-Kozakowski und der gewöhnlichen Arbeitsweise betrug ungefähr 4,5 Einheiten, auf Diffusionssaft gerechnet (94,92 — 90,5 = 4,42).

Schon früher versuchte der Verfasser die Beziehungen festzustellen, die zwischen Rohsaft- und Dicksaftreinheit bestehen. Die Möglichkeit für solche geht schon aus den einschlägigen Arbeiten Andrlíks hervor. Hier kann man auch mit den scheinbaren Reinheiten operieren, weil es nur auf relative Werte ankommt.

Durch zwei Kampagnen stellte Verfasser diesbezügliche Untersuchungen in einer ungarischen Fabrik an. Aus hier nicht wiedergegebenen Wochendurchschnitten berechnete sich für die eine Kampagne eine mittlere Differenz von 6,5, für die zweite eine solche von 6,8, somit im Durchschnitte 6,6 Einheiten höher als der Quotient für den Rohsaft. Diese Zahl gilt jedoch nur für diese Fabrik und diese Kampagne, dies aber mit ziemlicher Genauigkeit. Auf eine Einheit genau konnte fast stets der Dicksaftquotient aus jenem des Rohsaftes vorausgesagt werden. Für eine andere Fabrik fand Verfasser diesen Wert zu 4,51 und für noch eine dritte Fabrik zu rund 4,0. (Tabellen erste Auflage.)

Tabelle 99b.

| Kampagne | Reinheitsquotient | | | Aufbesserung v. Diff.-Saft auf Dicksaft |
| --- | --- | --- | --- | --- |
| | Rohsaft | Dünnsaft | Dicksaft | |
| 1919—20 | 89,1 | 92,6 | 92,6 | + 3,5 |
| 1920—21 | 89,3 | 93,2 | 93,2 | + 3,9 |
| 1921—22 | 88,5 | 92,0 | 92,2 | + 3,7 |
| 1922—23 | 88,1 | 92,5 | 92,6 | + 4,5 |
| 1923—24 | 89,6 | 93,3 | 93,3 | + 3,7 |
| 1924—25 | 89,7 | 93,3 | 93,4 | + 3,7 |
| 1925—26 | 88,9 | 92,9 | 92,9 | + 4,0 |
| 1926—27 | | | | |

Es dürfte also in jeder Fabrik die erzielbare Saftaufbesserung für jede Kampagne einen annähernd konstanten Wert besitzen.

Für die letzten sieben Kampagnen ermittelte der Verfasser nebenstehende Zunahme der Reinheitsquotienten und Aufbesserungen; sie stimmen ungefähr mit den letztgemachten Angaben überein. Es wird kein Zufall sein, daß in beiden Fällen das Rübenmaterial aus gleicher Gegend stammte.

Dem reineren Rohsafte entspricht bei gleichen Verhältnissen der reinere Dicksaft.

Als höchste Dicksaftreinheit findet sich 95, von einem vorzüglichen Rübenmateriale stammend (Tab. 100). Mehr kann auch die übliche Reinigungsarbeit nicht leisten, und hier — beim Dicksaft — wäre der Ort, wo eine erneute Saftreinigung einsetzen sollte, um höchstreine Säfte zu erzielen.

Neben der mechanischen Filtration kommt nur Schwefelung mit oder ohne Kalkzugabe oder Entfärbung des Dicksaftes in Betracht.

Eine besondere Bedeutung kommt der Reinigung bei der Darstellung des „Reinzuckers“ zu (Patent). Deren Grundgedanke besteht darin, den Dicksaft durch Verkochen und Schleudern von einem Teile seines Zuckers zu befreien („Vorfüllmasse“) und den hohen Sirup gründlich zu schwefeln und separat zu verkochen. Die Begründung für diese Methode ergibt sich daraus; daß man in unreineren Lösungen mit größerer Sicherheit schwefeln kann.

Bei Saturationsversuchen von Mittel- und Dicksäften mit Dolomitkalk erhielt W. Kohn je nach Menge und Durchführungsart Aufbesserung der Reinheitsquotienten bis zu 1,00% und Abnahme der Farbe bis um 57%[1].

Schwefelung des Dicksaftes wird vielfach geübt.

Aus den Löslichkeitsversuchen Breslers u. a. geht hervor, daß das schwefligsaure Calcium durch fortschreitende Konzentrierung des Saftes zur Ausfällung gelangt. Dasselbe gilt von dem eventuell gebildeten Sulfat. Deshalb ist von der Ohe für die Dicksaftsaturation, weil sich die genannten Salze in den Verdampfapparaten ausscheiden. Ebenso sind Claassen, Jesser u. a. für die Dicksaftsaturation. Diese Frage stand auf der Tagesordnung einer Versammlung des „Technischen Vereins für Zuckerfabrikanten" (Magdeburg) am 26. August 1910, über welche die „Deutsche Zuckerindustrie" berichtete. Fast alle anwesenden Fachmänner waren für die Dicksaftschwefelung. Die Ausführungen H. Zscheyes seien wörtlich wiedergegeben, weil er diese Frage auf Grund chemischer Überlegungen zu beantworten suchte:

„Es ist richtig, daß die schweflige Säure andere Substanzen als Zucker nur in saurer Lösung, d. h. als freie schweflige Säure entfärbt. Beim Dicksafte tritt die Entfärbung aber unter anderen Verhältnissen ein. Der unsaturierte Dicksaft hat eine Alkalität von 0,07—0,10, aber nicht Kalk-, sondern Alkalialkalität. Dieses Alkali ist aber nicht als freies Alkali im Safte, sondern als Zuckeralkali und organischsaure Alkaliverbindungen, die häufig braun gefärbt sind, so z. B. das glucinsaure

---

[1] Z. d. tschsl. Zuckerind. V, S. 263, 1924.
[2] Nach einer abweichenden Methode bestimmt.

Tabelle 100. Zusammensetzung der Dicksäfte von 1920/21—1926/27.

| Zuckerfabrik | Saccharisation | Polarisation | Quotient | Zucker nach Clerget | Phenolphthalein-Alkalität % CaO | Farbenkonzentration °St | Auf 100 Teile Polarisationszucker umgerechnet | | | | | Einzelne Stickstoffformen | | | | | | |
| --- | --- | --- | --- | --- | --- | --- | --- | --- | --- | --- | --- | --- | --- | --- | --- | --- | --- | --- |
| | | | | | | | Nicht-zuckerstoffe | Sulfatasche | Org. Nichtzucker Asche | Kalksalze % CaO | Absolute Farbigkeit mg F | Gesamt-N | Eiweiß-N | Ammoniak N | N a. Ammoniak u. d. ½ Amide | Amid-N | Betaïn-N | Schädlicher N |
| 1920/21 | 56,43 | 53,40 | 94,6 | 53,2 | 0,027 | 11,0 | 5,7 | 2,19 | 1,89 | 0,053 | 15,9 | 0,291 | 0,035[2] | 0,004 | 0,009[2] | 0,010[2] | 0,105 | 0,247[2] |
| 1921/22 | 58,43 | 54,74 | 93,7 | 54,7 | 0,013 | 11,2 | 6,7 | 2,28 | 2,26 | 0,129 | 16,1 | 0,452 | 0,003 | 0,004 | 0,015[2] | 0,022[2] | 0,185 | 0,436 |
| 1922/23 | 60,23 | 57,21 | 94,9 | 57,0 | 0,039 | 9,7 | 5,3 | 2,13 | 1,76 | 0,047 | 12,6 | 0,305 | 0,003 | 0,003 | 0,008[2] | 0,009[2] | 0,104 | 0,297 |
| 1923/24 | 61,25 | 58,36 | 95,3 | 58,2 | 0,021 | 9,4 | 5,0 | 1,81 | 2,04 | 0,045 | 12,4 | 0,307 | 0,002 | 0,003 | 0,006[2] | 0,006[2] | 0,105 | 0,300 |
| 1924/25 | 61,11 | 58,15 | 95,2 | 58,05 | 0,042 | 11,2 | 5,1 | 2,06 | 1,78 | 0,032 | 14,8 | 0,300 | 0,002 | 0,003 | 0,006[2] | 0,006[2] | 0,123 | 0,292 |
| 1925/26 | 59,12 | 56,05 | 94,9 | 55,8 | 0,037 | 11,3 | 5,4 | 2,00 | 2,04 | 0,048 | 15,7 | 0,314 | 0,006 | 0,004 | 0,026 | 0,045 | 0,110 | 0,283 |
| 1926/27 | 61,91 | 58,79 | 95,0 | 58,6 | 0,050 | 9,7 | 5,3 | 2,02 | 1,93 | 0,023 | 12,8 | 0,286 | 0,002 | 0,006 | 0,026 | 0,040 | 0,105 | 0,258 |

29*

Kali. Besitzt nun die schweflige Säure einen stärkeren Säurecharakter als eine organische Säure eines Alkalisalzes, so zerlegt sie dieses Salz in schwefligsaures Alkali und verbindet sich zugleich mit der frei gewordenen organischen Säure zu einer farblosen Verbindung. Sind organischsaure Kalksalze im Dicksafte, so wird das gebildete schwefligsaure Alkali mit denselben zu unlöslich schwefligsaurem Kalk und löslich organischsaurem Alkalisalz sich umsetzen. Auf diese Weise ist die Entfärbung des alkalischen Dicksaftes und die Ausfällung bzw. Zerlegung von organischsauren Kalksalzen zu erklären" (s. auch Kap. 14).

Es scheint, daß in den letzten Jahren mehr zur Schwefelung der Dünnsäfte übergegangen wurde, weil chemische Reaktionen in dünnerem Medium besser verlaufen als in dichterem (s. S. 331).

Die Tabelle 100 (S. 451) enthält die Analysen von Dicksäften, die den Diffusionssäften der Tabelle 67 entsprechen (Quellenangabe daselbst). Je nach den Witterungsverhältnissen, unter denen die Rübe erwuchs — aber auch infolge abgeänderter Analysenmethoden (s. d.) —, ändert sich die Beschaffenheit der jeweiligen Dicksäfte.

Diesbezüglich sei besonders angeführt, daß z. B. die Menge der Eiweißkörper unter Nr. 1 viel zu hoch angegeben (Stutzersche Methode), die für den schädlichen Stickstoff zu niedrig befunden wurde.

In manchen Kampagnen macht sich der Einfluß der Vegetationsperiode (Niederschlagsmenge) auf die Stickstoffsubstanzen des Dicksaftes deutlich geltend, wie aus dem Kap. 5 i hervorgeht.

### c) Chemie und Physik der Saftfarbe.

In diesem Abschnitte soll die Besprechung der Farbe des Dünn- und Dicksaftes Gelegenheit bieten, das ganze Problem der Saftfarben und ihrer Bestimmung, der Abhängigkeit von physikalischen und chemischen Einflüssen zusammenhängend zu erörtern. Für die rein physikalischen Fragen muß aber auf größere Lehrbücher der Optik und Farbenlehre verwiesen werden.

Nur die „Farbstoffe der Melasse" erfahren eine gesonderte Betrachtung, obwohl sie ja schon in den Säften zum Teil vorhanden sein müssen.

### 1. Die Farbe der Säfte.

Die Farbe als innere Eigenschaft eines Dünnsaftes — also z. B. abgesehen von seiner Reaktion — hängt, wie schon angedeutet, von der Beschaffenheit der Rübe, gewiß aber noch mehr von der Behandlung der Säfte, von ihrer Reinigung, ab.

Es wurde schon an manchen Stellen dieses Buches die günstige Einwirkung vermehrter Kalkmengen (s. d.) und der günstige Einfluß des Schwefelns (s. d.) gezeigt. Ebenso wurde schon auf die technologischen Faktoren der Verdampfung hingewiesen.

Die Farbe der beiden Säfte ist niemals rein gelb; stets ist sie zusammengesetzt aus einer Menge verschiedener Farbtöne, von denen die folgenden drei die hauptsächlichsten sind: gelbe, grüne, rote. Je nach den Mengenverhältnissen dieser Komponenten ist die resultierende Farbe verschieden. Sie kann grünlich-orange-rötlich oder auch graugelb sein. K. Žert ermittelte für diese Säfte die Farben im Verhältnis 80 Gelb, 27 Rot und 8 Grün (in Melassen 80 : 42 : 16). Gelb ist also die wichtigste Komponente[1].

An vielen Stellen dieses Buches wurde von der „Farbe" von Säften und anderen Produkten gesprochen, und in vielen Fällen konnten die Zusammenhänge zwischen den chemischen Bedingungen und der erzielten „Farbe" festgestellt werden.

Überall wurde die Farbe in Graden Stammer ausgedrückt — diese Angabe ist die heute noch gebräuchlichste: nicht weil sie die beste Methode wäre, sondern weil sie die älteste, bestbekannte und einfachste ist.

Eine eingehende Kritik erfuhr sie durch Koydl[2], der bei Beibehaltung des Stammerschen Apparates die Saccharan[3]-Einheit und „Grade Ehrlich" vorschlug; analog führte Sázavský die Grade Fuska ein nach der Fuskazinsäure Stanĕks (s. d.)[4].

Auch K. Žert kritisierte das Stammersche Colorimeter, führte seine Mängel an und besonders den, der in der Ungleichheit der Normalgläser verschiedener Apparate liegt. Seine Verbesserung am Apparate soll die häufige Unmöglichkeit, auf gleichen Farbton einzustellen, beseitigen[5].

Die Grade Ehrlich oder die Grade Fuska sollten natürlich eine Verbesserung der Stammerschen Methode sein: aber allen dreien haftet nach Freda Hoffmann der gleiche prinzipielle Mangel an[6]:

„Das Wesentliche an dieser Methode ist der Vergleich der untersuchten Lösung mit einer ‚Normalfarbe'. Ob man für diese Normale die Stammerschen Gläschen wählt und nach Graden Stammer rechnet, ob man Caramel, Saccharan oder Fuskazinsäure zugrunde legt und dann nach Graden Ehrlich, Saccharan oder Fuska rechnet — das sind sekundäre Fragen. Der Kern der Methode bleibt der gleiche — und all diesen Bestimmungen haftet der gleiche grundsätzliche Mangel an. Ungenauigkeit und Unzuverlässigkeit der Ergebnisse in allen Fällen, in denen der Farbton der untersuchten Lösung mit dem Farbton der ‚Normale' nicht vollkommen übereinstimmt. . . . nur die Farbtiefen kann man durch Änderung der Schichthöhen im Stammerschen Apparat beeinflussen. Die Farbtonverschiedenheit bleibt erhalten und ergibt eine bedenkliche Fehlerquelle; bedenklich besonders darum, weil ihre Ausschaltung nicht in der Macht des Beobachters liegt. Auch wenn es ihm gelingt, in solchen ungünstigen Fällen die Schwankungen seiner einzelnen Messungsergebnisse durch sorgfältigstes Arbeiten kleiner und kleiner zu machen — ein anderer, gleich sorgfältiger Beobachter kann andere Resultate erhalten, da bei der Helligkeitsvergleichung verschiedener Farbtöne die subjektive Farbempfindlichkeit des einzelnen Beobachters wesentlich mitspricht. Einwandfreie Farbbestimmungen lassen sich daher nur in spektral zerlegten Farben machen. Dann fällt jede Verschiedenheit der Tönung fort, man stellt (wie im Polarisationsapparat) nicht nur auf Helligkeitsgleichheit, sondern auch auf Farbgleichheit ein." (S. unten.)

Dem Lovibondschen Tintometer, dem Heß-Ivesschen Apparate u. a. haftet nach dem gleichen Autor, sowie dem Stammerschen System, die Notwendigkeit einer „Normalfarbe" (Normalgläser), die

---

[1] Z. d. tschsl. Zuckerind. IX, S. 57, 1927.

[2] Ö. U. Z. f. Zuckerind. 1916, S. 123.      [3] Darüber siehe bei „Saccharan".

[4] Z. d. tschsl. Zuckerind. II, S. 299, 1921.      [5] ebd. IX, S. 57, 1927.

[6] Z. V. D. Zuckerind. 1925, S. 452.

nicht absolut beständig und untereinander ungleich sind, als weiterer Mangel an.

Dieser „babylonischen Verwirrung" soll nun eine neue Methode der Farbuntersuchungen von Freda Hoffmann ein Ende bereiten[1]: sie beruht auf der Messung des Absorptionsspektrums. Man erhält so Angaben, frei von jeder Beziehung auf eine „Normale" und kann nicht nur Farbtiefen-, sondern auch Farbtonänderungen genauestens feststellen, und zwar in absolutem Maßstab. Schon vorher wurde in Amerika nach einer spektralphotometrischen Methode gearbeitet und eine Farb-Nomenklatur aufgestellt[2]. In einer späteren Untersuchung — die den Zweck hatte, die Beziehungen der Grade Stammer zu den Ergebnissen der neueren Farbbestimmungsmethoden festzulegen — spricht sich F. Hoffmann mit Rücksicht auf die Verhältnisse in den Fabrikslaboratorien für das einfache Photometer mit Farbfiltern (Lichtfiltern) aus[3]. Es gibt demnach den Stammerschen Apparat und andere Colorimeter, das einfache Polarisationsphotometer und das Spektralpolarisationsphotometer. Deren Handhabung bespricht Freda Hoffmann in der „D. Z." 1926, Nr. 23. Spektrophotometrische Messungen von Zuckersäften liegen vielfach von H. Lundén vor[4].

### 2. Die Farbstoffe des Dünn- und Dicksaftes[5].

Diese sind zunächst zu teilen in stickstofffreie und in stickstoffhaltige.

Zu den stickstofffreien Farbstoffen zählen die verschiedenen Zersetzungsprodukte des Zuckers durch die Wärme und durch den Kalk, also z. B. Apoglucinsäure, Saccharum- und Melassinsäure".

„Zur Kenntnis einer Ursache der dunkeln Saturationssäfte" lieferte Bodenbender 1875 einen Beitrag[6]. Daß Invertzucker, bzw. seine Abbauprodukte durch Kalk die nähere Ursache davon sind, wurde schon gesagt. Bodenbender studerte den Prozeß, „wie einerseits der Ton der Farbe sich proportional dem Gehalte des Saftes an verändertem Zucker (Invertzucker) zeigte und wie andererseits die Farbe an Intensität in dem Maße zunahm, als durch Einleiten von Kohlensäure in den mit Kalk gekochten Saft der Kalk als Kalkcarbonat sich ausschied und die Alkalien in kohlensaure verwandelt wurden". Eine 10proz. Zuckerlösung, mit wenig Natronlauge alkalisch gemacht und gekocht, behielt ihre Farbe bei; wurden nur geringe Invertzuckermengen zugesetzt und gekocht, so trat gelbe Färbung auf. Zusatz von Ätzkalk zu der Lösung verminderte beim Aufkochen diesen Farbenton. Die gelbe Farbe trat wieder ein, wenn der Ätzkalk mit Kohlensäure ausgefällt wurde.

---


[1] Z. V. D. Zuckerind. 1925, S. 452.

[2] Peters u. Phelps: Z. V. D. Zuckerind. 1925, S. 448.

[3] Z. V. D. Zuckerind. 1926, S. 153.        [4] ebd. 1926, S. 780; 1927, S. 709.

[5] Etwas anderes ist die „Farbe" des Dünnsaftes als Ergebnis von Rübenmaterial und Arbeitsweise. S. auch „Farbstoffe der Melasse".

[6] Z. V. D. Zuckerind. 1875; Organ 1875, S. 303.

Das Verhalten der Glucinsäure gegen Kalk, Alkali und Eisenoxyd läßt die Farbenverschiedenheiten erklären. Solange der nicht auf den Siedepunkt erhitzte Scheidesaft überschüssigen Ätzkalk enthält, herrscht die sog. Säure vor und nur wenig Apoglucinsäure ist zugegen. Der Saft ist gelb. Beim Kochen dieses Saftes entsteht mehr von letzterer; da durch die Saturation der Kalk ausfällt, bindet sich die Apoglucinsäure an Kali und der Saft wird dunkelbraun. In dem Maße, als durch fortgesetzte Saturation die Alkalität des Saftes sich vermindert, verschwindet die gelbbraune Farbe und es zeigt sich eine blauviolette, durch glucinsaures Eisenoxyd hervorgerufen. Die Bräunung der Säfte beim Verdampfen beruht auf der Umwandlung der Glucinsäure in Apoglucinsäure und humusartige Zersetzungsprodukte. Das Eisenoxyd rührt von den Leitungen, Geräten usw. her.

Die gleiche Beobachtung machten Staněk und Vondrák bei der Wahl des Materials für ihren Apparat zur Verdampfung von Säften beim Studium der Verfärbungserscheinungen[1]. Sie fanden, daß Zinn und Zink eine Entfärbung herbeiführen, und zwar bei ungeschwefelten Säften eine geringere als bei den geschwefelten, wo in einem Falle die Farbe bis um 12% zurückging; Eisen hat in sämtlichen Fällen eine Verfärbung (um 6—24%) und dies namentlich bei geschwefelten Säften, hervorgerufen. Die mit Eisen gekochten Säfte waren graubraun.

Nebenbei sei nur erwähnt, daß sie im Messing das Material fanden, das die Farbe der Säfte nicht beeinflußte.

Jesser fand bei seinen Versuchen, daß die mit Kalk und Alkalien behandelten Lösungen von Invertzucker, bzw. seiner Komponenten, in ihren Farbentönen mit denen von Saturationssäften übereinstimmten. Da er keinen Zusammenhang zwischen Farbe und Trockensubstanz oder Acidität wahrnahm, führt er die Farbe auf „von in minimalen Mengen entstehende stark tingierende Körper" zurück. Es dürften sich nach Jesser bei Einwirkung von Basen caramelartige Produkte in sehr geringen Mengen bilden[2].

Kalk und Alkalien verhalten sich in bezug auf die erzeugten Farben ganz verschieden.

Bei gelinder Einwirkung von Kalk ist die Farbe der aussaturierten Lösungen ein mehr oder weniger intensives Braunrot ohne Feuer. Die kalk-alkalische Lösung vor dem völligen Aussaturieren ist feurig und bedeutend heller gefärbt. Mit dem Verschwinden des Ätzkalkes in der Lösung schlägt die Farbe momentan um.

Je intensiver die Einwirkung des Kalkes ist, desto heller und feuriger wird die Farbe der neutralen Lösung und desto geringer ist der Unterschied zwischen der kalk-alkalischen und neutralen Lösung.

Eine 0,4proz. Invertzuckerlösung, mit 1% CaO eine halbe Stunde gekocht, enthielt 1,6% Farbe nach Stammer, eine 1proz. Invertzuckerlösung, gleich behandelt, 0,67% Farbe sowohl in kalk-alkalischer als auch in neutraler Lösung.

Bei der Einwirkung von ätzenden Alkalien wurde beobachtet, daß, je stärker und je länger die Einwirkung des Ätzkalis ist, desto intensiver die auftretenden Farben sind. Dasselbe ist in bezug auf die Steigerung des Invertzuckergehaltes der Lösungen zu beobachten. Bei

---

[1] Z. d. tschsl. Zuckerind. VIII, 1926, S. 1.
[2] Ö. U. Z. f. Zuckerind. XXII, S. 239, 661, 1893.

Titration ist die Färbung bei 80 mg Glucosen derart intensiv, daß die Titration nahezu unmöglich ist; bei ungefähr 50 mg erhält man noch immer gelbbraune Lösungen, während bei 10 mg Invertzucker die Lösung hellgelb gefärbt ist.

Je länger die Einwirkung der Lauge dauerte, desto dunklere Lösungen erhielt er. Bei einer Kochdauer von

> 10 Minuten war die Farbe 1,33, goldgelb
> 30 „ „ „ „ 2,13, rotgelb
> 60 „ „ „ „ 3,03, braungelb.

Letztere Lösung wurde nun mit 0,5 % CaO eine weitere halbe Stunde gekocht, Farbe 0,8 % hellgelb, nahezu farblos.

Es werden somit die durch Alkali hervorgerufenen Farben in alkalialkalischer Lösung durch Einwirkung von Ätzkalk zerstört.

Jesser untersuchte auch das Verhalten der durch Ätzkalk hervorgerufenen Farben in ätzkalkfreien Lösungen gegen kohlensaure Alkalien.

Eine 0,3 proz. Invertzuckerlösung, mit Ätzkalk bei 80° C behandelt und saturiert: Farbe 2,1.

Zu dieser Lösung zwei Äquivalente kohlensaures Natron hinzugegeben, aufgekocht und filtriert: Farbe 3,2.

Eine 0,3 proz. Invertzuckerlösung, mit $^1/_2$ % Ätzkalk 10 Min. gekocht und saturiert: Farbe 1,3.

Diese Lösung mit zwei Äquivalenten kohlensaurem Natron wie oben: Farbe 1,8 usw. Kohlensaures Alkali bewirkt daher ein Dunkelwerden der durch Kalk hervorgerufenen Farbe; diese Nachdunklung ist um so stärker, je schwächer der Kalk zur Wirkung gelangte, und unmöglich, wenn der Kalk so energisch wirkte, daß die Farbstoffe vollständig zerstört wurden.

Im weiteren Verlaufe seiner Ausführungen bringt Jesser die Saftfarbe bei Verarbeitung fauler Rüben und bei „Sodasaturation" mit obigen Resultaten in Einklang. Wohl sieht Jesser im Invertzucker allein nicht die Ursache der Saftfarben, aber „sicher werden Umstände, die eine Vermehrung des Invertzuckers in der Rübe und in den Rohsäften bewirken, dadurch auch eine Verschlechterung der Saftfarbe und somit dunklere Produkte bedingen".

H. Lundén versuchte, die verschiedenen Farbstoffgruppen zu ermitteln, die zweifellos den Farbstoff der Säfte und der Klären und andere Zuckerfabriksprodukte zusammensetzen. Er kam u. a. zu einem Amethystfarbstoff (blau-roter Farbenton), und zur Caramelfarbe, für deren Entstehen und Wandern er Gesetzmäßigkeiten aufstellte[1]. Spengler und Landt lassen diese Einteilung der Farbstoffe nicht gelten und führen insbesondere die Amethystfarbe auf die „grauen Trübungen" zurück, die es verhindern, „optisch leere" Lösungen zu erhalten[2]. Dazu bemerkt Lundén[3]:

---

[1] Z. V. D. Zuckerind. 1926, S. 780.  [2] ebd. 1927, S. 460.
[3] ebd. 1927, S. 709.

Auf Grund dieser Messungen schließen wir, daß unsere spektrophotometrischen Zahlen ein Ausdruck für die Gewichtsmengen gewisser (noch ziemlich unbekannter) Verunreinigungen sind.

Betreffs unserer Klassifikation verschiedener Farbarten in den Zuckersäften wollen wir hervorheben, daß diese nicht einzig und allein auf spektrophotometrische Messungen gegründet sind. Die Farbintensität verschiedener Säfte wird z. B. in sehr verschiedenem Grade mit geänderter Alkalität beeinflußt, die Fluorescenz wechselt mit dem Vorkommen von verschiedenen farbigen Verunreinigungen, Farbänderungen beim Erwärmen können in Zusammenhang mit den schon vorhandenen Farbarten gebracht werden usw. Daß verschiedene Farbarten vorkommen, stimmt auch mit den praktischen Erfahrungen sowohl der Rohzuckerfabrikanten als auch der Raffineure überein, deren Ansicht, daß bestimmte Eigenschaften an gewisse Farbtöne gebunden sind, dazu beigetragen hat, daß wir diesem Gegenstand besondere Aufmerksamkeit geschenkt haben.

Ob diese Farbarten wirkliche Farbstoffe im wahren Sinne des Wortes sind, ist eine andere Sache; für eine Bewertung von Reinigungsoperationen und von Zuckerprodukten können unsere optischen Zahlen und unsere Klassifizierung benutzt werden, auch wenn die Messungen durch nichtfarbige Stoffe beeinflußt sind.

Ein wichtiger Umstand ist der Einfluß der Alkalität des Dünnsaftes oder einer Zuckerlösung überhaupt. Man sollte daher immer die Alkalität einer Lösung angeben oder kennen, wenn von ihrer Farbenintensität die Rede ist.

H. Lundén führt als gutes Beispiel an, daß eine Kläre von affiniertem Rohrzucker (Kolonialzucker), die man durch Spodiumfilter laufen (d. h. entfärben) läßt, an Farbe zunimmt, obwohl das Spodium tatsächlich Farbstoffe aufgenommen hat. Die Ursache für diese merkwürdige Erscheinung liegt darin, daß die unfiltrierte Kläre sauer ist, die filtrierte aber alkalisch reagiert[1].

Diese Regel gilt fast allgemein, wenn auch bei manchen Untersuchungen dieser Zusammenhang nicht aufzufinden war.

In einer späteren Untersuchung „Über Faktoren, welche auf den Farbton der Zuckersäfte Einfluß haben", zeigt er die chemischen: Alkalität oder $p_H$, Anwesenheit kolloid „gelöster" Stoffe und die physikalischen. Da sind es besonders Trübungen, die Farbmessungen stören; solche Lösungen sollen keinen Tyndalleffekt zeigen[2], was für Betriebssäfte wohl unmöglich ist.

Die im Abschnitte der Wasserstoffionenkonzentration wiedergegebene Tabelle Nr. 77 zeigt auch den Einfluß der Alkalität ($p_H$) deutlich. Sie entstammt den noch zu besprechenden Untersuchungen Staněks und Vondráks über die Verfärbung von Säften (s. d.). Die beiden benützten zur Farbbestimmung nur solche Säfte, die durch Lauge oder Essigsäure auf gleiche Reaktion (0,015% CaO Phenolphthalein) gebracht wurden, um eben den Einfluß verschiedener Reaktionen auf das Ergebnis der Farbbestimmung auszuschalten.

Da die Farbe eines Saftes, also auch seine Entfärbung durch gewisse Einflüsse von seiner Reaktion abhängt, wird dieser Gegenstand noch in Kap. 31 zur Sprache kommen.

Am bequemsten ist es, die Caramelstoffe bzw. deren Neubildung für die Zufärbung verantwortlich zu machen. Bei ihrem großen Färbe-

---

[1] C. f. Zuckerind. 1925, S. 1013.   [2] ebd. 1927, S. 551.

vermögen könnten sie schon in geringen Mengen die Zufärbung der Säfte veranlassen.

So naheliegend diese Erklärung ist, so unrichtig ist sie. Würden die neugebildeten Caramelstoffe die Farbenzunahme verursachen, so müßte diese mit den Zuckerverlusten in Beziehung zu bringen sein: der größeren Zufärbung müßten die größeren Zuckerverluste entsprechen. Daß dem nicht so ist, zeigte u. a. Claassen, der keinen Zusammenhang zwischen den (nach Herzfeld) errechneten Zuckerverlusten und der Farbzunahme ermitteln konnte[1].

Zum Teile werden die neugebildeten Caramelkörper wohl die Farbzunahme verursachen, aber nur zum geringeren.

In größerem Maße dürften jene Umsetzungen die hauptsächliche Ursache davon sein, die Lafar zur Erklärung der Schaumgärung heranzog (s. d.): also die Umsetzungen zwischen Zucker (Invertzucker) und Aminosäuren (s. Farbstoffe der Melasse).

Die günstige Wirkung des Calciumsulfites auf die Haltbarkeit der Dünnsaftfarbe in der Verdampfstation führte Staněk und Vondrák zur Aufstellung einer Hypothese für die Entstehung der Farbstoffe beim Verdampfen und beim Verkochen.[2]

Sie erklären die Farbstoffbildung in der Weise, daß infolge von Einwirkung von Wasser und Wärme selbst bei alkalischer Reaktion stets neue geringe Spuren von Invertzucker entstehen, der sich sofort mit den Salzen der Aminosäuren zu den von Kostytschew und Brilliant[3] entdeckten Substanzen kondensiert und durch deren weitere Kondensation vielleicht Farbstoffe entstehen. Auch durch Einwirkung von Ammoniak auf Glucose und Fructose entstehen stickstoffhaltige Farbstoffe[4] vom Charakter der Fuskazinsäure (s. d.). Diese Ansicht findet auch in dem Umstand ihre Unterstützung, daß die beiden aus den auf den Röhren des ersten und zweiten Körpers der Druckverdampfanlage ausgeschiedenen Ansätzen eine stickstoffhaltige Säure isolierten, die in Wasser unlöslich ist, in Alkalien und Carbonaten jedoch stark verfärbte Lösungen liefert. Diese Säure ist den stickstoffhaltigen Farbstoffen der Melasse sehr ähnlich. Die Wirkung der schwefligen Säure soll nun die sein, daß diese die Aldehyd- bzw. Ketongruppen der Glucose, bzw. der Fructose bindet und dadurch Kondensationen mit Aminosäuren, die sich bekanntlich sehr willig mit Aldehyden (z. B. mit Formaldehyd) verbinden, verhindert.

Auf andere analytische Erfahrungen, die diese Hypothese stützen sollen, sei hier nur verwiesen[5].

### d) Entfärbung des Dicksaftes.

Die im folgenden Abschnitte zu besprechende Arbeit auf Weißzucker in Rohzuckerfabriken nötigte diese, Entfärbungskohlen auf ihre Säfte einwirken zu lassen. Neben der alten Knochenkohle wurden die neueren Aktivkohlen hierzu verwendet. Anfangs war es ausschließlich der Dicksaft (Mittelsaft), der entfärbt wurde. Wie schon im Kap. 17, Abschn. c, dargelegt wurde, gibt es heute schon Fabriken, die den Dünnsaft entfärben. Dazu führten nicht nur theoretische Erwägungen,

---

[1] C. f. Zuckerind. 1926, S. 641.        [2] Z. d. tschl. Zuckerind. VIII, S. 20, 1926.
[3] Z. physiol. Ch. 127, S. 224, 1922.
[4] Simmich: Z. V. D. Zuckerind. 76, S. 1, 1926.
[5] Z. d. tschsl. Zuckerind. VIII, S. 20, 1926.

nämlich die Erkenntnis, daß die Entfärbung (sowie auch andere physikalische Prozesse) in dünneren Zuckerlösungen wirkungsvoller sind als in dichteren Säften, sondern auch die Erfahrung, daß Dicksäfte durch Aktivkohlen nicht genug billig und nicht genug energisch entfärbt werden können, um einen · Weißzucker von wesentlich besserer Beschaffenheit zu gewährleisten.

Unter gewissen Verhältnissen kann wohl die eine oder die andere Kohle besser oder billiger entfärben, aber gut und billig entfärbt keine[1].

Die geringen Mengen an aktiver Kohle, die man praktisch zur Entfärbung von Dicksäften oder von Mittelsäften anwenden kann, können nicht erheblich die Farbe dieser Säfte verbessern (aufhellen). Werden durch sorgfältige Arbeitsweise und sachgemäße Einrichtung lichte Säfte erzielt, so kann man auch ohne jede Aktivkohle schöne Sand- oder Krystallzucker erzeugen. Man darf keinesfalls der Entfärbungskohle die ganze Arbeit überlassen, man muß trachten, durch alle bekannten Maßnahmen möglichst lichte Säfte zu erzielen. Dies gilt aber auch für die Knochenkohlenarbeit in der Raffinerie. V. Sázavsky hingegen sieht in der Entfärbung des Dicksaftes durch Aktivkohlen die billigere Arbeitsweise[2], da man mit weniger Kalk und infolgedessen mit weniger Schlamm, Absüßwasser und mit geringeren Verdampfungskosten arbeitet.

Wie schon beim Dünnsafte hervorgehoben wurde, erhält man durch diese Kohlen jedenfalls klare, blanke, feurige Säfte, was ein Vorteil ist, auch dann, wenn die Entfärbung nicht befriedigt.

Es liegen mehrere schöne Untersuchungen über den Mechanismus und Chemismus der Dicksaftentfärbung vor. So die von J. Fišer „über die Adsorption anorganischer Ionen bei der Filtration des Dicksaftes"[3] und eine gründlichere, vielseitigere von J. Dědek: „Die Adsorptionen aus Dicksaft"[4]. Im allgemeinen fällt die Adsorbierbarkeit der Ionen in folgender Reihenfolge $Fe^{\cdots}$, $Al^{\cdots}$, $Ca^{\cdot\cdot}$, $Cl'$, $SO_4''$, $Mg^{\cdot\cdot}$. Kieselsäure wird gar nicht aufgenommen. Ähnliches konstatierte Dědek: Mit der Entfernung der Aschenbestandteile steigt der (scheinbare) Reinheitsquotient. Interessant ist die Wirkung verschiedener Kohlen auf die Stickstoffsubstanzen (Gesamtstickstoff, Betainstickstoff) und auf die Entfernung der Kolloidstoffe: mit der Entfernung dieser steigt die Krystallisierbarkeit des Dicksaftes. Aus den Anfängen der Dicksaftentfärbung im Schichtenverfahren stammt vom gleichen Forscher eine Untersuchung, die erst im Kap. 31 gewürdigt werden soll.

### e) Die Arbeit auf Weißzucker.

An die Entfärbung des Dicksaftes sei die Arbeit auf Weißzucker (Krystallzucker, Granulated) angeschlossen. Diese wurde zu einem wichtigen Fabrikationszweige der Zuckerindustrie, ein Mittelding zwischen

---

[1] Linsbauer: Z. f. tschsl. Zuckerind. VII, S. 49, 1925.
[2] Z. d. tschsl. Zuckerind. VI, S. 487, 1925.
[3] ebd. VIII, S. 49, 1927.     [4] ebd. VIII, S. 523, 1927.

der Erzeugung von Rohzucker und seiner eigentlichen Veredelung in der Raffination.

Die verschiedenen Methoden der Weißzuckererzeugung haben gemeinsam: eine gründliche Saftreinigung, also möglichst helle Dicksäfte, die noch durch Anwendung von Aktivkohlen entfärbt werden; gleichbedeutend ist die Entfärbung des Dünnsaftes. Die Weißzuckerarbeit wird dort erst schwieriger, wo man die Mittel- und Nachproduktzucker auch auf Weißzucker verarbeiten will: dann müssen sie affiniert, geklärt und entfärbt werden. Die so erhaltenen Klären werden meist zusammen mit dem Dicksafte verkocht. (Über die Chemie der Entfärbung von Klären s. „Entfärbungskohlen", Kap. 31.)

In Einzelheiten arbeiten die verschiedenen Weißzuckerfabriken verschieden mit und ohne Filtrationsmittel (Gur, Celite), mit und ohne schweflige Säure, mit und ohne Aktivkohlen, Holzkohlen oder Spodiumstaub, mit und ohne Verarbeitung der anfallenden Mittel- und Nachprodukte.

Ein nach Tödt „wohl konkurrenzlos billig arbeitendes" Verfahren (Anlage)[1] ist das von F. W. Meyer. Darüber berichtete letzterer in der „Deutschen Zuckerind." 1927, Nr. 19, ausführlich. Bemerkenswert — aber nicht neu — daran ist, daß hier die entfärbende Wirkung von frisch gefälltem $CaCO_3$ auf die Nachproduktklären zur Verminderung des Verbrauchs an Entfärbungskohle herangezogen wird.

Literatur.

Hinze, A.: Die Weißzuckerfabrikation, I. Magdeburg 1925. II. Die Arbeit mit Entfärbungskohlen. Magdeburg 1927.

Zwanzigstes Kapitel.

# Chemische Vorgänge beim Verkochen des Dicksaftes.

### a) Der Krystallisationsprozeß.

Nachdem der Diffusionssaft gereinigt wurde, stellt die Fabrikation des Zuckers im Prinzipe nichts anderes dar als die Konzentration des Dünnsaftes bis zur Auskrystallisierung des Zuckers aus seiner Lösung. Dieser Krystallisationsprozeß verläuft in zwei Phasen. Die erste führte zum Dicksafte. Durch weitere Konzentrierung desselben im Vakuum entsteht schließlich Übersättigung: Zucker krystallisiert aus und bildet mit der Mutterlauge zusammen die Füllmasse.

Der im Vakuum vor sich gehende Krystallisationsprozeß ist im wesentlichen ein physikalischer, doch wird er von chemischen Vorgängen begleitet und diese sollen vornehmlich berücksichtigt werden.

---

[1] C. f. Zuckerind. 1927, S. 1070.

Der Begriff der „gesättigten" und „ungesättigten" sowie „übersättigten" Lösung ist zu bekannt, um hier besprochen werden zu müssen. Nur eine übersättigte Lösung kann Zucker zum Auskrystallsisieren bringen. Wird eine gesättigte Zuckerlösung bei ihrer Sättigungstemperatur eingedampft, so scheidet sie nicht gleich Zucker aus, sondern enthält ihn noch im gelösten Zustande: da ist sie übersättigt. Je reiner eine solche Lösung ist, desto schneller scheidet sich der Zucker aus. Umgekehrt, je unreiner die Lösungen sind, desto langsamer geben sie trotz Übersättigung ihren Zucker ab, und desto größer muß die Übersättigung sein, damit Krystallisation eintritt. Dies führte Claassen zum Begriffe des Übersättigungs-koeffizienten, $c = \dfrac{z'}{z}$, worin $z$ die Menge Zucker ist, welche bei einer bestimmten Temperatur in einer gesättigten Zuckerlösung auf 1 Teil Wasser, und $z'$ die Menge, die bei derselben Temperatur in der gegebenen übersättigten Lösung auf 1 Teil Wasser gelöst ist (s. Kap. 24).

Der Übersättigungskoeffizient gibt also an, wieviel mal mehr Zucker auf 1 Teil Wasser in einer übersättigten Lösung gelöst ist als in einer gesättigten bei gleicher Temperatur. Er ist unabhängig von der Temperatur, aber eine Funktion der Reinheit dieser Lösung.

Dieser Koeffizient ist für die Krystallisation von prinzipieller Bedeutung. Während des Verkochens soll er zwischen 1,06 und 1,18 liegen; 1,20 ist schon bei Erstproduktmassen zu hoch. Erst am Ende der Kochdauer kann die Übersättigung bis 1,30 schreiten. Bei der Nachproduktenarbeit wird noch Gelegenheit sein, Näheres über diesen Koeffizienten mitzuteilen.

Der Dicksaft stellt die zu konzentrierende Zuckerlösung von bestimmter Reinheit dar. Ist Übersättigung erreicht, so scheiden sich die ersten Zuckerkrystalle aus. Mit ihrer Entstehung und dem Fortschreiten der Krystallisation sinkt der Reinheitsquotient des Dicksaftes bzw. der Mutterlauge. Ist schließlich aller Zucker auskrystallisiert (im technischen Sinne), so resultiert ein Gemisch dieser Zuckerkrystalle mit ihrer „Mutterlauge". Diese ist aber eigentlich keine „Mutterlauge", da sie noch viel von dem auszukrystallisierenden Stoffe, hier dem Zucker, enthält. Die Füllmasse ist daher besser zu definieren als ein Gemisch von Zuckerkrystallen mit ihrem Muttersirup. Dieser Sirup kann je nach Verhältnissen und Arbeitsbedingungen verschieden sein. Der Verfasser analysierte Füllmassen und den aus ihnen durch Abnutschen zu gewinnenden Sirup. Eine solche Füllmasse I. Produkt hatte die Zusammensetzung: 94,6 Bx — 85,4% Z — 90,2 Q; der von ihr abgenutschte Sirup — also die „Mutterlauge" — hatte: 86,8% Bx — 66,0% Z — 76,0 Q.

Daraus ist ersichtlich, daß im praktischen Betriebe die Grenze, bis zu welcher die Krystallbildung im Vakuum überhaupt vor sich gehen könnte, lange nicht erreicht wird. Neben dieser Krystallisation geht noch eine unerwünschte „Nachkrystallisation" vor sich, die erst später im Zusammenhange besprochen werden kann.

Daß der Sirup der Füllmasse keine echte Mutterlauge ist, auch nicht sein könnte, wenn der Krystallisationsprozeß ideal verlaufen würde, hat zwei Gründe. Erstens wird aus praktischen Gründen die Konzentrierung des Dicksaftes nicht so weit getrieben, daß aller Zucker auskrystallisieren könnte, und zweitens enthält der Dicksaft noch Nichtzuckerstoffe, welche den Zucker in Lösung halten, also nicht auskrystallisieren lassen.

Beim Verkochen tritt auch Alkalitätsrückgang auf, aber gewöhnlich in nur geringem Grade. Ursache davon sind dieselben chemischen Prozesse, welche schon früher dargelegt wurden; dazu kommen noch die Zuckerzerstörungen.

## b) Organischsaure Kalksalze, deren Ursachen und Wirkungen.

Das Verkochen der Dicksäfte verläuft nicht immer normal; es gibt Umstände, durch welche einmal ein Schäumen beim Kochen auftritt, ein anderes Mal wieder bleibt die ganze Masse ruhig liegen (Fettkochen, Schwerkochen). Diese Erscheinung hat ihre Ursache in der chemischen Zusammensetzung des betreffenden Dicksaftes, entweder durch fehlerhafte Manipulation im Vorderbetriebe oder durch ein alteriertes Rübenmaterial.

„Über das Schwerkochen der Dicksäfte" äußerte sich Lippmann im Jahre 1883[1] folgendermaßen: Unter eigentlichem Schwerkochen versteht man das Festliegen der Säfte, bzw. der Füllmassen in Verdampfkörpern und Vakuen; weiter eine große Schaumbildung beim Verdampfen, bzw. Verkochen. Gegen diese Übelstände kämpfte er erfolgreich durch „energisches Aufkochen des rohen Rübensaftes mit Kalk" an; angewendet wurden 3 % Kalk und es wurde $^1/_4$—$^1/_2$ Stunde lang kochen gelassen. Bei normalen Rüben war diese Maßnahme nicht notwendig. Gleichzeitig führt er das Beispiel einer hannoveranischen Fabrik an, die vor dem Einstellen der Arbeit stand, da sie nicht imstande war, die Säfte auszusaturieren; sie bildeten eine trübe Emulsion, filtriereten schwer und schäumten beim Verkochen außerordentlich. Nachdem keine mechanischen Fehler festgestellt werden konnten (Kalkofen, Pumpen, Saturationsgas), so sah er die Ursache dieser Betriebsstörung in der Beschaffenheit der Rübe. Er ließ die Scheidesaturation einstellen, kochte, wie oben angegeben, den Rohsaft mit Kalk und saturierte den geschiedenen Saft aus. Mit Einführung dieser Operation hörte jede Betriebsschwierigkeit auf.

Im Jahre 1891 beschäftigte sich Herzfeld mit den Kalksalzen in den Säften der Rübenzuckerfabrikation und mit den Mitteln zu ihrer Bekämpfung[2].

Es sind die im Safte gelösten Kalksalze, welche das Verkochen der Säfte erschweren. Dieses wird besonders durch schwer lösliche Kalksalze behindert, welche sich beim Eindampfen auf der Oberfläche der Flüssigkeit als feine Haut abscheiden und so das Sieden verzögern. Entfernt man diese Haut z. B. dadurch, daß man die Kalksalze mit Soda oder durch Zusatz von pflanzlichen Fetten zerlegt, so tritt bessere Verdampfung ein.

Mittel zur Bekämpfung dieser Salze. Gegenüber den neueren Bestrebungen, den Kalkzusatz bei der Scheidung und Saturation auf eine minimale Gabe zu beschränken, hebt Herzfeld hervor, daß, wie es einerseits zur Vermeidung des Rückganges der Alkalität notwendig

---

[1] Z. V. D. Zuckerind. 1883, S. 934.        [2] ebd. 1891, S. 276.

erscheint, den Invertzucker völlig zu zerstören und dadurch eine gewisse Menge organischsaurer Kalksalze zu bilden, so andererseits durch genügende Anwendung von Kalk in richtiger Weise die Menge dieser Kalksalze im Saft wiederum vermindert werden kann. Dies wird ohne weiteres erklärlich, da eine große Anzahl der im Rübensaft enthaltenen organischen Verbindungen, besonders viele Säuren, wie die Glukonsäure, mit Kalk leicht lösliche Neutralsalze, dagegen schwer oder unlösliche basische Salze bilden.

Für die Richtigkeit der eben entwickelten Ansicht führt Herzfeld die Erfahrung an, welche in mehreren Fabriken gemacht worden ist, daß von dem Augenblicke an, als bei Einführung eines der neueren Scheideverfahren mit der Kalkzugabe sehr herabgegangen wurde, die Menge der Kalksalze in den Säften zunahm. Als aber der Kalkzusatz wieder auf das frühere Maß gesteigert wurde, ging die Menge der Kalksalze sofort wieder in die ursprünglichen geringeren Grenzen zurück.

Unter den Mitteln zur Bekämpfung der Kalksalze sind besonders Phosphorsäure, Fette und Soda zu nennen. Mit den ersten beiden sind im allgemeinen keine befriedigenden Resultate erzielt worden; mit den Fetten wird sogar viel Schaden angerichtet, da durch übermäßige Anwendung derselben Schwierigkeiten entstehen, welche bei der Nachproduktenarbeit und beim Raffinieren des Zuckers sich unangenehm bemerkbar machen. Es ist deshalb der Gebrauch von Soda demjenigen von Phosphorsäure oder von Fetten vorzuziehen.

Die folgenden auf Veranlassung Herzfelds ausgeführten Versuche de Sequeiras haben die Notwendigkeit dargetan, mit Soda behandelten Saft vor der Filtration nahe zum Sieden zu erhitzen, denn selbst bei 80⁰ C setzt sich die Soda in Gegenwart organischer Verbindungen mit den Kalksalzen weniger glatt um als bei 100⁰ C. Es wurde ferner durch die Versuche erwiesen, daß an eine völlige Entfernung der Kalksalze durch Soda im Betriebe nicht zu denken ist, man müßte denn die Menge der letzteren so weit steigern, daß man das gleichfalls schädliche kohlensaure Natron im Übermaß anhäuft. In vielen Fällen werden $1^{1}/_{2}$ und 2 Äquivalente Soda auf 1 Äquivalent Kalk nicht genügen, um die Reaktion selbst bei Siedehitze vollständig zu machen, vielmehr 3 und mehr Äquivalente zur Anwendung kommen müssen. Da aber eine ungenügende Menge Soda stets weit besser ausgenutzt wurde als ein Überschuß, so dürfte es sich empfehlen, im Betriebe in her Regel über ein Molekül Soda auf ein Molekül gebundenen Kalk nicht hinauszugehen; man wird sogar in vielen Fällen mit dem halben Molekül Soda schon zufriedenstellende Resultate erzielen.

Es empfiehlt sich also, die Soda in Mengen von nicht mehr als $^{1}/_{2}$ bis 1 Molekül, entsprechend der vorhandenen Kalkasche, vor der zweiten Saturation zuzusetzen unh sorgfältig unter Anwärmen zu saturieren, so daß der Saft vor der Filtration zum Sieden oder doch sehr nahe zum Sieden erwärmt wird[1].

---

[1] Z. V. D. Zuckerind. 1891, S. 284.

De Sequeira führt folgendes über den Chemismus der Sodawirkung auf die Kalksalze an. Die Ausfällung des Calciumcarbonates
wird durch im Safte anwesende Bestandteile beeinflußt, so z. B. wird
es von Seignettesalz und Citraten gelöst.

Folgende Versuche wurden angestellt: I. Gips und Sodalösung bei Gegenwart von Wasser und Salzen in der Wärme. Die $Na_2CO_3$-Lösung war
$^1/_5$ n, die Gipslösung enthielt in 50 cm³ 0,0631 g $CaSO_4$; durch vollständige Zerlegung [$CaSO_4 + Na_2CO_3 = CaCO_3 + Na_2SO_4$] müßten 0,0463 g $CaCO_3$ entstehen.
    Nach den Ergebnissen war die Umsetzung sowohl bei der Siedehitze als auch
bei 80⁰ für reine Gipslösung mit anderthalb Äquivalent Soda vollständig. Mit
einem Äquivalent Soda ist die Umsetznng nur in der Siedehitze vollständig. Bei
Gegenwart von Zucker müssen auch bei Siedehitze $1^1/_2$ Äquivalent Soda angewendet werden, um allen Gips zu zerlegen. Die Anwesenheit von Citronensäure stellt
sich gleichfalls als nachteilig heraus; auch die anderen Salze stören noch mehr als
der Zucker. Der Niederschlag war bei Anwesenheit derselben nicht mehr so körnig
und ließ sich schlecht filtrieren.
    II. Asparaginsaurer Kalk und Sodalösung. Die Umsetzung zwischen
asparaginsaurem Kalk und der Sodalösung geht auch in der Wärme schwerer vor
sich als bei Soda und Gips. Hier wird erst mit 2 Molekülen kohlensaurem Natron
der ganze Kalk ausgefällt, während bei Gips dies schon mit 1 Moleküle der Fall
war. Noch ungünstiger gestalten sich die Verhältnisse, wenn man Zucker oder ein
anderes Salz zu gleicher Zeit in Lösung hat; dann muß die Sodamenge weiter vermehrt werden, wenn die Reaktion glatt verlaufen soll.
    III. Glukonsaurer Kalk und Sodalösung. Die Umsetzung geht etwas
leichter vor sich als bei den eben besprochenen organischen Salzen, aber doch
schwerer als bei Gips. Die Anwesenheit von Zucker und organischen Salzen ist
auch hier von nachteiligem Einfluß auf die Umsetzung. Schwefelsaures Natron
stört in keiner Weise die Umsetzung, man konnte sogar annehmen, daß es dieselbe
begünstigt. Ähnlich wirkt das schwefelsaure Natron bei der Zersetzung der asparaginsauren Salze[1].

Jesser schlägt vor, zur Ausfällung größerer Mengen von
Kalksalzen Soda im doppelten Äquivalent der vorhandenen
Kalksalze, und zwar schon in der ersten Saturation zuzugeben.
Der Zusatz im Dicksaft soll nachteilig sein, da sich Inkrustationen in
den Verdampfkörpern bilden. Nur dann, wenn der Kalk schon vorher
die Farbstoffe vollständig zerstört hat, schadet der Sodazusatz nicht
der Farbe der Säfte[2] (s. S. 456).
    Im Jahre 1898 erschien von demselben Forscher und Praktiker eine
Arbeit „Die Kalksalze in der Zuckerfabrikation“, die, alle Theorien
beiseite lassend, die Bekämpfung dieser Salze behandelt. Mit analytischen Daten belegt, empfiehlt Jesser folgende Arbeitsweise, welche
die Bildung der Kalksalze verhindern läßt. Nicht die Diffusion noch
erste Saturation ist die Quelle dieser Substanzen, „sondern in allererster
Linie die Temperaturen, bei denen die Ausfällung des
Kalkes bei der zweiten und dritten Saturation erfolgt.
Die Erzielung kalkarmer Säfte gelingt dann, wenn die
Ausfällung des Kalkes bei obigen Stationen in der Siedehitze erfolgt.“ Die Saturation soll bei 98—100⁰ C stattfinden; sinkt
die Temperatur auf 90—95⁰, so vermehren sich die Kalksalze der Säfte.

---

[1] Z. V. D. Zuckerind. 1891, S. 284.
[1] Z. f. Zuckerind. i. B. XIX, S. 8, 1894/95.

Nachheriges Auskochen, wodurch Kalkcarbonat zur Ausfällung gelangt, kann diesen Fehler nur teilweise gutmachen[1].

Diese Arbeitsweise begründete er sehr durch instruktive Versuche und Betriebserfahrungen.

„Diese Zahlen demonstrieren deutlich den Wert der Saturation in der Siedehitze, da dadurch allein der Kalkgehalt der Säfte gegenüber der Arbeit mit abgekühltem Saft um 0,006 CaO geringer ist. Weiter zeigt sich hier die Wichtigkeit der Auskochstation. Auch bei gut geführter Saturation scheiden sich noch bemerkenswerte Mengen Kalk aus.“

Oben wurde die Ausscheidung von Kalkcarbonat durch das Auskochen erwiesen. Sie geht aber nur langsam vor sich und ist beim Dicksaft noch nicht beendet. Es kann also auch ein sehr gut filtrierter Mittel- oder Dicksaft wieder trüb werden, weil neuerdings Ausscheidung eintritt. Eine gut durchgeführte zweite und dritte Saturation hilft auch gegen dieses Übel[1].

C. Polster konnte analytisch feststellen, daß die Kalksalze nicht in deutlich wahrnehmbarer Form das Schwerkochen beeinflussen sollen. Er fand Dicksäfte mit 0,03 und solche mit 0,28 % CaO, die sich gleich gut verkochen ließen, und oft solche mit geringeren Kalkmengen, die schwer kochten[2]. Da er das Schwerkochen auf Proteinsubstanzen zurückführen wollte, erklärte Rümpler, daß es Kalksalze allein nicht sein müßten, die Schwerkochen veranlassen.

In der Regel sind es nach Rümpler doch die organischsauren Kalksalze, die zu schwerem Verkochen Anlaß geben[3]. Gute Rüben liefern nach der Scheidesaturation Säfte mit wenig, schlechte Rüben Säfte mit mehr Kalksalzen; in letzterem Falle scheiden sich die Zersetzungsprodukte durch den Kalk nicht im Schlamme aus, sondern bleiben teilweise im Safte als Kalksalze gelöst (s. S. 306). Weiter führt Rümpler den Fall an, wo lediglich der Kalkgehalt erschwerend auf das Kochen wirkt. Reine und gute Dicksäfte kochen nur schwer, wenn sie zu hohe Alkalität, die von Kalk herrührt, aufweisen. Besitzen sie aber Natronalkalität, so zeigt sich diese Störung nicht. Das gute oder schlechte Verkochen der Säfte hängt sehr mit ihrer Krystallisationsfähigkeit zusammen; Substanzen, die das Auskrystallisieren erschweren, erschweren auch das Verkochen. Rümpler ist der Ansicht, daß diesbezüglich Kalksalze nachteiliger wirken als Natronsalze. Ausfällung von Kalk hat stets ein leichteres Kochen zur Folge. Nach Rümpler lassen sich Säfte mit mehr als 0,1 g CaO in 100 cm³ schon schwerer, mit mehr als 0,2 g sehr schwer verkochen; 0,25 g CaO in 100 cm³ Saft verhindern schon das Kochen auf Korn.

Diese zahlenmäßigen Angaben lassen sich jedoch nicht verallgemeinern, wie sich aus den Ausführungen Polsters (s. o.) und anderer ergibt.

Nach H. Gröbe tritt beim Verkochen dann Betriebsstörung ein,

---

[1] Ö. U. Z. f. Zuckerind. XXVII, S. 30, 1898.      [2] D. Z. 1895, S. 1070.
[3] Die Nichtzuckerstoffe, S. 476, 1898.

wenn der Dicksaft 0,15% CaO enthält. Der Kalk ist in Form löslicher organischsaurer Kalksalze vorhanden, die in konzentrierter Zuckerlösung leichter löslich sind als in verdünnter, bis sie sich endlich beim Verkochen als feine Schichte auf der Flüssigkeitsoberfläche absetzen, den Siedepunkt erschweren und Totliegen der Flüssigkeit verursachen. Soda, in der zweiten Saturation oder im Dicksafte angewendet, zersetzt diese Salze in organischsaures Natron und kohlensauren Kalk, welcher abfiltriert wird. **Nützt der Sodazusatz nichts, dann hat das Schwerkochen seinen Grund in der Anwesenheit von pektinsauren Alkalien.** Gegen diese hilft Verringerung der Diffusionstemperaturen und Vermehrung des Kalkes bei der Scheidung[1].

**Wassilieff** fand für die Kalksalze des Saftes nach der dritten Saturation und in der Melasse einen Zusammenhang zwischen ihrer Menge und der Kampagnedauer: **die Salze sollen mit fortschreitender Kampagne zunehmen.**

Neuere Erfahrungen und Arbeiten über diesen Gegenstand nötigen zur Annahme, daß auch **die Qualität der Kalksalze** eine wichtige Rolle spielt, z. B. durch ihre Löslichkeitsverhältnisse. So ist es erklärlich, daß Säfte trotz gleicher Kalksalzmengen sich beim Verkochen verschieden verhalten.

Dies erweisen auch u. a. Untersuchungen von **Lukjanow.** Im Gegensatz zu der verbreiteten Meinung, daß die Menge der Kalksalze im Dicksaft über 0,10 g ein schweres Kochen und manchmal sogar Betriebsstockungen hervorruft, fand er, daß von 75 Bestimmungen nur in zwei Fällen die Menge der Kalksalze 0,109 und 0,119 g war; in den meisten Fällen aber schwankte sie zwischen 0,14 und 0,20 g, war oft höher und erreichte sogar 0,272 g. Ungeachtet dessen ging das Verdampfen und Verkochen der Säfte leicht vonstatten.

Daß der Invertzucker als Hauptbildner für die organischsauren Kalksalze in Betracht kommt, wurde schon öfters dargelegt.

Ist nur wenig Invertzucker vorhanden — in normalen Rüben um 0,1% herum — dann genügen die im Safte bei der Saturation entstandenen Alkalien, um die durch die Wirkung des Kalkes auf den Invertzucker gebildeten organischen Kalksalze fast gänzlich auszufällen, so daß in dem Safte nur etwa 2 mg Kalk in 100 cm³ verbleiben, d. i. so viel, als der Löslichkeit des Calciumcarbonates in dem Safte entspricht. Ist jedoch die Invertzuckermenge groß (z. B. in angefrorenen oder in faulen Rüben), dann bleiben die Kalksalze im Safte zurück und verursachen die oben geschilderten Erschwernisse bei der weiteren Verarbeitung.

**Staněk** beobachtete häufig beim Studium der Ausfällung organischer Kalksalze, daß bei der Saturation in Gegenwart von Kalk die durch die Zerstörung des Invertzuckers mit Alkalien oder Kalk entstandenen Farbstoffe in sehr beträchtlicher Menge in den Niederschlag übergehen. Er bemühte sich festzustellen, wieviel lösliche Nichtzucker aus dem Invertzucker hervorgehen, insbesondere wieviel Kalk in den Saft in Form organischen Salzes bei der Saturation mit verschiedenen Kalk-

---

[1] C. f. Zuckerind. 1909, S. 1493.

mengen nach richtig durchgeführter erster Saturation übergeht und welchen Einfluß eine zweifache oder dreifache Saturation ausübt[1].

Es wurden zwei Versuchsreihen durchgeführt: 1. Saturation mit gleicher Kalkmenge und wechselnder Invertzuckermenge (den Gehalt normaler Säfte übersteigend) und 2. Saturation mit gleicher Invertzuckermenge und mit wechselnden Kalkmengen.

### I. Versuchsreihe.

Einfluß der Invertzuckermenge auf die Saftreinheit und die Menge der organischen Kalksalze bei 2,3 % Kalk.

| Nummer | % Invertzucker im Safte | Alkalität nach der Saturation | | Quotient | mg Kalk in 100 cm³ Saft | Für je 100 Tl. Invertzucker gingen Kalk in den Saft über | Aus 100 Tl. Invertzucker entstanden Nichtzucker |
|---|---|---|---|---|---|---|---|
| | | I. | II. | | | | |
| 1. | 0,10 | 0,091 | 0,003 | 94,89 | 2,0 | (2,0) | ? |
| 2. | 0,20 | 0,100 | 0,005 | 94,66 | 10,2 | 5,1 | 35 |
| 3. | 0,49 | 0,084 | 0,004 | 93,00 | 60,4 | 12,3 | 55 |
| 4. | 0,60 | 0,060 | 0,002 | 92,80 | 80,1 | 13,3 | 60 |
| 5. | 0,745 | 0,070 | 0,003 | 91,85 | 100,0 | 13,4 | 71 |

Aus dieser Versuchsreihe ersieht man, daß bei der Saturation invertzuckerhaltiger Säfte der Reinheitsquotient erheblich zurückgeht und die Kalkmenge der organischen Kalksalze mit steigender Invertzuckermenge steigt. Es ist demnach sicher, daß durch einen richtig durchgeführten Saturationsprozeß viel mehr organische Kalksalze in dem Schlamm ausgefällt werden als bei bloßem Aussaturieren zur Neutralität. Das Ansteigen der Menge des aus 100 Teilen Invertzucker durch Erhöhung des Invertzuckerzusatzes zum Safte in die Lösung übergegangenen Kalkes läßt sich mit Leichtigkeit daraus erklären, daß durch den Calciumcarbonat-Niederschlag gewisse Salze organischer Säuren mitgerissen werden, und zwar um so mehr, je mehr Kalk auf 1 Teil Invertzucker entfällt.

### II. Versuchsreihe.

Einfluß der angewandten Kalkmenge auf die Reinheit und Verkalkung des Saftes bei 0,745 % Invertzucker.

| Nummer | Kalkzugabe I. Saturation | Kalkzugabe II. Saturation | Alkalität | | | Quotient | In 100 cm³ Saft mg CaO | Für 100 Tl. Invertzucker gingen CaO über |
|---|---|---|---|---|---|---|---|---|
| | | | I. Saturation | II. Saturation | Dünnsaft | | | |
| 6. | 1,3 | 0,55 | 0,11 | 0,05 | 0,002 | 91,79 | 111,2 | 14,8 |
| 7. | 1,3 | — | 0,12 | — | 0,001 | 91,40 | 118,2 | 15,8 |
| 8. | 2,3 | 0,55 | 0,08 | 0,06 | 0,002 | 92,00 | 96,1 | 12,9 |
| 9. | 2,3 | — | 0,09 | — | 0,001 | 91,85 | 100,0 | 13,4 |
| 10. | 3,6 | 0,55 | 0,11 | 0,05 | 0,002 | 92,27 | 94,0 | 12,6 |
| 11. | 3,6 | — | 0,12 | — | 0,001 | 92,31 | 94,1 | 12,6 |
| 12. | 2,3 | — | 0,10 | — | 0,003 | 94,98 | 2,8 | — |

Aus der II. Versuchsreihe ist ersichtlich, daß mit der angewandten Kalkmenge der Reinheitsquotient steigt und die Verkalkung abnimmt. Die Durchführung der dreifachen Saturation unter Zusatz von 0,55 % Kalk bei der zweiten Saturation verbessert den Quotienten und vermindert die Verkalkung, welcher günstige

---

[1] Z. d. tschsl. Zuckerind. II, S. 53, 1920.

Einfluß um so deutlicher hervortritt, ein je kleinerer Prozentsatz Kalk bei der ersten Saturation zur Verwendung kam, so daß in den Versuchen Nr. 10—11 (mit 3,6 % Kalk) diese Verbesserung nicht mehr wahrnehmbar ist.

Die Menge des nach Zerstörung von 100 Teilen Invertzucker in Lösung übergehenden Kalkes sinkt mit Steigerung der Menge des bei der Saturation angewandten Kalkes; hier kommt auch der zur zweiten Saturation bei der dreifachen Saturation zugesetzte Kalk zur Geltung; damit wurde neuerlich der Einfluß der sogenannten physikalischen Saftreinigung durch den Niederschlag des Calciumcarbonates im Werdezustand dargetan und neuerlich bewiesen, daß das beste Mittel zur Bekämpfung der organischsauren Kalksalze die Verhinderung ihrer Bildung ist.

Daß Umsetzung (Ausfällung) mit Soda des beste Mittel sei, der Kalksalze Herr zu werden, geht aus allen Untersuchungen hervor und beweist ihre Anwendung in der Praxis. Aber an welcher Stelle des Betriebes, in welchem Safte die Soda am besten wirkt, darüber ist man sich auch heute noch nicht klar.

Manche empfehlen sie schon dem Rohsafte oder der ersten Saturation (Jesser), andere der zweiten Saturation (Herzfeld), wieder andere dem Saft nach der zweiten resp. dritten Saturation entweder vor oder auch nach dem Auskochen, ferner dem mittleren oder Dicksaft vor der Filtration, ja selbst nach der Filtration vor dem Einziehen ins Vakuum zuzusetzen. Vielfach geschieht der Zusatz der Soda gar erst in den Vakuen.

Diese Frage studierte Staněk mit dem Resultate, daß die Kalkfällung am vollkommensten ist, wenn man die Soda vor der zweiten Saturation zum Safte hinzufügt. Die natürliche Grenze der Löslichkeit sind ungefähr 1,7—2 mg CaO in 100 cm³ Saft; aber auch diese läßt sich noch unterschreiten — also man erhält fast kalkfreie Säfte —, wenn man Soda und genügend Kalk in die zweite Saturation zugibt. Natriumsulfit kann ebenso angewendet werden wie Soda[1].

Entgegen dem oben Gesagten (S. 436) erweist sich Phosphorsäure als gutes Mittel zur Ausfällung der Kalksalze, „das mir bei gefaulter Rübe noch immer geholfen hat" (Privatmitteilung des Herrn Direktor Kuhner). H. Zscheye fand im Firnis, Leinöl und Rüböl gute Mittel zur Bekämpfung (Ausfällung unter Bildung von Seifen); besonders die letzten beiden Öle bewährten sich gut zur Entfernung der organischsauren Kalksalze[2].

Aus all dem oben Gesagten ersieht man, daß das Schwerkochen eine Betriebsstörung darstellt, welche durch eine richtig durchgeführte Saftbehandlung meistens behoben werden kann, weil man, wie hier deutlich klar wird, den Chemismus dieser Erscheinungen erkannte und die Theorie in die Praxis umsetzte.

### c) Farbzunahme während des Verkochens.

Löst man Proben der erkochten Füllmasse in Wasser zur Konzentration des Dicksaftes auf, aus dem sie gekocht wurden (ohne Rück-

---

[1] Z. d. tschsl. Zuckerind. I, S. 45, 1919.    [2] D. Z. 1921, S. 626, 645.

nahme von Sirupen), so kann man schon a priori annehmen, daß diese Füllmasselösung dunkler sein wird als der entsprechende Dicksaft. Das stundenlange Brüten der schwer beweglichen Masse muß die Bildung von Farbstoffen (Caramelisation) zur Folge haben.

Für eine bestimmte Fabrik mit bestimmten Verkochapparaten ermittelte Freda Hoffmann diese Zunahme bei 16 Suden zu.

Farbe des Dicksaftes    15,9—24,5° Stammer,<br>
„     der Füllmasse    21,4—41,6°     „   .

Die Farbenzunahme schwankte von 20 % bis 87 %, bezogen auf die Farbe des Dicksaftes — eine viel zu große Schwankung, wenn man die gleichbleibenden Einrichtungs- und Kochverhältnisse bedenkt. Die Farben des abgeschleuderten Grünsirups schwankten von 51,2—94,5° St[1].

Zur gleichen Zeit beschäftigte sich H. A. Schlosser mit der „Feststellung der Verfärbung im Ersterzeugnis-Verkocher bis zum Sirupzuzug"[2]. In 20 Versuchsreihen fand er nebenstehende Farbzunahmen in Farbgraden und in Prozenten.

| während des Eindickens bis zur Kornbildung | während der Ausbildg. des Kornes | während d. Verkochens bis zum Sirupzuzug | Gesamte Farbzunahme bis zum Sirupzuzug |
|---|---|---|---|
| + 6,596<br>76,67 | + 0,557<br>6,47 | + 1,450<br>16,86 | + 8,603<br>100 |

Die Farbe der verkochten Dicksäfte war im Mittel 25,12 % (16,69 bis 37,04), die der Füllmassen im Mittel 33,72; es betrug demnach die Farbenzunahme 34,23 % im Mittel aller Versuche. Die kleinste Zunahme betrug 14 % der Dicksaftfarbe, die größte um 68,15 %. Gekocht wurde nach Claassen in stehendem Apparate. Diese Ergebnisse stimmen im großen ganzen mit denen von Freda Hoffmann überein.

Tabelle 101.

| Untersuchte Proben | Temp. °C | Quot. | Farbe auf 100 Pol. | Farbzunahme in Graden | Farbzunahme in % auf Farbe des Dünnsaftes der I. Pressen | Farbzunahme in % auf Farbe des Dünnsaftes vor der Verdampfstat. |
|---|---|---|---|---|---|---|
| Dünnsaft der I. Pressen . . . | 94 | 93,05 | 9,53 | 4,59 | 48,16 | — |
| „ „ II. „ . . . | 86 | 93,09 | 14,12 | 0,64 | 6,72 | — |
| „ „ III. „ . . . | 94 | 93,05 | 14,76 | 0,78 | 8,18 | — |
| Dünnsaft vor der Verdampfstation vor d. Dünnsaftvorwärmer | 87 | 93,15 | 15,54 | 4,24 | 44,49 | 27,28 |
| Dicksaft aus d. Verdampfstation | 56 | 93,99 | 19,78 | 3,62 | 37,99 | 23,29 |
| Dicksaft saturiert hinter d. Dicksaftvorwärmer . . . . . . | 79 | 93,75 | 23,40 | 10,31 | 108,20 | 66,34 |
| Füllmasse nach 5¹/₄ Stdn. Kochdauer vor d. Ablaufeinziehen. | 78 | 93,12 | 33,71 | 55,07 | — | 354,40 |
| Zur Füllmasse 1 Kasten Ablauf eingezogen nach 1³/₄ Stdn. Kochdauer . . . . . . . . . . | 80 | 90,43 | 88,78 | 645,32 | — | 4152,70 |
| Ablauf . . . . . . . . . . . . . | 84 | 78,87 | 734,10 | — | — | — |

---

[1] Z. V. D. Zuckerind. 1926, S. 91.      [2] C. f. Zuckerind. 1926, S. 404.

Tabelle 102. Zusammensetzung von Füllmassen.

| Nr. | Wirkliche Trockensubstanz % | % Zucker | % Asche (Sulfatasche) | % organ. Nichtzucker | Asche: org. NZ. | Alkalität % CaO (Phenolphth.) | % Gesamtstickstoff (Jodlbauer) | % Eiweißstickstoff (Stutzer) | Eiweiß-N + N der Propeptone u. Peptone | Eiweiß-N + N der Propeptone | % N der Peptone |
|---|---|---|---|---|---|---|---|---|---|---|---|
| | | | | | | | | | | Rümpler | |
| 1 | 92,28 | 85,75 | 1,770 | 3,62 | 1,8 | sauer | 0,322 | 0,021 | 0,028 | 0,022 | 0,000 |
| 2 | 96,94 | 90,70 | 3,240 | 7,18 | 2,7 | 0,050 | 0,646 | 0,056 | 0,078 | 0,048 | 0,047 |
| | | | | | | | | Analysen umgerechnet auf 100 Teile wirklicher | | | |
| 3 | — | 92,98 | 1,847 | 3,82 | — | sauer | 0,336 | 0,022 | 0,030 | 0,023 | — |
| 4 | — | 96,94 frei von Invertz. | 3,410 | 7,59 | — | 0,054 | 0,680 | 0,058 | 0,082 | 0,049 | 0,050 |
| 5 | — | — | — | — | — | — | — | — | — | — | — |
| 6 | — | — | — | — | — | — | — | — | — | — | — |
| 7 | 94,55 | 87,87 | 1,94 | 2,85 | 1,35 | 0,01 | 0,29 | 0,04 | 0,02 | 0,01 | 0,004 |
| 8 | 96,44 | 90,38 | 2,89 | 5,05 | 2,30 | 0,09 | 0,50 | 0,07 | 0,04 | 0,03 | 0,02 |
| 9 | — | 92,08 | 2,04 | 3,02 | — | 0,01 | 0,30 | 0,04 | 0,02 | 0,01 | 0,00 |
| 10 | — | 94,90 | 3,04 | 5,29 | — | 0,10 | 0,52 | 0,08 | 0,04 | 0,03 | 0,02 |
| 11 | — | — | — | — | — | — | — | — | — | — | — |
| 12 | — | — | Carb.-Asche | — | — | — | — | — | — | — | — |
| 13 | — | — | 2,317 | — | — | — | 0,536 | — | — | — | — |
| 14 | — | — | 3,240 | — | — | — | 0,646 | — | — | — | — |
| 15 | — | — | 2,423 | — | — | — | 0,426 | — | — | — | — |
| 16 | — | — | 1,949 | — | — | — | 0,336 | — | — | — | — |

Tabelle 102a. Zusammensetzung der Füllmasse-Aschen (der Tabelle 102).

| Nr. | $K_2O$ | $Na_2O$ | CaO | MgO | $Al_2O_3$ + $Fe_2O_3$ | In HCl unlöslich | $P_2O_5$ | $SO_3$ | Cl | Bemerkungen |
|---|---|---|---|---|---|---|---|---|---|---|
| 1 | 0,919 | 0,120 | 0,004 | 0,001 | 0,002 | 0,006 | 0,002 | 0,072 | 0,050 | Min. } Kamp. 1898/99 |
| 2 | 1,991 | 0,199 | 0,052 | 0,100 | 0,026 | 0,030 | 0,019 | 0,196 | 0,111 | Max. } Andrlík, Urban, Staněk |
| 3 | 0,963 | 0,125 | 0,005 | 0,002 | 0,003 | 0,007 | 0,003 | 0,075 | 0,052 | Min. |
| 4 | 1,991 | 0,274 | 0,054 | 0,115 | 0,017 | 0,032 | 0,020 | 0,203 | 0,177 | Max. |
| | | | | Asche der Füllmassen. | | | | | | |
| 5 | 49,32 | 4,83 | 0,20 | 0,07 | 0,12 | 0,24 | 0,10 | 4,00 | 2,27 | Min. |
| 6 | 58,37 | 10,51 | 2,79 | 3,92 | 1,18 | 1,15 | 0,88 | 8,07 | 4,73 | Max. |
| 7 | 1,04 | 0,12 | 0,00 | 0,01 | 0,00 | 0,01 | 0,01 | 0,06 | 0,05 | Min. } Kamp. 1899/1900 |
| 8 | 1,62 | 0,28 | 0,05 | 0,04 | 0,04 | 0,05 | 0,04 | 0,19 | 0,09 | Max. } 100 Teile Füllmasse |
| 9 | 1,09 | 0,12 | 0,00 | 0,01 | 0,00 | 0,01 | 0,01 | 0,07 | 0,05 | Min. } do. auf 100 Teile |
| 10 | 1,70 | 0,29 | 0,05 | 0,05 | 0,05 | 0,05 | 0,05 | 0,20 | 0,09 | Max. } wirkl. Trockensubstanz |
| 11 | 52,01 | 6,06 | 0,15 | 0,22 | 0,11 | 0,32 | 0,24 | 3,29 | 1,98 | Min. } Aschenanalyse derselben (Andrlík, |
| 12 | 56,92 | 10,70 | 2,37 | 1,86 | 1,68 | 1,90 | 1,82 | 9,12 | 3,88 | Max. } Urban, Staněk) |

Schlosser bemühte sich auch, die Verteilung der Farbe auf Krystall und Muttersirup festzustellen, und fand, daß 31,5% der Füllmassefarbe auf die Krystalle, 68,5% auf den Muttersirup entfallen. Die Ver-

Erstprodukt. (Quellenangaben im Text.)

| % N gefällt m. phosphorwolframs. Natron | % Ammoniak-N des phosphorwolframs. Natr. | % N der organ. Basen usw. (Differenz) | % Salpetersäure-N (Tiemann-Schulze) | % Ammoniak- + Amid-N (Schulze) | % Amidosäure-N (aus der Differenz) d. Gesamt-N | $cm^3$ $1/1$ n KOH zur Neutralisierung der mit Äther auslaugbaren Säuren | | An anorganische Basen gebd. org. Säuren neutralisieren | Alle mit Äther auslaugb. Säuren würden neutralisieren % $K_2O$ | Die übr. an an-org. Basen geb. org. Säur. würd. neutr. % $K_2O$ |
|---|---|---|---|---|---|---|---|---|---|---|
| | | | | | | aller | d. flücht. | | | |
| 0,042 | 0,019 | 0,006 | 0,005 | 0,011 | 0,174 | 6,5 | 1,8 | 1,041 | 0,306 | 0,525 |
| 0,140 | 0,056 | 0,112 | 0,012 | 0,040 | 0,466 | 17,7 | 6,0 | 1,873 | 0,838 | 1,159 |
| Trockensubstanz | | | | | | auf 100 g Füllmasse | | | | |
| 0,030 | 0,020 | 0,009 | 0,003 | 0,012 | 0,181 | — | — | 1,091 | 0,319 | 0,561 |
| 0,148 | 0,060 | 0,118 | 0,013 | 0,042 | 0,490 | — | — | 1,972 | 0,869 | 1,220 |
| — | — | — | — | — | — | — | — | — | — | — |
| — | — | — | — | — | — | — | — | — | — | — |
| 0,04 | 0,01 | 0,02 | — | — | 0,17 | 5,5 | 2,0 | 1,02 | 0,26 | 0,69 |
| 0,11 | 0,04 | 0,10 | — | — | 0,34 | 12,5 | 4,2 | 1,78 | 0,59 | 1,19 |
| 0,04 | 0,01 | 0,03 | — | — | 0,18 | 9,9 | 2,0 | 1,07 | 0,27 | 0,80 |
| 0,11 | 0,04 | 0,10 | — | — | 0,36 | 17,3 | 4,4 | 1,87 | 0,62 | 1,25 |
| — | — | — | — | — | — | — | — | — | — | — |
| — | — | — | — | — | — | — | — | — | — | — |
| — | — | — | — | — | 0,396 | — | — | 1,305 | 0,780 | 0,525 |
| — | — | — | — | — | 0,466 | — | — | 1,873 | 0,714 | 1,159 |
| — | — | — | — | — | 0,280 | — | — | 1,427 | 0,352 | 1,075 |
| — | — | — | — | — | 0,173 | — | — | 1,218 | 0,367 | 0,850 |

färbung der Säfte beim Saturieren, Verdampfen und Verkochen stellte auch W. Köthe fest. Seine Ergebnisse lassen sich leicht aus der Zusammenstellung Tabelle 101 herauslesen (gekürzt)[1].

Einundzwanzigstes Kapitel.

# Die Füllmasse und ihre Verarbeitung.

## a) Zusammensetzung und Eigenschaften der Füllmasse
## I. Produkt.

Die Füllmasse stellt eine zähe, feste Masse dar, die aus Zuckerkrystallen und anhaftenden sirupösen Nichtzuckerstoffen (Sirup) besteht.

Bevor die weitere Verarbeitung der Füllmasse geschildert wird, sollen zunächst die physikalischen und chemischen Zusammensetzungsverhältnisse, ihre Ursachen, bzw. Faktoren, die sie beeinflussen, geprüft werden. Hier wird es klar, daß die chemische Untersuchung allein nicht Aufschluß geben kann über die Güte eines Fabrikproduktes, daß sogar die physikalische Untersuchung oft mehr sagen kann als eine chemische Analyse allein. Beide Untersuchungsmethoden sollten Hand in Hand gehen.

---

[1] C. f. Zuckerind. 1925, Nr. 17; 1926, Nr. 19.

Die Zusammensetzung der Füllmasse hängt außer vom Rübenmateriale auch noch von der Arbeitsweise ab. Eine nur aus reinem
Dicksafte erkochte Füllmasse wird z. B. anders zusammengesetzt sein
als eine solche, die mit Nachzug von Sirupen erzeugt wurde. Besonders
der ablaufende Grünsirup und andere Sirupe der Nachproduktenarbeit dienen diesem Zwecke, oft nach vorhergehender Reinigung in
der Rohzuckerfabrik.

Über die Rückführung von Sirupen in den Vorderbetrieb
äußerte sich Kuhner auf der Generalversammlung des Öst. Z. V. f. R.
in Triest 1913 auf Grund chemischer Überlegungen sehr präzis. „Wer
jemals Saturationsversuche verschiedener Produkte durchgeführt hat,
wer sich darüber klar ist, daß einmal durch Scheidung und nachfolgende
Saturation gereinigte Produkte durch wiederholte Prozedur in ihrer
Zusammensetzung nicht mehr geändert werden können, wird die Saturation von Sirupen und Nachprodukten vermeiden. Der einzige in Frage
kommende Erfolg kann nur in einer mechanischen Reinigung liegen
... was man einfach dadurch erzielen kann, daß man die Sirupe filtriert[1]."

Solche Saturationsversuche wurden schon früher durchgeführt und ergaben
verschiedene Resultate. Misigiewicz will bei Sirupsaturation eine Quotienten-
aufbesserung von 4—11% erhalten haben (Organ II, S. 457). Die Entfärbung
der Sirupe durch die Saturation schwankte von „kaum merkbar" bis „sehr bedeutend". Gleiche Versuche anderer Autoren ergaben keine so günstige Einwirkung der Saturation auf die Sirupe, „da es sehr schwer ist, solche Nichtzuckerbestandteile herauszubringen, welche schon die Hauptreinigung (Saturation
und Knochenkohlenfiltration) durchgemacht haben und nicht ausgefällt werden
konnten" (siehe auch Kap. 23, a).

Diese alte Erkenntnis ist aber noch nicht zum Gemeingute aller
Zuckertechniker geworden, und so war es gut, daß sie Kuhner wieder
in Erinnerung brachte.

Die in der Tabelle Nr. 102 veröffentlichten Analysen sind die aus-
führlichsten, welche die Literatur aufweist. (Die Füllmassen aus der
Kampagne 1898—1899 von K. Andrlík, K. Urban und V. Staněk[2].)

Die angeführten Zahlen sind die Minima und Maxima aus 17 ausgeführten Analysen, zeigen also nicht eine bestimmte Füllmasse. Die

Tabelle

Veränderung der Menge der wichtigeren Bestand-
In 100 Teilen

| D | F | D | F | D | F | D | F | D | F |
|---|---|---|---|---|---|---|---|---|---|
| Asche | | MgO | | $P_2O_5$ | | $CO_2$ | | Gesamt-N | |
| 2,744 | 1,952 | 0,260 | 0,011 | 0,340 | 0,003 | 0,180 | 0,151 | 0,821 | 0,415 |
| 3,079 | 2,224 | 0,310 | 0,004 | 0,480 | 0,009 | 0,150 | 0,150 | 0,794 | 0,365 |
| 3,459 | 2,243 | 0,310 | 0,007 | 0,410 | 0,011 | 0,200 | 0,166 | 0,789 | 0,413 |
| 3,902 | 2,581 | 0,360 | 0,022 | 0,390 | 0,004 | 0,230 | 0,159 | 0,698 | 0,338 |
| 4,168 | 3,410 | 0,430 | 0,004 | 0,620 | 0,009 | 0,210 | 0,140 | 1,042 | 0,680 |
| 2,770 | 2,457 | 0,230 | 0,006 | 0,370 | 0,012 | 0,220 | 0,129 | 0,867 | 0,549 |

[1] Ö. U. Z. f. Zuckerind. XLII, S. 636, 1913.
[2] Z. f. Zuckerind. i. B. XXIV, S. 257, 1899/1900.

Füllmassen entsprechen den Diffusionssäften derselben Kampagne·
Die Minimal- und Maximalzahlen beziehen sich zuerst auf die Füllmassen, dann auf Trockensubstanz (Nr. 1—4); schließlich folgen Aschenanalysen (Nr. 5 und 6, Tab. 102a). Die Analysen Nr. 7—12 zeigen
Füllmassen aus der Kampagne 1899/1900 derselben Autoren[1].

Die Kenntnis der qualitativen und besonders der quantitativen
Verhältnisse der organischen Säuren in den Zuckerfabrikssäften
ist nicht nur theoretisch, sondern auch praktisch von Wichtigkeit, um
manche Erscheinungen im Betriebe aufzuklären. In Erkenntnis dieser
Tatsache studierten Andrlík, Urban und Staněk jene Säuren, die
mittels Äthers aus den Rohsäften und aus den Füllmassen auslaug-
bar sind[2].

Bezüglich der Einzelheiten bei der Ausführung dieser Analysen sei auf das
Original verwiesen; hier sollen nur die Prinzipien der Methode dargelegt werden.
Diffusionssaft oder Füllmasse wird mit Salzsäure angesäuert, Wasser in den
Extraktionskolben gebracht und bei Einhaltung immer gleicher Bedingungen mit
Äther extrahiert. Nach Beendigung der Extraktion wird der Äther abdestilliert
und die zurückbleibende wäßrige Lösung der ausgelaugten Säuren mit $^1/_{10}$ n KOH
(Phenolphthalein) titriert. Am Resultate werden zwei Korrekturen angebracht,
und zwar eine für die aus der Saccharose entstandene Säurenmenge und die zweite
für die in Lösung gegangene Salzsäure. Die extrahierten Säuren wurden in mit
Wasserdampf flüchtige und nicht flüchtige zerlegt. Alle Ergebnisse wurden
auf 100 Teile Zucker umgerechnet und die Acidität durch cm³ $^1/_{10}$ n KOH ausgedrückt. Folgende Tabelle gibt die Resultate von 13 Bestimmungen wieder:

### Acidität der mit Äther ausgelaugten Säuren auf 100 g Zucker.

| | Aus Diffusions-saft | Auf Oxalsäure entfallende | Auf die übr. Säuren entfallende | Aus Füllmasse | Flüchtige Säuren aus Diffusions-saft | aus Füllmasse |
|---|---|---|---|---|---|---|
| | | | Acidität | | | |
| Minimum . . . | 23,5 | 7,6 | 12,1 | 6,1 | 1,4 | 2,2 |
| Maximum . . . | 39,4 | 15,3 | 29,2 | 14,2 | 3,3 | 4,7 |
| Durchschnitt . | 29,1 | 10,77 | 18,33 | 9,3 | 1,95 | 3,03 |

An anderer Stelle wurde schon gezeigt, daß nach Andrlík die gesamte Oxalsäure „bis auf Spuren“ durch die Saturation ausgeschieden
wird (s. d.). Zieht man daher die der Oxalsäuremenge entsprechende

103.

teile des Saftes im Verlauf der Reinigung.

Trockensubstanz:

| D | F | D | F | D | F | D | F | |
|---|---|---|---|---|---|---|---|---|
| Eiweiß-N | | Ammoniak-N | | Aminosäure-N | | N durch phosphor-wolfr. Na fällbar | | |
| 0,216 | 0,038 | 0,125 | 0,020 | 0,295 | 0,287 | 0,024 | 0,064 | |
| 0,323 | 0,030 | 0,149 | 0,040 | 0,261 | 0,247 | 0,053 | 0,029 | D = Diffusions-saft |
| 0,263 | 0,032 | 0,096 | 0,034 | 0,335 | 0,256 | 0,038 | 0,084 | |
| 0,297 | 0,022 | 0,122 | 0,027 | 0,205 | 0,181 | 0,047 | 0,098 | F = Füllmasse |
| 0,407 | 0,056 | 0,163 | 0,059 | 0,245 | 0,490 | 0,142 | 0,062 | |
| 0,303 | 0,027 | 0,105 | 0,034 | 0,423 | 0,428 | 0,024 | 0,053 | |

[1] Z. f. Zuckerind. i. B. XXVI, S. 119, 1901/02.
[2] ebd. XXV, S. 83, 1900/01.

Acidität von jener ab, die den Gesamtsäuren entspricht, so erhält man die Acidität jener mit Äther auslaugbaren Säuren, welche noch nach der Saturation irgendwie zur Geltung kommen können. In der Füllmasse aus diesen Säften wurde durchschnittlich eine Säuremenge von 9,3 cm³ $^1/_{10}$ n KOH gefunden. Es wurden daher durch die Scheidung einschließlich Oxalsäure eine 29,1—9,3 = 19,8 cm³ $^1/_{10}$ n KOH entsprechende Säuremenge entfernt, d. i. ungefähr 68%; ausschließlich Oxalsäure 18,33 — 9,3 = 9,03 cm³ $^1/_{10}$ n KOH, d. i. ungefähr 49%.

In Übereinstimmung damit wurden im Saturationsschlamm mit Äther auslaugbare Säuren konstatiert. Die Acidität der Gesamtsäuren schwankte darin von 37,6—73,8, die der Oxalsäure allein von 26,5—36,6 und die des Säurerestes von 7,0—38,1 cm³ $^1/_{10}$ n KOH (in 100 Teilen Trockensubstanz).

Weitere Ergebnisse dieser Untersuchungen sind: Im Rohsafte sind die in Frage stehenden Säuren trotz seiner Acidität nicht im freien Zustande vorhanden. Das geht daraus hervor, daß ohne Ansäuern des Saftes mit Salzsäure, d. h. Freimachen der organischsauren Salze, keine Auslaugung durch Äther eintritt. Auf die Menge dieser Säuren übt die Rübenqualität einen Einfluß aus. Es scheint, daß die mit Äther extrahierbaren Säuren sowie die mit Wasserdampf flüchtigen während der weiteren Verarbeitung zunehmen.

Nachdem durch die schönen Untersuchungen Andrlíks und seiner Mitarbeiter die ausführlichen Untersuchungen über die Rohsäfte und Füllmassen derselben Kampagne vorliegen, kann man durch Vergleich der Analysen der genannten Produkte die Bewegung der einzelnen Bestandteile ersehen, den Reinigungseffekt über die Scheidesaturation hinaus verfolgen und eine eventuelle Reinigung während der Verdampfung und während des Verkochens konstatieren — durch Gegenüberstellung der jetzt erhaltenen Zahlen für den Reinigungseffekt und jener, die im Kap. 14, g wiedergegeben wurden. Dort wurde der Reinigungseffekt in der Scheidesaturation bestimmt. Die Differenz zwischen beiden Größen käme sonach auf die Wirkung des Verdampfens und des Verkochens.

Der Verfasser greift einige Analysen wahllos aus den veröffentlichten heraus (s. auch 1. Auflage).

Bevor aus diesen Zahlen Schlußfolgerungen gezogen werden, ist darauf aufmerksam zu machen, daß man so nur annäherungsweise ein Bild über die Bewegung des Nichtzuckers bekommen wird. Die verbesserungsbedürftigen Analysenmethoden, besonders die der Stickstoffformen, die Probeabnahme eines richtigen Durchschnittsmusters sind Schwierigkeiten, die das Bild trüben.

Alkalien und Chlor schwanken nur wenig; Fett, Farbstoff, Oxal- und Harzsäure werden nahezu ganz aus den Säften entfernt. Diese Substanzen wurden nicht in die Tabelle aufgenommen. Die Asche wurde um ungefähr 29% verringert. Vom MgO wurden 98%, von der Phosphorsäure 98% und von der Schwefelsäure 24% der gesamten, in der Trockensubstanz des Diffusionssaftes enthaltenen Menge durchschnittlich entfernt. Ferner sind Kalk um 70%, $F_2O_3 + Al_2O_3$ um rund 79% und der in Salzsäure unlösliche Teil um ungefähr 85%

verringert worden. Vom Gesamtstickstoff wurden durchschnittlich 47 %
(minimal 33 % — maximal 55 %), Eiweißstickstoff (Stutzer) rund
87 % und vom Ammoniakstickstoff 67 % entfernt. Da die analytischen
Methoden für den Stickstoff der Aminosäuren versagen, die für den
Betaïn- und anderen Stickstoff nicht ganz verläßlich sind, lassen sich
keine sicheren Schlußfolgerungen ziehen. „Soviel läßt sich annehmen,
daß während der Säftereinigung sich der Stickstoff aller dieser Formen
im ganzen nicht wesentlich ändert, und genannte Stickstoffsubstanzen
daher im Verlaufe der Manipulation nicht beseitigt werden." — Invertzucker und andere Fehlinglösung reduzierende Bestandteile wurden
so zerstört, daß sie nicht mehr reduzieren.

Nun soll die Bedeutung der mit Äther extrahierbaren Säuren
für die Theorie des Betriebes geprüft werden. Sind diese Säuren in
den Säften in solchen Mengen vorhanden, daß die nichtflüchtigen anorganischen Basen zu ihrer vollständigen Sättigung nicht ausreichen,
so wird sich ein Teil der Säuren an Ammoniak binden. Solche Säfte
verlieren im Verlaufe des Betriebes ihre Alkalität (s. d.). Die Kampagne
1898/1899 zeichnete sich in Böhmen durch Schwinden der Alkalität
aus; die Kampagne 1899/1900 zeigte nicht diesen Übelstand. Läßt
sich dies aus den Analysen der Füllmassen der beiden Kampagnen ersehen? Die Füllmassen der erstgenannten Kampagne hatten Mangel
an nichtflüchtigen anorganischen Basen, die zur Neutralisation aller
Säuren notwendig sind. Die mit Äther auslaugbaren Säuren, durch die
vorhandenen Basen neutralisiert, ließen nur einen zu geringen Basenrest
zurück, der zur Sättigung der Aminosäuren nicht mehr hinreichte.

Diese Tatsache drückte Andrlík durch die Acidität der mit Äther
extrahierbaren Säuren und durch den Stickstoff der Aminosäuren
(Asparagin-, Glutaminsäure) aus. Die zwei letztgenannten Säuren
erfordern bis zur phenolphthalein-neutralen Sättigung so viel Kali, daß
dessen Verhältnis zum Stickstoff derselben wie 3,3 : 1 ist (s. u.). Dieses
Verhältnis betrug aber in den Füllmassen der Kampagne 1898/99 nur
2,3, es mußten daher Alkalitätsrückgänge auftreten; in der Kampagne
1899/1900 jedoch durchschnittlich 3,8 — also mehr als theoretisch
notwendig —, wodurch den Alkalitätsverlusten vorgebeugt wurde. In
den Füllmassenanalysen der Kampagne 1899/1900 nahmen Andrlík
und seine Mitarbeiter noch eine neue Bestimmung auf: Verhältnis
der durch $K_2O$ ausgedrückten und an mittels Äthers nicht auslaugbaren,
organischen Säuren gebundenen Basen zu dem Stickstoff der Aminosäuren. Dieses Verhältnis betrug im Minimum 3,2, im Maximum 5,0.

Folgende Beispiele sollen die obigen Ausführungen verdeutlichen. Die Analysen
N. 13—16 der Tab. 102 enthalten jene Bestandteile von vier Füllmassen, die auf
die Entstehung der Alkalität von Wichtigkeit sind. Welche Zahlen ergeben sich
aus diesen Bestandteilen für das oben aufgestellte Verhältnis? Die Differenz aus den
Zahlen der Kolumne mit der Aufschrift „an anorg. Basen gebund. org. Säuren
neutralisieren % $K_2O$" und der Kolumne „alle mit Äther auslaugbaren Säuren
neutralisieren % $K_2O$" gibt die nicht ätherlöslichen Säuren ausgedrückt in % $K_2O$
an. Diese Differenzzahlen sind der erste Teil des angegebenen Verhältnisses, das
sind 0,525, 1,159, 1,075, 0,850. Sie verhalten sich zu dem zugehörigen Stickstoff
der „Aminosäuren", 0,396, 0,466, 0,280, 0,173, wie folgende Verhältnisse:
Nr. 13: 0,525 : 0,396; Nr. 14: 1,159 : 0,466; Nr. 15: 1,075 : 0,280 und Nr. 16: 0,850 : 0,173,

d. i. bezüglich 1,3, 2,5, 3,8 und 4,8. Das theoretische Verhältnis, das herrschen müßte, damit kein Alkalitätsrückgang auftritt, ist 3,3; daher liegen die Verhältnisse für Analysen Nr. 13 und 14 darunter, für Nr. 15 und 16 darüber. Und tatsächlich stammen die zwei erstgenannten Füllmassen aus den Betrieben mit Rückgang der Alkalität (Kampagne 1898/99), die beiden anderen wiesen diesen Rückgang nicht auf (Kampagne 1899/1900).

Es bleibt noch die Frage nach der Größe des theoretischen Verhältnisses offen oder mit den Worten Andrliks, „wie groß das theoretische Verhältnis der an Aminosäuren gebundenen Basen sein muß, damit jene zur Gänze neutralisiert werden." Die Aminosäuren werden durch ihren Stickstoffgehalt angegeben. Ihre Alkalisalze reagieren auf Phenolphthalein auch als saure Salze neutral (s. Jessers Angaben!); in diesem Falle entspricht der Hälfte von $K_2O$ ein Atom Stickstoff, also 47 Teile Kali: 14,7 Stickstoff oder das Verhältnis 3,3 : 1. Soll daher im Safte alkalische Reaktion erhalten bleiben, so muß mehr Kali mit Rücksicht auf den Stickstoff der Aminosäuren vorhanden sein, als dem Verhältnis 3,3 : 1 entspricht. Sinkt dieses Verhältnis, so ist die Möglichkeit für einen Alkalitätsverlust gegeben und umgekehrt.

Der erste, welcher die Bedeutung der ätherlöslichen Säuren erkannte, war Laugier[1]. Da nach ihm die organischen Säuren in den Rohzuckern und Melassen die hauptsächlichsten Nichtzuckerbestandteile darstellen, versuchte er ihre nähere Erforschung. Statt Einzelermittlungen bestimmte er die Gesamtmengen der organischen Säuren. Zu diesem Zweck benutzte er die Löslichkeit der freien organischen Säuren in Äther. Durch Schwefelsäure machte er sie aus ihren Verbindungen in dem betreffenden Zuckerfabrikationsprodukte frei und extrahierte das Ganze mit Äther durch mindestens 12 Stunden. Durch Zusatz und Schütteln mit Wasser schied er mitgelöstes Fett aus, zog die wäßrige Lösung, in welche die Säuren übergingen, ab und stellte durch Zusatz von Barytlösung ihre Barytsalze dar; diese wurden gewogen. Nach Abzug des zugesetzten Baryts erhielt er die Gesamtmengen der organischen Säuren[2]. Wie man sieht, führt die oben beschriebene Modifikation dieser Methode schneller zum Ziel.

## Physikalische Beschaffenheit der Füllmasse.

Der Wassergehalt der Füllmasse soll zunächst Berücksichtigung finden, da mit ihm u. a. die Krystallbildung in der Masse zusammenhängt.

Die Krystallisation im Vakuum schreitet der Eindickung des Dicksaftes gemäß fort. Das Eindicken darf nicht zu weit getrieben werden, weil die ganze Masse sonst an Beweglichkeit verliert und damit Veranlassung zu einer unerwünschten Nachkrystallisation gegeben wird. Auch würde die Masse zu fest an den Heizröhren ansitzen und dem Ablassen des Sudes große Hindernisse bereiten.

Claassen nennt die großen ausgebildeten Krystalle primäre, die nachträglich gebildeten kleinen sekundäre Krystalle. Durch

---

[1] Z. V. D. Zuckerind. 1878, S. 804.        [2] ebd. 1878, S. 804.

Zählen mit und ohne Mikroskop sowie durch Rechnung stellte der Genannte folgende Zahlen fest: 1 g Füllmasse I. Produkt enthält

| | grobkörnige | feinkörnige Füllmasse |
|---|---|---|
| Zuckerkrystalle . . . . . . . . . . . . . . . . . . . . | 860 | 2200 |
| Ferner das Durchschnittsgewicht eines Krystalles . . | 0,75 | 0,30 mg |
| Die Dicke der anhaftenden Sirupschichte . . . . . . | 0,08 | 0,057 mm, |

welche Schichtdicke durch Nachziehen von Sirup ins Vakuum z. B. von 20% Sirup auf 0,10—0,13 mm wächst[1].

In physikalischer Hinsicht wird von einer Füllmasse verlangt: Gleichartigkeit des Kornes, was Größe anbelangt; die Krystalle müssen mindestens so groß sein, daß sie vom Zentrifugensieb zurückgehalten werden; ferner sollen sie eine gewisse Härte und Scharfkantigkeit besitzen.

Wenn dies nicht der Fall ist, so stoßen sie sich beim Transport und Schleudern gegenseitig ab, geben Mehl, und dieses gelangt in den Grünsirup. Die Füllmasse soll eine gewisse „Kürze" besitzen. Darunter versteht man nicht nur ihre leichte Reißbarkeit beim Ablassen aus dem Vakuum, sondern auch eine geringe Zähigkeit oder Viscosität. Ohne vorzugreifen — die Viscosität bildet später für sich ein eignes Kapitel —, sei hier nur so viel gesagt, daß die unangenehme Eigenschaft der Zähigkeit durch einen großen Gehalt besonders organischen Nichtzuckers bedingt wird. Sie hat zur Folge, daß sich eine solche Füllmasse schlecht schleudern läßt und minderen und weniger Zucker ergibt.

Auch die Farbe der Füllmasse wird zur Beurteilung herangezogen. Im allgemeinen werden hellere Füllmassen gegenüber dunkleren mehr geschätzt, obwohl nicht unter allen Umständen eine helle Füllmasse auch helleren Zucker geben muß. Die Farbe der Füllmasse wird u. a. abhängen — aber auch nicht unbedingt — von der Farbe des Dicksaftes, von der Menge des nachgezogenen Grünsirups, von der Dauer des Verkochens und der Höhe der Temperatur während desselben usw. Die Dauer des Verkochens schwankt je nach der Größe des Sudes und der Einrichtung von 8—12 Stunden. Die Temperaturen innerhalb dieser Zeit liegen zwischen 75° C beim Einziehen des Dicksaftes bis 85° während des Verkochens. Die Temperaturen der in unmittelbarer Nähe der Heizrohre befindlichen Massen sind höher, liegen aber auch nur bei ungefähr 100° und etwas darüber, — im übrigen hängt dies vom Bau der Verkochapparate ab.

Anläßlich der Darlegung der Chemie des Caramels (Kap. 5) wurde auf seine Bedeutung in der Zuckerfabrikation hingewiesen. Die Zersetzbarkeit der Saccharose beim Erwärmen oder Erhitzen unter Bildung von dunkel gefärbten Produkten ist bei der Verdampfung und beim Verkochen der Zuckersäfte ein Teil der Quelle für die unbestimmten Fabrikationsverluste. Auf S. 83 sind auch die von Koydl gefundenen Zahlen für den Caramelgehalt verschiedener Zuckerfabriksprodukte angeführt; deutlich zeigen sie das Anwachsen desselben mit fortschreitender Fabrikation. Man sieht daraus, wie die Zeitdauer, während

---

[1] Z. V. D. Zuckerind. 1894, S. 398.

welcher die Säfte oder Füllmassen im Betriebe sind, auf den Caramelgehalt wirkt.

Im Betriebe besteht die Caramelisation wesentlich in der Bildung
von Huminsubstanzen, da die hier in Betracht kommenden Temperaturen nicht so tiefgreifende Zersetzungen der Saccharose verursachen
können.

### b) Verarbeitung der Füllmasse.

Die Füllmasse wird stets bei höherer Temperatur abgelassen. Manche
Fabriken lassen die Füllmassen vor dem Ausschleudern erst abkühlen,
um dadurch die Nachkrystallisation zu befördern. Entgegen dieser üblichen Anschauung ist Kuhner dafür, die Füllmasse im heißen
Zustande sofort nach ihrem Ablassen auszuschleudern.
Gern verzichtet er auf die Bildung kleiner Kryställchen oder auf die
Vergrößerung des vorhandenen Kornes durch Abkühlung und Rühren,
erzielt aber eine bessere Schleuderbarkeit der heißeren Füllmasse, weil
der noch warme Muttersirup minder viscos als der erkaltete ist und
demnach leichter abzuschleudern geht.

Behufs Gewinnung des Rohzuckers aus der Füllmasse
wird diese mit Sirup gemaischt und — nun beweglicher geworden —
durch Ausschleudern in Zucker und Sirup zerlegt. Die Analysen-
zusammenstellung Tabelle 104 läßt den Verlauf dieses mechanischen
Vorganges gut erkennen.

Hier eine ausführlichere Analyse eines dieser Grünsirupe:

| | | | |
|---|---|---|---|
| Wasser | 18,5 | Org. Nichtzucker | 10,95 |
| Trockensubstanz | 81,5 | w. Q | 78,40 |
| Zucker | 63,8 | $A : O = 1 : 1,62$ | |
| Asche | 6,75 | | |

Die Tabelle enthält Betriebsanalysen des Verfassers aus einer gemischten Fabrik (Kampagne 1910/11). Die erste Spalte zeigt die Füllmassen. Der Quotient schwankt zwischen 91,2—94%, der Wassergehalt von 6,2—4,7%. Die Füllmassen wurden in der Sudmaische mit
den nebenstehenden Maischsirupen gemaischt und ergaben die folgenden gemaischten Füllmassen. Das Maischgut enthielt 12,5—9,4%
Wasser. Beim Abschleudern ergaben sich die verschiedenen Grünsirupe, deren Reinheitsquotienten von 72,7—77,0 schwankten. Ein
Vergleich der Analysen dieser Grünsirupe mit denen der Maischsirupe
zeigt, daß letztere einfach verdünnte Grünsirupe darstellen. Wassergehalt der Grünsirupe: 23,6—18,8%, Wassergehalt der Maischsirupe:
28,9—24%. Die Quotienten beider bewegen sich natürlich in denselben
Grenzen. Die Analysen Nr. 17—19 zeigen diese Verhältnisse in einer
anderen gemischten Fabrik. Hier fallen die dünneren Maischsirupe und
die reineren Grünsirupe auf.

Es wird später klar werden, warum es das Bestreben eines gut-
geleiteten Betriebes sein muß, möglichst niedrige Quotienten
der Grünsirupe zu erzielen.

Vergleicht man die Reinheitsquotienten der Grünsirupe mit denen
der angeführten Abnutschsirupe, s. S. 461, so fällt die Erhöhung der

Quotienten bei ersteren auf. Abgesehen von Mängeln bei der Verarbeitung der abgelassenen Füllmasse, hat dies einen prinzipiellen Grund. Es wurde gezeigt, daß die Füllmassen ein Gemenge von primären und sekundären Zuckerkrystallen mit Sirup sind. Bei der Schleuderung sollte sich also nur dieser Sirup ergeben. Die sekundären Krystalle sind aber so klein, daß sie durch die Siebmaschen hindurch mit dem Sirup gehen. Sie sind für den ersten Wurf verloren. Nur die primären Krystalle gewinnt man direkt. Die sekundären Krystalle durchsetzen den Grün-

Tabelle 104.

| Nr. | Füllmasse | | | Maischsirup | | | GemaischteFüllmasse | | | Grünsirup | | |
|---|---|---|---|---|---|---|---|---|---|---|---|---|
| | Bx | Pol | w.Q | Bx | Pol | w.Q | Bx | Pol | w.Q | Bx | Pol | w.Q |
| 1 | 94,6 | 86,5 | 91,4 | 73,3 | 53,0 | 72,3 | 89,9 | 78,7 | 87,5 | 80,2 | 57,9 | 72,2 |
| 2 | 93,7 | 85,7 | 91,4 | 74,3 | 54,6 | 73,4 | 89,9 | 79,2 | 88,1 | 80,0 | 58,6 | 73,2 |
| 3 | 93,2 | 85,4 | 91,6 | 75,8 | 55,2 | 72,8 | 87,5 | 76,1 | 86,9 | 76,4 | 56,1 | 73,4 |
| 4 | 93,3 | 85,3 | 91,4 | 74,9 | 56,0 | 74,7 | 90,6 | 80,6 | 88,9 | 80,7 | 59,0 | 73,1 |
| 5 | 93,9 | 86,2 | 91,8 | 75,4 | 56,7 | 75,2 | — | — | — | 81,2 | 60,4 | 74,4 |
| 6 | 93,8 | 86,3 | 92,0 | 76,0 | 57,2 | 75,2 | 89,6 | 80,1 | 89,3 | 81,0 | 60,0 | 74,0 |
| 7 | 93,6 | 86,1 | 91,9 | 72,7 | 55,0 | 75,6 | 89,0 | 78,9 | 88,6 | 77,7 | 58,4 | 75,1 |
| 8 | 93,3 | 86,1 | 92,2 | 71,1 | 54,8 | 77,0 | 90,2 | 80,9 | 89,6 | 80,08 | 61,2 | 75,7 |
| 9 | 93,4 | 86,2 | 92,3 | 75,6 | 58,7 | 77,6 | 89,9 | 81,2 | 90,3 | 79,3 | 61,1 | 77,0 |
| 10 | 93,5 | 85,6 | 91,5 | 73,7 | 56,0 | 75,9 | 89,0 | 80,6 | 90,6 | 77,0 | 58,1 | 75,4 |
| 11 | 93,2 | 85,2 | 91,4 | 73,8 | 55,2 | 74,7 | 88,1 | 78,0 | 88,4 | 77,2 | 57,9 | 74,9 |
| 12 | 94,3 | 86,0 | 91,2 | — | — | — | — | — | — | 77,7 | 57,0 | 73,3 |
| 13 | 95,3 | 91,0 | 95,4 | — | — | — | — | — | — | 80,7 | 59,0 | 73,1 |
| 14 | 94,0 | 87,5 | 93,0 | — | — | — | — | — | — | 78,1 | 59,0 | 75,5 |
| 15 | 93,7 | 86,3 | 92,1 | — | — | — | — | — | — | 78,9 | 58,4 | 74,0 |
| 16 | 93,9 | 88,3 | 94,0 | — | — | — | — | — | — | 78,8 | 58,7 | 74,5 |
| 17 | 96,2 | 87,5 | 91,1 | 75,1 | 61,4 | 81,7 | 91,5 | 82,5 | 90,1 | 62,8 | 49,7 | 79,1 |
| 18 | 94,8 | 86,3 | 91,0 | 64,9 | 51,2 | 78,8 | 92,8 | 84,2 | 90,7 | 82,6 | 64,7 | 77,9 |
| 19 | 94,7 | 86,1 | 90,9 | 65,9 | 52,8 | 80,1 | 88,0 | 77,3 | 87,8 | 81,5 | 64,9 | 79,6 |
| 20 | — | — | — | — | — | — | — | — | — | — | — | — |

sirup, sind in demselben unter dem Mikroskop deutlich sichtbar und erhöhen seine Reinheit wesentlich gegenüber dem Muttersirup. Im praktischen Sinne zählt sie Claassen direkt dem Sirup zu.

Nach Koydl ist die Größe dieser Kryställchen 0,015—0,001 mm. Da sie farblos und durchsichtig sind, verleihen sie dem Sirup, auch wenn in größerer Menge vorhanden, ein opalisierendes Aussehen, erhalten sich viele Tage darin schwebend und fallen dann nur teilweise zu Boden. Koydl arbeitete eine analytische Methode aus, um den Krystallgehalt in Sirupen zu bestimmen[1].

### c) Die Arbeitsweise in Beziehung zur Ausbeute.

Die Höhe des Reinheitsquotienten der Grünsirupe ist für das Nachproduktenverfahren und — neben dem Wassergehalt der Füllmasse — auch auf die Ausbeute an Rohzucker aus der Füllmasse von grundlegender Bedeutung.

---

[1] Z. f. Zuckerind. i. B. XXXIV, S. 248, 1909/10.

Je reiner der Sirup, desto mehr Zucker enthält er und desto mehr Zucker muß erst im Nachproduktenverfahren gewonnen werden; — dieser Zucker geht aber auch für das Erstprodukt verloren.

Diese Fragen wurden früher wegen ihrer Wichtigkeit eingehend studiert und in der 1. Auflage ausführlich besprochen. Da sie aber eher rechnerischer Art als chemischer sind und in Wohryzeks „Betriebskontrolle", II. Teil (Chemisch-techn. Rechnungen) durchgerechnet wurden, kann dieser Abschnitt nun wesentlich gekürzt werden.

Allgemein wurde früher durch die verschiedenen Autoren (Hulla, Suchomel) die Füllmasse als chemisches Individuum betrachtet und eine höhere Reinheit derselben angestrebt.

Dem trat Neumann entgegen[1]. Er betont, daß die Ergiebigkeit, d. i. Menge Erstprodukt, das aus der Füllmasse gewinnbar ist, eine **Funktion sowohl der chemischen wie der physikalischen Beschaffenheit der Füllmasse** sei. An die physikalische Beschaffenheit der Füllmasse vergaß auch Schneider bei seiner „Berechnung der Menge der krystallisierten Zucker und der möglichen Ausbeute an Rohzucker"[2]. Das gebildete Feinkorn der Füllmasse ist für den ersten Wurf mehr oder weniger verloren. Die Menge dieses Kornes läßt sich durch Rechnung finden, und zwar aus der Zusammensetzung des Grünsirups und dem Krystallgehalte der Füllmasse bzw. aus der Differenz der vorhandenen und der gewonnenen Krystalle.

Ein Jahr später erschien eine Studie Schneiders „Über die Zusammensetzung der Füllmassen und des Rohzuckers mit Rücksicht auf den Aggregatzustand der Bestandteile". Die Analyse einer Füllmasse sagt nur etwas über ihren totalen Zuckergehalt aus; die Polarisation allein gibt keine Andeutung über den Zucker in Krystallform, also über den direkt gewinnbaren und den im Muttersirup gelösten. Für den **Krystallgehalt einer Füllmasse** stellte Schneider in der erstgenannten Arbeit folgende Formel auf:

$$K = Z - \frac{z \times NZ}{nz},\ \text{wobei bedeuten}\ \left.\begin{array}{l} K = \text{Krystallgehalt} \\ Z = \text{Polarisationszucker} \\ NZ = \text{Nichtzucker} \end{array}\right\} \text{in 100 Füllmasse}$$

$z$ und $nz$ den Zucker- bzw. Nichtzuckergehalt in 100 Trockensubstanzen der Mutterlauge oder des Ablaufsirups. Danach repräsentiert sich der Krystallgehalt der Füllmasse als Differenz zwischen Gesamtzucker und jenem Zucker, welcher durch den anwesenden Nichtzucker am Krystallisieren gehindert wird. Ändert sich aus irgendeinem Grunde die Reinheit der Mutterlauge, so ändert sich auch entsprechend der Aggregatzustand des Zuckers (quantitativ). Dies zeigte Tabelle Nr. 113 der 1. Auflage. Schneider nimmt unausgesprochen an, daß der Grünsirup der Fabrikation identisch mit dem Muttersirup der Füllmasse ist.

Daß dies nicht immer der Fall ist, wurde oben gezeigt.

---

[1] Über die Ergiebigkeit der Füllmasse. Z. f. Zuckerind. i. B. XVI, S. 287, 1891/92.　　　[2] Organ XXIV, S. 558, 1886.

Schneider setzte seine Studien fort[1]. Die Ausbeute gestaltet sich nach diesen günstiger, wenn man mit der Konzentration der Füllmasse nicht zu weit geht. Wenn auch der Muttersirup durch weitergehendes Verkochen an Reinheit verliert und somit die Krystallisation und Ausbeute fördern würde, so hört doch alsbald die Bildung des technisch gewinnbaren Kornes auf, Feinkorn entsteht und geht in den Grünsirup über. So bleibt die absolute Ausbeute dieselbe. **Ein übertriebenes Einkochen hat demnach keinen Zweck.**

Aus alledem geht hervor, daß man bald einsah, **daß die chemische Zusammensetzung einer Füllmasse allein nicht genügend über ihre Qualität informiert.**

Die Ergiebigkeit wird wohl abhängen von der **Polarisation** und vom **Wassergehalt der Füllmasse,** also von ihrem Quotienten; dazu kommen aber noch die **physikalischen Faktoren.** Gleichartigkeit der Korngröße, harte, scharfkantige Krystalle, geringe Viscosität des Nichtzuckers sind Bedingungen für eine günstige Schleuderarbeit und Ausbeute an Erstprodukt. K. C. Neumann fand in sechs verschiedenen Fabriken Böhmens (s. die schon zitierte Arbeit) Ausbeuten von 68,7—72,62 % Erstprodukt auf Füllmasse. Die diesen beiden Grenzwerten der Ausbeute entsprechenden Füllmassen und Zucker sowie der ablaufende Grünsirup hatten folgende Zusammensetzung[2]:

|  | Füll-masse | Erst-produkt | Grün-sirup | Füll-masse | Erst-produkt | Grün-sirup |
|---|---|---|---|---|---|---|
| Wasser . . . . . . . . . .% | 5,38 | 0,86 | 14,97 | 4,26 | 0,83 | 13,09 |
| Trockensubstanz . . . . .% | 94,62 | 99,14 | 85,03 | 95,74 | 99,17 | 86,91 |
| Polarisation . . . . . . .% | 87,60 | 97,30 | 63,05 | 87,60 | 96,30 | 62,44 |
| Wirklicher Quotient . . . . | 92,58 | 98,15 | 74,15 | 91,50 | 97,10 | 71,84 |
| Rendement . . . . . . . . | — | 93,55 | — | — | 90,45 | — |
| Ausbeute an I. Produkt. .% | — | 68,70 | — | — | 72,62 | — |
| Ausbeute von 88 Rdt. . . . | — | 73,03 | — | — | 74,63 | — |

So wie Neumann diese Daten veröffentlichte, waren sie nicht direkt vergleichsfähig. Zu diesem Zwecke berechnete der Verfasser die Rendements der beiden Zucker. Da aber die Bestimmung der Asche fehlte, wurde sie unter Zugrundelegung des für die Kampagne 1891/92 (die Arbeit erschien im Jahre 1892) von Stěrba angegebenen Nichtzuckerverhältnisses 1:1,46 für die böhmischen Zucker berechnet und beide Ausbeuten auf Basis 88 % Rendement bezogen. Dem geringeren Wassergehalt der Füllmasse und dem geringeren Reinheitsquotienten des Grünsirups entspricht die größere Ausbeute.

| Reinheit der Füllmasse | Ausbeute an Rohzucker von 92 % Rendement |
|---|---|
| 90 | 66,4 |
| 91 | 70,1 |
| 92 | 73,8 |
| 93 | 77,5 |
| 94 | 81,2 |
| 95 | 84,9 |

Dieselben Beziehungen gehen aus Claassens Arbeiten hervor. Bei gleichem Wassergehalte der Füllmasse (6 %) und einem Grünsirup von 72 Reinheit entsprechen die linksstehenden Ausbeuten der steigenden Reinheit der Füllmasse[3]. Der Steigerung der Füllmassereinheit um je 1 % entspricht eine Ausbeuteerhöhung von 3,7 %.

| Sirup-reinheit | Ausbeute |
|---|---|
| 72 | 70,1 |
| 73 | 69,1 |
| 74 | 67,9 |
| 75 | 66,7 |

[1] Ö. U. Z. f. Zuckerind. XX, S. 18, 1891; XXI, S. 106, 1892.
[2] Z. f. Zuckerind. i. B. XVI, S. 287, 1891/92.          [3] D. Z. 1894, S. 956.

Bei gleicher Reinheit der Füllmasse von 91 vermindert sich die
Ausbeute an Zucker mit dem Steigen der Grünsirupreinheit (S. 481).
Mit der Steigerung der Sirupreinheit um 1 % fällt die Ausbeute um an-
nähernd denselben Betrag[1].


Zweiundzwanzigstes Kapitel.

# Chemie des Rohzuckers.

### a) Zusammensetzung und Eigenschaften des Rohzuckers.

Der aus der Zentrifuge kommende Rohzucker besteht aus fast
reinen Zuckerkrystallen, die von einer dünnen Schicht zäh anhaftenden,
gelb bis braun gefärbten Sirups eingeschlossen sind. Die Sirupschicht
läßt sich durch die intensivste Schleuderung nicht abschleudern; sie
haftet infolge Adhäsion an den Krystallen fest an. Die Farbe des
Rohzuckers setzt sich zusammen aus der Farbe der Zuckerkrystalle
und der Farbe des anhaftenden Sirups. Auf die Farbe des Rohzuckers
hat die Art der Rübenverarbeitung einen großen Einfluß; eine gut geleitete Reinigung der Säfte ist die erste Bedingung für eine lichte Farbe.
Allerdings kann diese auch auf künstliche Weise erzeugt werden. Man
muß daher die natürliche Farbe von der künstlichen unterscheiden. Dies ist der Grund dafür, daß die Güte eines Rohzuckers nicht
allein nach seiner Farbe zu beurteilen ist. Für die Raffination
kommt mehr die Farbe der Zuckerkrystalle als die des
Sirups in Betracht. Bei dunkleren Zuckern kann die Farbe der
Zuckerkrystalle oft eine lichtere sein als bei hellen. Im ersten Falle
war der anhaftende Sirup nur dunkler gefärbt, im zweiten Falle ver-
deckte die lichtere Sirupfarbe die etwas dunklere Farbe der Krystalle.

Spielt die Farbe der Zuckerkrystalle ins Gelbliche, so wird sie leicht
im Raffinationsprozeß entfernt und schadet nicht weiter. Gefährlich
dagegen ist ein grauer Stich der Krystalle. Die Farbe des Rohzuckers
hängt auch ab von den in der Verdampfung herrschenden Verhältnissen.
Nach Felcmann sind es Zersetzungsprodukte des Zuckers, die Huminsubstanzen, die diese Färbung veranlassen (Kalisalz der Ulmin- und der
Melassinsäure). Die Höhe der Temperatur in den einzelnen Körpern,
die Konzentration des Saftes, die Größe seiner Alkalität u. a. sind Faktoren, von denen die Zersetzungsprodukte und mithin die Farbe des
Rohzuckers abhängt (s. Kap. 18).

Daß die äußere Farbe eines Rohzuckers nur ein trügerisches Maß
für seine Güte wäre, bewies z. B. Chr. Mrasek damit, daß er die folgenden Rohzucker mit ansteigender Farbe nach gleicher Methode aus-
deckte und Affinaden erhielt, die keine strengen Beziehungen zum Rohzucker zeigten, dem sie entstammten:

---

[1] D. Z. 1894, S. 956.

| | | | | | |
|---|---|---|---|---|---|
| 0 Stammer Farbe des Rohzuckers . . . . . . . | 20,9 | 25,4 | 33,2 | 35,2 | 37,3 |
| 0 Stammer Farbe der Affinade . . . . . . . . | 1,1 | 3,85 | 1,7 | 2,1 | 4,4 |

Also ist nicht der lichtere Zucker immer der wertvollere[1].

Ähnlich ging J. Dědek bei der Aufstellung einer neuen Bewertungsmethode für Rohzucker vor[2].

14 verschiedene Rohzucker wurden (zu gleich dichten) Lösungen gelöst und diese nach steigender Färbung (Durchsicht) geordnet. (Nr. 1—14); wurden nun die zugehörigen Rohzucker ebenfalls (in Draufsicht) nach steigender Färbung geordnet, so ergab sich, daß die festen Muster mit den zugehörigen gelösten nicht korrespondierten. Das führte dazu, Rohzuckertypen aufzustellen, die in Form einer Dreimillimeterschichte (zwischen zwei geschliffenen Glasplatten) in Durchsicht betrachtet werden können. Der Typenzucker ist charakterisiert durch die Farbe einer Lösung von 10 g Rohzucker in 140 g destilliertem Wasser, die 2,2⁰ Stammer zeigt. Diese Type wird verglichen mit dem zu prüfenden Rohzucker, — der in eine gleiche Fassung auf 3-mm-Schichte eingefüllt wird. Die Vergleichung der Farbe findet gegen beleuchteten weißen Hintergrund statt (Tageslicht oder Tageslichtlampe). „Bei den genannten 14 Zuckersorten konnten auch Zucker, deren Farben in der Lösung um nur 0,2⁰ Stammer differierten, ganz genau unterschieden werden."

Die Körperfarbe des Rohzuckers besteht aus der Oberflächenfarbe (Sirupfarbe) und aus der wahren Körperfarbe (Krystallfarbe). Seine „Farbe" hängt auch davon ab, ob man den Rohzucker in auffallendem oder in durchfallendem Lichte betrachtet. Deshalb wurde in der Tschechoslowakei (wie eben erwähnt) die handelsmäßige Farbenbestimmung des Rohzuckermusters in dünner Schicht bei durchfallendem Lichte vorgeschrieben.

Weiße Ware, Affinaden u. a. Zuckerprodukte werden (im Betriebe) in auffallendem Lichte beurteilt.

Tabelle 105.

| | Rohzucker 92⁰ R. | | | Rohzucker 88⁰ R. | | Nachprodukte 78⁰ R. | |
|---|---|---|---|---|---|---|---|
| | sehr grobkörnig | grobkörnig | feinkörnig | grobkörnig | feinkörnig | grobkörnig | feinkörnig |
| Krystalle in 1 g Zucker mg | 920 | 920 | 920 | 880 | 880 | 800 | 800 |
| Anzahl der Krystalle in 1 g | 800 | 1200 | 2500 | 1200 | 2900 | 3500 | 8000 |
| Gewicht eines Krystalls mg | 1,15 | 0,75 | 0,37 | 0,73 | 0,30 | 0,23 | 0,10 |
| Oberfläche ein. Krystalls mm² | 4,7 | 3,5 | 2,2 | 3,5 | 1,9 | 1,6 | 0,9 |
| Oberfläche der Krystalle in 1 kg Zucker . . . . . m² | 3,7 | 4,2 | 5,5 | 4,2 | 5,5 | 5,6 | 7,2 |
| Sirup in 1 kg Zucker . . g | 80 | 80 | 80 | 120 | 120 | 200 | 200 |
| à 1,45 spez. Gew. = cm³ . | 55 | 55 | 55 | 83 | 83 | 138 | 138 |
| Dicke der Sirupschicht . mm | 0,015 | 0,013 | 0,010 | 0,020 | 0,015 | 0,025 | 0,019 |

---

[1] Z. d. tschsl. Zuckerind. V, S. 190, 1924.　　ebd. VI, ₂　S. 78, 1924.

Über den anhaftenden Sirup stellte Claassen Untersuchungen an (Tabelle Nr. 105). Die Sirupschichten wachsen bei der Arbeit mit dem Nachziehen von Sirupen ins Rohzuckervakuum auf 0,10—0,13 mm an[1].

Koydl nimmt die Sirupschichte mit rund 0,025 mm an, macht aber darauf aufmerksam, daß sich der größte Teil des Sirups in den einspringenden Ecken der immer vorhandenen Viellinge zusammenzieht und hier wesentlich stärkere Schichten (0,008—0,2 mm) bildet.

Was die chemische Zusammensetzung dieses Siruprestes anbelangt, wird oft angenommen, sie wäre identisch mit der des ablaufenden Grünsirups. Das gilt aber nur für die Zeit während des Schleuderns der Füllmasse und kürzere Zeit darauf. Man ist genötigt anzunehmen, daß in der Zusammensetzung dieses dem Rohzucker anhaftenden Sirups Veränderungen eintreten, so daß er dann nicht mehr seine frühere Zusammensetzung hat. Der Muttersirup (Grünsirup) ist eine gesättigte, mit Nichtzucker verunreinigte Zuckerlösung, deren Zusammensetzung mit Rücksicht auf die Aggregatform des Zuckers der vorhandenen Temperatur entspricht und bis zu einem gewissen Grade von dieser abhängt, so zwar, daß beim Sinken der ursprünglichen Füllmassetemperatur ein Teil dieses Zuckers aus dem Sirup auskrystallisieren kann — der Rohzucker noch in der Füllmasse gedacht. Schneider bestimmte die Reinheit des anhaftenden Zuckersirups zu 63,03. Der Zucker stammte aus einer Füllmasse von 90 Reinheit, der Ablaufsirup hatte eine solche von 72. Versuche mit anderen Zuckern führten zu ähnlichen Resultaten, die mit der üblichen Ansicht in Widerspruch standen. Der Zucker des Sirups, der ursprünglich dieselbe Reinheit wie der Muttersirup hatte, ist auskrystallisiert und die Sirupreinheit auf einen Melassequotienten gesunken. Dies geschieht infolge von Abkühlung begünstigt dadurch, daß der Rohzuckerkrystall gleichsam, als Anregekrystall funktioniert. Koydl fand Sirupquotienten bis zu 54. — Die Reinheiten, die A. Herzfeld für solche Sirupe fand, waren im Durchschnitte 66,8, es gab aber sowohl höhere als auch niedrigere; abhängig vom Rendement, vom Alter und von der Körnung der Rohzucker[2]. Koydl verweist auf die große Übereinstimmung der Herzfeldschen Befunde nach dessen Schleudermethode (s. d.) mit denen seiner alkoholischen Waschmethode (s. Bewertung des Rohzuckers); auffallender- und unerklärlicherweise stimmen jedoch nicht die Sättigungsverhältnisse[3].

Bei der „Farbe" des Rohzuckers denkt man wohl im allgemeinen an die Farbe des anhaftenden Sirups, sollte aber eigentlich damit die Grundfarbe des Kornes verbinden, die man erhält, wenn man den Rohzucker im Laboratorium „wäscht" (Waschbarkeit) oder im Betriebe affiniert (s. d.).

Die physikalischen und chemischen Eigenschaften, die den Wert eines Rohzuckers bestimmen, sind:

1. Korngröße und -regelmäßigkeit;
2. sein Wassergehalt;

---

[1] Z. V. D. Zuckerind. 1894, S. 398.   [2] ebd. 1915, S. 1.   [3] ebd. 1915, S. 226.

3. der Gehalt an Verunreinigungen (Nichtzuckerstoffe und mechanische Fremdstoffe);

4. die Farbe der Krystalle (s. o.);

5. ihre Waschbarkeit;

6. die Oberflächenspannung und

7. die Alkalität, sowie

8. die Haltbarkeit (Lagerfertigkeit).

Die Bedeutung dieser physikalisch-chemischen Eigenschaften für das Werden und für die Verarbeitung der Rohzucker erörterte u. a. W. Taegener[1].

### Der Zuckergehalt des Rohzuckers.

Der „wahre Zuckergehalt" des Rohzuckers ist für den Käufer eine sehr wichtige Zahl. Dieser will wissen, ob er bei der üblichen „Polarisation" des Rohzuckers nicht auch etwas bezahlen muß, was keine Saccharose ist. Nach den diesbezüglichen Untersuchungen der Raffinerien Halle und Frankenthal (Ref. S. Pollak) für die Kampagnen 1910/11, 1911/12 und 1912/13 ergaben sich tatsächlich Unterschiede zwischen Clergetzucker und Polarisation, deren Höhe in den einzelnen Jahren schwankte. Pollak machte aber den Vorschlag, diese Differenzen nicht einfach der „Raffinose" zuzuschreiben (s. d.), sondern vom „rechtsdrehenden Nichtzucker" zu sprechen[2].

Eine ausführliche Besprechung des Nichtzuckers des Rohzuckers ist hier sehr notwendig, weil von diesem der Wert und die Bewertung des Rohzuckers abhängen.

### b) Nichtzucker des Rohzuckers.

Der Nichtzucker des Rohzuckers setzt sich zusammen aus anorganischem und organischem und hat überwiegend im Zuckersirup seinen Sitz.

Tabelle 106a.

| | Kohl-rausch % | Grouwen % | Heidepriem | | |
|---|---|---|---|---|---|
| | | | % | % | % |
| Kohlensäure . . . . . . . . . . . . . . | 20,96 | 22,87 | 25,73 | 26,38 | 20,82 |
| Kieselsäure (bzw. Sand) . . . . . . | 1,53 | 0,72 | 0,95 | 0,08 | 0,43 |
| Schwefelsäure . . . . . . . . . . . | 7,97 | 17,63 | 6,29 | 5,76 | 9,18 |
| Chlor . . . . . . . . . . . . . . . | 7,62 | 4,48 | 4,10 | 5,72 | 8,21 |
| Phosphorsäure . . . . . . . . . . . | 2,51 | — | 0,24 | 0,24 | 0,26 |
| Eisenoxyd und Tonerde . . . . . . | 0,99 | — | 0,32 | 0,28 | 0,24 |
| Kalk . . . . . . . . . . . . . . . . | 4,54 | 6,53 | 3,52 | 1,06 | 8,94 |
| Magnesia . . . . . . . . . . . . . . | 1,73 | — | 0,17 | 0,08 | 0,53 |
| Kali . . . . . . . . . . . . . . . . | 35,09 | 25,65 | 50,88 | 47,40 | 42,37 |
| Natron . . . . . . . . . . . . . . . | 19,96 | 21,62 | 7,50 | 14,82 | 9,03 |
| Summe | 101,90 | 99,50 | 99,34 | 101,82 | 100,01 |
| Ab der dem Chlor entsprechende Sauerstoff . . . . . . . . . . | 1,72 | 1,01 | 0,92 | 1,26 | 1,85 |
| | 100,19 | 98,49 | 98,42 | 100,56 | 98,16 |

---

[1] D. Z. 1926, S. 173, 249.  [2] Z. V. D. Zuckerind. Bd. 64, S. 786, 1914.

Tabelle 106b.

Basen und Säuren von Tabelle 106a aufeinander umgerechnet.

| | Kohl-rausch % | Grouwen % | Heidepriem % | % | % |
|---|---|---|---|---|---|
| Kieselsäure . . . . . . . . . . . . . | 1,53 | 0,72 | 0,59 | 0,08 | 0,43 |
| Phosphorsaures Eisen . . . . . . . | 1,87 | — | 0,51 | 0,50 | 0,49 |
| Zweibasisch phosphorsaure Magnesia . | 1,98 | — | — | 0,03 | — |
| Schwefelsaure Magnesia . . . . . . . | 3,04 | — | 0,51 | 0,21 | 1,59 |
| Schwefelsaurer Kalk . . . . . . . . | 10,11 | 15,86 | 8,55 | 2,58 | 13,82 |
| Schwefelsaures Natron . . . . . . . | — | 14,78 | 1,45 | 7,28 | — |
| Chlorcalcium . . . . . . . . . . . | 0,74 | — | — | — | — |
| Chlornatrium , . . . . . . . . . . | 11,78 | 7,38 | 6,75 | 9,42 | 13,53 |
| Kohlensaures Kali . . . . . . . . . | 51,44 | 37,62 | 74,64 | 69,53 | 62,16 |
| Kohlensaures Natron . . . . . . . . | 11,10 | 19,20 | 4,74 | 10,23 | 2,48 |
| Natron . . . . . . . . . . . . . . . | 7,23 | — | 0,52 | 0,66 | 0,40 |
| Kalk . . . . , . . . . . . . . . . | — | — | — | — | 3,25 |
| Kohlensäure . . . . . . . . . . . . | — | 2,93 | — | — | — |
| Summa | 100,82 | 98,49 | 98,26 | 100,52 | 98,15 |

Der anorganische Nichtzucker, die Asche der Rübe und somit des Rohsaftes, wird nur zum geringsten Teile durch die Saftreinigung und die weiteren Manipulationen entfernt; er häuft sich demnach immer mehr in den Säften an, geht beim Verkochen des Dicksaftes in den Sirup der Füllmasse und beim folgenden Abschleudern in den Grünsirup über. Da aber auch am Rohzucker Sirup haften bleibt, wird sich hier die Asche vorfinden. Die Tabellen Nr. 106a und b zeigen Analysen von Carbonataschen älterer und neuerer Rohzucker[1].

Carbonatasche von 185 Rohzuckern nach Lippmann im Jahre 1881:

| | |
|---|---|
| Kali . . . . . . . . . . . . . . | 50,87 |
| Natron . . . . . . . . . . . | 9,13 |
| Kalk . . . . . . . . . . . . | 1,90 |
| Magnesia . . . . . . . . . . | 0,23 |
| Eisenoxyd und Tonerde . . . | 0,12 |
| Kupfer . . . . . . . . . . . | Spur |
| Mangan . . . . . . . . . . . | deutliche Spur |
| Kohlensäure . . . . . . . . | 26,67 |
| Chlor . . . . . . . . . . | 7,92 |
| Schwefelsäure . . . . . . . . | 2,04 |
| Phosphorsäure . . . . . . . | 0,31 |
| Kieselsäure . . . . . . . . | 0,10 |
| | 99,29 |

Vergleicht man alle Aschenbestandteile miteinander, so sind folgende in den größten Mengen vorhanden: Kali 25,65—50,88, Natron 7,50 bis 19,96, Chlor 4,10—8,21, also gerade die „schädlichen" Aschenbestandteile, dazu noch Schwefelsäure mit 2,04—17,63 % der Carbonatasche.

Die anderen Bestandteile sind in viel geringeren Mengen anwesend. Auf den Zucker bezogen, reduzieren sich diese Zahlen bedeutend.

---

[1] Organ 1873.

In einem Erstproduktzucker mit 1 % Asche wären im Mittel enthalten:

| | | | |
|---|---|---|---|
| Kali | 0,382 % | Magnesia | 0,009 % |
| Natron | 0,137 % | Eisenoxyd und Tonerde | 0,005 % |
| Chlor | 0,061 % | Kieselsäure | 0,007 % |
| Schwefelsäure | 0,098 % | Phosphorsäure | 0,013 % |
| Kalk | 0,050 % | | |

welche Zahlen nur annähernd gelten. In welcher Menge die Gesamtasche im Rohzucker vorkommen kann, werden die vielen Rohzuckeranalysen dieses Kapitels zeigen.

In neuerer Zeit wurde dem Schwefeldioxyd im Rohzucker mehr Aufmerksamkeit geschenkt.

Nach dem neuen englischen Nahrungsmittelgesetz, Statutory Rules and Orders 1925, Nr. 775, Public Health, England, das am 1. Januar 1927 in Kraft getreten ist, dürfen im Höchstfall 70 Teile Schwefeldioxyd ($SO_2$) in 1 Million Teilen Zucker (= 0,007 %) enthalten sein.

Daraufhin untersuchten O. Spengler und C. Brendel den Gehalt der deutschen Verbrauchszucker und fanden, daß bei keinem der untersuchten deutschen Zucker die Höchstgrenze von 70 Teilen erreicht wurde; bei den meisten lagen die Werte weit darunter, auch bei den geblauten Zuckern und solchen, die aus stark geschwefelten und mit Blankit behandelten Säften stammten[1].

Gleiches gilt für holländische Rohzucker; nur in Fabriken mit Saftschwefelung wurden in den Rohzuckern größere Mengen $SO_2$ gefunden als in Rohzuckern aus Fabriken ohne Schwefelei; aber alle Zucker enthielten viel weniger $SO_2$ als das oben zitierte englische Nahrungsmittelgesetz erlaubt[2].

Die Kalksalze, berechnet als $CaSO_4$, sind in wechselnden Mengen in Rohzuckern ermittelt worden. Im Berichte der vorgenannten Raffinerien werden angegeben[3]:

1911/12 Mengen von 0,09—0,40 %,
1912/13 „ „ 0,026—0,412 %.

Was die Eisensalze des Rohzuckers anbelangt, wurde schon bei Besprechung ihres Verhaltens in der Saturation (Kap. 14, b) darauf hingewiesen, daß sie unter Umständen dort nicht ganz entfernt werden und dann eine Graufärbung des Rohzuckers verursachen können.

Die näheren Umstände erforschte Herzfeld in den Jahren 1895 und 1896 — aber schon lange vor ihm wurde diesem Übel nachgeforscht. In den Eisenverbindungen der Zersetzungsprodukte des Invertzuckers[4] sahen Mendes, Bodenbender, Tiemann in den Eisen- und Kupferverbindungen der Aminosäuren und ihrer Derivate die Ursache dieser Mißfärbung. Wie schon früher erwähnt, fand Herzfeld im Verhalten der Eisensalze bei mangelhafter Scheidung oder Saturation

---

[1] Z. V. D. Zuckerind. 1927, S. 167.   [2] C. f. Zuckerind. 1927, S. 598.
[3] Z. V. D. Zuckerind. 1914, S. 790.
[4] ebd. 1874, S. 210; 1875, S. 122; 1876, S. 468.

sowie in saurer Reaktion[1] (Phenolphthalein) solcher Rohzucker die Ursache für ihre Graufärbung[2].

Nach Prinsen-Geerligs ist ein Zucker, der 4,6 mg (auf 100 Zucker)
an Eisensalzen enthält, deutlich gefärbt, ein solcher, der nur 1 mg Eisen
enthält, weiß[3].

Erwähnung soll hier finden, daß im Rohzucker auch Arsen gefunden wurde; allerdings in sehr geringen Mengen, aber doch in solchen,
daß dem englischen Nahrungsmittelgesetz zufolge, das mehr als einen
Teil Arsen auf zwei Millionen Teile Zucker nicht gestattet, der Zucker
nicht lieferbar war. In solchen von England beanstandeten deutschen
Rohzuckern fand Herzfeld 0,00005 % und 0,001 % Arsen; auch in
Sirupproben wurde Arsen gefunden.

Das Arsen kam hauptsächlich im Sirupe des Rohzuckers vor, nicht in den
Krystallen. Herzfeld nahm als Quellen für das Arsen an: 1. die dem gebrannten
Kalk anhaftende Koksasche, 2. das Saturationsgas. Für letzteres sprachen dann
die angestellten Versuche. Arsen, als flüchtiger Aschebestandteil des Koks, wird
sich — wie anzunehmen ist — in der Flugasche finden und im Laveur niedergeschlagen werden. Das Waschwasser wird aber den größten Teil der flüchtigen Arsenverbindungen des Saturationsgases lösen. Tatsächlich fanden Herzfeld und
Lange in solchen Waschwässern aus verschiedenen Fabriken sowie in dem suspendierten Rückstande derselben große Arsenmengen.

Für diesen einzelnen Fall war anzunehmen, daß die Laveure
nicht genügend mit Waschwasser bedient wurden; dadurch gingen die
flüchtigen Arsenverbindungen und die arsenhaltige Flugasche mit dem
Saturationsgase in den Saft über und gelangten bis in den Rohzucker[4].

Vom organischen Nichtzucker hat besonders Raffinose
Gegenstand zahlreicher Untersuchungen gebildet.

Die Frage nach dem Vorhandensein von Raffinose im Rohzucker — es soll im ganzen Zusammenhange nicht nur an I. Produkt
gedacht sein — ist schon eine alte.

Auf Seite 109 wurden die Ergebnisse Strohmers über das Vorkommen dieses Kohlenhydrates kurz gestreift; hier soll die bezügliche
Literatur näher gewürdigt werden. Im Jahre 1892 arbeitete Herzfeld
ein Gutachten „Über die zweckmäßige Art der Wertschätzung des
Rohzuckers"[5] aus.

Herzfeld kommt auf Grund seiner ausführlichen Untersuchungen
zu folgenden Schlüssen:

1. Das Vorkommen der Raffinose in nachweisbaren Mengen beschränkt sich
auf Nachprodukte mancher Melasseentzuckerungsverfahren. Wo sonst Raffinose
vermutet bzw. nach der Raffinoseformel der Inversionsmethode gefunden wurde,
ist, wie sich jetzt herausgestellt hat, gar keine vorhanden gewesen, sondern der
Analytiker durch die Unvollkommenheit der üblichen Untersuchungsmethode auf
Raffinose irregeführt worden.

2. Äußere Kennzeichen, abgesehen von der spitzen Kristallform, welche
auf das Vorhandensein von Raffinose führen, gibt es nicht; aber auch die spitze

---

[1] Die sauren Säfte können Eisenoxyd oder -oxydul aus den Apparateteilen
lösen. Das Verhalten des glucin- und apoglucinsauren Eisenoxyds und -oxyduls
bei der Saturation wurde experimentell geprüft; Übersaturation führt diese Salze
in Lösung.          [2] Z. V. D. Zuckerind. 1895, S. 491, 689; 1896, S. 1.
[3] C. f. Zuckerind. 1927, S. 1282.          [4] Z. V. D. Zuckerind. 1911, S. 365.
[5] ebd. 1892, S. 147.

Kristallform ist eine sehr trügerische, da sie häufig durch andere Ursachen als Raffinose, insbesondere durch Kalksalze, hervorgerufen wird.

3. Sehr raffinosereiche Produkte neigen bei der Verarbeitung in der Raffinerie etwas mehr zur Invertzuckerbildung als normale Rohzucker; im übrigen beeinträchtigt aber die Raffinose die Ausbeute an raffiniertem Zucker viel weniger als die meisten anderen in dem Rohzucker, bzw. in der Melasse vorkommenden Nichtzuckerstoffe.

Im Zusammenhange mit der Raffinose ist dem Nichtzuckerverhältnisse, wie es in den Tabellen über die Zusammensetzung von Rohzuckern berechnet ist, Aufmerksamkeit zu schenken. Der Nichtzucker des Rohzuckers besteht aus organischen Bestandteilen (O) und anorganischen, die durch die Asche bestimmt werden (A). Das Verhältnis O/A wurde schon früher zur Beurteilung der Qualität herangezogen (s. S. 500). In neuerer Zeit jedoch wurde es mit dem Vorhanden- oder Nichtvorhandensein von Raffinose im Zucker in Zusammenhang gebracht.

Englische Chemiker schlugen auf der Raffinosekonferenz in Berlin 1910 vor, jeden Rohzucker auf Raffinose zu prüfen, in welchem das Verhältnis O/A kleiner als 1,5 ist; diese Annahme wurde von den nichtenglischen Teilnehmern nicht geteilt. In einer Studie prüfte Strohmer verschiedene Zucker auf ihr Nichtzuckerverhältnis und ihren Raffinosegehalt und kam auch zu Resultaten, welche die Anschauung der englischen Chemiker widerlegen[1].

Strohmer kommt zum Ergebnisse, „... daß in normalen Rübenrohzuckern Raffinose überhaupt in nennenswerten Mengen nicht vorhanden ist". In beachtenswerten Mengen kommt diese Zuckerart nur in Zuckern vor, „welche ganz oder teilweise einem Melasseentzuckerungsverfahren entstammen; für solche Zucker ist auch die Annahme der englischen Chemiker zutreffend, indem bei diesen der Raffinosegehalt ein um so höherer ist, je kleiner der Quotient O/A ausfällt". Es wäre also zwecklos, alle Zucker, in denen weniger als 1,5 Teile organischer Nichtzucker auf 1 Teil Asche enthalten sind — wie es die Engländer vorschlugen —, auf Raffinose zu untersuchen[1].

Früher dachte man, „spitze" Krystallisation des Zuckers auf einen Raffinosegehalt der Krystalle zurückführen zu können. Aulard hingegen sah in gewissen Kalksalzen die Ursache dieser Erscheinung. „Spitze" Zucker stammen hauptsächlich aus Ausscheidungsverfahren. Aulard bekräftigte seine Anschauung durch folgende Angaben: Werden in Ausscheidungssäften die löslichen Kalksalze entfernt, so entstehen Zucker von normalem Aussehen, obwohl die Raffinose qantitativ unverändert bleibt.

Wulff bewies, daß die spitze Krystallform als Folge einer in Sirupen von eigentümlicher Beschaffenheit vor sich gehenden gestörten Krystallisation auftritt. Die eigentümliche Beschaffenheit wird sowohl von Raffinose als auch von anderen Nichtzuckern hervorgerufen (organische Kalksalze). Die organischen Kalksalze erhöhen die Viscosität der Sirupe, und diese kann Krystallisationsstörungen hervorrufen.

Von den Überhitzungsprodukten und jenen Körpern, die Raffinose vortäuschen (Abbauprodukte des Invertzuckers durch Alka-

---

[1] Ö. U. Z. f. Zuckerind. XL, S. 442, 1911.

lien), ist besonders das Saccharin hervorzuheben. Es ist in normalen Produkten in Form von saccharinsauren Salzen linksdrehend, wird durch Inversion rechtsdrehend und täuscht so Raffinose vor.

Diese Substanzen haben also nicht nur die Eigenschaft, nach der Kupfermethode als Zucker zu erscheinen, sondern auch mittels der üblichen Raffinoseformel zum Teil als Raffinose gefunden zu werden. Die Überhitzungs- und Zersetzungsprodukte des Zuckers entstehen während des Betriebes, finden sich in den letzten Produkten angehäuft, und zwar in um so höherem Maße, je mehr Abläufe erzeugt und wieder verarbeitet und je öfter und stärker dieselben erhitzt werden. Daher kommt es, daß viele Praktiker zu der Ansicht verleitet wurden, die Raffinose entstehe im Betriebe. Die Resultate der jetzt üblichen Inversionsmethode lassen es dahin gestellt, ob in dem betreffenden Produkt wirklich Raffinose vorhanden ist oder ob Zersetzungsprodukte des Zuckers die Resultate der Untersuchung beeinflußt haben. Derartige, die Inversion beeinflussende Körper finden sich besonders reichlich angehäuft in Produkten, welche aus durch Frost oder Fäulnis alterierten Rüben dargestellt sind, deren Invertzuckergehalt bei der Kalkscheidung unter Bildung von Saccharin und anderen bei der Inversion sich ähnlich verhaltenden Substanzen zerstört worden ist.

Was die Verbreitung der Raffinose in den Produkten der Rübenzuckerfabrikation betrifft, so findet sie sich selten und nur in sehr geringen Mengen fest in diesen, sondern zumeist gelöst in Sirupen; deshalb sind weiße Zucker, welche durch Abdecken von Rohzucker gewonnen worden sind, in der Regel frei davon. Eine Ausnahme machen manche weiße Strontianitzucker, doch ist der Raffinosegehalt selten 0,33%. Im Rohzucker der reinen Rübenarbeit, ohne gleichzeitige Melasseentzuckerung, pflegt nur eine äußerst geringe Menge Raffinose vorhanden zu sein. Daß reichliche Mengen wirklicher Raffinose auch in Erstprodukten von 94 bis 97 Pol. vorkommen, ist natürlich, da sie der Rübe entstammt; Herzfeld hat auch in einigen Fällen mittels Methylalkohols den anhaftenden raffinosehaltigen Sirup aus Erstprodukten gewonnen, daraus nach dem Strontiansaccharatverfahren Zucker und Raffinose gefällt und in der Saccharatfüllmasse durch Inversion und mittels der Schleimsäuremethode letztere nachgewiesen[1].

Durch rechnerische Überlegungen aus einem mehrere Kampagnen umfassenden Analysenmaterial für eine böhmische Zuckerraffinerie kam O. Molenda zu dem Ergebnisse, daß die „sogenannte Raffinose" dem Raffineur dreifachen Schaden zufügt:

1. Sie ist kein Zucker, liefert daher keine Weißware, wird aber als Zucker bezahlt.

2. In die Melasse übergegangen, wird sie daselbst auch nicht immer als Polarisationszucker bezahlt, da usancegemäß, wenn die Differenz zwischen Polarisation und Clerget größer als 2,00 ist, der Clerget-Zucker als Verrechnungsbasis dient.

---

[1] Z. V. D. Zuckerind. 1892, S. 147.

3. Die entsprechend ihrer Polarisation bezahlte sogenannte Raffinose ist aber nicht nur kein Zucker, sondern Nichtzucker, aber nicht von der relativ geringen Schädlichkeit des gewöhnlichen organischen Nichtzuckers, sondern er besitzt unter den in der Praxis obwaltenden Verhältnissen ein vielfach größeres melassebildendes Vermögen als dieser.

Die Differenzen, die Molenda in Rohzuckern verschiedener Jahre zwischen Polarisation und Clergetzucker fand, schwankten zwischen 0,124% bis 0,361% im „Raffinosejahr" 1912/13[1]. In der Raffinationskampagne 1922/23 stellte Mikolášek diese Differenz zu 0,44% gegen den halben Wert anderer Jahre fest und weist bei dieser Gelegenheit auf den Nachteil der Bewertung des Rohzuckers nach seiner Polarisation, ohne Rücksicht auf eine eventuelle Clergetdifferenz, hin. Der Raffinadeur kommt dabei sehr zu Schaden, worin ihm J. Roubínek und F. Knor beipflichten[2]. Diese Frage war schon früher Gegenstand zahlreicher Untersuchungen. So berichtete S. Pollak über die von den Raffinerien Halle und Frankenthal verarbeiteten Rohzucker ermittelten Differenzen zwischen Polarisation und Clergetzucker für die Kampagne

1910/11: 0,2—0,6% in 76,5% aller untersuchten 687 Muster (in 3% war der Clergetzucker gleich oder etwas höher als die Polarisation).

1911/12: 0,30%. Die Rohfabrikskampagne war nicht als normal zu bezeichnen (raffinosearmes Betriebsjahr).

1912/13: 0,37% im Mittel von 372 Untersuchungen[3].

Im Jahre 1880 fand Lippmann im Rohzucker Vanillin, das aromatische Agens der Vanille. Um diese Zeit und früher war es Tatsache, „daß manche Sorten Rohzucker einen ausgesprochenen Geruch und Geschmack nach Vanille" besaßen. Häufig war dasselbe schon in gut filtrierten Dicksäften der Fall. Lippmann extrahierte zur Erforschung dieser Erscheinung einen böhmischen Rohzucker, „welcher den Geruch und den Geschmack nach Vanille in so auffallendem Grade zeigte, daß dies selbst die Aufmerksamkeit der . . . Arbeiter erregte; derselbe war grobkörnig, sehr hell und hatte ein französisches Rendement von 92"[4]. Die auf S. 428 angeführte Ausscheidung aus einem Verdampfkörper zeichnet sich durch einen Gehalt an Vanillin aus; auch unter den Riechstoffen der Rübe wurde dieses festgestellt (S. 120).

Er wurde (2 kg) in sehr wenig Wasser gelöst, mit verdünnter Salzsäure neutralisiert und wiederholt mit Äther ausgeschüttelt; nach dem Abdestillieren des Äthers verblieb eine ölige Flüssigkeit, die nach einer Reinigungsoperation schließlich zu Krystallen erstarrte. Durch Umkrystallisieren rein erhalten, ergab sie durch ihre physikalischen und chemischen Eigenschaften die sichere Identität mit dem Vanillin. Dessen chemischer Charakter und Zusammensetzung werden leicht verständlich durch folgendes Schema:

$$C_6H_6 \longrightarrow C_6H_5 \cdot COOH \longrightarrow C_6H_3 \underset{\textstyle OH \quad 4}{\overset{\textstyle COOH \quad 1}{\diagdown \hspace{-1em}\diagup -OH \quad 3.}}$$

Benzol    Benzoësäure    Dioxybenzoësäure
(Protocatechusäure)

---

[1] Ö. U. Z. f. Zuckerind. XLIII, S. 48, 1914.
[2] Z. d. tschsl. Zuckerind. V, S. 49, 1923; S. 136, 1924.
[3] Z. V. D. Zuckerind. S. 786, 1914.    [4] ebd. 1880, S. 134.

Der Aldehyd dieser Säure (Protocatechualdehyd) hat die Formel

$$C_6H_3\begin{cases} COH \\ OH \\ OH \end{cases}$$ ; sein Methyläther ist das Vanillin.

$$C_6H_3\begin{cases} COH & 1 \\ O \cdot CH_3 & 3 \\ OH & 4 \end{cases}$$ Vanillin ist also der Methyläther des Protocatechualdehyds.

Erst zwei Jahre später fand derselbe die wahre Ursache für das Vorhandensein von Vanillin. Wie schon oben gesagt, ist das Coniferin die Muttersubstanz des Vanillins; tatsächlich konnte Lippmann im Jahre 1882 das Vorkommen von Coniferin in den verholzten Geweben der Zuckerrübe nachweisen. Coniferin ist das Glucosid des Coniferylalkohols; beide Verbindungen geben durch Oxydation Vanillin. Coniferin kommt im Pflanzenreiche ziemlich verbreitet vor; es ist ein konstanter Begleiter der Holzsubstanz. Sein Vorkommen in der Rübe ist daher nichts besonders Auffälliges[1].

Lippmann befreite Rübenschnitte verholzter Rüben durch Alkoholextraktion und folgendem Waschen mit kaltem Wasser vom größten Teile der löslichen Substanzen. Das zurückbleibende Coniferin wurde schließlich durch heißes Wasser in Lösung gebracht, die Lösung geklärt und eingedampft, wobei Geruch nach Vanillin auftrat. Aus dem entstehenden Sirupe schieden sich Coniferinkryställchen aus. Es ist hier nicht notwendig, die Gewinnung der reinen Kryställchen zu schildern, jedenfalls erwiesen sie sich als identisch mit dem Coniferin ($C_{16}H_{22}O_8$). Dieser Forscher ist aber der Ansicht, daß das Coniferin in größerer Menge als solches in der Rübe nicht vorkommt, sondern vielleicht erst durch Kochen sich aus dem Lignin bilde.

Das Coniferin geht bei der Diffusion in Lösung; in der Scheidung wird es durch Kalk zersetzt und bildet Vanillin, das wahrscheinlich, an Basen gebunden, in die Säfte gelangt. Möglich ist auch, daß das Coniferin noch im Rübenkörper einen Zerfall erfährt, und Vanillin als solches dann im Rübensafte vorkäme[2].

Daß auch Pektinsubstanzen sich im Rohzucker finden geht daraus hervor, daß sie Koydl in Melassen einer reinen Raffinerie fand und qualitativ bestimmte (s. „Melasse").

Der Sitz des Nichtzuckers des Rohzuckers ist in erster Linie im Sirup zu suchen; aber auch das Krystallinnere ist nicht frei davon. Paine und Balch („Facts about Sugar") wuschen Rohzucker, untersuchten den abgewaschenen Sirup und das zurückbleibende Krystall, wuschen das Krystall zum zweiten und dritten Male mit Wasser und untersuchten den zweiten und dritten Sirup und die immer kleiner werdenden zurückbleibenden Krystalle. Sie fanden etwa: Unreinigkeiten, welche starke Trübungen in den Klären verursachten, stammten in einigen Fällen aus den inneren Krystallteilen, nahe am Mittelpunkt des Krystalles. Sie dienten scheinbar also als Anregung für die Bildung des Krystalles. Zuckerlösungen müssen daher vor dem Verkochen gut gefiltert werden.

Asche war mehr in den äußeren als inneren Teilen des Krystalles vorhanden. Die Verfasser schreiben dies dem Vorhandensein des an der Oberfläche des Krystalles haftenden Muttersirup zu, der mehr Asche enthält als das Krystall[3].

<hr>

[1] Z. V. D. Zuckerind. 1883, S. 317.    [2] ebd. 1883, S. 317.
[3] C. f. Zuckerind. 1926, S. 1270.

Kolloide waren gleichmäßig durch das ganze Krystall verteilt, es muß also auch auf die möglichst vollständige Entfernung der Kolloide (Farbstoffe) Wert gelegt werden.

Das gleiche gilt nach H. Lundén für die verschiedenen Farbarten, die vom wachsenden Zuckerkrystall selektiv adsorbiert werden[1]. Honig bestätigt das oben von Paine und Balch bezüglich der Kolloide Gesagte. Kalk und Eisen werden nur wenig vom Krystall eingeschlossen, aber letzteres beeinflußt die Farbe des Krystalls ungünstig[2]. Nach Bergé ist es sehr wahrscheinlich, daß die Oberflächenspannung und die $p_H$- Werte eine Rolle bei der Krystallbildung spielen. Seine Versuche erwiesen Adsorption kolloidaler Stoffe im Krystalle; solche Krystalle können dann nicht weiß gewaschen werden. (Gute Filtration der Säfte vor der Verkochung entfernt schon einen Teil dieser Kolloide[3].)

Alle Umstände, die es verhindern, daß sich manche Rohzucker weiß ausdecken lassen, erörterte übersichtlich zusammenfassend H. Zscheye[4]. Hauptsächlich ist es ihr Eisengehalt; Rohzucker, die mit gelbem Blutlaugensalz eine Reaktion auf Eisen geben, lassen sich niemals weiß ausdecken, welcher Behauptung Hoepke widerspricht. Nach diesem sind es eher die Trübungen nicht ganz klarer Dicksäfte, die zu gelben Krystallen Anlaß geben (s. auch „Nachtrag").

## c) Bewertung des Rohzuckers.

Vor der Entdeckung der Polarisation wurde der Rohzucker nach seiner Farbe, nach der Beschaffenheit des Kornes und nach seinem Wassergehalte bewertet. Nachdem später in der Polarisation ein Mittel gefunden wurde, den Zuckergehalt in den einzelnen Produkten leicht zu bestimmen, wurde sie für die Bewertung des Rohzuckers herangezogen.

Später wurde auch der Gehalt an den verschiedenen Nichtzuckern (Invertzucker, Raffinose) berücksichtigt, bis man nach Monnier das heutige Rendement aufstellte (1863), nach dem der fünffache Aschengehalt von der Polarisation des Zuckers abzuziehen ist[5].

Sehr ausführlich ist die Geschichte des Koeffizienten 5, sowie überhaupt die Geschichte des Rendements im dritten Teile der Untersuchung Herzfelds „Über die zweckmäßigste Art der Wertschätzung des Rohzuckers" dargelegt[6]. Nur ist nach den Angaben Lippmanns eine kleine Berichtigung notwendig; schon im Jahre 1850, also lange vor Monnier, behauptete Péligot, daß die Salze je 5 Teile Zucker unkrystallisierbar machen, und forderte, dies bei der Bewertung des Zuckers zu berücksichtigen.

Dieses Rendement verschaffte sich wohl allgemeinen Eingang, wurde aber gleich anfangs bekämpft. Im Koeffizienten 5, der die melassebildende Größe der Salze darstellen sollte, wurde keine wissenschaftlich begründete Zahl gesehen.

---

[1] C. f. Zuckerind. 1927, S. 73.    [2] ebd. 1927, S. 157.    [3] ebd. 1927, S. 464.
[4] D. Z. 1924, S. 1513.    [5] Z. V. D. Zuckerind. 1851, S. 466; 1867, S. 340.
[6] ebd. 1892, S. 147.

Im so bestimmten Rendement wurden nicht die organischen Salze berücksichtigt, obwohl ihnen auch melassebildende Kraft zukommt. Daher wurden später mehrere Vorschläge zur Rendementbestimmung gemacht. 1871 empfahl Scheibler, die Asche nicht zu berücksichtigen und für den organischen Nichtzucker den Koeffizienten 4 zu nehmen. 1873 schlug Weiler vor, den Gesamtnichtzucker, mit 2 multipliziert, von der Polarisation abzuziehen. Kohlrausch trat für den Koeffizienten 1,66 ein.

Nach einem österreichischen Vorschlage sollte man den $2^1/_2$fachen Gehalt an Asche und organischem Nichtzucker von der Polarisation abziehen, um ein richtigeres Rendement zu erhalten (1891). Der deutsche Raffineurverein schlug $2^1/_4$, Herzfeld 2 als Koeffizient für den Gesamtnichtzucker vor. Diesen Vorschlag Herzfelds unterstützte in neuerer Zeit Mrasek[1].

Alle vorgeschlagenen Rendements bedeuten wohl gegen das französische Aschenrendement einen Fortschritt, insofern sie den melassebildenden Einfluß des gesamten Nichtzuckers des Rohzuckers berücksichtigen wollen. Aber allen haftet der gemeinsame Mangel an, den Scheibler folgendermaßen präzisierte: „Die Aufstellung eines Koeffizienten von einem mittleren Durchschnitts- oder Annäherungswerte kann schon deshalb keinen Nutzen gewähren, weil die Rohzucker aus verschiedenen Fabriken mit divergierenden Arbeitsweisen sowie die verschiedenen Produkte einer und derselben Fabrik bezüglich des Mengenverhältnisses an Krystalloid- und Kolloidsubstanzen ihrer Nichtzuckerstoffe sehr erheblichen Schwankungen unterliegen.“

Strohmer prägte den Ausdruck „Kompromißfaktor“, „den Gerechtigkeit und Billigkeit von seiten der Käufer wie der Verkäufer finden lassen müssen“.

So behauptete das französische Aschenrendement mit dem Koeffizienten 5 siegreich das Feld, trotz der allgemeinen Erkenntnis seiner Unrichtigkeit und seiner Unzulänglichkeit.

Allen bis nun angeführten Vorschlägen liegt die Idee zugrunde, für die melassebildende Kraft des Nichtzuckers im Rohzucker einen zahlenmäßigen Ausdruck zu finden. Zuerst wurde nur auf die Asche Rücksicht genommen; später, als man einsah, daß auch der organische Nichtzucker melassebildend sei, wurde versucht, die Wirkung des Gesamztnichtzuckers in Rechnung zu stellen.

Molenda bemühte sich dann, den Rohzucker nach seiner chemischen Zusammensetzung zu bewerten, d. h. auf den organischen und anorganischen Nichtzucker gesodnert bezüglich ihres melassebildenden Vermögens Rücksicht zu nehmen. Er fand für den Gesamtnichtzucker 1,466, 1,379, 1,345 als Melassekoeffizienten[2]. Hier treten alle Bedenken in den Vordergrund, welche gegen konstante Faktoren schon eingewendet wurden. Gröger berechnete aus dem Durchschnitt dreier Kampagnen ganz andere Zahlen als Melassekoeffizienten; er fand sogar weit auseinanderliegende negative Größen und wies darauf hin, daß nicht nur die Quantität, sondern auch die Qualität des Nichtzuckers eine wichtige Rolle spielt und diese zu wechselnd sei, um Koeffizienten mit Recht aufstellen lassen zu können[3] (s. auch S. 555).

---

[1] Z. f. Zuckerind. i. B. XLII, S. 540, 1917/18.
[2] Ö. U. Z. f. Zuckerind. 1904, S. 624.     [3] ebd. 1905, S. 96.

Diese Bewertungsweisen wären als **chemische** zu bezeichnen, im Gegensatze zu der neueren **physikalischen**, welche die **Ermittlung des krystallisierbaren Zuckers in Rohzuckern** (und Füllmassen) anstreben. Die Methoden für letzteren Zweck können wieder eingeteilt werden in Auswasch- und in analytische Verfahren.

Die **Auswaschverfahren** beruhen darauf, den den Krystallen anhaftenden Sirup mit Zucker nicht lösenden Waschmitteln von den Krystallen zu trennen.

Schon im Jahre 1846 schlug Payen ein Verfahren vor, das im wesentlichen ein Auswachsen der Zuckerprodukte mit einer gesättigten, mit Essigsäure versetzten alkoholischen Zuckerlösung war. Dieses Waschmittel bringt alle dem Rohzucker anhaftenden Sirupbestandteile in Lösung, ohne die Zuckerkrystalle anzugreifen[1].

Diese Methode fand keine weitere Beachtung, bis Scheibler im Jahre 1872, darauf fußend, ein von dem „Vereine für die Rübenzuckerindustrie im Zollvereine" preisgekröntes Verfahren ausarbeitete. Er nannte es: „Verfahren zur direkten Bestimmung des Gehaltes der Rohzucker an krystallinischem Zucker, durch Auswaschen mit gesättigten, sauren und neutralen alkoholischen Zuckerlösungen." Damit ist auch seine Methode charakterisiert[2].

Zuerst wurde der Rohzucker mit absolutem Alkohol ($99^1/_2 \%$ Tralles) übergossen und ihm so alles Wasser entzogen. Dann, nach Absaugen des Alkohols, mit schwächerem Alkohol übergossen (zuerst 96, dann 92 Tralles) und schließlich mit einer essigsauren, alkoholischen, gesättigten Zuckerlösung so lange gewaschen, bis sie farblos ablief. Zu ihrer Verdrängung wurde dann mit Alkohol nachgedeckt und die reinen Zuckerkrystalle wurden getrocknet und gewogen. „Die resultierenden Zuckerkrystalle stellen in ihrer Menge den absoluten Gehalt an wirklich krystallisiertem Zucker der untersuchten Rohzucker dar."

Scheibler nennt diese Größe „Raffinationswert". Er stellt ein theoretisches Maximum dar, das in der Praxis nie erreicht werden kann. Das nach der neuen Methode ermittelte Rendement (Raffinationswert) differierte in den von Scheibler untersuchten Rohzuckern vom Aschenrendement um $+ 0{,}13$ bis $3{,}33 \%$ bei Erstprodukten[2].

Dieses Verfahren diente anderen Autoren mit anderen Waschmitteln als Vorbild, bis es endlich Koydl gelang, ein Auswaschverfahren zu finden, das günstige Resultate erzielte[3].

Koydl benutzte 5 Waschflüssigkeiten. Lösung I, die eigentliche Waschflüssigkeit; die anderen 4 Lösungen spielen nur die Rolle von Verdrängungsflüssigkeiten. I. Alkohol von 82 Gewichtsprozent mit Zusatz von 50 cm³ konz. Essigsäure je Liter, dann mit Zucker gesättigt. II. Alkohol von 86 Gewichtsprozent mit Zusatz von 25 cm³ konz. Essigsäure je Liter, dann mit Zucker gesättigt. III. Alkohol von 91 Gewichtsprozent, mit Zucker gesättigt. IV. Alkohol von 96 Gewichtsprozent, mit Zucker gesättigt. V. Käuflicher, absoluter Alkohol. 50 g des zu untersuchenden Rohzuckers werden zunächst mit 250 cm³ von Lösung I gewaschen, dann mit je 50 cm³ von Lösung II—IV und endlich mit 100 cm³ von Waschflüssigkeit V.

Diese Methode wurde nach ihrer Bekanntwerdung vielfach nachgeprüft (s. 1. Aufl.); ihre Einführung hätte trotz gewisser Mängel einen

---

[1] Z. V. D. Zuckerind. 1866, S. 403.
[2] ebd. 1872, S. 297, 843, 931; 1873, S. 304; 1874, S. 214.
[3] Ö. U. Z. f. Zuckerind. XXXV, S. 277, 1906.

Fortschritt für die Bewertung der Rohzucker bedeutet. Sie ergibt nicht nur den „Krystallwert" eines Rohzuckers, sondern auch ein „Ansichtsmuster" der zu erwartenden Affinade. Später trat A. Frolda sehr für diese Methode und ihren Gebrauch ein[1].

Aus eigenen und fremden Untersuchungen ermittelte Koydl im Jahre 1915 im großen Durchschnitte, „daß wir nach dem Aschenrendement einzelne Zucker bis zu 5,8% überzahlen, andererseits aber andere, freilich in selteneren Fällen, bis zu 3,0% unterzahlen. Wie hoch sich die Überzahlung des verarbeiteten Rohzuckergemisches nach dem Aschenrendement stellt, ist blanker Zufall, beträgt aber auf Grundlage aller Krystallwertbestimmungen und ihre richtigen Einschätzung im Durchschnitt rund 1%[2]".

Um nur eine zahlenmäßige Angabe über das Verhältnis zwischen Rendement und Ausbeute (Affinade) zu machen, sei auf ein lehrreiches Beispiel nach Koydl hingewiesen[3]. Von zwei Rohzuckern hatte A: Pol. 94,35, Asche 1,05, Rend. 89,1 und B: 95,5, Asche 1,30, Rend. 89, O. Beide Zucker mußten wegen gleichen Rendements gleich bewertet werden, obgleich A einen Krystallgehalt von 83,96%, B einen solchen von 91,64% ergaben.

Obwohl es keinem Zweifel unterliegen kann, daß die praktische Ausbringbarkeit zu dem Krystallwert in festen Beziehungen steht, bezweifelte Koydl bei der gleichen Gelegenheit, daß „das so tief wurzelnde Aschenrendement durch eine vernünftige Bewertungsart für jetzt und für absehbare Zeit" ersetzt werden würde. Daran hat sich bis heute fast nichts geändert. Koydl gebührt aber das Verdienst, durch seine Methode die Bestrebungen nach einer vernünftigeren Bewertungsweise des Rohzuckers wieder in den Vordergrund des Interesses gerückt zu haben. Das zeigen die zahlreichen Vorschläge ähnlicher Methoden.

Herzfeld und Zimmermann arbeiteten eine neue Methode aus, um die Menge des krystallisierten Zuckers, die überhaupt in einem Rohzucker vorhanden ist, festzustellen. Die Fehlerquellen der früheren Waschverfahren (Ausfallen von Zucker durch die alkoholische Waschlösung, Schwierigkeit der Herstellung und Aufbewahrung der einzelnen Waschflüssigkeiten) soll dieses neue Waschverfahren umgehen.

Als Waschflüssigkeit dient eine gesättigte Zuckerlösung (Deckkläre), die steril hergestellt wird. Das erhaltene Waschgut mit Alkohol zu trocknen oder auch nur mit immer alkoholstärkern Lösungen zu waschen, umgehen die Autoren, indem sie dasselbe in einer Zentrifuge stark ausschleudern. Aus dem Wassergehalte des erhaltenen reinen Zuckers wird der Zuckergehalt der adhärierenden Deckkläre berechnet und in Abzug gebracht[4].

Im gleichen Jahre arbeitete W. Meyer ein Verfahren aus, das den Krystallgehalt im Rohzucker ergeben sollte. Das Prinzip desselben ist ein Decken des Rohzuckers „in Ruhe" mit nachfolgendem Zentrifugieren[5].

---

[1] Ö. U. Z. f. Zuckerind. XXXIX, S. 949, 1910.
[2] ebd. XLIV, S. 265, 1915.    [3] ebd. 1906, S. 277.
[4] Z. V. D. Zuckerind. 1912, S. 166.    [5] D. Z. 1912, S. 665.

M. G. Hummelinck und J. A. van Loon machten auf dem achten Internationalen Kongreß für angewandte Chemie in Washington und New-York darüber Mitteilung, wie die Raffinadeure in Holland Rohzucker bewerten. Diese verlangen, daß das Korn nach dem Abwaschen mit Wasser unter genau gegebenen Versuchsbedingungen in der Laboratoriumszentrifuge weiß erscheine. Durch Nummern werden dann die Farbennuancen ausgedrückt[1].

Im Jahre 1925 veröffentlichten Herzfeld, Brendel und Hoffmann eine ähnliche Bewertungsmethode, nur wird nach dieser der Rohzucker mit einer gesättigten Zuckerlösung unter bestimmten einheitlichen Bedingungen ausgedeckt. Die Farbe der abgedeckten Zuckerkrystalle wird mit der einer Typenskala (aus fünf Stufen nach zunehmender Farbentiefe I—V) verglichen[2].

In einigen Punkten verbessert und erweitert, berichteten später O. Spengler und C. Brendel über diese Methode. (Vollständige Methode). Während durch die „abgekürzte Methode"[3] nur die Farbe des abgedeckten Zuckers, worauf es ja bei der Beurteilung des Rohzuckers in erster Linie ankommt, bestimmt wird, befaßt sich die vollständigere Methode mit der Bestimmung der Schleuderfähigkeit des eingemaischten Zuckers, der Farbe und der Ausbeute des abgedeckten Zuckers. Die abgekürzte Methode ist eine selbständige, rein qualitative und dient technischen Zwecken, die vollständigere ist als eine Zusatzmethode zu der üblichen Rendementsbestimmung gedacht, ist zum Teil eine quantitative und soll die Zahlen liefern, die als Faktoren in die Rendementsberechnung mit eingeflochten werden.

Die Schleuderfähigkeit wird durch die in 20 Sekunden in der Versuchszentrifuge abgeschleuderte und aufgefangene Sirupmenge bestimmt.

Neu ist hier, daß die Autoren der Wirklichkeit die Konzession machen, bei Beibehaltung des Rendements für die guten Eigenschaften der Rohzucker in bezug auf Farbe, Korn, Schleuderfähigkeit, Prämien zu zahlen — denn schließlich soll auch der bessere Rohzucker besser bezahlt werden. So würde den alten Einwänden der Rohzuckerfabriken der Boden entzogen, diese aber auch nicht durch veraltete Handelsbräuche (Usancen) gezwungen werden, einen guten Rohzucker zu verschlechtern, z. B. durch Beimengung von Nachproduktzucker oder durch eine weniger vollständige Abschleuderung des Grünsirups, weil z. B. das Rendementsplus über 92% nicht bezahlt wird. Über vernünftige Ausnahmen von diesem alten Brauche berichtete Wohryzek[4] (s. S. 583).

Diese vollständige, verbesserte Methode von Spengler und Brendel[5] gab nur einen annähernden Krystallgehalt an, weil die Rohzucker dort mit einer für die Arbeitstemperatur um 3° untersättigten Zucker-

---

[1] Z. V. D. Zuckerind. 1913, S. 154, und D. Z. 1925, S. 1521.

[2] ebd. 1925, S. 613.

[3] Spengler u. Brendel: Z. V. D. Zuckerind. 1926, S. 801.

[4] „Durch die dänische und schwedische Zuckerindustrie." Z. d. tschsl. Zuckerind. VIII, Nr. 8, 9, 13, 14, 15, 1926/27.

[5] Z. V. D. Zuckerind. 1927, S. 229.

lösung eingemaischt werden und die Abtrennung der Zuckerkrystalle in einer Zentrifugentrommel mit gelochtem Sieb stattfindet, wobei kleinere Krystalle und das Feinkorn hindurchgehen und sich der Bestimmung entziehen können. Dies wird bei einer neueren Ausführungsform vermieden, weil hier mit einer bei der Arbeitstemperatur gerade gesättigten Zuckerlösung eingemaischt und die Schleuderung in einer Trommel vorgenommen wird, wo auch das Feinkorn durch Filz oder Flanell festgehalten und mit verwogen wird[1]. Soll daher eine wahre Bestimmung des Krystallgehaltes vorgenommen werden, so ist die neuere Methode mit einer Röhrentrommel anzuwenden, während in den Fällen, wo es weniger darauf ankommt, den wahren Krystallgehalt als vielmehr den technisch gewinnbaren Krystallgehalt zu erfahren, die oben letztangeführte Methode angewendet werden kann.

Im Prinzip ist die neueste Methode von Spengler und Brendel die gleiche wie die von Herzfeld und Zimmermann (s. o.).

Diese Methoden sind noch nicht genug in der Praxis erprobt; dem Verfasser scheint es aber, daß nur Methoden nach der Art der obengenannten holländischen für den Betrieb am meisten erfolgversprechend sind, weil man in trockenen Raffinerien meist mit Wasserdecke arbeitet, und man mit dieser auch im Laboratorium am schnellsten zum Ziele gelangt; es müßten aber die Versuchsbedingungen bis in alle Einzelheiten genauest angegeben sein.

### Die Bestimmung der Asche.

Die richtigste Bestimmung wäre jene der Carbonatasche (s. d.), ist aber für Betriebs- und Handelszwecke zu zeitraubend; das führte Scheibler zu seiner raschen und bequemen Sulfataschenmethode. Da aber Sulfate ein größeres Molekulargewicht haben als Carbonate, zog Scheibler auf Grund von 2000 Aschenbestimmungen 10% vom Sulfatgewicht ab. (Faktor 0,9.) — Gewisse Mängel führten auch zur Aufstellung anderer Koeffizienten. Die Zusammensetzung der Zuckeraschen ist eine wechselnde und von vielen Bedingungen abhängig. Der Zuckerhandel hat doch die Scheiblersche Methode, also den Faktor vom Jahre 1865, ohne Rücksicht auf die verbesserten Rübenqualitäten und die veränderte Arbeitsweise beibehalten[2]. In neuerer Zeit fanden Watermann und de Wys (D. Z. 1920, S. 448), daß der übliche Faktor von 10% zur Umrechnung von Sulfat- auf Carbonatasche ganz unzuverlässig ist (es mußten tatsächlich in allen Fällen 18—21% abgezogen werden!); es wäre daher richtiger, die wirklich gefundene Sulfatasche auch als solche anzugeben; noch größere Abzüge, 12—25% fanden Ogilvie und Lindfield für notwendig[3]. Nach Mikolášek würden unsere Rohzuckeraschen (Sulfat) einen Abzug von 20% zur Korrektion (0,80) benötigen[4]. Die verschiedenen Faktoren, die zum gleichen Zwecke vorgeschlagen wurden, beweisen, daß die Asche der Rohzucker von wechselnder Beschaffenheit (Zusammensetzung) ist.

---

[1] Z. V. D. Zuckerind. 1927, S. 679.
[2] ebd. 1864, S. 188.       [3] Int. Sugar. 1918, S. 114.
[4] Z. d. tschsl. Zuckerind. III, S. 246, 1922.

Schon lange besteht das Bestreben, die Scheiblersche Sulfataschenmethode durcd eine richtigere, einfachere und schnellere Methode zu ersetzen. Reichert wandte hierzu als erster die elektrische Leitfähigkeit an[1], und diese wurde nachher immer wieder studiert und versucht. Aber erst in den letzten Jahren wurde die hierfür nötige Apparatur vereinfacht und verbessert, so daß die Aschenbestimmung mittels der elektrischen Leitfähigkeit heute schon viel häufiger (für die Betriebskontrolle) angewendet wird. Die Bestimmung des Aschengehaltes in Kaufrohzucker muß natürlich, den „einheitlichen Methoden der Zuckeruntersuchung" entsprechend, nach der alten Sulfataschenmethode geschehen. Diese hat den prinzipiellen Fehler, daß sie auch den unlöslichen Teil der Asche einbezieht, während melassebildend nur die löslichen Bestandteile (neben dem organischen Nichtzucker) wirken.

Die wissenschaftliche Grundlage dieser Methode arbeiteten Main[2] und Lange[3] aus. Beide konnten feststellen, daß zwischen dem Aschengehalte eines Zuckers und der elektrischen Leitfähigkeit seiner Lösung direkte Proportionalität besteht.

Mit gewissen Einschränkungen lassen sich alle Betriebssäfte, Melassen und Rohzucker[4] auf ihre „elektrische Asche" untersuchen. Nach L. Kayser muß man insbesondere die Resultate bei Nachproduktzuckern mit Korrekturen versehen[5].

Lundén arbeitete eine eigene elektrische Methode aus und fand einen Unterschied im Verhalten der Säfte der Rohseite der Raffination (Melasse, Sirupe, Affinaden, Rohzucker) und denen der Raffinadenseite (Klären); seine Methode gestattet, die Beschaffenheit von Säften, die trotz gleicher Reinheitsquotienten nicht gleiche Beschaffenheit haben, zahlenmäßig auszudrücken[6]. K. Šandera ersann einen höchst einfachen Apparat mit optischer Indikation (bei den vorgenannten ist diese eine telephonische, akustische); seine mitgeteilten Ergebnisse befriedigen[7]. Nachprüfungen durch F. Herles sowie durch Ch. Mrasek bestätigten seine günstigen Resultate[8]. Größere Abweichungen von der Sulfatasche sind darin begründet, daß die „elektrische Asche" nur die löslichen Aschenbestandteile erfaßt (s. o.), und darin liegt ja ihr Fortschritt. Bei diesen vergleichenden Prüfungen ergibt sich die Anomalie, daß man die wissenschaftlich begründete, richtige Methode messen muß an einer mit Recht nie unwidersprochen gebliebenen konventionellen Methode, nur deshalb, weil sie die althergebrachte offizielle Methode ist, die durch die erste verdrängt werden soll.

Im Rendement kommt nur der anorganische Nichtzucker zur Geltung. Wäre in einem Zucker überhaupt kein organischer Nichtzucker vorhanden, so würde dem Käufer dieses Rohzuckers aus dieser Bewertung

---

[1] Z. V. D. Zuckerind. 1889, S. 432.    [2] Int. Sug. Journ. II, 1909.
[3] Z. V. D. Zuckerind. 1910, S. 359.
[4] Tödt: Z. V. D. Zuckerind. 1925, S. 429.
[5] Z. V. D. Zuckerind. 1926, S. 369.    [6] ebd. 1925, Heft 829.
[7] Z. d. tschsl. Zuckerind. IX, S. 265, 603, 1927.
[8] ebd. IX, S. 145, 149, 1927.

des Zuckers kein Nachteil erwachsen. Der Nachteil aber wird um so größer, je mehr organischer Nichtzucker (neben dem anorganischen) vorhanden ist. Bezeichnet man die Asche mit 1, so kann man ein Nichtzuckerverhältnis als weiteren Faktor für die Bewertung des Rohzuckers aufstellen. Je kleiner dieses, desto besser für den Käufer.

Die Rohzucker zeigten im allgemeinen nach den verschiedenen Analysen, die vorliegen, bis zum Jahre 1885 ein Verhältnis 1 : 1, d. h. anorganischer und organischer Nichtzucker waren zu gleichen Teilen im Gesamtnichtzucker vorhanden.

Von 1885 ab kann man allgemein ein Anwachsen dieses Verhältnisses feststellen.

Nach einer Zusammenstellung Lippmanns war dieses Verhältnis im Jahre 1885 1 : 1,08 und stieg regelmäßig bis auf 1 : 1,87 im Jahre 1892 (deutsche Rohzucker[1]).

Gröger berechnete für zwei mährische Raffinerien folgende Nichtzuckerverhältnisse:

| | | |
|---|---|---|
| 1881/82 | 0,99 | 0,96 |
| 1894/95 | 1,69 | 1,61 |
| 1898/99 | — | 1,59 |

Das Nichtzuckerverhältnis wird immer ungünstiger, d. h. die organischen Nichtzucker überwiegen immer mehr die anorganischen. Im Rendement werden aber nur letztere berücksichtigt, und da die organischen Nichtzuckerstoffe auch hervorragende Melassebildner sind, kommt der Raffinadeur zu Schaden. Die Klagen der Raffinerien über fortdauernde Qualitätsverschlechterung der Rohzucker sind daher schon ziemlich alt.

Nach einer Zusammenstellung Štěrbas zeigt sich die allmähliche Steigerung des Nichtzuckerquotienten für böhmische Rohzucker deutlich. 1 : 1,01 in der Kampagne 1886/87 und 1 : 1,41 in der Kampagne 1897/98.

Daß es seit dem Jahre 1899 in dieser Beziehung nicht besser wurde, zeigt die Tabelle Nr. 107. Dort sind nach Angaben Koydls für böhmische Zucker aus der Kampagne 1907/08 die Verhältnisse 1,90—2,00. Mährische Zucker hielten sich im selben Jahre zwischen 1,85 und 2,15, die ungarischen aus der Kampagne 1910/11 zwischen 1,47—2,64; einmal sank dieses Verhältnis auf 0,88.

Dasselbe Bild bietet eine Zusammenstellung von Brož für böhmische Zucker. Für jede Kampagne sind die Maxima und Minima der Nichtzuckerquotienten der in der Raffinerie Peček verarbeiteten Rohzucker angegeben[2] (s. 1. Aufl.).

Als Ursache dieser Erscheinung führt Brož an: 1. in mechanischer Beziehung: die Rohzucker sind nicht von gleichem, ordentlich ausgekochtem Korne — was bei der Affination unangenehm bemerkbar ist (s. diese). Dieser Umstand rührt u. a. vom Einziehen von Ablaufsirup in die Füllmasse Erstprodukt und Bildung eines neuen, ungleich großen und ungleich harten Kornes. Der Sirupeinzug macht sich in chemischer Beziehung geltend, indem er das Verhältnis A:O ungünstig

---

[1] Z. V. D. Zuckerind. 1892, S. 587, 599 u. a.
[2] Z. f. Zuckerind. i. B. XXIII, S. 732, 1898/99.

beeinflußt. Ferner kommen in den Rohzuckern harte, sirupöse Klumpen vor, die ein Gemisch von Zucker und Sirup darstellen. Schließlich wird dem Zucker I. Produkt Nachprodukt beigemengt. Auch die beiden letzteren Faktoren zeigen sich in der chemischen Analyse durch Vergrößerung des Gehaltes an Nichtzucker[1].

Daß das Vermischen von Erst- und Nachprodukt zur Vergrößerung von A:O führen kann, konnte Verfasser aus Betriebsanalysen für einen speziellen Fall nachweisen; damit soll jedoch nicht gesagt werden, daß konstante Beziehungen bestünden. Auch lassen sich diese Befunde nicht verallgemeinern.

In einer gemischten Fabrik wurde sowohl eigener als auch fremder Rohzucker verarbeitet. Letzterer war zweifellos mit Nachprodukt gemischt. Das Nichtzuckerverhältnis in einigen fremden Rohzuckern schwankte von 1,47—2,64. Im eigenen I. Produkt, das nicht mit Nachprodukt gemischt war, von 1,39—2,02 (Analysen Nr. 7—18, Tabelle 107.

Tabelle 107.

| Nr. | Pol. | Wasser | Asche | Org. NZ. | Rend. | NZ.-Verhält. | Bemerkungen |
|---|---|---|---|---|---|---|---|
| 1 | 94,99 | 1,84 | 1,02 | 2,15 | 89,90 | 2,107 | Durchschnitte von mährischen Raffinerien 1907—1908. |
| 2 | 95,20 | 2,00 | 0,98 | 1,82 | 90,30 | 1,856 | |
| 3 | 94,68 | 2,04 | 1,04 | 2,24 | 89,48 | 2,154 | |
| 4 | 94,73 | 2,40 | 0,97 | 1,94 | 89,86 | 1,939 | Durchschnitte von böhmischen Raffinerien 1907—1908, Koydl. |
| 5 | 94,92 | 2,10 | 0,99 | 1,99 | 89,98 | 2,008 | |
| 6 | 94,97 | 2,15 | 0,99 | 1,89 | 90,02 | 1,909 | |
| 7 | 95,70 | 1,86 | 0,94 | 1,50 | 91,00 | 1,595 | Kampagne 1910/1911. Betriebsanalysen des Verfassers. |
| 8 | 96,30 | 0,98 | 0,99 | 1,73 | 91,35 | 1,747 | |
| 9 | 96,10 | 1,20 | 0,97 | 1,73 | 91,25 | 1,783 | |
| 10 | 95,90 | 1,86 | 1,20 | 1,04 | 89,90 | 0,886 | |
| 11 | 95,80 | 1,89 | 0,93 | 1,38 | 91,15 | 1,483 | Gekaufter Rohzucker. |
| 12 | 95,30 | 1,88 | 1,14 | 1,68 | 89,60 | 1,473 | „  „ |
| 13 | 95,40 | 1,32 | 0,90 | 2,38 | 90,90 | 2,644 | „  „ |
| 14 | 95,80 | 1,88 | 0,97 | 1,35 | 90,95 | 1,391 | I. Produkt ⎱ ungemischt |
| 15 | 96,10 | 1,58 | 0,78 | 1,58 | 92,20 | 2,025 | I.   „   ⎰ eigenes Produkt |
| 16 | 96,40 | 1,85 | 0,69 | 1,06 | 92,95 | 1,536 | I.   „ |
| 17 | 95,80 | 1,88 | 0,93 | 1,39 | 91,15 | 1,494 | I.   „ |
| 18 | 95,90 | 1,71 | 0,865 | 1,525 | 91,575 | 1,762 | Durchschnittsanalyse eines Tages, do. |

In einer ausführlichen Studie „über die Verhältniszahl $\frac{O}{A}$" weist G. Bruhns zunächst auf ihre analytische Empfindlichkeit hin, weil der Wert für $O$ abhängig ist von drei Größen (Pol., Wasser, Asche), also an deren fehlerhaften Ermittlung teilnimmt. Dieses Verhältnis kann als Prüfstein für die Zuckeruntersuchungen dienen, da es für eine Fabrik (bei gleicher Rübe und Arbeitsweise in einer Kampagne) gleiche Werte ergibt. So schwankte es nach seinen Untersuchungen für eine gutarbeitende Zuckerfabrik in der Kampagne 1894/95 nur von 1,25 bis 1,51 (im Mittel aller 1,375), für 1895/96 war aber ein Abfall bis 1,25 von 1,74 in den Zuckern festzustellen, die für lange Lagerdauer bestimmt waren (alkalischer, mehr Asche), also bei geänderter Arbeitsweise.

---

[1] Z. f. Zuckerind. i. B XXIII, S. 732, 1898/99.

Oft sind abnorme Verhältnisse $\frac{O}{A}$ nur eine Folge mangelhafter Analysen.

Nachproduktzucker zeigen im Durchschnitte etwa die gleichen Werte für dieses Verhältnis wie die zugehörigen Erstproduktzucker.

Interessant ist der Zusammenhang dieser Wertzahl für die Füllmasse und dem daraus erschleudertem Zucker. Für erstere schwankte das Verhältnis von 1,36 bis 1,89 (in den leider nur 8 Analysen), für den Zucker von 1,29 bis 1,80. Wenn man für beide die Extremzahlen unterdrückt, so beobachtet man, daß dieses Verhältnis für die Füllmasse höher ist als für den Zucker[1].

Ein eventueller Invertzuckergehalt kommt auch im Rendement zum Ausdrucke; nach österreichischen Usancen im Zuckerhandel wird in Nachprodukten ein Invertzuckergehalt bis 0,5% dreimal und ein solcher über 0,5 fünfmal vom Rendement in Abzug gebracht. Nach den Hamburger Usancen wird ein Gehalt an Invertzucker von bis 0,25% dreimal und über 0,25% bis 0,50% fünfmal vom Rendement abgezogen.

Auf S. 105 wurde dargelegt, daß man heute nicht imstande ist, Mengen unter 0,05% Invert sicher nachzuweisen, weil es Verbindungen gibt, die gleich dem Invertzucker kupferreduzierende Eigenschaften haben. Es fragt sich nun, welche Substanzen können im Zucker vorhanden sein und durch ihre reduzierende Kraft Invert vortäuschen.

Als eine solche Substanz wies Lippmann Brenzcatechin nach, wohlgemerkt nur in einem Falle, und verwahrt sich dagegen, dieses Resultat zu verallgemeinern. Sein Vorkommen im Rohzucker rührt von Zersetzung des Zuckers durch Alkalien und Hitze her; daß es auch aus der Rübe stammen kann, wurde beim Vanillin schon erörtert. Für beide Annahmen liegen Wahrscheinlichkeitsgründe vor. Da es auf Soldainsche Lösung nicht wie auf die Fehlingsche reduzierend wirkt, ist die Überlegenheit der ersteren weiter gestützt.

Auch Vanillin, Furfurol und andere Abbauprodukte des Zuckers können Invertzucker vortäuschen[2].

Wohl untersuchte, angeregt durch die Lippmannsche Arbeit, diese Verhältnisse; er konstatierte, daß das Brenzcatechin durch die der Invertbestimmung vorangehende Bleifällung als Bleiverbindung zum überwiegend größten Teile ausfallen muß, und daß selbst bei teilweiser Löslichkeit dieser Bleiverbindung infolge der geringen Menge des Brenzcatechins, in der es im Zucker sporadisch vorkommen könnte, den Invertzuckergehalt, bzw. dessen Bestimmung nicht zu beeinflussen vermag[3].

„Alle derartigen Betrachtungen dürften jedoch nur ein mehr wissenschaftliches Interesse in Anspruch nehmen, weil das Brenzcatechin sich jedenfalls nur selten im Rohzucker vorfinden dürfte."

Auf das Verhalten anderer Nichtzuckerstoffe bei der Bestimmung des Invertzuckers, auf die „reduzierenden Substanzen", wurde schon im Kap. 5 („Invertzucker") hingewiesen (s. S. 105).

---

[1] Ö. U. Z. f. Zuckerind. XLV, S. 169, 1916.
[2] D. Z. 1887, Nr. 51; Z. V. D. Zuckerind. 1888, S. 455.
[3] Z. V. D. Zuckerind. 1888, S. 458.

Dreiundzwanzigstes Kapitel.

# Chemie der Nachproduktenarbeit.

## a) Verarbeitung der Nachprodukte.

Bringt man eine reine Zuckerlösung zur Krystallisation, so wird der gesamte Zucker auskrystallisieren und die Mutterlauge fast gänzlich frei von Zucker sein. Durch Abschleudern wird dann ein fast zuckerfreier Ablauf, eben diese Mutterlauge, resultieren. Der Dicksaft, den die Rohzuckerfabrik zur Krystallisation bringt, ist eine mehr oder weniger reine, nie aber chemisch reine Zuckerlösung. Es vermag daher nicht der gesamte Zucker auszukrystallisieren und in der Mutterlauge verbleibt noch ein gewisser Anteil des Zuckers in Lösung. Wieviel, hängt von prinzipiellen Bedingungen und von der Arbeitsweise der Fabrik ab; wozu noch kommt, daß es in der Natur des Betriebes liegt, die Konzentration des Dicksaftes, bzw. der Füllmasse nicht zu weit zu treiben, wie es zur bestmöglichen Krystallisierung notwendig wäre. Man erhält daher im Betriebe keine zuckerfreie Mutterlauge, sondern einen sehr zuckerhaltigen Sirup, den Grünsirup der Erstproduktenfüllmasse. Wäre dieser Sirup in physikalischer und chemischer Hinsicht von solch ungünstiger Beschaffenheit, daß der in ihm enthaltene Zucker nicht mehr durch Krystallisation gewinnbar ist, so wäre der Sirup als Abfallprodukt der Rohzuckerfabrikation zu betrachten und die Aufgabe derselben, den Zucker aus der Rübe zu gewinnen, vollendet. Doch dem ist nicht so. Der Grünsirup ist noch reich an Zucker, und dieser Zucker wird noch gewonnen. Die Arbeit, welche das bezweckt, ist die Nachproduktenarbeit, der Zucker, welchen diese ergibt, das Nachprodukt (Nachproduktenzucker).

Von einem idealen Nachproduktenverfahren ist zu verlangen: 1. in der kürzesten Frist den gesamten Zucker in guter Qualität zu gewinnen, 2. damit zusammenhängend: möglichst wenig Melasse und diese von möglichst niedrigem Reinheitsquotienten zu geben.

Es gibt eine Unzahl von patentierten und nichtpatentierten Verfahren, die das alles versprechen. Viele von ihnen verschwanden so schnell wie sie kamen. Jeder Erfinder suchte das Heil darin, den von der ersten Füllmasse abgelaufenen Zucker möglichst zu gewinnen. Erst später brach sich die Erkenntnis Bahn, daß der Vorderbetrieb in der Fabrikation schon so ausgeführt werden müsse, daß der Nachproduktenarbeit damit gewissermaßen vorgearbeitet wird, da die Nachproduktenarbeit nicht das gutmachen kann, was der Vorderbetrieb versäumt hat.

Einer der ersten, der dies erkannte, war Karl Eger. „Dies zu erlangen, muß schon in der Saftmanipulation vorgearbeitet werden, um mit erhöhter Krystallisationsfähigkeit des Dicksaftes in erster Reihe auf eine erhöhte Krystallisationsfähigkeit der Sirupe, was doch innig zusammenhängt, dem idealen Melasseprozente hin zu arbeiten...“[1]

---

[1] Ö. U. Z. f. Zuckerind. XXX, S. 600, 1901.

Eine „tadellose Saftmanipulation" besteht nach dem Genannten „in schönen glatten Schnitten, kurzer Diffusionsdauer, rascher Vorwärmung der Rohsäfte, deren exakten Filtration, rascher Saturation bei brillant funktionierenden Kalköfen, maximaler Kalkzugabe, peinlichster Filtration der Dünn-Dicksäfte und Sirupe"[1].

Eine rationelle Nachproduktenarbeit wird nach M. Kohn folgendermaßen zu leiten sein:

Der Grünsirup, mit Brüdenwasser auf ungefähr 30° Bé verdünnt, muß mittels Heizschlangen oder ähnlich angewärmt werden. Dampfschnattern sind zu verwerfen, da Caramelisierung des Sirups eintreten kann. Die Anwärmung des Sirupes soll nicht 70° C übersteigen; dann wird er ohne Kalkzusatz geschwefelt. Durch Behandlung mit schwefliger Säure wird die Viscosität vermindert und werden organisch saure Kalksalze ausgefällt. Geschwefelt soll bis nahe an die Neutralitätsgrenze und stets der Gehalt an Kalksalzen geprüft werden. Nach der Saturation mit schwefliger Säure muß aufgekocht und gut filtriert werden. Dieser Sirup wird verkocht[2]. Gewöhnlich werden mit diesem Sirup noch andere Sirupe, z. B. Affinationssirupe verkocht.

Im allgemeinen kann man sagen, daß heute der Vorbereitung des Grünsirups nicht mehr jene Sorgfalt zugewendet wird wie früher. Sogar die Filtration will man manchenorts ersparen, vom Verdünnen oft gar nichts hören.

Schon die Filtration der Sirupe allein kann verschiedene Stoffe beseitigen, welche störend auf die Krystallistion einwirken. Das beweist eine von Andrlík durchgeführte Analyse von Schlamm aus Filtern von der Filtration eines III. Sirups. Dieser Schlamm war gallertartig und wie Melasse gefärbt[3].

Analyse von Schlamm aus Sirupfiltern.

Die frische Probe enthielt:

| | | |
|---|---|---:|
| I. | Wasserunlösliche Bestandteile | 13,43 % |
| II. | Polarisationszucker | 43,44 % |
| III. | Lösliche Nichtzucker | 22,70 % |
| IV. | Wasser | 20,43 % |

I. Bestand aus:                      III

| | | |
|---|---:|---|
| $SiO_2$ | 25,35 % | Reinheitsquotient = 65,6 |
| $Al_2O_3 + Fe_2O_3$ | 7,37 % | |
| CuO | 0,60 % | Der Aschengehalt des |
| CaO | 14,39 % | trockenen, in Wasser un- |
| MgO | 1,62 % | löslichen Teiles 59,86 % |
| $CO_2$ | 2,55 % | |
| $SO_3$ | 1,17 % | |
| Stickstoff | 0,80 % | |
| Oxalsäure | 14,54 % | |
| Fett | 7,67 % | |
| Rest (organische Stoffe, Caramelstoffe) | 23,94 % | |

Nach Lippmann (und der Erfahrung) ist auf „völlige Klarheit" großer Wert zu legen[4]. Trübungen in den Sirupen beeinflussen das Verkochen nachteilig; „man kann in dieser Hinsicht gar nicht Sorgfalt genug

---

[1] Ö. U. Z. f. Zuckerind. XXX, S. 600, 1901.      [2] ebd. XXXIII, S. 79, 1904.
[3] Z. f. Zuckerind. i. B. XXII, S. 214, 1897/98.      [4] D. Z. 1925, S. 681.

verwenden". Nach Claassen hingegen ist der Nutzen des Filtrierens von Sirupen „sehr fraglich"[1]. Ähnlich Hruda, der auch dem Schwefeln für normale Kampagnen jeden Wert abspricht[2].

Mikolášek (u. a.) fand keinen Unterschied zwischen Nachproduktfüllmassen und ihren Verhalten im Betriebe, gleichgültig, ob sie aus unfiltrierten ungeschwefelten Sirupen oder aus filtrierten geschwefelten Sirupen erkocht wurden. Im Schwefeln der Sirupe sieht er sogar eine Inversionsgefahr, die um so größer ist, je niedriger man die Alkalität hält[3].

Damit kommt man zur Frage nach einem vielleicht sich ergebenden Vorteil durch irgendeine Reinigung (Saturation) des Sirups.

Der Sirup wird jetzt seltener als früher — mit oder ohne Kalkmilchzugabe — mit schwefliger Säure saturiert und filtriert. Der Wert der Kalkmilchzugabe wird von mancher Seite zwar bestritten, zumindest wirkt sie aber mechanisch. Eine Aufbesserung in chemischer Hinsicht ist kaum bemerkbar. Verfasser fand stets nur Aufbesserungen im Reinheitsquotienten, die noch innerhalb der Fehlergrenzen der Analyse lagen. Ebenso K. Andrlík, Vl. Staněk, B. Mysík und Fr. Zdvihal in ihren „Untersuchungen über die Filtration von Grünsirupen"[4]. Diese konstatierten durch Schwefelung und Filtration der Sirupe in verschiedenen Betrieben Quotientenerhöhung von nur 0,08% — also praktisch keine.

Höhere Aufbesserungen im Reinheitsquotienten (0,70%) und eine wesentliche Farbenaufhellung (bis 65%) fanden später K. Andrlík und W. Kohn bei Saturationsversuchen solcher Sirupe mit Dolomitkalk[5]. Allerdings mußte der Sirup auf 40° Bg verdünnt und dreimal saturiert werden — also eine Anlage gebaut und die Arbeit verteuert werden —, Kosten, die in keinem Verhältnisse zum Ergebnisse stehen.

Für die Art des Verkochens von Säften und Sirupen gibt die Theorie dem Praktiker Anhaltspunkte. Kuhner verlangt, daß der chemischen Zusammensetzung, bzw. der daraus entspringenden physikalischen Beschaffenheit der Säfte und Sirupe Rechnung getragen werden müsse. Erstens legt Kuhner auf die richtige Konzentration der Säfte und Sirupe großen Wert. Die Sirupe sollten vor dem Einzuge ins Vakuum, wenn nötig, verdünnt werden. Zweitens: „Daß zur Kornbildung vorerst die minder viscosen Säfte zu verwenden sind, die im allgemeinen auch höhere Quotienten haben, und erst zum Wachsen des Kornes minder qualifizierte Sirupe, immer in entsprechender Verdünnung nachzuziehen sind." Drittens: „Daß die Mischung verschiedener Qualitäten immer von Nachteil ist."

Langes Brüten im Vakuum trägt zur Caramelisierung und somit zu Zuckerverlusten bei; es vermindert die Qualität der Nachproduktenfüllmasse in physikalischer und chemischer Beziehung, hat Rückgang der Alkalität zur Folge, vermehrt die Melasse und mindert die Qualität des Zuckers. Ganz abgesehen von der Vergrößerung der Regie. Alles ist zu vermeiden, was die Viscosität der Füllmasse beeinträchtigt. Die gewöhnlich in Rührwerke abgelassene Füllmasse soll möglichst langsam abkühlen — die Behandlung, die sie hier erfährt, ist je nach dem angewendeten Verfahren verschieden —, aber auch hier soll sie sich nicht zu lange aufhalten, da ihr dies nicht zum Vorteil gereicht. Die erzielte Melassenreinheit

---

[1] Die Zuckerfabrikation 1918, S. 268.
[2] Z. d. tschsl. Zuckerind. III, S. 65, 1921.　　[3] ebd. III, S. 125, 1921.
[4] Z. f. Zuckerind. i. B. XXVI, S. 501, 1901/02.
[5] Z. d. tschsl. Zuckerind. III, S. 311, 1922.

ist kein zuverlässiger Wertmesser für ein Nachproduktenverfahren; dabei ist stets der erzeugte Zucker und die Melassemenge zu berücksichtigen. „... man wird sicherlich der Arbeit einer Rohzuckerfabrik den Vorzug geben, welche z. B. 1,3 % Melasse mit einem Quotienten von 62, als einer solchen, welche 2 % Melasse mit einem Quotienten von 58 gewinnt."[1]

Für eine richtige Arbeitsweise fordert Claassen gelegentlich einer Studie über Melassebildung schnelles Eindicken der Säfte und Bilden des Kornes, Beschränkung der Rücknahme von Sirupabläufen zum Abkochen auf das geringste Maß, kurze Dauer des Abkochens bei nicht zu hohen Temperaturen, lieber drei Verkochungen und Krystallisationen mit kurzer Dauer vornehmen, als zwei mit erheblich längerer Dauer und Vermeidung jeder übermäßigen Übersättigung[2].

Es wäre ganz unnötig, diese Verfahren anzuführen und zu besprechen. Es dürften vielleicht vierzig und mehr bestehen, welche das Beste und Meiste versprachen; von vielen kann man behaupten, daß auch ohne sie eine gute Nachproduktenarbeit möglich ist. Der Verfasser hat sich davon überzeugen können, daß in zwei Fabriken mühelos die besten Abläufe erhalten wurden, in einer anderen Fabrik trotz größter Mühe und geregelter Wasserzugabe absolut kein Erfolg erzielt wurde, und schließlich in einer vierten Fabrik bei gleicher Arbeit zu Beginn der Kampagne (bei den ersten zwei Suden) eine gute Melasse erzielt wurde, die später — selbst bei Berücksichtigung der „Raffinose" — im Quotienten sehr hoch stieg, um dann gegen Ende der Kampagne so niedrige Quotienten zu ergeben, wie sie während der ganzen Kampagne nicht erzielt wurden.

Sehr lehrreich ist der erst angeführte Fall, der eine gemischte Fabrik betrifft. Die kleine Zusammenstellung von Betriebsanalysen zeigt das rapide Fallen der Muttersirupe in Sudmaischen durch Krystallisation in Bewegung.

Tabelle 108.

| Nachproduktensud beim Ablassen | | | | | Reinheitsquotient der Muttersirupe | | | | Differenz zwischen Q. d. Füllmasse u. Q. d. Schleudersirupes | Differenz der Quotienten zwischen Muttersirup und Schleudersirup |
| | | | | | beim Ab-lassen | nach 24 Std. | nach 36 Std. | nach 48 Std. | | |
| Wasser | Brix | Pol. | NZ. | Q. | | Schleudersirup | | | | |
|---|---|---|---|---|---|---|---|---|---|---|
| 8,80 | 91,2 | 71,8 | 19,4 | 78,7 | 66,2 | 62,5 | 61,3 | — | 17,4 | 4,9 |
| 7,00 | 93,0 | 74,0 | 19,0 | 79,5 | 64,0 | 60,5 | 59,8 | — | 19,7 | 4,2 |
| 6,40 | 93,6 | 73,8 | 19,8 | 78,8 | 64,5 | 62,5 | 61,8 | — | 17,0 | 2,7 |
| 6,80 | 93,2 | 70,0 | 23,2 | 75,1 | 64,7 | 60,9 | — | — | 14,2 | 3,8 |
| 6,90 | 93,1 | 70,4 | 22,7 | 75,6 | 66,3 | 62,0 | 59,8 | — | 15,8 | 6,5 |

Es war somit schon nach 36stündiger, in einem Falle sogar nach 24stündiger Rührdauer, das Ausschleudern der Sude möglich. Die Quotienten sanken innerhalb dieser Zeit um fast 14—20 Einheiten, auf den Sudquotienten, oder um 3—6 Einheiten, auf den Muttersirup des Sudes beim Ablassen bezogen. Dieser Erfolg ist jedenfalls in erster Linie einem gut geleiteten Kochprozeß zuzuschreiben, da schon die

---

[1] Ö. U. Z. f. Zuckerind. XLII, S. 632, 1913.
[2] Z. V. D. Zuckerind. 1927, S. 677.

Muttersirupe im Vakuum niedrige Reinheitsquotienten zeigten. Ein weiterer Grund liegt in der strengen Trennung der Sirupe auf der Affination, so daß nur niedrigere Sirupe zum Verkochen gelangten. Dies war nicht der Fall in der zweiten Fabrik; hier besaßen die Füllmassen und besonders die entsprechenden Muttersirupe zu hohe Quotienten, infolgedessen war die „Melasse" viel zu hoch. Auffallenderweise gab es hier sehr viel Sude, die chemisch ganz ähnlich denen der erstgedachten Fabrik zusammengesetzt waren, soweit es die Kontrollanalysen (Bx., Pol., Q.) zeigten, ohne daß die Erfolge sich auch nur annähernd erreichen ließen. Dies wäre als Beweis dafür aufzufassen, daß auch die **physikalischen Eigenschaften der Füllmassen** entscheidend sind.

Mehr Einblick in den Ausreifeprozeß der Nachproduktfüllmassen, als ihn Betriebsanalysen geben, gewähren die folgenden Tabellen, die der Untersuchung Vieweghs und Hrudas (Kap. 18 g) entstammen[1]:

Tabelle 109 a. Füllmasse und die Muttersirupe.

| Krystalli-sationsdauer | Füllmasse | | | | | | Muttersirup | | | | | | |
|---|---|---|---|---|---|---|---|---|---|---|---|---|---|
| | Wirkliche Trockensubstanz | Scheinbare Trockensubstanz | Polarisation | Wirkliche Reinheit | Scheinbare Reinheit | Alkalität 10 g in cm³ n/10-$H_2SO_4$ | Wirkliche Trockensubstanz | Scheinbare Trockensubstanz | Polarisation | Wirkliche Reinheit | Scheinbare Reinheit | Asche in % | Rendement |
| Nach dem Ablassen | 91,01 | 91,98 | 72,80 | 79,99 | 79,14 | 0,75 | 87,49 | 88,98 | 63,90 | 73,03 | 71,81 | 8,76 | 20,10 |
| 24 Stunden | — | 92,12 | 72,85 | — | 79,08 | 0,70 | — | 87,40 | 58,30 | — | 66,70 | — | — |
| 48 Stunden | — | 90,50 | 72,00 | — | 79,56 | 0,70 | — | 84,75 | 54,30 | — | 64,07 | — | — |
| 72 Stunden | — | 90,18 | 71,85 | — | 79,67 | 0,70 | — | 84,72 | 53,95 | — | 63,68 | 10,73 | 0,30 |
| 96 Stunden | — | 89,93 | 71,75 | — | 79,78 | 0,65 | — | 84,30 | 53,55 | — | 63,52 | — | — |
| 120 Stunden | — | 90,33 | 71,80 | — | 79,48 | 0,60 | — | 85,19 | 54,00 | — | 63,38 | — | — |
| 144 Stunden | 89,86 | 90,74 | 71,90 | 80,01 | 79,23 | 0,45 | 84,63 | 86,05 | 54,20 | 64,04 | 62,98 | 12,08 | —6,20 |

Tabelle 109 b. Stickstofformen der Füllmasse.

| Krystallisationsdauer | % Gesamt-N | % nicht fällb. N | % Amid + Ammoniak-N | % Ammoniak-N | % Amid-N |
|---|---|---|---|---|---|
| Nach dem Ablassen . . . | 1,310 | 1,064 | 0,053 | 0,008 | 0,090 |
| 72 Stunden . . . . . . | 1,308 | 1,107 | 0,051 | 0,002 | 0,098 |
| 144 Stunden . . . . . . | 1,253 | 1,051 | 0,089 | 0,004 | 0,170 |

### Das Claassensche Nachproduktenverfahren.

„Diese Errungenschaft von solcher ungewöhnlicher Bedeutung und Tragweite blieb nicht nur anfänglich unverstanden, sondern wurde auch

---

[1] Z. d. tschsl. Zuckerind. VI, S. 331, 1925.

weiterhin von vielen unterschätzt, ja mit einer gewissen Befriedigung beiseite geschoben, oder durch Hilfsmittel ersetzt, die nur insoweit Erfolg bringen, als sie sich ebenfalls die Claassenschen Ergebnisse zunutze machen" (Lippmann)[1]. Heute aber ist es daran, „sich die Alleinherrschaft zu erobern" (Mrasek)[2].

„Wenn wir heute imstande sind, den Krystallisationsprozeß sowohl im Vakuum, als auch im Refrigeranten leiten zu können, wenn wir imstande sind, diese Arbeit auf wissenschaftlicher Grundlage durchzuführen, was auch daraus zu sehen ist, daß dabei der Chemiker ein gewichtiges Wort mitzusprechen hat, so ist dies nur ein Verdienst Dr. Claassens und auch Cuříns.

Besonders der Bau der Nachproduktenarbeit, fußend auf dem Prinzip „Krystallisation in Bewegung", wurde durch die Lehre Claassens fertiggestellt.

Die Kenntnis der Übersättigung der Säfte und Sirupe ist so eine alte Sache wie die Zuckerindustrie selber, da ja der ganze Zuckergewinnungsprozeß nichts anderes als eine Ausnutzung derselben vorstellt.

Doch was nützt uns der Mantel, wenn er nicht aufgerollt ist, erst durch die Arbeiten Dr. Claassens, durch die Aufstellung seiner Sättigungs- und Übersättigungsziffern, durch die praktische Erprobung derselben, ist es uns möglich, den Krystallisationsprozeß ziffermäßig zu beherrschen" (Mrasek)[2].

So interessant es wäre, die Grundlagen des Verfahrens und dieses selbst zu erörtern, hier ist nicht der Platz hierfür, da es sich lediglich um eine Nutzanwendung physikalischer Lehren und Erkenntnisse handelt. Zu ihrem Studium sei in erster Linie auf die Originalarbeiten von Claassen verwiesen[3]. „Da sich Dr. Claassen selbst in seinem Buche nur kurz ausspricht", hat Mrasek die Prinzipien dieser Arbeitsweise ausführlicher behandelt[4]. Die theoretischen Grundlagen sowie ihre Durchführung im praktischen Betriebe schilderten ausführlich K. Urban[5], ihr Bewähren auch bei anormalem Rübenmateriale Knor[6] und Vytopyl[7].

Die theoretischen Untersuchungen und praktischen Erfahrungen faßte Claassen schließlich zusammen in einem Aufsatze: „Die praktische Ausführung des Verkochens und Krystallisierens von Zuckerlösungen nach deren Sättigungs-Übersättigungsverhältnissen"[8], welcher als Grundlage der praktischen Ausführung der Nachproduktenarbeit nach Claassen zu gelten hat.

Ausgehend von den theoretischen Grundlagen, wird die praktische Regelung der Übersättigung in den krystallisierenden Zuckerlösungen und schließlich die praktische Ausführung des Verkochens und Krystallisierens eingehend dargelegt. Der Aufsatz ist eine Zusammenfassung der Patentschriften und der schon auf den vorangehenden Seiten angeführten Originalabhandlungen Claassens.

Lippmann berichtete über die Ergebnisse dieses Verfahrens nach seinen Erfahrungen in der Raffinerie Halle von der Kampagne 1907/08 bis 1923/24[9].

Auffallend und doch zu erwarten sind die großen Wertschwankungen der einzelnen Kampagnen vom großen Durchschnitte. Dafür gibt es nur eine Erklärung: durch die Menge und bei gleichbleibender Menge, auch

---

[1] D. Z. 1925, S. 681.    [2] Z. d. tschsl. Zuckerind. I, S. 129, 1920.
[3] Versuche über die praktische Krystallisation des Zuckers (in diesem Abschnitte kurz „Claassens Versuche" genannt). Mitteilungen I, II, III in Z. V. D. Zuckerind. Bd. 47, S. 799, 1897, und Bd. 48, S. 535, 755, 1898.
[4] Z. d. tschsl. Zuckerind. I, S. 129, 1920.    [5] ebd. I, S. 208, 1920.
[6] ebd. I, S. 117, 1920.    [7] ebd. I, S. 125, 1920.
[8] Z. V. D. Zuckerind. Bd. 66, S. 809, 1916.    [9] D. Z. 1925, S. 681.

noch durch die Beschaffenheit des Nichzuckers, namentlich des organischen. Leider lassen sich bisher in dieser Hinsicht keine zahlenmäßigen Anhaltspunkte festlegen, vielmehr ist die Beurteilung nur nach äußeren Kennzeichen möglich. Für schlechte Beschaffenheit sprechen u. a. starkes Schäumen, hohe Zähflüssigkeit, langsames Kochen, unregelmäßiges Krystallisieren, schwieriges Schleudern u. dgl., ferner große Differenzen zwischen direkter und Inversionspolarisation, bezüglich derer jedoch nur weitgehende Parallelität vorliegt, nicht genaue Proportionalität. Beachtenswert sind die Zusammenhänge zwischen den Ergebnissen und den Witterungsverhältnissen, bei denen die Rüben sich entwickeln konnten.

Bei normalen Verhältnissen und richtiger Führung gelingt es sehr leicht, die Nachproduktfüllmassen in 60 % eines guten Zuckers und 40 % Melasse mit einer Reinheit von 61,3 % zu zerlegen[1].

Für das Maischen der Füllmasse, für den Maischsirup usw. gelten die bei der Erstproduktfüllmasse angestellten Erwägungen. Der Grünsirup von der Zweitproduktfüllmasse ist die Melasse — falls das Nachproduktenverfahren gut durchgeführt wurde.

Das Prinzip der Krystallisation in Bewegung ist heute so allgemein anerkannt und bei allen Nachproduktenverfahren in Verwendung, so daß an ihrem Wert überhaupt nicht mehr zu zweifeln ist, wie es zur Zeit seiner Entdeckung und Einführung in die Zuckerindustrie geschah — und wie es immer geschieht, wenn eine fruchtbare Idee in die Praxis umgesetzt wird.

L. Wulff ist es, welcher die Krystallisation in Bewegung für die Zuckerindustrie nutzbar machte. Zum ersten Male veröffentlichte er seine Anschauungen im Jahre 1885[2]; über das Wichtigste in diesem klassisch gewordenen Aufsatze „Die Krystallisation in Bewegung" wurde in der ersten Auflage ausführlich genug berichtet.

### b) Die Viscosität und ihre Beziehung zur Nachproduktenarbeit.

Die Viscosität einer Flüssigkeit ist der Widerstand, den ihre Moleküle infolge der herrschenden Kohäsionskraft einer gegenseitigen Verschiebung entgegensetzen; Flüssigkeiten lassen ihre Moleküle so leicht verschieben, daß sie stets die Gestalt des sie enthaltenden Gefäßes einnehmen. Doch schwankt die Beweglichkeit oder Flüssigkeit (nicht als Materie, sondern als Eigenschaft), von den leichtflüssigsten Substanzen (Wasser, Alkohol usw.) bis zu den zähflüssigsten; diese bilden den Übergang zum festen Aggregatzustande.

Jeder Körper hat für eine gegebene Temperatur eine bestimmte spezifische Fluidität oder Viscosität (innere Reibung).

Die Viscosität hängt gewiß in erster Linie von der Konzentration der Lösung ab. Für reine Zuckerlösungen fand der Verfasser die in Abb. 8 graphisch dargestellten Resultate.

---

[1] D. Z. 1925, S. 681.     [2] Z. V. D. Zuckerind. 1885, S. 899.

Die Abszisse zeigt die Konzentration der Versuchslösungen (Brix), die Ordinate die Auslaufszeiten der Lösungen aus einem Englerschen Viscosimeter für 200 cm³ bei 22⁰ C in Sekunden. Für destilliertes Wasser (⁰ Brix) betrug die Auslaufzeit 51 Sekunden. Dort beginnt demnach die Kurve. Zunächst steigt sie allmählich, dann von 40⁰ Brix rasch steil an, ein Beweis, wie schnell die Viscosität mit steigender Konzentration zunimmt. Sechs Punkte der Kurve wurden experimentell bestimmt, der Ausgangspunkt war gegeben. Aus der Kurve lassen sich die zahlenmäßigen Beziehungen zwischen Viscosität und Konzentration herauslesen.

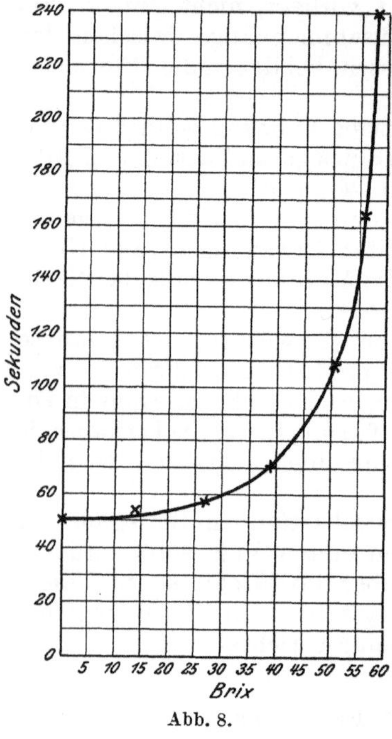



Abb. 8.

In ihren Untersuchungen zur Frage der Melassebildung (s. d.) verneinen H. Cassel und F. Tödt den Wert des Englerschen Viscosimeters für die Zwecke der Zuckerindustrie. Man erhält damit Werte, „die von den Angaben genauerer Meßinstrumente so erheblich abweichen, daß die Engler-Grade nicht einmal zur vergleichsweisen Beurteilung der Beziehungen zwischen Diffusionsgeschwindigkeit und Zähigkeit brauchbar sind"[1].

Jedenfalls muß zugegeben werden, daß das Studium der Viscositätserscheinungen bis heute keine praktisch verwertbaren Resultate ergab, obwohl seit der Scheiblerschen Untersuchung im Jahre 1872 eine ganze Reihe von Forschern und Praktikern diesem Gegenstande ihre Aufmerksamkeit schenkten; sie alle wurden ausführlich in der ersten Auflage dieses Buches angeführt, in der Hoffnung, daß ihr Studium Licht in manche Vorgänge beim Verkochen, beim Schwefeln der Säfte u. dgl. bringen werde. Doch machte dieser Teil der Chemie der Zuckerindustrie in den letzten 15 Jahren fast gar keinen Fortschritt. Es wird deshalb genügen, ohne Wiederholung des Zahlenmaterials nur unter Hinweis auf die erste Auflage, die neueren Untersuchungen viel kürzer zu besprechen.

Versuche des Verfassers ergaben, daß die Viscosität (Auslaufzeit) mit steigernder Temperatur fällt und daß die Nichtzucker die Viscosität vermindern; zumindest zeigten die untersuchten Sirupe und Säfte eine kürzere Auslaufdauer (Sekunden) als die gleich konzentrierte Raffinadelösung.

Diese Frage studierte Claassen schon früher und sehr eingehend[2] im Rahmen seiner Versuche über die Krystallisation des Zuckers.

$KNO_3$, $KCl$, $KHSO_4$ (10% zur Zuckerlösung) verringern in verschiedenem Grade die Viscosität, alle anderen vergrößern sie,

---


[1] D. Z. 1926, S. 585.       [2] Z. V. D. Zuckerind. 1898, S. 535.

und zwar saure Salze weniger als neutrale; Natronsalze mehr als Kali- und diese wieder mehr als Kalksalze. Am größten wird die Viscosität bei Anwesenheit kohlensaurer Alkalien und Ätzalkalien.

Da die wäßrigen Salzlösungen keine merklich höhere Viscosität haben als reines Wasser, sind die Ursachen für die Viscositätsbeeinflussung durch Zugabe von Salzen zur Zuckerlösung nicht direkt nachweisbar. Claassen gibt folgende Erklärung für diese Erscheinungen: Salze mit viel Krystallwasser ($CaCl_2$, $NaCO_3$) — die im wasserfreien Zustande bei diesen Versuchen angewendet wurden — entziehen der gesättigten Zuckerlösung einen Teil ihres Wassergehaltes und machen die Lösung dadurch übersättigt — somit auch viscoser. Für Salze ohne Krystallwasser, die meisten Kalisalze, stellt Claassen folgende Theorie auf: Ein Teil des Alkalis verbindet sich mit dem Zucker zu Saccharaten, welch letztere wieder mit dem Alkalisalze Doppelverbindungen eingehen, die zähflüssige Lösungen geben (s. S. 89); die Alkali- und Kalksaccharate bilden allein ebenfalls viscose Lösungen. Claassen stützt diese Anschauung durch Anführung einiger Tatsachen; so können z. B. saure Salze ($KHSO_4$) wegen der überschüssigen Säure keine Saccharate geben, das betreffende Neutralsalz aber ja. Im ersten Falle wurde auch tatsächlich die Viscosität nicht nur nicht erhöht, sondern um etwas vermindert. Das normale $K_2SO_4$ aber erhöhte sie schon bei Gegenwart von 2,5 % usw.

Von der schwefligen Säure heißt es, daß sie auf die Viscosität günstig einwirke, weil organischsaure Salze in Sulfite verwandelt würden, welche weniger viscos wären als die entsprechenden Organate. Vergleicht man aber die Zahlen Claassens für 2,5 % Kaliumsulfit ($K_2SO_3$) und Kaliumacetat (dieses als Typus für die organischsauren Salze), so sieht man gerade das Gegenteil. Nur wenn das saure Sulfit ($KHSO_3$) bestehen bliebe, wäre eine günstige Wirkung zu beobachten. Wenn nun Claassen alle Angaben, die eine Viscositätsverminderung durch schweflige Säure annehmen, als falsch und einer Nachprüfung bedürftig erklärt, so wird man nicht gleich beipflichten können. In den Säften sind neben Kalisalzen auch andere Salze vorhanden und diese können sich wohl anders verhalten als erstere.

Nur für den Fall gibt Claassen einen viscositätsverringernden Einfluß der schwefligen Säure zu, wenn in den Säften größere Mengen ätzender oder kohlensaurer Alkalien vorhanden sind, weil sie durch Überführung in Sulfite bedeutend an Viscosität abnehmen. Weiter fand Claassen folgende Tatsachen: Invertzucker ist weniger viscos als Rohrzucker, Gemische von Salzen beeinflussen die Viscosität einer gesättigten Zuckerlösung gleich dem Durchschnitte der Einwirkung der einzelnen Salze; in den meisten Fällen ist die Viscosität proportional der Menge des zugesetzten Salzes.

Claassen arbeitete auch mit Sirupen und Melassen und stellte fest, daß die Nichtzuckerstoffe die Viscosität der gesättigten Zuckerlösungen bedeutend mehr erhöhen als die in seinen Versuchen angewendeten anorganischen und organischen Salze.

Den Einfluß der Reaktion der Zuckerlösung auf die Viscosität fand Claassen von der sauren Reaktion unabhängig, für größere Kalkalkalität aber viscositätserhöhend. „Innerhalb der Grenzen, welche praktisch vorkommen, übt aber weder die Alkalität . . . noch die Acidität einen Einfluß auf die Viscosität gesättigter Sirupe aus."

Größeren Wert für die Praxis zeigen Untersuchungen, welche den **Einfluß verschiedener Mengen Nichtzucker und des Zuckers auf die Viscosität einer gesättigten Zuckerlösung üben.** Besonders der Zusatz des Zuckers — durch den die Lösung übersättigt wird — ist für die Praxis der Krystallisation von größter Bedeutung. Dadurch wird der Nachteil einer zu großen Übersättigung der Sirupe augenfällig; deutlich zeigt sich der Einfluß der verschiedenen fremden Beimengungen — auch Zucker ist als solche zu bezeichnen — auf die Viscosität einer gesättigten Zuckerlösung. Da zur Krystallisation des Zuckers nur eine geringe Übersättigung nötig ist, muß man letztere im Betrieb auf das Mindestmaß herunterdrücken; jedes Zuviel erhöht die Viscosität.

Noch besser zeigen sich diese Verhältnisse in seiner graphischen Darstellung. Abszisse: Zahl der Sekunden, Ordinate: % Zusatz zur Normalzuckerlösung. Verbindet man die für ein Salz gefundenen Punkte, so erhält man meist flache Kurven, die sich einer Geraden sehr stark nähern; es herrscht demnach Proportionalität.

Daraus folgt, daß **Übersättigung der Muttersirupe die Hauptquelle für die Viscosität ist;** die günstigste Bedingung für die Krystallisation ist demnach eine möglichst geringe Übersättigung.

Die Viscosität der Sirupe ist in gleichen Sättigungszuständen bei gleichen Temperaturen um so größer, je unreiner sie sind; diese Unterschiede vermindern sich sehr bei höheren Temperaturen und werden bei niedrigen Temperaturen unendlich groß. Im übersättigten Zustande ist die Viscosität um so weniger von derjenigen des Sättigungszustandes verschieden, je höher die Temperaturen sind; diese Tatsache zeigt sich um so auffallender, je unreiner die Sirupe sind. Aus dem Angeführten kommt Claassen für die Praxis zu folgenden Schlüssen: Die Viscosität aller gesättigten Sirupe ist im Vakuum bei normalen Kochtemperaturen (70—80°) verhältnismäßig wenig verschieden; eine nicht zu große Übersättigung erhöht nur wenig die Viscosität. „Läßt man aber die Temperatur krystallisierender Sirupe in den . . . . (Reserven oder anderen Behältern) sinken, so macht sich der Einfluß einer etwaigen Übersättigung in außerordentlich stark steigendem Maße geltend, je tiefer die Temperatur sinkt und je unreiner die Sirupe sind." Die Nichtzuckerstoffe erhöhen um so weniger die Viscosität, je höher die Temperatur steigt (vergleiche die letzten drei Diagramme). Schließlich fand er noch eine Verschiedenheit in der Einwirkung der Nichtzuckerstoffe der Melassen verschiedener Fabriken auf die Viscosität (s. Abb. 9, S. 513). Unter Voraussetzung einer richtig geleiteten Krystallisation im Betriebe, kommt der verschiedenen Beschaffenheit des Nichtzuckers ein — allerdings nicht allzu großer — Einfluß auf die praktische Krystallisation zu. Schließlich schreibt Claassen den Kalksalzen neben den Alkalisalzen eine größere Viscositätserhöhung zu.

Ein auffallendes Resultat erhielt Claassen bezüglich der Viscosität wiederholt eingedickter Zuckerlösungen.

Die Versuche ergaben, daß in manchen Fällen durch das wiederholte Eindampfen keine Viscositätsänderung, in zwei Fällen sogar Viscositätsverminderung zu konstatieren war. Es müssen daher Viscositätszahlen für Zuckerlösungen und Sirupe mit Vorsicht aufgenommen werden[1] (s. S. 510).

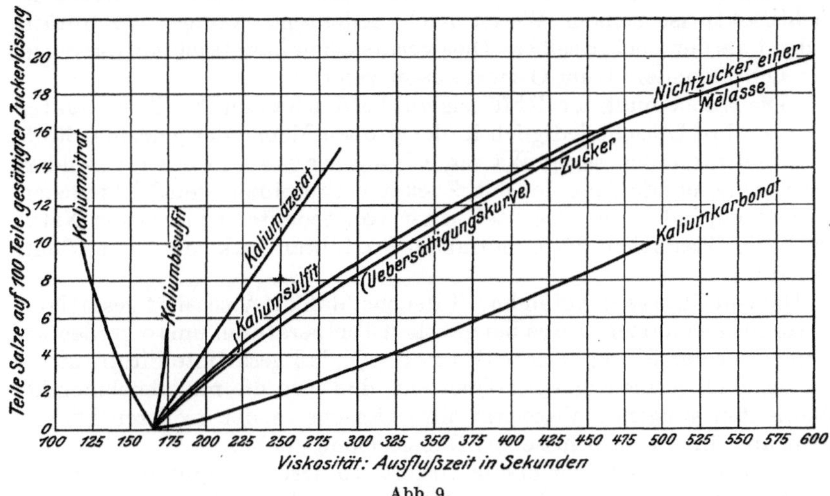


Abb. 9.

Die Ergebnisse eines Versuches sind eine Korrektur der oben von Claassen aufgestellten Behauptung und sollen etwas näher betrachtet werden. Claassen wollte den Einfluß der Behandlung mit Kalk und darauffolgender Saturation einer Melasse auf deren Verkochbarkeit ermitteln.

Eine fünfmal eingedickte Melasse wurde auf 55° Bx verdünnt, konzentriert und mit ¹/₂% CaO 10 Minuten lang aufgekocht; sie zeigte eine Alkalität von 0,62%, welche durch Saturation mit Kohlensäure auf 0,29% und mit schwefliger Säure auf 0,08% gebracht wurde; hierauf wurde filtriert und wieder eingekocht. Die Analysen vor und nach dem Versuche zeigten keinen großen Unterschied, der zugunsten der Kalkbehandlung und Saturation von Sirupen spräche, wohl aber die Viscosität. Claassen schreibt, daß diese Behandlung auf das Verkochen keinen Einfluß hatte; die einzige günstige Veränderung war nur die Viscositätsverminderung, er bezweifelt aber deren krystallisationsbegünstigende Wirkung.

Sehr schön läßt sich der Nachweis führen, daß Anwesenheit von Kalksalzen die Viscosität erhöht. In seinen Versuchen über das Ganssche Calcium-Aluminiumsilicat-Verfahren, nach welchem man in den Säften das Kali durch Kalk ersetzen kann, zeigte Claassen, daß über „Permutit" filtrierte Melasselösungen eine bedeutend höhere Vis-

---

[1] Z. V. D. Zuckerind. 1903, S. 333.

cosität besaßen als vor ihrer Filtration. Kalksalze sind also größere Viscositätsbildner als Alkalisalze[1].

Den Einfluß des Nichtzuckers auf die Viscosität der Sirupe studierte auch A. Gröger[2].

Er bedi ente sich eines Apparates, der im Prinzipe eine Pipette mit capillarem Ausflußrohr ist (Reischauer). Die Zahlen sind also wieder nur unter sich vergleichbar, nicht aber auch mit denen anderer Autoren.

Die unreineren Lösungen besitzen eine geringere Viscosität als die gleichdichte reine Zuckerlösung. Der in normalen Produkten vorhandene Nichtzucker ist seinem Wesen nach bedeutend weniger viscositätsbildend als der Zucker selbst. Dies verursachen hauptsächlich die Salze, was sich besonders beim Osmosewasser zeigt.

„Die Erscheinung der Zähflüssigkeit bei den letzten Fabriksprodukten hat also ihre Ursache lediglich in der großen Menge der gelösten Stoffe in verhältnismäßig wenig Wasser, nicht aber etwa in einer besonders viscosen Beschaffenheit der den Zucker verunreinigenden Nichtzuckersubstanzen, indem im Gegenteil jener von bedeutend viscoserer Natur ist als die Gesamtheit der in normalen Produkten vorkommenden Nichtzucker[3]."

Die von Claassen gefundene Tatsache, daß die Viscosität gesättigter Zuckerlösungen oder Sirupe bei gleichen Temperaturen um so größer ist, je unreiner der Sirup, erklärt Gröger so, „daß gesättigte Sirupe um so dichter sind, je niedriger ihr Quotient, daß also die mit abnehmenden Quotienten steigende Viscosität ihre Ursache in der größeren Dichte, nicht aber in dem Einflusse des Nichtzuckers" habe.

In Fortsetzung seiner ersten Arbeit studierte Gröger den Einfluß der Konzentration und Temperatur auf die Viscosität. Der Einfluß der ersteren ist ein größerer als der der Temperatur. Durch Erhöhung der Temperatur sinkt die Ausflußzeit, durch Steigerung der Konzentration wächst auch die Viscosität[3].

Der Unterschied in der Viscosität reiner und unreiner Zuckerlösungen von gleicher Dichte tritt um so deutlicher hervor, je höher die Konzentration ist.

Über die Viscosität von Zuckerlösungen berichtete Ph. Orth[4]. So z. B. fand er, daß in den Konzentrationsgrenzen 65—85 Trockensubstanz in 100, die Viscosität des Nichtzuckers gleich der des Zuckers sei; hingegen ist bei weniger konzentrierten kalten sowie bei höher konzentrierten warmen Lösungen die Viscosität des Nichtzuckers größer, bei verdünnten warmen oder konzentrierten kalten Lösungen aber kleiner als die Viscosität des Zuckers.

Claassen versuchte, Vorschläge zur einheitlichen Ausführung von Viscositätsbestimmungen zu machen. Diese

---

[1] Z. V. D. Zuckerind. 1907, S. 931.
[2] Ö. U. Z. f. Zuckerind. XXVII, S. 319, 1898.
[3] ebd. XXVIII, S. 494, 1899.
[4] Bull. de l'Association des Chimistes usw. XXIX, S. 137, 1911; deutsch Ref. Ö. U. Z. f. Zuckerind. XL, S. 1047, 1911.

Bestimmungen hätten den Zweck, den Einfluß der Nichtzuckerstoffe in vergleichbaren Zahlen auszudrücken.

Bemerkenswert an diesen ist, daß sie von (bei 30°) gesättigten Zuckerlösungen ausgehen, da nur aus solchen oder aus übersättigten Lösungen der Zucker zur Krystallisation gelangt, die Messungen also für die Praxis wertvoller werden. Vielleicht dadurch angeregt, studierten J. A. Kucharenko und A. A. Budrin die Zähflüssigkeit von übersättigten Saccharoselösungen, stellten für verschiedene Übersättigungszahlen und verschiedene Temperaturen Tabellen auf und stellten folgende vier Regeln fest:

Die übersättigten Saccharoselösungen besitzen unter bestimmten Bedingungen der Übersättigung und der Temperatur eine bestimmte und beständige spezifische Zähflüssigkeit.

Mit der Änderung der Temperatur und des Übersättigungsgrades der Saccharoselösungen ändert sich deren spezifische Zähflüssigkeit vollständig gesetzmäßig.

Unter sonst gleichen Bedingungen nimmt mit der Steigerung der Übersättigungszahl die spezifische Zähflüssigkeit der übersättigten Saccharoselösungen zu.

Unter sonst gleichen Bedingungen nimmt mit der Steigerung der Temperatur die spezifische Zähflüssigkeit der übersättigten Saccharoselösungen ab.

Für die Temperatur von 30° z. B. fanden sie

für die Übersättigungszahl . . . . . . 0,99 die Zähigkeit 33[1]
und steigend bis zur Übersättigungszahl 1,15  „        „      320[1],

um nur eine zahlenmäßige Angabe zu machen[2].

Es gibt aber noch manch andere Vorschläge und Methoden, von denen besonders die interessieren, die eine Verdünnung von Sirupen oder Füllmassen nicht erfordern; die Viscositätsbestimmung in verdünnten Medien läßt keinen Schluß ziehen auf die Originalsubstanz, da die Viscosität von Zuckerlösungen nicht proportional der Konzentration ansteigt (s. Abb. 8).

So wurden verschiedene Viscosimeter für hochkonzentrierte oder viscose Substanzen (Teer, Glycerin, Füllmassen) konstruiert. Am bekanntesten ist die Methode des Kugelfalles[3], die z. B. Roubínek[4] oder Viewegh und Hruda[5] für Füllmassen adoptierten; so erhält man aber nur relative Zahlen, die für eine bestimmte Untersuchung wohl ausreichen — aber nicht verallgemeinbare Werte geben.

In einem Berichte Šanderas über ein Torsionsviscosimeter von Staněk werden alle bestehenden älteren Viscosimeter und Bestimmungsmethoden kritisiert. Einen großen Fortschritt soll das neue

---

[1] 500 cm³ laufen aus in Sekunden; dest. Wasser in 12 Sekunden.
[2] Nach Zapiski: C. f. Zuckerind. 1926, S. 742.
[3] Ein neues Viscosimeter nach Dr. R. Fischer für Firnisse, Lacke, Leimgallerten u. dgl. Ch. Z. 1920, S. 621.
[4] Z. f. Zuckerind. i. B. XXXVIII, S. 578, 1913/14.
[5] Z. d. tschsl. Zuckerind. VI, S. 341, 1925, mit zahlreichen Literaturangaben.

Viscosimeter bedeuten, das auf der Bremsung eines rotierenden Körpers beruht, der an einem Torsionsdrahte in die zu messende Flüssigkeit eingehängt ist[1]. Soweit der Beschreibung zu entnehmen ist, eignet sich dieses Instrument mehr zur Forschung als für ein Fabriklaboratorium und augenscheinlich nur für homogene Flüssigkeiten, nicht für Füllmassen. Es ist eben kaum möglich, einen Apparat zu konstruieren, der allen Forderungen der Zuckerindustrie entspricht und daran scheiterte wohl bisher das Studium der Viscosität in der Zuckerindustrie, bzw. ergab nicht viele praktisch brauchbare Resultate.

### c) Gärungs- und gärungsartige Erscheinungen bei der Nachproduktenarbeit.

Eine lästige, unangenehme Betriebserscheinung ist das Schäumen von Füllmassen und Sirupen. Es äußert sich in einer Volumvergrößerung der in Sudmaischen oder Reserven befindlichen genannten Produkte, hervorgerufen durch Gasbildung in der sirupösen Masse. Die Gasbläschen können nur schwer daraus entweichen und blähen sie dabei auf, oft in solchem Maße, daß ein Überlaufen aus den Behältern eintritt.

Da das Schäumen relativ selten auftritt, in manchen Fabriken plötzlich und wieder verschwindet, so ist der Beweis erbracht, daß diese Erscheinung von abnormalem Rübenmaterial oder schlechter Arbeitsweise herrührt.

Im Jahre 1883 beobachtete Durin als erster das Schäumen und schrieb es starker Salpeterdüngung zu[2].

Da die heutige Nachproduktenarbeit mit der vor fast 50 Jahren nicht verglichen werden kann — sowohl was die Beschaffenheit der Rüben, der Säfte und Füllmassen, als auch die Art des mechanischen Betriebes anbelangt —, so können die älteren Untersuchungen und ihre Ergebnisse zu einer Erklärung dieser Betriebserscheinung heute gar nicht herangezogen werden; ausführlicher geschah dies in der ersten Auflage dieses Buches.

Lippmann beobachtete und deutete 1888[3] „schäumende Gärung" auch in alkalischen Produkten, Claassen unterschied[4] zwischen Oberflächengärung und solcher im Inneren der Füllmassen. Ersterer führte diese Erscheinung auf Zersetzung von organischen Stoffen und Zuckerzersetzungsprodukten zurück und zeigte, daß ihr eine gründliche Scheidung abhilft.

Herzfeld berichtete 1890 von Studien über diese Erscheinung und ihre Ursachen. Er sieht im Vorhandensein von Invertzucker und seinen Zersetzungsprodukten bei ungenügender Kalkscheidung bzw. ungenügender Wirkung des Kalkes die Ursache für die genannte Betriebsstörung. Alkalische Säfte, die Invertzucker oder

---

[1] Z. d. tschsl. Zuckerind. IX, S. 1, 1927.
[2] Z. V. D. Zuckerind. 1883, S. 863.    [3] ebd. 1888, S. 617.
[4] D. Z. 1888, S. 327.

unvollständig zerstörten Invertzucker enthalten, werden beim Erhitzen alsbald wieder sauer, was zu einem Rückgange der Alkalität und zur weiteren Inversion von Zucker führt. Ein nachheriges Neutralisieren macht frühere Betriebsfehler nicht mehr gut. Neben dem Invertzucker und seinen Zersetzungsprodukten sind auch Überhitzungsprodukte eine Ursache des lästigen Schäumens von Nachproduktfüllmassen[1].

Herzfeld teilt die Ansichten Claassens und Lippmanns über die Kohlensäureentwicklung und wies auch experimentell nach, daß Invertzuckerlösungen durch Erhitzen auf höhere Temperaturen Kohlensäure abgeben. Die Überhitzungsprodukte des Zuckers, welche teilweise auch Schaumgärung bedingen, sind die sogenannten „reduzierenden Substanzen" (Bodenbendersche Substanzen s. d.)[2].

Die „Schaumgärung" wird nach Mittelmann[3] veranlaßt durch unrichtige Saturation (zuviel oder zuwenig Kalk, ungenügende Alkalität usw.), durch zu hohe Erhitzung der Nachproduktenmassen und schließlich durch Unreinheiten der Reserven.

Auch Prinsen-Geerligs[4] sieht in der Schaumgärung keinen fermentativen Prozeß, desgleichen Herzfeld[5]. Laxa hingegen gelang es, im Schaum von Nachproduktfüllmassen, von Dicksaft und Füllmasse einen thermophilen Bazillus nachzuweisen. Dieser konnte aber auch in normalen Produkten gefunden werden, so daß Laxas Urteil noch kein definitives war.

Laxa überzeugte sich später, daß das Schäumen kein mikrobiologischer Prozeß, sondern durch die chemische Zusammensetzung des schäumenden Produktes bedingt ist[6]. In der letztzitierten Abhandlung weist Laxa darauf hin, er hätte es im ersten Falle, wo er Bakterientätigkeit als Ursache der Schaumgärung annahm, mit einer „unechten" zu tun gehabt. „Gleichzeitig muß darauf hingewiesen werden, . . . daß unter der Bezeichnung ,Schaumgärung' in der Praxis nicht immer derselbe Vorgang verstanden wird." Das geht, wie Laxa weiter ausführt, u. a. daraus hervor, daß nach Claassen diese Gärung bei einer Temperatur von 80° und mehr, nach anderen wieder bei der Abkühlung von Sirupen eintritt. „Aus diesen Angaben geht hervor, daß die Schaumgärung nicht das Produkt einer und derselben Ursache zu sein braucht."

Über die Frage des Schäumens bei einer I. Produktfüllmasse ist dem „Bericht über die Tätigkeit der Versuchsstation für Zuckerindustrie in Prag"[7] folgendes zu entnehmen: Mit dem Schäumen ging eine Entwicklung von Stickstoffoxyden vor sich; sie rührte von Zersetzung vorhandener Nitrite, bewirkt durch die organischen Säuren der Füllmasse, her. Der Nitritstickstoff wurde zu 0,032 %, die Acidität zu 60 cm³ $^1/_{10}$ n KOH befunden. Das „Schäumen" wird

---

[1] Z. V. D. Zuckerind. 1890, S. 263, 280.     [2] ebd. 1890, S. 280, 263.
[3] Sucr. belge 1893, S. 15.     [4] Z. V. D. Zuckerind. 1894, S. 297.
[5] ebd. 1890, S. 272.
[6] Z. f. Zuckerind. i. B. 1897/98, S. 376, und 1899/1900, S. 423.
[7] Z. f. Zuckerind. i. B. 1900/1901, S. 502.

als ein chemischer Prozeß erklärt, der durch einen biologischen hervorgerufen wird; letzterer war von einer Reduktion der Nitrate zu Nitriten entweder schon in der Rübe oder im Diffusions- oder im Dicksafte begleitet. Im Rohsafte wurden Spuren und in der Melasse Mengen von 0,004—0,01 % Nitritstickstoff gefunden. Später veröffentlichten Andrlík und Staněk[1] ihre analytischen Belege; sie zeigten, daß das Schäumen mit der Acidität und dem Gehalt an Nitriten zusammenhängen kann. Beiden Autoren gelang es auch, normale Melasse durch künstlichen Zusatz von Nitriten und Milchsäure zum Schäumen zu bringen. Dabei entstanden Kohlensäure und Stickstoffoxyd. Beide bezeichnen diesen Vorgang als „Nitritschäumen". Damit es eintreten kann, muß der Saft derart beschaffen sein, daß er beim Verdampfen und Verkochen die Alkalität verliert und sauer wird. Dann resultierten auch saure Füllmassen, in welchen aus den Nitriten Stickstoffoxyd entsteht und das Schäumen bewirkt.

Die fragliche Füllmasse wurde bei einem Versuche der beiden Autoren im Wasser gelöst, mit verdünnter Essigsäure angesäuert und gekocht. 100 g Füllmasse ergaben dabei mehr als 170 cm$^3$ eines Gases, das 52,3 % $CO_2$ und 32,3 % NO enthielt. Das Sperrwasser für das aufgefangene Gas reagierte sauer. Das Gas, welches aus der künstlich zum Schäumen gebrachten Melasse entwich, enthielt 53,4 % $CO_2$ und 38,0 % NO.

Die Ergebnisse der von Andrlík und Staněk untersuchten Fälle sind folgende: Die allererste Ursache liegt in einer Abnormität der Rübe, und zwar wenn diese aus Böden stammt, die reich an Nitraten sind. Treten nach der Ernte solcher Rüben ungünstige Erscheinungen (Fauligwerden) oder beim Lagern „Verbrühungen" auf, unterliegt ferner der Saft der Tätigkeit von Mikroben (Nitrate werden zu Nitriten reduziert), so sind die Bedingungen für das Schäumen gegeben. Der Saft verliert infolge der Zusammensetzung der Rübe beim Verdampfen und Verkochen seine Alkalität, er wird sauer und bei Anwesenheit von Nitriten tritt dann das Schäumen auf. Hohe Acidität, Gehalt an Nitriten, größere Caramelisation, niedriger Reinheitsgrad und größerer Gehalt an anderen Stickstoffsubstanzen sind nach den genannten charakteristische Merkmale der — von ihnen untersuchten — schäumenden Füllmassen.

Die von beiden Autoren beobachteten Fälle sind jedenfalls nur als Spezialfälle der „Schaumgärung" überhaupt anzusehen; das geht schon daraus hervor, daß bei dem „Nitritschäumen" saure Reaktion der schäumenden Masse erforderlich ist, wogegen die „Schaumgärung" auch bei alkalischer Reaktion verlaufen kann. Die „Gärungserscheinungen" bei der Nachproduktenarbeit sind daher äußerlich ähnliche Folgen verschiedener Ursachen.

Die Entstehung des Kohlendioxydes deutete Lafar zuerst als Gärung von Aminosäuren durch Tätigkeit von Mikroorganismen (Spaltpilze) — Amidgärung, später aber, auf den Untersuchungen Maillards (s. S. 82) fußend, sah er in den Umsetzungen von Aminosäuren mit Zuckerarten (z. B. Invertzucker) die Quelle für die Entwicklung des $CO_2$.

---

[1] Z. f. Zuckerind. i. B. 1902/03, S. 229.

Beide Ursachen können nebeneinander wirken. Der Zerfall der Aminosäuren geht nach folgender Gleichung vor sich. Durch Austritt von $CO_2$ aus der Carboxylgruppe entsteht das Amid; für Glutaminsäure z. B.

$$COOH \cdot CH_2 \cdot CH_2 \cdot CH \cdot NH_2 \cdot COOH \longrightarrow COOH \cdot CH_2 \cdot CH_2 \cdot CH_2NH_2 + CO_2.$$

Bei weiterem Abbau kann das neugebildete Amin gespalten werden unter Bildung von Ammoniak (s. S. 163). Auch alkoholische Gärung der Aminosäuren (nach Ehrlich) ist durch Sproßpilze (Hefen) möglich:

$$\underset{\text{Aminosäure}}{R \cdot CH \cdot NH_2 \cdot COOH} + H_2O = \underset{\text{Alkohol}}{R \cdot CH_2 \cdot OH} + CO_2 + NH_3$$

Ammoniak wird von der Hefe konsumiert, Kohlendioxyd entweicht in dem Augenblicke, da die alkalische Füllmasse neutral wird.

Der Vorgang der Gärung wäre also folgender: Saccharose erfährt durch die Tätigkeit von Pilzen Inversion, Bildung von Invertzucker und dieser ergibt durch die Maillardschen Umsetzungen mit den Aminosäuren Kohlendioxyd[1].

Diese Reaktion kann auch im Trockenschranke beim Trocknen von Füllmassen und Melassen für analytische Zwecke verlaufen und dadurch die Bestimmung der Trockensubstanz zweifelhaft machen.

Später überzeugte sich Herzfeld, daß es sich nicht um mikrobiologische Ursachen handle, sondern daß Lafars Deutung der Lösung dieses Problems am nächsten gekommen sei: auch durch chemische Reaktionen zwischen Invertzucker und Nichtzuckerstoffen kann Kohlendioxyd abgespalten werden.

Immerhin blieb es noch unaufgeklärt, warum die Füllmassen in manchen Fällen schäumen oder nicht schäumen. Dafür gab Kraisy die folgende Erklärung: Man weiß, das Übersättigungszustände viel häufiger bestehen, als man früher geglaubt und beachtet hat. So kann auch bei hoher Temperatur eine Nachproduktfüllmasse mit Kohlensäure übersättigt sein, sie nimmt mehr Kohlensäure auf, als ihrem eigentlichen Lösungsvermögen entspricht. Die Kohlensäure entweicht zunächst nicht, sondern erst dann, wenn ein Katalysator vorhanden ist, und dies tritt in dem Moment ein, wo der erste Zucker krystallisiert. Entsteht ein Zuckerkrystall, so bildet sich in der Masse ein fester Körper, und dieser Umstand bewirkt, daß die Kohlensäure aus der Masse entweicht. Die Schaumgärung der Nachproduktfüllmassen ist also dadurch zu erklären, daß Kohlensäure entsteht, indem eine langsame Inversion der Masse stattfindet oder sich eine gewisse Menge Invertzucker darin vorfindet und dieser Invertzucker mit organischen Substanzen zusammentritt, hauptsächlich mit der Glutaminsäure, wobei Kohlensäure abgespalten wird. Diese Kohlensäure bleibt zunächst im übersättigten Zustand in der Masse gelöst und wird erst dann zum Entweichen gebracht, wenn die Krystallisation beginnt[2].

Damit ist aber nicht das Auftreten von „Schaumgärung" in Sirupen erklärt.

---

[1] Ö. U. Z. f. Zuckerind. XLII, S. 737, 1913.   [2] D. Z. 1914, S. 197.

Herzfeld-Kraisys Erklärungsversuch ist augenscheinlich nicht allgemein angenommen worden[1], da neuere Autoren teils ältere Ansichten vertreten oder nach besseren Erklärungen suchen. So z. B. stimmt Claassen mit Lafar darin überein, daß das Schäumen der Nachprodukte durch Verbindung des Invertzuckers oder der durch Überhitzen des Zuckers entstandenen Substanzen mit Aminosäuren hervorgerufen wird. Dieser Reaktion muß jedoch nach ihm Absorbierung und Bindung von Sauerstoff vorausgehen. Die Art und Dauer des Schäumens hängt von den Eigenschaften und der Menge der in den Säften befindlichen Amide und Aminosäuren, wahrscheinlich auch von der Beschaffenheit und Menge der durch Zersetzung des Zuckers entstehenden Stoffe ab. Claassen hält dafür, daß die Amide sich unter günstigen Bedingungen (saure Beschaffenheit der Säfte, länger dauernde Temperatur) zu Aminosäuren zersetzen und diese dann erst mit Invertzucker oder mit durch Überhitzen entstandenen Produkten reagieren. In Aminosäuren leichter übergehende Amide, wie Glutamin, werden größtenteils schon während des Kochens zerlegt. Dagegen zersetzt sich Asparagin langsamer, es entsteht daraus während des Kochens nur ein Teil der Aminosäure, nach Ablassen in die Sudmaische aber schreitet die Zersetzung weiter fort und es bildet sich, solange die Temperatur zur Zersetzung des Zuckers genügend hoch ist, fortwährend Kohlendioxyd (Über Kohlensäureentwicklung in eingedickten Futterrübensäften, zugleich ein Beitrag zur sog. Schaumgärung)[2].

Aus einer Untersuchung R. Gillets über die von ihm beobachteten Fälle von Schaumgärung geht hervor, daß sowohl mikrobiologische als auch chemische Ursachen die Gärung einleiten können — aber er fand in einem Falle nur Spuren von Stickstoff in einer schäumenden Nachproduktfüllmasse, verneint also die Berechtigung der Lafarschen Erklärungsweise[3].

Ein bis dahin unbekanntes Schäumen beobachtete K. Urban[4] bei Nachproduktfüllmassen: es war von einer deutlichen, starken Ammoniakentwicklung begleitet. Energischere Kalkscheidung im Vorderbetriebe milderte das „ammoniakalische Schäumen" bloß einigermaßen. Wenn man bedenkt, daß das Schäumen oft so schnell aufhört als es plötzlich beginnt, so braucht die Milderung des Schäumens gar nichts mit der energischeren Scheidung zu tun gehabt zu haben (Verf.). Da die Füllmassen keinen Invertzucker enthielten — die Analysen zeigten nur geringe Ausscheidung von Kupfer —, kommt ein solcher zur Erklärung nicht in Betracht. Da außerdem $CO_2$ reichlicher entwich, nimmt Urban an, daß einerseits Zersetzung von Aminosäuren nach Maillard oder Lafar vorlag, andererseits dürften Ammoniumsalze der Aminosäuren Ammoniak abgespaltet haben (s. S. 163).

Schon vorher beobachtete Weiland eine „Schaumgärung", bei der Ammoniak unter starkem Rückgange der Alkalität entwich — nicht

---

[1] In der oben genannten Untersuchung führt Claassen manches an, was gegen diese Theorie spricht.      [2] Z. V. D. Zuckerind. Bd. 68, S. 105, 1918.

[3] Int. Sug. Journ. 1917; Z. V. D. Zuckerind. 1917, S. 521.

[4] Z. d. tschsl. Zuckerind. I, S. 21, 1919.

auch gleichzeitig $CO_2$, wie soeben nach Urban berichtet wurde[1]. In diesem Falle dürfte im Vorderbetriebe zu wenig Kalk oder unter nicht genug günstigen Bedingungen in bezug auf Zeitdauer und Temperatur genug Kalk zur Wirkung gelangt sein.

Wie ersichtlich, hatten die verschiedenen Autoren verschiedene „Gärungen" vor sich, die sie für ihren eigenen Fall vielleicht richtig deuteten. Tritt in einem Betriebe demnach Schaumgärung auf, so kann nur eine eingehende Analyse der schäumenden Massen und Gase Aufklärung darüber geben, um was für eine Art des Schäumens es sich handelt; dann werden sich auch leichter die Maßnahmen angeben lassen, die zur Bekämpfung dieser lästigen Betriebserscheinung zu ergreifen sind.

Vierundzwanzigstes Kapitel.

# Chemie der Melasse.

### a) Zusammensetzung der Melassen.

Selbst einer ideal durchgeführten Saftreinigung in der Rohzuckerfabrikation kann es nicht gelingen, alle Nichtzucker des Rohsaftes vollständig zu entfernen oder doch so umzuwandeln, daß sie im Verlaufe des Betriebes vollständig ausgeschieden werden. Infolge ihrer chemischen Eigenschaften und Löslichkeitsverhältnisse sammeln sie sich immer mehr und mehr in den aufeinanderfolgenden Massen und Sirupen an, bis sie sich endlich in einem Sirupe zusammenfinden, „aus welchem unter Einhaltung aller für die Krystallisation günstigsten Bedingungen durch weiteres Eindicken und Krystallisierenlassen kein Zucker mehr gewonnen werden kann" (Claassen). Das ist eine wirkliche Melasse; die eben besprochene stellt ein Restprodukt der Rohzuckerfabrikation dar[2].

Nach Herzfeld ist Melasse diejenige Mutterlauge von der Krystallisation des Zuckers, in welcher der Zucker den Nichtzucker und umgekehrt der Nichtzucker den Zucker bei jeder beliebigen Konzentration in Lösung hält oder wörtlich: „Melasse ist eine gesättigte Lösung von Zucker in Nichtzuckerlösung und umgekehrt."[3]

Dědek macht darauf aufmerksam, daß man zwischen einer praktischen und einer theoretischen Melasse unterscheiden müsse. In der obigen Definition nach Claassen müßte es für eine Betriebsmelasse heißen: ... nicht gewonnen wird (weil auch ökonomische Erwägungen in Betracht gezogen werden müssen). „Vom theoretischen Standpunkt ist jedoch die Frage einer völligen Unkrystallisierbarkeit der Saccharose zur Beurteilung der Melasse von großer Wichtigkeit[4]."

Eine zweite Quelle für die Melasse bietet die Raffination des Rohzuckers. Jene Nichtzuckerstoffe, die in Form des anhaftenden Grünsirupes mit dem Rohzucker zum Raffinationsprozesse gelangen, er-

---

[1] D. Z. 1914, S. 606.   [2] Claassens Versuche III.
[3] Z. V. D. Zuckerind. 1892, S. 182, 240, 562.   [4] ebd. 1927, S. 495.

scheinen am Ende desselben abermals in einem Ablaufsirupe, in welchem sie in konzentriertem Zustande vorhanden sind. Auch hier hindern sie die Krystallisationsfähigkeit des Zuckers und werden mit diesem als Raffineriemelasse ausgeschieden.

Das wären Melassen, welche der oben aufgestellten Definition entsprechen würden. Solche Melassen werden aber in der Praxis kaum angestrebt und nicht erreicht. Man begnügt sich mit einer mehr oder weniger großen Annäherung an diese Idealmelassen, wobei zu bemerken ist, daß auch die vollständige Analyse eines Sirups nicht zu sagen vermag, ob derselbe als „Melasse" anzusehen ist. Es kommen nicht vollständig auskrystallisierte Sirupe als Melasse in den Handel; auf sie kann obige Definition nicht angewendet werden.

Eine „Normalmelasse" kann es nicht geben, weil — wie schon erwähnt — die Kenntnis der chemischen Zusammensetzung oder des Quotienten nicht hinreicht, einen Sirup zu charakterisieren. Nicht nur die Quantität, sondern auch die Qualität des Nicht- zuckers beeinflußt die Krystallisationsfähigkeit, und so ist der Quotient kein genauer Maßstab für die Charakterisierung eines Ablaufs. Aber immerhin wird ein Sirup um so mehr als „Melasse" an- zusprechen sein, je niedriger sein Reinheitsquotient ist. Der niedrigste Quotient einer Melasse, der bis nun gefunden wurde, dürfte jener von 48 sein, den Abraham angibt[1]. Daß diese Melasse sich mehr der nicht existierenden „Normalmelasse" nähert als ein Sirup mit 63 Reinheit, ist selbstverständlich — welchen Reinheitsquotienten aber die „Normal- melasse" hat, läßt sich nicht sagen (s. „Nachtrag").

Mehr Vertrauen verdient die Angabe von J. B. Minz, der die nied- rigste wirkliche Reinheit für eine russische Melasse zu 52,3% ermittelte (auf Clergetzucker für trockene Jahre und 56,5% für nasse Jahre)[2]. In dieser Untersuchung werden die Beziehungen zwischen Melasse- reinheit, Zusammensetzung und Witterungsverlauf während des Rüben- wachstums aufgezeigt[3].

Niedrige Reinheitsquotienten von sogar 44,7 als Minimum, 61,4 bis 50,0 mit fortschreitender Kampagne gibt A. Abonyi für ungarische Melassen der Kampagne 1913/14 an. Sie stammen von abnormalen Rüben mit großen Invertzuckermengen und rechtsdrehenden Sub- stanzen (Zuckergehalt im September 14,5%, im Oktober—November 15,5%, Dezember 14%).

Es wurden zunächst unreife Rüben verarbeitet, die in den Prismen verfaulten; statt Weißzucker konnte nur Rohzucker erzeugt werden. Da der Genannte nur von „Betriebskontrollanalysen" spricht, dürften die angeführten Reinheitsquotienten nach einer Verdünnungsmethode (s. d.) ermittelt worden sein[4].

---

[1] K. Abraham erwähnt in der Einleitung seiner „Dampfwirtschaft in der Zuckerfabrik" (1912) einen Fall, in welchem der zweite Ablauf bei ganz gewöhn- licher Arbeit nur eine Reinheit von 48 besaß. Wie diese bestimmt wurde, ist jedoch nicht mitgeteilt.  [2] C. f. Zuckerind. 1921, S. 34.
[3] ebd. 1913, S. 185.  [4] Ö. U. Z. f. Zuckerind. XLIII, S. 461, 1914.

Die Melassen von ungewöhnlicher Reinheit, die G. Vavrinecz angab, zeigten wahre Reinheiten von 61,47 bis 52,85 mit fortschreitender
Verarbeitung verschimmelter und zersetzter Rüben mit den bekannten
Betriebsschwierigkeiten. Mit fallender Reinheit der Melassen fiel auch
der Stickstoff im organischen Nichtzucker, stieg aber der Gehalt an
flüchtigen und der an ätherlöslichen Säuren bedeutend; diese wieder
hatten größeren Kalkgehalt in der Melasse zur Folge[1].

Umgekehrt fand Minz, daß der Stickstoffgehalt (russischer) Melassen mit steigender Reinheit sinkt. Über seine Untersuchung betreffend
den Einfluß des Nichtzuckers auf die Bildung der Melasse und auf ihre
Zusammensetzung s. S. 555.

### b) Wirkliche Melassen.

Diese Reinheiten (scheinbare) nähern sich sehr den wahren Quotienten, die Claassen für wirkliche Melassen angibt. Seine „Versuche
über die Löslichkeit und Krystallisationsfähigkeit des Zuckers in den
Betriebssäften und Sirupabläufen und über die Krystallisation bis zur
wirklichen Melasse[2]" geben über die Reinheit der wirklichen Melassen
Aufschluß. Betriebsmelassen der Rohzuckerfabrik Dormagen verschiedener

| Kampagnen mit der wahren Reinheit . . . . . . . . . . . . . . | % 59,9 | % 58,2 | % 60,3 | % 60,4 | % 60,3 | % 60,2 |
|---|---|---|---|---|---|---|
| ergaben<br>wirkliche Melassen mit der wahren Reinheit. . . . . . . . . . | 56,1 | 55,7 | 58,2 | 57,0 | 57,0 | 59,0 |
| für Raffineriemelassen ergaben sich analog . . . . . . . . . . . . . | ( 61,9<br>( 59,0 | 61,6<br>60,6 | 54,6<br>54,3 | 62,9<br>61,0 | —<br>— | —<br>— |

Die Reinheiten der wirklichen Melassen schwanken erheblich —
infolge des Einflusses des Nichtzuckers, ohne daß man genau feststellen
könnte, welchem Nichtzuckerstoffe besonders diese Beeinflussung zuzuschreiben wäre. Melassen der Kampagne 1925/26, die O. Spengler
nach der Claassenschen Methodik zu wirklichen Melassen auskrystallisieren ließ, zeigten wahre Reinheiten von 58,1 bis 59,8% (Zucker nach
der Raffinoseformel)[3].

Die „wirkliche" Melasse müßte nach Cassel und Tödt außer durch
ihre Reinheit auch noch durch ihre Zähigkeit, durch ihren Salzgehalt
bzw. durch das Verhältnis Org.:Asche gekennzeichnet werden; auch
die elektrischen Leitfähigkeitsverhältnisse kämen in Betracht. Was die
Melasse (den Quotienten) als „Prüfstein" für die Arbeit einer Zuckerfabrik anbelangt[4], möchte der Verfasser die Durchgefallenen auf
Lippmanns „Ergebnisse der Claassenschen Koch- und Krystallisations-
Verfahren[5]" verweisen, worin es u. a. heißt:

---

[1] Z. d. tschsl. Zuckerind. IX, S. 124, 1927.
[2] Z. V. D. Zuckerind. Bd. 64, S. 807, 1914.     [3] ebd. 1925, S. 951.
[4] So bezeichnete Claassen diesen für die Arbeit in der Zuckerfabrik.
[5] D. Z. 1925, S. 681.

„Wer also etwa in einem Jahre, das als Quotienten der Melasse 60 zutage förderte, glauben mochte, nun sei der Stein der Weisen gefunden, der hätte im folgenden, auch bei genau gleich sorgfältiger Arbeitsweise, eine große Enttäuschung erleben können und sich überzeugt, daß es ebensowenig ein Verdienst oder eine Ehre ist, in einer Kampagne auf 56—57 „herabzukommen", als ein Verschulden oder eine Schande, in einer anderen 62—63 nicht zu unterschreiten."

Natürlich soll mit diesem Zitat dem Unfähigen, der seinen Betrieb nicht richtig leiten kann, keine Entlastung erteilt oder der Unfähigkeit ein Befähigungszeugnis ausgestellt werden — wenn es auch „vielen tröstlich sein wird, daß bei Anwendung der Raffinoseformel die zum Teil recht hohen Quotienten ihrer Melasse recht wesentlich herabgedrückt werden"[1].

Tabelle 110. Zusammensetzung von

| Nr. | | Trockensubstanz | Direkte Polarisation | Saccharosé nach Inversion | Invertzucker nach Peska | Alkalität % CaO Lackmus | Carbonatasche | Reinheitsquotient auf Saccharose | Organ. Nichtzucker | Gesamt-N Jodlbauer |
|---|---|---|---|---|---|---|---|---|---|---|
| 1 | Beginn d. Kampagne | — | — | — | — | — | — | — | — | — |
| 2 | do. Mitte der Kamp. . | — | — | — | — | — | — | — | — | — |
| 3 | do. Ende der Kamp. . | — | — | — | — | — | — | — | — | — |
| 4 | do. . . . . . . . | — | — | — | — | — | — | — | — | — |
| 5 | do. Mitte der Kamp. . | — | — | — | — | — | — | — | — | — |
| 6 | do. Ende der Kamp. . | — | — | — | — | — | — | — | — | — |
| 7 | Rohzuckerfabr. Mel. Beginn der Kamp. . | 78,36 | 47,2 | 48,80 | 0,11 | 0,12 | 8,68 | 62,27 | 20,88 | 1,74 |
| 8 | do. Mitte der Kamp. . | 79,65 | 48,0 | 49,80 | 0,13 | 0,16 | 9,14 | 62,52 | 20,71 | 1,97 |
| 9 | do. Ende der Kamp. . | 79,34 | 47,4 | 47,86 | 0,14 | 0,13 | 8,71 | 60,32 | 22,77 | 1,88 |
| 10 | do. . . . . . . . | 77,51 | 47,2 | 47,54 | 0,19 | 0,13 | 9,54 | 61,33 | 20,43 | 1,87 |
| 11 | do. Mitte der Kamp. . | 83,13 | 49,0 | 49,20 | 0,19 | 0,34 | 10,95 | 59,17 | 22,98 | 2,08 |
| 12 | do. Ende der Kamp. . | 80,09 | 47,4 | 47,70 | 0,16 | 0,31 | 10,49 | 59,55 | 21,90 | 1,92 |
| 13 | Ungarische Melassen . | 79,00 | 49,70 | — | — | — | 10,00 | — | 19,30 | 1,80 |
| 14 | Polnische Melassen . | 83,17 | 50,40 | — | — | — | 8,27 | 60,59 | 24,50 | 2,39 |
| 15 | Polnische Melassen . | 100,0 | 60,59 | — | — | — | 9,94 | — | 29,47 | 2,87 |
| 16 | Ungarische Melasse . | — | — | — | — | — | — | — | — | 1,97 |

Im allgemeinen muß jeder Betrieb trachten, Melassen mit möglichst niedriger Reinheit zu erzielen. Eine scheinbare Reinheit (pyknometrisch) von etwa 60% wird man wohl als gut, darunter als sehr gut bezeichnen. Spengler — und viele andere schon vor ihm — wies darauf hin, daß ein niedriger Quotient sowohl von einer guten als auch von einer schlechten Arbeit herrühren könne, daß also auch die erzielte Melassemenge (in Prozenten auf Rüben) neben der Melassereinheit zur Beurteilung der Arbeit einer Zuckerfabrik herangezogen werden müsse[2]. An der genannten Stelle führte Spengler auch Angaben Zujews an über zwei extreme Fälle, wo bei Berücksichtigung der erzielten Melassenmengen der Betrieb mit dem höheren Melassequotienten besser arbeitete als

---

[1] Herzfeld: Beschaffenheit der deutschen Melassen der Kamp. 1924/25. Z. V. D. Zuckerind. 1925, S. 951.    [2] D. Z. 1927, S. 403 (s. S. 506).

der Betrieb, der eine Melasse mit niedrigerer Reinheit erzielte (s. auch Kap. 23 a).

Verfasser möchte aber darauf hinweisen, daß beide Kriterien nicht genügen, einen Schluß auf die Arbeitsweise zu ziehen. Der Betrieb arbeitet wirtschaftlicher, der seine Melasse nach einfacherem Schema gewinnt — auch dann, wenn sie in etwas größerer Menge und größerer Reinheit abfällt. Wenn also ein Betrieb mit weniger Umkochungen dasselbe Ergebnis hat wie ein anderer mit einer Umkochung mehr, so arbeitet der erste Betrieb wirtschaftlicher — selbst dann, wenn er zuweilen mehr und etwas reinere (höhere) Melasse erzeugen sollte.

Melassen (Quellenangabe im Text).

| N der Eiweißkörper | | | | Gesamt-N durch phosphorwolframs. Na fällbar | Ammoniak-N durch phosphorwolframsaures Natron fällbar | Betain-N aus der Differenz der beiden | Amid- u. Ammoniak-N Schulze | Nitrat-N | Acidit- d. ätherauslaugb. org. Säur. cm³ $1/_{10}$ n KOH | Acid. d. flüchtigen Säuren cm³ $1/_{10}$ n KOH | Durch Äther auslaugb. org. Säuren | Es würden bind. | | |
|---|---|---|---|---|---|---|---|---|---|---|---|---|---|---|
| nach Stutzer | Eiweiß-Propepton u. Pepton (Rümpler) | Eiweiß u. Propepton (Rümpler) | Peptone | | | | | | | | | org. an nichtflücht. anorg. Basen geb. S. | die mit Äther auslaugbaren Säuren | die übrigen Säuren |
| — | — | — | — | — | — | — | — | — | — | — | — | — | — | — |
| — | — | — | — | — | — | — | — | — | — | — | — | — | — | — |
| — | — | — | — | — | — | — | — | — | — | — | — | — | — | — |
| — | — | — | — | — | — | — | — | — | — | — | — | — | — | — |
| 0,17 | 0,14 | 0,06 | 0,08 | 0,55 | 0,07 | 0,47 | 0,05 | 0,05 | 54,7 | 8,8 | 5,54 | 5,27 | 2,57 | 2,70 |
| 0,14 | 0,14 | 0,06 | 0,08 | 0,69 | 0,06 | 0,63 | 0,05 | 0,05 | 51,0 | 10,6 | — | 5,71 | 2,40 | 3,41 |
| 0,21 | 0,08 | 0,06 | 0,02 | 0,71 | 0,06 | 0,65 | 0,03 | 0,05 | 46,1 | 9,8 | 5,39 | 5,34 | 2,17 | 3,18 |
| 0,16 | 0,06 | 0,06 | 0,01 | 0,73 | 0,06 | 0,67 | 0,06 | 0,03 | 63,8 | 16,0 | — | 6,14 | 3,00 | 3,14 |
| 0,12 | 0,10 | 0,06 | 0,04 | 0,56 | 0,07 | 0,49 | 0,06 | 0,08 | 60,9 | 10,7 | — | 6,69 | 2,86 | 3,82 |
| 0,10 | 0,06 | 0,05 | 0,01 | 0,50 | 0,05 | 0,45 | 0,07 | 0,01 | 59,5 | 15,3 | 5,55 | 6,74 | 2,80 | 3,94 |
| — | — | — | — | — | — | — | — | — | — | — | — | — | — | — |
| — | — | — | — | — | — | — | — | — | — | — | — | — | — | — |
| — | — | — | — | — | — | — | — | — | — | — | — | — | — | — |
| 0,07 | — | — | — | — | 0,02 | 0,59 | 0,59[1] | 0,16 | — | — | — | — | — | — |

Damit wollte Verfasser nur ein Beispiel anführen, wie schwierig es ist, aus Analysenzahlen und Mengenangaben Arbeitsweisen zu kritisieren, Fabriksergebnisse einfach miteinander vergleichen zu wollen, und wie man nie genug vorsichtig sein kann, Allgemeinschlüsse aus analytischen Zahlen zu ziehen.

Zuerst ergibt sich die Frage nach der Zusammensetzung der Melasse. Aus der Art der Gewinnung des Zuckers folgt, daß zunächst jene Rübenbestandteile in die Melasse übergehen, welche durch die Reinigung des Rohsaftes und die weiteren Stationen unverändert blieben und nicht zur Ausscheidung gelangten. Dann sind solche Bestandteile zu unterscheiden, die während der Fabrikation derart verändert oder erst erzeugt wurden, daß sie wie die erstgenannten

---

[1] Säureamid-N 0,06; Amidosäure-N 0,53.

Stoffe alle Stationen des Betriebes bis zur Melasse passierten. Zur ersten Gruppe gehören die „schädlichen Nichtzuckerstoffe", zur zweiten u. a. die Abbauprodukte der Eiweißkörper und der Zuckerarten.

Tabelle 110a. Zusammensetzung von Melasseaschen
(Melassen Nr. 1—12 der Tabelle 110).

| Nr. | $K_2O$ | $Na_2O$ | CaO | MgO | $Al_2O_3$ + $Fe_2O_3$ | Unlösliches in HCl | $P_2O_5$ | $SO_3$ | Cl | $CO_2$ |
|---|---|---|---|---|---|---|---|---|---|---|
| 1 | 56,75 | 7,56 | 1,29 | 0,32 | 0,23 | 0,21 | 0,13 | 1,61 | 3,45 | 28,41 |
| 2 | 56,75 | 7,60 | 1,92 | 0,34 | 0,19 | 0,20 | 0,26 | 1,81 | 3,68 | 29,20 |
| 3 | 56,98 | 7,38 | 1,79 | 0,39 | 0,09 | 0,20 | 0,34 | 1,51 | 3,62 | 28,71 |
| 4 | 54,49 | 5,85 | 4,75 | 0,38 | 0,22 | 0,12 | 0,34 | 1,22 | 3,48 | 30,12 |
| 5 | 53,64 | 8,30 | 1,62 | 0,21 | 0,84 | 0,14 | 0,57 | 2,78 | 3,63 | 28,58 |
| 6 | 50,36 | 10,74 | 1,46 | 0,29 | 0,29 | 0,24 | 0,55 | 2,38 | 3,84 | 30,06 |
| 7 | 4,93 | 0,66 | 0,11 | 0,03 | 0,02 | 0,02 | 0,01 | 0,14 | 0,30 | — |
| 8 | 5,19 | 0,70 | 0,18 | 0,03 | 0,02 | 0,02 | 0,02 | 0,17 | 0,34 | — |
| 9 | 4,96 | 0,64 | 0,16 | 0,03 | 0,01 | 0,02 | 0,03 | 0,13 | 0,32 | — |
| 10 | 5,20 | 0,56 | 0,45 | 0,04 | 0,02 | 0,01 | 0,03 | 0,12 | 0,33 | — |
| 11 | 5,88 | 0,91 | 0,18 | 0,02 | 0,09 | 0,02 | 0,06 | 0,30 | 0,40 | — |
| 12 | 5,29 | 1,13 | 0,15 | 0,03 | 0,03 | 0,03 | 0,06 | 0,25 | 0,40 | — |

Da sonach in der Rohzuckerfabriks- und Raffineriemelasse dieselben Nichtzucker und manche ihrer Abbau- und Umwandlungsprodukte vorkommen, wie sie in der Rübe enthalten waren, wird die Einteilung dieser Körper nach denselben Gesichtspunkten erfolgen können, wie sie im Kap. 5 für den Rübensaft angegeben wurde. Die Melasse besteht demnach neben dem Wasser aus Zucker und Nichtzucker. Letzterer ist anorganischer und organischer Natur. Der organische Nichtzucker zerfällt in stickstofffreie und stickstoffhaltige Bestandteile.

### c) Melasseanalysen.

In den Tabellen Nr. 110 und 110a ist eine Reihe von verschiedenen Melassen nach ihrer Zusammensetzung aufgenommen. Ältere Analysen finden sich an der gleichen Stelle in der ersten Auflage.

Nr. 1, 2, 3 und 7, 8, 9 sind Aschen- bzw. Melassenanalysen zu Beginn, in der Mitte und am Schlusse der Kampagne. Nr. 4 ist eine Aschenanalyse und Nr. 10 die vollständige Analyse derselben Melasse. Nr. 5, 6 und 11, 12 sind ebenfalls Aschen- und die dazugehörenden vollständigen Melassenanalysen aus der Mitte und dem Ende der Kampagne. Analysen Nr. 1—12 sind eine Auswahl aus Untersuchungen über Melassen von Andrlík, Urban und Staněk[1].

Zu diesen Zahlen ist nichts besonderes hinzuzufügen. Der Natrongehalt ist durch den Zusatz von Soda im Betriebe erklärlich, ist aber nicht wesentlich höher, als die Aschenanalysen von früheren Jahren zeigen. Den Vergleich dieser Analysenzahlen mit den anderen dieser Tabelle sei dem aufmerksamen Leser selbst überlassen. Die Melassen enthielten wahrscheinlich linksdrehende Substanzen, denn durch die Polarisationsmethode konnte in den Melassen keine Raffinose nach-

---

[1] Z. f. Zuckerind. i. B. XXV, S. 247, 1900/01.

gewiesen werden. Sie waren nach den Handelsusancen frei von Invertzucker (mg Cu). In der Kolumne „Invertzucker nach Peška" sind alle reduzierenden Substanzen als Invertzucker ausgedrückt. Der Verfasser schließt noch eine kleine Tabelle an, in der er wichtigere Bestandteile der Melassenanalysen, auf Trockensubstanz umgerechnet, aufnahm, um den Vergleich mit anderen Analysenangaben zu erleichtern (Tab. 111).

Die mit Äther auslaugbaren Säuren der Melassen bilden etwa $^1/_5$—$^1/_4$ des organischen Nichtzuckers; ein Teil davon ist mit Wasserdampf flüchtig (Essigsäure). Oxalsäure war nur in Mengen unter 0,01% nachzuweisen.

Nr. 13 sind Mittelwerte aus 24 ungarischen Melassen von S. Weiser[1].

Tabelle 111. In 100 Teilen wirklicher Trockensubstanz der Melassen aus Rohzuckerfabriken.

| | Min. | Max. | Mittel |
|---|---|---|---|
| Carbonatasche | 10,98 | 13,18 | 12,08 |
| Reinasche | 7,83 | 9,41 | 8,62 |
| Organ. Nichtzucker auf Reinasche berechnet | 28,47 | 32,53 | 30,50 |
| Organ. NZ.: Asche | 3,41 | 4,06 | 3,73 |
| Gesamtstickstoff | 2,22 | 2,62 | 2,42 |
| Eiweiß-N (Stutzer) | 0,13 | 0,29 | 0,20 |
| Rümpler {N von Eiweiß, Pepton u. Propepton | 0,07 | 0,18 | 0,12 |
| N von Eiweiß u. Propepton | 0,05 | 0,09 | 0,07 |
| Pepton-N | 0,01 | 0,11 | 0,06 |
| Gesamt-N, fällbar } durch phosphor- | 0,59 | 0,94 | 0,76 |
| Ammoniak-N, fällbar } wolframsaures Na | 0,07 | 0,09 | 0,08 |
| Betain-N (Differenz der beiden) | 0,51 | 0,88 | 0,69 |
| Amid- u. Ammoniak-N (Schulze) | 0,05 | 0,08 | 0,06 |
| Nitrat-N | 0,02 | 0,09 | 0,05 |
| $K_2O$ | 6,20 | 7,07 | 6,63 |
| $Na_2O$ | 0,72 | 1,41 | 1,06 |
| CaO | 0,09 | 0,22 | 0,15 |
| MgO | 0,05 | 0,21 | 0,13 |
| $Al_2O_3 + Fe_2O_3$ | 0,01 | 0,11 | 0,06 |
| $P_2O_5$ | 0,01 | 0,10 | 0,05 |
| $SO_3$ | 0,15 | 0,65 | 0,40 |
| Cl | 0,18 | 0,48 | 0,33 |
| Mit Äther auslaugbare Säuren | 5,65 | 7,07 | 6,62 |

Nr. 14 sind Analysen von polnischen Melassen der Zuckerfabrik Lešmierz aus der Kampagne 1921/22 auf 100 Melasse; Nr. 15 die gleichen, auf Trockensubstanz bezogen[2]. Das Vegetationsjahr war abnorm trocken, demzufolge im Rohsafte viel schädlicher Stickstoff, der sich dann in der Melasse anhäufte und deren Anfall zu 4,32% auf Rüben erklärt. (Diese Melassemenge bezieht sich gewiß auf Sandzucker-, nicht auf Rohzuckerfabriken. Der Verf.) Nr. 16 sind Analysen der Stickstofformen einer ungarischen Zuckerfabrik von A. Abonyi[3].

Die angewendeten Methoden sind in der Veröffentlichung genau angegeben. Der „Reststickstoff" (Xanthinbasen u. a.) betrug 0,55 %.

---

[1] Ö. U. Z. f. Zuckerind. XLII, S. 462, 1913.
[2] Rodys: C. f. Zuckerind. 1922, S. 762.
[3] Ö. U. Z. f. Zuckerind. XLIII, S. 708, 1914.

Ausführliche Analysen amerikanischer Melassen veröffentlichte
A. Meyer[1].

Durchschnittswerte für böhmische Melassen nach Analysen von
Vl. Staněk zeigt die Tabelle 112[2].

Die Melassen stammen aus dem Jahre 1911 und 1912; ersteres war
durch seine Dürre, letzteres durch die anhaltenden Niederschläge im

Tabelle 112.

| | Rohzuckermelassen | | | Raffineriemelassen | | |
|---|---|---|---|---|---|---|
| | 1910 | 1911 | 1912 | 1910 | 1911 | 1912 |
| Scheinb. Trockensubstanz Bg. . . | 77,30 | 79,70 | 77,80 | 81,00 | 82,00 | 79,70 |
| Scheinb. Reinheitsquotient % . . . | 64,30 | 63,40 | 68,40 | 62,20 | 60,20 | 64,90 |
| Alkaliasche % . . . . . . . . . | 8,52 | 9,05 | 7,92 | 9,55 | 8,64 | 8,54 |
| Kalkasche . . . . . . . . . . . | 0,48 | 0,22 | 0,38 | 0,65 | 0,83 | 0,59 |
| Gesamtasche . . . . . . . . . . | 9,00 | 9,27 | 8,30 | 10,20 | 9,47 | 9,13 |
| Gesamtstickstoff . . . . . . . . | 1,61 | 2,01 | 1,50 | 1,67 | 1,86 | 1,60 |
| N, fällbar in Form von Perjodiden[3] | 0,89 | 1,03 | 0,93 | 1,03 | 1,06 | 0,94 |
| Glutiminsäure-N (Links-) . . . . . | 0,50 | 0,63 | 0,37 | 0,41 | 0,55 | 0,43 |
| Aminosäure-N (Differenz)[4] . . . . | 0,22 | 0,35 | 0,20 | 0,21 | 0,25 | 0,23 |
| Glutiminsäure . . . . . . . . . . | 4,55 | 5,81 | 3,37 | 3,74 | 5,10 | 3,95 |
| Auf 100 Tle. N Tle. Glutiminsäure-N | 31,00 | 31,30 | 24,10 | 24,55 | 29,60 | 26,80 |

Verlaufe der Rübenvegetation charakterisiert. Zum Vergleiche wurde
auch eine Melasse aus dem Jahre 1910 mit normalen Vegetationsbedingungen herangezogen.

Auffallend sind für die Melasse des Jahres 1911 der abnormal hohe
Gehalt an Gesamtstickstoff; auch die Glutiminsäure ist in diesem Jahre
vorwiegend[2].

Tabelle 113a.

| Melasse aus | Rohzucker-fabriken | Weißzucker-fabriken | Raffinerien | Anmerkung |
|---|---|---|---|---|
| Refrakt. Trockensubst. . | 74,6—79,6 | 73,2—80,2 | 73,4—78,8 | Minima u. Maxima |
| Direkte Polarisat. % . . | 47,0—53,4 | 47,7—53,5 | 46,9—52,1 | |
| Reinheitsquotient[5] . . . . | 61,6—70,5 | 62,4—69,5 | 62,3—69,5 | |
| Asche . . . . . . . . . | 8,65—11,80 | 8,52—11,78 | 9,00—12,00 | |
| Kalkasche % . . . . . . | 0,102—2,688 | 0,261—2,685 | 0,217—2,202 | Sulfatasche |
| Reaktion % CaO . . . . | 0,030—0,275 | sauer—0,230 | sauer—0,145 | Phenolphthalein |
| Oberflächenspg. Dyn/cm . | 55,0—59,6 | 56,4—62,1 | 57,2—60,1 | stalagmometrisch |
| Gesamtstickstoff % . . . | 1,29—1,88 | 1,32—1,67 | 1,19—1,55 | Kjeldahl-Method( |
| auf Trockensubstanz . | 1,70—2,38 | 1,57—2,20 | 1,55—2,01 | |
| auf Nichtzucker . . . | 4,92—6,36 | 4,64—5,86 | 4,76—5,54 | korrigiert[6] |
| auf organ. Nichtzucker | 7,59—10,27 | 7,33—9,89 | 7,91—9,21 | |
| Farbtiefe . . . . . . . . | 9 | 8 | 10 | spektralphoto-metrisch s. S. 454 |

---

[1] Z. V. D. Zuckerind. 1909, S. 1019.

[2] Z. f. Zuckerind. i. B. XL, S. 51, 1915/16.

[3] 100 Teile dieses Stickstoffes entsprechen 60—70 Teilen Betain; der Rest
sind Purinbasen und andere Substanzen.

[4] Gesamtstickstoff — Summe des als Perjodid fällbaren und mit Äther
extrahierbaren Stickstoffes.

[5] Bei Berücksichtigung der Raffinoseformel verringern sich diese Quotienten.

[6] Z. V. D. Zuckerind. 1926, S. 695.

Eine analoge Untersuchung über die deutschen Melassen der Kampagne 1924/25, die Herzfeld anstellte, ist deshalb von Bedeutung, weil sie die Frage, wenigstens für die genannte Kampagne, neuerdings beantwortete, ob es einen (analytisch feststellbaren) Unterschied zwischen den Melassen von Rohzuckerfabriken, Raffinerien und von Weißzuckerfabriken gibt[1]. Aus dem großen Analysenmaterial läßt sich ein solcher Unterschied in keiner Hinsicht feststellen, wie aus der Tabelle 113a hervorgeht, die Verfasser zusammengestellt hat.

Was den Gehalt an Stickstoff anlangt, wäre nur noch zu bemerken, daß im Laufe der Fabrikation der Nichtzucker zunimmt, hauptsächlich infolge Zerstörung des Zuckers, weshalb der Stickstoffgehalt, auf Nichtzucker berechnet, etwas abnehmen muß.

Zu gleichen Ergebnissen wie Herzfeld kam O. Spengler für die deutschen Melassen der folgenden Kampagne (1925/26), die der Verf. in folgende Übersicht gebracht hat[2].

Tabelle 113b.

| Melasse von | Rohzucker-fabriken | Weißzucker-fabriken | Raffinerien | Anmerkung |
|---|---|---|---|---|
| Refr. Trockensubst. °Bg. . | 78,9 | 78,9 | 78,1 | |
| Wahrer Quotient . . . . | 63,9 | 64,5 | 63,3 | direkte Polarisation |
| Wahrer Quotient . . . . | 61,3 | 62,0 | 60,3 | Zucker nach Raffinoseformel |
| Asche . . . . . . . . . | 10,05 | 10,15 | 10,45 | Sulfatasche |
| Gesamtstickstoff . . . . | 1,30—2,24 | 1,50—2,18 | 1,22—1,89 | Kjeldahl |
| auf organ. Nichtzucker | 9,75 | 9,56 | 9,33 | |
| Ammoniak-Stickstoff . . | 0,02 | 0,02 | 0,015 | |
| Salpeter-Stickstoff . . . | 0,03—0,13 | 0,03—0,13 | 0,04—0,08 | Arnd. Z. f. ang. Chem. |
| $p_H$-Konzentration . . . | 6,4—9,0 | 6,9—8,9 | 6,2—8,5 | |
| Farbentiefe. . . . . . . | 7 | 8 | 12 | |
| Oberflächenspg. Dyn/cm . | 55,20—60,95 | 55,40—61,90 | 56,55—61,25 | bei 30° Bx |

Die Melassen waren vorwiegend alkalisch; manche waren gegen Phenolphthalein sauer — ob sie aber wirklich sauer waren, kann nur ihr $p_H$-Wert angeben.

Saillard stellte fest, daß die deutschen Melassen alkalischer reagieren als die französischen und stellte die Frage, ob nicht in diesem Umstand eine Ursache für die ungenügende Beschaffenheit gewisser deutscher Zucker zu suchen sei[3].

Auch in bezug auf ihre Brauchbarkeit als Rohstoff für die Herstellung von Hefe nach dem Lüftungsverfahren erwiesen sich nach der Untersuchung H. Claassens Melassen der Rohfabriken und der Raffinerien als gleichwertig[4]. Interessant ist diese Arbeit auch dadurch, daß in ihr der Nährwert (Assimilierbarkeit) der verschiedenen Stickstoffkörper der Melasse untersucht wurde.

---

[1] Z. V. D. Zuckerind. 1925, S. 951.
[2] ebd 1926, S. 695.     [3] Circ. hebd. 1926, Nr. 1952.
[4] Z. V. D. Zuckerind. Bd. 76, S. 349, 1926.

Über die Melasse als Futtermittel informiert eine ausführliche Zusammenfassung und Untersuchung von S. Weiser[1]. Besonders Analysen von ungarischen Melassen sind darin zu finden (s. S. 524).

### d) Der Zucker der Melasse.

Der Zucker ist in der Melasse natürlich in gelöster Form enthalten.

Theoretisches Interesse bietet die Frage nach der Art des Vorhandenseins der gelösten Saccharose in der Melasse. Dědek führt viele Umstände an, aus denen er folgert, daß man wohl von Verbindungen der Saccharose mit Salzen nicht sprechen kann, daß aber die Komplexe von Saccharose, Salz und Wasser so weit resistenzfähig sind, daß in den wirklichen Melassen (Claassen) keine freie Saccharose vorhanden sein dürfte[2].

Ab und zu können auch Zuckerkryställchen durch löcherige Zentrifugensiebe in die Melasse gelangen und den Quotienten der Melasse erhöhen. Deshalb schreibt der Verfasser in seiner „Betriebskontrolle" Bd. I, S. 176 vor, den ablaufenden Sirup durch Verreiben zwischen Daumen und Zeigefinger auf Ab-, bzw. Anwesenheit von Feinkorn zu prüfen. Koydl gab hierfür eine Bestimmungsmethode an[3].

Außer diesem wahrnehmbaren Feinkorn kann auch mikroskopisches Korn in Melassen vorkommen, auf welches als erster H. Kalshoven hinwies. Lippmann, Gaggel u. a. wiesen solche dann in deutschen Rübenmelassen nach, aber kamen (so wie Kalshoven in den kolonialen Melassen) zu zu hohen Werten, die nicht ohne Widerspruch blieben. Sie wurden auf unrichtige Methodik einer an sich richtigen Methode zurückgeführt. Diese ist eine indirekt refraktometrische, die darauf beruht, daß zerstreute, ungelöste Stoffe keinen Einfluß auf die Refraktion der Lösung (Melasse) ausüben. Dědek verbesserte diese Methode — kam aber auch zu solchen Werten, die bei der ursprünglichen Methode erhalten und abgelehnt wurden (von 0—18,70 %!)[4].

Mikroskopisches Korn dürfte gewiß in Melassen enthalten sein, aber kaum in Mengen von über 1 %.

Zucker scheidet sich auch beim Abkühlen der warm in die am Hofe stehenden großen Behälter gepumpten Melasse aus. Er wird einem aschereicheren Nachprodukt entsprechen, da sich auch Salze abscheiden dürften — gelöste und suspendierte.

Der Zuckergehalt einer Melasse bedingt ihren Reinheitsquotienten. Aus den schon genannten Untersuchungen des Institutes in Berlin (Herzfeld, Spengler u. a. s. S. 529) ergaben sich für die deutschen Melassen[5] folgende Mittelwerte der Quotienten:

|  | 1924/25 | 1925/26 | 1926/27 | 1924/25 | 1925/26 | 1926/27 |
|---|---|---|---|---|---|---|
| Rohzuckermelassen | 66,1 | 63,9 | 64,7 | 61,9 | 61,3 | 61,8 |
| Weißzuckermelassen | 65,7 | 64,5 | 65,4 | 61,6 | 62,0 | 62,1 |
| Raffineriemelassen | 65,1 | 63,3 | 63,7 | 60,8 | 60,3 | 59,9 |

[1] Ö. U. Z. f. Zuckerind. XLII, S. 462, 1913.
[2] Z. V. D. Zuckerind. 1927, S. 548.
[3] Z. f. Zuckerind. i. B. XXXIV, S. 248, 1909/10.
[4] Z. d. tschsl. Zuckerind. II, S. 1, 1920.     [5] Z. V. D. Zuckerind. 1927, S. 817.

Sie vermindern sich bei Berücksichtigung des Zuckers nach der Raffinoseformel auf die rechtsstehenden Werte.

In der Mehrzahl der Fälle sind die Quotienten zu hoch. Claassen betrachtet alle Melassen (der beiden früheren Berichte), die über 64 scheinbare Reinheit haben, als keine wirklichen Melassen, sondern als krystallisierbare Sirupe. Dies trifft diesmal für mehr als die Hälfte der untersuchten Rohzucker- und Weißzuckermelassen zu.

Wir möchten deshalb nicht unterlassen, den Satz aus der Arbeit Claassens anzuführen: „Da jeder Grad Reinheit mehr, den eine Melasse von 80° Bg hat, einer Menge an krystallisierbarem Zucker von 1,8 % der Melasse entspricht, so kann man sich leicht ausrechnen, wieviel Zucker in der größeren Mehrzahl der Zuckerfabriken zu wenig gewonnen worden ist.“

Spengler und seine Mitarbeiter schließen den Bericht mit den Worten: „Es wäre zu wünschen, daß durch kritische Betrachtung und Auswertung der Untersuchungszahlen eine Anzahl Fabriken veranlaßt wird, einzelnen Stationen ihres Betriebes etwas mehr Beachtung zu schenken“[1].

Die Melasse ist keine homogene Flüssigkeit oder Lösung von Zucker in einer Nichtzuckerlösung, sondern enthält **suspendierte Bestandteile** von wechselnder Zusammensetzung und in verschiedenen Mengen. Das zeigen **Filterrückstände der Melassenfiltration vor der Osmose**, die u. a. Andrlík untersuchte. Sie enthielten nach Auswaschen mit Wasser und Trocknen in 100 Teilen:

| | Fabrik A % | Fabrik B % | Fabrik C % |
|---|---|---|---|
| Asche . . . . . . . . . . . . | 59,09 | 32,17 | 60,98 |
| Fett . . . . . . . . . . . . . | 12,95 | 25,96 | 10,03 |
| Oxalsäure . . . . . . . . . | 10,96 | 10,20 | 7,92 |

Die Asche dieser Schlammproben enthielt in 100 Teilen:

| | Fabrik A % | Fabrik B % | Fabrik C % |
|---|---|---|---|
| Kieselsäure . . . . . . . . . | 18,92 | 33,64 | 49,38 |
| Eisenoxyd und Tonerde . . . . | 9,83 | 13,06 | 26,52 |
| Kupferoxyd . . . . . . . . . | 2,49 | 3,02 | — |
| Kalk . . . . . . . . . . . . | 36,21 | 27,07 | 16,67 |
| Magnesia . . . . . . . . . . | 2,71 | 2,79 | 1,08 |
| Schwefelsäure . . . . . . . . | 8,31 | 6,04 | Spuren |
| Phosphorsäure . . . . . . . . | 2,44 | 2,78 | Spuren |
| Kohlensäure . . . . . . . . . | 19,28 | 11,40 | — |

Ein weiterer Beitrag zu dieser Frage liegt von Strohmer vor (Abscheidung in Wellblechfiltern bei der Melassefiltration).

| | | | |
|---|---|---|---|
| Wasser . . . . . . . . . . . . | 51,32 | Schwefelsaurer Kalk . . . . . . | 0,33 |
| In HCl unlösl. org. Substanzen | 56,57 | Ätzkalk . . . . . . . . . . | 3,23 |
| Kieselsäure und Sand . . . . | 1,19 | Phosphorsaurer Kalk . . . . . | 0,41 |
| Eisenoxyd und Tonerde . . . | 1,04 | Kalk geb. an org. Säuren . . . | 0,76 |
| Kohlensaures Natron . . . . . | 4,39 | Fett . . . . . . . . . . . . . | 4,11 |
| Kohlensaures Kali . . . . . . | 1,22 | Zucker . . . . . . . . . . . . | 5,00 |
| Kohlensaure Magnesia . . . . | 1,07 | organ. Substanzen (davon 0,57 N) | 3,90 |
| Kohlensaurer Kalk . . . . . . | 15,46 | | |

### e) Der Nichtzucker der Melasse.

#### 1. Aschenbestandteile der Melasse.

Rund 10 % des Melassengewichtes bestehen aus Aschenbestandteilen. Hier werden sich alle „schädlichen“ anorganischen Nichtzucker

---

[1] Z. V. D. Zuckerind. 1927, S 817.

anhäufen. Daher besteht die Melassenasche über die Hälfte aus Kali, darauf folgen Natron, Chlor und Schwefelsäure. Die restlichen anorganischen Bestandteile sind in geringeren Mengen vorhanden. (Siehe die Analysen). Die Bindung zwischen Basen und Säuren ist schwankend und nicht genauer erkannt.

Die Reaktion normaler Melassen ist alkalisch; nur ungesunde Melassen reagieren sauer.

In einem Aufsatze „Die Endmelassen der russischen Rübenzuckerfabriken" von J. B. Minz[1] sind folgende allgemein gültige Zusammenhänge zu finden:

Aus den einzelnen Untersuchungen über die Melassebildungstheorien geht hervor, daß die Salze die Löslichkeit des Zuckers in den Sirupen erhöhen; die Melasse wird also einen um so größeren Reinheitsquotienten haben, je größer ihr Aschengehalt ist. Auch wird dort erwähnt, daß die Annahme nicht ungerechtfertigt ist, daß es zwischen dem Zucker und den Salzen der Melasse zu Doppelverbindungen kommt. „Der Nichtzucker der Melasse besteht hauptsächlich aus Salzen organischer Säuren, so daß die Melassenasche eine Vorstellung von der Zahl der Metalloxyde gibt und der organische Nichtzucker der Zahl der Säureradikalen entspricht. Daher sind in ein und derselben Menge Nichtzucker der Melasse desto mehr aktive Teile, je kleiner das Verhältnis von organischen Substanzen zur Asche ist." Dieses Verhältnis heißt „organischer Koeffizient" und charakterisiert ziemlich den Nichtzucker. Außerdem kann man noch den sog. Aschenkoeffizienten, d. i. das Verhältnis von Zucker—Asche bestimmen.

Aus folgendem Beispiele kann man die Berechnung beider Koeffizienten ersehen (Melassen-Analyse):

| Trockensubst. | Zucker | Org. NZ. | Asche | W. Q. | Organ. Koeff. | Aschenk. |
|---|---|---|---|---|---|---|
| 77,06 | 46,40 | 21,15 | 9,18 | 60,24 | 2,30 | 5,09 |

Je größer der organische Koeffizient ist, d. h. je mehr der organische Nichtzucker den anorganischen überragt, desto geringer ist die melassebildende Wirkung des Nichtzuckers und umgekehrt. Daher muß der größere organische Koeffizient der geringeren Reinheit der Melasse entsprechen und umgekehrt. Die wirklichen Reinheiten der russischen Melassen schwankten von 57—66,5, die organischen Koeffizienten von 2,7—1,6. Der aufgestellte Zusammenhang zwischen Reinheit und organischem Koeffizienten gilt natürlich nicht ganz genau für diese Melassen, da es nicht „wirkliche Melassen" sind, d. h. gesättigte Lösungen von Zucker in Lösungen von Nichtzucker bei der Schleudertemperatur. Einer wirklichen Reinheit von 56,45 entsprach der organische Koeffizient 2,27, der Reinheit von 64,03 1,62 (aber bei 65,08 2,37). Aus diesem Zusammenhange leitet Minz ein Argument für die Ansicht Schukows ab, nach welcher der anorganische Nichtzucker die Löslichkeit des Zuckers in Sirupen mehr beeinflußt als der organische[2].

---

[1] Z. V. D. Zuckerind. 1910, S. 485.　　　　[2] ebd. 1900, S. 291 (s. S. 550).

Dem Aschenkoeffizienten kommt keine charakteristische Bedeutung zu. Er schwankte zwischen 4,13—6,28; es entspricht die Zahl 4,13 einer wirklichen Reinheit von 57,81, 6,28 einer wirklichen Reinheit von 65,08; man sieht daraus, daß im allgemeinen Reinheit und Aschenkoeffizient proportional sind.

Der organische Koeffizient ist für die Melasse einer Fabrik und einer Kampagne mehr oder minder beständig, ändert sich aber mit der Rübe und Arbeitsweise. Er soll in trockenen Jahren höher sein als in nassen Jahren (Smolenski, Saillard). Minz fand ihn höher als den von deutschen, österreichischen und französischen Melassen. Für letztere fand Saillard den Koeffizienten 1,3—2,3 in den Jahren 1908/09. Den Zusammenhang zwischen den genannten Koeffizienten und der Melassenreinheit zeigt auch nebenstehende Analysentabelle E. Saillards.

Tabelle 114.

| Organ. Koeff. | Wirkl. Reinheit | Aschenkoeff. |
|---|---|---|
| 1,40—1,50 | 66,3 | 4,83 |
| 1,50—1,70 | 65,8 | 4,96 |
| 1,70—1,80 | 63,2 | 4,71 |
| 1,80—1,90 | 61,8 | 4,63 |
| 1,90—2,00 | 62,1 | 4,87 |
| 2,00—2,20 | 61,2 | 4,90 |
| 2,20—2,30 | 59,3 | 4,80 |

## 2. Stickstofffreie Bestandteile der Melasse.

Zunächst interessiert an dieser Stelle die Raffinose. Nicht an die „Pluspolarisation" oder an die mittels der Raffinoseformel ermittelte sog. „Raffinose" ist gedacht, sondern an jenen Teil, der davon wahre Raffinose ist. Schon im Jahre 1891[1] zeigte Koydl, daß höchstens der dritte Teil der Pluspolarisation Raffinose sein kann, und konnte 1913 diesen Befund bestätigen[2]. Bei dieser Gelegenheit stellte er eine Pluspolarisationsbilanz für mehrere Kampagnen auf und fand im Durchschnitt ungefähr:

Bei unveränderter, gleicher Arbeitsweise bestand die schließliche Pluspolarisation aus 0—48% gebildeter und 100—52% ursprünglicher Polarisation. Dieses Plus findet keine richtige Aufklärung.

| Pluspolarisation auf Rohzucker berechnet | | |
|---|---|---|
| Mit Rohzucker eingeführt % | Mit Melasse ausgestoßen % | Zuwachs |
| 0,117 | 0,166 | 0,051 |

Dieser Zuwachs muß nicht immer auftreten. Schon in Koydls Untersuchungen war eine Kampagne ohne diesen, und Molenda weist gelegentlich seiner Studie „über die Bedeutung des sog. Raffinosegehaltes der Rohzucker" darauf hin, daß er in der Kampagne 1912/13 einen solchen auch nicht fand[3].

Um den Anteil der wahren Raffinose an dieser Pluspolarisation aufzuklären, schied sie Koydl auf präparativem Wege aus der Melasse aus.

Die Methode beruht auf einer Fällung mit ammoniakalischem Bleiessig mit einer folgenden mit Strontiumhydrat und auf ihren Löslichkeitsverhältnissen in Methyl- und Äthylalkohol. In die alkoholische Lösung wird schließlich eine Spur krystallisierter Raffinose eingerührt und auf Eis gestellt: dann tritt Auskrystallisation der Raffinose ein. Diese Methode ist nicht quantitativ.

---

[1] Ö. U. Z. f. Zuckerind. XX, S. 700, 1891.  [2] ebd. XLIII, S. 208, 1914.
[3] ebd. XLIII, S. 48, 1914.

Mit ihr fand Koydl ungefähr 0,78% in der Melasse, während

    die Pluspolarisation betrug . . . . . . . . . .   **2,46%**
    die polarimetrisch gefundene Raffinose . . . . .   **2,10%**

Nach der bekannten Schleimsäuremethode wären gar 9,22% Raffinose vorhanden gewesen; es ist kein Zweifel, daß dieser große Gehalt zum größten Teil Pektinkörpern zuzuschreiben ist[1].

Die Pektinsubstanzen bestimmte Koydl (l. c.) zu

    0,56—1,08% Araban,
    0,34—0,76% Galaktan,
    1,22—1,56% Gesamtpektin;

diese Menge war immer geringer als die jeweilige Pluspolarisation in Prozenten ausgedrückt (1,82—1,91%).

Die Pektinsubstanzen sind nicht nur krystallisationserschwerend, sondern auch melassebildend, die aber auch sich analytisch dadurch unangenehm bemerkbar machen, weil sie die Polarisation und den Raffinosegehalt zu einem nur scheinbaren machen[2]. In Wirklichkeit beträgt dieser nach Koydls vieljährigen Erfahrungen in Raffineriemelassen höchstens kaum 1%.

Neben den Kohlenhydraten und den ihnen nahestehenden Substanzen finden sich noch die Caramelkörper (s. d.) und organische Säuren.

Die flüchtigen Säuren der Melasse wurden im Jahre 1879[3] von Wachtel bestimmt. Melasse wurde mit Schwefelsäure versetzt und dann unter Wasserzusatz am Wasser- und später Sandbade bis zu 130° C durch fast 8 Stunden erhitzt, solange eben noch merkliche Mengen sauren Destillates übergingen. Im Destillate wies Wachtel nach „ein sehr geringes Quantum Ameisensäure und Essigsäure, in geringer Menge Propion- und Buttersäure", gab aber gleichzeitig der Überzeugung Ausdruck, „daß noch andere flüchtige Substanzen außer den genannten Säuren im Destillate der Melasse anwesend sind".

Im Jahre 1885 wies Teixera-Mendes folgende flüchtige Säuren in der Melasse nach: Ameisen-, Essig- und Buttersäure zusammen zu 1,47% der Melasse[4].

Daß auch Oxalsäure bzw. ihr Kalksalz bis in die Melasse wandern kann, ist durch den Nachweis von oxalsaurem Kalk in Destillationsapparaten des alten Elutionsverfahrens erwiesen[5]. Im Jahre 1882 konstatierte Lippmann das Vorkommen von $\alpha$-Oxyglutarsäure in der Melasse; der Glutarsäure kommt die Formel $C_5H_8O_4$, der Oxyglutarsäure $C_5H_8O_5$ zu. Da durch Behandlung der Glutaminsäure mit salpetriger Säure Oxyglutarsäure gewonnen werden kann, war er der Meinung, daß die letztgenannte Säure der sogenannten salpetrigen Gärung in der Melasse ihr Vorkommen verdankte. Tatsächlich kam sie in Gesellschaft der Glutaminsäure (Aminoglutarsäure) vor[6]. Die letzt-

---

[1] Ö. U. Z. f. Zuckerind. XLII, S. 918, 1913.      [2] ebd. XLIII, S. 208, 1914.
[3] Organ XVII, S. 219, 1879.      [4] Z. V. D. Zuckerind. 1885, S. 250.
[5] Dehn: Z. V. D. Zuckerind. 1868, S. 195.
[6] Organ 1882, S. 379; D. Z. 1882, Nr. 18.

genannte Säure wurde schon von Scheibler und dann von Bodenbender und Pauly früher in Melasse nachgewiesen (S. 142). Die letzteren fanden auch Arabinsäure darin.

Milchsäure ist ein konstanter Bestandteil der Melassen. Sie entsteht beim Erhitzen der Zuckersäfte mit Kalk (oder Strontium), allerdings bei den im Betriebe herrschenden Bedingungen nur in sehr geringem Grade. B. Tollens (und Mitarbeiter) fanden sie bis zu $1/_2$ % darin[1].

Herzfeld fand in Melasseschlempe Milchsäure zu 4,32% und meint schließlich, man könnte diese auch technisch aus der Melasse gewinnen[2].

Ferner fand er in der Schlempe 4,29% Essigsäure und 1,02% Ameisensäure. Anwesend waren noch Propion-, Butter-, Valerian-, Bernsteinsäure und Caramelkörper, die aber nicht quantitativ bestimmt wurden[2].

Von Äthern sollen festgestellt worden sein: Milchsäure-, Bernstein-, Valeriansäure- und Buttersäureäther[3].

Die Säuren wurden aus der Schlempe (nach vorhergehender Ansäuerung derselben mit Schwefelsäure) durch Ätherextraktion gewonnen (ätherlösliche Säuren)[4].

Eine andere Gruppe von Säuren, die sich aus dem Zucker durch Wärme- und Alkaliwirkung bilden und in die Melasse wandern, sind die Glycin- oder Glucin-, die Melassin- und die Saccharinsäure sowie das Saccharin. Sie wurden bereits im Kapitel „Chemie der Saccharose" abgehandelt. Auch fehlt noch viel zur vollen Erkenntnis dieser sowie ihrer Verwandten, der Saccharum- und der Apoglycinsäure.

Einen Fortschritt für die Chemie der Melasse bedeutet die Isolierung des Saccharins daraus durch K. Vnuk, die recht kompliziert ist[5].

Im Prinzip so, daß er die angesäuerte Melasse mit trockenem Natriumsulfat eindickte und mit Aceton extrahierte. Dieser Extrakt wird durch Ätherextraktion von manchen Stoffen befreit, die der Krystallisation des zu erwartenden Saccharins hinderlich sein könnten (Milch-Glutaminsäure), der Rückstand mit Aceton ausgelaugt, wurde in Baryumsalze übergeführt, die mit Alkohol und Äther ausgefällt wurden; daraus wurde das Saccharin mit Schwefelsäure frei gemacht. Nach einem Monat krystallisierten ein wenig nadelförmige Kryställchen aus den eingedickten angesäuerten Lösungen aus.
Diese wurden als Saccharin identifiziert (Elementaranalyse, optische Aktivität).

Vnuk nimmt an, daß in der Melasse mindestens 0,2% Saccharin in Form des Kalium- — oder Natrium- —, evtl. des Kalksalzes vorhanden sind. Seine Anwesenheit beeinflußt die Zuckerbestimmung in der Melasse, da es bedeutend optisch-aktiv ist. $[\alpha]_D^{20}$ nach verschiedenen Angaben = 92,6—94,5°.

Die Huminsäure, als eines der Produkte, das aus der Glycinsäure durch Erwärmen über 70° entsteht, führt zu jenen Substanzen, die Mulder beim Caramelisieren von Zucker beobachtete, zu den Humin- und Ulminsubstanzen. Über diese Körper s. Kap. 5.

---

[1] Z. V. D. Zuckerind. 1889, S. 922; 1900, S. 980.    [2] ebd. 1901, S. 737.
[3] ebd. 1901, S. 713.        [4] ebd. 1901, S. 721.
[5] Z. d. tschsl. Zuckerind. VIII, S. 473, 1927.

In der Melasse bzw. in einer Lauge nach der Steffenschen Me-
lasse-Entzuckerung fand Lippmann eine Gummiart, die sich als
Anhydrid der Lävulose erwies; deshalb und infolge ihrer Ähnlichkeit
mit dem Scheiblerschen Dextran nannte er sie Lävulan (Formel
$C_6H_{10}O_5$). Seine sonstigen Eigenschaften gehen aus folgender Gegenüberstellung hervor[1]:

| | Dextran | Lävulan |
|---|---|---|
| Löslichkeit des rohen Körpers in kaltem Wasser . | — | — |
| „ „ „ „ „ heißem Wasser . | etwas | etwas |
| „ „ „ „ „ Alkohol . . . . | — | — |
| „ „ „ „ „ Kalkmilch . . . | leicht | leicht |
| Löslichkeit des gefällten, wasserhaltigen Körpers in kaltem Wasser . . . . . . . . . . . . . . . . | leicht | leicht |
| Löslichkeit des gefällten, wasserhaltigen Körpers in heißem Wasser . . . . . . . . . . . . . . . | leicht | leicht |
| Löslichkeit des gefällten, wasserhaltigen Körpers in Alkohol . . . . . . . . . . . . . . . . . | — | — |
| Löslichkeit des gefällten, wasserfreien Körpers in kaltem Wasser . . . . . . . . . . . . . . . | leicht | gelatiniert |
| Löslichkeit des gefällten, wasserfreien Körpers in heißem Wasser . . . . . . . . . . . . . . . | leicht | leicht |
| Spezifisches Drehungsvermögen . . . . . . . . . . | $+ 223^0$ | $- 221^0$ |
| Verdünnte Säure erzeugt . . . . . . . . . . . . | Glucose | Lävulose |
| Oxydation mit Salpetersäure gibt . . . . . . . . | Oxalsäure | Schleimsäure |

Es ist amorph und weiß; im Rohzustande bildet es eine Gallerte.
Seine Darstellung ging analog der des Dextrans vor sich: der gelatinöse
Niederschlag wurde durch Kochen mit Kalkmilch in Lösung gebracht,
konzentriert, der Kalk mit Kohlensäure ausgefüllt und filtriert; das
Filtrat, in dem sich das Lävulan vorfindet, mit Salzsäure nach weiterem
Eindampfen und Abkühlen im Überschusse versetzt und mit Alkohol
ausgefällt: es resultiert eine elastische, gummöse Masse. Behufs Reinigung muß diese Operation wiederholt und dann die reine Substanz getrocknet werden[2].

Auch Dextran wurde schon öfters in Melassen vorgefunden; nach
Bauer sowie nach Wachtel[3] stammt es aus einem früheren Stadium
der Zuckerfabrikation, doch ist zu berücksichtigen, daß es sich um
einen Befund aus dem Jahre 1882 handelt.


### 3. Stickstoffhaltige Bestandteile der Melasse.

Über die bisher bekannten und einige neue stickstoffhaltige
Bestandteile in Zuckerabläufen berichtete F. Ehrlich[4]. Weite
Verbreitung in allen Abläufen finden: das Betain und die Asparagin-
und die Glutaminsäure. Die Muttersubstanzen der beiden Säuren,
Asparagin und Glutamin, wurden in den Rübensäften nachgewiesen
(s. d.).

---

[1] Organ XIX, S. 455, 1881.  [2] ebd. XIX, S. 455, 1881.
[3] ebd. XX, S. 369, 643, 1882.  [4] Z. V. D. Zuckerind. 1903, S. 809.

Weniger studiert oder seltener anzutreffen sind: Glutiminsäure, Leucin, Tyrosin, Arginin, Histidin u. a., alle aus dem Rübeneiweiß stammend, sowie Xanthin, Guanin, welche aus den Nucleinkörpern der Rübe herrühren.

Tyrosin, sonst der stete Begleiter des Leucins, konnte Ehrlich in Dessauer Melasseschlempe nicht nachweisen, weshalb er annimmt, daß es im Betriebe eine tiefergreifende Umwandlung erfährt.

Wenn auf diese Bestandteile näher eingegangen werden soll, so muß zunächst der Arbeiten von H. Bodenbender und E. Ihlée gedacht werden[1]. Der dritte Abschnitt dieser Arbeit „Über die Stickstoffverbindungen der Rübe" wurde schon an geeigneter Stelle wiedergegeben. Hier nur „Die Studien über die Formen des in der Melasse enthaltenen Stickstoffs". Im allgemeinen Teil über die einzelnen Formen heißt es:

1. Ammoniak. Die Natur der Prozesse im Betriebe bedingt es, daß die Melasse nur sehr geringe Mengen von Ammoniaksalzen oder freiem Ammoniak enthalten kann. Diese Prozesse wurden bereits eingehend besprochen. „Die trotzdem in den Melassen nachweisbaren geringen Ammoniakmengen rühren von zurückgebliebenem oder beim Lagern der Melassen aus Stickstoffverbindungen entstandenem Ammoniak her."

2. Amide. Aus den oben angegebenen Gründen können auch von diesen Bestandteilen in der Melasse nur sehr geringe oder gar keine Mengen sich vorfinden; werden doch die Amide im Betriebe in die entsprechenden Säuren (Asparagin-, Glutaminsäure) und in Ammoniak gespalten.

3. Aminosäuren. Diese werden in reichlicher Menge in der Melasse vorhanden sein.

4. Betain und andere Pflanzenbasen werden sich, weil leicht löslich, ebenfalls in größeren Mengen finden.

5. Von Salpetersäure waren nur ganz geringe Mengen anwesend.

6. Eiweißstoffe. Beiläufig 50% des vorhandenen Gesamtstickstoffes sind „uns unbekannte stickstoffhaltige Körper, zum größten Teile aus Zersetzungsprodukten der Albuminstoffe" bestehend.

Die Analysenergebnisse Bodenbenders und Ihlées zeigen die einzelnen Stickstofformen nach dem damaligen Stande der Analytik. Der Verfasser berechnete aus diesen Ergebnissen als Mittel:

$$
\begin{array}{ll}
\text{Ammonsalze} & 2{,}61\,\% \\
\text{Amide} & 1{,}62\,\% \\
\text{Aminosäuren} & 30{,}91\,\% \\
\text{Betain + Protein} & 64{,}84\,\%
\end{array}
\left\}\ \text{des Gesamt-}\atop\text{stickstoffes}\right.
$$

Aus neueren Untersuchungen geht folgende Stickstoffverteilung hervor: Aus Analysen von Komers und Stift[2] berechnete der Verfasser folgende Werte: Auf 100 Teile Gesamtstickstoff entfallen Teile:

| | Eiweißstickstoff | Ammoniakstickstoff |
|---|---|---|
| Mährische Melasse . . . | 3,26 | 5,43 |
| Ungarische Melasse . . . | 5,86 | 7,32 |

---

[1] Z. V. D. Zuckerind. 1880, S. 647.    [2] Ö. U. Z. f. Zuckerind. 1897, S. 650.

Aus den Analysen von **Andrlík** geht folgende Verteilung hervor (s. Tab. 110 u. 111):

| Eiweiß und Propepton | Pepton | Ammoniak | Nitrat | Betain- und Aminosäure = Stickstoff |
|---|---|---|---|---|
| 3,0 | 1,9 | 3,2 | 1,9 | 90,0 |

**Th. Dietrich** und **F. Mach** fanden Eiweißstickstoff in Prozent des Gesamtstickstoffes für[1]

| | Min. | Max. | Mittel |
|---|---|---|---|
| Rohzuckermelasse . . . . | 0,60 | 18,60 | 5,00 |
| Raffineriemelasse . . . . | 1,50 | 6,00 | 3,40 |

Für Melassen aus Russisch-Polen berechnete der Verfasser aus Angaben **Kowalskis** (1900) im Mittel den Eiweißstickstoff zu 11% vom Gesamtstickstoff.

**Glutiminsäure.** Diese einbasische Säure $C_5H_7NO_3$ fand **Lippmann** in der Mutterlauge von Glutaminsäure $C_5H_9NO_4$[2]. **Schützenberger** fand die Glutiminsäure als Zersetzungsprodukt von Albumin durch Barythydrat.

Daher schloß **Lippmann**: „Es lag hiernach nahe, zu vermuten, daß die Glutiminsäure aus den Eiweißstoffen der Rübe erst während der Fabrikation infolge der fortgesetzten Einwirkung des Ätzkalkes und der Alkalien entstanden sei; daß auf diese Weise das Auftreten nicht unerheblicher Mengen Asparaginsäure, Glutaminsäure und anderer stickstoffhaltiger Körper in der Melasse sich am besten erklären lasse . . ."

Nicht nur das Glutamin und das Asparagin der Rübe sind Quellen für die beiden genannten Säuren, sie treten auch als Zersetzungsprodukte der Eiweißkörper neben anderen Substanzen auf.

Die Linksglutiminsäure wurde von **Staněk** nach ihrer im Kap. 5, B, a, geschilderten Entstehungsweise in Melasse vermutet und tatsächlich nachgewiesen; im speziellen Falle zu 2,8% der Melasse. **Staněk** nimmt von dieser Säure an, daß sie neben dem Betain den vorwiegendsten stickstoffhaltigen Bestandteil der Melasse bilde und ihr wenigstens 20% des Gesamtstickstoffes zukommen. Sie entsteht im Laufe des Betriebes durch Erwärmung der gelösten Glutaminsäure, sie ist krystallisationsfähig, leicht im Wasser, schwer in Äther löslich und ist in wäßriger, alkalischer und saurer Lösung linksdrehend. Ihr Schmelzpunkt liegt bei 162—163°. Ihre Salze sind leicht im Wasser löslich; diese Lösungen sind bei gewöhnlicher Temperatur beständig. Die Säure ist 30mal stärker als Essigsäure und läßt sich auf Phenolphthalein scharf titrieren; sie ist einbasisch[3].

In der Melasse befindet sie sich als Kalium- und Natriumsalz im Gleichgewichte mit Alkaliglutaminat.

Ihre eben erwähnte schwere Löslichkeit in Äther, wodurch sie sich von den anderen, leichter in Äther löslichen Säuren (Oxal-Milch-Essigsäure) unterscheidet,

---

[1] Landw. Versst. 1904, S. 347.      [2] Organ XXII, S. 184, 1884.
[3] **Zafouk:** Z. d. tschsl. Zuckerind. IX, S. 37, 1927.

war die grundlegende Eigenschaft, mittels welcher Staněk die Linksglutiminsäure aus der Melasse isolierte[1]; er fand davon größere Mengen als früher zusammen mit Andrlík und K. Urban[2] und Smolenski in russischen Raffineriemelassen[3]. Die Säure identifizierte Staněk durch ihr Zinksalz: $Zn\ C_{10} \cdot H_{12} \cdot N_2 O_6 \cdot 2H_2O$.

In einer späteren Untersuchung fand derselbe in Melasse 3—5—8% Glutiminsäure[4].

Verschiedene Jahrgänge der Melassen zeigen verschiedene Mengen von dieser Säure. A. Dolinek weist darauf hin, daß Raffineriemelassen gewöhnlich mehr Glutiminsäure enthalten als Rohzuckerfabriksmelassen des gleichen Jahrganges.

Dies erklärt sich damit, daß die Glutaminate hier einer längeren Einwirkung der Wärme unterliegen und neuerdings diese Säure bilden[5].

An gleicher Stelle gab der genannte Autor eine genaue Anweisung für die Herstellung der Linksglutiminsäure aus Glutaminsäure.

Eine Vorschrift zur quantitativen Bestimmung der Linksglutiminsäure in Melassen gab V. Staněk[6]. Sie beruht auf einer Ansäurung derselben mit Schwefelsäure und Vermischen der sauren Masse mit viel gereinigtem Torf, worauf das Gemisch mit Äther extrahiert wird (72 Stdn.). Nach Verjagen des Äthers wird im Extrakt der Stickstoff nach Kjeldahl bestimmt ($1\ cm^3\ n/10$ Säure = 12.91 mg Linksglutiminsäure).

Auch die inaktive Glutiminsäure, eine isomere, kommt in der Melasse vor ($C_5H_7NO_3$).

In der Melasse finden sich auch Amine als Spaltungsprodukte.

Das sind Verbindungen, die durch Substitution von Ammoniakwasserstoff durch Alkyle entstehen (Aminbasen), z. B. das Methylamin $H_3C \cdot NH_2$. Dieses kommt auch im Pflanzenreiche vor (Weißdorn). Es ist ein farbloses, ammoniakähnlich riechendes, brennbares Gas, das in Wasser sehr leicht löslich ist.

Das Trimethylamin $N(CH_3)_3$ tritt als Spaltungsprodukt von Cholinbasen und Betain im Pflanzenreiche und in der Heringslake auf; dieser verleiht es den bekannten, charakteristischen Geruch.

Es ist eine im Wasser leicht lösliche Flüssigkeit, die bei 3,5° siedet. Aus der Melassenschlempe wird es technisch dargestellt (s. Kap. 14 d).

Die Salze dieser Basen sind alle in Wasser und Alkohol leicht löslich.

Wie schon früher erwähnt, fand Lippmann im Jahre 1884 Leucin und Tyrosin in der Melasse bzw. in den alkoholischen Laugen der Saccharate beim Elutionsverfahren. Er isolierte beide Verbindungen aus den genannten Laugen, stellte sie rein dar und bestimmte ihre Eigenschaften[7].

Ihre Formeln wurden bereits besprochen und ihre Eigenschaften angeführt (s. d.). Zu erwähnen wäre noch, daß Lippmann die beiden Körper völlig identisch mit jenen tierischen Ursprungs fand. Beide kommen vor, teils einzeln,


[1] Z. f. Zuckerind. i. B. XXXVIII, S. 1, 1913/14.
[2] ebd. XXV, S. 83, 1900/01.       [3] Gaz. Cukr. 38, S. 101.
[4] Z. f. Zuckerind. i. B. XL, S. 51, 1915/16.
[5] Z. d. tschsl. Zuckerind. IX, S. 35, 1927.
[6] Z. f. Zuckerind. i. B. XXXIX, S. 196, 1914/15.
[7] Z. V. D. Zuckerind. 1884, S. 646; 1885, S. 156.

teils zusammen, in tierischen Organen und Sekreten (Raupen, Krebse, Spinnen, Käfer), in Pflanzenkeimen (Kürbis, Wicken), in der Hefe, in Kartoffeln; ferner als Fäulnisprodukte von Stickstoffkörpern (Albumin, Hornsubstanz) sowie beim Kochen oder Schmelzen der letzteren mit Säure oder Kali.

Leucin bildet weiße Blättchen, Schmelzpunkt 168°; in kaltem Wasser und Alkohol nur wenig, mehr in heißem löslich. Tyrosin krystallisiert in schönen, glänzenden Nadeln, Schmelzpunkt 235°; es zeigt dieselben Löslichkeitsverhältnisse wie Leucin. Nach Landolt zeigt Tyrosin $\alpha_D = -8,07°$, nach Mauthner $\alpha_D = -7,98°$; Leucin $\alpha_D = +8,05°$ (gelöst in NaOH), nach Mauthner in KOH $\alpha_D = +6,63°$. Lippmann machte es wahrscheinlich, daß es zwei Tyrosine von verschiedenen Drehungsvermögen gibt[1].

Mit den Glutiminsäuren, dem Leucin und dem Tyrosin wurden schon Verbindungen genannt, die als Abbauprodukte der Eiweißkörper der Rübe entstehen und in die Melasse gelangen. Außer diesen gibt es noch eine große Zahl solcher Produkte; sie sollen im folgenden nur ganz kurz gestreift werden.

Von den ein- und zweibasischen Monoaminosäuren, die als Produkte der hydrolytischen Spaltung der Eiweißkörper resultieren, sind an dieser Stelle keine mehr zu nennen, da sie bereits früher, weil auch in der Rübe vorkommend, behandelt wurden.

Von den Diaminosäuren seien genannt das Ornithin als Spaltungsprodukt des Arginins und das Lysin.

Arginin. Dieses ist ein Derivat des Guanidins und wurde von Lippmann in Melasserückständen nachgewiesen. Es reagiert alkalisch; durch Hydrolyse mit Barytwasser beim Erhitzen gibt es Kohlensäure und Ammoniak. Das Arginin entsteht aus dem Ornithin durch Einwirkung von Cyanamid auf letzteres. Ornithin ist Diaminovaleriansäure und das nächst niedere Homologe des Lysins. Letzteres ist Diaminocapronsäure. Im nachfolgenden genüge es, die empirischen Formeln der genannten Verbindungen mitzuteilen.

Guanidin $= CH_5N_3$ (Imidoharnstoff) $\rightarrow$ Arginin $= C_6H_{14}N_4O_2 \rightarrow$ Ornithin $= C_5H_{12}N_2O_2 \rightarrow$ Lysin $= C_6H_{14}N_2O_2$.

Von den Zersetzungsprodukten der Nucleinsubstanzen wären anzuführen Xanthin, $C_5H_4N_4O_2$, Hypoxanthin (Sarkin) $C_5H_4N_4O$, Guanin $C_5H_5N_5O$, Adenin $C_5H_5N_5$ und Carnin $C_7H_8N_4O_3 + H_2O$[2].

Diese Verbindungen wurden von Lippmann in Entzuckerungslaugen in äußerst geringer Menge nachgewiesen. Bis auf das Carnin und Adenin sind die letztgenannten Verbindungen Base und Säure zugleich; alle sind durch Quecksilberchlorid, Bleiessig und Silbernitrat fällbar. Mittels dieser Reagenzien isolierte Lippmann die genannten Verbindungen aus der Melasse. Weiter fand er Guanidin, Allantoin sowie geringe Mengen von Vernin und Vicin in der Schlempe.

Diese Körper wurden schon teilweise als Abbauprodukte der Eiweißkörper, teils als „Purinderivate" im Kap. 5 besprochen.

---

[1] D. Z. 1885; Organ XXIII, S. 66, 1885.
[2] Z. V. D. Zuckerind. 1888, S. 75; 1896, S. 957.

Andrlík suchte die quantitativen Verhältnisse dieser Substanzen in den Melasse-Abfallaugen zu ermitteln. Zunächst stellte er Adenin aus solchen dar und fand es zu 0,08% in Abfallaugen. Die Darstellung dieser Verbindung gründet sich auf ihrer Fällbarkeit durch Kupfervitriol. Ob es als solches oder in Form von Nuclein anwesend ist, brachte Andrlík nicht zur Entscheidung[1].

Stoltzenberg fand es zu 0,096% in Melasse[2]. R. Ofner wies Hypoxanthin in Melasse nach (als Hypoxanthin-Silbernitrat $C_5H_4N_4O \cdot AgNO_3$); da dieses durch Oxydation aus dem Adenin ($C_5H_5N_5$) entsteht, so ist sein Vorkommen erklärlich.

Die Kupferverbindungen dieser Stoffe machen sich bei der Invertzuckerbestimmung mittels Fehlingscher Lösung unangenehm bemerkbar. Sie fallen aus — sie werden nicht nur „mitgerissen" — und können Invertzucker vortäuschen[3].

K. Andrlík fand in neuerer Zeit einen neuen, viel Stickstoff enthaltenden Bestandteil in Rohzuckermelasse, ein Guaninpentosid, dem er die Formel $C_5H_8O_4 \cdot C_5H_5N_5O \cdot 2H_2O$ gab. Der erste Teil in dieser Formel ist ein Pentoseanhydrid, der zweite Guanin. Dazu kommt das Krystallwasser. Dieser Körper krystallisiert reichlich und leicht in Form von mikroskopisch feinen, langen Nadeln aus einer bei Siedehitze gesättigten, wäßrigen Lösung. Seine Krystalle sind in kaltem Wasser wenig löslich, unlöslich in 96proz. Alkohol, Äther und Chloroform. Die Substanz ist optisch linksdrehend, und zwar fand Andrlík $\alpha_D = -13{,}95°$ in verdünnter schwefelsaurer Lösung[4].

Smolenski hält dieses Guaninpentosid für identisch mit seinem aus Diffussionssaft dargestellten Vernin (s. d.).

Erwähnung wenigstens sollen die Bestrebungen finden, die Aminosäuren der Melassen und der Schlempe der Melassebrennereien sowie der Abfallaugen von Melasseentzuckerung zu verwerten: durch Einleitung der auf S. 519 besprochenen Gärungen soll der Ammoniak abgespalten und verwertet werden, ebenso die entsprechenden Säuren (Essig-Propion-Buttersäure usw.)[5]. Diesbezüglich sei auf die zusammenfassende Darstellung „Über die technische Verwertung der Nichtzuckerstoffe" von F. Ehrlich[6] hingewiesen; ebenso auf seinen Beitrag im „Handbuch der biochemischen Arbeitsmethoden[7] über „Darstellung einiger biochemischer wichtiger Substanzen aus Melasse und Melasseschlempe" (Raffinose, Betain, Glutaminsäure, Leucin und Isoleucin, Adenin und Vernin).

Die Einteilung der organischen Melasse-Nichtzuckerstoffe nach ihrem Gehalte oder Nichtgehalte an Stickstoff ist eigentlich nur eine äußerliche. Aufschlußreicher wird sie, wenn man die Nichtzuckerstoffe nach gemeinsamen Reaktionen oder Löslichkeitsverhältnissen einteilt.

Die z. B. in Äther löslichen Säuren wurden schon auf den Seiten 473 bis 475 u. a. besprochen.

---

[1] Listy cukrov. 28, S. 261, 1910/11.    [2] Z. V. D. Zuckerind. 1911, S. 1113.
[3] Z. d. tschsl. Zuckerind. IX, S. 108, 1927.
[4] Z. f. Zuckerind. i. B. XXXV, S. 437, 1910/11.
[5] Literaturangaben darüber siehe: Ö. U. Z. f. Zuckerind. XLII, S. 745, 1913.
[6] Z. V. D. Zuckerind. Bd. 61, S. 840, 1911.
[7] Abderhalden, E.: VII, 1913.

Den in Alkohol löslichen und unlöslichen Nichtzucker studierte
Vl. Staněk in Melassen, die hohe Quotienten hatten (Kampagne
1915/16) in der Annahme, dadurch die schwierigere Krystallisation
des Zuckers aufklären zu können. Unlöslich in starkem Alkohol sind
gerade viele kolloide Nichtzuckerstoffe, wie Pektine, Eiweißkörper,
Peptone, Dextran usw.

Wird (aus analytisch-technischen Gründen) ausgetrocknete, fein-
verteilte Melasse mit 96° warmem Alkohol extrahiert, so fällt aus dieser
Lösung mit absolutem Alkohol ein Niederschlag aus (das ist der unlösliche Anteil) und davon abfiltriert, der lösliche Teil.

Dieser Niederschlag ist ein Gemisch verschiedener Stoffe von sehr
schwankender Zusammensetzung; er ist amorph und enthält den
Großteil des Melassefarbstoffes (58—93%), ungefähr ein Zehntel des
Stickstoffes und ebensoviel und mehr Asche. Einzelne chemische
Individuen konnten nicht sicher gestellt sowie auch ein Zusammenhang mit den hohen Reinheitsquotienten der Melassen nicht nachgewiesen werden — diese Untersuchung wurde aber dadurch von Bedeutung, weil sie den Anstoß gab, den Melassefarbstoff näher zu studieren (s. u.)[1].

Scheinbar angeregt durch diese Untersuchung, studierte R. Vyskočil zuerst
die Einwirkung von Methylalkohol und später die Einwirkung bzw. „die Extraktion entwässerter Melasse mittels organischer Lösungsmittel“, um das Verhalten
der Nichtzuckerstoffe, besonders das der stickstoffhaltigen näher kennen zu lernen[2].
Die letzteren lassen sich am leichtesten noch durch Essigsäure und Phenol extrahieren. Insbesondere das Betain geht fast zur Gänze in den Phenolextrakt und
wurde daraus von Vyskočil isoliert. Extraktion mit Essigsäure, Methyl- und
Äthylalkohol läßt Zucker auskrystallisieren. (Zahlreiche Literaturangaben über
diese Verfahren sind daselbst angeführt.)

## Die Kolloidstoffe der Melasse.

Es gibt verschiedene Methoden, um die Kolloidstoffe in Zuckersäften (Melassen) zu bestimmen. Am anschaulichsten sind die Resultate durch Ermittlung durch Ultrafiltration. Das taten z. B. Paine,
Badollet und Keane (Ind. Eng. Chem.).

Die trockenen Kolloidstoffe wurden weitest möglich gelöst. Von
0,20—0,44% waren 20—90% löslich. 96% aller Kolloidstoffe waren
organisch, der kleine Rest Asche. Die Oberflächenspannung ist dem
Kolloidgehalte annähernd proportional[3].

Manche Methoden beruhen auf der Erscheinung, daß kolloid gelöste
Stoffe, besonders beim Koagulieren, kompliziert zusammengesetzte
Farbstoffe (z. B. Anilinfarbstoffe) absorbieren unter Bildung von
kolloiden Approgaten. Rohland und V. Meysahn beschrieben eine
solche Methode mit Anilinblau zur Bestimmung der Kolloide in zuckerhaltigem Abwasser[4].

Der Wert der Bestimmung des Kolloidgehaltes verschiedener Zucker
fabriksprodukte liegt heute noch mehr auf theoretischem Gebiete.

---

[1] Z. f. Zuckerind. i. B. XLI, S. 292, 1916/17.
[2] Z. d. tschsl. Zuckerind. IX, S. 77, 89, 1927.
[3] C. f. Zuckerind. 1926, S. 943.     [4] Z. V. D. Zuckerind. 1913, S. 617.

Die Beschaffenheit der einzelnen Produkte wird näher erkannt, da die chemische Analyse allein nicht genug aussagt. Daß man aber nicht großen praktischen Nutzen aus der Bestimmung des Kolloidgehaltes ziehen kann, zeigt und erklärt Tödt in einem Vortrage „Die Saftreinigung unter besonderer Berücksichtigung der für die Praxis wichtigen physikalischen Vorgänge"[1].

Zur Darstellung von Kolloiden für wissenschaftliche Untersuchungen dienen stets die Melassen. Es sind mehrere Methoden möglich, brauchbar aber nur die Dialyse, die z. B. Dědek anwandte bei seinen Studien über den Einfluß dieser Stoffe auf die Entstehung der Melasse, bzw. auf die Verlangsamung der Krystallisation des Zuckers[2].

Durch Entfernung dieser Kolloide aus der Melasse wären „Reichtümer zu gewinnen". „So werden gewisse Rohrzuckermelassen mit erstaunlich großen Zuckergehalten als Viehfutter usw. verkauft, vielleicht nur darum, weil man den Zucker bisher noch nicht von seinen kolloiden Beimengungen hat befreien können. Es liegen hier vermutlich Adsorptionsverbindungen zwischen pektinartigen Substanzen und dem Zucker vor, und das kolloidchemische Problem bestände in der Zerstörung dieser Verbindungen[3]". Es ist daher gewiß kein Zufall, daß die neueren Untersuchungen über die Kolloide der Melassen meist aus Amerika stammen[4].

### f) Farbstoffe der Melasse.

So wie überhaupt die Chemie der Farbstoffe in der Zuckerindustrie noch zu den wenig erforschten Kapiteln gehört, so sind speziell auch die Farbstoffe der Melasse erst am Anfange ihrer Erforschung. Die Melasse ist wohl deshalb der dunkelste Sirup, weil die Farbstoffe, die schon in der Rübe vorhanden sind, sich hier angereichert und die, die erst im Verlaufe des Betriebes sich bilden, am meisten Zeit zu ihrer Bildung gefunden haben.

Von den stickstoffhaltigen Farbstoffen ist der wichtigste eine Säure, wahrscheinlich ein Kondensationsprodukt einer Aminosäure mit dem Zucker. Staněk, der dieses Gebiet eingehend bearbeitete, nennt sie Fuscazinsäure (fusca = braun) und schreibt ihr „zumindest 40% der Färbung der Rübenzuckerfabriksprodukte" zu[5].

Die Silbe azin leitet sich ab von „azote", um anzudeuten, daß die Säure stickstoffhaltig ist.

Einige Angaben aus der Untersuchung Staněks, die ihn zur Fuscazinsäure führte, werden ihre chemischen Eigenschaften zeigen. Nach Fällbarkeit und Löslichkeit zerlegte er den Farbstoff der Melasse in sieben Fraktionen, von denen die mit Bleiacetat fällbare, in alkoholischem Chlorwasserstoff lösliche, mit Äther fällbare, die wichtigste ist, weil der allergrößte Anteil des Melassefarbstoffes sich darin findet. Die Zusammensetzung dieser Fraktion, die aus verschiedenen

---

[1] C. f. Zuckerind. 1927, S. 1070.    [2] Z. V. D. Zuckerind. 1927, S. 511.

[3] Ostwald, Wo.: Die Welt der vernachlässigten Dimensionen. Dresden u. Leipzig 1927, S. 292.

[4] Peek: Int. Sugar Journ. 21, S. 70, 1919; Zerban, F. W.: Journ. Ind. a. Eng. Chem. 12, S. 744, 1920.    [5] Z. f. Zuckerind. i. B. XLI, S. 298, 1916/17.

Melassen gewonnen wurde, war ziemlich schwankend; es wurde gefunden: Stickstoff von 5,4—6,3 %, Asche von 0,9—3,0 %, Chlor von 2—4 %, Färbkraft 1 % Lösung von 385—490⁰ St., woraus ersichtlich ist, daß es sich um ein Gemisch mehrerer Stoffe handelt.

Durch Fällen einer alkoholischen Lösung mit Wasser erhält man einen beträchtlich satteren, mehr Stickstoff enthaltenden, chlorfreien Farbstoff, welcher nur noch teilweise in Alkohol löslich ist. Der in Alkohol unlösliche Anteil löst sich gut in einer Sodalösung, aus welcher sich durch Ansäuern eine Substanz von ziemlich konstanter Zusammensetzung ausscheiden läßt, die bei aus verschiedenen Melassen dargestellten Stoffen von 7,1—7,3 % Stickstoff und 0,2—0,3 % Asche schwankt. Die Färbkraft ist auf 980—1000⁰ St. für 1 % Lösung gestiegen. Es gelang, aus dieser Substanz lösliche Alkalisalze und unlösliche Salze anderer Metalle darzustellen. — Salze der oben genannten Fuscazinsäure.

In einer jüngeren Untersuchung, die der Entstehung dieser Farbstoffe gewidmet war, kam Staněk zum Ergebnisse, daß wahrscheinlich Asparagin „die Muttersubstanz der meisten Farbe der Zuckerfabriksprodukte ist". Natürlich ist es nicht ausgeschlossen, daß sich auch die anderen Amide oder Aminosäuren (Leucin, Histidin, Arginin) an dieser Farbstoffbildung beteiligen[1].

Dieser Befund fußt auf den Untersuchungen Maillards[2], der darauf hinwies, daß Aminosäuren in wäßriger Lösung mit Zuckern unter Abspaltung von Kohlendioxyd und Entstehung braungefärbter Stoffe reagieren. Diese Körper, Kondensationsprodukte zwischen Aminosäuren und Zuckern, nannte er Melanoidine[3]; sie sind verwandt den Substanzen, die Lafar für die Amidgärung verantwortlich macht (s. d.), und den „stickstoffhaltigen Huminen" bei der Hydrolyse von Eiweißkörpern und ähnlichen Reaktionen. Staněks Verdienst war es, diese Reaktionen, die nur für saure Medien bekannt waren, auch für das alkalische Gebiet der Zuckerindustrie zu erweisen: den Salzen der Aminosäuren kommt die gleiche Reaktionsfähigkeit zu wie den Säuren selbst.

Kostytschew und Brilliant erkannten, daß sich die Aminosäuren in alkalischem Medium mit Monosacchariden zu farblosen Substanzen kondensieren[4]. Diese Verbindungen könnten nach Staněk und Vondrák die Muttersubstanz der Melassefarbstoffe sein, aus denen letztere durch weitere Kondensation entstehen könnten[5].

Zu Staněks Untersuchung sei bemerkt, daß Saccharose und ·Invertzucker — ohne Anwesenheit von Aminosäuren — mit Wasser unter den gleichen Versuchsbedingungen erhitzt, ähnlich gefärbte (stickstofffreie) Substanzen ergaben, die jedoch andere Löslichkeitsverhältnisse zeigten.

Stoltzenberg isolierte zur gleichen Zeit aus einer Abfallauge nach der Entzuckerung einen stickstoffhaltigen Farbstoff mit der

---

[1] Z. f. Zuckerind. XLI, S. 607, 1916/17.
[2] Compt. rend. 1912, S. 66 (s. S. 82).
[3] In der Tierwelt vorkommende schwarzbraune bis schwarze Pigmente werden unter dem Sammelnamen Melanine zusammengefaßt. Samuely: „Biochem. Handlexikon" VI, S. 293.      [4] Z. f. physiolog. Ch. **127**, S. 224, 1923.
[5] Z. d. tschsl. Zuckerind. VIII, S. 2, 1926.

Formel $C_{20}H_{24}N_2O_9$, der der Fuscazinsäure ziemlich ähnelt, aber weniger Stickstoff enthält (6,4 gegen 7,7%). Es gibt zwei Farbstoffe in der Melasse: den fluorescierenden (in Alkohol löslichen) und den braunen, nicht fluoreszierenden Farbstoff in Melassen, der bei der Alkoholextraktion zurückbleibt. Der letztere bewirkt, daß beim Verdünnen der Abläufe die Braunfärbung auch im auffallenden Lichte überwiegt[1].

Friedrich arbeitete über ein Melasseentzuckerungsverfahren mittels Essigsäure (s. Abschnitt e) und machte bei dieser Gelegenheit auch Beobachtungen über die Farbstoffe der Melasse[2]. Er entzog derselben durch die gleiche Gewichtsmenge Eisessig den Zucker und destillierte den überschüssigen Eisessig ab. Der Rückstand enthielt drei Farbstoffe. Der eine war in Methylalkohol löslich, enthielt Stickstoff und machte 4% der ursprünglichen Substanz aus. Der zweite, in Methylalkohol unlösliche, löste sich in Wasser. Er bildete mit dem dritten zusammen 27% der Ursprungssubstanz und führte über 3,44% Stickstoff. Der auch in heißem Wasser unlösliche Rest war in Alkali mit dunkelbrauner Farbe und schwacher grünlicher Fluorescenz löslich. Er enthielt 2,99% N. Friedrich glaubt, daß seine Substanzen Kondensationsprodukte von Caramelkörpern mit Aminosäuren seien und nannte sie „Caramelazinstoffe".

Bei seinen Studien der Melassefarbstoffe[3] ging Simmich von dem Ergebnisse der früher und in der Fußnote genannten Untersuchung aus, daß die Melassefarbstoffe vielleicht „Huminkörper mit angelagertem Stickstoff" seien. Die stickstofffreie Stammsubstanz wäre nun sicherzustellen gewesen, und tatsächlich bekam Simmich durch Zufall zur rechten Zeit „zwei Proben eines sauren, fast stickstofffreien Farbstoffes aus der Melasse und seines Kalisalzes". Nach seiner Untersuchung hätte diese Substanz die Formel $C_9H_9O_4$ oder $C_{18}H_{18}O_8$ und steht in naher Verwandtschaft zu den Huminstoffen (Löslichkeit, Geschmack, Absorptionskurve).

Auf vier verschiedene Arten, bei wechselnden Versuchsbedingungen bezüglich Temperatur und Menge des Fällungsmittels stellte er verschiedene Farbstoffe dar und ermittelte deren Zusammensetzung:

| | Fällungs- temp. °C | Bleiessig angew. % | Farbstoff gef. % | Zusammensetzung desselben |
|---|---|---|---|---|
| 1 | 90 | 12,5 | 86 | $C_{36}H_{40}N_4O_{16}$ (verdoppelt) |
| 2 | 90 | 8,0 | 77 | $C_{36}H_{55}N_3O_{18}$ |
| 3 | 90 | 5,0 | 62 | $C_{36}H_{65}N_3O_{21}$ |
| 4 | 18 | 5,0 | ca. 70 | $C_{36}H_{112}N_5O_{18}$ |

Die Substanz unter Nr. 1 zeigte Eigenschaften der Fuscazinsäure, die unter Nr. 3 „dürfte mit Stoltzenbergs Produkt (s. oben) iden-

---

[1] B. D. ch. G. 1916, S. 2021, 2675.
[2] Z. d. tschsl. Zuckerind. XLI, S. 614, 769, 1916/17.
[3] Der Teil der gleichen Untersuchung über die Couleurfarbstoffe wurde schon bei den Caramelkörpern behandelt (s. S. 81).

tisch sein". Keine war aber eine einheitliche Substanz, es handelt sich in allen Fällen um Gemenge von Huminkörpern[1].

Es ist naheliegend, anzunehmen, daß sich die einzelnen Farbstoffgruppen in der Melasse physikalisch verschieden verhalten. So fand z. B. Herzfeld bei Entfärbungsversuchen an den Melassen der Kampagne 1924/25 (s. S. 529), daß die Kurve der entfärbten Melassen mit derjenigen der ursprünglichen durchaus nicht parallel läuft. Die dunklen Melassen werden durch die gleiche Kohlenmenge erheblich stärker entfärbt als die hellen Melassen. Derjenige Farbstoff also, der bei den dunklen Melassen in großer Menge vorhanden ist, gehört zu der Gruppe der leicht absorbierbaren Farbstoffe. Der annähernd horizontale Verlauf der Kurve zeigte an, daß der Gehalt an schwer absorbierbaren Farbstoffen bei den einzelnen Melassegruppen ebenfalls gleich ist. Er verhält sich für

Weißzucker- zu Rohzucker zu Raffineriemelassen
im Durchschnitt etwa wie 9     :     7     :     10

Bei der Durchführung der Messungen zeigte es sich, daß die Farbe der Melassen sehr inkonstant ist. Die angegebenen Werte des Extinktionskoeffizienten sind als relative anzusehen.

### g) Melassebildungstheorien.

Die Frage nach der Ursache des Entstehens der Melasse beschäftigt Theorie und Praxis schon lange. Ursprünglich wurde der Invertzucker als hauptsächlichster Melassebildner angesehen; da es aber Melassen ohne jeden Gehalt an Invertzucker gibt, mußte diese Theorie bald verlassen werden.

Im Verlaufe der folgenden Jahre wechselten die Anschauungen über die Melassebildung: bald war eine chemische, bald eine mechanische (physikalische) Theorie im Vordergrunde, bald wurden die Viscosität, bald Übersättigunsgerscheinungen für die Entstehung der Melasse verantwortlich gemacht. Der Entwicklung dieser Theorien wurde in der ersten Auflage mehr Augenmerk geschenkt.

So sei hier erst mit den Untersuchungen Herzfelds begonnen[2], die auf den Arbeiten Marschalls[3] fußen.

Marschall teilte auf Grund seiner — ziemlich unvollkommenen — Versuche im Jahre 1870 die Salze in bezug auf ihr Melassebildungsvermögen in drei Gruppen: 1. positive Melassebildner, das sind jene, welche die Löslichkeit des Zuckers in Wasser vermehren, also krystallisationshindernd, d. h. melassebildend wirken. Hierher rechnet er die Kalisalze von Essig-, Butter-, Citronensäure, $K_2CO_3$, KOH, NaOH, lauter Salze und Basen, die im Wasser sehr leicht löslich sind; 2. negative Melassebildner, d. s. solche, welche die Löslichkeit des Zuckers im Wasser vermindern, ihn also aussalzen. Sie wirken daher melassebildungshemmend. Doch ist der negative Melassebildner nicht als ein Körper aufzufassen, dessen Anwesenheit die Bildung von Melasse nicht

---

[1] Z. V. D. Zuckerind. 1926, S. 1.          [2] ebd. Bd. 42, S. 147, 1892.
[3] ebd. 1870, S. 339, 619.

vermehrt oder gar vermindert, sondern er bewirkt höchstens, daß sich
bei seiner Anwesenheit etwas weniger Zucker im Wasser löst, als sich
in reinem Wasser lösen würde — aber Melasse wird er immer geben[1].
Mit anderen Worten: Wären in einem Saft nur negative Melassebildner
vorhanden, so würde doch stets Melasse resultieren, aber weniger Melasse als bei gleichzeitiger oder ausschließlicher Anwesenheit auch posi-
tiver Melassebildner. Durch Vermehrung von negativen Melassebildnern
wird auch mehr Melasse erzeugt. Hierher gehören die Natronsalze organischer Säuren, z. B. Citronen-, Wein- und andere Säuren, $CaCl_2$,
$MgCl_2$, $CaSO_4$, $Ca(NO_3)_2$, und Betain; 3. indifferente Salze.

Die indifferenten Salze ändern das Lösungsvermögen des Zuckers
nicht ($K_2SO_4$, $KNO_3$, $KCl$, $NaCl$, $Na_2CO_3$, $CaO$, organischsaure Natronsalze).

Ferner stellte er fest, daß bei den Melassebildnern ein Teil des Salzes
je nach Umständen verschiedene Mengen Zucker am Krystallisieren
verhindert. Irgendeine Gesetzmäßigkeit jedoch fand er nicht (ausgenommen beim citronensauren Kali[2]).

Im Jahre 1871[3] schrieb Marschall in einer nachträglichen Mitteilung,
in der er die Melassebildungsfähigkeit von kaustischem, essig-, butter-
und citronensaurem Kalium behandelte, folgendes: „... nur die Körper
für Melassebildner zu erklären, denen selbst das Vermögen zu krystallisieren ganz abgeht, oder die doch nur sehr schwierig und unter ganz besonderen Verhältnissen zum Krystallisieren zu bringen sind.“ Also käme
den Krystalloiden (Salzen) keine Melassebildungsfähigkeit zu. Richtig
bemerkt Marschall weiter, daß die melassebildende Wirkung eines
Salzes nicht durch eine bestimmte Zahl ausdrückbar sei.

Herzfeld wiederholte Marschalls Versuche bei höheren Temperaturen 30—31⁰ C gegen 16—17⁰ C, besonders aber verwendete er jedes
Salz in verschiedenen Konzentrationen in der Zuckerlösung[4].

Im allgemeinen ergaben Herzfelds Versuche die Richtigkeit der
analytischen Angaben Marschalls. Die Schlußfolgerungen Marschalls aber waren unrichtig infolge der oben angegebenen Bemänge-
lung der Versuchsanordnung. Herzfeld fand, daß ein Salz sowohl
positiv wie negativ melassebildend wirken kann, je nachdem es in größeren oder geringeren Mengen anwesend ist. In größeren Mengen
anwesend, wirken die Salze melassebildend, in kleineren
Mengen aussalzend. Ein Hauptergebnis ist ferner die sicher be-
fundene Tatsache, daß es unmöglich ist, die melassebildende
Kraft eines Salzes durch einen einheitlichen Koeffizienten
auszudrücken, weil die Quantität des betreffenden Salzes
auch in Betracht gezogen werden muß.

In einigen Punkten fand Herzfeld andere Resultate als Marschall. Nach letzterem z. B. sind essig- und citronensaures Kalium
positive Melassebildner, nach Herzfelds Versuchen sind beide ohne

---

[1] Claassen sprach sich gegen die Beibehaltung dieser Bezeichnungen aus.
(Z. V. D. Zuckerind. Bd. 58, S. 686, 1908.)
[2] Z. V. D. Zuckerind. 1870, S. 339, 619.     [3] ebd. 1871, S. 97.
[4] ebd. 1892, S. 182, 240, 562.

Einfluß bzw. schwach Zucker aussalzend, was aber vielleicht die Versuchsbedingungen verursachten.

Wird ein Teil des Melasse-Nichtzuckers z. B. durch Osmose entfernt, so vermindert sich entsprechend die Löslichleit des Zuckers in der Melasse und dieser wird befähigt, auszukrystallisieren. Verdünnt man Melasse mit Wasser, so wird dieses Zucker auflösen, und zwar um so mehr, als man Wasser zugesetzt hat. Wird aber der Wasserzusatz derart gesteigert, daß die Nichtzucker in sehr kleinen Mengen anwesend werden, so kommt ihre aussalzende Wirkung zur Geltung, das Lösungsvermögen des Zuckers wird dann geringer als in reinem Wasser.

Nach Herzfeld ist das mit der Konzentration wachsende Lösungsvermögen der Nichtzuckerstoffe für Zucker die erste Ursache für die Entstehung der Melasse. Herzfeld läßt aber auch andere Ursachen für die Melassebildung gelten.

Umgekehrt erhöht auch die Anwesenheit von Zucker die Löslichkeit von Nichtzuckern, z. B. $KCl$, $KNO_3$, weshalb diese nicht ohne weiteres auskrystallisieren können. Zuerst müßte ein Teil des Zuckers entfernt werden. Die Anwesenheit mancher Nichtzucker, z. B. Kalisalze organischer Säuren, erhöht auch die Löslichkeit anderer Nichtzucker. So hat man in der Melasse mannigfaltige gegenseitige Löslichkeitsbeeinflussung; dabei spielt noch die Temperatur eine wichtige Rolle.

Weiter zeigte Herzfeld, daß Salzgemische, wie sie in der Melasse vorkommen, fast stets zuckerlösend wirken.

Eiweiß, Pektin, Dextran und Dextrin erwiesen sich, in geringen Mengen, nicht als krystallisationsstörend. Raffinose ist negativer Melassebildner und folgt den allgemeinen Gesetzen, die der genannte Forscher für die anderen Nichtzuckerstoffe aufstellte.

Mit folgenden Worten faßt Herzfeld alles das zusammen, was die Unterlage für seine Melassebildungstheorie bildet:

1. Zusatz geringer Mengen von Einzelsalzen anorganischer wie organischer Natur zu Zuckerlösungen wirkt, sofern nicht Nebenwirkungen eintreten, die Löslichkeit des Zuckers verringernd, große Mengen Salz erhöhen dieselbe. Am stärksten aussalzend wirken Körper, welche Krystallwasser binden, am stärksten lösend leicht lösliche organische Salze, wie essigsaures Kali.

2. Salzgemische erweisen sich in verdünnter Lösung gleichfalls die Löslichkeit des Zuckers verringernd, in konzentrierter vergrößern sie dieselbe. In Salzgemischen wirkt vermutlich jedes Salz nicht nach Maßgabe der Wirkung der vorhandenen Menge im Einzelfalle auf Zuckerlösung, sondern die Wirkung ist proportional derjenigen, welche das einzelne Salz ausüben würde, wenn es in der der Summe der Salze des Gemisches äquivalenten Menge vorhanden wäre. Dadurch erklärt es sich, daß Salzgemische mit verhältnismäßig geringem Gehalt an leicht löslichen Salzen in konzentrierter Lösung die Löslichkeit des Zuckers dennoch stark vermehren. Da auch anorganische Salze in konzentrierter Lösung Zucker zu lösen vermögen, so können dieselben vom Standpunkt der Praxis nicht als negative Melassebildner bezeichnet werden. Es nehmen vielmehr an der Melassebildung vermutlich sämtliche anwesenden Nichtzuckerstoffe in wechselndem Maße teil.

3. Normale Melassen enthalten keinen Zucker in übersättigter Lösung, in der Regel aber mehr Zucker, als dem Lösungsvermögen ihres Wassers für reinen Zucker entspricht. Der Grund dafür liegt darin, daß der Zucker in der Nichtzuckerlösung der Melasse leichter löslich ist als im Wasser. Deshalb kann

auch der Zucker in keiner Weise durch Krystallisation direkt daraus gewonnen werden.

4. Verdünnt man Melasse so weit, daß das Verhältnis von Wasser und Zucker darin demjenigen der reinen Zuckerlösung für die betreffende Temperatur entspricht, so vermag sie in der Regel erhebliche Mengen Zucker aufzulösen. Verdünnt man dagegen die Melasse so stark, daß ihre Nichtzuckerstoffe das Lösungsvermögen für Zucker einbüßen, so wird sich nur so viel Zucker lösen können, als der reinen Lösung entspricht. Bei noch stärkerer Verdünnung wird die Löslichkeit des Zuckers nicht mehr derjenigen im Wasser entsprechen, sondern etwas geringer werden, weil geringe Mengen Salz die Löslichkeit des Zuckers herabsetzen.

5. Die Krystallisation des Zuckers aus der Melasse wird demnach nicht, wie die mechanische Melassentheorie annimmt, lediglich durch die Zähflüssigkeit der Melasse bedingt, sondern in erster Linie dadurch, daß die Nichtzuckerstoffe um so mehr Zucker zu lösen vermögen, je weiter das Wasser verdunstet wird. Die Behinderung der Krystallisation der Nichtzuckerstoffe beim Konzentrieren der Melasse wird gleichfalls nicht bloß auf die mechanische Behinderung der Krystallisation zurückzuführen sein, sondern beruht zum Teil oder gänzlich darauf, daß die Löslichkeit der Nichtzuckerstoffe in Wasser sowohl durch die Gegenwart des Zuckers als auch durch gegenseitige Beeinflussung erhöht wird[1].

Diese physikalisch-chemische Theorie ist die heute allgemein gültige und hatte schon früher in Dubrunfaut ihren Verfechter. Sie läßt teilweise Viscositäts-, hauptsächlich aber Lösungserscheinungen gelten[2].

In Fortsetzung seiner ersten Arbeit untersuchte Herzfeld den „Einfluß der organischsauren Kalksalze, welche bei Zerstörung von Invertzucker oder Caramel durch Kochen mit Kalk entstehen", auf die Bildung von Melasse[3]. Das sind hauptsächlich saccharin-, glukon- und milchsaure Kalksalze. Er arbeitete bei diesen Experimentaluntersuchungen nicht mit reinen Substanzen, sondern nur mit den durch Kalkeinwirkung auf Invertzucker bzw. Caramel erhaltenen Salzgemengen.

Folgende kleine Zusammenstellung gibt übersichtlich einige Resultate wieder:

Kalksalze aus Invertzucker (durch Kochen von Invertzuckersirup mit Kalk):

| | | | | | | |
|---|---|---|---|---|---|---|
| Bei 25° R | | lösten 20 Teile reinen Wassers 44,00 Teile Zucker, | | | | |
| „ 29,51 Gesamtnichtzucker | „ 20 | „ | „ | „ | 29,13 | „ „ |
| „ 13,14 „ | „ 20 | „ | „ | „ | 36,84 | „ „ |
| „ 51,93 „ | „ 20 | „ | „ | „ | 40,46 | „ „ |

Kalksalze aus Caramel (geschmolzener Zucker gelöst und mit Kalk gekocht):

| | | | | | |
|---|---|---|---|---|---|
| Bei 37,10 Gesamtnichtzucker lösten 20 Teile reinen Wassers 27,73 Teile Zucker, | | | | | |
| „ 17,70 „ | „ 20 | „ | „ | „ | 36,48 „ „ |
| „ 7,96 „ | „ 20 | „ | „ | „ | 40,18 „ „ |

statt wie oben 44 Teile Zucker.

Also selbst bei Anwesenheit großer Mengen zeigen sich die Salzgemische als „negative" Melassebildner; sie wirken zuckeraussalzend. Herzfeld erklärte diese Tatsache so, daß die Kalksalze vielleicht Krystallwasser binden, die Lösung wasserärmer machen und demgemäß

---

[1] Z. V. D. Zuckerind. 1892, S. 182, 240, 562.
[2] Eine kritische Betrachtung dieser Theorie s. in Lippmann: Ch. d. Zuckerarten, 1895, S. 654.
[3] Z. V. D. Zuckerind. 1892, S. 768.

weniger Zucker lösen. Dies in Analogie mit Chlorcalcium oder Raffinose, welche beide infolge Krystallwasserbindung negative Melassebildner sind. Vom praktischen Standpunkt sind also die Kalksalze keine Melassebildner — werden aber trotzdem als unangenehme Körper anzusehen sein, da sie auf anderen Stationen sich unliebsam bemerkbar machen.

Lippmann ist der Ansicht, daß die Melassebildung durch mehrere Ursachen gleichzeitig bedingt sei: ein Teil des Zuckers ist in Form von sirupösen Doppelsalzen chemisch gebunden, ein anderer Teil durch zähflüssige oder gummiartige Stoffe an seiner Krystallisation gehindert (Viscosität), und der letzte Teil desselben wird durch Übersättigungsphänomene in Lösung gehalten[1].

Schukow stellte den Einfluß verschiedener Mengen von Salzen auf die Löslichkeit des Zuckers bei 30, 50 und 70° C sowie den von zusammengesetzten Nichtzuckerstoffen der Melasse bei denselben Temperaturen fest. Die sehr umfangreiche Experimentaluntersuchung wird besser durch die Diagramme als durch das große Zahlenmaterial illustriert. Sie wurden in der ersten Auflage eingehend genug besprochen; hier genügen nur die zusammengefaßten Ergebnisse[2]:

1. Mit der Erhöhung der Temperatur steigern alle untersuchten Salze die Löslichkeit des Zuckers im Wasser, sind melassebildend, und zwar wächst ihre melassebildende Kraft mit der Temperatur. Dasselbe gilt für den Nichtzucker der Melasse (Schlempe). Der organische Teil dieses Nichtzuckers, welch letzterer mit steigendem Gehalte größere Mengen Zucker in Lösung hält, scheint die Löslichkeit wenig zu beeinflussen.

2. KCl, NaCl, KBr erhöhen mit steigendem Gehalte die Löslichkeit des Zuckers. Dasselbe gilt für $CaCl_2$, nur fängt bei diesem die Löslichkeit des Zuckers bei einem etwas größeren Salzgehalte der Lösung als bei den andern Salzen zu wachsen an. $KNO_3$ folgt auch der gleichen Regel (für KCl, NaCl und KBr) bei 70° C; bei 50° C wächst seine auflösende Fähigkeit nur bis zu einer gewissen Grenze des Salzgehaltes; bei 30° wirkt er (in den untersuchten Konzentrationen) stets aussalzend. $K_2SO_4$ und $Na_2SO_4$ beeinflussen auch bei 70° C die Löslichkeit des Zuckers sehr wenig.

Der Schukowschen Arbeit kommt außer ihren wertvollen Ergebnissen noch insofern große Bedeutung zu, als sie die erste Untersuchung bei höheren Temperaturen darstellt (über die bisher üblichen 30° C hinaus); dies war um so wichtiger, da mit der Einführung der neueren Nachproduktenverfahren höhere Temperaturen zur Wirkung gelangen.

In einer sehr interessanten Arbeit studierte Lebedjeff den Einfluß des Betains und der Glutaminsäure, bzw. deren Alkalisalze auf die Melassebildung. Die genannten Verbindungen kommen stets in den Melassen vor, und so ist es wohl naheliegend, daß sie bei der Melassebildung eine größere Rolle spielen werden. Lebedjeff untersuchte den Einfluß der Temperatur und der Menge dieser Nichtzuckerstoffe auf die Löslichkeit des Zuckers[3] und stellte die Ergebnisse seiner Versuche in Tabellen und Diagrammen zusammen; ihnen sind folgende wichtigere Tatsachen zu entnehmen: Das Betain wirkt bei 30° C aussalzend, bei 50 und 70° melassebildend; seine aussalzende Wir-

---

[1] Lippmann: Chemie der Zuckerarten, S. 660. Braunschweig 1895.
[2] Z. V. D. Zuckerind. Bd. 50, S. 291, 1900.     [3] ebd. Bd. 58, S. 599, 1908.

kung bei 30⁰ steigt, seine melassebildende Wirkung bei höheren Temperaturen sinkt mit wachsender Menge des Betains. Glutaminsaures Kali wirkt bei den Temperaturen 30—70⁰ melassebildend; diese Wirkung steigt bei 30—50⁰ und sinkt von ihrem Maximum gegen 70⁰ herab. Mit steigender Menge dieses Salzes wächst die gelöste Zuckermenge, also die Melassebildungsfähigkeit. Glutaminsaures Natrium wirkt bei 30⁰ C aussalzend, bei 70⁰ C melassebildend, und bei 50⁰ C geht die anfangs aussalzende Wirkung mit seiner Anhäufung in die melassebildende über. Lebedjeffs Arbeit zeigt auch den Einfluß, welchen die beiden Verbindungen im Vergleich mit den von Schukow untersuchten auf die Melassebildung ausüben.

Lebedjeff stellt folgende drei Typen bzw. Gruppen von chemischen Verbindungen auf, die bezüglich Melassebildung gleiches Verhalten zeigen. 1. Gruppe: Substanzen, die hauptsächlich aussalzend wirken ($CaCl_2$, $CH_3 \cdot COONa$). 2. Solche Körper, welche bei niedrigen Temperaturen und geringem Gehalte in den Sirupen schwach aussalzend wirken, aber mit dem Wachsen von Temperatur und Menge mehr oder weniger stark melassebildend werden ($KCl$, $NaCl$, $KNO_3$, $CH_3 \cdot COOK$). 3. Jene Verbindungen, welche schon bei niedrigen Temperaturen und geringen Mengen melassebildend sind, aber mit wachsender Menge an melassebildender Kraft abnehmen, mit steigender Temperatur aber zunehmen.

Weiter fand er, daß essigsaures Kali stark melassebildend ist, und zwar mit wachsender Menge immer stärker; essigsaures Natron wirkt noch in Mengen von 70 % aussalzend.

Nach Claassen wirkt die Viscosität der Melasse, der u. a. Durin, Degener[1] große Bedeutung beilegten, nur hemmend, nicht krystallisationsverhindernd[2]. Er weist darauf hin und wiederholte in der auf Seite 521 genannten Untersuchung, daß man mit Löslichkeitsversuchen bzw. mit der Löslichkeit des Zuckers der Melassebildung nicht näherkomme. „Alle (bisher genannten) Versuche sind daher nicht als Versuche über Melassebildung anzusehen, sondern als Versuche über die Löslichkeit des Zuckers in unreinen, noch krystallisationsfähigen Lösungen, da die Sättigung durch Auflösen bestimmt wurde. Die melassebildende Kraft von Nichtzuckerstoffen kann nur durch Auskrystallisation aus übersättigten Lösungen gefunden werden ... Krystallisationsversuche, die bis zum Aufhören der Krystallisation durchgeführt werden, müssen grundsätzlich von den eigentlichen Versuchen zur Bestimmung der Löslichkeit unterschieden werden.‟

Der Genannte untersuchte dann selbst die Löslichkeit des Zuckers (s. d.) in Abhängigkeit von der Temperatur, von Art und Menge der Nichtzuckerstoffe; ferner die Krystallisationsfähigkeit des Zuckers in Abhängigkeit von den schon genannten Bedingungen und zog daraus Schlußfolgerungen für den Krystallisationsbetrieb in der Praxis[3].

---

[1] Z. V. D. Zuckerind. 1892, S. 187; 1896, S. 533.
[2] ebd. Bd. 48, 1898, S. 755.     [3] ebd. Bd. 64, S. 807, 1914.

In seiner Studie „über den Krystallisationstypus der Zuckersäfte‘‘
machte Jesser als erster darauf aufmerksam, daß man die Phasen-
lehre (Lösungsgesetze) zur Lösung des Melassebildungsproblems heranziehen könne[1]. Hier handelt es sich um das System Wasser, Zucker,
Nichtzucker. Vom Standpunkt dieser Lehre ist die ideale Melasse ein
Sirup, der außer mit Zucker auch noch mit mindestens einem Nichtzuckerstoff gesättigt ist[2].

Auf diese Arbeit hinweisend und viel eingehender und ausführlicher
seinen Standpunkt begründend, veröffentlichte T. van der Linden
„Betrachtungen über die Melassebildung vom phasentheoretischen
Standpunkt aus[3]‘‘. Danach können Melassen und unreine Zucker-
bildungen überhaupt als ein System von 3 Komponenten betrachtet
werden. Ihre Gleichgewichtszustände werden durch einige wenige Typen
bestimmt, deren Eigenschaften qualitativ bekannt sind. Die Komponenten bilden gegenseitig eutektische Mischungen, die von einem bestimmten Augenblick an anstatt der reinen Stoffe ausgeschieden werden.
Die Melasse stellt sonach eine gesättigte Lösung von
Zucker und zumindest noch von einem Nichtzucker dar.
Linden hofft am Schlusse seiner Abhandlung, daß ihr vornehmstes
Resultat das ist, daß darin die theoretischen Grundlagen niedergelegt
sind, mit deren Hilfe die bis heute angestellten Untersuchungen auf diesem Gebiete in ein neues Licht gesetzt sind. Dies könnte zu einer
ausführlichen experimentellen Untersuchung führen, die ein helles Licht
auf das Verhalten unserer Nachproduktsude und unserer Melassen werfen
könnte.

„Neue Gesichtspunkte zur Melassebildung lieferten H. Cassel und
F. Tödt, deren wesentliches Merkmal die Rolle ist, die den Ionen der
Nichtzuckerstoffe zugeschrieben wird; von untergeordneter Bedeutung
sind die organischen, hochmolekularen Nichtzuckerstoffe, die eigentlich
nur krystallisationsverzögernd wirken[4]. Claassen wies neuerdings
darauf hin, daß die Löslichkeit des Zuckers in unreinen Lösungen mehr
für das Verkochen als für die Melassebildung in Betracht kommt[5],
wie schon oben ausgeführt wurde.

Jedenfalls ist es richtig, daß „die Reinheit kein ausreichendes Maß
für die Krystallisationsfähigkeit‘‘ ist[6]. Eine Kritik all dieser Theorien
kann man mit den Worten J. Dédeks (und J. Janoušeks) beenden:
„Sichere Beweise dafür, daß die Zusammensetzung der technischen
Melasse irgendwelcher von den genannten Theorien entspricht, haben
wir bis jetzt nicht. So viel ist nur bekannt, daß die mechanische Theorie
in jener Bedeutung, wie sie von Feltz formuliert wurde[7], als die ausschließliche Ursache der Melasse-Entstehung sich nicht halten läßt,
obwohl allerdings die bekannten Differenzen der Zuckerlöslichkeit in
unreinen Lösungen je nach der Feststellungsmethode (durch Auflösen

---

[1] Näheres darüber siehe in den größeren Werken über physikalische Chemie:
W. Nernst, W. Vaubel.  [2] Ö. U. Z. f. Zuckerind. XLIII, S. 867, 1914.
[3] Z. V. D. Zuckerind. Bd. 66, S. 165, 1916.  [4] D. Z. 1926, S. 585.
[5] ebd. 1926, S. 654.  [6] ebd. 1926, S. 783.
[7] Z. V. D. Zuckerind. 1871, S. 167.

oder Auskrystallisieren) und das Intervall der Claassenschen Sättigungskoeffizienten lebhaft an die Versuche von Marc über die „gehemmte Krystallisation' erinnern, welch letztere, wenigstens zum Teil, die Ursache der Melassebildung sein könnte. Die Theorie von Herzfeld hat bestimmte Schwierigkeiten bei der Erklärung der Verhältnisse bei den Rohrmelassen, und der Verlauf der Löslichkeitskurven (s. S. 550) schließt die Möglichkeit des Vorhandenseins chemischer Verbindungen der Saccharose und der Nichtzuckerstoffe nicht aus. Der Theorie von Prinsen-Geerlings fehlt der direkte Beweis des Vorhandenseins leicht löslicher Saccharate in der Melasse, und der Phasentheorie fehlt schließlich sämtliche Kenntnis der eutektischen Mischungen der Saccharose[1]."

Vom Säurecharakter der Saccharose ausgehend (s. d.), kamen Dědek und Těrechov zur Überzeugung, daß auch in der Melasse die Saccharose mit alkalischen Hydroxyden reagieren werde. Bei diesen wird natürlich der Grad, bei welchen die Saccharose an den analogen Reaktionen mit Salzen teilnehmen wird, durch das gegenseitige Verhältnis der Äquivalente der Saccharose zu den anwesenden Salzionen in Übereinstimmung mit dem Guldberg-Waageschen Gesetze der Massenwirkung und mit der Dissoziationskonstante von Säuren der entsprechenden Anionen gegeben. Allgemein kann man sagen, daß, je stärker die Konzentration der Salze und je schwächer deren Säuren sein werden, um so mehr Saccharose in die Reaktion eingehen wird, d. i. um so geringere Menge freier Saccharose wird sich in der Lösung befinden.

Bei Durchrechnung vieler Melasseanalysen verschiedenster Herkunft kamen beide zu einem ungewöhnlich interessanten Ergebnisse: sie fanden, daß in einer und derselben Melasse die molare Konzentration der Saccharose nahezu mit der äquivalenten Konzentration von $K^\cdot$ und $Na^\cdot$ übereinstimmt. Dies fanden sie so oft, „daß ein Zufall vollkommen ausgeschlossen ist und daß es sich daher um einen inneren ursächlichen Zusammenhang in Übereinstimmung mit unseren theoretischen Voraussetzungen handelt".

„Unser Befund stellt überhaupt den ersten Fall dar, wo es gelungen ist, in der Zusammensetzung der Melasse Beziehungen sowie Gesetzmäßigkeiten zu erforschen, die zwar nur eine hypothetische, dennoch aber quantitative Unterlage aufweisen. Die von uns entdeckte Beziehung ist ein einfaches stöchiometrisches Verhältnis, das im Gemische von derart bunter Zusammensetzung wie die technische Melasse ist, gilt[2]."

In einer folgenden eingehenden Untersuchung über den „Ursprung und das Wesen der Melasse" veröffentlichte Dědek das folgende analytische Material, das ihn auf das obengenannte Verhältnis Saccharose : Na + K-Ionte brachte.

Obwohl „die stöchiometrische Einfachheit zur Vorstellung einer chemischen Verbindung lockt", zieht Dědek keine „derart weittragenden Folgerungen". (Z. B. ist es nicht notwendig, die Existenz von Verbindungen im Sinne der klassischen Chemie anzunehmen.) Nach seinen

---

[1] Z. d. tschsl. Zuckerind. IV, S. 515, 1923.    [2] ebd. VII, S. 349, 1926.

Untersuchungen ist das äquimolekulare Verhältnis von Saccharose zu
den Na + K-Ionen das einzig verläßliche Kennzeichen einer völlig
erschöpften Melasse.

| Ursprung der Melasse | Autor | Zahl der Ana-lysen | Molare Konzen-tration von | | Anmerkung |
|---|---|---|---|---|---|
| | | | Saccha-rose | K+Na | |
| Deutsche und österr.-ung. . | Bodenbender 1876 | 18 | 0,185 | 0,184 | Ber. a. d. alkal. Asche |
| Deutsche und österr.-ung. . | Bodenbender 1880 | 16 | 0,188 | 0,181 | Ber. a. d. alkal. Asche |
| Französische . | Pagnoul | 120 | 0,132 | 0,131 | Korr. auf Cl u. $SO_3$ |
| Mährische . . . | Mategczek 1880 | ? | 0,166 | 0,159 | Nach Entzuckerung |
| Böhmische . . | Andrlík u. Gen. 1901 | 9 | 0,142 | 0,136 | |
| Böhmische . . | Andrlík u. Gen. 1901 | 6 | 0,142 | 0,134 | Osmosiert |
| Russische . . . | Minz 1907 | 54 | 0,142 | 0,143 | Ber. a. d. alkal. Asche |
| Russische . . . | Minz 1907 | 5 | 0,135 | 0,136 | Ber. a. d. alkal. Asche |
| Amerikanische . | Meyer 1909 | 2 | 0,152 | 0,146 | |
| Böhmische . . | Staněk 1914 | 16 | 0,143 | 0,131 | Ber. a. d. alkal. Asche |
| Dänische . . . | Phönix 1926 | 1 | 0,144 | 0,141 | Kamp.-Durchschnitt |

Die Unkrystallisierbarkeit der Melasse ist keine sekundäre Erscheinung als Folge etwa einer Behinderung durch Kolloidstoffe oder durch
Viscosität, diese könnten höchstens verlangsamend wirken[1].

Diese Arbeit enthält in einem Anhange ein fast erschöpfendes Literaturverzeich-
nis zur Frage der Melassebildungstheorien und zur Krystallisation des Zuckers.
Nochmals legte Dědek seine Erklärungsversuche für die Entstehung der
Melasse dar. Die Bildung von Melasse würde am besten durch Züchtung von
salzarmen Rüben verhindert werden, wie es Prinsen-Geerligs für Zuckerrohr tat[2].

Zu den neueren Untersuchungen nahm Claassen Stellung[3]. In
Übereinstimmung mit seinen früheren Ausführungen liegt das Kennzeichen für die Melasse in ihrer Unkrystallisierbarkeit. Diese ist
durch die Verbindung des Zuckers mit organischen Kali- und Natronsalzen, die den Zucker am Krystallisieren verhindern, hervorgerufen.
Solche Bindung des Zuckers durch Salze zu neuen, nicht krystallisierbaren Verbindungen beginnt wahrscheinlich schon in Sirupen von 65—70
Reinheit, und zwar in einer Menge, die mit der fallenden Reinheit in
stark steigendem Maße zunimmt. Daneben wirkt die Viscosität nicht
melassebildend, sondern nur krystallisationshindernd auf den freien
Zucker — und diese Viscosität der wirklichen Melassen erschwert überhaupt alle Versuche zur Klärung der Frage der Melassebildung.

Im Zusammenhange damit erörtert Claassen die Durchführung der
Nachproduktenarbeit (s. S. 507) und schließt: „Der praktische Zuckerfabrikant hat schon sehr wertvolle Grundlagen zur Frage der Melassebildung beigebracht, zu dem Zweck, Mittel und Wege zu schaffen, eine
weitgehend auskrystallisierte, also wirkliche Melasse zu gewinnen. Es

---

[1] Z. V. D. Zuckerind. 1927, S. 495.     [2] C. f. Zuckerind. 1928, S. 45.
[3] Über Melassebildung und das Wesen der Melasse. Z. V. D. Zuckerind.
1927, S. 675.

muß nun abgewartet werden, ob die theoretischen Erörterungen, die vorläufig noch der Praxis nachhinken und noch wenig klar und vielfach in sich widerspruchsvoll sind, Ergebnisse zeitigen werden, die eine Grundlage nicht nur zur Erklärung des Wesens der Melasse, sondern auch zur Verbesserung der praktischen Krystallisation bieten werden."

### h) Betrachtungen über das quantitative Verhalten des Nichtzuckers bei der Melassebildung (in der Praxis).

Im vorhergehenden wurde der Einfluß der einzelnen Nichtzuckerstoffe auf die Bildung von Melasse vom Standpunkte der Theorie untersucht. Ebenso wichtig ist aber der zahlenmäßige Einfluß, wie er sich im Betriebe geltend macht.

Für Raffineriemelassen berechnete Molenda das melassebildende Vermögen von Asche und des organischen Nichtzuckers im Zusammenhange mit seinen Studien über die Raffinose im Rohzucker (s. d.). Für den Gesamtnichtzucker kommt er zu Werten in den verschiedenen Kampagnen von 1,41—1,70 Teilen Polarisationszucker auf 1 Teil Nichtzucker und fand den Zusammenhang, daß mit der größeren Pluspolarisation (sog. Raffinose) auch die melassebildende Kraft des Nichtzuckers wachse. Sie ist danach ein „Melassebildner schlimmster Sorte"[1].

Aus der vergleichenden Zusammenstellung der Melasseausbeute im Zusammenhange mit dem Gehalte der Diffusionssäfte an schädlichem Stickstoff und an Alkalien Vondráks in den Analysen auf S. 288 zeigt sich, daß der schädliche Stickstoff ein größerer Melassebildner ist als die Alkalien. Es galt ungefähr:

| Kampagne | 1922/23 | 1921/22 | 1920/21 |
|---|---|---|---|
| Melassemenge auf Rübe % . . . . . . . . | 1,00 | 2,00 | 1,20 |
| Schädlicher Stickstoff im Diffusionssaft auf 100 Teile Zucker . . . . . . . . . . . . | 0,335 | 0,480 | 0,272 |
| $K_2O$ auf 100 Teile Zucker . . . . . . . . | 0,897 | 0,795 | 0,774 |

Wie schon früher erwähnt wurde, studierte J. B. Minz den Einfluß des Nichtzuckers auf die Bildung der russischen Melassen und fand, daß seine melassebildende Fähigkeit vom sog. „organischen Koeffizienten", d. h. vom Verhältnis der organischen Nichtzuckerstoffe zur Asche abhängt; je geringer dieser, desto größer ist die Melassebildung (s. Tab. Nr. 114).

Geringe organische Koeffizienten sind den Melassen eigen, deren Sättigungskoeffizient 1 ist. Der komplizierte Nichtzucker der Melasse mit einem großen Verhältnis der organischen Stoffe zur Asche ist größtenteils ein negativer Melassebildner, d. h. er wirkt auf den Zucker entsalzend.

Die Aschenmenge in der Melasse ist an und für sich kein entscheidender Faktor für die Lösbarkeit des Zuckers. Die Zusammensetzung der Asche bestimmt deren Einfluß auf die Löslichkeit des Zuckers: die Asche mit einem großen Gehalt an Kalk und Natronsalzen ist ein größerer Melassebildner als die Asche mit einem geringeren Gehalt an Alkalien.

---

[1] Ö. U. Z. f. Zuckerind. XLIII, S. 48 ff., 1914.

Die Zuckermenge, welche auf einen Teil des Stickstoffes in der Melasse kommt, schwankt in großen Grenzen. In trockenen Jahren beträgt sie im Durchschnitt 25 und für nasse Jahre 30—34 Teile des Zuckers auf einen Teil des Stickstoffes.

Die normale oder wirkliche Melasse kann in Abhängigkeit vom Charakter des Nichtzuckers ebensoviel oder mehr oder weniger Zucker enthalten, als es seiner Löslichkeit in reinem Wasser entspricht.

Jeder Melasse entspricht ein besonderer Sättigungskoeffizient, welcher vom Charakter ihres Nichtzuckers abhängt. Der Sättigungskoeffizient der untersuchten Melassen war bei 50⁰ C verhältnismäßig gering, er schwankte in den Grenzen von 0,83—1,12 und erreicht nur in einem Falle 1,21, was der Löslichkeit von 314,4 Zucker in 100 Wasser bei der Reinheit der Melasse von 59,5 entspricht.

„Der komplizierte Nichtzucker der Melassen der russischen Rübenzuckerfabriken ist seiner Zusammensetzung nach ein schwächerer Melassebildner als der Nichtzucker der Melassen der westeuropäischen Fabriken und daher sind die Reinheiten der russischen Melassen gewöhnlich niedriger als die Reinheiten der westeuropäischen Melassen."

Die Zusammensetzung des Nichtzuckergemisches ist unbeständig, abhängig von Witterungs- und Kampagneverlauf, so daß sich keine Angaben über die zu erwartende Melasse im voraus berechnen lassen[1].

Trotz dieser Erkenntnis gab es schon vorher und nachher genug Methoden der Vorausberechnung der zu erwartenden Melassemengen. Sie haben in manchen Fällen mit der Praxis des betreffenden Betriebes, aus dem sie abgeleitet wurden, übereinstimmende Ergebnisse gehabt — auf jeden Fall aber sind sie interessant genug — wenn auch praktisch nicht gerade notwendig —, um hier fast lückenlos angeführt zu werden.

Hingewiesen sei zunächst auf die Bemühungen Andrlíks und Friedls, den schädlichen Stickstoff zu dieser Berechnung heranzuziehen (s. „Wertbestimmung der Rüben").

Für französische Verhältnisse tat dies H. Pellet mit dem Aschenkoeffizienten (s. d.); diese Berechnung geht davon aus, daß die im Dicksaft vorhandenen Salze sich fast ganz in der Melasse finden müssen, und zwar in der verkauften Melasse und in der, die am Rohzucker haftet[2].

Die Frage nach der Möglichkeit, die geringste Menge Melasse, die aus einem Rohsafte abfällt, zu bestimmen, konnte O. Spengler nur mit gewissen Vorbehalten bejahen[3].

Die Ausbeute, also indirekt auch die Menge der zu erwartenden Melasse, im voraus zu berechnen, bemühte sich auch Friedl, indem er den schädlichen Stickstoff des Dicksaftes zum Ausgang seiner Berechnung machte (s. Kap. 6 e und „Nachtrag").

---

[1] Z. d. tschsl. Zuckerind. V, S. 338, 1924.
[2] Z. V. D. Zuckerind. Bd. 66, S. 877, 1916.          [3] D. Z. 1927, S. 401.

Fünfundzwanzigstes Kapitel.
# Bewegung einiger Substanzen in der Rohzuckerfabrikation.

In diesem Kapitel soll die Bewegung mancher Substanzen in der Zuckerfabrikation besprochen werden; dadurch erfahren die chemischen Vorgänge, wie sie in den früheren Kapiteln geschildert wurden, eine Ergänzung. Erschien z. B. die Arbeit eines Forschers über Pentosane oder über Ammoniakstickstoff, die das Verhalten der betreffenden Körper vom Rübensafte bis zur Melasse verfolgte, so hätte die Besprechung dieser Studien bei den einzelnen Stationen den Zusammenhang gestört. Hier können diese Arbeiten zusammenhängend wiedergegeben werden.

## a) Bewegung der stickstoffhaltigen Nichtzucker.

Was den Ammoniakstickstoff anlangt, stellte Pellet fest, daß die Säfte der Saturation größere Ammoniakmengen als der Rohsaft enthalten. Das zeigt, daß der Kalk in der Scheidung aus Stickstoffverbindungen Ammoniak entwickelt (s. auch Kap. 18 g).

Gleiches fand Bresler[1]. Nach seinen Untersuchungen entstand in der ersten und zweiten Saturation Ammoniakstickstoff auf Kosten des Amidstickstoffes und verflüchtigte sich größtenteils beim Verdampfen. In Prozenten des ursprünglichen Amidstickstoffes wurde abgespalten:

in der Scheidesaturation   56,1,   in der Schwefelung   3,3 % ⎫ in Summa
in der II. Saturation       3,6,   beim Verdampfen      9,5 % ⎭   72,5 %

Diese Untersuchung wird noch später zu besprechen sein.

Sehr schön kann man die Wanderung des Stickstoffes und der Eiweißkörper an Hand der Untersuchungen P. Wendelers verfolgen[2]. Den Gesamtstickstoff bestimmte er nach Jodlbauer, die Eiweißformen nach Rümpler und den Ammoniakstickstoff nach Schulze-Bosshard. Die Ergebnisse seiner Untersuchungen sind in der Tabelle Nr. 115 S. 558 vereinigt.

Im Vorhandensein von Propepton und Pepton im Diffusionssafte sah Wendeler Zeichen für eine anormale Beschaffenheit desselben, da bei normalem Safte keine Zersetzungsprodukte von Albumin nachweisbar sein dürfen. Die Rüben waren stark gefroren und dann wieder aufgetaut. Die Zahlen zeigen übersichtlich die Leistung der einzelnen Stationen. Die Hauptmenge des Stickstoffes wird in der ersten Scheidesaturation, minimal in der zweiten entfernt. Die Verdampfung wirkt ziemlich intensiv reinigend, weniger die Knochenkohlenfiltration. Die einzelnen Eiweißformen zeigen folgendes Bild: In der ersten Scheidesaturation wird Eiweiß über Propepton in Pepton und dieses wieder weiter abgebaut. Dieser Abbau

---

[1] D. Z. 1897, S. 672.        [2] ebd. 1900, S. 729.

geschieht nur in geringfügigem Maße in der zweiten Saturation. Bei der Dünnsaftfiltration wurde der Gesamtproteinstoff vermindert, ebenso das Albumin; der Stickstoff des Peptons und Propeptons ist etwas gestiegen. Daraus will Wendeler auf eine Peptonisierung des Eiweißes bei der Spodiumfiltration schließen. Daß dieses Ergebnis nur durch unrichtige Probenahme oder durch einen Analysenfehler

Tabelle 115.

| Auf 100 Teile berechnet | Gesamt-stickstoff | Albumin-stickstoff | Propepton-stickstoff | Pepton-stickstoff | Gesamt-protein-stickstoff | Ammoniak-stickstoff | Restlicher Stickstoff | Scheinbarer Reinheits-quotient |
|---|---|---|---|---|---|---|---|---|
| | | | | Prozente | | | | |
| Diffusionssaft . . . . | 0,789 | 0,072 | 0,029 | 0,044 | 0,145 | 0,013 | 0,631 | 89,2 |
| Dünnsaft von d. Scheidesaturation . . . . | 0,595 | 0,043 | 0,006 | 0,013 | 0,062 | 0,003 | 0,530 | 91,8 |
| Dünnsaft der II. Saturation . . . . . | 0,593 | 0,040 | 0,007 | 0,013 | 0,060 | 0,006 | 0,527 | 92,3 |
| Dünnsaft nach der Spodiumfiltration . | 0,566 | 0,027 | 0,009 | 0,016 | 0,052 | 0,007 | 0,507 | 92,6 |
| Dicksaft vor der Spodiumfiltration . . . | 0,441 | 0,007 | 0,011 | 0,023 | 0,041 | 0,002 | 0,398 | 93,6 |
| Dicksaft nach der Spodiumfiltration . . . | 0,394 | 0,006 | 0,005 | 0,024 | 0,035 | 0,002 | 0,357 | 93,9 |
| Gesamtabnahme . . . | 0,395 | 0,066 | 0,024 | 0,020 | 0,110 | 0,011 | 0,274 | — |
| Gesamtabnahme auf 100 Teile der im Diffusionssafte enthaltenen bez. Substanz berechnet . . | 49,9 | 91,7 | — | — | 75,8 | 84,6 | 43,4 | — |

begründet ist, beweisen die Zahlen für die Dicksaftfiltration, aus denen man auf eine Peptonisierung nicht schließen kann. Im übrigen sind alle diese Werte so naheliegend, daß sie bereits innerhalb der zulässigen Fehlergrenzen liegen. In der Verdampfstation wurde Protein peptonisiert und ein Zusammenhang mit dem Rückgang der Alkalität konstatiert.

Die für den Ammoniakstickstoff ermittelten Zahlen sind sehr niedrig. Daraus schließt Wendeler, daß Ammoniak als solches und nicht in Form eines Salzes in den Säften vorhanden ist, und zwar gerade der Teil, der, von den Zersetzungen der Amide herrührend, noch nicht ausgekocht wurde.

Die Gesamtabnahme der einzelnen Stickstofformen ist ebenfalls in der angeführten Tabelle ersichtlich. Im „restlichen Stickstoff" (Asparagin, Betain usw.) ist auch Abnahme zu konstatieren. Die Ergebnisse seiner Versuche faßt Wendeler in folgenden Schlüssen zusammen:

1. Von dem im Diffusionssaft vorhanden gewesenen Albumin wurden durch die Scheidesaturation 40,2% entfernt, während zugleich 77,0% Propepton und 70,6% Pepton verschwanden (auf 100% ursprünglich

vorhandenes Propepton und Pepton berechnet). In Summa gingen die
Proteinstoffe von 0,906 % auf 0,388 % herunter, d. h. von 100 % auf
42,8 %. Dabei ist Propepton stärker zurückgegangen als Pepton, weil
das erstere in letzteres verwandelt wurde.

2. Die Spodiumfilter nahmen nur wenig Protein, auch nur wenig
von den anderen Stickstoffverbindungen auf. Dabei vermehrte sich
Propepton und Pepton trotz Absorption dadurch, daß sich Eiweiß in
diese Körper verwandelte.

3. Während der Verdampfung verschwand der Eiweißstickstoff
bis auf 0,007 %, dagegen vermehrten sich Propepton und Pepton, so
daß der Gesamtproteinstickstoff nur um 0,011 % niedriger war.
Stärker wurden die restlichen Stickstoffkörper zersetzt[1].

Wendeler setzte seine Studien über die Stickstoffwanderung im
Betriebe fort, und zwar studierte er zunächst die Wirkung der Diffu-
sion selbst, da er in der ersten Arbeit direkt vom Rohsafte ausging.
Die nach der Rümplerschen Methode gefundenen Stickstoffzahlen mit
6,25 multipliziert, ergeben den betreffenden Eiweißkörper. Auf 100 Teile
Zucker umgerechnet, ergab sich folgende Zusammenstellung[2]:

Tabelle 116.

| | Auf 100 Teile Zucker | | | |
|---|---|---|---|---|
| | Albumin % | Propepton % | Pepton % | Gesamt-protein % |
| Rübensaft . . . | 2,406 | 0,104 | 0,056 | 2,566 |
| Diffusionssaft . | 0,400 | 0,181 | 0,106 | 0,687 |
| Preßsaft . . . | 93,8 | 4,0 | 2,2 | 100[1] |
| Diffusionssaft . | 15,6 | 7,1 | 4,1 | 26,8 |

Der Preßsaft stammte von gesunden Rüben; er enthielt unzersetztes
Albumin und sehr kleine Mengen Propepton und Pepton. Der Diffusionssaft enthielt bedeutend weniger Gesamtprotein als
der Preßsaft, was für die günstige Wirkung der Diffusion
zeugt (wenigstens in diesem speziellen Falle). Auch der Albumin-
gehalt nahm stark ab, während die beiden letztgenannten Abbauprodukte Zunahme aufwiesen. Man kann daher aus deren Vorhandensein im Diffusionssafte auf die Beschaffenheit der
verarbeiteten Rübe keine Schlüsse ziehen, da sie im Verlaufe des Diffusionsprozesses erst entstanden sein können.
Die Temperatur und Dauer der Diffusion werden ihre Bildung beeinflussen. Die früher von Wendeler aufgestellte Behauptung, daß die
gefrorenen Rüben das Vorhandensein der Peptone und Propeptone
verursacht hätten, erwies sich demnach nicht als begründet[3].

Ähnliche Untersuchungen stellten Duschsky, Minz und Pawlenko über die Bewegung der stickstoffhaltigen Nichtzuckerstoffe im Gange der Rohzuckerfabrikation an. Da ihre ersten
Versuche Laboratoriumsversuche waren, nur bis zum Safte der ersten
Saturation sich erstreckten und mit den späteren Versuchen im Betriebe

---

[1] D. Z. 1900, S. 729.    [2] ebd. 1901, S. 1368.    [3] ebd. 1901, S. 1368.

der Fabrik übereinstimmende Resultate ergaben, können die ersteren nur kurz gestreift, die Betriebsversuche aber eingehender besprochen werden[1].

Mit dem schon früher (Tab. 21) geschilderten Rübenmateriale der Kampagne 1909/10 wurde im Laboratorium ein Diffusionssaft hergestellt, geschieden, saturiert (3% Kalk, 85—90° C, Alkalität 0,07) und filtriert. Die Versuche wurden sowohl mit frischen und gesunden Rüben (I. Reihe) als auch mit verdorbenen Rüben (II. Reihe) durchgeführt. Die Veränderungen des Gesamtstickstoffes und der einzelnen Stickstoffgruppen gehen aus folgender Zusammenstellung hervor:

Tabelle 117a.

| | | Gesamt-N auf 100 Rüben | Stickstoff in Prozenten vom Gesamt-N | | |
| --- | --- | --- | --- | --- | --- |
| | | | Eiweiß-N | Ammoniak- + Amid-N | Schädlicher N |
| Rüben | I. Reihe | 0,2027 | 54,23 | 6,48 | 39,29 |
| | II. „ | 0,2275 | 47,97 | 9,59 | 42,44 |
| Diffusionssaft | I. „ | 0,1234 | 20,10 | 11,80 | 67,10 |
| | II. „ | 0,1297 | 14,00 | 12,80 | 73,20 |
| Saturationssaft | I. „ | 0,0967 | 4,70 | 13,60 | 81,70 |
| | II. „ | 0,1067 | 3,10 | 16,10 | 80,80 |

Die Wanderung der einzelnen Stickstofformen bringt der Verfasser in folgender Tabelle deutlich zum Ausdruck:

Tabelle 117b.

| | Aus der Rübe sind übergegangen in den | | | | | | | |
| --- | --- | --- | --- | --- | --- | --- | --- | --- |
| | Diffusionssaft % | | | | Saturationssaft % (Durchschnitt) | | | |
| | Gesamt-N | Eiweiß-N | Ammoniak- + Amid-N | Schädl. N | Gesamt-N | Eiweiß-N | Ammoniak- + Amid-N | Schädl. N |
| I. Reihe . . | 61,4 | 22,5 | 90,4 | 103,4[2] | 48,0 | 4,13 | 83,3 | 89,12 |
| II. „ . . | 55,5 | 16,6 | 77,6 | 98,2 | 46,9 | 3,00 | 78,8 | 89,90 |
| | Aus dem Diffusionssaft in den Saturationssaft | | | | | | | |
| I. Reihe . . | 78,1 | 18,75 | 100,0 | 94,2 | | | | |
| II. „ . . | 82,1 | 18,50 | 97,8 | 91,4 | | | | |

Noch wertvoller sind folgende, der Praxis entnommene Untersuchungen. Die Versuche wurden in drei russischen Zuckerfabriken mit ungleicher Arbeitsweise in je drei Tagen durchgeführt. Aus denselben sei nur eine Zuckerfabrik ausführlich hervorgehoben, weil deren Arbeitsweise den österreichischen und deutschen Verhältnissen am nächsten kommt.

Die Batterie bestand aus 12 Diffuseuren mit Calorisatoren; das Temperaturmaximum auf der Batterie war 80° C. In den Meßgefäßen hatte der Saft eine Temperatur von 32—33° C. Nach Passierung von Schnellstromvorwärmern wurde

---

[1] Z. V. D. Zuckerind. 1911, S. 341.

[2] Wahrscheinlich durch Zersetzung von Eiweißkörpern in der Diffusionsbatterie entstanden.

er in Malaxeuren bei $80^0$ C mit $2^1/_2$ % CaO in Form von Kalkmilch geschieden, wobei er bis zum Kochen erhitzt wurde. Die erste und auch die zweite Saturation war eine ununterbrochene. Zuerst wurde auf 0,08—0,10 % CaO-Alkalität saturiert, aufgekocht und filtriert. In der zweiten Saturation wurde noch $1/_2$ % CaO als Kalkmilch zugesetzt (in diese Saturation kam noch II. Produktkläre und weißer Sirup zu) und auf 0,04—0,05 % CaO-Alkalität saturiert. Die dritte Saturation geschah mit schwefliger Säure bis zur Alkalität von 0,01—0,005 % CaO. Nun wurde filtriert, aufgekocht, nochmals mechanisch filtriert und zu Dicksaft konzentriert.

Die Analyse Nr. 7 der Tab. Nr. 21 zeigt die durchschnittliche Zusammensetzung des in den drei Versuchstagen verarbeiteten Rübenmateriales. In der folgenden Tabelle berechnete der Verfasser die Durchschnittszahlen der verschiedenen Säfte aus den Tagesanalysen. Diese Zahlen sind wohl untereinander nicht direkt vergleichbar — es fehlt ihnen eine gemeinsame Rechnungsbasis; dafür aber ist die Berechnung auf den Gesamtstickstoff sehr lehrreich.

| Zusammensetzung der Säfte im Durchschnitt der 3 Versuchstage | Brix des Saftes | Scheinbarer Reinheitsquotient | Stickstoff | | | | | | |
|---|---|---|---|---|---|---|---|---|---|
| | | | auf 100 Saft | | | | in % d. Gesamtstickst. | | |
| | | | Gesamt-N | Eiweiß-N | Ammoniak- und Amid-N | Schädlicher N | Eiweiß-N | Amm.- und Amid-N | Schädlicher N |
| Diffusionssaft . | 17,1 | 88,9 | 0,0753 | 0,0174 | 0,0083 | 0,0495 | 23,1 | 11,1 | 65,8 |
| Saft der I. Saturation . | 13,8 | 92,6 | 0,0426 | 0,0024 | 0,0057 | 0,0344 | 5,4 | 13,6 | 81,0 |
| Saft der III. Saturation . | 20,8 | 91,4 | 0,0986 | 0,0014 | 0,0063 | 0,0909 | 0,9 | 6,6 | 92,5 |
| Dicksaft . . . | 60,3 | 92,2 | 0,2661 | 0,0016 | 0,0082 | 0,2496 | 0,6 | 3,2 | 93,8 |

Die folgende Tabelle bedarf keiner Erläuterung.

Tabelle 118 a.

| | Aus der Rübe in den Diffusionssaft übergegangen % | | | | Aus der Rübe in den Saft der I. Saturation übergegangen % | | | | Anmerkung |
|---|---|---|---|---|---|---|---|---|---|
| | Gesamt-N | Eiweiß-N | Ammon.- u. Amid-N | Schädl. N | Gesamt-N | Eiweiß-N | Ammon.- u. Amid-N | Schädl. N | |
| a | 53,9 | 21,8 | 91,4 | 97,9 | 40,0 | 3,8 | 84,0 | 91,5 | a in der Einzelfabrik |
| b | 50,8 | 20,5 | 95,9 | 94,0 | 38,4 | 3,1 | 83,7 | 91,0 | |
| | Aus dem Diffusionssaft in den Saturationssaft übergegangen | | | | NB.: Infolge des Einwurfes in die II. Saturation konnten die Übergänge des N nicht weiter studiert werden. | | | | b Durchschnitt aller drei Fabriken |
| a | 74,7 | 18,8 | 85,2 | 92,0 | | | | | |
| b | 75,9 | 14,7 | 85,9 | 96,4 | | | | | |

Um die Wanderung des Stickstoffes und seiner einzelnen Formen vollständig zu überblicken, müssen auch die Rückstände (Schnitte, Schlamm) und Abfallprodukte (Diffusionsabfallwasser) in ihrer Zusammensetzung bekannt sein. Aus Tabelle Nr. 118B ersieht man, daß fast der gesamte Stickstoff der ausgelaugten Schnitte den Eiweißkörpern angehört; diese werden sonach teils als unlösliche Körper direkt, teils durch Koagulation schon in der Diffusion entfernt. Auf Rübe umgerechnet, bleiben diese Zahlen bestehen, weil die russischen Forscher die Annahme von 100 ausgelaugten Schnitten auf

100 Rüben machen. Für das Diffusionswasser wurden 120 Teile auf 100 Rüben angenommen.

Tabelle 118b.

| Tag | Ausgelaugte Schnitte | | | Diffusionswasser | | |
|---|---|---|---|---|---|---|
| | Zucker | Stickstoff | | Zucker | Gesamtstickstoff | |
| | | Gesamt-N | Eiweiß-N | | auf 100 Wasser | auf 100 Rüben |
| 1. | 0,33 | 0,0868 | 0,0868 | 0,12 | 0,0027 | 0,0032 |
| 2. | 0,35 | 0,0819 | 0,0763 | 0,16 | 0,0024 | 0,0029 |
| 3. | 0,36 | 0,0770 | 0,0742 | 0,17 | 0,0014 | 0,0017 |

NB.: Analysen der 3 Versuchstage in einer Fabrik.

Die folgenden Analysenzahlen für den Schlamm der ersten Saturation zeigen, daß die **Hauptmenge der Stickstoffverbindungen aus Eiweißkörpern besteht**; a für die Einzelfabrik, b der Gesamtdurchschnitt aller drei Fabriken.

Tabelle 118c.   Stickstoffanalyse des Scheideschlammes.

| Versuchsreihe | Auf 100 Scheideschlamm | | | | Auf 100 Rüben | | | | In % d. Gesamtstickst. | | |
|---|---|---|---|---|---|---|---|---|---|---|---|
| | Gesamt-N | Eiweiß-N | Ammoniak- u. Amid-N | schädl. N | Gesamt-N | Eiweiß-N | Ammoniak- u. Amid-N | schädl. N | Eiweiß-N | Ammoniak- u. Amid-N | schädl. N |
| a | 0,1334 | 0,0952 | 0,0028 | 0,0354 | 0,0133 | 0,0095 | 0,0000 | 0,0035 | 71,1 | 1,8 | 27,1 |
| b | | | | | | | | | 62,4 | 0,6 | 37,0 |

**Folgerungen aus diesen Versuchen:** Durch die Diffusion bleibt ungefähr $^4/_5$ des Eiweißstickstoffes zurück. Die in den Rohsaft übergegangenen **Eiweißmengen werden in der Scheidesaturation fast vollständig entfernt oder zersetzt**; höchstens nur sehr unbedeutende Mengen (innerhalb der Fehlergrenzen der Analysen liegend) können in die Saturationssäfte gelangen. Der „schädliche" **Stickstoff geht fast ganz aus der Rübe in den Diffusions- und Saturationssaft über; in der Verdampfstation werden die Eiweißspuren weiter zersetzt, Ammoniak entfernt, und** schließlich häuft sich der schädliche Stickstoff im Dicksafte so an, daß er den Gesamtstickstoff ausmacht.

Die geringen Mengen von Eiweißstickstoff in Saturations- und Dicksäften führen Duschsky und seine Mitarbeiter auf Fehler der Stutzerschen Methode zurück, die zu hohe Werte ergibt; eigentlich wären diese Säfte frei von Eiweißstickstoff oder er ist nur in ganz geringen Mengen vorhanden[1].

Smolenski pflichtet im großen und ganzen diesen Schlußfolgerungen bei, warnt aber davor, die Eiweißkörper als so unschädlich darzustellen. **Koaguliertes sowie nicht koaguliertes Eiweiß erfahren in der Scheidung und in der Saturation Zerfall in Albumosen, Peptone, Polypeptide und Aminosäuren.** Diese gehen in die Säfte über, wobei die Spaltprodukte der Eiweißkörper,

---

[1] Z. V. D. Zuckerind. 1911, S. 341.

da sie durch Kalk nicht gefällt werden, im weiteren Betriebsstadium ebenfalls bis zu den Aminosäuren abgebaut worden.

Die Wanderung der Peptone kann man aus Untersuchungen Rümplers ersehen[1].

Peptone wurden schon in den Rüben nachgewiesen und häufig in den Betriebssäften gefunden. Rümpler fand folgende Mengen in den Säften:

Tabelle 119.

| Saft der | Eiweiß % | Propepton % | Pepton % | Gesamt-protein % |
|---|---|---|---|---|
| Diffusion . . . | 0,613 | 0,037 | 0,000 | 0,650 |
| Scheidung. . . | 0,250 | 0,000 | 0,063 | 0,313 |
| Saturation . . | 0,187 | 0,000 | 0,069 | 0,256 |
| Dicksaft . . . | 0,031 | 0,013 | 0,050 | 0,094 |

In der Scheidung wurde die Hälfte aller Proteinstoffe zu Peptonen zersetzt. In der Saturation fand keine größere Einwirkung statt. Durch die Verdampfung wurde ein Teil der Eiweißkörper abgebaut, und zwar entstanden hier Propeptone[1].

## b) Bewegung der stickstofffreien Nichtzucker.

Von den stickstofffreien Verbindungen wären zunächst die Pektinate auf ihrer Wanderung zu verfolgen. Nach J. Weisbergs Studien gelangen bei Verarbeitung gesunder Rüben nur ganz geringe Mengen Pektinstoffe in den Diffusionssaft. In der Scheidung werden sie gefällt; das gebildete Calciumpektinat ist auch bei Anwendung großer Mengen von Kohlensäure nicht zersetzbar. Unter gewöhnlichen Umständen werden Pektinstoffe nicht in lösliche Metapektinate umgewandelt. Die Pektinkörper bleiben demnach als Kalksalze in den Filterpressen zurück und werden durch die Aussüßwässer nur in ganz unbedeutendem Maße gelöst.

Kopetzki verfolgte die Pektinstoffe von der Rübe bis zur Füllmasse, indem er aus der Furfurolbestimmung Pentosen, Araban und Arabinose errechnete.

Für 100 Zucker fand er Furfurol in:

Rübenpreßsaft . . . . . . . . . . . . . . . . . . . . . 6,296
Diffusionssaft. . . . . . . . . . . . . . . . . . . . . . 0,728
Saft der ausgelaugten Schnitte. . . . . . . . . . . 0,883
Füllmasse . . . . . . . . . . . . . . . . . . . . . . . . 0,595

Diese Untersuchung sowie eine ähnliche von Komers und Stift über „die Rolle der Pentosane in der Rohzuckerfabrikation[2]" leiden an den analytischen Fehlern der Furfurolbestimmung (s. d.), und so lassen sich keine solchen Schlußfolgerungen daraus ziehen, wie es die genannten Autoren taten (1. Auflage, S. 565).

Unter Zuhilfenahme der in Tab. Nr. 120 wiedergegebenen Analysen kann man an den vorstehenden Wochendurchschnitten die allmählich

---

[1] D. Z. 1899, S. 1314.        [2] Ö. U. Z. f. Zuckerind. XXVII, S. 6, 1898.

ansteigende Reinigung der Säfte ersehen. In dem Quotienten kommt die Wanderung des Gesamtnichtzuckers zum Ausdrucke (Betriebsanalysen des Verfassers).

Tabelle 120.

| I. Saturation | | | II. Saturation | | | III. Saturation | | | Mittelsaft | | |
|---|---|---|---|---|---|---|---|---|---|---|---|
| Brix | Pol. | Q. | Brix | Pol. | Q. | Brix | Pol. | Q. | Brix | Pol. | Q. |
| 11,1 | 10,07 | 90,6 | 10,6 | 9,65 | 90,9 | 10,8 | 9,89 | 91,5 | 37,1 | 33,8 | 91,1 |
| 11,1 | 10,03 | 90,3 | 10,8 | 9,87 | 91,3 | 10,7 | 9,79 | 91,5 | 32,9 | 30,2 | 91,8 |
| 11,7 | 10,42 | 89,1 | 11,7 | 10,52 | 90,0 | 11,4 | 10,33 | 90,4 | 35,9 | 32,8 | 91,3 |
| 11,4 | 10,32 | 90,4 | 10,3 | 9,34 | 90,7 | 10,7 | 9,71 | 90,7 | 31,5 | 28,7 | 91,1 |
| 12,1 | 10,89 | 90,0 | 11,9 | 10,76 | 90,4 | 12,6 | 11,44 | 90,8 | 34,9 | 31,9 | 91,4 |
| 11,8 | 10,58 | 89,1 | 11,2 | 10,07 | 90,0 | 11,5 | 10,39 | 91,0 | 36,9 | 33,7 | 91,3 |
| 11,6 | 10,40 | 89,7 | 11,9 | 10,79 | 90,6 | 12,2 | 11,02 | 90,3 | 37,4 | 33,9 | 90,6 |
| 11,7 | 10,50 | 89,9 | 13,2 | 11,90 | 90,0 | 12,8 | 11,59 | 90,5 | 36,3 | 32,8 | 90,3 |
| 11,52 | 11,26 | 89,9 | 11,85 | 10,76 | 90,8 | 11,93 | 10,86 | 91,0 | 37,76 | 34,51 | 91,4 |
| 12,7 | 11,37 | 90,2 | 12,2 | 11,09 | 90,9 | 11,9 | 10,91 | 91,7 | 38,9 | 35,8 | 92,0 |
| 12,6 | 11,34 | 90,0 | 12,0 | 10,96 | 91,3 | 12,0 | 10,97 | 91,4 | 39,2 | 36,0 | 91,8 |
| 12,9 | 11,58 | 89,7 | 12,2 | 11,04 | 90,5 | 12,3 | 11,17 | 90,9 | 35,0 | 31,9 | 91,1 |
| 13,8 | 12,44 | 90,2 | 13,1 | 11,84 | 90,4 | 13,2 | 12,05 | 90,9 | 36,8 | 33,9 | 92,1 |
| 13,4 | 12,07 | 90,0 | 12,9 | 11,69 | 90,6 | 13,0 | 11,91 | 91,6 | 41,1 | 37,5 | 91,2 |
| 13,1 | 11,79 | 90,0 | 12,6 | 11,45 | 90,8 | 12,7 | 11,58 | 91,1 | 35,9 | 32,8 | 91,4 |
| 13,5 | 11,97 | 88,6 | 12,8 | 11,39 | 88,9 | 12,5 | 11,27 | 90,1 | 33,6 | 30,0 | 89,2 |
| 12,8 | 11,32 | 88,7 | 11,6 | 10,74 | 92,0 | 11,4 | 10,53 | 91,9 | 35,1 | 32,3 | 92,0 |
| 11,7 | 10,66 | 90,8 | 12,1 | 11,20 | 92,2 | 12,2 | 11,32 | 92,8 | 33,7 | 31,25 | 92,7 |
| 12,5 | 11,28 | 90,2 | 12,9 | 11,74 | 91,0 | 13,0 | 11,97 | 92,0 | 35,5 | 32,70 | 92,1 |
| 12,2 | 10,99 | 90,1 | 12,0 | 10,88 | 90,6 | 11,4 | 10,50 | 91,6 | 36,6 | 33,77 | 92,2 |
| 12,4 | 11,20 | 89,8 | 12,5 | 11,40 | 91,2 | 12,5 | 11,47 | 91,8 | 39,0 | 35,60 | 91,2 |
| 12,5 | 11,34 | 90,7 | 12,6 | 11,48 | 91,1 | 12,6 | 11,60 | 91,5 | 38,7 | 35,80 | 92,5 |
| 12,3 | 11,10 | 90,2 | 12,0 | 10,95 | 91,0 | 12,5 | 11,47 | 91,7 | 34,8 | 32,78 | 92,7 |
| 12,1 | 10,93 | 90,3 | 11,3 | 10,30 | 91,1 | 11,4 | 10,44 | 91,6 | 36,2 | 33,05 | 91,3 |
| 12,3 | 11,16 | 90,7 | 12,0 | 10,99 | 91,5 | 12,1 | 11,21 | 92,1 | 36,9 | 34,00 | 92,1 |

Das gleiche gilt für die Analysen für Roh-, Dünn- und Dicksäfte der Tabellen Nr. 99a und b. Auch der Abschnitt über den „Reinigungseffekt" (Kap. 14) enthält viele analytische Angaben zur Beurteilung der Wanderung der Nichtzuckerstoffe.


Sechsundzwanzigstes Kapitel.

# Quellen der chemischen Zuckerverluste in den Rohzuckerfabriken.

### a) Bestimmbare und unbestimmbare Verluste.

Es ist bekanntlich nicht möglich, absolut genau allen durch die Rübe eingeführten Zucker zu gewinnen. Teilweise verzichtet man freiwillig auf gewisse Zuckermengen, z. B. auf jene, die man in den ausgelaugten Schnitten, teils im ausgesüßten Schlamme der Saturation und in Absüßwässern zurückläßt. Das sind die sog. bestimmbaren Verluste, weil man ihre Höhe rechnerisch ermitteln kann. Es gehen aber in den einzelnen Stationen noch verschiedene Zuckermengen verloren, deren Höhe sich nicht berechnen, höchstens abschätzen läßt, z. B. Zuckerverluste durch Wärme in Vorwärmern, in der Verdampf- und Verkochstation usw. Diese Verluste werden mehr oder weniger groß sein nach der Art der Betriebsführung und der maschinellen Einrichtung der Fabrik. Ferner geht auf mechanischem Wege Zucker verloren: er wird zertreten, gegessen, zerstäubt, verwogen usw., dies auch in unbestimmbaren Mengen. Der ermittelte Totalverlust, vermindert um den bestimmbaren Zuckerverlust, ergibt demnach die sog. unbestimmbaren Verluste, — über deren Existenz und Höhe die Meinungen sehr auseinandergehen.

Die chemischen Quellen der letzteren wurden bei den einzelnen Stationen erörtert und sind für vorliegenden Zweck als das Hauptsächliche zu betrachten. Wenn hier noch die Größe der Verluste ins Auge gefaßt werden soll, so geschieht dies erstens wegen der Wichtigkeit dieser Frage und zweitens um der Vollständigkeit willen. Darauf jedoch näher einzugehen, ist nicht notwendig, weil P. Herrmann in seinem Buche (Verlustbestimmung und Betriebskontrolle der Zuckerfabrikation. 1905) im ersten Teile die Verlustfrage in ihrer geschichtlichen Entwicklung erschöpfend behandelt. So seien hier nur auf die Resultate hingewiesen, welche Herrmann nach einem Überblick über alle Ergebnisse der einzelnen diesbezüglichen Arbeiten anführt, und hierauf erst solcher Untersuchungen gedacht, die nach dem Erscheinungsjahre des genannten Buches (1905) veröffentlicht wurden.

Eigentlich treten die ersten Zuckerverluste schon in den Rübenmieten und dann in den Schwemmkanälen auf. Diese aber gehen nicht zu Lasten des Betriebes, da die Betriebskontrolle erst bei den Rübenschnitzeln einsetzt. Der eingeführte Zucker wird aus letzteren berechnet.

In diesen findet er sich immer in etwas geringerer Menge als in der Rübe, trotz sorgfältigster Probenahmen und Analysen.

Jede Besprechung über diese wichtigen Fragen müßte mit dem Hinweis auf die Unsicherheit des Bestimmung des Zuckers in den Rüben beginnen. Aus dem bezüglichen Abschnitte, der ausführlich besprochen werden mußte, ging hervor, „daß heute der Zuckergehalt der Rübe auf Zehntelprozente genau nicht festgestellt werden kann"[1].

Und nach der analogen Untersuchung Spenglers und Brendels waren bei allen Zuckerbestimmungen durch wäßrige Digestion 0,12 % Zucker mehr gefunden worden als tatsächlich vorhanden war, so daß die unbestimmbaren Verluste um den gleichen Betrag höher ausfielen[2].

Ist also der „Zucker in der Rübe" schon aus analytischen Gründen nicht genau festzustellen, so wird seine Angabe noch problematischer, wenn die Probenahme durch zu kleine und unrichtig genommene Muster von der Wirklichkeit abweichende Werte ergibt. So wies z. B. Js. Urban nach, daß man bei der Probenahme aus frischen Schnitzeln unwillkürlich lange Schnitzel herausnimmt, die aus dem Innern der

---

[1] Staněk: Z. d. tschsl. Zuckerind. VIII, S. 101, 1926 (s. S. 199).
[2] Z. V. D. Zuckerind. 1926, S. 880 (s. S. 199).

Rübe stammen und zuckerreicher sind, während die kurzen, weniger zuckerhältigen Schnitzel nicht erfaßt werden[1]. K. Urban stellte Differenzen von 0,1% bis 0,6%, im Durchschnitte 0,25% mehr Zucker in den langen, ausgesuchten Schnitzeln als in 2—2$\frac{1}{2}$ kg schweren Mustern, die zur Gänze für die Analyse zerkleinert wurden. Oder mit anderen Worten: bei Einhaltung der falschen Probenahme hätte die Rübe 18,45% gezeigt, wogegen die richtige Probenahme 18,20% Zucker ergab.

Deshalb forderte Vl. Staněk behufs Ausschaltung dieser analytischen Quelle für die unbestimmbaren Verluste, daß bei der Probenahme der Schnitzel entweder jedesmal große Partien auf einmal (mit der Schaufel) zu nehmen sind oder von Durchschnittsmustern überhaupt abzusehen und lieber häufiger Stichproben zu machen, aber stets das ganze Muster restlos zu zerkleinern (zur Polarisation). Auf die unrichtige Probenahme allein entfallen Digestionserhöhungen von mehr als 0,3% Zucker[2].

Trotz der Wasseraufnahme zeigt aber die Digestion der frischen Schnitzel den Zuckergehalt der trockenen Rüben, weil durch das Schneiden der Rüben in den Schneidemaschinen und durch die Zerkleinerung der Rübenschnitzel im Laboratorium das adhärierende Wasser verdunstet[3] (s. aber S. 555).

Die Mengen des durch das Schwemmen und Waschen der Rüben aufgenommenen Wassers werden mit 2% angenommen und diese Menge von der Rübenabwage meist abgezogen. Dieser Vorgang ist schon deshalb unbegründet, weil die aufgenommene Wassermenge zu wechselnd ist.

Kryž wies darauf hin, daß die Wasseradhäsion von der Rübenoberfläche abhängig ist, und fand etwa für normale, gesunde ganz kleine Rüben 2%, für Normalrüben mittlerer Größe 1,5%. Bei mangelhaft geputzten Rüben wird wieder ein größerer Abzug als 2% berechtigt sein[4].

Linsbauer fand für anormale Rüben 6 und mehr Prozente, Pellet für normale Rüben 1%[4].

Es wurde daher schon vielfach vorgeschlagen (u. a. Claassen), neben der möglichst genauen Rübenabwage auch die Abwage der Säfte, besonders der des Rohsaftes, einzuführen. Das übliche Abmessen des Rohsaftes ist zu ungenau.

Die unbestimmbaren Verluste einer normalarbeitenden Rohzuckerfabrik lassen sich nicht genau angeben. Sie machen ungefähr die Hälfte oder mehr der gesamten Verluste aus. Claassen gibt sie zu 0,5—0,7% (man merke die Absicht, daß er sie nur mit einer Dezimalstelle angibt!) an, wobei sie in Weißzuckerfabriken nicht merklich höher gefunden wurden.

---

[1] Z. f. Zuckerind. i. B. XXXVIII, S. 7, 1913/14.
[2] ebd. XLIII, S. 339, 1918/19.
[3] Kryž: Z. d. tschsl. Zuckerind. III, S. 684, 1922.
[4] Z. d. tschsl. Zuckerind. III, S. 679, 1922.

Einen Vortrag über die unbestimmbaren Verluste in der Rohzucker·
fabrikation schloß Herzfeld mit folgender Zusammenfassung: „Trotz
aller Bemühungen ist den Forschern nur gelungen, von den 0,40 bis
0,55% auf Rübengewicht und oft darüber betragenden unbestimmbaren
Polarisationsverlusten unter normalen Verhältnissen nur den kleineren
Teil zu erklären. Für den größeren 0,30—0,45% und darüber muß
eine Ursache vorhanden sein, die uns zur Zeit unbekannt ist."

Seit diesem Vortrage (1914) ist man in der Erforschung der unbestimmbaren Verluste doch schon etwas weitergekommen (s. S. 565, 566).

Herzfeld läßt die Frage offen, ob die Polarisationsverluste tatsächlich auch mit Zuckerverlusten verbunden sind oder ob sie nur auf
Drehungsänderungen der vorhandenen aktiven Substanzen beruhen[1].

Zahlenmäßige Angaben über die unbestimmbaren Verluste finden
sich u. a. in den zeitweiligen Kampagneberichten des Forschungsinstitutes der tschsl. Zuckerindustrie in Prag und Brünn[2].

## b) Verluste bei der Diffusion und Vorwärmung.

Was die Diffusion anbelangt, stellte Herzfeld im Jahre 1905
in Anklam Verluste von 0,18% auf Rübe fest; so wurde bewiesen,
daß diese nicht in jener Größe vorkommen, wie Steffen behauptete[3].
Ebenso konstatierte Gonnermann, daß weder Enzyme noch Bakterien
hier zur Wirkung gelangen, daß die Verluste nur scheinbare, durch
Analysen- und Wägungsfehler bedingte sind. Da sich dasselbe Resultat
aus den schon angeführten Versuchen von Strohmer und Salich
(S. 255) ergibt — die beiden schließen aus ihren Ergebnissen, daß die
mit den Rüben in die Batterie gelangenden Mikroorganismen und Enzyme bei normaler Arbeit keine Zuckerverluste verursachen können —,
kann die Frage nach den chemischen Zuckerverlusten als erledigt angesehen werden, und zwar in dem Sinne, daß solche in nennenswerter Höhe bei einer normal betriebenen Diffusion nicht
auftreten.

Mit dieser Erfahrung stimmen die Ergebnisse überein, die J. Hamous in jüngster Zeit bei neuerlicher Prüfung dieser Frage erhielt[4],
„ . . . daß eine Inversion des Saftes in der Diffusionsbatterie bei Verarbeitung gesunder Rüben sehr unwahrscheinlich ist. Bei Säften aus
etwas angefrorenen Rüben wurde eine Abnahme von 0,1 bis 0,3% Polarisation beim Erwärmen durch 2 Stunden auf 80 bis 83° C beobachtet."

Natürlich kann es auch Ausnahmen von dieser guten Haltbarkeit
der Diffusionssäfte geben, aber sie betreffen nur anormale Fälle, wie
J. Vondrák mitteilte[5] (Hefepilzinfektion) und beweisen eben die Regel.

Die Zuckerzerstörung bei der Vorwärmung des Rohsaftes in
den geschlossenen Schnellstromvorwärmern ist bei der kurzen Zeit,

---

[1] Z. V. D. Zuckerind. 1914, S. 684.
[2] Z. d. tschsl. Zuckerind.: in jedem Jahrgange.
[3] „Versuch zur Feststellung der Zuckerverluste bei der Diffusionsarbeit."
Z. V. D. Zuckerind. 1905, S. 337.
[4] Z. d. tschsl. Zuckerind. IX, S. 351, 1928.     [5] ebd. IX, S. 360, 1928.

welche der Rohsaft darin verweilt, sicherlich nur eine sehr geringe. Außerdem wird größtenteils schon etwas Kalkmilch dem Rohsafte zugesetzt und so seine saure Reaktion vermindert oder ganz neutralisiert.

### c) Verluste bei der Scheidung und Saturation.

#### (Polarisationsverluste durch Kalkeinwirkung.)

Zur Beurteilung, ob in der Scheidung Zuckerverluste eintreten, ist die Wirkung des Kalkes bei normalen Betriebsverhältnissen auf Zuckerlösungen zu prüfen. Darüber liegt u. a. eine Studie Weisbergs vor.

Aus seinen schon in Kap. 5 angeführten Versuchen kam er zu folgendem Ergebnisse:

„Wie aus den angegebenen Zahlen ersichtlich, ist auch bei Vorhandensein von Kalk die einige Zeit andauernde Erhitzung einer Zuckerlösung auf 102° C fast ohne Wirkung auf dieselbe; denn die Lösung mußte 8 Stdn. im Kochen gehalten werden, um auch nur eine Drehungsverminderung von 0,49° (im 400-mm-Rohr) hervorzurufen. Da nun bei der üblichen Scheidesaturation der Zuckerfabriken bei einer Temperatur gearbeitet wird, die selten höher als bis auf 95° C steigt, und außerdem auch in den größten Etablissements, die entsprechend Saturationskessel größter Dimensionen besitzen, diese Hauptoperation der Zuckerfabrikation höchstens nur 40—50 Min. dauert, so ist wohl anzunehmen, daß bei der Scheidesaturation keine Zerstörung von Zucker hervorgebracht wird und wir bei diesem Arbeitsstadium mit keinem reellen chemischen Zuckerverluste zu rechnen haben.“

Zuckerverluste wären trotzdem eventuell möglich, weil Weisberg mit reinen Zuckerlösungen operierte. Sie sind aber nicht anzunehmen, weil die Säfte alkalisch sind, und die Saturation bei weitem nicht mehr so lange dauert, wie Weisberg angibt.

Ein Zuckerverlust liegt in der Möglichkeit der Bildung des unlöslichen Zuckerkalkcarbonats, doch ist bei normaler Betriebsführung dessen Bildung nicht so leicht möglich, bei guter chemischen Kontrolle leicht festzustellen und zu vermeiden.

Von älteren Versuchen seien nur die von Claassen[1] und die von Herzfeld genannt. Ersterer fand „selten Differenzen von mehr als 0,1 % bei der ein- und ausgeführten Polarisation“ und letzterer sowohl für die Naß- als auch für Trockenscheidung keinen nennenswerten Polarisationsverlust[2].

Herles konstatierte, daß in den Rüben verschiedene optisch aktive Substanzen vorkommen, von denen einige durch Behandlung mit Kalk abgeschieden oder derart zersetzt werden, daß ihr Polarisationsvermögen sich vermindert, während andere derselben im Safte verbleiben und bis in die Melasse übergehen. Dieser Befund wurde von vielen Seiten bestätigt, bzw. als richtig angenommen; Weisberg stellte ihn in Abrede, insofern er behauptete, die Polarisationsabnahme sei nicht der Wirkung des Kalkes auf die Nichtzuckerstoffe zuzuschreiben,

---

[1] Z. d. Zuckertechniker. 1893, S. 170.    [2] Z. V. D. Zuckerind. 1895, S. 474.

sondern durch Ausscheidung von Zucker bedingt, der in Form irgendeines Bleikalksaccharates gefällt wird. (Das Blei rührt her von dem zur Klärung für die Polarisation angewendeten neutralen Bleiacetat.) Es würde sich also nur um analytische Differenzen handeln. Hingegen beharrt Herles auf seinem Standpunkte. Für ihn ist es gewiß, „daß in den Rüben polarisierende, der Wirkung von Kalk in der Wärme unterliegende Substanzen existieren, deren Menge jedoch von verschiedenen Faktoren abhängt, so daß in manchen Jahrgängen und manchen Gegenden Rüben vorkommen können, die entweder keine oder nur geringfügige Mengen dieser Substanzen enthalten, während anderswo unter anderen Verhältnissen wieder Rüben mit einem sehr erheblichen Anteil derartiger Verbindungen auftreten können"[1].

Nur um zu zeigen, um welche Größen es sich handelt, führt der Verfasser einige der von Herles gefundenen Differenzen für die Polarisation vor und nach der Einwirkung des Kalkes an. In Rüben: 0,4, 0,35, 0,05, 0,25, 0,35, 0,15 usw., im Diffusionssaft: 0,15, 0,00, 0,07 %.

Anläßlich der Untersuchungen „Über den Einfluß optisch aktiver Nichtzuckerstoffe auf die Bestimmung des Zuckers in der Rübe"[2] kamen Andrlík und Staněk zu ähnlichen Ergebnissen wie Herles. Sie stellten u. a. auch Versuche an, „ob im Verlaufe der Scheidung mit Kalk und der Saturation keine namhafte Zerstörung von Saccharose stattfindet . . . ." Sie fanden Polarisationsabnahmen nach der Scheidung und der Saturation von durchschnittlich 0,1 % auf Saft von 15 % Zucker umgerechnet. Daraus schließen beide, daß bei der Scheidung und der Saturation die betreffenden optisch aktiven Substanzen gefällt werden, oder ihr Drehungsvermögen verändert, bzw. vernichtet wird. Unter abnormen Verhältnissen könnte die Polarisationsabnahme größer werden. Strohmer und Pellet wiesen nach, daß, wenn irgendwo große Differenzen auftraten (Differenzen von 2 % und mehr), dies von ungeeigneten analytischen Methoden herrühre.

Den Standpunkt Herles vertreten auch Duschsky[3] und Rees[4]. Bei neueren Versuchen mit Rohsäften fanden Andrlík und Staněk Abnahme der Polarisationen durch Kalkscheidung und Kohlensäuresaturation von 0,065—0,120 % des Saftes[5].

Größere Differenzen zwischen Digestion und Clergetzucker in Rüben, 21,1 % gegen 21,3 %, sowie größere Mengen von mit Kalk zu beseitigenden rechtsdrehenden Nichtzucker, 0,2 % und 0,35 %, fand z. B. Vondrák für die Rüben der Kampagne 1921/22, die bei Dürre erwuchsen, „Ein so großer Unterschied wurde bisher von uns nicht beobachtet[6]."

Für pülpehaltigen Rohsaft wies J. Neumann ähnliches nach[7]. In seinem Falle gaben die Pülpebestandteile durch Einwirkung des

---

[1] Z. f. Zuckerind. i. B. XXXIII, S. 176, 1908/09.
[2] ebd. XXXIV, S. 385, 1909/10.        [3] ebd. 1909/10, S. 65.
[4] ebd. 1910/11, S. 74.        [5] ebd. XXXVII, S. 231, 1912/13.
[6] Z. d. tschsl. Zuckerind. III, S. 692, 1922.
[7] Z· V. D. Zuckerind. 1912, S. 1349.

Kalkes Pektinverbindungen mit löslichen Bleisalzen, die bei der polarimetrischen Zuckerbestimmung links drehen (0,2—0,3% Zucker).

Es gibt mehrere (analytische) Methoden zur Bestimmung der durch Kalk zerstörbaren Polarisation in Preßsäften und Diffusionssäften. Eine Verbesserung dieser, angewendet auf die Digestionssäfte, arbeiteten Vl. Staněk und J. Vondrák aus[1]. Aber nach keiner Methode fand man Werte von mehr als 0,25%, gewöhnlich betragen sie 0,1%, so daß der größte Teil der unbekannten Verluste weiterhin unbekannt bleibt. (Nur in Rübenköpfen finden sich größere Differenzen, wohl mit den größeren Mengen an Nichtzuckerstoffen zusammenhängend.)

Bei Rüben mit 17,4—17,8% Zucker fand A. Dolinek nach der oben angegebenen analytischen Methode 0,10—0,17% durch Kalk zerstörbare Polarisation[2].

Später studierten Staněk und Vondrák das Verhalten des Invertzuckers und stellten fest, daß beim Erwärmen von Invertzucker mit Lauge unter den Bedingungen dieser Methode zur Bestimmung der zerstörbaren Polarisation das Drehungsvermögen des Invertzuckers beinahe vollkommen verschwindet, und daß die sehr geringe Linksdrehung der bei der Zersetzung des Invertzuckers mit Lauge entstehenden Produkte — sie entspricht etwa 0,02% Saccharose für 1% Invertzucker — vernachlässigt werden kann[3].

Die Folge ist also die, daß das Vorhandensein von Invertzucker die unbestimmbaren Verluste erhöht; da er sein Drehungsvermögen nach der Behandlung mit Lauge verliert, so erhöht er den scheinbaren Zuckergehalt, bzw. setzt er die Menge der zerstörbaren rechtsdrehenden Nichtzuckerstoffe herab.

Nach den beim Glutamin angeführten Untersuchungen Eisenschimmels beteiligt sich das Glutamin „sicherlich zur Hälfte" an der durch Kalk zerstörbaren Polarisation. „Die andere Hälfte der Polarisationsabnahme mag durch einen anderen Stoff verursacht werden (vielleicht Glutaminsäure, da sich ja im Preßsaft ungefähr doppelt soviel Glutamin findet als im Digestionssaft und teilweise Hydrolyse des Glutamins unter den Bedingungen der Digestion anzunehmen ist)[4]."

Unbestimmt bleiben auch die Zuckerverluste, die durch Einwirkung des Kalkes auf den Zucker der Absüßwässer beim Löschen des Kalkes entstehen; sie wurden bereits im Kap. 15, Abschnitt a, besprochen.

Auf „Zuckerverluste, die nicht bestimmt werden", weist J. Hamous hin und meint damit jene, die durch das Waschen der safthältigen Filterbeutel von der mechanischen Filtration der Säfte entstehen (vor und nach dem Auskochen u. a.). Für eine Fabrik ermittelte er den Verlust zu 0,02% der verarbeiteten Rübe, der sich noch vergrößern würde durch Berücksichtigung der Dicksaft- und Sirupfiltration[5].

---

[1] Z. d. tschsl. Zuckerind. VII, S. 257, 1926.    [2] ebd. IX, 1928. S. 345.
[3] ebd. VIII, S. 220, 1927.    [4] ebd. VIII, S. 347, 1927.
[5] ebd. VI, S. 193, 1925.

## d) Verluste beim Verdampfen, Verkochen und bei der Nachproduktenarbeit.

Die meisten der bisher angeführten Versuche hatten mehr theoretisches Interesse. Für den Betrieb ungleich wertvoller sind die Versuche A. Herzfelds, welche die beim Verdampfen alkalischer Säfte entstehenden Zuckerverluste ermitteln sollten. Herzfeld sah von eigentlichen Verdampfversuchen ab und begnügte sich mit der Einhaltung der im Betriebe herrschenden Bedingungen. Er schreibt seinem erhaltenen Zahlenmateriale nicht streng wissenschaftliche Genauigkeit zu, hält es aber für genügend ausreichend, um die Zuckerverluste in der Verdampfung berechnen zu lassen[1].

Die Alkalität der Raffinadelösung, deren er sich zu diesen Versuchen bediente, wurde mit Kalium- oder Natriumcarbonat, Kalk oder Ätzkali erzeugt. Die Erhitzung geschah in kleinen Metallgefäßen bei konstanter Temperatur. Einige Werte wurden experimentell ermittelt, die bezügliche Kurve konstruiert und daraus Tabellen für die Zuckerverluste berechnet.

Alle Versuche wurden bei den in der Fabrikation üblichen Alkalitäten durchgeführt. Der Grad der Alkalität übt keinen wesentlichen Einfluß auf die Zuckerzerstörung aus. Dies tut in größtem Maße die Höhe der Temperatur, und zwar macht sich diese bedeutend mehr geltend als die Konzentration der Lösung.

Die Größe der Zuckerzerstörung hängt ab von den beim Verdampfen und Verkochen angewendeten Temperaturen, von der Dichte, von der Zusammensetzung der Säfte, ob geschwefelt wird oder nicht usw. Diese Faktoren sind in verschiedenen Fabriken verschieden; daher erreichen die Verluste in einzelnen Fabriken verschiedene Höhe[1].

Aus den Tabellen Herzfelds berechnete Claassen folgende Zuckerzerstörungen: durch Trockenscheidung und dreimalige Saturation (94 Minuten) auf 100 Teile Zucker 0,1327, auf Rübe 0,0172; beim Verdampfen in 4 Körpern durch 54 Minuten auf 100 Teile Zucker 0,0479, auf Rübe 0,0065. Die Temperaturen der einzelnen Körper waren 112, 105, 95, 68° C. Die Konzentration des Dünnsaftes 10%, die des Dicksaftes 50%.

In einem zweiten Falle kam Claassen bei einer Aufenthaltsdauer des Saftes in der Verdampfstation von 79 Minuten zu einem Zuckerverluste von 0,0063 auf 100 Rüben[2].

Es ist klar, daß solche Zahlen nicht verallgemeinbar sind. Claassen selbst gibt an, daß sie nur für flotten Betrieb und niedrigen Saftstand gelten. Bei Betriebsstockungen und hohem Saftstande können sie durch die verlängerte Aufenthaltszeit doppelt und dreimal so hoch werden.

Nach durchgeführten Fabriksversuchen der Kampagne 1912/13[3] fand Claassen beim Verdampfen des Dünnsaftes 0,07%, beim Verkochen 0,02% und bei der Verarbeitung der Sirupe 0,02%, zusammen 0,11% Zuckerverlust auf Rüben. Bei Zuckerverlusten von 1—1,2%

---

[1] Z. V. D. Zuckerind. 1893, S. 745.    [2] ebd. 1893, S. 786.
[3] ebd. 1913, S. 239.

auf Rübe, von denen ca. 0,50 % „nachweisbar“ sind, bleiben rund 0,60 % nicht nachweisbar. Von diesen fand nun Claassen 0,11 % bei der Verdampfung und weiteren Verarbeitung, so daß immer noch ca. 0,50 % unauffindbare Verluste bleiben. Diese sollen bei der Scheidung und der Saturation entstehen, was mit großer Berechtigung anzunehmen ist, wie die Arbeiten Herles u. a. zeigen (s. S. 568, 569).

Nach Untersuchungen von Saillard, Wehrung und Ruby ergab sich, daß bei der gewöhnlichen Alkalität der Dünn- und Dicksäfte unter den Bedingungen des fabriksmäßigen Verdampfens und Verkochens (sowohl in bezug auf die Dauer wie auch auf die Temperatur) durch die Anwesenheit des Asparagins keine wesentlichen Polarisationsverluste hervorgerufen werden[1].

Zuckerverluste beim Verkochen. Chemisch bieten sie nichts anderes als die Zuckerverluste beim Verdampfen. Sie werden durch alkalische Säfte und möglichste Verhinderung lokaler Überhitzungen vermindert.

Nach G. Scheckers Versuchen kann man die Zuckerverluste beim Kochen nicht feststellen, da sie innerhalb der Fehlergrenzen der Untersuchungsmethode liegen. Nur bei zu hohen Füllmasseräumen werden die Zuckerverluste merklich[2].

Hohe Steigräume und richtig konstruierte Saftfänger sind die besten Mittel gegen mechanische (unbestimmbare) Verluste. De Haan berichtet von drei javanischen Zuckerfabriken, die nach Aufstellung besser wirkender Saftfänger geringere unbestimmbare Zuckerverluste aufwiesen[3].

Sowohl bei der Verdampfung als auch beim Verkochen ist die Schaumbildung eine Ursache für mechanische Verluste, worüber Claassen, Block, Abraham berichteten[4]. Hier handelt es sich nicht nur um Zuckerverluste durch Caramelisation kurzweg, hier wirkt auch die Luft. Urban konnte einen Verlust von 4 % Zucker nachweisen, indem er 20proz. Zuckerlösungen mit Kalk versetzte, auf 100° C erhitzte und durch 24 Stunden Luft durchleitete.

Für die Nachproduktenarbeit berechnete Claassen 0,17 bis 0,18 % Verlust auf II. Füllmasse (Kornkochen und Nichtkrystallisation in Bewegung).

Aus den auf Seite 421 angeführten Alkalitätsrückgängen berechnete Claassen schon früher folgende Zuckerverluste durch Wärmewirkung.

|  | Kampagne | | | | |
| --- | --- | --- | --- | --- | --- |
|  | 1906/07 | 1907/08 | 1908/09 | 1809/10 | 1910/11 |
| Beim Verkochen des Dicksaftes . . . . . | 0,006 | 0,008 | 0,004 | 0,016 | 0,014 |
| Beim Verkochen des Sirups . . . . . . | 0,005 | 0,006 | 0,005 | 0,008 | 0,007 |
| Bei Krystallisation der Nachprodukte . . | 0,001 | — | 0,005 | 0,001 | 0,001 |

[1] Supplément à la Circulaire hebdomadaire 1911, Nr. 1148.
[2] Z. V. D. Zuckerind. S. 266, 1923.
[3] Archief, 1920 durch Z. V. D. Zuckerind. 1920, S. 774.
[4] C. f. Zuckerind. 1912/13, S. 626.

Diese Zahlen sind Höchstzahlen und beziehen sich auf Rüben[1]. Die Besprechung der Zuckerverluste beim Verkochen der Raffinadeklären wird Gelegenheit bieten, nochmals und eingehender diese Art von Verlusten zu behandeln; insbesondere wird dort das Schicksal des „verlorengegangenen" Zuckers zu erörtern sein (Kap. 33 b).

„Zuckerverluste, die bisher in der Zuckerfabrik nicht kontrolliert wurden", sind jene, die durch Anbau eines minderwertigen Rübensamens entstehen können[2]. So empfindlich sie unter Umständen auch sein können — so fallen sie doch nicht in den Rahmen dieses Buches.


### Literatur.

Herrmann, P.: Verlustbestimmung u. Betriebskontrolle der Zuckerfabrikation. Magdeburg-Wien 1905. — Wohryzek, O.: Betriebskontrolle d. Zuckerfabrikation. I. Bd. Laboratoriumsbuch 1923. II. Bd. Chem.-techn. Rechnungen, 2. Aufl. 1921. Albert Rathke, Magdeburg.

---

[1] Z. V. D. Zuckerind. 1912, S. 1111.
[2] Urban, J.: Z. d. tschsl. Zuckerind. III, S. 53, 1921.

Dritter Teil.

# Chemie der Raffination des Rohzuckers.

Siebenundzwanzigstes Kapitel.

## Das Lagern des Rohzuckers.

Der Rübenzucker, das Endprodukt der Rohzuckerfabrikation, ist infolge des ihm anhaftenden Sirups in dieser Gestalt für den menschlichen Genuß ungeeignet. Dazu muß er einem Reinigungsprozeß unterworfen werden. Außer der Reinigung, der eigentlichen Raffination, geht eine Formänderung des Rohzuckers vor sich. Dieser zweite Teil der Raffination, die Erzeugung von Broten, Würfelzucker, Mehl, Grieß, Pilé usw., ist fast ausschließlich ein mechanisch-physikalischer Vorgang. Er besteht hauptsächlich in Lösungs- und Krystallisationsprozessen. Nur sehr wenig chemische Momente sind hier zu berücksichtigen, z. B. die Anwendung chemischer Mittel zur Erleichterung und Vereinfachung der Arbeit und zur Verschönerung der Ware.

Auch die eigentliche Raffination ist mehr physikalisch-chemischer Natur. Da die technologische Seite der Zuckerfabrikation diesem Buche ferner liegt, wird es im folgenden Teile nur darauf ankommen, die chemischen und physikalisch-chemischen Momente der Raffination des Rohzuckers herauszugreifen.

Von dem hier eingenommenen Standpunkte zerfällt die Raffination in zwei Teile: 1. Reinigung des Rohzuckers durch Affination und Entfärbung der Klären, 2. Verarbeitung der filtrierten Klären auf Konsumware.

a) Lagerfestigkeit.

In einer gemischten Fabrik gelangt der ausgeschleuderte Rohzucker gewöhnlich gleich zur Raffination; Rohzuckerfabriken oder große Raffinerien müssen ihn oft lange Zeit lagern lassen. Da erweist es sich als notwendig, den Zucker vor seiner Einlagerung abzukühlen, nachdem er sonst durch bakterielle Tätigkeit geschädigt werden kann. Diese Zersetzungen werden durch Feuchtigkeit und Wärme im Magazine sehr gefördert.

Die „Lagerfestigkeit" ist eine sehr wichtige Eigenschaft der Rohzucker. Diese, sowie die Veränderungen lange lagernder Rohzucker, welche diese Eigenschaft nicht besitzen, sind chemisch sehr interessant, aber auch praktisch sehr wichtig[1].

---

[1] Diesen Ausdruck prägte Pfeifer. Z. V. D. Zuckerind. 1896, S. 517.

Der erste, der auf Veränderung von lagerndem Rohzucker aufmerksam machte, war J. Weinzierl (1869). Der Sirup des Rohzuckers lief von den Krystallen ab und floß zu den tiefsten Stellen. In Mustergläsern kann man oft diese Erscheinung beobachten: Die Probe wird im oberen Teile lichter, im unteren Teile dunkler. Aus in Säcken gelagertem Rohzucker fließt der dunkle Sirup ab. Die dadurch unfreiwillig bedingte Affination des Rohzuckers ist aber keine erfreuliche und erwünschte Erscheinung.

In großem Maßstabe kann man dies auch in Zuckerhaufen konstatieren; der Sirup fließt ab, und so entstehen in dem früher ziemlich homogenen Zuckerhaufen Stellen von ganz verschiedener chemischen Zusammensetzung.

### b) Lagerungsversuche.

Eine ausgedehnte, in manchen Einzelheiten aber veraltete und deshalb gerade interessante Untersuchung stellte Strohmer „Über das Verhalten des Rohzuckers beim Lagern" an[1]. In dieser heißt es: „Reine, trockene Saccharose hält sich, trocken aufbewahrt, durch Jahre unverändert. Nun besteht aber der Rohzucker nicht aus reiner, trockener Saccharose, sondern aus solcher und einer mehr oder weniger unreinen Zuckerlösung; erstere ist durch die einzelnen Krystalle, letztere durch den eben erwähnten, den Krystallen beweglich anhaftenden Sirup vertreten, und so ist anzunehmen, daß dieser Sirup die Ursache der Veränderungen des Rohzuckers beim Lagern ist.

Aus früheren Jahren jedoch lagen keine Klagen über schlechte Haltbarkeit des Rohzuckers vor, und so wurde angenommen, daß die veränderten Arbeitsweisen, die Abschaffung des Spodiums in den Rohzuckerfabriken und die Einführung der Schwefelung an dieser unangenehmen Erscheinung, die erst in späteren Jahren auftrat, Schuld trügen."

Heute ist es natürlich nicht notwendig, jener älteren Untersuchungen auch nur zu gedenken, die es ergründen sollten, ob das Schwefeln oder die Auflassung der Spodiumfiltration die Lagerfestigkeit der Rohzucker beeinträchtigen.

Genügend alkalischer Rohzucker (0,033% CaO), mit nicht mehr als 3% Wassergehalt läßt sich, gleichgültig, ob auf diese oder jene Weise hergestellt, im trockenen Raume aufbewahrt, zum mindesten 1 Jahr unverändert erhalten (Strohmer)[1].

Eine längere Einlagerung im feuchten Raume ist schädlich. Im trockenen Raume hielt sich der Zucker $1\frac{1}{2}$ Jahre vortrefflich. Eine spätere Arbeit Jessers über denselben Gegenstand bringt nichts wesentlich Neues; nur betont Jesser die Lebenstätigkeit von Mikroorganismen als eine der Ursachen, welche die Lagerfähigkeit des Zuckers bedingen[2]. Mit den Veränderungen des Rohzuckers beim Lagern beschäftigte sich später Koydl[3]. Da die Lagerstätte, die Witterung,

---

[1] Ö. U. Z. f. Zuckerind. XXII, S. 216, 1893.  [2] ebd. XXVII, S. 35, 1898.
[3] ebd. XXIX, S. 366, 1900.

Jahreszeit, Manipulation im Magazine u. a. m. auf die Zusammensetzung
des lagernden Zuckers Einfluß nehmen, soll man nach dem Genannten die
Resultate von einzelnen Lagerversuchen nicht bedingungslos verallgemeinern. Die gezogenen Schlüsse können nur annähernd
für andere Verhältnisse zutreffen. Koydl untersuchte böhmische Rohzucker auf ihre Lagerfestigkeit innerhalb 661—711, sogar bis 1100 Tagen
(2—3 Jahre). Die Zucker lagerten in Säcken zu 100 kg, zwanzig Sack
hoch geschichtet. Angewendet wurden drei verschiedene Lagerungs-
arten nebeneinander. Hier eine Zusammenstellung von wahllos ausgesuchten Versuchsergebnissen.

| Lagerzeit in Tagen | Alkalität gegen Phenolphthalein | Kupferausscheidung in mg | Pol. | Wasser | Asche | Organ. Nichtzucker | Rendement |
|---|---|---|---|---|---|---|---|
| vor | 0,014 | 29 | 95,02 | 1,78 | 1,38 | 1,64 | 88,03 |
| 663 | 0,008 | 53 | 94,02 | 2,61 | 1,28 | 1,91 | 87,08 |
| vor | 0,023 | 30 | 95,15 | 2,19 | 1,51 | 1,51 | 89,04 |
| 693 | 0,006 | 64 | 94,02 | 2,70 | 0,96 | 2,14 | 89,04 |
| vor | neutral | 26 | 96,01 | 1,54 | 1,10 | 1,26 | 90,06 |
| 693 | 0,007 | 43 | 94,04 | 2,67 | 1,09 | 1,84 | 88,95 |
| vor | 0,022 | 28 | 94,09 | 2,12 | 1,35 | 1,63 | 88,05 |
| 700 | 0,006 | 43 | 94,15 | 2,43 | 1,37 | 2,05 | 87,03 |
| vor | 0,030 | 34 | 96,07 | 1,03 | 1,11 | 1,16 | 91,15 |
| 711 | 0,019 | 28 | 95,06 | 2,07 | 1,06 | 1,27 | 90,03 |
| vor | neutral | 35 | 95,75 | 1,75 | 0,96 | 1,54 | 90,95 |
| ca. 1100 | neutral | 71 | 94,01 | 2,87 | 1,02 | 2,01 | 89,00 |
| vor | 0,024 | 34 | 96,00 | 1,70 | 1,06 | 1,24 | 90,70 |
| 1100 | 0,011 | 47 | 95,45 | 2,03 | 0,92 | 1,60 | 90,85 |

Die Versuche lassen sich nicht in einer Tabelle zusammenfassen;
so seien nur einige Leitsätze angeführt. Es sei aber nicht vergessen,
daß sich diese Versuche über eine abnorm lange Lagerzeit erstreckten: hohe oder geringe Alkalität der Zucker konnte bei zwei-
jähriger Lagerzeit eine Zersetzung nicht vollständig verhindern, die
Alkalität aber den Grad derselben vermindern. Nach einem halben
Jahre beginnen bereits Zersetzungen, das Rendement leidet. Daraus
folgt, daß die Raffinerien den Rohzucker möglichst in der Reihenfolge
seines Einlagerns verarbeiten sollen.

In den Jahren 1902/03 stellte das Deutsche Vereinslaboratorium
umfassende Lagerunsversuche mit Rohzucker an[1]. Stiepel führte in
dem bezüglichen Berichte Herzfelds die gesamte Literatur über Lagerungsversuche an und gibt den Inhalt jeder einzelnen Arbeit über diesen
Gegenstand auszugsweise wieder. Nur einige Einzelheiten der „Schluß-
betrachtung“ seien hervorgehoben.

Zucker mit Phenolphthaleinalkalität hält sich im allgemeinen besser als neutraler oder gar saurer, doch können
nach beiden Seiten hin Ausnahmen stattfinden, d. h. unter Umständen
kann sich ein saurer Zucker besser halten als ein alkalischer. Mit der
Alkalitätsabnahme beim Lagern steigt das Reduktions-

---

[1] Z. V. D. Zuckerind. 1903, S. 1201.

vermögen des Zuckers; die sauren Zucker zeigen bedeutendes Reduktionsvermögen. Ursache der auftretenden Erscheinungen sind Pilze; die Zusammensetzung des Zuckers übt keinen Einfluß auf den Alkalitätsrückgang. Der Zucker hält sich in Säcken besser als in Haufen. Die Alkalität bildet keinen direkten Maßstab für die Haltbarkeit der Zucker, erweist sich in den meisten Fällen als praktisch, kann aber in einzelnen Fällen versagen. Da Infektion durch Pilze die Ursache des Alkalitätsrückganges ist, muß auf die Antisepsis beim Erzeugen und Lagern des Rohzuckers Rücksicht genommen werden (nicht warm einlagern, kühle Lagerräume). Auch Gewichtsvermehrung des lagernden Zuckers durch Wasseranziehung aus der Luft wurde gefunden[1].

Herzfeld stellte auch fest, daß mit abnehmender Alkalität und zunehmender Acidität das Reduktionsvermögen des Zuckers zunimmt, doch bestehen keine konstanten Beziehungen zwischen der Reaktion und der Reduktionskraft der Zucker.

Tabelle 121. Über die Beziehung zwischen der Alkalität der Rohzucker und ihrem Reduktionsvermögen.

| Alkalität % CaO (Phenolphthalein) | mg Cu Reduktionsvermögen | Acidität % CaO (Phenolphthalein) | mg Cu Reduktionsvermögen |
|---|---|---|---|
| 0,010 | 27,5 | | |
| 0,008 | 28,0 | 0,001 | 40,0 |
| 0,007 | 29,4 | 0,002 | 42,0 |
| 0,006 | 30,0 | 0,003 | 46,0 |
| 0,005 | 31,0 | 0,004 | 44,0 |
| 0,004 | 33,0 | 0,005 | 44,0 |
| 0,003 | 34,0 | 0,006 | 42,0 |
| 0,002 | 33,0 | 0,007 | 40,0 |
| 0,001 | 33,0 | | |

Von einem Rohzucker verlangt man demnach neben den schon angeführten Eigenschaften eine gewisse „Lagerfestigkeit". Sie ist vorhanden, wenn der Zucker alle jene Eigenschaften besitzt, die im Kapitel 22 für einen guten Zucker angeführt wurden. Die Lagerfestigkeit ist erfüllt, wenn der Rohzucker längere Zeit liegen kann, ohne an Rendement und seinen guten Eigenschaften zu verlieren.

Über die Ursachen des Rendementrückganges referierte Lippmann[2]: 1. Mangel an Alkalität überhaupt und 2. Mangel an dauernder Alkalität. Letztere kann zwei Ursachen haben: Zersetzung stickstoffhaltiger Bestandteile des Rohzuckers, wodurch Ammoniak abgespalten wird, so daß diese Alkalität verschwindet. Die zweite Ursache sind gewisse Schwefelverbindungen in den Rohzuckern, herstammend aus der schwefligen Säure, wenn die Schwefelung unrichtig im Betriebe gehandhabt wurde. Im Rohzucker sind Sulfite und Thiosulfate vorhanden. Letztere übergehen — obwohl für sich alkalisch reagierend — bei längerem Lagern in Berührung mit der Luft in Sulfate, teilweise auch in schweflige Säure und Schwefel: $H_2S_2O_3 = SO_2 + S + H_2O$,

---

[1] Z. V. D. Zuckerind. 1904, S. 946.　　[2] ebd. 1896, S. 519.

welche Säure dann Alkalität bindet, ja, wenn überschüssig vorhanden, saure Reaktion bewirkt[1]. Die Praxis beweist das Vorkommen
solcher Zucker, da in Vakuen Ablagerungen gefunden wurden, die Sulfate, Thiosulfate, Sulfite und freien Schwefel enthielten.

Die Größe des Aschenrendementrückganges wurde in einzelnen Fällen von
Lippmann zu 0,25 %, 0,35 %, ja bis 0,60 % gefunden. Zwei Zucker, frei von
Invertzucker und 0,002 bzw. 0,003 % scheinbarer Alkalität, gingen bei 6 monatiger
Lagerung um 0,10 bzw. 0,30 % im Aschenrendement zurück. Invertzuckerhaltige
(0,05 %), sauer reagierende Rohzucker (0,005 und 0,008 %) ergaben einen Rückgang von 0,30 bzw. 0,33 % im Aschenrendement. Im Nichtzuckerrendement ausgedrückt, sind diese Verluste viel größer (bis 1,95 %), da nicht der Polarisationsverlust allein, sondern auch das Plus an organischen Stoffen, die durch die Zersetzung entstanden sind, darin zum Ausdruck kommen.

Als Abhilfe gegen diese Erscheinungen gibt Lippmann eine
dauernde, wirkliche Alkalität des Rohzuckers an.

In neuerer Zeit stellte Vermehren Lagerungsversuche an; er stellte
fest, daß auch gegen Phenolphthalein saurer Zucker sich ganz gut hielt.
Einer dieser Zucker verlor innerhalb eines Jahres nur 0,45 % vom
Rendement. — Doch wird man aus solchen Versuchen nicht folgern
dürfen, daß man unbesorgt saure Zucker einlagern könne.

Es wurde bei Besprechung der einzelnen Lagerungsversuche schon
einigemal der Tätigkeit von Mikroorganismen gedacht; daher
sollen unter Hinweis auf das Original die „Bakteriologischen Untersuchungen und Betrachtungen über das Lagern von Rohzucker" von
A. Schöne[2] kurz gestreift werden.

Schöne untersuchte verschiedene Rohzuckermuster und fand in diesen 400
bis 16000 Mikroorganismen je 1 g Zucker. Saure Zucker zeigten durchschnittlich
einen größeren Gehalt als alkalische. Der Rohzucker zeigt häufig die typischen
Bakterien des Diffusionssaftes. Schöne isoliert folgende 4 Gruppen: 1. Pilze,
2. Kokken, 3. sporenbildende Stäbchen, 4. keine Sporen bildende Stäbchen. Zur
ersten Gruppe gehörig wurden gefunden: Penicillium glaucum, Aspergillus- und
Mucorarten, Heubazillen, Semiclostridium u. a. Von den Kokken konstatierte
Schöne nur harmlose Vertreter; zweimal den gefährlichen Leuconostoc. Die
dritte Gruppe wirkt säurebildend und invertierend. Die nicht sporenbildenden
Stäbchen gehören teils den Fäulnisbakterien, den coliartigen Bakterien, Milchsäurebakterien usw. an.
In jüngster Zeit fand V. Mareš die Schimmelpilze *Aspergillus glaucus,*
*Penicillium crustaceum* und diesen nahe verwandte Arten der Lagerfestigkeit
von Rohzucker gefährliche Mikroben[3].

Auch Deerr und Norris führen die Verschlechterung des Zuckers
beim Lagern auf Bakterientätigkeit zurück, ebenso z. B. Th. Ammons
für Javazucker[4].
N. Kopeloff und L. Kopeloff stellten einen „Sicherheitsfaktor"
gegen das Umschlagen von Rohzucker auf. Er lautet:

---

[1] Die chemische Gleichung ist für die freie schweflige Säure geschrieben,
obwohl diese natürlich nicht im Rohzucker vorkommt.
[2] D. Z. 1906, S. 1337.
[3] Z. d. tschsl. Zuckerind. IX, S. 177, 1927 (mit zahlreichen Literaturangaben).
[4] D. Z. 1921, S. 136.

$$\frac{\text{Feuchtigkeit}}{100 - \text{Polarisation}} = 0,33[1]; \quad \text{A. Schöne erhöhte diesen für unsere}$$

Rübenrohzucker auf 0,50[2].

Herzfeld fand ihn aus dem analytischen Material des „Institutes" bei gut haltbaren Zuckern mit 95 Polarisation zu 0,7—1,1, für Nachprodukte noch mehr. Länger lagernde, also ausgetrocknete Zucker zeigten einen Rückgang auf 0,6—0,7. In Fällen, wo Invertzucker im Lagerzucker gefunden wurde, zeigte sich meist kein ungünstigeres Verhältnis — stärkere Infektion war die Ursache. Jedenfalls sollte aber die Betriebskontrolle dieser Zahl erhöhte Bedeutung beilegen[3].

Literatur.

Gredinger, W.: Die Raffination des Zuckers. Wien u. Leipzig, 1909. — Lafar, F.: Handb. d. techn. Mykologie I—V.

Achtundzwanzigstes Kapitel.

# Affination.

Bevor der Rohzucker in den Raffinerieprozeß eintritt, wird er allgemein einer Vorreinigung unterzogen. In dem Maße, als die Spodiumfiltration in der Raffination vermindert wird, muß die Vorreinigung um so vollkommener gehandhabt werden.

Sie wurde 1812 durch Howard eingeführt und war im Prinzip ein Einmaischen des Rohzuckers mit Wasser, Abnutschen des Sirupes und der folgenden Decken. Cail wandte hierzu die Zentrifuge an[4], und nach Kindler[5] benutzte eine französische Raffinerie zum Einmaischen Sirup. Aber erst später, als dieses richtige Prinzip die richtige technische Durchführung erfuhr, fand die Affination des Rohzuckers allgemein in den Raffinerien Eingang. Heute ist sie ein unentbehrlicher Bestandteil der ganzen Raffinationsarbeit.

Gröger charakterisierte mit folgenden Worten ihre Bedeutung für den Betrieb[6]:

„Es ist die Affination für die Raffinerien ungefähr von gleicher Bedeutung wie die Diffusion für die Rohzuckerfabriken; hier wie dort hängt der Verlauf des weiteren Betriebes wesentlich von der Arbeit auf dieser ersten Station ab, und jeder daselbst begangene Fehler wird sich später in mehr oder minder fühlbarer Weise bemerkbar machen." Nach Mrasek muß dieser Station die größte Aufmerksamkeit gewidmet werden, „da ja eben diese Station der Hauptausgangsort der zu verarbeitenden Sirupe, nämlich des Rohzuckergrünsirups und des durch das Deckwasser gelösten Zuckers ist . . . ., da es das Bestreben jedes Betriebes sein muß, gut gewaschene Zucker der Saftmanipulation zuzuführen, ob nun mit größerer oder kleinerer Spodiummenge gearbeitet wird, weil es ja keinen Zweck hat, mit dem Zucker ein Plus an Nichtzuckerstoffen in den Kreislauf zu führen, welche durch das öftere Verkochen durchaus nicht an Gutartigkeit gewinnen"[7].

Lippmann definiert die Affination als „eine Vorreinigung, eine Trennung des krystallisierten Zuckers vom anhaftenden Sirup, und

---

[1] Mit anderen Worten: ein Zucker, dessen Gehalt an Nichtzuckerstoffen dreimal so groß ist als sein Feuchtigkeitsgehalt; er gilt nur für frische Rohzucker. Siehe auch L. Owen: Int. Sug. Journ. 1922, Nov./Dez.  [2] D. Z. 1920, S. 67.
[3] ebd. 1921, S. 167.  [4] Z. V. D. Zuckerind. 1851, S. 395.
[5] ebd. 1851, S. 400, 438.  [6] Ö. U. Z. f. Zuckerind. XXXVI, S. 31, 1907.
[7] ebd. XXXVI, S. 43, 1907.

sie bezweckt, möglichst reinen Rohzucker und nicht Rohzucker samt
allem ihm anhaftenden Nichtzucker dem Betriebe der Raffinerie zuzuführen . . . es wird verlangt, daß die Trennung eine möglichst vollständige und mit einem möglichst geringen Verlust an Krystallen verbunden sei und daß der übrigbleibende Zucker eine möglichst hohe Reinheit und . . . auch eine vollständige Weiße besitze"[1].

Die Affination ist wohl vorwiegend der Ort, wo sich nur physikalische
Prozesse abspielen, und zwar Lösungsvorgänge; diese bedingen aber
Veränderungen des Zuckers und der Sirupe in ihrer chemischen Zusammensetzung, und dies ist hier, neben den herrschenden Gesetzmäßigkeiten, von Bedeutung.

Gelegentlich der Beschreibung seiner Bewertungsmethode des Rohzuckers, die im Wesen ja eine Affination ist (Kap. 22) schrieb Herzfeld:
„Es ist erstaunlich, wie verschieden die Zucker sich bei dieser Probe verhalten. Manche Zucker sind schon nach 5 Sekunden weißgeschleudert . . .
manche lassen noch nach 60 Sekunden die Deckkläre nicht durch."

Der Rohzucker wird zunächst mit einem Sirup gemaischt; hier
haben dieselben Erwägungen wie beim Maischen der Rohzuckerfüll-
masse Platz zu greifen. Die gemaischte Masse wird fast ausschließlich
in Zentrifugen ausgeschleudert, der Maischsirup so entfernt und nun
mit dem Decken begonnen. Als Deckmittel dient Wasser in feinster
Verteilung (Wasserdüsenverfahren), Dampf oder aber ein Gemisch von
Luft und Dampf (Dampfnebeldecke). — Das Deckmittel wird so
lange einwirken gelassen, bis der Zucker die richtige weiße Farbe besitzt; dabei ist auch auf eine richtige Trennung der ablaufenden
Sirupe die größte Achtsamkeit zu richten. Der affinierte Zucker
geht sodann zur Klärung.

Den Einfluß der einzelnen Faktoren auf Affination und Ausbeute untersuchte in seinen Affinationsversuchen A. Gröger[2];
dies ist eine der wenigen Arbeiten, welche die Vorgänge in der Affination auf Grund chemischer Analysen eingehend beleuchtet (s. 1. Aufl.).

Aus diesen Versuchen geht deutlich hervor, wie eine
rationelle Affination durchzuführen sein wird. Dasselbe gilt
auch für die Affination von Nachprodukten.

Grögers Versuche sind deshalb so wertvoll, weil sie im Großbetriebe ausgeführt wurden und sich auf die allgemein übliche Zentrifugenaffination beziehen. Ähnliche Arbeiten Koydls betreffen das Waschverfahren, daher sind dessen Versuchsergebnisse nicht von so allge-
meinem Werte. Letzteres gilt auch für die Angaben R. Mehrles über
die „Beziehungen zwischen Zusammensetzung und Affinierbarkeit
der Rohzucker, unter besonderer Bezugnahme auf das Auswaschverfahren"[3]. Die Güte eines Zuckers hängt nach diesem von seiner
Waschfähigkeit ab. Gut waschbare Zucker erleichtern den Affinations-
prozeß. Die Waschfähigkeit eines Zuckers ist abhängig von
der Adhäsion des am Krystall haftenden Sirups und dessen Viscosität.

---

[1] Z. V. D. Zuckerind. 1908, S. 693.   [2] Ö. U. Z. f. Zuckerind. XXXVI,
[3] Wannenwäsche von Steffen.                            [S. 31, 1907.

Die Adhäsion hängt ab von der Größe der Krystalloberfläche und der Sirupschichtdicke, und zwar steigt erstere mit beiden genannten Größen. Die Viscosität des Krystallsirups hängt von der Temperatur, dem Wassergehalt des Sirups und der Zusammensetzung seines Nichtzuckers ab, hauptsächlich aber von seinem Verdünnungsgrad, d. i. das Verhältnis Nichtzucker : Wassergehalt. Je geringer dieses Verhältnis (also je größer der Wassergehalt), desto geringer die Viscosität[1].

A. Frolda führte Affinationsversuche teils in Laboratoriumszentrifugen, teils im Betriebe aus[2]. Ein ideales Affinationsgut (Rohzucker) muß aus gut ausgebildeten Krystallen bestehen; der anhaftende Sirup soll krystallfrei sein, niedrigen Reinheitsquotienten haben und bei größter Ausbeute an reinen Krystallen leicht abwaschbar sein. — Zunächst untersuchte Frolda den Einfluß der Deckwassermengen auf die Krystallausbeute in einer Laboratoriumszentrifuge.

Mit steigendem Deckwasserverbrauch sinkt unter gleichen Umständen die Ausbeute an Krystall und steigt die Reinheit des Ablaufsirups. Das ist dasselbe Resultat, das Gröger mit verlängerter Deckdauer erzielte.

In einem weiteren Versuche zeigte Frolda, wie bei gleicher Arbeitsweise die Ausbeute von der Beschaffenheit des Rohzuckers abhängt.

| Krystall-ausbeute % | Wirkl. Q. des Gesamt-ablaufsirups |
|---|---|
| e) 84,19 | 78,74 |
| f) 84,05 | 79,02 |
| g) 84,05 | 79,33 |
| d) 81,57 | 78,79 |

Gleiche Deckwassermengen, gleiche Deckdauer usw. bei vier verschiedenen Zuckersorten ergaben, auf Rohzucker gerechnet:

Nach Koydls Erfahrungen für Wannenwäsche — die aber Frolda für Zentrifugenaffination bestätig — beeinflussen folgende Krystallformen ungünstig die Affinierbarkeit des Zuckers:

1. flache bis schuppige Formen: sie bilden eine dichte Wand am Zentrifugensiebe;

2. Viellinge: sie geben zusammen mit dem Feinkorn eine innige Verbindung und sind dann für das Deckmittel undurchlässig;

3. Feinkorn: es füllt die Hohlräume zwischen den Krystallen aus; die Wirkung ist dieselbe wie die unter 1 angegebene.

Günstig ist für das Decken „kubisches" Korn; es braucht nicht besonders grob zu sein, nur Gleichmäßigkeit ist notwendig.

Koydl studierte auch die „Rolle des Feinkorns beim Affinieren des Rohzuckers"[3].

Der Verlauf der Affination geht auch aus der Untersuchung des Verfassers auf S. 582 hervor. Aus den angeführten Nichtzuckerverhältnissen glaubte der Verfasser schließen zu können, daß durch die Affination mehr organischer als anorganischer Nichtzucker entfernt werde.

Stets war das Nichtzuckerverhältnis Asche : organischem Nichtzucker im Einwurf größer als in der erzielten Affinade.

---

[1] D. Z. 1909, S. 493.     [2] Ö. U. Z. f. Zuckerind. XXXIX, 1910, S. 983.
[3] ebd. XXXIX, S. 1018, 1910.

Damit standen in Übereinstimmung die Beobachtungen Grögers, daß der Affinationsablauf mehr organischen Nichtzucker enthält als der Einwurf. Im Einwurfe fand er z. B. A : O = 1 : 1,55, im Ablaufe 1 : 1,65 usw. Auch Gröger konstatierte, daß die Affinade „fast stets" ein günstigeres Nichtzuckerverhältnis habe als der Einwurf. „Dies

| | Rohzucker I. Prod. | Derselbe affiniert | Rohzucker I. Prod. | Derselbe affiniert | Nachprodukt | Affiniert | Nachprodukt | Affiniert |
|---|---|---|---|---|---|---|---|---|
| Polarisation . . . . | 96,10 | 98,30 | 95,20 | 96,10 | 93,70 | 95,80 | 92,90 | 94,80 |
| Wasser. . . . . . . | 1,26 | 1,25 | 1,51 | 2,38 | 1,81 | 3,11 | 2,58 | 3,07 |
| Asche (A) . . . . . | 0,86 | 0,21 | 1,03 | 0,72 | 1,36 | 0,51 | 1,59 | 0,61 |
| Org. Nichtzucker (O) | 1,78 | 0,24 | 2,99 | 0,80 | 3,13 | 0,58 | 3,93 | 1,52 |
| Rendement. . . . . | 91,80 | 97,25 | 90,10 | 95,70 | 86,90 | 93,25 | 84,90 | 91,70 |
| A : O . . . . . . . | 2,00 | 1,14 | 2,90 | 1,11 | 2,30 | 1,13 | 2,47 | 2,40 |

spricht dafür, daß schon beim Kochen der ersten Füllmasse eine geringe Menge anorganischer Stoffe in oder an den Zuckerkrystallen zur gleichzeitigen Abscheidung gelangt"[1].

Bei Betrachtung der von Frolda ausgeführten Analysen geht aber hervor, daß die beiden letztgenannten Resultate nicht verallgemeinbar sind, weil Frolda durchweg für die Affinade ein ungünstigeres Nichtzuckerverhältnis als für den zugehörigen Einwurf fand. Diese Frage ist somit noch nicht spruchreif und zeigt, wie man sich vor Verallgemeinerung gefundener Resultate hüten muß.

Die physikalischen Eigenschaften eines Rohzuckers für seine günstige Affinierbarkeit wurden bereits erörtert. Die chemischen sollen nun folgen. Nach Koydl — der mit dem Steffenschen Waschverfahren arbeitet — hätte das Nichtzuckerverhältnis Einfluß auf die Affinierbarkeit, und zwar in der Weise, daß: je höher dieses, desto geringer die Affinierbarkeit wird. Weiter spricht Koydl von einem Rückgang der Affinierbarkeit eines Rohzuckers bei längerem Lagern, dadurch bedingt, daß aus dem Sirupe des Rohzuckers durch allmähliche Krystallisation mikroskopische Kryställchen (praktisch Mehl) sich ausscheiden, wodurch der Sirup völlig erstarrt und dem Deckmittel einen schwierigeren Durchgang bereitet[2]. Der Beschaffenheit dieses anhaftenden Sirups legt Koydl die größte Bedeutung bei. Er wünscht ihn schon in frisch erschleudertem Rohzucker von wirklichem Melassequotienten; in solchem Zustande ist das Auskrystallisieren während der Lagerung unmöglich. Nach Koydls Meinung wird schon im Vakuum in bedeutendem Maße die Affinierbarkeit eines Zuckers entschieden; je vollständiger der Muttersirup (Dicksaft) entzuckert wird, um so besser ist die durchschnittliche Affinierbarkeit. Im Vakuum soll der Dicksaft im Rohzucker und wirkliche Melasse heruntergekocht werden. Dies hält Koydl bei richtiger Arbeitsweise für möglich[3]. Die Erfüllung dieser Idealforderung würde jede Nachproduktenarbeit ersparen — schon bei Berücksichtigung des Um-

---

[1] Ö. U. Z. f. Zuckerind. XXXIV, S. 705, 1905.
[2] ebd. XXXVI, S. 19, 1907.        [3] ebd. XXXVI, S. 897, 1907.

standes, daß der abgeschleuderte Grünsirup nicht mit dem Muttersirup identisch ist.

Teils eine Wiederholung, teils eine Vervollständigung dieser Ausführungen gab Koydl in seiner großangelegten „Studie über die Kocharbeit in ihrer Beziehung zur Affinierbarkeit der Rohzucker"[1]. Von der Theorie des Kochens zu seiner praktischen Ausführung unter Berücksichtigung der Lehren Claassens vom Übersättigungskoeffizienten übergehend, zeigt Koydl, wie zu kochen wäre, um gut affinierbare Rohzucker zu erlangen. Feinkorn ist der Feind einer guten Affinierbarkeit, die fast identisch ist mit Durchlässigkeit des Rohzuckers (für das Deckmittel). Zum Schlusse verweist er auf das Unwirtschaftliche des Zumischens von Nachprodukten zum Erstprodukt, das durch die Handelsusancen nicht nur erlaubt, sondern sogar manchmal notwendig gemacht wird (s. S. 497)[2]. In neuester Zeit sprach Lippmann von einer „seit langem zunehmenden Verwahrlosung der Beschaffenheit und Körnung so vieler Rohzucker". Und weiter: „Diese Verhältnisse haben sich fast von Jahr zu Jahr weiter verschlechtert; die Deckdauer, die ursprünglich mittels Sekundenuhren geregelt wurde, zählt nach Minuten, und der wahre Quotient der Abläufe, der ehemals 79—80 betrug, ist allmählich auf 84—86, ja darüber gestiegen, und zwar auch bei Konzentrationen von 71—72° Ball., die sich im Betriebe als die höchsten, praktisch noch zulässigen erwiesen. Doch ist hierbei zu bemerken, daß in früheren Zeiten, von wenigen, nachweislich an Raffinose reichen Jahrgängen abgesehen, die Bestimmungen jener Quotienten von 79—80 durch direkte oder Inversionspolarisation nur geringe Unterschiede ergaben, während in den letzten 15 Jahren, mit nur vereinzelten Ausnahmen, andauernd Differenzen von etwa 1—2 % und darüber auftraten; daß sie stets nur durch wahre Raffinose verursacht wurden, kann man allerdings nicht behaupten; man hat sie vielmehr als eine Art Indicator dafür anzusehen, daß durch unzureichende Saftreinigung, durch fortwährendes Zurücknehmen ungereinigter Abläufe oder Nachprodukte usf. schwerere Sünden begangen wurden, die freilich nicht der Täter, also die Rohzuckerfabrik, zu büßen hat, sondern die Raffinerie, und zwar sowohl

| Rohzucker | % des Kornes von der Größe | | | |
|---|---|---|---|---|
| | 0 bis 0,6 mm | 0,6 bis 0,9 mm | 0,9 bis 1,2 mm | größer als 1,2 mm |
| Nr. 1 | 6,0 | 12,1 | 37,5 | 44,4 |
| „ 2 | 7,3 | 17,3 | 39,4 | 36,0 |
| „ 3 | 11,6 | 17,2 | 35,9 | 35,3 |
| „ 4 | 7,1 | 19,5 | 43,1 | 30,3 |
| „ 5 | 6,1 | 19,8 | 49,5 | 24,6 |
| „ 5 | 6,5 | 20,8 | 48,4 | 24,3 |
| „ 5 | 6,7 | 21,8 | 44,0 | 27,5 |
| „ 6 | 30,3 | 38,3 | 29,1 | 2,3 |

in technischer Richtung als auch (wegen Bezahlung nach bloßem ‚Rendement') in kaufmännischer"[3].

---

[1] Z. f. Zuckerind. i. B. XXXIX, S. 284, 1914/15.

[2] Nach einer Mitteilung Lippmanns verhinderten schon früher österreichische Raffinerien das Zumischen von Nachprodukten zu ihrem Kaufrohzucker, indem sie den Rohzuckerfabriken für separat gelieferte Nachproduktzucker den nämlichen Preis zahlten wie für die Erstproduktzucker. Z. V. D. Zuckerind. 1897, S. 629 (s. „Nachtrag").     [3] D. Z. 1925, S. 681.

Mrasek untersuchte verschiedene Rohzucker auf ihren Gehalt an Feinkorn (nach Koydls Methode); er fand einen solchen von 4—22 % des Rohzuckers und damit verminderte Affinierbarkeit[1].

Bei Rohzuckern, die sich „ziemlich gut" affinieren ließen, fand er vorstehende Körnung der einzelnen Rohzucker[2] (s. S. 583).

Den wichtigen Zusammenhang zwischen Deckwasser, Reinheit des Affinationssirups und Ausbeute ermittelte Langen für einen Rohzucker von folgender Zusammensetzung: Polarisation 95,75, Asche 0,85, Wasser 1,85, org. Nz. 1,55, Rdt. 91,5[3].

| % Deckwasser | Wahre Reinheit des Sirups | Ausbeute % | |
|---|---|---|---|
| 2 | 70,5 | 89,85 | ungenügende Affination |
| 3 | 77,0 | 87,25 | |
| 4 | 81,0 | 85,70 | |
| 5 | 83,5 | 83,6 | |
| 6 | 85,6 | 81,5 | |
| 7 | 87,2 | 79,4 | |
| 8 | 88,5 | 77,3 | |
| 9 | 89,5 | 75,3 | |
| 10 | 90,4 | 73,2 | |

Neuere Untersuchungen gleicher Art über die Ausbeute an Affinade im Fabriksbetriebe stammen von J. Roubínek[4]. Den Zusammenhang zwischen der Menge des Deckwassers und Ausbeute fand er etwa so wie Langen (s. o.); seine Ergebnisse lassen sich in folgender Übersicht zusammenfassen:

Tabelle 122.

| Rohzucker | Deckwasser % auf Rohz. | Dichte des Grünsirups | Ausbeute an nasser Affinade | Beschaffenheit der Affinade | | |
|---|---|---|---|---|---|---|
| | | | | Quot. | Asche | Farbe der Kläre, °St. |
| sehr guter . . | 3—4 | 73 | 84 | 99 | $>$ 0,1 | mit 8—10 % Spodium entfärbt: 0,4—0,6° |
| guter . . . . . | 4—6 | 73 | 82 | $>$ 99,5 | 0,0 x | |
| genügender . . | 6—8 | — | 76—79 | $>$ 99,0 | mittlere Qualität, | |
| ungenügender . | — | — | 70 | $<$ 98,0 | nicht mehr für erstklassige Weißware brauchbar | |

Natürlich hängt das Resultat nicht nur von der Deckwassermenge ab, sondern auch von der Temperatur und Dichte des Maischsirups und von anderen Umständen. Es gibt Rohzucker, die trotz sorgfältiger Affination im besten Falle grau bleiben, also nicht weiß ausgedeckt werden können. Alle Möglichkeiten zur Erklärung dieser Tatsache (Löslichkeit des Eisens, Zuzug von Sirupen, heiße Diffusion, wenig Kalk zur Scheidung angewandt, Mangel der $SO_2$-Saturation usw.) führte (nicht ohne Widerspruch zu finden) Zscheye an[5], s. S. 487 u. „Nachtrag".

---

[1] Ö. U. Z. f. Zuckerind. XLII, S. 546, 1913.,
[2] Z. f. Zuckerind. i. B. XLII, S. 399, 1917/18.
[3] C. f. Zuckerind. 1909/10, S. 67.
[4] Z. d. tschsl. Zuckerind. IV, S. 365, 1923.      [5] D. Z. 1928, S. 49.

Neunundzwanzigstes Kapitel.

# Chemie der Klären.

## a) Kalkung der Klären.

Der affinierte Zucker muß zu seiner weiteren Reinigung und Verarbeitung in Lösung gebracht werden. Die erhaltenen Lösungen heißen Klären. Die Klärung des Zuckers erfolgt mit reinem, heißem Wasser so, daß die Kläre 60⁰ Bx. und mehr hat. Gleichzeitig wird der Kläre Kalk in Form von Kalkmilch zugesetzt, und zwar in solcher Menge, daß die Kläre nach ihrer Filtration über Spodium eine Alkalität von 0,001 % CaO besitzt. Mehr oder weniger Alkalität schadet. Ein zu großer Kalkzusatz ist unrationell, da man dem Spodium eine größere Arbeit aufbürdet, ein zu geringer erhöht die Inversionsgefahr.

K. Smolenski und A. Laneswki studierten den Zusammenhang zwischen dem Zusatze von Alkalien zu den Klären und deren Verarbeitungsfähigkeit und Geschmack. Nach ihnen (und anderen) ist ein Zuwenig noch eher zulässig als ein Zuviel. Ein Alkalienüberschuß vermehrt den Salzgehalt in der weißen Ware, vermehrt die Farbbildung, belastet die Entfärbungsanlage und vermindert die Ausbeute[1].

Auch dieses geringe Kalken ist nach J. Dědek und O. Langer überflüssig[2]. Beide bewiesen experimentell und in dreijähriger Praxis, daß auch bei „kalkloser Arbeit" die Alkalität der Affinade ein genügendes Schutzmittel gegen Inversion (Alkalitätsverlust) der Klären ist. Das Spodium benötigt nicht Kalkalkalität und läßt auch die natürliche Alkalität der Affinaden unverändert (s. u.).

Eine kalklose Arbeit schont das Spodium und erleichtert dessen Wiederbelebung[2]. W. Gredinger berichtet einen Fall, wo das „Spodium als Inversionsursache" erkannt wurde[3]. Damit in Übereinstimmung schrieben Dědek und Langer bei einem anderen Anlasse: Die zahlreichen Beobachtungen aus der Praxis bezeugen, daß sich unter extremen Bedingungen Inversion und Sauerwerden einstellen können[4].

Vor ihrer Filtration über Spodium werden die Klären mechanisch filtriert, um das Spodium zu entlasten (s. Fußnote).

## b) Zusammensetzung der Klären.

Die Zusammensetzung der Raffinerieklären und ihre Alkalitäten gehen aus den Ausführungen auf Seite 586 hervor.

Hier kann auch gleich der Liker (Deckkläre) angeführt werden; einige Analysen desselben zeigen, daß er eine fast chemisch reine

---

[1] Über das „Betriebswasser" siehe ausführlicher bei Nosek: Die kombinierte Arbeitsweise mit Norit-Spodium... „Tagesfragen aus der Zuckerindustrie", hsgb. von O. Wohryzek. Magdeburg: Rudolf Rathke 1927. Darin auch Einzelheiten über die mechanische Filtration des Wassers und der Klären mit 4 Mikrophotographien.   [2] Z. d. tschsl. Zuckerind. VII, S. 1, 1925.

[3] Brier u. Gröger: Techn. Rundschau auf dem Gebiete d. Zuckerind. u. Landw. Heft 5. Prerau 1906. (Erscheint nicht mehr.)

[4] Z. d. tschsl. Zuckerind. VII, S. 8, 1925.

Zuckerlösung darstellt. Seine Alkalität wird so bemessen, daß er auf Lackmus alkalisch reagiert; sie wird gewöhnlich durch Zusatz von Kalkwasser erzielt.

Wenn auch die Raffinerieklären höchst reine Produkte darstellen, so müssen sie doch Nichtzucker enthalten. Diesen übernehmen sie aus dem der Affinade anhaftenden Sirup. In diesem Sirup fand der Verfasser für eine Fabrik qualitativ viel Schwefelsäure, sehr wenig Chlor und eine starke Reaktion für Kalk. Entsprechend diesen Befunden, konnten auch in den unfiltrierten Klären sehr deutliche Reaktionen für Kalk und Schwefelsäure und nur geringe für Chlor nachgewiesen werden. In filtrierten Klären fanden sich deutliche Reaktionen für Kalk und Schwefelsäure und nur Spuren von Chlor. Der Kalk rührte größtenteils von der Kalkzugabe zu den Klären her.

| Brix | Pol. | Q. |
|------|------|------|
| 72,6 | 72,4 | 99,7 |
| 73,0 | 72,9 | 99,8 |
| 72,4 | 72,3 | 99,8 |
| 72,0 | 71,8 | 99,7 |

Sind diese Verbindungen allgemeine Bestandteile der Klären, so müssen sie sich — analog dem Vorkommen in den Rohzuckerfabriken — in Ausscheidungen der Raffinadevakuen vorfinden. Tatsächlich fanden Neumann und Andrlík folgende Zusammensetzung solcher Inkrustationen:

| Neumann | | Andrlík | |
|---|---|---|---|
| Gips . . . . . . . . . . . . . . | 67,4 % | Kalk . . . . . . . . . . . . | 36,49 % |
| Schwefelsaures Kali . . . . | 18,1 % | Schwefelsäure . . . . . . | 51,16 % |
| Schwefelsaures Natron . . . | 3,7 % | Wasser . . . . . . . . . | 6,76 % |
| $SiO_2$, $Fe_2O_3$, $Al_2O_3$, CaO . . | 1,0 % | Organ. Stoffe . . . . . . | 5,38 % |
| Zucker . . . . . . . . . . | 2,6 % | | |
| Verbrennbare organ. Substz. | 6,8 % | | |
| Unbestimmtes . . . . . . | 0,4 % | | |

Über die Alkalität der Klären im Raffineriebetriebe stellte Jesser Untersuchungen an. Daraus folgerte er, daß die Alkalität abhinge von der Alkalität des Betriebswassers, von der Menge des zugesetzten Kalkes oder Alkalis, von der Alkalität des affinierten Zuckers oder der zur Klärung gebrachten Sirupe, von der Inversionsfähigkeit der Kläre, von der Menge der Zersetzungsprodukte des Zuckers, vom Effekt der Spodiumfiltration und vom zur Titration angewendeten Indicator. Außerdem seien in den Klären folgende Zersetzungsprodukte des Zuckers vorhanden: 1. Invertzucker, seine unvollständigen Zersetzungsprodukte infolge Einwirkung von Kalk und Alkalien sowie vollständig abgebauter Invertzucker; 2. Überhitzungsprodukte des Zuckers in den verschiedensten Stadien, und zwar optisch aktive und inaktive, sowie deren Spaltungsprodukte, Fehlingsche Lösung reduzierende Überhitzungsprodukte u. a.[1].

Durch das Vorhandensein solcher labilen Körper hat jede Kläre eine veränderliche Alkalität; Kalkzusatz vergrößert, die Bildung genannter Substanzen vermindert sie.

Teils Altes, teils Neues geht aus Versuchen J. Slobinkis über die Rolle des Kalkes und der Alkalien in der Zuckerraffinerie hervor[2]. Hervorgehoben

---

[1] Ö. U. Z. f. Zuckerind. 1894, S. 275.    [2] D. Z. 1906, S. 1020.

sei, daß Slobinski für die Anwendung der Soda eintritt. Die mit dieser erzeugten Alkalitäten sollen nur gering sein. Kalk wirke mehr als Melassebildner. Ähnliche Ansichten vertreten Leplay und Aulard[1]; letzterer tritt für Anwendung von Baryt ein; demgegenüber wurden gesundheitspolizeiliche Bedenken geltend gemacht. Kalk verhindere nicht die Bildung von Invertzucker.

Für die hier in Betracht kommenden Verhältnisse wird wohl durchgehends Kalk angewendet. Molenda hält diesen für die geeignetste Base. Bei seinen Versuchen ergaben Natrium- und Kaliumalkalität in Zuckerlösungen beim Erhitzen intensivere Färbungen als Kalkalkalität. Die Alkalitäten der Klären sollen nach Molenda nur gerade so hoch zu halten sein, daß die erkochte Füllmasse eine erkennbare Spur von Phenolphthaleinalkalität besitzt. Die Abläufe derselben müssen daher vor jeder Kochung wieder alkalisch gemacht werden[2].

Im Betriebe wird dem Kalkzusatze zu den unfiltrierten Klären die größte Aufmerksamkeit zuzuwenden sein. Es ist unmöglich, stets gleichbleibende Mengen an Kalkmilch zuzusetzen, weil die Rohzucker und somit die Affinationszucker sich ändern. Stets ist es notwendig, sich hier nach den Alkalitäten der filtrierten Klären zu richten. Übermaß ist unbedingt zu vermeiden, da Kalk bei höherer Temperatur in der früher geschilderten Weise auf die Klären wirken würde; diese würden Zersetzung unter Bildung gefärbter Substanzen erfahren.

Die filtrierten Klären müssen deutlich alkalisch reagieren. Ihre Alkalität soll sie vor dem gefürchteten „Umschlagen" beschützen.

Ein invertzuckerhaltiger Rohzucker gilt als minderwertig, weil sein Vorkommen im Zucker „als Zeichen für die Veränderung des Zuckers beim Lagern gelten müsse". Das sind aber nur geringe Mengen, die für die Raffination nicht von Bedeutung sind. Bei der Klärung mit Kalk wird der Invertzucker zerstört und seine Zersetzungsprodukte werden vom Spodium aufgenommen. Stammer äußerte sich folgendermaßen: Der Invertzucker ist ein gefürchteter Feind in der Raffinerie; nicht die geringen Mengen im Rohzucker sind es, sondern „die schleunige Vermehrung" desselben in Produkten, die auch nur geringe Mengen dieses Zuckers enthalten. Das Feuchtwerden der Brote ist, „wenn auch nicht die Ursache, so doch die Andeutung einer Ursache in dem Invertzucker". Die Raffinerien sollen die Annahme von invertzuckerhaltigem Rohzucker verweigern[3].

„Über die Bedeutung des Invertzuckers in der Raffinerie" ist ein Teil einer Untersuchung Herzfelds über Invertzucker[4]. Es wurde schon bei der Bewertung des Rohzuckers hervorgehoben, daß ein eventueller Gehalt an Invertzucker im Rendement zum Ausdruck gebracht wird. Nur mit welchem Werte dies geschehen soll, war eine strittige Frage; diese studierte eben der genannte Forscher.

Herzfeld führt auch die ältere Literatur über diesen Gegenstand an. Da heute ein Invertzuckergehalt in normalen Erstprodukten, wenn überhaupt vorkommend, wohl nur zu den Ausnahmen gehört, besitzt die zitierte Arbeit nicht mehr die Aktualität wie ehedem.

Sie beschäftigte sich mit dem Einfluß wechselnder Mengen Invertzuckers auf die Qualität des Rohzuckers nach Zerstörung des ersteren durch Kochen mit Kalk. Herzfeld arbeitete mit reinsten Raffinade-

---

[1] Z. V. D. Zuckerind. 1904, S. 143.
[2] Ö. U. Z. f. Zuckerind. XXXIII, S. 890 u. 891, 1904.
[3] Z. V. D. Zuckerind. 1885, S. 641.       [4] ebd. 1885, S. 967ff.

lösungen und steigendem Invertzuckergehalt (bis 1 g Invert auf 100 Zucker). Es liegt nun der Fall so — und das macht ihn für vorliegenden Zweck instruktiv —, daß gewissermaßen Raffinadeklären im Betriebe invertiert und die erhaltenen Füllmassen analysiert wurden.

Mit steigenden Zusätzen an Invertzucker zur reinen Raffinadelösung fiel der Reinheitsquotient der erkochten Füllmassen.

<pre>
Aus der reinen Kläre  . . . . . . . . .  99,35 Quot
Zusatz von 0,1 % Invertzucker  . . . .  99,26   „
   „      „   0,5 %        „        . . . .  98,98   „
   „      „   1,0 %        „        . . . .  98,39   „
</pre>

Mit steigendem Invertzuckergehalte wurden die Füllmassen immer dunkler.

Aus einer Studie Koydls über Rohzucker der Kampagne 1907/08 ist bezüglich der „Invertzuckerbewegung im Raffineriebetriebe" zu entnehmen, daß der größere Teil der in Raffineriesirupen ständig feststellbaren Kupferreduktion auf Zuckerzerstörung durch Hitze zurückzuführen ist; ein weiterer Teil rührt vom Rohzucker her: auf Bildung von Invertzucker durch Gärungen kommt nur ein ganz geringer Anteil.

Dreißigstes Kapitel.

# Chemie des Spodiums und der Spodiumfiltration.

## a) Spodium und seine Zusammensetzung.

Unter Knochenkohle oder Spodium versteht man den kohligen Rückstand, den man durch trockene Destillation von Knochen erhält. Die zerkleinerten und entfetteten Knochen werden in geeigneten Verkohlungsgefäßen bei Luftabschluß geglüht, die gasförmigen Destillationsprodukte abgeleitet und der Rückstand bei Luftabschluß auskühlen gelassen.

Bei der trockenen Destillation, welche in den Verkohlungsgefäßen vor sich geht, wird die organische Substanz der Knochen vollkommen zersetzt; ein Teil derselben entweicht in Form von flüssigen, teerigen und gasförmigen Produkten, der andere Teil ist die Quelle für die „Kohle" des Spodiums. Diese lagert in feinster Verteilung auf dem bei diesem Vorgang unverändert gebliebenen unorganischen Gerüste der Knochen. Sie ist kein chemisch reiner ausgeschiedener Kohlenstoff, denn sie ist mit Wasserstoff und Stickstoff derartig innig verbunden, daß letztere selbst nicht durch Erhitzen auf Weißglut entfernt werden können.

Die anorganische Knochensubstanz bildet die Grundlage der Knochenkohle und verleiht ihr die notwendige Festigkeit und Widerstandsfähigkeit gegen mechanische und chemische Einwirkungen (s. d.). So wie der Knochen, ist die aus ihm entstandene Kohle ein äußerst poröses Material.

Folgende Analysen (S. 589) zeigen die chemische Zusammensetzung von Spodium.

I sind Grenzwerte für wasserfreie Substanz, II Durchschnittswerte aus vier Analysen Strohmers (s. auch später).

Die Zusammensetzung der Knochenkohle ist eine schwankende; sie hängt ab vom Rohmaterial und der Art ihrer Erzeugung.

Neue Knochenkohle enthält kein Schwefelcalcium, da der Konstitutionsgips beim Glühen nicht zu CaS reduziert wird. Vielmehr

|  | I | II |
|---|---|---|
| Wasser | — | 14,87 |
| In HCl Unlösliches (Sand) | 0,5—1,5 | 0,88 |
| „Kohle" | 7,5—12 | 6,26 |
| Phosphorsaurer Kalk | 75—80 | 59,46 |
| Phosphorsaure Magnesia | 0,1—0,5 | — |
| Kalkcarbonat | 6,0—8,0 | — |
| Calciumsulfat (Gips) | 0,1—0,3 | 0,68 |
| Stickstoff- und Schwefelverbindungen | 0,5—1,7 | — |
| Schwefelcalcium | — | 0,33 |
| Kalk | — | 10,06 |

gibt das $CaSO_4$ (Gips) einen Teil seines Schwefels an Eisen ab, das durch Reduktion aus dem $Fe_2O_3$ entstand, und bildet Eisensulfid (Smith[1], Stolle s. S. 601).

$$Fe_2O_3 + 3CO = Fe_2 + 3CO_2; \quad 2CaSO_4 + Fe = FeS_2 + 2CaO.$$

### Der Stickstoff der Knochenkohle.

Die Herkunft des Stickstoffes der Knochenkohle ist auf ihre Darstellung zurückzuführen. Die Form, in welcher der Stickstoff vorhanden ist, ist schwer festzustellen. Stolle nimmt an, Cyanverbindungen wären der stickstoffhaltige Teil der Knochenkohle. Derselbe beschäftigte sich eingehender mit diesem Problem, da er die Anschauung vertritt, jene Stickstoffverbindungen bedingen u. a. den Verlust an „Kohlenstoff" beim Glühen der Knochenkohle. Da der „Kohlenstoff" stickstoffhaltig ist, trägt eine eventuelle Umwandlung seiner Stickstoffsubstanz zu seiner Verminderung bei. Das konnte Stolle auch experimentell bestätigen[2]. Bei neuer Knochenkohle beträgt der Stickstoffgehalt 10%, bei alter 1,8—3,2% der „Kohle".

### b) Chemische Wirkungen der Knochenkohle.

Bei der Raffination des Rohzuckers ist die Knochenkohle bei weitem nicht mehr ein so wichtiges chemisches Agens als früher im Betriebe der Rohzuckerfabrikation. In der Raffinerie soll das Spodium in erster Linie entfärbend wirken; daß es daneben die Klären auch ein wenig chemisch reinigt, kommt nicht sehr in Betracht. In der Rohzuckerfabrikation war gerade das Gegenteil der Fall.

Es liegen daher aus viel früheren Jahren ausgedehnte Untersuchungen vor über die Absorptionsfähigkeit des Spodiums für verschiedene Salze (s. 1. Auflage).

Hier wird es genügen, nur in Kürze folgende Fragen zu beantworten: Welche Körper nimmt die Knochenkohle überhaupt auf? und

---

[1] Z. V. D. Zuckerind. 1875, S. 817.　　　[2] ebd. 1900, S. 884.

welche Gesetzmäßigkeiten herrschen dabei? Dann wird nachzusehen sein, welche Faktoren diese Wirkung beeinflussen.

Nach früheren Untersuchungen Bodenbenders, Walbergs u. a. ergibt sich folgende Reihenfolge für die Absorptionsfähigkeit des Spodiums für verschiedene Salze. Die Absorptionsfähigkeit wächst in folgender Reihenfolge: Kalium- und Natriumchlorid, salpetersaures Kali und salpetersaures Natron, essigsaures Kali und essigsaures Natron, ferner schwefelsaures Kali, Natrium- und Magnesiumsulfat, Kali- und Natriumcarbonat und schließlich phosphorsaures Natron. Kleine Abweichung von dieser Reihenfolge zeigt folgende: Natrium- und Kaliumchlorid, Kalium-Nitrat und -Sulfat, citronensaures und salpetersaures Natron, oxal- und citronensaures Kalium, Natriumsulfat, Kaliumcarbonat, phosphorsaures Kalium, Natriumcarbonat und endlich phosphorsaures Natron[1].

Für die Praxis ergibt sich also, daß Chloride fast gar nicht, Nitrate nur wenig, oxal-, citronen- und essigsaure Salze mehr, Phosphate, Carbonate und Sulfate aber reichlich aus den Säften durch Spodium aufgenommen werden. Im allgemeinen werden Kalisalze weniger als die analogen Natronsalze absorbiert. Ammonsalze werden nur wenig aufgenommen. Es können auch Wechselwirkungen zwischen dem absorbierten Salz und den anorganischen Bestandteilen der Kohle eintreten.

Stickstoffverbindungen (Eiweiß und seine Abbauprodukte) werden nur wenig absorbiert. Nach den Untersuchungen Wendelers waren nach der Filtration des Dünnsaftes noch 95,5%, nach der des Dicksaftes noch 89,4% der Stickstoffverbindungen in den Säften zurückgeblieben; die Angaben über die Absorptionsfähigkeit von Protein, Pepton und Propepton schwanken in entgegengesetzter Richtung (s. Kap. 25 a).

In seiner „Studie über die Adsorption und Entfärbungskraft des Spodiums für Raffinerieklären und ein Beitrag zu seiner Wiederbelebung" (im folgenden kurz „Studie" genannt) kam J. Lajbl zu einer ähnlichen Reihenfolge. Es wurden von der Knochenkohle aufgenommen:
am wenigsten: KCl (0,1%)[2];
unmerklich, sehr wenig: NaCl (0,2), Ka-laktat (0,2), Ka-glutaminat (0,2),
Betain (0,3), $K_2SO_4$ (0,3), $CH_3 \cdot COONa$ (0,3), $Na_2SO_4$ (0,4), $K_2CO_3$ (0,8;
wenig oder langsam: $Na_2CO_3$ (2,2);
stark oder schnell: CaO (72%), NaOH (18,5), KOH (16,4).

Weniger lösliche Stoffe und solche kolloidaler Art werden gewöhnlich mehr adsorbiert als leicht lösliche Stoffe — im übrigen hängt deren Adsorbierbarkeit von allen später noch ausführlich zu besprechenden Bedingungen ab[3].

---

[1] Z. V. D. Zuckerind. 1870, S. 22; 1874, S. 855.
[2] Die Zahlen in der Klammer bedeuten die entfernten prozentischen Mengen der ursprünglich vorhanden gewesenen Menge Substanz.
[3] Z. f. Zuckerind. i. B. XLIII, S. 348, 406, 455, 1918/19.

## Absorption der alkalitätsbildenden Bestandteile.

**Walberg** studierte die Absorption der fixen Alkalien[1].

Für 1proz. Alkalilösungen und Anwendung von 25 % Knochenkohle (vom Gewicht) wurde folgende Absorption gefunden:

Kalium als:

| | | |
|---|---|---|
| KOH . . . . . . | 13,5 % | bei 60° C |
| KOH . . . . . . | 16,6 % | bei 15° C |
| KOH . . . . . . | 16,5 % | |
| KOH . . . . . . | 20,0 % | bei 50 % Spodium |
| $K_2CO_3$ . . . . . | 25,0 % | |
| $K_2CO_3$ . . . . . | 23,6 % | schlechtes Spodium |
| $K_2CO_3$ . . . . . | 37,0 % | 50 % Spodium |
| $K_2CO_3$ . . . . . | 37,0 % | |
| $K_2CO_3$ . . . . . | 23,4 % | |

Natrium als:

| | | |
|---|---|---|
| $Na_2CO_3$ . . . . . | 24,0 % | |
| $Na_2CO_3$ . . . . . | 18,3 % | bei 60° C |
| NaCl . . . . . . | 1,0 % | |
| $Na_3PO_4$ . . . . . | 2,33 % | |
| $Na_3PO_4$ . . . . . | 28,0 % | |

Ammonsalze werden nur sehr wenig absorbiert[1].

Nach der Studie Lajbls (l. c.) wird der Kalk (CaO) aus wäßriger Lösung sogleich vom Spodium aufgenommen; nach 9 Stunden erreichte diese Absorption ihr Maximum: das Doppelte der anfänglichen Aufnahme. Bei Verdoppelung der angewendeten Menge der Knochenkohle steigt zwar die Menge des adsorbierten Kalkes, sie erreicht aber nicht den doppelten Betrag.

Dieser Befund stimmt überein mit dem im nächsten Kapitel ausführlich zu besprechenden Adsorptionsverlauf bei Entfärbungskohlen (Abb. 628). Diesen Verlauf der Aufnahme des Kalkes durch Knochenkohlen stellten auch J. Dědek und O. Langer fest[2].

Die Nichtaufnahme von Stickstoffkörpern (Gesamt- u. Betain-Stickstoff) durch Knochenkohle zeigte in neuerer Zeit Dědek, will aber diesen Befund — unter Hinweis auf gegenteilige Angaben anderer Autoren — nicht verallgemeinern[3]; aber schon in seiner früher angeführten und erst später veröffentlichten Untersuchung, in der das Spodium (neben anderen Entfärbungskohlen) in Schichtenfiltration zur Anwendung gelangte, wies es „ungewöhnlich niedrige Zahlen" auf. Und auch diese geringen Mengen Stickstoffes mußten sehr labil gebunden gewesen sein, da sie zur Hälfte in das Absüßwasser übergingen[4].

Daß Knochenkohle auch Kolloide absorbiert, stellten Paine und Badollet fest[5].

Bei der Aufnahme aller Körper durch Spodium spielen für die quantitativen Verhältnisse die Konzentration der Lösung, die Höhe der Temperatur, die Größe der Körnung u. a. eine wichtige Rolle.

---

[1] Z. V. D. Zuckerind. 1874, S. 855.
[2] Z. d. tschsl. Zuckerind. VII, S. 1, 1925.     [3] ebd. VIII, S. 527, 1927.
[4] ebd. IX, S. 75, 1927.     [5] Planter 1927, S. 79.

Sind Kohle und Salzlösung nur kurze Zeit miteinander in Berührung,
so werden geringere Mengen des Salzes absorbiert, als wenn der Kontakt
beider länger dauert. Das Absorptionsvermögen für Salze wird durch
Gegenwart von Zucker vermindert, hingegen wird die Aufnahme von
Zucker durch Salze nicht wesentlich geändert. Bei Salzen wird aus
konzentrierter Lösung mehr als aus verdünnter Lösung absorbiert.
Die Absorption wächst ziemlich proportional der Menge der angewendeten Kohle. Je kleiner das Korn und je höher die Filtrationstemperatur,
desto wirksamer das Spodium.

Über all diese Einzelheiten wird noch später ausführlicher zu be-
richten sein.

Aber nicht nur Nichtzuckerstoffe, sondern auch Zucker wird von
Knochenkohle aufgenommen; seine Absorption erfolgt nur in geringem
Maße und in geringer Bindung. Im Gegensatze zu den Farbstoffen läßt
sich der absorbierte Zucker durch Auswaschen (Aussüßen) leicht entfernen.

Walberg untersuchte die Größe der Absorption von Zucker
durch Knochenkohle[1]. Er ließ frisch geglühtes Spodium durch 18—20
Stunden auf Zuckerlösung einwirken. Die Zuckerlösung enthielt 17,1 g
in 100 cm³.

| | | | | |
|---|---|---|---|---|
| 10,0 g | Spodium absorbierten | | 1,37 g | Zucker |
| 20,0 g | „ | „ | 3,80 g | „ |
| 25,0 g | „ | „ | 4,41 g | „ |
| 33,3 g | „ | „ | 5,33 g | „ |
| 50,0 g | „ | „ | 7,92 g | „ |
| 100,0 g | „ | „ | 14,62 g | „ |

Wenn man diese Werte in ein Koordinatensystem einzeichnet, so
kommt man zu einer linearen Funktion, was nicht sehr wahrscheinlich
ist. Beweis dessen, daß Lajbl in seiner vorgenannten „Studie", allerdings mit stärker konzentrierten Lösungen, die den Betriebsverhältnissen näherstehen, eine solche Beziehung zwischen der angewandten
Spodium- und der absorbierten Zuckermenge nicht fand. Feststellen
konnte er, daß aus konzentrierteren Lösungen mehr Zucker adsorbiert
wird als aus weniger konzentrierten Zuckerlösungen, daß die Absorption schnell verläuft und mit steigender Spodiummenge zunimmt.

Spodium wirkt auch zuckerzerstörend, wie aus den analogen Untersuchungen mit Entfärbungskohlen (s. d.) hervorgeht.

### c) Theorie der Spodiumwirkung.

In der ersten Auflage wurden an dieser Stelle alle Theorien besprochen, die die Wirkungsweise der Knochenkohle — besonders ihre
entfärbende Kraft — erklären sollten.

Grundsätzlich muß aber angenommen werden, daß die entfärbende
Wirkung die gleichen Ursachen hat wie die der im nächsten Kapitel
ausführlich zu schildernden Entfärbungskohlen; es wurde daher die

---

[1] Z. V. D. Zuckerind. 1874, S. 855.

Besprechung der Theorien der Spodiumwirkung in das folgende Kapitel verlegt, soweit die gleichen Ursachen wirken. (Oberflächenwirkung.) Was aber speziell für die Wirkung der Knochenkohle gilt, soll schon an dieser Stelle zur Darstellung gelangen.

Seit jeher wurde dem „Kohlenstoffe" der Knochenkohle die entfärbende Wirkung der Knochenkohle zugeschrieben, z. B. Scheibler[1]; später wurde auch sein Stickstoffgehalt in Betracht gezogen (s. S. 614). In neuerer Zeit sieht man im Skelett der Knochenkohle (im Gerüst) mehr als einen nur mechanischen Faktor. Sein Gehalt an phosphorsaurem Kalk wäre diesbezüglich sehr wichtig (A. S. Sipjagin).

Nach Kutzew können nun Phosphate entfärben, aber gerade das chemisch reine $Ca_3(PO_4)_2$ entfärbt auch im gepulverten Zustande nicht, dies tut z. B. pyrophosphorsaurer Kalk ($Ca_2P_2O_7$). Stückchen davon haften stark an der Zunge und entfärbten in seinen Versuchen gut; diese Verbindung kommt aber in Knochenkohle nicht vor[2]. Demgegenüber konnten J. Dědek und K. L. Kácl einwandfrei feststellen, „daß das Calciumphosphat (tertiäres Calciumphosphat, Merck, chem. rein.) praktisch die gleiche Wirkung wie Spodium hat". Es zeigte bei ihrer Untersuchung etwa die halbe Entfärbungswirkung wie Spodium, adsorbierte Aschenbestandteile und auch Kolloidstoffe. Ja, auf der krystallinischen Struktur seines mineralischen Gerüstes beruht die Aufnahmefähigkeit des Spodiums für Kolloide[3]. In seiner Untersuchung „Über die Funktion des Mineralskeletts der Knochenkohle bei der Saftreinigung" konnte V. Sázavský ähnlich den Nachweis erbringen, daß dieses nicht bloß ein System von mit aktivem Kohlenstoff austapezierten kleinen Gängen, nicht bloß ein passiver Träger des eigentlichen Adsorbens ist — sondern, daß es sich selbst in bedeutendem Maße an der Adsorption der Farbstoffe und ausschließlich an der Adsorption des Calciumions beteiligt. Der Beweis für diese Befunde konnte auch „präparativ" erbracht werden, indem es gelang, durch Mischen von Carboraffin mit Phosphat ein Gemisch zu bereiten, das sich im Betriebe wie Knochenkohle verhielt[4].

### d) Das Spodium im Betriebe.

Die verschiedenen Raffinerieklären werden in der Filterbatterie filtriert. Ein langer Kontakt mit dem Spodium und höhere Temperaturen dienen dazu, die Filtration möglichst vollständig wirken zu lassen. Der Effekt der Filtration ist mehr physikalischer als chemischer Natur. Die Klären, die trotz der mechanischen Filtration trübe und mehr oder weniger gelblich gefärbt sind, unschön und matt aussehen, zeigen nach der Spodiumfiltration helles, farbloses, feuriges, blankes Aussehen. Chemische Einwirkung ist kaum zu konstatieren. Der Verfasser beschäftigte sich eingehender mit dieser Frage. So wurden z. B. zwei dritte Klären mit Spodiumstaub innig gemischt und das Ganze eine Stunde stehengelassen. Nach dieser Be-

---

[1] Z. V. D. Zuckerind. 1861, S. 348.    [2] C. f. Zuckerind. 1926, S. 663.
[3] Z. d. tschsl. Zuckerind. VIII, S. 523, 1927.    [4] ebd. IX, S. 13, 1927.

handlung mit Spodium nahmen die Quotienten nur um 0,1 % zu; die
Alkalitäten nahmen von 0,0042 auf 0,0014 und von 0,0049 auf 0,0014 %
CaO ab. Viele Betriebsanalysen des Verfassers rechtfertigten die Be-
hauptung, daß die Filtration über Spodium fast gar keine
Aufbesserung im Reinheitsquotienten der Klären zur Folge
hat.

Tabelle 123a. Chemische und physikalische (entfärbende) Leistungen
der Knochenkohle im Betriebe (J. Lajbl).

| Carbonatasche | | | Entfärbung | | | Alkalität | | | Stickstoff | | |
|---|---|---|---|---|---|---|---|---|---|---|---|
| % | auf 100 T. Zucker | ent-fernt % | % | auf 100 T. Zucker | ent-fernt % | % | auf 100 T. Zucker | ent-fernt % | % | auf 100 T. Zucker | ent-fernt % |
| 0,171 | 0,264 | | 2,28 | 3,52 | | 0,049 | 0,074 | | 0,404 | 0,948 | |
| 0,112 | 0,173 | 34,5 | 1,28 | 1,97 | 44,0 | 0,007 | 0,010 | 86,5 | 0,386 | 0,906 | 4,43 |
| 0,180 | 0,298 | | 2,22 | 3,48 | | 0,062 | 0,096 | | 0,410 | 0,976 | |
| 0,114 | 0,176 | 40,9 | 1,17 | 1,80 | 48,3 | 0,008 | 0,013 | 86,5 | 0,400 | 0,943 | 3,38 |
| 0,176 | 0,271 | | 2,15 | 3,31 | | 0,046 | 0,071 | | 0,393 | 0,935 | |
| 0,118 | 0,180 | 33,5 | 1,04 | 1,59 | 51,9 | 0,009 | 0,014 | 80,3 | 0,380 | 0,900 | 3,74 |
| 0,165 | 0,251 | | 2,44 | 3,71 | | 0,049 | 0,074 | | 0,399 | 0,907 | |
| 0,115 | 0,175 | 30,3 | 1,30 | 1,97 | 46,9 | 0,010 | 0,016 | 78,4 | 0,376 | 0,858 | 5,42 |
| 0,180 | 0,278 | | 2,62 | 4,05 | | 0,053 | 0,082 | | 0,442 | 0,902 | |
| 0,110 | 0,170 | 38,8 | 1,22 | 1,88 | 53,5 | 0,008 | 0,012 | 85,4 | 0,430 | 0,881 | 2,32 |
| 0,206 | 0,319 | | 2,32 | 3,59 | | 0,064 | 0,099 | | 0,450 | 0,978 | |
| 0,117 | 0,180 | 43,5 | 1,29 | 1,98 | 44,9 | 0,007 | 0,011 | 88,6 | 0,435 | 0,945 | 3,37 |
| 0,184 | 0,283 | | 2,53 | 3,89 | | 0,049 | 0,073 | | 0,449 | 0,953 | |
| 0,111 | 0,171 | 32,5 | 1,14 | 1,75 | 55,0 | 0,008 | 0,012 | 83,5 | 0,438 | 0,905 | 5,04 |
| 0,173 | 0,267 | | 2,33 | 3,60 | | 0,049 | 0,075 | | 0,401 | 0,879 | |
| 0,097 | 0,150 | 43,7 | 1,22 | 1,88 | 47,6 | 0,004 | 0,007 | 90,6 | 0,390 | 0,849 | 3,41 |
| 0,201 | 0,309 | | 2,24 | 3,44 | | 0,053 | 0,081 | | 0,446 | 0,969 | |
| 0,120 | 0,184 | 40,4 | 1,17 | 1,80 | 47,7 | 0,007 | 0,011 | 86,4 | 0,434 | 0,939 | 3,09 |

Anmerkung: Mit Ausnahme der Angaben des Stickstoffes beziehen sich
die angeführten Werte auf I. Kläre. Die Stickstoffreihe bezieht sich auf einen
Affinationssirup (Laboratoriumsver-
such). Die (wagrecht) erste Reihe
gilt für die mechanisch, die zweite
Reihe für die über Spodium filtrierte
Lösung. Dichte der Klären ungefähr
65° Bg.

Tabelle 123b.

| Filter Nr. | Auf 100 T. ursprünglicher Substanz i. d. Kläre werden entfernt. | | |
|---|---|---|---|
| | Entfärbung % | Carbonat-asche % | Alkalität % |
| II. | 70,6 | 57,1 | 93,4 |
| III. | 59,4 | 46,7 | 88,4 |
| IV. | 57,1 | 44,9 | 88,4 |
| V. | 54,2 | 48,1 | 88,4 |
| VI. | 26,6 | 34,9 | 81,4 |
| VII. | 24,1 | 31,5 | 69,6 |
| VIII. | 24,1 | 35,6 | 63,0 |
| IX. | 21,4 | 40,8 | 69,6 |
| X. | 21,4 | 28,3 | 59,1 |
| XI. | 16,6 | 28,3 | 54,4 |
| XII. | 20,0 | 25,2 | 47,8 |

Die allmählich geringer werdende Wirkung der Knochenkohle im Betriebe mit der Lauf-
zeit des Filters ergibt sich aus
nebenstehender Beobachtung
Lajbls. Filter Nr. I ist das
frisch angestellte, XII das älteste[1].

Nach Mikolášek[2] wäre die
durchschnittliche entfärbende
Wirkung bei guter Affinade

[1] Z. f. Zuckerind. i. B. XLIII, S. 348, 406, 455. 1918/19.
[2] Z. d. tschsl. Zuckerind. III, S. 455. 1922.

kleiner, bei schlechter Affinade (größerer Farbengehalt) besser. Er gibt an:

Später gab der eben Genannte folgende durchschnittliche Entfärbungen an[1]:

All die genannten Zahlen lassen sich nicht verallgemeinern. Verfasser fand nicht so ausgezeichnete, den durchschnittlichen Betriebsverhältnissen aber näher kommende

| Vor | nach | Entfärbung |
|---|---|---|
| Spodium | | |
| °St | | % |
| 1,51 | 0,40 | 73,5 |
| 3,70 | 0,73 | 80,3 |

| | Vor | nach | |
|---|---|---|---|
| | ° | ° | % |
| 1922/23 | 2,16 | 0,37 | 82,8 |
| 1923/24 | 2,20 | 0,48 | 78,2 |

Werte für die Entfärbungsleistung der Spodiumfiltration (Tab. 124).

Man ersieht aus diesen Zahlen keine Regelmäßigkeiten und keine Gleichmäßigkeit, wie so oft von der Spodiumarbeit behauptet wird.

Tabelle 124.

| | I. Kläre | | II. Kläre | |
|---|---|---|---|---|
| | 1926/27 | 1927/28 | 1926/27 | 1927/28 |
| Einlauf °St . . . . . | 2,00 | 2,41 | 6,62 | 9,25 |
| Auslauf °St . . . . | 1,22 | 1,10 | 3,20 | 4,85 |
| Entfernt °St . . . . | 0,78 | 1,31 | 3,42 | 4,40 |
| Entfärbung % . . . . | 39,0 | 54,3 | 51,6 | 47,5 |

Die Zusammenhänge wurden u. a. auch von Th. Koydl untersucht[2] und ergaben im allgemeinen, daß 1. innerhalb der praktisch geübten Temperaturen bei sonst gleichen Bedingungen kein bedeutenderer Unterschied im Entfärbungsvermögen des Spodiums besteht; daß 2. mit der längeren Berührungsdauer eine bessere Entfärbung erfolgt, die aber von der Körnung der Knochenkohle abhängt; daß 3. mit steigender Spodiummenge zwar ihre entfärbende Wirkung steigt, daß sich hierbei aber die Art des Farbstoffes, bzw. die zu entfärbenden Lösungen individuell verhalten.

Die von 1 g Spodium aufgenommene Farbstoffmenge fällt, nur die Totalentfärbung steigt.

Man ersieht aus den Versuchen, daß wenn statt 8 g bloß 1 g Spodium beim Versuch mit Melasse genommen wird, sich die Entfärbungskraft viermal so hoch ergibt, beim Rohzuckersirup 3,5mal, beim Invertzuckerfarbstoff 2,3mal und beim Saccharan von 10 g zu 2 g bloß 1,3mal so hoch, und die gleichen Verhältnisse finden sich beim Betriebsspodium wieder, welches übrigens für Invertzuckerfarbstoff eine besondere Vorliebe zu haben scheint.

Die Erscheinung beruht offenbar auf der vielgestaltigen Ungleichartigkeit der Farbstoffbestandteile, für welche das Spodium ein ungleiches Adsorptionsvermögen besitzt. Je ungleichartiger der Farbstoff, um so größer die Adsorptionsdifferenz.

Im praktischen Betriebe werden so große Unterschiede nicht vorkommen, da hier nur Klären entfärbt werden.

4. Entgegengesetzt zu älteren Untersuchungen von Stammer u. a. fand Koydl, daß die Entfärbungskraft verschiedener Spodien annähernd proportional ihrem Kohlenstoffgehalte verläuft.

---

[1] Z. d. tschsl. Zuckerind. V, S. 430, 1924.
[2] Ö. U. Z. f. Zuckerind. XLV, S. 123, 1916.

Natürlich ist das keine „Gesetzmäßigkeit", weil ja auch andere Einflüsse — außer dem Kohlenstoffgehalt — die Entfärbungskraft bedingen, in erster Linie Struktur, Körnung usw. (Verf.).

5. Je kleiner das Korn, desto besser seine Entfärbungskraft (bei sonst gleichen Bedingungen). Nach Reinecke steigt das Entfärbungsvermögen im folgenden Maße mit der Kleinheit der Körnung[1].

| Korngröße mm . . . | 7 | 6 | 5 | 4 | 3 | 2 | 1 |
|---|---|---|---|---|---|---|---|
| % Entfärbung . . . . | 46 | 50 | 52 | 58 | 60 | 68 | 80 |

Die Entfärbungskraft läßt sich aber durch feine Vermahlung noch wesentlich steigern, nur muß man dann auf die Anwendung der bekannten Spodiumfilter verzichten und das feine Spodiummehl anders anwenden. Dies geschieht auch heute noch z. B. nach dem Einmaischverfahren (s. d.) in einigen wenigen Betrieben. Diese Arbeitsweise ist eigentlich die ursprüngliche gewesen (Martineau 1815) und wurde z. B. von Zagleniczny für Dicksaft empfohlen[2].

In neueren Untersuchungen Kerchers wurden einige Umstände klargelegt, die die entfärbende Wirkung von Knochenkohle beeinflussen[3]. Der Genannte bediente sich der Methylenblaumethode; wenn diese auch z. B. als Bewertungsmethode für verschiedene Entfärbungskohlen nicht geeignet ist, wo es sich um relative Werte innerhalb einer Untersuchungsreihe mit einer Kohle handelt, ist sie brauchbar. Kercher fand steigende Adsorption von mgN-Methylenblau für 1 kg Kohle mit steigender Feinheit der Kohle. Diese N-Menge stieg auch mit wachsender Temperatur, wie folgende Tabelle zeigt:

Von 2,0 g Knochenkohle wurden im Mittel von 2—4 Versuchen bei

| | | | | | |
|---|---|---|---|---|---|
| 5⁰ C | 89 | mgN Methylenblau | je | 1 kg Kohle | |
| 20⁰ C | 125 | mgN | ,, | ,, 1 kg | ,, |
| 50⁰ C | 179 | mgN | ,, | ,, 1 kg | ,, |
| 70⁰ C | 201 | mgN | ,, | ,, 1 kg | ,, |
| 95⁰ C | 232 | mgN | ,, | ,, 1 kg | ,, adsorbiert. |

| Schüttel-dauer in Min. | Adsorb. mgN Methylen-blau | Auf 1 kg Kohle bezogen in mgN | % Ent-färbung |
|---|---|---|---|
| 2,5 | 0,102 | 51 | 20,2 |
| 5 | 0,144 | 72 | 28,5 |
| 10 | 0,179 | 89,5 | 35,4 |
| 15 | 0,212 | 106 | 42,0 |
| 20 | 0,231 | 116 | 45,7 |
| 25 | 0,247 | 124 | 48,9 |
| 30 | 0,265 | 132,3 | 52,5 |

Das gleiche gilt mit verlängerter Einwirkungsdauer (Schütteldauer) 20 g Knochenkohle bei 20⁰ C nahmen auf:

Bei 30 Minuten Schütteldauer ist noch kein Maximum erreicht. Steigert man die Temperatur, so findet noch reichlich Aufnahme von Stickstoff statt.

Mit steigender Kohlenmenge stieg auch die Entfärbung.

Kerchers Befunde, auf die Praxis übertragen, ergeben daher, daß man mit der Kleinheit der Körnung, mit steigender Menge der Kohle bei verlängerter Einwirkungsdauer und gesteigerter Temperatur besser entfärbt. Das lehrt nicht nur die Praxis, sondern dies erwiesen auch schon

---

[1] Z. f. Zuckerind. i. B. XLI, S. 233, 1916/17.
[2] D. Z. 1903, S. 899.        [3] Z. V. D. Zuckerind. 1925, S. 245.

ältere Autoren; aber Kercher zeigte auch die quantitativen Verhältnisse mit einer neueren Methode und deshalb wurden seine Untersuchungen hier ausführlicher wiedergegeben[1].

Stolle untersuchte, „in welchem Grade die in der Knochenkohle vorhandenen Salze während der Filtration der Raffinerieklärsel über dieselbe von der Zuckerlösung in Lösung gebracht werden"[2].

Er arbeitete mit wiederbelebter Knochenkohle des Betriebes, ließ über dieselbe Wasser von 30, 50 und 80 bis 90° laufen und untersuchte es sogleich nach dem Ablaufen und weiter nach

| Angewandte Knochenkohlenmenge Körnung „13" | Adsorb. mgN Methylenblau pro 1 kg Kohle im Mittel von 2—3 Vers. | Prozent Entfärbung |
|---|---|---|
| 0,5 g | 130 | 12,7 |
| 1,0 g | 127 | 24,8 |
| 1,5 g | 125 | 36,5 |
| 2,0 g | 123 | 47,8 |
| 2,5 g | 120 | 58,7 |
| 3,0 g | 114 | 66,5 |

2- bis 48stündigem Durchfließen. Schließlich ließ er Dampf auf das Spodium einwirken und untersuchte das Kondenswasser.

I. Bei 30° gingen am schnellsten Gips ($CaSO_4$) und $Na_2SO_4$ in Lösung, etwas langsamer $NaCl$ und $Na_2CO_3$; $CaCO_3$ beginnt erst dann in Lösung zu gehen, wenn die vorhandenen schwefelsauren Kalksalze bereits gelöst sind.

II. Bei 50° C ist im Wasser nach 8 Stunden kein $Na_2SO_4$, nach 12 Stunden kein $CaSO_4$, nach 17 Stunden kein $Na_2CO_3$ und nach 22 Stunden kein $NaCl$ mehr nachweisbar; gleichzeitig ist nach 8 Stunden $CaCO_3$ und $CaSO_4$ in Lösung gegangen. Nach 12 Stunden ist $NH_3$ und während der ganzen Versuchsdauer Eisen qualitativ nachweisbar. CaS war nicht vorhanden. Durch die Abnahme dieser Salze steigt relativ der Kohlenstoffgehalt des Spodiums. Ferner zeigte dieses Vermehrung des CaS und Verminderung des $CaSO_4$: „Es scheint also, daß sich der Gips in der Kohle durch die stundenlange Einwirkung des warmen Wassers in CaS umsetzt." Auch der Stickstoffgehalt nahm zu.

III. Temperatur 80—90° C. Hier gibt der Verfasser die Versuchsergebnisse Stolles detailliert wieder, weil diese Temperatur den Betriebsverhältnissen entspricht, also wertvollere Resultate als die erst angeführten Versuche sich ergeben.

$CaSO_4$, $NaCl$, $Na_2SO_4$ sind nach 6 Stunden, $Na_2CO_3$ nach 8 Stunden und $NH_3$ nach 12 Stunden in Lösung gegangen. Erst nach 4 Stunden beginnt die Löslichkeit des $CaCO_3$ und ist nach 32 Stunden beendigt. Schließlich wurden durch 9 Stunden die Kohle im Filter ausgedämpft und die Kondenswässer sofort und nach 3, 5, 7 und 9 Stunden untersucht. $CaCO_3$ geht nicht, $Na_2SO_3$ erst nach 3 Stunden, $CaSO_4$, $NaCl$, $Na_2SO_4$ gehen während des ganzen Versuches in Lösung.

Nach jedem beendigten Filtrationsversuche wurde die Knochenkohle analysiert, um den Einfluß der Lösungsvorgänge auf ihre Zusammensetzung zu sehen (s. S. 598).

Manche Zahlen zeigen ziemliche Schwankungen in der Zusammensetzung. $CaSO_4$ vermindert sich, CaS wächst an, ebenso der Stickstoff.

Die Versuchskohle Stolles war dem Betriebe entnommen, schon gebraucht und wiederbelebt; die Arbeiten wurden in einem kleinen Versuchsfilter (35 kg Fassung) durchgeführt. Zu dem über die Salzlöslichkeit Gesagten sei noch hinzugefügt, daß Salpeter-, salpetrige und Phosphorsäure nie nachgewiesen werden konnten. Dadurch

---

[1] Z. V. D. Zuckerind. 1925, S. 245.   [2] ebd. 1900, S. 872.

ist bewiesen, daß in der Kohle keine Nitrate und Nitrite vorhanden sind
und auch nicht bei den gegebenen Versuchsbedingungen entstehen.
Die Abwesenheit von Phosphorsäure zeigt, daß der phosphorsaure Kalk
nicht angegriffen wird; auch Schwefelcalcium war nicht zu konstatieren.
Ammoniak geht durch Verflüchtigung teilweise verloren, die gefundenen
Zahlen sind daher etwas zu klein. Dieses und Eisen wurden colorimetrisch bestimmt. Da es sich im Betriebe aber um Zuckerlösungen
handelt, werden die genannten Löslichkeiten größer sein.

Analyse der Knochenkohle.

| Auf Trockensubstanz bezogen | Kohle vor Gebrauch | Nach dem Versuche bei | | | |
|---|---|---|---|---|---|
| | | 30° C | 50° C | 80—90° C | Dampf |
| Kohlenstoff . . . . . . . | 6,138 | 7,086 | 7,032 | 7,150 | 6,984 |
| Sand + Ton . . . . . . | 0,466 | 0,519 | 0,330 | 0,234 | 0,416 |
| $CaCO_3$ . . . . . . . . . | 7,187 | 6,590 | 6,590 | 6,570 | 7,100 |
| $CaSO_4$ . . . . . . . . . | 0,058 | 0,009 | 0,016 | 0,0105 | 0,0433 |
| CaS . . . . . . . . . . | 0,040 | 0,0014 | 0,0783 | 0,121 | 0,0634 |
| Stickstoff (Kjeldahl) . . | 0,549 | 0,5236 | 0,6003 | 0,678 | 0,686 |

Aussüßen des Spodiums.

War ein Filter eine Zeitlang im Gebrauch, so verliert es seine entfärbende Wirkung auf die Klären. Es wird daher aus dem Betriebe
ausgeschaltet. Doch muß es vorher noch von seinem aufgenommenen
Zucker befreit werden, der teils mechanisch, teils absorbiert zurückgehalten wird. Dies geschieht durch reines, warmes Wasser. Das „Aussüßen" geht bis zu einem bestimmten Punkte vor sich und ist immer
mit geringen Zuckerverlusten verbunden. Dabei werden aber auch
bereits in den Klären entfernte Nichtzuckerstoffe wieder in Lösung
gebracht, besonders Alkalisalze, und so dem Betriebe zurückgeführt. Dadurch wird ein Teil der Spodiumwirkung wieder aufgehoben. Das ist
mit ein Umstand, der zur spodiumlosen Arbeit drängte.

Da der Zucker leicht in Lösung geht, fallen die Quotienten der Absüße rasch. Ihre Analysen, wie sie z. B. Lajbl ausführte, zeigen, daß die
Kalksalze und Alkalichloride leicht aufgenommen werden. Der Genannte betrachtet sogar das Aussüßen als eine „sehr energische Vorreinigung vor der Regeneration", meint sogar, daß das Aussüßen —
abgesehen von den Farbstoffen — einen größeren Reinigungseffekt
habe als die eigentliche Wiederbelebung des Spodiums[1], was eigentlich
einer Verurteilung der Arbeit mit Spodium gleichkommt.

Zum Absüßen wird stets heißes Wasser verwendet; obwohl es ein
größeres Lösungsvermögen für die bereits absorbierten Nichtzuckerstoffe besitzt als kaltes Wasser, so gebührt ihm doch der Vorzug, weil
man wieder mit einer geringeren Menge davon auskommt.

Beim Aussüßen mit heißem Wasser dauert diese Operation kürzere
Zeit und es gelangt dadurch nur heißer Absüß in die Klären; diese be-
halten ihre Temperatur und werden so vor Inversion behütet. Die
Bedingungen, von denen das Aussüßen der Spodiumfilter abhängig ist,

---

[1] Z. f. Zuckerind. i. B. XLIII, S. 455, 1918/19.

studierte Fr. Nosek und schlug, um die damit verbundenen Mängel zu verringern, das Aussüßen mit Dampf vor: damit vermindert man die Menge der Aussüße, verkürzt die Aussüßdauer und sterilisiert die Filter[1].

### e) Der Wiederbelebungsprozeß.

Nach dem Aussüßen erfährt die Knochenkohle ihre Wiederbelebung. Der etwas ältere, immer seltener angewendete Prozeß zerfällt in folgende Phasen:

1. Säurung mit Salzsäure behufs Entkalkung;
2. „nasse" Gärung zur Entfernung der organischen Stoffe;
3. Entgipsung mit Soda, (nur fallweise durchgeführt);
4. Auskochen mit reinem heißen Wasser;
5. Waschen;
6. Dämpfen;
7. Glühen zur Entfernung der restlichen organischen Substanz;
8. Auskühlen.

Ein Teil der wasserlöslichen Salze ist schon beim Aussüßen in Lösung gebracht worden, so daß diese einer — allerdings unfreiwilligen — Vorreinigung gleichkommt. Die unlöslichen Salze müssen auf chemischem Wege entfernt werden. Dazu gehören vor allem die Kalksalze. Diese werden in wasserlösliche Salze umgewandelt und lassen sich dann leicht durch bloßes Auswaschen entfernen. Der Kalk wird aus den Klären in verschiedenen Verbindungsformen absorbiert (Hydrat, Carbonat, Sulfat, Organat), die durch Behandlung mit Salzsäure in lösliche Chloride umgewandelt werden:

$$CaCO_3 + 2\,HCl = CaCl_2 + H_2O + CO_2 \text{ oder } Ca(OH)_2 + 2\,HCl = CaCl_2 + 2\,H_2O.$$
$$\text{unlöslich} \qquad\qquad \text{löslich} \qquad\qquad\qquad\qquad\qquad\qquad\qquad \text{löslich}$$

Der Gips erfordert zu seiner Überführung in wasserlösliche Form eine eigene Behandlungsweise, die in einem späteren Zeitpunkte der Wiederbelebung einsetzt (s. u.). Ob durch die Salzsäure auch organischsaure Kalksalze entfernt werden, ist nicht sichergestellt.

Hierauf werden die organischen Stoffe durch Gärung in lösliche übergeführt; nun folgt die Entgipsung. Doch geschieht dieselbe nicht bei jedem Wiederbelebungsprozeß, sondern nur dann, wenn der Gipsgehalt ungefähr 0,4% übersteigt. Die Ursachen für sein Anwachsen liegen 1. im Gehalt des Rohzuckers an schwefelsauren Salzen und 2. im Sulfatgehalt der zur Säurung dienenden Salzsäure und des Wassers. Seine Schädlichkeit zeigt sich besonders beim Glühen der wiederbelebten Knochenkohle und ist daselbst näher behandelt. Der Gips ($CaSO_4$) wird durch Kochen mit Sodalösung in kohlensauren Kalk ($CaCO_3$) übergeführt und letzterer im nächsten Wiederbelebungsprozeß durch Salzsäure gelöst, zwei Prozesse, die bereits beim Auskochen der Verdampfstation besprochen wurden.

Durch die Behandlung mit Soda werden auch die durch die Gärung nicht vollständig entfernten organischen Substanzen zerstört.

---

[1] Z. d. tschsl. Zuckerind. VIII, S. 399, 1927.

Nun folgt das **Kochen mit reinem Wasser** zur Entfernung der in kaltem Wasser unlöslichen Salze; dann das **Waschen der Kohle**, um alle Reste von Verunreinigungen zu entfernen. Schließlich das **Ausdämpfen** zur Vortrocknung und das **Glühen des Spodiums**.

Beim Übergießen der Knochenkohle mit der Säure tritt lebhafte Gasentwicklung auf; dies infolge Zersetzung der Carbonate unter Freiwerden von Kohlendioxyd. Dieser Prozeß verliert an Intensität und hört schließlich ganz auf. Die Salzsäure soll möglichst rein sein. Ganz besonders schadet ein Gehalt an Schwefelsäure. Die Säure muß in ganz geringer Konzentration zur Wirkung gelangen und darf nur den vom Spodium absorbierten Kalk lösen. Jenen kohlensauren Kalk, den selbst neues Spodium enthält, den sog. **Konstitutionskalk**, darf sie nicht angreifen, denn er sowie der phosphorsaure Kalk sind die Träger der „Kohle".

Nach dem Säuern soll das Sauerwasser abgelassen und durch reines, warmes Wasser ersetzt werden. Alsbald ist Entwicklung von Gasblasen zu beobachten und übler Geruch wahrzunehmen: die organischen Substanzen beginnen zu gären. Die „nasse Gärung" — welche das alte Verfahren der „trockenen Gärung" ganz verdrängt hat — tritt durch die in der Atmosphäre stets vorhandenen Bakterien ein; diese finden alle günstigen Bedingungen für ihre Vermehrung. Die organischen Substanzen werden zerstört, gehen teils in Lösung oder geben gasförmige Produkte. Zunächst tritt auf Kosten des Zuckers eine alkoholische Gärung ein, die in eine Essig- und Buttersäuregärung übergeht. Die Gärung wird nach zwei bis drei Tagen unterbrochen, indem man das über der Kohle stehende schmutzige, dunkelgefärbte, unangenehm riechende Wasser abläßt; es zeigt saure Reaktion und enthält auch Schwefelwasserstoff, herrührend von der faulen Gärung.

Nach dem folgenden Auskochen und Waschen ist die Kohle von allen aufgenommenen Stoffen befreit, nur der **Farbstoff** haftet ihr noch energisch an, da er durch keine der angeführten Operationen angegriffen wurde. Dies geschieht erst durch das Glühen. Zum Glühen ist aber nur eine trockene Kohle brauchbar. Diese wird erhalten, wenn man die gewaschene, noch feuchte Kohle **dämpft** und nachher auf einer Darre vollständig **trocknet**. Durch das Dämpfen wird das in den Poren zurückbleibende Wasser entfernt; dadurch wird die Trocknung auf der Darre erleichtert. Jetzt gelangt die noch immer feuchte Kohle auf die Darre des Glühofens, wo sie erwärmt wird. Die Temperatur darf hier nicht über $130^0$ gehen, da bei dieser und Luftzutritt Kohlenstoff in einer dem Auge nicht wahrnehmbaren Weise verbrennt.

Das Glühen der Knochenkohle geschieht bei Luftabschluß, da sie bei Luftzutritt verbrennen würde. Es hat bei einer bestimmten Temperatur zu erfolgen, um eine gute Kohle zu erhalten. Ist die Temperatur zu gering, so zeigt die resultierende Kohle ein geringes Entfärbungsvermögen; ist sie zu hoch, so sintert die Knochenkohle zusammen, die Poren werden verringert und das Spodium verliert an Wirksamkeit. Die günstigste Temperatur liegt bei $370^0$; ihre Einhaltung ist von größter Wichtigkeit[1].

---

[1] **Wohryzek**, O., Betriebskontrolle I, S. 206.

Das Glühen ist im Wiederbelebungsprozesse des Spodiums eine unentbehrliche Phase; doch hat es Nachteile für die Knochenkohle, so daß selbst bei einem ideal durchgeführten Wiederbelebungsprozeß das wiederbelebte Spodium nicht mehr dieselben guten Eigenschaften aufweist wie das neue Material.

Schon auf der Darre treten kleine Kohlenstoffverluste auf; doch ist das Darren der Knochenkohle ein unvermeidliches Übel, weil nach Herzfeld und Stiepel nasse Kohle den Reduktionsprozeß des Gipses beim Glühen begünstigt. Im Glühofen selbst tritt Kohlenstoffverlust auf zweierlei Weise ein: wenn der Ofen nicht absolut luftdicht schließt, durch hinzutretende Luft und zweitens durch die Reduktion von Gips oder von schwefelsauren Alkalien durch den Kohlenstoff. Folgende Prozesse spielen sich ab: $CaSO_4 + 4C = CaS + 4CO$ oder $CaSO_4 + 2C = CaS + 2CO_2$; $CaS + CO_2 + H_2O = CaCO_3 + H_2S$; der gebildete Schwefelwasserstoff ($H_2S$) greift die Armaturen unter Bildung von Sulfiden (Kupfer- und Eisensulfid) an.

Durch die Untersuchungen Herzfelds und Stiepels ist es sichergestellt, daß beim Glühen der Knochenkohle bei einer Temperatur von 750—850° C unter Abnahme ihres Kohlenstoffgehaltes und Bildung von Schwefelcalcium folgender Prozeß vor sich geht: $CaSO_4 + 2C =$ $CaS + 2CO_2$[1]. Calciumsulfid ist in Zuckerlösungen, wie Stolle zeigte (s. Tab. 9), leicht löslich, zersetzt sich, wie an gleicher Stelle ausgeführt wurde, und bildet Sulfide der Schwermetalle; diese verleihen den Klären, welche über Knochenkohle laufen, unangenehme Färbungen.

Anderer Meinung ist Stolle. In einer Arbeit „Die Sulfide in der Knochenkohle" kommt er zum Resultate, daß „entgegen der bisher verbreiteten Ansicht kein Schwefelcalcium" vorhanden ist. „Der in der Knochenkohle vorhandene Konstitutionsgips wird durch Glühen der Kohle nicht zu Schwefelcalcium reduziert, sondern gibt zum Teil Schwefel ab, welcher sich mit dem durch Reduktion aus dem Ferrioxyd entstandenen metallischen Eisen gleich wieder zu Schwefeleisen verbindet". Er erklärt es für irrig, in seinen früheren Filterversuchen und der Arbeit über die Stickstoffverbindungen im Spodium Schwefelcalcium als Bestandteil angeführt zu haben. Beim Glühen der Knochenkohle fänden daher folgende Prozesse statt: Durch das während des Glühens der Kohle entstehende Kohlenoxyd wird das vorhandene Eisenoxyd zu metallischem Eisen reduziert; der Konstitutionsgips wird durch letzteres zu Calciumoxyd reduziert, wobei gleichzeitig Eisenoxydsulfid entsteht. Seine Versuche stellte Stolle mit vollständig neuer Kohle an, die also keinen aus Lösung herstammenden Gips enthielt. Außerdem wurden dieselben bei Temperaturen ausgeführt, die über denen des Betriebes lagen.

Für eine schon gebrauchte Knochenkohle läßt Stolle die Ansichten Herzfelds und Stiepels gelten, hebt aber hervor, daß im Betriebe das Spodium stets entgipst wird und so eine Reduktion zu Schwefel-

---

[1] Z. V. D. Zuckerind. 1897, S. 921.

calcium „so gut wie ausgeschlossen" sei. „Kohlenstoffverluste werden
dagegen stets stattfinden; auch wenn man eine Kohle zur Verfügung
hätte, welche überhaupt keinen Gips enthält, und mit Klären arbeitet,
welche keinen schwefelsauren Kalk in Lösung haben ... ist die Verminderung des Kohlenstoffes in einer Kohle mit normalem Gipsgehalt auf die wechselseitige Umsetzung der den Kohlenstoff bildenden
Körper und auf ein Verbrennen der organischen Körper überhaupt
zurückzuführen." Er nennt diesen Kohlenstoffverlust ein „Selbst-
verzehren"[1].

Mit dem Abkühlen der geglühten Kohle ist deren Wiederbelebungsprozeß beendigt. Wie notwendig dieser war, zeigen folgende Durchschnittswerte[2] für

|  | Neues Spodium | Gebrauchtes Spodium |
|---|---|---|
| Kohlenstoff . . . . . . . . . . . . . . . . . . . . | 8,05 | 6,33 |
| $CaCO_3$ . . . . . . . . . . . . . . . . . . . . . . | 7,67 | 8,26 |
| $CaSO_4$ . . . . . . . . . . . . . . . . . . . . . | 0,20 | 0,64 |
| $CaS$ . . . . . . . . . . . . . . . . . . . . . . | 0,03 | 0,13 |
| Sand . . . . . . . . . . . . . . . . . . . . . . | 2,66 | 2,45 |
| Salze durch heiße Wäsche entfernbar . . . . . | 1,02 | 0,22 |
| Spez. Gewicht . . . . . . . . . . . . . . . . | 2,368 | 2,882 |
| 1 l wiegt in unveränderter Körnung (Volumgew.) | 750 g | 1036 g |

Die Wiederbelebung kann auch in anderer Weise ausgeführt
werden, als oben geschildert wurde. Die unangenehme Gärung kann
durch Auskochen mit Ätznatron oder mit Soda ersetzt werden.
Beide genannten Reagenzien wirken dann gleichzeitig entgipsend:
$CaSO_4 + 2NaOH = Na_2SO_4 + Ca(OH)_2$. Das gebildete Kalkhydrat
wasserlöslich
wird erst beim nächsten Wiederbelebungsprozeß vollständig entfernt.
Besonders Ätznatron hat ein großes Lösungsvermögen für organische
Substanzen; doch wird Soda, weil billiger, vorgezogen. Beide Reagenzien müssen rein sein (frei von Sulfaten). Daher ist die „Ammo-
niaksoda" nach dem Solvayverfahren der Leblancsoda vorzuziehen.

Diese Wiederlebungsart, welche die nasse Gärung entbehrlich
macht und viel kürzere Zeit in Anspruch nimmt, hat fast allgemein
Eingang gefunden; Gröger jedoch tritt für die nasse Gärung, der er
mehrere Vorteile gegenüber dem Auskochen mit Ätznatron nachsagt, ein.

In den Einzelheiten führen verschiedene Fabriken den Wiederbelebungsprozeß verschieden durch. Bei der Reinheit der zur Filtration gelangenden Klären hat das Spodium keine so große chemische
Wirksamkeit wie früher zu entfalten; daher ist der Wiederbelebungsprozeß heute nicht mehr so kompliziert. Die Wiederbelebung wird
demnach in vielen Fabriken sehr vereinfacht.

Die einzelnen Phasen der Wiederbelebung verfolgte Lajbl analytisch und konnte folgenden Effekt feststellen: Von den gesamten

---

[1] Z. V. D. Zuckerind. 1901, S. 22.
[2] Schulz, H.: Dingl. Polytechn. Journ. Bd. 183, S. 314.

Stoffen wurden 68,3%, von den organischen 76,5% und von den Stickstoffsubstanzen 50% entfernt[1].

Zur Prüfung des Grades der Regeneration des Spodiums stellte R. Baus einen Farbenstandard nach folgender Methode auf[2]:

60 g Spodium werden mit 75 cm³ Natriumcarbonatlösung von 9° Brix 2 Minuten lang gekocht. Farbloses Filtrat bedeutet übergeglühte Kohle, citronengelbes richtig geglühte und dunkelgelbes bis bräunliches deutet auf mangelhaft oder ungleichmäßig geglühtes Spodium. Vergleichstandarde wurden aus Bromthymolblau bereitet und behalten ihre Farbe wochenlang unverändert.

Einen ähnlichen Vorgang mit Natronlauge empfiehlt Wohryzek in seiner „Betriebskontrolle" I. Teil, Magdeburg 1923, S. 206.

### f) Vor- und Nachteile der Spodiumarbeit.

Der Verbrauch an Spodium, bezogen auf den Rohzuckereinwurf, ist sehr schwankend; von 10% und weniger bis 40% und mehr. Er hängt von vielen Umständen ab; aufgezählt und kritisch betrachtet sind sie alle im ersten Hefte der „Tagesfragen". (Wohryzek: Auf dem Wege zur spodiumlosen Weißzuckererzeugung und Raffination.)

Nachteile wirtschaftlicher Art führt J. Wiesner in seiner Untersuchung über „die Entfärbung der Säfte durch Aktivkohlen" an[3]. U. a. führt er an: die notwendigen Gebäude, Flächen und Apparatur; Zinsenverluste vom lagernden Spodium, Vor- und Nacharbeiten (Anstellen, Absüßen) vor und nach der Raffinationskampagne; den großen Dampf-, Kohlen- und Wasserverbrauch u. a.

Andere Nachteile der Spodiumarbeit gehen aus den Vorteilen hervor, die die Arbeit mit Entfärbungskohlen (Kap. 31) gewährt.

Literatur.

Friedberg, W.: Die Fabrikation der Knochenkohle. In Hartlebens Chem.-techn. Bibliothek. 2. Aufl. (s. a. bei Kap. 31).

### Einunddreißigstes Kapitel.
# Chemie der Entfärbungskohlen.

### a) Geschichte, Definition und Einteilung der Aktivkohlen.

Man kann behaupten, daß, obgleich die Knochenkohle in der Zuckerindustrie kaum festen Fuß gefaßt hatte, man schon daran ging, sie durch „Surrogate" zu ersetzen. Als erster trat Payen um 1830 mit seiner Bitumenkohle auf[4], und später wurde die Torfkohle bekannt. Daß sie praktisch unwirksam waren, wurde wohl erkannt, was aber nicht hinderte, daß ihnen eine ganze Reihe anderer Spodiumsurrogate folgten, wie Braunkohle, Lignit, präparierte Holzkohle, Pflanzenblutkohle u. v. a., von denen aber kaum eines in der Industrie dauernd angewendet wurde.

---

[1] Z. f. Zuckerind. i. B. XLIII, S. 455, 1918/19.
[2] Ind. Eng. Chem. 1927, S. 1296; Rundschau, April 1928, Nr. 8.
[3] Z. d. tschsl. Zuckerind. IX, S. 120, 1927.
[4] Z. V. D. Zuckerind. 1899, S. 594.

Dén richtigen Weg, der zu den heutigen Entfärbungskohlen führte, zeigte de Bussy 1827, der verschiedene Methoden angab, das (geringe) Entfärbungsvermögen der Holzkohle zu steigern[1].

Die Geschichte der Knochenkohle und ihrer verschiedenen Surrogate ist die Vorgeschichte der Entfärbungskohlen. Deshalb sei auf ihre Darstellung durch den Verfasser in seinen „Tagesfragen", Nr. 1, hingewiesen. Ausführlicher schildert die „Vorgeschichte der Entfärbungskohlen in der Zuckerindustrie" R. Gundermann[2]. Diese beginnt dort, wo man sich nicht mehr damit begnügte, die Knochenkohle zu ersetzen (Ersatzmittel, Surrogate), sondern dort, wo man versuchte, die Knochenkohle zu übertreffen. Als Ausgangsmaterial für diese diente Holzkohle oder andere pflanzliche Stoffe. Diese höhere Wirksamkeit suchte man dadurch zu erreichen, daß man die Oberfläche von amorphen Kohlen anätzte, indem man sie mit Wasserdampf, Gasen oder gewissen Chemikalien behandelte. Einen derartigen Vorgang nennt man Aktivierung und die dabei gewonnenen Erzeugnisse aktive Kohlen. Einige der älteren Entfärbungsstoffe könnten schon zu den Aktivkohlen gerechnet werden. Als eigentliche Aktivkohle im neueren Sinne ist erst die Kohle anzusehen, die Ostreyko 1901 erfunden hat, als er pflanzliche Stoffe unter der Einwirkung von Wasserdampf destillierte[3]. So entstand die erste wirkliche Aktivkohle, das Eponit. Etwa 10 Jahre später schlugen Molenda und Wunsch Chlor als Aktivierungsmittel für Kohlen vor[4]. „Damit fand die erste Periode in der Geschichte der Entfärbungskohlen ihren Abschluß, dieselben traten nun in einen neuen Abschnitt ihrer Entwicklung ein, der einige Zeit vor dem Kriege begann und der dann während des Krieges, besonders durch die Herstellung von Gasmaskenkohlen, gekennzeichnet ist. Diese zweite Periode, in der wir jetzt leben, unterscheidet sich von der ersteren dadurch, daß sie weniger tastet und sich mehr an die aufstrebende wissenschaftliche Kolloidchemie anlehnt. Ihr verdanken wir die Kohlen, die, wie das Norit, Carboraffin und andere, in der heutigen Zuckertechnik eine immer größere Bedeutung erlangen[2]."

Die Geschichte dieser zweiten Periode schilderte Wohryzek teils in den „Tagesfragen" Nr. 5, teils bei den einzelnen Kohlen im Heft Nr. 1. Hier nur so viel, daß das bekannte Eponit um etwa 1909 in der Zuckerindustrie erschien, von Strohmer sehr empfohlen wurde[5] und nach dem Kriege eine Wiederauferstehung feierte. Carboraffin wurde um 1914 zum ersten Male in einer böhmischen Raffinerie erprobt und fand mit der „Studie über Carboraffin" Staněks Eingang in die Literatur der Zuckerindustrie[6]. Ihm folgte das Norit durch einen Vortrag Deděks und durch Veröffentlichung der Noritarbeit

---

[1] Journ. de pharm., Bd. 8, S. 257. Köhler, H.: Die Fabrikation d. Russes, S. 166. Braunschweig 1912.    [2] C. f. Zuckerind. 1927, S. 545.
[3] Z. V. D. Zuckerind. 1903, S. 81.    [4] ebd. 1912, S. 1379.
[5] Ö. U. Z. f. Zuckerind. 1910, S. 687.
[6] Z. f. Zuckerind. i. B. XLII, S. 1, 1917/18.

in Ratboř durch J. Děděk und K. Žert[1]; in Holland, England und in anderen Ländern stand es aber schon vorher in reichlicher Anwendung. Im Jahre 1904 lenkte B. Block die Aufmerksamkeit auf die „deutsche Entfärbungskohle" Polycarbon[2]. Nachher und vorher erschien und verschwand eine Reihe von Kohlen.

Es ist viel leichter, die Handelsnamen aktiver Kohlen aufzuzählen, als für sie eine Definition aufzustellen.

Mecklenburg definiert aktive Kohlen als „kohlenstoffreiche Stoffe, die geeignet sind, je nach den Umständen aus Flüssigkeiten Farb- oder Geschmackstoffe herauszuziehen, Gase und Dämpfe in sich aufzunehmen... usw.", je nach der spezifischen Wirkung, für die die Kohle erzeugt wurde[3].

Diese praktisch wichtigen Eigenschaften erhalten sie durch ihre ungewöhnlich starke Oberflächenentwicklung. Vom chemisch-physikalischen Standpunkte sind sie zu definieren als „hochkohlen- stoffhaltige Gebilde, die im Verhältnis zu ihrer Masse eine ungewöhnlich große Oberfläche haben[3]".

Wohryzek weist darauf hin, daß wenigstens für den Zuckertech- niker eine Aktivkohle als solche zu definieren sei, die ein Vielfaches des Entfärbungsvermögens von neuer, feinst gepulverter Knochenkohle besitzt[4]. (Tagesfragen Nr. 1, 18.) An seinem Ideal- carbon zeigte er ungefähr die Eigenschaften, die die Zuckerindustrie an eine gute Kohle zu stellen hätte. Absichtlich tat Wohryzek nicht das, was später B. Block[5] wünschte: die Forderungen an das Idealcarbon „viel schärfer und eindeutiger zu fassen"; die Eigenschaften der gewünschten Kohlen sollten weder nach oben noch nach unten zahlenmäßig begrenzt werden.

Die Einteilung der Aktivkohlen wird sich am besten auf die Art ihrer Herstellung gründen.

Wenn man absieht von der Überfülle an Aktivkohlen, die nur in den Patentschriften ihr Dasein fristen, und sich nur auf jene beschränkt, die in der heimischen Rübenzuckerindustrie angewendet werden, so kann man folgende drei Herstellungsarten unterscheiden:

| Rohstoffe | Aktivierungsmittel | Kohlen (Handelsnamen) |
|---|---|---|
| 1. Holz, Torf, Braun- kohle | Kaliumcarbonat Phorphorsäure Chlorzink | |
| 2. Torf, Braunkohle | Wasserdampf | Carboraffin Superior-Norit |
| 3. Braunkohlenkoks Holzkohle | Wasserdampf | Norit, Eponit, Polycarbon |

---

[1] Z. d. tschsl. Zuckerind. IV, S. 343, 1922/23, u. V, Nr. 3—6, 1923/24.
[2] C. f. Zuckerind. 1924, S. 1080.   [3] Z. f. ang. Ch. 1924, S. 873.
[4] Nach dieser Auffassung gehört also Holzkohle noch weniger zu den ak- tiven Kohlen. Knochenkohle ist — nach W. Mecklenburg — als „eine in ein organisches Medium eingebettete hochaktive Kohle" anzusehen.
[5] C. f. Zuckerind. 1925, S. 1249.

Für die Kohlen der ersten Gruppe liest man häufig den Namen Impregnationskohle, der Sammelname für die Kohlen der 2. und 3. Gruppe ist Wasserdampfkohlen. Für manche dieser Kohlen ist Holzkohle das Ausgangsmaterial, war aber zu Beginn der Raffinationsindustrie direktes Entfärbungsmittel.

Abgesehen von ihrer historischen Anwendung wird Holzkohle (-staub) auch heute noch manches Mal angewendet, wie z. B. F. W. Meyer berichtet[1]. Sie zeigte durch 60 Stdn. entfärbende Wirkung und, was sie den aktiven Kohlen in ihrer Wirkungsweise nähert, sie verbessert auch die Oberflächenspannung, wenn sie mit einer alkalischen Lösung vorher gewaschen wird.

Ihre physikalischen und chemischen Eigenschaften, ihre Aktivierung und Leistungen finden sich zusammenfassend dargestellt in den „Tagesfragen" Heft 5; ihr Adsorptionsvermögen, besonders im Verhältnis zu dem von Aktivkohlen, findet sich angegeben in der „Vergleichenden Untersuchung von Adsorptionskohlen" von P. Honig[2]. B. Nowakowski empfiehlt die Zugabe feinkörniger Holzkohle zu Dünnsäften, die matt filtrieren; hier soll sie also nur mechanisch wirken[3].

## b) Der Aktivierungsprozeß.

Viel mehr als eine allgemein gehaltene Darstellung der Erzeugung von Aktivkohlen ist der Literatur nicht zu entnehmen. Man ersieht das daraus, daß es manchem Forscher gelang, im Laboratorium eine bestimmte Kohle darzustellen, den Großbetrieb nachzuahmen, manchem nicht. So berichtet P. Honig in seinen „Vergleichende Untersuchung von Adsorptionskohlen[4]", daß er im Tiegel „Carboraffin" erhielt, während dies F. W. Meyer nach Honigs Vorgang nicht gelang[5]. Daher gilt, was W. Mecklenburg in seinem Beitrage zu Liesegangs „Kolloidchem. Technologie" (S. 969) diesbezüglich sagt: „So einfach ... die Herstellung von aktiver Kohle im Prinzip ... erscheint, eine so schwierige Aufgabe ist sie in Wirklichkeit und erfordert, wenn sie auf wirtschaftlichem Wege zu Kohlen gleichmäßiger, höchster Qualität führen soll, eine außerordentlich genaue, auf eingehende wissenschaftliche Untersuchungen gestützte Kenntnis des benutzten Verfahrens und eine nur durch jahrelange Praxis zu erwerbende, sehr sichere Beherrschung der Apparatur." (Hierin liegt wohl auch eine Erklärung für die die manches Mal festgestellte Ungleichmäßigkeit verschiedener Lieferungen einer und derselben Kohle.) „Über die Erzeugung und Zusammensetzung von Entfärbungskohlen" machte Honig später nähere Mitteilung[6].

Da die Herstellung aktiver Kohlen hier weniger in Betracht kommt, so sei auf ihre Besprechung im soeben genannten Kapitel Mecklenburgs, in der Untersuchung Honigs, in den „Tagesfragen" durch Wohryzek, in den Patentschriften und in anderen zahlreichen Veröffentlichungen nur verwiesen. Diesbezüglich ist auch auf die Literaturangaben (englische und amerikanische) zu verweisen, die E. G. Ardagh in seiner Studie über „aktivierte Kohlen"[7] macht.

[1] D. Z. 1927, S. 497, 507.    [2] Kolloidchem. Beihefte XXII, Heft 6—12.
[3] Gazeta Cukrow; Rundschau, Juli 1927, Nr. 11, S. 44.
[4] Kolloidchem. Beihefte XXII, S. 346—420, 1926.    [5] D. Z. 1927, S. 511.
[6] Ch. Z. Bd. 52, S. 34, 1928.    [7] Z. V. D. Zuckerind. Bd. 71, S. 797, 1921.

Noch weniger Raum kann hier jenen Untersuchungen gewidmet werden, die das Wesen des Aktivierungsprozesses zu ergründen suchen.

Einer der ersten, der die Aktivierung von Kohlen untersuchte, war N. K. Chaney u. a[1]. und bei uns Ruff[2].

Die Wasserdampfaktivierung erfolgt nach dem Erstgenannten folgendermaßen:

Das Rohmaterial, z. B. Holz, wird zunächst bei niedriger Temperatur verkohlt, so daß sich ein von den genannten Autoren als Primärkohle (primary carbon) bezeichneter Komplex bildet. Diese Kohle, die die Autoren als eine Ad- oder Absorptionsverbindung von amorpher Kohle mit Kohlenwasserstoffen auffassen, ist an sich nicht aktiv, wird aber aktiv, wenn man die von der amorphen Kohle festgehaltenen Kohlenwasserstoffe durch Oxydation entfernt und gleichzeitig die zurückbleibende amorphe Kohle oxydativ anätzt. Die Aktivierungsbedingungen müssen also so gewählt werden, daß von den beiden Bestandteilen des Primärkohlenkomplexes die Kohlenwasserstoffe rasch, die amorphe Kohle selbst aber nur langsam oxydiert werden. Als Oxydationsmittel kann man Luft bei 350—450° oder Wasserdampf bei 800—1000° anwenden[3].

Nach Ruff liegt in den amorphen Kohlen der Grundkörper unter einer Haut dichtgelagerter, gesättigter Kohlenstoffatome, die sich bei der Verkokung bildet und alle größeren Hohlräume in einer Schicht von meist nur wenigen Atomen Stärke auskleidet, so daß sie selbst Helium keinen Zutritt zu den Atomlücken gestattet. Die Entfernung dieser Haut ist der eigentliche Zweck nachträglicher Aktivierung amorpher Kohlen; er läßt sich mit jedem die Oberfläche abbauenden Reagens erreichen. Durch die Entfernung der Haut werden die kleinen Hohlräume mit den aktiven Atomen des sperrigen Grundkörpers freigelegt. Dadurch wird die Ausdehnung der Oberfläche und damit ihr Adsorptionsvermögen ... vielmals vergrößert.

Über das Wesen des Aktivierungsprozesses siehe u. a. auch bei Ardagh[4].

„Das gemeinsame Merkmal aller aktiven Kohlen ist ihre amorphe Beschaffenheit; ihr amorpher Kohlenstoff ist die Quelle der Aktivität" — ein Thema, das besonders Ruff bearbeitete[5].

Aus Versuchen Honigs über die Dampfeinwirkung bei 750° durch 3 Stunden auf Kiefernholzkohle und auf Aktivkohlen geht hervor, daß die Holzkohle den größten Gewichtsverlust aufwies, und zwar in der ersten Stunde den größten (23), in der zweiten Stunde weniger (11) und in der dritten Stunde nur 10,5 Gewichtsteile, was übrigens nicht zu verwundern ist, weil hier ein langsamer Übergang von Kiefernholzkohle zur dampfaktivierten Kohle vorliegt. Dies ist ferner ein Beweis für die Auffassung, daß die Aktivierung durch Dampf auf einem selektiven Angriff von sauerstoff- und wasserstoffhaltenden Kohlenstoffgruppen beruht; diese werden am schnellsten entfernt, der Kohlenstoff selbst wird viel weniger angegriffen[6].

Wie O. Spengler und E. Landt in einer Untersuchung über aktive Kohlen anführten[7], ist das Wesen der Aktivierung „noch weit von seiner

[1] Journ. of Ind. a. Engin. Chem. 1919, S. 428.
[2] Z. angew. Chem. 1925, S. 1164; B. D. Ch. G. Bd. 60, S. 411, 426, 1927.
[3] Mecklenburg: Aktive Kohle, l. c.
[4] Z. V. D. Zuckerind. 1921, S. 797.     [5] D. Z. 1925, S. 1673; s. o.
[6] Kolloidchem. Beihefte XXII, S. 412.
[7] Z. V. D. Zuckerind. 1928, S. 81, 82 (mit zahlreichen Literaturangaben).

Lösung entfernt". „Neben der Ausdehnung der Oberfläche (durch die Aktivierung) ist ihre Natur von wesentlicher Bedeutung, im besonderen ist aus der bekannten Tatsache, daß amorphe Körper bei ähnlichem Umfange der Oberflächenentwicklung eine stärkere Adsorptionsfähigkeit als krystallisierte Stoffe besitzen, auf den adsorptionserhöhenden Einfluß der Unordnung ihrer Bausteine zu schließen."

### c) Vorteile der Arbeit mit Entfärbungskohlen gegenüber der Spodiumarbeit.

Die aktiven Kohlen sind nicht reiner Kohlenstoff, sondern Gebilde, die ähnlich wie die natürliche Kohle, die ja auch kein reiner Kohlenstoff ist, sehr viel Kohlenstoff (etwa 80—99%) enthalten. Reiner Kohlenstoff besitzt, soweit bis jetzt bekannt ist, selbst bei sehr starker Oberflächenentwicklung die charakteristischen Eigenschaften der aktiven Kohle nicht. Gleichzeitig ist zu betonen, daß alle Anzeichen dafür sprechen, daß es nicht einen einheitlichen Stoff „aktive Kohle" gibt, daß vielmehr die Oberflächen der aktiven Kohlen — und die Oberflächen kommen ja hier allein in Frage — je nach dem Ausgangsmaterial und dem Herstellungsprozeß in chemischer Hinsicht einen verschiedenen Charakter haben. Die verschiedenen aktiven Kohlen unterscheiden sich voneinander also nicht nur durch ihre Oberflächenentwicklung, sondern aller Wahrscheinlichkeit nach auch durch den chemischen und elektrischen Charakter der Oberflächenschicht, wie genauer in der auf Seite 615 angeführten Untersuchung von Spengler und Landt dargestellt wird.

Physikalisch betrachtet, stellen sie ein „Capillargebilde" dar, d. h. **es sind das von vielen Tausenden von Poren und Capillarräumen durchsetzte Stoffe**, die schon früher als Knochenkohle, Fullererde, Ton u.a. anorganische Stoffe bekannt waren. (Weil aber bei den letzteren die „Capillarität" nicht so ausgebildet ist wie bei den aktiven Kohlen, stehen sie auch in ihrem Entfärbungsvermögen gegen diese weit zurück.)

Alle aktiven Kohlen haben (mehr oder weniger gemeinsame) **Vorteile gegenüber der Arbeit mit Knochenkohle**, die ihre Einführung in die Zuckerindustrie empfehlen:

1. Es wird mit erheblich kleineren Mengen (bis 1/150 der Knochenkohle) gearbeitet.

2. Es entfällt die Wiederbelebung entweder ganz oder sie wird nur für die so geringen Mengen notwendig und entsprechend billiger.

3. Die Entfärbung verläuft sehr rasch und erfordert nur sehr **kurze Berührungszeit des Saftes mit der Kohle** (nur wenige Minuten), während bei Knochenkohle Berührungszeiten von mehreren Stunden notwendig sind. Die Säfte werden **rascher verarbeitet**, da sie nicht den großen Raum der Knochenkohlenfilter durchlaufen müssen. Die kürzere Berührungszeit und raschere Verarbeitung der Klären bedingt erhebliche Herabsetzung der Zuckerverluste durch Zersetzung und geringere Nachdunklung der Säfte.

4. Die Zuckerverluste werden wesentlich geringer, aus obigen Gründen und infolge des viel geringeren Anfalles an Aussüßwässern.

5. Sie adsorbieren oberflächenaktive Stoffe aus den Säften, verbessern dadurch deren physikalische Beschaffenheit derart, daß sie das Verkochen und die Krystallisation erleichtern (s. d.).

6. Da die Entfärbungskohlen leicht zu dosieren sind und diese Dosierung ebenfalls leicht geändert werden kann, kann man mit Sicherheit eine konstante Entfärbung erreichen auch dann, wenn die Rohprodukte in ihrer Farbe und Zusammensetzung wechseln. Bei der Arbeit mit Knochenkohle hat sich in dieser Hinsicht die ganze Fabrik der schwerfälligen Filterstation anzupassen, welche nur eine bestimmte, von deren Größe abhängige Leistung ermöglicht.

Hierzu kommen noch andere Vorzüge:

Da die wirtschaftlichen Vorteile der Arbeit mit Entfärbungskohlen (gegenüber der Spodiumentfärbung) hier ziffernmäßig nicht einmal angedeutet werden können, so sei auf die diesbezügliche Berechnung J. Wiesners[1] und F. Noseks in den „Tagesfragen" Heft Nr. 7 verwiesen.

Besonders im Anfange hat es nicht an vielen Einwänden gegen diese Kohlen gefehlt; das Spodium wurde „als Schutzengel zwischen dem Kochsaal und der übrigen Saftmanipulation" sehr in Schutz genommen[2]. Heute aber kann von einem grundsätzlichen Widerstande gegen die Anwendung dieser Entfärbungskohlen nicht mehr gesprochen werden.

### d) Chemische Zusammensetzung und Struktur der Entfärbungskohlen.

Die folgenden Tabellen zeigen die chemische Zusammensetzung verschiedener bekannten Kohlen. Glassner und Suida untersuchten die folgenden Kohlen mit den folgenden Ergebnissen[3].

Tabelle 125.

| Zusammensetzung bei 100° zum konst. Gewicht getrocknet | Wasser in lufttrock. Zustande | C % | H % | N % | O (S) % | Asche % |
|---|---|---|---|---|---|---|
| Tierkohle . . . . . | 8,29 | 78,03 | 0,44 | 3,02 | 5,34 | 13,21 |
| Blutkohle . . . . . | 25,99 | 69,98 | 1,72 | 7,19 | 14,71 | 6,40 |
| Knochenkohle . . . | 17,95 | 67,12 | 1,24 | 6,90 | 20,58 | 4,16 |
| Leimkohle . . . . | 4,86 | 63,61 | 2,25 | 12,21 | 9,43 | 12,50 |
| Holzkohle . . . . . | 3,83 | 61,17 | 2,55 | Spur | 34,05 | 2,23 |
| Zuckerkohle . . . . | 3,99 | 78,91 | 0,79 | — | 20,30 | — |

So wirksam manche dieser Kohlen sind, so denkt man doch nicht an sie, wenn von „aktiven Kohlen" die Rede ist. Analysen solcher sind die folgenden nach Honig[4].

---

[1] Z. d. tschsl. Zuckerind. IX, S. 101, 120, 1927.
[2] Mrasek: Z. f. Zuckerind. i. B. XLII, S. 233, 1916/17.
[3] Liebigs Ann. Bd. 357, S. 95, 1907.
[4] Kolloidchem. Beihefte XXII, S. 372.

Tabelle 126.

| | Blut-kohle | Carbo-raffin | Kiefern-holz-kohle | Norit | Supra-Norit |
|---|---|---|---|---|---|
| Feuchtigkeit. . . . . . . . . . . . . . . | 15,40 | 17,20 | 6,30 | 10,20 | 12,60 |
| Asche, ber. auf getr. Kohle . . . . . . . | 8,02 | 3,30 | 0,32 | 2,20 | 0,38 |
| Kohlenstoff, ber. auf getr. Kohle . . . . | 82,97 | 85,90 | 88,10 | 95,30 | 97,60 |
| Wasserstoff, ber. auf getr. Kohle . . . . | 0,95 | 2,20 | 2,80 | 1,60 | 0,80 |
| Stickstoff, ber. auf getr. Kohle . . . . . | 3,12 | 0,39 | 0,50 | 0,29 | 0,40 |
| Organ. Schwefel, ber. auf getr. Kohle . . | 0,12 | 0,18 | 0,30 | 0,04 | 0,01 |
| Anorg. Schwefel, ber. auf getr. Kohle . . | 0,57 | 0,26 | 0,08 | 0,30 | 0,08 |
| Schwefel, total, ber. auf getr. Kohle . . . | 0,69 | 0,14 | 0,38 | 0,34 | 0,09 |
| Kohlenstoff, ber. auf aschenfrei Material . | 90,40 | 88,80 | 88,40 | 97,40 | 97,95 |
| Sauerstoff, ber. als Diff. auf aschenfr. Stoff | 4,95 | 8,07 | 7,92 | 0,30 | 0,72 |

Diese Kohlen wurden im Laboratorium dargestellt, waren keine eigentlichen Marken des Handels, aber mit ihnen „chemisch" identisch. Die Zusammensetzung der Aschen war ungefähr wie folgt:

| | Löslich in Wasser | Löslich in verdünnter HCl | Unlöslich in verdünnter Säure: $Al_2O_3$, $Fe_2O_3$, $SiO_2$ |
|---|---|---|---|
| Blutkohle . . . . | 10 | 10 | 75—80 |
| Carboraffin . . . . | 5—10 | 40 | 55 |
| Kiefernholzkohle . | 30 | 35 | 35 |
| Norit . . . . . . | 18 | 30 | 50 |
| Supra-Norit . . . | — | 15 | 85 |

Schließlich seien noch die Analysen jener Handelsmarken angegeben, deren Verhalten im Betriebe Linsbauer prüfte[1].

Die Tabelle enthält nur eine Auswahl. Im Originale sieht man, daß der Wassergehalt der gleichen Marken genug schwankend, die Zusammensetzung der Trockensubstanz aber genug konstant ist.

Tabelle 127.

| Kohlenart | $H_2O$ | Auf 100 T. Trockensubstanz | | | | | |
|---|---|---|---|---|---|---|---|
| | | C | H | O | N | Asche | $Fe_2O_3 +$ $Al_2O_3$ |
| Carboraffin 1925 . . . . . . | 24,08 | 86,72 | 0,99 | 7,87 | 0,296 | 4,12 | 0,65 |
| Supra-Norit 3 mal 1924 . . | 20,33 | 91,01 | 1,48 | 4,24 | 0,182 | 3,09 | 0,17 |
| Supra-Norit 2 mal 1924 . . | 9,42 | 89,16 | 2,20 | 1,09 | 0,136 | 7,41 | 0,62 |
| Superior-Norit 1924 . . . . | 21,28 | 90,74 | 1,18 | 3,19 | 0,176 | 4,71 | 0,40 |
| Standard-Norit 1925 . . . | 27,52 | 88,82 | 0,87 | 2,70 | 0,126 | 7,48 | 0,53 |
| Polycarbon 1925 . . . . . | 2,77 | 91,90 | 0,98 | 1,92 | 0,141 | 5,06 | 0,77 |
| Polycarbon 1925 . . . . . | 7,15 | 84,88 | 0,78 | 1,49 | 0,101 | 12,75 | 2,24 |
| Anticromos 1925 . . . . . | 5,04 | 87,02 | 2,05 | 5,51 | 0,132 | 5,29 | 0,78 |

Die beiden Hauptgattungen von Kohlen unterscheiden sich voneinander u. a. durch ihre Struktur. Die Chemikalien, wie z. B. Zinkchlorid, greifen das Rohmaterial direkt unter völliger Zerstörung an, nehmen ihm die faserige Pflanzenzellenstruktur ganz, im Gegensatze zum Wasserdampf, der der Kohle trotz Aktivierung die Zellenstruktur

---

[1] Z. d. tschsl. Zuckerind. VIII, 1927. S. 353.

beläßt. Infolgedessen sind die letzteren — bei gleichen Verhältnissen — meist besser filtrierbar.

Die folgenden mikroskopischen Bilder zeigen Carboraffin und Standard-Norit und zum Vergleiche auch ein Spodiumpulver bei 600facher Vergrößerung. Dieses zeigt unregelmäßige, scharfrandige Kohlenteilchen, die durch Absplitterung von den Spodiumstückchen splitterartige Form haben (Abb. 10). Abb. 11 zeigt die faserförmige Beschaffenheit der

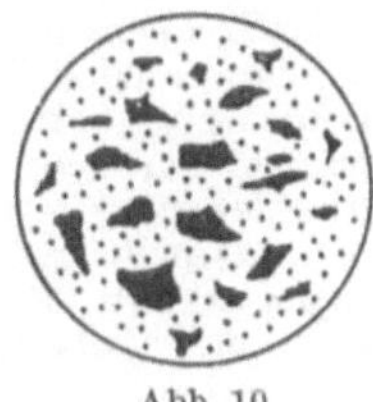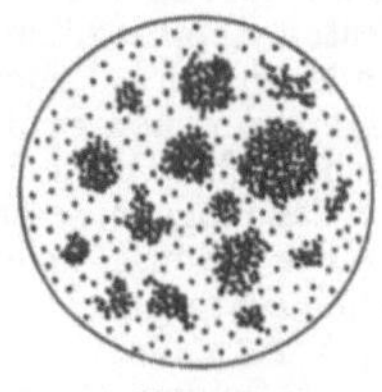

Abb. 10.Abb. 11.Abb. 12.

verkohlten Holzelemente (Norit) und Abb. 12 die kompakten, klumpigen Teilchen von unregelmäßiger Form (Carboraffin) neben zahlreichen staubförmigen Teilchen. „Bei genauer Durchmusterung dieser Entfärbungskohle (Carboraffin) wird auch ein und das andere nadelförmige Teilchen gefunden[1]."

### e) Adsorptionswirkung der Aktivkohlen.
#### (Chemismus und Mechanismus).

Wichtig ist die Beantwortung der Frage nach den Leistungen der Aktivkohlen (Wirkungen) nach ihrer Wirkungsweise und nach den Umständen, von denen diese Leistungen abhängen.

Unter strenger Einschränkung auf das Gebiet der Zuckerindustrie kommt nur die entfärbende, die chemisch und physikalisch reinigende und klärende Wirkung in Betracht.

Alle diese Wirkungen der Kohlen haben eine gemeinsame Ursache: das Adsorptionsvermögen der Kohlenoberfläche und des Kohleninneren. Das haben sie mit der Knochenkohle gemeinsam; deshalb wurde bei deren Besprechung im vorangehenden Kapitel auf dieses verwiesen.

Adsorption. Unter diesem Begriffe war in seiner ursprünglichen Bedeutung die Eigenschaft fester Körper, Gase in sich anfzunehmen und mehr oder weniger festzuhalten, zu verstehen. Das geht unzweifelhaft aus folgenden Worten Kaysers[2] hervor: „Ich habe diese Erscheinungen nach einem Vorschlage des Herrn E. du Bois-Reymond als Adsorptionserscheinungen bezeichnet, während sie gewöhnlich Absorption[3] genannt und somit zusammengeworfen werden mit der Absorption der Gase durch Flüssigkeiten oder auch mit der Absorption der Wärme, des Lichtes. Bei all diesen Absorptionserscheinungen hat man es mit Vorgängen zu tun, welche sich in den Zwischenräumen der Moleküle der Körper abspielen. Die

---

[1] Kryž, F.: Z. d. tschsl. Zuckerind. IX, S. 98, 1927.

[2] Wied. Ann. 14, S. 450.

[3] Heute sieht man in der Adsorption die der Absorption vorangehende Erscheinung, so daß sich erstere nur an der Oberfläche, letztere mehr im Inneren des Adsorbens (s. d.) abspielt.

Adsorptionserscheinungen dagegen gehen nicht zwischen den Molekülen, sondern an freien Körperoberflächen vor sich und sind durchaus nicht von derselben Größenanordnung molekularer Abstände..." Dieser Begriff erfuhr manche Wandlungen; er wurde erweitert.

In Ostwalds Lehrbuch der Allgemeinen Chemie (1906) ist unter Adsorption zu lesen: „Der zweite Fall, in welchem feste Körper sich als veränderlich bezüglich Zusammensetzung erweisen, ist der der Adsorption; hier handelt es sich um die Eigenschaft fester Stoffe, durch ihre Anwesenheit neben Phasen veränderlicher Konzentration das Gleichgewicht in diesen zu verschieben. Solche Phasen können Gase oder Lösungen sein, . . . . den Charakter einer chemischen Verbindung haben diese festen Gebilde nicht, denn sie verlieren durch Erhöhung der Temperatur, bzw. Verminderung des Druckes oder der Konzentration in der angrenzenden Phase die aufgenommenen Stoffe wieder . . . . sind die Gesetze der Adsorption durch die Eigenschaft der Oberflächenenergie bedingt." Heute werden Färbevorgänge und Entfärbungsprozesse von Fasern oder Kohlen, das Mitreißen von Bestandteilen einer Lösung durch Krystalloide und Kolloide in statu nascendi (z. B. bei der Scheidesaturation) u. v. a. durch Adsorptionserscheinungen erklärt. Es gibt sogar „Adsorptionsverbindungen" (van Bemmelen), die bei der Aufsaugung von Krystalloiden durch Gele sich geltend machen.

Daß poröse Kohlen Adsorption zeigen, wurde im Jahre 1777 durch Felice Fontana nachgewiesen: geglühte Kohle, die bei Luftabschluß abgekühlt wurde, absorbierte Gase in einer Menge, die das Volumen der Kohle um vieles überstieg; dabei verhalten sich die einzelnen Gase individuell. Morozzo fand, daß auch die Art der Kohle dabei eine wichtige Rolle spiele. „Über die Verdichtung von Gasen und Dämpfen auf der Oberfläche fester Körper" schrieb später Quincke in Poggendorfs Annalen 1859, S. 326. Bemerkenswert ist hier nur, daß Quincke die Entfärbung durch Kohlen auf dieselben Molekularkräfte, welche Adsorption von Gasen bedingen, zurückführt.

Daß die Adsorption kein rein physikalischer Vorgang ist, beweist unter vielen gleichen Untersuchungen auch die von K. Chandra Sen „Über die chemische Natur der Adsorption", die hier nur deshalb angeführt wird, um auf diese Erscheinung zu verweisen[1].

Eine Adsorption läßt sich gewissermaßen als chemische Oberflächenreaktion auffassen, da nach der modernen Atomtheorie sowohl die chemischen Reaktionen als auch die Adsorptionsvorgänge durch die elektrostatischen Kräfte der Atome und Moleküle bedingt sind. Ebenso wie eine chemische Reaktion von mehreren Reaktionsteilnehmern abhängt, so kann die Adsorption als nicht nur vom Adsorbens (Kohle) abhängig betrachtet werden, sondern auch vom adsorbierten Stoff (den Farbstoffen, Kolloiden oder oberflächenaktiven Substanzen).

Trotzdem spielen hier chemische Affinitäten zwischen Adsorptiv und Adsorbens nur eine sekundäre Rolle; anders verhält sich der Fall, wo sich chemische Umsetzungen an Oberflächen (von Gelen, Proteinen u. a.) abspielen. Diesen Fall nennt Fodor Chemosorption; sie ist bei den hier interessierenden Erscheinungen nicht von großer Bedeutung.

Nach van Bemmelen ist die Adsorption in manchen Fällen als „ein Vorläufer der chemischen Verbindung" zu betrachten, was aber bei der Kohlenadsorption weniger gelten wird.

Es sind manche Wirkungen von Adsorptionskohlen bekannt, die katalytische Erscheinungen sind, besonders Oxydationsvorgänge und deren Zustandekommen man dem Eisengehalte der Kohlen zuschreibt (s. u.); dieser soll als Sauerstoffüberträger wirken[2].

---

[1] Biochem. Ztschr. 169, Heft 1/3, 1926.
[2] Z. f. phys. Ch. 57, S. 385, 1907; Z. d. tschsl. Zuckerind. IX, S. 129, 1927.

„Daß Adsorption und chemische Reaktion nur graduelle Unterschiede derselben elektrostatischen Valenzkräfte sind, kann nach dem heutigen Stande der Atom- und Valenzforschung nicht mehr bezweifelt werden[1].

Die Adsorption unterliegt gewissen Gesetzmäßigkeiten, die hier natürlich nicht erörtert werden müssen. Nur auf den Mechanismus der Adsorption sei hingewiesen, weil er das Verhalten der Aktivkohlen im Betriebe erklären läßt.

Der feste Körper (Kohle), an dem die Adsorption erfolgt, heißt Adsorbens, der aufgenommene Körper (Gas, Farbstoff, Salz) Adsorbendum oder Adsorbend.

Allgemein gilt: Bringt man ein Adsorbens mit einem Adsorbenden in Berührung, so nimmt ersteres von letzterem eine bestimmte Menge auf, die vom Druck, von der Temperatur und von der Konzentration des Adsorbenden abhängig ist.

Mathematisch lassen sich diese Zusammenhänge durch folgende Adsorptionsgleichung zum Ausdruck bringen.

Bedeuten $y$ die durch eine aktive Kohle oder durch ein anderes Adsorbens aufgenommene Menge eines Adsorbenden, z. B. eines Farbstoffes in Lösung oder eines Gases, $x$ die Konzentration des Farbstoffes oder des Gases, so gilt: $y = a\,x^b$, worin $a$ und $b$ zwei Konstanten sind; $a$ kann sehr verschiedene Werte besitzen, $b$ liegt zwischen 0,2—0,8.

Trägt man für einen speziellen Fall die Werte $y_1$, $y_2$, $y_3$ ... als Ordinaten und die zugehörigen (experimentell ermittelten) Werte $x_1$, $x_2$, $x_3$ ... als Abszissen auf und verbindet die zugehörigen Schnittpunkte, so erhält man eine Adsorptionskurve (Isotherme) von ähnlichem Verlaufe wie die in Abb. 17 abgebildete; sie steigt anfangs recht steil an und nähert sich allmählich einem konstanten Endwerte, sie wird rasch flach (Parabel). Mit gleichmäßig steigender Konzentration des Adsorbenden (Gas, Farbstoff, Salz) $x$ nimmt die Menge $y$ des vom Adsorbens aufgenommenen Stoffes erst rasch, dann immer langsamer zu.

Die Adsorptionsgeschwindigkeit, die Zeit bis zum Eintritte des Adsorptionsgleichgewichtes, ist im allgemeinen recht gering: sie hängt ab von der Innigkeit des Rührens (Einmaischverfahren), von der Temperatur bzw. von der Temperaturerhöhung, doch lange nicht in dem Maße, wie chemische Reaktionen durch Temperaturerhöhungen beschleunigt werden.

Aktivkohlen sind nun — wie schon oben dargelegt — durch ungewöhnlich große Oberflächen ausgezeichnet und deshalb auch zu oft erstaunlichen Leistungen befähigt. Zusammenfassende Angaben über die Oberflächenentwicklung verschiedener Kohlen machte P. Honig in seiner vergleichenden Untersuchung, wo er der Adsorption und dem Adsorptionsvermögen der Kohlen ein ausführliches Kapitel (mit zahlreichen Literaturnachweisen) widmete[2].

| Kohlensorte 1 g | Oberfläche |
| --- | --- |
| Cocoskohle . . . . | 131 m² |
| Gasmaskenkohle . | 160—436 m² |
| Gasmaskenkohle . | 1000 m² |
| Blutkohle . . . . . | 600 m² |

Hier ist die Oberfläche berechnet, unter Benutzung des bestehenden Zusammenhanges zwischen der aufgenommenen Feuchtigkeitsmenge, der Dampfspannung und des Porendiameters.

Bestand 1 g Kohle aus Teilchen von 1 $\mu$ Diameter, dann war die Oberfläche 3 m², die Teilchengröße ist also noch bedeutend kleiner.

---

[1] Z. V. D. Zuckerind. 1927, S. 640.
[2] Kolloidchem. Beihefte XXII, S. 371, 378, 1926.

**Lagergren** gibt die Oberfläche von 1 g „wirksamster Tierkohle“ mit nur 4 m² an[1]. Der Unterschied zwischen diesen Angaben zeugt für ihre Unsicherheit, wie auch aus den folgenden Messungen Stanĕks am Carboraffin hervorgeht[2].

Gemessen wurde immer eine größere Anzahl der Körnchen, die die Form von scharfkantigen Sandkörnchen besitzen, deren alle drei Dimensionen annähernd gleich sind.

| Dimensionen | | | % Körnchen des Musters | | |
|---|---|---|---|---|---|
| | | | I. | II. | III. |
| von den kleinsten bis | 1,5$\mu$ | | 44 | 22 | 18 |
| „ 1,5 „ | 3,5$\mu$ | | 32 | 48 | 15 |
| „ 3,5 „ | 4,0$\mu$ | | 20 | 21 | 11 |
| „ 4,0 „ | 7,0$\mu$ | | 4 | 9 | 10 |
| „ 7,0 „ | 10,0$\mu$ | | — | — | 13 |
| „ 10,0 „ | 14,0$\mu$ | | — | — | 12 |
| „ 14,0 „ | 35,0$\mu$ | | — | — | 12 |
| „ 35,0 „ | 70,0$\mu$ | | — | — | 5 |
| „ 70,0 „ | 100,0$\mu$ | | — | — | 4 |
| | | | 100 | 100 | 100 |

Diese Angaben beziehen sich auf das erste in der Zuckerindustrie angewendete Carboraffin. Wie weit sie dem heutigen besseren Carboraffin entsprechen, müßte erst durch neue Messungen festgestellt werden.

Zur Oberflächenwirkung der Kohlen mußten noch andere Faktoren herangezogen werden, um eine Deutung oder Erklärung für die Wirksamkeit der Kohlen zu geben: vor allem chemische.

Für die Knochenkohle machte man u. a. auch ihren Kohlenstoffgehalt verantwortlich. Die vielen hier veröffentlichten Analysen von aktiven Kohlen lassen einen solchen Zusammenhang nicht immer erkennen. Indes zeigt reiner Kohlenstoff (amorpher) kein Entfärbungsvermögen. Die Menge des analytisch ermittelten Kohlenstoffes ist nicht immer proportional dem gezeigten Entfärbungsvermögen, dieser also kein Maß hierfür. Dies ist zu erwarten, da außer der Menge des Kohlenstoffes sein Zerteilungsgrad, die Aktivität, die Größe der Oberfläche der Kohle, der Aktivierungsgrad und das Ausgangsmaterial u. a. mindestens mit der gleichen Bedeutung in Betracht kommen. Nach einer Untersuchung Nellersteins im „Chem. Weekblad“ liegt der Kohlenstoff einer aktiven Kohle in „fein zerstäubter“ Form vor[3].

Es ist bekannt, daß die animalischen Kohlen wirksamer sind als (nicht aktivierte) vegetabilische. Nun besteht in der Zusammensetzung dieser Kohlen u. a. der Unterschied, daß erstere reich, letztere arm oder ganz frei von Stickstoffsubstanzen sind. Die Zusammensetzung der verschiedenen Kohlen auf S. 609 zeigt dies auch.

Glassner und Suida führten daher schon a priori das Entfärbungsvermögen der vegetabilischen Kohlen auf deren Gehalt an Stickstoff (in Cyanform) zurück[4].

Daß sie keinen solchen Zusammenhang in allen Fällen fanden, ist eigentlich selbstverständlich, wenn man bedenkt, von wie vielen Umständen die Entfärbungskraft einer Kohle abhängig ist.

---

[1] Ullmann: Enzyklopädie techn. Chem. VII, S. 80.
[2] Z. f. Zuckerind. i. B. XLII, S. 1, 1917/18.
[3] Rundschau 1926, N. 11, S. 43.     [4] Liebigs Ann. Bd. 357, S. 95, 1907.

Nach ihrer Arbeit ist die Entfärbung von Flüssigkeiten ein chemischer Vorgang, die Oberflächenwirkung käme erst in zweiter Linie in Betracht.

In Wirklichkeit werden chemische und physikalische Einflüsse zusammen wirken müssen, um Entfärbungswirkungen von Aktivkohlen zu ergeben.

Von den letzteren wurden schon die elektrostatischen Kräfte der Oberfläche auf S. 612 angeführt. In ihrer Untersuchung „über den isoelektrischen Punkt" von Aktivkohlen führen O. Spengler und E. Landt[1] einleitend die elektrischen Eigenschaften der Kohlen an und zeigen an Hand der einschlägigen Literatur (Michaelis und Bona u. a.) jene Erklärungsversuche für die Wirksamkeit der Kohlen, die eben die elektrischen Eigenschaften der Kohlen für ihre Wirkung verantwortlich machen.

Die Quantität der Wirkung von Aktivkohlen hängt nach W. Mecklenburg ab

1. von der Größe der Oberfläche je Gewichtseinheit,
2. von der Größe des Capillarraumes je Gewichtseinheit,
3. von dem Querschnitt der Capillaren,
4. von der Teilchengröße und
5. von dem chemischen Charakter der Oberfläche.

Berücksichtigt man ferner, daß die tatsächlichen Wirkungen der Kohle auch noch

6. von der Natur des zu adsorbierenden oder zu kondensierenden Stoffes,
7. gegebenenfalls auch noch von der Anwesenheit anderer Stoffe und von der Reaktion der Lösung[2],
8. vom Arbeitsverfahren (Einmaisch- oder Schichtenverfahren), von der Temperatur und von der Einwirkungsdauer, von der Vorbehandlung der Lösung und von manchen anderen bekannten und unbekannten Umständen abhängen, so ist es erklärlich, daß trotz der vielen Untersuchungen in Laboratorien und besonders in Betrieben diese Fragen noch heute keine einheitliche, unwidersprochene Beantwortung finden konnten.

## f) Wirkung der Aktivkohlen im Betriebe.

Es gibt eine ganze Reihe von Untersuchungen, die sich das Ziel stecken, die Verhältnisse bei der Aufnahme von Zucker und Nichtzuckerstoffen durch die Kohlen in Abhängigkeit von Qualität und Quantität der Kohlen und der genannten Stoffe und in bezug auf all jene Bedingungen, die diese Vorgänge beeinflussen (Temperatur, Zeitdauer, Verfahren, Alkalität, Art des zu behandelnden Mediums, Farbstoffart usw.) zu bringen.

---

[1] Z. V. D. Zuckerind. 1928, S. 81 (s. S. 633).
[2] Über aktive Kohlen. Z. f. angew. Chem. Jg. 37, S. 873, 1924; die folgenden Umstände schließt der Verf. an.

Ihre eingehendere Besprechung hier ist sehr notwendig, weil die theoretischen Erkenntnisse sehr die Anwendungsweise im Betriebe beeinflußten und den Wert der einzelnen Kohlen erkennen lassen.

## 1. Verhalten gegen Saccharose.

Man muß das physikalische vom chemischen Verhalten unterscheiden. Wie schon bei der Dünnsaftentfärbung angedeutet wurde, wirken Aktivkohlen auf dünnere Säfte energischer entfärbend als auf Dicksäfte — Anwesenheit von Zucker erschwert also die Aufnahme von Farbstoffen, wie u. a. Honig[1], G. Weißenberger, St. Baumgarten und R. Henke[2] zeigten.

Bei ähnlichen Untersuchungen von O. Spengler und E. Landt[3] gebrauchten die beiden den passenden Vergleich, daß die verschiedenen Moleküle oder Kolloide (Wasser, Rohrzucker, Farbstoffe, sonstige Substanzen) um die Besetzung der Kohlenoberfläche miteinander konkurrieren, und daß der Ausgang dieses Konkurrenzkampfes wegen der Adsorption des Zuckers wesentlich von der Zuckerkonzentration abhängen kann.

In zwei großangelegten Experimentaluntersuchungen: 1. Die Adsorption der Saccharose an Adsorptionskohlen[4] und 2. Die gleichzeitige Adsorption von Saccharose und Zuckerfarbstoffen durch Adsorptionskohle[5] studierte J. Vašátko alle physikalischen und chemischen Umstände, von denen diese Adsorption abhängt. In der ersten Arbeit wurde auf die Bedeutung hingewiesen, welche bei solchen Adsorptionsvorgängen dem Medium zukommt. Deshalb wurde die Saccharoseadsorption in ihrem ganzen Konzentrationsumfange studiert und gefunden, daß es sich praktisch um eine physikalische Adsorption handelt, die bei allen Kohlen von der Oberflächengröße entscheidend ist. Gleichzeitig wurde festgestellt, daß die Zuckeradsorption von einer Wasseradsorption begleitet ist, daß es sich demnach um eine „nasse", nicht um eine „trockene" Adsorption handelt. Vašátko spricht von einer Imbibition der Adsorptionskohlen; dadurch vergrößert die Kohle ihr Volumen und schwächt die Filtrationsfähigkeit der Zuckerlösungen — bei steigender Temperatur aber verringert sich die Imbibition. Bei Temperaturänderungen wird die Kohle reversibel adsorbiert. In verdünnten Zuckerlösungen wird das Gleichgewicht viel schneller erreicht als bei hoch konzentrierten; erhöhte Temperatur fördert die Adsorptionsgeschwindigkeit. Komplizierter werden diese Verhältnisse, wenn man gleichzeitig das Verhalten der Farbstoffe mit in Betracht zieht. Wie schon früher auch von anderen Autoren festgestellt wurde, schwächt die Anwesenheit der Saccharose die Entfärbungsfähigkeit der Kohlen.

---

[1] Kolloidchem. Beihefte Bd. XXII, S. 401, 1926.
[2] Monatshefte f. Chem. Bd. 46. Wien 1925.
[3] V. Z. D. Zuckerind. 1927, S. 429.
[4] Z. d. tschsl. Zuckerind. IX, S. 21, 1927.          [5] ebd. IX, S. 45, 1927.

In einer gleichnamigen rechnerischen Untersuchung ging E. Landt auf die theoretischen Grundlagen der Arbeit und der Ergebnisse Vašátkos näher ein[1].

Früher schon studierten auch P. Rona und L. Michaelis[2] die Adsorption von Rohr- und Traubenzucker an Kohlen, aber nur in verdünnten Lösungen. Ihre Resultate wurden durch R. Herzog bestätigt[3]. Es handelt sich um eine reversible Adsorption, die nach der Freundlichschen Exponentialgleichung verläuft (s. d.).

In analytischer Hinsicht ist auch die Adsorption von Saccharose durch Aktivkohlen in Betracht zu ziehen. Für Carboraffin ermittelte V. Škola diese Größe, da er es statt Blutkohle zu analytischen Zwecken vorschlug[4]. Die an der Kohlenoberfläche vorhandene Zuckerkonzentration ist größer als die in der Lösung.

Was das chemische Verhalten anbelangt, so ist zu untersuchen, ob nicht die Kohle auf den Zucker verändernd wirken kann. So beobachtete z. B. Ventzke, daß sich die Temperatur bei der Berührung heißer Knochenkohle mit heißer Zuckerlösung bis zur Dampfentwicklung und Caramelisation steigern könne[5]. Bei den Aktivkohlen mit ihrer viel größeren Oberfläche könnte dies auch möglich sein. Mehrere Male wurde das Inversionsvermögen verschiedener Kohlen geprüft und im großen ganzen gefunden, daß Carboraffin eher die Disposition hierzu enthält als die verschiedenen Wasserdampfkohlen[6]. In letzterem Falle wurde das Carboraffin mit Sodalösung gewaschen — es handelte sich also nicht etwa um Spuren verbliebener Säure, sondern augenscheinlich um eine innere Eigenschaft des Carboraffins — im Gegensatz zu Wasserdampfkohlen. Das kann durch folgenden Umstand erhärtet werden. Als Vašátko die Adsorption von Saccharose an Adsorptionskohlen studierte (s. o.), besonders bei höherer Temperatur, mußte „die Möglichkeit der Zersetzung der Saccharose" ausgeschaltet werden.

„Aus diesem Grunde habe ich zu diesen Versuchen eine Kohlensorte verwendet, die sich durch die geringste Zersetzungsfähigkeit auszeichnet, damit die Veränderungen, die sonst durch die Zersetzung der Saccharose verursacht wären, nicht der Adsorption zugeschrieben würden. Als eine solche Kohle kann nach Versuchen, die später in einem anderen Teile dieser Arbeit beschrieben werden, z. B. Carbo animalis und die Kohlen vom Norittypus betrachtet werden. Von ihnen wählte ich Superiornorit. Bei diesen Kohlen kann unter den, in nachfolgenden Versuchen eingehaltenen Bedingungen, die Zersetzungsfähigkeit gegenüber Saccharose vernachlässigt werden[7]."

Neben diesem negativen Nachweis für die Natur des Carboraffins erbrachte Vašátko auch einen positiven in seinen fortgesetzten Studien: „Es wurden Carboraffin und Supranorit verwendet, Kohlensorten, die bei der Saccharoseadsorption ziemlich differieren."

---


[1] Z. V. D. Zuckerind. 1927, S. 834.     [2] Biochem. Z. 16, S. 489.
[3] Z. f. physiolog. Ch. 60, S. 79.     [4] Z. f. Zuckerind. i. B. 1917/18, S. 469.
[5] Z. V. D. Zuckerind. 1852, S. 133.
[6] Schöne: D. Z. 1926, S. 553, 1116; van der Zwet, J. K.: C. f. Zuckerind. 1926, S. 1119; Honig, P.: Kolloidchem. Beihefte XXII, Heft 6—12, S. 418.
[7] Z. d. tschsl. Zuckerind. IX, S. 31, 1927.

„Die Versuchsergebnisse mit Carboraffin bei 80° C mußten durch Parallelversuche korrigiert werden, und zwar mit Rücksicht auf die Abnahme der Polarisationswerte, die durch die Zersetzung der Saccharose durch diese Kohle verursacht werden; darüber wird künftig die Rede sein. Es war deshalb auch nötig, die Alkalität der Lösung einigermaßen zu erhöhen[1]."

Im dritten Teile der vorgenannten Untersuchung studierte Vašátko weiter „die Zersetzung der Saccharose durch Adsorptionskohle" und fand diese Zersetzung im allgemeinen größer mit steigender Temperatur und wachsender Kohlenmenge. Für die einzelnen Handelsmarken fand er die zahlenmäßigen Ergebnisse, die im nebenstehenden Diagramm übersichtlich gezeichnet sind (Abb. 13).

Die Abszisse enthält die Kohlenmengen, die Ordinate die Differenzen zwischen dem Zucker nach Clerget (reine Saccharose) und der direkten Polarisation, also die Zuckerzersetzung.

Vor allem ergeben die Versuche ein Resultat, das so manchen Anhänger des Spodiums überraschen wird: diese Kohle ist gar nicht so harmlos; sie zeigt die größten Zuckerverluste.

Deutlich ersieht man aus dem Diagramme, daß sich die Wasserdampfkohlen günstiger verhalten als die Imprägnationskohlen. (Vašátko will aber aus seinen Versuchen kein Urteil über die praktische Anwendbarkeit der

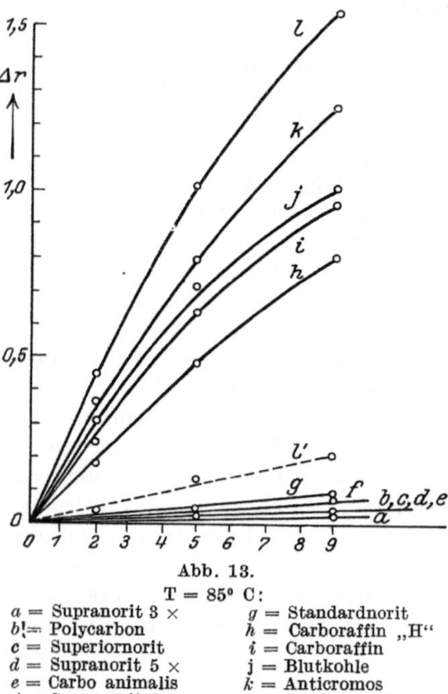


Abb. 13.
T = 85° C:

a = Supranorit 3 ×  g = Standardnorit
b = Polycarbon  h = Carboraffin „H"
c = Superiornorit  i = Carboraffin
d = Supranorit 5 ×  j = Blutkohle
e = Carbo animalis  k = Anticromos
f = Supranorit 2 ×  l = Spodium „K"
T = 50° C:
l' = Spodium „K".

verschiedenen Kohlen ableiten.) Alkalische Reaktion kann die Zuckerzersetzung nicht ganz verhindern: „es wird nur der sekundäre Einfluß der sauren Produkte, die durch die Zersetzung primär entstanden sind, unterdrückt, und zwar so lange, als in der Lösung OH-Ionen vorhanden sind, worauf nach ihrer Neutralisation und weiterer Berührung der Kohle mit der Saccharose man zu ähnlichen Ergebnissen, wie oben angeführt wurden, gelangt." Vašátko glaubt, einen Zusammenhang zwischen der chemischen Zusammensetzung der Kohlen und ihrer Wirkung feststellen zu können. Die Kohlen, die praktisch Zucker nicht zersetzen, haben weniger Aschen- und weniger Eisenoxydgehalt und höheren Gehalt an Kohlenstoff (über 90%); die gegenteilige Zusammensetzung zeigen die Kohlen der zweiten Gruppe, die also Zucker merklich zersetzen[2].

---

[1] l. c. S. 50.    [2] Z. d. tschsl. Zuckerind. IX, S. 129, 1927.

Diese schöne Untersuchung enthält einleitend einen Überblick über die katalytischen Wirkungen der Aktivkohlen mit Literaturangaben. Gearbeitet wurde mit gewaschenen Kohlen und mit einer 20proz. Zuckerlösung.

Der Mechanismus der Zuckerzersetzungsreaktion ist unbekannt, es ist möglich, daß die Saccharose direkt saure Abbauprodukte liefert, und daß diese Säuren sekundär die Bildung von Invertzucker verursachen. Es ist jedoch auch möglich, daß primär aus Saccharose eine kleine Menge Invertzucker entsteht, daß sich dieser darauf zersetzt unter Bildung von Säuren und daß so die Zersetzungsgeschwindigkeit autokatalytisch vergrößert wird. Für diese letzte Annahme spricht, daß die Säurebildung aus invertzuckerhaltender Zuckerlösung größer ist als aus invertzuckerfreier Lösung.

Mit diesem Befund im Einklang steht, daß das Carboraffin überhaupt reaktionsfähiger ist als die Wasserdampfkohlen, wie Honig durch Einwirkungen chemischer Agenzien (Säuren, Schwefel, Dampf) zeigte und wohl auch, daß F. J. Nellerstein bei der Oxydation von Aktivkohlen mit Kaliumpermanganat neben $CO_2$ ein Gemenge von Säuren erhielt, die bei Carboraffin der aliphatischen, bei Norit überwiegend der aromatischen Reihe angehörten[1].

Aktivkohlen wirken auch reduzierend, können also z. B. Ferrisalze zu Ferrosalzen reduzieren, wie Rona und Michaelis fanden[2]. J. Vašátko studierte diesen Prozeß näher und brachte ihn in Zusammenhang mit der Zersetzung der Saccharose durch Kohlen. Am schwächsten wirkte Spodium, mehr die schon öfters genannten Imprägnationskohlen und noch mehr die gasaktivierten Kohlen. Umgekehrt verhält es sich mit der Zersetzungsfähigkeit der Saccharose: je größer die Reduktionsfähigkeit der Kohlen, desto kleiner die Zersetzunsfähigkeit für Saccharose, was ja nur erwünscht ist. Zuckersäfte, die durch Blankit entfärbt wurden, dunkeln nach; dasselbe gilt für Klären, die mittels Aktivkohlen entfärbt wurden. Die Farbstoffe sind also reduzierbar, die reduzierende Wirkung der Kohlen demnach ein bedeutsamer Umstand für ihre Wirkung im Betrieb[3].

## 2. Verhalten gegen Kolloide.

Zu den gründlichsten und erschöpfendsten Untersuchungen gleicher Art, die in einem Fabrikslaboratorium entstanden, gehören unstreitig

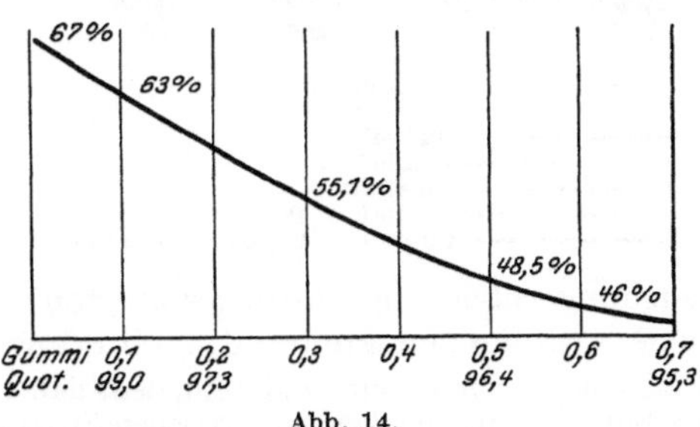


Abb. 14.

---

[1] Chem. Weekblad; Rundschau, August 1926, Nr. 11, S. 43.

[2] Biochem. Z. Bd. 97, S. 85, 1918.

[3] Vašátko, J.: Die Reduktionsfähigkeit von Adsorptionskohlen. Z. d. tschsl. Zuckerind. IX, S. 221, 1928.

die von A. Kühnel, die schon bei der Dünnsaftentfärbung genannt
wurden. Hervorgehoben sei aus ihnen, daß er, um die Wirkung der
Kolloidstoffe zu erkennen, diese in seiner Versuchsanordnung durch

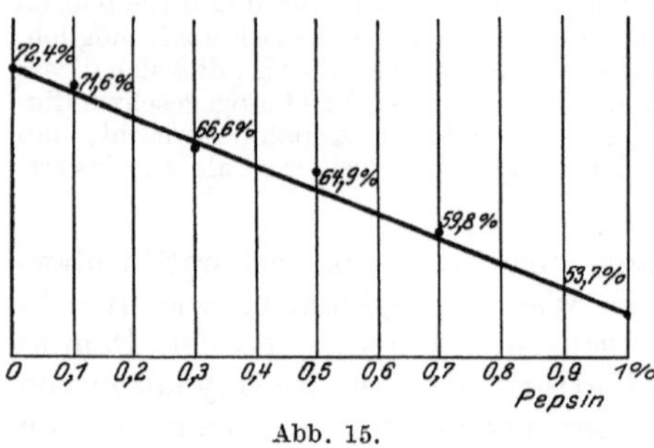

Abb. 15.

Gummi arabicum(für die Pektinabbauprodukte) und durch
Pepsin (für die verschiedenen
Eiweißstoffe), gesondert und
zusammen, einführte. Steigende
Mengen derselben setzen das
Entfärbungsvermögen der Kohle
herab, wie die Diagramme Abb.
14 und 15 zeigen[1].

„Als die stärkste Kompo-
nente erwies sich die Alkalität“,
in Übereinstimmung mit den
Ergebnissen von Versuchen und Praxis. Im folgenden Diagramme
faßt Kühnel die Einflüsse sämtlicher von ihm untersuchten Komponenten zusammen, so wie sie analytisch bestimmt wurden. Jeder
einzelne Punkt derselben ist durch die Summe der zuständigen Einflüsse der einzelnen Komponenten gegeben. Es geht daraus hervor,
daß sich diese sämtlichen, auf den Verlauf der Entfärbung ungünstig
einwirkenden Komponenten in ihrem negativen Endeinflusse auf die
Entfärbung summieren[1].

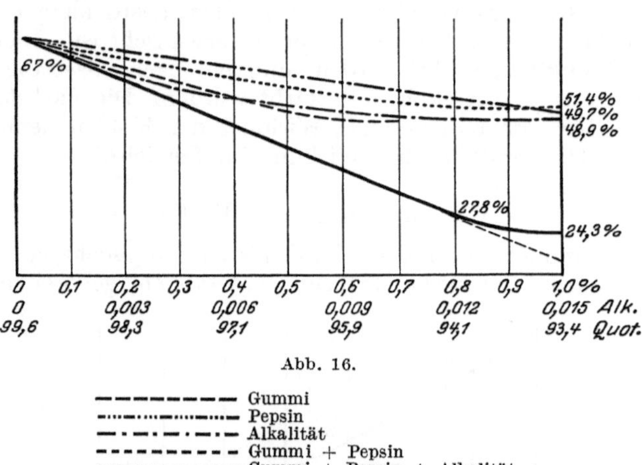

Abb. 16.

———————— Gummi
··············· Pepsin
—·—·—·—· Alkalität
– – – – – – – Gummi + Pepsin
———————— Gummi + Pepsin + Alkalität

Eine Untersuchung über die Adsorption von Pektinstoffen
durch verschiedene Aktivkohlen stellte J. Fišer an[2].

Diese wurden als Pentosane bestimmt und gefunden, daß tatsächlich sowohl
Carboraffin als auch Supra-Norit, die beide im frischen Zustande keinen Pektingehalt zeigten, genug erhebliche Mengen aus dem Dicksafte aufnahmen. Das
erschöpfte Carboraffin 1924 zeigte 2,30%, das erschöpfte Supra-Norit (3mal)

---

[1] Z. d. tschsl. Zuckerind. VIII, S. 565, 1927.      [2] ebd. VIII, S. 49, 1927.

3,24 % Pentosane in der Trockensubstanz. Verallgemeinern will Fišer diesen Befund nicht, aber sichergestellt ist die Aufnahme dieser Kolloide bzw. ihre Beseitigung durch aktive Kohlen aus den Fabriksäften.

Auch Dĕdek und Kácl bestimmten die Wirkung der verschiedenen Aktivkohlen auf Kolloidstoffe. Diese wurden mittels der Kongorubinmethode bestimmt. Auffallenderweise fanden sie, daß Knochenkohle ebenso adsorbierend wirkte wie die anderen untersuchten Aktivkohlen[1].

Auch der folgende Abschnitt enthält noch Angaben über das Verhalten von Kolloidstoffen.

### 3. Verhalten gegen oberflächenaktive Stoffe.

Eine wertvolle Eigenschaft aktiver Kohlen besteht auch darin, capillaraktive Substanzen (Nichtzuckerstoffe, Kolloide) aus der Oberfläche zu adsorbieren, den Saft oder die Kläre demnach physikalisch zu reinigen und dadurch im Sinne der Ausführungen von S. 622 deren Beschaffenheit zu verbessern. Viele der hier genannten Versuche mit Entfärbungskohlen und alle im Abschnitte über ihre Bewertung angeführten, bringen zahlenmäßige Angaben darüber. Interessant ist F. W. Meyers Nachweis, daß Entfärbungsleistung nicht immer parallel läuft mit physikalischer Verbesserung der Säfte. Es kann also eine Aktivkohle besser entfärben als eine andere, in ihrer Oberflächenspannungsverbesserung aber hinter einer weniger entfärbenden Kohle zurückbleiben; oder es kann irgendein Medium entfärbend wirken, aber auf die Verbesserung der Oberflächenspannung der Säfte oder Klären ohne Einfluß sein. Dies gilt z. B. vom frischgefällten $CaCO_3$, das Meyer bei seiner Weißzuckerarbeit anwendet (s. d.). Die so entfärbte Zuckerlösung zeigte jedoch keine Verbesserung ihrer Oberflächenspannung — diese trat erst ein, als eine Behandlung mit Aktivkohlen oder Holzkohle folgte[2].

Die oben angeführte Beobachtung Meyers wurde aber auch schon vorher von anderen Forschern gemacht. So zeigten Versuche Dĕdeks, daß die Reihenfolge der verschiedenen Aktivkohlen in bezug auf deren Einfluß auf die Oberflächenspannung manches Mal recht verschieden ist von jener Reihenfolge, die man bei der Beurteilung nach der Entfärbungsleistung erhält[3]. Sázavský wieder fand, daß beide Leistungen parallel verliefen und daß die Aktivkohlen in der Adsorption der capillaraktiven Stoffe die Wirkung der Knochenkohle übertreffen[4].

Geprüft wurde eine Melasselösung, deren $\sigma_{20} = 66,2$ dyn/cm betrug. Nach ihrer Behandlung mit den folgenden Kohlen zeigte sie die angegebenen Oberflächenspannungen (S. 622).

Gesteigerte Mengen der Kohlen zeigen nicht immer eine merkliche Aufbesserung der Oberflächenspannung. Sorgfältige Messungen der gleichen Art stellten Dĕdek und Kácl an, fanden gleichfalls die Aktivkohlen dem Spodium überlegen und unter diesen das Supra-Norit am

---

[1] Z. d. tschsl. Zuckerind. VIII, S. 530, 1927.     [2] D. Z. 1927, S. 507.
[3] Rundschau 1925, Nr. 3, S. 14.     [4] Z. d. tschsl. Zuckerind. IX, S. 15. 1927.

wirksamsten; mit diesem konnten sie die Oberflächenspannungswerte für Lösungen reiner Saccharose erreichen[1]. Speziell für das Norit studierte P. Honig diese physikalische Wirkung[2]. Es wird noch im Abschnitte h) von der Oberflächenspannungswirkung der einzelnen Kohlen zu sprechen sein.

| Eingewogene Kohlenmenge | Anticromos | Polycarbon | Blutkohle | Knochenkohle |
|---|---|---|---|---|
| 0,1000 g | 71,7 | 70,1 | 67,4 | 67,1 |
| 0,2200 g | 73,0 | 72,1 | 66,2 | 67,4 |
| 0,4600 g | 73,0 | 73,0 | 69,1 | 67,4 |
| 1,0000 g | 73,0 | 73,0 | 70,4 | 68,1 |

Daß Kolloidstoffe die Krystallisation des Zuckers verlangsamen (sie häufen sich an den Krystallflächen an), wurde schon bei der Besprechung der „Krystallisation" und der „Chemie der Melasse" öfters gesagt. Da nun Aktivkohlen u. a. Kolloide zu adsorbieren vermögen, so müßten Säfte, die mit Kohlen behandelt wurden, schneller krystallisieren als unbehandelte (bei gleichen Bedingungen). Dies konnte tatsächlich Dědek experimentell bestätigen. Rohzuckerlösungen, welche durch steigende Mengen von Norit entfärbt wurden, zeigten steigende Krystallisationsgeschwindigkeit bis um 92 %; ähnliche Ergebnisse wurden mit Dicksaft und mit Affinationsabläufen erreicht[3].


### 4. Verhalten gegen Stickstoffsubstanzen.

Nach Sázavskýs vorgenannten Untersuchung adsorbieren Aktivkohlen Stickstoff (aus Melasselösung) etwa dreimal mehr als pulverförmiges Spodium. Ähnlich fanden Dědek und Kácl, daß Spodium keinen, die Aktivkohlen viel mehr Stickstoff adsorbieren. (Nebenbei sei angeführt, daß sie Stickstoffentfernung nicht mit Entfärbung parallelgehend fanden.) Sie machen daher einen Unterschied zwischen „farblosem" und „farbigem" Stickstoff — doch lassen ihre Befunde keine Regel erkennen, die die beiden Autoren suchen[4]. Nach älteren Angaben von F. W. Zerban[5] verminderte sich der Stickstoffgehalt der Rohrsäfte um 5—14% nach Behandlung mit Aktivkohlen. Daß Abbauprodukte der Eiweißkörper (Xanthinbasen) durch Entfärbungskohle aufgenommen werden, konnte (in einem anderen Zusammenhange) R. Ofner nachweisen. Bei seinen Studien über die Invertzuckerbestimmung (s. S. 105) entfernte er diese Körper aus der mit Bleinitrat und Natronlauge geklärten und dann entbleiten Melasselösung mittels Entfärbungskohle (Tierkohle); wurde dann letztere durch Kochen mit destilliertem, dann mit schwach salpetersauer gemachtem Wasser ausgewaschen und schließlich mit Salpetersäure erhitzt, so ließ sich mit Silbernitrat Hypoxanthinsilbernitrat ausscheiden und identifizieren[6].

<hr>

[1] Z. d. tschsl. Zuckerind. VIII, S. 530, 1927.
[2] Int. Sug. Journ 28, S. 302, 1926.       [3] Z. V. D. Zuckerind. 1927, S. 516.
[4] Z. d. tschsl. Zuckerind. VIII, S. 527, 1927.
[5] Louisiana Bull. Nr. 161, Februar 1918.
[6] Z. d. tschsl. Zuckerind. IX, S. 111, 1927.

## 5. Verhalten gegen Farbstoffe.

Daß sich die verschiedenen Farbstoffe der Zuckersäfte bei der Adsorption durch Kohlen verschieden verhalten werden, wird a priori anzunehmen sein und wurde vielfach experimentell ermittelt.

Nach Kühnel z. B. werden die Caramelfarbstoffe sehr gut, die aus der Rübe stammenden Farbstoffe schlechter adsorbiert, also entfernt[1]. Die Farbstoffe, die frisch gefälltes $CaCO_3$ adsorbiert, gehören nach F. W. Meyer einer anderen Farbstoffgruppe an als jene, die er durch Entfärbungskohlen entfernen konnte[2]. Der Farbstoff, der durch Kalk sich entfernen ließ, ließ sich auch durch stärkere Affination entfernen.

Das Verhalten der Farbstoffe in ihrer Gesamtheit — Melassefarbstoffe — bei ihrer Adsorption studierte in der schon früher angeführten Untersuchung J. Vašátko. Was die Geschwindigkeit der Adsorption anlangt, fand er, daß sie in den ersten fünf Minuten am größten ist und mit steigender Temperatur zunimmt. Nach zweistündigem Kontakt erfolgt die Adsorption nur noch sehr langsam, aber auch nach sechs Stunden erreichte sie nicht ihr Gleichgewicht. Die Adsorption ist irreversibel. Der schwächenden Wirkung der anwesenden Saccharose wurde schon oben gedacht[3].

Diese technologischen Einzelheiten kommen nochmals teilweise im nächsten Abschnitte zur Sprache.

## 6. Verhalten gegen Aschenbestandteile.

Daß aktive Kohlen nicht nur Farbstoffe, Zucker und andere Nichtelektrolyte adsorbieren, sondern auch Elektrolyte (Ionen), ist von vornherein anzunehmen, diese Vorgänge aber erst von P. Rona und L. Michaelis studiert worden[4]. Beide fanden, daß alle Salze, Säuren und Basen von der Kohle (Mercksche Tierkohle) adsorbiert werden, und zwar Anion und Kation in äquivalenter Menge. Mit Beschränkung auf die die Zuckerindustrie interessierenden Ionen (in dieser Wiedergabe) fanden sie folgende steigende Adsorbierbarkeit für Anionen:

$$SO_4 < HPO_4, \ Cl < NO_3 < OH.$$

Die Kationen werden adsorbiert in der Reihe:

$$K, \ Na, \ NH_4 < Ca, \ Mg < Zn < H.$$

Ein stärker adsorbierbares Anion verdrängt ein schwächer adsorbierbares; das gleiche gilt für Kationen.

Speziell für die Verhältnisse der Zuckerindustrie liegt eine schöne Untersuchung über die Adsorption anorganischer Ionen durch Carboraffin und Supra-Norit bei der Filtration des Dicksaftes von J. Fišer vor[5], deren Ergebnisse schon bei der Entfärbung des Dicksaftes (Kap. 19, d) besprochen wurden.

---

[1] Z. d. tschsl. Zuckerind. VIII, S. 613, 1927.
[2] D. Z. 1927, S. 497.     [3] Z. d. tschsl. Zuckerind. IX, S. 47, 1927.
[4] Biochem. Z. 94, S. 240, 1919; 97, S. 85, 1919.
[5] Z. d. tschsl. Zuckerind. VIII, S. 49, 1927.

## 7. Verhalten gegen Kalk.

Es ist kein Zweifel, daß sich die Anwendung der Entfärbungskohlen immer mehr ausbreitet, doch geschieht dies fast ohne jede Verdrängung des Spodiums, was zu beachten ist. Letzteres hat doch seine Vorzüge. So wiesen z. B. Blowski und Bon darauf hin, daß diese Kohlen nicht so viel Nichtzucker aus den Klären entfernen, wie dies die Knochenkohle tut: dazu verwendet man zu wenig dieser Entfärbungskohlen (sie entfärben eben sehr kräftig), und dann ist ihre Berührungszeit mit den Klären viel kürzer als bei der Spodiumarbeit[1]. Letzteres ist gewiß ein Vorteil. Insbesondere Sázavský zeigte deutlich, daß Aktivkohlen kein CaO, während Spodium dieses zu 90% adsorbierte (gebundener Kalk). Daraus schloß er, daß die Aktivkohlen nur dort dem Spodium überlegen sind, wo es sich um Entfärbung handelt (Raffination), aber dort unterlegen sind, wo auch Kalk z. B. aus Dicksaft entfernt werden soll[2]. Nach P. Honig wirken Aktivkohlen auch kalkadsorbierend, wenn sie unter den gleichen Bedingungen (Zeitdauer) wirken können wie das Spodium; bei der Arbeit mit ihnen ist eben die Berührungszeit zwischen Kohle und Kläre eine viel zu kurze[3]. Sázavský führt die beim Norit erzielte Entkalkung (bei den Versuchen Honigs) auf die Gegenwart von Alkalicarbonaten im Norit zurück. Diese fällten einfach den Kalk der Säfte als Carbonat. Dieser Erklärungsversuch versagt aber bei den Befunden Dědeks und Kácls (loc. cit.), nach denen

Das entfernte CaO in Prozenten der entfernten Aschenbsetandteile.

| Adsorbens | 0,5 % | 2 % | 5 % |
|---|---|---|---|
| Spodium . . . . . | 80,72 | 24,75 | 15,09 |
| Carboraffin . . . . | 35,08 | 21,94 | 17,76 |
| Supra-Norit . . . | 43,42 | 11,50 | 12,60 |
| Norit . . . . . . | 50,60 | 6,59 | 4,98 |

es bezüglich der Adsorption von CaO und Aschenbestandteilen keinen grundsätzlichen Unterschied zwischen Knochenkohle und aktiven Kohlen gibt, denn auch die letzteren „halten verhältnismäßig bedeutende Mengen an Aschenbestandteilen zurück"; also auch das Carboraffin, in dem keine Alkalicarbonate anzunehmen sind, wie obenstehende Zahlen zeigen.

## 8. Verhalten gegen Alkalität.

Alle Aktivkohlen entfärben in schwach alkalischem Medium besser als in stark alkalischem und in schwach saurem besser als in alkalischem. Dafür liegen eine große Zahl von Beobachtungen vor[4].

Sázavský macht darauf aufmerksam, daß die Knochenkohle dieser Regel nicht folgt. „Auf die Entfärbung hatte die Alkalität nicht den geringsten, colorimetrisch feststellbaren Einfluß"[5]. Ähnlich fanden schon früher Dědek und Langer bei ihrer Untersuchung über die Adsorption des Kalkes aus Zuckerlösungen durch Spodium die „über-

---

[1] Int. Sug. Journ.; C. f. Zuckerind. 1926, S. 1138.
[2] Z. d. tschsl. Zuckerind. IX, S. 16, 20, 1927.    [3] D. Z. 1925, S. 913.
[4] Honig, P.: loc. cit.; Lundén, H.: C. f. Zuckerind. 1925, S. 1013.
[5] Z. d. tschsl. Zuckerind. IX, S. 15, 1927.

raschende Erscheinung", „daß die festgestellten Entfärbungen, in bedeutendem Maße von der Alkalität unabhängig, zuweilen sogar bei den mehr alkalischen Lösungen höher waren"[1].

Für die Entfärbungskohlen fand Honig folgende Abhängigkeit zwischen Entfärbungsvermögen und Reaktion (loc. cit.):

| Angewendet Gramm Kohle für 100 ccm³ Lösung | Schwach sauer $p_H = 5$ | | Neutral $p_H = 6,8$ | | Schwach alkalisch $p_H = 8,1$ | |
|---|---|---|---|---|---|---|
| | Standard-Norit | Carboraffin | Standard-Norit | Carboraffin | Standard-Norit | Carboraffin |
| 0,10 | 33 | 56 | 24 | 38 | 24 | 40 |
| 0,25 | 59 | 83 | 46 | 64 | 44 | 58,8 |
| 0,50 | 77 | 93 | 70 | 82,4 | 66 | 76 |
| 0,75 | 86,3 | 97 | 82 | 88,2 | 75,8 | 83,6 |
| 1,00 | 91 | 98 | 86,6 | 91,6 | 79 | 88,4 |

### g) Chemische Technologie der Aktivkohlen.

#### (Die Aktivkohlen in der Praxis.)

Es gibt schnellwirkende und langsamwirkende Kohlen, also solche, bei denen z. B. in der ersten Viertelstunde ein größerer Prozentsatz der gesamten Entfärbung erreicht wird als bei anderen Kohlen. Diese Eigenschaft ist jedoch nicht so ausschlaggebend, weil ja schließlich das Gesamtentfärbungsvermögen in Betracht kommt. Nach Dědek ist nicht einmal nach 2 Stunden die Entfärbung beendet, in 15 Minuten werden nur ungefähr 60% davon erzielt[2]. Nach der gleichen Untersuchung wäre das Carboraffin eine langsamer wirkende Kohle als die mit Dampf aktivierten Kohlen — aber nicht genug überzeugend bewiesen. Dědek nimmt einfach jede Entfärbung nach 15 Minuten aller seiner Versuchskohlen zu 100% an und stellt dann fest, wieviel Prozent nach 60 und 120 Minuten die Entfärbung beträgt. Diese Zunahme kann aber auch aus dem Grunde geringer sein, weil die eine oder die andere Kohle schon in den ersten 15 Minuten absolut besser entfärbte als die andere, also viel früher erschöpft wird; daher wird sie nur einen kleineren Zuwachs mit der Zeitdauer aufweisen als die schlechter entfärbende Kohle.

Nach den Versuchen Kühnels wirkten Carboraffin und Polycarbon ungefähr gleich schnell. Nach der ersten Minute war Polycarbon zu 80%, Carboraffin zu 88% ihrer Wirksamkeit erschöpft, nach der 6.—7. bzw. nach der 10. Minute wirkte keine Kohle mehr[3]. Diese Angaben gehen sehr weit von den von Dědek gemachten auseinander; diese Frage läßt sich aber auch nicht einfach ziffernmäßig allgemein beantworten, weil wohl in erster Linie das Arbeitsverfahren maßgebend sein wird; auch wird man im Betriebe das ganze Entfärbungsvermögen der Kohlen immer (stufenweise) ausnützen.

---

[1] Z. d. tschsl. Zuckerind. VII, S. 1, 1925.      [2] ebd. VIII, S. 524, 1927.
[3] ebd. VIII, S. 553, 1927.

Die Arbeitsmethoden mit Aktivkohlen bestehen in zwei grundsätzlich verschiedenen Verfahren: im **Einmaischverfahren** oder im **Schichtenverfahren.** Eine eingehende Schilderung mit ihren Vor- und Nachteilen finden diese in den „Tagesfragen" Heft 1, 2, 5. Gewisse Nachteile des Schichtenverfahrens dachte Wohryzek durch poröse Filterplatten aus Aktivkohlen nach Art der sog. „plastischen Kohlen" zu umgehen[1]. Natürlich ist dieser Vorschlag nur möglich für solche Kohlen, die Erhitzung auf hohe Temperaturen vertragen, also z. B. für Wasserdampfkohlen, nicht für Carboraffin, das nach Honigs Untersuchung nach Erhitzung auf $1000^0$ C die Hälfte seines Entfärbungsvermögens einbüßte (gemessen an Jod)[2].

Diesen Filterplatten des Verfassers wären an die Seite zu stellen die „Kugeln, Stäbchen, Röhrchen usw.", in welche Formen man neuestens Wasserdampfkohlen für gewerbliche Zwecke gebracht hat; in dieser Form sind sie sehr widerstandsfähig und bewahren ihre Aktivität[3].

Die Schichtenfiltration wurde u. a. von J. Dědek und B. Tumová studiert, um vielleicht vorhandene Gesetzmäßigkeiten zu finden. Infolge der ungleichmäßigen Durchlässigkeit der Kohlenschichten erhielten die beiden schwankende Ergebnisse: Adsorptionsgesetze konnten demnach nicht gefunden werden. Hingegen wurde festgestellt, daß bei der fortschreitenden Filtration eine Verdrängung der anfangs adsorbierten Stoffe eintritt[4].

Größere Verbreitung fand das **Einmaischverfahren** und vielfach wird die Schichtenarbeit verlassen und die Einmaischarbeit eingeführt.

Sie ist einfacher, bequemer, reiner und bedarf keiner Vorfiltration; dieser soll deshalb ihre Bedeutung nicht abgesprochen werden.

Hervorgehoben sei nur, daß das Einmaischverfahren noch am Ende gewisse Vorteile der Schichtenfiltration genießt. Die eingemaischte Entfärbungskohle wird bekanntlich (meist) in Filterpressen abfiltriert; darin bildet sie die Kohlenkuchen bzw. Kohlenschichten. Bei dieser Arbeit kann man nun beobachten, daß diese Schichten nachentfärbend wirken, indem (bei sonst gleichbleibender Kohlenzugabe in die Maischpfanne und gleicher Kläre) die Entfärbungsprozente allmählich ansteigen, und zwar in dem Maße, als sich die Filterpresse füllt; bei einer neu angestellten Filterpresse ist die auslaufende, entfärbte Kläre nie so entfärbt wie bei einer halbvollen oder vollen Filterpresse. Daraus folgt, daß durch das Einmaischen die entfärbende Kraft der Kohle nie in einer Stufe voll ausgenützt wird. Läßt man Kläre einfach durch die Kohlenschichten durchlaufen, so wird sie entfärbt, wie folgende Versuche des Verfassers zeigten:

---

[1] Z. d. tschsl. Zuckerind. V, S. 73, 1923.
[2] Kolloidchem. Beihefte XXII, S. 415.
[3] Deisenhammer, E.: D. Z. 1926, S. 1024.
[4] Z. d. tschsl. Zuckerind. IX, S. 65, 1927. Die Versuche selbst aber wurden schon in der Kampagne 1921/22 ausgeführt. Seither sind die dabei verwendeten Kohlen besser und mehr Erfahrungen mit ihnen gesammelt worden — so daß diese Untersuchung teilweise schon überholt wurde.

|                   |        |      |      |
|-------------------|--------|------|------|
| Einlauf ⁰ St. . . . . . | 2,3 | 1,9 | 2,9 |
| Auslauf ⁰ St. . . . . . | 1,5 | 1,3 | 1,2 |
| Entfernt ⁰ St. . . . . . | 0,8 | 0,6 | 1,7 |
| Entfärbung % . . . . | 34,0 | 31,5 | 58,7 |

Diese Nachentfärbung ist nur deshalb möglich, weil die Kohle durch das bloße (einmalige) Einmaischen nicht erschöpft wird; deshalb ist es notwendig, die Kohle nach ihrer Abfiltrierung nochmals, z. B. auf eine dunklere Kläre, einwirken zu lassen.

Nach welchem Verfahren man immer arbeitet, die Erfolge und der Arbeitsverlauf hängen von folgenden Umständen ab, wie auch schon aus der vorangegangenen Darlegung folgt:

Die Zeit: Gewöhnlich tritt das (praktische) Adsorptionsgleichgewicht nach kurzer Zeit ein (etwa nach 15 Minuten); weit darüber hinauszugehen, hat keine praktische Bedeutung: im Gegenteile werden durch viel länger andauernde Erwärmung Farbstoffe neu gebildet, was allerdings nicht der Kohle zuzuschreiben ist.

Die Temperatur: Die Entfärbungswirkung ist den in den Betrieben üblichen Temperaturen fast proportional; über 85—90⁰ C sollte man nie gehen (abhängig von Konzentration, Dauer, Reaktion).

Die Konzentration der Zuckerlösung: Gerade die Konzentration der Klären und Säfte, die gewöhnlich entfärbt werden, ist der Entfärbungswirkung nicht am günstigsten, sie erreicht ihr Optimum bei ungefähr Mittelsaftkonzentration. Daher gibt es Fabriken, die lieber Mittelsaft als Dicksaft entfärben und manche wieder lieber Dünnsaft als Mittelsaft.

Die Kohlenmenge: Hierfür gilt die Adsorptionsgleichung nach Freundlich; es besteht demnach keine Proportionalität zwischen Kohlenmenge und Entfärbungsleistung (s. S. 628).

Die Eigenschaften der Farbstoffe: Der größte Teil der Farbstoffe wird schon durch eine kleine Menge der aktiven Kohle entfernt; der Rest nur unwillig. Gewiß werden sich auch die einzelnen Farbstoffgruppen individuell verhalten (s. S. 623); dazu kommt, daß es praktisch schädliche und unschädliche Farbstoffe gibt[1].

Die Reaktion: Aus den Darlegungen im Abschnitte f geht hervor, daß man mit der geringstmöglichen Alkalität arbeiten soll, sofern es die Kohlen vertragen (s. „Nachtrag“).

Im voranstehenden wurde zwar die Wirkungsweise der Entfärbungskohlen gezeigt, aber noch nicht genügend Rücksicht genommen auf das Verhalten verschiedener Mengen der gleichen Kohle bei sonst gleichen Umständen. Dies ist aber für den Betrieb ein ausschlaggebender Faktor; hier muß man sich klar sein über die Wirkung gesteigerter oder verminderter Kohlenmengen.

Oft hört man nämlich in Fachkreisen die Meinung aussprechen oder den Ausdruck der Verwunderung beim Nichteintreffen des erwarteten Resultates, daß die doppelte oder dreifache Menge einer Aktivkohle doppelte oder dreifache Entfärbungswirkung zeigen müsse und analog nur die halbe oder nur ein Drittel der

---

[1] Lundén: C. f. Zuckerind. 1926, S. 468.

Entfärbung zu erwarten wäre, wenn man die bestimmte Dosis auf die Hälfte oder
ein Drittel vermindere. Mit anderen Worten, es herrscht vielfach noch die Ansicht,
daß Kohlenmenge und Entfärbungswirkung einander proportional seien. Graphisch
drückt sich dies durch eine Gerade aus, die man erhält, wenn man die vermeint-
lichen Beziehungen in das Koordinatensystem einträgt und die einander ver-
meintlich entsprechenden Schnittpunkte miteinander verbindet. (Gestrichelt in
Abb. 17.)

In Wirklichkeit gilt aber die Adsorptionsisotherme (s. d.).

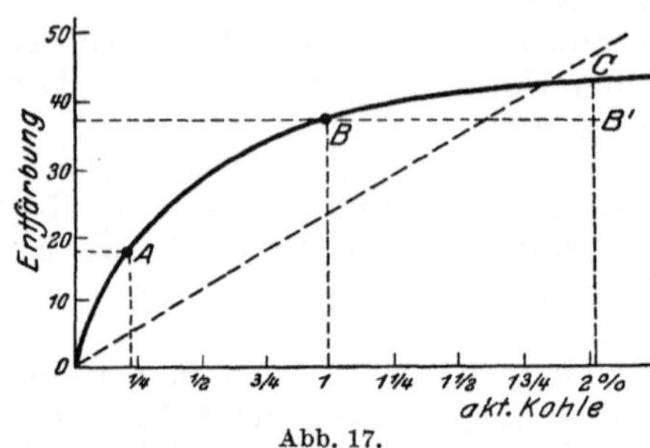


Abb. 17.

Jede Kohle nimmt aus dem
zu entfärbenden Medium so
lange Farbstoffe auf, bis der
Gleichgewichtszustand erreicht
ist; der stellt sich um so früher
ein, je weniger Farbstoff in
der Kläre z. B. enthalten ist.
Es kann daher eine Kohle, die
auf I. Kläre nicht mehr entfärbend wirkt, noch recht gut auf
eine weniger reine und gegebenenfalls nachher auf eine un-
reinere, dunklere Kläre entfärbend wirken; im praktischen Betriebe
wird eine Kohle nie zu erschöpfen sein.

Ebensowenig kann man durch beliebige Steigerung der anzuwendenden Kohlenmenge jede beliebige Entfärbung (wirtschaftlich) erzielen. Die Kurve oben entstand durch Einzeichnung der erreichten
prozentischen Entfärbungen als Ordinaten und der dazu gehörigen
Kohlenmengen auf der Abszissenachse. Ihr Verlauf ist genau der wie
auf S. 613 dargelegt. Wichtig sind an ihr die Punkte A und B. Der
erstere entspricht einer praktisch noch genügenden Entfärbungsleistung
(z. B. 20 %), der zweite einer wirtschaftlich noch erzielbaren Entfärbung bei — um eine Zahl zu nennen — 1 % einer Kohle. Würde man
deren Anwendungskoeffizienten auf z. B. 2 % (auf Klärezucker) erhöhen, so würde man damit kein Entfärbungsplus (B'C) erzielen,
das nur einigermaßen dem erhöhten Aufwande an frischer Aktivkohle
entsprechen würde, es wäre denn eine sehr billige, leicht regenerier-
bare Kohle.

Der Verlauf der gezeichneten Kurve ist nur ein Beispiel für viele
Möglichkeiten, ebenso wie die zwei Punkte A und B. Kohlen mit steil
ansteigender Entfärbungskurve (Isotherme) werden Kohlen mit flacher
Kurve überlegen sein; bei ersten ist es möglich, mit wenig Kohle eine
höhere Entfärbung zu erzielen.

Es liegen sehr viele Untersuchungen über die Arbeit mit Entfärbungskohlen in Weißzuckerfabriken und Raffinerien vor; soweit sie
wissenschaftliche Fragen zu beantworten trachteten, sind sie schon
meist hier angeführt worden. Soweit sie die Frage nach der Eignung
bestimmter Kohlenmarken (Handelsprodukte) beantworteten, sind nicht
alle genug verläßlich. Linsbauer führt viele Ergebnisse auf „Zufall"
zurück („Tagesfrage" Nr. 5, 42), weil es fast unmöglich ist, im Betriebe
gleichbleibende Verhältnisse (während der Versuchsdauer) zu behalten.

Es scheint aber im großen ganzen, daß die Wasserdampfkohlen für die Zuckerindustrie die geeigneteren Kohlen sind — hauptsächlich aus dem Grunde, weil sie leicht und billig chemisch regenerierbar sind.

Die technische Durchführung der Regenerierung von Norit ist in allen ihren Einzelheiten genau in den „Tagesfragen" Nr. 2, geschildert, so daß sich hier eine Wiederholung erübrigt.

Nur darauf sei aufmerksam gemacht, daß das Norit vor seiner Regenerierung sehr gut ausgesüßt sein muß, da sonst färbende Substanzen entstehen könnten. Nach Kühnel sollte man sogar bis zum Ausbleiben der $\alpha$-Naphtholreaktion aussüßen[1]. Über die anzuwendende Salzsäure zur Entaschung der Aktivkohlen berichtete K. Jandera in bezug auf das Carboraffin, für welches er eine verdünnte Salzsäure (0,7 Be) vorschlägt[2]. Über die Möglichkeit einer thermischen Regenerierung des Carboraffins berichteten H. Pick und Fr. Hautmann, woraus sie folgern, daß es bezüglich Regenerierbarkeit keinen Unterschied zwischen den einzelnen Kohlesorten gibt[3].

Aus einer Studie A. Riebeths über die Regeneration von Aktivkohlen geht hervor, daß sich Wasserdampfkohlen viel besser regenerieren lassen als z. B. Chlorzinkkohle, aber auch das, daß die Regeneration des Entfärbungsvermögens bald ihr Ende findet[4].

### h) Bewertung der verschiedenen Aktivkohlen.

Mecklenburg macht in seiner kurzen Monographie in der „Kolloidchemischen Technologie" von Liesegang (Th. Steinkopff, Dresden) darauf aufmerksam, daß „eine weitgehende Individualisierung der Prüfungsverfahren" beim „spezifischen Charakter der aktiven Kohlen" notwendig ist.

Handelt es sich, wie in der Zuckerindustrie, um bestimmte Leistungen, so vereinfacht sich zwar die Leistungsprüfung, ist aber noch immer genug schwierig — so, daß trotz ihrer theoretischen und praktischen Wichtigkeit bis heute eine offizielle „Einheitsmethode" noch nicht aufgestellt werden konnte.

In diesem Abschnitte sollen mehr die Schwierigkeiten als die Aufstellung einer solchen Methode besprochen werden.

Grundsätzlich zu unterscheiden ist nach E. Spörry das Gleiche-Mengen-Verfahren vom Gleiche-Leistungs-Verfahren; letzteres ist für die Praxis das Richtigere, wird aber doch (besonders in Fabrikslaboratorien) seltener ausgeführt[5]. Nach Mecklenburgs Untersuchungen müssen die Kohlen mit ihrem natürlichen Wassergehalte zur Untersuchung gelangen, sie dürfen vorher nicht getrocknet werden[6]. Es gibt eine Reihe von Verbindungen und von Lösungen, deren Aufnahmefähigkeit man als Maß für die Wirksamkeit von Aktivkohlen vorgeschlagen und benützt hat. Genannt seien nur das Phenol (Ruff), Methylenblau (Wiechowski), Jod (Davis, Joachimoglu), Chinin,

---

[1] Z. d. tschsl. Zuckerind. VIII, S. 553, 1927.    [2] ebd. VIII, S. 536, 1927.
[3] C. f. Zuckerind. 1928, S. 219.    [4] ebd. 1927, S. 332.
[5] Ch. Z. 1923, S. 202.    [6] ebd. 1925, Nr. 61.

worüber Honig ausführlich berichtete und experimentierte (loc. cit.). Für die Zuckerindustrie sind sie alle bedeutungslos; diese hat sich, wie schon oben angegeben wurde, für Melasselösung als Bezugslösung entschieden.

Aus der Funktion des anwesenden Zuckers folgt, daß bei den Untersuchungen über die Entfärbungskraft verschiedener Kohlen auf den Zuckergehalt Rücksicht genommen werden muß. Spengler und Landt fanden z. B. für Melasselösungen eine bestimmte Entfärbungswirkung; diese wurde kleiner bei der Entfärbung von Klären — aber die Reihenfolge der Kohlen bezüglich ihres „Wirkungsgrades bleibt erhalten[1]".

Für die praktische Bewertung muß jedoch die zur Behandlung gelangende Lösung als Probemedium benützt werden. Das zeigte u. a. F. Kercher in seinen „Studien über das Adsorptionsvermögen technischer Entfärbungskohlen". Die Reihenfolge der von ihm untersuchten verschiedenen Entfärbungskohlen war eine andere, wenn er deren Entfärbungsvermögen mit Methylenblau oder wenn er es mit Melasselösung prüfte. Dieser Befund ist erklärlich, da das Adsorbendum in dem einen Fall eine krystallisierte einheitliche Substanz ist, während die Melassefarbstofflösung als zweites Adsorbendum nicht nur ein Gemisch von verschiedenen Farben von Gelb bis Braun darstellt, sondern auch noch andere Stoffe, wie z. B. Huminsäuren bzw. deren Alkalisalze enthält, die die Adsorption noch hemmen[2]. Nach Vašátkos Feststellung nähern sich die Farbstoffe der Melasse in ihrem Charakter bei der Adsorption ziemlich den Farbstoffen der übrigen Zuckersäfte, weshalb man, ohne Trugschlüsse zu begehen, Melasselösungen als Standardlösungen benützen kann[3].

Jedoch kommt nicht nur die Entfärbung der verschiedenen Kohlensorten allein in Betracht, es muß auch ihr physikalisches Reinigungsvermögen für Klären und Säfte bei ihrer Bewertung berücksichtigt werden.

Sauer war vielleicht der erste, der bei uns auf den Wert der Bestimmung der Oberflächenspannung zur Beurteilung von Kohlen hinwies[4]. Darnach erschienen mehrere Untersuchungen, die den gleichen Gegenstand behandelten, so als nächste die von Tödt: Die Beurteilung der Wirkung von Entfärbungskohlen auf Zuckersäfte durch Messung der Oberflächenspannung[5]. Die Ergebnisse beider sind schon deshalb nicht miteinander vergleichbar, weil der erste mit dem Apparate von du Nouy (Abreißmethode), letzterer mit dem bekannteren Stalagmometer von Traube (Tropfenmethode) arbeitete[6]. Außerdem arbeiteten beide mit verschiedenen Versuchslösungen. Beide Unter-

---

[1] Z. V. D. Zuckerind. 1927, S. 429.      [2] ebd. 1925, S. 245.
[3] Z. d. tschsl. Zuckerind. IX, 1927, S. 47.      [4] D. Z. 1926, S. 261.
[5] Z. V. D. Zuckerind. 1927, S. 253. Die Grundlagen der bestehenden Methoden finden sich in Freundlichs „Kapillarchemie" (Leipzig 1909) genug ausführlich besprochen.
[6] du Nouy mißt die statische, Traube die dynamische Oberflächenspannung. In der gleich zu besprechenden Untersuchung Traubes hebt dieser hervor, daß die erstgenannte Methode Abweichungen von mehr als 10 % gegenüber „der klassischen Methode ... mit capillaren Röhren" aufweist.

suchungen haben aber das Interesse für diese Wertbestimmung erweckt und damit auch für die physikalische Wirkung der Aktivkohlen (abgesehen von ihrer Entfärbungsleistung), die nachher vielfach studiert wurde.

Tödt schilderte auch genauer die Grundlagen (Theorie und Technik) dieser Methoden, diskutierte die Unterschiede ihrer Meßergebnisse und stellte die verschiedenen Abhängigkeiten von Temperatur, Dichte, Reaktion usw. dar. Als gesichertes Ergebnis betrachtet er, daß tatsächlich die Oberflächenspannungsänderung als Maß adsorbierter Kolloide ein beachtenswertes Hilfsmittel beim Vergleich der Leistung verschiedener Entfärbungskohlen für die Praxis ist. Für die technische und kommerzielle Beurteilung der Kohle ist natürlich noch eine Anzahl weiterer Umstände maßgebend, wie z. B. Herabsetzung der Wirksamkeit bei nicht ganz sorgfältiger Vorfiltration, Saftmenge, welche in der Zeiteinheit durch das Filter geht, Anwendung in Schichten- oder Einrührverfahren, Preis der Kohlen, Regenerierbarkeit usw.

Nach Sauer gilt folgende Reihenfolge[1]:

| | Gut affinierter Rohzucker | Schlecht affinierter Rohzucker | Gut affiniertes Nachprodukt | Dicksaft |
|---|---|---|---|---|
| Supranorit 3 mal . . | 0,05 | 0,25 | 0,4 | 0,7 |
| Carboraffin . . . . . | 0,45 | 0,85 | 1,0 | 1,4 |
| Standardnorit . . . | 1,00 | 1,20 | 1,5 | 2,0 |

nach Tödt folgende Leistung der verschiedenen Kohlen nach dem Gleiche-Leistungs-Verfahren[2]:

| | 6 Dyn | 40 % Entfärbung | 8 Dyn | 50 % Entfärbung | 10 Dyn | 60 % Entfärbung |
|---|---|---|---|---|---|---|
| Supranorit 5 mal . . . . . . . .<br>Carboraffin . . . . . . . . . . | 0,9 | 1,3 | 1,6 | 2,1 | 2,5 | 3,3 |
| Supranorit 2 mal . . . . . . . . | 1,6 | 5,0 | 3,4 | 7,2 | 6,0 | 9,6 |
| Standardnorit . . . . . . . . | 3,1 | 6,4 | 5,8 | 9,0 | 10,0 | oberhalb 10 % |

Die Zahlen bedeuten diejenigen Prozentgehalte an Kohlen, welche für die angegebenen Entfärbungs- und Oberflächenspannungsänderungen im Durchschnitt erforderlich sind.

Mittels seines Stalagmometers untersuchte J. Traube mit seinen Schülern die „Adsorptionswirkung von Kohlen", speziell in bezug auf ihre Oberflächenspannungswirkung. In ihrer „reinigenden Wirkung von den oberflächenaktiven Beimengungen", also Entfernung oberflächenaktiver Nichtzucker aus Säften, erwiesen sich die höheren Supranorite dem Carboraffin überlegen, das Standardnorit und andere Wasserdampfkohlen unterlegen oder gleichwertig. Hervorzuheben ist, daß Traube auf gewisse Vorteile hinweist, die sich bei der Anwendung von Gemengen von Carboraffin und Norit ergeben, von denen jede Kohle andere Farbstoffe vorzugsweise entfernte[3]. In einer neueren Untersuchung über die „Adsorptionsprobleme in der Zuckerindustrie"

---

[1] D. Z. 1926, S. 261.  [2] Z. V. D. Zuckerind. 1927, S. 253.
[3] ebd. Bd. 77, S. 355, 1927.

finden J. Traube und A. Medschid die gleiche Reihenfolge der oben genannten Kohlen für Entfärbungswirkung und Oberflächenspannungsverbesserung; es ist aber auch die Menge der angewandten Kohlen zu berücksichtigen. Bei bestimmten Kohlenkonzentrationen schneiden sich die entsprechenden Kurven und verhalten sich dann zu beiden Seiten dieses Schnittpunktes hinsichtlich des Grades ihrer Entfärbung umgekehrt. Abermals erwies sich ein Gemenge von Carboraffin und Supranorit den Leistungen der einzelnen Kohlen überlegen[1].

Oberflächenspannungsmessungen, die O. Spengler und E. Landt im Rahmen vergleichender Adsorptionsuntersuchungen von aktiven Kohlen ausführten, ergaben, daß „auf Grund dieser Messungen eine Klassifizierung der Kohlen zwanglos nicht möglich ist"[2].

Die Empfindlichkeit solcher Messungen und die vielen Einflüsse, denen sie unterliegen, kann man u. a. der Untersuchung L. Jendrassiks über „Beeinflussung der Oberflächenspannung durch Adsorbentien" entnehmen[3].

Die Bestimmung der Oberflächenspannung ist gegen das Vorhandensein von Fremdstoffen sehr empfindlich. Nach Versuchen von Pockels[4] und von Raylaigh[4] wurde die kleinste Ölmenge festgestellt, die gerade die Oberflächenspannung des Wassers verändert. Für Olivenöl ergab sich die Schichtdicke zu etwa $1\,\mu\mu$, was für $1\,cm^2$ Oberfläche etwa 0,3 Millionstel Gramm ausmacht. Es wird daher die Angabe Weinbergs, daß schon durch das Eintauchen des Fingers ins Wasser dessen Oberflächenspannung um $^1/_3\,^0/_0$ sich erniedrigt (vorausgesetzt, daß die Wasseroberfläche von vornherein ganz rein war), verständlich[5].

Die Praxis steht aus all diesen Gründen den Schlußfolgerungen aus Oberflächenspannungsmessungen noch zurückhaltend gegenüber, wie man aus der IX. Preisfrage des „Vereines Deutscher Zuckertechniker" vom Jahre 1927 ersieht. Sie lautet:

Versuche über den Einfluß der Oberflächenspannung der Säfte auf deren Beschaffenheit und Verarbeitung.

Erläuterung:

Es wird in manchen Arbeiten, die in letzter Zeit veröffentlicht wurden, viel von dem Einfluß der Oberflächenspannung auf die Verarbeitung der Säfte geredet, ohne daß ein Beweis dafür bisher erbracht ist. Es ist zu prüfen, ob die übliche Bestimmung der Oberflächenspannung überhaupt genügend genaue oder vergleichbare Werte gibt und ob ein Einfluß der Oberflächenspannungsgröße im Betriebe an irgendeiner Stelle nachweisbar ist, z. B. beim Verkochen oder Krystallisieren[6].

---

[1] C. f. Zuckerind. 1927, S. 1368, 1399.

[2] Z. V. D. Zuckerind. Bd. 77, S. 429, 1927. Deshalb soll natürlich die verbessernde Wirkung der Aktivkohlen auf die Säfte nicht unterschätzt werden — aber diese Wirkung ist nicht für bestimmte Kohlensorten quantitativ charakteristisch. — Diese Untersuchung bringt neben zahlreichen Literaturangaben eine schöne Darlegung über die Methodik und über verschiedene Meßapparate.

[3] Biochem. Z. 169, Heft 1/3, 1926.

[4] Freundlich: Kapillarchemie 1909, S. 271.

[5] Z. f. physik. Ch. Bd. 10, S. 34, 1892.        [6] C. f. Zuckerind. 1927, S. 1077.

Bei der Bewertung verschiedener Aktivkohlen kann es sich darum handeln, entweder eine Kohle nach einer bestimmten Eigenschaft, z. B. nach dem Entfärbungsvermögen, oder für einen bestimmten Zweck nach dem Adsorptionsvermögen für bestimmte Substanzen (Kolloide, Asche) zu beurteilen, oder nach ihrer Gesamtwirkung. In den Untersuchungen Dědeks, die schon bei der Dicksaftentfärbung angeführt wurden, zeigten die genannten Kohlen obenstehende relativen Werte (s. S. 459).

| Adsorbens | Kriterium | | | | |
|---|---|---|---|---|---|
| | St⁰ | Q | SO₄ | CaO | N |
| Spodium . . | 32 | 100 | 100 | 100 | 0 |
| C . . . . . | 88,5 | 47 | 66 | 61,7 | 54,5 |
| SN . . . . | 100 | 63,5 | 85 | 46 | 100 |
| N . . . . . | 68,5 | 27 | 35 | 10 | 89 |

Wenn man die Entfärbung, die Adsorption der Aschenbestandteile und Stickstoffkörper für die wichtigsten Maßstäbe der Wirkung des Adsorptionsmittels hält, so kann man durch Addieren der betreffenden Werte die folgende Tabelle zusammenstellen, welche also den gegenseitigen Gesamtwert der angewendeten Mittel zeigen würde.

Zur „Bestimmung der Qualität der aktiven Kohlen im Laboratorium" gaben Zd. Vytopil und später ergänzend K. Žert praktische Winke[1]. O. Spengler und E. Landt schlugen die Ermittlung des „isoelektrischen Punktes" von Aktivkohlen vor[2], zur Entscheidung „ob die zu verwendende Kohle von der der früheren Lieferungen abweicht, insbesondere ob sie sauer oder alkalisch ist".

**Der Gesamtwert der Adsorptionsmittel.**

| Adsorbens | Kriterium | | | Summe | % |
|---|---|---|---|---|---|
| | St⁰ | SO₄ | N | | |
| Spodium . . | 32 | 100 | 0 | 132 | 46,3 |
| C . . . . . | 88,5 | 66 | 54,5 | 209 | 73,5 |
| SN . . . . | 100 | 85 | 100 | 285 | 100 |
| N . . . . . | 68,5 | 35 | 89 | 192,5 | 67,5 |

Literatur.

Köhler, H.: Die Fabrikation des Rußes und der Schwärze. 3. Aufl. Braunschweig 1912 (enthaltend auch Knochen- u. Entfärbungskohlen). — Klar, M.: Technologie der Holzverkohlung. 2. Aufl. Berlin 1921 (Holzkohle). — Mecklenburg, W.: Aktive Kohle, in R. E. Liesegangs „Kolloidchemische Technologie".

---

[1] Z. d. tschsl. Zuckerind. VIII, S. 511, 1927; IX, S. 361, 1928.

[2] Z. V. D. Zuckerind. 1928, S. 81. Unter dem I. P. versteht man die $p_H$, bei der die H- und OH-Ionen bei Abwesenheit anderer gut adsorbierbarer Ionen in gleichem Betrage gebunden werden, oder mit anderen Worten: der I. P. ist charakterisiert durch eine gleich große, minimale Adsorption der eben genannten Ionen, d. h. durch die Ladung O. Die Untersuchungsmethode ist eine Adsorptionsmethode; sie besteht darin, daß man aus einer Reihe abgestufter Pufferlösungen diejenige ermittelt, deren $p_H$ durch den Zusatz der Kohle nicht verändert wird. Der I. P. ist dann mit dem $p_H$ dieser Pufferlösung gegeben; in ihr suspendiert, adsorbiert die Kohle die H- und OH-Ionen in gleichem, minimalem Betrage. In einer Pufferlösung mit einem kleineren $p_H$ wird sie positiv, in einer solchen mit einem größeren $p_H$ negativ geladen und nimmt dadurch den Charakter einer Lauge bzw. einer Säure an. Der I. P. ist keine physikalische Konstante der einzelnen Handelsmarken; bei den Noritsorten schwankt er von rund 6—8,6, bei Eponit war er 8,7 und beim untersuchten Carboraffin 5.9.

Dresden u. Leipzig 1927. — Wohryzek, O.: Tagesfragen aus der Zuckerindustrie. Magdeburg: Rudolf Rathke. Heft 1: Auf dem Wege zur spodiumlosen Weißzuckererzeugung u. Raffination. 1925. Heft 5: Der gegenwärtige Stand der Anwendung von Aktivkohlen in der Zuckerindustrie. 1927. — v. Bemmelen J.: Die Absorption. Hrsg. von Wo. Ostwald. Dresden 1910. — Fodor, A.: Die Grundlagen der Dispersoidchemie. Dresden u. Leipzig 1925. Kap. II: Die Adsorption. Kausch, O., Die aktive Kohle. Halle, 1927.

Zweiunddreißigstes Kapitel.

# Chemie der Bleich- und Farbstoffe im Raffineriebetriebe.

Alle Raffinerien, die mit Knochen- oder Entfärbungskohlen arbeiten, suchen aus ökonomischen Gründen die notwendige Menge Spodium so weit zu vermindern, als es die erzeugte weiße Ware gestattet. Als wichtiges Hilfsmittel zu diesem Zwecke bedienen sie sich gewisser chemischen Verbindungen, die den Zweck haben, die Klären zu bleichen, also lichtere Sude und somit weißere Ware zu erzeugen. Und ist das Bleichmittel allein nicht imstande, den Klären oder Füllmassen den letzten gelben Stich zu nehmen, so greifen die Raffinerien zu Farbstoffen, um diesen zu decken. Da das Decken auf dem optischen Prinzip der Komplementärfarben beruht, so sind die notwendigen Farbstoffe verschiedene Blaufarbstoffe. In den meisten Fällen arbeitet man mit Bleich- und Blaumitteln zugleich.

Bei diesem Vorgehen ist aber zu bedenken, daß die Knochenkohle die Farbstoffe und Salze der Klären absorbiert, also entfernt, die Bleichstoffe aber, z. B. Blankit, das reduzierend wirkt, die Farbstoffe nur in die ungefärbten Leukobasen umwandeln; oxydierende Mittel lassen die Zersetzungsprodukte der Farbstoffe in den Klären zurück. Eine Reinigung bewirken sie demnach nicht.

### a) Blankit.

Um die Wirkungsweise des Blankits und anderer Bleichmittel zu verstehen, ist es vorher notwendig, die Chemie der hydroschwefligen Säure und ihrer Salze zu besprechen.

Diese Säure entsteht in Form ihres Zinksalzes durch Einwirkung von Zink auf wäßrige schweflige Säure oder als Natronsalz bei Einwirkung des Zinks auf Natriumbisulfitlösungen ($NaHSO_3$). Nach Bernthsen kommt ihr die Formel $H_2S_2O_4$ zu. Sie ist eine unbeständige Verbindung; ihre Lösungen zersetzen sich bald unter Abscheidung von Schwefel. Beständig ist sie nur in Form ihrer trocknen Salze. Sie ist ein sehr kräftiges Reduktionsmittel.

Von ihren Salzen ist hier das wichtigste das Natriumhydrosulfit, $Na_2S_2O_4 + 2H_2O$. Praktisch wird es durch Aussalzen der rohen Hydrosulfitlauge (von der Darstellung der Säure) mit festem Chlornatrium dargestellt; im feuchten Zustande ist es zersetzlich. Gleich der Säure besitzt es große Reduktionskraft. Es ist ein weißes Pulver und kommt unter dem Namen Blankit als Bleichmittel in den Handel. Nach St. Njemirovsky besteht das Blankit zu 90% aus dem Natronsalz dieser Säure; der Rest ist Pyrosulfit, Thiosulfat und Sulfat[1]. Nach Stiegelmann hat dieses Salz folgende Konstitution: $O\big\langle{}^{SONa}_{SO_2Na}$. Das Reduktionsvermögen des Hydrosulfites wäre demnach durch das Vorhandensein des Sulfoxylsäurerestes bedingt[2].

Blankit absorbiert den Kalk der Klären unter Bildung eines Doppelsalzes. 1 kg Blankit bindet ungefähr 285 g Kalk; in den geringeren Mengen, in denen man es den Klären zusetzt, ist die Alkalitätsverminderung keine große. Durch die Umwandlung der Kalk- in Natronsalze soll auch die Viscosität der Klären vermindert werden.

Wirkungsweise des Blankits. Reinbrecht stellte folgende Gleichung auf, um die Wirksamkeit desselben zu erklären: $Na_2S_2O_4 + O + H_2O = 2NaHSO_3$, es ginge demnach in Bisulfit über[3]. Dabei erleidet die Alkalität des Dicksaftes einen Rückgang. Nowakowski und Muszynski führen zwei Gleichungen an, um diese Reaktion zu erklären. Nach den Genannten würde das Blankit bei seiner entfärbenden Wirkung entweder nach der Gleichung $Na_2S_2O_4 + H_2O = Na_2SO_3 + SO_2 + H_2$ oder nach $\begin{Bmatrix} Na_2S_2O_4 = Na_2SO_3 + SO \\ SO + H_2O = SO_2 + H_2 \end{Bmatrix}$ reagieren. Doch ist zu bemerken, daß bei beiden Gleichungen dieselben Reaktionsprodukte, das sind $Na_2SO_3$, $SO_2$ und $H_2$ auftreten. Nach Reinbrecht würde das saure Sulfit ($NaHSO_3$), nach letzterem das normale Sulfit resultieren ($Na_2SO_3$). Die auftretende schweflige Säure und das Natriumsulfit bergen die Gefahr einer Inversion der Klären usw. in sich; deshalb beschäftigen sich Nowakowski und Muszynski mit der „Inversionsfähigkeit des hydroschwefligsauren Natrons" (Blankit[4]).

Im praktischen Betriebe wird heute nicht mehr an die Möglichkeit einer Inversion durch das Blankit gedacht.

Wie auch immer der chemische Vorgang bei der Wirkung des Blankits und anderer reduzierender Mittel sei, stets werden die Farbstoffe der Klären nur in ihre ungefärbten Leukobasen umgewandelt, so daß bei mit Blankit behandelten Produkten die Gefahr einer Nachdunkelung durch langsame Oxydation besteht.

Nach Herzfelds Untersuchung ergab sich, daß Caramelfarbstoffe durch Blankit mehr oder weniger entfärbt werden, und zwar sowohl in alkalischer wie in saurer Lösung. Für den Betrieb empfahl Herzfeld, die Alkalität der Klären etwas höher zu halten als sonst üblich, da die entfärbende Wirkung des Blankits zumeist von einer Steigerung des Reduktionsvermögens sowie der Acidität begleitet war[5].

Schnell konnte kein Nachdunkeln der weißen Ware bei Anwendung des Blankits konstatieren — was von manchen befürchtet und behauptet wird. Auch nach Molenda ist die Entfärbung eine beständige. Nachdunkelung trat nur bei Säften minderer Qualität ein.

Die Einwirkung auf Caramelfarbstoffe nach der Untersuchung Herzfelds wurde schon bei der Chemie des Caramels (Kap. 5) dar-

---

[1] Ö. U. Z. f. Zuckerind. XXXVII, S. 186, 1908.

[2] Z. V. D. Zuckerind. 1906, S. 1009.     [3] D. Z. 1908, S. 61.

[4] ebd. 1908, S. 735.     [5] Z. V. D. Zuckerind. 1906, S. 629.

gelegt. Den Einfluß von Glucose und Lävulose auf Natriumhydrosulfit studierten Radlberger und Siegmund[1].

Bei richtiger Aufbewahrung und Handhabung — vor Feuchtigkeit und großer Hitze zu schützen! — ist das Blankit nahezu unbegrenzt haltbar und absolut ungefährlich. Aber geringe Mengen Feuchtigkeit können eine unerwünschte Zersetzung herbeiführen, welche, wenn sie einmal begonnen hat, infolge von Selbsterhitzung bis zum Entflammen des dabei ausgeschiedenen Schwefels führen kann. Während das Produkt gegen Feuchtigkeit bzw. wenig Wasser empfindlich ist, verhält es sich beim Auflösen in viel Wasser völlig harmlos.

Große Vorsicht ist bei jenen — wohl meist geringen — Mengen am Platze, die man bei den Weißvakuen offen oder doch nicht mehr in der Originalpackung stehenläßt. Diesbezüglich konnte der Verfasser Selbstentzündung unter Abscheidung von verbrennendem Schwefel feststellen. Nach Lage der Dinge trat die Selbstentzündung und Verbrennung innerhalb ganz kurzer Zeit ein (binnen einer Viertelstunde). Die Entstehungsursache konnte mit Sicherheit nicht mehr nachgewiesen werden: es blieb nur die Annahme übrig, daß irgendwie ganz geringe Mengen von Wasser in das offene (lose bedeckte) Blechfaß kamen, genau so, wie in einer experimentellen Untersuchung über „Blankit als Brandursache" dargelegt wurde[2].

## b) Ultramarin.

Das Ultramarin wird schon seit langem in der Zuckerfabrikation angewendet, um die letzte Spur gelber Farbe bei der weißen Ware zu verdecken[3]. Nach Helmholtz wirken die folgenden Farbenpaare komplementär: Orange-Blau, Goldgelb-Blau, Gelb-Indigoblau. Die folgenden Analysen von Prinsen-Geerligs zeigen die Zusammensetzung dieses Körpers.

Tabelle 128.
Analysen verschiedener Ultramarine für die Zuckerindustrie.

| Bestandteil | I | II | III | IV | V | Anmerkung |
|---|---|---|---|---|---|---|
| Kieselsäure . . . . | 39,88 | 40,53 | 38,20 | 40,42 | 39,30 | |
| Tonerde . . . . . . | 27,84 | 26,90 | 28,33 | 25,96 | 26,20 | |
| Natron. . . . . . | 17,97 | 16,30 | 15,36 | 16,97 | 17,34 | |
| Gips . . . . . . . | — | 1,21 | — | — | — | |
| Natriumsulfat . . | — | — | 2,20 | 2,01 | 1,00 | |
| Schwefel in anderer Form als $SO_3$ . | 13,20 | 13,54 | 13,71 | 12,96 | 14,30 | z. B. $H_2S$ od. als |
| Wasser. . . . . . | 0,80 | 0,94 | 1,66 | 1,10 | 1,60 | Polysulfid. |
| Unbestimmtes . . | 0,31 | 0,58 | 0,54 | 0,58 | 0,26 | |
| | 100,00 | 100,00 | 100,00 | 100,00 | 100,00 | |

[1] Ö. U. Z. f. Zuckerind. XLII, S. 526, 1913.    [2] C. f. Zuckerind. 1924, S. 992.
[3] Vorher wurde zu diesem Zwecke Indigokarmin angewendet. Ultramarin empfahl Walkhoff, daß es nicht giftig ist, bewies Reich. Z. V. D. Zuckerind. 1853, S. 120, 490; 1859, S. 353.

Das Ultramarin war schon im Altertum in Form des Lazursteines, Lapislazuli, als Blaufarbstoff sehr geschätzt. Dieses Mineral ist ein Gemenge verschiedener Mineralien, aus welchen das natürliche Ultramarin durch einen Schlämmprozeß des zerkleinerten Materiales gewonnen wurde. Nachdem seine chemische Natur bekannt wurde, konnte es künstlich dargestellt werden und das natürliche Ultramarin ganz verdrängen.

Ultramarin ist eine chemische Verbindung von Kieselsäure, Tonerde, Natron und Schwefel in noch nicht ganz aufgehellter Bindungsweise. Es gibt grünes, violettes, rotes u. a. Ultramarin. Alle haben die gleichen Bestandteile, aber in verschiedenen Mengenverhältnissen und Bindungsweisen. Die Rohstoffe zur Darstellung derselben sind: Ton, Kieselsäure (Quarzsand), Natriumsulfat, Soda, Schwefel und Kohle als Reduktionsmittel. Diese Materialien werden gemahlen, gemischt und gebrannt. Der Rohbrand wird ausgewaschen und getrocknet. Zuerst entsteht grünes Ultramarin und daraus durch „Feinbrennen" blaues. Die Gewinnungsart hat Einfluß auf die Zusammensetzung und den Farbenton des Ultramarins.

Herzfeld führt einen Fall an, in dem wahrscheinlich das Ultramarin Ursache für ein Grauwerden eines Weißzuckers war[1]. Der weißgebliebene und der graugewordene Zucker wurden gelöst und filtriert. Im letzteren Falle blieb wesentlich mehr Ultramarin am Filter zurück. Das Ultramarin, das jene Fabrik benutzte, wurde in Wasser suspendiert und gekocht. Dabei entwich Schwefelwasserstoff in viel größeren Mengen als aus anderen Ultramarinsorten. „Die Vermutung liegt nahe, daß der als Schwefelwasserstoff abspaltbare Schwefel die Graufärbung des Zuckers veranlaßt hat . . . daß mit Schwefelwasserstoff minimale Spuren von Schwefeleisen entstehen können, welche auch sonst schon als Ursache der Graufärbung des Zuckers bekannt geworden sind." Es mag wohl sein, daß auch die Einwirkung der Mutterlaugeneinschlüsse des Granulates auf das Färbemittel dabei eine Rolle spielte.

Ein gutes Ultramarin soll folgende Eigenschaften haben: Seine Farbe muß himmelblau und frei von violetten und grünen Nuancen sein; nur kaum wahrnehmbare Violettfärbung kann noch toleriert werden. Es muß in feinster Vermahlung zur Anwendung gelangen und frei von Schwefelwasserstoff sein. Es muß ferner den Zucker nicht nur weiß, sondern auch „blank" machen. An diese Forderungen schließen noch L. Nowakowski und J. Muszynski Methoden zur technischen Bewertungsweise des Ultramarins an[2].

Ultramarin muß weiter luft- und lichtecht sein, da es sonst bei längerer Lagerung der Weißware seine Wirkung verlieren würde.

Es kann keine Verwendung finden bei Zuckern, die bei ihrer Umarbeitung mit irgendwelchen organischen Säuren (Wein-, Citronen-, Milchsäure) in Berührung kommen, da sich dabei Schwefelwasserstoff entwickeln kann (unter Verschwinden der blauen Farbe). Dědek beschrieb einen Fall, in dem Ultramarin mit einem (in Alkohol löslichen) Anilinfarbstoff verfälscht war (Spritzblau). Beim Kochen in alkalisiertem Wasser bekam es eine „häßlich violette" Farbe, eignete sich daher nicht zur Verschönerung von weißer Ware[3].

---

[1] Z. V. D. Zuckerind. 1901, S. 1.
[2] „Gazeta cukrownicza", durch Ö. Z. f. Zuckerind. 1908, S. 739.
[3] Z. d. tschsl. Zuckerind. II, S. 311, 1921.

Geblauter Zucker soll keine Verwendung finden bei der Herstellung von kondensierter Milch, Likören und von eingelegten Früchten; auch „Bienenzucker" darf nicht geblaut sein.

### c) Indanthren.

Seit mehreren Jahren kommt ein Ersatzmittel für das Ultramarin in den Handel, das Indanthren. Dieses ist ein blauer Farbstoff aus der Anthrazenreihe, der durch Einwirkung von schmelzenden Alkalien auf $\beta$-Amidoanthrachinon entsteht.

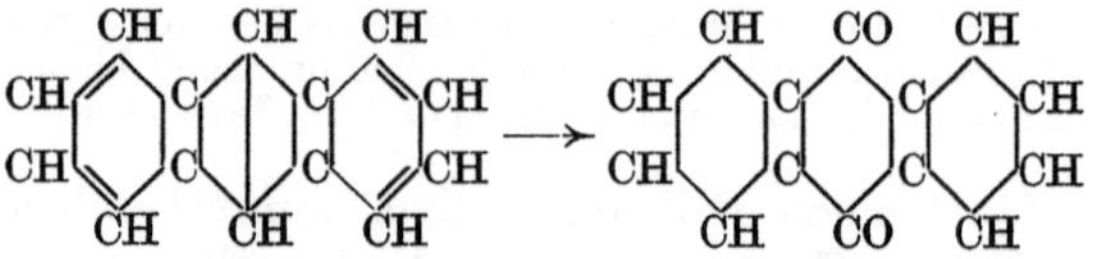

$$
\begin{array}{ccc}
\text{Anthrazen} & \longrightarrow & \text{Anthrachinon} \\
C_{14}H_{10} & & C_{14}H_8O_2
\end{array}
$$

Anthrazen ist ein aus drei Benzolringen kondensierter Kern (Gräbe und Liebermann).

Durch Einwirkung von oxydierenden Mitteln (Salpeter- oder Chromsäure) geht das Anthrazen in Anthrachinon über; in der Technik wird dieser Oxydationsprozeß mit Natriumbichromat und Schwefelsäure ausgeführt. Durch Sulfurierung bildet das Anthrachinon Sulfosäuren, und zwar je nach der angewendeten Methode $\alpha$- oder $\beta$-Sulfosäuren. Diese gehen beim Erhitzen mit Ammoniak oder primären Alkylaminen in Amidoanthrachinon über. Wird $\beta$-Amidoanthrachinon bei 200—300° mit Kalihydrat verschmolzen, so entsteht das Kalisalz einer blauen Hydroverbindung, das beim Auflösen der Schmelze unter Luftzutritt im Wasser blaues Indanthren ausscheidet. Dessen Konstitution ist nach Scholl[1]: $C_{14}H_6O_2\diagdown\!\!\!\begin{array}{c}NH\\NH\end{array}\!\!\!\diagup C_{14}H_6O_2$.

Indanthren ist eine beständige Verbindung. Es ist ein blauer Küpenfarbstoff und wird zum Färben vom Baumwolle angewendet.

Stiegelmann sprach sich äußerst lobend über diesen Farbstoff aus[2]. Gegen Licht und Luft, gegen Säuren und Alkalien — selbst beim Kochen — ist er beständig. Indanthren ist im Wasser unlöslich und kommt als Paste sowie als Mehl in den Handel.

Es gibt verschiedene Handelsmarken, solche mit leichtem Grün- oder Rotstich, mit violettem Schein usw., weil man je nach der Art der Klären und der zu erzeugenden Weißware verschiedene Farbtöne braucht.

F. Schubert und L. Radlberger stellten vergleichende Studien über das Ultramarin und das Indanthren an[3]. Sie konnten Stiegelmanns Angaben bestätigen und fanden letzteres gleichwertig mit dem Ultramarin. Für den Gebrauch des Indanthrens, namentlich bei gleichzeitiger Blankitarbeit, traten auch E. Ziebolz und H. Gutherz ein[4].

---


[1] B. D. Ch. G. Bd. 36, S. 3410, 3427, 1903.
[2] D. Z. 1908, S. 246.      [3] Ö. U. Z. f. Zuckerind. XXXVIII, S. 173, 1909.
[4] ebd. XXXVIII, S. 178, 1909.

Literatur.
Jellinek, K.: Das Hydrosulfit, 2 Teile. Stuttgart 1912. — Bock, L.: Die Fabrikation der Ultramarinfarben. Halle 1918. — Hoffmann, R.: Ultramarin. Braunschweig 1902.

## Dreiunddreißigstes Kapitel.

# Nichtzuckerbewegung und Quellen der chemischen Zuckerverluste in den Raffinerien.

### a) Nichtzuckerbewegung.

Über die Bewegung des Nichtzuckers liegen nur wenig Beobachtungen vor.

Die Bewegung der Aschenbestandteile der Rohzucker bei der Raffination geht deutlich aus Raffinationsversuchen hervor, die Lippmann im Jahre 1881 anstellte. Diese Versuche wurden in einer großen Raffinerie ausgeführt, welche verschiedene Erstprodukte verarbeitete. Eingeworfen wurden mit dem Rohzucker 1009,07 Zentner kohlensaure Asche. Die resultierende Melasse enthielt 952,06 Zentner kohlensaure Asche. Differenz 57,01 Zentner. Bis auf diese „ist die ganze Aschenmenge des Rohzuckers in den Sirup übergegangen. Es ist dies eine neue Bestätigung des Satzes, daß durch die Filtration, und sei sie auch noch so stark, niemals Asche aus den Säften entfernt werden kann, sondern daß die Klären in einen aschenarmen und einen aschenreichen Teil zerlegt werden; es erweist sich also um desto notwendiger, die Filterabsüßwässer getrennt zu verarbeiten". Die folgende Zusammenstellung zeigt die Carbonataschen des Einwurfes und der erhaltenen Melasse.

| | Rohzucker % | Melasse % | Zentner |
|---|---|---|---|
| Kali . . . . . . . . . . . . . . . | 50,87 | 52,92 | — 8,98 |
| Natron . . . . . . . . . . . . . . | 9,13 | 7,93 | — 16,00 |
| Kalk . . . . . . . . . . . . . . | 1,90 | 3,02 | + 9,57 |
| Magnesia . . . . . . . . . . . . . | 0,23 | 0,10 | — 1,37 |
| Eisenoxyd + Tonerde . . . . . . . | 0,12 | 0,12 | — 0,07 |
| Kohlensäure . . . . . . . . . . . | 26,67 | 27,96 | — 2,92 |
| Chlor . . . . . . . . . . . . . . | 7,92 | 6,91 | — 14,13 |
| Schwefelsäure . . . . . . . . . . | 2,04 | 1,68 | — 4,59 |
| Phosphorsäure . . . . . . . . . . | 0,31 | 0,45 | + 1,15 |
| Kieselsäure . . . . . . . . . . . | 0,10 | Spur | — 1,01 |
| | 99,29 | | |

Nach Mikoláŝeks (nicht näher begründeten) Angaben gingen in der Kampagne 1922/23 vom Stickstoffgehalte des Einwurfrohzuckers 96,8%, 1921/22 78,2% in die Melasse über[1]. In der Kampagne 1923/24 wieder 96,5%[2].

---

[1] Z. d. tschsl. Zuckerind. V, S. 54, 1923.　　[2] ebd. V, S. 430, 1924.

## b) Unbestimmte und unbestimmbare Zuckerverluste
### im Raffineriebetriebe.

Über die älteren Angaben und Versuche, z. B. die bekannten Charlottenburger Raffinationsversuche, die zum Teil heute nur noch historischen Wert haben, wurde in der ersten Auflage dieses Buches genug ausführlich berichtet.

Den Stand dieser Frage um 1903 kann man nach einem Vortrage Lippmanns auf dem Int. Kongresse für angewandte Chemie, sowie nach dem Vortrage Stolles „Die chemische Natur der Überhitzungsprodukte des Zuckers" auf demselben Kongresse folgendermaßen zusammenfassen[1].

Lippmann führte alle Quellen des Raffinationsbetriebes an, die den Gesamtverlust an Zucker verursachen, d. s. die mechanischen und chemischen, nachweisbaren und nicht nachweisbaren. Um nur einige zu nennen: die Qualität des Rohzuckers und der zu erzeugenden Ware, Betriebsführung und Einrichtung usw. Er findet für normale Verhältnisse einen Gesamtverlust von 1,36%. Für die einfachsten Verhältnisse (ohne Spodiumarbeit) entfallen davon 0,25% auf mechanische, der Rest 1,11% auf chemische Verluste (Zuckerzersetzung). Von diesen 1,11% chemischen Verlusten sind nach seinen Annahmen und seiner Berechnung 0,75% „nicht nachweisbar".

Der Verlust entsteht durch Zersetzung des Zuckers beim Kochen, und zwar fand Lippmann für das Umkochen 0,4—0,5%, so daß ein Rest von ca. 0,3% verbleibt. Was geschieht mit diesen 0,3% Zucker? Er gibt folgende Erklärung hierfür: „Die Zerstörungen beim Kochen beschränken sich nicht auf die Überführung von Zucker in stabile und daher dauernd in den Sirupen und Füllmassen verbleibende Nichtzuckerstoffe (die dann das Verhältnis von Asche: org. Nichtzucker vergrößern), sondern auch der in den Lösungen vorhandene Nichtzucker wird weiter zersetzt, wobei erhebliche Mengen flüchtiger und gasförmiger Verbindungen entstehen, die in den Brüdendämpfen und Kondensationswässern entweichen". In diesen Wässern sind sie aber nur in minimalen Mengen vorhanden, so daß sie sich einer quantitativen Bestimmung entziehen. Es sind: Kohlensäure, Furol, Furanderivate, Aceton, Ameisen-, Essigsäure und andere Produkte der trockenen Destillation von Zucker. Bei diesen Zersetzungen muß nicht Invertzucker auftreten, es können sog. Überhitzungsprodukte, Körper, die zwischen dem Zucker und dem Caramel stehen, sich bilden. Sie sind rechtsdrehend und können die Analysenresultate (Clergetmethode) beeinflussen.

In dem schon genannten Vortrage Stolles wird die Frage der Zuckerverluste weiterbehandelt: Es gibt keine unbestimmbaren Verluste; jede einzelne Station, die der Zucker passiert, ist mehr oder weniger von zuckerzerstörender Wirkung. „Es fehlt uns aber bis jetzt eine diese Tatsachen genau begründende wissenschaftliche Erklärung ..."

---

[1] Z. V. D. Zuckerind. 1903, S. 1131, 1138.

Der ärgste Feind des Zuckers ist die Wärme, welche in jeder Phase der Fabrikation den Zucker derart verändert, daß diese Veränderungen durch den Geschmack, den Geruch und das Auge erkennbar sind. Versuche mit reinen Zuckerlösungen können nicht ganz maßgebend sein, da im Betriebe stets nur mit unreinen Zuckerlösungen gearbeitet wird. Stolle erklärt die entstehenden Zersetzungsprodukte als Dextrine; erst bei höherer Temperatur treten Caramelkörper auf. Doch meint er, im Großbetriebe entstünden recht wenig von diesen die Säfte färbenden Substanzen. Die entstehenden Farbstoffe — fälschlich als Caramel angesprochen — sind Produkte der Einwirkung von Kalk auf Nichtzuckerstoffe. Dies behauptet auch Pellet und führt folgendes zur Unterstützung seiner Behauptung an: Caramelkörper wirken reduzierend, Melassen aber enthalten keine reduzierenden Substanzen. Stolle schließt seinen Vortrag: „. . . . daß die Caramelisation im normalen Fabriksbetriebe nicht so groß ist, wie bisher angenommen worden ist, und daß bei Anwendung hoher Temperaturen viel eher Dextrinbildungen eintreten. Bei guter Zirkulation der Füllmassen in den Vakuen sind die Zuckermassen viel zu kurze Zeit mit den Heizschlangen in direkter Berührung (nach Claassen nur 1% der kochenden Masse), um Caramelisation hervorrufen zu können. Deshalb sind auch die durch Bildung von Caramelkörpern entstehenden Verluste nur sehr gering“[1].

Mit der Frage „Über die Zuckerzerstörung durch Wärme und ihre Begleiterscheinungen“ beschäftigte sich O. Molenda in den Jahren 1901 und 1904[2]. In der ersten Arbeit stellte er fest, daß im Füllhause keine nennenswerten Verluste an Zucker auftreten. Seine Behauptung über die sehr geringen Verluste beim Kochprozesse nahm er auf Grund fortgesetzter Studien zurück. Auf Grund dieser schloß er sich der Meinung Lippmanns an, daß der Kochprozeß die hauptsächlichste Quelle der im Raffineriebetriebe auftretenden chemischen Zuckerverluste darstelle. Höhe und Dauer der Kochtemperatur sowie die latente Wärme der Zuckerlösungen sind die wichtigsten bedingenden Faktoren.

Ob die Verluste an den Heizflächen durch Überhitzung oder durch andauernde Temperatursteigerung zustande kommen, ist gleichgültig. Molenda fand 1., daß eine nennenswerte Zuckerzerstörung durch Überhitzung an den Heizflächen nicht eintrete; 2. bei gleichen Verhältnissen (gleiche Massen, gleiche Anfangs- und Endkonzentrationen, gleiche Luftleeren, gleiche Kochzeiten usw.) sind die Zuckerverluste nahezu gleich und 3. bei gleichen Bedingungen mit kürzerer Kochdauer geringer; 4. die Färbung der Massen ist eine Folge der Temperaturhöhe. Zu diesen Folgerungen kam er aus fünf Versuchen, deren Ergebnisse, auf 100 Teile Zucker nach Clerget umgerechnet, die folgende Übersicht enthält. Als Versuchslösung diente eine reine Zuckerlösung mit geringem Invertzuckergehalte und schwacher Alkalität (NaOH).

---

[1] Z. V. D. Zuckerind. 1903, S. 1131, 1138.
[2] Ö. U. Z. f. Zuckerind. XXXIII, S. 862, 1904.

Invertzucker wurde mit Absicht angewendet, um die Erscheinungen deutlicher hervortreten zu lassen.

| | Versuchslösung NaOH-alkal. | 3 Stunden auf 95° C im Wasserbade erhitzt | 3 Stunden auf 95° C im Ölbade erhitzt | Im Ölbad zum Siedepunkt 110° durch 281 Min. erhitzt | Im Ölbad bis Siedepunkt 119° durch 281 Min. erhitzt | Schnell bis 110° durch 40 Min. erhitzt |
|---|---|---|---|---|---|---|
| Alkalität in ⌠ Phenolphthalein | + 0,0136 | — 0,0007 | — 0,0007 | — 0,0025 | — 0,0025 | — 0,0009 |
| % CaO ⌡ Lackmus . . . | + 0,0162 | + 0,0010 | + 0,0010 | — 0,0018 | — 0,0018 | + 0,0015 |
| Direkte Polarisation (P) . . | 99,92 | 99,71 | 99,76 | 99,32 | 99,32 | 99,69 |
| Zucker nach Clerget (Cl) . . | 100,00 | 100,00 | 100,00 | 100,00 | 100,00 | 100,00 |
| Differenz (P—Cl) . . . . . | — 0,08 | — 0,29 | — 0,24 | — 0,68 | — 0,68 | — 0,31 |
| Invertzucker % . . . . . . | 0,219 | 0,225 | 0,217 | 1,243 | 1,240 | 0,312 |
| Farben in Farbengraden . . | 0,347 | 4,326 | 4,058 | 4,990 | 4,984 | 4,482 |
| Polarisation ⌠ in der urspr. | 50,30 | 68,60 | 68,90 | 79,10 | 79,30 | 79,90 |
| Clergetzucker ⌡ Lösung | 59,35 | 68,80 | 69,07 | 79,64 | 79,84 | 80,15 |
| P — Cl . . . . . . . . . . | — 0,05 | — 0,20 | — 0,17 | — 0,54 | — 0,54 | — 0,25 |

Sämtliche Versuche wurden in einem dünnwandigen, offenen Nickelgefäße unter stetem Rühren vorgenommen.

Aus zahlreichen weiteren Versuchen kam Molenda zu Folgerungen, von denen hervorzuheben wäre, daß die durch Wärmeeinwirkung hervorgerufenen Zersetzungen mit dem Reduktionsvermögen nicht zusammenhängen, ebenso wie keine konstanten Beziehungen zwischen Alkalitäts- und Zuckerverlust bestehen.

Molenda tritt für kalte Arbeit und für wenig und schnelles Kochen ein. Kalte Arbeit versuchte vor ihm schon Soxhlet[1]; dieser will die Bildung von gefärbten Substanzen verhindern, dadurch daß er kalt klärt, kalt filtriert und die Klären schnell verkocht. So verhindert er den lange Stunden dauernden Kontakt der Klären beim Auflösen, beim mechanischen Filtrieren und bei der Spodiumfiltration mit Temperaturen von 90° und mehr, welches lange Beisammensein die Bildung von färbenden Überhitzungsprodukten, Zersetzungsprodukte und Zuckerverluste zur Folge hat.

Die Filtration der kalten Klären sollte über „Filterpreßkuchen, welche durch Aufschlämmen von Holzschleifmehl, gemischt mit feinpulverigen indifferenten Stoffen wie Kieselgur u. a., in den Kammern einer Filterpresse gebildet werden", geschehen.

Doch „kalt" ging es gleich zu Anfang nicht, man mußte die Temperaturen wegen der zu geringen Filtrationsgeschwindigkeit allmählich erhöhen, und heute arbeitet man bei den üblichen Temperaturen von 85—90° C.

Die Zuckerverluste sind also unvermeidlich.

Über ihre Größe arbeiteten in den letzten Jahren hauptsächlich russische Forscher, so daß die folgenden Ausführungen russische Arbeitsverhältnisse voraussetzen.

Duschsky und P. G. Galabutski untersuchten die Zuckerverluste in der Klärstation[2]. Sie fanden für normale Arbeit, sogar für ver-

---

[1] Z. V. D. Zuckerind. 1893, S. 969.
[2] Z. d. tschsl. Zuckerind. III, S. 539, 1922.

dorbene (Sand) Zucker, daß die Verluste kaum 0,1 % erreichen, sogar in schwachsaurer Kläre stieg der Verlust nicht merklich.

Ein ähnliches Ergebnis hatten ihre fortgesetzten Versuche über die Zuckerverluste im Füllhause[1] (s. u.). Bei normalen Arbeitsbedingungen, ja sogar bei geringen Aciditäten und höheren als üblichen Temperaturen, tritt fast kein Anhäufen reduzierender Substanzen auf; in alkalischer Lösung tritt nur stärkere Verfärbung ein, herrührend von der Einwirkung des Alkalis auf die Produkte der Zuckerzersetzung.

Die unbestimmbaren chemischen Zuckerverluste beim Auflösen (Klären) sind nach Untersuchungen in vier russischen Raffinerien höchstens 0,02—0,03 % vom eingeworfenen Sandzucker, doch ist Bildung von Farbstoffen dabei zu beobachten[2].

Unbestimmbar sind auch die Verluste, die höchstwahrscheinlich bei der Spodiumfiltration auftreten, wenn sich auch für sie infolge der mannigfachen Betriebsverhältnisse keine Werte angeben lassen. In ihrer auf S. 591 genannten Untersuchung bemühen sich Dĕdek und Langer, den Mechanismus der Zuckerzersetzung zu erklären, finden ihn aber für normale Verhältnisse als „ganz gering“.

Zu den allen Stationen gemeinsamen Faktoren (Zeitdauer, Temperatur) kommt bei dieser Station die große Oberfläche des Spodiums — also auch die Menge seiner Anwendung — in Betracht, deren Oxydationsvermögen oft erwiesen wurde. Die Zersetzungsprodukte der Saccharose sind wohl saurer Natur und binden einen entsprechenden Teil der Alkalität[3].

Daß Knochenkohle Zucker zerstört, geht aus den gründlichen Untersuchungen Vašátkos hervor (s. Abb. 13).

Über die unbestimmbaren Verluste beim Verkochen macht M. J. Nachmanowitsch zahlenmäßige Angaben; bei normalen Verhältnissen sind sie 0,025—0,03 % vom Gewichte des aufgelösten Sandzuckers (gemessen an der gesteigerten Reduktionsfähigkeit). Augenfallender ist die Zufärbung im Raffinadevakuum (30—50 % der Kläre), abhängig von den Verhältnissen, unter denen das Verkochen erfolgt[4].

Schon früher arbeitete auch Duschsky „Über die unbestimmbaren Verluste im Raffineriebetriebe“; Laboratoriums- und Fabriksversuche führten zu den Ergebnissen, daß alkalische Klären bei einer Kochung nicht mehr als 0,03—0,05 % Zucker verlieren. Dabei nehmen sie an Färbung bedeutend mehr zu als saure Klären. Reduzierende Substanzen werden normalerweise nicht gebildet[5].

Zuckerverluste treten auch im Füllhause in geringer Menge auf, weil hier die Füllmassen lange Zeit bei höherer Temperatur in den Formen stehen. Die Ablaßtemperatur spielt dabei eine wichtige Rolle.

Die Zuckerverluste, die durch Caramelisation entstehen, berechnete Th. Koydl mittels des Saccharan, bzw. Caramelmaßsystems (s. d.) zu

---

[1] Z. d. tschsl. Zuckerind. V, S. 23, 1923.      [2] C. f. Zuckerind. 1927, S. 890.
[3] Z. d. tschsl. Zuckerind. VII, S. 8, 1925.
[4] C. f. Zuckerind. 1927, S. 1371, 1483.
[5] Deutsch in Z. f. Zuckerind. i. B. XXXVIII, S. 23, 1913, u. Z. V. D. Zuckerind. 1913, S. 851.

ungefähr    0,12% vom Einwurf im Raffinerievorderbetrieb
          0,06%   ,,      ,,     im Mittelbetrieb
          0,22%   ,,      ,,     im Nachproduktenkreislauf
          0,40%

In Wirklichkeit werden diese Verluste schwankend sein, können nicht genau berechnet werden — sie sollen nur, wie die Angaben auf S. 83, informierend wirken[1].

Die unbestimmbaren chemischen Zuckerverluste bei der Bodenarbeit (russischer Raffinerien) beobachtete M. J. Nachmanowitsch, doch seien seine zahlenmäßigen Befunde hier nicht wiedergegeben, da sie nur örtlich zu verstehen und auszuwerten sind. Das gleiche gilt für seine analogen Untersuchungen über die Nachproduktenarbeit[2].

### c) Die Beurteilung der weißen Ware.

Zweck der Raffination ist die Veredelung des Rohzuckers und die Erzeugung der verschiedenen Raffinadesorten. Die Forderungen, die die Raffinerie an ihre eigenen Erzeugnisse stellt, können nicht genug hohe sein, damit wenigstens eine schöne Ware erzielt werde. (Deshalb soll kostspieligen Übertreibungen nicht das Wort geredet werden.)

Schwer ist es, Weißware objektiv zu beurteilen. Diese Schwierigkeit erschwerte seinerzeit z. B. die Beurteilung des Wertes der Entfärbungskohlen im Vergleiche zu dem des Spodiums.

Wenn man dem Käufer Muster von Krystallzucker oder von Würfeln in unbekannter Weise innen mit blauem Papier ausgeklebten Schachteln vorlegt, so ist dieser Brauch kaufmännisch zulässig: man will die Beschaffenheit der erzeugten Ware durch die Komplementwirkung des blauen Papieres erhöhen oder geringe Mängel auf gleiche Weise noch verkleinern. Es führt aber zu Selbsttäuschung, wenn Zuckermuster im Betriebe behufs Kontrolle in solchen Schachteln oder auf blauen Unterlagen betrachtet werden.

Der Zuckertechniker kümmert sich meist wenig um das Schicksal der verkauften Raffinaden.

Wenn einmal eine Fachzeitschrift der Süßwarenindustrie klagte, daß ,,die braune Industrie" noch nicht soviel weiß von ihrem Zucker und seinen Qualitätsunterschieden, wie sie wissen müßte (,,das sieht man an den unreinen Farben vieler Zuckerwaren und das schmeckt man an vielen Schokoladefabrikaten"), so müßte auch die Zuckerindustrie feststellen, daß vielleicht die meisten Zuckertechniker nicht wissen, für welche mannigfaltigen Zwecke der Zucker erzeugt wird und welche besonderen Forderungen jeder besondere Zweck stellt. Es ist nicht allgemein bekannt, warum manche Abnehmer ungebläuten Zucker verlangen, und oft kann man das Erstaunen hören, warum auch zur Herstellung dunkel gefärbter Süßwaren (Schokolade, Caramellen u. dgl.) reinweiße Zucker gefordert werden.

Hier die Antwort nach der oben angeführten Fachzeitschrift:[3]

,,Gefärbte Zuckerwaren sollten, der Farbwirkung wegen, nur aus gut raffiniertem Zucker, der rein weiß und nicht geblaut sein darf, hergestellt werden. Geblauter Zucker bricht die Farben und nicht gut gereinigter Zucker, nicht rein weißer Zucker, läßt keine reinen

---

[1] Ö. U. Z. f. Zuckerind. XLVII, S. 34, 1918.
[2] C. f. Zuckerind. 1927, S. 1489. Ref.         [3] ebd. 1925, S. 1092.

Farben aufkommen. Gefärbte Caramels aus schlecht gereinigtem Zucker werden immer nur zweitklassige Fertigware ergeben...

Bei der Verwendung schlecht raffinierten Zuckers in der Schokoladenfabrikation verdirbt der im Zucker verbliebene Melassegeschmack das Aroma des Kakaos. Widerlich schmeckt eine Milchschokolade, zu der schlechter, graufarbiger Melis oder gar gelber Farin verwendet worden ist....

Jede Schokolade sollte nur mit gut raffiniertem Zucker angesetzt werden".

Zum Schlusse wird die Forderung erhoben, unreine Verbrauchszucker abzulehnen, und nur reinweiße, reinschmeckende Zucker zur Erzeugung von Süßwaren zu verwenden[1].

Allenthalben kann man das Bestreben beobachten, nun schöne Zucker erzeugen zu wollen. Auch Länder, die früher der Raffination des Rohzuckers nicht die nötige Aufmerksamkeit schenkten, tun dies heute (Einführung der Entfärbungskohlen!) und verbessern die Beschaffenheit ihrer Weißwaren (Hartraffinaden).

Da macht sich häufig das Fehlen einer Methode bemerkbar, solche Zucker objektiv zu beurteilen. Nicht an die subjektive Beurteilung des gleichen Musters durch zwei verschiedene Betrachter ist gedacht, sondern an die verschiedene Beurteilung des gleichen Musters durch den gleichen Fachmann.

Beim Rendement für den Rohzucker hat man wenigstens eine Größe über die, wenn die Analyse vorliegt, nicht debattiert werden kann[2], aber mit Rücksicht auf die vielen inneren und äußeren Umstände, die auf die Beschaffenheit und Beurteilung wirklich (Korngröße, Bläuung u. a.) und scheinbar (Tageszeit, Beleuchtungsverhältnisse) Einfluß üben, kann es nicht überraschen, daß bei Beurteilung der Weißware nicht immer Übereinstimmung zu erzielen ist; man denke an die seinerzeitigen „Brote-Visiten" mit ihren vielen Widersprüchen. In diesem Sinne ist die Suche Lundéns nach neuen Methoden zur „Analyse von Zuckersorten" zu begrüßen[3]. Zur Beurteilung von weißen Zuckersorten wird man sich nicht mit dem bloßen „Anschaumustern" begnügen können, man wird wohl auch in Zukunft ihre Eigenschaften prüfen und zahlenmäßig ausdrücken müssen.

Mit der Löslichkeit wurde schon früher begonnen (Koydl, Smolenski u. a.), wie man der neuesten „Studie über die Auflösegeschwindigkeit des Zuckers" von K. Šandera entnehmen kann[4]. Ferner gibt es auch Methoden oder wenigstens Vorschläge zur Bestimmung des spezifischen Gewichtes, der Härte (Druck- und Spaltfestigkeit) von Raffinaden[5] und in neuester Zeit haben russische Forscher auch den Mikrobau (das krystallinische Gefüge) zu diesem Zwecke studiert. Hier könnte noch die Untersuchung von O. Spengler und F. Tödt

---

[1] C. f. Zuckerind. 1925, S. 1092.
[2] Damit soll keine „Ehrenrettung" des Rendements versucht werden.
[3] C. f. Zuckerind. 1925, S. 1281; 1927, S. 219.
[4] Z. d. tschsl. Zuckerind. IX, S. 153, 1927.
[5] S. Wohryzek: Betriebskontrolle d. Z. I. Teil, S. 220.

„über die Verfärbung von Zuckersorten verschiedener Qualität bei Anwendung hoher Temperaturen . . .“, wie sie etwa in der Bonbonfabrikation (über 150⁰) vorkommen, angeführt werden, obwohl die beiden Autoren aus ihren Versuchen keine Qualitätsbeurteilung ableiten wollen[1]. Auch nach Lundén gilt, daß sich ein Zucker beim Erhitzen um so weniger entfärbt, je besser er ist[2].

Zu empfehlen wäre es, auch die elektrische Leitfähigkeit der Raffinade(lösungen) zu ermitteln, da sie auf den Gehalt der Weißware an Asche schließen läßt, wie jüngst K. Šandera und B. Zimmermann untersuchten[3].

Die Asche selbst durch Veraschung zu bestimmen, ist schwierig und zeitraubend, weshalb sie auch selten ermittelt wurde[4]. In so geringsten Mengen Aschenbestandteile auch in Raffinadesorten vorkommen, so haben sie doch nach den oben genannten Untersuchungen Spenglers und Lundéns Einfluß auf den Geschmack und auf das Verhalten der weißen Zuckersorten bei ihrer Verarbeitung in der Süßwarenindustrie.

Mittels einer konduktometrischen Methode (s. S. 499) fanden nun Šandera und Zimmermann, daß der Gehalt an löslicher Asche in den feinsten Raffinaden etwa 0,009—0,01 % beträgt. Sie stellen schließlich fest, daß besonders die für den Export bestimmten Raffinaden sicherlich einen hervorragenden Vertreter eines und vielleicht des einzigen technischen Produktes darstellt, welches im großen in einer Reinheit hergestellt wird, die der Reinheit jener Chemikalien entspricht, die den Vermerk „purissimum“ und „pro analysi“ tragen.

Das Aussehen der Weiß-(Hart-)Ware hängt wohl in erster Linie von der Größe der Krystalle, von ihrer Art und Ausbildung ab. So wird z. B. ein Feinkrystall in Beschaffenheit und Aussehen stets besser sein als ein Grobkrystall aus gleicher Kläre, weil der ungünstige Einfluß der Nichtzuckerstoffe der Klären (Farbstoffe, Kolloide, Trübungen) auf den kleinen Krystallflächen nicht so augenscheinlich wird. Aber auch rein physikalische (optische) Umstände sind dabei maßgebend, was daraus hervorgeht, daß man durch Zerdrücken, durch Zermürben eines Musters von Grobkrystall in der Hand einen viel lichteren „Feinkrystall“ erhält. Die schließlichen Eigenschaften des Kornes der fertigen Füllmasse, also auch der Hartware, werden schon bei Beginn des Verkochens der Kläre, wo das entstandene Krystallkorn meistens noch mikroskopisch klein ist, festgelegt. Deshalb studierte F. Nosek „das Kochen der Weißware“[5] bzw. das Verkochen der Kläre. Unter anderm wurden die Krystalle aus jeder Phase des Sudes mikroskopiert, photographiert (17 Abb.) und so ein tiefer Einblick in das Werden der Hartware gewonnen.

Gut filtrierte Klären, also solche, die frei von jeder Trübung (Suspension) sind, sind für die Erzeugung von schöner Hartware eine Vorbedingung. Der Einfluß der Salze auf die Krystallform wird überschätzt, mehr Einfluß haben die Farbstoffe auf das Aussehen und auf den Geschmack der Weißware. Kolloide durchwachsen das Krystall. Jede einzelne Phase des Verkochens ist gleich wichtig, doch ist dem Auskochen (vor dem Ablassen) die größte Aufmerksamkeit zu schenken, da gerade dieses die Verarbeitungsfähigkeit der Füllmasse bedingt.

---

[1] Z. V. D. Zuckerind. 1927, S. 623.      [2] C. f. Zuckerind. 1926, S. 1017.

[3] Z. d. tschsl. Zuckerind. IX, S. 405, 1927.

[4] Strohmer u. Stift, Ö. U. Z. f. Zuckerind. XXIV, S. 1009, 1895; XXXIX, S. 420, 1910. — Staněk, Vl.: Z. d. tschsl. Zuckerind. II, S. 417, 1921.

[5] Z. d. tschl. Zuckerind. IX, S. 441, 449, 1928.

# Nachtrag

von während der Drucklegung erschienenen bedeutungsvolleren
Untersuchungen bis Mitte Juli 1928.

## Chemie und Physiologie der Rübe.
### (Kapitel 1—4).

In einem Aufsatze „die modernen Ziele des Aufbaues neuer lebender
Materie in der Zuckerrübenzelle[1]“ bespricht J. Stoklasa zunächst seine
Theorie der Assimilation des Kohlenstoffes und des Aufbaues des
Zuckers.

Gleich der Hypothese von Bayer, die auf den Arbeiten von Kekulé
fußt, ist das Formaldehyd der Baustein für die Zuckerarten: es ist aber
nicht das erste Reduktionsprodukt des Kohlendioxydes. Stoklasa
machte es sehr wahrscheinlich, daß das Kaliumbicarbonat unter Einwirkung des Lichtes zu Ameisensäure, Sauerstoff und Kaliumcarbonat
zersetzt wird, worauf die weitere Zersetzung der Ameisensäure zu
Formaldehyd und Sauerstoff erfolgt. Bei diesen photosynthetischen
Prozessen spielt auch die Radioaktivität eine wichtige Rolle.

Stoklasa und seinen Mitarbeitern gelang es, nach 56 stündiger Einwirkung von Radioaktivität bei Gegenwart von Kaliumhydroxyd aus
Kohlendioxyd und Ferrihydroxyd oder Wasserstoff in status nascendi
Zucker, und zwar eine Hexose darzustellen[2]. Die Radioaktivität dürfte
also dereinst berufen sein, den natürlichen photosynthetischen Prozeß zu
erhöhen — wie Stoklasa erwies — und demnach die Bildung neuer
lebender Pflanzenmasse der Zuckerrübe zu begünstigen. Ähnliches gilt
für Kohlendioxyd, dessen Vermehrung (im Boden durch Mikrobentätigkeit oder oberhalb des Bodens durch das vom Boden ausgeatmete
Kohlendioxyd) künstlich zu erreichen ist. „Kohlenstoff und Radium
sind die Elemente der Zukunft für den Aufbau neuer lebender Materie
der Zuckerrübe.“

In einem Niederschlage eines Vorwärmers einer italienischen Zuckerfabrik fand Lippmann das Kalksalz der Tricarballylsäure — herrührend von der Verarbeitung unreifer Rüben, die am Beginne der Kam
pagne Betriebsschwierigkeiten bereiteten[3].

---

[1] C. f. Zuckerind. 1928, S. 565.   [2] Biochem. Ztschr. XXX, 6. Heft, 1911.
[3] B. D. ch. G. 61, 1928, S. 222; Rundschau, Mai 1928, Nr. 9, S. 35.

### Chemie und Physik des Rohrzuckers.

#### (Kapitel 5.)

Noch auf Seite 71 dieses Buches wurde die Synthese der Saccharose als „noch in weitem Felde" liegend bezeichnet, aber von ihr die Aufhellung bzw. Sicherstellung der Konstitution der Saccharose er-wartet. Nunmehr ist die Synthese der Saccharose Pictet und Vogel geglückt[1], und so wird wohl bald über die Konstitution derSaccharose kein Zweifel mehr bestehen.

### Wertbestimmung der Rüben.

#### (Kapitel 6.)

Die Bewertung der Rüben nach ihrem „schädlichen Stickstoff", von Herzfeld angebahnt (S. 204), von Andrlík durchgeführt (S. 204), von Friedl vereinfacht (S. 218), beruht u. a. auf der Annahme, daß auf einen Teil Stickstoff in der Melasse 25—27 Teile Zucker entfallen. Dies trifft wohl im großen ganzen zu, wie Claassen aus den Melasseana-lysen des „Instituts für Zuckerindustrie" Berlin (S. 529) errechnete[2], aber „die Schwankungen in den Mengen Zucker, die auf einen Teil Stick-stoff in der Melasse kommen, sind so außerordentlich verschieden in den verschiedenen Fabriken, daß es durchaus unrichtig und unzulässig ist, daraus eine durchschnittliche Grundzahl zu berechnen und diese als maßgebliche Zahl für die Berechnung der Melassemengen zu be-nutzen, die durch den in den Rüben gefundenen schädlichen Stickstoff entstehen werden".

„Die Ursache für diese Schwankungen kann nicht oder nur zum kleinen Teile in der Verschiedenheit der Arbeitsweise der einzelnen Farbriken gesucht werden; sie liegt in der Hauptsache in der verschie-denen Beschaffenheit der schädlichen Nichtzuckerstoffe, die aus den Rüben verschiedener Gegenden und verschiedener Jahrgänge in die Säfte übergehen".

Nach Claassen gibt es demnach zur Zeit keine Methode, nach der man die Verarbeitungsfähigkeit der Rüben oder die Menge der zu erwartenden Melasse daraus im voraus berechnen könnte. Wie aber Verfasser schon früher betonte, sind solche Untersuchungen trotzdem von praktischer Bedeutung, weil sie helfen, die Betriebsvorgänge näher zu erkennen.

### Chemie des Rohsaftes und der Saftverarbeitung.

#### (Kapitel 12—16.)

Die Rohsäfte der Kampagne 1927/28 wurden (wie alljährlich, s. S. 286) von J. Vondrák untersucht[3]. Den Witterungsverhältnissen, unter denen

---

[1] H. Vogel, Die Synthese der natürlichen Disaccharide. Z. d. tschsl. Zuckerind. IX, S. 347, 1928; enthält den ganzen Werdegang dieser „wissenschaftlichen Groß-tat" (Lippmann) und die Angabe der einzelnen Veröffentlichungen. — Ebenda, IX, S. 486, 1928.

[2] D. Z. 1928, S. 605.          [3] Z. d. tschsl. Zuckerind. IX, S. 433, 1928.

die Rüben sich entwickeln mußten, entsprechend (im Mittel wohl nicht
zu wenig Niederschläge, aber ungleichmäßig verteilt, so daß zeitweilig
Mangel an Feuchtigkeit herrschte), waren die Säfte ungünstiger zusammengesetzt, als bei normaler Entwicklung der Rüben es sonst der
Fall ist. Es konnten diesmal die Rohsäfte regional in zwei Gruppen
eingeteilt werden, je nachdem sich bei der Verarbeitung der Säfte Al-
kalitätsrückgang einstellte oder nicht. Niedrigere Reinheiten, größere
Mengen an Gesamt-Betain und schädlichem Stickstoff zeichnen diese
Rohsäfte gegenüber solchen aus günstigeren Vegetationsjahren aus.
Die Säfte, die Rückgang der Alkalität zeigten, enthielten an Amiden
mehr (0,150 auf 100 Teile Polarisationszucker) als die mit ständiger
Alkalität (0,092), was nach den Ausführungen von S. 416 zu erwarten war.

### Saturation.

Den Angriff verschiedener Baustoffe für die Saturateure durch die
geschwefelten Säfte studierte L. Kayser teils in Laboratoriums-, teils
in Betriebsversuchen[1]. Die Resultate der ersteren haben nur theoretischen
Wert, lassen sich auf die praktischen Verhältnisse nicht übertragen und
die Ergebnisse der Betriebsversuche lassen sich nicht verallgemeinern:
werden doch sogar in der gleichen Fabrik in einer Betriebszeit zu Anfang
der Kampagne bei den gereinigten Apparaten für den Angriff günstigere
Verhältnisse herrschen als gegen Ende der Kampagne, wo die Saturateure durch den Kalkcarbonatbelag gegen Angriff ganz geschützt sind
(was Kayser selbst bemerkt). Wertvoll ist der Nachweis, daß durch
Berührung mit dem Eisen und durch Eisenaufnahme die Säfte eine
(schwankende) Farbzunahme erfahren, die ein Mehrfaches des Blind-
versuches (Saft erhitzt ohne Eisen) beträgt. Je höher die Alkalität, desto
größer diese Farbzunahme.

### Chemie des Auskochens.

#### (Kapitel 17.)

In neuerer Zeit wurde dem Auskochen der Säfte vor der Verdampfung große Aufmerksamkeit geschenkt, weil dieser Frage auch eine
wirtschaftliche Bedeutung zukommt: Mit dem Auskochen oder Nichtaus-
kochen hängt die Bildung von Ausscheidungen an den Heizröhren der
Verdampfkörper zusammen und mit diesen wieder die Unterbrechung
der Kampagne behufs Reinigung der Verdampfkörper (Auskochen[2],
S. 439) oder doch Verminderung der Verdampfungsleistung. Die Fragestellung C. Tschaskaliks „Hat das Aufkochen, wenn in Scheidung und
Saturation richtig gearbeitet wird, Zweck in bezug auf Reinigung der
Säfte und Reinhaltung der Verdampfapparate?"[3] zeigt zum ersten Male
deutlich, daß das Aufkochen im Zusammenhange mit dem Vorderbetriebe
zu behandeln ist. Bei richtiger Saturation zeigte das Aufkochen des

---

[1] C. f. Zuckerind. 1928, S. 517.

[2] Verfasser bedauert am Ende des Buches, keinen grundsätzlichen Unterschied zwischen Aufkochen (des Saftes) und Auskochen (der Verdampfkörper) gemacht zu haben.   [3] C. f. Zuckerind. 1928, S. 555.

Saftes auch bei Temperaturen über 110° (langes und lebhaftes Kochen)
keine merklichen Ausscheidungen, so daß sich „in bezug auf Reinheit
des Saftes und Reinhaltung der Verdampfapparate keine nachweisbare
bzw. ersichtliche Besserung" ergab. Wahrscheinlich wird das gelöste
Kalkcarbonat durch Pektinkörper oder deren Abbauprodukte als
Schutzkolloide in Lösung gehalten und dadurch seine Abscheidung gehemmt. Die eben vorausgesetzte „richtige" Arbeitsweise (Saturation)
erforschte schon vorher H. A. Schlosser in seiner Untersuchung über
die „zweckmäßige Arbeit bei der Endsättigung des Dünnsaftes unter
Berücksichtigung von nachfolgendem Aufkochen[1]". Es sollte also die
minimalste Phenolphthaleinalkalität ermittelt werden, die auch bei Ent-
fall des Aufkochens oder doch bei nur kurzem Aufkochen bei Atmosphärendruck Säfte ergibt, die keine oder doch nur geringe Ausscheidungen in
der Verdampfstation ausfallen lassen. Tatsächlich konnte Schlosser
bei Heruntersaturieren des Dünnsaftes auf Alkalitäten von 0,021 bis
0,035 % CaO (Gesamtalkalität, Phenolphtalein) durch 4 Wochen ohne
Betriebspausen durcharbeiten[2] und feststellen, daß „es möglich sein muß,
auch ohne besondere Aufkochung der Säfte ein zufriedenstellendes Rein-
halten der Heizflächen durch mehrere Betriebswochen zu gewährleisten
unter der Voraussetzung, daß für das Innehalten der zweckmäßigsten
(optimalen) Alkalität an der Dünnsaft-Endsättigung Sorge getragen
wird". Diese zweckmäßige Alkalität muß vom Chemiker jeweilig ermittelt werden (mit Ammonoxalatlösung). Ausdrücklich betonte
Schlosser später, daß die von ihm gemachten Feststellungen nur für
die Zuckerfabrik Salzwedel zutreffend sein könnten, und sehr wahrscheinlich auch hier nur für die Betriebszeit, in der die Versuche ausgeführt seien[3]. Solon-Wolmirstedt gelangte auf Grund eigener Versuche zu gegenteiliger Ansicht, nach ihm wäre das Aufkochen daher
notwendig und zweckmäßig[3]. In seiner kritischen Betrachtung der
Versuche Schlossers erklärt er[4] dessen Befunde mit den für deutsche
Verhältnisse außerordentlich geringen Mengen an Kalk im Dünnsafte
(im Mittel 0,002 %): „die in die Endsättigung gelangenden Säfte sind
schon nahezu entkalkt"; dazu enthielten sie kein Calciumbicarbonat
oder höchstens nur Spuren in Lösung.

Die „optimale Alkalität", von der soeben die Rede war, ist diejenige Alkalität, bei der sich am wenigsten Kalk in Lösung, also
im Safte, befindet. Solon studierte gründlich die Beziehungen
zwischen der natürlichen und optimalen Alkalität und fand, daß
letztere etwa die Hälfte der praktischen, natürlichen Restalkalität
beträgt[5] (s. die bezügliche Untersuchung von Spengler und
Brendel S. 351). Für die Betriebspraxis ergibt sich, daß man in
der Endsaturation (also in der zweiten, wenn zweimal und in der

---

[1] C. f. Zuckerind. 1928, S. 463, 490.

[2] Was nach den Erfahrungen der heimischen Zuckerindustrie keine besondere
Leistung ist. Hier wird meistens die ganze Kampagne durchgehalten — in
vielen Fällen allerdings wohl auf Kosten des Kohlenverbrauches.

[3] C. f. Zuckerind. 1928, S. 613.   [4] ebd. 1928, S. 635, 739.

[5] ebd. 1928, S. 764.

dritten, wenn dreimal saturiert wird) bis zur Hälfte der jeweiligen natürlichen Restalkalität saturiere. Diese Alkalität stellt die optimale Alkalität dar und ergibt die kalkärmsten Säfte; am besten ist es, die Endsaturation in der Siedehitze vorzunehmen, da bei dieser Temperatur die Alkalicarbonate mit den organisch-sauren Kalksalzen (behufs Entkalkung der Säfte) am leichtesten sich umsetzen, was schon früher Jesser vorschlug (s. S. 340). Die Entkalkung der Säfte durch Aufkochen erforschte ergänzend zur ersten Untersuchung (S. 409) Vl. Mayer. Danach müßte behufs Ausfällung jener Kalksalze, die durch Aufkochen nur schwer zerlegbar sind, der Saft durch 20 bis 30 Minuten einem „lebhaften Sieden" unterzogen werden, „wenn auch anerkannt werden muß, daß die Erfüllung dieser Forderung bei der heutigen Arbeitsweise technisch und wirtschaftlich nicht möglich ist[1]".

## Chemie des Rohzuckers.
### (Kapitel 22.)

Der Beschaffenheit der Rohsäfte aus der Kampagne 1927/28 entsprechend, waren die Rohzucker der gleichen Kampagne „nicht die besten". Nach Mrasek gaben sie, obwohl von guter Farbe, keine besondere Affinade — trotz gründlicherer Affination; die Krystalle waren in der Masse gefärbt[2]. Dies verschulden: das Nachziehen von Ablaufsirupen zur Erstproduktfüllmasse, das unregelmäßige Korn und ein größerer Gehalt an Feinkorn, im Mittel der Rohzucker der Raffinerie Peček 15,75 % gegen 4—10 und 6—12 % anderer Jahre (Größe 0—0,6 mm). Die anderen Korngrößen waren in folgenden Mengen im Rohzucker aus 12 Fabriken durchschnittlich vorhanden:

| Korngröße mm | 0,0—0,6 | 0,6—0,9 | 0,9—1,2 | 1,2 |
|---|---|---|---|---|
| % | 15,75 | 25,45 | 36,30 | 22,50 |

Mikroskopische Aufnahmen des Kornes zeigen, daß die Regelmäßigkeit der Krystalle mit fallender Krystallgröße steigt; sie ist am größten im Feinkorn. Die größten Körner bestehen aus Mehrlingen, die Muttersirup einschließen[2]. Mittleres Korn von etwa 1 mm Größe wäre daher für die Affinierbarkeit des Rohzuckers das Wünschenswerteste.

In seiner neuen Untersuchung „über die Ursachen der Graufärbung bei Rohzucker" (s. S. 584) betonte H. Zscheye wieder die Rolle des Eisens, das auch mit dem Betriebswasser und mit dem Kalk in den Betrieb eingeführt wird und bei Übersaturation neuerlich in Lösung übergeht. Weiter weist Zscheye darauf hin, daß der im Saturationsgas anwesende Schwefelwasserstoff mit dem Eisen Sulfid bildet, welches die Ausdeckbarkeit des Rohzuckers ungünstig beeinflußt; ähnlich wirken höhere Temperaturen bei der Diffusion und Scheidung, es wäre am besten, die Diffusion bei 72—75⁰ und die Scheidung bei nur 60—65⁰ durchzuführen[3] — Forderungen, deren Erfüllung wieder andere Nach-

---

[1] Z. d tschsl. Zuckerind. IX, S. 465, 1928.  [2] ebd. IX, S. 438, 1928.
[3] D. Z. 1927, S. 49.

teile im Gefolge hätten. Es gibt eben keine „beste Arbeitsweise" (S. 378).
Die auf Seite 379 von Gutherz geschilderte Arbeit auf „Qualitätsrohzucker" veranlaßte S. Thieler zu einem Aufsatze über die Arbeit,
die „bessere Zucker" ergibt[1] — also über die gute Arbeit: Sorgfalt bei
der Saftgewinnung, bei ungefähr 80° C heiße Scheidung mit 2% Kalk,
wobei es gleichgültig ist, ob Naß- oder Trockenscheidung angewendet
wird, und heiße Saturation bei guter Aussaturierung, gute Filtration von
Dünn- und Mittelsaft (nach Mittelsaft-Saturation). Nachprodukte
sollten als solche verkauft, Dicksaft allein verkocht werden, wofür
eine geänderte Bewertungsweise für den Rohzucker Voraussetzung ist
(s. S. 497). Wie bewußt auf Rohzucker von minderem Rendement gearbeitet wird, kann der Mitteilung Mraseks[2] entnommen werden, nach
welcher die verarbeiteten Rohzucker der Kampagne 1927/28 zu 45,3%
ein Rendement von nur 87—90° aufweisen; nur 2,55% hatten über 92°
mit Recht, da das Plusrendement nicht bezahlt wird.

## Nachproduktenverfahren und Chemie der Melasse

### (Kapitel 23 u. 24.)

Bartsch schilderte die Arbeitsweise, durch welche Melasse von 60°
wirklicher Reinheit zu erreichen ist[3]. Hier gilt ähnliches wie auf S. 378
für die „beste Arbeitsweise" angeführt wurde. Es gibt keine „Vorschrift"; dies geht schon daraus hervor, daß die Ausführungen Bartschs
(ein Vortrag) nicht widerspruchslos aufgenommen wurden. Schon
darüber gibt es keine einheitliche Auffassung, ob man die Sirupe verdünnen soll oder nicht, ob man sie filtrieren soll oder nicht. Was mit dem
Nachproduktzucker selbst geschieht, ist wohl eine kaufmännische Frage,
ihn aufzulösen und in den Betrieb zurücknehmen wird man wohl nur
ausnahmsweise befürworten können; ihn aber gar in die Saturation
zurückzunehmen, wie es wohl noch geschieht, wird man bestimmt
verurteilen müssen (Verf.).

Im allgemeinen kann man sagen, daß die Nachproduktenarbeit noch
viel zu wünschen übrigläßt[4]. Wenn man mit Claassen als „normale
Melasse" (nicht zu verwechseln mit der nicht bestehenden „Normalmelasse" S. 522) eine solche bezeichnet, die bei einer Trockensubstanz
von 78%, 48% Zucker, 30% Nichtzucker eine wahre Reinheit von
61,4% besitzt[5], so wird diese Melasse wohl nicht „normal" erreicht.

## Substanzbewegung in der Rohzuckerfabrikation.

### (Kapitel 25.)

Über das Chlor in allen Produkten der Zuckerfabrikation erfährt
man Näheres aus einer Untersuchung C. E. Budlovskys über „die

---

[1] C. f. Zuckerind. 1928, S. 713.
[2] Z. d. tschsl. Zuckerind. IX, S. 438, 1928.      [3] D. Z. 1928, S. 477.
[4] Abgesehen von jenen Jahrgängen, wo schon die Vegetationsbedingungen
und die Beschaffenheit der Rüben bzw. Nichtzuckerstoffe ungünstige Ergebnisse
die Nachproduktenarbeit voraussagen lassen.      [5] D. Z. 1928, S. 606.

Chlorbestimmung in den Produkten der Zuckerfabrikation"[1]. Es ist in allen in Form von Chloriden enthalten — wenigstens ist bisher kein chlorierter organischer Nichtzuckerstoff aus ihnen isoliert worden. Um die Mängel der üblichen Chlorbestimmungsmethoden zu umgehen, arbeitete er (auf Vorschlag Staněks) eine neue Methode aus (das ausgefällte $AgCl_2$ wird durch konz. Schwefelsäure zersetzt und der entweichende Chlorwasserstoff titrimetrisch bestimmt). Die Wichtigkeit der Kenntnis vom Chlorgehalt der einzelnen Produkte und Säfte der Zuckerfabrikation besteht darin, daß nach den Untersuchungen Pachlopníks (S. 322) der Chlorgehalt der Säfte bei der Saturation unverändert bleibt; es wäre also möglich, aus dem Verhältnis der verschiedenen Nichtzuckerstoffe und der Chlormenge im Safte vor und nach der Saturation auf den Reinigungseffekt der Saturation mit Rücksicht auf die betreffenden Nichtzuckerstoffe zu schließen.

Anschließend einige zahlenmäßige Angaben für den Chlorgehalt[2]

nach der oben angeführten Methode

| | |
|---|---:|
| Diffusionssaft | 0,0092 % |
| „ | 0,0084 % |
| Dünnsaft | 0,0061 % |
| Dicksaft | 0,028 % |
| „ | 0,034 % |
| Rohzucker I. Prod. | 0,026 % |
| „ II. „ | 0,034 % |
| „ II. „ | 0,048 % |
| Melasse | 0,17—0,36 |
| Saturationsschlamm | 0,003 % |

### Chemie der Entfärbungskohlen.

### (Kapitel 32.)

Die „Methodik der Entfärbung von Zuckerlösungen mittels Aktivkohle" wurde von V. Sázavský in ihren Einzelheiten studiert[3]. Hervorzuheben wären nur die Mitteilungen über die — wohl nur selten geübten — Verfahren, die eine Kombination der Suspensionsmethode (Einmaischverfahren) mit der Schichtenfiltration darstellen. Alle auf S. 627 angeführten Umstände, die im Betriebe maßgebend sind (Dichte, Temperatur, Reaktion, Kohlenmenge, Zeitdauer) werden zur Entfärbungsleistung in Beziehung gebracht und zahlenmäßig die schon früher sichergestellten Zusammenhänge neuerdings erhärtet.

---

[1] Z. d. tschsl. Zuckerind. IX, S. 421, 1928; mit zahlreichen Literaturangaben.
[2] Mittel aus den angeführten Einzelwerten zweier oder mehrerer Analysen.
[3] Aus Z. d. tschsl. Zuckerind. IX, S. 413, 1928.

# Namenverzeichnis.


Abderhalden 162, 175.
Abonyi, K. 522, 527.
Abraham 522, 572.
Achard 185.
Alberti u. Hempel 208.
André 81.
Andrlík, K. 4, 20, 21, 57, 96, 97, 100, 113, 114, 120, 121, 122, 123, 127, 131, 133, 134, 137, 142, 150, 167, 177, 178, 179, 185, 191, 193, 194, 195, 196, 202, 204, 205, 206, 217, 218, 219, 220, 237, 246, 257, 261, 268, 269, 270, 273, 274, 317, 335, 343, 346, 360, 366, 377, 386, 387, 388, 390, 394, 395, 396, 398, 403, 410, 418, 419, 420, 422, 427, 443, 444, 445, 447, 448, 450, 505, 518, 526, 531, 538, 539, 541, 556, 569, 586.
Andrlík, Staněk, Urban 31, 317, 384, 413, 419, 470, 472, 473, 474, 475, 476, 526.
Andrlík u. Urban 9, 17, 24, 27, 338.
Antuschwitz 78.
Appiani 144.
Ardagh, E. G. 606, 607.
Aulard, A. 325, 338, 489, 587.

Babinski, J. 66, 377.
Babo 152.
Barbet 240.
Bartoš, W. 40, 41, 222, 224, 225, 228, 234, 245.
Badollet 542, 591.
Balch 492, 493.

Bartsch, G. 448, 652.
Bates-Jackson 62, 68.
Battut 94, 95, 96, 306.
Bauer 536.
Baumgarten, St. 616.
Bayer 13, 647.
Baylis 169.
Beaudet 337, 338, 339, 343, 371.
Béchamp 95.
Bemmelen, Van 612.
Beressowski, W. 377.
Bergé 493.
Berger, H. 173.
Bergreen 257.
Bernthsen 634.
Bersch 425, 426, 427.
Berthelot 31.
Beyersdorfer 383.
Beythien, Parcus, Tollens 112.
Berzelius 11.
Bittmann 106.
Blanchard, O. 136.
Block, B. 334, 392, 394, 572, 605.
Bloßfeld 282.
Blowski u. Bon 624.
Bode 177.
Bodenbender 37, 142, 143, 170, 208, 276, 335, 368, 454, 487, 590.
— u. Berendes 327.
— u. Ihlée 178, 537.
— u. Pauly 535.
— u. Steffens 207.
Bohle 264.
Boivin u. Loiseau 314.
Borgnino, G. C. 140.
Boßhard 147, 148.
Bouillant u. Crolbois 281.
Bouvier 371.
Böhm 25, 108.
Braconnot 44, 131.
Brada, R. 439.
Brendel, C. 39, 199, 211, 332, 351, 379, 446, 487, 497, 498, 565.

Bresler, W. 94, 98, 99, 126, 127, 128, 159, 165, 329, 451, 557.
Breton 75.
Brettschneider 222.
Briem, H. 8, 16, 17, 186, 191, 193.
Brilliant 544.
Brož 500.
Bruhnke 120.
Bruhns, G. 94, 350, 355, 501.
Brunnings 208.
Brünig 395.
Buchner u. Meißenheimer 281.
Budlovsky, E. C. 652.
Budrin, A. A. 515.
Bunsen u. Carius 406.
Bussy de 604.
Bütschli 10.
Büttner u. Meyer, 283, 284.

Cail 579.
Calvet 66.
Cassel, H. 64, 510, 523, 552.
Chaloupka, L. 330, 439.
Champion, Pellet u. Renard 214.
Chancel 100.
Chandera Sen, K. 612.
Chaney, W. K. 607.
Chevron 276.
Claassen, H. 38, 40, 67, 91, 99, 146, 148, 151, 209, 226, 227, 228, 233, 234, 235, 244, 246, 263, 265, 271, 272, 273, 276, 294, 300, 301, 316, 323, 337, 343, 349, 360, 361, 363, 364, 369, 370, 372, 377, 378, 385, 390, 391, 392, 394, 395, 400, 411, 421, 439, 441, 451,

458, 461, 469, 476, 479, 481, 484, 513, 514, 516, 517, 520, 521, 523, 529, 531, 547, 551, 552, 554, 566, 568, 571, 572, 583, 641, 648, 652.
Clark u. Lubs 355.
Clasen, W. 75.
Clerc 202.
Cohen 65.
Collin 16.
Corenwinder 31.
Contamine 31.
Coriras 66.
Cortrait 350.
Councler 46.
Cross, C. F. 46, 50.
Cuisinier 441.
Cunningham, M. 80.
Cunze, H. 121, 424.
Curting, Th. u. Franzen, H. 13, 14.
Cuřin 216.
Czapek 154, 155, 156, 158.
Černý, K. 257, 258, 268.
Čtyroký, V. 101, 303.

Dahle 445.
Dawis 629.
Dawson 320.
Debus 130.
Decluy, H. 398, 399.
Deerr u. Norris 578.
Dědek, J. 63, 64, 66, 72, 89, 295, 345, 445, 459, 483, 530, 543, 552, 553, 554, 585, 591, 593, 604, 605, 621, 622, 624, 625, 626, 633, 637, 643.
Deisenhauser 626.
Degener, P. 77, 88, 104, 146, 148, 327, 328, 551.
Dehérain 171, 276.
Dehn 97, 121, 305, 534.
Demiautte u. Vuaflart 280.
Dewald 276.
Dietrich u. Mach 538.
Dochlenko, J. J. 233, 234, 238, 331.
Dolinek, A., 144, 198, 539, 570.
Donath, E. 426, 427, 442, 445.
Dorant 389.
Dorée, Ch. 80.
Dorfmüller, G. 173, 383.

Dostál 258.
Drenckmann 59, 159.
Ducleau 169.
Dubreul 89.
Dubrunfaut 95, 99, 100, 106, 121, 131, 144, 173, 426, 549.
Durin 516, 551.
Duschsky, M. P. 104, 205, 214, 308, 378, 569, 642, 643.
Duschsky, Minz u. Pawlenko 182, 413, 559, 562.
Dux, 380.
Dyer 22.

Eber 291.
Eckleben 94.
Eger, K. 503.
Ehrenstein 92.
Ehrlich, F. 12, 19, 41, 44, 45, 47, 48, 51—57, 79, 83, 84, 139, 151, 184, 243, 260, 304, 536, 537, 541.
Eisenschimmel, W. 147, 570.
Engel 222.
Ernest, H. 43, 173.
Escher, H. 114.
Euler, H. 31, 119, 133, 154, 155, 167, 168, 172, 173.

Fallada, O. 17, 26, 106, 114, 188, 202, 203, 395, 425.
Farnell, R. G. 358.
Felcmann 482.
Fellenberg, Th. v. 12, 50, 53.
Feltz 276, 317, 552.
Fermi u. Montesano 86.
Fieber, A. 244.
Fischer, E. 15, 84, 155, 161, 165, 168.
Fišer, J. 459, 520, 521, 523.
Fischmann 276.
Floderer u. Herke 35, 224.
Flourens 66, 67.
Fodor, A. 158, 167, 169, 612.
Fontana, F. 612.
Fouquet, G. 67.
Fradiss 81.
Frank u. Tschirch 7.
Frémy 44, 45, 48, 49, 64, 256.

Freundlich 630,
Frey-Jelínek 339.
Friedl, G. 187, 205, 217, 218, 219, 237, 238, 290, 556, 648.
Friedrich 545.
Frolda, A. 496, 581, 582.
Fuchs, W. 12.
Fürth, O. 81.

Gaertner, H. 43, 51, 59, 60.
Gaggel 530.
Gahrtz 83.
Galabutski 308, 378, 642.
Gawalowsky 208.
Geese 92, 94, 295, 300, 328, 329.
Gélis 78, 79, 80, 82.
Gentil 13.
Gerlach 65.
Gibbs 70.
Gilbert 161.
Gillet, R. 114, 520.
Girard 17.
Glaser 445.
Glassner u. Suida 609, 614.
Gonnermann 116, 117, 118, 119, 171, 172, 173, 295, 567.
Grafe, V. 115, 117, 118, 119, 249, 250, 251, 253.
Graham 80.
Grandeau 28.
Gredinger, W. 244, 333, 585.
Gregoire 25.
Greisenegger 17.
Grimbert 281.
Gröbe, H. 367, 465.
Gröger, A. 263, 500, 514, 579, 580, 581, 602.
Grouven 36, 61, 159.
Grundmann 327.
Grünhut 82.
Guldberg-Waage 141, 325, 326, 353.
Gundermann 291, 604.
Gunning, 108, 301.
Gutherz, H. 379, 449, 638.
Guttmann, J. 219.

Haan, de 572.
Haiser 166.
Halberkann 136.
Hamous, J. 266, 567, 570.
Hanamann 350.
Harris 157.

Hautmann, F., 629.
Heidepriem 310.
Heffter 337.
Heintz 28, 29, 37, 38, 228, 276.
Heitsch 283.
Heldermann 65.
Helmholtz 636.
Hellriegel 27, 232.
Hempel 208.
Henke, R. 616.
Herke, A. 21, 185, 220, 224.
Herles, F. H. 100, 202, 203, 206, 208, 376, 394, 420, 499, 568, 569, 572.
Herrmann, P. 289, 290, 565.
Herzfeld, A. 31, 39, 41, 45, 48, 49, 60, 62, 66, 76, 78, 81, 83, 86, 88, 91, 99, 100, 101, 108, 109, 110, 121, 122, 130, 131, 140, 145, 177, 178, 179, 181, 183, 189, 192, 193, 195, 196, 197, 203, 204, 211, 212, 213, 214, 234, 250, 253, 254, 257, 259, 261, 246, 265, 274, 277, 280, 292, 293, 294, 295, 296, 307, 312, 315, 316, 320, 333, 334, 337, 339, 349, 360, 363, 368, 369, 371, 372, 380, 390, 395, 396, 397, 398, 400, 401, 402, 423, 425, 462, 463, 468, 484, 487, 488, 490, 493, 494, 497, 516, 517, 519, 520, 521, 524, 529, 530, 535, 546, 547, 548, 549, 553, 567, 568, 571, 576, 577, 579, 580, 587, 635, 637, 648.
— u. Lange 488.
— u. Stiepel 601.
— u. Wehrspann 332, 420.
— u. Zimmermann 496.
— F. 74, 106.
Herzog 99.
Hirschbrunn 152.
Hirschfelder, P., 285.
Hochstetter 159.
Hoepke 327, 493.

Hoffmann, Freda 433, 454, 469, 497.
Hoffmann 21, 24, 31.
Hofmeister 160, 167.
Höglund 66.
Hollrung 225, 226.
Honig, P. 69, 71, 493, 606, 607, 613, 616, 617, 619, 622, 624, 625, 626.
Hoppe-Seyler 133.
Horsin-Déon 436.
Houllier 20.
Howard 579.
Hruda, J. 393, 443, 445, 505, 507, 515.
Hudec u. Sixta 445.
Hulla 480.
Hulwa 382.
Hummelinck u. v. Loon 497.

Ihl 73.

Jackson 101.
Jacobs 182.
Jacobsthal 93, 94, 96, 97, 98, 99, 305.
Jandera, K. 629.
Janoušek, J. 552.
Jaskolski 295.
Jelínek, H. 313, 402.
Jendrassik, L. 632.
Jesser, L. 76, 77, 85, 101, 103, 141, 146, 148, 160, 177, 202, 302, 303, 336, 340, 347, 348, 379, 408, 415, 416, 451, 455, 456, 464, 468, 552, 575, 586, 651.
Joachimoglu 629.

Kalshoven, H. 530.
Kácl, K. L. 593, 621, 624.
Kargl, K. 310, 322, 335, 403.
Karlík 367, 395.
Kayser, L. 330, 331, 499, 611, 649.
Keane 542.
Kerb 138, 147, 388, 389.
Kerchner 596, 630.
Kettler, 372, 440, 441.
Kettler u. Zender 343.
Keyř 208, 380.
Kiliani 101, 102, 103.
Kindler 579.
Kjeldahl 149.
Kleefeld 56.

Knauer, O. 216.
Knor, F. 41, 280, 282, 393, 398, 491, 508.
Kobert, E. R. 16, 133, 135, 136, 285.
Kohlrausch 494.
Kohn, M. 504.
— W. 264, 398, 451, 505.
Kollrepp 384, 385, 387, 396.
Komers 112, 113, 114, 177, 537, 563.
Kopeloff 578.
Kopecky 57, 203, 563.
Kornauth 154.
Kosmahly 57.
Kostytschew u. Brilliant 458, 544.
Kothe, W. 471.
Kowalski 328, 329, 373, 374, 377, 389, 538.
— -Kozakowski 373, 374, 377, 449, 450.
Kovář 202.
Kozarzewski 367.
Koydl 58, 83, 108, 112, 453, 477, 479, 484, 495, 496, 501, 530, 533, 534, 575, 576, 580, 581, 582, 583, 584, 588, 595, 643, 645.
Köhler 283, 368, 369, 370, 395.
König, J. 175, 176.
Kraisy 68, 519, 520.
Kraus, C. 4.
Krause 210, 211.
Kries 425.
Kroemer 259.
Kroeker 37.
Krüß, H. 68.
Kryž, F. 295, 566, 611.
Kucharenko, J. A. 63, 515.
Kuhner, A. 468, 472, 478, 505.
Kundrát, F. 402.
Kunze 383.
Kuthe, E. u. Anders E. 371, 372.
Kutzew 593.
Kühnel, 292, 295, 415, 620, 623, 625, 629.

Lafar 106, 209, 274, 458, 518, 519, 520, 544.
Ladureau 177, 213.
Lajbl, J. 585, 590, 591, 592, 594, 598, 602.

Lagergreen 614.
Landolt 133, 139, 540.
Landt E. 64, 69, 70, 456, 607, 608, 615, 616, 630, 632, 633.
Lanewski, A. 485.
Lange, F. 151, 499.
Langen 584.
Langer, O. 585, 591, 624, 643.
Laugier 476.
Laxa, O. 243, 517.
Lebedjeff 550, 551.
Leplay 101, 177, 240, 441, 587.
Levene 182.
Lewitzki 236.
Lexa 263.
Lichowitzer 290.
Lieben, F. 81.
Liebig 24, 27, 71.
Liebreich 152.
Liebscher 280.
Liesenberg u. Zopf 274.
Linden, Th. 552.
Linsbauer, A. 459, 566, 610, 628.
Lippmann, E. O. von 28, 38, 39, 40, 47, 59, 65, 77, 87, 88, 100, 107, 108, 122, 117, 118, 121, 123,—130, 132, 133, 139, 140, 145, 151, 153, 154, 163, 165, 166, 169, 181, 200, 305, 314, 372, 396, 404, 425, 426, 448, 462, 486, 491, 492, 493, 500, 502, 504, 508, 516, 517, 523, 530, 534, 536, 538, 539, 540, 549, 550, 577, 578, 579, 583, 639, 640, 641.
Liotard 74.
Löb, W. 14.
Loew, O 15, 26, 84.
Loiseau, 106, 107, 314, 315.
Loisinger 247.
Lukjanow 466.
Lund 404.
Lundén, H. 63, 68, 69, 454, 456, 457, 493, 624, 627, 645, 646.

Main 499.
Maillard 82, 106, 141, 155, 518, 519, 520, 544.
Malaguti 404.

Malowan, S. 74.
Marc 63.
Maquenne 171.
Märcker 27, 278, 279, 280, 282, 283.
Marek 35, 219.
Mareš, V. 578.
Markwort 27.
Marschall 546.
Martini 400.
Mategczek 380.
Matoušek, L. 172, 267.
Matthysen 170, 172.
Maumené 75, 78, 89.
Mauthner 540.
Mayer 341.
— Vl. 409, 651.
Mecklenburg, W. 605, 606.
Medschid, A. 632.
Méhay 31, 121, 122.
Mehrle, R. 580.
Melichár 257, 258.
Melsens 327.
Mendel 272.
Mendes 487.
Menozzi 144.
Meyer, A. 528.
Meyer, G. W. 323, 446.
— T. W. 392, 394, 435, 460, 606, 621, 623.
— W. 496.
Meysahn, V. 542.
Michaelis, 72, 121, 127, 131, 159.
— L. 354, 617, 619.
Michaels 168.
Middendorp 46.
Mik 294.
Mikolášek 289, 491, 498, 505, 594, 639.
Minaew 422.
Minz, J. B. 211, 522, 523, 532, 533, 555.
Mittelmann 517.
Mohl 2.
Molenda, O. 209, 448, 490, 491, 494, 533, 555, 587, 604, 635, 641, 642.
Möller 441.
Molisch 73.
Monnier, E. 493.
Montesano 86.
Moraczewski 25.
Morgen 279, 280.
Morizot 332.
Morozzo 612.
Motten 75.
Mrasek, Ch. 377, 482, 494, 499, 508, 579, 651.

Mulder 535.
Müller 392.
— M. u. Ohlmer, F. 283.
Müntz u. Steiger 47.
Musil, B. 244.

Nachmanowitsch, W. J. 63, 643, 644.
Nägeli 10.
Neitzel 275, 276, 324.
Nellerstein 614, 619.
Nelson, N. 6, 176.
Nernst, W. 249.
Netuka, V. 67.
Neuberg, C. 9, 16, 72, 90, 107, 110, 138, 147, 388, 389, 428.
Neumann, I. 202, 569.
Neumann, K. C. 233, 246, 372, 373, 395, 480, 481, 586.
Neuwirth 23.
Neville, A. 131.
Njemirovsky, St. 634.
Nobbe, 27.
Nordenson 154.
Nosek, F. 599, 609, 646.
Nouy, de 69.
Nováček, J. 63.
Nowakowski 328, 422, 606.
Nowakowski, L., u. Muszynski 635, 637.

Ofner, R. 105, 541, 622.
Ogilvie u. Lindfield 498.
Ohe, von d. 451.
Oppenheimer 167, 172.
Orth, P. 514.
Oppenheimer 167, 172.
Orth, P. 514.
Osborne, Th. B. 154, 157, 161, 162.
Ost 105.
Ostrejko 604.
Ostwald, W. 85, 86, 158.
— Wo. 249, 250, 252, 543.
Overton 23, 119.
Owsianikow 339.

Paal, 160.
Paar 383.
Paine 492, 493, 542, 591.
Pachlopník, F. 141, 307, 319, 322, 386, 387, 389, 390, 410, 425.
Pagnoul 38.

Parcus u. Tollens 112.
Parrot 249.
Pasteur 281.
Pauli, W. 158.
Pauly 142, 143.
Payen 495, 603.
Peck, S. 430, 431, 432.
Peek 543.
Peklo 114.
Péligot 87, 90, 101, 102, 103, 493.
Pellet, H. 73, 78, 91, 93, 100, 177, 193, 200, 208, 422, 424, 430, 432, 556, 557, 566, 569.
Pellet u. Grobert 427, 428.
Pelouze 121.
Perier-Possoz 336.
Petermann 202.
Peters u. Phelps 454.
Pfeffer 2, 10, 24, 30, 249.
Pfeifer 574.
Philipp-Forstreuter 278.
Pick, H. 629.
— L. 105.
Pictet, A. 80, 648.
Plato 69.
Pockels 632.
Pollak, H. 90.
— S. 485, 491.
Polster, C. 465.
Preißler 262, 263.
Preuß 105.
Pringsheim 2.
Prinsen-Geerligs 327, 334, 434, 488, 517, 533, 554, 636.
Procházka, J. 244, 246.
Proffit 101.
Pšenička 374, 375.

Quincke 612.

Rabbethge 266.
Radlberger, L. 141, 243, 636, 638.
Ravnikar, J. 114.
Rayleigh 632.
Rees 569.
Reich 636.
Reichardt, H. 106.
Reichert 499.
Reinbrecht 635.
Reinecke 323, 596.
Reinke, J. 116.
Reischauer, W. 414.
Remy 24, 189.
Renard 214.
Riebeth 629.
Ripp, B. 82.

Ritthausen 108, 158, 159, 162.
Robert, J. 22, 265, 282, 368.
Rody 186, 527.
Rohland 542.
Röhmann 166.
Rollo u. Péligot 301.
Roemer, Th. 185, 245.
Rona, P. 617, 619.
Rose, H. 95, 401.
Rosenkranz 2.
Rosowski 63.
Rossignon 144.
Roubínek, J. 491. 515, 584.
Ruby 572.
Ruckdeschel 82.
Rueff 416, 443, 445.
Ruff 607, 629.
Ruhland 161.
Rümpler, A. 37, 40, 97, 98, 177, 196, 305, 307, 312, 313, 327, 350, 424, 425, 430, 465, 563.
Rydlewski 284, 368, 369, 370.

Sabanieff 78.
Sachs, F. 210, 211, 212, 222, 239, 290, 396.
Saillard, E. 93, 199, 215, 243, 296, 329, 407, 529, 533, 572.
Salich, R. 255, 434, 567.
Samuely 544.
Sarcin, R. 281.
Sauer 630, 631.
Saussure 30.
Savinow 63.
Sázavský, V. 69, 453, 459, 521, 522, 524, 593, 653.
Schaer 368.
Schacht, H. 114.
Schaumann 175.
Schecker, G. 209, 572.
Scheibler 36, 37, 38, 40, 44, 45, 61, 66, 102, 103, 107, 108, 111, 121, 140, 142, 145, 146, 149, 152, 153, 181, 196, 202, 204, 275, 291, 304, 388, 395, 494, 495, 498, 510, 535, 593.
Scheunert, A. 176.
Schiff 78.
Schlosser 437, 469, 650.
Schmidt, E. 351.

Schmitz 67.
Schneider 480, 481.
Schneidewind 186, 193.
Schnell 92, 93, 300, 635.
Scholl 638.
Scholtz 310.
Schöne, A. 271, 578, 579, 617.
Schönrock 68.
Schrader, A. 127, 278.
Schubert, F. 57, 638.
Schukow 66, 142, 532, 550, 551.
Schulz 137, 256, 285.
— H. 602.
Schulze, E. 12, 15, 43, 140, 142, 146, 147, 148, 154, 159, 167.
Schulze, Urich u. Barbieri 182.
Schunck u. Marchlewski 11.
Schützenberger 538.
Seelhorst 20.
Sehring 291.
Seidner, M. 398.
Sellier 147, 148, 181, 182, 296, 416.
Sequeira, de 463, 464.
Seyffart 88.
Sickel 37.
Siegert 312, 333.
Siegfried u. Schutt 388.
Siegmund, W. 141, 636.
Silin, P. M. 232, 308.
Silsbee 101.
Simmich 3, 81, 234, 247, 458, 545.
Sipjagin, A. S. 593.
Skärblom 38, 39, 40, 42.
Slobinski, J. 586, 587.
Smith 589.
Smolenski, K. 39, 135, 139, 140, 145, 147, 150, 151, 163, 166, 179, 180, 181, 182, 187, 204, 270, 387, 533, 541, 562, 585, 645.
Sörensen 349.
Solon 650.
Sommerfeld, R. 41, 45, 47, 48, 56, 57.
Sostmann 31, 72, 93, 94.
Soubeyran 75.
Souček, J. 34, 188, 221.
Soxhlet 642.
Spengler, O. 10, 16, 39, 69, 70, 199, 211, 358, 456, 487, 497, 498,

523, 524, 529, 530,
531, 556, 565, 607,
608, 615, 616, 630,
632, 633, 646.
Spiller 122, 305.
Spoehr u. Gee 14.
Spohr 86, 326.
Spörry, E. 629.
Sprengel 24.
Stammer 40, 60, 209, 216,
222, 240, 254, 336,
587, 595.
Staněk, Vl. 62, 68, 82, 90,
93, 100, 122, 123, 138,
140, 143, 144, 149,
150, 151, 152, 154,
163, 173, 195, 196,
199, 200, 202, 203,
211, 244, 245, 286,
297, 299, 302, 307,
310, 311, 312, 317,
318, 319, 327, 330,
334, 336, 338, 340,
341, 342, 360, 365.
366, 370, 375, 376,
379, 380, 385, 386,
388, 389, 390, 393,
410, 435,. 437, 453,
455, 457, 458, 466,
467, 468, 505, 515,
518, 528, 538, 539,
542, 543, 544, 565,
566, 569, 570, 604,
646.
Steffen 567, 580.
Stěhlík, V. 34, 35, 221.
Stein 114.
Steudel 175.
Stiegelmann 635, 638.
Stiepel, K. 325, 326, 327,
576.
Stift, A. 112, 113, 114,
177, 240, 293, 307,
395, 396, 423, 537,
563, 646.
Stoklasa 9, 25, 31, 43, 46,
50, 122, 171, 647.
— , Jelínek, Vítek 30.
Stolle 78, 79, 93, 95, 96,
97, 370, 589, 597, 601,
640, 641.
Stoltzenberg, H. 120, 151,
541, 544.
Strakosch, S. 15, 16.
Strecker 152.
Strohmer, F. 10, 16, 17,
20, 26, 27, 29, 30, 105,
106, 109, 110, 131,
188, 189, 202, 203,
228, 229, 230, 231,

232, 234, 239, 240,
242, 255, 293, 329,
417, 447, 449, 488,
489, 494, 531, 567,
569, 575, 604, 646.
Stromeyer 87.
Stutzer 323, 360, 368.
Suarez 50.
Şuchomel 335.
Šandera, K. 64, 67, 68,
334, 499, 515, 645, 646.
Šebor 45, 222.
Šilhavý 443, 445.
Škola, Vl. 39, 144, 242,
311, 312, 378, 412,
420, 443, 444, 445.
Štěrba 500.

Taegener, W. 485.
Těrechov, P. 89, 553.
Teraszkiewiczówna 39.
Teixera-Mendes 335, 534.
Theile 416.
Thieler, G. 652.
Thompson 65.
Tian 64, 66.
Tiemann 487.
Tlamych 260.
Tollens 46, 49, 106, 107,
108, 111, 112, 114,
200, 302, 304, 535.
Tödt, F. 341, 351, 356,
358, 359, 460, 499,
510, 523, 543, 552,
630, 631, 646.
Traegel, A. 16, 68, 137,
138, 171, 387.
Traube, J. 630, 631, 632.
Trier, G. 163, 166, 167,
174.
Trillat 84, 85.
Troje 46.
Tromp de Haas 49.
Tschaskalik 411, 435, 439,
Tschirch 173.          [649.
Tumová, B. 626.

Ullik 46, 47.
Urbain 177.
Urban, J. 8, 33, 34, 100,
105, 177, 178, 179,
188, 191, 193, 194,
195, 212, 217, 218,
220, 221, 223, 225,
237, 394, 565, 573.
— K. 428, 508, 520, 521,
539, 566, 572.
Urich, A. 142, 159.

Vašátko, J. 331, 616, 617,
618, 619, 630, 643.

Vavrinecz. G. 523.
Ventzke 61.
Verfasser 117, 180, 183,
189, 191, 192, 195,
211, 237, 276, 277,
290, 291, 294, 342,
354, 364, 378, 414,
423, 431, 434, 450,
461, 474, 478, 481,
498, 505, 506, 509,
510, 520, 523, 525,
529, 530, 537, 538,
560, 561, 564, 581,
586, 593, 594, 595,
604, 626, 636.
Vermehren 73.
Vibrans 283.
Viehban 400.
Vítek 171.
Vivien 433, 434.
Vogel, H. 647, 648.
Volmer 64, 80.
Votoček, E. 45, 133, 134,
243.
Vnuk, K. 102, 103, 535.
Vondrák, J. 147, 152,
163, 171, 178, 186,
196, 199, 200, 242,
286, 288, 308, 319,
330, 339, 340, 342,
345, 365, 367, 379,
382, 383, 403, 435,
437, 455, 457, 458,
544, 555, 567, 569, 570.
Vyskočil 542.
Vytopil 633.

Wackenroder 77.
Wachtel 313, 314, 321,
344, 534, 536.
Wagner, E. 227.
Walberg 590, 591, 592.
Walkhoff 636.
Wassilieff, M. 77, 466.
Watermann u. de Wys
498.
Weber 82.
Wehrung 93, 329, 407,
572.
Weidenhagen, R. 10, 16,
71, 107.
Weiland 520.
Weiler 72, 494.
Weimarn, P. 67.
Weinberg 632.
Weinzierl, J. 575.
Weisberg, J. 49, 75, 76,
91, 92, 94, 97, 110,
121, 122, 201, 203,
304, 315, 318, 331,

332, 337, 396, 403, 422, 424, 426, 430, 432, 434, 435, 563, 568.
Weiser, S. 527, 530.
Weißenberg, G. 616.
Wenk 63.
Wenzel 166.
Werschaffel 424.
Weyr 125.
Wiechowski 629.
Wiesner, J. 603, 609.
— 6, 59, 256, 257, 260, 373.
Wiley 100.

Wilfahrt 24.
Wilhelmj 49.
Wilhelmy 325.
Willstätter, R. 11, 173.
Wilson 39.
Windaus u. Rahlén 132.
Winkler 77, 372.
Wiszynski 380.
Wohl 502.
— u. van Niessen 48.
Wohryzek, O. 208, 209, 212, 219, 244, 480, 497, 603, 604, 605, 606, 626.
Wolf, J. 244.

Wolff 50, 192, 193.
Wolff, J. 9.
Wulff, L. 62, 66, 489, 509.
Wunsch 604.

Zafouk 538.
Zagleniczny 596.
Zerban, F. W. 543, 622.
Ziebolz 638.
Zimmermann 646.
Zscheye, H. 451, 468, 493, 584, 651.
Zujew 316, 524.
Zwet v. d. 617.
Žert 453, 606, 633.

# Sachverzeichnis.

Siehe auch Inhaltsverzeichnis (Seite VII—XI).

Die Zahlen bedeuten Seitenzahlen. Hauptstellen sind fett gedruckt.
Was nicht unter C siehe unter K oder Z.


**Abbau** der Eiweißkörper s. Eiweißkörper.

Abbauprodukte der Eiweißkörper s. Eiweißkörper.

— des Zuckers s. Zersetzungsprodukte.

Abblatten der Rüben 17, 18.

Abkühlung der Füllmassen in d. Sudmaische 478.

— des Rohzuckers 574.

Abreißmethode 630.

Absorption s. Adsorption.

Absüßen der Schlammpressen 380, 381, 382, 383, 391, 392, 393, 403.

— der Spodiumfilter 598, 599, 609.

Absüßwässer der Schlammpressen 380, 381, 382, 383, 570.

— — — Scheidung und Saturation der 380, 403.

Abwässer der Diffusison 134, 172, 266, 267, 277, 285.

— — — Rückführung der 278.

Acetamid 121.

Acetaldehyd. 84.

Aceton 84, 640.

Acidität, aktuelle 353.

— der ätherlöslichen Säuren 418, 419, 475, 746.

— des Rohsaftes 272, 273, 274, **295**, 300.

— der Rübe 22.

— des Zuckers 577, 578.

Acidol (Chlorbetain) 151.

Aconitsäure 31, 127, 128, 306.

Acrolein 344.

Adenin 159, **165**, 166, 540, 541.

Adipinsäure 121, 123, 124, 305, 346.

Adsorbendum (Adsorbend) 613.

Adsorbens 613.

Adsorption 14, 63, 167, 330, 331, 611, 612.

— der Ionen bei Entfärbung 459.

— von Kolloiden 459.

— von Stickstoffsubstanzen 459.

— an Zuckerkrystallen 493.

— s. a. Entfärbung, Fällungserscheinungen.

Adsorptionsisotherme 70, 169, **613, 628**.

— -gleichgewicht 627.

— -gleichung 169, **613**, 617, 627.

— -verbindungen 543, 612.

— -wirkungen 167, 169, **611**.

Affinade, Nichtzuckerverhältnis 581. 582.

— Zusammensetzung der 582.

Affination, Definition 579.

— Durchführung 580, 581.

— Deckdauer 583.

— Wassermenge 580, 581, 584.

— — und Ausbeute 581, 584.

Affinationssirupe, Nichtzuckerverhältnis der 582.

— Trennung der 580.

Affinierbarkeit der Zucker (s. a. Rohzucker) 580, 581, 852.

— und Krystallform 500, 581.

— Rückgang der 582.

Agglutination 136.

Aglykon 136.

Aktivatoren 169.

Aktivkohlen s. Entfärbungskohlen.

Aktivierungsprozeß 605, **606**, 607, 608.

Alanin 82, 162.

Albumin 156, 158, 160.

Albuminate 59.

Albumosen 10, 156, 160, 161, 170.

Aldehyde 130, 458.

Aldehydalkohole 13.

Aldehydsäuren **130**.

Aldehydschleimsäure 51.

Alkalialkalität s. Alkalität.

Alkalien 5. 403.

— im Kalkstein 397, 398.

— in Rüben 193, 194, 195, 196.

— in Säften 288, 322, 345, 412, 451.

— des Scheidekalkes 310.

Alkalität, aktuelle 353.

— Alkali- 322.

— Ammoniak- 322, 419.

— Bestimmung der (s. a. Wasserstoffionenkonzentration) 349, 350.

— Kalk- 322, 345, 348.

— natürliche 348, 350, 351.

Alkalität, optimale 650.
— veränderliche, der Klären 586.
— des Dicksaftes 358, 421, 456.
— des Dünnsaftes 356.
— der Klären s. Klären.
— der I. Saturation 356, 358.
— Rest (End) 351, 356, 358.
— des Scheidesaftes 92, 93.
— wirkliche 349, 350.
— und Saftfarbe 359, **457**, 624, 625.
Alkalitätsbildner 346, 347, 348, 412, 419.
Alkalitätssteigerung 422, 423.
Alkalitätsverminderung (Rückgang) 144, 346, 413, **415** —421, 462, 475, 476, 505, 517.
— Chemismus 415—421.
— Folgen der 421, 572.
— Ursachen der 416, 417, 420.
Alkalitätsverzehrer 346, 347, 417, 419, 421.
Alkalisaccharate **89**, 301.
Alkaliseifen 306, 344, 423.
Alkanarot 116.
Alkoholate 87.
Alkohol 123, 171.
Alkoholsäuren 126, 129.
Allantoin 130, 163, **164**, 179, 180, 181, 182, 308, 309, 540.
Allantursäure 164.
Ameisensäure 13, 14, 22, 31, 73, 81, 122, 390, 534, 535, 640.
Amethystfarbstoff 69, 456.
Amide 61, 122, 144—148, 186, 189, 200, 218, 537.
— Spaltung 145, 146, 148.
— Verhalten im Betriebe 307, 318, 327, 346, 347, 537.
— Vorkommen 19, **144**, 145, **146**, 147.
Amidgärung 518, 519.
Amidstickstoff 177, 178, 183, 237, 238, 288, **289**, 416.
— Wanderung im Betriebe s. Substanzbewegung.
Amine (s. a. Amide) 121, 151, 539.
Aminobersteinsäure s. Asparaginsäure.
Aminoisobutylessigsäure s. Leucin.
Aminoglutarsäure s. Glutaminsäure.
Aminosäuren, Chemie der **138**, 138, 149, 155, 161, 162, 170, 184, 200.
— Verhalten im Betriebe 298, 299, 307, 318, 327, 346, 347, **388**, 389, 518, 519.
Aminosäurestickstoff 177, 178, 458, 475, 476.
Ammoncarbonat 410, 419, 420.
Ammoniak, in Brüdenwässern 419, 420, 443, 444, 445.
— Gewinnung 441—446.
— in Melassen 525, 527, 529, **537**, 539.
— — Rüben 177, 180, 181, 182, 183.
— — Säften 412, 416.

Ammoniakalisches Schäumen 520.
Ammoniakalkalität s. Alkalität.
Ammoniakstickstoff (s. a. Stickstoffformen) 177, 183, 537.
Ammoniumsalze 346.
Amylase 10.
Amylum s. Stärke.
Anorganische Nichtzucker s. a. Asche.
— — der Rüben 190—197.
— — der Melassen 531, 532, 533.
— — der Rohzucker 486, 487, 488, 499, 500, 501.
— Säuren der Rüben 192, 193.
Anthocyane 119.
Anthrachinon 638.
— Amido- 638.
— -sulfosäuren 638.
Anthrazen 638.
Anticromos 610, 622.
Äpfelsäure 121, 123, **126**, 129, 141, 200, 306, 319, 320, 387.
Äpfelsaure Salze 200.
Apoglucinsäure (Apoglycinsäure) 73, 454, 455, 535.
Araban 12, 45, 46, 49, 50, 52, 58, 304, 534.
Arabin 44, 47.
Arabinose 44, **45**, 47, 49, 51, 52, 53, 54, 56, 58, 113.
Arabinsäure 44, **45**, 200, 535.
Arabit 46.
Arabonsäure 46.
Arbeitsweise, die beste in Rohzuckerfabriken 378, 379, 652.
Arginin 162, 537, 540.
Aromatische Stoffe 117, 118.
Arsen im Rohzucker 488.
Asche in Raffinaden 646.
— im Rübenblatt 9.
— elektrische **334**, 449, 646.
Aschenbestandteile s. anorganische Nichtzucker.
— des Marks 60.
— der Rübe 1, 4, 10, 28, **24**, 190—197.
— des Rohzuckers 486, 487, 488, 498.
Aschenbestimmung in Rohzuckern 498, 499.
Aschenfaktor 498.
Aschenkoeffizient (s. a. Aschenfaktor) 493, 494, 532.
Aschenquotient 191, 210.
Aschenrendement s. Rendement.
Asparagin, Chemie 140, 141, **144**, 145, 146, 147, 148, 149, 162, 179, 180, 182, 198.
— Verhalten im Betriebe 307, 308, 309, 319, 321, 412, 416.
— Vorkommen 10, 140, 520, 544.
Asparaginsäure **140**—146, 148, 162, 181, 201, 536.

Asparaginsäure, Verhalten im Betriebe 308, 309, 318, 319, 320, 389, 475.
Aspergillus 578.
Assimilation anorganischer Bestandteile 20, 21.
— des Kohlenstoffes 11, 13, 14, 16, 29, 647.
— des Phosphors 20, 125.
— des Stickstoffes 18, 19.
Asymmetrischer Kohlenstoff 126, 129, 141, 168.
Atemhöhlen 4, 7.
Ätherlösliche organische Säuren 123, 125.
— — — der Melassen 520, 529, 538, 541.
— — — in Füllmassen 475, 476.
— — — Wanderung der, s. Substanzbewegung.
Äthylacetat 244, 245.
Äthylalkohol 241.
Atmung, aërobe 19, 28, 39, 228.
— anaërobe (intermolekulare) 30, 170, 171, 229, 232.
— unterbrochene 30.
— als Ursache der Zuckerverluste in den Mieten 29, 30, 228—235.
Atmungsgleichung 29.
Atmungskohlensäure 228, 229, 230, 232.
Aufkochen (s. Auskochen) 325, 328.
Ausbeute in Raffinerien (s. Verluste) 216, 218.
— in Rohfabriken s. Verluste.
— beim Affinieren 495, 496, 580, 581, 584.
— beim Schleudern der Füllmasse s. Füllmasse.
Ausflockung 354, 357.
Auskochen der Knochenkohle mit Ätznatron 602.
— — — mit Soda 599.
— des Dünnsaftes, Chemismus des 367, 408, 409, 410, 411, 420, 422, 423, 429, 435, 443, 649, 650, 651.
— der Raffinadefüllmasse 646.
— der Verdampfstation 439, 440, 441.
Auslaugung in der Diffusion 255, 256, 263, 264, 265, 266, 268.
— Höhe der 263, 264, 265, 266.
— ungleichmäßige 262, 263.
Ausscheidungen in den Verdampfapparaten 121, 122, 123, 124, 125, 126, 127, 128, 129, 329, 330, 332, 336, 423.
— — — Gesetzmäßigkeiten 429, 430, 431, 432.
— Ursachen der 408, 415, 423, 424, 425.
— Zusammensetzung 424, 425, 426, 427, 428, 429, 430, 431, 432.
— in Raffinerievakuen 586.
Aussalzen 157.

Aussüßen s. Absüßen.
Auswaschverfahren zur Ermittlung des Krystallgehaltes.
— im Rohzucker 495—498.

Bac. coli 271.
— mesentericus vulgatus 271.
— Preisii 243, 244.
— subtilis 244, 291.
— gelatinosum betae 274.
Bakterien s. a. Mikroorganismen.
— Tätigkeit in der Diffusion 271, 272, 276, 281, 567.
— — beim Lagern des Rohzuckers 574, 575, 578.
— — in den Schnittegruben 280, 281, 282.
— schleimbildende 243, 271.
Baryumsaccharate 89.
Beginn der Ernte 227.
Beginn der Kampagne 227, 228.
Benzaldehyd 84.
Benzol 118.
Bernsteinsäure 121, 123, 124, 126, 129, 140, 145, 163, 305, 346, 535.
Beta cycla 150.
— maritima 150.
— trigyna 150.
— vulgaris 1, 119.
Betaïn 149, 150, 151, 152, 153, 162, 179, 180, 181, 182, 184, 186.
— Vorkommen des 8, 150, 237, 536, 537, 538, 542, 550.
— Verhalten im Betriebe 308, 309, 319, 345, 389.
Betarot 116.
Betasterin 133.
Betriebskontrolle bei der Diffusion 289.
— bei der Scheidung 349, 350, 359.
Betriebsschwierigkeiten (s. a. Verarbeitung) 189, 308, 465, 466.
— durch das Einmieten 228, 234, 235, 239.
— durch das Gefrieren und Wiederauftauen 240, 241, 242, 244.
— durch schleimfaule Rüben 244, 245, 246.
— durch Schwerkochen s. d.
Betriebswasser 433, 434, 585.
Bewegung von Substanzen im Betriebe s. Substanzenbewegung.
Beziehungen zwischen
Zucker und Asche 191, 192, 197, 215, 220, 224.
— — Kali 193, 194, 215, 224.
— — Natron 193, 194, 215, 224.
— — Nichtzucker 193, 206—216.
— — Phosphorsäure 193, 194.
— — Stickstoff 193, 195, 196, 213, 214, 215, 220, 221.

Beziehungen zwischen
    Zucker in Rübe und Reinheit der
        Rübe 211, 212, 224.
    der Rübe und Reinheit des Roh-
        saftes 212.
Bicarbonate 405, 408, 409, 410.
Binnenluft der Rüben 28, 276, 277.
Biokatalysatoren (Vitamine) 173.
Bistrontiumsaccharat 89.
Blankit, Chemie des 634, 635.
— Darstellung des 634.
— Inversionsfähigkeit des 635.
— Verwendung des 84, 636.
— Wirkungsweise des 84, 635.
Blattgrün, s. Chlorophyll 3, 10.
Blattnervatur 8.
Blattspurstrang 5, 8.
Blattstiele 8, 31, 122.
Blätter, Funktion der 6, 7, 8, 9, 16.
Blaumittel in der Raffinerie 636, 637,
    638.
Blei, in Ausscheidungen 426, 427.
Bleichstoffe 634, 635, 636.
Bleichsucht (s. Chlorose) 26.
Bleiraffinosat 112.
Bleisaccharat 89.
Bodenacidität 189.
— -beschaffenheit 189, 196.
— -kalkgehalt 189.
— -kohlendioxyd 647.
Bor in der Rübe 196.
Brenntemperaturen des Kalkcarbonats
— des Kalksteines 400.     [400.
Brenzcatechin 59, 117, 118, 119, 502.
Brenzweinsäure 124, 129.
Brom 28.
Brownsche Bewegung 249.
Brüdenwässer
— Ammoniakverlust der 419, 420, 443,
    444, 445.
— Ammoncarbonat der 419, 420, 443.
— Kohlensäure der 419.
— Zersetzungsprodukte des Zuckers
    in 640.
Buttersäure 390, 534, 535.
Buttersäuregärung 86, 275, 276, 277, 281.

Calcium (s. a. Kalk) 24, 25, 27.
— -bicarbonat s. Bicarbonate.
— -carbonat s. Kalkcarbonat und
    Kalkstein.
— — Ausfällung 391, 392.
— — Entfärbung vom gefällten 392,
    460, 621, 623.
— — Löslichkeit in Zuckerlösungen
    93, 96.
— — Verhalten im Betriebe 330, 331,
    334, 420.
— -oxalat (auch oxalsaurer Kalk) 424,
    425, 426, 430.

Calciumsaccharate 87, 88, 89, 93.
— -sulfat, Löslichkeit 93, 94.
— -sulfit, Löslichkeit 328.
Capillaraktive Substanzen s. ober-
    flächenaktive Substanzen.
Caramel 64, 81, 82, 84.
Caramelan 78, 80, 82.
Caramelazinfarbstoffe 545.
Caramelen 78, 80, 82.
Caramelfarbstoffe 456, 623, 635.
Caramelin 78, 80, 82.
Caramelisation (s. auch Zersetzungs-
    produkte des Zuckers) 80, 81, 417,
    418, 518, 535, 572.
— als Farbursache 468, 469, 470, 471.
— Ursache für Zuckerverluste s. Ver-
    luste.
Caramelkörper, Bildung 78, 79, 370, 640,
    641.
— als Farbstoffe 453, 455, 458, 641.
— Verbindungen 80.
— Vorkommen 83, 477, 534, 535.
Carbaminsäure 138, 147, 388.
Carbaminate 143, 147, 319, 388, 410, 411.
Carbonatasche 190, 405.
— in Mark 90.
— in Rohzucker 486, 487, 498.
— in Rüben 191, 193.
— Verhalten im Betriebe (s. a. Aus-
    kochen) 360, 362, 363, 405, 431.
Carboraffin 295, 593, 604, 605, 611, 614,
    617, 618, 619, 623, 625, 626, 631.
Carnin 166, 540.
Carotin 114.
Casein 26, 160, 162.
Catechin 119.
Cäsium 28.
Cellulose 1, 4, 12, 42, 43, 50, 81, 170.
— -arten 37, 43.
— im Mark 42, 43.
— in Zellwand 1, 12.
Cerebronsäure 153.
Cerobroside 152, 153, 175.
Chemosorption 612.
Chlor im Stoffwechsel der Pflanze 27,
    28.
— in Rohzuckerfabrikation 652, 653.
Chlorbetaïn 151.
Chloride im Betriebe 386, 389, 474, 652.
Chlorophyll 3, 6, 8, 10, 11, 13, 14, 15,
    25, 26, 61.
— -gehalt 9, 11.
Chlorophyllase 11, 167.
Chlorose 26.
Cholesterine 132, 133, 136.
— Vorkommen 23, 132.
— tierisches, s. Phytosterin.
Cholin 150—153, 179, 181, 182, 308,
    309.
Chromogen 115, 116, 368.

Chromoplasten 10, 114.
Citracinsäure 128.
Citrate 122, 127, 464.
Citronensäure, 22, 31, 86, 123, **127,128.**
— im Betriebe 306, 311, 317, 319, 320, 346, 385, 386.
— im Schlamme 425, 426.
Clergetpolarisation 48, 201.
— in Rohzucker 485, 491.
Colorimeter 453, 454.
Coniferin 43, 58, 59.
Coniferylalkohol 58, 59, 492.
Cuticula 7.
Cutinsubstanzen 4.
Cyanverbindungen in der Knochenkohle 589, 614.
Cystasen 169.
Cytoplasma 2.

**D**ampfnebeldecke 580.
Dämpfen des Spodiums 599, 600.
Darren des Spodiums 600, 601.
Dauergewebe 4.
Decken des Rohzuckers s. Affination.
Deckkläre 585.
Deckwassermengen s. Affination.
Dekantation d. Scheideschlammes 311, **378.**
Deplasmolyse 23.
Dextran 200, 304, 536, 548.
— im Rohsafte 274.
Dextrangärung (s. schleimige Gärung) 132.
Dextrine 641.
Dextrose 15, 71, 73, 75.
Dialyse 250.
Diaminosäuren 540.
Diastase 122, 168, 169, 170, 171, 172.
Dicksaft, Entfärbung 458, 459, 460.
— Farbe 452—458.
— Filtration 446, 447, 448.
— Quotient u. Quotient des Rohsaftes 450.
— Quotient, berechnet aus schädlichem Stickstoff 217, 218.
— Saturation 451.
— Schwefelung 450, **451,** 452.
— Schwerkochen 462, 463, 464, 465.
— Verkochen 460, 461, 402.
— Zusammensetzung 449—452.
Diffusion, gehemmte 250.
— heiße **257,** 258, 259, 270.
— kontinuierliche (stetige) 278.
— Theorie der 248—254.
— Gärungserscheinungen 271, 275, 276.
— Inversion 271, 272, 296.
— Invertzucker 272, 273, 296, 297.
— Verhalten der
— — Alkalien 269.
— — Aminosäuren 262.

Diffusion, Verhalten der Aschebestandteile 256, 261, 270.
— — kolloiden Stoffe 251, 252.
— — Eiweißkörper 261, 262.
— — Markbestandteile 256.
— — organ. Säuren 261.
— — Pektinkörper 256, 260.
— — Stickstoffkörper 261, 262, 269, 270, 271.
— — Zuckers 270.
Diffusionsgeschwindigkeit 251, 252.
Diffusionskoeffizient 252.
Diffusionssaft s. Rohsaft.
Diffusionstemperaturen 256, 257, 260, 269, 270.
Diffusionswasser (s. a. Betriebswasser) 266, 267, 275.
Digestion der Rüben (wäßrige) 197, 198, 199, 202, 211.
Dicalciumsaccharat (Calciumbisaccharat) 88, 314.
Dioxybenzoesäure, s. Protocatechusäure.
Dioxybernsteinsäure s. Weinsäure.
Disaccharide 71, 81.
Dispersion 67, 252.
Dispersoide 252.
Dissimilation 29.
Dissoziation, elektrische 85, **352.**
Dissoziationsgrad 352, 354.
Dissoziationskonstante 122, 123.
Divicin 166.
Dolomitkalk 398, 405, 451, 505.
— -scheidung 398, 403.
— f. Sirupe 505.
Drehung, optische 67, 68.
— der Nichtzuckerstoffe s. optisch aktive Nichtzuckerstoffe.
— d. Rohrzuckers 67, 68.
Druckverdampfung 435, 437.
Druckwasser s. Diffusion u. Betriebswasser.
Düngung 189.
— Einfluß auf die Rübe 188, 189, 190, 194, 195.
Dünnsaft, Alkalität 412.
— Auskochen 408, 409, 410, 411.
— Entfärbung 414, 415, 458.
— Farbe 413, 452—458.
— Kalkformen im 406, 411, 412.
— Oberflächenspannung 413, 414.
— Schwefelung s. Schwefelung d. Säfte.
— Verdampfung 415—439.
— Zusammensetzung 411, 142, 413.

Edestin 157, 158.
Einlagerung von Rohzucker 574, 575.
Einmaischverfahren 613, 626.
Einmieten der Rüben 228—239.
— — Vorgänge in den Mieten 184, 235 bis 239.

Einmieten, Zuckerverluste 235—239.
— der ausgelaugten Schnitte 279,
280, 281, 282.
— — — — Chemische Vorgänge beim
280—284.
Einmietungsversuche mit Rüben 233,
234, 235.
Einteilung der Eiweißkörper 155, 156.
— der Nichtzuckerstoffe 61.
Eisbildung in Rüben 239.
Eisen im Stoffwechsel 26.
Eisenoxyd in den Säften 320, 321, 649.
Eisenoxydul, Verhalten bei der Schei-
dung und Saturation 320, 321, 649.
Eisensaccharate 87.
Eisensalze im Rohzucker (s. a. Grau-
färbung) 487, 488.
Eiweißkörper, Analysen von 156, 162.
— Aufbau im Pflanzenleibe 4, 8, 10, 18,
19.
— Chemie der 154—163, 200, 201.
— Spaltung (Abbau) 138, 139, 159,
234, 237, 538, 540, 557, 558.
— Spaltungsprodukte 139, 141, 143,
155, 159, 160, 162, 163, 184.
— Synthese 183, 155.
— Verhalten im Betriebe 292—299,
307, 318, 385, 386, 412—416.
— Vorkommen in Melasse 548.
— Vorkommen im Rübenmarke 59.
— Vorkommen im Rübensafte 159, 177,
179, 184, 186.
— Vorkommen in Betriebssäften 557,
558, 559, 560, 561, 562, 563.
Eiweißfiltration 293, 294, 296.
Eiweißstickstoff 177, 178, 183.
Elektrische Asche 334, 499.
Elektrische Leitfähigkeit 523.
Elutionslaugen 139, 140.
Emulsin 72, 170.
Endalkalität der 1. Saturation 357.
Endosmose 250.
Endsättigung 650.
Entfärbung von Säften und Klären s.
Entfärbungskohlen.
Entfärbungskohlen (aktive Kohlen) 63,
295, 449, 458, 460, 559.
— Adsorptionswirkungen (s. Adsorp-
tion) 607, 611.
— Aktivierungsprozeß 604, 605, 606,
607.
— Arbeitsweise (Methodik) 615, 616,
625, 627, 628, 653.
— Aussüßen 629.
— Bewertung 629, 630, 631, 632, 633.
— Capillarität 608.
— Carboraffin s. d.
— Definition 603, 605, 606.
— Dosierung 609.
— Einteilung 603, 606.

Entfärbungskohlen, Entfärbung s.
Wirkungen.
— — — -kurve 628.
— — von Dicksaft 458, 459, 460.
— — von Dünnsaft 414, 415, 458.
— — von Klären 615—629.
— — von Rohsaft 295.
— Herstellung 605, 606, 607.
— Imprägnationskohle 606, 618.
— isoelektrischer Punkt 615, 633.
— Kohlenstoff der 614.
— Leistungsprüfung s. Bewertung.
— Nachentfärbung 627.
— Norit s. d.
— Oberflächenspannungswirkungen
621, 622, 630, 631, 632, 633.
— Regenerierung 629, 631.
— Sorten s. Carboraffin, Norit, Eponit,
Polycarbon.
— Struktur 610, 611, 613, 614.
— Technologie 625, 626, 627, 628, 629.
— Verhalten gegen Alkalität 620, 624,
625, 627.
— — — Aschenbestandteile 623, 624.
— — — Farbstoffe 623, 627, 628.
— — — Kolloide 619, 620, 621.
— — — Kalk 624.
— — — Saccharose 616, 617, 618, 619.
— — — Stickstoffsubstanzen 622.
— Vorteile 608, 609.
— Wasserdampfkohlen 606, 607, 617,
625, 626, 629.
— Wirkungsweise (s. Adsorption) 606,
611, 612, 619.
— Zuckerzerstörung 608, 609, 618, 619.
— Zusammensetzung 609, 610, 611.
Entfasern 291.
Entgipsen des Spodiums 599, 601.
Entkalken des Spodiums 599, 600.
Entwicklung (Reife) der Rüben 31, 33.
— Vegetationsbedingungen s. d.
Enzyme 10, 11, 15, 16, 25, 30, 58, 86,
160, 167—173, 241, 281.
— amylolitische 170.
— desamidierende 170.
— diastatische 170, 171, 173.
— glucosidspaltende 136.
— proteolitische 169, 173.
— steatolitische 169.
Enzymwirkung 168, 169, 170, 241.
Epidermis 4, 6, 7.
Epikotil (Rübenkopf) 6.
Erfrieren der Rüben 230, 239, 240, 241,
242, 243, 244.
Ernährung der Pflanzen 2, 28.
Ernte der Rüben 17, 19, 20, 184, 189,
227, 228.
Ersticken der Rüben 229.
Erukasäure 131.
Erythrophyll 119.

Essigsäure 54, 56, 81, 84, 123, 125, 127, 175, 383, 534, 535, 640.
Essigsäuregärung 86, 244, 277, 281.
Ester 89, 90, 132.
Euprotine 158.
Eutektische Mischungen 552.
Exosmose 250.
Extinktionskoeffizient 546.
Extraktion nach Scheibler 36, 197, **198**, 202.
Extraktstoffe 113.

Farbe (s. a. Verfärbung Entfärbung).
— der Klären 585, 586, 594, 595, 627.
— des Rohzuckers s. Rohzucker.
— der Säfte **452**, 453, 464.
— — und Kalkmenge 452, 454, 455.
— — und Schwefeln 452.
— — Ursachen 455, 456, 457, 458.
— der Zuckerkrystalle 63, 493.
Farbhölzer 114.
— -maße 453.
— -messungen 457.
— -stoffgruppen 456, 457.
Farbenerscheinungen beim Verdampfen 330, 435, 436, 437, 438, 439.
— beim Verkochen s. Verkochen.
Farbstoffe der Melasse s. Melasse.
— der Rüben 114—119, 385.
— der Säfte 452—458.
— Absorption durch Spodium siehe Knochenkohle.
— Verhalten bei der Wiederbelebung des Spodiums s. Knochenkohle.
Fällungserscheinungen 337, **338**, 366.
— bei Scheidung und Saturation **372**, 376, 386.
Fällungsmittel für Eiweißkörper 157, 540.
Fäulnis 138, 157, 161, 162.
Fehlingsche Lösung 105, 129.
Feinkorn (s. a. schlechte Krystallisation) 63, 480, 481, 498, 530.
— bei Affination 581, 584.
Fermente (s. a. Enzyme) 118, 157, 161, 167, 173, 174, 275, 276.
Ferrosalze 117, 119.
Fette im Pflanzenkörper (Bildung aus Zucker) 3, 10, 17, 18, 29, 30.
— der Rübe **130**, 132, 153, 178, 241.
— als Schaumniederschläger 344.
— gegen Schwerkochen 463.
— Verseifung der **344**.
Fettsäuren 18, 125, 130, 131, 132, 136, 140, 153, 154, 306, 307, 347.
Fibrovasalbündel 5.
Filterrückstände von Dicksaft 446, 447, 448.
— von Dünnsaft 411.
— von Grünsirup 504, 505.

Filterrückstände von Melasse 531.
Filtrierbarkeit des Dicksaftes 446, 447, 448.
— des Saturationsschlammes (s. a. Saturationsschlamm) 354, 357, 390, 393, **394**.
— der Säfte 225, 340, 411, 493, 570.
— der Sirupe 472, 504. 505.
— — — Ursache einer schlechten 447, 448.
Filtrationstemperatur 446.
Filtration der Klären, mechanische 585.
— — — über Spodium s. Knochenkohle.
Firnis, gegen Schwerkochen 468.
Fluidität, spezifische 509. (Viscosität).
Fluor 28.
Fluorescenz 68, 457.
Formaldehyd, Assimilationsprodukt 13, 14, 647.
— als Zersetzungsprodukt des Zuckers 84.
Formose 15, 84.
Froschlaich 274.
Fruchtzucker (s. a. Fructose u. Lävulose) 10, 15.
Fructosan 243.
Fructose (s. a. Lävulose) 71.
Fumarsäure 126.
Furan 640.
Furfuroïde 43, 395.
Furfurol 46, 49, 52, 58, 77, 502.
— Bestimmung des 46, 114.
Furol 120, 640.
Fusca, Grade 453.
Fuscazinsäure 82, 453, 458, 543, 544, 545.
Futterrüben 135, 140, 142, 176.
Fütterung mit Melasse 151.
Füllmassen, Arbeitsweise und Ausbeute 478—482.
— Eigenschaften chem. 471.
— Eigenschaften phys. 476, 477, 481, 507.
— Farbe 469, 471, 477.
— Krystallgehalt 479, 480.
— Verarbeitung 478, 479.
— Viscosität 477, 505.
— Zusammensetzung 470, 471, 472 bis 476.

Galaktan 12, 43, 45, 47, 48, 49, 50, 200, 305, 534.
Galaktoaraban 54.
Galakturonsäure 51, **52**, 53, 54, 56, 135.
Galaktose 37, 45, 47, 48, 49, 50, 51, 53, 54, 56, 58.
Gärungen, alkoholische 30, 86, 244.
— buttersaure 86, 600.
— essigsaure 86, 600.
— milchsaure 86.

Gärungen, schleimige 86, 271.
Gärung, nasse, des Spodiums 599, 600.
Gärungsgummi s. Mannit.
Gasbildung in der Batterie 275, 276.
Gasmaskenkohle 604, 613.
Gefrieren der Rüben 239—244.
Gerbsäureglycosid 59.
Gerbstoffe 119.
Geschwindigkeitskonstante 85.
Gewebe 3, 4, 6.
Gifte f. Enzyme 169.
Gips 336, 385, 386, 398, 412, 434.
Gliadin 156, 158, 162.
Globuline 10, 156, 158, 160.
Glucosan 45, 243.
Glucose (s. a. Dextrose) 10, 15, 43, 45,
    58, 59, 71, 82.
Glucoside 58, 134, 170, 389, 492.
Glucuronid 135.
Glucuronsäure 51, 135, 136, 137.
Glühen des Spodiums 599, 600, 601.
— — — Kohlenverluste beim 600, 601,
    602.
Glutamin 124, 140, 145, **146**, 147, 148,
    149, 162, 237.
— Verhalten bei der Analyse 198, 200,
    570.
— — im Betriebe 307, 308, 309.
— Vorkommen in Melasse 520.
— — in Rüben 179, 181, 182, 237.
Glutaminate 143, 538, 539, 550, 551.
Glutaminsäure, Chemie der 124, 140,
    141, **142**, 143, 144, 146, 147, 148, 161,
    162, 237, 570.
— Verhalten im Betriebe 308, 309, 318,
    319, 320, 389, 475.
— Vorkommen 181, 184, 204, 534, 536.
Glutarsäure 121, 123, **124**, 142, 147, 305.
Glutiminsäure 143, 144, 319, 389, 528,
    537, **538**, 539.
Glycerin 18, 23, 82, **131**, 153, 154, 306,
    **344**.
— -phosphorsäure 153, 154.
Glycerophosphatase 154, 167.
Glycinsäure (Glucinsäure) 73, 306, 455,
    535.
Glycoside s. Glucoside.
Glycylglycin 155, 161.
Glykolaldehyd 14.
Glykole 152.
Glykokoll 50, 82, 138, 139, 150, 162.
Glykolsäure 31, 121, **125**, 138, 151, 164,
    306, 307, 346.
Glykonsäure 50, 463, 464.
Glyoxal (Oxaldehyd) 130.
Glyoxalsäure s. Glyoxylsäure.
Glyoxylsäure 31, 122, **130**, 163, 164,
    306, 317, 346, 387, 425.
Grade, Ehrlich 83, 453.
— Fusca 453.

Grade, Saccharan 83, 453.
Graufärbung von Rohzucker (s. a. Roh-
    zucker) 488, **651**.
Grieß in der Kalkmilch 392, 393, 402.
Größe der Rüben 219, 220, 221.
Grünsirup (s. a. Sirup)
— Feinkorn im 479.
— Filtration 504, 505.
— Reinheit 479.
— Schwefelung 505.
— Verkochen 506, 507 (s. a. Nachpro-
    duktenarbeit).
— Zusammensetzung 479.
Guanidin 540.
Guanin 159, 160, 165, 166, 537, 540,
    541.
Guaninpentosid 166, 167, 541.
Guanin-d-Ribosid 166.

Haarwurzeln der Rübe 4, 25.
Halophyten 27.
Haltbarkeit der Rohzucker s. Roh-
    zucker und Lagerfestigkeit.
— der frischen Rübenschnitte 255.
Hautgewebe 4, 7.
Hautschichte 2, 10, 22, 24.
Harnsäure 137.
Harnsäuregruppe 164.
Harnstoff 130, 163, **164**, 165, 167,
    388.
Hämoglobin 136.
Hämolyse 136, 137.
Hemicellulosen 12, 50.
Hexane 50.
Hexonbasen 149.
Hexosen 46, 50, 79, 89.
Histidin 537.
Holzfaser 6, 225, 291.
Holzkohle 604, 605, 606, 609.
Holzstoff (s. a. Lignin) 1, 43.
Holzteil 5.
Holzzellen 1.
Homogentisinsäure 117, 118.
Huminsäure 81, 535, 536.
Huminsubstanzen (Humusstoffe) 73, 77,
    79, 81, 478, 482, 544, 546.
Hyaloplasma 10.
Hydantoin 163.
Hydratopektin 47, 52, 54, 57, 260.
Hydrochinon 118.
Hydrolyse (s. a. Dissoziation) 50.
Hydroschweflige Säure 634, 635.
Hydrosulfat (Blankit) 79, 84.
Hypokotil (Rübenhals) 6.
Hypothese von Bayer 13, 14, 15, 647.
— von Stoklasa 647.
Hypoxanthin 159, 160, 165, 166, 540,
    541, 622.
— -pentosid 166.
— -silbernitrat 622.

Idealcarbon 605.
Imbibition der aktiven Kohlen 616.
Imbibitionswasser 35, 37, 239.
Imidacolderivate 163, 164.
Imidoharnstoff 540.
Impfung der ausgelaugten Schnitte 281, 282.
Indanthren 638.
Indicatoren 345, 355.
— für Wasserstoffionenkonzentration 355.
Indol 162.
Inkrustationen der Verdampfapparate s. Ausscheidungen.
Intermolekulare Atmung 30, 31.
Intercellularräume 4, 7, 8, 239.
Intercellularsubstanzen (s. a. Zellwandbestandteile) 256, 260.
Inversion 71, 84, 85, 86.
— der Klären 585.
— des Rohrzuckers 30, 84—86.
Inversionsgefahr
— bei der Diffusion s. Diffusion.
— für Klären 585, 635.
— für Säfte 354, 356, 358.
Inversionsgeschwindigkeit 85, 172.
Inversionskonstante 85, 123, 325, 327.
Invertase 10, 16, 30, 86, 168, 169, 170, 171, 173, 242, 267.
Invertin 172.
Invertzucker, Bedeutung für die Raffinerie 585, 586, 587, 588.
— Bestimmung des 105, 106, 517, 541.
— Chemie des 99—104.
— Entstehung des 16, 30, 75, 76, 77, 85.
— — in der Diffusion 258, 272, 273.
— — in den Mieten 235, 238.
— — beim Gefrieren 241, 242.
— als Ursache von Farbe 454, 458.
— — für Kalksalze 466, 467, 468.
— Verhalten bei Analyse 198, 200, 570.
— — im Betriebe 302, 303, 348, 417, 466, 467.
— Vorkommen in Rüben 235, 241, 242.
— — in Zuckern 489, 490, 579.
— Zersetzungsprodukte 302, 303, 417, 454, 458, 516, 517, 586.
Invertzuckerquotient 210.
Ionen 352, 353, 623.
Ionisation 122.
Isocholesterin 133, 387.
Isoelektrischer Punkt 158, 357, 358, 615, 633.
Isoleucin 139.
Isosaccharosan 80.

Jod
— in Pflanzenaschen 28.
— in Rübenaschen 196.

Jod als Bezugslösung für Entfärbungskohlen 629.

Kalium im Stoffwechsel 26, 27.
Kaliumtrijodid
— als Fällungsmittel 149—152.
Kalk, gebrannter (Ätzkalk) 400, 401.
— Löslichkeit im Rohsaft 92, 93.
— — im Wasser 401, 402.
— in Zuckerlösungen 90, 91, 92.
— Zusammensetzung 402, 403.
— durch, zerstörbarer optisch aktiver Nichtzucker 202, 203, 568, 569, 570.
Kalkcarbonat (s. a. Calciumcarbonat)
— Ausfällung 465, 468.
— s. Fällungserscheinungen.
Kalken des Bodens 25.
Kalkgehalt der Säfte 350, 465.
Kalkhydrat 91, 401, 402.
Kalkhydratscheidung 371.
Kalklöschen im Wasser 380, 381, 382, 383, 401, 402.
Kalkmilch 91, 401.
Kalkmilchbereitung 402, 403.
Kalkmilchscheidung s. Scheidung.
Kalkmilchzusammensetzung 403.
Kalkofen, Temperaturen im 400.
— Vorgänge im 398, 399, 400.
— Zonen des 398, 399, 400.
Kalksaccharate, Chemie der 87, 88, 89, 90, 91, 92, 93.
— Entstehung im Betriebe s. Saturation.
Kalksalze, organischsaure 122, 235, 236, 318, 417, 462, 549, 550.
— Bekämpfung der 462, 463, 464.
— Folgen der, s. Schwerkochen.
— Mengen in den Säften 464, 465, 467, 468.
— Umsetzung mit Soda 463, 464.
— Ursachen der 272, 318.
— in Melasse 537, 532, 534, 535.
— im Rohzucker 487, 489.
Kalkseifen 132, 306, 344, 423, 468.
Kalkstein, Brennen 398, 399, 400.
— Brenntemperatur 400.
— Zusammensetzung 396, 397, 401, 405.
Kalkzugabe zu den Klären 585, 586, 587.
— zum Rohsafte 296—299.
Kalte Arbeit in der Raffination (Soxhlet) 642.
Kampagnebeginn 227, 228.
Katalasen 168, 169, 172, 173.
Katalysatoren 86, 167, 168, 519.
Katalyse 86.
Keimbildung 64.
Kieselsäure im Betriebe 310.
— in Inkrustationen 430, 431, 432, 434, 435.
— in Kalkstein 432, 433, 434.

Kieselsäure in Pflanzen 28.
Klären, Alkalität der 586.
— Filtration mech. 585, 646.
— — über Spodium 593—599.
— Nichtzucker 585, 586, 587.
— Verkochen 640, 641, 643, 646.
— Zusammensetzung 585, 586.
Knochenkohle, Allgemeines 588.
— Absorptionsfähigkeit 79, 84, 590, 591, 592.
— Aussüßen 598, 599.
— Darstellung der 588.
— Ersatzmittel 603, 604.
— Filtration über 593—599.
— Kohle der, s. Kohlenstoff.
— Kohlenstoff der 588, 593.
— Mengen in der Raffinerie 603.
— Skelett der 588, 593.
— Stickstoff der Kohle 589.
— Vor- und Nachteile 603.
— Wiederbelebung 599—603.
— Wirkung im Betriebe 558, 559, 593—599.
— Wirkungsweise 592, 593.
— Zuckerverluste 608, 609, 643.
— Zusammensetzung 588, 589, 598,609.
Koagulierbare Substanzen im Rohsaft 292.
— — in Rohsaftvorwärmern 292, 293, 294, 296, 297, 298, 299.
— — Wirkung des Kalkes 294—299.
Koagulierbarkeit der Eiweißkörper 157, 158.
Kohlen, aktive, s. Entfärbungskohlen.
— plastische 626.
Kohlendioxyd in Binnenluft 28, 29, 30.
— Chemie des 404.
— Inversionsfähigkeit 404, 405.
— Löslichkeit im Wasser 405, 406.
— s. a. Saturationsgas.
Kohlenhydrate, Bildung in Pflanzen 10, 12, 13, 14, 17, 18, 19, 26.
— Chemie der 61, 73, 81, 119, 131.
Kohlensäure s. a. Saturationsgas.
Kohlenstoff in Knochenkohle 588, 593.
Kohlenstoffverluste beim Glühen s. Glühen.
Koks 398, 399, 400, 406, 432, 433, 434.
Kollenchym 5.
Kolloide (substanzen) 63, 64, 157, 158, 250, 250, 251, 357.
— im Betriebe 320, 619, 621, 622.
— bei der Diffusion 250, 251, 252, 253.
— in Melasse 320, 542, 543, 554.
— im Rohzucker 493.
— Adsorption durch Entfärbungskohlen 619, 629, 621, 622, 633.
— — durch Knochenkohle 590, 591.
— bei Krystallisation 63, 64, 65, 459, 632.

Kolloide u. Oberflächenspannungswirkungen 621, 622, 630, 631, 632.
Kolloidwasser im Rübenmark 36, 37.
Konstitutionskalk der Knochenkohle 600.
Kontraktion der Nichtzucker 207, 208.
— des Zuckers 65.
Köpfen der Rüben 222, 226, 227, 232.
Korn, mikroskopisches, in Melasse 530.
Korkstoff 1, 12.
Korkzellen 1, 6.
Körnung des Rohzuckers 583, 584, 651.
Körperfarbe (des Rohzuckers) 483.
Krystalle, primäre 476.
— sekundäre 476.
— spitze 488, 489.
— Größe der, s. Körnung.
— im Rohzucker (Krystallwert) 496, 582.
Krystallgehalt, Bestimmung des
— der Füllmassen (s. Auswaschverfahren) 479, 480.
— des Zuckers (s. Auswaschverfahren) 496.
Krystallisation, gebremste (gehemmte) 63, 553.
— bei Weißware s. Verkochen.
— in Bewegung 506, 509.
— im Vakuum 460.
Krystallisationsgeschwindigkeit 64.
— -vorgänge 62, 63, 64.
— -wachstum 64.
Krystalloide 3, 250, 251, 547.
Krystallwasser 36.
Kulex 81, 82.
Kunsthonig 86.
Kupfer in Ausscheidungen 426, 427.
— in Rüben 28, 196.
— in Säften 426, 427.

Laccase 172.
Lactazidin 282.
Lagerfestigkeit des Rohzuckers 485, 574, 575, 577.
Lagerung des Rohzuckers, Prozesse bei 575—579.
— — — Versuche 575, 576, 577.
Laktone 49.
Laktopülpe 281, 282.
Lävulan 200, 243, 245, 342, 536.
Lävulinsäure 79, 81.
Lävulose (s. a. Fruktose) 15, 71, 82, 83.
Leichenalkaloide (s. a. Ptomaine) 157.
Leitfähigkeit, elektrische 499, 646.
Leitgewebe 4, 5.
Legumin 156, 158, 160.
Lecithin, Chemie des 131, 133, 136, 151, 152, 153, 154, 175.
— in den Rüben 153.
— Verhalten im Betriebe 389.

Lecithin, Vorkommen 10, 23, 26, 122.
— Zusammensetzung 153.
Leucin, Chemie **138**, 139, 162, 200, 201.
— Verhalten im Betriebe 308, 319.
— Vorkommen 537, 539, 540.
Leuconostoc mesenteroides 271, 274, 578.
Lichtfilter 13.
Lichtrüben 17, 189.
Lignin 1, **12**, 43.
Lignocerinsäure 153.
Liker (Deckkläre) 585, 586.
Linksasparaginsäure 141.
Linksglutiminsäure 143, 538.
Linksparapektinsäure 49.
Linksweinsäure 129.
Lipasen 169.
Lipoide 11, 23, 132, 175.
Lithium in Rüben 196.
Löslichkeit, auswählende 23.
— von Salzen in Zuckerlösungen 87—99.
— — — in Zuckersäften s. Melassebildung.
— von Raffinaden 645.
— des Zuckers im Wasser 65, 66.
Löslichkeitszahl, Definition 98.
Löslichkeitszahlen von Salzen 99.
Lösungserscheinungen des Zuckers 66, 67.
Lösungsvorgänge in der Batterie 256, 257.
— bei der Spodiumfiltratoin 597, 598.
Lösungen, übersättigte 64.
Luminiscenz 68.
Lycopin 114.
Lysin 162, 540.

Magnesium im Betriebe 310, 321, 322, 384, 403, 412, 432, 474.
— in Rüben 196.
— im Stoffwechsel 11, 26.
— bei Übersaturation 335, 336.
Magnesiumoxyd (Magnesia) in Kalkmilch 403.
— — im Kalkstein 396, 397, 398.
Magnesiumsaccharate 87, 89.
Malate 126.
Maleinsäureanhydrid 126.
Malonsäure **123**, 305.
Maltase 169, 170.
Maltose 170.
Mangan 28, 196.
Mannane 43.
Mannit 274, 305.
Mark **35**, 36, 37, 38, 39, 40, 41, 42, 43, 45, 46, 51, 57, 59, 115.
— Bestimmung 37, 38.
Markanhydrid 36, 37.
Markgehalt 38, 39, 40, 41, 225, 241.
Markzusammensetzung 12, 36.

Markhydrat 199.
Markvolumen (im Normalgewicht) 42, 198, 199.
Melanine (Melanoidine) 544.
Melasse, ideale 552.
— normale 652.
— wirkliche 523.
— anorgan. Nichtzucker 525, 526, 527.
— Aschenkoeffizient 532, 533.
— Aschengehalt 531, 532, 533.
— Aschenzusammensetzung 526, 527.
— Definition 521, 522, 552.
— Farbstoffe 81, 543—546, 623, 630.
— Filtration 531.
— Kolloide 320, 542, 543, 544.
— Krystallisierbarkeit 521, 522, 523.
— Kupfer 426.
— Menge der 188, 287, 506, 524, 525, 527.
— — u. Quotient der Rübe 211, 219.
— — aus schädl. Stickstoff 205, 556, 648.
— Nichtzucker 531—543.
— Oberflächenspannung 542.
— Reaktion 421, 529, 532.
— Stickstofformen 537, 538.
— Stickstofffreie Nichtzucker 533 bis 536.
— Stickstoffhaltige Nichtzucker 536 bis 542.
— Viscosität 546, 549, 551, 552, 554.
— Vitamine 176.
— Zucker (Quotient) 522, 523, 524, **530**, 531, 532.
— Zusammensetzung 524—529.
— als Futtermittel 530, 543.
— als Standardlösung 629.
— zur Darstellung von Nichtzuckerstoffen 139, 140, 142, 144, 149, 150.
— Unterschied zwischen Rohzuckerfabr. u. Raffinerie- 528, 529, 530.
Melassebildner 204, 205, 301, 546, 547, 548, 549.
Melassebildungstheorien 546—555.
Melassebildungsvermögen des Nichtzuckers 555, 556.
Melassekoeffizient 494, 547.
— organischer 532, 533, 555, 556.
Melasseschlempe 120, 139, 142, 150.
Melassinsäure 73, 454, 482, 535.
Melibiase 167.
Membranstoffe s. Zellwandbestandteile.
Mesophyll 6, 8.
Mesoxalsäure 31.
Metaarabin (s. a. Metaarabinsäure) 45, 48.
Metaarabinsäure 44, 45.
Metapektinsäure 44, 291.
Methylalkohol 50, 51, 52, 56, 84, 396, 542.

Methylamin 539.
Methylenblauprüfung 596, 629, 630.
Methylpentosan 50.
Methylpentose 50.
Mikrobau der Raffinaden 646.
Mikroorganismen (s. a. Bakterien) 85, 86, 120, 151, 243.
— im Rohsafte 271.
— im Rohzucker 578.
Milchsäure, Chemie der 125, 126, 281.
— im Betriebe 304, 306, 319, 320, 383, 387, 390.
— Bildung aus Raffinose 112.
— — — Saccharose 535.
Milchsäurebakterien 578.
Milchsäureferment s. Laktopülpe.
Milchsäuregärung 275, 277, **281**.
Mineralstoffbedarf der Rüben 24, 25.
Monoaminosäuren 540.
Monocalciumsaccharat, Chemie des 87, 88.
— im Betriebe 301.
Monosaccharide 81.
Monosen 15, 16, 72.
Monostrontiumsaccharat 89.
Mucorarten 578.
Multirotation 578.
Mutterlauge 460, 461.
Muttersirupe 461, 471, 479, 484.

Nachdunkelung, Dünnsaft 411, 436, 456.
— Klären der 608, 619, 635.
Nachentfärbung 626, 627.
Nachkrystallisation am Rohzucker 484.
— im Vakuum 461.
Nachproduktenarbeit 445, 446, 503 bis 509.
— beste Arbeitsweise 503, 504, 652.
— Ausreifen der Füllmasse 506, 507.
— gärungsartige Erscheinungen 516 bis 521.
— Schaumgärung 517, 519, 520.
— Verarbeitung 503—509.
— Verluste 571, 572.
Nachproduktenverfahren nach Claassen 507, 508, 509.
Nachproduktenzucker, Zumischen zum Erstprodukt 497, 652.
Nachsaturationen 322—332.
Nachsäfte der Diffusion 263, 264.
Nachziehen von Sirupen ins Vakuum (auch Rückführung) 484, 583, 651.
Nahrungsmittel der Pflanzen 8, 20.
— — — Aufnahme der 21, 22, 23.
Nährstoffverbrauch 24, 25.
Naphthol $\alpha$ 23, 73.
Naßscheidung s. Kalkmilchscheidung.
Natrium im Stoffwechsel 27.
Natriumbisulfat 441.
Neurin 151.

Nichtzuckerquotient 191.
Nichtzuckerrendement 494.
Nichtzuckerstoffe 34, 35, 61, 70.
— optisch aktive s. optisch aktive Substanzen.
— technologisch 203, 204, 205, 206.
Nichtzuckerverhältnis in Affinade 581, 582.
— im Rohzucker s. Rohzucker.
— Erkennung vom I. Produkt 501.
— und Raffinosegehalt im Rohzucker 488, 489.
Niederschläge (s. a. Vegetationsverlauf) 33, 34, 185, 186, 187, 190.
Nitrate, Pflanzennährstoff 18, 25.
— in Rüben 213.
— in Säften 412, 413.
Nitrite 517, 518.
Nitritgärung 518.
Normalfarbe 453.
Normalmelasse 522.
Nucleasen 170.
Nucleine 10, 12, 26, 59, 122, 174, 175.
— im Mark 59, 166.
Nucleinsäure 89, 156, 157, **158**, 167, 170.
Nucleoalbumine 160.
Neucleoproteide 156, 157, **158**, 159, 160, 166, 181, 237.
Nucleoside 166.

Oberflächen 612.
— aktive Substanzen 70, 621.
— -entwicklung (aktive Kohlen) 605, 613, 614.
— -farbe 483.
— -häutchen 70.
— -spannung 69.
— — dynamische 69, 630.
— — statische 69, 630.
Oberflächenspannungserniedrigung 70.
— Messungen 70, 71, 630, 631, 632.
— Messungsmethoden 69, 70, 630, 631.
— von Melassen 542.
— von Zuckerlösungen 69.
— von Säften 413, 414, 606, 621.
— Verbesserung durch aktive Kohlen s. Entfärbungskohlen 631, 632.
Oberhaut 6.
Obstpektin 53.
Ölsäure 131, 153.
Optisch aktive Substanzen (Nz) 131, 153, 180, 197, 198, **200**, 201, 202, 203, 206, 241, 319, 387, 568, 569.
Organischer Quotient (s. a. Melasse) 210.
Organische Säuren, ätherlösliche 473 bis 476, 527, 535, 538.
Organischsaure Kalksalze s. Kalksalze.
Ornithin 162, 540.
Osmose 249, 250, 261.
— der Melasse 223, 261.

Osmosewasser 261.
Osmotischer Druck 2, 248, 249.
Osmotisches Äquivalent 253.
Oxalsäure, Chemie der **121**, 122, 123,
  125, 127, 130, 164.
— Verhalten im Betriebe 305, 306, 311,
  317, 319, 320, 346, 384, 386, 387, 424,
  425, 426, 432, 473, 474.
— Vorkommen 121, 122, 384, 527, 534.
Oxalsaurer Kalk in Rübenblättern 3, 8,
  12, 25, 31.
— — in Verdampfkörpern 424, 425,
  426, 430.
— — Löslichkeit in Zuckerlösungen 97,
  98, 305.
Oxalate 122, 123.
Oxyäthyltrimethylammoniumhydroxyd
  s. Cholin.
Oxybernsteinsäure s. Äpfelsäure.
Oxycellulosen 50.
Oxycitronensäure 127.
Oxydasen 117, 169, 170, 171, 172.
Oxyglutarsäure 124, 534.
Oxyhämoglobin 157.
Oxymethylfurfurol 46.
Oxyneurin (s. a. Betain) 152.
Oxyphenyl(gruppe) 140.
Oxysäuren **125**, 127.
Oxyproprionsäuren s. Milchsäure.
Oxytricarballylsäure s. Citronensäure.

**P**alisadenparenchym 6, 8.
Palmitin 131, 306.
Palmitinsäure 131, 153.
Paralysatoren 169.
Parapektin(säure) 48, 49.
Paraweinsäure 129.
Parenchymgewebe 4, 6, 8.
Parenchymzellen 4, 6.
Pektin 48.
Pektinasen 167, 169.
Pektinkörper, Chemie 16, 42, **43**, 52, 53,
  64, 202, 203, 243, 279.
— Verhalten im Betriebe 304, 396, 448,
  620.
— Vorkommen im Marke 12, 41.
— — in Melasse 534, 548.
— — in Rüben 57.
— — in Säften 57, 58.
— — im Zucker 492.
— — Spaltprodukte **55**, 56, 243.
Pektinsäure 45, 48, 52, **53**, 56, 304.
Pektinzucker 44, **45**.
Pektose 44, 52.
Penicillium glaucum 578.
Pentosane (Pentane) 12, 43, 46, 50, 54f
  113, 114, 620, 621.
Pentosen 50, 52, 58, 89, 113, 114, 160,
  166, 167, 170, 279.
— Gehalt in Rüben 113, 114, 241.

Peptasen 168, 170.
Peptonate 161.
Peptone 10, 19, 149, 154, 156, 157, 160,
  161, 170, 177, 178.
— in Rüben 159, 200, 201.
— in Säften 307, 318, 345.
Periderm(is) 6.
Peroxydasen 170, 173.
Pflanzenbasen 61, 149—154.
Pflanzenleim s. Gliadin.
Pflanzenpeptasen 168, 170.
Pflanzenproteinasen 170.
Pflanzensäuren 18, 19, 26, 29, 30, 31, 61.
Phasen der Diffusion 259, 260.
Phenol 73, 81, 84, 118, 120, 162.
Phenolase 172.
Phenolphthaleinalkalität
— Rohzucker 576, 577.
Phenolphthalein, Indicator 351, 352,
  **358**, 359.
Phenylessigsäure 163.
Phenylpropionsäure 163.
Phloem 5.
Phloroglucin 46.
Phosphatide 23, 174, 175.
Phosphatasen 90.
Phosphor im Eiweiß 153, 164, 167, 170.
— im Stoffwechsel 24, 25, 34.
Phosphorsäure im Betriebe 310, 322,
  346, 386, 389, 430, 432, 474.
— in Rüben 192, 193, 194.
— gegen Schwerkochen 463, 468.
Phosphorwolframsaures Natron 149,
  161, 166, 167.
— — Fällbare Substanzen durch 177,
  180, 183.
Photometrie (Colorimetrie) 454.
Photosynthese 14, 27.
Phyllocyanin 11.
Phylloxanthin 11.
Physikalische Saftreinigung (s. a. Fäl-
  lungserscheinungen) 468.
Phytol 11.
Phytosterin 131, **132**, 133, 136, 175.
Plasma s. Protoplasma.
Plasmahaut 22.
Plasmolyse 5, **22**, 23.
Pluszuckerpolarisation 534, **555**.
Polarisationsverluste 567, 568, 569, 570.
Polygalakturonsäure 51, 52, 53.
Polyoplasma 10.
Polyosen (Polysaccharide) 15, 46, 54.
Polypeptide 19, 154, 156, 161.
Preßsäfte 115, 210, 272.
— Quotient 210.
Preßverfahren 277, 291.
Primordialschlauch 2, 24.
Propeptone 154, 160, 177, 200, 318.
Propionsäure 162, 534, 535.
Prosenchymgewebe 4.

Prosenchymzellen 4.
Protagon 152.
Proteide 156, **158**.
Proteinasen 170.
Proteinsubstanzen (s. a. Eiweißkörper)
  17, 18, 19.
Protocatechualdehyd 492.
Protocatechusäure 491.
Protopektin 53.
Protoplasma
— Eigenschaften des 22, 239.
— Funktion des 2, 3.
— Zusammensetzung des 13, **10**.
Protoplasmaschlauch 248, 259.
Protoplast 3, 22, 23.
Ptomaine 157.
Ptyalin 170.
Pufferlösung 355, 359.
Pufferung der Melasse 355, 356.
Pülpe 115, 291, 292, 294, 341.
Pülpefänger 291, 292.
Purinbasen 160.
Purinkern 164.
Purinderivate **164**, 165, 175.
Pyridin 128.
Pyrimidinbasen 175.
Pyroglutaminsäure 143.
Pyrrol(basen) 120.

**Q**uellen der chemischen Zuckerverluste
— in Raffinerien 640, 641, 642, 643, 644.
— in Rohzuckerfabriken s. Unbestimmbare Verluste.
Quellung 3, 37, 40.
— der Eiweißkörper 157.
— der Rüben 247.
Quellungswasser 37, 278.
Quotient, scheinbarer 206, 207, 208.
— wirklicher 207, 208, 209.
— Beziehungen zwischen scheinbarem
  und wirklichem 206, 208, 209.
— salin s. Salzquotient.

**R**adioaktivität 647.
Raffinaden s. Weißware, Weißzucker.
Raffinadefüllmassen, Auskochen 646.
Raffinadeklären s. Klären.
Raffinosate 316, 317.
Raffinose, Chemie der 106—112.
— Entstehung 108, 109, 110.
— Verhalten bei der Analyse 198, 200,
  202.
— Vorkommen in Melasse 533, 548, 550.
— — — der Rübe 108, 109.
— — — Zuckern 485, 488, 489, 490.
Reaktion der Melasse s. Melasse.
— des Rohzuckers s. Rohzucker.
Rechtsweinsäure 129.
Reduktasen 169.
Reduktion der Fehlingschen Lösung 105.

Reduktionskraft des Nichtzuckers des
  Rohzuckers 105.
Reduzierende (Bodenbendersche) Sub-
  stanzen 517, 641.
— Substanzen im Rohsaft 272, 273.
— — in Rüben 272, 273.
— — in Zuckern 502, 577.
Reifeprozeß der Rübe 19, 31, 32, 34, 39,
  227.
Reinasche 9, **190**, 191, 193, 195, 196, 241.
Reinheitsquotient (s. a. Quotient) **206**,
  207, 208.
Reinigung der Verdampfapparate s.
  Auskochen.
Reinigungseffekt der Saturation 360
  bis 368, 377, 465, 467, 474, 475.
Rendement 493, 494, 645.
— -rückgang 576, **577**, 578.
Reservestoffe der Pflanzen 6, 20, 28,
  89, 158.
Rhodogen 116.
Ribose 166.
Riechstoffe der Rübe 120, 121.
Rindenzellgewebe 6.
Ricinusöl 344.
Rohasche 28, 190.
Rohchlorophyll 11.
Rohfaser 18, 39, 241.
Rohfett der Rüben 131 (s. Fett).
Rohrzucker s. a. Saccharose und Zucker.
— Adsorption des, s. Entfärbungs-
  kohlen.
— Auflösungsgeschwindigkeit 67.
— Brechungsvermögen 68.
— chemisch reiner 62.
— Diffundierbarkeit 250, 251.
— Drehungsvermögen 67, 68.
— Farbenreaktionen **73**, 74.
— Form der Krystalle 62.
— Inversion 84, 85, 86, 404, 405.
— Kontraktion 65.
— Konstitution 71.
— Krystallisation 62, 63 (s. a. Ver-
  kochen).
— Löslichkeit in Wasser 65, 66, 90.
— — — in Nichtzuckerlösungen 547, 548.
— Lösungswärme 65.
— Luminiscenz 67, 69 (Fluorescenz).
— Oberflächenspannung **69**, 70.
— Saccharate 86—90.
— Schmelzpunkt 65.
— Siedepunkt 67.
— Synthese 71, 648.
— Verhalten gegen Alkalien 72, 73, 74.
— — gegen Wärme 74, 75, 76, 77, 78,
  79 (s. a. Caramelisation).
— Zersetzungsprodukte 73, 74, 75, 77,
  81, 83, 84, 102, 103, 454, 456, 487,
  490, 502, **640**.
Rohrzucker als Säure 89.

Rohzuckerphosphorsäure 89, 90.
Rohsaft, Acidität 295.
— Eigenschaften 285.
— Inversion 271, 272, 273.
— koagulierbare Substanzen 292, 295.
— Reinheit und Rübenbeschaffenheit 288, 289, 290, 291.
— Suspensionen 286.
— Vorreinigung 293, 295, 296.
— Vorwärmung des 291—299.
— Zusammensetzung des 195, 286, 288, 291, 648, 649.
Rohzucker, geschwefelter 329.
— grauer 321, 334, 651.
— rötlicher 369, 390.
— Alkalität, Rückgang der 576.
— Affinierbarkeit (s. a. Waschbarkeit) 485, 651.
— Arsen im 488.
— Aschenbestandteile s. Nichtzucker, anorgan.
— Aschenbestimmung 498, 499.
— Bewertung des 493—502.
— Eigenschaften, chemische, s. Zusammensetzung und Nichtzuckerverhältnis.
— — physikalische 484, 485.
— Farbe 369, 482, 483, 497.
— Haltbarkeit des (Lagerfestigkeit) 329, 485, 574, 575.
— Invertzucker 502.
— Krystallausbildung (Körnung) 484, 497, 583, 584, 651.
— Krystallwert(Gehalt) 497.
— Mikroorganismen im 578.
— Nichtzucker des 485—493.
— Nichtzuckerverhältnis 489, 500, 501, 502.
— Raffinose im 488, 489, 490, 491.
— Reduktionsvermögen 502, 577.
— Rendement s. d.
— Schleuderfähigkeit 497.
— Sicherheitsfaktor 578, 579.
— Sirup des 482, 483, 484.
— Zusammensetzung der 482—493.
Rubidium in Rüben 196.
Rüben, alterierte 128, 139, 201, 205, 229, 242, 490.
— angefrorene 342, 466, 557, 559.
— faule 162, 182, 242, 456, 466, 468, 490.
— geköpfte 11.
— holzige 38, 39, 40, 287.
— rote 114, 119.
— saftarme 38, 40.
— stärkehaltige 11, 14.
— unreife 31, 38, 123, 124, 125, 232, 425, 522, 647.
— verdorbene 238, 244, 245, 560.
— welke 234.

Rüben-Wertbestimmung 216—222, 648.
Rübendiastasen 171.
Rübenfarbstoffe s. Farbstoffe.
Rübengummi 44.
Rübenhals 6.
Rübenharzsäure 131, 133, 134, 135, 138, 317, 387, 474.
Rübeninvertase 171.
Rübenköpfe 6, 114, 222, 223.
— Minderwertigkeit 224—227.
Rübenschnitte s. a. Schnitte.
Rübenschwänze 223, 224.
Rübenwurzel 3, 6.
Rübenzymase 171.
Rüböl 131, 468.
Rückführung der Sirupe in den Vorderbetrieb 472, 484, 583, 651.
Rückgang der Alkalität s. Alkalität.
— der Affinierbarkeit s. Affinierbarkeit.
— des Rendements (s. a. Lagerungsversuche) 575, 576, 577, 578.
Runkelrübe 1, 6.

Saccharan 79, 82, 453.
Saccharate 87, 93, 301, 313, 314, 315 (auch Scheidung).
Saccharin 306, 490, 535.
Saccharinsäure 102, 103, 319, 320, 387, 535.
Saccharose s. a. Rohzucker 61.
— Bildung in den Pflanzen (Rüben) 15, 16, 17.
Saccharumsäure 303, 306, 454, 535.
Saft der Rübe, Definition 35.
Saftgehalt 34, 36, 37, 38, 61.
Saftgewinnungsverfahren, moderne 277.
Salpetersäure in Melassen 527.
— in der Rübe (Nitrate) 177.
Salzkoeffizient s. Aschenfaktor.
Salzquotient 210.
Salzsäure, Chemie der 322.
— Anwendung zum Reinigen der Verdampfapparate 439, 440, 411.
— — zur Wiederbelebung des Spodiums s. Spodium 599, 600.
Sand (Kalkstein, Kalkmilch) 392, 393, 402, 403.
— in Rohasche 28.
Sapogenine 134, 136.
Saponine 10, 12, 16, 131, 133—138, 172.
— Darstellung 135, 137.
— Giftigkeit 136, 137, 285.
— Gruppeneigenschaften 136, 137.
— Spaltprodukte 135, 136.
— neutrale 135, 136, 137.
— saure 135, 137, 138, 386.
Sarkin 165.
Saturateure, Baustoffe 649.
Saturation (s. a. Scheidesaturation).
— 299, 313, 332.

Saturation, fraktionierte 341, 375, 376, 377.
— sparsame 374, 375.
— stetige 343, 377.
— Alkalität der I. 333, 334, 356, 357.
— — — Chemische Prozesse bei der (s. a. Verhalten des Nichtzuckers bei der Saturation) 313—320, 346, 347, 362, 363.
— Fällungserscheinungen s. d.
— Geschwindigkeit der 314, 341, 349, 433.
— Kalkzugabe 323.
— Polarisationsabnahme 365, 369.
— Reinigungseffekt 360—368, 377.
— Schlammpressen, ohne 378.
— Temperaturen bei der 338, 339, 340, 433, 465.
— Verhalten des Nichtzuckers 316 bis 322, 333—336.
— Verhalten des Zuckers 313, 314, 315, 316, 346.
— Verluste 568, 569, 570.
— II mit Kohlensäure 322, 323, 386.
— III mit Kohlensäure 322, 323.
— dreifache 365, 366, 367, 386, 438, 465, 467.
— nach Kowalski-Kozakowski 373, 374.
— nach Kuthe-Anders 371, 372.
— sparsame, nach Pšenička 374, 375.
— nach Siegert 312, 333.
— fraktionierte, nach Staněk 375, 376, 377.
— mit schwefliger Säure (s. a. Schweflige Säure) 223—332, 367.
— des Dicksaftes s. Schwefelung und Dicksaft.
— der Sirupe s. Sirupe.
Saturationsgas, Ausnutzung 343.
— Darstellung 398, 399, 400.
— Wirkungsweise 343.
— Zusammensetzung 405.
Saturationssäfte, Alkalität der 322, 333, 334, 356, 357.
Saturationsschlamm 380—396.
— Düngerwert 394.
— Mikroskopie 390, 391, 392, 393.
— Schlechte Filtrierbarkeit 384, 394, 395, 396.
— Zusammensetzung des anormalen 394, 395, 396.
— — des normalen 383—390.
Säuren, ätherlösliche, s. Ätherlösliche Säuren.
— anorganische der Rübe 192, 193.
— flüchtige der Melasse 534, 535.
— organische der Rübe 121—130.
Schattenrüben 17, 189.
Schädliche Asche 203.

Schädliches Organat 203.
Schädlicher Nichtzucker 203.
Schädlicher Stickstoff 166, 179, 180, 183, 185, 186, 203, 204, 555, 556.
— — Definition 203.
— — Bestimmung 204.
— — Ursachen seiner Anhäufung (s. a. Einmieten der Rüben) 185, 189.
— — Verhältnis zum Zucker und Nichtzucker 204, 205, 206, 214, 224.
Schaumgärung 132, 458, 516—520.
— Arten der 517, 518, 519, 520.
— Theorien der 518, 519.
— Ursachen 516, 517, 518, 519.
Schaumbildung 137, 340, 344, 423.
Schaumniederschläger 344, 423, 448.
Scheidesaturation s. Scheidung und Saturation.
Scheideschlamm 310, 311.
Scheidung 299, 300, 416.
— Alkalität des Scheidesaftes 302, 312.
— Chemische Vorgänge 300—313, 416.
— Dauer 308, 309.
— Effekt 311, 520, 521.
— Farbe der Säfte 312, 366, 367, 368, 437, 452.
— Kalkmengen 313, 314, 336, 337, 338, 364, 386, 438, 452, 454, 455.
— Kalkmengen und Kalksalze 466, 467.
— kalte 338, 339, 340, 374.
— Löslichkeit des Kalkes 300, 339, 340.
— Naß oder Trocken? s. Trockenscheidung.
— physikalische Vorgänge (s. a. Fällungserscheinungen) 311.
— Temperaturen 302, 303, 338, 339, 340, 379.
— Trocken 368, 369, 370, 568.
— Verluste 568, 569, 570.
Schleimfäule 243, 244, 245.
Schleimsäure 47, 48, 49, 51, 52.
Schlempe 163, 165, 166, 184, 535, 541.
Schleudern der Füllmassen 478—482.
Schlick 292.
Schließzellen 8.
Schnitte, ausgelaugte 278, 279, 280.
— frische Rübenschnitzel 255, 256.
— Probenahme 565, 566.
— Stärke 259, 260.
— — und Saftbeschaffenheit 255, 256.
Schnittepressung 282—285.
Schnittepreßwasser 137, 285.
Schnittetrocknung 282, 283, 284, 285.
Schnittemieten s. „Einmietung“.
Schoßrüben 38.
Schutzkolloide 342.
Schwammparenchym 6.
Schwefel im Eiweiß 156.
— im Stoffwechsel 25.

Schwefeldioxyd (s. a. schweflige Säure).
— im Rohzucker 487.
Schwefelsäure im Betriebe 310, 322, 336.
— in der Rübe 192, 193, 194.
Schweflige Säure, Anwendung der 295, 323, 406, 407, 408.
— Chemie der 406, 407.
— Einwirkung auf Zuckerlösungen 324, 325.
— — auf Säfte 324, 325, 326, 330, 407, 458.
— flüssige 407.
— Wirkungen der, s. Schwefelung.
Schwefelung der Säfte 327, 328, 329.
— der Sirupe 505.
— an welcher Stelle des Betriebes 329, 330, 331, 332.
Schwemmwasser, Zuckergehalt im 246, 247, 565 (Verluste).
Schwerkochen der Säfte (s. a. organisch-saure Kalksalze) 462, 463, 464, 465.
Sedimentation des Scheidenschlammes 311.
Seifen 132, 306, 344.
Sekrete der Wurzelhaare 21, 22.
Selbstverzehrung des Kohlenstoffes 602.
Semiclostridium 578.
Sensibilator 13.
Siebteil 5.
Siedepunkt von Zuckerlösungen 67.
Silicium (s. a. Kieselsäure) 28.
Sinkalin 152.
Sirupe (s. a. Grünsirup).
— Filtration der 472, 504, 505.
— Schwefelung 505.
— Rückführung (Nachziehen) 472, 500, 506.
— Trennung der 507.
— Verdünnen 504, 505.
— Verkochen 503.
Siruprest des Rohzuckers, s. Rohzucker..
— — — Krystallisationsfähigkeit 484.
— — — Reinheit des 484.
Skatol 162.
Sklerenchym 5.
Soda, Anwendung im Betriebe (s. a. Auskochen d. Verdampfungsapparate) 351, 439.
— gegen Schwerkochen 462, 463, 464.
— Betriebsstelle, an welcher 468.
Soldaïnsches Reagenz 105, 502.
Spaltöffnungen 4, 7, 8, 14.
Spaltung der Amide im Betriebe (s. a. Scheidung und Rückgang der Alkalität) 145, 146, 148.
— der Eiweißkörper, s. Abbau und Eiweißkörper.
Speichergewebe 6.

Spektrophotometrische Messungen 63, 454, 457.
Spodium s. Knochenkohle.
Spodiumlose Arkeit s. Entfärbungskohlen.
Standweite der Rüben 189.
Stärke 38, 10, 12, 15, 114, 170, 229.
— der Basen und Säuren 352, 354.
Steapsin 169.
Steatolytische Enzyme 169.
Stearinsäure 131, 153.
Sterine 132.
Stickstoff im Stoffwechsel 24, 25.
Stickstoffbewegung im Betriebe s. Substanzbewegung.
Stickstofformen, Diffusionssaft, des 288, 289.
— Melasse der 537, 538.
— der Rüben 177—183.
— — Ursachen 184—190.
— Verhältnis untereinander 214, 221.
— — zum Zucker 214, 221.
Stickstoffwertzahl 219.
Stickstoff, schädlicher, s. schädlicher Stickstoff.
Stickstoffkohle im Spodium s. Knochenkohle.
Stoffwechsel s. Ernährung.
Stomata 6.
Styron (Zimtalkohol) 58.
Suberin 1.
Substanzen, Bodenbendersche, s. Reduzierende Substanzen.
Substanzbewegung des Ammoniaks 444.
— der Asche 261, 270, 362.
— der Aminosäuren 475, 476.
— der Asche (schädliche) 362.
— der ätherlöslichen Säuren 473—476.
— des Eiweißstickstoffes 475, 557, 558, 559, 562.
— des Farbstoffes 474.
— des Fettes 474.
— des Gesamtnichtzuckers 564.
— des Gesamtstickstoffes 475, 561.
— der Pektinkörper 563.
— der Pentosane 563.
— der Peptone 457, 458, 559.
— der Propeptone 457, 458, 559.
— der Stickstofformen 560, 561, 562, 563.
— des schädlichen Stickstoffes 560, 561, 562.
— in der Diffusion 267, 268, 269, 270, 271.
— der Raffinerie 639.
Substanzverluste beim Einmieten der Schnitte 279, 280, 281, 282, 283.
— beim Pressen der Schnitte 282, 283.
— beim Trocknen der Schnitte 284.
Succinate 124.

Sulfate 25, 385, 386.
— Assimilation der 20, 25.
— in Rüben 192, 193, 194.
— in Säften 94, 324, 328, 329, 406, 407, 408, 421, 439, 451.
— im Zucker 485, 578, 586.
Sulfatasche, Bestimmung der 94, 191, 498, 499.
Sulfide 403.
Sulfite 94, 324, 328, 329, 406, 407, 408, 421, 439, 451, 577, 578.
Strontiumsaccharat 89.
Sulfocarbonatation (Methode Weisberg) 331, 332.
Suspensionen im Rohsaft 414.

Talg 344.
Tartrate 129.
Tartronsäure 126.
Tetragalakturonsäure 54, 243.
Thiosulfate 577, 578, 635.
Thymolphthalein 356.
— blau 356.
Tintometer (Lovibond) 453.
Titrationsacidität 354, 356.
— alkalität 354, 356.
Tod der Pflanzen 28, 29, 30, 239.
Tonerde 310.
Topographie der Rübe (s. a. Verteilung des Nichtzuckers) 223.
Totbrennen 402.
Totgebrannter Kalk 401, 402.
Toxine (Leichenalkaloide) 157.
Transpiration s. Wasserverbrauch.
Transport der Nahrungsstoffe 20—24.
— der Rübe 246.
— des Wassers im Pflanzenkörper 20, 21.
Traubensäure 129.
Traubenzucker (s. a. Dextrose) 18.
Treiben in der Batterie 260.
Tricalciumsaccharat im Betriebe 301, 317, 341.
— Chemie 87, 88.
Tricarballylsäure 23, 123, 125, 127, 128, 386, 647.
Trimethylamin 151, 152, 345, 539.
Trimethylglykokoll s. Betaïn.
Trockenkalk, Löslichkeit 91, 92.
Trockenscheidung 368, 369, 370.
Trockenschnitte 282, 283.
Trockensubstanz, Bestimmung der 206, 207, 208, 209.
Tropfenmethode 630, 631.
Tryptophan 81.
Trypsin 168.
Turgor 2, 3, 40.
Tyrosin 117, 118, 139, 140, 149, 162, 179, 182, 200, 201, 308, 537, 539.
Tyrosinase 117, 118, 119, 169, 172.

Überhitzungsprodukte 76, 345, 417, 489, 517, 586, 640.
Übersaturation 314, 319, 334, 336, 412.
— Verhalten der Magnesia 335, 336.
Übersättigung 461.
— Einfluß auf die Krystallisation 551, 554.
— — Viscosität 512, 515.
Übersättigungskoeffizient
— Definition 461.
— Größe beim Verkochen 461.
— bei der Nachproduktenarbeit 506.
Überschwefeln 332, 334.
Ulminsäure 73, 81, 482.
Ulminsubstanzen 73, 81, 536.
Ultramarin, Darstellung des 636.
— Eigenschaften des 637, 638.
— Zusammensetzung des 636.
Umschlagen der Klären 587.
Unauslaugbarer Anteil der Rübe 40, 41, 225.
Unbestimmbare Verluste s. Verluste.
Ureïde 164.
Urethane 388.

Vakuolen 3, 29.
— haut 2.
Vanadin 28.
Valeriansäure 163, 535.
Vanillin 59, 120, 382, 428, 502.
— im Rohzucker 491, 492.
Vegetationsbedingungen 185, 186, 188, 189, 203.
— und Arbeitsverlauf 286, 287.
Vegetationskegel 35.
Verarbeitungsfähigkeit der Rüben (s. a. Betriebsschwierigkeiten) 184, 187, 195, 209, 210, 225, 239, 265, 277.
— — angefrorener 396.
— — fauler 375, 456.
— — unreifer 333, 425.
— — verdorbener 244, 245, 246, 340, 342, 351, 375.
Verdampfen, Farbe der Säfte (s. a. Verfärbung) 330, 435.
— Verluste 571, 572.
Verdampfapparate, Ausscheidungen 423—435.
— Auskochen der 439—441.
Verdünnungsmethoden 208.
Verfärbung der Klären 641, 642, 643.
— der Säfte 435, 468, 469, 470, 471.
Verkalkung der Säfte s. Kalksalze.
Verkochen der Klären 640, 641, 643, 646.
— des Dicksaftes 460—471.
— — Farbenzunahme 468—471.
— der Sirupe s. Nachproduktenarbeit
Verkorkung 1.
Verholzung 1, 28.

Verluste, bestimmbare 564.
— unbestimmbare 144, 199, 202, 257, 565.
— der Diffusion 567, 568.
— der Nachproduktarbeit 571, 572.
— der Saturation 313, 568, 569, 570.
— der Scheidung 568, 569.
— der Verdampfung 458, 571, 572.
— der Verkochung 572, 569, 570, 571.
— der Vorwärmung des Rohsaftes 567, 568.
— Wesen der unbestimmbaren 565.
— im Raffineriebetriebe 640, 641, 642, 643, 644.
Vernin 165, **166**, 167, 179, 180, 181, 182, 540, 541.
Verseifung s. a. Seifen (Kalkseifen, Alkaliseifen) 52, 132, 153, **344**.
Verteilung des Zuckers und Nichtzuckers in der Rübe 34, 35, 222—225.
Verunreinigungsquotient 209.
Vicin 166, 540.
Viscosität, Definition 509.
— Bestimmung 510, 514, 515.
— Einfluß der Nichtzucker 481, 510, 511, 512, 514, 515.
— und Temperatur 510.
— und Konzentration 510.
— und Reaktion 512.
— von Sirupen 512.
— von Zuckerlösungen 64, 509, 510, 513, 514, 515.
— Wirkungen im Betriebe (s. a. Melassebildung) 512.
Vitamine 173—176.
— Arten 175.
— Vorkommen 175, 176.
— Wirkungen 174.
Vitalität d. Rübe 23.
Vitellin 10, 160.
Vorfiltration der Klären 585, 626.
Vorscheidung des Rohsaftes 297.
Vorwärmung des Rohsaftes 291—299, 267, 268.
— — — Inversion des 296.
— — — Niederschläge der Vorwärmer 292, 293.

Wachs 11, 12.
Wachstum der Rübe (s. a. Reifeprozeß) 31, 34, 187, 194, 229.
Wahlvermögen der Wurzel 2.
Wand, semipermeable 22, 23, 248.
Wannenwäsche (Steffen) 580, 581.
Waschbarkeit von Rohzucker (s. a. Affination) 484, 485.
Waschmethode (s. a. Bewertung des Rohzuckers) 484, **495**, 496, 497.
Wasser, Aufnahme durch die Schnitzel 566.

Wasserbedarf der Pflanzen 20, 21, 33.
Wasser zur Diffusion s. Druckwasser.
— und Inkrustationen s. Betriebswasser.
Wasserdüsenverfahren 580.
Wasserdigestion s. Digestion.
Wasserstoffionenexponent 354.
Wasserstoffionenkonzentration 158, 168, 351—360.
Weinsäure 86, 121, 123, **129**.
— Verhalten der 306, 317, 346, 385, 426.
Welken der Rübe 34, 38, 228.
Weißware, Aussehen, Beurteilung 646.
— Kochen auf 646.
Weißzucker, Arbeit auf 458, **459**, 460.
— Beurteilung 644, 645, 646.
Wiederauftauen der Rüben 239—243.
Witterungsverlauf 185, 187, 189, 190, 509.
Wurzelhaare **4**, **21**, 22, 25.
— -haube 21.
— -druck 22.
— -säure (Sekrete) 22, 26.
— -saftacidität 22.

Xanthin **165**, 166, 167, 537, 540.
Xanthinbasen 149, 159, 160, 166, 167, 237, 389, 527, 622.
Xanthophyll 11.
Xylan 12, 46.
Xylem 5.
Xylose 46.

Zähigkeit s. Viscosität.
Zelle (vegetabilische) 1, 5, 6, 8, 89, 115, 259, 260.
Zellgewebe 1, 6.
Zellhaut 1.
Zellhöhle 1, 3.
Zellinhalt 1, 10.
Zellkern 3, 159.
Zellmembrane (s. a. Zellwand) 1, 28.
Zellplasma 2.
Zellsaft 3, 12, 158.
Zellwand (s. a. Mark) 1, 28, 239.
Zellwandbestandteile 1, 2, 5, **12**, 16, 22, 279, 292, 454.
Zersetzungen von Zuckerlösungen (Säften) durch Alkalien 72, 73, 101 bis 104.
— — — durch Kalk 368, 369, 454.
— — — durch Wärme 46, 74—77, 454, 571, 572, 588, 640, 641, 642, 643, 644.
— s. a. Verkochen u. Caramelisation.
Zersetzungsprodukte des Zuckers 46, 73, 102, 103, 454, 456, 487, 490, 502. **640**.
Zink 426, 427.

Zink, Apparatematerial 455.
— i. Rübe 28.
Zinn in Ausscheidungen 427.
— als Baumaterial für Apparate 455.
Zimtalkohol 58.
Zirkulationseiweiß 20.
Zucker (s. a. Rohrzucker, Saccharose) 19, 23.
— Alkalitätsverzehrer 346, 347, 417.
Zuckerbestimmung 42, 144, 197, 198, 199, 387, 569.
— Clerget nach 143.
— u. optisch aktiver Nichtzucker 200, 201, 202, 203.

Zuckerquotient (Reinheitsquotient) 191.
Zuckerbildung in der Pflanze 13, 14, 15, 18, 33.
Zuckerkalk 142, 313, 315, 316, 321, 369.
Zuckerkalkcarbonat 313, 314, 315, 316, 341, 342, 568.
Zuckerkohle 84, 609.
Zuckerrohr 121, 128, 165.
Zuckerverluste im Betriebe, s. a. Verluste 75, 418, 421.
— in den Mieten 228—234, 236.
— auf den Schwemmen 565.
Zymase 30, 168, 169, 170, 171.
Zymasegärung 30.

**Geschichte der Rübe (Beta) als Kulturpflanze von den ältesten Zeiten an bis zum Erscheinen von Achards Hauptwerk (1809).** Von Professor Dr. **Edmund O. von Lippmann,** Dr.-Ing. e. h. der Technischen Hochschule zu Dresden, Direktor der „Zuckerraffinerie Halle" in Halle a. d. S. Festschrift zum 75 jährigen Bestande des Vereins der deutschen Zuckerindustrie. Mit 1 Abbildung. IV, 184 Seiten. 1925.   Gebunden RM 12.—

**Zuckerrübenbau.** Von Hofrat Dr. **E. C. Sedlmayr,** o. ö. Professor der landwirtschaftlichen Betriebslehre an der Hochschule für Bodenkultur in Wien. Mit 38 Abbildungen im Text. Etwa 90 Seiten.   RM 3.90
(Verlag von Julius Springer / Wien.)

**J. Moeller, Mikroskopie der Nahrungs- und Genußmittel aus dem Pflanzenreiche.** Dritte, neubearbeitete Auflage, herausgegeben von Dr. **C. Griebel,** Professor an der Staatlichen Nahrungsmittel-Untersuchungsanstalt in Berlin. Mit 776 Textabbildungen. X, 529 Seiten. 1928.   Gebunden RM 45.—

**Die Malzextrakte.** Von Dipl.-Ing. Chemiker **Josef Weichherz.** Mit 136 Textabbildungen. VI, 388 Seiten. 1928.   Gebunden RM 32.—

**Bujard-Baiers Hilfsbuch für Nahrungsmittelchemiker** zum Gebrauch im Laboratorium für die Arbeiten der Nahrungsmittelkontrolle, gerichtlichen Chemie und anderen Zweige der öffentlichen Chemie. Vierte, umgearbeitete Auflage von Professor Dr. **E. Baier,** Direktor des Nahrungsmittel-Untersuchungsamts der Landwirtschaftskammer für die Provinz Brandenburg zu Berlin. Mit 9 Textabbildungen. XX, 884 Seiten. 1920.   Gebunden RM 21.—

**Taschenbuch für praktische Untersuchungen der wichtigsten Nahrungs- und Genußmittel.** Von **Em. Senft,** Mag. d. Pharm. Dritte Auflage, umgearbeitet und vermehrt von Mag. pharm. **Franz Adam,** dipl. Lebensmittelexperte, Inspektor an der Allgem. Untersuchungsanstalt für Lebensmittel in Wien. Mit 7 Abbildungen im Text und 8 Tafeln. VI, 287 Seiten. 1919.   Gebunden RM 4.50
(Verlag von Julius Springer / Wien.)

**Lexikon der Ernährungskunde.** Herausgegeben von Dr. **E. Mayerhofer,** Professor an der Universität Zagreb, und Dr. **C. Pirquet,** Professor an der Universität Wien. Vollständig in 5 Lieferungen. Broschiert RM 53.20
(Die Lieferungen sind auch einzeln käuflich.)
Zusammen in einen Halblederband gebunden RM 62.—
*Die einzelnen Artikel des „Lexikons der Ernährungskunde" behandeln u. a.*
*folgende Gebiete:*
Nahrungsmittel- und Nährmittelindustrie. — Abfall- und Gärungsindustrie. — Marktwesen und Einkaufslehre. — Nahrungsmittelvertrieb. — Nahrungsmittelverbrauch. — Nahrungsmittelverarbeitung. — Müllerei. — Bäckerei. — Wild- und Jagdlehre. — Landwirtschaft (Pflanzenbau, Feld- und Gartenwirtschaft, Vieh-, Geflügel- und Bienenzucht, Molkereiwirtschaft.)
(Verlag von Julius Springer / Wien.)

Verlag von Julius Springer / Berlin

## Chemie der menschlichen Nahrungs- und Genußmittel.

Von **J. König,** Dr. phil., Dr.-Ing. h. c., Dr. ph. nat. h. c., Geh. Regierungs-rat, o. Professor an der Westfälischen Wilhelms-Universität Münster i. W. In 3 Bänden nebst Nachträgen.

Erster Band: **Chemische Zusammensetzung der menschlichen Nahrungs-und Genußmittel.** Nach vorhandenen Analysen mit Angabe der Quellen zusammengestellt. Vierte, verbesserte Auflage, bearbeitet von Dr. A. Bömer, Privatdozent an der Universität und Abteilungsvorsteher der Agrik.-Chem. Versuchsstation Münster i. W. Mit in den Text gedruckten Abbildungen. XX, 1536 Seiten. 1903. Unveränderter Neudruck 1921.                                                                 Gebunden RM 40.—

Nachtrag zu Band I: **A. Zusammensetzung der tierischen Nahrungs-und Genußmittel.** Bearbeitet von Dr. J. Großfeld, Untersuchungsamt in Recklinghausen, Dr. A. Splittgerber, Untersuchungsamt in Mann-heim, Dr. W. Sutthoff, Landwirtschaftliche Versuchsstation in Mün-ster i. W. VIII, 594 Seiten. 1919.                                    Gebunden RM 22.—

Nachtrag zu Band I: **B. Zusammensetzung der pflanzlichen Nahrungs-und Genußmittel.** Bearbeitet von Dr. J. Großfeld und Dr. A. Splitt-gerber. XIX, 1216 Seiten. 1923.                               Gebunden RM 47.—

Zweiter Band: **Die Nahrungsmittel, Genußmittel und Gebrauchsgegen-stände,** ihre Gewinnung, Beschaffenheit und Zusammensetzung. Von Geh. Reg.-Rat Professor Dr. J. König. Fünfte, umgearbeitete Auflage. XXV, 932 Seiten. 1920.                                      Gebunden RM 32.—

Dritter Band: **Untersuchung von Nahrungs-, Genußmitteln und Ge-brauchsgegenständen.** In Gemeinschaft mit zahlreichen Fachleuten be-arbeitet von Geh. Reg.-Rat Professor Dr. J. König. Vierte, voll-ständig umgearbeitete Auflage.

I. Teil: **Allgemeine Untersuchungsverfahren.**     Zur Zeit vergriffen.

II. Teil: **Die tierischen und pflanzlichen Nahrungsmittel.** Mit 260 Ab-bildungen im Text und auf 14 lithographischen Tafeln. XXXV, 972 Seiten. 1914. Unveränderter Neudruck 1923. Gebunden RM 40.—

III. Teil: **Die Genußmittel, Wasser, Luft, Gebrauchsgegenstände, Ge-heimmittel und ähnliche Mittel.** Mit 314 Abbildungen im Text und 6 lithographischen Tafeln. XX, 1120 Seiten. 1918. Gebunden RM 40.—

---

## Nahrung und Ernährung des Menschen. Kurzes Lehrbuch von

**J. König,** Dr. phil., Dr.-Ing. h. c., Dr. ph. nat. h. c., Geh. Regierungsrat, o. Professor an der Westfälischen Wilhelms-Universität Münster i. W. Gleichzeitig zwölfte Auflage der „Nährwerttafel". VIII, 213 Seiten. 1926.                                               RM 10.50; gebunden RM 12.—

**Kolloidchemie des Protoplasmas.** Von Dr. **W. Lepeschkin,** früher Professor der Pflanzenphysiologie an der Universität Kasan, jetzt Professor in Prag. („Monographien aus dem Gesamtgebiet der Physiologie der Pflanzen und der Tiere" Band VII.) Mit 22 Abbildungen. XI, 228 Seiten. 1924. RM 9.—

**Grundbegriffe der Kolloidchemie** und ihrer Anwendung in Biologie und Medizin. Einführende Vorlesungen von Dr. **Hans Handovsky,** a. o. Professor an der Universität Göttingen. Zweite, durchgesehene Auflage. Mit 6 Abbildungen. V, 64 Seiten. 1927. RM 2.70

**Eiweißkörper und Kolloide.** Zwei Vorträge für Biologen und Chemiker. Von Prof. Dr. **Wolfgang Pauli,** Vorstand des Instituts für medizinische Kolloidchemie der Universität Wien. IV, 32 Seiten. 1926. RM 2.40

(Verlag von Julius Springer / Wien.)

**Die Eiweißkörper** und die Theorie der kolloidalen Erscheinungen. Von **Jacques Loeb †,** Mitglied des Rockefeller-Instituts für Medizinische Forschung, New York. Deutsch herausgegeben von Carl van Eweyk, Berlin. Mit 115 Abbildungen. VIII, 298 Seiten. 1924. RM 15.—

**Die Pflanzenalkaloide.** Von Dr. **Richard Wolffenstein,** a. o. Professor an der Technischen Hochschule zu Berlin. Dritte, verbesserte und vermehrte Auflage. VIII, 506 Seiten. 1922. Gebunden RM 18.—

**Grundzüge der chemischen Pflanzenuntersuchung.** Von Dr. **L. Rosenthaler,** a. o. Professor an der Universität Bern. Dritte, verbesserte und vermehrte Auflage. Mit 4 Abbildungen. IV, 160 Seiten. 1928. RM 9.—

**Chemie der Enzyme.** Von Prof. Dr. **Hans v. Euler,** Stockholm. In drei Teilen.

I. Teil: **Allgemeine Chemie der Enzyme.** Dritte, nach schwedischen Vorlesungen vollständig umgearbeitete Auflage. Mit 50 Textabbildungen und 1 Tafel. XII, 422 Seiten. 1925. RM 25.50; gebunden RM 28.—

II. Teil: **Spezielle Chemie der Enzyme.**

1. Abschnitt: Die hydrolisierenden Enzyme der Ester, Kohlehydrate und Glukoside. Zweite, nach schwedischen Vorlesungen vollständig umgearbeitete Auflage. Mit 44 Textabbildungen. X, 314 Seiten. 1922. RM 12.—

2. Abschnitt: Die hydrolisierenden Enzyme der Nucleinsäuren, Amide, Peptide und Proteine. Bearbeitet von Hans v. Euler und Karl Myrbäck. Zweite und dritte, nach schwedischen Vorlesungen vollständig umgearbeitete Auflage. Mit 47 Textabbildungen. Autoren-Verzeichnis zum 1. und 2. Abschnitt. IX, 310 Seiten. 1927. RM 24.—

(Verlag von J. F. Bergmann / München.)